国家科学技术学术著作出版基金资助出版

贵金属提取新技术

黄礼煌 著

北 京

冶 金 工 业 出 版 社

2016

内 容 简 介

本书较为全面系统地介绍了贵金属（Au、Ag、Pt、Pd、Rh、Ir、Os、Ru）的性质、用途、原料、生产工艺、最新研究成果及其提取理论基础、主要设备和工艺技术经济指标。

全书分为金银篇和铂族金属篇。金银篇主要论述了金、银的国内外生产现状、矿产资源、矿物原料的重选和浮选，混汞法、难浸金银矿物原料预处理、氰化法、硫脲法及液氯法等提金工艺，以及从阳极泥、金银混合精矿及其他废旧金银等物料中提取金银和铂族金属、金银提纯和铸锭；同时也介绍了氰化废液的处理与回收及铅毒的防护等。铂族金属篇主要论述了铂族金属的主要特性、用途、国内外生产现状、矿产资源，铂族矿产原料选矿，铂族金属的初步富集工艺，铂族金属化学精矿（富集物）的提取工艺，铂族金属相互分离的传统工艺，贵金属相互分离、提纯的有机溶剂萃取工艺，贵金属相互分离、提纯的离子交换吸附工艺，铂族金属废料的再生回收，单一铂族金属提纯工艺及其理论基础、试验研究和生产现状、主要相关设备和工艺技术经济指标。

本书主要供从事贵金属领域的矿物加工工程专业、有色冶金工程专业的高等院校师生，科研、设计院所和生产厂矿的工程科技人员，企业家，营销、管理工程科技人员等阅读和使用。

图书在版编目（CIP）数据

贵金属提取新技术/黄礼煌著 . —北京：冶金工业出版社，
2016. 11
国家科学技术学术著作出版基金
ISBN 978-7-5024-7368-6

Ⅰ.①贵… Ⅱ.①黄… Ⅲ.①贵金属—金属提取 Ⅳ.①TF111

中国版本图书馆 CIP 数据核字（2016）第 291088 号

出　版　人　谭学余
地　　　址　北京市东城区嵩祝院北巷 39 号　邮编　100009　电话　（010）64027926
网　　　址　www. cnmip. com. cn　电子信箱　yjcbs@ cnmip. com. cn
责任编辑　徐银河　美术编辑　彭子赫　版式设计　彭子赫
责任校对　王永欣　孙跃红　责任印制　李玉山
ISBN 978-7-5024-7368-6
冶金工业出版社出版发行；各地新华书店经销；固安华明印业有限公司印刷
2016 年 11 月第 1 版，2016 年 11 月第 1 次印刷
787mm×1092mm　1/16；42.5 印张；1028 千字；657 页
149.00 元

冶金工业出版社　投稿电话　（010）64027932　投稿信箱　tougao@ cnmip. com. cn
冶金工业出版社营销中心　电话　（010）64044283　传真　（010）64027893
冶金书店　地址　北京市东四西大街 46 号（100010）　电话　（010）65289081（兼传真）
冶金工业出版社天猫旗舰店　yjgycbs. tmall. com
（本书如有印装质量问题，本社营销中心负责退换）

前　言

贵金属具有优良的物理性能和化学性能，在航空航天、国防军工、能源、化工、环保、医药、纳米材料、首饰、电子、高科技等领域，获得了广泛的应用；因其色泽瑰丽和固有的自然魅力、稀贵和永恒的价值，一直作为权力和地位的象征、财富的标志。贵金属之首的黄金储备一直作为世界公认的国际储备资产，是防范信用货币制度兑付风险的有效基石。

我国的贵金属生产、应用、教育和科学试验研究工作，获得了迅速的发展。据不完全统计，20世纪90年代中期我国的黄金产量已超过150t，2000年已达170t，2007年我国的黄金产量超过南非，首次居世界首位。2008年达250t，2010年达340t，2011年达360t，2013年达416t。目前，我国的黄金产量已连续9年居世界首位。我国长春黄金研究院和长春黄金设计院，专门从事黄金领域的试验研究和设计工作。

作者从20世纪90年代开始在有色金属系统和黄金系统的金银矿山，逐步推广混合浮选新工艺。到21世纪初，逐步推广低碱介质混合浮选新工艺、无石灰自然pH值全混合浮选新工艺和低酸介质全混合浮选新工艺后，有关金银选矿厂的金、银和铂族金属回收率提高了5%~15%，取得了显著的经济效益。

1958年前，我国的铂族金属生产一片空白。1958年沈阳冶炼厂从多年提取金银后的渣中产出我国首批矿产铂、钯约9kg，1958~1964年累计产出铂28.12kg、钯11.9kg。之后国内多家冶炼厂相继从多年提取金银后的冶炼副产品中回收少量铂、钯。随着铂族金属提取工艺技术的不断提高和完善，我国矿产铂族金属的产量由年产数千克至2001年突破1000kg，2006年达2.68t。虽然我国矿产铂族金属的产量提高较快，但因基数低，还无法满足我国经济建设和国防建设的需求，仍需大量进口。

我国金川镍矿是世界著名的多金属共生大型硫化铜镍矿床之一，发现于1958年，集中分布在龙首山下长6.5km、宽500m的范围内，已探明的矿石储量为5.2亿吨，镍金属储量550万吨，居我国之首，列世界同类矿床第三位；

铜金属储量 343 万吨，居我国第二位。矿石中除含镍、铜外，还伴生有钴、金、银、铂、钯、铑、铱、锇、钌、硒、碲、硫、铬、铁、镓、铟、锗、铊、镉等元素，可供回收利用的有价组分达 14 种。矿床之大、矿体之集中、可供利用的有用组分之多，国内外均属罕见。作者从 2012 年起连续 4 年前往我国"矿产贵金属基地"金川集团学习、调研。在金川集团科技部、选矿厂、镍冶炼厂、矿物工程研究所和镍钴设计研究院的大力支持下，逐步了解金川的原矿性质、选矿工艺和高冰镍的物理选矿分离工艺。针对"提高原矿混合浮选精矿中镍、铜回收率及提高混合精矿质量"及"用物理选矿法从高冰镍中分离镍、铜和富集贵金属"两大课题，前后进行了 9 个多月的探索试验、小型试验和验证试验，主要研究成果总结于本书中。

　　作者在已出版的 12 本著作的基础上，结合几十年教学、科研的成果并根据国内外贵金属生产现状、国内外最新研究成果及参考《贵金属生产技术实用手册》等资料，撰写了全书约 100 万字。本书较为全面系统地介绍了贵金属的性质、用途、原料、生产工艺、最新研究成果及其提取理论基础、主要设备和工艺技术经济指标。

　　撰写本书过程中得到王淀佐院士、孙传尧院士、邱冠周院士等的关心、鼓励和支持，得到冶金工业出版社、金川集团公司的支持，本书获国家科学技术学术著作出版基金、江西理工大学优秀学术专著出版基金资助，许多单位和专家、学者、同行提供了极其宝贵的建议和相关资料。在《贵金属提取新技术》出版之际，一并表示诚挚的谢意！

　　对给作者热情鼓励和支持，直接参加试验研究和工业实践，并帮助做了大量文字整理工作的曾志华同志致以真诚的谢意！

　　由于时间较仓促且作者水平有限，书中不足之处，恳请读者批评指正。

黄礼煌

于江西理工大学

2016 年 7 月

目 录

金 银 篇

铂族金属篇

金银篇

1 绪 论

1.1 金的性质及用途

1.1.1 金的物理性质

金为化学元素周期表中第六周期 I B 族元素，原子序数为 79，相对原子质量为 196.967。

纯金为金黄色，其表面颜色随杂质的种类和含量的不同而变化。如金中含银和铂，可使金的颜色变浅，含铜可使金的颜色变深。纯金被碾碎呈粉末或碾成金箔时，其颜色可呈青紫色、红色、紫色乃至深褐色至黑色。

金的延展性居所有金属之首，一克纯金可拉成长达 3500m 以上的细丝，可碾成厚度为 0.23×10^{-3} mm 的金箔。但是，当金中含有铅、铋、碲、镉、锑、砷、锡时，金的力学性能明显下降。如金中含 0.01% 的铅时，金变脆；金中铋含量达 0.05% 时，甚至可用手将金搓碎。

金的密度随温度的变化略有变化。在常温条件下，金的密度为 $19.29 \sim 19.37$ g/cm^3。由于金锭中含有一定量的气体，金的密度略有下降。金锭经压延后，密度略有增加。

金的挥发性极小，在熔炼金的温度下（$1100 \sim 1300$℃），金的挥发损失较小，一般为 $0.01\% \sim 0.025\%$。金的挥发损失与炉料中挥发性杂质的含量和周围的气氛条件有关，若熔炼锑或汞含量达 5% 的合金，金的挥发损失可达 0.2%；在煤气中蒸发金，金的损失量为在空气中蒸发时的 6 倍；在一氧化碳气氛中蒸发金，金的损失量为在空气中蒸发时的 2 倍。金熔炼时的挥发损失与其具有很强的吸气性能有关。熔融状态的金可吸收相当于自身体积 $37 \sim 46$ 倍的氢，或吸收相当于自身体积 $33 \sim 48$ 倍的氧。当冶金炉气氛改变时，熔融状态金所吸收的大量气体（如氧、氢或一氧化碳）随气氛的改变或金的冷凝而析出，产生类似沸腾的现象，其中较小的金珠，尤其是直径小于 0.001mm 的金珠将随气体的喷出被强烈的气流带走，造成金的飞溅损失。

金具有良好的导电和导热性能。金的导电性能仅次于银和铜，在所有金属中居第三位。金的导电率为银的 76.7%，金的热导率为银的 74%。

金的主要物理常数见表 1-1。

表 1-1 金的主要物理常数

质量磁化率（cm、g、s 单位制）		-0.15×10^{-6}
初始电离电位/V		9.22
热离子功函数/eV		4.25
热中子俘获截面/巴		98.8
密度/g·cm^{-3}	18℃	19.31
	20℃	19.32
	1063℃（熔化时）	17.3
	1063℃（凝固时）	18.2

熔点/℃（1968 年国际实用温标）	1064. 43
沸点/℃	2808
强度极限/MPa	122
伸长率/%	40 ~ 50
横断面收缩率/%	90 ~ 94
布氏硬度/MPa	181. 42
矿物学硬度	3.7
比热容/J·(g·℃)$^{-1}$	1. 322
电阻温度系数（25 ~ 100℃）	0. 0035
线性膨胀系数（0 ~ 100℃）	14. 16 × 10^{-6}
热导率(0 ~ 100℃)/J·cm^{-2}·(cm·s)$^{-1}$	3. 096
电阻率/μΩ·cm	2. 06

1.1.2　金的化学性质

金的化学性质非常稳定。在自然条件下，金仅与碲生成天然化合物——碲化金。在低温或高温条件下，金均不被氧直接氧化，而是以自然金的形态存在。

常温下，金与单一的无机酸（如硝酸、盐酸、硫酸）不发生化学反应，但可溶于王水（一份盐酸和三份硝酸的混合酸）、液氯、碱金属氰化物溶液及碱土金属氰化物溶液中。此外，金还可溶于下列溶液中：硝酸与硫酸的混合酸、碱金属硫化物溶液、酸性硫脲溶液、硫代硫酸盐溶液、多硫化铵溶液、碱金属氯化物或溴化物存在下的铬酸、硒酸、碲酸与硫酸的混合酸及任何能产生新生氯的混合溶液。

金在各种介质中的行为列于表 1-2 中。

表 1-2　金在各种介质中的行为

介　质	温度/℃	腐蚀程度	介　质	温度/℃	腐蚀程度
硫　酸	室温	几乎没有腐蚀	36% 盐酸	100	几乎没有腐蚀
硫　酸	100	几乎没有腐蚀	碘氢酸（密度为 1. 75g/cm^3）	室温	几乎没有腐蚀
发烟硫酸	室温	几乎没有腐蚀	氯　酸	室温	几乎没有腐蚀
过二硫酸	室温	几乎没有腐蚀	氯　酸	100	几乎没有腐蚀
硝　酸	室温	几乎没有腐蚀	氰氢酸溶液（有氧时）	室温	严重腐蚀
硝　酸	100	几乎没有腐蚀	碘　酸	100	几乎没有腐蚀
70% 硝酸	室温	几乎没有腐蚀	氟	室温	几乎没有腐蚀
70% 硝酸	100	几乎没有腐蚀	氟	100	几乎没有腐蚀
发烟硝酸	室温	轻微腐蚀	干　氯	室温	微量腐蚀
王　水	室温	快速腐蚀	湿　氯	室温	快速腐蚀
40% 氢氟酸	室温	几乎没有腐蚀	氯　水	室温	快速腐蚀
36% 盐酸	室温	几乎没有腐蚀	干溴（溴水）	室温	快速腐蚀

介　质	温度/℃	腐蚀程度	介　质	温度/℃	腐蚀程度
溴　水	室温	快速腐蚀	湿硫化氢	室温	几乎没有腐蚀
碘	室温	微量腐蚀	硫化钠（有氧时）	室温	严重腐蚀
碘化钾中的碘溶液	室温	快速腐蚀	氰化钾	室温	快速腐蚀
醇中的碘溶液	室温	严重腐蚀	醋酸	室温	几乎没有腐蚀
氯化铁溶液	室温	微量腐蚀	柠檬酸	室温	几乎没有腐蚀
硫	100	几乎没有腐蚀	酒石酸	室温	几乎没有腐蚀
硒	100	几乎没有腐蚀			

碱对金没有明显的腐蚀作用。

在金的化合物中，金常呈一价或三价形态存在。在金提取过程中，常见的最重要的金化合物为金的氯化物、金的氰化物和金的硫脲化合物等。

金的氯化物有氯化亚金 $AuCl$ 和三氯化金 $AuCl_3$。它们可呈固态化合物形态存在，在水溶液中不稳定，分解生成配合物。

金粉与氯气作用生成三氯化金。三氯化金溶于水时，将转变为金氯酸。其反应可表示为：

$$2Au + 3Cl_2 \longrightarrow 2AuCl_3$$

$$AuCl_3 + H_2O \longrightarrow H_2AuCl_3O$$

$$H_2AuCl_3O + HCl \longrightarrow HAuCl_4 + H_2O$$

金粉与三氯化铁或氯化铜作用，也可生成三氯化金。

金易溶于王水中。其反应可表示为：

$$HNO_3 + 3HCl \longrightarrow Cl_2 + NOCl + 2H_2O$$

$$2Au + 3Cl_2 + 2HCl \longrightarrow 2HAuCl_4$$

金氯酸可呈黄色的针状结晶形态 $HAuCl_4 \cdot 3H_2O$ 产出。将其加热至120℃时，黄色的针状结晶将转变为三氯化金。

在140~160℃条件下，将氯气通入金粉中可获得吸水性强的黄棕色三氯化金。黄棕色三氯化金易溶于水和酒精。将其加热至150~180℃时，分解为氯化亚金和氯气。将其加热至200℃以上时，分解为金和氯气。

氯化亚金为非晶体的柠檬黄色粉末，不溶于水，易溶于氨液或盐酸液中。常温下可缓慢分解析出金，加热时的分解速度加快。其反应可表示为：

$$3AuCl \xrightarrow{\triangle} 2Au \downarrow + AuCl_3$$

溶于氨液中的氯化亚金，用盐酸液酸化时，可析出 $AuNH_3Cl$ 沉淀。氯化亚金与盐酸作用可生成亚氯氢金酸。其反应可表示为：

$$AuCl + HCl \longrightarrow HAuCl_2$$

存在于溶液中的金阳离子，可采用二氧化硫、亚铁盐、草酸、甲酸、对苯二酚、联氨、乙炔、木炭及金属镁、锌、铁、铝等作还原剂将其还原，金呈海绵金粉形态析出，加热溶液可加速还原反应的进行。

金的氰化物有氰化亚金和三氰化金。三氰化金不稳定，在提金过程中无实际意义。有氧存在的条件下，金可溶于氰化物溶液中，金呈氰配阴离子形态存在于氰化物溶液中。其反应可表示为：

$$4Au + 8NaCN + O_2 + 2H_2O \longrightarrow 4NaAu(CN)_2 + 4NaOH$$

将金氰配盐溶于盐酸溶液，加热时金氰配盐分解，析出氰化亚金沉淀。其反应可表示为：

$$NaAu(CN)_2 + HCl \longrightarrow HAu(CN)_2 + NaCl$$

$$HAu(CN)_2 \xrightarrow{\text{加热50℃}} AuCN\downarrow + HCN\uparrow$$

氯化物或氰化物溶液中的金化合物，几乎均呈配阴离子形态存在。如氯化物溶液中的 $AuClO^{3-}$、$AuCl_2^-$、$AuCl_4^-$，氰化物溶液中的 $Au(CN)_2^-$ 等。氰化物溶液中的金常用金属锌（锌丝或锌粉）、金属铝等作还原剂将其还原析出，也可采用电解还原法还原析出金。

有氧存在时，金易溶于酸性硫脲溶液中。其反应可表示为：

$$4Au + 8SCN_2H_4 + O_2 + 4H^+ \longrightarrow 4Au(SCN_2H_4)_2^+ + 2H_2O$$

金在酸性硫脲溶液中呈配阳离子形态存在。

虽然金是化学性质极不活泼的元素，但在一定条件下仍可制得许多金的无机化合物和有机化合物，如金的硫化物、金的氧化物、金的氰化物、金的卤化物、金的硫氰化物、金的硫酸盐、金的硝酸盐、金的氨合物、烷基金和芳基金等化合物。浓氨水与氰化金或氯金酸溶液作用，可制得具有爆炸能力的雷酸金。

金与银或铜可以任何比例生成合金。金银合金中的银含量接近或超过70%时，采用硫酸或硝酸可溶解合金中的全部银，金呈海绵金形态产出。

采用王水溶解金银合金时，反应生成的氯化银将覆盖于金银合金表面，使金银合金无法进一步溶解。

金铜合金的弹性强，但延展性差。金铜合金中加入银，可制得金银铜合金。

金与汞可以任何比例生成合金，常将金汞合金称为金汞齐。根据金汞齐中金含量的不同，金汞齐可呈固态或液态存在。

1.1.3　金的用途

由于金的化学性质非常稳定，金非常稀有及贵重，许多个世纪以来，各国一直将黄金用作货币，至今仍无其他商品可代替黄金作国际货币使用。据报道，至1940年，世界黄金总采出量为38300t，其中50%以上用作货币。也有资料称，至20世纪50年代初期，世界黄金总采出量为50000t，其中60%用作货币。用作货币的黄金，大部分被铸成金条、金砖等保存于世界各国银行的国库中，作为付款和银行金融界交换的基础，只小部分黄金直接铸成金币供流通使用。国际上常将黄金称为"硬通货"。

我国是世界上使用金币最早的国家之一，在河南省新郑的殷墟考古发掘中，出土了4000多年前的金质贝币、凸凹花印金叶和贴金贝币。《史记·平准书》中曰："虞夏之世金品，或黄或白或赤，或钱或刀，或布或龟贝。"其中黄、白、赤是指金、银、铜的颜色，可知在我国商代前就已将金、银、铜作货币使用，而且还有一定的文字记载。近代许多国家采用金铜合金制作金币，多数国家（如苏联、美国、法国、意大利、比利时、德国和瑞士等）的现代金币的金含量为90%，英国金币的金含量为91.6%。一个国家经济实力的大小，目前仍常用国库中黄金储备的多少来衡量。

黄金具有熔点高、耐强酸、导电性能好等特点，加之金的合金（如金镍合金、金钴合金、金钯合金、金铂合金等）具有良好的抗弧能力和抗拉、抗磨能力。因此，近代黄金被大量用于宇航工业、电子工业和电气工业中。宇宙飞船、卫星、火箭、导弹、喷气机中的电气仪表、微型电机的电接点等关键部件几乎全部采用黄金及其合金制造。如美国"阿波罗"号宇宙飞船上的仪表均采用镀金处理，喷气式发动机的喷嘴及宇航飞行器的燃料供给系统的部件上均镀金。

黄金在电气工业、电子工业中广泛用于制造各种接触器、插销、继电器、电子计算机及某些装置中的高速开关。将黄金包在绝缘材料（如石英、压电石英、玻璃、塑料等）的表面，可用作导电膜或导电层。

金箔具有非常特殊的光学性能，对红外线有强烈的反射作用，如0.3mm的金箔膜对红外线的反射率达98.44%。因此，可将其加工为不同厚度的金箔，不同厚度的金箔具有不同的光泽和对红外线有不同的反射率，广泛用于军事装备的红外线探测仪和导弹及反导装置中。贴在玻璃上的金箔可有效反射紫外线和红外线，可作为特殊的滤光器。

由于纯的黄金价格昂贵且质软，为了满足某些特殊要求，黄金广泛用于贱金属表层镀金及与其他金属制成合金。最重要的含金合金为金银合金、金铜合金、金银铜合金、金铂合金和金汞合金等。

黄金色彩华丽，永不变色。日常生活中常用黄金制造各种工艺品和用具，世界各国均有许多名贵的金质和含金合金的工艺装饰品。如我国出土文物中的"金缕玉衣"，现代的项链、耳环、戒指、胸花、头饰及高档瓷器镀金等。

黄金在医疗和一般工业领域的应用也相当广泛，如采用黄金镶牙，采用各种金盐试剂治疗肺结核等疾病，采用放射性同位素^{198}Au检查肝脏病及治疗癌症等。在一般工业领域中用于制造仪表、钟表、笔尖、玻璃染色、刻度温度计、人造纤维工业中的金铂合金喷丝头等。

1.2 银的性质及用途

1.2.1 银的物理性质

银为元素周期表第五周期ⅠB族元素，原子序数为47，相对原子质量为107.868。

纯银为银白色，光润，色泽光亮。银与金属铜可以任何比例生成合金。纯银中掺入10%以上的红铜时，其色泽开始变红，红铜含量愈高，颜色愈红。纯银中掺入黄铜时，其颜色则白中带黄，黄铜含量愈高，颜色愈黄带黑。纯银中掺入白铜时，其颜色变灰。纯银中掺入黄金时，其颜色变黄。

在金属中，银的延展性仅次于金。纯银可碾成厚度为0.025mm的银箔，可拉成直径小于头发丝的银丝。但当银中含有少量砷、锑、铋等杂质时，银变脆，其延展性下降。

银具有极好的导电、导热性能。在金属中，银的导电性能最好。

银的熔点较高，为 960℃，但比金、铜、铁等常见金属的熔点低。银的沸点为 1850℃，熔炼银时银会被氧化，具有一定的挥发性。但当有贱金属存在时，氧化银很快被贱金属还原。在正常的熔炼温度（1100～1300℃）条件下，银的挥发损失小于1%。但当银氧化强烈，熔融银液面上无覆盖剂及炉料中含有较多的铅、锌、砷、锑等易挥发金属时，银的挥发损失会增大。

银在空气中熔融时，可吸收相当于其自身体积 21 倍的氧，当熔融银液冷凝时，这些被吸收的氧会释出而形成"银雨"，造成细粒银珠的喷溅损失。当熔融银液中含有少量铜或铝，或采用一层木炭覆盖熔融银液面并搅拌，均可防止"银雨"的产生。

白银质地柔软，其硬度稍高于黄金，但比铜软。当银中掺入杂质（主要为铜）后，白银变硬，杂质含量愈高，银的硬度愈大。

铸银的密度为 $10.5g/cm^3$，铸银经轧带机碾压后，其密度为 $10.57g/cm^3$。

银的化合物对光具有极强的敏感性。

1.2.2　银的化学性质

在常温条件下，银不与氧起反应，银属化学性质较稳定的元素。将白银置于空气中，其表面颜色基本不变，银器皿表面颜色变黑是银与空气中的硫化氢气体作用生成硫化银的缘故。

银易溶于硝酸和热的浓硫酸中，微溶于热的稀硫酸中，不溶于冷的稀硫酸中。盐酸和王水只能使银的表面生成氯化银薄膜。银与食盐共热易生成氯化银。银与金属硫化物接触易生成硫化银。

银粉易溶于含氧的氰化物溶液和含氧的酸性硫脲溶液中。

银不与碱（碱金属氢氧化物及碱金属碳酸盐）起作用，具有良好的耐碱性能。

氯、溴、碘可与银起作用，可生成相应的氯化银、溴化银和碘化银。

银可溶于硫代硫酸钠溶液中，生成银和钠的重硫代硫酸盐 $NaAgS_2O_3$。

在银化合物中，银呈一价形态存在。银可与多种物质生成化合物，在银提取工艺中最重要的银化合物为硝酸银、氯化银、硫酸银和氰化银等。

硝酸银为最重要的银化合物，银与硝酸作用可生成硝酸银。其反应可表示为：

$$6Ag + 8HNO_3 \longrightarrow 6AgNO_3 + 2NO\uparrow + 4H_2O \quad （稀硝酸中）$$

$$Ag + 2HNO_3 \longrightarrow AgNO_3 + NO_2\uparrow + H_2O \quad （浓硝酸中）$$

硝酸银为无色透明的斜方片状晶体，密度为 $4.352g/cm^3$，熔点为 212℃。444℃时分解，易溶于水和氨液，微溶于酒精。几乎不溶于浓硝酸液。

硝酸银水溶液呈弱酸性，pH 值为 5～6。硝酸银水溶液中银离子易被金属还原剂置换还原或用亚硫酸钠等还原剂还原。硝酸银水溶液中加入氨可使银转变为可溶性银氨配盐，此时可采用葡萄糖、甲醛、水合肼等有机还原剂或氯化亚铁等无机还原剂将银还原为海绵银粉。

硝酸银水溶液中加入盐酸或氯化钠，可生成白色的氯化银沉淀。硝酸银水溶液中加入硫化氢气体即生成黑色的硫化银沉淀。

潮湿的硝酸银遇光易分解。硝酸银为氧化剂，可使蛋白质凝固，对人体有腐蚀作用。

硫酸银为无色晶体，易溶于水。金属银溶于热浓硫酸中可制得硫酸银，其反应可表示为：

$$2Ag + 2H_2SO_4 \xrightarrow{\triangle} Ag_2SO_4 + 2H_2O + SO_2 \uparrow$$

金属银溶于浓硫酸中可制得结晶的酸式硫酸银 $AgHSO_4$。酸式硫酸银遇水极易分解为硫酸银。在加热条件下，部分银可溶于稀硫酸溶液中。

溶液中的银可采用金属置换法（置换还原剂为铜、锌、铁、锡、铅等）、还原沉淀法或氯化物沉淀法回收。其反应可表示为：

$$Ag_2SO_4 + Zn \longrightarrow 2Ag \downarrow + ZnSO_4$$

$$Ag_2SO_4 + Cu \longrightarrow 2Ag \downarrow + FeSO_4$$

$$Ag_2SO_4 + 2FeSO_4 \longrightarrow 2Ag \downarrow + Fe_2(SO_4)_3$$

$$Ag_2SO_4 + 2NaCl \longrightarrow 2AgCl \downarrow + Na_2SO_4$$

在加热至略红的温度条件下，木炭可将硫酸银完全还原为金属银。其反应可表示为：

$$Ag_2SO_4 + C \xrightarrow{\triangle} 2Ag \downarrow + CO_2 \uparrow + SO_2 \uparrow$$

硫酸银在明亮红热温度条件下，分解为银、氧及二氧化硫。其反应可表示为：

$$Ag_2SO_4 \xrightarrow{\triangle} 2Ag \downarrow + O_2 \uparrow + SO_2 \uparrow$$

氯化银为白色粉状物，在自然条件下，呈角银矿形态存在。含银溶液中加入氯化钠或盐酸可沉淀析出白色的氯化银沉淀。加热生成氯化银沉淀的溶液，可促使氯化银沉淀凝聚成块，便于过滤回收。

氯化银沉淀物长期放置于空气中，氯化银沉淀物表面被氧化而变为黑色。

氯化银微溶于水，25℃时，其在水中的溶解度为 2.11×10^{-4}%；100℃时，其在水中的溶解度为25℃时的4倍。

氯化银可溶于饱和的氯化钠、氯化铵、氯化钙、氯化镁、硫代硫酸钠、酒精、氨及氰化物溶液及酸性硫脲溶液中。

硫代硫酸银溶液中加入硫化物可析出硫化银沉淀，其反应可表示为：

$$Ag_2S_2O_3 + Na_2S \longrightarrow Ag_2S \downarrow + Na_2S_2O_3$$

硫化银呈深灰色至黑色，在自然界呈辉银矿形态产出。银与硫的亲和力强，自然银与硫反应易生成硫化银。其反应可表示为：

$$2Ag + H_2S + \frac{1}{2}O_2 \longrightarrow Ag_2S \downarrow + H_2O$$

硫化银高温时不挥发，受热时与空气接触则分解为金属银和二氧化硫。硫化银溶于熔融的硫化亚铜、硫化钴及其他金属硫化物中可生成含银的锍。在造锍过程中，金属银、氯化银、溴化银均转变为硫化银后溶解于锍中。

混汞时可使硫化银分解，生成的金属银与游离汞生成银汞齐，添加矾、硫酸亚铁或硫酸铜溶液可提高银的还原率。

硫化银与氧化铅或氧化铜共熔时，可还原析出金属银。其反应可表示为：

$$Ag_2S + 2CuO \xrightarrow{\triangle} 2Ag + 2Cu + SO_2 \uparrow$$

硫化银与硫酸银共熔时，可还原析出金属银。其反应可表示为：

$$Ag_2S + Ag_2SO_4 \xrightarrow{\triangle} 4Ag + 2SO_2 \uparrow$$

氯化银溶于盐酸生成银氯配盐 $HAgCl_2$。氯化银极易溶于氨水中，生成银氨配盐。其反应可表示为：

$$AgCl + 2NH_4OH \longrightarrow [Ag(NH_3)_2]Cl + 2H_2O$$

氯化银与碳酸钠共熔时，可还原析出金属银。其反应可表示为：

$$2AgCl + Na_2CO_3 \xrightarrow{\triangle} 2Ag + 2NaCl + CO_2 \uparrow + \frac{1}{2}O_2$$

氯化银与木炭共熔时，可还原析出金属银。

$$2AgCl + C \xrightarrow{\triangle} 2Ag + Cl_2 \uparrow + C$$

金属锌和铁是氯化银的良好还原剂。金属铜可从氯化银溶于氨水的溶液中还原析出金属银。但金属铜不能从氯化银溶于酸液的溶液中完全还原析出金属银。

汞可还原氯化银中的银，溶液中的硫酸铜、硫酸亚铁、钒及铁可加速汞对氯化银的还原作用。

有氧存在时，银可溶于氰化物溶液中生成银氰配盐。其反应可表示为：

$$4Ag + 8NaCN + O_2 + 2H_2O \longrightarrow 4NaAg(CN)_2 + 4NaOH$$

可采用金属锌、铜、铝、硫化钠及电解还原法从氰化液中还原析出金属银。

有氧存在时，银可溶于酸性硫脲溶液中生成银硫脲配盐。其反应可表示为：

$$4Ag + 12SCN_2H_4 + O_2 + 4H^+ \longrightarrow 4Ag[SCN_2H_4]_3^+ + 2H_2O$$

银和汞可生成银汞齐，可组成 α、β、γ 固溶体。混汞作业所得固体银汞齐中含银约 30.4%，相当于 γ 固溶体的组成。

1.2.3　银的用途

银是人类最早发现和使用最早的金属之一，其重要用途之一是作为货币行使国际货币的职能。铜银合金用于铸造银币，美国、苏联、法国、意大利、德国、比利时和瑞士生产含银为 90% 的银币，英国的银币含银为 92.5%，近代中国的银币含银为 95.83%。

在金属中，金属银具有最好的导电、导热和反射性能，具有良好的化学稳定性和延展性。因此，银被广泛用于宇航工业、电气工业、电子工业中，如用于制作航天飞机、宇宙飞船、卫星、火箭、导弹上的导线，用于制作电子计算机、电话、电视机、电冰箱、雷达等的各种接触器和银锌电池。

由于银化合物对光有很强的敏感性，广泛用于印刷业的照相制版，用于电影拍摄和其他摄影中的感光材料。据报道，全世界用于摄影、电视、电影、印刷照相制版领域的年白银消耗量高达 200 多吨。

白银具有很好的耐碱性能，在化学工业领域广泛用作设备的结构材料。如用于制造烧碱的碱锅，制造实验室熔融苛性碱的银坩埚。

白银在工业领域广泛用于制造轴承合金、触媒、焊料、齿套、各种装饰品、奖章、奖杯、各种生活用具及贱金属镀银。银还用于制镜、热水瓶胆及医药领域。银粉可用作化验室和实验室电器设备的防腐蚀涂料。微粒银具有很强的杀菌作用，除用于医治伤口外，还可用作净水剂。

硝酸银为重要的化工原料，除直接用于人工降雨、药用、化学分析、胶片冲洗等领域外，还可以硝酸银为原料加工生产一系列的含银产品。硝酸银再加工生产的主要产品及其用途列于表 1-3 中。

表 1-3　硝酸银再加工的主要产品及其用途

序号	产品	加 工 方 法	主 要 用 途
1	Ag_2O	$AgNO_3 + KOH$ 或 $NaOH$	原电池和蓄电池组的阴极退极化剂、催化剂
2	AgO	$AgNO_3 + KOH + K_2S_2O_3$	原电池组的阴极退极化剂
3	$AgCl$	$AgNO_3 + HCl$	原电池组的阴极退极化剂、海水淡化、感光材料
4	$AgBr$	$AgNO_3 + HBr$	主要的感光材料
5	AgI	$AgNO_3 + HI$	感光材料、人工降雨
6	$AgCN$	$AgNO_3 + KCN$ 或 $NaCN$	银电镀液
7	银粉	$AgNO_3 + Cu$ 或有机还原剂	电池组极板、粉末冶金生产电接触零件
8	银层	$AgNO_3 + NaOH + NH_4OH + C_6H_{12}O_6$ 或 $R—CHO$ 等	制　镜

1.3　金银原料

提取金银的主要原料为金银矿物原料，其次为有色金属冶金副产品及含金银的废旧材料。

1.3.1　金银矿物原料

1.3.1.1　金矿物原料

金在地壳中的含量为 $5 \times 10^{-7}\%$。金为亲硫元素，但在自然界金从不与硫化合，更不与氧化合。在自然界，除存在少量碲化金和方金锑矿外，金主要以单质的自然金形态存在。自然金中的主要杂质为银、铜、铁、碲、硒，而铋、钼、铱、钯的含量较少。自然金的密度一般为 $15.6 \sim 18.3g/cm^3$，硬度为 $2 \sim 3$，因含铁杂质而具有磁性，良导体。

在原生条件下，金矿物常与黄铁矿、毒砂等硫化矿物共生。与金共生的主要金属硫化矿物为黄铁矿、磁黄铁矿、辉锑矿和黄铜矿等，有时还含有方铅矿和其他金属硫化矿物及有色金属氧化矿物。脉石矿物主要为石英。

根据含金矿石的矿物组成及其可选性，可将含金矿物原料分为砂金矿和脉金矿两大类。1850 年以前，世界各国以开采砂金为主，20 世纪初开始大量开采脉金矿，目前脉金矿的金产量约占金总产量的 65% ~75%。

根据砂金矿床的沉积方法，砂金矿床可分为河床（河谷）型、阶地型和海滨砂金矿等类型。我国的砂金矿主要为河床型和阶地型，海滨砂金矿较少。砂金矿主要采用重选法和混汞法提取砂金矿中的金。

脉金矿主要采用重选、浮选、混汞和氰化等方法提取脉金矿中的金。硫脲提金的工艺仍处于完善阶段。

根据脉金矿石选矿的工艺特点，可将脉金矿石分为以下类型：

（1）含金石英脉矿石：其矿物组成简单，金是唯一可回收的有用组分，自然金的粒度较粗，选矿流程简单，选别指标较高。

（2）含少量硫化矿物的金矿石：金是唯一可回收的有用组分，硫化矿物的含量低，且呈黄铁矿形态存在。多属含金石英脉矿石，自然金的粒度较粗，可采用较简单的选矿流程获得较高的选别指标。

（3）含多量硫化矿物的金矿石：此类矿石中的黄铁矿和毒砂含量高，可作副产品回收。金的品位较低，自然金的粒度较细，并多被包裹于黄铁矿中。通常采用浮选法获得含金的硫化矿物混合精矿，然后送进一步处理。

（4）多金属含金矿石：矿石中除含金外，有时含铜、铜铅、铅锌银、钨锑等，其特点是含有 10% ~20% 的硫化矿物。自然金除与黄铁矿关系密切外，还与铜、铅等硫化矿物密切共生。自然金的粒度较粗，变化范围大，分布不均匀，且随开采深度而变化。处理此类矿石通常是采用浮选法将金富集于有色金属硫化矿物混合精矿中，然后在冶炼过程中综合回收各种有用组分。

（5）复杂难选含金矿石：矿石中除含金外，还含相当数量的锑、砷、碲、泥质和炭质物等。此类杂质给传统的提金过程造成许多困难，使工艺流程复杂化。处理此类矿石时，通常是采用浮选法将金富集于有色金属硫化矿物混合精矿中，然后，采用低温氧化焙烧或热压氧化浸出等方法进行预处理，从金精矿中除去砷、锑、碲、碳等有害杂质，再用氰化法从焙砂或浸渣中提取金银。采用酸性硫脲溶液直接从含砷、锑、碲、碳、硫的难选金精矿中提取金银的试验研究工作取得了很大进展，小型试验指标较理想，有可能用于工业生产。

（6）含金铜矿石：此类矿石与多金属含金矿石的区别在于其金含量较低，金为综合利用组分。自然金的粒度适中，但变化范围大，金与其他矿物的共生关系较复杂。处理此类矿石时，通常是采用浮选法将金富集于铜精矿中，在铜冶炼过程中综合回收各种有用组分。

处理含微粒金的多金属矿物原料时，可采用高温氯化挥发法或预先采用低温氧化焙烧、热压氧浸、生物氧化浸出等方法使包体金裸露或单体解离，然后采用氰化法或硫脲法从焙砂或浸渣中提取金银。

提金工艺流程主要取决于含金矿物原料的化学组成、矿物组成、自然金的粒度及对产品的要求等。无论采用何种工艺和流程，当入选原料中含有粗粒单体解离金时，一般均在浮选、氰化前，预先采用混汞、重选或单槽快速浮选等方法及时尽早回收单体解离的粗粒金。只要条件允许，应尽可能在矿山就地产金，以生产合质金或纯金。就地产金不仅可减少中间产品的运输，而且可加速产品销售，有利于资金周转。

虽然可用多种方法从矿物原料中提金，目前就地产金的主要方法仍然为混汞法和氰化法，有工业应用前景的有硫脲法、液氯法、多硫化铵法及高温氯化挥发法等。

1.3.1.2　银矿物原料

银在地壳中的含量为 $1 \times 10^{-5}\%$。在自然界，除少量银呈自然银、银金矿及金银矿外，银主要呈硫化矿物的形态存在。主要的银矿物为辉银矿、硫锑银矿、硫砷银矿、黝铜银矿、角银矿、含银方铅矿、含银软锰矿、针碲金银矿等。除少数单一银矿外，绝大部分银主要伴生于有色金属硫化矿物中。我国白银产地多，但单一银矿少，绝大部分银产于铜铅锌多金属硫化矿中。我国伴生金和伴生银的产量比为1：100。

我国有色金属矿山伴生金和伴生银的回收比例列于表1-4中。

表1-4　我国有色金属矿山伴生金和伴生银的回收比例

有色金属名称	黄金/%	白银/%	有色金属名称	黄金/%	白银/%
铜精矿	87.95	32.17	银精矿	0.1	2.13
铅精矿	7.15	52.89	其他精矿	0.66	0.90
锌精矿	—	11.86	合　计	99.96	99.99
金精矿	4.10	0.04			

根据银矿石的矿物组成和选矿特点，可将银矿石分为：

（1）含少量硫化矿物的银矿石：银是唯一可回收的有用组分，硫化矿物主要为黄铁矿，其他有回收价值的伴生组分少，常将此类矿石称为单一银矿。此类矿石可用浮选法、氰化法就地产银。

（2）含银铅锌矿石：矿石中的银、铅、锌均可回收，是各国生产白银的主要矿物原料。目前，生产中通常采用浮选法将银富集于硫化铅精矿和硫化锌精矿中，然后送冶炼厂综合回收银、铅、锌。黄铁矿精矿中所含的银损失于黄铁矿烧渣中。

（3）含银金矿石或金银矿石：在金矿中，银与金共生，金与银常生成合金，称为银金矿或金银矿。从矿石中回收金时，可回收相当数量的银。此类矿石中的金、银常与黄铁矿密切共生。处理此类矿石时，常用浮选法产出含金、银的矿物精矿，然后采用氰化法就地产出合质金或金锭、银锭，或送冶炼厂综合回收金、银。

（4）含银硫化铜矿石：各国硫化铜矿石均含有少量的银，银与自然金和硫化铜矿物紧密共生。生产中常用浮选法将金银富集于硫化铜矿物精矿中，送冶炼厂综合回收金、银。

（5）含银钴矿石：有的钴矿石中，银存在于方解石中，与毒砂、斜方砷铁矿共生。此类型矿石较少，通常选矿流程较复杂。

（6）含银锑矿石：可从此类型矿石中回收银、锑、铅等有用组分。

1.3.2　有色金属冶炼副产金银原料

目前，选矿厂处理含金银的有色金属矿石时，均将金银富集于有色金属矿物精矿中，矿山就地产金的比例较高，矿山就地产银的比例较低。因此，从有色金属冶炼副产金银原料中回收金银是提高金银产量的重要途径之一。

生产实践表明，铜、铅、锌、铋、锑、镍、铬等硫化矿中均含有贵金属，但各种硫化矿中所含贵金属的种类和含量有很大区别。一般而言，硫化铜矿石中金银含量较高，硫化铅锌矿石中含有大量的银，锑、砷、碲硫化矿中常含金锑矿、金毒砂矿和金碲矿，硫化镍、铬矿中含有大量的金、银和较多的铂族金属。许多有色金属矿床正是由于含有相当数量的贵金属才具有开采回收价值，其伴生的贵金属产值常高于主金属的产值。

浮选产出的含贵金属的有色金属矿物精矿经冶炼为粗金属，粗金属进行电解提纯时，除产出电解纯的金属阴极板外，贵金属几乎全部富集于电解阳极泥中。火法精炼铅、铋时产出的银锌壳，火法蒸锌的蒸馏渣及湿法炼锌等有色金属冶炼副产品中均富集了相当数量的贵金属。因此，可从下列有色金属冶炼副产品中提取贵金属：

（1）从铜电解阳极泥和湿法炼铜浸出渣中回收金银；

（2）从镍电解阳极泥中回收金银和铂族金属；

（3）从铅电解阳极泥和湿法炼铅产出的银锌壳中回收金银；

（4）从火法蒸锌的蒸馏渣及湿法炼锌的浸出渣中回收银；

（5）从黄铁矿烧渣中回收金银；

（6）从锡、锑、铋、汞、铬等精矿冶炼副产品中提取贵金属。

1.3.3　含金银的废旧材料

含金银的废旧材料种类繁多，其组成和特性各不相同。因此，从含金银的废旧材料中回收金银时，须根据其组成和特性选择适宜的工艺和方法以回收其中所含的金银。

供回收金银的主要废旧材料为金银首饰、废旧金银器皿、工具、合金、车削碎屑、工业废件、废液、废渣、各种废胶片、定影液、制镜废液、热水瓶胆碎片，以及金字招牌、匾额、对联和催化剂等。

1.4　黄金生产概况

世界现查明的黄金资源量为 8.9 万吨，储量基础为 7.7 万吨，世界有 80 多个国家生产黄金。南非的黄金资源量和储量基础约占世界的 50%，占世界储量的 38%；美国占世界查明资源量的 12%，占世界储量基础的 8%，占世界储量的 12%。除南非和美国外，主要的黄金生产国为俄罗斯、乌兹别克斯坦、澳大利亚、加拿大、巴西等。世界 80 多个黄金生产国中，美洲的黄金产量占世界的 33%（其中拉美占 12%，加拿大占 7%，美国占14%）；非洲的黄金产量占世界的 28%（其中南非占 22%）；亚太地区占 29%（其中澳大利亚占 13%，中国占 7%）。年产黄金 100t 以上的国家有南非、美国、中国、澳大利亚、加拿大、俄罗斯、印度尼西亚。年产黄金 50～100t 的国家有秘鲁、乌兹别克斯坦、加纳、巴西和巴布亚新几内亚。此外，墨西哥、菲律宾、津巴布韦、马里、吉尔吉斯斯坦、韩国、阿根廷、玻利维亚、圭亚那、几内亚、哈萨克斯坦等也是黄金的重要生产国。

我国是黄金开采和使用金银最早的国家之一，在河南殷墟已发掘出 4000 年前的金质贝币和贴金贝币。据《宋史·食货志》记载，宋朝元丰元年（公元 1078 年）全国年产黄金 10711 两，白银 215385 两。到明朝时，中国产金之区有百余处。至清朝光绪年间，黄金年产量达 43 万两，占当时世界年产黄金量的 7%，居世界第 5 位。中华人民共和国成立后，我们的黄金生产有所发展，但增长速度较慢。随着我国建设事业的发展，尤其是党的十一届三中全会以后，确定以生产建设为中心，实行改革开放政策，大力发展国民经济，我国的黄金生产获得了迅猛发展。至 2006 年，南非一直是世界年产黄金最多的国家。2007 年我国的年产金量首次超过南非，已连续 8 年成为世界年产黄金最多的国家。2009 年世界年产黄金前 4 位的国家为：中国 313t，澳大利亚 220t，南非 210t，美国 210t。

2 金银矿物原料重选

2.1 重选理论基础

重选是矿物原料颗粒群在流体介质中，根据各种矿粒间的密度差进行矿物颗粒分选的一种选矿工艺，其全称为重力选矿，简称重选。矿物原料颗粒群在重力场或离心力场中，密度大的矿物颗粒具有较大的沉降速度，在矿物颗粒群运动过程中，密度大的矿物颗粒趋向于进入矿物颗粒群的底层或外层；密度小的矿物颗粒具有较小的沉降速度，在矿物颗粒群运动过程中，密度小的矿物颗粒趋向于进入矿物颗粒群的顶层或内层。排出后，分别获得重产物（精矿）和轻产物（尾矿）。选煤时，有用矿物进入轻产物，脉石进入重产物。

矿物原料进行重选的难易程度与分选矿粒的密度和分选介质的密度相关。矿物原料的重选可选性指标可用式（2-1）表示：

$$E = \frac{\delta_2 - \Delta}{\delta_1 - \Delta} \tag{2-1}$$

式中 E——矿石重选可选性指标；

δ_2——矿石中重矿物的密度，g/cm^3；

δ_1——矿石中轻矿物的密度，g/cm^3；

Δ——重选介质的密度，g/cm^3。

根据 E 值的大小，可将矿物原料进行重选的难易程度分为五个等级，见表2-1。

表 2-1 矿物原料重选的难易程度

E 值	>2.50	2.50~1.75	1.75~1.50	1.50~1.25	<1.25
重选的难易度	极容易	容 易	中 等	困 难	极困难

进行重选时，入选矿物原料的粒度范围随 E 值的减小而变窄。密度差相同的矿物原料随粒度的减小而分选变得愈困难。

为了使矿物原料颗粒群能按密度进行重选，首先须将重选介质中的矿粒群松散。推动矿粒群松散的流动载体称为重选介质。重选时，可采用水、空气、重液或重悬浮液作重选介质。生产实践中常用水作重选介质，缺水区或严寒区，或处理不宜与水接触的物料时，可采用空气作重选介质，此时重选称为风力选矿。重液仅用于实验室试验。重悬浮液是采用密度大的固体颗粒与水组成的悬浮液，可代替重液用于工业生产，此时重选称为重介质选矿。

重选介质的作用在于其自身的静浮力和流动时的动压力推动矿物颗粒群松散，并促使密度不同的矿粒产生分层转移。重选介质对矿物颗粒群的松散方式取决于重选介质在重选设备内的流动方式。

重选介质在重选设备内的流动方式主要有：（1）垂直的等速上升流动；（2）上升下

降交变流动；（3）沿斜槽作等速或稳定的流动；（4）沿斜槽作非等速或非稳定的流动；（5）回转形或螺旋形流动。重选介质在重选设备内与矿物颗粒群一起运动，在推动矿物颗粒群分层的同时也携带轻、重产物移向排矿端，重选介质起了输送重选产品的作用。

目前重选的方法较多，根据重选介质的运动方式可分为：（1）重介质选矿；（2）跳汰选矿；（3）摇床选矿；（4）溜槽选矿；（5）螺旋选矿；（6）离心选矿；（7）风力选矿。这些重选方法皆可用于金银矿物原料的分选。

重选流程一般包括准备作业、重力分选作业和重选产品处理三部分。重选准备作业包括：破碎、磨矿、洗矿、脱泥、筛分、分级等。重选准备作业的目的是制备粒度合适且矿物已单体解离的重选给矿。重力分选作业是重选流程的主体，根据矿石性质和分选目的进行配置，有简有繁。重选产品处理包括产品脱水和尾矿处理。

重选主要用于处理有用矿物与脉石的密度差较大的矿石，常用于选别金、钨、锡矿石，选别砂金时，常用重选方法。

重选具有不消耗药剂、环境污染小、设备结构简单、粗粒矿石的处理量大、能耗低等特点。其主要缺点是处理微细粒矿石的处理量小和分选效率低。

2.2　重介质选矿

2.2.1　重介质选矿原理

重介质选矿是在密度大于水的重介质中分选矿物的重选方法。所使用的重介质密度须大于待分选的轻矿物的密度，但小于待分选的重矿物的密度。重介质选矿基本上按矿物的密度进行分选，而待分选的矿物粒度和形状的影响小。

从重选可选性指标可知，E 值随重选介质密度的增大而增大，所以重介质选矿的分选精度比水介质高，可使密度差为 $0.05 \sim 0.1 \mathrm{g/cm^3}$ 的两种矿粒有效分离。重介质分为重液和重悬浮液两种。重液常为某些密度较大的有机液体或无机盐的水溶液，重液有毒而价格昂贵，仅用于实验室试验。重悬浮液为加重质（细磨后的重矿物或合金）与水混合的悬浮液，价廉易得，无毒，广泛用于工业生产。

重介质选矿的粒度上限为 300mm，下限为 0.5mm，分选密度为 $1.3 \sim 3.8 \mathrm{g/cm^3}$。常采用重力分析和绘制可选性曲线的方法确定矿石重介质选矿的入选粒度、分选密度和可能达到的分选指标。

重介质选矿机的种类较多，主要有锥形重介质分选机、鼓形重介质分选机、重介质振动溜槽、重介质旋流器和重介质涡流旋流器等五类。前两类为静态分选设备，后三类为动态分选设备。静态分选的特点是介质运动速度慢，采用较稳定的细粒悬浮液作介质，介质密度接近于实际分选密度。动态分选的特点是介质受外力作用做高速回转运动或垂直脉动，采用较粗粒的不稳定悬浮液作介质，实际分选密度比给入的介质密度大，可使密度较小的加重质。

2.2.2　重介质分选机

2.2.2.1　锥形重介质分选机
锥形重介质分选机的结构如图 2-1 所示。

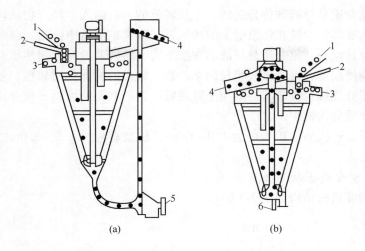

图 2-1   锥形重介质分选机的结构
（a）外部提升式；（b）内部提升式
1—给矿；2—介质；3—轻产物；4—重产物；5—泵；6—空气提升器

锥形重介质分选机有内部提升和外部提升两种类型。其外形为一圆锥形槽，槽内装有缓慢旋转（4~5r/min）的搅拌叶片，以维持重悬浮液的稳定。

操作时，从液面上方给矿，重介质悬浮液从给矿处和锥内不同深处给入。轻产物经圆锥周边溢流堰溢出，重产物从底部经空气提升器或泵排出。锥形重介质分选机属深槽型静态分选设备，分选槽容积大且稳定，矿粒在槽内停留时间较长，分选细粒的精度较高，适用于轻产物产率高的物料。其缺点是介质量和循环介质量较大。

锥形重介质分选机给矿粒度为 50~3mm，圆锥直径为 2~6m，处理能力为 25~150t/h。

2.2.2.2   鼓形重介质分选机

鼓形重介质分选机的结构如图 2-2 所示。

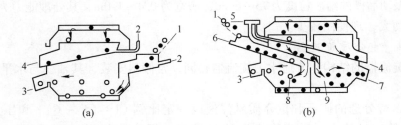

图 2-2   鼓形重介质分选机的结构
（a）单室两产品式；（b）双室三产品式
1—给矿；2—介质；3—轻产物；4—重产物；5—高密度介质；
6—低密度介质；7—中间产物；8—低密度室；9—高密度室

鼓形重介质分选机有单室和双室两种。单室鼓形重介质分选机只用一种重介质悬浮液，双室鼓形重介质分选机使用密度不同的两种重介质悬浮液。

操作时，重介质悬浮液和待分选的矿石从转鼓的一端给入。轻产物从转鼓的另一端排出；重产物沉入底部，由装在转鼓壁上的扬板提升至排矿溜槽中排出。鼓形重介质分选机属浅槽型静态分选设备。重介质悬浮液的深度不大，转鼓的搅拌作用使重介质悬浮液的密度稳定。排矿溜槽较宽，可排出较粗粒的重产物。转鼓的搅拌作用较强，使细粒重产物不易沉降，不适于处理细粒级矿石。适用于处理重产物产率大的给料，重介质悬浮液量及循环量比锥形重介质分选机少。

鼓形重介质分选机的给矿粒度为 150 ~ 6mm，转鼓直径为 1.5 ~ 3.0m，其处理能力为 20 ~ 100t/h。

2.2.2.3　重介质振动溜槽

重介质振动溜槽的结构如图 2-3 所示。

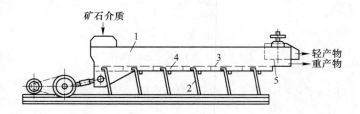

图 2-3　重介质振动溜槽的结构
1—槽体；2—支承弹簧板；3—筛板；4—水室；5—分离隔板

重介质振动溜槽的外形为一振动长槽，槽底为冲孔筛板，筛下为水室。

操作时，重介质悬浮液和待分选的矿石从槽的给矿端给入。由于槽底摆动和筛下上升水流的作用，重介质悬浮液在槽中形成流动性较好的高密度床层，矿石按密度分层和沿槽移动，最后通过排矿端的分离隔板分别排出轻产物和重产物。重介质振动溜槽的特点是可利用粗粒（ - 2mm）加重质，重介质悬浮液的固体容积浓度可高达 60%。采用密度较低的加重质（如磁铁矿）就可达到较高的分选密度，加重质的回收和净化较简单。

重介质振动溜槽的给矿粒度为 75 ~ 6mm，槽宽为 0.4 ~ 1.0m，其处理能力为 25 ~ 80t/h。但该设备振动大，现使用较少。

2.2.2.4　重介质旋流器

重介质旋流器的结构和普通水力旋流器相同，常倾斜安装，其轴线与水平线的夹角为 18° ~ 30°。

操作时，待分选的矿石和重介质悬浮液以一定比例（1 : (4 ~ 6)）和压力（0.08 ~ 0.2MPa）经给矿口给入，重产物经沉砂口排出，轻产物经溢流管排出。重介质悬浮液在旋流器中做高速旋转运动时会产生浓集作用，靠近溢流管和中心轴线处的重介质悬浮液的密度小，靠近沉砂口和器壁处的重介质悬浮液的密度大。因此，重介质旋流器的实际分选密度比实际给入的重介质悬浮液的密度大。重介质旋流器的分选密度与旋流器的结构参数有关，增大锥角和增大溢流管与沉砂口的直径比，均可增大分选密度。

重介质旋流器结构简单，占地面积小，可采用密度较低的加重质。给矿粒度为 20 ~

2mm，给矿粒度下限可达 0.5mm，应用较广。$\phi 430$mm 的重介质旋流器处理能力为 45t/h。

2.2.2.5　重介质漩涡旋流器

重介质漩涡旋流器的结构如图 2-4 所示。

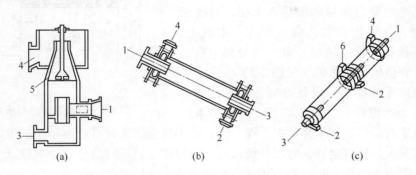

图 2-4　重介质漩涡旋流器的结构图
（a）田川式；（b）狄纳式；（c）三流式
1—给矿；2—给介质；3—轻产物；4—重产物；5—空气导管；6—中间产物

田川式重介质漩涡旋流器是一个垂直倒置的水力旋流器，在重产物排出口插入一根空气导管，可使旋流器内的空气柱保持稳定。调节空气导管上下位置或改变溢流管与沉砂口的直径比可调节轻产物与重产物的产率。田川式重介质漩涡旋流器的直径为 300 ~ 500mm，给矿粒度为 30 ~ 75mm，处理能力为 20 ~ 80t/h。

狄纳式漩涡旋流器为圆筒形旋流器，与水平线呈 25°角安装。圆筒上、下两端中央出口为给矿进口和轻产物出口。操作时，重介质悬浮液从靠近筒体下端的入口沿切线方向给入，重产物从靠近筒体上端的出口沿切线方向排出。该设备特点是给矿和重介质悬浮液分别给入，较易控制重介质悬浮液的密度，同时重介质悬浮液对旋流器壁起了保护的作用，筒体磨损小。重产物与轻产物的产率比的调节范围大（9∶1 ~ 1∶9）。给矿粒度为 40 ~ 2mm，筒体直径为 225 ~ 400mm，处理能力为 10 ~ 80t/h。

三流式漩涡旋流器为二段狄纳式漩涡旋流器，每段均有单独的重介质悬浮液入口和重产物出口。给矿进入第一段，第一段轻产物进入第二段，第二段排出最终轻产物。两段旋流器可给入密度相同或不同的重介质悬浮液。第一段用于分出重产物、轻产物和待处理的中间产物。第二段用于分出不同性质的重产物和一种轻产物。该设计特点是分选效率高，筒体直径为 250 ~ 500mm，处理能力为 15 ~ 90t/h。

2.3　跳汰选矿

2.3.1　跳汰选矿原理

跳汰选矿为在垂直变速流动的水流中进行矿物分选的重选方法。跳汰选矿所用设备称为跳汰机。跳汰机内分选矿物的空间称为跳汰室，室内装有固定的或上下运动的筛板。前者称为定筛，后者称为动筛。

操作时，待分选的物料在筛板上形成的料层称为床层。在跳汰室内，水流周期地通过筛板。水流上升时，床层脱离筛板，使物料松散。密度不同的矿粒在静力压强差和沉降速度差作用下发生相对转移，重产物进入下层，轻产物转入上层。当水流下降时，床层逐渐紧密，细小的重矿物颗粒可继续穿过床层间隙进入下层，可补充回收重产物，这种作用称为吸入作用。水流上、下流动反复进行，最终使轻、重产物分层。将其分别排出，获得精矿和尾矿（见图 2-5）。

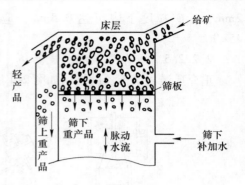

图 2-5　跳汰选矿过程示意图

跳汰选矿操作简单，设备处理能力大，成本低，广泛用于处理粗粒、中粒矿石，甚至也常用于处理细粒矿石。广泛用于金、钽、铌、钛、锆等贵金属和稀有金属砂矿的重选。其主要缺点为耗水量大，处理金属矿时须分级入选，处理细粒矿石时的分选效率较低。处理金属矿的粒度范围为 50~0.1mm，适宜的给矿粒度范围为 20~0.2mm。

2.3.2　跳汰机

2.3.2.1　概述

跳汰机可依据处理原料、分选介质、筛板是否可动、驱动水流的运动部件、传动机构类型、给矿粒度、周期曲线类型及跳汰室表面形状等进行分类。依据处理原料可分为矿用跳汰机和煤用跳汰机。依分选介质可分为水力跳汰机和风力跳汰机。依筛板是否可动可分为定筛跳汰机和动筛跳汰机。依驱动水流的运动部件可分为活塞跳汰机、隔膜跳汰机、水力鼓动跳汰机和压缩空气跳汰机。

处理金属矿时，主要采用隔膜跳汰机。依据隔膜的位置，隔膜跳汰机可分为旁动式隔膜跳汰机、下动式隔膜跳汰机和侧动式隔膜跳汰机（见图 2-6）。

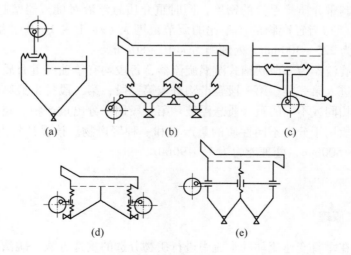

图 2-6　隔膜跳汰机分类示意图

（a）旁动式隔膜跳汰机；（b）带可动锥底的下动式隔膜跳汰机；（c）下动式内隔膜跳汰机；

（d）侧动式外隔膜跳汰机；（e）侧动式内隔膜跳汰机

2.3.2.2　旁动式隔膜跳汰机

旁动式隔膜跳汰机的结构图如图2-7所示。

旁动式隔膜跳汰机的隔膜位于跳汰机的旁侧，系参照美国丹佛（Denver）跳汰机制成，又称丹佛跳汰机。机内有两个串联的跳汰室，每室的筛板尺寸为450mm×30mm。隔膜采用偏心连杆机构传动，偏心机构由两个偏心圆盘构成。调节其相对位置可使冲程在0～25mm范围内变动。冲次为329次/分钟和420次/分钟两种。水流呈正弦周期运动。吸入作用强，须经常由侧壁向内补加大量筛下水。

该机适于处理各种金属矿石、含金及含稀有金属的砂矿。最大给矿粒度为12～18mm，回收粒度下限为0.2mm，每台处理能力为1～5t/h，单台耗水5～15m³/h。

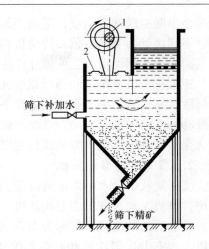

图2-7　旁动式隔膜跳汰机的结构图
1—偏心机构；2—隔膜

2.3.2.3　下动式隔膜跳汰机

下动式隔膜跳汰机的结构图如图2-8所示。

下动式隔膜跳汰机的传动隔膜位于跳汰室下方。主要有下动式圆锥隔膜跳汰机、复振跳汰机、矩形锯齿波跳汰机、液压圆形跳汰机及卡里马达跳汰机等。我国应用较广的为下动式圆锥隔膜跳汰机。

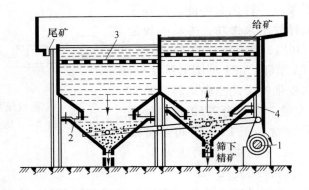

图2-8　下动式隔膜跳汰机的结构图
1—传动装置；2—隔膜；3—筛板；4—机架

下动式圆锥隔膜跳汰机又称泛美型（Pan American Placer）或米哈诺贝尔型（мёханобр）跳汰机。它由两个串联的方形跳汰室配置而成，跳汰室下面有一个圆形的振动锥底，中间用隔膜环和机箱相连。振动锥底支承于振动框架上。振动框架的一端经弹簧板与传动偏心盘相连。偏心盘转动时，锥底即上下振动。偏心盘为双偏心结构，总偏心距为0～26mm。借助更换皮带轮有256r/min、300r/min和350r/min三个冲次。

我国采用此跳汰机处理钨、锡、硫化矿及含金矿石，采用透筛排料法排出精矿。给矿最大粒度为18mm，实际生产中不超过10mm，回收粒度下限为0.1mm。

复振跳汰机（美国称Wemco-Remer跳汰机）的结构与下动式圆锥隔膜跳汰机相似。

由两个串联的跳汰室组成，下面用偏心盘带动框架摆动，从而推动其上的锥斗上下交替振动。不同之处为有两组偏心传动机构，一个为高冲次小冲程，另一个为低冲次大冲程，两者共同作用于摆动框架上使锥斗产生复合振动。

矩形锯齿波跳汰机和梯形锯齿波跳汰机具有相似的结构，区别在于前者由两个串联的方形跳汰室组成，后者则由两个水平断面呈梯形的跳汰室串联组成。凸轮和弹簧通过一横梁推动锥斗隔膜同时运动，水流的位移曲线为锯齿波形状。矩形锯齿波跳汰机主要用于精选含金砂矿，梯形锯齿波跳汰机主要用于处理锡石、硫化矿石。

2.3.2.4　圆形跳汰机

圆形跳汰机的水平断面为圆形，采用机械-液压系统传动，在跳汰室上部设有布料旋转耙，该机又称为液压圆形跳汰机。常安装于采金船或采锡船上，用于分选砂金或砂锡矿石。改进后的圆形跳汰机称为 MTE 型径向跳汰机（荷兰 MTE 公司），常见的有三室 90°跳汰机、六室 180°跳汰机和九室 270°跳汰机。

跳汰室下方的隔膜由从动油缸的活塞杆推动运动。从动油缸活塞的运动距离-时间曲线由转动的凸轮推动主动油缸的活塞杆控制。凸轮外缘各点的半径若按转动角度连续展开，则呈锯齿波形。因此，该机的水流的跳汰周期曲线为矩形波形，位移曲线为锯齿波形。该周期曲线具有水流上升快、下降缓慢的特性。水流下降速度接近于床层的沉降速度，减小了流体动力对分层的影响，可提高分选效率，可减少筛下补充水量。

机械-液压系统的工作原理图如图 2-9 所示。

当动锥下降时，跳汰室内的水、矿石和动锥的运动动能被蓄能器吸收并转化为势能。待隔膜重新上升时，势能被释放出来做功，推动隔膜运动。能量可得到反复利用，具有良好的节能效果。

我国研制的 DYTA 型和 PYTA 型圆形跳汰机，分别采用调速电机和皮带轮带动凸轮运转，整圆共 12 个梯形跳汰室组成，直径为 7750mm。处理砂金矿石时，给矿粒度常小于 15mm，可不分级入选，处理量为 280t/h，金的回收率可达 98%。

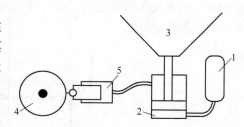

图 2-9　机械-液压系统的工作原理图
1—蓄能器；2—从动油缸；3—隔膜锥斗；
4—凸轮；5—主动油缸

2.3.2.5　侧动式隔膜跳汰机

侧动式隔膜跳汰机的隔膜位于跳汰室筛下侧壁或间隔壁上。分为矩形侧动隔膜跳汰机、大粒度跳汰机、尤巴型跳汰机、单列和双列的梯形跳汰机。

矩形侧动隔膜跳汰机的隔膜位于跳汰室筛板下方机箱外侧，采用偏心连杆机构传动。跳汰室的水平断面呈矩形，有单列双室、双列四室结构。双列四室的 2LTC-79/4 型跳汰机的结构图如图 2-10 所示。

双列四室的 2LTC-79/4 型跳汰机分处理粗粒级（12～3mm）和细粒级（3～0mm）两种。前者的筛下重产物集中排出，后者的重产物由各室单独排出。该机的隔膜冲程可调范围宽，在 0～50mm 范围内无级变化，采用更换不同直径皮带轮的方法调节冲次。该机常用于处理铁、锰、钨、锡及含金矿石。

大粒度跳汰机的结构图如图 2-11 所示。

我国研制的大粒度跳汰机主要为 Am-30 型，可处理粗粒矿石。其结构和传动方式与一

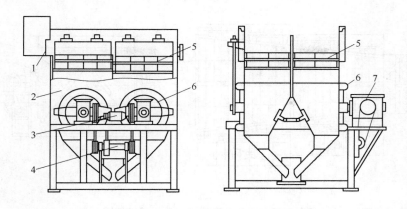

图 2-10　2LTC-79/4 型（700×900）矩形侧动隔膜跳汰机的结构图

1—给矿箱；2—机箱；3—电动机；4—中间轴；5—筛板；6—鼓动隔膜；7—传动装置

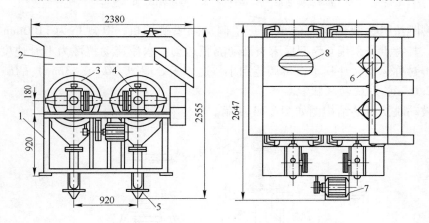

图 2-11　Am-30 型大粒度跳汰机的结构图

1—机架；2—箱体；3—鼓动盘；4—传动箱；5—筛下排矿装置；6—V 形分离隔板；7—电动机；8—筛板

般的侧动隔膜跳汰机相似。但其隔膜冲程大，最大冲程为 50mm，最大给矿粒度为 30mm。采用筛上排料法排出精矿，在筛板末端采用 V 形板控制。重产物通过 V 形板的底缘再经堰板排出。轻产物则沿 V 形板的两侧移动，然后越过挡板排出。在粗粒条件下分出围岩和脉石，重产物再破碎再分选。少数条件下，可直接获得精矿。

尤巴（Уцьа）型跳汰机的隔膜装在给矿端和排矿端的端壁上，矿浆流动方向与隔膜相垂直。有的隔膜装在机箱侧壁上。有单列双室和双列四室两种，主要用于分选砂金矿石。

梯形跳汰机的跳汰室水平断面由给矿端向排矿端增大，筛面呈连续梯形。有多种形式，我国最早的为双列八室梯形跳汰机，应用较广。双列八室梯形跳汰机的结构图如图 2-12 所示。

该机采用偏心连杆机构推动侧壁上的隔膜运动。其规格以单室长×（给矿端宽~排矿端宽）表示。最大型号为 2LTC-6109/8T 型，其规格为 900mm×（600~1000）mm，最大给矿粒度为 10~13mm，有效回收粒度为 5~0.075mm。

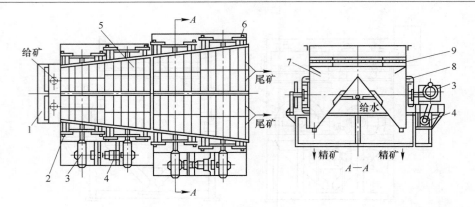

图 2-12　双列八室梯形跳汰机的结构图

1—给矿槽；2—前鼓动盘；3—传动箱；4—电动机；5—筛框；

6—后鼓动盘；7—跳汰室；8—鼓动隔膜；9—筛板

工革型跳汰机为我国研制的单列三室侧动隔膜跳汰机，其规格为 1100mm × (750 ~ 1050) mm。其特点是采用 6-S 型摇床头推动隔膜运动。水流流动特性为上升速度大、下降速度小的不对称运动，冲程小，可调范围小。适用于处理细粒级（ -3mm）的矿石。

2.3.2.6　水力鼓动跳汰机

水力鼓动跳汰机的结构图如图 2-13 所示。

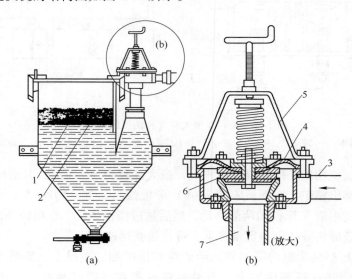

图 2-13　水力鼓动跳汰机的结构图

1—筛板；2—格筛；3—总水管；4—橡胶隔膜；5—弹簧；6—活瓣；7—进水管

其特点是采用活瓣阀门间歇鼓入上升水流，机内无其他传动机构。压力水（30 ~ 250kPa）经管道进入活瓣下方推动活瓣上升，物料水流随之进入跳汰室，鼓动床层松散分层。随着水流在活瓣下方急速流动，压力下降，在弹簧作用下，活瓣将阀门关闭，接着水流又上升，再次启动阀门，如此形成只有上升水流的跳汰周期。由于无下降水流的吸入作用，其床层松散度大，设备处理量大，但只能回收粗粒重矿物。此类跳汰机使用较早。主要用于处理脉金矿石，安装于闭路磨矿循环中，用于回收粗粒金或其他单体重矿物，以避免过磨。

2.3.2.7 动筛跳汰机

动筛跳汰机的特点是借助筛板振动以松散床层，达到分层的目的。最早的动筛跳汰机为人工桶洗，将矿石装入筛框中，放入水桶中，采用人力振荡筛框使矿石松散分层，然后逐层取出轻、重产物。

我国研制的 LTD1625 型液压动筛跳汰机的结构图如图 2-14 所示。

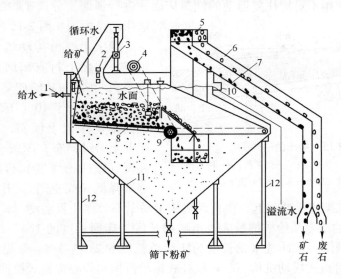

图 2-14 LTD1625 型液压动筛跳汰机的结构图

1—给水管；2—霍尔换向开关；3—液压活塞缸；4—排料轮液压马达；5—提升轮；6—废石排料溜槽；
7—矿石排料溜槽；8—动筛；9—排料轮；10—溢流水槽；11—机箱；12—机架

动筛筛框的两侧壁比筛面长度延伸出约一倍，在端部用销轴固定，另一端与位于筛板上方的液压活塞杆连接，带动筛框运动。操作时，待分选矿石给至筛面一端，在筛面振动中松散分层，同时沿筛面移向排矿端。下层重矿物经排料轮卸至提升轮的一侧，轻产物越过溢流堰进入提升轮的另一侧。随提升轮的转动，将其分别卸至轻、重产物溜槽中，再经相应皮带运输机运出。通过筛孔落入箱底的粉矿，采用砂泵送入浓密机，溢流水循环使用，沉砂混入精矿中。筛面面积达 $4m^2$，处理能力为 80 ~ 100t/h，给矿粒度可达 130 ~ 150mm。

2.3.3 跳汰工艺

跳汰选矿常以水为介质，特殊条件下才采用空气作介质，此时称为风力跳汰。

水流透过筛板完成一次运动循环所需时间，称为跳汰周期。水流在跳汰室中上升下降的最大距离，称为冲次或频率。为了防止水流下降后期床层过于紧密及调节吸入作用的强度，须在筛下补加水，称为筛下水。

影响跳汰分选效率的主要因素为矿石性质、给矿量、冲程、冲次及筛下水量等。须根据矿石性质，通过试验优化上述工艺参数，才能获得最好的分选效率。一般而言，处理粗粒矿石时，须采用厚床层、大冲程、小冲次，处理量为 $8 \sim 10t/(m^2 \cdot h)$，耗水量（给矿水和筛下水）为 $6 \sim 8m^3/(t \cdot h)$。处理细粒矿石时，须采用薄床层、小冲程、大冲次，处理量为 $3 \sim 14t/(m^2 \cdot h)$，耗水量（给矿水和筛下水）为 $4 \sim 6m^3/(t \cdot h)$。

2.4　摇床选矿

2.4.1　摇床选矿原理

摇床选矿是利用不对称往复运动的倾斜床面，进行斜面流分选矿物的重选方法之一。摇床的结构图如图 2-15 所示。

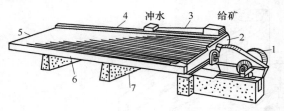

图 2-15　摇床的结构图

1—传动装置；2—给矿端；3—给矿槽；4—冲水槽；
5—精矿端；6—床面；7—机架

摇床主要由传动机构、床面和机架组成。床面上衬有耐磨层（生漆灰、橡皮等），在横向从给矿侧向尾矿侧向下倾斜，倾角不大于 $10°$。床面在纵向从给矿端向精矿端向上倾斜，倾角为 $1° \sim 2°$。床面上沿纵向布有床条（或凹槽）。床条高度（或凹槽深度）自给矿端向精矿端逐渐降低（或变浅），并沿一条或两条斜线尖灭。床面由机架支承或吊起，由传动机构带动做不对称往复运动。待分离物料与水混匀呈 $25\% \sim 30\%$ 的浓度从给矿槽给入，给矿槽长度为床面长度的 $1/4 \sim 1/3$。冲洗水从床面上沿的冲洗水槽给入，冲洗水槽长度为床面总长度的 $2/3 \sim 3/4$。常见的传动装置（俗称床头）为偏心肘板式摇动机构、凸轮杠杆式摇动机构和偏心弹簧式摇动机构。

待分离物料在床面上的分选作用，包括物料的松散分层和矿粒按密度和粒级分带两个过程。待分离矿石进入给矿槽后，自流至床面上，矿粒群在床面上的松散、分层主要靠床面的不对称往复运动的振动力和水流的冲洗作用力来实现。矿粒在床条沟槽中的高度和位置不同，所受的振动力和水流的冲洗作用力也不同，上层矿粒受水流的冲洗作用力大，下层矿粒受床面的摩擦作用力大。水流沿床面横向流动时，不断越过床条或凹槽，每越过一个床条或凹槽就产生一次小的水跃（见图 2-16）。

水跃产生的漩涡在水流沿程的下侧床条的边缘形成上升水流，在沟槽内侧形成下降水流。上升水流和下降水流使上部矿粒群不断地松散、紧密、再悬浮，密度大的矿粒随之转入下层，密度小的矿粒随之转入上层。在漩涡作用区下面，矿粒群的松散主要靠床面的不对称往复运动来实现，使处于不同高度的矿粒产生层间速度差，使矿粒做翻滚运动并互相挤压，推动床层扩展、松散。床面的不对称往复运动还导致析离分层，使密度大的细矿粒通过矿粒间隙沉于最底层。松散分层的最终结果是粗而轻的矿粒位于最上层，其次是细而轻的矿粒，再次是粗而重的矿粒，最底层是细而重的矿粒。

粒群的分带和搬运主要靠横向矿浆流和床面的不对称往复运动产生的机械力，两种力的合力决定了矿粒的移动方

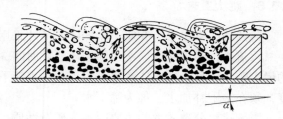

图 2-16　矿粒群在床条沟内的分层示意图

向。横向矿浆流布满整个床面，矿浆流经床面时对矿粒施以动压力，动压力随水流速度的增大而增大。水流速度随床层高度而变化，上层大，下层小。矿粒所受动压力愈大，其运动速度也愈大。因此，上层矿粒的横向运动速度大，同一高度的矿粒，粒度大的比粒度小的运动速度大，密度小的比密度大的矿粒的横向运动速度大。由于松散分层后，不同密度和不同大小的矿粒处于不同床层高度，矿粒的这种横向运动速度差异变得更加明显。

床面的不对称往复运动使粒群产生纵向的搬运作用。矿粒随床面一起做加速度运动时，将产生惯性力。当床面的加速度大到足以使矿粒的惯性力超过矿粒与床面的摩擦力时，矿粒则相对床面向前运动。矿粒相对床面开始运动所具有的惯性力加速度，称为临界加速度。在同一床面上，密度大的矿粒的惯性力比密度小的矿粒的惯性力大，底层矿粒的惯性力比顶层矿粒的惯性力大。因此，重矿粒，尤其是底层重矿粒将更快地被床面推动向前运动，上层轻矿粒则在更大程度上表现为摇摆运动，最后使处于底层的密度大的细矿粒有更大的纵向移动速度。

矿粒在床面上既做横向运动，又做纵向运动，矿粒的最终运动方向即由这两种运动的向量和决定（见图2-17）。

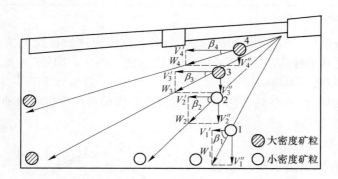

图 2-17　不同密度的矿粒在床面上分离的示意图

矿粒的实际运动方向与床面纵轴的夹角称为偏离角 β，其正切值为：

$$\tan\beta = \frac{v_y}{v_x} \tag{2-2}$$

式中，v_y 和 v_x 分别为矿粒的横向及纵向平均移动速度。β 值愈大，矿粒愈偏向尾矿侧运动；β 值愈小，矿粒愈偏向精矿端运动。轻矿物的粗粒具有最大的偏离角，重矿物的细粒具有最小的偏离角，轻矿物的细粒和重矿物的粗粒的偏离角介于其间。因此，在床面上形成了粒群按矿物密度和粒度的分带，适当截取可产出不同密度的产物和部分中间产物。

摇床选矿富集比高，一次分选可获得最终精矿和最终尾矿，可根据要求接取一种或多种中矿。

不同粒度的矿石对摇床的工艺参数有不同的要求，为了获得较高的分选指标，矿石入选前常用分级机（箱）分成数个粒级，分别进入相应的摇床进行分选。

摇床选矿的主要缺点是处理量低，台数多，占地面积大。摇床选矿广泛用于含金矿石的选矿。

2.4.2　摇床

2.4.2.1　摇床

按用途，摇床可分为粗砂摇床（矿粒大于 0.5mm）、细砂摇床（矿粒为 0.5 ～ 0.074mm）和矿泥摇床（矿粒为 0.074 ～ 0.037mm）三种。也可依据床头机构、床面形状、支撑方式及层面层数等因素进行分类，至今未形成统一的分类标准。

各种摇床的结构形式列于表 2-2 中。

表 2-2　各种摇床的结构形式

| 摇床床头 | | 床　　面 | | |
安装方式	床头机构	支撑方式	形状	层　　数
落　　地	偏心连杆式（Wilfley 型）	主要为落地，少数悬挂	矩形或菱形	单层为主，少数 2、3 层
	凸轮杠杆式（Plat-O 型）	主要为落地，少数悬挂	矩形或菱形	落地单层，悬挂 6 层
	凸轮摇臂式（Deister 型）	落　地	矩　形	单　层
	软、硬弹簧式	落　地	矩　形	单　层
	凸轮双曲臂杠杆式（Holman 型）	落　地	菱　形	单层或双层
悬　挂	多偏心惯性齿轮（Ambrose 型）	悬　挂	矩形或菱形	3、4 层居多，少数双层

注：括号内外文为研制者姓氏。

摇床常以设备特征、型号或研制者姓氏命名。我国应用较广泛的为云锡式摇床、6-S 摇床、弹簧式摇床和悬挂式多层摇床，少数采用悬面式摇床。国外应用较广泛的为威尔弗利（Wilfley）、霍尔曼（Holman）、普莱特-奥（Plat-O）型摇床和戴斯特（Deistr）型摇床。20 世纪 70 年代后，在粗选和选煤厂中大量推广多偏心惯性齿轮传动的多层悬挂摇床，有的还研制了新型摇床床头并作多层机组配置。

2.4.2.2　云锡式摇床

云锡式摇床的特点是采用凸轮杠杆式床头带动床面运动，由我国云锡公司参照苏联 CC-2 型摇床制成。其结构与美国普莱特-奥（Plat-O）型摇床相似。有粗砂摇床、细砂摇床和矿泥摇床三种类型，用于金属矿石的分选。粗砂摇床和细砂摇床用于处理 3 ～ 0.074mm 的矿石，矿泥摇床用于处理 0.074 ～ 0.026mm 的矿泥。

凸轮杠杆式床头的结构图如图 2-18 所示。

凸轮杠杆式床头的不对称性判据 E_1 值的调节范围较小，E_2 值的调节范围较宽。床面沿纵向呈阶梯状（由纵向坡面与阶梯平面相连接），可使上层轻矿物在爬坡过程中被水流冲洗掉，

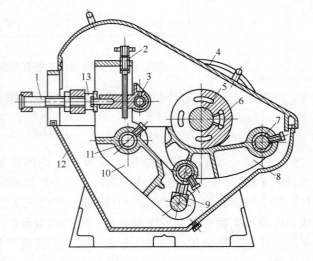

图 2-18　凸轮杠杆式床头的结构图

1—拉杆；2—调节丝杆；3—滑动头；4—大皮带轮；5—偏心轴；
6—滚轮流；7—台板偏心轴；8—摇动支臂（台板）；
9—连接杆（卡子）；10—曲拐杠杆（摇臂）；
11—摇臂轴；12—机罩；13—连接叉

可提高精矿质量。早期床面用木质床面，以生漆和煅石膏组成的漆灰为铺面材料，现部分采用玻璃钢床面。床面采用滑动支撑，滑动支撑和楔形块调坡机构结构图如图2-19所示。

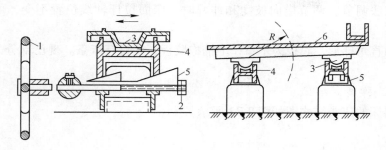

图2-19　滑动支撑和楔形块调坡机构结构图

1—调坡手轮；2—调坡拉杆；3—滑块；4—滑块座；5—调坡楔形块；6—摇床面

　　滑动支撑运动平稳，可承受较大压力，但阻力较大。转动手轮推动楔形块可调节床面坡度，床面的一侧被抬高或降低，床面的纵向坡度也随之改变。但这种调节床面坡度的方法会使床头拉杆的轴线位置有所变化。

2.4.2.3　6-S摇床

　　6-S摇床的特点是采用偏心连杆式床头和采用摇杆支撑床面，又称衡阳式摇床，最先由衡阳矿山机械厂制成。与美国威尔弗利（A. Wifley）摇床相似，6-S摇床主要用于分选钨、锡等有色金属矿石，适用于处理大于0.075mm的矿砂，也可用于处理矿泥。

　　偏心连杆式床头的结构图如图2-20所示。

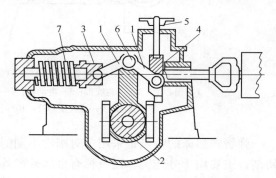

图2-20　偏心连杆式床头的结构图

1—肘板；2—偏心盘；3—肘板座；4—调节滑块；
5—手轮；6—摇动杆；7—弹簧

　　偏心连杆式床头的不对称性判据 E_1 值的调节范围较大。床面支撑装置和调坡机构一起装在机架上，6-S摇床的床面支撑装置和调坡机构的结构图如图2-21所示。

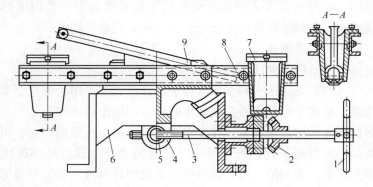

图2-21　6-S摇床的床面支撑装置和调坡机构的结构图

1—手轮；2—伞齿轮；3—调节丝杆；4—调节座板；5—调节螺母；6—鞍形座；
7—摇动支撑机构；8—夹持槽钢；9—床面拉条

采用四块板式摇杆支撑床面，使床面在不对称往复运动中作弧形起伏，引起轻微振动，有助于床面上的矿粒群松散和纵向搬运。床面纵向坡度调节范围为 0° ~ 10°。冲程采用转动轮的方法调节。调节横向坡度和冲程时，床面拉杆轴线位置不变，可使床面平稳运行。

床面近似直角梯形，底板为木料，上铺橡胶板，并钉有床条。现已部分采用玻璃钢制床面。

2.4.2.4　弹簧式摇床

弹簧式摇床的床头结构图如图 2-22 所示。

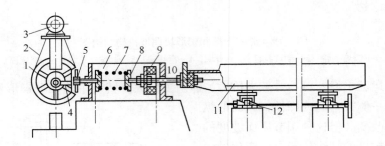

图 2-22　弹簧式摇床的床头结构图

1—偏心轮；2—三角胶带；3—电动机；4—摇杆；5—手轮；6—弹簧箱；7—软弹簧；
8—软弹簧帽；9—橡胶硬弹簧；10—拉杆；11—床面；12—支撑调坡装置

弹簧式摇床的特点是采用一对刚性不同的软、硬弹簧作床头，由我国长沙矿冶研究院研制，主要用于分选钨、锡及稀有金属砂矿等矿石细泥。其床头由传动装置和差动装置两部分组成。传动装置包括偏心轮及摇杆等构件。偏心轮旋转时产生的惯性力，通过摇杆传给差动装置，再通过拉杆推动床面运动。差动装置由橡胶硬弹簧、钢丝软弹簧、弹簧箱及冲程调节手轮等构成。床面运动的差动特性主要由软、硬弹簧刚性差异决定，可产生很大的正、负加速度差值。

床面沿纵向有断面呈三角形的刻槽。床面采用滑动支撑，床面四角的四个滑块支撑在四个长方形油槽中。此种支撑方式可使床面作稳定的直线运动。采用楔形块调节床面坡度。调节床面坡度时，拉杆轴线将发生变化，为变轴式调坡机构。

2.4.2.5　悬挂式多层摇床

悬挂式多层摇床的结构图如图 2-23 所示。

悬挂式多层摇床的特点是床头和多层床面全部悬挂安装。用于分选金属矿的矿砂和矿泥，也可用于选煤。适用于给料性质变化较小的物料和用作粗选作业。

其床头和多层床面采用钢丝绳悬吊在金属支架或建筑物的预制钩上，可省去笨重的基础，免除了设备运转时对建筑物的振动冲击。床头的惯性力通过球窝连接器传给摇床框架，使床面与床头连动。在钢架上设有能自锁的蜗轮蜗杆调坡装置，调坡时，多层床面同时改变坡度。

操作时，矿浆和冲洗水分别给入各层床面的给矿槽和给水槽中。由于多层床面重叠，处理量大，可节省占地面积，但管理和调节比单层摇床复杂。

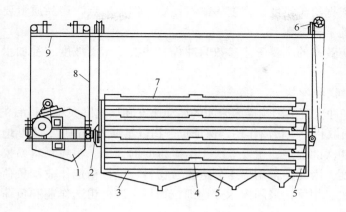

图 2-23　悬挂式多层摇床的结构图

1—惯性床头；2—床头；3—床架；4—床面；5—接矿槽；6—调坡装置；
7—给矿及给水槽；8—悬挂钢绳；9—机架

　　此类摇床的床头常采用多偏心惯性床头，其结构图如图 2-24 所示。

　　多偏心惯性床头由两对齿轮组成，齿轮上装有偏重块，大小齿轮的速度比为 2。上下齿轮相对转动时，偏重块的垂直方向分力始终相互抵消。当大小齿轮轴上的偏重块在同一侧时，在水平方向的惯性离心力达最大值。反之，当大小齿轮轴上的偏重块不在同一侧时，在水平方向的惯性离心力达最小值。因此，会在水平方向产生差动作用。大齿轮每分钟的转数为床面的冲次。改变偏重块的质量可以调节床面的冲程。床头运动的不对称判据 E_1 和 E_2 值均可调节。

2.4.2.6　悬面式摇床

　　悬面式摇床的特点是多层床面悬挂安装，而床头则安装在固定的地面基础上，呈半悬挂式，由我国云锡公司研制成功。

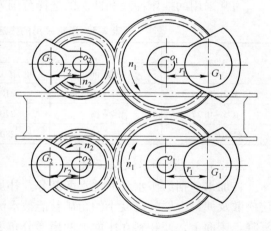

图 2-24　多偏心惯性床头的结构图

o_1, o_2—大齿轮和小齿轮回转中心；

n_1, n_2—大齿轮和小齿轮转速；

r_1, r_2—大齿轮和小齿轮偏重物心与回转中心的距离；

G_1, G_2—大齿轮和小齿轮偏重物质量

　　采用凸轮杠杆床头，六层床面用钢丝绳悬挂于机架上。采用屉架式悬挂床架，每层床面可呈抽屉状进出，床面拆装方便，床面质量较轻。床面之间距离为 170mm，床面间净空高度为 100mm。适用于处理 0.074～0.019mm 的微细粒金属矿石。具有空间利用系数高、动力消耗少的特点。

2.4.3　摇床选矿工艺

2.4.3.1　概述

摇床选矿的效率除与摇床本身的结构参数密切相关外，在很大程度上取决于摇床操作

的工艺参数。应根据给矿粒度、密度等矿石性质、作业地点、产品质量要求等因素,制定和调节摇床操作的工艺参数。

影响摇床选矿效率的主要工艺参数为冲程、冲次、床面坡度、补加水量、给矿量和给矿浓度等。

2.4.3.2 冲程和冲次

摇床的冲程和冲次直接影响摇床床面的运动速度和加速度大小。适宜的冲程和冲次,可使床面上的床层松散和产生析离作用,保证重产物以足够大的速度,不断地从精矿端排出。

摇床冲程和冲次的确定,主要取决于给矿粒度的大小。粗粒物料易松散分层,具有较大的纵向运动速度。因此,采用摇床分选粗粒物料、进行精选作业和负荷量较大时,宜采用大冲程和小冲次。相反,采用摇床分选细粒物料、进行粗选作业和负荷量较小时,宜采用小冲程和大冲次。

摇床的处理能力与摇床床面的运动速度有关。摇床床面的运动速度与摇床冲程和冲次的乘积成反比。因此,调节摇床的冲程和冲次时,应保证摇床具有一定处理能力的运动速度。

摇床的冲程和冲次常采用试验的方法确定。

通常采用的摇床冲程和冲次的选择范围列于表 2-3 中。

表 2-3 通常采用的摇床冲程和冲次的选择范围

给矿粒度/mm	6-S 摇床		云锡摇床	
	冲程/mm	冲次/次·分钟$^{-1}$	冲程/mm	冲次/次·分钟$^{-1}$
1.5 ~ 0.5	24 ~ 39	210 ~ 220	17 ~ 20	260 ~ 300
0.5 ~ 0.2	14 ~ 18	270 ~ 280	13 ~ 18	300 ~ 320
<0.2	12 ~ 16	280 ~ 300	8 ~ 11	320 ~ 340

2.4.3.3 补加水及床面坡度

补加水包括给矿水和冲洗水两部分。补加水量应保证水层厚度全部覆盖床层,以使床层松散及使最上层的密度小的粗矿粒能被水流冲走。但水流速度宜低,以使细粒重矿物能沉降于床面上,使物料在床面上的扇形分布更宽,分选得更精确。

摇床的横向坡度直接影响补加水量和水流速度。摇床床面的横向坡度不宜过大,其适宜值取决于给矿粒度。通常小于 2mm 的粗粒物料为 3° ~ 4°,小于 0.5mm 的中粒物料为 2.5° ~ 3.5°,小于 0.1mm 的细粒物料为 2° ~ 2.5°,小于 0.074mm 的矿泥物料为 1.5° ~ 2°。

自给矿端至精矿端的纵向向上坡度直接影响精矿质量。一般分选粗粒物料时为 1° ~ 2°,分选细粒物料时为 1°左右,分选矿泥物料时为 0.5° ~ 1°。

摇床的补加水量与入选物料粒度和作业地点有关。矿砂粗选的耗水量较低,一般为 1 ~ 3m³/t;精选作业的耗水量较高,一般为 3 ~ 5m³/t;分选矿泥物料时的耗水量最高,有时高达 10 ~ 15m³/t。

2.4.3.4 给矿量和给矿浓度

摇床操作时,给矿量和给矿浓度应稳定,否则将严重影响床面分带,降低分选效率。摇床的给矿浓度一般为 20% ~ 30%。给矿粒度愈细,给矿浓度愈低。但给矿浓度过低,将降低摇床的处理量。

处理量一般按类似选矿厂实际生产定额确定。一般条件下,摇床分选时的给矿量不宜过大。增大摇床给矿量会使床面料层变厚，不利于松散分层，造成重矿物易损失于轻产物中，降低金属回收率。

国内外广泛使用的6-S摇床和云锡摇床，设计时采用的生产定额列于表2-4中。综合操作条件列于表2-5中。

表 2-4 我国现行设计时采用的摇床生产定额

选别粒级/mm	生产定额/吨·(台·时)⁻¹	
	产出最终精矿	产出粗精矿
1.4 ~ 0.8	25	30
0.8 ~ 0.5	20	25
0.5 ~ 0.2	15	18
0.2 ~ 0.074	10	15
0.074 ~ 0.04	7	12
0.04 ~ 0.02	4	8
0.02 ~ 0.013	3	5

表 2-5 摇床综合操作条件

选别粒级/mm	给矿浓度/%	冲次/次·分钟⁻¹	冲程/mm	横向坡度/(°)
1.4 ~ 0.8	30	260	20	3.5
0.8 ~ 0.5	25	280	18	3.0
0.5 ~ 0.2	20	300	16	2.5
0.2 ~ 0.074	18	320	14	2.0
0.074 ~ 0.04	15	340	12	1.5
0.04 ~ 0.02	12	360	10	1.5

2.5 溜槽选矿

2.5.1 溜槽选矿原理

溜槽选矿是溜槽中的矿粒群在重力、摩擦力和水流冲力的联合作用下，进行分选的重选方法。溜槽中的水流属紊流运动，其运动形式除平行于槽底的倾斜流外，还有垂直于槽底的漩涡和水跃现象，这两种运动形式属上升水流，除促使床层松散外，还有助于矿粒群按密度分层。矿粒群分层后，密度大的粗矿粒位于最底层，密度小的细矿粒位于最顶层。矿粒群在倾斜水流冲力的推动下，将在距给料点不同部位进行沉降。粒度粗、密度大的矿粒最先在距给料点较近处沉降，并成为此处床层的最底层。粒度细、密度小的矿粒在距给料点最远处沉降，并成为此处床层的最顶层。矿粒沉降于槽底后，在倾斜水流冲力的推动下继续沿槽底向前运动。在运动过程中，上层的细矿粒，尤其是密度大的细矿粒，在重力作用下将穿过粗矿粒间的间隙转入下层。矿粒群运动时的粒间间隙比静止时大，析离分层作用更明显。当析离作用过于强烈时，密度小的细矿粒也将转入床层的下层，将降低分选效率。

矿粒群在溜槽中向前运动时，矿粒与槽底间及矿粒相互间将产生摩擦阻力，其摩擦系数与粒度和密度相关，故矿粒间存在速度差。因此，处于底层的密度大的矿粒受水流的冲击力较小，摩擦力较大，其沿槽底的移动速度缓慢或不移动；处于上层的密度小的矿粒受水流的冲击力较大，摩擦力较小，其移动速度较快。粗矿粒受水流的冲击力比细矿粒大得多，粗矿粒的移动速度比细矿粒大。

溜槽选矿广泛用于处理金、铂、锡、钨等有色金属矿和铁矿石，是处理低品位砂矿的常用选矿方法。

2.5.2 溜槽

2.5.2.1 溜槽分类

溜槽种类繁多，依所处理的矿石粒度可分为：

（1）粗砂溜槽：处理的矿石粒度大于 2～3mm，最大给矿粒度可达 100～200mm。主要有固定溜槽、罗斯溜槽、带格胶带溜槽。

（2）细粒溜槽：处理的矿石粒度为 2～0.074mm，主要有尖缩溜槽和圆锥选矿机。

（3）微细粒溜槽（矿泥溜槽）：给矿粒度小于 0.074mm，有效回收粒度下限为 0.01mm。主要有莫利兹选矿机（40 层摇动翻床）、矿泥皮带溜槽、振摆皮带溜槽、横流皮带溜槽等。

2.5.2.2 粗砂溜槽

粗砂溜槽为木质或铁板制成的长槽（也可用无极皮带作溜槽），槽底设挡板或其他粗糙物料铺面，以造成强烈的漩涡流和利于捕收重矿粒。溜槽内粒度大于 2～3mm 的矿粒群，在斜面水流作用下松散分层，重矿粒富集于槽底挡板凹陷处或粗糙铺面上，轻矿粒位于上层被水流带入尾矿。

粗砂溜槽主要用于分选砂金、砂铂、砂锡及其他稀有金属砂矿，最大给矿粒度可达 100～200mm，有效回收粒度下限为 0.074mm。

A 固定溜槽

固定溜槽外形为槽面等宽、槽底固定的长槽，为分选砂金的重要粗选设备。分陆地溜槽和采金船溜槽两种。

a 陆地溜槽

陆地溜槽一般长 15m，宽 0.5～0.6m，坡度为 5°～6°。处理高品位砂金时，常在主溜槽尾部加设一组副溜槽，副溜槽总宽度为主溜槽宽的 5～10 倍。分为数条溜槽，每条槽宽 0.7～0.8m，长 6～12m，以补充回收微细金粒。

b 采金船溜槽

采金船溜槽一般配置于圆筒洗矿筛两侧与船身轴线垂直的横向溜槽，每条槽宽 0.6～0.8m。圆筒洗矿筛的筛下产物进入横向溜槽，横向溜槽的尾矿进入纵向溜槽进行扫选，以补充回收金粒和其他重矿物。横向溜槽坡度为 5°～7°，纵向溜槽坡度为 0.5°～1°。采金船上溜槽的配置图如图 2-25 所示。

固定溜槽的挡板分直条挡板、横条挡板和网格状挡板三种（见图 2-26）。直条挡板用圆木、方木制造，横条挡板多用角钢制造。这两种挡板的高度较大，可形成较大的涡流，适用于捕收较粗粒的金、铂，并有擦洗作用。网格状挡板用铁丝编织或将铁板冲割成缝再拉伸而成，用于采金船溜槽。在挡板下面常铺设一层粗糙铺面，常用的铺面材料为压纹橡胶垫、苇席、毛毡、长毛绒等，用于捕收细小金粒。

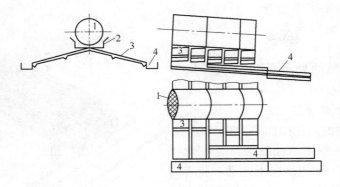

图 2-25　采金船上溜槽的配置图

1—圆筒洗矿筛；2—分配器；3—横向溜槽；4—纵向溜槽

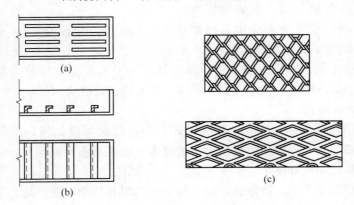

图 2-26　固定溜槽的挡板类型

（a）直条挡板；（b）横条挡板；（c）网格状挡板

　　固定溜槽为间断操作，清洗周期取决于矿石中的金含量和其他重矿物含量。陆地溜槽一般 5~10 天清洗一次。采金船上的横向溜槽每天清洗一次，纵向溜槽 5 天清洗一次，每次清洗时间为 2~8h，清洗溜槽时，先加清水清洗，然后去除挡板后再集中冲洗。

　　固定溜槽的作业回收率一般为 60% ~ 70%，处理量为 0.3 ~ 1.25m³/(m²·h)，采金船单层溜槽的处理量为 0.3 ~ 0.4m³/(m²·h)，采金船双层溜槽的处理量为 0.2 ~ 0.25m³/(m²·h)。

　　B　罗斯溜槽

　　罗斯溜槽的结构图如图 2-27 所示。

　　操作时，用汽车或推土机将矿石倾于溜槽头端的给矿槽中，采用高压喷水洗矿，使泥团碎散。洗后矿石被冲至冲孔筛中筛分，筛下细粒级进入侧面溜槽分选，

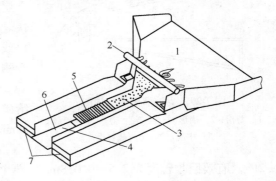

图 2-27　罗斯溜槽的结构图

1—给矿槽；2—喷水管；3—冲孔筛；4—中央溜槽；
5—第一段挡板；6—第二段挡板；7—侧面溜槽

筛上粗粒级经中央溜槽分选。两种溜槽均设有挡板，以捕收金粒。整个溜槽长 4.3 ~ 12.2m，宽 1.8 ~ 9.7m，有 6 种规格。最大规格溜槽的处理量为 750m³/h，耗水量为 75000L/min。

C　带格胶带溜槽

带格胶带溜槽的结构图如图 2-28 所示。

溜槽本身为一条无极橡胶带，呈 9° 倾角安装，以 0.6m/s 的速度向上运动。胶带表面压成方形的格槽，其上每隔一定距离有一较高的模向槽条，以使流过的矿浆产生涡流，使矿粒群松散分层，重矿物留在格槽中，轻矿物随矿浆流至末端作为尾矿排出。胶带两侧有挡板以阻拦矿浆。

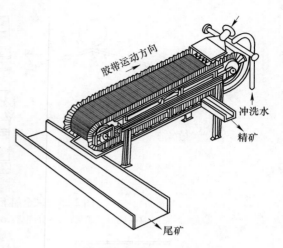

图 2-28　带格胶带溜槽的结构图

该型溜槽连续作业，操作方便，劳动强度低，用于采金船上捕收金粒。规格（宽×长）为 0.716m×5m 的溜槽处理量为 6.4m³/h，最大给矿粒度为 16mm。

2.5.2.3　细粒溜槽

细粒溜槽用于处理 2 ~ 0.074mm 粒级的矿石。与粗粒溜槽比较，细粒溜槽的槽底光滑，无挡板或粗糙铺面。细粒溜槽长度短而坡度大，矿浆呈弱紊流运动。轻、重矿物均沿槽底运动，连续排出精矿和尾矿。

细粒溜槽包括尖缩溜槽、圆锥选矿机、倾斜盘选机和约翰逊洗矿筒。

A　尖缩溜槽

尖缩溜槽的结构图如图 2-29 所示。

尖缩溜槽是一个底面呈 16° ~ 20° 倾斜、宽度从给矿端向排矿端逐渐收缩的溜槽，又称扇形溜槽。

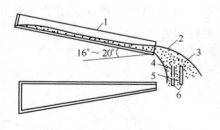

图 2-29　尖缩溜槽的结构图
1—溜槽；2—扇形面；3—轻产物；4—重产物；5—中间产物；6—截料板

操作时，浓度为 50% ~ 60% 的矿浆从上端给入，向尖缩的排矿端流动，矿粒按密度分层，下层重矿物流动速度慢，上层轻矿物流动速度快。矿粒群到达排矿端时，借助槽底的排矿缝口或槽尾的截料板分离重产物、中间产物和轻产物。

尖缩溜槽的槽体长度一般为 600 ~ 1200mm，给矿端宽为 125 ~ 400mm，排矿端宽为 10 ~ 25mm，两端宽度比（尖缩比）为 10 ~ 20。

操作时应严格控制给矿浓度，波动范围为 ±2%。有效回收粒度为 2.5 ~ 0.038mm。单个尖缩溜槽的处理量为 0.9t/h。常用多个尖缩溜槽组合使用，其组合有圆形组合、平行排列组合和多层多段组合三种。

尖缩溜槽一般用作粗选设备，用于分选金、钛、锆、钽、铌的海滨砂矿，也可用于处理金、钨、锡、钛、锆矿石、赤铁矿矿石。

B 圆锥选矿机

圆锥选矿机的结构图如图 2-30 所示。

圆锥选矿机为澳大利亚赖克特（E. Reichert）于 20 世纪 50 年代研制成功，又称赖克特圆锥选矿机。外形为一坡度为 17° 的倒置圆锥，称为分选锥，其正上方设有正置的矿浆分配锥。

操作时，浓度为 55%～65% 的矿浆经分配锥周边均匀地给入分选锥，然后向中央流动，经中央部分的环形开缝排出精矿，尾矿则越过缝隙从中央尾矿管排出。其分选原理与尖缩溜槽相同，但无侧壁的边壁涡流影响。

圆锥选矿机由多个分选锥组成若干分选段垂直配置而成。分选锥有单层和双层两种。图 2-30 为一个双层分选锥和一个单层组成的分选段，完成一次粗选和一次精选作业，从此分选段得到的精矿可用尖缩溜槽再精选，尾矿送下一分选段进行扫选。

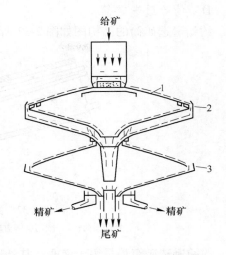

图 2-30　圆锥选矿机的结构图
1—分配锥；2—双层分选锥；3—单层分选锥

分选锥和分配锥均采用玻璃钢制成，质轻坚固，装在机架上。一台圆锥选矿机常由 3～9 个分选锥组成 2～4 个分选段，其组合形式有多种。

圆锥选矿机的直径为 2m，处理量可达 60～75t/h，有效回收粒度为 2～0.03mm。20 世纪 80 年代澳大利亚制成直径为 3m 和 3.5m 的圆锥选矿机，处理量可达 200～300t/h。

圆锥选矿机的处理量大，生产成本低，广泛用作砂矿和脉矿的粗选设备。

C 倾斜盘选机

倾斜盘选机的结构图如图 2-31 所示。

倾斜盘选机的外形是一个呈 32°～35° 角倾斜安装、表面有阿基米德螺线的旋转圆盘。操作时，矿浆从圆盘的一侧给入，在圆盘下部的沉降区内，矿粒群按密度和粒度沉降，已沉降的矿粒随盘的旋转上升至另一侧，在此受到水流的冲洗，又随冲洗水向下流动。物料在约占圆盘 1/3 的区域内做回转运动并按密度分层，轻矿物移至表层，随矿浆从圆盘溢出成为尾矿。重矿物转移至下层，落入阿基米德螺线内，沿沟槽被带至盘中央排出为精矿。

圆盘用玻璃钢制造，盘面用环氧树脂掺金刚砂（-106μm，即 -150 目）模制而成。质轻耐用，便于搬动，适用于分散小型砂矿、砂金矿使用。直径为 800mm 的倾斜盘选机的处理量为 1.5～3t/h，入选粒度小于 6mm，有效回收粒度下限为 0.074mm，富集比可达 20～35。

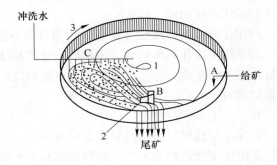

图 2-31　倾斜盘选机的结构图
A—给矿区；B—沉降区；C—洗涤区；
1—精矿排出孔；2—稳流板；3—圆盘旋转方向

D　约翰逊选矿筒

约翰逊选矿筒的结构图如图 2-32 所示。

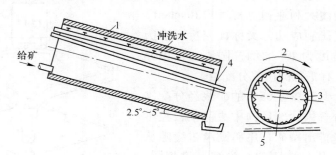

图 2-32　约翰逊选矿筒的结构图

1—分选圆筒；2—圆筒旋转方向；3—带槽橡胶板；4—精矿槽；5—尾矿槽

约翰逊选矿筒最早用于南非，其外形为一个呈 2.5°~5°倾斜缓慢旋转的分选圆筒，长 3.6m，直径 0.75m，筒内壁衬有带沟槽的橡胶板，槽深 3mm，宽 6mm，断面呈锯齿状。筒的转速为 0.1~0.3r/min。

操作时，向筒内给入浓度为 30%~60%的矿浆（常为 55%），在转筒带动下沿筒壁流动，在矿浆内部产生剪切作用，按密度分层，轻矿物转移至表层随矿浆流走，重矿物沉积在沟槽中被转筒带至上方，用冲洗水冲洗落入精矿槽中。

主要用于磨矿回路中回收单体金粒，处理能力为 5~20t/h。

2.5.2.4　微细粒（矿泥）溜槽

A　微细粒（矿泥）溜槽分选原理

微细粒（矿泥）溜槽用于处理粒度小于 0.074mm 的物料，广泛用于处理钨、锡、钽、铌、金、铂矿泥的分选。

微细粒（矿泥）溜槽利用斜面流（薄膜流膜）进行分选，流膜厚度约 1mm，流速较慢，基本为层流。矿粒群主要借助于剪切运动产生的拜格诺力松散悬浮，流膜上层的矿浆浓度低，矿粒按干涉沉降速度分层。流膜下部的矿浆浓度很高，矿粒无法悬浮，呈层状做推移运动，矿粒按析离分层。因此，重矿粒聚集在下层，轻矿粒在上层。上层轻矿粒被水流带出成为尾矿，下层重矿粒沉积于槽底，被反向运动的槽面连续带出成为精矿，或待停止给矿后周期排出成为精矿。

按作业方式，微细粒（矿泥）溜槽分为间歇工作溜槽和连续工作溜槽两种。按分选原理分为单纯流膜作用溜槽和流膜与摇动作用相结合的溜槽两种。前者有矿泥皮带溜槽，后者有横流皮带溜槽、振摆皮带溜槽、莫兹利选矿机、双联横向摇动翻床等。多种力场相结合是微细粒（矿泥）溜槽的发展方向。

B　矿泥皮带溜槽

矿泥皮带溜槽的结构图如图 2-33 所示。

矿泥皮带溜槽的外形为一倾斜安装的无极胶带，皮带逆着矿浆流动方向运动。带面长 3m，宽 1m，矿物分选在带面上进行。矿浆和冲洗水经匀分板从皮带上端给至带面上，皮带下方为粗选区，长约 2.4m。皮带上方为精选区，长约 0.6m。矿浆沿带面呈薄层向下流动并按密度分层，上层轻矿物随水流越过尾轮排入尾矿槽。下层重矿物沉积在带面上，被

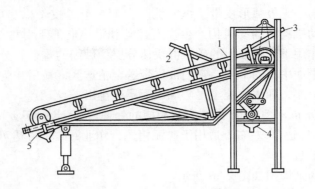

图 2-33 矿泥皮带溜槽的结构图

1—带面；2—给矿匀分板；3—给水匀分板；4—精矿槽；5—尾矿槽

皮带送至精选区受冲洗水冲洗，最后绕过首轮排入精矿槽。

带面坡度为 13° ~ 17°，带速为 0.03m/s，给矿浓度为 25% ~ 35%，给矿粒度为 0.074 ~ 0.01mm，处理量为 1.2 ~ 3t/h，富集比为 4 ~ 7。广泛用于钨、锡矿泥的精选作业。

C　横流皮带溜槽

横流皮带溜槽的结构图如图 2-34 所示。

横流皮带溜槽本身为一无极皮带，带面宽 1.2m，长 2.75m，纵向水平安装，横向呈 0° ~ 3°倾斜。整条皮带及托架用四根钢丝绳悬挂在机架上。在皮带下方靠近首轮端装有旋转的不平衡重锤。带面以 0.01m/s 的速度沿纵向移动，同时借不平衡重锤带动做平面回旋运动。操作时，矿浆经给矿槽均匀给至带面上，矿粒群在横向斜面水流和回旋运动所产生的剪切力的联合作用下松散并按密度分层，分层后的矿粒在带面上呈扇形分布，最后被横向水流和纵向移动的皮带带出，成为精矿、中矿和尾矿。

该设备给矿粒度为 0.1 ~ 0.005mm，处理量为 4 ~ 5t/h，有效回收粒度下限为 0.01 ~ 0.005mm，富集比高达 10 ~ 50。特别适用于矿泥的精选。

D　振摆皮带溜槽

振摆皮带溜槽的结构图如图 2-35 所示。

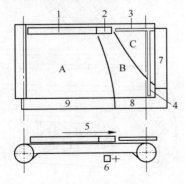

图 2-34 横流皮带溜槽的结构图

A—粗选区；B—中矿区；C—精选区；
1—给矿槽；2—中矿返回槽；3—横向洗水槽；4—纵向洗水槽；
5—皮带运动方向；6—重锤；7—精选；8—中矿；9—尾矿

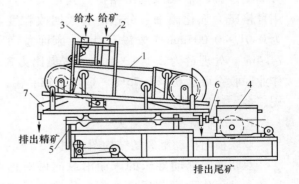

图 2-35 振摆皮带溜槽的结构图

1—分选皮带；2—给矿槽；3—给水槽；
4—摇动机构；5—摆动机构；
6—尾矿管；7—精矿管

该机的工作面为一无极弧形皮带,纵向坡度为 1°~4°,皮带以 0.035m/s 的速度向上方运动,又借助摆动机构和摇动机构产生左右摆动和沿纵向的不对称往复运动。操作时,在水流和复合摇动作用下,带面上的矿粒群快速分层。微细的重矿粒分布在皮带两侧,较粗的重矿粒沉积在带面中央的下层,它们被皮带送至精选区,最后作为精矿排出。轻矿粒分布在带面中央的上层,随水流流至尾矿端成为尾矿排出。

一台规格为 800mm × 2500mm 振摆皮带溜槽的处理量为 71~85kg/h,有效回收粒度下限为 0.02mm,富集比达 10 左右,适用于矿泥精选,作业回收率可达 70% 以上。

E　莫兹利选矿机

莫兹利选矿机的结构图如图 2-36 所示。

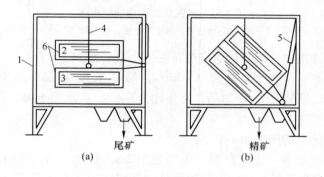

图 2-36　莫兹利选矿机(40 层摇动翻床)的结构图
(a) 分选阶段;(b) 排精矿阶段
1—机架;2,3—上下两组床面;4—钢丝绳;5—气动装置;6—给矿

莫兹利选矿机为英国人莫兹利(R. H. Mozley)于 1967 年研制成功,是一种床面做回旋剪切运动处理微细粒的溜槽。床面用玻璃钢制造,长 1525m,宽 1220m,共 40 层,装在上下两个框架中,又称为 40 层摇动翻床。两个框架中间装有旋转的不平衡重锤,使床面作回旋剪切运动。框架用钢丝绳悬挂,借气动装置周期地翻转框架以排出精矿。其最大特点是利用拜格诺力强化微细粒分选。有效回收粒度下限为 0.01~0.005mm(按锡石计),床面总面积达 74.4m²,处理量为 2.1~3.1t/h,富集比为 3~6,作业回收率可达 65%~75%。适用于钨、锡、钽、铌、金、铂矿泥的粗选。

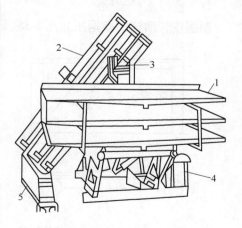

图 2-37　双联横向摇动翻床的结构图
1—分选阶段床面;2—排精矿阶段床面;
3—给矿分配器;4—机架;5—精矿槽

F　双联横向摇动翻床

双联横向摇动翻床的结构图如图 2-37 所示。

双联横向摇动翻床的床面沿纵向做对称往复运动,其工作原理与摇床相似。分选时只排出尾矿,重矿物留在床面上。待停止给矿后,再排出精矿。

每台设备有两组 1~4 层床面,轮流工作。床面宽 2.7m，长 1.2m，矿浆沿整个宽度给至一组床面上。分选后，床面翻转 50°，喷水接出精矿。

床面横向坡度 1.3°~2.5°，冲程 40~180mm，冲次 90~120r/min，给矿粒度为 -0.3mm，处理量为 5t/h，富集比为 20~500。适用于钨、锡、钽、铌、金、铂矿物的分选。

2.6 螺旋选矿

2.6.1 螺旋选矿原理

螺旋选矿是利用螺旋形槽面上的斜面流进行矿物分选的一种重选方法。由于螺旋形槽面除纵向倾斜外，沿横向（径向）也有倾斜，位于螺旋槽面上的矿粒群在流体动力、矿粒重力和惯性离心力及矿粒与槽底摩擦力的联合作用下运动，在运动中进行松散、分层和分带。料层内的矿粒因其重力压强不同而分层，重矿物进入底层，轻矿物转至上层，中间为混合层。初步分层的物料在螺旋水流及横向（径向）环形水流作用下，在沿槽面绕垂直中心线向下运动的同时沿槽宽分带。位于上层的矿粒受横向（径向）环形水流外向流层的作用逐渐向外缘移动，下层的矿粒受底部内向环流及重力分力的作用逐渐向内缘移动。在分层和分带过程中，由于析离分层作用，细的重矿粒沉至最底层。最终重矿粒分布在内缘，细的重矿粒分布在最内缘，轻矿粒分布在外缘，粗的轻矿粒分布在外缘内侧，细的轻矿粒分布在最外侧。用截取器或分离板将分带物料接出可获得不同产物。调节截取器或分离板位置可调节产物的产率和品位。

螺旋选矿用于处理 3~0.02mm 的矿石，选矿过程连续，分选效率与摇床相似，设备结构简单，易操作，处理量大。

螺旋选矿设备有螺旋选矿机、螺旋溜槽和旋转螺旋溜槽三种。

2.6.2 螺旋选矿设备

2.6.2.1 螺旋选矿机

螺旋选矿机的结构图如图 2-38 所示。

螺旋选矿机由美国汉弗莱（J. B. Humphreys）于 1941 年研制成功。其后半个多世纪在螺旋槽横断面、给矿槽、排矿槽、冲洗水槽和制造材质等方面不断改进，并向多头（多层）方向发展。

螺旋选矿机的螺旋形分选槽垂直安装，槽的横断面近似于二次抛物线或 1/4 椭圆形。螺旋分选槽是主要分选部件，其横断面形状、直径和螺旋距是影响分选指标的主要结构参数。螺旋选矿机的主要工艺参数为矿浆流量、矿浆浓度、矿石粒度和补加冲洗水量等。

该机主要用于分选 3~0.05mm 的含钨、锡、铁、钽、铌、金等的矿石及含钛铁矿、金红石、锆英石、独居石、金、铂砂矿。操作时，给矿量和给矿浓度须稳

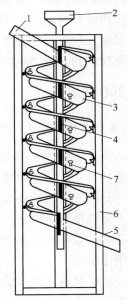

图 2-38　螺旋选矿机结构图
1—给矿槽；2—冲洗水导槽；3—螺旋槽；
4—连接用法兰盘；5—尾矿槽；
6—机架；7—重矿物排出管

定，并须预先除去杂草、木屑等杂物。

2.6.2.2　螺旋溜槽

螺旋溜槽的结构与螺旋选矿机相似，螺旋形分选槽垂直安装，槽的横断面形状为立方抛物线形，比螺旋选矿机的槽面宽，具有较宽的平缓区域，矿浆流层较薄，液流速度较低，有利于分选细粒矿石。与螺旋选矿机比较，操作时不加冲洗水，产品由末端分带接取，不在槽的中间开口接取。

螺旋溜槽主要用于分选 0.2 ~ 0.02mm 的含钨、锡、铁、钛矿石和含钛铁矿、金红石、锆英石、独居石、金、铂砂矿。

2.6.2.3　旋转螺旋溜槽

旋转螺旋溜槽的结构图如图 2-39 所示。

旋转螺旋溜槽于 1977 年由新疆有色冶金研究所研制成功。其结构与螺旋溜槽相似，螺旋形分选槽垂直安装并绕垂直轴顺矿浆流动方向旋转，转速为 10 ~ 15r/min，其规格为直径936mm，槽面上设有凸条或凹槽。凸条高为 0 ~ 6mm，凸条宽为 6mm，螺旋槽宽为 400mm。

旋转螺旋溜槽主要用于分选 0.8 ~ 0.074mm 的钽铌矿泥，取得较好效果，富集比可达 45 ~ 75，远高于相同规格螺旋溜槽的选别指标。旋转螺旋溜槽的有效回收粒度下限较粗，不适于回收微细粒矿石。

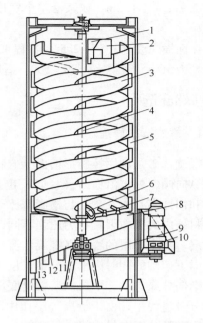

图 2-39　旋转螺旋溜槽的结构图
1—给水斗；2—给矿斗；3—螺旋溜槽；4—竖轴；
5—机架；6—冲洗水槽；7—截料器；8—接料槽；
9—皮带轮；10—调速电机；11—精矿槽；
12—中矿槽；13—尾矿槽

2.7　离心选矿

2.7.1　离心选矿原理

离心选矿是利用矿粒在回转矿浆流中产生的惯性离心力差异，使矿粒按密度进行分离的一种重选方法。在重力场中，随矿粒粒度的减小，其在水中的沉降作用力和沉降速度迅速降低，分选效率和设备处理能力相应降低。借助矿浆回转流中产生的惯性离心力比其重力大数十倍以至百余倍，因而可大大提高矿粒的分层速度，提高设备处理能力。

离心选矿设备处理能力大，分选成本低，适用于处理微细粒矿石。但其富集比较低，一般只用作粗选。

离心选矿设备主要有借助机体旋转使矿粒产生离心力及借助矿浆快速回转流动产生离心力两类。前者有卧式离心选矿机和立式离心选矿机，后者有短锥旋流器等。

2.7.2　离心选矿设备

2.7.2.1　卧式离心选矿机

卧式离心选矿机的结构图如图 2-40 所示。

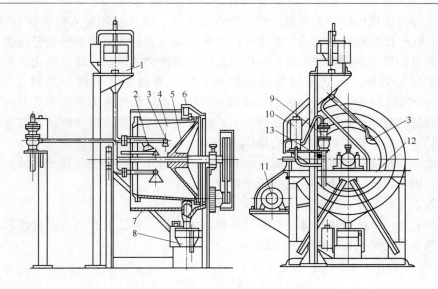

图 2-40 卧式离心选矿机的结构图

1—给矿斗；2—冲矿嘴；3—上给矿嘴；4—转鼓；5—底盘；6—接矿槽；7—防护罩；
8—分矿器；9—皮膜阀；10—三通阀；11—电动机；12—下给矿嘴；13—洗涤水扁嘴

卧式离心选矿机于 1964 年由我国云南锡公司研制成功。由主机和控制机构两部分组成。主机为水平放置的截锥形转鼓。操作时，矿浆经扁平形给矿嘴沿转鼓切线方向给至转鼓壁上，在随转鼓旋转的同时沿鼓壁的轴向斜面流动，矿浆在流动过程中产生分层。进入底层的重矿粒沉积在鼓壁上，上层轻矿粒随矿浆在转鼓尾端排出成为尾矿。当重矿粒沉至一定厚度时，停止给矿，由冲矿嘴给入高压水将重矿粒冲下成为精矿。给矿、停止给矿、冲水得尾矿、精矿等作业均由控制机构定期完成。

离心选矿机利用离心力代替平面溜槽的重力进行矿物分选，强化了流膜分选过程。卧式离心选矿机用于分选 0.15～0.01mm 的钨、锡、铁矿石，富集比为 1.5～3.0。选铁时，可产出最终精矿。选钨、锡时，须采用其他设备进行精选才能获得最终精矿。

射流离心选矿机为较新型的卧式离心选矿机。射流离心选矿机的结构图如图 2-41 所示。

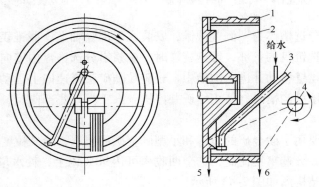

图 2-41 射流离心选矿机的结构图

1—转鼓；2—清水分配盘；3—给矿管；4—射流水喷射器；5—精矿排出口；6—尾矿排出口

　　射流离心选矿机由旋转的转鼓、分配盘、给矿管、给水管和射流喷射器等部件组成，于 20 世纪 90 年代初期研制成功。矿浆直接给至转鼓内侧，低压清水给至分配盘上。低压清水自分配盘四周溢出，推动上层矿粒沿转鼓纵坡向排矿端运动。落点变化的射水流束在转鼓圆周形成水力堰，促使床层交替松散和紧密，增强了拜格诺力的剪切分层作用。φ1200mm 的转鼓以 600～700r/min 的速度高速旋转，产生的离心力强度为重力的 240～326 倍，可使微细的有用矿物颗粒沉积在转鼓上。射水流束可松散床层，推动底层重矿物向转鼓内侧运动，最后由排矿口排出成为精矿。

　　处理微细锡细泥的粒度回收下限可达 0.003mm。除用于处理微细锡细泥外，还可用于处理黄金、钨、钽铌、稀土等难选的微细矿泥。

2.7.2.2　立式离心选矿机

　　立式离心选矿机的分选槽体垂直安装并绕轴线旋转，常见的有离心选金锥和离心盘选机。离心选金锥的结构图如图 2-42 所示。

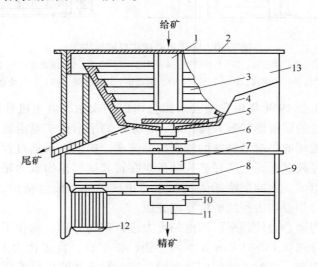

图 2-42　立式离心选金锥的结构图

1—给矿管；2—上盖；3—橡胶格条；4—锥盘；5—矿浆分配盘；6—甩水盘；7—上轴承座；
8—皮带轮；9—机架；10—下轴承座；11—空心轴；12—电动机；13—外壳

　　离心选金锥的分选槽体为一倒置截锥，安装在下部竖轴上。截锥表面有环形沟槽。矿浆经给矿斗给至分选锥盘的下部，锥盘旋转时，矿浆沿分选锥盘内壁向上流动，矿粒按密度分层。重矿粒向盘壁移动并进入沟槽中，轻矿粒随矿浆流速向上运动，由顶部排出进入尾矿槽。当重矿粒填满沟槽时，停止给矿并停机，人工打开底部阀门，用高压水将重矿粒冲至精矿槽。

　　离心选金锥主要用于砂金矿的精选和小型脉金矿的粗选，给矿粒度为 0～10mm。该机结构简单，易操作，分选富集比高，选金回收率可达 90% 以上，耗水量较低。

　　离心盘选机的结构图如图 2-43 所示。

　　离心盘选机与离心选金锥基本相似。分选盘为半球形圆盘，圆盘内壁有环形沟槽。分选过程和操作方法与离心选金锥相同。用于分选粒度为 0～10mm 的砂金及脉金矿石。具

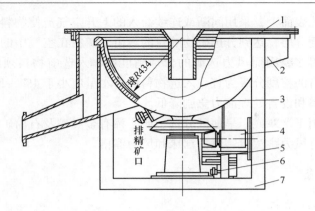

图 2-43 离心盘选机的结构图

1—防沙盖；2—尾矿槽；3—半球形选盘；4—电动机；5—水平轴；6—电动机架；7—机架

有高富集比和高回收率的特点，但分选盘为半球形，制造较困难。

2.7.2.3 短锥旋流器

短锥旋流器的结构图如图 2-44 所示。

短锥旋流器与普通水力旋流器的不同在于其锥角较大。短锥旋流器的锥角为 90°～120°，锥体较短。操作时，矿浆由砂泵或高位压力箱加压后，沿设备圆柱体的切线方向进入筒体后，矿浆向下做螺旋形运动，矿粒按沉降速度的差异沿径向排列。沉降速度小的轻矿粒或细矿粒由中心溢流管排出，粗矿粒或重矿粒则向器壁移动并向下转移。由于锥角增大，沿器壁向下流动的矿浆受阻，在圆锥底部形成一个旋转床层。床层内的矿粒在旋转剪切运动之中产生松散、分层，轻矿物在上部并被向上流动的液流带至溢流管排出。重矿物在下层并从底流口排出。

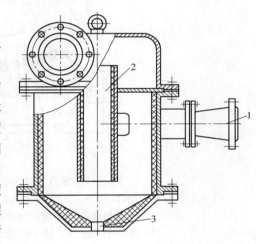

图 2-44 短锥旋流器的结构图

1—给料管；2—溢流管；3—底流管

结构稍加改变的水介质复合旋流器也是一种短锥旋流器。其特点是由三段不同锥角的圆锥复合而成，锥角从上而下逐渐增大。

短锥旋流器的锥底可为圆弧形，底内表面有环形沟槽，可提高金的富集比，可提高短锥旋流器的分选效率。

短锥旋流器主要用于砂金的粗选，也可用于选煤。分选小于 1mm 的砂金，富集比为 10 时的金回收率可达 95%。

2.8 风力选矿

2.8.1 风力选矿原理

风力选矿是以空气为介质的重力选矿方法。操作时，将物料给至选矿设备的倾斜安装的固定或可动的多孔表面上，采用间断或连续给入的上升空气流使物料悬浮松散，借助矿粒沉降速度差按密度分层，达到分选矿物的目的。由于矿粒在空气中的等降比要比其在水介质中的等降比小得多，因而风力选矿的分选精度低，入选前物料须经窄级别筛分或分级，一般按 2 倍左右的粒度分级为宜。入选物料的含水量应小于 4% ~ 5%。否则，物料会黏结，导致分选效率和设备处理能力急剧降低。

风力选矿主要用于严寒或干旱地区分选金矿、稀有金属矿及石棉矿等。

风力选矿设备有风力跳汰机、风力摇床和风力溜槽。

2.8.2　风力选矿设备

2.8.2.1　风力跳汰机

鲍姆-1 型（пом-1）风力跳汰机的结构图如图 2-45 所示。

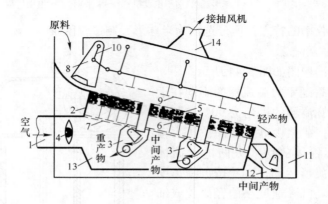

图 2-45　鲍姆-1 型（пом-1）风力跳汰机的结构图
1—送风道；2—倾斜机架；3—重产物排料装置；4—间歇供风阀门；5—上层格筛；6—下层格筛；
7—双层进风控制筛板；8—扇形给料机；9—限定上部料面的筛板；10—曲柄机构；
11—轻产物排送溜槽；12—重产物排送溜槽；13—空气室；14—抽风管道

将物料给至跳汰室的多孔筛面上，由筛下间断鼓入空气使物料松散并按密度分层，然后沿料层高度进行分离，获得重产物、轻产物及中间产物。该机用于选煤，筛板沿纵向分三段，可获得矸石、两种中矿和精矿四种产品。选出的重产物经扇形排料装置排出，精煤经溜槽运走。

鼓动气流由底部空气室通过双层筛板向上流动，双层筛板可以错动以调节空气量。双层筛板的上方有上层格筛和下层格筛，上下两层格筛之间的小格中放置瓷球以使空气能均匀分布于筛板上。入选物料给至上层格筛上。为使物料均匀分布于筛板上，在筛板上方装有做往复运动的限定料面筛板。由鼓风机送来的空气经旋转的间歇供风阀门间歇地给入空气室，形成上升鼓动气流。在鼓动气流作用及限定料面筛板的往复摆动下，形成松散而流动的床层。由于物料预先经过窄级别分级，轻、重矿物间存在速度差，较多的重矿物沉降至下层，下层矿粒密集程度较大，重力压力差又将部分轻矿物挤至上层，基本上实现了按密度分层。每段下层分选的重矿物进入末端的卸料斗，轻产物则向前流动进行再选，最终的轻产物继续向前运动，由最外侧的卸料斗排出。

风力跳汰机用于分选粒度为 13～0.5mm 的煤，也可用于分选粒度较小的金属矿石。

2.8.2.2 风力摇床

风力摇床的结构图如图 2-46 所示。

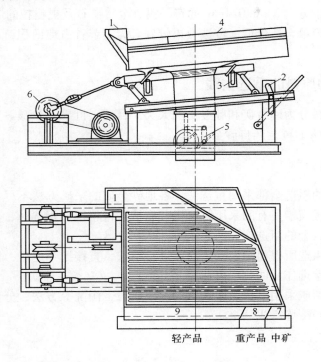

图 2-46 巴特莱风力摇床的结构图
1—给矿漏斗；2—纵向倾角调节器；3—横向倾角调节器；4—床面；
5—鼓风系统；6—偏心传动系统；7～9—各区排矿槽

该机主要由传动机构、床面和机架组成。操作时，物料经给矿漏斗给至多孔床面上。床面的纵向坡度、横向坡度、冲程和冲次均可调节。空气从床面下方给入，形成间歇或连续的鼓动气流，使固体床层呈悬浮状态，使经预先分级的物料按密度分层。密度小的矿物位于上层，在重力作用下沿横向流动，越过床条集中于区段 9 排出。密度大的矿粒沿床面纵向移动，然后在区段 8 排出。中间产物在区段 7 排出。

风力摇床可用于分选 1～5mm 的含金矿石或其他金属矿石，选煤的粒度上限可达 7mm。其对矿石的适应性较强，设备类型较多。在干旱缺水和严寒地区有一定的应用价值。

2.8.2.3 风力溜槽

干式尖缩风力溜槽的结构图如图 2-47 所示。

干式尖缩溜槽为最简单的风力溜槽，其结构与湿式尖缩溜槽相似。其外形为尖缩槽，槽底采用多孔材料制成。槽底下为空气室，低压空气从

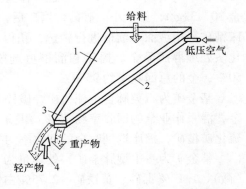

图 2-47 干式尖缩风力溜槽的结构图
1—微孔槽面；2—空气室；3—溜槽；4—分隔板

室的一端引入，通过多孔槽底向上流动。物料从槽的上端给入，在空气流吹动下在槽内形成流态化床，物料在沿槽面运动过程中按密度分层。分层后，利用末端的分隔板截取轻、重产物。

风力溜槽可用于分选 3～0.074mm 的钨、锡、金等矿石及更粗粒的煤。

风力溜槽结构简单，造价低，分选效果较好。为了节省占地面积，可按倒置圆锥的形式组合配备。

2.9　含金银矿物原料的重选实践

含金银矿物原料分为砂金矿和脉金矿两大类。目前，世界上 65%～75% 的黄金产自脉金矿，仅 25%～35% 的黄金产自砂金矿。

2.9.1　砂金矿的重选

我国的砂金矿的粗选全部采用重选法。各地砂金矿的采矿方法不尽相同，但砂金的粗选几乎全部采用挡板溜槽，有的采用跳汰机和溜槽进行粗选。粗选时，直接抛弃尾矿，回收金和其他重矿物，金的粗选作业回收率可达 98% 以上。

跳汰机和溜槽粗选所得粗精矿采用摇床进行精选，直接抛弃尾矿，回收金和其他重矿物。选金时，金的精选作业回收率可达 98% 以上。

摇床精选所得精矿采用电选、磁选、内混汞或人工淘洗等方法，分离其他重矿物，获得纯的砂金精矿。经冶炼得成品金。

2.9.2　脉金矿的重选

脉金矿常采用重选和浮选的联合流程或单一的浮选方法产出含金的精矿，就地产金或送冶炼厂综合回收金银。

脉金矿的重选主要用于浮选作业前回收单体解离的粗粒金，一般在浮选前的磨矿分级回路中，采用跳汰机回收单体解离的粗粒金。所得跳汰精矿常用摇床精选产出金精矿。磨矿分级后的含金矿物原料送浮选作业，抛弃尾矿，产出金精矿。金精矿就地产金或送冶炼厂综合回收金银。

在某些金选矿厂中，重选也可作为主要的选别作业。如某金矿为含金氧化矿，原矿含金 30～33g/t，储量小。破碎、磨矿后，该厂采用 6-S 摇床处理粒度小于 1mm 的矿石，摇床精矿采用绒面小溜槽进行精选，获得含金重砂。摇床尾矿含金 17～18g/t，采用渗滤氰化法处理得成品金。摇床和溜槽重选段金的回收率约 45%，氰化段成品金的回收率约 50%，金的总回收率约 95%。

某金矿为石英脉含金硫化矿，破碎、磨矿后，在分级溢流中采用混汞法回收单体解离金，混汞作业金的回收率约 75%。混汞尾矿采用摇床选别，产出金含量为 120g/t 的含金硫化矿精矿，摇床选别时金的回收率约 7%。金的总回收率为 80%～82%。

某金矿为一中型脉金矿，处理量为 1000t/d。主要金属矿物为：自然金、含锑自然金（微）、1.17% 毒砂、黄铁矿、2.75% 白铁矿、0.06% 磁黄铁矿、0.06% 硫化铜、0.01% 方铅矿及微量的辉砷镍矿和闪锌矿。金属矿物约占 4%。金属氧化物和脉石占 96%，其中主要为石英（18.72%）、长石（25.58%）、碳酸盐（25.53%）、云母（12.06%）、绿泥石

（7.79%），其他为金红石、氧化铁矿、角闪石、磷灰石及黏土矿物。除自然金外，主要的载金矿物为黄铁矿和毒砂。矿石中的自然金约占金含量的64%，其次为呈微细包体金或次显微金形式分布于毒砂中的金占20%，再次为显微细包体金或显微金形式分布于黄铁矿中的金占12%，还有约4%的金分布于脉石矿物中，故在较高的磨矿细度条件下，金的理论浮选回收率可达96%。但在通常的磨矿细度条件下，仍有相当部分的金存在于贫硫化矿连生体及金与脉石的连生体中，故金的理论浮选回收率常低于96%。金矿物的嵌布粒度极不均匀，以细粒嵌布为主。大于0.074mm的分布率为19%，0.01～0.074mm粒级为55%，小于0.01mm粒级为25%。其中裂隙金和粒间金占63%，硫化矿物包体金占27%，脉石包体金占10%。该矿采用重选和浮选的联合流程回收矿石中的金。原矿经破碎和粗磨后，采用旁动隔膜跳汰机粗选和摇床精选，获得粗粒含金重砂。跳汰尾矿经螺旋分级机分级和水力旋流器分级，水力旋流器沉砂经磨矿后，采用下动式隔膜跳汰机、尼尔森和摇床获得细粒含金重砂。水力旋流器溢流送浮选系统回收细粒金和硫化矿物中的包体金。重选段金的回收率约40%，浮选段金的回收率约50%，金的总回收率达90%～92%。

3　金银矿物原料浮选

3.1　浮选的理论基础

3.1.1　概述

　　浮选是泡沫浮游选矿的简称，它是根据各种矿物颗粒表面物理化学性质的差异而进行矿物分选的选矿方法。浮选时，矿石经破碎、磨矿和分级后，将粒度和浓度合适的矿浆在搅拌槽内与相关浮选药剂作用后，在浮选机中进行搅拌和充气，此时矿浆中产生大量弥散气泡，悬浮状态的矿粒与气泡碰撞，可浮性好的矿粒选择性附着在气泡上并随气泡上浮至液面形成矿化泡沫层，刮出泡沫产品（常为精矿）；可浮性差的矿粒不附着在气泡上而留在浮选槽内，最后排出槽外，成为尾矿，从而达到矿物分离和富集有用矿物的目的。

　　浮选过程一般包括下列作业：

　　（1）浮选前的矿浆准备作业：主要为矿石破碎、磨矿和分级等作业。其目的是准备粒度和浓度合适的矿浆。

　　（2）加药调浆作业：主要为根据矿石性质，在搅拌槽内加入相关浮选药剂，调节和控制矿粒表面的物理化学性质。

　　（3）充气浮选作业：在浮选机中进行搅拌和充气，实现矿粒与气泡的选择性附着，可浮性好的矿粒选择性附着在气泡上并随气泡上浮至液面形成矿化泡沫层，收集矿化泡沫产品即为精矿；可浮性差的矿粒不附着在气泡上而留在浮选槽内，最后排出槽外，成为尾矿。

　　浮选时，将有用矿物浮入泡沫产品中，而将脉石矿物留在矿浆中，此浮选方法称为正浮选法；反之，将脉石矿物浮入泡沫产品中，将有用矿物留在矿浆中，此浮选方法称为反浮选法。若待选矿石中含有两种或两种以上的有用矿物，浮选时将有用矿物依次分选为单一精矿，此浮选方法称为优先浮选法；若将全部有用矿物同时浮选为混合精矿，然后再将混合精矿分离为多个单一精矿，此浮选方法称为混合浮选法。

3.1.2　矿物表面的润湿性

　　浮选时，矿粒能否选择性附着在气泡上并随气泡上浮至液面形成矿化泡沫层，与矿粒表面对水的润湿性有关。实践表明，矿粒表面对水的润湿性愈强，矿粒表面愈亲水，其可浮性愈差；反之，矿粒表面对水的润湿性愈弱，矿粒表面愈疏水，其可浮性愈好。矿粒表面对水润湿性的强弱，常采用润湿接触角（简称接触角）进行度量。

　　矿粒表面被水润湿以后，将形成固体（矿粒）、水和气体三相接触的一条环状线，常将其称为三相润湿周边。三相润湿周边上的各点均为润湿接触点，通过任一润湿接触点作切线，以此切线为一边，以固-水交界线为另一边，经过水相的夹角（θ）称为接触角（见图3-1）。

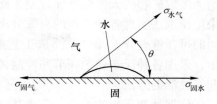

图3-1　矿粒表面被水润湿
以后所形成的接触角

矿粒表面的润湿接触角的大小由三相界面自由能的相互关系决定。界面自由能是指增加单位界面面积所消耗的能量，其数值等于作用于界面单位长度上的力（表面张力）。若界面的表面张力分别为 $\sigma_{固水}$、$\sigma_{固气}$、$\sigma_{水气}$，则接触角（θ）的大小取决于三个表面张力之间的平衡。其平衡式为：

$$\sigma_{固气} = \sigma_{固水} + \sigma_{水气}\cos\theta \tag{3-1}$$

式中　θ——矿粒表面的润湿接触角；

　　　σ——相界面上的表面张力。

从式（3-1）可知，由于在一定条件下，$\sigma_{水气}$ 的值与矿粒表面的性质无关，可以认为是定值。接触角（θ）的大小取决于水对矿粒表面及空气对矿物表面的亲和力的差值。$\sigma_{固气} - \sigma_{固水}$ 的差值愈大，$\cos\theta$ 愈大，θ 角愈小，水对矿粒表面的润湿性愈强，矿粒的可浮性愈差；反之，$\sigma_{固气} - \sigma_{固水}$ 的差值愈小，$\cos\theta$ 愈小，θ 角愈大，矿粒表面愈疏水，水对矿粒表面的润湿性愈弱，矿粒的可浮性愈好。

$\cos\theta$ 的值介于 1~0，可将其称为矿粒表面的润湿性指标，而将 "$1 - \cos\theta$" 称为矿物的可浮性指标。测定矿物表面的润湿接触角（θ），可以初步评价矿物的天然可浮性。矿物表面的润湿接触角（θ）可采用相应的浮选药剂进行调节和控制，如方铅矿的天然润湿接触角为47°，经乙基黄药作用后可增至60°。

3.1.3　矿物的天然可浮性分类

根据矿物表面的天然润湿接触角（θ），常将矿物按天然可浮性分为三类（见表3-1）。

表3-1　矿物的天然可浮性分类

类　别	表面润湿性	破碎面露出键的特性	代表矿物	接触角 θ/(°)	天然可浮性
1	小	分子键	自然硫	78	好
2	中	以分子键为主，同时有少量强键（离子键、共价键、金属键）	滑　石 石　墨 辉钼矿	69 60 60	中
3	大	强键（离子键、共价键、金属键）	自然金、自然铜 方铅矿、黄铜矿 萤　石 黄铁矿 重晶石 方解石 石　英 云　母	 47 41 30~33 30 20 0~10 0	差

3.2　浮选药剂

3.2.1　概述

自然界中只有少量天然矿物（如自然硫、石墨、辉钼矿等）和煤的天然可浮性较好，绝大多数矿物的天然可浮性较差，而且矿物之间的可浮性差别小，相互分离较困难。为了采用浮选法实现各种矿物的有效分离，必须人为调节和控制矿物表面的润湿性，扩大矿物间的可浮性差异，并可按浮选工艺要求，改变同一矿物的可浮性。浮选研究和生产实践中，采用各种浮选药剂调节和控制矿物表面的性质，是调节和控制矿物浮选行为的最有效和最灵活的方法。

依据浮选药剂的作用，常将其分为捕收剂、起泡剂、抑制剂、活化剂和调整剂五类。

3.2.2　捕收剂

3.2.2.1　捕收剂的作用与分类

捕收剂是能选择性作用于矿物表面，且可使矿物表面疏水的有机化合物。捕收剂的种类较多，可根据不同判据进行分类。依据捕收剂的分子结构可将其分为极性捕收剂和非极性捕收剂两大类（见表3-2）。

表 3-2　捕收剂分类

捕收剂分子结构特征			类型	品种和组分	应用范围
极性捕收剂	离子型	阴离子型	巯基捕收剂	黄药类：$ROCSSMe$ 黑药类：$(RO)_2PSSMe$ 硫氮类：$R_2NCSSMe$ 硫脲类：$(RNH)_2CS$	捕收自然金属及金属硫化矿物
			氢氧基捕收剂	羧酸类：$RCOOH(Me)$ 磺酸类：$RSO_3H(Me)$ 硫酸酯类：$ROSO_3H(Me)$ 胂酸类：$RAsO(OH)_2$ 膦酸类：$RPO(OH)_2$ 羟肟类：$RC(OH)NOMe$	捕收氧化铁矿、白钨矿、黑钨矿等
		阳离子型	胺类捕收剂	脂肪胺类：RNH_2 醚胺类：$RO(CH_2)_2NH_2$	
		两性型	氨基酸捕收剂	烷基氨基酸类：$RNHRCOOH$ 烷基氨基磺酸类：$RNHRSO_3H$	
	非离子型		酯类捕收剂	硫氨酯类：$ROCSNHR'$ 黄原酸酯类：$ROCSSR'$ 硫氮酯类：R_2NCSSR'	捕收自然金属及金属硫化矿物
			双硫化物捕收剂	双黄药类：$(ROCSS)_2$ 双黑药类：$[(RO)_2POSS]_2$	捕收沉淀金属粉末及金属硫化物
非极性捕收剂			烃类油	烃油类：C_nH_{2n+2}、C_nH_{2n}	捕收非极性矿物及作辅助捕收剂

注：R、R′为不同烃基；Me 为 Na、K、NH₄ 或 H，其余为元素符号。

3.2.2.2　极性捕收剂

A　概述

极性捕收剂中大多数为异极性化合物，其分子由极性基（如—OCSSNa、—COOH、

—NH₂等）和非极性基（如 R—）两部分组成。极性基中的原子价未被饱和，它可与矿物表面起作用，使捕收剂分子固着在矿物表面上。非极性基中的原子价均被饱和，其化学活性低，不与水的极性分子起作用，也不与其他化合物发生反应。因此，异极性捕收剂分子与矿物表面起作用时，有一定的取向作用，其极性基固着在矿物表面上，而非极性基朝向水，在矿物表面形成一层疏水薄膜（见图 3-2）。

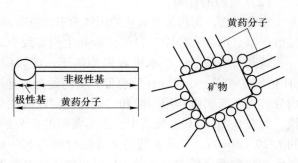

图 3-2 黄药分子、黄药与矿物表面作用示意图

极性捕收剂中大多数在水中可解离为阴离子和阳离子两部分。故极性捕收剂可分为离子型捕收剂和非离子型捕收剂两小类。离子型捕收剂又可分为阴离子型捕收剂、阳离子型捕收剂和两性型捕收剂三类。含金硫化矿物浮选时常采用阴离子型捕收剂和非离子型捕收剂。

B 巯基捕收剂（黄药类捕收剂）

a 黄药

（1）黄药的结构与合成。

黄药为黄原酸盐，学名为烃基二硫代碳酸盐，其通式为 R—OCSSNa。乙基黄药的结构式如图 3-3 所示。

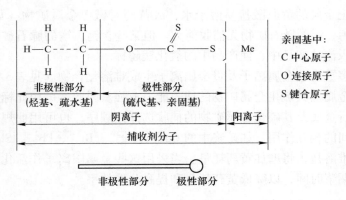

图 3-3 乙基黄药的结构式

黄药可由醇、氢氧化钠（或氢氧化钾）和二硫化碳合成。其反应可表示为：

$$ROH + NaOH \longrightarrow RONa + H_2O$$

$$RONa + CS_2 \longrightarrow ROCSSNa$$

采用不同的醇可制得不同的黄药。如采用乙醇（C_2H_5OH）可制得乙基黄药，又称低级黄药。用丁醇（C_4H_9OH）可制得丁基黄药。用异戊醇可制得异戊基黄药。烃链较长的黄药又称高级黄药。根据黄药中的金属离子又分为钠黄药、钾黄药。钠黄药、钾黄药的性质基本相同，但钾黄药比钠黄药稳定，钠黄药比钾黄药价廉。生产实践中较常使用钠黄药。

（2）黄药的性质。

在常温下，黄药为淡黄色的固体粉末，带有刺激性臭味，有毒，密度为 $1.3 \sim 1.7g/cm^3$，易溶于水、丙酮和醇中。科学试验和生产实践中，常配成 $1\% \sim 5\%$ 的水溶液使用。

黄药为弱酸盐，在水中解离为离子，黄原酸根易水解为黄原酸，其水解速度与介质 pH 值密切相关。介质 pH 值愈低，黄药的分解速度愈快。在强酸性介质中，黄药在短时间内分解为不起捕收作用的醇和二硫化碳。在酸性介质中，低级黄药的分解速度比高级黄药快，如在 0.1mol/L 盐酸液中，乙基黄药的全分解时间为 $5 \sim 10min$，丙基黄药的全分解时间为 $20 \sim 30min$，丁基黄药的全分解时间为 $50 \sim 60min$，戊基黄药的全分解时间为 90min。因此，在酸性介质中浮选时，应尽可能采用高级黄药，以降低黄药耗量。

黄药遇热时分解，温度愈高，其分解速度愈快。

黄药为还原剂，易被氧化。二氧化碳、过渡元素及与黄药生成难溶盐的元素对黄药的氧化有催化作用。黄药氧化后生成双黄药。双黄药为黄色的油状液体，难溶于水，呈分子状态存在于水中。在弱酸性和中性矿浆中，双黄药对硫化矿物的捕收能力比黄药强。因此，在低碱介质中浮选金属硫化矿物时，黄药的轻微氧化可以改善浮选效果。

黄药的捕收能力与其分子中的非极性基的烃链长度有关，烃链愈长（碳原子数愈多），黄药的捕收能力愈强。但浮选过程中黄药的选择性随其分子中的非极性基的烃链长度的增加而下降。黄药在水中的溶解度也随其非极性基的烃链长度的增加而下降。因此，黄药的非极性基的烃链长度过长反而会降低浮选效果，常用黄药的非极性基的烃链中的碳原子数为 $2 \sim 5$ 个。

碱金属和碱土金属的黄原酸盐易溶于水，故黄药对碱土金属矿物（如 CaF_2、$CaCO_3$、$CaSO_4$ 等）及含钙、镁的脉石矿物无捕收能力。但某些含钙、镁的脉石矿物极易泥化，浮选泡沫黏时易进入泡沫产品中，使产品中的氧化镁超标。

黄药可与许多重有色金属离子及贵金属离子生成难溶化合物（见表3-3）。其化合物愈难溶，黄药对该金属及其硫化金属矿物的捕收能力愈强。因此，可用此标准初步估计黄药对重有色金属、贵金属及其硫化金属矿物的捕收选择性顺序，也可用此规律调节矿浆中的离子组成及药剂间的相互作用。如矿浆中的 Cu^{2+}、Hg^{2+}、Bi^{3+}、Pb^{2+}、Sb^{2+}、Co^{2+}、Ni^{2+} 等可与药剂生成难溶盐，将增加黄药耗量。当采用这些金属阳离子作活化剂时，应注意加药顺序、药量和调浆时间，以降低黄药耗量和提高分选效率。

表3-3　金属硫化物、黄原酸盐及二硫代磷酸盐（黑药）的溶度积

金属阳离子	溶度积（25℃）				
	乙基黄药	二硫代磷酸盐（黑药）			硫化物
		二乙基	二丁基	二甲酚基	
Hg^{2+}	1.15×10^{-38}	1.15×10^{-32}			1×10^{-52}
Ag^+	0.85×10^{-18}	1.3×10^{-16}	0.47×10^{-18}	1.15×10^{-19}	1×10^{-49}
Cu^+	5.2×10^{-20}	5.5×10^{-17}			$10^{-44} \sim 10^{-38}$
Pb^{2+}	1.7×10^{-17}	6.2×10^{-12}	6.1×10^{-16}	1.8×10^{-17}	1×10^{-29}
Sb^{2+}	约 10^{-24}				
Cd^{2+}	2.6×10^{-14}	1.5×10^{-10}	3.8×10^{-13}	1.5×10^{-12}	

金属阳离子	溶度积（25℃）				
	乙基黄药	二硫代磷酸盐（黑药）			硫化物
		二乙基	二丁基	二甲酚基	
Ni^{2+}	1.4×10^{-12}	1.7×10^{-4}			1.4×10^{-24}
Zn^{2+}	4.9×10^{-9}	1.5×10^{-2}			1.2×10^{-23}
Fe^{2+}	0.8×10^{-8}				
Mn^{2+}	$< 10^{-2}$				1.4×10^{-15}

（3）黄药的储存、配置和应用。

为了防止黄药水解、分解和过分氧化，应将黄药储存于密闭容器内，避免与潮湿空气和水接触，注意防火，不宜暴晒，不宜长期存放，应存放于阴凉、干燥、通风处。配置好的黄药水溶液不宜放置过久，一般当班配当班用，不可用热水配置黄药水溶液。

黄药主要用作自然金属、有色金属硫化矿物及硫化后的有色金属氧化矿物的浮选捕收剂。

b 黑药

（1）黑药的结构与合成。

黑药的化学名称为烃基二硫代磷酸盐，通式为（RO)$_2$PSSH，可认为是磷酸盐的衍生物。其结构式为：

磷酸钠 二丁基二硫代磷酸铵（丁基铵黑药）

黑药可认为是磷酸盐中的两个氧离子被两个硫离子所取代，两个钠离子被两个烃基所取代而生成的衍生物。常用黑药的烃基为甲酚、二甲酚及各种醇（如丁醇）等。常用的黑药为甲酚黑药和丁基铵黑药。

甲酚和五氧化二磷在隔绝空气条件下加热至130～140℃时，可制得甲酚黑药。

根据合成时配料中五氧化二磷的质量分数，黑药可分为15号黑药和25号黑药。31号黑药为25号黑药中加入6%的白药组成的混合剂。

采用丁醇和五氧化二磷合成后，再经氨中和可制得丁基铵黑药。

（2）黑药的性质。

甲酚黑药为暗绿色油状液体，微溶于水，密度为1.2g/cm^3，具硫化氢的难闻臭味，可灼伤皮肤，有起泡性，有毒，其毒性较丁黄药低。易燃，与空气接触易氧化失效。

甲酚黑药经氨中和（241号、242号）后，可提高其在矿浆中的溶解度。未中和的甲酚黑药难溶于水，常将其加入球磨机中以提高其作用效率。

丁基铵黑药为白色粉末（或油状液体），易溶于水，潮解后变黑，有一定的起泡性。比甲酚黑药易溶于水，较稳定，便于储存和运输，对皮肤有腐蚀性。

（3）黑药的储存、配置和应用。

黑药应储存于密闭容器内，避免与潮湿空气和水接触，注意防火，不宜暴晒，不宜长期存放，应存放于阴凉、干燥、通风处。配置好的黑药水溶液不宜放置过久，一般当班配当班用，不可用热水配置黑药水溶液。

黑药主要用作自然金属、有色金属硫化矿物及硫化后的有色金属氧化矿物的浮选捕收剂。

c 二硫代氨基甲酸盐（硫氮）

二硫代氨基甲酸盐在国内常称为硫氮，如 N，N-二乙基二硫代氨基甲酸盐常称为乙硫氮或 SN-9 号。

SN-9 号的制法：将乙二胺、二硫化碳和苛性钠按配料比（物质的量比）为 1：1：1 在反应器中搅拌反应，反应温度小于 130℃，反应完成后，经过滤、干燥（低于 40℃），可获得松散的白色结晶产品。其反应式可表示为：

$$(C_2H_5)_2NH + CS_2 + NaOH \longrightarrow (C_2H_5)_2NC(S)SNa \cdot 3H_2O$$

SN-9 号易溶于水和酒精，在酸介质中易分解。

SN-9 号与丙烯腈反应可制得二甲基二硫代氨基甲酸丙烯酯（酯-105）。其反应式可表示为：

$$(C_2H_5)_2NCSSNa + CH_2CHCN + H_2O \xrightarrow{30 \sim 35℃,2h} (C_2H_5)_2NC(S)SCH_2CH_2CN + NaOH$$

硫氮与黄药、黑药同属巯基类捕收剂，均可与重有色金属离子生成难溶盐，但难溶盐的溶解度递降顺序为：黑药 > 黄药 > 二烃基硫氮。其溶度积列于表 3-4 中。

表 3-4 几种黄药、黑药和硫氮的银盐溶度积

非极性基	黄 药	黑 药	二烃基硫氮
乙 基	4.4×10^{-19}	1.2×10^{-16}	4.2×10^{-21}
丙 基	2.1×10^{-19}	6.5×10^{-18}	3.7×10^{-22}
丁 基	4.2×10^{-20}	5.2×10^{-19}	5.3×10^{-23}
戊 基	1.8×10^{-20}	5.1×10^{-20}	9.4×10^{-24}

从表 3-4 中数据可知，二烃基硫氮对金属硫化矿物的捕收能力比黄药、黑药强，对黄铁矿的捕收能力较弱。

d 烃基-硫代氨基甲酸酯（硫氨酯类）

（1）概述。

硫氨酯类药剂为非离子型捕收剂，常温下为油状液体，不溶于水，其通式为 R—NH—CSOR′，常将其加于球磨机中。常见的硫代氨基甲酸酯类药剂列于表 3-5 中。

表 3-5 常见的硫代氨基甲酸酯类药剂

药 剂 名 称	化 学 式	药量/$g \cdot t^{-1}$
乙硫氨酯（乙基-硫代氨基甲酸乙酯）	$C_2H_5—NH—C(S)O—C_2H_5$	约 15
（丙）乙硫氨酯（200 号） （O-异丙基-N-乙基-硫代氨基甲酸酯）	$C_2H_5—NH—C(S)O—CH(CH_3)_2$	$6.5 \sim 15$
丙硫氨酯	$C_3H_7—NH—C(S)O—C_2H_5$	约 15

药剂名称	化学式	药量/g·t^{-1}
丁硫氨酯	C_4H_9—NH—C(S)O—C_4H_9	约 15
（丁戊）醚氨硫酯	C_2H_5O—$(CH_2)_3$—NH—C(S)O—C_4H_9	
O-异丙基-N-甲基硫代氨基甲酸酯	CH_3—NH—C(S)O—$CH(CH_3)_2$	

（2）合成方法。

O-异丙基-N-乙基-硫代氨基甲酸酯为美国道化学公司的 Z-200，Minerec 称 161 号，国内称 200 号。其合成方法是先将异丙醇、苛性钠与二硫化碳（配料比（物质的量比）为 4:1:1）反应，在 60℃条件下回流 30min，通入一氯甲烷（其量与苛性钠和二硫化碳等量），反应 60min 后，再加入 70% 一氯甲烷量的乙胺水溶液，反应完成后，蒸去甲硫醇，加水分层，上层有机物即为产品。其反应可表示为：

$$(CH_3)_2CHOH + NaOH + CS_2 \longrightarrow (CH_3)_2CHO—C(S)—SNa + H_2O$$

$$(CH_3)_2CHO—C(S)—SNa + CH_3Cl \longrightarrow (CH_3)_2CHO—C(S)—SCH_3 + NaCl$$

$$(CH_3)_2CHO—C(S)—SCH_3 + CH_3CH_2NH_2 \longrightarrow (CH_3)_2CHO—C(S)—NHC_2H_5 + CH_3SH$$

另一种方法是将异丙基黄药与一氯醋酸及乙胺反应，可制得 200 号。其反应可表示为：

$$(CH_3)_2CHO—C(S)SNa + ClCH_2CCOONa \xrightarrow{20\sim35℃,90min}$$

$$(CH_3)_2CHO—C(S)SCH_2COONa + NaCl$$

$$(CH_3)_2CHO—C(S)SCH_2COONa + C_2H_5NH_2 \xrightarrow{25\sim30℃,270min}$$

$$(CH_3)_2CHO—C(S)—NHC_2H_5 + HSCH_2COONa$$

（3）特性。

硫氨酯类药剂对铜、铅、锌、钼、钴、镍等金属硫化矿物的捕收能力较强，对黄铁矿的捕收能力较弱，其选择性高。在酸性介质中比较稳定，不易分解，有较强的起泡性，用量较少。在多金属硫化矿物低碱介质浮选分离作业中常采用其同类或异类混合捕收剂。

3.2.2.3 非极性油类捕收剂

A 非极性油的特点

非极性油的主要成分是石油和煤分馏产出的烃类化合物，包括脂肪烃、芳香烃类化合物。

脂肪烃俗称烃油，主要产自石油及其加工产品。与选矿相关的烃油列于表 3-6 中。

表 3-6 与选矿相关的烃油

名 称	成 分	沸程/℃	直接用途
煤油	$C_{13}H_{27} \sim C_{15}H_{31}$	200~300	选矿、制氧化煤油、高级醇等
航空煤油	正构烷烃		航空、选矿溶剂
灯用煤油	正构烷烃为主	180~310(270℃占70%)	选矿、照明

名　称	成　分	沸程/℃	直接用途
溶剂煤油	芳烃小于10%		选煤、萃取
柴　油			选矿
轻柴油		主馏程 280~290	选煤、选石墨
汽油(瓦斯油)		180~450	捕收剂、助剂
白精油		150~250	选矿、代替松醇油
重　油		>300	选矿或送裂解
太阳油	国外产品	高于煤油	选矿
石　蜡	$C_{20}H_{41}$ ~ $C_{24}H_{49}$	高于液体石蜡	选矿、制氧化石蜡、脂肪酸
液体石蜡(轻蜡)	$C_{20}H_{41}$ ~ $C_{24}H_{49}$	240~280(C13~C17 约占9%)	捕收剂、制脂肪酸

芳香烃主要产自焦油，石油馏分中的芳香烃较少，但可石油馏分芳基化。

B　作用

非极性油类捕收剂主要用作非极性矿物（如自然硫、辉钼矿、石墨、煤、辉锑矿等）的捕收剂。也可用作极性捕收剂的乳化剂、溶剂和辅助捕收剂。

有关浮选药剂可参阅《金属硫化矿物低碱介质浮选》（冶金工业出版社，2015年出版）的相关内容。

3.2.2.4　其他类型捕收剂

由于含贵金属的矿物多为金属硫化矿物，其他类型的捕收剂请参阅《金属硫化矿物低碱介质浮选》等有关专著。

3.2.3　起泡剂

3.2.3.1　概述

起泡剂是能防止气泡兼并，能获得大小适中、高度分散的气泡，且能增大气水界面及提高泡沫稳定性的有机化合物。

常用起泡剂主要是一些异极性的表面活性化合物。其分子由极性基和非极性基两部分组成，同时又是表面活性化合物，会富集于气水界面，并在气-水界面做定向排列（见图3-4）。其极性基亲水，插入水中；非极性基亲气，朝向气泡内部的空气。起泡剂分子在气-水界面的定向排列降低了气-水界面的表面张力，使水中的气泡变得坚韧而稳定，形成两相泡沫。在浮选矿浆中，大量的疏水性矿粒附着在气泡上，形成气-固-水三相泡沫。气泡表面上的疏水性矿粒可防止气泡兼并和阻碍气泡间水层的流动，防止气泡与气泡直接接触。因此，三相泡沫比两相泡沫更稳定。

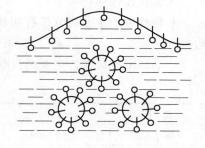

图3-4　起泡剂分子在气-水界面的定向排列

3.2.3.2　常用的起泡剂

常用的起泡剂列于表3-7中。

表 3-7　常用的起泡剂

类型	类别	极性基	名称与组成	备　注
非离子型化合物	醇类	—OH（醇基）	直链脂肪醇 $C_nH_{n+1}OH$（$C_{6\sim9}$混合）	杂醇油（副产品）
			甲基异丁基甲醇（异构醇） CH_3—$CH(CH_3)CH_2$—$CH(OH)CH_3$	MIBC（英文缩写） Aerofroth 70（国外代号）
			萜烯醇（terpineol） H_3C—$C(C_4H_7)CH$—$C(OH)(CH_3)_2$	2 号油的主成分
			桉叶醇（eucalyptol） H_3C—$C(OC_7H_{14})CH$	桉树油的主成分
			樟脑（莰酮）及莰醇 H_3C—$C(O_2C_7H_{12})CH$ H_3C—$C(O_2C_7HH_{14})CH$	樟脑油的主成分
	醚醇	—O——OH	丙二醇醚醇（R=$C_{1\sim4}$，$n=1\sim3$） $R[OCH_2CH(CH_3)]_nOH$	三聚丙二醇甲醚 Dow-froth 250（美国代号）
			芳香基醚醇（$n=1\sim4$） C_6H_5—$CH_2O(CH_2CH_2O)_nH$	苄醇与环氧乙烷缩合
	醚类（烷氧类）	—O—	三乙氧基丁烷 CH_3—$CH(OC_2H_5)CH_2$—$CH(OC_2H_5)_2$	TEB（英文缩写）
	酯类	—COOR	脂肪酸酯（R 为 $C_{3\sim10}$混合酸，R′为 $C_{1\sim2}$混合酸）$RCOOR'$	烃油氧化低石碳酸酯化
离子型化合物	羧酸及其盐类	—COOH——COONa	脂肪酸及其盐 $C_nH_{2n+1}COOH(Na)$ $C_nH_{2n-1}COOH(Na)$	
			松香酸等	松香的主成分、粗塔尔油的成分之一
	烷基磺酸及其盐	—SO$_3$H——SO$_3$Na	烷基苯磺酸钠等 R—C_6H_5—SO_3Na	R800（国外代号）
	酚类	—OH	甲酚等 $CH_3C_6H_5OH$	杂酚油（邻、对、间位）
	吡啶类	≡N	吡啶类	焦油馏分

　　国内常用的起泡剂为 2 号油（松醇油）、松油、樟油、重吡啶、甲酚酸等，其中 2 号油应用最广泛。

　　2 号油是以松油为原料，硫酸为催化剂，平平加（一种表面活性物质）为乳化剂进行水解而制得的油状液体。主要成分为 α-萜烯醇（约占 50%），还含萜二醇、烃类化合物和其他杂质，为淡黄色油状液体，密度为 $0.9\sim0.915g/cm^3$，可燃，微溶于水，有刺激作用。在空气中可被氧化，氧化后其黏度增加。有较强的起泡性，可生成大小均匀黏度适中的稳定气泡。用量过大时，气泡变小。泡沫黏度随介质 pH 值的提高而增大。其起泡能力随介质 pH 值的下降而降低。金属硫化矿物低碱介质浮选时，2 号油的起泡能力常无法满足浮选工艺的要求。2 号油为易燃品，储存时应注意防火。使用时一般原状添加，用量一般为 $20\sim150g/t$。

　　松油是松根、松支干馏或蒸馏而得的油状液体，主要成分为萜烯醇、仲醇和醚类化合物。

起泡性能强,一般无捕收能力,但因含某些杂质而具有一定的捕收能力。可单独用作起泡剂浮选辉钼矿、石墨、煤等。用量一般为 0~60g/t。但因原料所限,已逐渐被合成起泡剂所取代。

甲酚酸和重吡啶为炼焦工业副产品,有时可用作起泡剂。

国外常用的起泡剂为合成起泡剂 MIBC,为甲基戊醇,又称甲基异丁醇。纯品为无色液体,100mL 水中可溶解 1.8g MIBC,可与酒精、乙醚以任何比例混合。

当采用有起泡性能的捕收剂时,可少加或不添加起泡剂。

3.2.4　抑制剂

3.2.4.1　概述

能阻止或破坏矿物表面与捕收剂作用,提高矿物表面亲水性,降低矿物可浮性的有机化合物或无机化合物均称为浮选的抑制剂。

3.2.4.2　常用的浮选抑制剂

常用的浮选抑制剂列于表 3-8 中。

表 3-8　常用的浮选抑制剂

种　类	名称与组成	主要用途	种　类	名称与组成	主要用途
无机抑制剂	氰化钠(钾)NaCN、KCN、氰熔物	抑制黄铁矿、闪锌矿、黄铜矿等	有机抑制剂	草酸 COOH·COOH	抑制硅酸盐矿物
	亚硫酸盐 Na_2SO_3、硫代硫酸盐 $Na_2S_2O_3$、SO_2、H_2SO_3	抑制黄铁矿、闪锌矿		巯基乙酸 $HSCH_2COOH$、巯基乙醇 HSC_2H_5OH	抑制硫化铜、硫化铁矿物
	重铬酸钾 $K_2Cr_2O_7·2H_2O$	抑制方铅矿,大用量抑制黄铜矿、黄铁矿		糊精$(C_6H_{10}O_5)_n$、淀粉	抑制含碳脉石、滑石、石墨、辉钼矿
	高锰酸钾 $KMnO_4$	抑制黄铁矿、磁黄铁矿		栲胶(多羟基芳酸)、单宁	抑制硅酸盐矿物、碱土金属矿物
	氟硅酸钠 Na_2SiF_6	抑制脉石矿物		木质素磺酸盐、氯化木质素	抑制硅酸盐矿物、碱土金属矿物
	硫化钠 Na_2S、硫氢化钠 NaHS	抑制硫化矿物,脱药剂,硫化剂		羧甲基纤维素	抑制脉石矿物、碱土金属矿物
	聚偏磷酸钠$(Na_mPO_3)_n$	抑制钙镁脉石矿物,分散剂		乙二胺四乙酸$(HOOCCH_2)_2N—C_2H_4—N(COOH)_2$	抑制黄铁矿
	水玻璃 $Na_2O·mSiO_2$	抑制脉石矿物,抑制钙镁脉石矿物,分散剂		聚丙烯酸(相对分子质量小于 10^4)	抑制脉石、钙镁矿物
	硫酸锌 $ZnSO_4·7H_2O$	抑制闪锌矿		腐殖酸钠	抑制铁矿物,选择性絮凝剂
	硫酸亚铁 $FeSO_4·7H_2O$	抑制方铅矿(铅锌分离)		古尔胶	抑制黏土、滑石、叶蜡石、页岩脉石矿物
	多价重金属盐(Fe、Al、Ba、Ca 等氧化物)	用阳离子捕收剂时的抑制剂		聚丙烯酰胺	抑制脉石、钙镁矿物
	石灰 CaO	抑制黄铁矿、闪锌矿		聚丙烯酸	抑制赤铁矿等
	漂白粉 $Ca(ClO)_2$	抑制黄铁矿、闪锌矿		水解聚丙烯酰胺	抑制脉石、钙镁矿物
	砷诺克斯、磷诺克斯	抑制铜、铅、锌、铁硫化矿物		短碳链的羟基羧酸、柠檬酸、苹果酸等	抑制萤石、长石、石英、碳酸盐矿物

石灰是黄铁矿、磁黄铁矿、砷黄铁矿、硫化锌矿物的常用抑制剂，可单独使用或与其他抑制剂混用。其抑制作用是由于在硫化铁矿物表面生成亲水的氢氧化铁膜和吸附钙离子所致，即 OH^- 和 Ca^{2+} 同时起作用，使矿物表面捕收剂的吸附量大幅度降低。石灰的抑制作用随其用量的增加（介质 pH 值上升）而增强，当石灰用量高时，对金、铜、钼、锑等硫化矿物也有抑制作用。金属硫化矿物的可浮性随介质 pH 值的降低而增加，故在低碱介质中浮选金属硫化矿物，可以获得较高的浮选指标。常用石灰用量为 0.5 ~ 10kg/t。

硅酸钠、氟硅酸钠、六偏磷酸钠、羧甲基纤维素、糊精、淀粉等为脉石矿物的抑制剂，常用于石英脉金矿和金属硫化矿物浮选的粗选和精选作业，以提高精矿质量。

巯基乙酸和巯基乙醇为无色透明液体，有刺激气味，沸点为 60℃，可与水、醚、醇、苯等混溶。有腐蚀性，使用时应保护眼睛和皮肤。具中等毒性，家禽半致死量为 250 ~ 300mg/kg，老鼠半致死量为 120 ~ 150mg/kg，浓度稀时不影响植物生长。易被空气氧化，在环境中不产生累积毒性，其毒性比硫化钠低，是氰化物和硫化钠的有效替代品，已成功用于铜钼分离、钨钼分离和钼浮选中。巯基乙酸和巯基乙醇为硫化铜矿物和硫化铁矿物的有效抑制剂。

3.2.5 活化剂

活化剂是能提高矿物表面吸附捕收剂能力的化合物。活化剂的活化机理为：

（1）在矿物表面生成易与捕收剂作用的活化膜；

（2）在矿物表面生成易与捕收剂作用的活化点；

（3）清除矿物表面上的亲水膜，提高矿物表面的可浮性；

（4）消除矿浆中有碍目的矿物浮选的难免离子。

常用的活化剂列于表 3-9 中。

表 3-9 常用的活化剂

种 类		名称及组成	主 要 用 途
无机酸		硫酸 H_2SO_4 盐酸 HCl 氢氟酸 HF	活化被石灰抑制过的黄铁矿 活化稀有金属矿物、锂铍矿物
无机碱		碳酸钠 Na_2CO_3 氢氧化钠 NaOH	活化被石灰抑制过的黄铁矿，沉淀难免离子
金属阳离子	Cu^{2+} Pb^{2+}	硫酸铜 $CuSO_4$ 硝酸铅 $Pb(NO_3)_2$	使用黄药捕收剂时： 活化硫化铁矿，硫化锌矿物 活化辉锑矿
碱土 金属阳离子	Ca^{2+} Ba^{2+}	氧化钙、氯化钙 CaO、$CaCl_2$ 氯化钡 $BaCl_2$	使用羧酸捕收剂时： 活化硅酸盐矿物，石英 活化重晶石
硫化物		硫化钠 Na_2S 硫氢化钠 NaHS	使用黄药捕收剂时，活化有色金属氧化矿物 使用胺类酸捕收剂时，活化氧化锌矿物
有机化合物		草酸 $(COOH)_2$ 乙二胺磷酸盐 $(CH_2NH_3)_2HPO_4$	活化被石灰抑制过的黄铁矿 活化氧化铜矿物

3.2.6　介质调整剂

介质调整剂主要用于调整矿浆的 pH 值、调整其他药剂的作用强度、消除矿浆中有害离子的影响及调整矿泥的分散和团聚。

常用的酸性调整剂为硫酸、盐酸和氢氟酸。

常用的碱性调整剂为石灰、氢氧化钠、碳酸钠和硫化钠等。

常用的矿泥分散剂为水玻璃、氢氧化钠、六聚偏磷酸钠、焦磷酸钠、聚丙烯酰胺、古尔胶等。

常用的矿泥团聚剂为石灰、碳酸钠、硫酸亚铁、氧化铁、硫酸钙、明矾、硫酸、盐酸等。

3.3　浮选机

3.3.1　概述

浮选机是完成矿物浮选分离的主要设备。浮选机除应满足工作连续、可靠、电耗低、耐磨、结构简单和易维修等良好的性能外，还应满足充气、搅拌和便于调节等工艺要求。

根据浮选机充气和搅拌方式，工业生产中常用的浮选机可分为机械搅拌自吸式浮选机、压气-机械搅拌式浮选机和压气式浮选机三大类。

3.3.2　机械搅拌式浮选机

3.3.2.1　XJK 型（A 型）浮选机

XJK 型（A 型）浮选机是靠搅拌器（叶轮和盖板）的旋转完成浮选机的充气和搅拌，又称矿用机械搅拌式浮选机，此型浮选机与美国法连瓦尔德浮选机和俄罗斯 A 型浮选机相类似。现新建选矿厂一般不用，为我国选矿厂早期使用最广的浮选机。其结构图如图 3-5 所示。

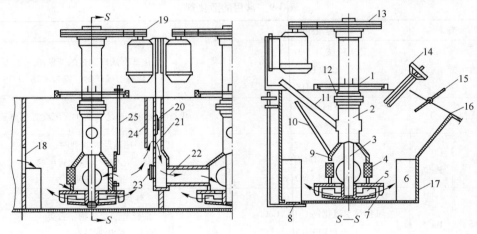

图 3-5　XJK 型（A 型）浮选机的结构图

1—座板；2—空气筒；3—主轴；4—矿浆循环孔；5—叶轮；6—稳流板；7—盖板；8—事故放矿闸门；9—连接管；10—砂孔闸门调节杆；11—吸气管；12—轴承套；13—主轴皮带轮；14—尾矿闸门丝杆及手轮；15—刮板；16—泡沫溢流唇；17—槽体；18—直流槽进浆口（空窗）；19—电动机及皮带轮；20—尾矿流堰闸门；21—尾矿溢流堰；22—给矿管（吸浆管）；23—砂孔闸门；24—中间室隔板；25—内部矿浆循环孔闸门调节杆

XJK型（A型）浮选机的叶轮（a）和盖板仰视图（b）如图3-6所示。

根据矿石性质和试验研究报告配置浮选流程，每个浮选作业需要配置1~6槽浮选机。通常每个作业的首槽和中矿返回槽为吸浆槽，有时首槽既是前槽尾浆吸入槽，又是后作业中矿的返回槽，此作业只有一个吸浆槽。若前作业尾浆和后作业中矿的返回不在同一槽，此作业有两个吸浆槽，其余各槽为直流槽。每个浮选作业的浮选机隔板上设空窗，每作业尾槽设尾矿闸门及调节装置，以调节每个浮选作业的矿浆液面及泡沫层的厚度。

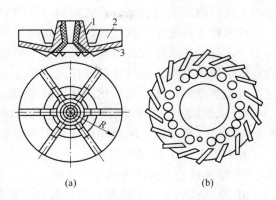

图3-6　XJK型（A型）浮选机的叶轮和盖板仰视图
（a）叶轮；（b）盖板
1—轮毂；2—叶片；3—底板

叶轮和盖板是此型浮选机的关键部件，它们之间的间隙决定矿浆的充气量、气泡弥散程度及矿浆的运动状态。叶轮旋转时，叶轮和盖板组成类似于泵的真空区，形成负压，自吸空气；吸入的空气与矿浆混合，空气与矿浆混合体经盖板环形倾斜叶片甩出，吸入的空气被分割为小气泡并弥散于矿浆中。

此型浮选机的搅拌力强，对矿石适应性较强，指标较稳定。但结构较复杂，能耗大。

3.3.2.2　JJF型浮选机

JJF型浮选机是我国自行研制，与美国WEMCO型浮选机相似，为机械搅拌自吸式浮选机。JJF型浮选机的结构图如图3-7所示。

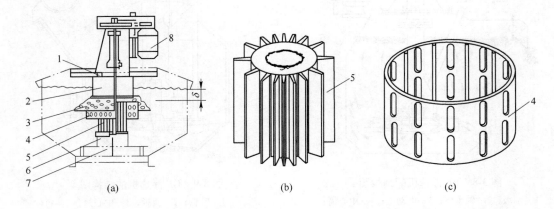

图3-7　JJF型浮选机的结构图
（a）浮选机总图；（b）转子；（c）定子
1—进气口；2—竖管；3—锥形罩；4—定子；5—转子；6—导管；7—假底；8—电动机；
δ—浸入深度

JJF型浮选机与XJK型浮选机不同，它用转子代替叶轮，用定子代替盖板。转子为矩形长方齿条的柱（星）形转子，其直径小，高度较大。定子为有许多椭圆形孔的圆筒，圆筒内表面有突出的筋条，称为分散器。分散器上方为多孔锥形罩，以阻止矿浆涡流对泡沫层的干扰。槽底装有假底，假底四周与槽内矿浆相连，以保证槽内矿浆循环。

柱形转子在定子中旋转时，在竖管与导管间产生负压。空气经进气口和竖管吸入转子与定子之间，矿浆经假底与导管吸入转子与定子之间，矿浆与空气靠涡流互相混合，混合后被转子甩向四周，通过分散器排出。部分上升的索流通过锥形罩缓慢排出。因此，此型浮选机虽然槽体较浅，但矿化泡沫层较平稳。

对比试验表明，JJF-20 与 7A 浮选机比较，JJF-20 的浮选时间较短，回收率略高，精矿品位略低，较耐磨，电耗和运营费用较低。

3.3.2.3 BF 浮选机

BF 浮选机的结构图如图 3-8 所示。

BF 浮选机的定子中间高而周围较低，叶轮由闭式双截锥体组成，可产生由下向上的矿浆循环流。矿浆循环较合理，可尽可能减少粗砂沉积，吸气量较大，电耗较低。每个浮选槽均可吸气、吸浆和浮选，可水平配置，自成回路。设有液面自控和电控装置，调节方便。

3.3.2.4 GF 浮选机

GF 浮选机的结构图如图 3-9 所示。

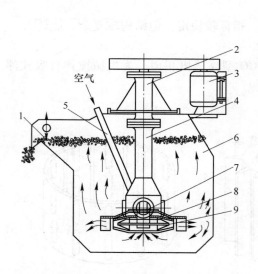 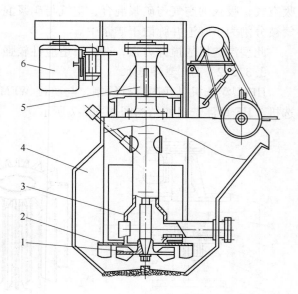

图 3-8　BF 浮选机的结构图

1—刮板；2—轴承体；3—电动机；4—中心筒；
5—吸气管；6—槽体；7—主轴；8—定子；9—叶轮

图 3-9　GF 浮选机的结构图

1—叶轮；2—盖板；3—中心筒；
4—槽体；5—轴承体；6—电动机

GF 浮选机的叶轮底盘上、下均有叶片，可自吸给矿和中矿，可平面配置。自吸空气量可达 $1.2\,m^3/(m^2 \cdot min)$，槽内矿浆循环较好，液面不翻花、不旋转。可处理粒度范围为 $-0.074mm$ 占 $45\% \sim 90\%$、矿浆浓度小于 45% 的矿浆。分选效率较高，可提高粗、细粒的回收率。电耗较低，与相同规格的其他浮选机比较，可节能 $15\% \sim 20\%$。易损部件寿命较长。

GF 浮选机适用于中、小型选矿厂。

3.3.2.5　HCC 型环射式浮选机

HCC 型环射式浮选机的结构图如图 3-10 所示。

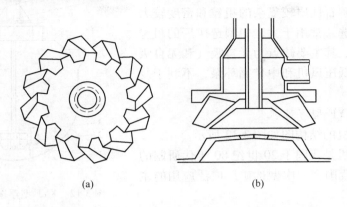

(a)　　　　　　　　　　　(b)

图 3-10　HCC 型环射式浮选机的结构图
（a）叶轮俯视图；（b）进浆罩、凸台和叶轮的相对位置

　　HCC 型环射式浮选机的叶轮为混流泵叶轮。该叶轮的叶片位于圆锥形底盘上，叶片与圆锥面的母线间的夹角较大。当叶轮转动时，由于叶轮下面的固定圆锥台起了导流作用，叶轮罩内形成负压区，矿浆挟带空气进入该负压区，称为一次充气。当矿浆沿圆锥面射向槽底时，空气从叶轮背面经叶轮外缘与圆锥台之间的缝隙被吸入，此为二次充气，即叶轮的正面和背面均可形成负压区。

　　试验表明，在自吸工作状态下，该叶轮的正面和背面所吸入的空气总量为一定值，当矿浆吸入量增大时，正面吸气量减小，浆气混合物密度增大，射流充气能力随之增大，叶轮背面吸气量增大。若采用浅槽，自吸空气量可达 $1 \sim 1.3 \mathrm{m^3/(m^2 \cdot min)}$；若采用深槽，可改为压气式，将低压空气从中空轴引入叶轮背面，变为压气-机械搅拌式浮选机。

3.3.3　压气-机械搅拌式浮选机

3.3.3.1　概述

　　压气-机械搅拌式浮选机装有机械搅拌叶轮，机械搅拌叶轮的主要作用是搅拌矿浆，使矿粒悬浮和使矿浆循环流动。该类浮选机的充气主要靠低压空气经充气管送至气浆混合区，通过叶轮和定子的作用将空气分散为弥散的小气泡。

　　压气-机械搅拌式浮选机的充气量大，且易调节，磨损小，能耗低。其缺点是无吸气吸浆能力，配置较复杂，须配置中矿返回装置和低压风机等设施。

3.3.3.2　CHF-X 型和 XJC 型浮选机

CHF-X 型和 XJC 型浮选机为压气-机械搅拌式浮选机，其结构图如图 3-11 所示。

此类浮选机的特点是采用锥形循环筒装置，使

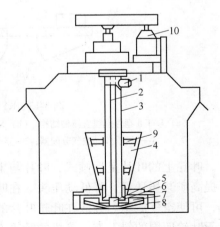

图 3-11　CHF-X 型和 XJC 型浮选机的结构
1—风管；2—主轴；3—套筒；4—循环筒；
5—调整垫；6—导向器；7—叶轮；
8—盖板；9—连接筋板；10—电动机

矿浆垂直向上进行大循环，增强了浮选槽下部的搅拌能力，可有效保证矿粒悬浮而不易沉槽。适用于要求充气量大、矿石性质较复杂的粗粒和密度较大的难选矿物的浮选，常用于大、中型选矿厂的粗选作业和扫选作业。其主要缺点为无自吸气和无自吸浆能力，须增加低压风机和中矿循环泵，不利于复杂流程的配置。

3.3.3.3　KYF 型浮选机

KYF 型浮选机的结构图如图 3-12 所示。

KYF 型浮选机是我国于 20 世纪 80 年代研制的浮选机，是目前我国大、中型选矿厂广泛应用的主要浮选机型。

该型浮选机采用 U 形断面槽体，空心轴作充气管及悬空定子。其叶轮断面呈双倒锥台状，叶轮外

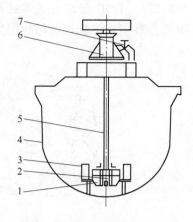

图 3-12　KYF 型浮选机的结构图
1—转子；2—空气分配器；3—定子；4—槽体；5—主轴；6—轴承及支架；7—空气调节阀

廓由上向下分两段缩小，呈倒锥台状。KYFⅡ型浮选机和叶轮的结构图如图 3-13 所示。

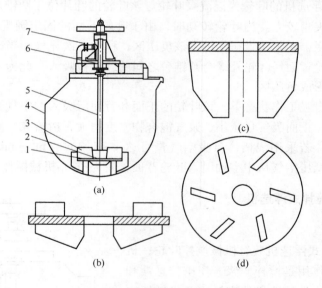

图 3-13　KYFⅡ型浮选机和叶轮的结构图
（a）KYFⅡ型浮选机直流槽结构；（b）KYFⅡ型浮选机的叶轮；（c）直流型叶轮；（d）后倾式叶片
1—叶轮；2—空气分配器；3—定子；4—槽体；5—主轴；6—轴承及支架；7—空气调节阀

叶轮上的叶片呈后倾式，叶片与半径成一定夹角，倾斜方向与旋转方向相反，这有助于提高矿浆扬送量，降低动压头。在叶轮腔中装有空气分配器，其壁上均匀布有小孔的圆筒，可使空气能均匀分散在叶轮叶片的大部分区域内。有四块支撑于槽体上的定子板，分布于叶轮四周的斜上方。该机的叶轮-定子系统具有结构简单、能耗低的特点。

我国近年研制的 KYF-160、KYF-200、KYF-320 等大型浮选机的槽体为圆柱形，深槽，槽底为平底。叶轮采用后倾叶片、高比转速。采用支撑于槽底上的低阻尼悬式定子板，安装于叶轮周围的斜上方。为自溢式泡沫槽，大型槽为双自溢式泡沫槽。

KYF-160、KYF-200、KYF-320 等大型和超大型浮选机的成功设计、制造和用于工业生产，标志着我国已完全掌握了大型和超大型浮选机的核心技术，已成为能制造大型和超大型浮选机的世界上少数国家之一。

3.3.3.4　OK 型浮选机

OK 型浮选机系芬兰奥托昆普公司研制。OK 型浮选机的结构图如图 3-14 所示。

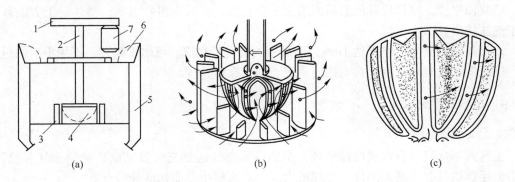

(a)　　　　　　　　　　(b)　　　　　　　　　　(c)

图 3-14　OK 型浮选机的结构图

（a）OK 型浮选机的横断面；（b）矿浆和气泡运动路线；（c）转子外廓
1—皮带轮；2—主轴；3—定子；4—转子；5—泡沫槽；6—刮板；7—电动机

OK 型浮选机特点是其转子的外廓呈半椭圆形，它由侧面上呈弧形、平面呈 V 形的多对叶片组成，V 形片尖端对着圆心，转子上面有一盖板。相邻的 V 形叶片间有排气间隙，从中空轴进入的低压空气在转子腔中与矿浆混合。V 形叶片呈上大下小的弧形，转子转动时，上部半径大，甩出的浆气混合体的离心力大，这些动压头大的混合体遇到周围呈放射状排列的稳流板后有部分被折回来，可补偿其附近因位置高而静压头小的缺点，使转子叶片上下各点的压头相差不大，可克服只有转子最上端能排出浆气混合体的缺点，可保持转子上部 2/3 的高度均可排出浆气混合体。可使空气分散良好，使矿浆从叶片沟槽中向上流动，转子不被矿砂埋死，停机后随时可满负荷启动。

OK 型浮选机槽体小于 8m³ 的为矩形槽，有挡板；槽体为 16m³ 的为 U 形槽。OK 型浮选机问世后，不断大型化，推出新的大型浮选机。

OK 型浮选机的序列号为：

OK-R（矩形槽）：0.05、1.5、3、5

OK-U（U 形槽）：8、16、38、50

TC（圆筒形槽）：5、10、20、30、50、70、100、130

TC-XHD：100、160、200

其中数字为浮选槽的容积。

3.3.3.5　CLF 型粗粒浮选机

CLF 型粗粒浮选机的结构图如图 3-15 所示。

CLF 型粗粒浮选机采用高比转数后倾叶片叶轮，下叶片形状设计成与矿浆通过叶轮叶片间的

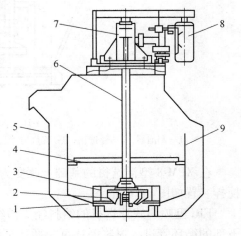

图 3-15　CLF 型粗粒浮选机的结构图
1—空气分配器；2—叶轮；3—定子；4—格子板；
5—槽体；6—空心轴；7—轴承体；
8—电动机；9—垂直矿浆循环板

流线一致，使其具有搅拌力弱、矿浆循环量大、能耗低的特点。叶轮直径较小，圆周速度低。叶轮与定子间的空隙大，磨损均匀且较轻。采用上宽下窄的近梯形叶片，叶片中央设有空气分配器，定子上方支有格子板。

叶轮下方有凹字形的矿浆循环通道，槽的两侧也有矿浆循环通道，使矿浆循环良好，加上叶轮的作用，使槽内矿浆有较大的上升速度，有利于粗粒悬浮。充气量大，空气分散好，矿浆面平稳。槽体底部的前后方削去三角长条，以减少粗砂沉积。槽体后上方前倾有利于泡沫排出。

该机处理的最大矿粒可达 1mm，不沉槽。设有吸浆槽，可水平配置，不用中矿的返回泵，能耗低。设有矿浆液面自动控制系统，利于操作管理。

3.3.4 压气式浮选机

3.3.4.1 概述

压气式浮选机没有机械搅拌装置，全靠压缩空气通过充气器完成矿浆的充气和搅拌。此类型浮选机具有无磨损部件、处理量大、占地面积小和能耗低等特点。

3.3.4.2 XPM-8 型浮选机

XPM-8 型浮选机的结构图如图 3-16 所示。

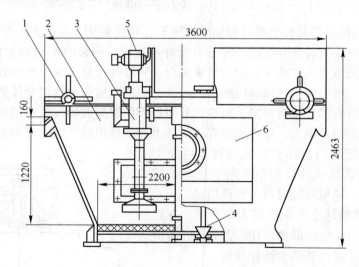

图 3-16　XPM-8 型浮选机的结构图

1—刮泡器；2—浮选箱；3—充气搅拌装置；4—放矿机构；5—液面自动控制机构；6—给料箱

在 XPM-8 型浮选机的基础上改变为 FJC 型喷射式浮选机。FJC 型喷射式浮选机的充气搅拌装置如图 3-17 所示。

FJC 型喷射式浮选机的给料经头槽给料箱部分以直流方式进入头槽，部分给料经假底下部的循环管进入煤浆循环泵。循环泵将煤浆加压至 0.22MPa 后进入充气搅拌装置，以约 17m/s 速度从喷嘴呈螺旋扩大状喷出，在混合室形成负压，空气则经进气管进入混合室，实现煤浆充气。高速旋转喷射流的剪切作用将空气分散并与煤浆一起经喉管、伞形分散器均匀分散于浮选槽中，部分则经假底下部的循环管进入煤浆循环泵。由刮板刮出矿化泡沫，尾矿从尾矿箱排出而完成浮选过程。

FJC 型喷射式浮选机的主要特点为：
（1）每个浮选槽装有 4 个充气搅拌装置，可使充气煤浆均匀分散于浮选槽中；
（2）可产生大量直径为 20～40μm 的微泡，其比表面积大、活性高，有利于粗粒煤的浮选；（3）喷射装置可将非极性捕收剂乳化为直径 5～20μm 的微粒，可提高捕收剂的效能；（4）可提高气泡与煤粒的碰撞概率，有利于气泡矿化；（5）煤浆在浮选槽内呈 W 形运动，有利于液面稳定和二次富集；（6）煤浆循环过流部件采用高铬合金耐磨材料，除刮泡装置外，无运动部件，易维修。

3.3.4.3　CPT 型浮选柱

CPT 型浮选柱的结构图如图 3-18 所示。

我国研制的 KYZ-B 型浮选柱与 CPT 型浮选柱类似，KYZ-B 型浮选柱的结构图如图 3-19 所示。

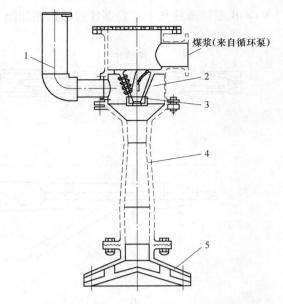

图 3-17　FJC 型喷射式浮选机的充气搅拌装置
1—吸气管；2—混合室；3—喷嘴；4—喉管；5—伞形分散器

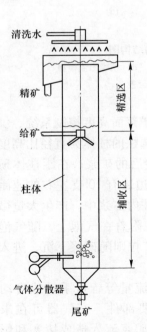

图 3-18　CPT 型浮选柱的结构图

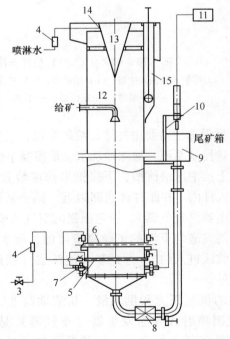

图 3-19　KYZ-B 型浮选柱的结构图
1—风机；2—风包（1、2 图中未标注）；3—减压阀；4—转子流量计；5—总水管；
6—总风阀；7—充气器；8—排矿阀；9—尾矿箱；10—气动调节阀；
11—仪表箱；12—给矿管；13—推泡器；14—喷水管；15—测量筒

KYZ-B 型浮选柱几个主要部件的结构图如图 3-20 所示。

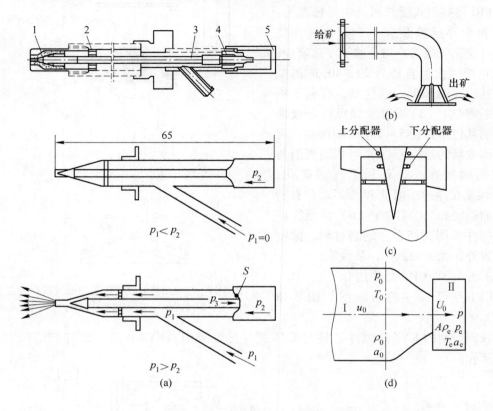

图 3-20　KYZ-B（CPT）型浮选柱几个主要部件的结构图
（a）喷射式气泡发生器；（b）给矿器；（c）冲洗水系统及推泡器；（d）喷嘴出流模型
1—喷嘴；2—定位器；3—针阀；4—调整器；5—密封盖

　　KYZ-B 型浮选柱主要由柱体、给矿系统、气泡产生系统、矿浆面高度控制系统、供气压力和供气量控制系统、泡沫冲洗水流量控制系统等构成。浮选柱的柱体为直径比高度小的圆柱体，上接泡沫溢流槽，下接锥形排矿装置。经药剂调整后的矿浆，在距柱体顶端 1～2m 处给入柱内。在距柱体底部附近，同一截面上沿柱体周边装有 10 支左右的速闭喷射式气泡发生器（充气器）。一定压强的空气从喷嘴高速喷入柱内矿浆中，产生大量微小气泡，上升的气泡与下沉的矿粒碰撞接触，疏水性矿粒选择性附着在气泡上，随气泡上浮，穿过捕收区进入约 1m 厚的矿化泡沫层（精选区）。亲水矿粒则随矿浆下沉，进入尾矿管排出柱外。

　　浮选柱的供气压力和供气量、矿浆面高度、泡沫冲洗水流量等皆可手动或自动调节控制。速闭喷射式气泡发生器（充气器）是浮选柱的重要部件，充气器可在未加压或偶遇意外的压力损失时，保持关闭和密封状态，可防止矿浆流入造成堵塞和影响充气器正常工作。充气器有多种规格，可使用大小不同的喷嘴和开启充气器的个数，调节控制供气压力和供气量。充气器可在浮选柱运行过程中插入、抽出，检查维修方便。

3.3.4.4　кφм 型浮选柱

кφм 型浮选柱为俄罗斯研制。其结构图如图 3-21 所示。

俄罗斯 кφм 型浮选柱的结构较复杂，经药剂调整好的矿浆和 0.1~0.15MPa 压力的空气进入第一级喷射充气装置中，矿浆被微泡饱和后，流入中央管和槽体扩大部分形成第一浮选区，使可浮性好的矿粒顺利浮选。难浮矿粒和粗矿粒下沉进入第二浮选区，再次与第二次充气产生的气泡接触和浮选，第二浮选区的流体力学条件优于第一浮选区，矿粒较易浮选。在第一浮选区与第二浮选区的 A 区可形成沸腾层效应，有利于提高精矿品位。

矿化泡沫在槽体扩大部分形成富的泡沫层，中央管上部也有品位较低的泡沫层，当其越过中央管断面时，可通过二次富集而提高品位。

亲水性脉石一直下沉，大部分从尾矿管排出，少部分通过空气提升器带走。

此型浮选柱的充气、排矿化泡沫和尾矿排出均有两种方法，可在一台浮选柱中实现粗选、精选和扫选作业。

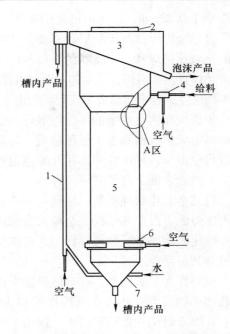

图 3-21　俄罗斯 кφм 型浮选柱的结构图
1—空气升液装置；2—中央管；3—环形泡沫槽；
4——次充气装置；5—浮选柱的柱体；
6—二次充气装置；7—底部尾矿出口

第一级喷射充气装置的部件采用耐磨材料制造，使用寿命为 8000h。第二次充气装置的部件采用天然橡胶材料制造，无堵塞卡孔现象，可经受 0.6MPa 的压力，可靠耐用，使用寿命为 6000h。

3.4　金银矿物原料浮选

3.4.1　金银矿物的可浮性

金（银）为亲硫元素，常与金属硫化矿物共生。金的电离势很高，化学性质不活泼，易还原为原子。因此，金在自然界常呈自然金的形态产出。自然界常见的金矿物为自然金、含金硫化物、碲金矿、银金矿、铋金矿等 20 余种，但最常见和最主要的金矿物为自然金。自然金属易浮矿物，其结晶构造为金属晶格，用金属键联结，键力弱，水对自然金表面的润湿性小，其可浮性好。自然金可浮性与介质 pH 值密切相关，当 pH 值不小于 9.5 时，自然金被抑制。

此外，自然金的可浮性还与金粒大小、金粒形状、金粒表面的纯净程度及自然金中的杂质种类、含量及浮选药剂的类型和用量等因素有关。

按金粒大小，自然金可浮性可分为四类：（1）＋0.8mm 的金粒不浮；（2）－0.8＋0.4mm 的金粒难浮（浮选回收率仅 5%~6%）；（3）－0.4＋0.25mm 的金粒可浮（浮选回收率约 25%）；（4）－0.25mm 的金粒易浮（浮选回收率约 90%）。因此，进入浮选作业的金粒应小于 0.25mm，浮选前可采用重选、混汞或其他方法回收大于 0.2mm 的金粒。

自然金可浮性与金粒形状有关，片状、鳞状、棱柱状、条状的金粒易浮，棱柱状和条状的金粒比圆球状、点滴状的金粒易浮。

单体自然金易浮，连生体中金的可浮性与连生矿物的可浮性有关。若金与金属硫化矿物连生则易浮；若金与非金属硫化矿物连生，只当连生体中金粒暴露面达相当比例时才能浮。

表面纯净的自然金的可浮性最好，金粒表面被污染将大大降低其可浮性。金粒表面被污染可由天然成因和加工过程造成。与金属氧化物共生的自然金表面易生成氧化铁膜，磨矿过程中由于各种矿粒间的相互摩擦也可使金粒表面被污染，矿泥、混入的机械油等均可污染自然金表面，降低其可浮性。

自然金非化学纯矿物，常见的杂质为银和铜，其次为铁、铋、铂等。金粒含杂质将使其密度降低、改变其结构。金粒所含杂质愈易氧化，自然金的可浮性降低愈明显。若金与含金硫化矿物连生，其可浮性与这些硫化矿物的可浮性相当。一般而言，硫化矿物含金常可提高其可浮性。

银同样为亲硫元素，在自然界除少数呈自然银、银金矿及金银矿形态存在外，银主要呈硫化矿物形态存在。主要的银矿物为辉银矿、硫锑银矿、硫砷银矿、黝铜银矿、角银矿、含银方铅矿、含银软锰矿、铋碲金银矿等。除少数单一银矿外，银主要伴生于有色金属硫化矿中，其中尤以铜、铅、锌金属硫化矿中伴生的银居多。银矿物的可浮性主要取决于与其伴生的有色金属硫化矿物的可浮性。

3.4.2　浮选处理金（银）矿石的类型

并非所有含金矿石均可采用浮选法处理。适于用浮选法处理的含金矿石有下列几类：

（1）金与有色金属硫化矿物紧密共生的矿石。

（2）虽然大部分金不与有色金属硫化矿物共生，但矿石中含有的硫化矿物量足可生成稳定的矿化泡沫。

（3）虽然含金矿石不含金属硫化矿物，但含大量氧化铁矿（铁帽金），矿石中的赭石泥可起泡沫稳定剂的作用。

（4）含金矿石不含金属硫化矿物和氧化铁，但含有易浮且能使泡沫稳定的脉石矿泥（如绢云母等）。

（5）将纯的石英脉含金矿石与金属硫化矿混合或加入 3% 金矿石质量的硫化矿物，或加入适量的泡沫稳定剂，以稳定矿化泡沫。

（6）先浮选回收铜、铅、砷等有用矿物，浮选尾矿送氰化回收金。为提高金银回收率，目前，选矿厂主要产出含金银的有色金属硫化矿混合精矿。

因此，只有含金矿浆经浮选药剂调和后，在浮选机中进行搅拌和充气，能形成稳定的含金矿化泡沫的含金矿石，才能采用浮选法富集矿石中的金。

3.4.3　影响浮选指标的主要工艺参数

影响金银浮选指标的主要工艺参数为浮选的工艺路线、磨矿细度、浮选流程、浮选药方等。

目前浮选工业实践中有高碱工艺路线和低碱工艺路线之分。浮选工业生产中，常采用石灰作硫化铁矿物的抑制剂和矿浆 pH 值调整剂。泡沫浮选法从 1925 年前后工业化至今已有约 90 年的历史，在这漫长的岁月中，浮选法主要沿着高碱方向进行金属硫化矿物的浮选分离。如在 pH 值大于 11 的介质中抑硫浮铜，获得合格的硫化铜矿物精矿；在 pH 值大于 13 的介质中进行硫化铅、锌、硫矿物的浮选分离，获得合格的硫化铅矿物精矿、硫化锌矿物精矿和硫化铁矿物精矿等。

作者从 1976 年至今的 40 年来一直从事低碱介质浮选的试验研究和工业应用工作，现已取得长足的进展，采用低碱工艺路线进行生产的矿种和选矿厂日益增多，取得了极其显著的经济效益，充分显示了低碱介质浮选工艺路线强大的生命力。

从 20 世纪 90 年代后期开始，在有色金属系统和黄金系统的金银矿山逐步推广混合浮选新工艺，产出含金银的有色金属矿物混合精矿。21 世纪初逐步推广"低碱介质浮选新工艺""无石灰自然 pH 值全混合浮选新工艺"和"弱酸介质混合浮选新工艺"，有关金银选厂的金、银回收率提高了 5% ~ 15%，大幅度提高了我国的黄金产量，取得了明显的经济效益。

目前我国多数金银矿山选矿厂，均采用混合浮选法产出含金银的有色金属矿物混合精矿，以提高金银产量和矿山经济效益。鉴于金粒在 pH 值大于 9.5 的介质中被抑制的客观现实，愈来愈多的选矿厂采用在无石灰自然矿浆 pH 值条件下浮选，但此时采用常用的浮选药剂和工艺很难获得好的金银浮选指标。作者研发的低碱介质浮选新工艺、无石灰自然 pH 值全混合浮选新工艺或弱酸介质混合浮选新工艺，已解决了生产中所存在的矿化泡沫不稳定和浮选指标波动的问题。

我国多数矿山选矿厂的磨矿细度属欠磨，究其原因是在高碱介质条件下矿泥的影响较严重。金银矿石浮选常要求 - 0.074mm 占 90% 以上的磨矿细度，最好采用两段磨矿，使各段的装球比例较合理。

处理含金银的多金属硫化矿时，宜在 pH 值小于 9.5 的低碱介质或弱酸介质中分离各种有用矿物，尽可能使金银富集于硫化铜精矿和硫化铅精矿中，采用低碱介质浮选或弱酸介质浮选新工艺可完全满足此要求，获得较高的浮选指标。

处理含金银的多金属硫化矿时，宜采用压气-机械搅拌式浮选机或压气式浮选柱，浮选设备趋向大型化和自动化。

3.4.4　金银矿物原料浮选实践

目前我国主要采用浮选法处理含金银硫化矿物的脉金矿及含伴生金银的多金属硫化矿。

例 3-1　我国某金矿为含少量硫化物的石英脉金矿，主要金属矿物为自然金、磁黄铁矿、褐铁矿、闪锌矿，其次为磁铁矿、黄铜矿和辉钼矿。脉石矿物主要为石英、斜长石、绿泥石。矿石主要为浸染构造，其次为脉状构造。80% 的自然金为他形粒状，20% 为片状。58% 的金与黄铁矿密切共生，35% 产于石英中，其次为产于辉铋矿、褐铁矿和石英接触处。自然金粒度细，一般为 3 ~ 25μm，最粗粒为 150μm，最细粒为 0.5μm。原矿含金 5g/t 左右，含钼 0.027%。该厂选矿工艺流程如图 3-22 所示。

选矿磨矿细度为 - 0.074mm 占 55%，经一次粗选、二次精选、二次扫选浮选产出金精矿，矿浆浓度为 40%，药剂为丁黄药 40g/t、丁铵黑药 30g/t、2 号油 30g/t 进行混合浮选。金精矿含金 120 ~ 140g/t，金浮选回收率为 94%。金精矿再磨后送氰化提金，金氰化

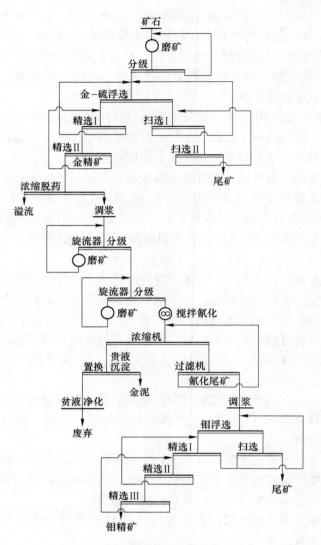

图 3-22　我国某金矿选矿工艺流程

浸出率为 94%，金总回收率为 83%。氰化尾矿经调浆后，采用一次粗选、三次精选、一次扫选的浮选流程产出钼精矿。

例 3-2　我国某银矿的银矿物赋存于石英脉中，主要金属矿物为黄铁矿、黄铜矿、自然金、闪锌矿、方铅矿、银金矿、辉银矿等，含少量磁黄铁矿、磁铁矿、赤铁矿、褐铁矿等。脉石矿物主要为石英、绢云母、斜长石、白云石、高岭土等。金属矿物中黄铁矿占 90%，脉石矿物中石英占 70% 以上。原矿含银 300g/t，该厂选矿工艺流程如图 3-23 所示。

选矿磨矿细度为 −0.074mm 占 70%，采用一次粗选、二次精选、二次扫选流程产出混合精矿，矿浆 pH 值为 7，药剂为丁铵黑药 90g/t、丁黄药 70g/t、2 号油 10g/t 进行混合浮选。混合精矿组成为：银 1200g/t，铅 5%，锌 7%。银的浮选回收率为 91%，混合精矿送氰化提金、银，产出金锭和银锭。

例 3-3　某金矿为含金石英脉金矿，主要金属矿物为银金矿、自然金、黄铁矿、白铁矿、磁黄铁矿和毒砂。脉石矿物主要为石英、长石、方解石。黄铁矿的嵌布粒度为 0.001~0.1mm，普遍含金和砷。白铁矿的嵌布粒度为 0.01~0.08mm，与黄铁矿紧密相嵌。金的粒度为 -0.04~0.01mm 占 66.7%。粒间金占 80% 左右，包体金约占 20%，其中黄铁矿包体金占 13.33%，石英包体金约占 6.6%。现场磨矿细度为 -0.074mm 占 90%，采用二次粗选、二次精选、二次扫选的浮选流程，药剂为：碳酸钠 2000g/t，丁铵黑药 40g/t，异戊黄药 300g/t，2号油 30g/t。原矿含金 4g/t 左右，金精矿含金 40g/t 左右，尾矿含金 0.56g/t，金浮选回收率为 86%。作者采用低碱工艺和 SB 与丁黄药组合捕收剂，原矿含金 3.39g/t，采用相同磨矿细度和浮选流程的小试闭路金回收率为 90.16%，金精矿含金 54.71g/t，尾矿含金 0.35g/t。

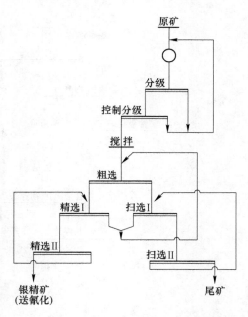

图 3-23　我国某银矿选矿工艺流程

例 3-4　某含砷金矿的主要金属矿物为毒砂、黄铁矿、方铅矿、黄铜矿、铁闪锌矿、自然金和银金矿等，脉石矿物主要为石英。原矿含金 7g/t，银 230g/t，砷 8.66%，硫 7.86%，铅 2.08%，锌 0.98%，铜 0.068%。作者采用原矿磨至 -0.074mm 占 70%，采用硫酸铜、丁黄药、丁铵黑药和 2 号油等药剂，在矿浆自然 pH 值条件下进行混合浮选。混合精矿产率约 35%，混合精矿组成为：Au 20.58g/t，Ag 800g/t，As 25.48%，Pb 6.06%，Zn 3.84%，Cu 0.23%。混合浮选回收率为：Au 95.77%，Ag 92.90%，As 95.71%，S 93.60%，Pb 95.95%，Zn 97.83%，Cu 93.02%。

例 3-5　金锑矿石常含金大于 1.5~2g/t，含锑 1%~10%，金主要为自然金。浮选法是处理金锑矿石最有效的方法。金锑矿石的浮选流程如图 3-24 所示。

金锑矿石浮选流程的选择主要取决于金、锑含量、锑的存在形态、金的赋存状态、金的嵌布粒度、载金矿物类型、其他硫化矿物含量等因素。

混合浮选在低碱介质（pH 值为 6.5~8）中进行，以铅盐为活化剂，黄药为捕收剂，2 号油为起泡剂获得金锑混合精矿。金锑混合精矿再磨后，可采用抑锑浮金或抑金浮锑的方法进行浮选分离。抑锑浮金时，在球磨机中加入苛性钠、石灰或碳酸钠抑锑，在 pH 值为 10~11 的条件下，用丁铵黑药作捕收剂可获得金精矿；浮金后用铅盐活化辉锑矿，用丁黄药浮选可产出锑精矿。抑金浮锑时，以氧化剂（漂白粉、高锰酸钾）抑制含金黄铁矿，加铅盐活化辉锑矿，用丁铵黑药作捕收剂可获得锑精矿，然后用丁黄药浮选产出金精矿。

采用先金后锑的优先浮选时，可在球磨机中加入苛性钠、石灰或碳酸钠抑锑，然后加入硫酸铜活化黄铁矿和毒砂，在 pH 值为 8~9 的条件下，用丁铵黑药作捕收剂可获得金精矿。然后加入铅盐活化辉锑矿，用丁黄药和 2 号油浮选可产出锑精矿。

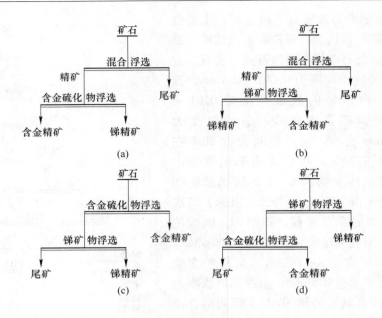

图 3-24 金锑矿石浮选的原则流程

（a）混合浮选-抑锑浮金；（b）混合浮选-抑金浮锑；（c）抑锑浮金-浮锑；（d）抑金浮锑-浮金

采用先锑后金的优先浮选时，加入铅盐活化辉锑矿，以硫酸调浆，在自然 pH 值或弱酸介质中，用丁铵黑药作捕收剂可获得锑精矿，然后加入丁黄药和 2 号油浮选可产出金精矿。

例 3-6 我国某选矿厂处理金-锑-白钨矿石，主要金属矿物为自然金、辉锑矿、白钨矿、黄铁矿，其次为闪锌矿、毒砂、方铅矿、黄铜矿、辉钼矿、黑钨矿、褐铁矿等。脉石矿物主要为石英，其次为方解石、磷灰石、白云石、绢云母、绿泥石等。有用矿物呈不均匀嵌布。原矿含金 6 ~ 8g/t，氧化钨 0.4%，锑 4% ~ 6%。该厂采用重选-浮选联合流程，其工艺流程如图 3-25 所示。

采用重选法产出部分金精矿和白钨精矿，用浮选法产出金-锑精矿和白钨精矿。金浮选药剂为：丁铵黑药 46g/t，煤油 8.2g/t，硫酸 46g/t，氟硅酸钠 91g/t。锑浮选药剂为：硝酸铅 100g/t，硫酸铜 70g/t，丁黄药 200g/t，丁铵黑药 80g/t。白钨浮选药剂为：水玻璃 1000g/t，碳酸钠 3000 ~ 4000g/t，油酸 120g/t。金-锑精矿送火法冶炼锑并综合回收伴生的金，产出合质金和金-锑精矿。浮选产出的白钨精矿经浓缩、加温、水玻璃解吸、精选和脱磷后可获得氧化钨达 73.2% 的白钨精矿。

例 3-7 金、银与碲可生成碲化物，可浮性好，仅用起泡剂可将其浮起。金、银碲化物性脆，易过磨，浮选时常用阶段磨矿和阶段浮选流程。

金-碲矿石浮选可采用优先浮选流程或混合浮选-再分离流程。金-碲矿石优先浮选的原则流程如图 3-26 所示。

矿石磨细后，用碳酸钠调浆至 pH 值为 7.5 ~ 8，加入起泡剂可浮选金、银碲化物，然后用丁黄药浮选含金硫化矿物，可得金-硫精矿，经焙烧、氰化、还原、冶炼，产出合质金。

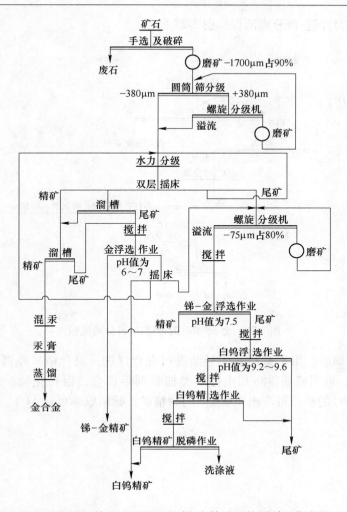

图 3-25 我国某选矿厂处理金-锑-白钨矿石的原则工艺流程

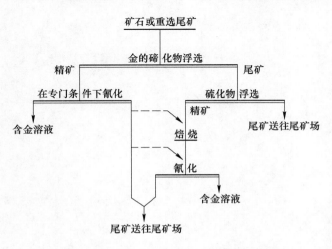

图 3-26 金-碲矿石优先浮选的原则流程

金-碲矿石混合浮选-再分离流程如图 3-27 所示。

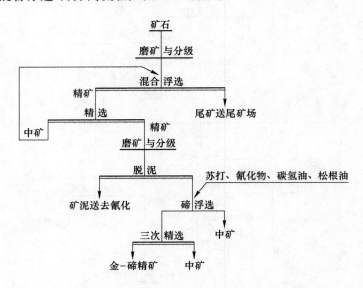

图 3-27　金-碲矿石混合浮选-再分离流程

金-碲矿石磨细后，用丁黄药和 2 号油进行混合浮选，混合精矿经再磨、洗涤、浓缩脱水后，再制浆，可用巯基羧酸和中性油类捕收剂浮选金、银碲化物。此法从含碲铋矿 BiTeS$_2$（含碲 10g/t）的矿石可产出 4000g/t 的碲精矿，碲回收率可达 61%。

4　混汞法提金

4.1　混汞法提金原理

混汞法提金大约创始于我国秦末汉初，著于公元前 1 世纪至公元 1 世纪的《神农本草经》中曾有"水银……杀金银"的记载，此提金方法后来才传到西方，可知混汞法提金已有 2000 多年的历史。19 世纪初以前，混汞法一直是就地产金的主要方法。近 100 年来，由于浮选法和氰化法提金获得了迅速的发展，混汞法提金的地位才逐渐下降。目前，混汞法提金主要用于处理砂金重选精矿和回收脉金矿中的粗粒解离金，在黄金生产中仍占一定的地位。

人们对混汞法提金原理一直缺乏系统的研究，近十几年来，混汞提金的理论研究才取得较大的进展。

作者从矿粒表面润湿性出发，率先提出了金混汞机理及其数学表达式，分析了金混汞过程的主要影响因素，指明了强化金混汞过程和提高混汞金回收率的途径。其要点如下所述。

混汞提金作业在矿浆中进行，混汞过程与金、水、汞三相界面性质密切相关。混汞提金的实质是单体解离的金粒与汞接触后，金属汞排除金粒表面的水化层迅速润湿金粒表面，然后，汞向金粒内部扩散生成金汞齐-汞膏。金属汞排除金粒表面的水化层的趋势愈大，润湿速度愈快，则金粒愈易被汞润湿和被汞捕捉，混汞作业金的回收率愈高。因此，金粒汞齐化的首要条件是金粒与汞接触时，汞能润湿金粒表面，进而可捕捉金粒。

矿浆中的金粒与汞接触时，形成金-汞-水三相接触周边，汞润湿金粒程度可用汞对金粒表面的润湿接触角表示。若规定汞-水界面和汞-金界面的夹角为汞对金粒表面的润湿接触角（α），从图 4-1 可知，汞对金粒表面的润湿接触角愈小，金粒表面愈易被汞润湿；相反，汞对非金矿粒表面的润湿接触角很大，非金矿粒表面不易被汞润湿。因此，金粒表面具有亲汞疏水的特性，金粒表面的水化层易被汞排除而被汞润湿；非金矿粒表面具有亲水疏汞的特性，非金矿粒表面的水化层不易被汞排除，不被汞润湿。因此，汞可选择性润湿金粒表面，使金粒与非金矿粒相分离。

润湿接触角（α）的大小与金-汞-水三相界面的表面能有关。设 $\sigma_{金汞}$、$\sigma_{金水}$ 和 $\sigma_{汞水}$ 分别代表各界面的表面能，并将其看成各界面的表面张力（两者数值相同，但单位不同），从图 4-1(a)可得以下关系式：

$$\sigma_{金水} = \sigma_{金汞} + \sigma_{汞水}\cos\alpha$$

$$\cos\alpha = \frac{\sigma_{金水} - \sigma_{金汞}}{\sigma_{汞水}}$$

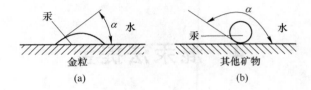

图 4-1　汞与金粒及其他非金矿粒表面接触时的状态

(a) 与金粒接触时；(b) 与其他非金矿粒接触时

从图 4-1(b)可得以下关系式：

$$\sigma_{矿水} + \sigma_{汞水}\cos(180° - \alpha) = \sigma_{矿汞}$$

$$\sigma_{矿水} - \sigma_{汞水}\cos\alpha = \sigma_{矿汞}$$

$$\cos\alpha = \frac{\sigma_{矿水} - \sigma_{矿汞}}{\sigma_{汞水}}$$

可见，从图 4-1(a)和图 4-1(b)导出的关系式相同，润湿接触角（α）愈小，$\cos\alpha$ 愈接近 1，金属汞对矿粒表面的润湿性愈大。因此，可将 $\cos\alpha$ 称为可混汞指标，以 H 表示，则：

$$H = \cos\alpha = \frac{\sigma_{矿水} - \sigma_{矿汞}}{\sigma_{汞水}}$$

由于单体金粒表面和金属汞表面均疏水，金-水界面和汞-水界面的表面张力大，而金粒内部和金属汞内部均为金属晶格，密度较大。根据相似相溶原理，金粒和金属汞均为金属，性质较相似，金-汞界面的表面张力很小。因此，金-水界面的表面张力与汞-水界面的表面张力愈相近，可混汞指标 H 愈接近于 1，单体金粒表面愈易被汞润湿而汞齐化。相反，金属汞对矿粒表面的润湿接触角（α）愈大，可混汞指标 H 愈小，其表面愈不易被汞润湿和不易汞齐化。因此，混汞过程中采用任何能提高金-水界面的表面张力与汞-水界面的表面张力，以及能降低金-汞界面的表面张力的措施，均可提高单体金粒表面可混汞指标 H，有利于单体金粒汞齐化和提高混汞时金的回收率。

单体金粒与金属汞接触、润湿、汞齐化而被捕捉的过程如图 4-2 所示。

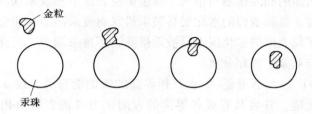

图 4-2　单体金粒被金属汞润湿示意图

设 $S_{金水}$ 为捕捉前单体金粒的表面积，$S_{汞水}$ 为汞珠的表面积，$S'_{金水}$ 为捕捉过程中未被汞润湿的金粒剩余表面积。单体金粒被汞润湿前和润湿后的体系能量为：

$$E_{前} = S_{金水}\sigma_{金水} + S_{汞水}\sigma_{汞水}$$

$$E_{后} = (S_{金水} - S'_{金水})\sigma_{金汞} + S'_{金水}\sigma_{金水} + (S_{汞水} - S'_{金水})\sigma_{汞水}$$

润湿前和润湿后的体系能量变化为：

$$\Delta E = E_{前} - E_{后}$$

$$= S_{金水}\sigma_{金水} + S_{汞水}\sigma_{汞水} - (S_{金水} - S'_{金水})\sigma_{金水} - S'_{金水}\sigma_{金水} - S_{汞水}\sigma_{汞水} + S'_{金水}\sigma_{汞水}$$

$$= (S_{金水} - S'_{金水})\sigma_{金水} - (S_{金水} - S'_{金水})\sigma_{金汞} + S'_{金水}\sigma_{汞水}$$

$$= (S_{金水} - S'_{金水})(\sigma_{金水} - \sigma_{金汞}) + S'_{金水}\sigma_{汞水}$$

因为，$S_{金水} \gg S'_{金水}$，$\sigma_{金水} \gg \sigma_{金汞}$，所以，$\Delta E > 0$ 时，汞润湿单体金粒表面的过程使体系能量降低，金属汞润湿单体金粒表面的过程可自动进行。金-水界面表面能与金-汞界面表面能之间的差值愈大，单体金粒表面愈易被汞润湿而汞齐化。因此，可将单体金粒被汞润湿前后体系能量的变化值 ΔE，称为金属汞润湿单体金粒表面的润湿功或捕捉功，以 W_H 表示：

$$W_H = \Delta E = (S_{金水} - S'_{金水})(\sigma_{金水} - \sigma_{金汞}) + S'_{金水}\sigma_{汞水}$$

当 $S'_{金水} = 0$ 时，

$$W_H = S_{金水}(\sigma_{金水} - \sigma_{金汞})$$

若金粒与其他非金矿物呈连生体形态存在，设 $S_{金水}$ 为连生体中金-水界面表面积，$S_{矿水}$ 为连生体中非金矿物-水界面表面积，则连生体被汞润湿前后体系能量的变化为：

$$E_{前} = S_{金水}\sigma_{金水} + S_{矿水}\sigma_{矿水} + S_{汞水}\sigma_{汞水}$$

$$E_{后} = S_{金汞}\sigma_{金汞} + S_{矿贡}\sigma_{矿汞} + S_{汞水}\sigma_{汞水}$$

$$\Delta E = E_{前} - E_{后} = S_{金水}\sigma_{金水} + S_{矿水}\sigma_{矿水} - S_{金汞}\sigma_{金贡} - S_{矿汞}\sigma_{矿贡}$$

由于 $S_{金水} = S_{金汞}$，$S_{矿水} = S_{矿汞}$，所以，$\Delta E = S_{金水}(\sigma_{金水} - \sigma_{金汞}) + S_{矿水}(\sigma_{矿水} - \sigma_{矿汞})$。

由于 $\sigma_{金水} \gg \sigma_{金汞}$，$\sigma_{矿水} < \sigma_{矿汞}$，若 $S_{金水} \gg S_{矿水}$，$\Delta E > 0$，润湿过程能自动进行；若 $S_{金水} \ll S_{矿水}$，润湿过程不能自动进行。

因此，若金粒与其他非金矿物呈连生体形态存在时，只有连生体表面大部分为金时，金属汞才能自动润湿连生体中的金粒和捕捉连生体。否则，金属汞无法润湿连生体中的金粒，连生体中的金粒将随矿浆流失而留在混汞尾矿中。呈包体金存在的金粒无法与汞接触而留在混汞尾矿中。因此，提高磨矿细度，增加自然金的单体解离度，常可提高金的混汞回收率。

由此可知，任何能提高金-水界面表面能和汞-水界面表面能、能降低金-汞界面表面能以及能提高自然金的单体解离度的技术措施均可提高金粒的可混汞指标（H）及捕捉功（W_H）。即金粒表面愈亲汞和愈疏水，金粒愈易被汞润湿和被汞捕捉；金属汞表面愈亲金和愈疏水，则金属汞愈易润湿金和捕捉金粒；自然金的单体解离度愈高，金的混汞回收率愈高。

金粒表面被汞润湿后，汞可进一步向金粒内部扩散，最后形成金汞齐（金汞合金）。金粒的汞齐化过程如图4-3所示。

金-汞两相的平衡图如图4-4所示。

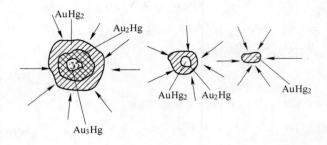

图 4-3　金粒的汞齐化过程

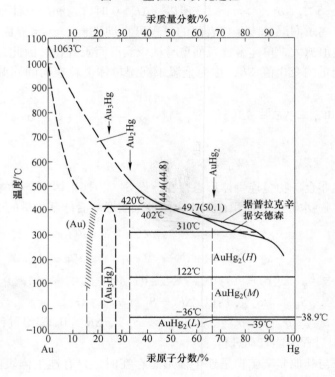

图 4-4　金-汞两相的平衡图

　　20℃时，汞可溶解 0.06% 的金。汞的流动性及金在汞中的溶解度均随温度的升高而增大。20℃时，金可与 15% 的汞（原子）组成固溶体，此为金汞化合物的最大比值，相当于金含量为 84.7%。但在实际生产中，金汞不可能达平衡，生产中刮取的汞膏常为覆盖汞的金粒，其组成相当于 $AuHg_2$、Au_2Hg、Au_3Hg 的汞金化合物，由中心未汞齐化的金粒及游离汞（过剩汞）所组成。汞膏含金小于 10% 时呈液态，汞膏含金达 12.5% 时呈致密体。粗粒金混汞时，未汞齐化的残存金多，工业汞膏含金可达 40% ~ 50%。细粒金混汞时，由于金粒小比表面积大，汞齐化较完全，附着的游离汞多，工业汞膏含金可降至 20% ~ 25%。通常工业汞膏含金接近于 $AuHg_2$ 化合物的组成，金含量为 32.93%。工业汞膏中还可能含有其他金属矿物、石英、脉石碎屑等机械混入物，以及被汞齐化的少量银、铜等金属。

4.2　混汞提金的主要影响因素

任何能提高金-水界面表面能和汞-水界面表面能、能降低金-汞界面表面能以及能提高自然金的单体解离度的技术措施均可提高金粒的可混汞指标（H）及捕捉功（W_H）。因此，影响混汞提金的主要因素为：金粒大小与单体解离度、金粒成色、金粒的表面状态、金属汞的化学组成、矿浆浓度、温度、酸碱度、混汞设备与操作制度等。

4.2.1　金粒大小与单体解离度

自然金粒只有与其他非金矿物或脉石单体解离或呈金占大部分的连生体形态存在时，才能被汞润湿和汞齐化。呈包体金存在的金粒无法与汞接触，不可能被汞润湿和汞齐化。因此，自然金粒与其他非金矿物或脉石单体解离或呈金占大部分的连生体形态存在是混汞提金的前提条件。

一般将 +0.495mm 的金称为特粗粒金，−0.495 +0.074mm 的金称为粗粒金，−0.074 +0.037mm 的金称为细粒金，−0.037mm 的金称为微粒金。外混汞时，若自然金粒粗大，不易被汞捕捉，易被矿浆流冲走。若自然金粒过细，在矿浆浓度较大时金粒不易沉降，不易与汞接触，也易随矿浆流失。实践经验表明，适于混汞的金粒粒度为 1 ~ 0.1mm。因此，含金矿石磨矿时，既不可欠磨也不可过磨。欠磨时，金粒的单体解离度低，单体金粒含量低；过磨时，金粒过细，也将降低适于混汞的金粒粒级含量。含金矿石磨矿细度取决于矿石中金粒的嵌布粒度，只有粗粒金及细粒金含量较高的矿石经磨矿后才适于进行混汞作业。若矿石中金粒大部分呈微粒金形态存在，磨矿后的单体解离金粒含量低，此类矿石不宜采用混汞法提金。

处理适于混汞的含金矿石时，混汞作业金的回收率一般可达 60% ~ 80%。

4.2.2　自然金粒的成色

单体解离金粒的表面能与金粒的成色（纯度）有关，纯金的表面最亲汞疏水，最易被汞润湿和汞齐化。但自然金并非纯金，常含有某些杂质。其中最主要的杂质为银，银含量的高低，决定自然金的颜色和密度。银含量高（达25%）时，自然金呈绿色，银含量低的自然金呈浅黄色至橙黄色。此外，自然金还含铜、铁、镍、锌、铅等杂质。自然金的成色愈高，其表面愈疏水，金-水界面的表面能愈大，其表面的氧化膜愈薄，愈易被汞润湿，其可混汞指标愈接近于1。反之，自然金中的杂质含量愈高，其表面疏水性愈差，愈难被汞润湿，其可混汞指标愈小。如自然金中银含量达10%时，金粒表面被汞润湿的性能将显著下降。

砂金的成色一般比脉金高，故砂金的可混汞指标比脉金高。氧化带中的脉金金粒的成色比原生带中脉金金粒的成色高，故氧化带中的脉金金粒比原生带中脉金金粒易混汞，可获得较高的混汞回收率。

由于新鲜的金粒表面最易被汞润湿，故内混汞的金回收率一般高于外混汞的金回收率，内混汞可获得较高的混汞回收率。

4.2.3　金粒的表面状态

金的化学性质极稳定，与贱金属比，金粒表面的氧化速度最慢，金粒表面生成的氧化膜最薄。金粒的表面状态除与自然金粒的成色有关外，还与其表面膜的性质和厚度有关。磨矿时，因钢球和衬板的磨损，可在金粒表面生成氧化物膜。机械油的混入可在金粒表面生成油膜。金粒中的杂质与其他物质起作用，可在金粒表面生成相应的化合物膜。矿泥罩盖有时可在金粒表面生成泥膜。所谓金粒"生锈"是指金粒表面被污染，在金粒表面生成一层金属氧化物膜或硅酸盐氧化膜，薄膜的厚度常为 0.001～0.1mm。金粒表面膜的生成将显著改变金-水界面和金-汞界面的表面能，降低其亲汞疏水性能。因此，金粒表面膜的生成对混汞提金极为不利，混汞前应设法清除金粒表面膜。混汞前可采用预先擦洗或清洗金粒表面的方法清除金粒表面膜。生产实践中除采用对金粒表面有擦洗作用的混汞设备外，还可采用添加石灰、氰化物、氯化铵、重铬酸盐、高锰酸盐、碱或氧化铅等药剂清洗金粒表面，消除或减少表面膜的危害，以恢复金粒表面的亲汞疏水性能。

4.2.4　金属汞的化学组成

金属汞的表面性质与其化学组成有关。实践表明，纯汞与含少量金银或含少量贱金属（铜、铅、锌均小于 0.1%）的回收汞比较，回收汞对金粒表面的润湿性能较好，纯汞对金粒表面的润湿性能较差。根据相似相溶原理，采用含少量金银的回收汞时，金-汞界面的表面能较小，可提高可混汞指标和汞对金粒的捕捉功。如汞中含金 0.1%～0.2%时，可加速金粒的汞齐化过程。汞中含银达 0.17%时，汞润湿金粒表面的能力提高 0.7 倍。汞中含银达 5%时，汞润湿金粒表面的能力提高 2 倍。在硫酸介质中使用锌汞齐时，不仅可捕捉金，而且可捕捉铂。但当汞中贱金属含量高时，贱金属将在金属汞表面浓集，继而在汞表面生成亲水性的贱金属氧化膜，这将大幅度提高金-汞界面的表面能，降低汞对金粒表面的润湿性能，降低汞在金粒表面的扩散速度。如汞中含铜 1%时，汞在金粒表面的扩散需 30～60min，当汞中含铜达 5%时，汞在金粒表面的扩散需 120～180min。汞中含锌达 0.1%～5%时，汞对金失去润湿性能，汞更不可能向金粒内部扩散。汞中混入大量铁或铜时，将使汞变硬发脆，继而产生粉化现象。矿石中含有易氧化的金属硫化物及矿浆中含有重金属离子均可引起汞的粉化，使金属汞呈小球被水膜包裹，这将严重影响混汞作业的正常进行。

4.2.5　汞的表面状态

汞的表面状态除与汞的化学组成有关外，还与汞表面被污染和表面膜的形成有关。汞中贱金属含量高时，贱金属将在汞表面浓集并生成亲水性氧化膜。机油、矿泥会像污染金粒表面一样污染汞表面，生成油膜和泥膜。矿浆中的砷、锑、铋硫化矿物及黄铁矿等硫化矿物易附着于汞表面，滑石、石墨、铜、锡及分解产生的有机质、可溶铁、硫酸铜等物质也会污染汞表面，其中以铁对汞表面的污染危害最大，在汞表面生成灰黑色薄膜，将汞分成大量的微细小球。汞被过磨、经受强烈的机械作用也可引起汞的粉化。因此，任何能阻止汞表面被污染的技术措施，均可改善汞的表面状态，提高汞表面的亲金疏水性能，均有利于混汞提金作业的顺利进行。

4.2.6　矿浆温度和浓度

矿浆温度过低，矿浆黏度大，表面张力增大，将降低汞对金粒表面的润湿性能。适当提高矿浆温度，可提高可混汞指标。但汞的流动性随矿浆温度的升高而增大，矿浆温度过高可使部分汞随矿浆而流失。生产中的混汞指标随季节有所波动，冬季的混汞指标较低。通常混汞作业的矿浆温度宜维持在15℃以上。

混汞提金的前提是使金粒与汞接触。外混汞的矿浆浓度不宜太高，以形成松散的薄的矿浆流，使金粒在矿浆中有较高的沉降速度，使金粒能沉至汞板上与汞接触。矿浆浓度太高时，微细金粒很难沉落至汞板上。生产中外混汞的矿浆浓度一般应小于10%～25%，但实践中常以混汞后续作业对矿浆浓度的要求来确定板混汞的给矿浓度。因此，混汞板的给矿浓度常大于10%～25%。磨矿循环中的板混汞矿浆浓度以50%左右为宜。内混汞的矿浆浓度因条件而异。一般应考虑磨矿效率，内混汞的矿浆浓度常高达60%～80%。在碾盘机及捣矿机中进行内混汞的矿浆浓度常为30%～50%。内混汞作业结束后，可稀释矿浆，以利于汞齐和汞沉降和聚集，使分散的汞齐和汞聚集。

4.2.7　矿浆的酸碱度

矿浆介质酸碱度对某砂金矿混汞指标的影响如图4-5所示。

实践表明，在酸性介质或氰化物溶液（NaCN浓度为0.05%）中混汞，金的回收率最高。由于酸性介质或氰化物溶液可清洗金粒表面及汞表面，可溶解其表面氧化膜。但酸性介质无法使矿泥凝聚，无法消除矿泥、可溶盐、机油及其他有机物的有害影响。在碱性介质中混汞，可改善混汞的作业条件，如用石灰作调整剂时，可使可溶盐沉淀，可消除机油的不良影响，可使矿泥凝聚，降低矿浆黏度。一般混汞作业宜在 pH 值为 8～8.5 的弱碱性矿浆中进行。

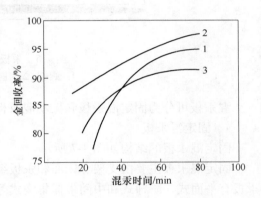

图4-5　金在不同介质中的混汞回收率
1—中性介质；2—酸性介质（3%～5%H$_2$SO$_4$）；
3—碱性介质（石灰溶液）

除上述影响因素外，混汞设备、作业条件、水质、含金矿石的矿物组成及化学组成等因素对混汞指标的影响也不可忽视。这些因素的影响将在有关章节中讨论。

4.3　混汞提金设备与操作

4.3.1　混汞方法

目前，混汞有内混汞和外混汞两种方法。内混汞是在磨矿设备内使含金矿石的磨碎与混汞同时进行的混汞方法。常用的内混汞设备有碾盘机、捣矿机、混汞筒及专用的小球磨机、棒磨机等。外混汞是在磨矿设备外进行混汞的混汞方法，常用的外混汞设备主要为混汞板及不同结构的混汞机械。

当含金矿石中的铜、铅、锌矿物含量甚微，矿石中不含使汞粉化的硫化物，金的嵌布粒度较粗及以混汞法为主要提金方法时，一般采用内混汞法提金。外混汞法只作为提金的辅助方法，以回收捣矿机等内混汞设备中溢流出来的部分细粒金及汞膏。砂金矿山常采用内混汞法使金粒与其他重矿物分离。内混汞也用于处理重选粗精矿和其他含金中间产物，在内混汞设备内边磨矿边混汞以回收金粒。

当金的嵌布粒度细，以浮选法或氰化法为主要提金方法时，一般采用外混汞法提金。在球磨机磨矿循环、分级机溢流或浓缩机溢流处装设混汞板，以回收单体自然金粒。在此条件下，很少在球磨机内进行内混汞。

4.3.2　外混汞设备与操作

外混汞设备主要为混汞板、其他混汞机械及配合板混汞的给矿箱、捕汞器等。

4.3.2.1　混汞板

A　混汞板的类型

生产中使用的汞板多为镀银铜板，厚度为 3~5mm，宽为 400~600mm，长为 800~1200mm，沿矿浆流动方向，一块一块搭接于床面上。汞板与床面的连接方法如图 4-6 所示。

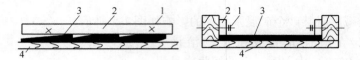

图 4-6　汞板与床面的连接方法
1—螺栓；2—压条；3—汞板；4—床面

混汞板可分为固定混汞板和振动混汞板两种类型。

a　固定混汞板

固定混汞板的结构如图 4-7 所示。

固定混汞板主要由支架、床面和汞板组成。支架和床面可用木材或钢材制作。固定混汞板有平面式、阶梯式和中间带捕集沟式等三种形式。国内黄金矿山主要采用平面式固定混汞板（见图 4-7）。国外黄金矿山主要采用带中间捕集沟式固定混汞板（见图 4-8）。中间捕集沟可捕集粗粒金，但矿砂易淤积于捕集沟中，影响正常操作。

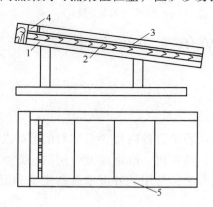

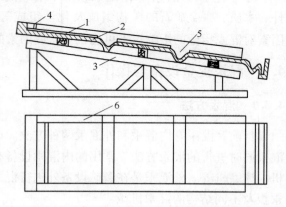

图 4-7　固定混汞板的结构
1—支架；2—床面；3—汞板（镀银铜板）；
4—矿浆分配器；5—侧帮

图 4-8　带中间捕集沟式固定混汞板
1—汞板；2—床面；3—支架；4—矿浆分配器；
5—捕集沟；6—侧帮

国外使用的阶梯式固定混汞板，以 30～50mm 的高差为阶梯形成多段阶梯式混汞板，可利用矿浆落差使矿浆均匀混合，避免矿浆分层，并可促使游离金沉入底层，使金粒与汞板良好接触。

汞板面积与处理量、矿石性质及混汞作业在流程中的地位等因素有关。正常作业时，汞板面上的矿浆流厚度为 5～8mm，流速为 0.5～0.7m/s。生产中处理 1t 原矿所需汞板面积为 0.05～0.5m²/(t·d)。当混汞作业位于氰化或浮选作业前以回收粗粒金时，汞板定额可为 0.1～0.2m²/(t·d)。根据矿石性质及混汞作业在流程中的地位，汞板生产定额列于表 4-1 中。

表 4-1　汞板生产定额

混汞作业在流程中的地位	矿石含金量/g·t⁻¹			
	大于 10～15		小于 10	
	细粒金	粗粒金	细粒金	粗粒金
混汞为独立作业	0.4～0.5	0.3～0.4	0.3～0.4	0.2～0.3
先混汞，汞尾用溜槽扫选	0.3～0.4	0.2～0.3	0.2～0.3	0.15～0.2
先混汞，汞尾送氰化或浮选	0.15～0.2	0.1～0.2	0.1～0.15	0.05～0.1

混汞板的倾角与给矿粒度和矿浆浓度有关。当矿粒较粗，矿浆浓度较高时，汞板倾角应大些；反之，倾角应小些。我国某金选矿厂的磨矿细度为 −0.074mm 占 60%（球磨机排矿），矿浆浓度为 50%，汞板倾角为 10°。我国某金铜选矿厂的磨矿细度为 −0.074mm 占 55%～60%（分级机溢流），矿浆浓度为 30%，汞板倾角为 8°。

矿石密度为 2.7～2.8g/cm³ 时，不同液固比条件下的汞板倾角列于表 4-2 中。当其他条件相同，矿石密度大于 3g/cm³ 时，汞板倾角应相应增大，如矿石密度为 3.8～4g/cm³ 时，汞板倾角应为表中数值上限的 1.2～1.25 倍。

表 4-2　汞板倾角

磨矿细度 /mm	矿浆液固比					
	3∶1	4∶1	6∶1	8∶1	10∶1	15∶1
	汞板倾角/(°)					
−1.651	21	18	16	15	14	13
−0.833	18	16	14	13	12	11
−0.417	15	14	12	11	10	9
−0.208	13	12	10	9	8	7
−0.104	11	10	9	8	7	6

混汞回收率与含金矿石类型及磨矿细度有关。各类含金矿石的混汞回收率列于表 4-3 中。

表 4-3　含金矿石的混汞回收率

矿石类型	磨矿细度/mm			备　注
	−0.833	−0.417	−0.208	
含粗粒浸染金石英脉	65	75	85	
中等粒度含金石英脉	50	65	75	
含金石英硫化矿	40	50	60	硫化矿占 5%～10%
含金硫化矿	20	30	40	硫化矿占 10%～20%

b　振动混汞板

国外用于生产实践的振动混汞板有汞板悬吊于拉杆上和汞板装置于挠性金属或木质支柱上两种类型。安装于挠性钢或木质支柱（弹簧）上的振动混汞板如图4-9所示。

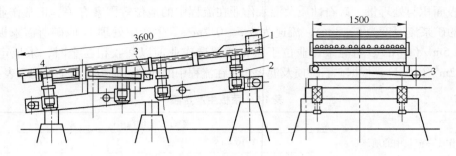

图4-9　振动混汞板

1—矿浆分配器；2—支柱（弹簧）；3—偏心机构；4—汞板

木质床面用厚木板装配而成，其上为汞板，规格为1.5~3.5m。汞板安装于挠性钢或木质支柱（弹簧）上，或悬挂于弹簧拉杆上，倾角为10°~12°。汞板靠凸轮曲柄机构或偏心机构驱使作横向摆动（很少为纵向摆动），摆动频率为160~200次/分，摆幅为25mm，功耗为0.36~0.56kW。

振动混汞板的处理量大，可达$10~12t/(d·m^2)$，占地面积小。适用于处理含细粒金和大密度的硫化矿石，但无法处理磨矿粒度较粗（0.295~0.208mm）的物料。

B　汞板制作

制作汞板可采用紫铜板、镀银铜板和纯银板三种材料。生产实践表明，镀银铜板的混汞效率最高，金混汞回收率比紫铜板高3%~5%。镀银铜板虽增加一道镀银作业，但它具有可避免生成带色氧化薄膜及其衍生物、可降低汞的表面张力和改善汞对金的润湿性能等一系列优点。同时，由于预先生成银汞齐，汞板表面具有很大的弹性和耐磨能力。因此，目前工业生产中普遍采用镀银铜板作汞板。紫铜板作汞板可省去镀银作业，价格比镀银铜板低，但使用前须退火以使表面疏松粗糙，且捕金效率较低。纯银板无需镀银，但价格昂贵，表面光滑，挂汞量不足，捕金效率比镀银铜板低。

镀银紫铜板的制作包括铜板整形、配制电镀液和电镀等三个作业：

（1）铜板整形：将3~5mm厚的电解铜板裁切成所需形状，用化学法或加热法除去表面油污，用木槌拍平，用钢丝刷或细砂纸除去毛刺、斑痕，磨光后送电镀。

（2）配制电镀液：电镀液为银氰化钾水溶液。100L电镀液组成为：电解银5kg，KCN（纯度为98%~99%）12kg，HNO_3（钝度90%）9~11kg，NaCl 8~9kg，蒸馏水100L。配制化学反应可表示为：

$$2Ag + 4HNO_3 \longrightarrow 2AgNO_3 + 2H_2O + 2NO_2$$
$$AgNO_3 + NaCl \longrightarrow AgCl + NaNO_3$$
$$AgCl + 2KCN \longrightarrow KAg(CN)_2 + KCl$$

操作时，先将电解银溶于稀硝酸中（Ag：HNO_3：H_2O = 1：1.5：0.5），加热至100℃，蒸干得硝酸银结晶；加水溶解，搅拌下加入食盐水，直至液中无白色沉淀为止，然后水洗氯化银沉淀物至中性为止；将氰化钾溶于水中，加入氯化银，制得含银50g/L、含CN^-

70g/L 的电镀液。

（3）铜板镀银：电镀槽可用木板、陶瓷、水泥或塑料板等材质制成，为长方形敞口槽，其容积决定于镀银铜板的规格和数量。我国某金选矿厂的汞板尺寸为长×宽＝1.2m×0.5m，采用长×宽＝1.6m×0.6m 的木质电镀槽。操作时，用电解银板作阳极，铜板作阴极，槽压为 6～10V，电流密度为 1～3A/cm²，电镀温度为 16～20℃，铜板上的镀银层厚度应为 10～15μm。

C 混汞板操作

选金流程中，混汞板主要设于磨矿分级循环中，直接回收球磨排矿中的粗粒游离金，此时混汞作业金的回收率较高，有的金选矿厂可达 60%～70%。我国某金选矿厂在汞板上曾捕收到 1.5～2.0mm 的粗粒金。有的金选矿厂用汞板回收分级溢流中的游离金，此时混汞作业金的回收率较低，有的只为 30%～45%。

为了提高混汞时金的回收率，须加强混汞板的操作管理。影响混汞作业效率的主要因素为给矿粒度、矿浆浓度、矿浆流速、矿浆酸碱度、汞的补加时间和补加量、刮取汞膏时间及预防汞板故障等。现概述如下：

（1）给矿粒度：适宜的给矿粒度为 3.0～0.42mm。粒度过粗使金粒难解离，粗矿粒易擦破汞板表面，使汞和汞膏流失。含细粒金的矿石，给矿粒度可小至 0.15mm 左右。

（2）矿浆浓度：混汞矿浆浓度以 10%～25% 为宜。矿浆过浓可使细粒金，尤其是磨矿时变为薄片的微小金片难沉降至汞板上。矿浆过稀，将降低汞板处理量。生产中常以后续作业的矿浆浓度来决定混汞的矿浆浓度，有时汞板的给矿浓度高达 50%。

（3）矿浆流速：汞板上的矿浆流速一般为 0.5～0.7m/s。给矿量固定时，提高矿浆流速可使汞板上的矿浆层厚度降低，重金属硫化矿物易沉至汞板上，恶化混汞作业条件，流速高可降低金的回收率。

（4）矿浆酸碱度：酸性介质可清洗汞及金粒表面，提高汞对金的润湿能力，但此时矿泥不易凝聚而污染金粒表面，影响汞对金的润湿。因此，常在 pH 值为 8～8.5 的弱碱介质中进行混汞。

（5）汞的补加时间及补加量：汞板投产后的初次添汞量为 15～30g/m²，运行 6～12h 后开始补加汞，每次补加量一般为每吨矿石含金量的 2～5 倍，每日添汞 2～4 次。增加添汞次数常可提高金回收率。生产实践表明，汞的补加时间及补加量应使整个混汞作业循环中保持有足够量的汞，矿浆流过汞板的整个过程均能进行混汞。汞量过多可降低汞膏的弹性和稠度，易使汞及汞膏随矿浆流失；汞量不足，汞膏坚硬而失去弹性，使捕金能力下降。

（6）刮汞膏时间：刮汞膏时间常和添汞时间一致，我国每作业班刮汞膏一次。刮汞膏时应停止给矿，将汞板冲洗干净，用硬橡胶板自汞板下端往上刮取汞膏。有的选矿厂刮汞膏前先加热汞板，使汞膏柔软以利刮取。也可刮汞膏前先洒些汞，也可使汞膏柔软。实践表明，汞膏刮取不一定很彻底，汞板上留下一层薄薄的汞膏可防止汞板故障，可提高金回收率。

（7）汞板故障：因操作不当使汞板失去或降低捕金能力的现象称为汞板故障。其表现为：汞板干涸、汞膏坚硬、汞微粒化、汞粉化及机油污染等。

汞板故障的产生原因及预防措施为：

（1）汞板干涸、汞膏坚硬：汞添加量不足导致汞膏呈固溶体状态。应常检查，及时补加适量汞即可消除此故障。

（2）汞微粒化：使用蒸馏回收汞时，有时会产生汞微粒化故障。汞微粒化时，汞无法均匀地铺展于汞板上，汞易被矿浆流带走，不仅降低汞的捕金能力，而且造成金的流失。使用回收汞时，用前应检查汞的状态，发现有微粒化现象时，用前可小心地将金属钠加入回收汞中，可使微粒化的回收汞凝聚复原。

（3）汞粉化：矿石中的硫及硫化矿物可使汞粉化，在汞板上生成黑色斑点，使汞板失去捕金能力。当含金矿石中含有砷、锑、铋的硫化矿物时，此现象尤为显著。矿浆中的氧可使汞氧化，在汞板上生成红色或黄红色斑痕。国外常用化学药剂消除此故障。国内常用：1）增加石灰用量，提高矿浆 pH 值（有时达 12 以上）以抑制硫化矿物活性。2）增加汞的添加量，使粉化汞和过量汞一起流失。3）提高矿浆流速，让矿粒擦去汞板上的斑痕。加石灰可消除铜离子和油污影响，加铅盐可消除硫离子影响，可降低或消除多金属硫化矿物的不良影响。4）机油影响：混入的机油可恶化或中断混汞过程，操作时勿使机油混入矿浆中。

4.3.2.2　给矿箱和捕汞器

混汞板前端设置给矿箱（矿浆分配器）。混汞板末端设置捕汞器。

给矿箱为一长方形木箱，朝汞板一侧开有许多孔径为 30～50mm 的小孔，小孔前均钉有可转动的菱形木块，以使孔中流出的矿浆能均匀布满汞板。

捕汞器设置于混汞板末端，以捕集随矿浆流失的汞及汞膏。捕汞器类型较多，最简单的箱式捕汞（金）器的结构图如图 4-10 所示。

矿浆自混汞板流入箱内，在箱内减速，利用密度差使汞及汞膏与脉石分离。箱内装有隔板，矿浆经隔板下的缝隙返上来经溢流口排出，定期清除沉于箱底的汞及汞膏。箱内矿浆的上升流速常为 30～60mm/s。

当物料密度较大，粒度较粗时，为了提高捕汞效率，常采用水力捕汞（金）器，其类型较多，图 4-11 所示为其中之一。从捕汞器下部补加水以形成脉动水流，脉动频率为每分钟 150～200 次，可提高汞及汞膏与脉石的分层和分离效率。

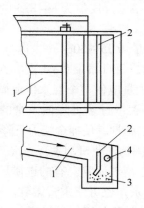
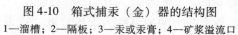

图 4-10　箱式捕汞（金）器的结构图
1—溜槽；2—隔板；3—汞或汞膏；4—矿浆溢流口

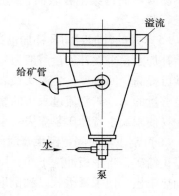

图 4-11　水力捕汞（金）器的结构图

4.3.2.3　其他混汞机械

除常用的混汞板外，还有用于微粒金混汞的短锥水力旋流器，在溜槽及摇床上铺设混汞板。近年还研制了一些新型混汞设备，主要有：

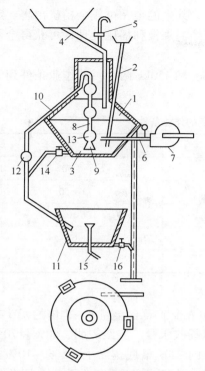

图 4-12 离心式连续混汞器的结构图

1—密封容器；2—加汞管；3—汞床；4—给矿管；

5，15—溢流管；6—供水管；7—循环水泵；

8—虹吸管；9—喇叭吸入口；10—排出端；

11—分离器；12，14，16—阀门；13—球形室

（1）旋流混汞器。其原理与水力旋流器相同。矿浆压入加汞设备内并沿切线方向进入旋流混汞器中，矿浆和汞在器内经受强烈搅拌，在不断运动中促使金粒与汞接触而实现混汞，可强化混汞作业，提高金的混汞回收率。

（2）连续混汞器。美国研制的连续旋流混汞器的矿浆经给矿管给入，在水力作用下进行旋流混汞，定期排出汞膏，汞可循环使用，混汞后的矿浆经虹吸管提升并从排矿管排出，可连续作业。混汞过程中金粒表面受到擦洗，可提高金的混汞回收率。

我国研制的离心式连续混汞器的结构图如图4-12所示。

其原理与连续混汞器相似，矿浆给入混汞器内汞床上，借离心式循环水泵的水压使矿砂在床面上做旋转运动，离心力使矿砂分层。密度大的金粒沉于汞床面上并扫刷汞层而进行混汞。混汞后的矿浆中的重砂、水和汞经喇叭口进入虹吸管内，矿浆进入球形室时突然减速，汞在重力作用下往回流，水及重砂继续上升至分离器中，最后经溢流口排出。生成的汞膏密度大于汞的密度，沉于汞床底部，可定期排出。

（3）电气混汞机械。国外已研制成电气混汞板、电解离心混汞机、电气提金斗等混汞设备，其共同特点是将电路阴极连接于汞的表面，使汞表面极化，以降低汞的表面张力，借助阴极表面析出的氢气使汞表面的氧化膜还原以活化汞的润湿性能。因此，电气混汞可提高混汞效率。同时，电气混汞可使用活性更大的含少量其他金属的汞齐（如锌汞齐、钠汞齐）代替纯汞，有助于提高金的混汞回收率。

4.3.3 内混汞设备与操作

4.3.3.1 捣矿机混汞

美国和南非主要采用捣矿机进行内混汞。捣矿机的结构图如图4-13所示。

含金矿石给入臼槽中，加入水和汞，由传动装置带动凸轮使锤头做上下往复运动，进行碎矿和混汞。矿浆经筛网排出，经混汞板捕收矿浆中的汞膏、过量汞及未汞齐化的金粒。混汞后的尾矿脱汞后经

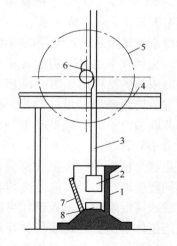

图 4-13 捣矿机的结构图

1—臼槽；2—锤头；3—捣杆；4—机架；

5—传动机械；6—凸轮；7—筛网；8—锤垫

普通溜槽排出。溜槽沉砂用摇床精选以回收与硫化矿物共生的金，可作金精矿出售。定期清理捣矿机臼槽中的汞膏、金属硫化矿物和脉石，再经混汞板和摇床处理，可获得金汞膏和含金重砂精矿。

我国某金选矿厂用的捣矿机按锤头质量分为 225kg 和 450kg 两种，其作业条件列于表4-4 中。

表 4-4　我国某金选矿厂捣矿机的作业条件

项　目	1	2
锤头质量/kg	225	450
给矿粒度/mm	<50	<50
排矿粒度/mm	<0.4	<0.4
处理能力/千克·(台·时)$^{-1}$	295	610
首次给汞量/g·t^{-1}	10	20

4.3.3.2　球磨机混汞

球磨机混汞是每隔 15~20min 定期向球磨机中加入金矿石含金量 4~5 倍的汞，在球磨机排矿槽底铺设苇席和在分级溢流堰下装置溜槽以捕收汞膏。实践表明，60%~70% 的汞膏沉积于球磨机排矿箱内，10%~15% 的汞膏沉积于排矿槽底苇席上，5%~10% 的汞膏沉积于溢流溜槽上。每隔 2~3 天清理一次汞膏。由于汞膏流失严重，金回收率仅60%~70%。处理石英脉含金矿石时，汞的耗量为 4~8g/t。此法操作简单，但汞膏流失严重，已较少用。

美国霍姆斯特克选金厂向球磨机中加入 14~17g/t 的汞，在球磨机排矿端装设克拉克·托德（Clark Todo）辅汞器，后接混汞板，这些捕收汞膏设备可从矿石中回收 1.5g/t 汞膏。原矿含金 10.7g/t 时，金的混汞回收率达 71.6%。混汞尾矿送氰化，氰化时的金回收率达 25.4%，该厂金总回收率可达 97%。

4.3.3.3　混汞筒混汞

混汞筒是金选矿厂常用的内混汞设备，用于处理砂金矿的含金重砂和脉金矿的重选金精矿，金回收率达 98% 以上。

混汞筒的结构图如图 4-14 所示。

混汞筒为橡胶衬里的钢筒，其规格依处理量而异，苏联的混汞筒分轻型和重型两种，其技术规格列于表 4-5 中。

重选金精矿中的金虽大部分已解离，但金表面常不同程度地被污染，部分金与其他矿物或脉石连生。混汞筒混汞时，加入钢球可除去金粒表面薄膜和使连生体解离。处理表面洁净的重砂精矿时，常采用轻型混汞筒，装球量较少。处理连生体含量高和表面污染严重的重砂精矿时，常采用重型混汞筒，处理 1kg 重砂精矿需装 1~2kg 钢球。混汞筒的装料

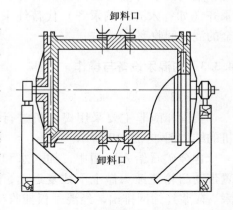

图 4-14　混汞筒的结构图

量、装球量与物料粒度和含金量有关，其关系列于表 4-6 中。

表 4-5　混汞筒的技术规格

混汞筒类型		内部尺寸			装矿量/kg	转数 /r·min⁻¹	功率/kW	筒体重/kg	装球量/kg	球直径/mm
		直径 /mm	长度 /mm	容积 /m³						
轻　型		700	800	0.3	100 ~ 150	20 ~ 22	0.5 ~ 0.75	420	10 ~ 20	38 ~ 50
重型	0-3a	600	800	0.233	100 ~ 150	22 ~ 38	0.3 ~ 2.1	1500	150 ~ 300	38 ~ 50
	0-3b	750	900	0.395	200 ~ 300	21 ~ 36	1.7 ~ 3.75	2000	300 ~ 600	38 ~ 50
		800	1200	0.60	300 ~ 450	20 ~ 33	3 ~ 6	2600	500 ~ 1000	38 ~ 50

表 4-6　混汞筒的装料量与装球量的关系

金精矿特性	金含量/g·t⁻¹	物料量/kg·m⁻³	φ50mm 钢球量/kg
捕汞器或跳汰机精矿	<500	500	800
	>500	400	1000
绒面溜槽粒度为 0.5mm 的精矿	<500	500	100
	>500	400	500
绒面溜槽粒度为 0.15mm 的精矿	<500	700	200
	>500	600	300

　　重砂精矿在非碱性介质中混汞时，有时会因铁物质的混入而生成磁性汞膏，故内混汞常在碱性介质中进行，石灰用量为装料量的 2% ~ 4%，水量常为装料量的 30% ~ 40%，也可采用通常的磨矿浓度。汞的加入量常为物料含金量的 9 倍，但与磨矿细度和金含量有关（见表 4-7）。汞可与物料同时加入混汞筒内。实践表明，物料在筒内磨碎一定时间后再加汞可提高混汞效率和降低汞的耗量。

表 4-7　加汞量与磨矿细度的关系

磨矿细度/mm	干汞膏中金含量/%	提取 1g 金的加汞量/g
粗粒（+0.5）	35 ~ 40	6
中粒（-0.5 +0.15）	25 ~ 35	8
细粒（-0.15）	20 ~ 25	10

　　混汞筒内混汞为间断作业，过程由装料、运转和卸料组成。混汞筒产物用捕汞器、绒面溜槽或混汞板处理，可得汞膏和重矿物产品。

4.4　汞膏处理

4.4.1　汞膏分离与洗涤

　　汞膏处理常包括汞膏洗涤、压滤和蒸馏三个主要作业。

　　从混汞板、混汞溜槽、捕汞器、捣矿机和混汞筒获得的汞膏，尤其是从捕汞器和混汞筒获得的汞膏混杂有大量的重砂矿物、脉石及其他杂质，须经分离与洗涤后才能送去压滤。

从混汞板刮取的汞膏较纯净，洗涤后可送去压滤。洗涤作业在长方形操作台上进行，台面上敷设薄铜板，台面周边钉有 20~30mm 高的木条以防流散的汞洒至地面上。台面上留有孔，流散的汞可经此孔和导管流至汞承受器中。从混汞板刮取的汞膏放置于瓷盘内，加水反复冲洗，戴手套后不断揉搓汞膏，尽量将汞膏内的杂质洗净。混入的铁屑可用磁铁吸出。为使汞膏柔软易洗，可加汞稀释。用热水洗也可使汞膏柔软易洗，但增加汞的蒸发，危害工人健康。不具备安全措施的条件下，不能用热水洗涤汞膏。杂质含量高的汞膏呈暗灰色，应将汞膏洗至明亮光洁时为止，再用致密的布将汞膏包好送去压滤。

从捕汞器和混汞筒获得的汞膏混杂有大量的重砂矿物、脉石及其他杂质，常先用短溜槽或淘金盘使汞膏和重砂矿物等分离。国外常用混汞板、小型旋流器等淘洗混汞筒产出的汞膏。南非金选矿厂使用的尖底淘金盘的结构图如图 4-15 所示。

其圆盘直径为 900~1200mm，盘底下凹，盘周边高 100mm，圆盘后部与曲柄机构相连，圆盘前端支承在滚动的导辊上，经伞齿轮传动，借曲柄机构使圆盘作水平圆周运动。将混汞筒获得的汞膏置于圆盘中，由于圆盘的旋转运动和水流的冲洗作用，汞膏中夹带的脉石被送至盘的前端经溜槽排出，密度大的汞膏聚集于圆盘中心，经排出口排出。每台直径为 1200mm 的尖底淘金盘的处理量为 2~4t/d 混汞筒产物。

我国研制的重砂分离盘的结构与尖底淘金盘的结构相似，圆盘直径为 700mm，周边高120mm，作业时间为 1.5~2.0h 时，一次可处理 60~120kg 混汞筒产物。

国外的汞膏分离器的结构图如图 4-16 所示。

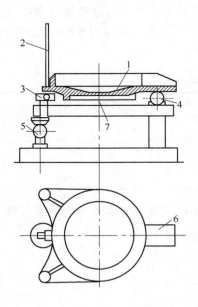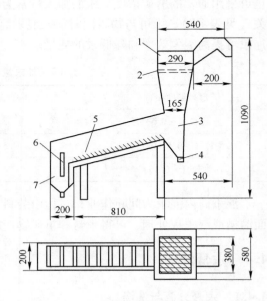

图 4-15　尖底淘金盘的结构图　　　　　　图 4-16　汞膏分离器的结构图
1—尖底圆盘；2—拉杆；3—曲柄机构；4—导辊；　　1—受料斗；2—筛网；3—前端捕集箱；4—螺帽；
5—伞形齿轮；6—溜槽；7—汞膏放出口　　　　5—格条；6—闸门；7—末端捕集箱

将被分离物料送入受料斗，经筛网除去粗粒脉石，筛下细粒料落入前端捕集箱，经水流强烈冲洗，细粒脉石经阶段格条进入末端捕集箱中，汞膏则留在前端捕集箱和格条中。经机械设备初步清理出来的汞膏送去洗涤，洗涤方法与洗涤混汞板汞膏的方法相同。

4.4.2 汞膏压滤

汞膏压滤的目的是除去洗净汞膏中的多余汞，以获得浓缩的固体汞膏（硬汞膏），常将其称为压汞作业。所用压滤机因生产规模而异，处理量小时可用手工操作的螺杆压滤机或杠杆压滤机。处理量大时可用气压或液压压滤机。压滤机结构简单，各金矿山均可自制。

金选矿厂常用的螺杆压滤机的结构图如图 4-17 所示。

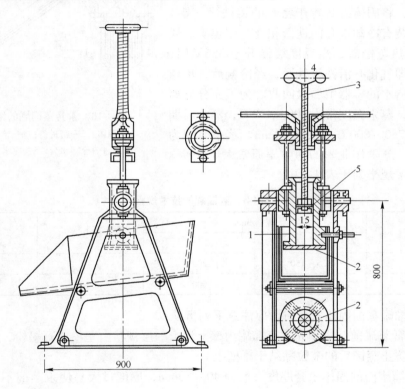

图 4-17 螺杆压滤机的结构图
1—铸铁圆筒；2—底盘；3—螺杆；4—手轮；5—活塞

底盘上钻孔并可拆卸。操作时将包好的汞膏置于底盘上，并与圆筒牢牢固定，再转动手轮使螺杆推动活塞下移挤压汞膏，多余汞被挤出，经底盘圆孔流出并收集于压滤机下面的容器中。拆卸底盘即可取出硬汞膏。

硬汞膏中的金含量取决于混汞金粒的大小，通常金含量为 30% ~ 40%。若混汞金粒较粗，硬汞膏的金含量可达 45% ~ 50%。若混汞金粒较细，硬汞膏的金含量可降至 20% ~ 25%。此外，硬汞膏的金含量还与压滤机的压力及滤布的致密度有关。

汞膏压滤回收的汞中常含 0.1% ~ 0.2% 的金，可返回用于混汞。回收汞的捕金能力比纯汞高，尤其当汞板发生故障时，最好使用汞膏压滤所得的回收汞。当混汞金粒极细和滤布不致密时，回收汞中的金含量较高，以致回收汞放置较长时间后，金会析出而沉于容器底部。

4.4.3 汞膏蒸馏

汞的气化温度为356℃，远低于金的熔点（1063℃）和沸点（2860℃），故采用蒸馏法可使汞膏中的汞和金分离，金选矿厂产出的固体汞膏可定期进行蒸馏。

蒸汞设备类型因处理量而异，小型金选矿厂多用蒸馏罐，大型金选矿厂多用蒸馏炉。小型蒸馏罐的结构图如图4-18所示。

操作时，将固体汞膏置于密封的铸铁罐（锅）内，罐顶与装有冷却水套的铁管相连。用焦炭、煤气或电炉加热蒸馏罐，当温度缓慢升至356℃时，汞膏中的汞即气化并沿铁管外逸，经冷凝后，呈球状液滴滴入盛水的容器中加以回收。为了充分分离汞膏中的汞，蒸汞温度常为400～450℃，蒸汞后期将温度升至750～800℃，保温30min。蒸汞时间为5～6h以上。蒸汞作业汞的回收率通常大于99%。蒸馏罐的技术规格列于表4-8中。

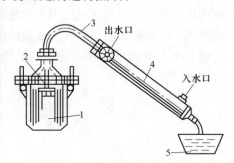

图4-18　汞膏蒸馏罐的结构图
1—罐体；2—密封盖；3—导出铁管；
4—冷却水套；5—冷水盆

表4-8　蒸馏罐的技术规格

罐　形	规格/mm		汞膏装入量/kg	设备质量/kg
	直　径	长　度		
锅炉形	125～150	200	3～5	38
圆柱形	200	500	15	70

采用蒸馏罐蒸馏固体汞膏时，应注意下列事项：

（1）汞膏装罐前，应预先在蒸馏罐内壁上涂上一层糊状白垩粉或石墨粉、滑石粉、氧化铁粉，以防止蒸馏后的金粒黏结于罐壁上。

（2）蒸馏罐内的固体汞膏厚度一般为40～50mm，厚度过大易使汞蒸馏不完全，延长加热时间，汞膏沸腾时金粒易被喷溅至罐外。

（3）汞膏必须纯净，不可混入包装纸，否则，回收汞再用时易粉化。汞膏内混有重矿物和大量硫时，易使罐底穿孔，造成金损失。

（4）因$AuHg_2$的分解温度为310℃，非常接近于汞的气化温度（356℃），蒸汞时应缓慢升温。若急剧升温，$AuHg_2$处于分解时汞即进入升华阶段，易使汞激烈沸腾而产生喷溅现象。当大部分汞蒸馏逸出后，将炉温升至750～800℃（因Au_2Hg的分解温度为402℃，Au_3Hg的分解温度为420℃），保温30min以完全排出罐内的残余汞。

（5）蒸馏罐的铁导管末端与收集汞的水盆水面间应保持一定的距离，以防止蒸汞后期罐内呈负压时，水及汞被吸入罐内引起爆炸。

（6）蒸汞时应保持良好通风，以免逸出的汞蒸气危害工人健康。

大型金选矿厂多用蒸馏炉蒸汞，蒸馏炉类型较多。某蒸馏炉的结构图如图4-19所示。

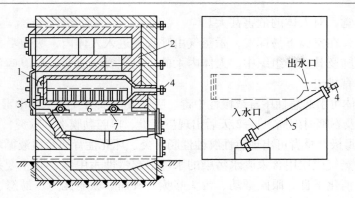

图 4-19　汞膏蒸馏炉的结构图

1—蒸馏缸；2—炉子；3—密封门；4—导出铁管；5—冷却水套；6—铁盒；7—管形支座

该蒸馏炉的蒸馏缸为圆筒形，直径为 225 ~ 300mm，长 900 ~ 1200mm。蒸馏缸前端有密封门，相对的另一端与带冷却水套的引出铁管相连。将汞膏置于为多孔铁片覆盖的铁盒中，再将铁盒放入蒸馏缸中。

蒸汞用的蒸馏电炉的结构图如图 4-20 所示。

蒸馏产出的回收汞经过滤以除去机械夹带的杂质，再用 5% ~ 10% 的稀硝酸（或盐酸）处理以溶解汞中所含的贱金属，然后可返回混汞作业使用。

蒸汞产出的蒸馏渣称为海绵金，其金含量为 60% ~ 80%（有时高达 80% ~ 90%），含少量的汞、银、铜及其他金属。一般采用石墨坩埚于柴油或焦炭地炉中熔炼为合质金。若海绵金中金银含量较低，二氧化硅及铁等杂质含量较高时，熔炼时可加入碳酸钠及少量的硝酸钠、硼砂等进行氧化熔炼造渣，除去大量杂质后再铸成合质金。大型金选矿厂可采用转炉或电炉熔炼海绵金。当海绵金中杂质含量较高时，也可采用酸浸、碱浸等作业除去大量杂质，然后再熔炼、铸锭。金银含量达 70% ~ 80% 以上的海绵金可铸成合金板送去进行电解提纯。

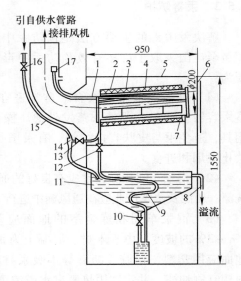

图 4-20　汞膏蒸馏电炉的结构图

1—热电偶；2—隔热外壳；3—加热元件；4—蒸罐；
5—箱体；6—箱门；7—盛料罐；8—溢出管；
9—蛇形管；10—溢流阀；11—沉降槽；
12，13，16—阀；14—喷射器；
15—管路；17—球阀

4.5　汞毒防护

4.5.1　汞毒

汞可呈液态金属、汞盐或汞蒸气的形态进入人体内。汞金属和汞盐主要通过胃肠道，其次是通过皮肤或黏膜浸入人体内，汞蒸气主要通过呼吸道浸入人体，其中以汞蒸气最易浸入人体内。混汞作业产生的汞蒸气及含汞废水具有无色、无味、无臭、无刺激性的特点，不易被人察觉，对人体的危害甚大。

汞的熔点低，在室温下易挥发，汞蒸气由呼吸道进入人体内，吸收后侵入细胞而淤积于肾、肝、脑、肺及骨骼等组织中。人体内汞的排泄主要通过肾、肠、唾液腺及乳腺，其次是通过呼吸器官排出。

汞蒸气对人体可引起急性中毒或慢性中毒。吸入大量汞蒸气的急性中毒症状为头痛、呕吐、腹泻、咳嗽及吞咽时疼痛，1～2天后出现齿龈炎、口腔黏膜炎、喉炎、水肿及血色素降低等症状。汞中毒极严重者可出现急性腐蚀性肠胃炎、坏死性肾病及血液循环衰竭等危症。

吸入少量汞蒸气或饮用含汞废水污染的水可引起慢性汞中毒，其主要症状为腹泻、口腔膜经常溃疡、消化不良、眼睑颤动、舌头哆嗦、头痛、软弱无力、易怒、尿汞等。

我国规定烟气中排放的汞含量的极限浓度为 $0.01～0.02\mathrm{mg/m^3}$，排放的工业废水中汞及其化合物的最高允许浓度为 $0.05\mathrm{mg/L}$。

4.5.2　汞毒防护

解决汞中毒的主要方法是预防汞中毒。多年来，我国黄金矿山采取了许多有效预防汞中毒的措施，其中主要为：

（1）加强安全生产教育，自觉遵守混汞操作规程。盛汞容器应密封，严禁汞蒸发外逸。操作时应穿戴防护用具，避免汞与皮肤直接接触。有汞场所严禁存放食物、禁止吸烟和进食。

（2）混汞车间和炼金室应有良好的通风条件，汞膏的洗涤、压滤及蒸汞作业应在通风橱中进行（见图4-21）。

（3）混汞车间和炼金室的地面应坚实、光滑和有1%～3%的坡度。由于木材、混凝土为汞的良好吸附剂，地面应用塑料、橡胶、沥青等不吸汞材料铺设，墙壁和顶棚宜刷油漆。并定期用热肥皂水或浓度为0.1%的高锰酸钾溶液刷洗墙壁和地面。

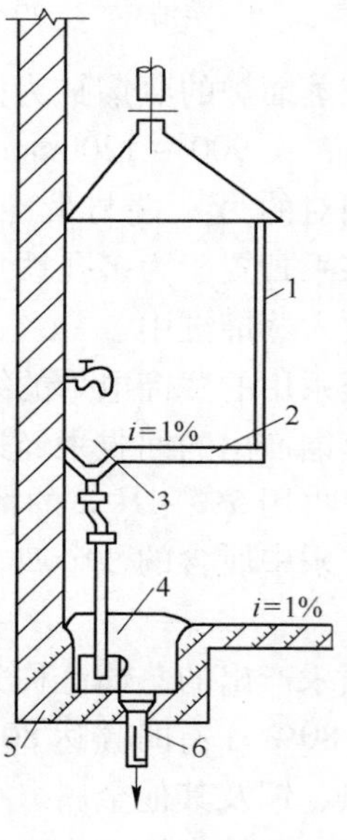

图4-21　汞作业台结构图

1—通风橱；2—工作台；3—集汞孔；
4—集水池；5—集汞罐；6—排水管

（4）泼洒于地面的汞应立即用吸液管或混汞银板进行回收，也可用引射式吸汞器（见图4-22）加以回收。为便于回收流散的汞，地面应有一定坡度，墙应有墙裙，墙与地面作成圆角。

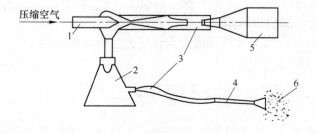

图4-22　引射式吸汞器的结构图

1—玻璃引射器；2—集汞瓶；3—橡皮管；4—吸汞头；5—活性炭净化器；6—流散汞

（5）混汞操作人员的工作服应用光滑、吸汞能力差的绸和柞蚕丝等布料制作，工作服应常换常洗，并存放于单独的通风房间内。工作服与干净衣服应分房存放。

（6）必须在专门的隔离室中吸烟和进食。下班后用热水和肥皂等洗澡，更换全部衣服和鞋袜。

（7）对含汞高的生产场所应尽可能改革工艺、简化流程，尽可能实现机械化、自动化，以减少操作人员与汞直接接触的机会。

（8）定期对混汞各作业场所的空气进行取样分析，采取相应措施控制各作业点的汞含量。定期对作业人员进行体检，汞中毒人员应及时进行治疗。

4.5.3　含汞气体和废水的净化

4.5.3.1　含汞气体的净化

含汞气体的净化方法较多，现最常用的为充氯活性炭吸附法和软锰矿吸附法等。

氯气和气体中的汞作用生成氯化亚汞沉淀。其反应可表示为：

$$2Hg + Cl_2 \longrightarrow Hg_2Cl_2 \downarrow$$

然后采用活性炭吸附氯化亚汞及残余的汞。此法除汞率可达99.9%。

软锰矿吸附法是采用含软锰矿的稀硫酸溶液洗涤含汞气体，使汞转化为硫酸亚汞。其反应可表示为：

$$2Hg + MnO_2 \longrightarrow Hg_2MnO_2$$

$$Hg_2MnO_2 + 4H_2SO_4 + MnO_2 \longrightarrow 2HgSO_4 + 2MnSO_4 + 4H_2O$$

操作时将含汞气体或含液态细小汞珠的废气导入带砖格的洗涤塔中，用含磨细的软锰矿的稀硫酸溶液洗涤含汞气体，汞与洗涤溶液接触生成硫酸亚汞。洗涤溶液在塔内循环，当洗液中的硫酸亚汞浓度富集至$200g/m^3$时，由塔中排出，用铁屑或铜屑进行置换回收汞。软锰矿吸附法的除汞率可达95%~99%。

我国采用碘配合法处理锌精矿焙烧时产出的含汞及二氧化硫的烟气。操作时将含汞及二氧化硫的烟气从塔底送入填满瓷环的吸收塔中，从塔顶喷淋含碘盐的吸收液。塔内循环获得含汞富液，将其部分引出进行电解脱汞，产出金属汞，尾气含汞小于$0.05mg/m^3$。除汞后的尾气送制硫酸，硫酸中的汞含量小于1%。此法的除汞率可达99.5%，不存在氯化汞法的氯化汞二次污染，流程短，可用于高浓度二氧化硫烟气脱汞。

芬兰奥托昆普公司采用硫酸洗涤法处理锌精矿焙烧烟气中的汞。900℃焙烧温度下，锌精矿中的汞全部挥发进入烟气中，烟气除尘时部分汞进入烟尘中，约50%的汞随烟气进入洗涤塔，尾气送制硫酸。用浓度85%~93%的浓硫酸洗涤，硫酸与汞蒸气反应生成沉淀物沉入槽中。沉淀物经洗涤后送蒸馏，汞蒸气冷凝得金属汞，过滤除去固体杂质，汞纯度达99.999%，沉淀物中汞的回收率达96%~99%。

4.5.3.2　含汞废水的净化

A　滤布过滤、铝粉置换法

含汞废水经滤布过滤，滤液在碱性条件下加铝粉置换汞。我国某金铜选矿厂采用混汞、汞尾浮选流程，铜精矿浓密溢流中含汞28mg/L，用滤布过滤可除去81.51%的汞，滤液在碱性条件下加铝粉置换汞，总除汞率可达97.64%。

B 硫化钠与硫酸亚铁共沉法

在 pH 值为 9~10 的含汞废水中加入略过量的硫化钠，与汞生成硫化汞沉淀。其反应可表示为：

$$2Hg + S^{2-} \longrightarrow Hg_2S \downarrow$$

$$Hg_2S \downarrow \longrightarrow HgS \downarrow + Hg$$

因汞含量低，生成的硫化汞呈微粒悬浮于溶液中，不易沉淀。若加入适量硫酸亚铁，生成硫酸铁和氢氧化亚铁沉淀，作为硫化汞沉淀的载体，可使汞完全沉淀。

我国某化工厂用此法处理乙醛车间含汞 5mg/L 的酸性废水，先加石灰中和至 pH 值为 9.0，然后加 3% 硫化钠溶液，充分搅拌，再加入 6% 硫酸亚铁溶液，充分搅拌后静置 30min，分析上清液中的汞含量，达要求后送离心过滤，汞渣集中处理，滤液稀释后外排。

C 活性炭吸附法

将汞含量为 1~6mg/L 的含汞废水，以 1m/h 的线速度通过串联的活性炭柱，汞的吸附率可达 98% 以上。吸汞炭经蒸馏除汞后返回吸附作业使用，返回使用的炭的吸附率略有下降，但汞的吸附率仍可达 96% 以上。

4.6 混汞提金实例

实例一 我国某矿为金、铜、黄铁矿，金属矿物含量为 10%~15%，主要为黄铜矿、黄铁矿、磁铁矿及其他少量铁矿物，脉石矿物主要为石英、绿泥石和片麻岩。原矿含铜 0.15%~0.2%，含铁 4%~7%，含金 10~20g/t，银含量为金的 2.8 倍。金粒平均粒径为 0.0172mm，最粗为 0.0918mm，表面洁净，大部分为游离金，部分与黄铜矿共生，少部分与磁黄铁矿、黄铁矿共生，可混汞金占 60%~80%。矿石之中含少量铋，硫化铋对混汞不利。原矿磨至 -0.074mm 占 60%，在球磨机和分级机闭路循环中设置二段混汞板。第一段混汞板呈两槽并列配置（每槽长 3.6m，宽 1.2m，倾角 13°），设置于球磨机排矿口后。第二段混汞板也呈两槽并列配置（每槽长 3.6m，宽 1.2m，倾角 13°），设置于分级机溢流堰上方。球磨机排矿流经第一段混汞板，汞尾流至集矿槽内，再用勺式给矿机提升至第二段混汞板，第二段汞尾流入分级机，分级溢流进入浮选作业。为使浮选作业能正常进行，混汞矿浆浓度为 50%~55%。球磨机排矿粒度为 -0.074mm 占 60%，汞板上的矿浆流速为 1~1.5m/s，石灰加入球磨机中，矿浆 pH 值 8.5~9.0，每 15~20min 检查一次汞板并补加汞。汞的添加量为原矿含金量的 5~8 倍，汞消耗量为 5~8g/t（包括混汞作业外损失）。每班刮汞膏一次，刮汞膏时两列混汞板轮流作业。汞膏含汞 60%~65%，含金 20%~30%。火法熔炼产出含金 55%~70% 的合质金外售。该厂金回收率为 93%，其中混汞金回收率 70%，浮选金回收率为 23%。

实例二 我国某金铜矿的主要金属矿物为黄铜矿、斑铜矿、辉铜矿、黄铁矿，少量为磁黄铁矿、黝铜矿、闪锌矿、方铅矿等。脉石矿物主要为石英、方解石、重晶石及少量菱镁矿。金矿物以自然金为主，银金矿次之。少量金与黄铜矿、黄铁矿共生。60% 的金粒为 0.15~0.04mm，个别金粒为 0.2mm，最小金粒小于 0.03mm。原矿含金量随开采深度的增加而下降，上部为 7~8g/t，中部为 4~5g/t，-170m 为 2g/t 左右。1960 年该矿投产时采用单一浮选流程，金回收率较低。1963 年采用混汞-浮选流程，金回收率提高 2%~3%。

投产初期，混汞板设于球磨机排矿口和分级机溢流处进行两段混汞，1968 年改为只在分级机溢流处进行一段混汞，混汞作业金回收率为 40% ~ 50%。混汞作业在单独的车间内进行，分级机溢流用砂泵扬至汞板前的缓冲箱内，然后再分配至各列混汞板上进行混汞，汞尾送浮选作业。原矿一段磨至 - 0.074mm 占 55% ~ 60%，混汞矿浆浓度为 30%，汞板面积为 600m^2，分 10 列配置，每列长 6m，宽 1m，倾角 8°。每作业班刮一次汞膏，汞膏洗涤后用压滤机压滤。汞膏含金 20% ~ 25%，经火法熔炼、电解得纯金。该矿所用汞板中，纯银板占 50%，镀银紫铜板占 50%。镀银紫铜板设置于汞板给矿端时可用 1 个月，设置于汞板尾端时可用 2 个月。汞的消耗量为 7 ~ 8g/t（包括混汞作业外损失）。

5 难浸出金银矿物原料预处理

5.1 概述

难浸出金银矿物原料包括含包体金、砷、锑、铜、铋、硫、碳、硒、碲、铀、锰等的金银矿物原料。当金银矿物原料磨至 -0.036mm 占 80% ~95% 后进行氰化浸出，金的氰化浸出率小于 70% 时，则认为该金银矿物原料属难浸出的金银矿物原料。

金银矿物原料属难浸出的主要原因为：

（1）矿物原料中相当部分的金银呈包体形态存在。在目前工业生产磨矿条件下无法使金银矿物单体解离或裸露，相当部分的金银呈包体无法与浸出溶液接触，故金银浸出率低。

（2）含有相当量的有害于浸出的杂质组分矿物。如矿物原料中的铜矿物、砷矿物、锑矿物、汞矿物、硫化铁矿物等在氰化过程中会消耗大量的氰化物和溶解氧，将大幅度降低金银浸出率。

（3）含有吸附已溶金的炭质物。原料中炭质物的吸附能力强时，可吸附已溶金，将大幅度降低金银浸出率。

（4）含有硒、碲、铀、锰等有用组分时，应考虑综合回收有用组分。

金、银均为亲硫元素，金呈自然金形态存在，银除呈自然银形态存在外，主要呈硫化银矿物存在，金银矿物均与金属硫化矿物共生。主要的载金矿物为黄铜矿、黄铁矿、毒砂和辉锑矿，主要的载银矿物为方铅矿和闪锌矿。金银的包体矿物主要为这些载金硫化矿物。因此，难浸出金银矿物原料预处理方法主要为氧化法，其中包括氧化焙烧法和各种氧化酸浸出法。

5.2 氧化焙烧法

5.2.1 氧化焙烧原理

金属硫化矿物在氧化气氛条件下加热，将全部硫脱除转变为相应的金属氧化物的过程，称为氧化焙烧。焙烧过程中，各金属硫化矿物的主要反应可表示为：

（1）硫化铁矿物：当焙烧温度大于 300 ~500℃ 时，主要发生下列反应：

$$4FeS_2 + 11O_2 \longrightarrow 2Fe_2O_3 + 8SO_2$$

$$3FeS + 5O_2 \longrightarrow Fe_3O_4 + 3SO_2$$

$$2FeS + 3\frac{1}{2}O_2 \longrightarrow Fe_2O_3 + 2SO_2$$

当焙烧温度大于 700℃ 时，主要发生下列反应：

$$16Fe_2O_3 + FeS_2 \longrightarrow 11Fe_3O_4 + 2SO_2$$

$$10Fe_2O_3 + FeS \longrightarrow 7Fe_3O_4 + SO_2$$

$$6Fe_2O_3 + Cu_2S \longrightarrow 2Cu + 4Fe_3O_4 + SO_2$$

$$9Fe_2O_3 + ZnS \longrightarrow ZnO + 6Fe_3O_4 + SO_2$$

$$Fe_2O_3 + MeO \longrightarrow MeO \cdot Fe_2O_3$$

硫化铁矿物焙烧结果生成 FeO、Fe_2O_3、Fe_3O_4 和 FeS，但主要产物为 Fe_2O_3 和 Fe_3O_4。

（2）硫化铜矿物：焙烧时，主要发生下列反应：

$$2CuFeS_2 \longrightarrow Cu_2S + 2FeS + S^0$$

$$2CuS \longrightarrow Cu_2S + S^0$$

$$2Cu_2S + 5O_2 \longrightarrow 2CuO + 2CuSO_4$$

$$Cu_2S + 2O_2 \longrightarrow 2CuO + SO_2$$

$$4CuO \longrightarrow 2Cu_2O + O_2$$

$$SO_2 + \frac{1}{2}O_2 \longrightarrow SO_3$$

$$CuO + SO_3 \longrightarrow CuSO_4$$

铜硫酸化焙烧的温度应小于 650℃，氧化焙烧的温度应高于 650℃，此时的焙砂主要为未全氧化的 Cu_2O、CuO 和少量的 $CuSO_4$。

（3）硫化砷矿物：主要为毒砂 $FeAsS$ 和雌黄 As_2S_3。焙烧时，主要发生下列反应：

$$FeAsS \longrightarrow As + FeS$$

$$2As + 1\frac{1}{2}O_2 \longrightarrow As_2O_3$$

$$As_2S_3 + 4\frac{1}{2}O_2 \longrightarrow As_2O_3 + 3SO_2$$

$$2FeAsS + 5O_2 \longrightarrow As_2O_3 + Fe_2O_3 + 2SO_2$$

$$As_2O_3 + O_2 \longrightarrow As_2O_5$$

$$As_2O_5 + 3MeO \longrightarrow Me_3(AsO_4)_2$$

As_2O_3 易挥发，500℃ 时的蒸气压达 0.1MPa。强氧化气氛下生成的 As_2O_5 和 $Me_3(AsO_4)_2$ 很稳定。故氧化焙烧难以将砷除净。

（4）硫化锑矿物：主要为辉锑矿 Sb_2S_3。氧化焙烧时，主要发生下列反应：

$$2Sb_2S_3 + 9O_2 \longrightarrow 2Sb_2O_3 + 6SO_2$$

$$Sb_2O_3 + O_2 \longrightarrow Sb_2O_5$$

$$3MeO + Sb_2O_5 \longrightarrow Me_3(SbO_4)_2$$

Sb_2O_3 与 As_2O_3 相似，较易挥发。但强氧化气氛下易生成 Sb_2O_5 和 $Me_3(SbO_4)_2$，很稳定。而在相同温度条件下，Sb_2O_3 的蒸气压比 As_2O_3 低，故氧化焙烧时的脱锑率比脱砷率低。

（5）金：呈自然金形态存在，氧化焙烧时不发生任何变化。

（6）硫化银矿物：硫化银矿物主要为辉银矿，氧化焙烧时，主要发生下列反应：

$$Ag_2S + O_2 \longrightarrow 2Ag + SO_2$$

$$2Ag + 2SO_3 \longrightarrow Ag_2SO_4 + SO_2$$

$$Ag_2S + 4SO_3 \longrightarrow Ag_2SO_4 + 4SO_2$$

$$Ag_2SO_4 \longrightarrow 2Ag + SO_2 + O_2$$

200℃时 AgO 的离解压为 9.975Pa（1330mmHg），易离解，不可能生成 Ag_2O。Ag_2SO_4 在 950℃时分解。因此，焙砂主要为未分解的 Ag_2S、Ag 和 Ag_2SO_4。

5.2.2　氧化焙烧工艺

5.2.2.1　一段氧化焙烧

含金黄铁矿精矿中，相当部分金呈微细粒包体金存在，并含一定量的碳质物时，可采用在 600~700℃条件下进行一段氧化焙烧 1~2h。焙砂中的硫可降至 1.5%，碳可降至 0.08%。所得焙砂疏松多孔，为后续金银浸出创造了良好条件。

5.2.2.2　二段焙烧

含金砷黄铁矿精矿中相当部分金呈微细粒包体金存在，并含一定量的碳质物时，可采用二段焙烧进行预处理。第一段宜在 550~600℃，空气系数为零的条件下进行还原焙烧，第二段宜在 600~650℃，空气系数大的条件下进行氧化焙烧。二段焙烧可避免焙砂熔结，砷、硫脱除率高，焙砂中的砷、硫可降至小于 1.5%。

5.2.2.3　焙砂处理

氧化焙砂再磨后须经洗涤（用水或稀酸洗）、弱磁选以脱除水溶物、亚铁盐、金属铁粉和铁磁性矿物，浓密脱水后，底流送金银浸出作业。

5.3　细菌氧化酸浸法

5.3.1　细菌氧化酸浸原理

目前，对细菌氧化酸浸的机理主要有两种意见。

5.3.1.1　细菌的直接作用

认为生活于硫化矿床酸性水中的氧化铁硫杆菌等细菌，可将矿石中的低价铁、低价硫氧化为高价铁和硫酸，以取得维持其生命所需的能源。在此氧化过程中，破坏了硫化矿物的晶格构造，使硫化矿物中的铜等金属组分呈硫酸盐形态转入溶液中。如：

$$2CuFeS_2 + H_2SO_4 + 8\frac{1}{2}O_2 \xrightarrow{\text{细菌}} 2CuSO_4 + Fe_2(SO_4)_3 + H_2O$$

$$Cu_2S + H_2SO_4 + 2\frac{1}{2}O_2 \xrightarrow{\text{细菌}} 2CuSO_4 + H_2O$$

$$2FeAsS + H_2SO_4 + 8\frac{1}{2}O_2 \xrightarrow{\text{细菌}} 2H_3AsO_4 + Fe_2(SO_4)_3 + H_2O$$

5.3.1.2　细菌的间接催化作用

硫化矿床中的黄铁矿在有氧和水存在的条件下，将缓慢地氧化为硫酸亚铁和硫酸。其反应可表示为：

$$2FeS_2 + 7O_2 + 2H_2O \longrightarrow 2FeSO_4 + 2H_2SO_4$$

在有氧和硫酸存在的条件下，细菌可起催化作用，将硫酸亚铁氧化为硫酸铁。其反应可表示为：

$$4FeSO_4 + 2H_2SO_4 + O_2 \xrightarrow{细菌} 2Fe_2(SO_4)_3 + 2H_2O$$

硫酸铁为许多金属硫化矿物的良好浸出剂。金属硫化矿物浸出时生成的硫酸亚铁和元素硫可在细菌的催化作用下，被氧化为硫酸铁和硫酸。其反应可表示为：

$$FeS_2 + Fe_2(SO_4)_3 \longrightarrow 3FeSO_4 + 2S^0$$

$$CuFeS_2 + Fe_2(SO_4)_3 + 2O_2 \longrightarrow CuSO_4 + 3FeSO_4 + S^0$$

$$2S^0 + 3O_2 + 2H_2O \xrightarrow{细菌} 2H_2SO_4$$

$$4FeSO_4 + 2H_2SO_4 + O_2 \xrightarrow{细菌} 2Fe_2(SO_4)_3 + 2H_2O$$

硫酸铁和硫酸是许多金属硫化矿物和金属氧化矿物的良好浸出剂。

一般认为细菌的直接作用浸出速度缓慢，反应时间长。细菌浸出主要靠细菌的间接催化作用。细菌浸出黄铜矿的速度曲线如图 5-1 所示。

5.3.2　浸矿细菌

5.3.2.1　细菌的筛选与驯养

细菌的筛选与驯养是获得优良浸矿细菌的唯一途径。原始浸矿细菌采自硫化矿矿坑水、煤矿水、温泉、地热水中或菌种保存中心库中引进前人发现的可用原菌，然后通过细菌生存环境的逐渐变化，利用优胜劣汰的方法筛选出适合工艺要求的优良浸矿细菌。此外，也可进行遗传学方法的改良或应用基因改造的方法获得适合工艺要求的优良浸矿细菌。

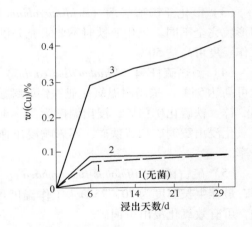

图 5-1　细菌氧化浸出与无菌浸出的速度曲线
1，2—以黄铜矿为主；3—以辉铜矿为主

细菌的筛选与驯养一般在实验室采用摇瓶试验的方法进行。试验分批进行，根据工艺要求逐渐改变外部条件，使那些活力较强并逐渐变异的细菌保留下来，获得适应特定矿石类型和适应某些高浓度金属离子的优良浸矿细菌。

5.3.2.2　常用的浸矿细菌

目前，工业生产中应用最广的三种常温浸矿细菌（适宜生长温度小于 45℃）为：氧化亚铁硫杆菌（*Tsidthiobucillus ferrooxidans*，简写为 *T. f*）、氧化硫硫杆菌（*Thiobacillus thio-*

oxidans，简写为 *T. t*）、氧化亚铁钩端螺旋菌（*Leptospirilum ferrooxidans*，简写为 *L. f*）。常温浸矿细菌种类及其主要生理特征列于表 5-1 中。

表 5-1 常温浸矿细菌种类及其主要生理特征

细 菌 名 称	主要生理特征	最佳 pH 值
氧化铁硫杆菌	$Fe^{2+} \rightarrow Fe^{3+}$，$S_2O_3^{2-} \rightarrow SO_4^{2-}$	2.5 ~ 3.8
氧化铁杆菌	$Fe^{2+} \rightarrow Fe^{3+}$	3.5
氧化硫铁杆菌	$S^0 \rightarrow SO_4^{2-}$，$Fe^{2+} \rightarrow Fe^{3+}$	2.8
氧化硫杆菌	$S^0 \rightarrow SO_4^{2-}$，$S_2O_3^{2-} \rightarrow SO_4^{2-}$	2.0 ~ 3.5
聚生硫杆菌	$S^0 \rightarrow SO_4^{2-}$，$H_2S \rightarrow SO_4^{2-}$	2.0 ~ 4.0

20 世纪 80 年代开始发现和研究生长温度大于 45℃的浸矿细菌。目前，已从矿山废水、煤矿水、温泉、地热水、深海和堆浸场等处发现和分离出一批耐温浸矿细菌。其中报道较多的耐温浸矿细菌为：

（1）硫杆菌属耐温菌（*Sulfobacillus sp.*）。其中耐热氧化硫硫杆菌（*S. thiobacillus thiooxidans*）和嗜酸硫杆菌（*S. acidophilus*）已通过 16SrDNA 基因测序分析，确定了其分类学关系。此两类细菌广泛分布于硫化矿的酸性矿坑水中，其工作温度可高达 62℃。

（2）耐温氧化亚铁钩端螺旋菌（*Thermofolerance of Leptospirillum sp.*）。最佳生长温度为 45 ~ 50℃。

（3）氧化亚铁嗜酸菌（*Acidimicrobium ferrooxidans*）。其特性与耐热硫杆菌极为相似，但形貌完全不同。氧化亚铁时不要求充分供应亚铁离子，可适应高浓度的三价铁离子。其工作温度可高达 50℃。

（4）耐热硫杆菌（*Thiobacillus caldus*）。不氧化亚铁离子，可氧化低价硫。其工作温度可高达 55℃。采用耐温氧化亚铁钩端螺旋菌与耐热硫杆菌自然匹配的混合菌可氧化浸出铅、锌、铁硫化矿精矿，浸出温度为 35 ~ 40℃。耐温氧化硫硫杆菌与耐热硫杆菌的混合菌可氧化浸出黄铜矿和黄铁矿，不影响浸出速度，可降低 pH 值，增加铁离子浓度，提高浸出率。

（5）硫古菌（*Sulfolobus-like archaea*）。最初从硫含量高的温泉中发现和分离的浸矿细菌，最佳生长温度为 70 ~ 75℃，工作温度可高达 80 ~ 85℃。可快速氧化浸出金属硫化矿物，可有效氧化浸出黄铜矿。

耐温菌（45 ~ 65℃的中温菌和温度高于 65℃的高温菌）的培养基与常温菌的培养基略有不同，多数条件下须加入酵母提取物，加入量为 0.01% ~ 0.2%。

目前，耐温菌广泛用于工业生产的最大障碍是其在高浓度矿浆中的生长速度很慢，当前工业生产中的矿浆浓度均小于 20%，浸出时间长、基建投资和经营成本高。因此，采用耐温菌快速氧化浸出金属硫化矿物这一最具工业应用前景的细菌浸出新工艺有待进一步完善。

5.3.2.3 应用实例

工艺流程如下：

（1）难于浸出的金银矿物原料常用单一的浮选流程或浮选与重选的联合流程产出金银精矿，经再磨、浓缩脱水和脱除大部分浮选药剂。

（2）浓密机底流（浓度约 50%）送稀释槽，采用浸后矿浆的浓缩溢流将其稀释为小于 15% ~ 20% 的矿浆，再添加配好的营养基溶液，并加温至 40℃。

（3）然后送 1~3 号浸出槽并联进行第一级浸出，再进入 4~6 号浸出槽串联进行第二级浸出。

（4）浸出后的矿浆送浓密机浓缩，底流送压滤，滤饼制浆、中和至 pH 值为 10 后送氰化提金作业。一部分溢流返回稀释槽稀释待浸出的浓密机底流；大部分溢流水送中和作业中和后，外排至尾矿库。

例 5-1　我国某石英脉金矿的主要金属矿物为银金矿、自然金、黄铁矿、白铁矿、磁黄铁矿和毒砂，脉石矿物主要为石英、长石和方解石。−0.04 +0.01mm 粒级的金占 66.7%，石英粒间金占 46.67%，包体金占 20%，裂隙金约占 3.3%。选矿厂采用重选和浮选联合流程产出黄铁矿金精矿。原矿含金 4g/t，金精矿含金 50g/t，尾矿含金 0.6g/t，金回收率为 86%。选矿厂产金精矿约 100t/d，金精矿再磨至 −0.042mm 占 90%，送浓密得浓度为 50% 的底流送稀释槽，用细菌氧化酸浸后浓密所得溢流水稀释至浓度为 15%~20% 的矿浆，在稀释槽中加入营养基并加热至 40℃。然后将其送入 1~3 号浸出槽进行第一级并联浸出，再进入 4~6 号浸出槽进行第二级串联浸出。各浸出槽均有冷却管和空气分配管，以调节矿浆温度和矿浆含氧量。浸出采用驯化后的中温混合菌，由氧化亚铁硫杆菌、氧化硫杆菌和氧化亚铁螺旋菌组成，适宜浸矿温度为 40~42℃。1~3 号 pH 值为 1.2~1.5，温度为 40~43℃，氧化电位为 480~500mV，矿浆浓度为 15%~16%。4 号槽 pH 值为 1.2~1.5，温度为 40~43℃，氧化电位为 500~520mV，矿浆浓度为 13%。5 号槽 pH 值为 1.1~1.3，温度为 38~42℃，氧化电位 520~540mV，矿浆浓度为 13%~15%。6 号槽 pH 值为 1.1~1.3，温度为 38~40℃，氧化电位为 600~610mV，矿浆浓度为 13%~15%，6 号槽铁的转化率 $Fe^{3+} : Fe^{2+} = 99.5$。在线监测各槽的 pH 值、温度、氧化电位和矿浆浓度，较少用硫酸或石灰调节矿浆 pH 值，常采用调节稀释槽矿浆浓度的方法调节各槽的 pH 值、温度、氧化电位和矿浆浓度。6 号槽出来的浸后矿浆送浓密机脱水，浓密底流经压滤脱除酸性水，滤饼送中和浆化至 pH 值为 10 后送树脂矿浆氰化提金。浓密和压滤所得的酸性水一部分返稀释槽稀释矿浆，大部分送中和作业中和至 pH 值为 6.5 后外排至渣场堆存。浮选金精矿含硫约 30%，细菌氧化酸浸后压滤滤饼含硫约 3%。由于金精矿细菌氧化分解的经营成本高，2011 年该矿已改为浮选-精矿焙烧-氰化炭浆浸出-载金炭解吸、电积-熔炼-金锭流程。

例 5-2　澳大利亚 Youanmi 矿山于 1996 年建成世界首座中温细菌难氰化金矿生产厂。未细菌氧化处理的氰化浸出率仅 50%，细菌氧化处理后金的氰化浸出率为 90%~95%，银的氰化浸出率为 50%。该矿原矿含金 15.1g/t、银 2g/t、硫 7.5%、砷 1.0%、锑 0.1%。选矿厂处理量 620t/d，产出浮选金精矿 120t/d，金精矿含金 50~60g/t、硫 28%、砷 2.8%、铁 28%。浮选回收率为：金 88%~90%，硫 92%~97%，砷 82%~85%，铁 68%~72%，尾矿含金 1.4g/t。采用 7 个等容积的双层桨叶浸出槽，前 4 槽并联为第一级浸出，后 3 槽串联为第二级浸出，矿浆浓度为 18%，矿浆温度为 40~50℃，矿浆 pH 值为 1.5，浸出时间为 91h。细菌氧化浸出后，磁黄铁矿氧化率为 96%，黄铁矿氧化率为 30%，硫的总氧化率为 34%，每天硫的总氧化量为 11t。细菌氧化浸出后的矿浆经浓密脱水，底流进行 4 级逆流洗涤，然后送炭浆氰化提金。氰化浸出矿浆浓度为 43%，浸出时间为 38h，吸附时间为 19h。氰化钠耗量为每吨精矿 7.5kg，石灰耗量为每吨精矿 22kg。金的氰化浸出率为 90%~95%，银的氰化浸出率为 50%。细菌氧化浸出矿浆浓密和洗涤产出的酸性水送中和作业，进行 4 级中和，每级停留时间为 1.5h，中和至 pH 值为 3.2~5.6 后外排至渣场堆存。

5.4 热压氧浸

5.4.1 热压氧浸原理

5.4.1.1 热压氧化酸浸

热压氧化酸浸包括金属硫化矿物的氧化分解和铁、砷离子的水解沉淀两个步骤。硫化矿物氧化分解反应可表示为：

$$FeS_2 + 14Fe^{3+} + 8H_2O \longrightarrow 2SO_4^{2-} + 15Fe^{2+} + 16H^+$$

$$FeS_2 + 2Fe^{3+} \longrightarrow 2S^0 + 3Fe^{2+}$$

$$FeAsS + 7Fe^{3+} + 4H_2O \longrightarrow AsO_4^{3-} + 8Fe^{2+} + 8H^+ + S^0$$

$$FeAsS + 13Fe^{3+} + 8H_2O \longrightarrow AsO_4^{3-} + 14Fe^{2+} + 16H^+ + SO_4^{2-}$$

$$2Fe^{2+} + \frac{1}{2}O_2 + 2H^+ \longrightarrow 2Fe^{3+} + H_2O$$

Fe^{3+} 为金属硫化矿物的氧化分解的氧化剂，Fe^{2+} 是氧的传递剂，对金属硫化矿物的氧化分解有促进作用。

低酸条件下，Fe^{3+} 水解生成水合氧化铁，也可产生成矾反应，生成碱式硫酸铁、水合氢黄钾铁矾（草铁矾）沉淀。其反应可表示为：

$$2Fe^{3+} + (3+n)H_2O \longrightarrow Fe_2O_3 \cdot nH_2O \downarrow + 6H^+$$

$$Fe^{3+} + SO_4^{2-} + H_2O \longrightarrow Fe(OH)SO_4 \downarrow + H^+$$

$$3Fe^{3+} + SO_4^{2-} + 7H_2O \longrightarrow (H_3O)Fe_3(SO_4)_3(OH)_6 \downarrow + 5H^+$$

含砷硫化矿物热压氧化分解生成的砷酸根，呈砷酸铁或臭葱石沉淀。其反应可表示为：

$$Fe^{3+} + AsO_4^{3-} \longrightarrow FeAsO_4 \downarrow$$

$$Fe^{3+} + AsO_4^{3-} + H_2O \longrightarrow FeAsO_4 \cdot H_2O \downarrow$$

上述反应表明，热压氧化酸浸含金的金属硫化矿物的浸渣中，主要为脉石矿物、铁氧化物、碱式硫酸铁、水合氢黄钾铁矾（草铁矾）沉淀。金属硫化矿物中的包体金全部被解离，金被完全裸露，易被氰化等方法浸出。

试验表明，砷黄铁矿（毒砂）的热压氧化分解速率比黄铁矿高，但不可能优先浸出砷黄铁矿（毒砂）。

5.4.1.2 热压氧化碱浸

热压氧化碱浸时，常采用氨介质。含金的金属硫化矿物中的黄铁矿和砷黄铁矿，被氧化生成铁氧化物和可溶性硫酸根及砷酸根。其反应可表示为：

$$2FeS_2 + 8OH^- + 7\frac{1}{2}O_2 \longrightarrow Fe_2O_3 \downarrow + 4SO_4^{2-} + 4H_2O$$

$$2FeAsS + 10OH^- + 7O_2 \longrightarrow Fe_2O_3 \downarrow + 2AsO_4^{3-} + 2SO_4^{2-} + 5H_2O$$

热压氧化碱浸时，浸渣中主要为脉石矿物和铁氧化物，硫酸根及砷酸根一般均进入浸出液中。

对难浸出的含金硫化矿或含金硫化矿物精矿而言，热压氧化酸浸是目前较广泛采用的有效的预处理工艺。

5.4.2 热压氧浸的主要工艺参数

5.4.2.1 温度

温度对热压氧浸反应产物组成的影响如图 5-2 所示。

从图 5-2 中曲线可知，160℃时浸出 1h，黄铁矿中的硫被氧化为硫酸根形态转入浸液中，只有总硫量的 10% 生成元素硫。随浸出温度的升高，浸出矿浆的酸度也随之提高，可获得较易澄清过滤的水合氧化铁沉淀。白铁矿比黄铁矿易分解，磁黄铁矿的分解规律与黄铁矿相似，但在 180℃时仍有 10% 的元素硫生成。

热压氧化酸浸温度一般为 170 ~ 225℃。

热压氧化氨浸的温度为 70 ~ 80℃，此时反应速度相当高，若再升高温度，将使氨的蒸气压急剧增大。

5.4.2.2 浸出时间

在氧压和浸出温度相同的条件下，热压氧化酸浸时，硫化矿物中硫的转化率随浸出时间的增加而增加（见图 5-3）。

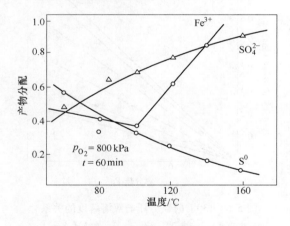

图 5-2 黄铁矿热压氧化时温度对
产物分配的影响

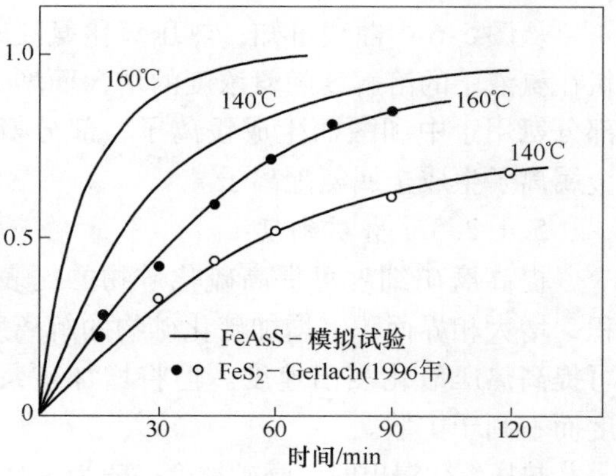

图 5-3 硫的转化率与反应温度和
反应时间的关系

热压氧化酸浸时间常为 1 ~ 4h。

5.4.2.3 氧分压

常温常压下，氧在水中的溶解度仅为 8.2mg/L，100℃时接近于零。在密闭容器中，氧在水中的溶解度随温度和压力而变化，其关系如图 5-4 和图 5-5 所示。

从图 5-5 中曲线可知，温度一定时，氧在溶液中的溶解度随压力的增大而增大；当压力一定时，氧在溶液中的溶解度在 90 ~ 100℃时最低，然后随温度升高而增大，至 130 ~ 280℃时达最高值，而后随温度升高而急剧地降为零。

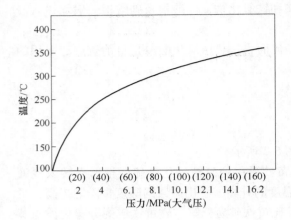

图 5-4　水的饱和蒸气压与温度的关系

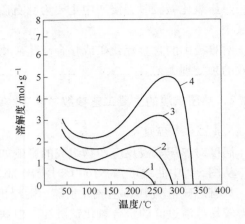

图 5-5　不同分压下氧在水中的溶解度与温度的关系
1—3.43MPa；2—6.87MPa；3—10.4MPa；4—13.44MPa

热压氧化酸浸的氧分压常为 0.35 ~ 1.0MPa（总压为 2.0 ~ 4.0MPa），浸出温度为 170 ~ 225℃。

5.4.2.4　溶剂浓度

热压氧化氨浸时，溶剂浓度的影响如图 5-6 所示。

从图 5-6 中曲线可知，热压氧化氨浸时，氧在氨液中的溶解度随氨浓度的增大而增大。部分氨用于中和酸而生成铵离子，部分氨与金属离子生成金属氨配离子。

5.4.2.5　磨矿细度

提高磨矿细度可提高硫化矿物的比表面积，增大相界面积，增加硫化矿物的解离度，可提高热压氧化浸出速度。但将增加矿浆黏度而不利于扩散。

热压氧化浸出时，磨矿细度一般为 -41μm（-360 目）80% ~ 95%。

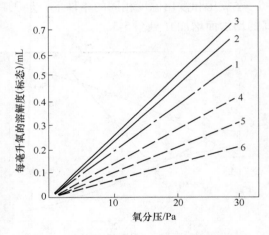

图 5-6　130℃时氧分压与氧溶解度的关系
1—蒸馏水；2—含 NH₃ 38g/L；3—含 NH₃ 83g/L；
4—含 (NH₄)₂SO₄ 100g/L；5—含 (NH₄)₂SO₄ 200g/L；
6—含 (NH₄)₂SO₄ 300g/L

5.4.3　热压氧化浸出流程

5.4.3.1　原则流程

难浸含金矿物原料的热压氧化浸出原则流程如图 5-7 所示。

难浸浮选金精矿经再磨、浓密脱水后的高浓度矿浆泵入高压釜中进行热压氧化酸浸出，加水控制温度。高压釜出料用闪蒸法冷却。冷却后的矿浆用浓密机进行固液分离，溢流中含有已溶的砷、铁、硫酸盐和部分酸，送石灰中和，使砷、金属离子及硫酸根呈砷酸盐、氢氧化物、水合氧化物和石膏沉淀。浓密机底流经洗涤用石灰中和调整 pH 值后送氰化提金。中和段的沉淀物和氰化提金尾矿一起排尾矿库堆存。尾矿回水可返至中和作业，

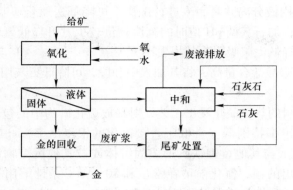

图 5-7　难浸含金矿物原料的热压氧化浸出原则流程

中和后的清水可排入江河中。

此流程虽简单易行，但局限性大。

5.4.3.2　难浸含金矿物原料的热压氧化浸出流程

难浸含金矿物原料的热压氧化浸出流程如图 5-8 所示。

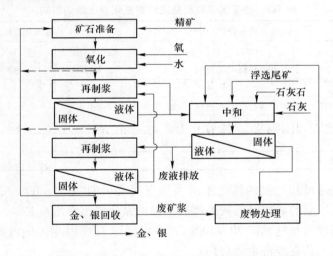

图 5-8　难浸含金矿物原料的热压氧化浸出流程

该流程的特点为：

（1）有多种已浸物料的返回方案，有利于提高金精矿的浸出矿浆浓度，可使元素硫有效悬浮和分散，可促使硫氧化，降低元素硫的有害影响。

（2）若金精矿中碳酸盐含量高，返回部分高压釜闪蒸罐出料矿浆或返回部分洗涤浓密机底流较理想。将其返至预处理作业可促使碳酸盐矿物分解和提高进入高压釜矿浆的酸度。碳酸盐矿物分解愈完全，酸浸时的惰性气体含量愈低，可提高酸浸时的氧分压。可有效利用就地生成的硫酸，保证矿浆中有足够的硫酸，可提高热压氧化浸出速度。

（3）返回部分已浸物料，可使部分生成的高价铁盐返至氧浸段，可提高热压氧浸速度。

（4）返回部分已浸矿浆溢流至准备作业，可降低中和段的石灰用量。

（5）已浸矿浆经固液分离并对底流进行洗涤，可降低送氰化矿浆中的可溶性铝、铁、镁及耗氰物质的含量，加石灰调 pH 值时的沉淀物量较少，可降低氰化矿浆的黏度和减少活性炭中毒趋势，可降低泥浆吸附金的损失率。

（6）若浮选尾矿碳酸盐含量高，将其加入中和段，可降低石灰用量和改善沉淀物的脱水性能。

难浸含金矿物原料的热压氧化浸出工艺，对释放硫化矿物中的包体金特别有效，但热压氧浸后的银氰化浸出率特别低（常低于直接氰化的银浸出率）。其原因是热压氧浸时，银沉淀为银-黄钾铁矾或与其他黄钾铁矾形成固溶体或被其他沉淀物混合吸附。为了释放因热压氧浸变得难浸出的银，氰化前可在常压和 80~95℃ 条件下用石灰处理热压氧浸矿浆，使含氧化铁的硫酸盐转变为氢氧化铁和石膏。其反应可表示为：

$$Fe(OH)(SO_4)_2 + 2Ca(OH)_2 \longrightarrow Fe(OH)_3 \downarrow + 2CaSO_4 \cdot 2H_2O \downarrow$$

$$2KFe_3(SO_4)_2 \cdot (OH)_6 + 3Ca(OH)_2 + 6H_2O \longrightarrow 6Fe(OH)_3 \downarrow + K_2SO_4 + 3CaSO_4 \cdot 2H_2O \downarrow$$

$$2AgFe_3(SO_4)_2 \cdot (OH)_6 + 4Ca(OH)_2 + 7H_2O \longrightarrow 6Fe(OH)_3 \downarrow + Ag_2O + 4CaSO_4 \cdot 2H_2O \downarrow$$

几种精矿和矿石用上述方法处理的结果列于表 5-2 中。

表 5-2　热压氧浸和后处理对银氰化浸出率的影响

序　号	组成（质量分数）			银氰化浸出率/%		
	As/%	S/%	Ag/g·t^{-1}	未热压氧浸	已热压氧浸	热压氧浸后处理
1	8.79	22.6	51.3	46	8	82
2	0.22	32.6	149	54	9	99
3	3.07	44.3	126	64	<5	98
4	4.64	16.5	19.5	—	<5	91
5	0.10	7.8	41.5	26	<5	89
6	<0.1	4.8	25.5	61	<5	90

从表 5-2 中数据可知，银的氰化浸出率从直接浸出的 26%~60% 降至热压氧浸后的 10% 以下。热压氧浸后的矿浆经石灰处理后，银的氰化浸出率增至 82%~99%。石灰处理时须加温，石灰用量为每吨精矿 20~100kg，一般搅拌 2h。因此，只当难浸物料中的银含量较高时，采用此工艺在经济上才合理。

热压氧化预处理后，不仅可用氰化法从洗涤后的浓密机底流中提金，而且可不经石灰调矿浆 pH 值和添加氧化剂而直接进行硫脲提金。硫脲提金时，可添加二氧化硫控制矿浆还原电位，以降低硫脲耗量。与氰化提金比较，硫脲提金的优点为：

（1）浸出速率高，设备容积小。

（2）可省去多次洗涤、中和作业，可降低矿浆黏度和石灰用量。

（3）可防止消耗氰化物的副反应。

5.4.4　热压氧化浸出实践

5.4.4.1　概述

热压氧化浸出已被多个矿山应用。该工艺的主要优点为：

（1）金的解离度高，后续浸出作业金回收率高。

（2）对原料（原矿或精矿）中的硫、砷含量波动适应性强，硫、砷转化率高。

（3）预处理料浆经浓密、压滤和洗涤后可直接送提金银作业。

（4）热压氧化浸出的浸出速率高，浸出时间短，设备容积小。

（5）经营费用较低。

热压氧化浸出工艺的主要缺点是其基建投资较大。

热压氧化浸出工艺的常用工艺参数为：温度为 180 ~ 220℃，压力（总压）为 2 ~ 4MPa，氧化浸出时间为 0.5 ~ 4h，再磨细度为 – 0.037mm 占 80% ~ 95%。

5.4.4.2 生产实例

例 5-3 加拿大 Porgera 金矿为火山岩侵入体与沉积岩混合矿石，主要金属矿物为黄铁矿，含少量闪锌矿和方铅矿，大部分金呈亚微粒形态分布于黄铁矿中。接近地表的上部矿石金的氰化浸出率可达 80%；深部矿石金的氰化浸出率仅为 10%；金的平均氰化浸出率为 40%，属极难处理的金矿石。

该矿采用浮选—热压氧化浸出—炭浆氰化提金的工艺流程。浮选产出低品位含金黄铁矿精矿，再磨至 – 0.037mm 占 80%。经浓密脱水后，底流泵入精矿搅拌贮槽（4 个 ϕ16m × 16m 的碳钢搅拌槽，动力为 75kW），可保证高压釜 60h 的供料和硫含量稳定。混合料泵入 3 个串联的碳酸盐浸出槽（ϕ8m × 8m 的搅拌槽，动力为 30kW），部分高压釜浸出后的热矿浆返回碳酸盐浸出槽，以保持高压釜浸出的热平衡。碳酸盐浸出逸出二氧化碳气体，减少了高压釜中的惰性气体量，有利于提高热压氧化浸出时的氧分压和利用率。碳酸盐浸出槽出来的矿浆泵入高压釜供料贮槽（2 个 ϕ8m × 8m 的搅拌槽，动力为 30kW），每个槽可保证 2 个高压釜 3h 的供料。3 个高压釜用于处理含金黄铁矿精矿，高压釜内直径为 3.75m，长 27m，内装 7 个钛搅拌器，每个搅拌器的动力为 110kW。高压釜外壳为碳钢，内衬铅和耐酸砖。釜内操作压力为 1.8MPa，操作温度为 190℃。高压釜分为 5 个隔室，其中第 1 室的容积为其余 4 个室总容积的 3 倍，以确保第 1 室的硫转化率高，使矿浆温度达到操作温度。每个高压釜的总有效容积为 160m³，总浸出时间为 3h。高压釜进料采用高精度的高压隔膜泵。高压釜卸料通过节流阀进入闪蒸槽（ϕ3.5m × 10.5m），在槽内生成蒸气，释放热量，矿浆温度降至 95℃。闪蒸槽出来的矿浆进入不锈钢搅拌贮槽（ϕ13m × 13m，动力 30kW），槽内矿浆部分返回作高压釜进料，其余送后续的洗涤和中和作业。洗涤采用 3 个逆流洗涤浓密机，每个高效浓密机的直径为 35m，不锈钢结构。洗涤比为 15∶1，99% 以上的酸和溶液中的贱金属离子进入 1 号浓密机溢流，3 号浓密机底流送后续氰化提金作业。洗涤浓密机中的矿浆温度为 15 ~ 30℃。1 号浓密机溢流与 CIP 作业的尾浆一起送入管式反应器（ϕ550mm × 25m 的不锈钢管），进入反应器前加入硫化钠以沉淀汞离子。管式反应器出来的矿浆进入 3 个串联的中和槽和 2 个沉淀槽（ϕ13m × 13m 的搅拌槽，动力 55kW），CIP 尾矿、浮选尾矿和石灰浆作中和剂。洗涤后的热压氧浸矿浆泵入氰化-CIP 体系。氧化浸出矿浆中加入石灰可使矿浆黏度大幅度增加，氰化浸出前将矿浆稀释至 20% ~ 25% 的浓度。送入 6 个串联搅拌槽进行氰化浸出（ϕ8.7m × 6.8m），每槽浸出 1.5h。氰化浸出后的矿浆送入 2 个浓密机（ϕ15m）进行固液分离，含金高的溢流进入两套 5 个串联炭柱吸附金，吸后液返回浓密机的气液分离槽。炭柱吸附可回收 75% 的金和银。浓密机底流泵入 9 个串联的炭浆氰化（CIP）搅拌槽（ϕ7.4m × 5.7m，搅拌动力 15kW），级间装 1.2m × 2.4m 的淹没式级间筛，矿浆在每槽的停留时间约 1h，氰化浸出和

CIP 系统的总停留时间为 18h。载金炭送解吸、电积和精炼车间。金的总回收率因矿石类型而异，一般为 83% ~ 94%。

例 5-4　美国加利福尼亚州 Homestake 采矿公司 Mclaughlin 选金厂于 1985 年建成热压氧浸法预处理难氰化的含金硫化矿石生产厂，设计能力 2700t/d，金回收率为 90%。采用 3 个卧式高压釜（φ4.2m × 16m），1986 年第一季度实际处理量为 2900t/d，金回收率为 92%。

5.5　水溶液氯化浸出

5.5.1　水溶液氯化浸出原理

水溶液氯化浸出是以氯气、电解碱金属盐（如 NaCl）溶液析出的氯气、漂白粉加硫酸生成的氯气为浸出剂，浸出硫化矿物、氧化有机碳，使石墨类活性炭性质的碳物质钝化及浸出金银。Cl^--H_2O 系的简单 ε-pH 图如图 5-9 所示。

从图 5-9 中曲线可知，Cl^- 在整个 pH 值范围内均稳定；$Cl_2(ag)$ 的稳定区很小，仅存在于低 pH 值区域；$Cl_2(ag)$ 在碱性介质中将转变为次氯酸、氯酸和高氯酸。溶解氯、次氯酸、氯酸和高氯酸均为强氧化剂，可将水氧化而析出氧气，可氧化分解氯化物而析出氯气，可氧化分解金属硫化矿物、氧化有机碳，使石墨类活性炭性质的碳物质钝化及浸出金银。

碳质金矿中的碳物质主要有三种类型：固体（元素）碳、高分子碳氢化合物的混合物及与腐殖酸类似的有机酸，后两种称为有机碳，第一种

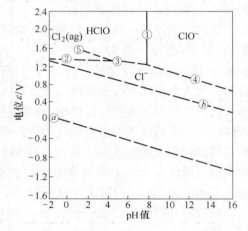

图 5-9　Cl^--H_2O 系的简单 ε-pH 图

称为无机碳。矿石中的碳，一般认为是热液活动期带入的少量有机质（包括碳氢化合物）的结果。在一些微细浸染型和变质岩型金矿床中，碳质物是主要载金矿物之一。

5.5.2　水溶液氯化浸出工艺

美国卡琳地区 Jerrit Gayon 金矿中的金，大部分以亚显微粒度存在于碳质物中；我国板其金矿的碳质单矿物中含金 53.6g/t；其他金矿的碳质物中含金 27.32g/t；弋塘金矿的碳质物中的包体金占包体金总量的 46.5%，个别矿样碳质物含金大于 100g/t。多数难直接氰化的金矿中，碳质物含金较少，大部分金与黄铁矿、砷黄铁矿等硫化矿物紧密共生。含金矿物原料氰化过程中，碳质物的有害作用为：碳质物为主要载金矿物之一，含金或含包体金；氰化过程中碳质物吸附已溶金，具有吸金作用。

碳质金矿的处理方法有两类：预先除去或氧化分解碳质物及使碳质物失去吸附已溶金的活性。后一类方法只能消除氰化过程中碳质物吸附已溶金的有害作用，不可能分解破坏矿物原料中的碳质物，不可能使碳质物中的包体金解离和裸露。

采用水溶液化学氧化法预处理碳质金矿物原料，可氧化有机碳，使石墨类活性炭性质

的碳质物钝化，是目前广泛用于处理碳质金矿原料的预处理方法。化学氧化法中，氯化氧化法可有效抑制碳质物的有害作用；氧化还原法（nitrox 或 arseno 法）能较有效消除碳质物的有害作用；热压氧化法仅能部分消除碳质物的有害作用。

水溶液氯化氧化法为目前处理碳质金矿原料非常有效的预处理方法。采用氯气或次氯酸作氧化剂，为使用较多的两种方法。

美国矿业局和卡琳金矿曾用氯气或次氯酸氧化破坏矿石中的碳质物，然后进行氰化提金，1972 年建成世界首座生产厂。将氯气直接喷入矿浆中，中强氧化剂的氯气可氧化消除或钝化碳质物的有害作用，并可有效氧化分解伴生的黄铁矿等硫化矿物，同时可浸出大部分金。因此，氯气氧化浸出后应加入还原剂，将已溶金还原沉淀，然后才送后续的氰化提金作业。此时金的氰化浸出率可达 83% ~90%，氯气消耗量为 12.7kg/t。

20 世纪 70 年代中后期，随矿石中硫含量的提高，该厂的氯气耗量和经营成本显著提高，预处理工艺改为双重氧化工艺。第一段在温度 90℃，压力 0.04 ~0.05MPa 的条件下采用空气氧化硫化矿物，第二段在 70 ~80℃条件下采用氯气氧化。双重氧化工艺可降低氯气消耗量。双重氧化后，金的氰化浸出率可达 90% ~93%。

双重氧化工艺成本高，设备磨损严重，从 1987 年起改用闪速氯气氧化新工艺。此新工艺改进了氯气喷入和混合装置，在 15 ~20min 短时间内可使氯气快速溶入矿浆中，延长了所生成的次氯酸与矿浆的作用时间，提高了氯气氧化效率。在闪速氯气氧化过程中，85% 的金在氯气氧化初期被浸出，须在氯气氧化后期将其还原沉淀。闪速氯气氧化后，矿石中的碳质物不影响沉淀金的氰化浸出。

水溶液氯化氧化法可使碳质物的吸金作用钝化的机理尚不全清楚。一般认为细粒碳质金矿中的碳质物的吸金作用，主要是一些隐晶型石墨具有与活性炭吸附金相似的晶体结构。水溶液氯化氧化过程中，氯气或次氯酸氧化了属于活性炭类和腐殖酸类碳质物上的吸金官能团，或氯置换了有机碳中的硫或以其他方式结合在有机碳上，从而钝化了碳质物对金氰配阴离子的吸附作用。

美国矿业局成功处理碳质金矿的另一方法，是将碳质金矿石破碎、磨细后送去进行电氯化处理，然后再进行氰化提金。这一工艺的生产成本比先氯气氧化后氰化提金的工艺低。

5.6 高价铁盐酸性溶液浸出

5.6.1 高价铁盐酸性溶液浸出原理

高价铁盐酸性溶液是金属硫化矿物的良好浸出剂。高价铁离子被还原的电化学方程为：

$$Fe^{3+} + e \rightarrow Fe^{2+} \qquad \varepsilon^{\ominus} = +0.771V$$

其平衡条件为：

$$\varepsilon = 0.771 + 0.0591 lg\alpha_{Fe^{3+}} - 0.0591 lg\alpha_{Fe^{2+}}$$

从其平衡式可知，高价铁离子的还原平衡电位随高价铁离子浓度的提高和亚铁离子浓度的降低而增大。高价铁离子浓度愈高，其平衡电位愈高，高价铁离子的氧化能力愈强；

高价铁离子浓度为某值，亚铁离子浓度愈低，平衡电位愈高，高价铁离子的氧化能力愈强。

高价铁盐酸性溶液分解金属硫化矿物的反应可表示为：

$$MeS + 8Fe^{3+} + 4H_2O \longrightarrow Me^{2+} + 8Fe^{2+} + SO_4^{2-} + 8H^+$$

$$MeS + 2Fe^{3+} \longrightarrow Me^{2+} + 2Fe^{2+} + S^0$$

高价铁盐酸性溶液分解金属硫化矿物时，可采用调节溶液 pH 值和高价铁离子浓度的方法控制溶液的还原电位和反应产物。

5.6.2 高价铁盐浸出剂的再生

高价铁盐浸出剂的再生方法为：

（1）氧化法。采用充入空气或氯气的方法使亚铁离子氧化为高价铁离子，高价铁离子浓度达要求后再加酸调节溶液 pH 值后可返回浸出作业使用。

（2）电解法。采用隔膜电解法，电解时的电极反应为：

阳极反应：

$$2Cl^- - 2e \longrightarrow Cl_2 \qquad\qquad \varepsilon^{\ominus} = + 1.395V$$

$$Fe^{2+} - e \longrightarrow Fe^{3+} \qquad\qquad \varepsilon^{\ominus} = + 0.771V$$

阴极反应：

$$FeCl_2 + 2e \longrightarrow Fe^0 + 2Cl^- \qquad \varepsilon^{\ominus} = - 0.44V$$

$$2HCl + 2e \longrightarrow H_2 \uparrow + 2Cl^- \qquad \varepsilon^{\ominus} = 0.00V$$

从标准电位可知，阳极反应主要为亚铁离子氧化为高价铁离子，而氯离子的氧化速度很慢，但生成的新生态氯具有极强的氧化能力，可将亚铁离子氧化为高价铁离子。

当阴极液为氯化亚铁溶液时，阴极反应主要为亚铁离子还原为金属铁的反应。当阴极液为稀盐酸溶液，不充入氯化亚铁溶液时，阴极反应主要为析氢反应。

某厂采用电解法再生氯化铁的工艺参数为：阴极液为稀盐酸溶液，pH 值为 1.5～2.0；阳极液为氯化亚铁溶液，含 Fe^{2+} 130～150g/L，pH 值为 1.5～2.0，终点时阳极液中 Fe^{2+} 含量降至 10g/L，液温小于 65℃，槽压为 5～7V。再生后的氯化铁溶液返至浸出作业循环使用。

当亚铁离子量不足时，可采用稀盐酸溶解铁屑的方法进行补充；当亚铁离子量过多时，可将部分循环液进行石灰中和，以除去多余的铁离子。

（3）软锰矿法。软锰矿粉为中强氧化剂，可将亚铁离子氧化为高价铁离子。再生时将软锰矿粉按一定比例加入氯化亚铁溶液中，搅拌一定时间，高价铁离子浓度达要求后，再加酸调节溶液 pH 值后可返回浸出作业使用。

高价铁盐酸性溶液分解含金金属硫化矿物的主要优点为：（1）浸出速率高，浸出时间常为 2～3h；（2）常压常温，矿浆浓度影响小，对矿石无特殊要求；（3）全部金和绝大部分银均留在浸渣中；（4）流程简短，易操作，经营成本低；（5）浸出剂易再生回收，环境效益高。

5.7 热浓硫酸焙烧-水（稀酸）浸出

热浓硫酸为强氧化剂，热浓硫酸焙烧可将大部分金属硫化矿物氧化为相应的硫酸盐。

其反应为:

$$MeS + 2H_2SO_4 \xrightarrow{\text{加热}} MeSO_4 + SO_2 + S^0 + 2H_2O$$

用水（稀酸）浸出硫酸化渣，铜、铁等金属离子进入浸液中，浸渣主要为金、银、脉石、铁氧化物和砷酸盐等。

含金金属硫化矿经浮选得含金黄铁矿精矿，脱水、干燥得精矿粉。干精矿粉与矿重15%～25%的浓硫酸（随矿石硫及碳酸盐含量而异）混匀，用螺旋给料机给入转筒式焙烧窑中，在窑内压力为0.1MPa，温度为180～220℃条件下焙烧1.5～2.0h。焙砂经水淬、磨矿、分级，分级溢流经浓密脱水，底流石灰中和至pH值为10后送氰化提金。焙烧烟尘经除尘和洗涤后排空。

6　氰　化　提　金

6.1　概述

19世纪以前，提取金、银主要采用手选和重选法预先富集，然后采用混汞法产出金、银。

1887～1888年，麦克阿瑟、福雷斯特兄弟取得氰化物溶解金、银和用锌屑置换沉析金、银的专利。1889年新西兰Crown金矿建成世界首座氰化厂。在此基础上，经多年的生产工艺改进和设备不断完善，使原有的重选法预先富集-混汞流程改变为破碎、闭路磨矿、螺旋和旋流器分级、矿浆浓缩、氰化浸出、固液分离洗涤、锌粉置换等回收金、银的典型工艺流程。同时对氰化厂的设备进行革新，研制了分级机、搅拌浸出槽、浓密机、连续真空过滤机、空气搅拌浸出槽、鼓风机等一系列先进设备，一直沿用至今。由于浮选法的发展，使金含量低的含金硫化矿的处理成为可能，且经济合理，逐渐形成至今仍占主流的逆流倾析（CCD）洗涤-锌置换提金工艺。

近一个多世纪以来，氰化提金法获得了迅速的发展，目前仍是国内外广泛采用的提取金、银的主要方法。

目前，氰化提金法可分为：渗滤氰化法、常规搅拌氰化法、炭浆氰化法、炭浸氰化法、磁炭矿浆氰化法、交换树脂矿浆氰化法等。

6.2　氰化提金原理

6.2.1　氰化浸出金银的热力学

根据H. A. 卡柯夫斯基的研究，金银氰化浸出的热力学可表示为：

$$2Au + 4CN^- - 2e \longrightarrow 2Au(CN)_2^-$$

$$\Delta G^\ominus = -104.83kJ$$

$$H_2O + \frac{1}{2}O_2(g) \longrightarrow 2OH^-$$

$$\Delta G^\ominus = -77.358kJ$$

$$\frac{1}{2}O_2(aq) \longrightarrow \frac{1}{2}O_2(g)$$

$$\Delta G^\ominus = -8.255kJ$$

$$2Au + 4CN^- + H_2O + \frac{1}{2}O_2(aq) \longrightarrow 2Au(CN)_2^- + 2OH^-$$

$$\Delta G^{\ominus} = -190.443\text{kJ}$$

$$K = 2.3 \times 10^{33}$$

$$2\text{Ag} + 4\text{CN}^- + \text{H}_2\text{O} + \frac{1}{2}\text{O}_2(\text{aq}) \longrightarrow 2\text{Ag}(\text{CN})_2^- + 2\text{OH}^-$$

$$\Delta G^{\ominus} = -168.184\text{kJ}$$

$$K = 2.9 \times 10^{29}$$

氰化浸出金银所得含金银的溶液称为贵液，常用锌置换法从中回收金银。熔炼锌置换所得金泥可得合质金（金银合金）。实际生产中，氰根浓度一般为 0.03% ~ 0.25%，若以 0.05% 计算，相当于 10^{-2}mol/L，贵液中金银的浓度分别为 2g/m^3 和 20g/m^3，相当于 $\alpha_{\text{Au}} = 10^{-5}\text{mol/L}$，$\alpha_{\text{Ag}} = 10^{-4}\text{mol/L}$。氰化浸出时，相关的电化学方程和平衡条件为：

$$\text{Au}^+ + e \longrightarrow \text{Au}$$

$$\varepsilon = 1.68 + 0.0591\ \lg\alpha_{\text{Au}^+}$$

$$\text{Au}^+ + 2\text{CN}^- \longrightarrow \text{Au}(\text{CN})_2^-$$

$$\text{pCN} = 19 + 0.5\ \lg\alpha_{\text{Au}^+} - 0.5\ \lg\alpha_{\text{Au}(\text{CN})_2^-}$$

$$\text{Au}(\text{CN})_2^- + e \longrightarrow \text{Au} + 2\text{CN}^-$$

$$\varepsilon = -0.64 + 0.0591\ \lg\alpha_{\text{Au}(\text{CN})_2^-} + 0.118\text{pCN}$$

$$\text{Ag}^+ + e \longrightarrow \text{Ag}$$

$$\varepsilon = 0.8 + 0.0591\ \lg\alpha_{\text{Ag}^+}$$

$$\text{Ag}^+ + 2\text{CN}^- \longrightarrow \text{Ag}(\text{CN})_2^-$$

$$\text{pCN} = 9.4 + 0.5\ \lg\alpha_{\text{Ag}^+} - 0.5\ \lg\alpha_{\text{Ag}(\text{CN})_2^-}$$

$$\text{Ag}(\text{CN})_2^- + e \longrightarrow \text{Ag} + 2\text{CN}^-$$

$$\varepsilon = -0.31 + 0.0591\ \lg\alpha_{\text{Ag}(\text{CN})_2^-} + 0.118\text{pCN}$$

$$\text{H}^+ + \text{CN}^- \longrightarrow \text{HCN}$$

$$\text{pCN} + \text{pH} = 9.4 - \lg\alpha_{\text{HCN}}$$

$$A = \alpha_{\text{HCN}} + \alpha_{\text{CN}^-}$$

$$\text{pH} + \text{pCN} = 9.4 + \lg 4 + \lg(1 + 10^{\text{pH}-9.4})$$

$$Zn^{2+} + 2e \longrightarrow Zn$$

$$\varepsilon = -0.76 + 0.0259 \lg\alpha_{Zn^{2+}}$$

$$Zn(CN)_4^{2-} \longrightarrow Zn^{2+} + 4CN^-$$

$$pCN = 4.2 + 0.25 \lg\alpha_{Zn^{2+}} - 0.25 \lg\alpha_{Zn(CN)_4^{2-}}$$

$$Zn(CN)_4^{2-} + 2e \longrightarrow Zn + 4CN^-$$

$$\varepsilon = 1.26 + 0.0259 \lg\alpha_{Zn(CN)_4^{2-}} + 0.118pCN$$

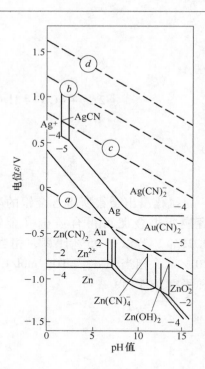

图 6-1　氰化浸出金银的 ε-pH 图

根据上述反应式和平衡式，在给定条件为：$[CN^-]_{总} = 10^{-2}\,mol/L$、$\alpha_{Au^+} = 10^{-5}\,mol/L$、$\alpha_{Ag^+} = 10^{-4}\,mol/L$、$\alpha_{Zn^+} = 10^{-4}\,mol/L$，$T = 298K$，$p_{O_2} = p_{H_2} = 0.1MPa$（1atm）。可以计算上 ε_T、及 pH 值和 pCN 值，根据计算结果绘制的 ε-pH 图如图 6-1 所示。

图 6-1 的横坐标代表 pH 值或 pCN 值，其对应关系的计算式为：

$$pH + pCN = 9.4 + \lg A + \lg(1 + 10^{pH-9.4})$$

$$A = [CN^-]_{总} = \alpha_{CN^-} + \alpha_{HCN} = 10^{-2}\,mol/L$$

化简得：

$$pCN = 11.4 + \lg(1 + 10^{pH-9.4}) - pH$$

据上式计算得的结果列于表 6-1 中。

表 6-1　pH 与 pCN 的对应值

pH 值	0	2	4	6	8	9.4	10 ~ 14
pCN 值	11.4	9.4	7.4	5.4	3.4	2.3	2.1 ~ 2.0

图 6-1 中还绘制了 a、b、c、d 四条平衡线，其对应的电化学方程和平衡条件为：

$$2H^+ + 2e \longrightarrow H_2$$

$$\varepsilon_{H^+/H_2} = -0.0591pH - 0.0295\lg p_{H_2} \qquad\qquad a$$

当 $p_{H_2} = 0.1MPa$ 时

$$\varepsilon_{H^+/H_2} = -0.0591pH$$

$$O_2 + 4H^+ + 4e \longrightarrow 2H_2O$$

$$\varepsilon_{O_2/H_2O} = 1.229 - 0.0591pH + 0.0148\lg p_{O_2} \qquad\qquad b$$

当 $p_{O_2} = 0.1MPa$ 时

$$\varepsilon_{O_2/H_2O} = 1.229 - 0.0591pH$$

$$O_2 + 2H^+ + 2e \longrightarrow H_2O_2$$

$$\varepsilon_{O_2/H_2O_2} = 0.68 - 0.0591pH - 0.0295\lg\alpha_{H_2O_2} + 0.0295\lg p_{O_2} \qquad\qquad c$$

当 $\alpha_{H_2O_2} = 10^{-5}$，$p_{O_2} = 0.1MPa$ 时

$$\varepsilon_{O_2/H_2O_2} = 0.83 - 0.0591pH$$

$$H_2O_2 + 2H^+ + 2e \longrightarrow 2H_2O$$

$$\varepsilon_{H_2O_2/H_2O} = 1.77 - 0.0591pH + 0.0295\lg\alpha_{H_2O_2} \qquad d$$

当 $\alpha_{H_2O_2} = 10^{-5}$ 时

$$\varepsilon_{H_2O_2/H_2O} = 1.62 - 0.0591pH$$

从图 6-1 中各平衡线的所在相对位置可知:

(1) 氰化物与金银生成的配阴离子的还原电位比游离金银离子的还原电位低得多。故氰化物是金银的良好浸出剂和配合剂。

(2) 氧线 b 位置高于金银氰化浸出平衡线,故氰化浸出液中的溶解氧足可使金银氧化而溶解于氰化液中,且释放出过氧化氢。

(3) 金银氰化浸出平衡线几乎均在水的稳定区内,故金银氰化物配阴离子在水溶液中是稳定的。

(4) 金的氰化浸出平衡线低于银的氰化浸出平衡线,故相同条件下,金比银更易被氰化物浸出溶解。

(5) 溶液 pH 值一定,生成金银配阴离子的平衡还原电位随其配阴离子浓度的降低而降低。

(6) 溶液 pH 值小于 9~10 时,生成金银配阴离子的平衡还原电位随 pH 值的升高而下降;当 pH 值大于 9~10 时,生成金银配阴离子的平衡还原电位几乎不变。

(7) 金银氰化浸出与溶解氧的还原组成原电池,其电动势为其平衡线间的垂直距离,此距离在 pH 值为 9~10 时最大,故生产中以石灰为保护碱以维持矿浆 pH 值为 9~10,以获得较大的浸出推动力。

(8) 银的氰化平衡线在水的稳定区内,但金的氰化平衡线比银低,当金的氰化浸出平衡线低于氢线 a 的范围内可能析出氢气,但析出氢气的 pH 值范围较小。其反应为:

$$2Au + 4CN^- + 2H^+ \longrightarrow 2Au(CN)_2^- + H_2\uparrow$$

(9) 金银氰化浸出时,若采用过强的氧化剂,可将氰根氧化为氰氧根,增加氰化物耗量。其反应为:

$$CN^- + H_2O_2 \longrightarrow CNO^- + H_2O$$

综上所述,金氰化浸出的化学反应方程可表示为:

$$2Au + 4CN^- + O_2 + 2H_2O \longrightarrow 2Au(CN)_2^- + H_2O_2 + 2OH^- \tag{6-1}$$

$$2Au(CN)_2^- + 4CN^- + H_2O_2 \longrightarrow 2Au(CN)_2^- + 2OH^- \tag{6-2}$$

其综合式为:

$$4Au + 8CN^- + O_2 + 2H_2O \longrightarrow 4Au(CN)_2^- + 4OH^- \tag{6-3}$$

银氰化浸出的化学反应方程可表示为:

$$4Ag + 8CN^- + O_2 + 2H_2O \longrightarrow 4Ag(CN)_2^- + 4OH^-$$

试验证实,每浸出 2mol 的金便消耗 1mol 的氧;每浸出 1mol 的金便消耗 2mol 的氰化物;每浸出 2mol 的金便产出 1mol 的过氧化氢。而且证实,式 (6-2) 的反应非常缓慢,金银氰化浸出几乎全按式 (6-1) 进行。

6.2.2　氰化浸出金银的动力学

一般认为氰化浸出金银的过程为金属腐蚀过程。由于金粒表面不均匀或存在缺陷，表面各点活性不同。氰化浸出时，从金表面的阳极区失去电子而进入溶液中，此时溶液中的氧则从金表面的阴极区获得电子而被还原为过氧化氢。金的电化学浸出机理如图 6-2 所示。

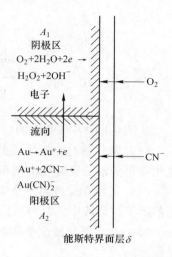

图6-2　金的电化学浸出机理图

金的电化学浸出过程中，化学反应速度较快，其浸出速度受扩散过程控制，金的氰化浸出速度主要取决于溶液中氧和氰根的扩散速度。

阳极区和阴极区的反应分别为：

阳极区：

$$Au \longrightarrow Au^+ + e$$

$$Au^+ + 2CN^- \longrightarrow Au(CN)_2^-$$

阴极区：

$$O_2 + 2H_2O + 2e \longrightarrow H_2O_2 + 2OH^-$$

根据菲克定律：

阳极区：
$$\frac{d[CN^-]}{dt} = \frac{D_{CN^-}}{\delta} \cdot A_2 \{[CN^-] - [CN^-]_i\}$$

阴极区：
$$\frac{d[O_2]}{dt} = \frac{D_{O_2}}{\delta} \cdot A_1 \{[O_2] - [O_2]_i\}$$

式中　$d[CN^-]/dt$, $d[O_2]/dt$——氰根和溶解氧的扩散速度，mol/s；

$\qquad D_{CN^-}$, D_{O_2}——氰根和溶解氧的扩散系数，cm^2/s；

$\qquad [CN^-]$, $[O_2]$——溶液本体中氰根和溶解氧的浓度，mol/mL；

$\qquad [CN^-]_i$, $[O_2]_i$——金粒与溶液界面上氰根和溶解氧的浓度，mol/mL；

$\qquad A_1$, A_2——金粒表面阴极区的面积和阳极区的面积，cm^2；

$\qquad \delta$——能斯特层厚度，cm。

若金粒表面的化学反应速度很快，氰根和溶解氧一到达金粒表面即被消耗掉，即 $[CN^-]_i = 0$，$[O_2]_i = 0$，可得：

$$\frac{d[O_2]}{dt} = \frac{D_{O_2}}{\delta} A_1 [O_2]$$

$$\frac{d[CN^-]}{dt} = \frac{D_{CN^-}}{\delta} A_2 [CN^-]$$

由于金的氰化浸出速度为氧消耗速度的两倍，是氰化物消耗速度的1/2。因此，金的氰化浸出速度可表示为：

$$金的氧的氰化浸出速度 = 2\frac{d[O_2]}{dt} = 2\frac{D_{O_2}}{\delta} A_1 [O_2]$$

或

$$金的氰的氰化浸出速度 = \frac{1}{2} \cdot \frac{d[CN^-]}{dt} = \frac{1}{2} \cdot \frac{D_{CN^-}}{\delta} A_2 [CN^-]$$

反应达平衡时：

$$2\frac{D_{O_2}}{\delta} A_1 [O_2] = \frac{1}{2}\frac{D_{CN^-}}{\delta} A_2 [CN^-]$$

因为 $A_1 + A_2 = A$，所以，

$$金的氰化浸出速度 = \frac{2A \cdot D_{CN^-} \cdot D_{O_2} \cdot [CN^-] \cdot [O_2]}{\delta \{ D_{CN^-} [CN^-] + 4D_{O_2} [O_2] \}} \tag{6-4}$$

由式（6-4）可知，当氰化物浓度低时，式（6-4）可简化为：

$$金的氰化浸出速度 = \frac{1}{2} \cdot \frac{AD_{CN^-}}{\delta} [CN^-] = K_1 [CN^-] \tag{6-5}$$

式（6-5）表明，当氰化物浓度低时，金的氰化浸出速度仅取决于溶液中氰化物的浓度。同理，当氰化物浓度高时，式（6-4）分母中的第 2 项可忽略不计，此时可简化为：

$$金的氰化浸出速度 = 2\frac{AD_{O_2}}{\delta} [O_2] = K_2 [O_2] \tag{6-6}$$

式（6-6）表明，当氰化物浓度高时，金的氰化浸出速度仅取决于溶液中氧的浓度。

反应达平衡时：

$$金的氰化浸出速度 = \frac{1}{2} \cdot \frac{AD_{CN^-}}{\delta} [CN^-] = \frac{2AD_{O_2}}{\delta} [O_2] \tag{6-7}$$

整理后得：

$$D_{CN^-} \cdot [CN^-] = 4D_{O_2} \cdot [O_2]$$

$$\frac{[CN^-]}{[O_2]} = 4\frac{D_{O_2}}{D_{CN^-}} \tag{6-8}$$

即满足式（6-8）的条件，金的氰化浸出速度可达最大值。

氰根和溶解氧的扩散系数列于表 6-2 中。

表 6-2　氰根和溶解氧的扩散系数

温度/℃	KCN 质量分数/%	D_{CN^-}/cm^2 · s^{-1}	D_{O_2}/cm^2 · s^{-1}	D_{O_2}/D_{CN^-}
18	—	1.72×10^{-5}	2.54×10^{-5}	1.48
25	0.03	2.01×10^{-5}	3.54×10^{-5}	1.76
27	0.0175	1.75×10^{-5}	2.20×10^{-5}	1.26
平均值	—	1.83×10^{-5}	2.76×10^{-5}	1.50

从表 6-2 中查得氰根和溶解氧的扩散系数，将其代入式（6-8）可得：

$$\frac{[CN^-]}{[O_2]} = 4\frac{D_{O_2}}{D_{CN^-}} = 4 \times \frac{2.76 \times 10^{-5}}{1.83 \times 10^{-5}} = 4 \times 1.5 = 6$$

即氰化浸金时，氰根浓度与溶解氧的浓度比值为 6 时，金的氰化浸出速度达最大值。

不同氰根浓度与溶解氧浓度下的金银极限氰化浸出速度列于表6-3中。

表 6-3　不同氰根浓度与溶解氧浓度下的金银极限氰化浸出速度

金 属	温度/℃	氧压/Pa	$[O_2]/mol \cdot L^{-1}$	$[CN^-]/mol \cdot L^{-1}$	$[CN^-]/[O_2]$
金	25	101325	1.28×10^{-3}	6.0×10^{-3}	4.69
	25	21278	0.27×10^{-3}	1.3×10^{-3}	4.85
	35	101325	1.10×10^{-3}	5.1×10^{-3}	4.62
银	24	757911	9.55×10^{-3}	56.0×10^{-3}	5.85
	24	344505	4.35×10^{-3}	25.0×10^{-3}	5.75
	35	273577	2.96×10^{-3}	22.0×10^{-3}	7.40
	25	101325	1.28×10^{-3}	9.4×10^{-3}	7.35
	25	21278	0.27×10^{-3}	2.0×10^{-3}	7.40

从表6-3中数据可知,试验中当氰根浓度与溶解氧浓度比值为4.6~7.4时,金银的氰化浸出速度达最大值。理论推导值与试验值相当吻合。因此,氰化浸出金银过程中,单纯提高氰化物浓度或单纯提高溶解氧浓度均无法使金银的氰化浸出速度达最大值,只有同时分析和控制氰根浓度与溶解氧浓度,使两者物质的量浓度比值约等于6时,金银的氰化浸出速度才达最大值。

常压室温下,为空气所饱和的氰化液中含氧 8.2mg/L,即 0.26×10^{-3} mol/L,相应的适宜氰化物浓度为 $6 \times 0.26 \times 10^{-3} = 1.56 \times 10^{-3}$ mol/L,相当于 0.01% 的氰化钠溶液。

6.2.3　氰化浸出时伴生组分的行为

6.2.3.1　铁及铁矿物

含金矿物原料中的赤铁矿、磁铁矿、针铁矿、菱铁矿和硅酸铁等氧化铁矿物不与氰化物起作用,但硫化铁矿物及其氧化产物可与氰化物起作用,消耗氰化物。常见的硫化铁矿物为黄铁矿、白铁矿和磁黄铁矿等,其主要氧化产物为:FeS、$FeSO_4$、H_2SO_4、H_2SO_3、$Fe(OH)_2$、$Fe_2(SO_4)_3$ 和 S^0 等。它们与氰化物的主要反应为:

$$S^0 + NaCN \longrightarrow NaCNS$$

$$FeS_2 + NaCN \longrightarrow FeS + NaCNS$$

$$H_2SO_3 + 2NaCN \longrightarrow Na_2SO_3 + 2HCN$$

$$H_2SO_4 + 2NaCN \longrightarrow Na_2SO_4 + 2HCN$$

$$Fe(OH)_2 + 2NaCN \longrightarrow Fe(CN)_2 + 2NaOH$$

$$Fe(CN)_2 + 4NaCN \longrightarrow Na_4Fe(CN)_6$$

$$3Na_4Fe(CN)_6 + 2Fe_2(SO_4)_3 \longrightarrow Fe_4[Fe(CN)_6]_3 + 6Na_2SO_4$$

磁黄铁矿在空气和水的作用下,立即分解为硫酸、硫酸亚铁、碱式硫酸铁、碳酸亚铁和氢氧化铁等,它们均与氰化物起作用而消耗氰化物。磁黄铁矿还可直接与氰化物作用,生成硫氰酸盐和硫化铁。其反应为:

$$Fe_5S_6 + NaCN \longrightarrow NaCNS + 5FeS$$

$$FeS + 2O_2 \longrightarrow FeSO_4$$

$$FeSO_4 + 6NaCN \longrightarrow Na_4Fe(CN)_6 + Na_2SO_4$$

大部分黄铁矿在矿床中的氧化速度很慢，在矿石堆放、磨矿和氰化过程中也不易氧化，只有当矿浆中通入空气及与溶液长期接触时才被氧化分解，故黄铁矿对金银氰化浸出的有害影响较小。大部分白铁矿和磁黄铁矿（及部分黄铁矿）在矿石堆放、磨矿和氰化过程中易氧化分解，其中以磁黄铁矿氧化生成的硫酸盐最多，消耗氰化物和溶解氧最多，有害影响最大。当磁黄铁矿等易氧化的硫化铁矿物含量高时，氰化前可进行氧化焙烧、洗矿，使易氧化的硫化铁矿物先氧化，难氧化的硫化铁可预先进行碱浸，使亚铁离子转变为氢氧化物沉淀。氰化时添加少量氧化铅及铅盐，可部分消除磁黄铁矿的有害影响。

破碎、磨矿时，因设备磨损进入矿浆中的金属铁粉可达每吨矿石0.5～2kg，可缓慢与氰化物作用：

$$Fe + 6NaCN + 2H_2O \longrightarrow Na_4Fe(CN)_6 + 2NaOH + H_2 \uparrow$$

因此，磨矿后氰化前最好先除铁屑，然后再将氰化物加入矿浆中。

6.2.3.2 铜矿物

矿石中所含的金属铜、氧化铜、氧化亚铜、氢氧化铜、碱式碳酸铜和硫化铜等各种铜矿物均可与氰化物起作用生成铜氰配盐。其主要反应为：

$$2CuSO_4 + 4NaCN \longrightarrow Cu_2(CN)_2 + 2Na_2SO_4 + (CN)_2 \uparrow$$

$$Cu_2(CN)_2 + 4NaCN \longrightarrow 2Na_2Cu(CN)_3$$

$$2Cu(OH)_2 + 8NaCN \longrightarrow 2Na_2Cu(CN)_3 + 4NaOH + (CN)_2 \uparrow$$

$$2CuCO_3 + 8NaCN \longrightarrow 2Na_2Cu(CN)_3 + 2Na_2CO_3 + (CN)_2 \uparrow$$

$$2Cu_2S + 4NaCN + 2H_2O + O_2 \longrightarrow Cu_2(CN)_2 + Cu_2(CNS)_2 + 4NaOH$$

$$Cu_2(CNS)_2 + 6NaCN \longrightarrow 2Na_2Cu(CNS)(CN)_3$$

各种铜矿物在氰化物溶液中的浸出率列于表6-4中。

表6-4 各种铜矿物在氰化物溶液中的浸出率

铜矿物	分子式	铜浸出率/%	
		23℃	45℃
黄铜矿	$CuFeS_2$	5.6	8.2
硅孔雀石	$CuSiO_3$	11.8	15.7
黝铜矿	$4Cu_2S \cdot Sb_2S_3$	21.9	43.7
硫砷铜矿	$3CuS \cdot As_2S_3$	65.8	75.1
斑铜矿	$FeS \cdot 2Cu_2S \cdot CuS$	70.0	100.0
赤铜矿	Cu_2O	85.5	100.0
金属铜	Cu	90.0	100.0
辉铜矿	Cu_2S	90.2	100.0
孔雀石	$CuCO_3 \cdot Cu(OH)_2$	90.2	100.0
蓝铜矿	$2CuCO_3 \cdot Cu(OH)_2$	94.5	100.0

注：铜矿物粒度 -0.15mm 与 -0.15mm 石英砂配成含铜0.2%的试样，氰化钠浓度0.099%，浸出液固比为10:1，浸出24h。

从表 6-4 中数据可知，除黄铜矿和硅孔雀石的浸出率稍低外，其余铜矿物易被氰化物浸出，其浸出率随温度的提高而增大。

铜矿物中铜浸出率随氰化物浓度的降低而急剧降低。因此，生产中常采用低浓度的氰化物溶液浸出含铜的金矿物原料。若氰化前不除铜，氰化原料中的铜含量应小于 0.1%。

6.2.3.3　锌矿物

锌矿物在氰化物溶液中的浸出率列于表 6-5 中。

表 6-5　锌矿物在氰化物溶液中的浸出率

锌矿物	分子式	锌含量(质量分数)/%		锌浸出率/%
		原　矿	浸　渣	
闪锌矿	ZnS	1.36	1.11	18.4
硅锌矿	Zn_2SiO_4	1.22	1.06	13.1
水锌矿	$3ZnCO_3 \cdot 2H_2O$	1.36	0.78	35.1
异极矿	$H_2Zn_2SiO_5(Fe,Mn,Zn)O$	1.19	1.03	13.4
锌铁尖晶石	$(Zn,Mn)Fe_2O_4$	1.19	0.95	20.2
红锌矿	ZnO	1.22	0.79	35.2
菱锌矿	$ZnCO_3$	1.22	0.73	40.2

从表 6-5 数据可知，在氰化物溶液中，锌矿物的浸出率比铜矿物低，但当溶液中锌含量达 0.03%~0.1% 时，不仅消耗氰化物，且对氰化浸出金银有不良影响。

氧化锌矿物易被氰化浸出，其反应为：

$$ZnO + 4NaCN + H_2O \longrightarrow Na_2Zn(CN)_4 + 2NaOH$$

$$ZnCO_3 + 4NaCN \longrightarrow Na_2Zn(CN)_4 + Na_2CO_3$$

$$Zn_2SiO_4 + 8NaCN + H_2O \longrightarrow 2Na_2Zn(CN)_4 + Na_2SiO_3 + 2NaOH$$

未氧化的闪锌矿与氰化物作用较弱，其氰化浸出为可逆反应：

$$ZnS + 4NaCN \Longrightarrow Na_2Zn(CN)_4 + Na_2S$$

当无氧时，反应向右进行的程度与氰化物浓度成正比。硫化钠的氧化分解速度影响闪锌矿与氰化物的反应速度。硫化钠的氧化消耗氧和氰化物，对金银氰化有不良影响。其反应为：

$$Na_2S + H_2O \Longrightarrow NaHS + NaOH$$

$$2Na_2S + 2O_2 + H_2O \longrightarrow Na_2S_2O_3 + 2NaOH$$

$$2NaHS + 2O_2 \longrightarrow Na_2S_2O_3 + H_2O$$

$$2NaHS + 2NaCN + O_2 \longrightarrow 2NaCNS + 2NaOH$$

$$2Na_2S + 2NaCN + 2H_2O + O_2 \longrightarrow 2NaCNS + 4NaOH$$

6.2.3.4　砷、锑矿物

砷、锑矿物对金银氰化极为有害，一方面是砷、锑硫化矿物在碱性氰化液中分解消耗氧和氰化物；另一方面是砷、锑硫化矿物在碱性氰化液中分解生成的亚砷酸盐、硫代亚砷酸盐、亚锑酸盐、硫代亚锑酸盐等与金粒表面接触时，将生成相应的表面膜，阻碍金银氰化浸出。

含金矿石中砷常呈雌黄（As_2S_3）、雄黄（AsS）和毒砂（$FeAsS$）产出。雌黄和雄黄易溶于碱性氰化液中，其主要反应为：

$$2As_2S_3 + 6Ca(OH)_2 \longrightarrow Ca_3(AsO_3)_2 + Ca_3(AsS_3)_2 + 6H_2O$$

$$Ca_3(AsS_3)_2 + 6Ca(OH)_2 \longrightarrow Ca_3(AsO_3)_2 + 6CaS + 6H_2O$$

$$2CaS + 2O_2 + H_2O \longrightarrow CaS_2O_3 + Ca(OH)_2$$

$$2CaS + 2NaCN + 2H_2O + O_2 \longrightarrow 2NaCNS + Ca(OH)_2$$

$$Ca_3(AsS_3)_2 + 6NaCN + 3O_2 \longrightarrow 6NaCNS + Ca_3(AsO_3)_2$$

$$As_2S_3 + 3CaS \longrightarrow Ca_3(AsS_3)_2$$

$$6As_2S_2 + 3O_2 \longrightarrow 2As_2O_3 + 4As_2S_3$$

$$6As_2S_2 + 3O_2 + 18Ca(OH)_2 \longrightarrow 4Ca_3(AsO_3)_2 + 2Ca_3(AsS_3)_2 + 18H_2O$$

毒砂难溶于氰化液中，与黄铁矿相似，可被氧化为硫酸铁、氢氧化铁和三氧化二砷等产物。缺乏游离碱时，三氧化二砷可与氰化物起作用生成氢氰酸气体。其反应为：

$$As_2O_3 + 6NaCN + 3H_2O \longrightarrow 2Na_3AsO_3 + 6HCN\uparrow$$

含金矿石中的锑常为辉锑矿。辉锑矿虽不与氰化物起作用，但可溶于碱液中。在 pH 值为 12.3 ~ 12.5 的苛性钠溶液中，辉锑矿的溶解度最高，生成亚锑酸盐、硫代亚锑酸盐。其反应为：

$$Sb_2S_3 + 6NaOH \longrightarrow Na_3SbS_3 + Na_3SbO_3 + 3H_2O$$

$$2Na_3SbS_3 + 3NaCN + 3H_2O + 1\frac{1}{2}O_2 \longrightarrow Sb_2S_3 + 3NaCNS + 6NaOH$$

硫代亚锑酸盐氧化时消耗氰化物和溶解氧。生成的硫化锑沉积于金粒表面生成硫化锑膜。硫化锑膜可重新溶于碱液中，消耗氰化物和溶解氧，直至全部硫化锑氧化为氧化锑后，消耗氰化物和溶解氧的反应才会终止。

从上可知，砷、锑矿物对金银氰化极为有害，砷、锑含量高的矿石直接氰化的指标相当低，甚至氰化失效。因此，砷、锑含量高的矿石须进行预处理，除去砷、锑后再进行氰化提取金银。

6.2.3.5 汞、铅矿物

金属汞在氰化液中的溶解速度慢，对氰化提取金银有害影响较小，混汞尾矿可氰化提取金银。但汞化合物在氰化液中的溶解速度较大，消耗氰化物和溶解氧。其反应为：

$$HgO + 4NaCN + H_2O \longrightarrow Na_2Hg(CN)_4 + 2NaOH$$

$$2HgCl + 4NaCN \longrightarrow Hg + Na_2Hg(CN)_4 + 2NaCl$$

$$Hg + 4NaCl + H_2O + \frac{1}{2}O_2 \longrightarrow Na_2Hg(CN)_4 + 2NaOH$$

$$HgCl_2 + 4NaCN \longrightarrow Na_2Hg(CN)_4 + 2NaCl$$

金银可将汞从溶液中置换出来，沉积于金银表明形成汞齐。其反应为：

$$Hg(CN)_4^{2-} + 2Au \longrightarrow 2Au(CN)_2^- + Hg$$

$$Hg(CN)_4^{2-} + 2Ag \longrightarrow 2Ag(CN)_2^- + Hg$$

含金矿石中的铅常为方铅矿，纯的方铅矿与氰化液作用弱。但方铅矿与氰化液长期接触可生成硫氰化钠（$NaCNS$）和亚铅酸钠（Na_2PbO_2）。矿石中的白铅矿可溶于碱，生成亚铅酸钙。生成的亚铅酸盐对金银氰化有促进作用，使可溶性硫化物转变为不溶性沉淀，可消除可溶性硫化物对金银氰化的有害影响。因此，金银氰化浸出和锌置换沉积金时，加入适量的铅盐以消除铜、硫、砷、锑硫化物对金银氰化的有害影响。加铅盐的 pH 值为 9~10，可溶性硫化物多数在 pH 值大于 11 的条件下生成。

6.2.3.6　含碳矿物

含金矿石中吸附活性高的碳质物含量较高时，会吸附已溶金，使金损失于氰化尾矿中。

为了消除碳质物对金银氰化的有害影响，可采用加药掩蔽或预先脱碳的方法。氰化前预先脱碳的方法为：（1）用浮选等物理方法脱碳，脱出的碳质物含金高时，焙烧后可单独氰化；（2）氧化焙烧脱碳；（3）用次氯酸钠强氧化剂进行化学氧化脱碳，其工艺参数为：碱性介质，次氯酸钠 9kg/t，温度 50~60℃，搅拌 3~4h。加药掩蔽法常采用少量煤油、煤焦油或其他药剂，使碳质物失去吸附已溶金的活性。

6.2.4　金银氰化的主要工艺参数

6.2.4.1　氰化试剂及其浓度

A　氰化试剂

氰化试剂的选择主要取决于其对金银的浸出能力、化学稳定性和经济等因素。氰化试剂的浸出能力取决于单位质量试剂的含氰量。某些氰化试剂对金银的相对浸出能力列于表 6-6 中。

表 6-6　某些氰化试剂对金银的相对浸出能力

氰化试剂	分子式	相对分子质量	金属原子价	相同浸出能力的相对耗量	相对浸出能力	溶液化学稳定性次序
氰化铵	NH_4CN	44	1	44	147.7	3
氰化钠	$NaCN$	49	1	49	132.6	2
氰化钾	KCN	65	1	65	100.0	1
氰化钙	$Ca(CN)_2$	92	2	46	141.3	4
氰熔物	—			140	40.0	5

从表 6-6 数据可知，对金银的浸出能力次序为：氰化铵＞氰化钙＞氰化钠＞氰化钾＞氰熔物。含有二氧化碳空气中的化学稳定性次序为：氰化钾＞氰化钠＞氰化铵＞氰化钙＞氰熔物。价格次序为：氰化钾＞氰化钠＞氰化铵＞氰化钙＞氰熔物。氰化提金初期主要使用氰化钾，目前多数金选矿厂使用氰化钠。少数厂使用氰熔物，耗量为氰化钠的 2~2.5 倍，氰熔物是杂质含量较高的氰化钙，价廉易得。

B　矿浆中的氰化物质量浓度

矿浆中的氰化物质量浓度对金银浸出速度的影响如图6-3所示。

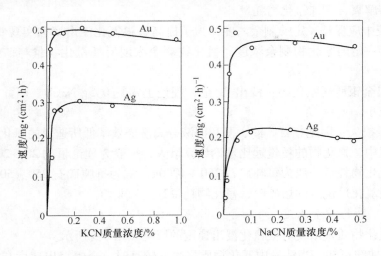

图6-3　氰化物质量浓度对金银氰化浸出速度的影响

从图6-3曲线可知，当矿浆中的氰化物质量浓度小于0.05%时，金银浸出率随氰化物质量浓度的升高呈直线上升，然后随氰化物质量浓度的升高而缓慢升至最高值，此时对应的氰化物质量浓度约0.15%。此后再增大氰化物质量浓度，金银浸出率反而有所下降。

低浓度氰化液中金银浸出率高的原因为：（1）低浓度氰化液中氧的溶解度较大；（2）此时氰根和氧的扩散速度较大；（3）此时贱金属浸出率低，氰化物耗量低。因此，金银浸出时，搅拌氰化的氰化物质量浓度一般为0.03%~0.1%，渗滤氰化的氰化物质量浓度一般为0.03%~0.2%。生产实践表明，常压条件下，氰化物质量浓度为0.05%~0.1%时，金的浸出速度最快。有时，氰化物质量浓度为0.02%~0.03%时，金的浸出速度最快。处理黄铁矿含量较高及渗滤氰化浸出时，或贫液返回使用时，采用较高的氰化物质量浓度。处理浮选金精矿时的氰化物质量浓度比原矿全泥氰化的氰化物质量浓度高。

C　氰化物消耗

金银氰化过程中，氰化物主要消耗于：

（1）氰化物自行分解：在矿浆中自行分解为碳酸根和氨，但此形式的氰化物损失较小。

（2）氰化物水解：随矿浆pH值的降低，氰化物水解产生挥发性氰氢酸气体而损失。不同pH值条件下，氰化物生成氰根和氰氢酸的比例如图6-4所示。

从图6-4曲线可知，当溶液pH值为7时，氰化物几乎全部水解为HCN气体；pH值为12时，氰化物几乎全部离解为CN^-；pH值为9.3时，$HCN:CN^-=1:1$。因此，氰化作业

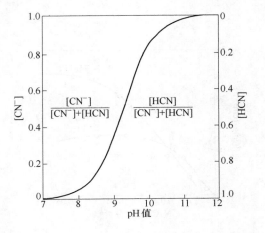

图6-4　氰化液中CN^-与HCN
比值和溶液pH值的关系

用水应预先进行碱处理，然后才加入氰化物。

（3）伴生组分消耗氰化物：伴生的铜矿物、硫化铁矿物、砷锑矿物及其分解产物均消耗氰化物和溶解氧，增加氰化物耗量。

（4）溶液中应保持一定的剩余浓度：为了提高金银氰化浸出率和实现锌置换沉金银，溶液中应保持一定的氰化物剩余浓度。氰化物剩余浓度所耗氰化物量与矿浆液固比密切相关。

（5）浸出金银所耗氰化物：浸出 1g 金，理论上需耗 0.5g NaCN。因此，浸出金银所耗氰化物量较小。

（6）机械损失：因跑、冒、滴、漏和固液分离洗涤效率低所造成的氰化物机械损失。

氰化过程中，氰化物的耗量远比理论计算量大，一般为理论量的 20 ~ 200 倍。处理含金原矿时，氰化物耗量一般为每吨矿石 250 ~ 1000g，常为每吨矿石 250 ~ 500g。处理含金黄铁矿精矿及氧化焙烧后的焙砂时，氰化物耗量达 2 ~ 6kg/t。

6.2.4.2　氧的质量浓度

氧压与氰化物质量浓度对银氰化浸出速度的影响如图 6-5 所示。

从图 6-5 曲线可知，当溶液中氰化物质量浓度较高时，金银浸出速度与氰化物质量浓度无关，但随溶液中氧质量浓度的提高而增大。氧在水溶液中的溶解度随温度和液面上的压力而变化，通常氧在水溶液中的最高溶解度为 5 ~ 10mg/L。

氰化浸出常在常温常压下进行，采用机械搅拌式氰化槽或压气式空气搅拌氰化槽。机械搅拌式氰化槽或压气式空气搅拌氰化槽中矿浆含氧质量浓度与充气时间的关系如图 6-6 所示。

从图 6-6 曲线可知，氧化槽中矿浆含氧质量浓度比机械搅拌槽中矿浆氧浓度高 2 ~ 3 倍。因此，采用机械搅拌式氰化槽时，常采用压风机向矿浆中充压缩空气，以提高槽内矿浆中的氧浓度。

压风机鼓入矿浆中的压缩空气只有少部分溶于矿浆中，大部分逸出返回大气中，可利

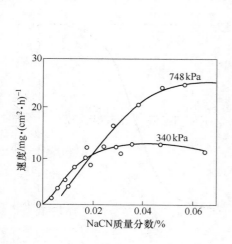

图 6-5　氧压与氰化物质量浓度对
银氰化浸出速度的影响

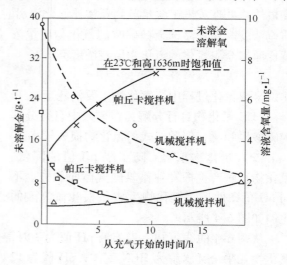

图 6-6　氰化槽中矿浆含氧质量浓度与
充气时间的关系

用的溶解氧量与供应的氧量相差很大。矿浆中的溶解氧主要消耗于矿石的磨矿分级过程，磨矿时增加大量新鲜表面，加之矿浆温度较高，加速了硫化矿物的表面氧化作用。因此，刚从球磨机排出的矿浆中的溶解氧浓度较低，氰化前应适当充空气以提高矿浆中溶解氧浓度。氰化浸出过程中，矿浆中的溶解氧主要消耗于伴生组分的氧化分解，金银氰化浸出只消耗相当小部分的溶解氧。

6.2.4.3　矿浆 pH 值

为防止矿浆中氰化物水解、使氰化物充分解离为 CN^-、使金银氰化处于最佳 pH 值，须加入碱以调节矿浆 pH 值。加入的碱，常称为保护碱。可采用苛性钠、苛性钾或石灰作保护碱。生产中常用石灰，因其价廉易得，可使矿泥凝聚，有利于氰化矿浆的浓密和过滤。

石灰加入量以维持矿浆 pH 值为 9～12 为宜，矿浆中氧化钙质量分数为 0.002%～0.012%。目前多数金选矿厂采用高碱氰化工艺，以降低氰化物耗量。当高碱介质可加速硫化矿物氧化时，可采用低碱氰化工艺，但矿浆 pH 值须大于 9.0。用石灰为保护碱，当 pH 值大于 11.5 时，金的氰化浸出速度明显下降，可能是由于石灰与矿浆中积累的过氧化氢作用生成过氧化钙的缘故。若用苛性钠、苛性钾为保护碱，当 pH 值大于 12 时，金的氰化浸出速度也有所下降。因此，氰化矿浆最适宜的 pH 值应据含金物料性质，通过试验确定。

6.2.4.4　矿浆温度

金的氰化浸出速度与矿浆温度的关系如图 6-7 所示。

从图 6-7 曲线可知，金的氰化浸出速度随矿浆温度的升高而增大。因矿浆温度的升高可降低金浸出的阴极极化作用，生成的氢大部分逸出，只有少部分留在阴极区表面，此时氧的去极作用较弱。至 85℃ 时，金的氰化浸出速度达最大值，再进一步提高矿浆温度降低了矿浆中溶解氧的浓度，金的氰化浸出速度下降。

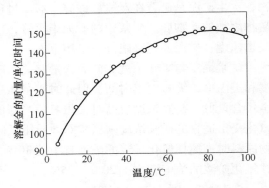

图 6-7　金的氰化浸出速度与矿浆温度的关系
（0.25% KCN 液）

提高矿浆温度除消耗大量燃料外，还增加贱金属矿物的浸出速度和增加氰化物耗量。因此，生产中除寒冷地区采取适当保温措施外，常在温度高于 15～20℃ 的常温下进行氰化浸出。

6.2.4.5　金粒大小及其表面状态

特粗粒金和粗粒金的氰化浸出速度很慢，要求很长的浸出时间。多数金矿石中的自然金呈细粒金和微粒金的形态存在，金选矿厂常在氰化前采用混汞、重选或浮选法预先回收粗粒金。

金矿石经破碎、磨矿后，特粗粒金和粗粒金可单体解离，细粒金可部分单体解离，相当部分呈连生体形态存在。在通常氰化的磨矿细度条件下，部分微粒金呈已暴露的连生体形态存在，相当部分微粒金呈硫化矿物包体金和脉石包体金形态存在。硫化矿物包体金和脉石包体金一般无法直接氰化回收，须经预处理破坏包体矿物后才能采用氰化法回收金银。只当微粒金包裹于疏松多孔的非硫化矿物（如褐铁矿、碳酸盐）时，才能直接氰化回收金银。

金矿石中的微粒金含量随矿石中硫化矿物含量的增大而增大，且随矿石类型而异。一般金-黄铁矿矿石中的微粒金含量为 10%～15%；金铜、金砷、金锑矿石中的微粒金含量为 30%～50%；某些含金多金属矿石中的金几乎全呈微粒金存在。因此，矿石中的金粒大小是决定金银氰化浸出率的重要因素之一。

金粒呈薄片状较易浸出。呈具有内空穴的金粒时，固液相界面积随浸出时间的增加而增大，金粒较易浸出。金粒呈大小不等的球粒时，小球比大球易浸出。磨矿后，相当部分金粒已单体解离，大部分金粒呈已暴露的连生体形态存在，金银氰化浸出速度取决于金粒的暴露程度。金粒只有暴露，才能与氰化液接触，才能被浸出。

金银氰化浸出速度与金粒的表面状态密切相关。纯金表面最易浸出；但金粒与氰化液接触时，金粒表面可能生成硫化物膜、过氧化钙膜、氧化物膜、不溶氰化物膜（如氰化铅膜）、黄原酸盐膜等表面膜，它们可显著降低金银氰化浸出速度。

6.2.4.6　矿泥含量与矿浆浓度

浸出矿浆中含有原生矿泥和次生矿泥。原生矿泥来自矿石中的高岭土之类的黏土矿物，次生矿泥是矿石在运输、破碎、磨矿过程中产生的矿泥，主要为石英、硅酸盐和硫化矿物之类的矿物质。矿浆中的矿泥难沉降，增加矿浆黏度，降低试剂扩散速度和金银氰化浸出速度，矿泥还可吸附部分已溶金。

矿浆黏度与矿浆浓度和矿泥含量有关。矿浆浓度较低时，可相应提高金银氰化浸出速度和浸出率，缩短浸出时间。但此时矿浆体积大，须增大设备容积，试剂耗量高，贵液中金银含量低。矿浆浓度较高时，虽可适当降低试剂耗量，但将延长浸出时间。因此，金银氰化浸出适宜的矿浆浓度须据矿石性质用试验的方法决定。一般处理泥质含量少的粒状矿物原料时，搅拌氰化矿浆的浓度宜小于 30%～33%。处理泥质含量较高的矿物原料时，搅拌氰化矿浆的浓度宜小于 20%～25%。

6.2.4.7　氰化浸出时间

氰化浸出时间随矿石性质、氰化浸出方法和氰化作业条件而异。氰化浸出初期的金银氰化浸出速度较高，氰化浸出后期的金银氰化浸出速度较低。当延长浸出时间所产生的产值低于所花成本时，应终止浸出。一般搅拌氰化浸出时间常大于 24h，有时长达 40h 以上，碲化金的氰化浸出时间需 72h。渗滤氰化浸出时间一般大于 120h（5d 以上）。

6.3　渗滤氰化提金

6.3.1　渗滤氰化槽浸

6.3.1.1　概述

渗滤氰化浸出是氰化浸出剂在重力作用下自上而下或在压力下自下而上通过固定物料层的浸出方法，可细分为就地渗滤浸出（地浸）、矿堆渗滤浸出（堆浸）和槽式渗滤浸出（槽浸）三种。渗滤氰化浸出是一种较简单和较经济的浸出方法，适于从矿砂、疏松多孔的含金矿物原料、焙砂和烧渣中提金，可省去昂贵的固液分离作业而直接获得澄清的浸出贵液，广泛用于国内外小型金矿山。其主要缺点是浸出时间长，占地面积大，浸后洗涤不完全，金银浸出率较低，只适用于某些特定的金银矿物原料，故其应用也受一定限制。

渗滤氰化槽浸常用于处理 $-10+0.074mm$ 的含金物料。

6.3.1.2 渗浸槽（池）

渗浸槽（池）可为圆形、方形或长方形槽（池），槽体可用碳钢、木料、砖、石或混凝土构筑，槽底和槽壁应能承受压力、不漏液，规格视生产规模而异，结构应便于操作，槽底坡度为 0.3% 左右，有出液口。距槽底 $100\sim200mm$ 设假底，上铺利于溶液通过的支承物（如苇席、竹笪等）。侧壁或底部设活动门，供卸浸出渣。规格小的渗浸槽常不设活动门，浸渣直接从槽中挖出。

6.3.1.3 渗滤氰化槽浸的主要影响因素

渗滤氰化槽浸时，金的浸出率主要取决于金粒大小、磨矿细度、矿石结构构造、有害于氰化的杂质含量、氰化浸出剂浓度和用量、渗浸速度、渗浸时间和浸出渣洗涤程度等。各因素的适宜值均取决于待浸物料性质，常通过试验决定。

所有影响金银氰化浸出的因素均将影响金银氰化浸出率，渗滤氰化槽浸仅适用于浸出疏松多孔的含金银氧化矿石，一般原生致密的含金银矿物原料不采用渗滤氰化槽浸法提取金银。

6.3.1.4 实例

我国某金选矿厂处理含金石英脉氧化矿石，主要金属矿物为自然金、方铅矿、黄铁矿、褐铁矿、孔雀石等。脉石矿物主要为石英、云母、方解石、高岭土等。原矿含金 $8\sim10g/t$，含铅 1%，金粒细小，可溶盐含量较高。该厂采用混汞—重选—渗滤氰化槽浸的联合流程回收金。矿石破碎、磨矿磨至 $-0.074mm$ 占 60%，在球磨机排矿端和分级机溢流处安装混汞板回收粗粒金，混汞金回收率约 20%。

混汞尾矿经水力分级箱分级，分粒级进摇床选别，获得含铅 50%、含金 11.6g/t 的铅精矿。

摇床尾矿经粗砂沉淀池和细砂沉淀池沉淀，溢流废弃。沉淀所得粗砂粒度为 $-0.42mm$ 占 98%，细砂粒度为 $-0.125mm$ 占 98%。用挖掘机分别将粗砂、细砂挖出晾干，然后按粗砂：细砂 =3:1 的比例混合，混合后的矿砂为渗滤氰化槽浸的给料，含金 3.48g/t，含水 5% ~6%，粒度为 $-0.074mm$ 占 40%。

渗浸槽为长方形，规格为 $4m\times3m\times1.2m$，每槽装矿 16t，槽底坡度为 0.3%，假底距槽底 100mm，假底为竹子编的帘子，其上铺麻袋，槽底无工作门。用人力干法将矿砂装入槽内，然后将浓度为 0.5%、pH 值为 $9\sim10$ 的 NaCN 溶液加入槽内。采用间歇操作法浸出，用 NaOH 作保护碱。

浸出贵液送锌丝置换沉淀箱沉金，沉淀箱分七格，每格规格为 $0.2m\times0.2m\times0.3m$，每格置换时间为 7min。

氰化尾砂用挖掘机清出，用斜坡卷扬机运至尾矿库堆存。置换后的贫液返回浸出使用，一个半月后，经漂白粉处理后排放。

氰化原矿含金 3.48g/t 时，氰化尾矿含金 0.64g/t，金浸出率为 81.3%。氰化钠耗量为 2kg/t，氢氧化钠耗量为 0.5kg/t。全厂金的回收率为 74.4%，其中混汞约 20%，重选约 15%，氰化约 40%。

6.3.2　渗滤氰化堆浸

6.3.2.1　概述

1967 年起美国矿产局采用渗滤氰化堆浸法处理低品位的金矿石。渗滤氰化堆浸法工艺简单，易操作，浸出投资少，成本低，经济效益高。因此，用此工艺处理早期认为无经济效益的许多小型金矿、低品位金银矿及早期采矿废弃的含金废石，均可带来明显的经济效益。20 世纪 70 年代后期，金价涨幅大，渗滤氰化堆浸工艺获得迅猛发展，美国建立了许多较大型的堆浸选金厂，1982 年美国矿产金总量的 20% 和矿产银总量的 10% 是用渗滤氰化堆浸工艺生产的。随后，此工艺在加拿大、澳大利亚、南非、印度、津巴布韦、苏联等国获得了迅速的发展。

20 世纪 60 年代初期，我国用堆浸法浸出边界品位的铀矿石。20 世纪 60 年代后期，用堆浸法浸出氧化铜矿石，80 年代初期用堆浸法浸出低品位的金矿石。近 30 多年来，我国低品位金矿的渗滤氰化堆浸工艺获得了迅速的发展，主要用于浸出含金氧化矿石和铁帽金矿石。

目前用于生产的有含金矿石和含金废石的直接渗滤氰化堆浸工艺和制粒渗滤氰化堆浸工艺两种堆浸工艺。渗滤氰化堆浸工艺示意图如图 6-8 所示。

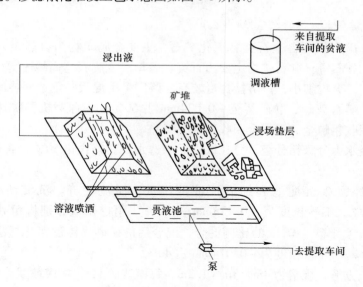

图 6-8　渗滤氰化堆浸工艺示意图

6.3.2.2　直接渗滤氰化堆浸

A　矿石准备

直接渗滤氰化堆浸主要处理低品位含金矿石或老矿早期采出的含金废石。筑堆前常先破碎，破碎粒度视矿石性质和金粒嵌布特性而异。一般堆浸矿石粒度愈细，矿石结构愈疏松多孔，氰化堆浸时金浸出率愈高。但堆浸矿石粒度愈细，矿堆的渗滤性愈差，甚至使渗滤浸出无法进行。因此，直接渗滤氰化堆浸时，常将矿石碎至 -10mm，含泥量少时可碎至 -3mm。

B　筑堆

渗滤浸出场可位于山坡、山谷或平地上，要求坡度为 3% ~ 5%。对地面清理平整后，须进行防渗处理，防渗材料可用尾矿掺黏土、沥青、钢筋混凝土、橡胶板或塑料薄膜等。为保护防渗垫层，常在其上面铺以细粒废石或 0.5~2m 厚的废石，用汽车、矿车将低品位含金矿石运至渗滤浸出场筑堆。堆浸场周围应设排洪沟、集贵液沟和相应沉淀池，使进入贵液池的贵液为澄清溶液。堆浸场可供多次使用或一次使用。

筑堆方法有多堆法（见图 6-9）、多层法（见图 6-10）、斜坡法（见图 6-11）和吊装法等。

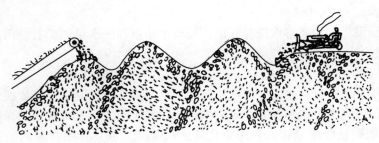

图 6-9　多堆筑堆法

图 6-10　多层筑堆法

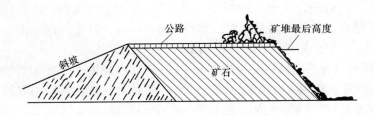

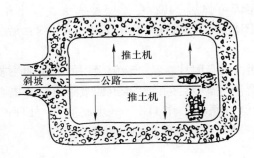

图 6-11　斜坡筑堆法

筑堆时应尽可能使堆内粒度均匀,不压实,保持较好的渗滤性能,使氰化浸液和洗涤水能均匀渗滤通过矿堆,不产生偏析和沟流现象。

C　渗浸和洗涤

矿堆筑好后,先用石灰水洗涤矿堆,当流出液 pH 值接近 10 时再送入氰化液进行渗浸。氰化液经地下管道送至矿堆表面的分管,再经喷淋器均匀喷洒于矿堆表面,使浸出剂均匀渗滤通过矿堆进行金银氰化浸出。常用的喷淋器有摇摆器、喷射器和滴水器等。氰化液喷淋速度常为 $1.4 \sim 3.4 \mathrm{mL}/(\mathrm{m}^2 \cdot \mathrm{s})$。

氰化堆浸结束后,用新鲜水洗涤几次,浸出剂用量和洗水量因矿石性质、蒸发损失和尾矿含水量而异。

D　金银回收

渗滤氰化堆浸所得贵液中的金银含量较低,可用活性炭吸附法或锌置换法回收贵液中的金银。为获得较高的金银回收率,较常采用活性炭吸附法回收贵液中的金银。贵液通过 $4 \sim 5$ 个活性炭吸附柱吸附金银,再用氰化液解吸载金炭获得金银含量高的贵液,送电积得金泥,经熔炼得成品金。脱金银后的贫液经调整氰化物浓度和 pH 值后,返回矿堆进行渗滤氰化堆浸。

堆浸后的废石堆运至尾矿场堆存,再在堆浸场上重新筑堆和进行渗滤氰化堆浸。

E　应用

a　美国撒米维尔金矿

美国科罗拉多州南部撒米维尔(Summitville)金矿为大型露采和堆浸提金联合企业。矿石含金 $1.2 \mathrm{g/t}$,废石含金 $0.3 \mathrm{g/t}$,矿体连续 $8 \mathrm{km}$,2/3 为硅质矿石,1/3 为黏土质矿石。露天采出的硅质矿石经颚式破碎机和圆锥破碎机碎至 $-30 \mathrm{mm}$,入矿仓前加入一定量石灰送矿仓储存。黏土质矿石经筛孔为 $75 \mathrm{mm}$ 振筛分级,$-75 \mathrm{mm}$ 粒级加一定量水泥并喷水送球团皮带制团粒后送矿仓储存。$+75 \mathrm{mm}$ 粒级返至硅质矿石系统碎至 $-30 \mathrm{mm}$,加入一定量石灰入矿仓储存。

堆浸出场位于山谷中,面积为 $0.43 \mathrm{km}^2$。防渗法为先平整地面,压路机压实,铺上黏土再压实,再铺细砂,然后铺高强度聚乙烯板(厚 $3 \mathrm{mm}$),其上再铺一层人造毛毡以防矿石刺破聚乙烯板。此防渗层结构严密,不漏液,能承重。

用 $100 \mathrm{t}$ 自卸卡车和推土机筑堆(山谷充填式),矿堆高度不限,团粒堆高度一般小于 $4.57 \mathrm{m}$。稀氰化钠溶液从配药房用泵经管道送至矿堆面上的蛇纹管经小缝隙喷射出来,从矿堆顶部均匀渗至底部,经集液沟流至储槽,再泵至提金厂。

当地雨量少,每天可喷洒 24h,冬季寒冷雪大,仅半年生产。块矿堆的喷淋速度为 $2.72 \mathrm{mL}/(\mathrm{m}^2 \cdot \mathrm{s})$,团粒堆的喷淋速度为 $1.7 \mathrm{mL}/(\mathrm{m}^2 \cdot \mathrm{s})$。氰化钠耗量为 $0.032 \mathrm{kg/t}$,用石灰调 pH 值为 10.5。

提金厂有 5 个活性炭吸附柱,载金炭解吸用的加压加热装置、锌丝置换装置、炼金炉和活性炭再生窑等设备。解吸后的活性炭返回吸附再用。提金系统职工 120 人,全年工作 6 个月,每周工作 7 天,每天工作 11h(一班制)。年处理矿石 1600 万吨,年产黄金 4t,堆浸浸出率为 80% ~ 85%,金总回收率为 70% ~ 75%。

b　我国灵湖金矿

我国灵湖金矿采出的高品位矿石采用全泥氰化炭浆法提金。低品位矿石及含金围岩含金约 3g/t，采用直接堆浸法提金。该矿有固定堆浸场 4 个，每个堆浸场可堆 1500t 矿石，轮流作业，常维持一个矿堆喷淋浸出。

采出的低品位矿石及含金围岩用颚式破碎机碎至 −50mm，用卡车运至堆浸场，筑成 3m 高的正方截锥形矿堆，用饱和石灰水淋洗 5~10d 至流出液 pH 值为 10~11，然后采用浓度为 0.03%~0.05% 的 NaCN，pH 值为 10~11 的浸矿剂喷淋矿堆，喷淋速度为 2.78~5.56mL/(m² · s)，喷淋 50d，金浸出率为 63.76%。

c 我国老湾金矿

我国老湾金矿有 4 个采区，且相距较远，均为鸡窝矿，矿石氧化严重，含泥量高。该矿建有 25m×16m 永久性堆浸场，用毛石混凝土砂浆浇注，混凝土抹面。矿石中粉矿占 40%~50%，筑堆时先将粉矿堆在下层，堆高 2.27m。采用配矿方法筑堆，以保证矿堆含金品位，入堆原矿含金 2.24g/t。矿石酸性大，水质 pH 值为 6。先用饱和石灰水加少量苛性钠溶液洗矿堆 15d，然后采用移动式和固定式喷淋器喷淋浸矿剂，喷淋速度为 4L/(h · t)，喷淋浸出 51d，金浸出率为 75.44%。贵液最高含金达 10.4g/L，用 4 个炭吸附柱吸附金，流量为 600L/h。喷淋浸出结束后，用漂白粉液处理堆浸尾矿，漂白粉用量为氰化物耗量的 16 倍，洗涤矿堆时间为 7d。

6.3.2.3 制粒氰化堆浸

A 概述

为了克服粉矿及黏土矿对渗滤堆浸的不良影响，美国矿产局于 1978 年研制了粉矿制粒氰化堆浸技术，彻底改变了粉矿及黏土矿无法渗滤堆浸的局面，促进了渗滤堆浸技术的发展。目前该技术不仅广泛用于美国有关金矿山，而且还广泛用于世界各国其他金矿山。

制粒氰化堆浸与直接氰化堆浸相比较，矿石破碎粒度较细，粉矿与块矿预先制成团粒再筑堆，堆内粒度较均匀，渗浸时不产生沟流，矿粉不随液流而移动，可使浸出剂均匀渗滤通过矿堆。可获得较高金氰化浸出率。

B 制粒

预先将含金低品位矿石碎至 −25mm 或更细，使金粒解离或暴露。破碎后的矿石与 2.3~4.5kg/t 的普通硅酸盐水泥混匀后，用水或浓氰化物溶液润湿混合料，使其含水量达 8%~16%。将润湿后的混合料送制粒机制成团粒，将团粒固化 8h 以上即可送去筑堆。筑堆和渗浸与直接渗滤氰化堆浸相同。

制粒的关键是黏结剂的类型和数量及润湿剂的类型和数量。

a 黏结剂

用石灰和水泥作黏结剂的对比试验表明，用水泥作黏结剂比用石灰优越，添加 2.3~4.5kg/t 的普通硅酸盐水泥作黏结剂，可产出孔隙率高、渗透性好的强度较高的团粒。筑堆氰化渗浸时，矿粉不移动，不产生沟流，无须另加保护碱。由于水泥的水解作用 5h 即开始，团粒固化 8h 后，水泥水解产物与矿石中的黏土质硅酸盐作用，产生大量坚固而多孔的桥状硅酸钙水合物，使团粒具有足够的强度，渗滤氰化堆浸时不会压裂。其多孔性足以使氰化物溶液渗浸团粒和矿堆。

黏结剂的量与黏结剂类型、矿石粒度组成、矿石类型及其酸碱性等因素有关，常通过试验决定其用量。黏结剂量少，制成的团粒虽经很好地固化，也难获得强度高的团粒，渗浸时会因浸出液的进一步润湿而碎裂，降低矿堆的渗透性。若黏结剂量太大，制成的团粒强度过高，过于坚硬致密，其渗透性差，对金银浸出不利。

　　b　润湿剂

　　可用水或浓氰化物溶液作矿石和水泥混合料的润湿剂。试验表明，采用浓氰化物溶液作润湿剂较有利。用浓氰化物溶液润湿混合料，可对矿石起预浸作用，可缩短堆浸周期和提高金银氰化浸出率。润湿剂用量与矿石粒度组成、矿石水分含量及黏结剂类型等因素有关。润湿剂用量少，不足以使粉矿团粒；湿剂用量过大，可降低团粒的孔隙率。湿剂用量以使混合料的水分含量 8% ~ 16% 为宜。

　　c　制粒机械

　　目前，工业生产中采用多皮带运输机法和滚筒制粒法两种方法。多皮带运输机法的示意图如图 6-12 所示。

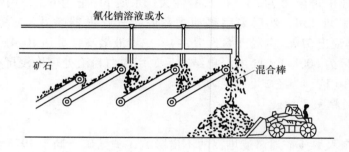

图 6-12　多皮带运输机制粒法

　　多皮带运输机制粒法是通过每一条皮带运输机卸料端的混合棒使浓氰化物溶液、粉矿和水泥均匀混合，制成所需的团粒。

　　滚筒制粒法的示意图如图 6-13 所示。

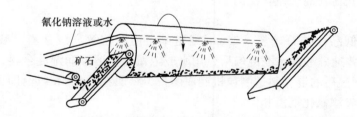

图 6-13　滚筒制粒法的示意图

　　滚筒制粒法是将矿石、粉矿和水泥混合料送入旋转滚筒中，在滚筒内喷淋浓氰化物溶液。由于滚筒旋转使混合料和浓氰化物溶液均匀混合，制成所需的团粒。

　　d　固化

　　制成的团粒在室温条件下固化 8h 以上。固化期间，团粒应保持一定量的水分含量。若团粒太干燥，团粒中的水解反应即停止，此种团粒遇液体会产生局部碎裂现象。因此，固化期间应保持一定量的水分含量，才能获得坚固而不碎裂的团粒。固化过程可在制粒后单独进行，也可在筑堆过程中进行。

　　C　制粒氰化堆浸的优点

　　与直接氰化堆浸比较，制粒氰化堆浸的优点为：

（1）可处理黏土含量及粉矿含量高的低品位细粒含金矿石。

（2）细粒含金矿石不分级直接制粒氰化堆浸，可大幅度提高氰化液通过矿堆流速，缩短浸出周期。

（3）可消除筑堆时的粒度偏析，可减少沟流现象，大幅度提高金银氰化浸出率。

（4）团粒的多孔性，使矿堆的通风性能好，可提高浸液中氧的浓度，可加速金银浸出速度。

（5）团粒改善了矿堆的渗透性，可适当增加矿堆高度，可降低单位矿石的预处理衬垫成本和占地面积。

（6）团粒的多孔性，浸出结束后可较彻底地洗脱残存的氰化浸出液。

（7）团粒可固着粉矿，可减少粉尘含量，具有较明显的环保效益。

6.4　常规搅拌氰化提金

6.4.1　概述

氰化浸出金银自 1887 年采用氰化物溶液从矿石中浸出金至今已有 100 多年的历史。氰化提金工艺成熟，技术经济指标较理想，世界黄金总产量的 60% 是采用氰化法生产的。

目前，占主导地位的氰化提取金银工艺为搅拌氰化浸出—连续逆流倾析洗涤（CCD）—锌置换常规工艺，常将其称为常规搅拌氰化提金工艺，又称为二步法氰化提金工艺。

我国于 20 世纪初期开始采用氰化提取金银技术，1901 年在山东威海范家埠首建 2t/d 的氰化试验厂。此后于 1932 年在山东招远、沂南，1936 年在台湾金瓜石分别采用渗滤氰化和搅拌氰化法提金。1966 年在山东玲珑金矿建成金精矿氰化提金厂，其后金精矿氰化提金在山东、河北、河南、辽宁、吉林等地获得广泛应用。

常规搅拌氰化提金的原则流程如图 6-14 所示。

常规搅拌氰化提金主要包括：浮选金精矿再磨、分级矿浆浓缩脱水、脱浮选药剂、浓缩底流氰化浸出、浸出矿浆固液分离、底流逆流洗涤、氰化贵液金沉积、熔炼合质金等作业。

目前，国内浮选精矿氰化提金工艺主要用于处理含金石英脉硫化矿石和含金蚀变岩型矿石产出的浮选金精矿。

常规搅拌氰化浸出按其作业方式分为连续搅拌氰化浸出和间歇搅拌氰化浸出。连续搅拌氰化浸出时，矿浆顺流通过串联的多个搅拌浸出槽，矿浆无法自流时用泵扬送。间歇搅拌氰化浸出时，将矿浆送入多个平行的搅拌浸出槽中，浸出终了将其排入贮槽中，再将另一批新矿浆送入搅拌浸出槽中进行浸出。目前常用的为常规连续搅拌氰化提金工艺。

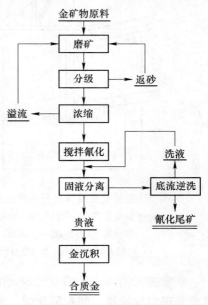

图 6-14　常规搅拌氰化提金的
原则流程

6.4.2　搅拌氰化浸出槽

采用螺旋桨式、叶轮式或涡轮式搅拌机进行搅拌的浸出槽称为机械搅拌浸出槽。

6.4.2.1　螺旋桨式搅拌机浸出槽

螺旋桨式搅拌机浸出槽的结构图如图 6-15 所示。

螺旋桨式搅拌机浸出槽为提金厂广泛应用的浸出槽。为防止停机时矿砂沉积于螺旋桨上，在矿浆接受管下端装有圆形盖板，便于停机后启动浸出槽。一般无须配用其他设备，有时配用鼓风机和在槽内垂直插入几根压缩空气管或于槽内（外）安装空气提升器以提高矿浆充气量和搅拌强度。国内使用的螺旋桨式搅拌机浸出槽的规格列于表 6-7 中。

表 6-7　螺旋桨式搅拌机浸出槽的规格

直径×高度/m×m	$\phi1.5\times1.5$	$\phi2.0\times2.0$	$\phi2.5\times2.5$	$\phi3.0\times3.0$	$\phi3.5\times3.5$
容积/m³	2.65	6.28	12.26	21.2	33.66
电动机功率/kW	2.8	4.5	7.0	10.0	10.0

6.4.2.2　空气搅拌浸出槽

空气搅拌浸出槽的结构图如图 6-16 所示。

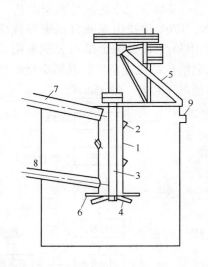

图 6-15　螺旋桨式搅拌机浸出槽的结构图
1—矿浆接受管；2—支管；3—竖轴；
4—螺旋桨；5—支架；6—盖板；
7—流槽；8—进料管；9—排料管

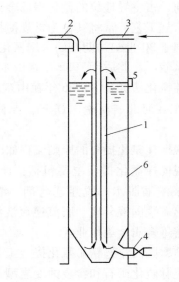

图 6-16　空气搅拌浸出槽的结构图
1—中心循环管；2—进料管；3—压缩空气管；
4—辅助风管；5—上排料管；6—槽体

矿浆进入槽内，压缩空气给入槽下部中心管中呈气泡状上升，利用中心管内外矿浆密度差实现空气搅拌。间歇氰化时，氰化后的矿浆从下排料口排出。连续氰化时，氰化后的矿浆从上排料口连续溢流排出。辅助风管的作用是防止矿浆沉槽。操作时一般无须配用其他设备，有时常与空气提升器配合使用，以强化矿浆充气量和搅拌强度。

空气搅拌浸出槽的规格一般为直径 3.7m，高为 13.7m。南非广泛使用的大型槽的规格为 $\phi7.6m \times 16.8m$、$\phi6.8m \times 13.7m$ 和 $\phi10.1m \times 13.7m$。

6.4.2.3 空气搅拌和机械搅拌联合搅拌浸出槽

空气搅拌和机械搅拌联合搅拌浸出槽的结构图如图 6-17 所示。

中国恩菲工程技术有限公司（北京有色冶金设计研究总院）参考国外先进设备研制的双叶轮中空轴进气机械搅拌浸出槽系列产品列于表 6-8 中。

表 6-8 双叶轮中空轴进气机械搅拌浸出槽的技术性能

技术性能		Sj-2×2.5	Sj-3.15×3.55	Sj-3.55×4	Sj-4×4.5	Sj-5×5.6
直径×高/mm×mm		2000×2500	3150×3550	3550×4000	4000×4500	5000×5600
有效容积/m³		6	21	34	48	98
叶轮转速/r·min⁻¹		73	47	40.85	36	28
矿浆浓度/%		≤45	<45	<45	<45	<45
矿浆相对密度		≤1.4	≤1.4	≤1.4	≤1.4	≤1.4
蜗轮减速机	型号	ZW-L	ZW-C	ZW-F	ZW-C	ZW-A
	速比	12.95	20.40	23.5	26.7	34.46
电动机	型号	Y112m-6-B3	Y132m1-6-B3	Y132m1-6-B3	Y132m2-6-B3	Y160m-6-B3
	功率/kW	2.2	4	4	5.5	7.5
	转速/r·min⁻¹	940	960	960	960	970
设备总质量/kg		2800	5628	6646	8285	14430

6.4.2.4 耙式搅拌机浸出槽

耙式搅拌机浸出槽也是一种联合搅拌浸出槽，其结构图如图 6-18 所示。

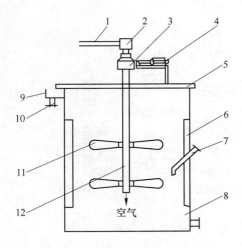

图 6-17 空气搅拌和机械搅拌
联合搅拌浸出槽的结构图
1—风管；2—空气转换阀；3—减速机；4—电机；
5—操作台；6—导流板；7—进浆管；8—槽体；
9—跌落箱；10—出浆口；11—叶轮；12—中空轴

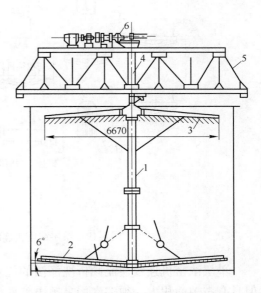

图 6-18 耙式搅拌机浸出槽的结构图
1—空气提升管；2—耙子；3—溜槽；
4—竖轴；5—横架；6—传动装置

6.4.3 浸出矿浆的固液分离和洗涤

6.4.3.1 倾析法

我国多数金选矿厂采用倾析法进行固液分离和洗涤，国外主要用于北美。

A 间歇倾析法

间歇倾析法用于间歇氰化浸出矿浆的固液分离和洗涤，可在澄清搅拌槽或浓密机中进行。间歇倾析法须经多次澄清倾析，直至洗液中金含量达微量时为止。一般将第一次所得贵液送去沉金，以后所得洗液金含量较低，可用逐级增浓法提高金含量，最后一次用清水作洗涤剂。间歇倾析法作业时间长，溶液量大，设备占地面积大。工业上应用少，常用于试验研究。

B 连续逆流倾析法

工业上应用的多为连续逆流倾析法（counter current decantation，CCD），浸出矿浆和洗液相向逆流运动。作业在串联的多台单层浓密机或多层浓密机中进行。

a 单层浓密机连续逆流倾析洗涤法

单层浓密机连续逆流倾析洗涤法的工艺流程如图 6-19 所示。

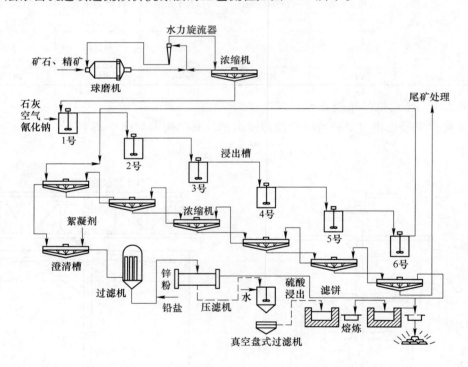

图 6-19　单层浓密机连续逆流倾析洗涤法的工艺流程

单层浓密机连续逆流倾析洗涤法的优点为操作简单，金的洗涤率高，易实现自动化。但具有占地面积大、须多次用泵扬送矿浆等缺点。多用于大型氰化提金厂。

为了提高浓密效率，减少占地面积，20 世纪 70 年代后期，南非爱朗德斯兰德金矿（Elandsrnd）和美国内华达州银王公司和豪斯敦国际矿物公司等相继应用高效浓密机。高效浓密机的结构图如图 6-20 所示。

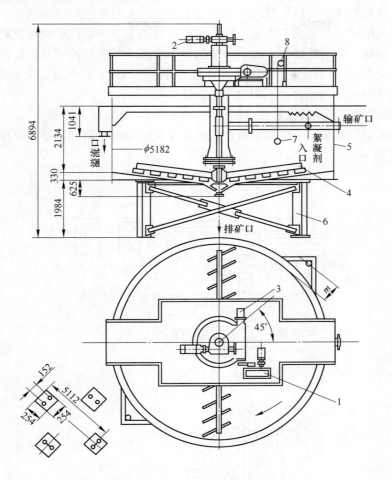

图 6-20　高效浓密机的结构图（φ5m）

1—驱动装置；2—提耙机构；3—过载机构；4—耙架；5—槽体；6—支架；7—浮球；8—LA 型变送器

　　高效浓密机按沉降面积计算的浓密效率比普通浓密机高 10～20 倍，占地面积小，投资省，效率高，能耗低。爱朗德斯兰德金矿用于浓密旋流器溢流，银王公司和豪斯敦公司用于浸出矿浆的固液分离和洗涤。

　　高效浓密机有多种型号，我国生产的高效浓密机规格和性能列于表 6-9 中。

表 6-9　我国生产的高效浓密机规格和性能

规格 /m	槽体内径 /m	槽体高度 /m	沉降面积 /m²	处理能力 /t·h⁻¹	耙子速度 /r·min⁻¹	耙子提升高度/m	驱动电机			提耙功率 /kW	设备质量 /kg
							型号	功率 /kW	转速 /r·min⁻¹		
φ3.6	3	1.7	10	2～9	1.1	0.2	Y100L	1.5	960	0.8	6600
φ5.0	5	2.1	20	6.25～18	0.8	0.3	Y132M	4.0	960	0.8	10500
φ9.0	9	2.8	63.6	18～35	0.42	0.3	Y135M2	5.5	960	0.8	13000

高效浓密机操作时，矿浆先经脱气槽除气后进入混合竖筒，与絮凝剂混合均匀后再从竖筒下端的扩散板沿水平方向扩散进入矿泥层中，上清液与矿泥间存在明显界面。它可防止矿浆中的空气形成气泡搅动矿泥层，供入的矿浆也不会冲击矿泥层破坏沉淀。已絮凝成团的矿泥向下沉淀，并由耙臂耙入排料口排出。未絮凝的矿泥和液体通过矿泥层上部松散层时，矿泥被"过滤"并凝集，液体则上升为上清液。因此，作业过程中上清液与矿泥层界面清晰，溢流中固体物质含量不超过200mg/L。

b　多层浓密机连续逆流倾析洗涤法

国内氰化提金厂常采用三层浓密机进行氰化矿浆的固液分离和洗涤。三层浓密机的结构图如图6-21所示。

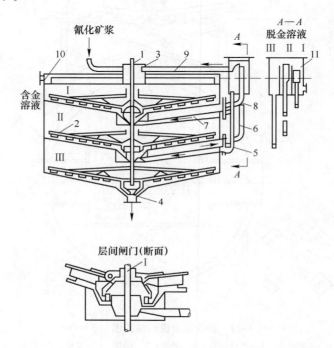

图6-21　三层浓密机的结构图

1—中心轴；2—耙架；3—进料口；4—排料口；5，7，9—洗液管；6，8—溢流管；10—溢流槽；11—洗液箱

多层浓密机的构造与中心传动的单层浓密机大体相似，只是将多个单层浓密机重叠在一起，在层与层之间设泥封装置（层间闸门）防止下层溢流（上清液）上至上层。各层的溢流管均与洗液箱相连。随耙机缓慢旋转，上层底流可顺利排至下一层，但下一层的上清液无法进入上一层。各层之间的上清液互相连通，可通过流体之间的静力平衡来维持它们之间的相对稳定。因此，在洗液箱中下一层上清液的溢流口须高于上一层的液面。设其高出的高度为 Δh，其值可用式（6-9）进行计算：

$$\Delta h = \frac{h(\rho - \rho_0)}{\rho_0} \tag{6-9}$$

式中　Δh——下层溢流口高出上层液面的高度，m；

　　　　h——上层底流的高度，m；

　　ρ——浓密底流的密度，g/cm^3；

　　ρ_0——上清液的密度，g/cm^3。

　　中小型氰化提金厂常采用1台或2台多层（2~3层）浓密机进行氰化矿浆的固液分离和洗涤。某氰化提金厂采用多层浓密机进行氰化矿浆固液分离和洗涤的工艺流程如图6-22所示。

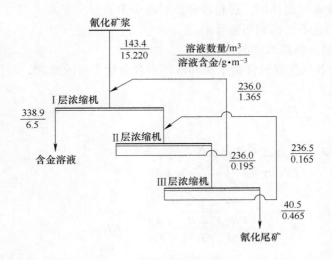

图 6-22　某氰化提金厂采用多层浓密机进行氰化矿浆固液分离和洗涤的工艺流程

　　由于多层浓密机层间排矿浓度较难控制，排矿浓度过高或过低均影响洗涤效率。因此，需提高下层的排矿浓度，并保证上层溢流为上清液，故多层浓密机最上层和最下层的高度均比中间层的高度高。有的金选矿厂为防止溢流跑浑，第一级采用直径较大的单层浓密机或置换沉金前设一较大的沉淀池，可得澄清贵液，又可为置换沉金作业起缓冲作用。

　　目前生产中应用的三层浓密机的技术性能列于表6-10中。

表 6-10　三层浓密机的技术性能

规格/m	内径/m	浓密池深度/m	沉淀面积/m²	耙架转速 /r·min⁻¹	传动电动机 型　号	传动电动机 功率/kW
φ7	7.0	2.4×3	38.5	0.24		2.2
φ9	9.0	2.0×3	63.5	0.221		4.0
φ11	11.0	2.3×3	95	0.154		7.5
φ12	12.0	2.55、2.2、2.48	113	0.2	Y132-M2-6	5.5
φ15	15.0	2.7、2.35、2.75	186	0.15	Y160-M2-6	5.5

　　浓密机产出的尾矿中含金量和氰化物残存量均较高，洗涤回收率一般为90%~95%，造成金和氰化物随矿浆流失。若尾矿中硫、铜、铅等含量高可作精矿出售时，运输途中可造成污染。我国遂昌、焦家和归来庄等金矿已对浓密机排料采用箱式压滤机进行压滤，滤液返洗涤，金的洗涤回收率达99%以上。招远金矿采用带式过滤机处理尾渣，既可提高金

回收率，又利于渣的堆存，效益明显。

C 洗涤效率的计算

a 假设条件

（1）洗涤作业的给矿量和排矿量相等。

（2）洗水和溢流中不含固体物。

（3）洗涤作业无浸出作用，进料液和出料液中金总量不变。

（4）液体中的金不沉淀和不被吸附。

b 多级连续逆流洗涤效率的计算

根据洗涤时，各级洗涤液体量平衡和液体中含金量平衡的原理，可推导出各级逆流洗涤效率的计算公式为：

$$E_1 = \frac{F + L - R}{F + L} \tag{6-10}$$

$$E_2 = \frac{F + L - R}{F + L - \dfrac{FR + KF^2}{F + R} + KF} \tag{6-11}$$

$$E_3 = \frac{F + L - R}{F + L - \dfrac{FR(F + R) + KF^3}{(F + R)^2 - FR} + KF} \tag{6-12}$$

$$E_4 = \frac{F + L - R}{F + L - \dfrac{FR(F + R)^2 - (FR)^2 + KF^4}{(F + R)(F^2 + R^2)} + KF} \tag{6-13}$$

$$E_5 = \frac{F + L - R}{F + L - \dfrac{FR(F + R)^3 - 2FR(F + R) + KF^5}{(F + R)^4 - 3FR(F + R)^2 + (FR)^2} + KF} \tag{6-14}$$

$$K = \frac{\alpha_{洗}}{\alpha_1} \tag{6-15}$$

式中　$E_{1\sim5}$——各级洗涤效率，%；

F——洗水和给矿量之比（洗水比）；

R——各级浓密机排矿液固比；

L——浸出后矿浆（给入第一级浓密机）的液固比；

$\alpha_{洗}$——洗水含金品位；

α_1——第一级浓密机中液体含金品位。

c 计算实例

某金选矿厂一段氰化浸出、四级逆流洗涤流程如图 6-23 所示。

若氰化原矿含金 52g/t，浸出矿浆浓度为 33.33%，洗涤浓密机排矿浓度为 50%，稀释至 20% 后再给入下一级洗涤浓密机，新水不含金。求各级洗涤效率。若浸出率为 96.15%，求各级逆流洗涤时的贵液和排液中的含金品位。

计算如下：

（1）据已知条件可知：$L = 2$，$R = 1$，$F = 3$。用上述公式计算（K 项小可忽略）得：$E_2 = 94.12\%$，$E_3 = 98.11\%$，$E_4 = 99.38\%$，$E_5 = 99.79\%$。

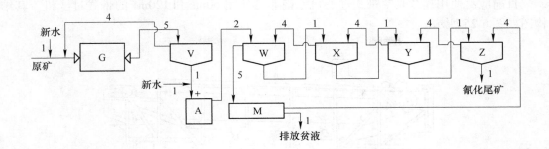

图 6-23　某金选矿厂一段氰化浸出、四级逆流洗涤流程
（图中数字为处理 1t 原矿的氰化液体量）

G—球磨机；V—单层浓密机；A—浸出作业；M—置换作业；W，X，Y，Z—1、2、3、4 级洗涤浓密机

（2）以三级逆流洗涤为例，$E_3 = 98.11\%$，排液中已溶金的损失量 = $52 \times 0.9615 \times (1 - 0.9811) = 0.945g$。

（3）氰化渣排放浓度为 50%，排放 1t 渣带走 $1m^3$ 液体，故排液含金品位为 $0.945g/m^3$。

（4）处理 1t 原矿得 $4m^3$ 贵液，故贵液含金品位 = $(52 \times 0.9615 - 0.945) \div 4 = 12.264g/m^3$。

采用同样方法可计算其他各洗涤级的贵液和排液中的含金品位。

6.4.3.2　过滤洗涤法

过滤洗涤法是采用过滤机对氰化浸出矿浆进行固液分离和洗涤。某金选矿厂氰化浸出矿浆的二段过滤洗涤流程如图 6-24 所示。

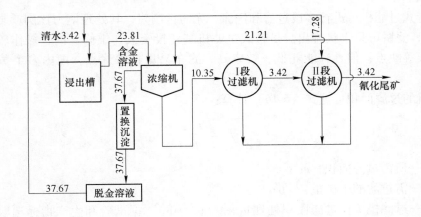

图 6-24　某金选矿厂氰化浸出矿浆的二段过滤洗涤流程

浸出矿浆的过滤洗涤可采用多种过滤机，最常用的为回转式圆筒真空过滤机和法因斯真空过滤机。此两类过滤机可有效从浓浆（浓度为 40% ~ 60%）和含少量固体的氰化液中分离微细颗粒，且便于洗涤固体物料。盘式真空过滤机虽投资少，占地面积小，但易生成结块影响洗涤效果和滤饼较难外排而应用较少。

目前应泛使用连续真空带式过滤机，南非已使用 $60m^2$ 和 $120m^2$ 的带式过滤机。其结构图如图 6-25 所示。

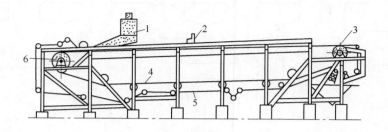

图 6-25　带式过滤机的结构图
1—矿浆筒及矿浆分配器；2—洗水分配器；3—驱动轮；4—无级皮带；5—无级滤布；6—尾轮

带式过滤机主要由机架、驱动轮、尾轮、环形胶带、衬垫胶带、真空箱及风箱等部件组成。环形胶带上有许多横向排液沟，沟底从两边向中间倾斜，胶带中间有纵向通孔，每个排液沟有一孔，用于收集和排出滤液。滤液流入胶带下的真空箱中，然后排入贮槽。胶带上铺有滤布，胶带由传动装置带动沿驱动轮和尾轮运动。胶带的上部工作部分沿空气垫移动，仅在真空范围内才紧贴不动的真空箱，在真空箱上拖过。为避免磨损，胶带下垫一条窄的磨光的衬垫胶带。衬垫胶带与环形胶带一起运动，衬垫胶带磨损后可迅速更换。环形胶带两侧边设有橡胶挡缘以防矿浆溢出。分离堰将带式过滤机分为真空吸滤区、洗涤区和吸干区。滤布带经吸干区和驱动轮后与环形胶带分离。滤饼由排料辊卸下后，滤布带经喷射洗涤器、绷紧轮和自动调距器系统，再次于尾轮处与环形胶带结合而重新过滤。南非金选矿厂用浊度计测定滤液浊度，以及时了解滤布状况。

水平带式过滤机可进行多段过滤和洗涤，无需再制浆，其处理能力比圆筒真空过滤机高 1 ~ 3 倍，滤饼可呈干状排出。虽带式过滤机基建投资大、维修费高、操作较复杂和偶有损失贵液等缺点，但具有能耗低、效率高、滤布易更换等优点，国内多个黄金企业已应用。

过滤机的过滤面积可据式（6-16）计算：

$$F = \frac{G}{q} \tag{6-16}$$

式中　F——所需过滤面积，m^2；

　　　G——需过滤的干矿量，t/h；

　　　q——过滤机单位过滤面积处理量，$t/(m^2 \cdot h)$。据试验和生产指标选取，过滤氰化渣一般为 $0.1 \sim 0.2 t/(m^2 \cdot h)$。

过滤系统的辅助设备主要为：

（1）真空泵：常用水环式真空泵、柱塞式真空泵、水喷射泵等。要求其计示压力为 65 ~ 80kPa，抽气量为 $0.8 \sim 1.5 m^3/(m^2 \cdot h)$。

（2）鼓风机：连续鼓风时，风压计示压力为 10 ~ 30kPa，风量 $0.2 \sim 0.4 m^3/(m^2 \cdot h)$。间断鼓风时，风压计示压力为 80 ~ 150kPa，风量 $0.15 \sim 0.2 m^3/(m^2 \cdot h)$。

（3）滤液排出系统：生产中应用的自动排液装置有浮子式和阀控式两种。

（4）真空过滤机过滤系统的设备联系图如图6-26所示。

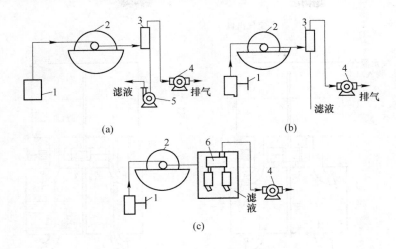

图6-26　真空过滤机过滤系统的设备联系图

（a）传统配置法；（b）较长期使用配置法；（c）较新式配置法

1—压缩空气；2—过滤机；3—气水分离器；4—真空泵；5—离心泵；6—自动排液装置

传统配置法：空气靠真空泵排出，滤液靠离心泵强制排出；较长期使用配置法：过滤机和气水分离器设于较高位置，靠滤液管内液压与大气压差排出滤液；较新式配置法：用自动排液装置排出滤液。

自动排液装置于20世纪60年代末开始用于我国金属矿山选矿厂。现使用的自动排液装置有浮子式和阀控式两种自动排液装置。浮子式自动排液装置的结构如图6-27所示。

浮子式自动排液装置由气水分离器、左右两个排液罐、浮子、杠杆等部件组成。操作时，右排液罐中浮子上升，胶阀关闭小喉管，空气阀开启，罐内为常压，浮子受到向上压力 p，大喉管下部的滤液阀由于气水分离器与排液罐内压力差的作用而关闭，排液罐底部的放水阀打开，原积存于罐内的滤液自动排出。左排液罐中浮子受杠杆作用再下降，小喉管打开，空气阀关闭，罐内具有和杠杆箱、气水分离器内相同的负压，放水阀关闭，滤液阀打开，气水分离器中的滤液流入罐内，使浮子产生向上浮力 R。当浮力 R 大于压力 p 时，左排液罐中浮子浮起，右排液罐中浮子下降，两个排液罐的状态对调。浮子式自动排液装置如此周而复始

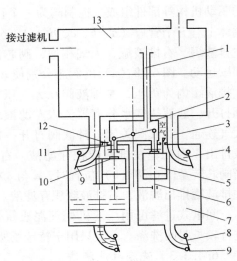

图6-27　新式浮子式自动排液装置的结构

1—连通管；2—杠杆箱；3—大喉管；4—滤液阀；
5—浮子；6—吊杆；7—排液罐；8—放水阀；
9—滤液；10—胶阀；11—小喉管；
12—空气阀；13—气水分离器

地工作。

　　阀控式自动排液装置的结构如图6-28所示。

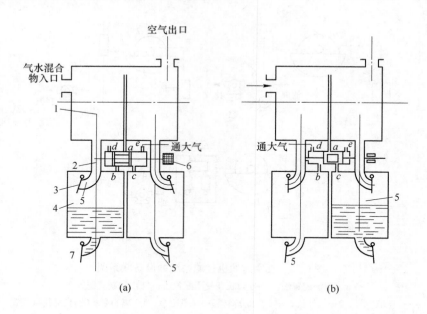

图 6-28　阀控式自动排液装置的结构
1—气水分离器；2—喉管；3—滤液阀；4—左排液罐；5—滤液；6—阀驱动装置；7—放水阀

　　阀控式自动排液装置由气水分离器、左右两个排液罐、滤液阀、排液阀、控制阀、阀的驱动机构等部件组成。控制阀为一个往复运动的五通阀，阀体上有五个管口（a、b、c、d、e），分别与气水分离器、左排液罐、右排液罐、大气相通，阀芯由驱动机构带动作间歇运动。图6-28（a）的阀芯分别使 a 与 b、c 与 e 连通，左排液罐内为负压，左排液阀在大气压力下关闭，左滤液阀打开，滤液从气水分离器流入左滤液罐内。右排液罐与大气连通，滤液阀关闭，排液阀打开，排液罐内积存的滤液排出。因此，左排液罐积存滤液，右排液罐排出滤液。当阀芯转至图6-28（b）位置时，a 与 c 相连，b 与 d 连通，左排液罐排出滤液，右排液罐积存滤液。

　　间歇式过滤可用压滤机处理泥质氰化矿浆，可对滤饼进行较长时间洗涤。一般只用于特殊场所使用。

6.4.3.3　洗涤柱洗涤法

　　洗涤柱结构图如图6-29所示。

　　流态化洗涤柱为一细高的空心圆柱体，主要用于浸出矿浆的固液分离和矿砂洗涤。由扩大室、柱身和锥底三部分组成，矿浆经扩大室中央的进料筒平稳均匀地进入扩大室。洗涤液从洗涤段和压缩段的界面处给入，经布液装置

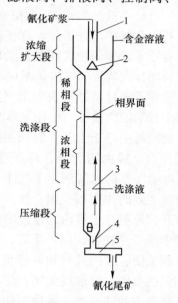

图 6-29　洗涤柱结构图
1—导流筒；2—矿浆分布器；
3—洗涤液分布器；4—排料管；
5—排料阀

均匀地分布于柱截面上，在洗涤段洗涤液与矿砂呈逆流运动。矿浆中的细矿粒和含金液随同洗水从上部溢流堰排出，再经过滤获得澄清的贵液。矿砂则经扩大室向下沉降，在洗涤段形成上稀下浓的流态化床。经洗涤后的矿砂在压缩段压缩增浓，呈移动床下降，最后由锥底排出。

洗涤柱洗涤法已用于我国有色冶金企业，取得良好效果。但在氰化提金厂尚未应用。

6.4.4 锌置换法沉积金

6.4.4.1 锌置换法沉积金的原理

根据电极反应动力学理论，与电解质溶液接触的任何金属表面上进行着共轭的阴极和阳极的电化学反应。当较负电性的金属与较正电性的金属离子溶液接触时，在金属表面与溶液之间将立即产生离子交换，在较负电性的金属表面形成被置换金属覆盖膜，即形成微电池。电子将从置换金属（阳极区）流向被置换金属（阴极区），阳极区是置换金属被氧化，呈金属离子转入溶液中，阴极区是被置换金属不断还原沉积，使被置换金属离子还原析出。由于金属锌的电位为 $-0.763V$，比金氰配阴离子的电位（$-0.60V$）和银氰配阴离子的电位（$-0.31V$）更负，故金属锌可从氰化金银浸出所得贵液中将金银置换出来。

金属锌置换析出金的电化方程为：

阳极区：

$$Zn - 2e \longrightarrow Zn^{2+}$$

阴极区：

$$Au(CN)_2^- + e \longrightarrow Au\downarrow + 2CN^-$$

$$Ag(CN)_2^- + e \longrightarrow Ag\downarrow + 2CN^-$$

总的反应式可表示为：

$$2Au(CN)_2^- + Zn \longrightarrow 2Au\downarrow + Zn^{2+}$$

$$2Ag(CN)_2^- + Zn \longrightarrow 2Ag\downarrow + Zn^{2+}$$

置换过程的电动势为：

$$E = \varepsilon^{\ominus}_{Au(CN)_2^-/Au} - \varepsilon^{\ominus}_{Zn^{2+}/Zn} + \frac{0.0591}{2}lg\frac{\alpha_{Au(CN)_2^-}}{\alpha_{Zn^{2+}}}$$

$$E = \varepsilon^{\ominus}_{Ag(CN)_2^-/Ag} - \varepsilon^{\ominus}_{Zn^{2+}/Zn} + \frac{0.0591}{2}lg\frac{\alpha_{Ag(CN)_2^-}}{\alpha_{Zn^{2+}}}$$

反应达平衡时，$E = 0$。

对置换金而言：

$$\varepsilon^{\ominus}_{Au(CN)_2^-/Au} - \varepsilon^{\ominus}_{Zn^{2+}/Zn} = 0.0295lg\frac{\alpha_{Zn^{2+}}}{\alpha_{Au(CN)_2^-}}$$

$$lg\frac{\alpha_{Zn^{2+}}}{\alpha_{Au(CN)_2^-}} = \frac{-0.6 - (-0.763)}{0.0295} = \frac{0.163}{0.0295} = 5.53$$

$$\alpha_{\text{Au(CN)}_2^-} = 10^{-5.53}\alpha_{\text{Zn}^{2+}}$$

对置换银而言：

$$\varepsilon^{\ominus}_{\text{Ag(CN)}_2^-/\text{Ag}} - \varepsilon^{\ominus}_{\text{Zn}^{2+}/\text{Zn}} = 0.0295\lg\frac{\alpha_{\text{Zn}^{2+}}}{\alpha_{\text{Ag(CN)}_2^-}}$$

$$\lg\frac{\alpha_{\text{Zn}^{2+}}}{\alpha_{\text{Ag(CN)}_2^-}} = \frac{-0.31 - (-0.763)}{0.0295} = \frac{0.453}{0.0295} = 15.36$$

$$\varepsilon_{\text{Ag(CN)}_2^-} = 10^{-15.36}\alpha_{\text{Zn}^{2+}}$$

从上可知，金属锌从氰化贵液中置换金银的推动力较大，置换率相当高。

6.4.4.2　锌置换法沉积金的主要影响因素

A　贵液中的氧含量

贵液中的氧可氧化金属锌生成氢氧化锌沉淀。当贵液中的 CN^- 浓度和碱浓度较小时，贵液中的氧可使已沉积的金再溶解，锌在氰化贵液中溶解时生成的锌氰配离子也被分解而析出氰化锌沉淀。其反应可表示为：

$$\text{Zn} + \frac{1}{2}\text{O}_2 + \text{H}_2\text{O} \longrightarrow \text{Zn(OH)}_2\downarrow$$

$$4\text{Au} + \text{O}_2 + 8\text{CN}^- + 2\text{H}_2\text{O} \longrightarrow 4\text{Au(CN)}_2^- + 4\text{OH}^-$$

$$\text{Na}_2\text{Zn(CN)}_4 + \text{Zn(OH)}_2 \longrightarrow 2\text{Zn(CN)}_2\downarrow + 2\text{NaOH}$$

上述反应导致在金属锌表面生成氢氧化锌和氰化锌薄膜。因此，贵液中的氧不仅增加沉金时的金属锌耗量，而且降低金置换率和降低金泥品位。生产中可采用贵液先经脱氧塔脱氧后再送锌置换作业。

B　贵液 pH 值

贵液进行金属锌置换时的 pH 值须维持在 10 左右，通常贵液碱度为 0.03% ~ 0.05% CaO，以防止在金属锌表面生成氢氧化锌和氰化锌薄膜。

C　贵液金含量

由于贵液经锌置换后的贫液中金的含量几乎为定值，故金的置换率随贵液中金含量的增加而增加。当贵液中金含量太低时，可先用活性炭或离子交换树脂吸附富集后，再用锌置换法或电积法回收贵液中的金。

D　置换温度

当温度低于 10℃时，置换速度明显降低。锌置换金常在室温下进行，仅在寒冬地区才采用某些保温措施。

E　CN^- 浓度

金属锌在氰化贵液中会溶解并析出氢气，其反应可表示为：

$$\text{Zn} + 4\text{NaCN} + 2\text{H}_2\text{O} \longrightarrow \text{Na}_2\text{Zn(CN)}_4 + 2\text{NaOH} + \text{H}_2\uparrow$$

此反应将增加金属锌耗量，但此反应生成的氢气与贵液中的氧结合生成水，可降低贵液中的氧含量，可防止已沉金的反溶和金属锌的氧化。因此，当贵液中的 CN^- 含量和碱度较高时，可获得较高的沉析速度和较高的置换率。生产中锌粉置换时，贵液先经除气塔脱氧，贵液中的 CN^- 含量控制为 0.02% 左右。锌丝置换时，贵液一般不经除气塔脱氧，贵液中的 CN^- 含量控制为 0.05% ~ 0.08%。

F　贵液中的铜、汞、铅离子和可溶硫化物

贵液中的铜、汞离子对锌置换沉金有不良影响，其反应可表示为：

$$2Na_2Cu(CN)_3 + Zn \longrightarrow 2Cu\downarrow + Na_2Zn(CN)_4 + 2NaCN$$

$$Na_2Hg(CN)_4 + Zn \longrightarrow Hg\downarrow + Na_2Zn(CN)_4$$

此反应将增加金属锌耗量，而且在金属锌表面生成铜薄膜，妨碍金银置换沉析。汞可与金属锌生成合金，使金属锌变脆或钝化。

贵液中的可溶硫化物可与溶液中的锌、铅作用，在锌、铅表面生成锌、铅硫化物薄膜，妨碍金银置换沉析。

贵液中的铅离子对锌置换沉金有促进作用。由于铅电位比锌更正，铅锌可形成原电池。锌为阳极，铅为阴极，铅表面不断析出氢气，锌则不断氧化溶解。因此，金属锌中含铅可促进金银置换沉析，从冒出来的氢气泡可判断置换沉金过程是否正常。若金属锌中不含铅，由于氢离子的还原电位比贵液中的锌氰配离子的还原电位高得多，只要有锌溶解，金属锌表面就会析出氢气泡。不与氧结合的氢在金属锌表面析出，会产生极化作用而阻止锌的溶解，对沉析金银不利。生产中将醋酸铅或硝酸铅加入贵液中或将锌丝在10%醋酸铅溶液中浸泡2~3min，使锌丝挂铅。锌粉置换时，则将锌粉与硝酸铅或醋酸铅同时加入混合槽中。

贵液中加铅盐可消除可溶性硫化物的有害影响，但过量的铅盐将导致增加金属锌耗量，延缓金、银沉析过程和降低置换率，生成的氢氧化铅沉淀可降低金泥品位。因此，硝酸铅的添加量一般为每立方米贵液5~10g。

6.4.4.3　锌丝置换沉积金银

锌丝置换沉积金银工艺于1888年开始用于工业生产，在置换沉积箱中进行（见图6-30）。

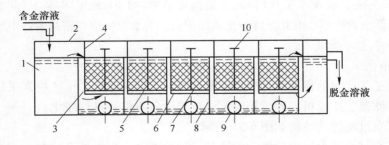

图6-30　锌丝置换沉积箱的结构

1—箱体；2—箱缘；3—下挡板；4—上挡板；5—筛网；
6—铁框；7—锌丝；8—金泥；9—排放口；10—把手

各厂矿所用锌丝置换沉积箱的规格不一，为非标设备，其规格主要取决于处理量和利于操作方便等因素。它由箱体、挡板和假底等构成，箱长常为3.5~7.0m，宽为0.45~1.0m，深为0.75~0.9m。可用木板、钢板、塑料板或混凝土制成。常分为5~10格，假底筛网为3.35~1.4mm（6~12目）。每格贵液的流动可采用从下向上或从上向下的方式。沉积箱的总容积取决于所需的沉金时间，置换沉金时间常为20~40min。

置换用的锌丝用含铅 0.2% ~0.5% 的锌锭就地切削而制得，锌丝宽为 1~3mm，厚为 0.02~0.04mm。也可将熔融的金属锌连续均匀地倾倒于用水冷却的高速旋转的生铁圆筒上而制得锌丝。压紧的锌丝孔隙率为 70% ~90%。装箱前可将锌丝浸泡于浓度为 10% 的铅盐液中 2~3min，使锌丝表面挂铅，也可将铅盐直接滴入贵液中。

操作时沉积箱的第 1 格不装锌丝，用于贵液澄清和添加氰化物溶液。有时第 1 格装不含铅锌丝，以置换沉淀铜等杂质。其他各格装含铅锌丝，最后 1 格常不装锌丝，用于沉淀随液流而悬浮的细粒金泥。贵液从第 1 格进入，顺序流经各格，脱金贫液从最后 1 格排出。置换过程中可用把手定期轻轻提起筛框，上下抖动以使锌丝松动并逸出氢气泡，使附着于锌丝上的金泥脱落而沉于箱底。各操作班可视情况将置换一段时间但仍可继续使用的锌丝从后面几格移至前面几格，将新锌丝添加于后面几格中，使金含量较低的溶液与置换能力最强的新锌丝接触，有利于提高金置换率。

沉积箱每月清洗 1~2 次。沉积箱排放金泥前，先停止给液，用水洗涤沉积箱，然后取出铁框和锌丝。取出的锌丝经圆筒筛分出大的锌丝，大的锌丝可用于下批贵液沉金。从排放口排出的金泥进入承接器中过滤，在排放口下方设有与沉积箱平行的溜槽以收集碎锌丝，并送去过滤。碎锌丝金泥过滤产物与圆筒筛筛下产物（碎锌丝）送下一作业处理。

锌丝置换沉积金时，金置换率可达 95% ~99%，锌丝耗量每千克金为 4~20kg，耗量远比理论量高。

锌丝置换沉积金银具有设备简单、易制造、易操作、不耗动力等优点。但锌丝耗量高，氰化钠耗量高、金泥含锌高、金泥金含量低及沉积箱占地面积大。因此，锌丝置换沉积金银的工艺已逐渐被锌粉置换沉积金银的工艺所取代。

6.4.4.4　锌粉置换沉积金银

A　锌粉

可用升华法使锌蒸气在大容积的冷凝器中迅速冷却的方法而制得。锌粉含锌 95% ~97%，含铅 1% 左右，粒度小于 0.01mm（美国规定为 -0.04mm 占 97%），粗粒锌及氧化锌含量高均可降低金置换率。因此，锌粉比表面积大，易氧化，应在密封容器中贮存和运输。

B　贵液净化与脱氧

a　贵液净化

常规氰化工艺产出的贵液尚含少量矿泥和难沉淀的悬浮物，生产中常采用框式真空过滤器、管式过滤器、压滤机、砂滤箱或沉淀池等设备对贵液进行净化。

板框式真空过滤器的结构如图 6-31 所示。

板框式真空过滤器为长方形槽，内装若干过滤板框，板框外套滤布，一端与真空汇流管相连，用于过滤贵液。

管式过滤器是选矿厂使用较广泛的贵液净化设备，其结构如图 6-32 所示。

有些小选矿厂采用砂滤箱或沉淀池。砂滤箱是在箱的假底上铺滤布，滤布上铺 120~150mm 的砾石层和 60mm 厚的细砂层。砂滤箱简单，生产效率低，澄清效果差，常与板框式真空过滤器配合使用。

贵液净化作业影响最大的是滤布为碳酸盐、硫化物或矿泥所堵塞。因此，常取消过滤与澄清之间的贮液槽，缩短贵液与空气的接触时间，减少二氧化碳的溶入量，定期用 1% ~1.5% 的稀盐酸洗涤滤布以清除滤布上的碳酸钙沉淀物。

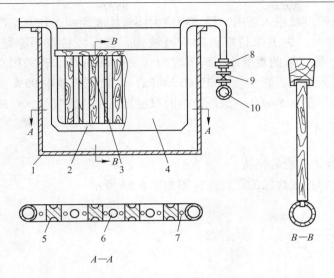

图 6-31 板框式真空过滤器的结构

1—槽体；2—U 形架；3—上口横梁；4—滤布袋；5—工字条算条；

6—圆形算条；7—进液口；8—活节；9—环阀；10—真空吸液管

b 贵液脱氧

常采用真空除气塔脱氧，其结构如图 6-33 所示。

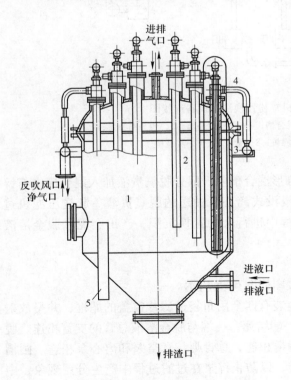

图 6-32 管式过滤器的结构

1—罐体；2—过滤管；3—聚流管；4—连接支管；5—支架

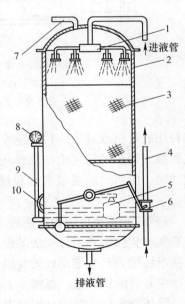

图 6-33 真空除气塔的结构

1—淋液器；2—外壳；3—点波填料；4—进液口；

5—液位调节系统；6—蝶阀；7—真空管；

8—真空表；9—液位指示管；10—人孔口

　　贵液从塔顶呈喷淋状进入塔内，经填料增大溶液比表面积，在真空吸力下，贵液中的空气逸出而实现脱氧。为了保持塔内的贵液液面，装有液位调节系统。塔内真空度为 79.99～86.66kPa，除气后的贵液中的氧浓度为 0.6～0.8mg/L。若采用克劳塔除气时，贵液呈稀薄的膜状进入塔内，真空度大于 93.33kPa，可除去溶液中 95% 的溶解氧，除气后的贵液中的氧浓度小于 0.5mg/L。最近使用的双层真空水冷除气器，可将贵液中的氧浓度降至 0.1mg/L 以下。

　　C　锌粉置换方法

　　a　老式的压滤机锌粉置换法

　　老式的压滤机锌粉置换法的设备连接图如图 6-34 所示。

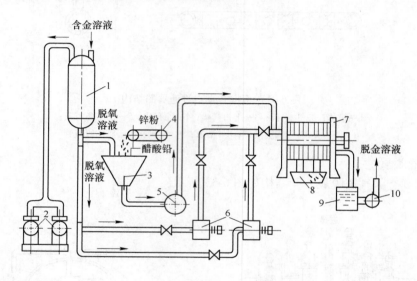

图 6-34　老式的压滤机锌粉置换法的设备连接图

1—除气塔；2—真空泵；3—锥形混合槽；4—锌粉给料器；5，10—离心泵；
6—潜水离心泵；7—压滤机；8—金泥槽；9—贫液槽

　　锌粉用胶带机或其他给料器连续给入锥形混合槽中，部分脱氧贵液加入混合槽中与锌粉制成锌浆。制成的锌浆由槽底排出并与浸没式离心泵抽送的脱氧贵液一起送压滤机过滤。过滤时，脱氧贵液通过含锌粉滤饼过程中进行金的置换沉积，产出金泥和脱金溶液（贫液）。

　　b　较新式的置换槽锌粉置换法

　　较新式的置换槽锌粉置换法的设备连接图如图 6-35 所示。

　　置换沉淀槽为具有锥形底的圆槽，槽内装有四个用布袋过滤片覆盖的滤框，并呈放射状固定于中心管的铁架上。滤框呈 U 形，一端堵死，一端与脱金溶液总管的支管相连。脱金溶液总管环绕于槽体外面，通过支管与滤框相连，总管则与真空泵和离心泵相连。圆槽中心有中心轴，其下端有螺旋桨，慢速旋转，以防止锌浆在过滤过程中产生分层现象，中心轴的上端（槽铁架上面）装有小叶轮以搅拌上层锌浆。

　　操作时将锌粉和脱氧贵液给入混合槽，锌浆由混合槽底自流进入置换沉淀槽，在中心

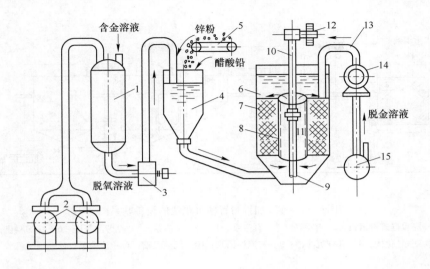

图 6-35 较新式的置换槽锌粉置换法的设备连接图

1—除气塔；2—真空泵；3—潜水离心泵；4—混合槽；5—锌粉给料器；6—置换沉淀槽；7—布袋过滤片；
8—中心管；9—螺旋桨；10—中心轴；11—小叶轮；12—传动机构；13—支管；14—总管和真空泵；15—离心泵

轴螺旋桨和小叶轮作用下，锌浆可沿中心管上升产生循环。在真空抽吸力作用下，金泥沉积于滤布上，贫液透过滤布经支管由总管排出。生产实践表明，金的置换沉积主要产生于过滤过程中，主要是在含金溶液穿过滤布表面的锌粉层时进行金的置换沉积。为了置换沉积开始后能在滤布表面迅速形成锌粉沉淀层，须在开始过滤时直接往敞口的置换沉淀槽内加入锌粉沉淀层总量一半以上的锌粉。置换沉淀槽虽为敞口式，空气直接与锌浆表面接触，但因过滤速度快且搅拌力很弱，锌浆无明显吸氧现象。由于间歇卸出金泥，连续进行置换沉积时需 2～3 台置换沉淀槽交替使用才能满足要求。

锌粉置换沉积时，混合槽上方的滴液管将硝酸铅或醋酸铅溶液滴入槽内，铅盐加入量为锌粉质量的 10%。

锌粉置换沉积时，贵液中的氰化物浓度和碱度比锌丝置换时低，如从 0.014% NaCN 和 0.018% CaO 的贵液中进行锌粉置换沉金，金的置换率仍很理想。贫液每小时用比色法测定一次，当贫液金含量超过 0.15g/m³ 时须重新返回处理。锌粉耗量因贫液金含量而异，一般为 15～50g/m³。

c 梅里尔·克劳厂的连续加锌粉置换沉积法

梅里尔·克劳（Merrill Crowe）厂的连续加锌粉置换沉积法的设备联系图如图 6-36 所示。

除气后的贵液直接抽送至乳化器，锌粉经加料机连续加入乳化器中与贵液乳化。锌粉加入量为每吨贵液 15～20g。乳化后的溶液送入真空沉积槽中置换沉金。经适当时间后，贵液中 99% 以上的金被还原沉积，贫液金含量约 0.02g/m³。过滤常采用索克（Sock）式框式过滤机或层滤机，更广泛使用时为斯特朗（Stellar）过滤机。连续生产时，3～28d 清理 1 次过滤机沉积物，沉积物送冶炼得合质金锭。

锌粉置换沉金的锌粉耗量低，金银置换率高，金泥锌含量低、金含量高，锌粉比锌丝

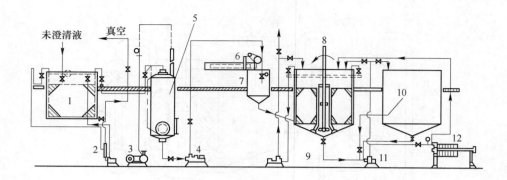

图 6-36　连续加锌粉置换沉积法的设备联系图

1—隔膜框式澄清机；2—隔膜泵；3—真空泵；4—潜水离心泵；5—克劳除气塔；6—锌加料机；
7—乳化槽；8—真空沉淀槽；9—贫液返回泵；10—沉淀贮槽；11—清砂泵；12—压缩机

价廉，易机械化和自动化。但锌粉置换沉金的设备较复杂，能耗较高。目前生产中主要采用锌粉置换法从氰化贵液中回收金银。

6.4.5　搅拌氰化提金实践

6.4.5.1　全泥氰化提金

全泥氰化提金工艺适用于含金石英脉氧化矿石，金的嵌布粒度较粗，磨矿细度常为 $-0.074mm$ 占 $80\% \sim 90\%$。矿石密度小，浸出矿浆浓度常为 $35\% \sim 40\%$。矿石泥含量高，洗涤作业是关键，洗涤率不宜定太高。原矿金含量不高，常采用一段氰化、一段洗涤流程。氰化物浓度较低，有害杂质浸出率低，贵液量大且金含量不高。因此，置换贫液可返回磨矿、浸出和洗涤作业。国内陕西太白金矿、赤峰柴胡栏子金矿等采用常规全泥氰化提金工艺生产。

柴胡栏子金矿全泥氰化提金工艺流程如图 6-37 所示。

柴胡栏子金矿属中温热液裂隙充填含金石英脉型矿床，矿石为绢云母蚀变岩及贫硫化物含金石英脉型，氧化程度高且含泥高。原矿含金 5.8g/t，含银 6.46g/t，主要矿物为褐铁矿。磨矿细度为 $-0.074mm$ 占 95%，浓密底流浓度为 40% 左右，送至 8 台串联的 $\phi3000mm \times 5000mm$ 轴流式机械搅拌浸出槽浸出，矿浆中 CaO 质量分数为 $0.03\% \sim 0.05\%$，CN^- 质量分数为 $0.03\% \sim 0.05\%$，浸出 32h，金浸出率达 92% 以上。采用 2 台 $\phi9m$ 三层浓密机串联进行6 级逆流洗涤，溢流（贵液）自流至 200m³ 贮槽，底流进污水处理系统。贵液经沉淀、真空吸滤净化器过滤、脱氧塔脱氧，用 BMS20-635/25 板框压滤机进行锌粉置换，贫液全部返回洗涤作业。金置换率达 99% 以上，贫液含金 0.015g/m³。置换金泥含金 6% ~ 8%，经干燥、加适量熔剂混匀，装入石墨坩埚中，在箱式电炉内熔炼 1.5h，产出金含量为 90% 以上的合质金。技术指标列于表 6-11 中。材料消耗列于表 6-12 中。

表 6-11　柴胡栏子金矿工业生产技术指标

原矿含金 /g·t⁻¹	氰化渣含金 /g·t⁻¹	贵液含金 /g·m⁻³	贫液含金 /g·m⁻³	浸出率/%	洗涤率/%	置换率/%	总回收率/%
4.31	0.28	1.13	0.02	93.49	98.48	99.38	91.43

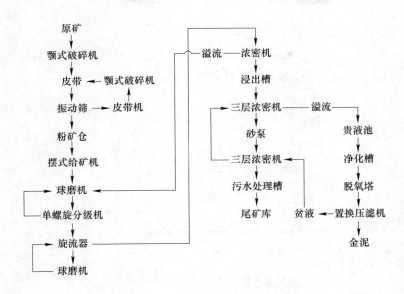

图 6-37　柴胡栏子金矿全泥氰化提金工艺流程

表 6-12　柴胡栏子金矿工业生产材料消耗

氰化钠 /kg·t^{-1}	锌粉 /kg·t^{-1}	石灰 /kg·t^{-1}	氰化电耗 /kW·h·t^{-1}	絮凝剂 /kg·t^{-1}	醋酸铅 /kg·m^{-3}	钢球 /kg·t^{-1}	液氯 /kg·t^{-1}
0.88	0.32	12.2	68.0	0.07	0.03	3.64	0.94

6.4.5.2　金精矿氰化提金

浮选金精矿氰化提金工艺适用于易浮选的含金黄铁矿类型矿石。金精矿含金品位较高，浸出时氰化物浓度高。浮选金精矿再磨细度为 -0.043mm 占 95% 左右，浸出矿浆浓度为 40%~50%。

A　玲珑金矿

玲珑金矿矿石属含金石英脉硫化矿矿石，浮选金精矿含金 90g/t，含银 53g/t。采用常规氰化提金工艺处理浮选金精矿。采用二段氰化浸出、二段洗涤流程。浮选金精矿氰化提金工艺流程如图 6-38 所示。

玲珑金矿浮选金精矿经再磨机（MQY1530 球磨机）再磨后送 NX18m 浓密机脱水脱药，底流送 6 台 ϕ3.0m×3.5m 双叶轮中空轴充气机械搅拌浸出槽进行第一段氰化浸出，浸前用石灰进行碱处理，使铜、锌硫化物表面形成钝化膜，使其不溶于氰化液中。第一段氰化浸出矿浆送 2 台 ϕ9m 三层浓密机进行固液分离和逆流洗涤。第一段洗涤底流送 4 台 ϕ4.0m×4.5m 双叶轮中空轴充气机械搅拌浸出槽进行第二段氰化浸出，浸出矿浆送 2 台 ϕ9m 三层浓密机进行固液分离和逆流洗涤，所得溢流返回第一段洗涤。第一段氰化浸出氰化钠浓度为 0.08%，氧化钙浓度为 0.03%，第二段氰化浸出氰化钠浓度、氧化钙浓度与第一段氰化浸出相同。第一段洗涤所得贵液经 3 台 ϕ1.5m 脱氧塔脱氧后，送 2 台 40m^2 板框式压滤机进行锌粉置换。金泥烘干后，经转炉熔炼产出合质金。置换后的贫液含氰化钠浓度为 2100~2300mg/L，送酸法回收氰化钠作业，可回收贫液所含氰化钠的 70%。回收

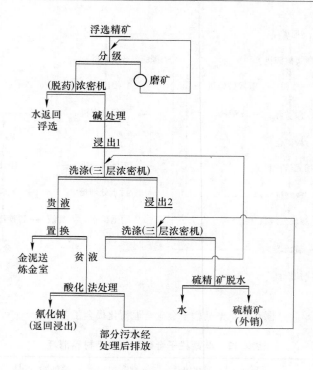

图 6-38　玲珑金矿浮选金精矿氰化提金工艺流程

的氰化钠溶液返回氰化浸出作业，酸法处理后的污水大部分返回洗涤作业，少部分污水经处理后排至尾矿库。第二段逆流洗涤的底流经真空过滤机过滤产出硫精矿外销。

　　玲珑金矿工业生产技术指标列于表 6-13 中。工业生产经济指标列于表 6-14 中。

表 6-13　玲珑金矿工业生产技术指标

编 号	金精矿含金 /g·t⁻¹	氰化渣含金 /g·t⁻¹	贵液含金 /g·m⁻³	贫液含金 /g·m⁻³	浸出率/%	洗涤率/%	置换率/%	总回收率 /%
1	53.76	1.38	9.03	0.01	97.43	99.85	99.88	97.02
2	51.94	1.21	10.26	0.02	97.67	99.70	99.88	97.27

表 6-14　玲珑金矿工业生产经济指标

编 号	氰化钠耗量/kg·t⁻¹			锌粉耗量 /kg·t⁻¹	絮凝剂耗量 /kg·t⁻¹	电耗 /kW·h·t⁻¹	氰化成本 /元·吨⁻¹	污水处理成本 /元·米⁻³
	新耗	回收	总耗					
1	5.39	2.80	8.16	0.24		64.0	32.69	2.73
2	4.95	2.47	7.42	0.22	0.43	55.60	32.51	2.54

　　玲珑金矿浮选金精矿氰化提金工艺流程已成为我国金精矿氰化提金的经典工艺流程。金精矿含铜小于 1% 时，氰化浸出前采用碱处理可大幅度降低铜对氰化物的消耗。

　　B　十里铺银矿

　　十里铺银矿石中主要金属矿物为方铅矿、闪锌矿、黄铁矿、白铅矿和菱锌矿等。主要脉石矿物为石英，其次为长石、绢云母等。主要银矿物为辉银矿-螺状硫银矿，占

79.22%。其中赋存于硫化矿物中占48.54%，在铅、锌氧化物中占17.61%。其余赋存于脉石矿物中。自然银占20.68%，主要赋存于脉石矿物及其裂隙处，其量占80.56%，其余赋存于闪锌矿、黄铜矿、黄铁矿中。自然银比辉银矿-螺状硫银矿嵌布粒度粗些，+0.037mm粒级中的自然银占68.89%，辉银矿-螺状硫银矿占62.55%；-0.037 +0.005mm粒级中的自然银占30.18%，辉银矿-螺状硫银矿占32.73%。处理矿石125.35t/d，原矿含银263.58g/t。

十里铺银矿选矿工艺流程如图6-39所示。

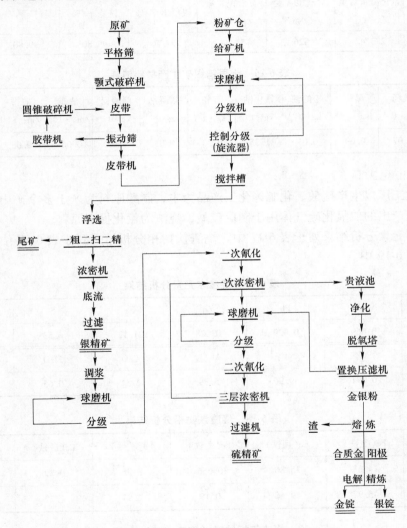

图6-39　十里铺银矿选矿工艺流程

其工艺流程为：矿石碎至-20mm，球磨细度为-0.074mm占60%，采用一次粗选、二次精选、二次扫选浮选流程产出混合银精矿，经浓密、过滤两段脱水脱药，滤饼调浆经ϕ900mm×900mm球磨机再磨至-0.043mm占85%，送入3台ϕ2500mm×2500mm搅拌槽进行氰化浸出。浸出矿浆经ϕ6m浓密机进行一段洗涤得贵液。浓密机底流再经ϕ900mm×900mm球磨机再磨至-0.043mm占90%，再经3台ϕ2500mm×2500mm搅拌槽进行第二段氰化浸出，浸出矿浆经 $\phi 7m$ 三层浓密机进行逆流洗涤，所得次贵液返回一段洗涤。氰化渣经过滤产出硫精矿。一段洗涤贵液经净化、脱氧、板框压滤机锌粉置换产出金银泥。金银泥经 10% 硫酸液酸洗、烘干，配以 30% 的硼砂（有时配少量石英粉）熔炼成合质金阳极板，送电解精炼分离金、银，产出金锭和银锭。其生产技术指标列于表 6-15 中。材料消耗列于表 6-16 中。

表 6-15　十里铺银矿生产技术指标

精矿银含量 /g·t^{-1}	氰化渣银含量 /g·t^{-1}	贵液银含量 /g·m^{-3}	贫液银含量 /g·m^{-3}	银浸出率/%	洗涤率/%	置换率/%	银总回收率 /%
9448	273.42	526	54.44	97.70	99.80	99.80	97.20

表 6-16　十里铺银矿生产材料消耗

钢球衬板 /kg·t^{-1}	黄药 /kg·t^{-1}	黑药 /kg·t^{-1}	松醇油 /kg·t^{-1}	氰化钠 /kg·t^{-1}	锌粉 /kg·t^{-1}	絮凝剂 /kg·t^{-1}	醋酸铅 /kg·t^{-1}	滤布 /m^2·t^{-1}	胶带 /m·t^{-1}	电耗 /kW·h·t^{-1}
0.03	0.07	0.09	0.01	1.35	0.33	0.03	0.03	0.063	0.03	36.73

C　乳山化工厂

乳山化工厂以生产硫酸、化肥等化工产品为主，制酸原料为产于多个矿山的含金硫精矿，经焙烧产出的二氧化硫气体用于制取硫酸，烧渣为氰化提金原料。

烧渣多元素分析结果列于表 6-17 中。烧渣铁物相分析结果列于表 6-18 中。烧渣筛析结果列于表 6-19 中。

表 6-17　烧渣多元素分析结果

元　素	Cu	Pb	Zn	Fe	S	As
含量/%	0.069	0.929	0.028	21.12	0.53	0.054
元　素	C	SiO$_2$	Al$_2$O$_3$	CaO	MgO	Au
含量/%	0.091	39.90	5.39	2.51	0.65	5.28g/t

表 6-18　烧渣铁物相分析结果

产　物	Fe（磁铁）	Fe（褐铁）	Fe（菱铁）	Fe（黄铁）	Fe（硅铁）	TFe
含量/%	14.68	15.86	0.056	0.95	0.39	31.936
占有率/%	45.97	49.66	0.18	2.97	1.22	100.00

表 6-19　烧渣筛析结果（烧渣密度为 3.47g/cm^3）

粒级/μm（目）	+150 （+100）	-150+106 （-100+150）	-106+75 （-150+200）	-75+61 （-200+240）	-61+45 （-240+320）	-45 （-320）	合　计
产率/%	27.48	3.33	4.78	1.78	8.12	54.5	100.00
金含量/g·t^{-1}	3.4	5.4	5.2	6.33	6.6	6.0	5.28
占有率/%	17.69	3.4	4.71	2.15	10.15	61.99	100.00

烧渣用浮选法处理时，浮选精矿中金的回收率仅10.69%。烧渣再磨后用氰化法提金，金的氰化浸出率可达70%，金的总回收率可达60.2%。

烧渣氰化提金工艺主要由硫精矿沸腾焙烧、排渣水淬、磨矿、浓密脱水、碱处理、氰化提金等作业组成，提高金氰化回收率的关键是控制焙烧温度、空气过剩系数、磨矿细度、脱水、碱处理及氰化提金工艺过程的有关工艺参数。

6.4.6 我国某些常规氰化提金工艺的技术经济指标

某些常规氰化提金厂的原料多元素分析结果列于表6-20中。

表6-20 某些常规氰化提金厂的原料多元素分析结果 （%）

项 目	矿名	Au /g·t⁻¹	Ag /g·t⁻¹	Cu	Pb	Zn	Fe	CaO	MgO	SiO₂	Al₂O₃	S	C	As
全泥氰化	柴胡栏子	5.80	6.46	0.012	0.043	0.162	6.34	1.3	2.53	60.3	12.46	1.48	0.64	—
	赛乌素	6.05		0.01	0.08	0.08	—	2.25	0.41	80.85	5.12	0.14	0.47	—
浮选精矿氰化	金厂峪	117.5	43.17	0.18	0.09	0.05	26.26	2.6	—	25.16	6.80	25.46	—	0.01
	三山岛	59.0	90.0	0.22	1.25	0.82	38.27	0.02	0.168	11.06	13.31	39.18		1.0
	新城	82.5	121.0	0.67	0.98	0.21	43.15	—	—	—	—	43.72		—
	五龙	72.5	21.43	0.27	0.05	0.04	22.91	1.77	1.44	33.4	6.09	20.67		0.16
	遂昌	98.7	29.84	0.37	—	2.05	30.27	0.476	0.182	23.85	6.89	33.37		—
烧渣氰化	乳山化工厂	4.38	10.0	0.067	0.029	0.028	21.12	2.51	0.65	39.90	5.39	0.53	0.09	—

某些常规氰化提金厂的贵液和贫液组成列于表6-21中。

表6-21 某些常规氰化提金厂的贵液和贫液组成 （mg/L）

项 目	矿 名	Au	Ag	Cu	Pb	Zn	Fe	CaO	SiO₂	CN⁻	CNS⁻	悬浮物
贵 液	新 城	10.3	12.86	256	0.07	16	—	—	—	340	320	—
	金厂峪	13.41	—	340		86	3.8	300	116	476	1120	119
	玲珑	10.12	—	761						1293	1465	200
贫 液	金厂峪	0.045	0.63	294	9.0	139	2.07	400	95	520	800	—
	玲珑	0.04		739				380		1285	1443	—

某些常规氰化提金厂的金泥组成列于表6-22中。

表6-22 某些常规氰化提金厂的金泥组成 （%）

矿 名	Au	Ag	Cu	Pb	Zn	Fe	S	SiO₂	CaO	MgO	Al₂O₃
金厂峪	17.96	3.57	8.57	7.63	42.26	0.45	0.45	0.43	0.11	0.024	0.082
新 城	21.59	23.42	2.86	5.32	29.30	1.2	6.31	—	—	—	—
大水清	4.72	6.08	38.0	5.35	12.86	1.15	1.75	2.5	2.78	0.15	0.72
赤卫沟	1.929	3.39	0.91	8.27	16.75	1.4	0.16	20.78	19.84	—	—
乳山化工厂	20.23	30.97	12	8.36	5.4	2.88	1.43	3.81	3.39	0.52	0.57

某些常规氰化提金厂的技术指标和主要材料消耗列于表6-23中。

表6-23 某些常规氰化提金厂的技术指标和主要材料消耗

矿 名	原矿含金/g·t⁻¹	氰渣含金/g·t⁻¹	贵液含金/g·m⁻³	贫液含金/g·m⁻³	浸出率/%	洗涤率/%	置换率/%	氰化总回收率/%	主要材料消耗/kg·t⁻¹ 氰化钠	锌粉	醋酸铅	石灰	电耗/kW·h·t⁻¹
金厂峪	137.42	3.56	17.87	0.016	97.29	99.79	99.91	97.0	6.51	0.60	0.18	7.7	—
玲珑	53.76	1.38	9.03	0.01	97.43	99.85	99.73	97.02	8.16	0.24	—	—	—
新城	81.13	1.64	10.03	0.02	97.98	99.28	99.81	97.09	5.7	0.4	0.003	9	30.1
五龙	100.00	5.45	42.26	0.6	94.46	99.86	98.58	93.12	5.18	1.17	—	—	—
焦家	108.00	1.74			98.34	99.73	99.95	98.03	6.44	0.44	—	—	34.2
大水清	84.30	2.29	4.75	0.18	97.16	99.44	98.93	95.58	12.94	0.79	0.06	5.5	—
三山岛	55.15	1.91	10.0	0.02	96.53	99.28	99.75	95.59	3.79	0.33	0.03	4.0	40
遂昌	66.46	0.51			98.39	99.72	99.29	97.61	9.0	4	—	—	—
赤卫沟	3.84	0.31	1.65	0.04	91.90	97.26	97.70	87.32	1.6	0.67	—	6.5	79
柴胡栏子	4.31	0.28	1.13	0.02	93.49	98.38	99.38	91.43	0.88	0.32	0.04	12.6	—
赛乌素	6.01	0.31	2.66	0.02	95.39	98.21	99.25	92.98	0.61		—	—	—
乳山化工厂	3.76	1.21	0.67	0.01	67.68	95.05	97.16	62.47	1.08	0.05	0.002		47

6.5 炭浆氰化提金

6.5.1 概述

由于常规氰化法的浸出矿浆须固液分离、洗涤及贵液须澄清、除气、置换沉金等，导致流程冗长、基建投资大、经营费用高和处理泥质矿石较困难等缺点。为解决上述问题，迫切寻求新的提金工艺。

1847年拉佐夫斯基（Лазовский）发现活性炭可吸附溶液中的贵金属。1880年戴维斯（Davis）等人首次用木炭从含金氯化溶液中吸附回收金，熔炼载金炭以回收其中的金。由于须制备含金澄清液和活性炭无法返回使用，此工艺在工业生产中无法与常规氰化法竞争。1934年人们首次用活性炭从浸出矿浆中吸附回收金银，但活性炭仍无法返回使用。直至1952年美国扎德拉（Zadra）等人发现采用热的氢氧化钠和氰化钠的混合溶液可成功地从载金炭上解吸金，才奠定了当代炭浆工艺的基础，使活性炭的循环使用得以实现。

1961年美国科罗拉多州的卡林顿选金厂首次将炭浆工艺用于小规模生产，当代完善的炭浆工艺于1973年首次用于美国南达科他州的霍姆斯特克选金厂，处理量为2250t/d。此后美国、南非、菲律宾、澳大利亚、津巴布韦等国相继建立了几十座炭浆提金厂，其中规模较大的约3500t/d的贝萨金矿炭浆厂于1982年投产。现炭浆提金工艺已成为氰化回收金银的主要方法之一。

　　20 世纪 80 年代中期从美国引进技术和设备在陕西潼关金矿和河北张家口金矿建成全泥氰化炭浆厂。90 年代初期我国已建成百余座炭浆提金厂。

　　炭浆氰化提金工艺流程如图 6-40 所示。

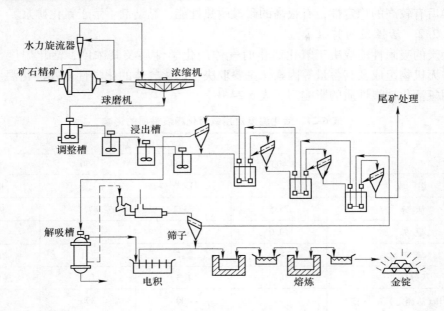

图 6-40　炭浆氰化提金工艺流程

　　炭浆氰化提金工艺主要包括：原料准备、氰化搅拌浸出、活性炭逆流吸附、载金炭解吸、贵液电积、熔炼铸锭和活性炭再生等作业。

　　炭浆氰化提金的主要优点在于：直接采用粒状活性炭从氰化矿浆中吸附回收金银，省去了浸出矿浆的固液分离、洗涤及贵液的澄清、除气、置换沉金等作业，可简化流程、降低基建和经营成本、节能降耗、提高效益。通常与常规氰化法比较，炭浆氰化提金可节省投资 25% ~50%，生产成本可降低 5% ~35%。

　　目前，炭浆搅拌氰化提金有三种工艺：（1）先浸后吸的工艺，简称 CIP 工艺；（2）同时浸吸工艺，简称 CIL 工艺；（3）磁炭工艺，简称 Magchal 工艺。

6.5.2　活性炭及其特性

6.5.2.1　活性炭的制备

　　活性炭是将固态炭质物（如煤、木材、硬果壳、果核、糖、树脂等）于隔绝空气条件下，经受高温（400~600℃）进行脱水和炭化，然后在 400~1100℃ 条件下用空气、二氧化碳、水蒸气或其混合气体氧化活化后的多孔物质。孔隙非常发达，多为开口孔隙，微孔直径为 0.5~2nm，孔径为 1.0nm 左右的微孔约占微孔总体积数的 90%。因此，活性炭的制备可分为炭化和氧化活化两个阶段。炭化阶段可使炭以外的物质挥发，氧化活化阶段可烧去残留的挥发物质以产生新的孔隙和扩充原有的孔隙，改善微孔结构，提高其吸附活性。低温（400℃）活化的炭为 L-炭，高温（>800℃）活化的炭为 H-炭。H-炭须在惰性气体中冷却，否则会转变为 L-炭。

　　1948年由N.海德利首创磁炭法（Magchal），采用磁性活性炭进行炭浆氰化提金，用磁选机回收浸出尾浆中的磁性活性炭。可将磁性颗粒与活性炭颗粒黏结在一起或将碳粒与磁性颗粒一起制成活性炭等两种方法制备磁性活性炭。黏结法常用硅酸钠作黏结剂，所得磁炭干燥后有较高的稳定性，有很高的耐碱耐热性能，黏结剂不溶于氰化矿浆。

6.5.2.2　活性炭的特性

　　活性炭的吸附性能取决于氧化活化时气体的化学性质及其浓度、活化温度、活化时间、炭中无机物组成及其含量等因素，主要取决于活化气体的化学性质及活化温度。活化温度对用氧活化糖炭性质的影响列于表6-24中。

表6-24　活化温度对用氧活化糖炭性质的影响

项　目		活化温度/℃			
		400	550	650	800
组　成		L-炭			H-炭
碳/%		75.5	85.2	87.3	94.3
氧/%		19.0	10.4	7.4	3.2
氢/%		3.2	2.7	2.1	1.5
灰分/%		0.7	1.3	1.4	(1.2)
表面积（Bet法测定）/m²·g⁻¹		40	400	390	480
水悬浮液的pH值		4.5	6.8	6.7	9.0
吸附量/μg·g⁻¹	NaOH	340	159	158	23
	HCl	39	155	160	265

　　从表6-24数据可知，糖炭的表面积随活化温度的提高而显著增大，活化温度愈高，残留的挥发物质挥发愈完全，微孔结构愈发达，比表面积和吸附活性愈大，其比表面积为$600 \sim 1500 m^2/g$。活性炭的吸附活性是其巨大的比表面积和存在于表面的反应基因二者结合产生的吸附作用。糖炭中的氧和氢含量随活化温度的提高而下降。糖炭中的灰分随活化温度的提高而上升，活化温度愈高，糖炭中的挥发物质挥发愈完全，其灰分随活化温度的提高而上升。活性炭中的灰分主要为K_2O、Na_2O、CaO、MgO、Fe_2O_3、Al_2O_3、P_2O_5、SO_3、Cl^-等，灰分含量高低对活性炭吸附活性有很大影响。灰分含量愈高，活性吸附表面积愈小，其吸附活性愈低。一般可用盐酸或氢氟酸（如用1% HCl或HF）浸泡-水洗法除去或降低活性炭中的灰分。活性炭中的灰分与其原料有关，通常认为用蔗糖制备的活性炭中的灰分含量最低。

　　活性炭吸附活性与氧分压关系密切相关（见图6-41），此外某些活性炭具有还原性能或氧化性能，可使溶液中的某些离子还原为金属或使某些离子氧化。

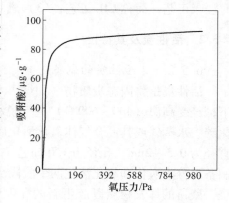

图6-41　氧分压对H-炭
吸附盐酸的影响

活性炭的耐磨性（机械强度）与原料和炭化温度有关，当炭化温度超过700℃时，所产出的活性炭的耐磨性将显著增大。

目前各国生产的椰壳活性炭有几十种，用于炭浆提金的椰壳活性炭的物理、化学特性列于表6-25中。

表 6-25　典型提金椰壳活性炭的物理、化学特性

性　质	技　术　特　性	数　值
物理性质	颗粒密度（汞置换法测定）/g·mL^{-1}	0.8~0.83
	堆密度/g·mL^{-1}	0.48~0.54
	孔穴大小/nm	1.0~2.0
	孔穴体积/mL·g^{-1}	0.7~0.8
	球盘硬度（ASTM 即美国试验材料标准）/%	97~99
	粒度[①]/mm（目）	1.16~2.36（14~8）
	灰分/%	2~4
	水分/%	1~4
化学性质	比表面积（N2、BET，即布伦纳-埃米特-特勒氮测定法）/m^2·g^{-1}	1050~1200
	碘值/mg·g^{-1}	1000~1150
	四氯化碳值/%	60~70
	苯值/%	36~40

① 鉴于细粒活性炭吸附效率高，随磨矿细度的提高和筛分技术的改进，目前用炭粒度为 -2.36 +0.83mm（-8 +20目）。

我国生产的活性炭按原料分为煤质类、果壳类和木质类。某些活性炭的吸金性能列于表6-26中。

表 6-26　我国某些活性炭的吸金性能

活性炭种类	粒度/mm	金吸附率/%			金吸附量 /g·t^{-1}	磨损率 /%
		30min	60min	90min		
GH-16 型杏核炭	17~0.6	55.32	61.70	73.40	6075	5.40
GH-15 型杏核炭	0.71~0.3	73.30	84.90	87.10	6860	—
大粒椰子壳炭	1.7~0.6	42.13	58.54	70.37	8045	8.03
小粒椰子壳炭	0.71~0.3	67.80	81.00	83.50	7700	—
ZX-15 煤质炭	φ1.5×3	33.60	45.54	54.05	—	15.12
橄榄核炭	0.6~0.3	70.74	85.11	88.33	7285	—
棒状木质炭	φ3×3	33.33	38.89	38.89	—	—
球状煤质炭	1.7~0.6	17.02	23.40	39.79	5610	—

我国部分炭浆氰化厂除使用进口椰壳炭外，大多数使用国产椰壳炭和杏核炭，还研制和试用了多种果核炭。

6.5.2.3 活性炭吸附机理

活性炭从清液或矿浆中吸附物质组分的机理尚不统一，综合将其分为三类。

A 物理吸附说

物理吸附说认为活性炭吸附物质组分全靠范德华力引起。碳质物炭化后氧化活化时，活化气体将同晶格中不同部位的碳原子发生反应，生成一氧化碳或二氧化碳气体逸出，形成大量空穴和空隙，在微晶边缘、空穴和空孔隙处有不饱和键，具有很大的吸附活性。活性炭孔隙质愈高，比表面积愈大，活性吸附点愈多，吸附活性愈大。其反应可表示为：

$$H_2O + C_x \longrightarrow H_2 + CO + C_{x-1}$$

$$CO_2 + C_x \longrightarrow 2CO + C_{x-1}$$

$$O_2 + C_x \longrightarrow 2CO + C_{x-2}$$

$$2O_2 + C_x \longrightarrow 2CO_2 + C_{x-2}$$

B 电化学吸附说

电化学吸附说认为氧与活性炭悬浮液接触时被还原为羟基并析出过氧化氢，而活性炭为电子给予体使其带正电，故可吸附阴离子。其反应可表示为：

$$O_2 + 2H_2O + 2e \longrightarrow H_2O_2 + 2OH^-$$

$$C - 2e \longrightarrow C^{2+}$$

也有人认为 H-炭表面具有明显的醌型结构，L-炭表面具有明显的氢醌型结构，在 $500 \sim 700℃$ 区间活化的活性炭则兼有这两种结构。它们像可逆氢电极一样，在氧化介质中，氢醌型结构转变为醌型结构，使活性炭带正电，吸附阴离子。反之，在还原介质中，醌型结构转变为氢醌型结构，使活性炭带负电，吸附阳离子。

C 双电层吸附说

用活性炭从氰化液中吸附金银时，发现活性炭吸附金银的吸附曲线与活性炭表面的 ξ 电位曲线相似。活性炭表面的 ξ 电位为负值，而且发现只有吸附氰银配负离子后才能吸附 Na^+、Ca^{2+}，而 Na^+、Ca^{2+} 的吸附又可增加氰银配负离子的吸附。因此，认为是氰银配负离子先吸附于活性炭的晶格活化点上，Na^+、Ca^{2+} 作为配衡离子吸附于紧密扩散层，而 Na^+、Ca^{2+} 的吸附又可增加其余氰银配负离子的吸附，从而增加氰银配负离子的吸附量。

6.5.3 炭浆搅拌氰化工艺

炭浆搅拌氰化（CIP）工艺的设备联系图如图 6-42 所示。

从图 6-42 可知，CIP 工艺包括浸前原料准备、氰化浸出、活性炭逆流吸附和载金炭解吸-电积等作业。

6.5.3.1 浸前原料准备

含金原料经破碎、磨矿和分级作业，获得所需浓度和细度的矿浆。对全泥氰化炭浆而言，磨矿细度常为 -0.074mm 占 85% ~ 95%。金精矿氰化炭浆时，再磨细度常为 -0.043mm 占 95% 左右。分级溢流须全部经筛孔为 0.6mm（28 目）的筛子筛分以除去木屑和矿砂，再经浓密机脱水脱药，底流浓度 45% ~ 50% 送氰化浸出作业。

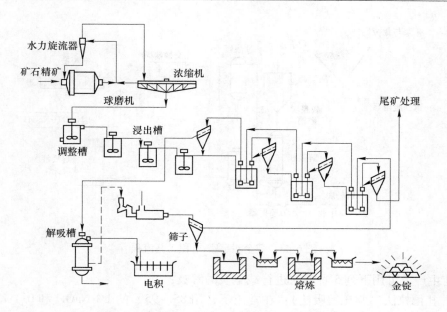

图 6-42 先浸后吸（CIP）工艺的设备联系图

6.5.3.2 氰化浸出

CIP 工艺的氰化浸出作业与常规氰化提金相同，第一槽为调整槽，加石灰调 pH 值为 10 并充空气以提高矿浆中的溶解氧浓度。为了减少炭粒表面和筛网结垢，浸前矿浆中可加入磷酸盐除垢剂，用量为 10 ~ 30g/t。然后进入 4 ~ 5（有时为 7 ~ 8）个串联浸出槽中进行氰化浸出，各槽均充空气和添加氰化浸出剂（有时隔槽添加氰化液）。浸出工艺参数为：氰化物浓度不小于 0.015% ，pH 值为 10 ~ 11，充气量为 $0.002 ~ 0.003m^3/(m^3_{矿浆} \cdot min)$，浸出段数为 4 ~ 10。

6.5.3.3 活性炭逆流吸附

浸后矿浆进入 4 ~ 5 个串联吸附槽中进行逆流吸附金。每个吸附槽上装有隔炭筛，以分离载金炭和矿浆。新活性炭加入吸附槽的最后一槽，矿浆与活性炭呈逆流运动。当第一吸附槽中载金炭含金达 3 ~ 7kg/t 时，经筛分 – 洗涤后送载金炭解吸-电积作业处理。吸附工艺参数为：矿浆浓度为 40% ~ 45%，吸附段数为 4 ~ 5(7 ~ 8)，活性炭粒度 3.32 ~ 0.991mm（6 ~ 16 目），炭浓度为 10 ~ 15g/L，后两段为不小于 15 ~ 40g/L，吸附槽中矿浆搅拌以不沉槽为准，尽量减小搅拌强度以降低炭磨损，吸后矿浆须经安全筛以回收细粒炭。

活性炭吸附顺序为：$Au(CN)_2^- > Ag(CN)_2^- > Ni^{2+} > Cu^{2+}$。

活性炭吸附过程的有害物为：碳酸盐、赤铁矿、机油、黄油、浮选药剂、絮凝剂等。

6.5.3.4 载金炭解吸-电积

载金炭解吸-电积工艺流程如图 6-43 所示。

A 载金炭解吸

第一吸附槽中载金炭和矿浆用提炭泵或空气提升器扬送至炭分离筛（筛孔 0.6mm）进行炭浆分离，清水冲洗，载金炭自流至载金炭贮槽，矿浆和冲洗水自流至第一段吸附槽。

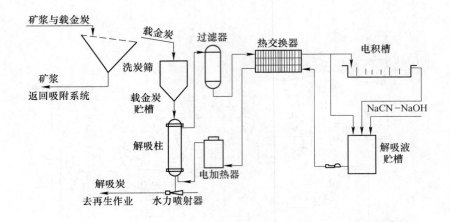

图 6-43　载金炭解吸-电积工艺流程

目前生产上可用下列 5 种方法进行载金炭的解吸：

（1）扎德拉法（常压解吸法）：在常压下，用 85～95℃的 1% NaOH 和 0.1%～0.2% NaCN 混合溶液解吸载金炭，解吸 24～60h 可将载金炭解吸至规定的最低载金量。该法适用于规模小的炭浆厂，投资和经营费用低。

（2）加压解吸法：在温度为 135～160℃和 355kPa（3.5atm）的热压条件下，用 0.4%～1% NaOH 和 0.1% NaCN 混合液解吸 2～6h。其优点是可缩短解吸时间，降低药剂耗量和炭积存量。其缺点是需热压条件，设备费用较高。该法适用于处理量大，载金炭载金量高的炭浆厂。

（3）有机溶剂法（酒精解吸法）：在常压下，用 80℃的 10%～20% 酒精、1% NaOH 和 0.1% NaCN 混合溶液解吸载金炭，解吸时间为 5～6h。活性炭的加热活化可 20 个循环进行一次。此法缺点是酒精易挥发、有毒、易燃易爆，需装备良好的冷凝系统以捕集酒精蒸气，防止火灾和爆炸事故。其优点是解吸时间短。但其缺点限制了该法的推广应用。

（4）南非英美公司法（ARRL 法）：此法为南非约翰内斯堡英美研究实验室的达维德松提出。是在解吸柱中采用 0.5～1 个炭体积的 93～110℃的 10% NaOH 溶液（5% NaCN + 2% NaOH 混合液）接触 2～6h，然后用 5～7 个炭体积的热水洗脱。热水洗脱液流速为每小时 3 个炭体积，总的解吸时间为 9～20h。其优点类似于加压解吸法，但该法需多路液流设备，增加了系统的复杂性。

（5）热压无氰解吸电解工艺（整体压力解吸系统，IPS）：该法为澳大利亚研制，其特点是载金炭的解吸和贵液电积均在热压条件下进行。工艺参数为：解吸温度为 150℃，解吸压力为 0.5MPa，解吸液为 0.5% NaOH，解吸 6～8h；电积槽压为 2.4～3.0V，电积电流为 250A。解吸柱和电积槽均在承压状态下工作，无沸腾和喷溅现象，解吸贵液送入电积作业无须冷却。其优点为：解吸电积周期短，解吸率高，解吸液为 NaOH，无剧毒和易燃组分；解吸和电积均在密闭压力系统中进行，无刺激性气体逸出，作业条件好，劳动强度低，生产技术指标稳定。

我国某厂研制开发的载金炭整体压力解吸系统（设备简称 JCC），在工艺和设备上有较大改进和发展。工艺上的改进为：同样在 150℃、0.5MPa 的热压下，采用新型无毒组合解吸剂，不仅有较高的解吸率，还有利于炭吸附-活性的恢复，炭无需火法再生。电积设备的改进为：将卧式承压电积槽改为高温立式承压平衡电积槽，改善了操作条件。该系统实现了载金炭和贫炭的自动无损输送，采用了自动控制和自动检测。具有经济上合理、技术上先进的特点，应用前景广阔。

B 贵液电积

贵液电积按常规电积法进行，国内广泛采用聚丙烯塑料制作的矩形电积槽，阳极为钻孔的不锈钢板，阴极为装于聚丙烯塑料筐内的不锈钢棉或活性炭毡。不锈钢棉的最大沉金量为其自重的 20 倍，金沉积于钢棉上。载金钢棉经盐酸处理，所得金粉熔炼得金锭。贵液电积时的电化学反应为：

阴极：

$$Au(CN)_2^- + e \longrightarrow Au + 2CN^-$$

$$Ag(CN)_2^- + e \longrightarrow Ag + 2CN^-$$

$$2H_2O + 2e \longrightarrow H_2\uparrow + 2OH^-$$

阳极：

$$4OH^- - 4e \longrightarrow 2H_2O + O_2\uparrow$$

$$CN^- + 2OH^- - 2e \longrightarrow CNO^- + H_2O$$

$$2CNO^- + 4OH^- - 6e \longrightarrow 2CO_2\uparrow + N_2\uparrow + 2H_2O$$

试验研究表明，阴极采用碳纤维代替不锈钢棉，金的沉积速度快，电流密度小，碳纤维耗量小，且可多次循环使用，具有明显的优点。目前，不锈钢棉阴极多为炭纤维（炭毡纤维）阴极代替。金呈细泥状沉积于碳纤维上，含金品位一般为 70% ~ 85%。对复杂矿石而言，含金品位达 40% 以上。

C 国内载金炭解吸-电积工艺参数

a 载金炭解吸

常压解吸：85 ~ 95℃，解吸液为 1% NaOH + (1% ~ 3%) NaCN 混合液，解吸 24 ~ 48h。

热压解吸：135℃，解吸液为 1% NaOH + 1% NaCN 混合液，解吸 18 ~ 20h，解吸压力为 310kPa，解吸液循环流量为 0.84L/s。

解吸所得贵液：pH 值为 10 ~ 10.5，金含量为 100 ~ 200g/m³，密度为 0.95 ~ 0.965 g/cm³。

载金炭堆积密度为 450 ~ 480kg/m³，解吸炭含金 50 ~ 100g/t，载金炭金解吸率达 99% 以上。

b 贵液电积

阴极数为 20 个/槽，电解液流量 0.84L/s，电解液温度 65 ~ 90℃，电流密度 53.8A/m²，电流强度 1000A，槽电压 1.5 ~ 3.0V，电解液停留时间 34min，金电积率达 99.5% 以上。

6.5.3.5 炭浆厂金回收率

金氰化浸出率：全泥氰化炭浆金浸出率为 85% ~ 95%；金精矿氰化炭浆金浸出率为

96% ~98%。

金吸附率：正常条件下金吸附率为99% ~99.8%。若炭活化差，金吸附率为97% ~98%。有的厂解吸贫炭不再生活化是造成吸附率降低的重要原因。

解吸率：正常条件下金解吸率为99.5% ~99.8%。有的设备效率低，金解吸率为99% ~99.5%。每批炭均有解吸直收率，解吸后的炭经酸洗、热再生返至吸附系统，未被解吸的金没有完全损失，仅筛去碎炭中的金才视为损失，故金属平衡时可据实际情况适当调高些。

电积率：正常条件下，每批载金炭贵液的电积率为99.1% ~99.5%，电积后的贫液返回吸附系统回收。在平衡计算时也可适当调高些。但实际生产中，从取出金泥、过滤、运输的机械损失不可避免，故设计时不可视为100%。

冶炼回收率：正常条件下，冶炼回收率为99% ~99.9%。冶炼渣须经破碎、重选产出全精矿，尾矿应返回磨矿作业，若管理得当，金实际损失很少。

炭浆厂金回收率为上述5个回收率的连乘积。

6.5.3.6　活性炭再生

A　解吸炭吸附活性降低的原因

活性炭经多次循环吸附、解吸，解吸炭的吸附活性会降低。研究表明，吸附活性低的炭中含有大量钙、镁、氧化硅、贱金属和有机物。用酸洗涤解吸炭可除去大量钙、镁和贱金属离子，碱洗可除去氧化硅，但酸、碱洗涤无法去除其中所含的有机物。因此，解吸炭经酸、碱洗涤后须进行热再生，以除去其中所含的有机物。

B　活性炭再生工艺

（1）酸、碱洗涤：室温下，用5%硝酸或盐酸洗涤2.5 ~3h，然后将剩余酸排入酸贮槽，再用清水洗涤炭，排去洗水。再用1%苛性钠溶液进行碱洗2.5 ~3h，将剩余碱排入碱贮槽。最后装满清水，使酸、碱洗涤后的炭泡在清水中。

酸、碱洗涤后的炭经筛分（上层筛孔4.699mm，下层筛孔为0.833mm），筛下细粒炭脱水贮存。3.327 ~0.991mm（6 ~16目）的合格炭可返回吸附系统再用。

解吸炭中夹带少量氰化物，酸洗时会产生少量HCN气体。硝酸洗涤时会产生NO和CO_2气体。因此，酸洗槽、酸洗残渣槽应与洗涤器连通，在洗涤器另一端抽风以防止有害气体逸出。洗涤器装NaOH溶液，可使HCN转化为NaCN和中和NO。

（2）热再生：通常解吸碳酸、碱洗涤3 ~5次后应进行热再生1次。再生窑有卧式和竖式两种。再生窑温度：卧式窑1区为650℃，2区为810℃，3区为810℃。实际生产中为650 ~700℃，再生24h。在窑排料端进行窑外喷水冷却，然后送入水淬槽。

水淬后的炭经筛分（上层筛孔4.699mm，下层筛孔为0.833mm），筛下细粒炭脱水贮存。3.327 ~0.991mm（6 ~16目）的合格炭可返回吸附系统再用。

6.5.4　炭浸工艺

炭浸（CIL）工艺的全称为炭浸氰化提金工艺，它是金的氰化浸出与已溶金的活性炭吸附这两个作业部分或全部同时进行的提金工艺。目前使用的炭浸（CIL）工艺，多数第1槽为单纯的氰化浸出槽，从第2槽起的各槽为浸吸槽，浸吸槽中矿浆与活性炭呈逆流运动。炭浸（CIL）工艺的典型流程如图6-44所示。

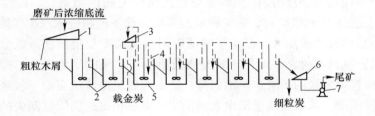

图 6-44　炭浸（CIL）工艺的典型流程

1—木屑筛；2—预浸槽；3—载金炭筛；4—固定浸没筛；5—浸出吸附槽；6—检查筛；7—泵

　　CIL 工艺是 20 世纪 80 年代南非明特克（Miutek）选金厂在 CIP 工艺基础上研究成功的。CIP 工艺是从金银被完全氰化浸出后的矿浆中吸附已溶金银，CIL 工艺是从金银边氰化浸出边从矿浆中吸附已溶金银。两种工艺的原料准备、氰化浸出、炭逆流吸附、载金炭解吸、解吸炭再生活化、贵液电积等作业相似。其差别在于 CIP 工艺的氰化浸出和炭吸附已溶金银分别进行，须分别配置浸出槽和吸附槽，而且金银氰化浸出时间比炭吸附已溶金银的时间长得多，浸出和吸附的总时间长，基建投资大，占用厂房面积大。由于 CIP 工艺生产周期长，生产过程滞留的金银量较大，资金积压较严重。而 CIL 工艺的总作业时间较短，基建投资和厂房面积均较小，滞留的金银量较小，资金积压较轻。

　　目前，CIL 工艺常需 8～9 个搅拌槽，设 1～2 槽为预浸槽，以后的 7～8 槽为浸吸槽。CIL 工艺与 CIP 工艺比较，CIL 工艺所用活性炭量较大，活性炭与氰化矿浆接触时间较长，炭的磨损量较高，随炭的磨损而损失于尾浆中的金银量比 CIP 工艺高。

6.5.5　磁炭氰化提金

　　磁炭（Magchal）氰化提金工艺的典型流程如图 6-45 所示。

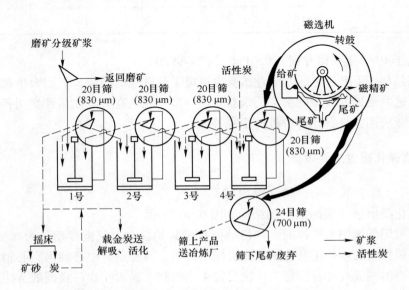

图 6-45　磁炭（Magchal）氰化提金工艺的典型流程

含金矿物原料的磨矿分级溢流经弱磁场磁选机除去磁性物质，非磁性矿浆经木屑筛（筛孔 24 目）除去木屑和粗矿粒，粗矿粒返回磨矿，筛下产物进入浸出吸附槽（一般为 4 槽）。磁炭由最后的浸吸槽加入，经 4 级逆流吸附后从第 1 浸吸槽获得载金磁炭。用槽间筛（筛孔 20 目）实现磁性活性炭与矿浆分离及磁炭与矿浆的逆流流动。操作时，采用空气提升器连续地将带磁炭的矿浆送至槽间筛，筛上的磁炭逆流送至前一浸吸槽，筛下的矿浆则流至下一浸吸槽。从最后浸吸槽出来的尾浆经弱磁场磁选机回收漏失的载金细粒磁炭而产出磁选精矿。磁选尾浆再经检查筛（筛孔 24 目）回收漏失的非磁性载金细粒炭，检查筛的筛下尾浆送尾矿库堆存。载金细粒炭送冶炼厂回收金银。饱和的载金磁炭经摇床处理除去碎屑后送解吸作业，解吸后的磁炭经活化后返回浸吸作业。因此，即使磁炭被磨损，也可采用弱磁场磁选机回收漏失的载金细粒磁炭，可避免 CIP 和 CIL 工艺中被磨损的载金细粒炭损失于尾浆中，而且磁炭工艺可以使用粒度较细的磁炭，其比表面积比粒度较粗的活性炭大，有利于提高吸附效率。

该工艺于 1948 年在美国内华达州格特切尔试验厂进行 1.83 ~ 2.72t/h 的连续半工业试验，在亚利桑那州的萨毫里塔试验厂进行 2.27t/d 的连续半工业试验，均获得了较理想的指标。萨毫里塔试验厂的工艺参数为：矿石磨至 −0.074mm 占 86% ~ 91%，矿浆液固比为 2∶1，磁炭逆流吸附时间为 16h，不同矿石的试验结果列于表 6-27 中。

表 6-27　磁炭（Magchal）氰化提金工艺半工业试验结果

产 品	No. 1		No. 2	
	Au	Ag	Au	Ag
给矿/g·t^{-1}	0.686	78.857	5.143	10.286
磁炭精矿/g·t^{-1}	161.829	3390.875	1473.6	994.288
尾矿液/mg·L^{-1}	0.024	1.474	0.127	0.446
尾矿渣/g·t^{-1}	0.345	61.714	0.514	3.429

该工艺于 1949 年获得专利（US. Pat. No. 2479930）。

该工艺虽早于 CIP 工艺，半工业试验也取得了较理想的结果，但因金价和后来 CIP 工艺及 CIL 工艺的迅速发展，磁炭工艺未获得进一步发展。有关磁性活性炭制备及磁性活性炭工艺的工业应用条件等还有待进一步完善。

6.5.6　炭浆氰化提金主要设备

6.5.6.1　炭浆氰化浸出槽（吸附槽）

炭浆氰化浸出槽（吸附槽）的结构如图 6-46 所示。

国外多采用低速中心搅拌的多尔机械搅拌槽和帕丘卡空气搅拌槽。为减少炭的磨损，国内多采用包橡胶的双叶轮低转速节能机械搅拌槽。其特点为中心轴为空心轴，轴上装有两层低剪切力的轴流式叶轮，每个叶轮安装 4 个包胶水翼式叶片。我国的节能机械搅拌槽共有 7 个系列，其性能列于表 6-28 中。

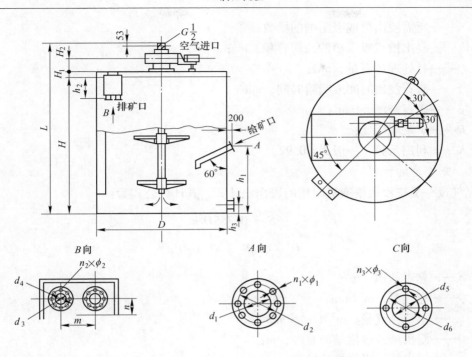

图 6-46 炭浆氰化浸出槽的结构

表 6-28 我国的节能机械搅拌槽的性能

名　称		Sj2×2.5	Sj2.5×3.15	Sj3.15×3.55	Sj3.55×4	Sj4×4.5	Sj4.5×5	Sj5×5.6
直径×高度/mm×mm		2000×2500	2500×3150	3150×3550	3550×4000	4000×4500	4500×5000	5000×5600
有效容积/m³		6	13	21	34	48	72	98
叶轮转速/r·min⁻¹		73	57	47	40.85	36	31	28
矿浆浓度/%		<45	<45	<45	<45	<45	<45	<45
矿浆密度/t·m⁻³		≤1.4	≤1.4	≤1.4	≤1.4	≤1.4	≤1.4	≤1.4
蜗轮减速机	型　号	ZW-L	ZH-H	ZW-G	ZW-F	ZW-C	ZW-B	ZW-A
	速　比	12.95	16.44	20.40	23.5	26.7	30.6	34.46
电动机	型　号	Y112M-6-B3	Y112M-6-B3	Y132M1-6-B3	Y132M1-6-B3	Y132M2-6-B3	Y160M-6-B3	Y160M-6-B3
	功率/kW	2.2	2.2	4	5	5.5	7.5	7.5
	转速/r·min⁻¹		940	940	960		960	
设备总质量/kg		2800	3371	5628	6646	8285	10803	14430

A 槽数的计算

槽数的计算公式为:

$$n = \frac{Qt}{24V_0K}\left(\frac{1}{\delta} + R\right) \tag{6-17}$$

式中　n——所需浸出槽或吸附槽的槽数；

　　　V_0——浸出槽或吸附槽的几何容积，m^3；

　　　Q——日处理矿石量，t/d；

　　　t——矿石浸出时间或吸附时间，min；

　　　δ——矿石密度，t/m^3；

　　　R——矿浆液固比；

　　　K——利用系数，一般 $K = 0.92$。

B　充气量的计算

充气量一般按浸出槽或吸附槽的表面积计算，其计算公式为：

$$S = 0.785D^2n \tag{6-18}$$

$$Q = 60qS = 47.1qD^2n \tag{6-19}$$

式中　S——总表面积，m^2；

　　　Q——充气量，m^3/min；

　　　q——单位充气量，$m^3/(m^2 \cdot min)$；

　　　D——浸出槽或吸附槽的直径，m；

　　　n——浸出槽或吸附槽的槽数。

6.5.6.2　隔炭筛（槽间筛）

目前，各厂使用的槽间筛有振动筛和固定筛。固定筛可分为桥式筛、浸没筛和周边筛等。由于振动筛对炭的磨损较严重，增加生产成本。近年多数厂采用固定桥式槽间筛。

A　周边筛

周边筛为南非研制成功的立式固定筛之一，是呈阶梯配置的浸吸槽上部周边安装的带有内部空气清扫的固定筛（见图 6-47）。带矿浆的活性炭定期由下一槽提升至上一槽，矿浆通过筛网经流矿槽流至下一槽，活性炭则留在上一浸吸槽内，从而实现矿浆和活性炭的逆向流动。周边筛的筛网固定，用压缩空气清洗筛网。活性炭在筛网上的磨损小，但矿浆收集较复杂，操作维修较复杂，需较宽的操作平台。周边筛的布置如图 6-47 所示。

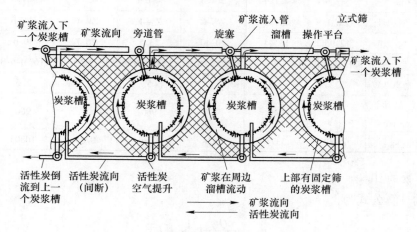

图 6-47　周边筛的布置

B 桥式槽间筛

桥式槽间筛有槽形桥式筛和圆筒形桥式筛，固定在浸吸槽上部矿浆出口处，为一种立式固定筛。呈阶梯配置的浸吸槽上部设置一个或多个流矿槽，在流矿槽的一侧或两侧安装筛网，筛网横置于槽中并浸没于矿浆面下，筛网的最大长度约为浸吸槽直径的 4 倍。一个筛子常由多块可拆卸的筛板组成，易更换维修。操作时，带矿浆的活性炭定期由下一槽提升至上一槽，矿浆通过筛网经流矿槽流至下一槽，活性炭则留在上一浸吸槽内，从而实现矿浆和活性炭的逆向流动。桥式筛用 35kPa 的低压风清洗筛网。当浸吸槽呈单列配置时，桥式筛采用直线配置（见图 6-48）。当浸吸槽呈双列配置时，桥式筛采用直角配置（见图 6-49）。目前国内氰化厂使用的桥式筛的布置图如图 6-50 所示。此种槽间筛增设溢流堰后可增大处理能力，它易操作，投资少，易维修，生产成本低。5 台桥式筛的清理费只相当于 1 台振动筛的清理费。

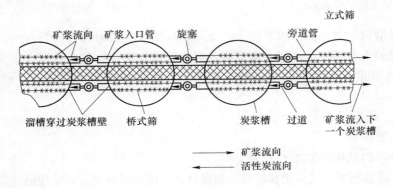

图 6-48 桥式筛采用单列直线配置

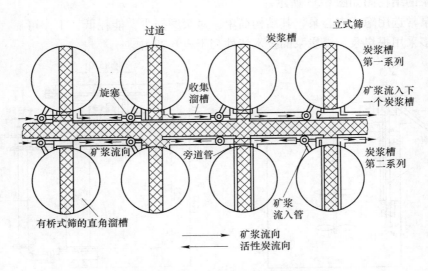

图 6-49 桥式筛采用双列直角配置

C 浸没筛

浸没筛又称平衡压力空气清洗筛（见图 6-51）。它可防止筛网堵塞和减少活性炭磨损，它为南非明特克（Miutek）选金厂研制，筛孔为 0.8mm（20 目）。操作时筛网两边矿浆压

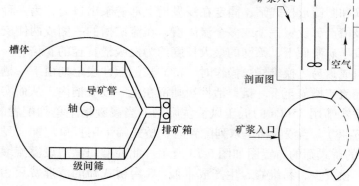

图 6-50　我国氰化厂桥式筛的布置图　　　　图 6-51　浸没筛结构图

力平衡，浸吸槽可配置在同一水平面上，无需用压缩空气清晰筛网，投资少。只采用鼓风机送风，在筛面上有一层气泡帘，可克服木屑、纤维和粗粒物黏在筛网上，又可防筛网堵塞和减少炭的磨损。浸没筛结构简单，易操作，优于桥式筛和周边筛，已广泛用于炭浆厂。

6.5.6.3　提炭设备

A　空气提升器

空气提升器的结构图如图 6-52 所示。

空气提升器靠压缩空气将炭和矿浆一起提升送入前一浸吸槽，矿浆经隔炭筛自动流回。

B　提炭泵

提炭泵的结构图如图 6-53 所示。

提炭泵常选用隐式离心泵，其结构简单，对炭磨损少，能耗低，工作可靠。近年来国外氰化厂多采用提炭泵。提炭泵的技术特性列于表 6-29 中。

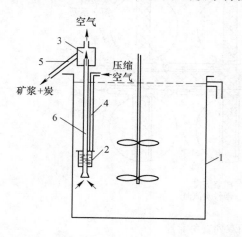

图 6-52　空气提升器的结构图

1—浸吸槽；2—混合室；3—分离室；
4—压风管；5—卸浆管；6—矿浆提升管

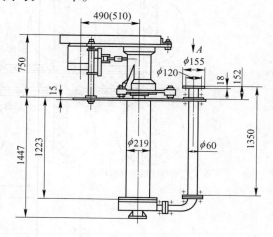

图 6-53　提炭泵的结构图

表6-29 提炭泵（串炭泵）的技术特性

排出管径/mm	主轴转速 /r·min⁻¹	扬程/m	流量/L·s⁻¹	电动机			质量/kg
				型　号	功率/kW	转速/r·min⁻¹	
50	516	3	1.6	Y100L1-4	2.2	1420	630
50	817	7	1.6	Y112M-4	4	1440	640

6.5.6.4　载金炭解吸设备

载金炭解吸柱应满足下列要求：（1）为压力容器；（2）能承受95~135℃的解吸温度；（3）耐碱，可在强碱介质下作业；（4）制造加工精细，不滴漏损失金。

载金炭解吸柱的结构图如图6-54所示。

载金炭解吸柱的技术特性列于表6-30中。

表6-30　载金炭解吸柱的技术特性

规格/mm×mm	技 术 条 件				
	容积/m³	设计压力/kPa	温度/℃	生产能力/kg·d⁻¹	材质
φ300×1200	0.1	100	100	150	Q235
φ500×3000	0.588	250	100	250	Q235
φ700×3800	1.46	250	100	500	Q235
φ700×4800	1.85	750	135	700	1Cr18Ni9Ti
φ800×1650	1.0	100	100	300	Q235
φ900×4200	3.0	500	135	1000	1Cr18Ni9Ti

6.5.6.5　热交换器和电加热器

管式热交换器的结构图如图6-55所示。

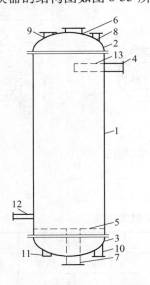

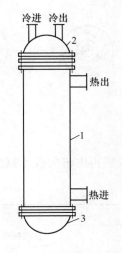

图6-54　载金炭解吸柱的结构图　　　　　　图6-55　管式热交换器的结构图

1—柱体；2—上端盖；3—下端盖；4—贵液出口；5—底部筛；　　　1—壳体；2—头盖；3—后盖

6—装炭口；7—排炭口；8—压力表接口；9—压力安全装置接口；

10—解吸液进口；11—排液口；12—温度计接口；13—出口筛

电加热器的结构图如图6-56所示。

我国氰化炭浆厂采用电加热器加热贵液。电加热器配置于解吸柱下方，以便停车时易于注满液体以防烧坏。当有电加热器的功率可减少 1/3～1/2 时，为了安全，设计时应设保护系统，温度和流量应自动控制。

6.5.6.6　电解槽

常用的电解槽采用聚丙烯塑料制成，其结构图如图6-57所示。

常用电解槽的规格为 2440mm × 750mm × 610mm，阴极板规格为 620mm × 610mm，阳极板规格为 620mm × 610mm，同极距为 111mm，阴极板为 21 块。

6.5.6.7　炭再生设备

炭再生窑有卧式和竖式两种。卧式炭再生窑的结构图如图6-58所示。

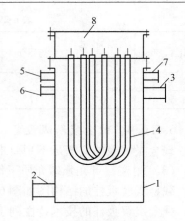

图 6-56　电加热器的结构图
1—筒体；2—液体进口；3—液体出口；
4—电阻丝；5—温度计接口；
6—压力表接口；7—安全阀
接口；8—接线盒

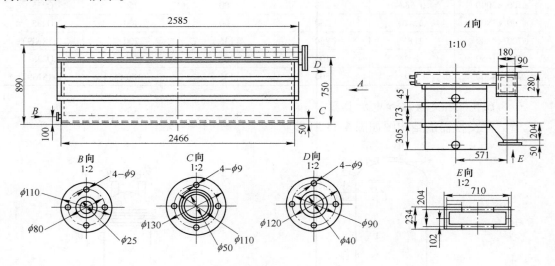

图 6-57　常用电解槽的结构图

卧式炭再生窑的技术特性列于表6-31中。

表 6-31　卧式炭再生窑的技术特性

型　号			BS-J81	BS-J54
筒体传动装置	摆线针轮减速机	型号，功率	BW27-71，3kW	BW15-50，2.2kW
		速　比	71	50
	电动机	型　号	JZT-32-4	JZT-31-4
		功率/kW	3	2.2
		转速/r·min^{-1}	120～1200	120～1200

续表 6-31

型　　号	BS-J81	BS-J54
最大给料量/kg·d^{-1}	700	450
工作温度/℃	600～800	600～800
筒体可调角度/(°)	0～3	0～3
筒体转速/r·min^{-1}	0.35～3.5	0.35～3.5
电热体总功率/kW	81	54
总重/kg		
窑的规格/mm×mm	$\phi460\times5800$	$\phi300\times3800$

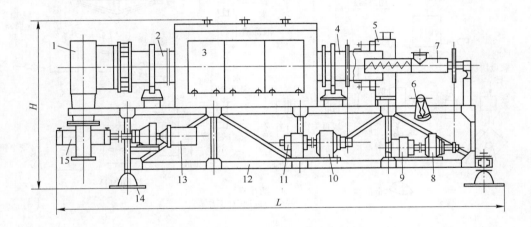

图 6-58　卧式炭再生窑的结构图

1—尾部冷却筒；2—尾部筒体；3—窑体；4—头部筒体；5—头部罩；6—测角器；7—螺旋给料机；
8—摆线针轮减速机 BW15-59；9—电动机 JZT-11；10—主传动减速器 BW27-71；11—电动机
JZT-32-4；12—机架；13—星形排料机电机减速机 BWY15-59-6；14—底座；15—星形排料机

6.5.7　炭浆氰化工艺生产实践

6.5.7.1　美国格蒂矿山公司莫克金矿全泥氰化炭浸厂

美国格蒂矿山公司莫克金矿（Getty Mining Company Mercur Gold Project）全泥氰化炭浸厂位于犹他州北部，处理量为 3500t/d。金赋存于热液交代的碳酸盐岩石中，与黄铁矿、白铁矿、雌黄、雄黄、重晶石及有机物共生。在硫化矿中，金呈微细粒包裹于黄铁矿、白铁矿和有机物中，游离金与石英和方解石共生。在氧化矿中，金呈游离金形态存在，自然金粒度为 0.01～0.001mm，50% 以上小于 0.005mm。该厂生产工艺流程如图 6-59 所示。

矿石经颚式破碎机、半自磨和球磨机磨至 -0.074mm 占 80%，矿浆经振动筛（筛孔0.56mm）除去木屑杂物后进入浓密机脱水，底流送入 2 台缓冲槽以保持 CIL 系统给料恒定和调整矿浆 pH 值（pH 值为 10.5）。CIL 系统有 8 台浸吸槽，浸吸时间为 24h，槽内装有筛孔为 0.701mm（24 目）桥式筛，采用离心提炭泵进行逆流串炭。载金炭含金 2400

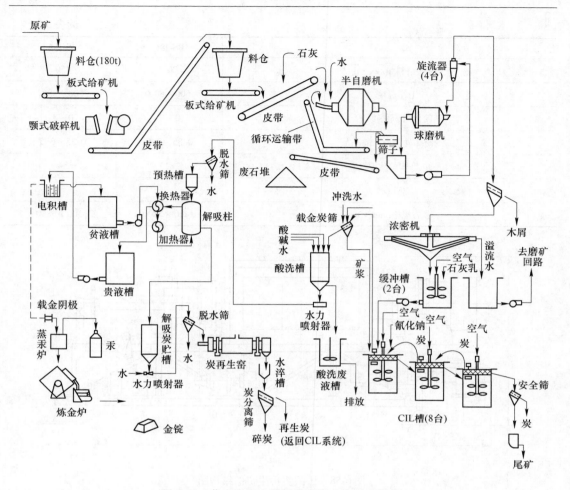

图 6-59　莫克金矿全泥氰化炭浸生产工艺流程

g/t，经筛孔为 0.589mm（28 目）炭浆分离筛洗净矿浆后送入金回收系统。

　　载金炭解吸前经酸洗以除去重金属碳酸盐。载金炭用 3% HNO₃ 浸泡，然后水冲洗至中性。再用 1% NaOH 浸泡。酸洗废液用 NaOH 中和，后添加 Na₂S 除去液中重金属离子（如 Hg 等），再排入尾矿库。

　　酸碱洗涤后的载金炭送入预热槽预热至 82℃ 以减少解吸时间。然后送入 φ1.5m × 6.4m 解吸柱（装炭量控制为 4.8t）解吸金。用 7 个炭床体积解吸液解吸金，解吸液通过速度为 270L/min，贵液含金品位未达电积要求前先返回解吸液制备槽。用泵以 36L/min 的速度将贵液送入电积槽，贫液达约 6mg/L 时停止电积。贫液送 CIL 系统或制备解吸液。当载金炭含金降至 30 ~ 60g/t 时停止解吸，用 2 个炭床体积的水冲洗解吸炭。

　　从电积槽阴极取下的金、银粉含汞和其他金属，须先经蒸汞器除汞，蒸汞温度为 650℃。蒸汞后的金泥与熔剂一起送 175kW 感应电炉中熔炼，获得含金 80% 以上的金锭。

　　炭再生温度为 810℃，气氛为水蒸气。再生炭经水淬冷却后用脱水筛（筛孔为 0.71mm）分级，筛上粗炭返回 CIL 系统，筛下细炭过滤回收。

　　莫克金矿金总回收率为 82% ~ 87%。

全泥氰化炭浸生产工艺参数列于表 6-32 中。主要材料消耗列于表 6-33 中。

表 6-32 莫克金矿全泥氰化炭浸生产工艺参数

磨矿浓密回路	给矿粒度/mm	−200	CIL 回路	pH 值	10.5
	磨矿细度（80%）/mm	−0.074		炭浓度/g·m⁻³	10
	浓密机给矿浓度/%	16~17	酸 洗	酸洗总时间/h	6
	絮凝剂配置浓度/%	0.3	解吸电积	解吸温度/℃	150
	絮凝剂添加浓度/%	0.03		解吸压力/MPa	0.3~0.35
	浓密机底流浓度/%	55		解吸液成分	1.0% NaOH + 0.5% NaCN
CIL 回路	矿浆浓度/%	40~45		解吸时间/h	9.5
	氰化物浓度/%	0.05~0.12		电积槽电压/V	2.5
	浸出时间/h	24		电流强度/安·极⁻¹	50
	吸附时间/h	24		阴极钢毛量/克·极⁻¹	450

表 6-33 莫克金矿全泥氰化炭浸生产主要材料消耗

氰化钠 /kg·t⁻¹	活性炭 /g·t⁻¹	石灰 /kg·t⁻¹	苛性钠 /kg·t⁻¹	絮凝剂 /g·t⁻¹	钢球 /kg·t⁻¹	硝酸 /kg·t⁻¹	硫化钠 /g·t⁻¹
0.9~1.14	45~65	1.6	2.7	30	0.32	0.1	77

6.5.7.2 张家口金矿全泥氰化炭浆厂

张家口金矿处理量为 600t/d，该矿为中温热液裂隙充填石英脉型矿床，矿石为贫硫化物含金石英氧化矿。主要金属矿物为褐铁矿和赤铁矿，其次为方铅矿、白铅矿、铅矾、磁铁矿和少量黄铁矿、黄铜矿及自然金，原矿含金 2.5g/t。脉石矿物主要为石英，其次为绢云母、长石、方解石、白云石等。绝大部分自然金与金属矿物共生，其中以褐铁矿含金为主。脉石矿物占 96.71%，金属矿物占 3.29%，矿石密度为 2.51t/m³。

该矿全泥氰化炭浆工艺流程如图 6-60 所示。

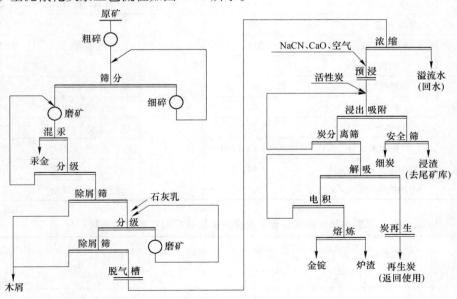

图 6-60 张家口金矿全泥氰化炭浆工艺流程

矿石磨矿细度为 $-0.074mm$ 占 85% ，经浓密脱水后底流浓度为 $40\% \sim 45\%$ ，进入 CIL 系统，经 2 段预浸和 7 段浸吸后，尾渣含金 $0.3g/t$ ，尾液含金 $0.03g/m^3$ 。炭浸尾浆送污水处理系统，经碱氯法处理后尾浆中氰根含量降至 $0.5g/m^3$ 以下，排至尾矿库沉淀自净。载金炭送金回收系统经解吸、电积、熔炼，产出金锭。炭浸系统采用离心提炭泵和槽内溜槽桥式筛完成。

张家口金矿全泥氰化炭浆厂的工艺指标列于表 6-34 中。工艺条件列于表 6-35 中。主要材料消耗列于表 6-36 中。

表 6-34　张家口金矿全泥氰化炭浆厂的工艺指标

CIL 系统	氰原含金 /$g \cdot t^{-1}$	尾渣含金 /$g \cdot t^{-1}$	尾液含金 /$g \cdot m^{-3}$	尾液 CN^- 含量 /$g \cdot m^{-3}$	浸出率/%	吸附率/%
	2.5	0.20	0.03	200	92.0	97.5
解吸电积系统	载金炭含金 /$g \cdot t^{-1}$	解吸炭含金 /$g \cdot t^{-1}$	电积贫液含金 /$g \cdot m^{-3}$		解吸率/%	电积率/%
	2000 ~ 3500	50	6.0		99.8	99.9

表 6-35　张家口金矿全泥氰化炭浆厂的工艺条件

CIL 系统	预浸时间/h	4.1	解吸电积系统	电积时间/h	18
	矿浆浓度/%	40 ~ 45		电积温度/℃	60 ~ 90
	充气量/$m^3 \cdot (h \cdot m^3)^{-1}$	0.23		槽电压/V	1.5 ~ 3.0
	pH 值	10.5 ~ 11.0		槽电流强度/A	1000
	氰化钠浓度/%	0.04 ~ 0.05	酸洗作业	硝酸浓度/%	5.0
	炭浸时间/h	14.35		苛性钠浓度/%	10.0
	活性炭浓度/$g \cdot m^{-3}$	10 ~ 15		洗涤时间/h	2.0
解吸电积系统	串炭速度/$kg \cdot d^{-1}$	700	炭加热再生作业	再生温度/℃	一区 650
	每批处理炭量/kg	700			二区 810
	预热时间/h	2			三区 810
	解吸时间/h	18		再生气氛	水蒸气
	解吸温度/℃	135		再生时间/min	20 ~ 40
	解吸压力/MPa	0.31		再生速度/$kg \cdot h^{-1}$	25 ~ 35
	解吸液成分	1% NaOH + 1% NaCN		再生窑给炭水分/%	40 ~ 50
	解吸液流速/$L \cdot s^{-1}$	0.84		再生炭冷却方式	水淬
	电积槽内阴极数/个	20		活性炭再生周期	3 个月

表 6-36　张家口金矿全泥氰化炭浆厂的主要材料消耗

石灰 /$kg \cdot t^{-1}$	氰化钠 /$kg \cdot t^{-1}$	活性炭 /$kg \cdot t^{-1}$	液氯 /$kg \cdot t^{-1}$	硝酸 /$kg \cdot t^{-1}$	苛性钠 /$kg \cdot t^{-1}$	水/$t \cdot t^{-1}$	电 /$kW \cdot h \cdot t^{-1}$
10.0	0.7 ~ 0.8	0.05	1.86	0.038	0.2	3.15	33.5

6.5.7.3 夹皮沟金矿金精矿氰化炭浆厂

夹皮沟金矿处理量为800t/d，氰化给料为本矿产出的浮选金精矿。金精矿含金60g/t、铜2.3% ~ 5.5%、铅4% ~ 10%。生产工艺流程如图6-61所示。

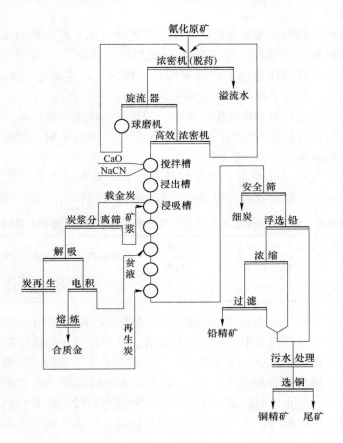

图6-61 夹皮沟金矿金精矿氰化炭浆厂生产工艺流程

金精矿氰化炭浆工艺参数：处理量35t/d，再磨细度 -0.037mm（400目）占90%，矿浆浓度36% ~ 40%，氧化钙浓度0.02%（pH值为11），槽内氰化钠浓度0.07% ~ 0.09%；解吸液为3% NaOH +3% NaCN，解吸液循环速度1.25m³/h，解吸电积时间24 ~ 30h。

夹皮沟金矿金精矿氰化炭浆厂生产指标列于表6-37中。

表 6-37 夹皮沟金矿金精矿氰化炭浆厂生产指标 (1991年1~6月)

月　份	氰原金含量/g·t⁻¹	浸出率/%	吸附率/%	解吸率/%
1	68. 01	93. 76	97. 72	95. 01
2	60. 85	95. 11	93. 57	98. 34
3	61. 43	94. 20	98. 31	98. 70
4	65. 53	96. 82	99. 12	91. 85
5	56. 80	96. 28	99. 29	96. 27
6	69. 80	96. 32	99. 53	95. 20

从表6-37中数据可知，浮选金精矿再磨后经2段预浸5段浸吸，金浸出率为96%，金吸附率达99%。由于金浮选回收率较低，全厂金总回收率仅达87%。

6.5.7.4　峱耳岩金矿炭浆氰化提金

A　碳纤维特性

碳纤维是以聚丙烯腈短丝平毡为原料，经过炭化和活化工艺处理的碳纤维材料，具有很大的比表面积和较好的导电性，既具有碳-石墨的物化性能，又具有一般纤维的柔软性和很高的抗拉强度。碳纤维作金电积阴极属惰性阴极，不产生氧化-还原反应，所得金泥含金品位高、杂质少，有利于提高合质金成色。

峱耳岩金矿炭浆氰化厂采用碳纤维作金电积阴极，与钢棉阴极比较，在相同电积条件和相同电积时间内可获得较高的电积回收率；达相同电积回收率时，钢棉阴极的电积时间比碳纤维阴极的电积时间长3~6倍。

B　峱耳岩金矿炭浆氰化提金载金炭解吸电积工艺参数及指标

峱耳岩金矿炭浆氰化提金载金炭解吸电积工艺参数及指标列于表6-38中。

表6-38　峱耳岩金矿炭浆氰化提金载金炭解吸电积工艺参数及指标

载金炭含金量 /g·t^{-1}	解吸炭含金量 /g·t^{-1}	贵液含金量 /g·m^{-3}	贫液含金量 /g·m^{-3}	槽压/V	电流/A	解吸率/%	电积率/%
4209	437	43.5~337	3.54	3.2~5.0	560~900	89.36	99.54

峱耳岩金矿炭浆氰化厂在国内首先采用碳纤维作金电积阴极用于工业生产，实践表明，该工艺在技术上处于领先水平，经济效益显著，具有较广阔的推广应用前景。

根据碳纤维电积提金的特点，峱耳岩金矿采用CF610型电积槽。与钢棉阴极比较，碳纤维电积提金对电积槽的特殊要求为：（1）要求较大的同极距。由于碳纤维的电阻率较大，为保证电场均匀，防止极间短路，应相应增大同极距；（2）电积槽的底部较深或呈漏斗状。由于碳纤维电积提金时，大部分金泥沉积于槽底，从阴极刷下及从槽底收集金泥即可，故收集金泥较方便、简单。

6.6　交换树脂矿浆氰化提金

6.6.1　概述

1935年B. A. 阿达姆斯（Adams）和E. L. 赫尔姆斯（Holmes）首次合成了第一批从稀溶液中提金的离子交换树脂。1945年F. C. 纳科德（Nachod）提出了离子交换树脂提金的方法。1949年英国公司采用IR-4B型弱碱性阴离子交换树脂从碱性氰化液中提金获得成功，金、银的吸附回收率分别为95.4%和79.0%。20世纪50年代布尔斯塔（Burstall）等人发现强碱性阴离子交换树脂从碱性氰化液中吸附金和其他的金属氰配离子，筛选了一系列选择性淋洗剂，发现可依次淋洗各种金属离子而获得单个金属离子浓度很高的淋洗液。60年代南非研究采用离子交换树脂从氰化溶液和矿浆中提金，戴维森（Davison）等人用强碱性阴离子交换树脂证明树脂矿浆法的可行性，认为只要浸出液中含金浓度高，竞争性的其他金属氰配离子含量低，树脂矿浆法可与常规的置换法相竞争。1967年苏联乌兹别克斯坦共和国的穆龙陶金矿建立了世界首座处理含大量原生黏土金矿石的树脂矿浆工艺的大型试验厂。经 3 年工业试验，世界首座树脂矿浆提金厂投产，年产黄金 80t。生产实践表明，树脂矿浆工艺从黏土金矿石的氰化矿浆中提金是成功的。苏联约 50% 的黄金（世界金总产量的 10%）是采用树脂矿浆工艺生产的。

1988 年南非金矿将原炭浆工艺改为树脂矿浆工艺，从而建成西方首座树脂矿浆提金厂，处理量为 375t/d。该厂采用氰化锌溶液作载金树脂的解吸剂，在常温下解吸 48h。之后，美国、加拿大、罗马尼亚等国相继建起了中间试验厂。

1988 年我国建成安徽东溪金矿树脂矿浆提金厂，1995 年建成新疆阿希金矿树脂矿浆提金厂。东溪金矿采用硫氰酸铵溶液解吸载金树脂，阿希金矿采用硫脲酸性溶液解吸载金树脂。获得了较好的技术经济指标，国内树脂矿浆提金工艺已达国际水平。

树脂矿浆提金工艺与炭浆提金工艺相似，均属一步法无过滤提金工艺。与炭浆提金工艺比较，树脂矿浆提金工艺具有吸附速度高、吸附容量大、载金树脂易解吸再生、树脂耐磨性高和不易中毒等特点。生产中可采用 RIP 和 RIL 工艺。

树脂矿浆提金工艺原则流程如图 6-62 所示。

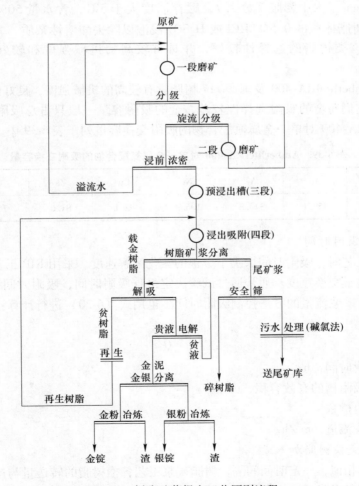

图 6-62　树脂矿浆提金工艺原则流程

有关离子交换树脂的制备、树脂矿浆提金工艺原则流程分类、性能等内容可参阅《化学选矿》(第2版)一书中的有关内容。

6.6.2 交换树脂矿浆工艺的主要影响因素

6.6.2.1 离子交换树脂类型

氰化矿浆中金呈 $Au(CN)_2^-$ 形态存在,故只能采用强碱性阴离子交换树脂(如 AM、AB-17、AmberliteIRA-400、717 等)、弱碱性阴离子交换树脂(如 AH-18、704 等)、混合型阴离子交换树脂(如 AM-26、AП-2 等)。就吸附选择性而言,弱碱性阴离子交换树脂优于强碱性阴离子交换树脂,但其耐磨性较低、吸附动力学特性较差及较难解吸。就吸附动力学特性而言,强碱性阴离子交换树脂优于弱碱性阴离子交换树脂和混合型阴离子交换树脂。苏联广泛采用混合型阴离子交换树脂 AM-26,它为大孔型双官能团交换树脂,骨架为苯乙烯和二乙烯苯共聚物,经氯代甲醇处理而制成,交联度为 10%~12%,基体中含有 1:1 的强碱性季胺基团和弱碱性的叔胺基团。其特性为:大孔型双官能团,Cl^- 交换容量 3.2mg/g,粒度 0.6~1.2mm,比表面积 $32m^2/g$,干树脂视密度 $0.42g/cm^3$,水中膨胀系数 2.7,贮存温度大于 5℃,含水量 50%~58%。使用前先用3~4个树脂体积的 0.5% HCl 或 H_2SO_4 浸泡以除去酸溶性杂质,并除去细碎树脂组成的泡沫。该类树脂的选择性较好,并具有较高的机械强度和较好的吸附、解吸性能。

AB-17、AmberliteIRA-400 及国产 717 树脂具有较高的机械强度,良好的吸附、解吸动力学特性,但它们对金的吸附选择性较差,金的吸附容量一般只占总吸附容量的 18% 左右。AmberliteIRA-400 对单一金属氰配合物的吸附交换容量列于表 6-39 中。

表 6-39 　AmberliteIRA-400 对单一金属氰配合物的吸附交换容量

金　属	Au	Ag	Ni	Cu	Zn	Co	Fe(Ⅱ)
吸附容量/mg·g^{-1}	659.1	340.8	106.9	82.1	81.6	76.3	48.8

6.6.2.2 吸附时间

采用 RIL 工艺时,吸附时间取决于金银的氰化溶解速度。采用 RIP 工艺时,吸附时间取决于金银的离子交换速度。通常通过试验决定最佳吸附时间,吸附时间一般为 8~24h。生产中通过调节矿浆流量的方法控制吸附时间。也用式(6-20)进行计算:

$$t = \frac{Vn}{Q} \tag{6-20}$$

式中　t——吸附时间,h;

V——每吸附槽的有效容积,m^3;

n——吸附槽数;

Q——矿浆流量,m^3/h。

6.6.2.3 交换树脂加入量

与炭浆工艺相似,一定时间间隔,树脂矿浆工艺各槽树脂的转送量与尾槽树脂的加入量相等,以保证各吸附槽中交换树脂的质量浓度相等。各吸附槽中交换树脂质量浓度的均匀程度对吸附的影响如图 6-63 所示。

从图 6-63 中曲线可知，吸附槽中交换树脂的质量浓度前高后低时，前 3 槽树脂的质量浓度高，矿浆液相中的金属离子质量浓度急剧下降，后各槽树脂质量浓度低，槽中矿浆液相中的金属离子质量浓度高，最后一级矿浆液相中的金属离子质量浓度为正常值的 2 倍，导致金属回收率低。当吸附槽中交换树脂的质量浓度相同时，槽中矿浆液相中的金属离子质量浓度依次降低。

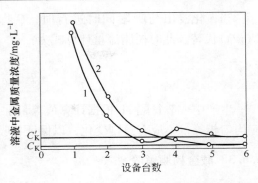

图 6-63　吸附槽中交换树脂质量浓度的均匀程度对吸附的影响
1—吸附槽中交换树脂的质量浓度前高后低；
2—吸附槽中交换树脂的质量浓度相同

矿浆中的树脂质量浓度以矿浆中所含树脂质量分数表示。实践表明，从矿石氰化矿浆中吸附金时，树脂质量分数以 1.5% ~ 2.5% 为宜。从金精矿氰化矿浆中吸附金时，树脂质量分数以 3% ~ 4% 为宜。

6.6.2.4　吸附周期

吸附周期是指交换树脂从尾槽加入逆流吸附至首槽呈饱和载金树脂卸出，交换树脂在吸附槽中停留的总时间。吸附周期与树脂的一次加入量及树脂流量有关。可用式（6-21）进行计算：

$$t_c = \frac{E}{q} \tag{6-21}$$

式中　t_c——吸附周期，h；

　　　E——树脂的一次加入量，m^3；

　　　q——树脂流量，m^3/h，

$$q = L/n$$

　　　L——每槽树脂转送量，m^3/h；

　　　n——吸附槽数。

从矿石氰化矿浆中吸附金时的最长吸附时间为 6~8h 的条件下，交换树脂在各槽中的总吸附时间为 160~180h。吸附时间不够，载金树脂的饱和度低，有效容量未得到充分利用。若停留时间过长（超过 200h）会增大树脂磨损和降低金的回收率。

6.6.2.5　交换树脂流量

交换树脂流量与矿浆流量、矿浆液相中金含量及树脂吸附容量有关。其计算式为：

$$q = \frac{2.5QC_P}{(A_H - A_P)\varepsilon} \tag{6-22}$$

式中　q——树脂流量，kg/h；

　　　Q——矿浆流量，m^3/h；

　　　C_P——矿浆液相中金含量，g/m^3；

　　　A_H——树脂再生前的吸附容量，g/kg；

　　　A_P——树脂再生后金的残余容量，g/kg；

　　　ε——金回收率，%。

当氰化浸出与吸附同时进行时，Q 即为矿石处理量 $P(t/h)$，C_P 可用矿石金含量 $C(g/t)$ 代替。此时树脂流量计算式为：

$$q = \frac{2.5PC}{(A_H - A_P)\varepsilon} \tag{6-23}$$

生产中一般每隔 1h 根据计算值等量加入一批交换树脂，而且各槽间传送的树脂量也应均匀相等，不应有急剧变化，以保证各吸附槽中的树脂浓度均匀相等。

6.6.3　载金树脂解吸

6.6.3.1　硫氰酸盐的碱溶液解吸法

氢氧化钠中的 OH^- 与树脂中的弱碱性官能团有较强的亲和力，可将弱碱性官能团吸附的金氰配阴离子交换下来（挤下来），而 CNS^- 与树脂中的强碱性官能团有较强的亲和力，可将强碱性官能团吸附的金氰配阴离子交换下来（挤下来）。因此，硫氰酸盐的碱溶液可作为混合型阴离子交换树脂的载金树脂的有效解吸剂。其解吸反应可表示如下。

对混合型阴离子交换树脂的弱碱性官能团而言：

$$\overline{R—NR_2Au(CN)_2} + OH^- \longrightarrow \overline{R—NR_2OH} + Au(CN)_2^-$$

对混合型阴离子交换树脂的强碱性官能团而言：

$$\overline{R—NR_2Au(CN)_2} + SCN^- \longrightarrow \overline{R—NR_2SCN} + Au(CN)_2^-$$

6.6.3.2　硫脲酸性液解吸法

硫脲是金的有机配合剂，可与金生成稳定的金硫脲配阳离子 $Au(SCN_2H_4)_2^+$，硫脲只在酸性液（H_2SO_4 或 HCl）中才稳定，故用硫脲酸性液作金银的浸出剂或载金树脂的解吸剂。硫脲酸性液作解吸剂时，将 $Au(CN)_2^-$ 转变为 $Au(SCN_2H_4)_2^+$，是将 $Au(CN)_2^-$ 配阴离子从载金树脂上挤下来。其解吸反应可表示为：

$$2\,\overline{R—NR_2Au(CN)_2} + 4SCN_2H_4 + 2H_2SO_4 \longrightarrow \overline{(R—NR_2)_2SO_4} +$$

$$[Au(SCN_2H_4)_2]_2SO_4 + 4HCN\uparrow$$

$$2\,\overline{R—NR_3Au(CN)_2} + 4SCN_2H_4 + 2H_2SO_4 \longrightarrow \overline{(R—NR_3)_2SO_4} +$$

$$[Au(SCN_2H_4)_2]_2SO_4 + 4HCN\uparrow$$

6.6.3.3　锌氰配合物溶液解吸法

锌氰配合离子 $Zn(CN)_4^{2-}$ 对阴离子树脂的官能团有较大的亲和力，可将碱性官能团吸附的金氰配阴离子交换下来（挤下来）。其解吸反应可表示为：

$$\overline{2R—NR_3Au(CN)_2} + Zn(CN)_4^{2-} \longrightarrow \overline{(R—NR_3)_2Zn(CN)_4} + 2Au(CN)_2^-$$

此解吸法对阴离子树脂吸附的其他金属氰配合离子有较好的解吸效果（表 6-40）。

表 6-40　锌氰配合物溶液对强碱性阴离子树脂吸附的金属氰配合离子的解吸效果

金属离子	负荷金属量/g·kg^{-1}			金属离子	负荷金属量/g·kg^{-1}		
	解吸前	解吸后	再生后		解吸前	解吸后	再生后
Au	8.17	0.03	0.03	Fe	7.050	0.804	0.650
Ag	0.39	<0.02	<0.02	Si	0.253	0.44	0.075
Cu	16.4	0.851	0.240	Co	3.76	0.40	0.420
Ni	5.39	0.998	0.400	Zn	11.4	106	3.20
Ca	1.60	1.70	0.300				

6.6.3.4　丙酮混合物解吸法

采用 5% HCl + 5% H$_2$O + 丙酮的混合物作载金树脂的解吸剂，其解吸率如图 6-64 所示。

从图 6-64 曲线可知，5% HCl + 5% H$_2$O + 丙酮的混合物作载荷树脂的解吸剂时，可完全锌吸所吸附的金和铜，而铁、锌、银的解吸率较低。

采用 5% HNO$_3$ + 5% H$_2$O + 丙酮的混合物作载金树脂的解吸剂，其解吸率如图 6-65 所示。

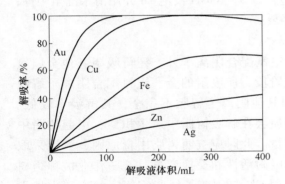 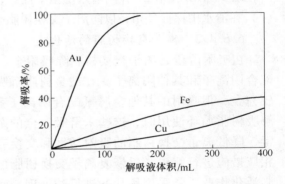

图 6-64　采用 5% HCl + 5% H$_2$O + 丙酮的　　　　图 6-65　采用 5% HNO$_3$ + 5% H$_2$O + 丙酮的
混合物作载金树脂的解吸剂时的解吸率　　　　　混合物作载金树脂的解吸剂时的解吸率

从图 6-65 曲线可知，5% HNO$_3$ + 5% H$_2$O + 丙酮的混合物作载金树脂的解吸剂时，可完全锌吸所吸附的金，而铁、铜的解吸率较低。

6.6.3.5　各解吸法的优缺点

各解吸法的优缺点列于表 6-41 中。

表 6-41　各解吸法的优缺点

解　吸　法	优　　点	缺　　点
硫脲酸性液解吸法	解吸速度高，成本低，树脂可不再生	贱金属解吸率低，有腐蚀性，金沉积于钢制件上
硫氰酸盐的碱溶液解吸法	设备简单，对各种金属解吸率高，无腐蚀性和毒性	树脂需再生，辅助材料消耗较高

解　吸　法	优　　点	缺　　点
锌氰配合物溶液解吸法	无腐蚀性，对各种金属解吸率高，树脂较易再生	树脂需再生，辅助材料消耗较高，解吸速度低，产生有毒气体
5% HCl + 5% H_2O + 丙酮的混合物解吸法	对金、铜解吸率高，有腐蚀性，树脂较易再生	其他金属解吸率低，若干循环后解吸树脂需再生
5% HNO_3 + 5% H_2O + 丙酮的混合物解吸法	对金、铜解吸率高，有腐蚀性，树脂较易再生	其他金属解吸率低，若干循环后解吸树脂需再生

6.6.4　离子交换树脂的预处理、活化和再生

6.6.4.1　离子交换树脂的预处理

新的离子交换树脂使用前应进行预处理，除去离子交换树脂中的水溶物、水漂浮物、酸溶物和碱溶物，以提高离子交换树脂的吸附活性。因此，使用前须进行预处理，其方法为：（1）用清水浸泡出厂树脂，除去水漂浮物和水溶物，并使其充分膨胀；（2）滤干水后，以 5% HCl 浸泡 2h 并用清水洗至中性；（3）以 5% NaOH 浸泡 2h 并用清水洗至中性；（4）在清水中保存备用，以防离子交换树脂碎裂。

6.6.4.2　离子交换树脂的活化

在吸附阶段，离子交换树脂除吸附金、银氰配合阴离子外，还可吸附其他金属氰配合阴离子和其他阴离子。在载金树脂解吸阶段，所吸附的金、银氰配合阴离子解吸较完全，但吸附的其他金属氰配合阴离子和其他阴离子解吸不完全，其解吸率较低。解吸树脂循环使用时，这些未解吸完全的杂质会在解吸树脂中产生积累，引起树脂中毒，降低离子交换树脂的吸附活性和交换容量。此时应查明树脂中毒原因，然后采取相应措施进行解毒，以恢复离子交换树脂的吸附活性和交换容量。这一作业被称为树脂活化作业。常采用稀盐酸进行酸处理，利用 Cl^- 与阴离子树脂官能团的亲和力较大的原理，将解吸树脂中残留的贱金属氰配离子除去，以恢复离子交换树脂的吸附活性。

6.6.4.3　离子交换树脂的再生

将恢复吸附活性和交换容量后的离子交换树脂转成所需形态（常为 OH^- 或 Cl^-）的作业称为离子交换树脂的再生作业。常采用稀氢氧化钠溶液进行碱处理，使离子交换树脂转成所需的 OH^- 型。

6.6.5　交换树脂矿浆工艺的主要设备及树脂型号

6.6.5.1　交换树脂矿浆工艺的主要设备

树脂矿浆工艺的主要设备为氰化浸出槽、氰化浸吸槽、槽间筛、空气提升器、树脂矿浆泵、载金树脂解吸柱和电解槽等，它们均可采用炭浆工艺的相应设备。

6.6.5.2　国内交换树脂矿浆氰化工艺所用树脂的性能

国内交换树脂矿浆氰化工艺所用树脂的性能列于表 6-42 中。

表 6-42　国内交换树脂矿浆氰化工艺所用树脂的性能

生产单位	型号	类　别	项　目	参　数
上海树脂厂	WR-16	大孔型苯乙烯双官能团阴离子交换树脂	对 Cl^- 交换容量/$mg \cdot g^{-1}$	95.85
			粒度/mm	0.8 ~ 1.2
			含水量/%	46.81 ± 5
			磨损量/$g \cdot t^{-1}$	干矿石为 3.2 ~ 4.2
			湿真密度/$g \cdot cm^{-3}$	1.08 ± 0.03%
			湿视密度/$g \cdot cm^{-3}$	0.71 ± 0.05%
			对金吸附选择系数	0.31
			出厂型	OH^-
	704	弱碱性苯乙烯阴离子交换树脂	对 Cl^- 交换容量/$mg \cdot g^{-1}$	≥177.5
			粒度/mm	0.29 ~ 1.2
			含水量/%	45 ~ 55
			出厂型	Cl^-
南开大学化学系	NK884	大孔型弱碱性双官能团阴离子交换树脂	对 Cl^- 交换容量/$mg \cdot g^{-1}$	127.09
			粒度/mm	0.8 ~ 1.2
			湿真密度/$g \cdot cm^{-3}$	1.05
			含水量/%	50
南开大学化工厂	D301G	大孔型弱碱性双官能团阴离子交换树脂	全交换容量/$mmol \cdot g^{-1}$	≥4.2(干树脂), ≥1.1(湿树脂)
			含水量/%	50 ~ 60
			粒度/mm	0.6 ~ 1.6(不小于95%)
			湿真密度/$g \cdot cm^{-3}$	1.03 ~ 1.07
			湿视密度/$g \cdot cm^{-3}$	0.65 ~ 0.72
			耐磨率/%	≥98
			转型膨胀率/%	15 ~ 20
			最高使用温度/℃	盐型 40, 游离碱型 100
			pH 值使用范围	1 ~ 14
			出厂型	OH^-
廊坊新时代特种树脂公司	D301G	大孔型弱碱性双官能团阴离子交换树脂	出厂型	Cl^-
			其他基本同上	
核工业五所	353E	弱碱性双官能团阴离子交换树脂	对 Cl^- 交换容量/$mg \cdot g^{-1}$	134.9
			体积密度/$g \cdot cm^{-3}$	0.44
			粒度/mm	0.6 ~ 1.4
			耐磨率/%	≥98
			含水量/%	52 ~ 58
			出厂型	Cl^-
四川大学	GSR			可使泥质金矿回收率提高 5% ~ 7%

6.6.5.3　国外交换树脂矿浆氰化工艺所用树脂的性能

国外交换树脂矿浆氰化工艺所用树脂的性能列于表6-43中。

表 6-43　国外交换树脂矿浆氰化工艺所用树脂的性能

树脂名称	物化性能	吸附工艺参数及指标
AM-2Б(苏联)	大孔型双官能团聚苯乙烯型,20%强碱性季胺官能团和80%弱碱性官能团,粒度0.8～1.2mm,密度0.42g/cm³,Cl⁻交换容量113.6mg/g	硫酸硫脲溶液解吸:Au吸附容量16.2g/kg,Au吸附率、解吸率不小于99%,磨损率2.78%
IRA-93(Amberlite公司)	弱碱性树脂,含8%的强碱性基团	Au吸附容量6g/kg,Au吸附率100%
Minix(Mintek)	强碱性树脂	Au吸附容量12～36g/kg
胍基型(Henkel公司)	强碱性树脂	贱金属易解吸,适用于高碱性氰化浸出液

6.6.6　交换树脂矿浆工艺的优缺点

交换树脂矿浆工艺的主要优点为:

(1)目前树脂矿浆工艺所采用的离子交换树脂均为大孔型双官能团的阴离子交换树脂,其吸附速度、工作容量、机械强度等均比活性炭高。因此,处理量相同条件下,树脂矿浆工艺的基建投资、生产成本较低,贵金属回收率较高。

(2)载金饱和树脂可在室温条件下解吸,设备简单易行。而载金炭的解吸常在热压条件下进行,设备须承压和热再生,能耗较高。

(3)为了除去所吸附的有机物,活性炭须定期进行热再生才能恢复其吸附活性,而载金饱和树脂经解吸和转型即可再生,返回吸附作业使用。

(4)树脂矿浆工艺的树脂的抗污染能力强,浮选药剂、高岭土、赤铁矿、页岩等矿物微粒不污染树脂,不吸附钙离子,可省去酸洗作业,而炭浆工艺解吸炭须经酸洗再生才能返回使用。

(5)浮选药剂、机油、润滑油、有机溶剂等有机物不会使交换树脂中毒,但它们却强烈降低活性炭的吸附性能。

(6)大孔型双官能团的阴离子交换树脂除对金氰配阴离子有很好的吸附性能外,对银氰配阴离子也有很好的吸附性能,尤其矿石中银含量高时,可综合利用资源,提高经济效益。

(7)树脂矿浆工艺对水质的要求较低,尾矿库澄清水可全部返回使用。既节约水资源,又回收了尾矿水中的贵金属,可实现零排放,环境效益高。

交换树脂矿浆工艺的主要缺点为:

(1)大孔型双官能团的阴离子交换树脂的吸附选择性差,贱金属氰配阴离子含量高时不宜采用树脂矿浆工艺,而应采用炭浆工艺。

(2)离子交换树脂的密度比活性炭小,树脂易浮于矿浆表面,造成接触不良。

(3)离子交换树脂的粒度为0.8～1.2mm,比活性炭细,浸吸槽中间筛易堵。

(4)离子交换树脂的价格比活性炭高,占用流动资金较多。

6.6.7 交换树脂矿浆工艺生产实践

6.6.7.1 东溪金矿全泥氰化树脂矿浆厂

A 矿石性质

1984 年东溪金矿建成采选企业，采用单一浮选流程，1986 年改为炭浆厂，1988 年改为树脂矿浆厂，为国内首家采用树脂矿浆工艺提金的金矿山。

该矿矿石为石英脉含金贫硫化物矿石，矿石中除金、银外，还含微量的磁铁矿、赤铁矿、褐铁矿等。金矿物为金银系列矿物，主要为银金矿，其次为金银矿，并有少量自然金。金矿物粒度较细小，均小于 0.053mm，小于 0.037mm 粒级占 80% 以上。金矿物主要与脉石密切相关，其中赋存于脉石中的金占 78.57%，粒间金占 15.25%，裂隙金占5.40%。金、银关系密切，银含量与金品位呈正相关线性关系。

B 交换树脂矿浆工艺生产流程

交换树脂矿浆生产原则工艺流程如图 6-66 所示。

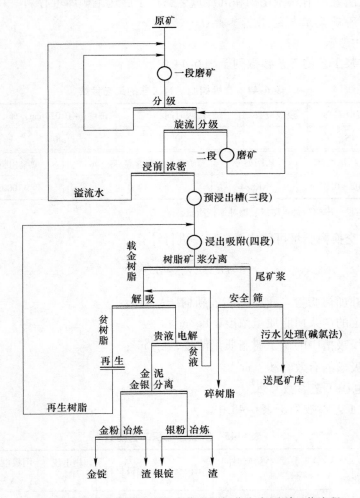

图 6-66 东溪金矿交换树脂矿浆全泥氰化生产原则工艺流程

矿石破碎后经二段磨矿，磨矿细度为 $-0.074mm$ 占 90%，石灰加入球磨机中，分级溢流进浓密机脱水，底流浓度为 40%±3%，送浸吸系统。

预浸 3 段，浸吸 4 段。树脂加入尾浸吸槽中，树脂定时定量与矿浆呈逆流运动，从第一浸吸槽中定时定量取出载金饱和树脂。该矿采用南开大学生产的 NK884 大孔型弱碱性双官能团阴离子交换树脂。

载金饱和树脂水洗后装入解吸柱中，采用硫氰酸铵与氢氧化钠的混合液作解吸剂，获得含金、银的贵液送电积槽中进行电积。阳极为石墨板，阴极为钢棉。电积贫液返回解吸柱中作解吸剂，形成闭路循环。解吸后的贫树脂进入再生系统进行再处理。

金泥经水洗、烘干、粗炼、补银、水淬、硝酸分银后获得金粉和银粉，分别精炼铸锭，产出金锭和银锭。

贫树脂经水洗后送入再生槽，用稀盐酸进行再生处理，然后水洗至中性。再用氢氧化钠溶液处理，然后水洗至中性，即可返回尾浸吸槽循环使用。

尾浸吸槽排出的矿浆经安全筛回收碎裂的载金树脂，筛上碎裂的载金树脂集中处理。筛下矿浆经碱氯法处理消除氰化物和沉淀重金属离子后送尾矿库堆存。

C　交换树脂矿浆工艺的工艺参数

a　浸吸工艺参数

交换树脂矿浆工艺的工艺参数列于表 6-44 中。

表 6-44　交换树脂矿浆工艺的工艺参数

预浸段数	预浸时间/h	浸吸段数	浸吸时间/h	细度（ $-0.074mm$ ）/%	浸出矿浆浓度/%
3	15	4	20	90	40±2

pH 值	氰化物浓度/%	树脂型号	矿浆中树脂含量/kg·m^{-3}	载金树脂金含量/g·t^{-1}
10.5～11.5	0.02～0.03	NK884	12.0	11000.0～13000.0

注：提取载金树脂量＝串树脂量＝尾浸吸槽补加树脂量。

生产中补加交换树脂量可按式（6-24）进行计算：

$$Q = (\delta_1 - \delta_2)V \tag{6-24}$$

式中　Q——应补加树脂量（再生树脂或新树脂），kg；

　　　δ_1——设定的矿浆树脂质量浓度，kg/m^3；

　　　δ_2——尾浸吸槽中的矿浆树脂质量浓度，kg/m^3；

　　　V——浸吸槽的有效容积，m^3。

b　解吸、电积工艺参数

解吸、电积工艺参数列于表 6-45 中。

表 6-45　解吸、电积工艺参数

解吸剂浓度/g·L^{-1}		解吸温度 /℃	解吸时间 /h	阳极材料	阴极材料	槽电压 /V	阴极电流密度 /A·m^{-2}	电积时间 /h
硫氰酸铵	氢氧化钠							
100～120	4.0～7.0	40	48	石墨	钢棉	2.5～4.0	30	48

c 交换树脂再生工艺参数

交换树脂再生工艺参数列于表6-46中。

表 6-46 交换树脂再生工艺参数

酸处理	再生液盐酸浓度/%	5.0
	再生液体积	3个床层（解吸柱）
	温 度	常温
	再生时间/h	18（无动力）
碱处理	氢氧化钠浓度	2.0
	氢氧化钠体积	3个床层（解吸柱）
	温 度	常温
	再生时间/h	18（无动力）

D 交换树脂矿浆工艺与炭浆工艺的生产指标

交换树脂矿浆工艺与炭浆工艺的生产指标列于表6-47中。

表 6-47 交换树脂矿浆工艺与炭浆工艺的生产指标

工艺	原矿品位/g·t⁻¹		渣品位/g·t⁻¹		尾液品位/mg·L⁻¹		浸出率/%		吸附率/%	
	Au	Ag	Au	Ag	Au	Ag	Au	Ag	Au	Ag
树脂法	7.38	12.00	0.27	4.00	0.01	0.03	96.34	66.67	99.79	99.44
炭浆法	8.33	12.00	0.31	5.00	0.04	1.20	96.28	58.33	99.18	71.01

工艺	总回收率%		载体品位/g·t⁻¹		解吸载体品位/g·t⁻¹		解吸率/%	
	Au	Ag	Au	Ag	Au	Ag	Au	Ag
树脂法	96.14	66.30	11943.91	13493.20	79.42	45.00	99.34	99.67
炭浆法	95.49	41.42	7769.32	4661.59	254.97	240.30	96.72	94.82

从表6-47数据可知，与炭浆工艺比较，交换树脂矿浆工艺的金回收率提高0.65%、银回收率提高24.88%。树脂载金银总量达25400g/t，而活性炭载金银总量为12430g/t。因此，交换树脂的工作容量远高于活性炭的吸附容量。

交换树脂矿浆工艺与炭浆工艺的吨矿生产成本列于表6-48中。

表 6-48 交换树脂矿浆工艺与炭浆工艺的吨矿生产成本（2009年）　　（元/吨）

工艺	材料耗	水耗	电耗	折旧	维修费	冶炼费	工资	碎树脂（炭）处理	合计
树脂法	20.39	0.30	14.64	9.88	7.00	0.40	16.47	0.20	69.28
炭浆法	20.04	0.30	17.49	10.00	7.00	0.25	16.47	1.20	72.75

从表6-48数据可知，与炭浆工艺比较，交换树脂矿浆工艺的吨矿生产成本约降低5%，节能效果非常显著，约可节能16%。

E 交换树脂矿浆工艺的生产流程考查结果

交换树脂矿浆工艺的生产流程考查结果列于表6-49中。

表 6-49　交换树脂矿浆工艺的生产流程考查结果

| 槽 号 | 浸渣金含量/g·t⁻¹ | 尾液金含量/mg·L⁻¹ | 浸出率/% | | 吸附率/% | | 载金树脂金含量/g·t⁻¹ | 树脂浓度/kg·m⁻³ | CN⁻浓度/% | pH 值 |
			个别	累计	个别	累计				
原矿	7.00	—	—	—	—	—	—	—	—	—
1 浸	3.05	2.60	56.43	56.43	—	—	—	—	0.023	11.0
2 浸	1.30	3.70	25.00	81.43	—	—	—	—	0.027	11.0
3 浸	0.80	4.10	7.14	88.57	—	—	—	—	0.030	11.0
1 浸吸	0.40	0.23	5.72	94.29	94.77	94.77	9429.43	12.0	0.030	11.0
2 浸吸	0.30	0.04	1.42	95.71	4.33	99.11	3380.02	12.0	0.027	11.0
3 浸吸	0.20	0.01	1.43	97.14	0.68	99.78	770.20	15.0	0.025	11.0
4 浸吸	0.20	0.00	0.00	97.14	0.22	100.00	420.14	15.0	0.025	11.0

交换树脂负载组分分析结果列于表 6-50 中。

表 6-50　交换树脂负载组分分析结果　　　　　　　　　　　(%)

类　别	Au/g·t⁻¹	Ag/g·t⁻¹	Cu	Pb	Zn	Fe	Ni
载金树脂	12470.00	13600.00	0.048	0.007	0.06	0.12	微
解吸树脂	77.50	10.00	0.024	0.003	0.06	0.016	微
再生树脂	80.50	10.00	0.002	0.000	0.06	0.011	微

交换树脂性能考查结果列于表 6-51 中。

表 6-51　交换树脂性能考查结果

树　脂	交换容量(干)/mg·g⁻¹	水分/%	耐磨度/%
新 树 脂	3.58	50.00	99.40
再生树脂	3.40	50.00	99.30

从考查结果可知，金的浸出和吸附速度较高，各浸吸槽中树脂载金品位梯度大，矿浆液相金含量很低，加速了金的浸出和吸附，充分显示了一步法提金的特点。载金饱和树脂有良好的解吸性能，通过解吸和再生，可将金、银和贱金属基本清除，不产生积累中毒。树脂再生后的强度和容量下降小，交换树脂的性能良好和使用寿命较长。

F　生产指标

目前，该矿由于处理量增大，生产流程改为 3 段预浸、9 段浸吸。其生产指标列于表 6-52 中。

表 6-52　东溪金矿树脂矿浆工艺生产指标

原矿金含量/g·t⁻¹	尾渣金含量/g·t⁻¹	浸出率/%	尾液金含量/mg·L⁻¹	吸附率/%	载金树脂金含量/g·t⁻¹	解吸树脂金含量/g·t⁻¹	解吸率/%
1.47	0.11	92.52	0.00	约100.00	5782.48	16.40	98.98

东溪金矿树脂矿浆工艺已生产 20 多年，经不断改进和完善，生产一直处于正常稳定的状态，经济技术指标较高。

6.6.7.2 辽宁某金矿全泥氰化树脂矿浆厂

A 矿石性质

该矿为老矿山，属火山岩型金矿床。金属矿物主要为褐铁矿、赤铁矿、黄铁矿和金银系列矿物。非金属矿物主要为石英、玉髓、长石、高岭土、页岩等。金银系列矿物嵌布粒度微细，高岭土含量高，银含量大于 100g/t。由于矿石性质特殊，曾采用多种提金工艺均无法获得较好的技术经济指标。生产初期采用氰化池浸-锌丝置换，后改为全泥氰化-锌丝置换，因矿浆黏度大，固液分离非常困难，无法正常生产。后改为全泥氰化炭浆工艺，因原矿含银高，活性炭银吸附率低，加之高岭土含量高堵塞活性炭微孔，降低对金的吸附，活性炭再生效果差，对银的吸附率降至 20% 左右，大部分已溶银损失于尾浆中。因矿浆黏度大，矿浆无法通过中间筛，使生产无法正常进行。2006 年采用全泥氰化树脂矿浆工艺，尾矿库澄清水全部返回磨矿循环使用，实行了污水零排放，投产至今取得了较理想的技术经济指标。

B 全泥氰化树脂矿浆工艺流程

全泥氰化树脂矿浆工艺流程如图 6-67 所示。

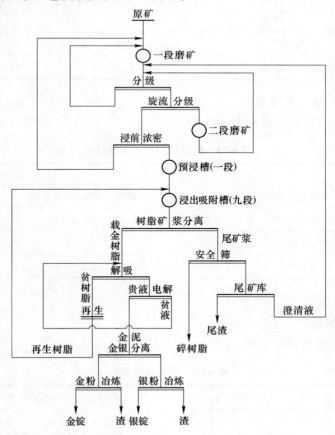

图 6-67 全泥氰化树脂矿浆工艺流程

C　工艺参数

a　浸吸工艺参数

浸吸工艺参数列于表 6-53 中。

表 6-53　浸吸工艺参数

磨矿细度 (-0.074mm)/%	矿　浆	CN⁻浓度/%	pH 值	树脂型号	中间筛 (加振动机)/目	工作容量(Ag) /g·t⁻¹
95	33~36	0.08	11.0	D301G	30	10000~12000

树脂平均浓度 /kg·t⁻¹	预浸段数	浸吸段数	预浸时间/h	浸吸时间/h	树脂吸附周期/h
40	1	9	10	28	200

b　载金树脂解吸、电积工艺参数

载金树脂解吸、电积工艺参数列于表 6-54 中。

表 6-54　载金树脂解吸、电积工艺参数

解吸剂浓度/g·L⁻¹		解吸温度/℃	解吸时间/h	解吸液流速/L·min⁻¹
硫氰酸铵	氢氧化钠			
100.0~120.0	4.0~7.0	50~53	48	50
电积停留时间/h	槽电压/V	阴极电流密度/A·m⁻²		电积时间/h
28	2.5~4.0	40~50		48

c　解吸树脂再生工艺参数

解吸树脂再生工艺参数列于表 6-55 中。

表 6-55　解吸树脂再生工艺参数

作　业	酸 处 理		碱 处 理	
工艺参数	酸处理盐酸浓度/%	5.0	碱处理氢氧化钠浓度/%	2.0
	酸处理液体积	3个床层(解吸柱)	碱处理液体积	3个床层(解吸柱)
	温　度	常　温	温　度	常　温
	时间/h	24(无动力)	时间/h	18(无动力)

D　生产技术指标

a　浸吸技术指标

浸吸技术指标列于表 6-56 中。

表 6-56　浸吸技术指标

原矿/g·t⁻¹		尾渣/g·t⁻¹		尾液/mg·L⁻¹		浸出率/%		吸附率/%		理论回收率/%	
Au	Ag	Au	Ag	Au	Ag	Au	Ag	Au	Ag	Au	Ag
3.35	105.63	0.15	7.71	0.018	0.39	95.52	92.69	98.85	99.20	94.42	91.95

b 解吸、电积技术指标

解吸、电积技术指标列于表 6-57 中。

表 6-57 解吸、电积技术指标

载金树脂品位/g·t⁻¹		解吸树脂品位/g·t⁻¹		电积贫液品位/mg·L⁻¹		解吸率/%	
Au	Ag	Au	Ag	Au	Ag	Au	Ag
435.45	10991.68	18.10	25.20	0.38	0.58	95.84	99.77

由于氰化尾矿采用管道输送至 1km 外的尾矿库，尾矿液相中的 CN^- 质量分数为 0.05% 左右，在管道输送和尾矿库中均有一定的浸出作用。尾矿库澄清返水中含金 0.04 ~ 0.06g/m³，含银 0.80 ~ 1.00g/m³，比贫液中的金银含量提高 2 ~ 3 倍。尾矿库澄清水全部返回磨矿作业循环使用，约占总水量的 80%。因此，由于实现了废水零排放，不仅保护了环境，利用了水资源，还可使金的总回收率提高 2.0%，银的总回收率提高 1.0% 左右。

6.6.7.3 安徽灌口金矿全泥氰化树脂矿浆厂

A 矿石性质

安徽省金矿的主要矿石类型为铁帽型金矿，矿石氧化程度高，矿泥含量高，一般采用全泥氰化炭浆工艺回收金，金回收率普遍较低。

灌口金矿原矿多元素分析结果列于表 6-58 中。

表 6-58 灌口金矿原矿多元素分析结果

元 素	Au/g·t⁻¹	Ag/g·t⁻¹	Cu	Pb	Zn	Fe	S
含量/%	4.60	58.50	0.10	0.073	0.015	24.28	0.12
元 素	As	Bi	CaO	MgO	SiO₂	Al₂O₃	TiO₂
含量/%	0.37	0.10	0.33	0.33	47.77	8.86	0.61

原矿中主要金属矿物为褐铁矿，少量赤铁矿、磁铁矿、黄铁矿等。非金属矿物主要为石英、长石、方解石等。金主要为自然金，粒度较细，与褐铁矿关系密切，少量与脉石有关。矿石密度为 3.19g/cm³。

B 提金工艺

1994 年 8 月建成投产，其工艺流程如图 6-68 所示。

磨矿细度为 –0.074mm 占 90%，分级溢流进高效浓密机脱水，不加絮凝剂，用石灰调 pH 值即可满足底流浓度达 30% 的要求，生产至今无跑浑现象。底流调 pH 值为 10.5 ~ 11.0，氰化钠用量 1.5kg/t（CN^- 浓度 0.028% ~ 0.030%）氰化浸出 18h。浸吸 18h，选用 NK884 型树脂，树脂浓度为 10kg/m³。金、银吸附率均达 99% 以上。

载金树脂采用 NH_4CNS + NaOH 混合液解吸 48h，解吸温度为 30℃。

解吸所得贵液送电积槽，在槽压为 3 ~ 3.5V、阴极电流密度为 30A/m² 的条件下电积。

解吸树脂用 5% HCl 浸泡 24h，水洗至中性。再用 2% NaOH 浸泡转为 OH^- 型可返回吸附。

C 生产技术指标

虽矿石贫化严重，原矿含金由设计的 4.6g/t 降至 3.38g/t，金总回收率仍达 93.47%，比设计指标高 6.37%。比原池浸工艺高 37%，比其他同类黄金矿山高 10%。

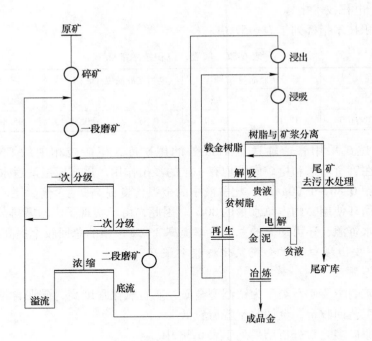

图 6-68　灌口金矿全泥氰化树脂矿浆厂工艺流程

1996 年 4 月 22 ~ 24 日流程考查结果列于表 6-59 中。

表 6-59　灌口金矿 1996 年 4 月 22 ~ 24 日流程考查结果

磨矿细度	原矿品位/g·t⁻¹		载金树脂品位/g·t⁻¹		解吸树脂品位/g·t⁻¹		尾渣品位/g·t⁻¹	
(−0.074mm)/%	Au	Ag	Au	Ag	Au	Ag	Au	Ag
90.06	2.65	51.10	4497.24	6298.94	56.18	91.30	0.20	21.10

矿浆浓度/%	尾液品位/g·m⁻³		浸出率/%		吸附率/%		解吸率/%	
	Au	Ag	Au	Ag	Au	Ag	Au	Ag
28.33	未检出	0.02	92.45	58.71	100.00	99.86	98.75	98.55

从表 6-59 中数据可知，流程中各作业的技术指标均达很高水平。虽原矿含金降至 2.65g/t，比设计品位降低 2g/t，金总回收率仍达 90.66%，比设计指标提高 3.56%。因此，全泥氰化树脂矿浆工艺非常适用于铁帽型金矿。

6.6.8　国外某些树脂矿浆厂的技术指标

国外某些树脂矿浆厂的技术指标列于表 6-60 中。

表 6-60　国外某些树脂矿浆厂的技术指标

金矿山	投产年份	矿石类型	矿石金含量 /g·t⁻¹	选金工艺	处理量 /万吨·年⁻¹	金回收率/%
乌兹别克斯坦的安德烈矿	1974 年	含少量硫化物矿石	6 ~ 8	重选、浮选、浮选尾矿氰化树脂工艺	45	92 ~ 94

金矿山	投产年份	矿石类型	矿石金含量 /g·t^{-1}	选金工艺	处理量 /万吨·年$^{-1}$	金回收率/%
亚美尼亚的阿拉特矿	1976 年	含少量硫化物矿石	3~5	重选、浮选、浮选尾矿氰化树脂工艺	80	86~88
哈萨克斯坦的瓦西里可夫斯克矿	1992 年	氧化矿	2~3	氰化堆浸、树脂吸附金	70	65~69
哈萨克斯坦的热那矿	1996 年	含黏土的氧化矿	11.2	氰化堆浸、树脂吸附金	100	70~72
俄罗斯的卡拉木聂恩矿	1982 年	含少量硫化物矿石	Au 6~8 Ag 45~60	全泥氰化树脂矿浆工艺	30	Au 94~96 Ag 81~95
俄罗斯的库拉那赫矿	1972 年	含黏土的氧化矿	3~4	全泥氰化树脂矿浆工艺	120	88~90
吉尔吉斯的马克马勒矿	1986 年	含少量硫化物矿石	5~7	重选、重选尾矿树脂矿浆工艺	50	88~90
乌兹别克斯坦的马尔江布拉矿	1980 年	含黏土的氧化矿	2.5~3.5	重选、重选尾矿树脂矿浆工艺	60	84~86
俄罗斯的马特洛索夫矿	1973 年	含碳的少量硫化物矿石	3~4	重选、浮选、浮选尾矿氰化树脂工艺	50	85~88
俄罗斯的多别尔辛矿	1991 年	含黏土的少量硫化物矿	6~9	重选、重选尾矿树脂矿浆工艺	60	85~88
乌兹别克斯坦的穆龙陶矿	1969 年	氧化矿	2.4~2.6	重选、重选尾矿树脂矿浆工艺	2300	90~92
俄罗斯的奥里木帕德矿	1972 年	氧化矿	10~12	全泥氰化树脂矿浆工艺	100	95~97
俄罗斯的苏维埃矿	1980 年 年底	含少量硫化物矿石	2.3~3.0	浮选、浮选尾矿氰化树脂工艺	50	89~92

6.7 含氰污水净化与氰化物再生回收

6.7.1 氰中毒及其防护

氰化物为剧毒物质。据报道，口服 0.1g NaCN 或 0.12g KCN 或 0.05mg HCN 即可瞬间使人致死。0.1~0.14mg NaCN 或 0.06~0.09mg KCN 能使体重为 1kg 的动物死亡。NaCN 含量为 0.5mg/L 的污水可使体重为 10g 的金鱼死亡。因此，氰化物和含氰污水的毒性相当高。

氰化物的毒害作用在于 CN^- 进入人体后，可使体内水分迅速分解并结合为 HCN，尤其是 CN^- 可迅速与氧化型细胞色素氧化酶的三价铁结合，并阻碍细胞色素还原生成带二价铁的还原型细胞色素氧化酶，从而抑制细胞色素的氧化作用，使人体组织细胞不能及时获得足够的氧，使生物氧化作用无法正常进行，造成细胞内窒息。中枢神经系统对缺氧最敏感，氰中毒首先使大脑受到伤害。呼吸中枢麻痹是氰中毒致死的原因。因此，大量吸入高浓度的氢氰气后，人体可在 2 ~ 3min 内停止呼吸而死亡。

氰化法提取金银过程中，氰中毒主要来自氰化溶液的充气、加热和酸化作业放出的氢氰气、氰化物固体粉尘和含氰溶液。氰化物主要通过呼吸道和皮肤进入人体，氰化物固体粉尘也可通过消化道进入人体。氢氰气在人体内或空气中均可分解为氰根离子。

鉴于氰化物毒性大，氰化法提取金银过程中的生产人员应严格遵守有关操作规程，防止氰中毒事故的发生。预防氰中毒的主要措施为：

（1）防止氰化物固体粉尘污染手、脸、衣服、桌、椅及地面等，操作人员下班时应洗澡和更换衣服，严防氰化物粉尘由口腔吸入体内。

（2）产生氢氰气的设备和场所应密封和局部通风，含氢氰气的空气应经稀碱溶液洗涤后才能排空。

（3）含氰污水和洗水应经处理符合标准后才能排放。

（4）改革工艺，尽量采用机械化或自动化加料，以减少操作人员直接接触氰化物。

（5）生产车间应备有应急药品及有关设备，操作人员应熟悉急救方法，以便万一发生氰中毒时能及时抢救。

我国《污水综合排放标准》（GB 8978—2002）中规定工业废水含游离氰根的容许排放浓度最高不能超过 0.5mg/L，地面水域游离氰根的最高允许浓度为 0.005mg/L，地下水中游离氰根的最高允许浓度为 0.001mg/L，氢氰气气体在车间空气中的最高允许浓度为 0.3mg/m³。

6.7.2　含氰污水净化方法

6.7.2.1　氰化厂含氰废水分类

氰化厂含氰废水分类列于表 6-61 中。

表 6-61　氰化厂含氰废水分类

提金原料	提金工艺	贫液或含氰物料	分　类	废水主要组成/mg·L⁻¹			
				CN⁻	SCN⁻	Cu	Zn
金精矿	锌粉置换	贫　液	高浓度	500 ~ 2300	600 ~ 2800	300 ~ 1500	50 ~ 300
	炭浆法	氰尾澄清水或滤液	高浓度	500 ~ 1500	600 ~ 1500	300 ~ 1000	△
	贵液电积	贫　液	高浓度	—	—	—	△
原矿或焙砂	锌粉置换	氰尾及部分贫液	中等浓度	70 ~ 500	50 ~ 350	10 ~ 200	50 ~ 200
	炭浆法	氰尾	低浓度	50 ~ 350	30 ~ 300	10 ~ 150	△
	树脂矿浆法	氰尾	低浓度				△
低品位矿或尾矿	堆浸炭吸附	贫液、废渣	低浓度	10 ~ 100	约 1500	约 100	△

注：1. 废水组成与矿石矿物组成及性质有关，表中数据为通常条件下的浓度，仅供参考；

　　2. △表示锌浓度取决于矿石矿物组成及性质。

6.7.2.2　脱金贫液的直接返回循环使用

试验和生产实践表明，脱金贫液的适量返回循环使用不仅不会降低金银的氰化浸出率，而且可降低氰化物耗量，有利于氰化选矿厂的水量平衡，实现少排或"零排放"。此方法在国内获得广泛应用，脱金贫液适量直接返回氰化过程的相应作业，是处理脱金贫液最直接有效的方法，此时只将过剩的部分脱金贫液送净化处理。

国内许多氰化选厂将脱金贫液返回配置氰化浸出剂，实践证明效果良好。如某厂将脱金贫液适量返回循环使用后，浸出液中的 Cu^{2+}、Zn^{2+}、S^{2-} 等离子浓度虽然有所增加，但没有产生不断积累的现象。金的浸出速度开始时稍有所降低，但当浸出 12h 后就达到贫液返回前的浸出速度。

除将脱金贫液返回配置新氰化浸出剂外，有的氰化选矿厂将脱金贫液返回金精矿再磨作业和澄清倾析作业，用作再磨作业的补加水或浓密底流的洗涤水。

6.7.2.3　含氰污水净化

A　概述

根据脱金贫液组成及氰根浓度，脱金贫液的处理方法可分为：

（1）破坏氰化物的方法：此法用于脱金贫液的深度处理，脱金贫液经处理后达到排放标准。其方法有碱性氯气氧化法、漂白粉氧化法、二氧化硫 – 空气法、过氧化氢氧化法、电解法、微生物分解法、自然净化法等。

（2）将剧毒脱金贫液转化为低毒废水的方法：有内电解法、铁盐沉析法、多硫化物法等。

（3）回收氰化物的方法：主要有酸化回收法、溶剂萃取法、两步沉淀法、三步沉淀法、乳化液膜法、离子交换法、电渗析法、亚铁盐或锌盐沉淀法等。

亚铁盐或锌盐沉淀法因其效果差，造成二次污染等缺点，现已淘汰。国内目前主要采用碱性氯气氧化法、漂白粉氧化法、自然净化法和酸化法，有的氰化选厂开始采用二氧化硫-空气法、过氧化氢氧化法、两步沉淀法、三步沉淀法、溶剂萃取法、离子交换树脂法等。

B　含氰污水净化

a　酸化法

脱金贫液经酸化至 pH 值为 2~3，氰根转化为氢氰酸，当温度高于 26.5℃和在空气流作用下，氢氰酸呈氰化氢气体逸出。其反应可表示为：

$$CN^- + H_2SO_4 \longrightarrow HCN\uparrow + HSO_4^-$$

此法用于处理氰根浓度大于 60mg/L 的脱金贫液，游离氰根浓度可降至 0.01mg/L 以下。但逸出的氰化氢气体严重污染空气，只能用于处理量小的脱金贫液。酸化处理时，人须站在上风向和加强通风。此法不宜用于分解矿浆中的氰化物，因矿浆中含有碳酸盐、酸溶硫化物（如磁黄铁矿等）。此法常用于实验室在通风柜中处理少量脱金贫液。

b　漂白粉氧化法

在 pH 值为 8~9 的碱性介质中，可用漂白粉（$CaOCl_2$）、漂白精（$Ca(OCl)_2$）或次氯酸钠（$NaClO$）氧化分解脱金贫液，可使其达排放标准。其反应可表示为：

$$CaOCl_2 + H_2O \longrightarrow CaO + 2HOCl$$

$$CN^- + HOCl \longrightarrow CNCl + OH^-$$

$$CNCl + 2OH^- \longrightarrow CNO^- + Cl^- + H_2O$$

$$2CNO^- + 3OCl^- + H_2O \longrightarrow 2CO_2\uparrow + N_2\uparrow + 3Cl^- + 2OH^-$$

从以上反应式可知，漂白粉氧化净化时，先分解为次氯酸，然后将氰根氧化为氰酸盐，此过程称为局部氧化。氰酸盐继续被次氯酸进一步氧化为二氧化碳气体和氮气，此过程称为完全氧化。根据以上反应式，氰根氧化时氰根与活性氯的比值为：

局部氧化时：　　　　　　　　　　$CN^-:Cl_2 = 1:2.73$

完全氧化时：　　　　　　　　　　$CN^-:Cl_2 = 1:6.83$

漂白粉氧化法既可处理含氰污水，也可用于处理含氰尾矿浆。含氰污水和含氰尾矿浆中除含游离氰根外，还含有其他耗氯物质，反应完全也须有一定量的余氯。因此，实际投药量应大于理论量。投药可用湿法或干法，湿法投药是将漂白粉配成 5%～15% 的溶液加入，干法投药是将漂白粉破碎至细粒后直接加入。常用湿法投药，反应时间较短，较安全。

我国某氰化选矿厂污水组成为：CN^- 271mg/L、CNS^- 501mg/L、Cu 256.16mg/L、Zn 347.2mg/L。采用干法投入漂白粉，漂白粉用量 11g/L，此时 $CN^-:Cl_2 = 1:8.6$，相当于局部氧化理论量的 3 倍。在 pH 值为 9、温度为 18℃ 条件下搅拌 30min，即可排放。生产实践表明，处理后的废水中不含 CN^- 和 CNS^-，余氯含量为 101.78mg/L。

采用漂白粉氧化法处理含氰污水时，主要控制投药量、pH 值和反应时间。漂白粉投药量取决于漂白粉中活性氯的含量（常为 20%～30%）、污水中 CN^- 浓度、其他耗氯物质含量等。漂白粉投药量应使 CN^- 完全氧化为二氧化碳气体和氮气。氰酸根（CNO^-）的毒性虽然只为 CN^- 的 0.1%，但在某些条件下（如在河流中），CNO^- 可还原为 CN^-。漂白粉投药量各厂不一，常为理论量（$CN^-:Cl_2 = 1:2.73$）的 3～8 倍。

采用漂白粉氧化法处理含氰污水只能在碱性介质中进行，反应时间与介质 pH 值、污水性质、投药量、反应温度等密切相关。局部氧化时，pH 值为 9～10，反应时间仅需 2～5min，干法投药可适当延长反应时间。完全氧化时，pH 值为 7.5～8，反应时间需 10～15min；当 pH 值为 9～9.5 时，反应时间增至 30min；当 pH 值为 12 时，氧化反应趋于停止。

漂白粉氧化法净化后的废水中含有余氯，污水中 CN^- 含量愈高，投药量愈大，废水中余氯含量愈高，有时须进行专门处理。也可采用适当延长反应时间或减少投药量的方法使废水中余氯含量降至 10～20mg/L。

c　液氯氧化法

在碱性条件下（pH 值为 8.5～11），加入氯气氧化分解污水中的氰根。其反应可表示为：

$$CN^- + Cl_2 + 2OH^- \longrightarrow CNO^- + 2Cl^- + H_2O$$

$$2CNO^- + 3Cl_2 + 4OH^- \longrightarrow 2CO_2\uparrow + N_2\uparrow + 6Cl^- + 2H_2O$$

将氰根氧化为氰酸根的反应称为局部氧化，将氰酸根氧化为二氧化碳气体和氮气的反应称为完全氧化。按上述反应方程计算的氯量和碱量为：

局部氧化阶段：　　　　$CN^-:Cl_2:CaO = 1:2.73:2.154$

　　　　　　　　　　　$CN^-:Cl_2:NaOH = 1:2.73:3.10$

完全氧化阶段：　　　　$CN^-:Cl_2:CaO = 1:2.73:4.31$

$$CN^- : Cl_2 : NaOH = 1 : 2.73 : 6.20$$

含氰污水和含氰尾矿浆中除含游离氰根外，还含有其他耗氯物质，反应完全也须有一定量的余氯。因此，实际投药量应大于理论量。若石灰以干石灰计，氢氧化钠以含量为100%计，建议的投药量为：$CN^- : Cl_2 : CaO = 1 : (4 \sim 8) : (4 \sim 8)$，上限为完全氧化所需药量，下限为局部氧化所需药量。

液氯氧化法操作时，须严格控制介质 pH 值和加氯比。含氰污水加氯后，其 pH 值会迅速降低。当介质 pH 值降至低于临界 pH 值时，会逸出有毒的氯化氰（CNCl）气体。加氯比与生成氯化氰（CNCl）气体的临界 pH 值列于表 6-62 中。

表 6-62　加氯比与生成氯化氰（CNCl）气体的临界 pH 值

加氯比	4	5～6	7～8
加氯后生成氯化氢气体的临界 pH 值	10.5	7.8	7.5

操作时，应先加碱后加氯。氯化氰在碱性介质中将迅速水解。在充分搅拌条件下，反应时间约需 30min。反应池应密封，以防止氯气和氯化氰气体污染空气。净化后的废水中的余氯含量高时，可加入硫代硫酸盐、硫酸联胺或硫酸亚铁等将其除去后再外排。其反应可表示为：

$$3Cl_2 + 6FeSO_4 \longrightarrow 2Fe_2(SO_4)_3 + 2FeCl_3$$

采用硫酸亚铁作还原剂时，其加入量按 $Cl_2 : FeSO_4 \cdot 7H_2O = 1 : 32$ 的质量比加入。

液氯氧化法所用的设备和管道均应防腐或采用防腐材料制造。

我国某氰化选矿厂的污水含 CN^- 200～500mg/L，pH 值为 9。该厂采用碱性液氯法进行净化。净化反应地为密闭池，分为两格供交替使用。污水入池后先加石灰乳将 pH 值调至 13，然后定量通入氯气并搅拌 20～30min 后排放。当加氯量为 $CN^- : Cl_2 = 1 : (4 \sim 8.5)$ 时，处理后的废水中的氰根含量可达排放标准。净化后的废水 pH 值为 8.0，余氯为 21.7～630mg/L。若余氯过高，可加少量硫酸联胺将其除去。

液氯净化含氰污水的设备联系图如图 6-69 所示。

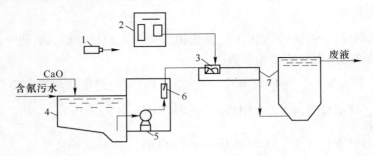

图 6-69　液氯净化含氰污水的设备联系图

1—氯气瓶；2—加氯机；3—水射器；4—混合池；5—泵；6—转子流量计；7—反应池

d　二氧化硫-铜盐-空气法（因科法）

（1）简介。

因科法（二氧化硫-铜盐-空气法）为加拿大因科金属有限公司发明的含氰废水处理方

法。该法特点为可完全除去氰化物，铁氰化物呈难溶亚铁氰化物沉淀，其他金属离子呈氢氧化物沉淀而达到净化含氰废水的目的。

1982 年 10 月，加拿大斯科堤金矿首次用此法对氰化贫液和选矿尾矿进行工业化处理。采用 Na_2SO_3 或 $Na_2S_2O_5$ 和空气作氧化剂，$CuSO_4$ 作催化剂。经处理后，贫液中的 CN^- 含量从 450mg/L 降至 0.1mg/L；尾矿中的总 CN^- 从 115mg/L 降至 0.1mg/L。随后，该法在斐洛 Vatukoule 的皇家金矿用于处理氰化尾渣中的氰化物。至今在国外已获得广泛应用，采用此法处理废水和氰化尾渣中的氰化物的选矿厂达 30 多个。

国内长春黄金研究院于 1984 年开始研究此方法，1988 年完成工业试验。随后在新城金矿、金城金矿等多个金选矿厂用于氰化物的深度净化，处理后的尾液达到国家规定的排放标准。

（2）二氧化硫-铜盐-空气法的净化机理。

试验表明，二氧化硫-铜盐-空气法净化氰化物的途径为：

1）降低废水 pH 值使 CN^- 转化为 HCN，被空气吹脱逸出随废气外排。pH 值为 8 ~ 10 时，此部分氰化物占总氰化物的 2% 以下。

2）被氧化生成氰酸盐，此部分氰化物占总氰化物的 96% 以上。

3）以重金属与氰化物生成难溶沉淀物，此部分氰化物占总氰化物的 2% 左右。

二氧化硫-铜盐-空气法净化氰化物的效果与 pH 值的关系列于表 6-63 中。

表 6-63　二氧化硫-空气法净化氰化物的效果与 pH 值的关系

pH 值	各相带走的 CN^-/%			反应破坏氰化物/%
	气相	固相	液相	
7	2.94	1.34	22.16	73.56
7	1.1	1.7	0.44	96.76
9.5	0.38	2.33	0.55	97.24
11	0.56	0.75	7.2	91.49

注：废水中 CN^- 218mg/L，Cu^{2+} 56mg/L，加入 Cu^{2+} 157mg/L，$m(SO_2)/m(CN^-)$ 为 3.94，空气量为废水体积的 50 倍，反应 30min。

作者认为二氧化硫-铜盐-空气法净化氰化物的机理为酸化分解、氧化分解和难溶盐沉淀等综合作用的结果。其反应可表示为：

$$2Zn(CN)_4^{2-} + Fe(CN)_6^{4-} \longrightarrow Zn_2[Fe(CN)_6]\downarrow + 8CN^-$$

$$Zn(CN)_4^{2-} + Ca(OH)_2 \longrightarrow Zn(OH)_2 + Ca(CN)_2 + 2CN^-$$

$$Cu(CN)_2^- + 1\frac{1}{2}O_2 + H_2O \longrightarrow Cu(OH)_2\downarrow + 2CNO^-$$

$$2CNO^- + 4H_2O \longrightarrow 2CO_2\uparrow + 2NH_3\uparrow + 2OH^-$$

二氧化硫-铜盐-空气法净化法去除各种氰配合物的顺序为：$CN^- > Zn(CN)_4^{2-} > Fe(CN)_6^{4-} > Ni(CN)_4^{2-} > Cu(CN)_2^- > SCN^-$。

（3）材料消耗。

二氧化硫-铜盐-空气法净化法须使用 SO_2、硫酸铜、石灰、水、电等。除充 SO_2 气体，

还常采用亚硫酸钠 Na_2SO_3 或偏重亚硫酸钠 $Na_2S_2O_5$。CN^- 浓度与 $m(SO_2)/m(CN^-)$ 的关系列于表 6-64 中。

表 6-64　CN^- 浓度与 $m(SO_2)/m(CN^-)$ 的关系

CN^- 浓度/mg·L^{-1}	<50	100~200	>300
$m(SO_2)/m(CN^-)$	8~15	5~8	<4.5

硫酸铜耗量随 CN^-、SCN^- 浓度的提高而增大，常须保持废水中的铜含量为 50~150mg/L 为宜。

石灰耗量为 SO_2 耗量的 1.5 倍。电耗常为 3~5kW·h。石灰乳浓度常为 10%~20%。

（4）设备。

二氧化硫-铜盐-空气法净化法涉及 SO_2、H_2SO_3、HCN、$CuSO_4$、Na_2SO_3、$Na_2S_2O_5$、NH_3、CO_2 等药剂及反应物，有些为有毒或腐蚀性物质。因此，所有设备及管道应防腐蚀，反应器应密封，要求充气应呈微小气泡均匀分散于废水中。

（5）应用实例。

1）国内某氰化厂以冶炼厂烟气作 SO_2 源，废水处理量为 200m³/d。废水组成列于表 6-65 中。

表 6-65　国内某氰化厂废水组成

废水组成	CN^-	Cu	Pb	Zn	pH 值
浓度/mg·L^{-1}	380~430	450~680	8~15.5	254~380	11

烟气中 SO_2 体积浓度为 3.5%~5.5%，用罗茨风机加压送入反应槽。其工艺流程如图 6-70 所示。

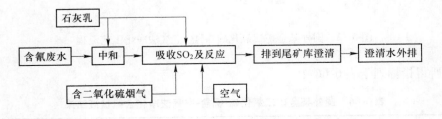

图 6-70　国内某氰化厂二氧化硫-铜盐-空气法净化工艺流程

反应 pH 值为 6~9，SO_2 耗量按 $m(SO_2)/m(CN^-)$ 计算为 12~15，石灰耗量为 7kg/m³，空气加入量为 50m³/m³，废水铜含量高，不添加铜盐。4 台反应槽，总反应时间为 40min。处理后废水中 CN^- 浓度小于 0.5mg/L，铜有时超标。

2）国内某氰化厂以焦亚硫酸钠为 SO_2 源，处理酸化回收后的废水。工艺条件：pH 值为 7~10.4，5 台反应槽，其中前 3 台加焦亚硫酸钠溶液，后两台加硫酸铜溶液，总反应时间为 60min。废水中 CN^- 质量浓度为 60~80mg/L，硫酸铜耗量为 0.6kg/m³，焦亚硫酸钠耗量为 1.2kg/m³，电耗为 4.7kW·h/m³。处理后废水 CN^- 质量浓度小于 2mg/L。其工艺流程如图 6-71 所示。

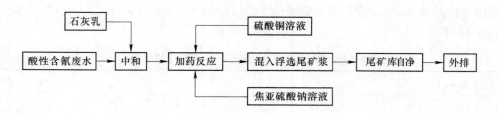

图 6-71　国内某氰化厂二氧化硫-铜盐-空气法净化处理酸化回收后的废水的工艺流程

3）国外某氰化厂以焦亚硫酸钠为 SO_2 源，处理含氰废水。1985 年处理含氰废水 22123m^3，反应总时间为 2169h，除去氰化物 8.28t，焦亚硫酸钠耗量为 2.88kg/m^3，石灰耗量为 1.45kg/m^3，五水硫酸铜耗量为 77.8g/m^3。除 CN^- 效果较理想，无法除去 SCN^-。存在电耗高、硫酸铜价高等缺点。

4）国外某金矿日处理 200t 含金磁黄铁矿，含金 14.2g/t，用常规氰化法提金，贫液量为 130m^3/d，曾采用 2 台串联搅拌槽进行液氯氧化处理，处理后尾矿直排至尾矿库。

现改为二氧化硫-铜盐-空气法净化，增加 1 台搅拌槽。其工艺流程如图 6-72 所示。

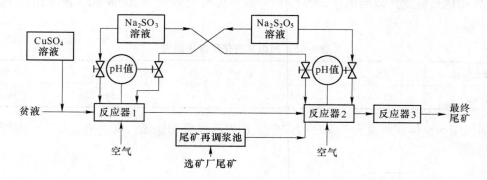

图 6-72　国外某金矿二氧化硫-铜盐-空气法净化工艺流程

处理所得指标列于表 6-66 中。

表 6-66　国外某金矿二氧化硫-铜盐-空气法净化含氰贫液结果

场　所	贫液来源	pH 值	处理结果/$mg \cdot L^{-1}$				氰化物分布
			总氰化物	Cu	Fe	Zn	/%
工　厂	贫　液	—	450	35	1.5	66	75
	处理过的贫液	9.0	0.1	1～10	<0.5	0.5～2.0	0.4
	选厂尾矿（固体 55%）	—	11.5	17	0.7	18	25
	最终排放液	8.0	0.1～1.0	0.2～2.0	0.02～0.3	<0.1	>0.5
实验室	贫　液	—	340	44	1.0	71	75
	处理过的贫液	8.9	0.2	2	0.2	2	0.04
	选矿厂尾矿（固体 40%）	—	48	48	1.4	10	25
	最终排放液（固体 32%）	8.0	0.3	0.3	0.2	<0.1	0.2

5）国外某金银矿处理量100t/d，含金31g/t，常规氰化法提金银，过滤产出的尾矿一般含排出氰化物的20%，贫液和泵仓水中合计含排出氰化物的80%。

曾采用2台串联搅拌槽进行漂白粉氧化处理贫液，由于尾矿池容量不够，未达到污水排放标准。二氧化硫-铜盐-空气法净化含氰贫液的工艺流程如图6-73所示。

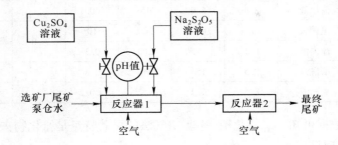

图6-73　国外某金银矿二氧化硫-铜盐-空气法净化含氰贫液的工艺流程

处理结果列于表6-67中。

表6-67　国外某金银矿二氧化硫-铜盐-空气法净化处理结果

场　　所	贫液来源	pH值	处理结果/mg·L^{-1}				氰化物分布/%
			总氰化物	Cu	Fe	Zn	
工　厂	泵仓水 + 选矿厂尾矿	11.0	240	20	6	90	100
	最终尾矿	8.0	0.1 ~ 0.3	1 ~ 5	0.3	0.1 ~ 0.2	0.2
实验室	泵仓水 + 选矿厂尾矿	10.8	230	46	6.2	57	100
	最终尾矿	8.2	0.3	0.9	0.1	<0.1	0.12

从表6-67中数据可知，最终尾矿浆液相总氰含量可达0.1 ~ 0.3mg/L。

6）二氧化硫-铜盐-空气法国外部分应用结果列于表6-68中。

表6-68　二氧化硫-铜盐-空气法国外部分应用结果

公司名称	废水来源	pH值	月均值/mg·L^{-1}			每克总氰药剂耗量/g·g^{-1}		
			总氰化物	Cu	Fe	SO$_2$	Cu^{2+}	石灰
Equity 银矿公司	炭浸尾矿水	11.0	100	35	2	5.9	0.27	0
	流出液	8.0	1 ~ 5	2 ~ 5	0.2			
Mount Skuku 矿	尾矿浆废水	11.0	100	5.0	15	4.0	0.25	0
	流出液	8.2	0.9	1.0	0.2			
Mc Been 矿	废　液	11.5	370	30	20	4.0	0	4.0
		9.0	0.2	0.7	<0.2			
Lynngold 公司	尾矿池废水	8.7	100	10	2.0	6.0	0.10	8.0
		9.5	0.6	1.0	0.1			
Golosseum 矿	炭浆尾矿水	10.6	375	129	2.2	5.6	0.11	2.9
	流出液	8.7	0.4	1.5	0.2			

公司名称	废水来源	pH 值	月均值/mg·L^{-1}			每克总氰药剂耗量/g·g^{-1}		
			总氰化物	Cu	Fe	SO$_2$	Cu^{2+}	石灰
Ketza River 矿	炭浆尾矿水	9.8	150	8.0	<0.1	6.0	0.30	0
	流出液	8.4	5.0	15	<0.1			
Skyline 公司	尾矿浆	10.5	450	300	10	6.0	0	0
	流出液	8.1	<1.0	2.0	0.3			
Kuntz 电镀厂	清洗液	9.5	150	90	2.8	8.0	0	0
	流出液	8.5	0.2	1.2	<0.2			

从表 6-68 中数据可知，二氧化硫-铜盐-空气法的显著特点是氰化物去除彻底，试剂耗量低，费用低，适应性广。

e　自然净化法

（1）自然净化原理。

自然净化是将含氰污水排入尾矿库，靠稀释、挥发、生物降解、氧化、沉淀吸附、暴晒分解等综合作用，达到分解氰化物的目的。其反应可表示为：

$$CO_2 + H_2O \longrightarrow H_2CO_3$$

$$SO_2 + H_2O \longrightarrow H_2SO_3$$

$$CN^- + H^+ \longrightarrow HCN \uparrow$$

$$2Zn(CN)_4^{2-} + Fe(CN)_6^{4-} + 8H^+ \longrightarrow Zn_2Fe(CN)_6 \downarrow + 8HCN$$

$$Cu(CN)_2^- + 1\frac{1}{2}O_2 + H_2O \longrightarrow Cu(OH)_2 \downarrow + 2CNO$$

$$CNO + 2H_2O \longrightarrow CO_2 \uparrow + NH_3 \uparrow + OH^-$$

（2）应用实例。

1）某全泥氰化厂尾矿库建于 2~5m 黄土层的山沟内，地处干旱少雨地区，年蒸发量大于降雨量，故尾矿库无渗漏、无排水。氰化物在尾矿库内自然净化，节省大量处理费用。

2）某全泥氰化厂尾矿排入无渗漏的尾矿库内自然净化。然后对尾矿库澄清水进行二级处理，使其达排放标准。因此，处理成本低，效果好。

3）某金矿采用浮选—金精矿氰化—锌粉置换工艺。其贫液经酸化回收处理后残氰浓度为 5~20mg/L，经浮选尾矿浆稀释后，氰根浓度为 0.5~2mg/L。然后送入尾矿库进行自然净化，外排水氰根浓度小于 0.5mg/L。

4）某氰化厂采用酸化法处理贫液，酸性废水中氰根浓度为 5~10mg/L，放入 3m 深的废水池内，经 20d 的自然净化，氰化物浓度降至 0.5mg/L。

（3）优缺点。

自然净化法在国外应用较广泛（如苏联、加拿大等）。主要优点是成本低，效果好。

主要缺点是须将含氰污水在尾矿库内长时间存放，常受气候、光照、降雨量、温度和地形影响，处理效果不理想。尤其是冬季冰层覆盖，大大降低了自净作用，使氰酸盐、金属氰配合物无法自然分解。因此，自净后的外排废水常不达标。

6.7.3 氰化物的再生回收

6.7.3.1 硫酸酸化法

A 硫酸酸化法原理

硫酸酸化法又称密尔斯-克鲁法，是目前工业上应用最广泛的再生回收氰化物的方法。当采用硫酸或二氧化硫将含氰污水酸化至 pH 值为 2～3 时，含氰污水中的游离氰化物和氰配合物均分解转变为氢氰酸。氢氰酸在高于其沸点（26.5℃）和在空气流作用下，呈氰化氢气体逸出。经碱液（NaON 或 Ca(OH)$_2$）吸收可获得碱性氰化物溶液。经硫酸酸化处理后的脱金溶液经过滤可回收铜、银等有价组分，滤液可废弃外排。其过程反应可表示为：

$$2NaCN + H_2SO_4 \longrightarrow Na_2SO_4 + 2HCN \uparrow$$

$$Na_2[Zn(CN)_4] + 3H_2SO_4 \longrightarrow ZnSO_4 + 2NaHSO_4 + 4HCN \uparrow$$

$$Na[Ag(CN)_3] + H_2SO_4 \longrightarrow AgCN \downarrow + NaHSO_4 + HCN \uparrow$$

$$Zn(CN)_2 + H_2SO_4 \longrightarrow ZnSO_4 + 2HCN \uparrow$$

$$Na_2[Cu(CN)_3] + H_2SO_4 \longrightarrow CuCN \downarrow + Na_2SO_4 + 2HCN \uparrow$$

$$Na_4[Fe(CN)_6] + 2H_2SO_4 \longrightarrow H_4[Fe(CN)_6] + Na_2SO_4$$

$$Na[Ag(CN)_2] + 2NaCNS + H_2SO_4 \longrightarrow AgCNS \downarrow + Na_2SO_4 + 2HCN \uparrow$$

$$Na_2[Cu_2(CN)_4] + 2NaCNS + 2H_2SO_4 \longrightarrow 2CuCNS \downarrow + 2Na_2SO_4 + 4HCN \uparrow$$

$$Ca(OH)_2 + H_2SO_4 \longrightarrow CaSO_4 \downarrow + 2H_2O$$

$$NaAu(CN)_2 + NaCNS + H_2SO_4 \longrightarrow AuCNS \downarrow + Na_2SO_4 + 2HCN \uparrow$$

$$HCN + NaOH \longrightarrow NaCN + H_2O$$

含氰污水中的 CNS$^-$ 不被硫酸直接分解。银呈 AgCN 和 AgCNS 形态沉淀析出。金也可呈 AuCNS 形态沉淀析出，但当有 NaCNS 时，AuCNS 沉淀易溶解而损失于废液中。为了回收含氰污水中的金，可于废液过滤前加入锌粉或铜盐使 NaCNS 转变为 CuCNS 沉淀析出，金也呈 AuCNS 形态沉淀析出。经处理后过滤，可同时回收金、银、铜、锌等有价组分。

含氰污水中的 CNS$^-$ 和 Fe(CN)$_6^{4-}$ 经硫酸轻微酸化时，不被硫酸直接分解为 HCN。此时产生许多副反应，其中包括生成 CuCNS 和 Cu$_4$Fe(CN)$_6$ 等化合物，再经转化可使 NaCNS 生成 HCN 和 H$_2$S 气体。碱吸收时，H$_2$S 气体与碱作用生成 Na$_2$S。因此，H$_2$S 气体为有害气体，可向溶液中加入密陀僧（PbO）或 PbNO$_3$ 使 H$_2$S 气体分解，可消除其有害影响。

B 设备与工艺流程

a 设备

设备主要包括含氰污水预热锅炉、酸化槽、脱氰塔、吸收塔、沉淀槽、过滤器等主要设备。

b　工艺流程

硫酸酸化法工艺流程如图 6-74 所示。

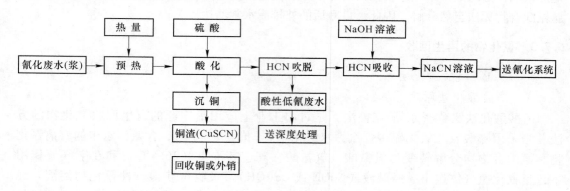

图 6-74　硫酸酸化法工艺流程

　　含氰污水预热可防止锅炉结垢。脱氰塔和吸收塔的结构相同，内装塑料阶梯环填料。沉淀物过滤可在酸化后脱氰前进行，其优点是可防止沉淀物堵塞脱氰塔和吸收塔，其缺点是沉淀物夹带高浓度的氰化物溶液，沉淀物干燥时易引起氰中毒。沉淀物过滤在脱氰、吸收后进行，沉淀物干燥时则不易引起氰中毒，但仍须加强通风。

C　生产实例

a　国内玲珑金矿金精矿常规氰化选矿厂

　　国内玲珑金矿金精矿常规氰化选矿厂硫酸酸化法再生回收氰化物的设备联系图如图 6-75 所示。

　　含氰污水与工业硫酸进入密闭的混合槽，酸化后的污水经配水器从脱氰塔的塔顶喷淋于塔体内的点波填料上。从脱氰塔的塔底鼓入空气，空气与酸化后的污水在塔内呈逆流运动，使两者充分接触，逸出的氰化氢气体随空气流进入气水分离器进行气水分离。与水分离后的气体从吸收塔的塔底鼓入塔内，吸收塔内装有点波填料，氢氧化钠溶液从塔顶喷淋于塔体内的点波填料上，在塔内氰化氢气体与氢氧化钠溶液呈逆流运动。吸收氰化氢气体后的碱液返回碱液槽，经多次循环吸收，当碱液中的氰化物浓度增至一定值后再泵至氰化车间使用。经碱液吸收后的气体进入气水分离器进行气水分离，与水分离后的气体尚含少量未被吸收的氰化氢气体，须将其返回脱氰塔与空气一起从脱

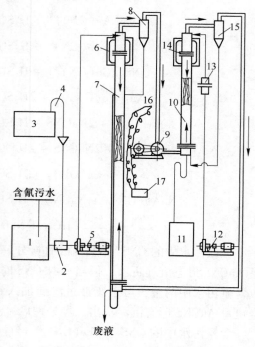

图 6-75　国内玲珑金矿金精矿氰化选矿厂硫酸酸化法再生回收氰化物的设备联系图

1—污水池；2—混合槽；3—储酸槽；4—加酸器；
5，12—塑料泵；6，14—配水器；7—脱氰塔；
8，15—气水分离器；9—鼓风机；10—吸收塔；
11—碱液槽；13—过滤器；16—毕托管；
17—倾斜式微压计

氰塔的塔底鼓入塔内。两个气水分离器所得的溶液分别返至脱氰塔和吸收塔内。

塔体和管道须严格密封，严防氰化氢气体外逸。

该厂含氰污水组成为：NaCN 1020mg/L、Cu 233mg/L、CNS⁻ 500mg/L，酸化至 pH 值为 2。经脱氰塔后，废液组成为：NaCN 19.05mg/L、Cu 2.5mg/L、CNS⁻ 275mg/L。其相应的回收率为：NaCN 98.13%、Cu 98.92%、CNS⁻ 45%。碱液吸收前氰化氢的浓度为 850.2mg/m³，碱液吸收后气体含氰化氢的浓度为 3.9mg/m³，吸收率为 99.54%。采用 17.5% NaOH 溶液吸收 1.5h 后可获得浓度为 20.35% NaCN、0.67% NaOH 的碱性氰化钠溶液。处理后的脱金废液的硫酸浓度为 0.022%，经过滤产出的沉淀物组成为：Cu 50.70%、Pb 0.70%、Zn 0.26%、Fe 0.22%、CNS⁻ 47.13%、Au 40g/t。

b　加拿大弗林-弗隆选矿厂

加拿大弗林-弗隆选矿厂硫酸酸化法再生回收氰化物的设备联系图如图 6-76 所示。

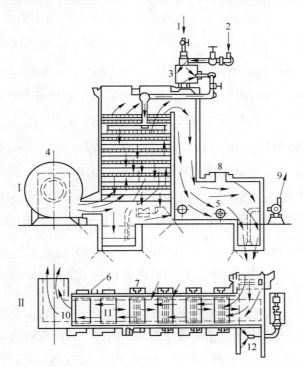

图 6-76　加拿大弗林-弗隆选矿厂硫酸酸化法再生回收氰化物的设备联系图

I—脱氰塔；II—吸收隧道；1—加酸管；2—脱金溶液进入管；3—混合槽；4—鼓风机；5—转子；
6—碱液进入管；7—调节设备；8—水封；9—溶液抽送泵；10—空气；11—碱液；12—密闭式氰化溶液槽

氰化物再生回收工段由 4 个系统组成，每个系统均有脱氰塔、吸收隧道、鼓风机、脱氰液离心泵和吸收液离心泵。4 座脱氰塔依次进行工作，4 座吸收隧道则是平行进行工作。废液再生回收设备处理能力为 2250t/d，废液中折算为 NaCN 的氰化物含量为 1010g/m³，再生后废液中折算为 NaCN 的氰化物含量为 65g/m³，氰化钠再生回收率为 93.6%。硫酸耗量为 1.69kg/m³，石灰耗量为 1.03kg/m³，脱氰液中游离硫酸浓度为 0.02%。

该厂氰化钠再生回收率较低的主要原因是在冷却塔内生成的石膏和硫氰化铜阻碍空气

流动所致，故冷却塔内的部件每 3 ~ 4 个月须更换一次。

6.7.3.2　两步沉淀法（酸化-碱中和）

A　简介

两步沉淀法是指含氰污水酸化后不吹脱和吸收，含氰污水中的金属杂质沉淀过滤后直接进行中和，再次沉淀澄清后的废水返回氰化工艺循环使用，故称为两步沉淀法。其特点是可实现含氰污水的全部循环使用，可回收含氰污水中含的有价金属组分，可回收部分氰化物。其经济效益较好。

B　两步沉淀法机理

a　酸化

用硫酸或盐酸将含氰污水酸化至 pH 值为 2 ~ 3 时，金属氰配合物被分解，产生金属氰化物沉淀和氰氢酸。其反应可表示为：

$$2NaCN + H_2SO_4 \longrightarrow Na_2SO_4 + 2HCN$$

$$Na_2[Cu(CN)_3] + H_2SO_4 \longrightarrow CuCN\downarrow + Na_2SO_4 + 2HCN$$

$$Na[Ag(CN)_2] + H_2SO_4 \longrightarrow AgCN\downarrow + NaHSO_4 + HCN$$

$$Na_2[Zn(CN)_4] + 3H_2SO_4 \longrightarrow ZnSO_4 + 2NaHSO_4 + 4HCN$$

$$Zn(CN)_2 + H_2SO_4 \longrightarrow ZnSO_4 + 2HCN$$

$$2ZnSO_4 + Na_4[Fe(CN)_6] \longrightarrow Zn_2Fe(CN)_6\downarrow + 2Na_2SO_4$$

$$Na_2[Cu_2(CN)_4] + 2NaCNS + 2H_2SO_4 \longrightarrow 2CuCNS\downarrow + 2Na_2SO_4 + 4HCN$$

$$Na[Ag(CN)_2] + NaCNS + H_2SO_4 \longrightarrow AgCNS\downarrow + 2Na_2SO_4 + 2HCN$$

$$Na[Au(CN)_2] + NaCNS + H_2SO_4 \longrightarrow AuCNS\downarrow + 2Na_2SO_4 + 2HCN$$

$$Na_2[Cu_2(CN)_4] + H_2SO_4 \longrightarrow Cu_2(CN)_2\downarrow + Na_2SO_4 + 2HCN$$

含氰污水酸化后应进行固液分离，以回收酸化过程产出的金、银、铜、锌沉淀物。

b　碱中和

采用石灰乳将酸化过滤后的含氰废水中和至 pH 值为 10 ~ 11，可产生硫酸钙、氢氧化铜等沉淀物，同时可将废水中的氢氰酸转变为游离氰根。其反应可表示为：

$$Ca(OH)_2 + H_2SO_4 \longrightarrow CaSO_4\downarrow + 2H_2O$$

$$CuSO_4 + Ca(OH)_2 \longrightarrow Cu(OH)_2\downarrow + CaSO_4\downarrow$$

$$2HCN + Ca(OH)_2 \longrightarrow Ca(CN)_2 + 2H_2O$$

中和或澄清后的澄清含氰废液可返回氰化作业或作洗涤水循环使用，可回收部分含氰废水中的氰化物。

C　生产工艺参数

两步沉淀法生产工艺参数如下：

（1）贫液循环周期。

不经处理的贫液直接返回氰化浸出作业，随贫液循环次数的增加，贫液中的贱金属杂质含量会上升，当循环 4 个月左右时将出现浸出率和置换率下降的现象。因此，贫液循环周期常不超过 4 个月或液体中的铜离子浓度不超过 2000mg/L 为宜。

（2）pH 值。

酸化至 pH 值小于 2 时，NaCN 全部转变为水溶性氰氢酸，金属氰配合物基本全分解为金属离子和水溶性氰氢酸，金属离子呈相应的氰化物或硫氰化物沉淀析出。因此，含氰污水应酸化至 pH 值为 2 为宜。

含氰污水经酸化、过滤后，废液中和至 pH 值为 10 ~ 11 时，废液中的金属离子呈相应的氢氧化物或硫酸盐沉淀，水溶性氰氢酸全部转变为游离氰根离子。因此，含氰污水经酸化、过滤后的废液应中和至 pH 值为 10 ~ 11，以除去废液中的残留金属离子和使水溶性氰氢酸全部转变为游离氰根离子。

（3）沉淀物沉降时间。

试验表明，当含氰污水铜离子浓度为 1800 ~ 2000mg/L 时，含氰污水酸化后的自然沉降时间以 3 ~ 5h 为宜。含氰污水经酸化、过滤后的废液中和至 pH 值为 10 ~ 11 时，主要生成硫酸钙和氢氧化铜的胶体沉淀，其自然沉降时间以 12h 为宜。

生产实践表明，含氰污水经两步沉淀法处理后的废液全部返回氰化工艺系统作洗涤水或配制氰化浸出剂使用，对氰化工艺指标无不良影响，且可获得较高的经济效益和环境效益。

7　硫脲法提取金银

7.1　简介

硫脲法提取金银是一种日臻完善的低毒提取金银新工艺。采用硫脲酸性溶液从金银矿物原料中浸出金银已有 90 多年的历史。试验研究表明，硫脲酸性溶液浸出金银，具有浸出速度高、毒性小、药剂易再生回收和铜、砷、锑、碳、铅、锌、铁、硫等硫化矿物的有害影响小等特点，适用于从难氰化和易氰化的含金银矿物原料中提取金银。

采用硫脲酸性溶液从金银矿物原料中浸出金银始于 20 世纪 30 年代，进入 20 世纪 50 年代后期，由于保护环境的迫切要求，广泛开展了硫脲酸性溶液浸出金箔、银箔和金银矿石的试验研究。测定了硫脲浸金的热力学和动力学数据，研究和论证了硫脲浸金的作业条件，并对某些难氰化的含金银矿物原料进行了半工业试验和工业试验，有的已成功用于工业生产。

我国硫脲提取金银的试验研究始于 20 世纪 70 年代，黄金研究所研发的硫脲铁浆工艺（FeIP），经小型试验后，先后在峪耳崖金矿、张家口金矿、平桂矿务局等地进行 1.5t/d 的半工业试验，于 1981 年 10 月初在桂林召开"龙水金矿硫脲提金论证会"，会后在龙水金矿建立了 10t/d 的硫脲提金车间，用于处理该矿产出的含金黄铁矿精矿。

作者对硫脲提取金银进行了多年的试验研究，得到黄金研究所（现黄金研究院）和许多金矿的大力协助和支持，先后进行了"硫脲浸出电积一步法提金试验研究""硫脲一步法提金的试验研究""洋鸡山金矿硫脲一步法提金的试验研究""湘西金矿锑金精矿硫脲一步法提金的试验研究""文峪金矿铅锌金精矿硫脲一步法提金的试验研究""金厂峪金矿金精矿硫脲一步法提金的试验研究""龙水金矿金硫精矿硫脲一步法提金的试验研究""安远双芜金砷精矿硫脲一步法提金的试验研究""硫脲炭浆一步法提金的试验研究""硫脲炭浸一步法提金的试验研究""硫脲树脂矿浆一步法提金的试验研究"等课题的小型试验和全流程试验，对硫脲一步法提金的适应性和相关工艺及工艺参数进行了较全面的考查。先后发表了"硫脲溶金机理的初步探讨""硫脲浸出电积一步法提金试验研究""硫脲一步法提金的试验研究"等 15 篇论文。

本章除部分内容引用有关资料外（均注明来源），其余内容均引用作者已发表和未发表的硫脲提取金银的试验研究成果，错误不当之处，恳请鉴别。

7.2　硫脲的基本特性

硫脲又称硫代尿素，其分子式为 SCN_2H_4。相对分子质量为 76.12，为白色具光泽的菱形六面晶体。味苦，密度为 1.405g/cm^3。熔点为 180 ~ 182℃，温度更高时分解。易溶于水，20℃时在水中的溶解度为 9% ~ 10%，水溶液呈中性。

硫脲在碱性液中不稳定，易分解为硫化物和氨基氰。其反应式可表示为：

$$SCN_2H_4 + 2NaOH \longrightarrow Na_2S + CNNH_2 + 2H_2O$$

氨基氰可转变为尿素：

$$CNNH_2 + H_2O \longrightarrow CON_2H_4$$

因此，硫脲在碱性液中可与许多金属离子（Ag^+、Cu^{2+}、Cd^{2+}、Hg^{2+}、Pb^{2+}、Bi^{3+}、Fe^{2+} 等）生成硫化物沉淀。

硫脲在酸性液中具有还原性，可被许多氧化剂氧化为多种产物。在室温下的酸性液中，硫脲常被氧化为二硫甲脒，此反应为可逆反应。其反应式可表示为：

$$(SCN_2H_3)_2 + 2H^+ + 2e \Longleftrightarrow 2SCN_2H_4$$

25℃时，$(SCN_2H_3)_2/SCN_2H_4$ 电对的标准还原电位为 +0.42V，其平衡条件为：

$$\varepsilon = 0.42 + 0.0295lg\alpha_{(SCN_2H_3)_2} - 0.0591pH - 0.0591lg\alpha_{SCN_2H_4}$$

从此平衡式可知，硫脲的稳定性与介质 pH 值、硫脲游离浓度和二硫甲脒浓度有关。硫脲的稳定性随介质 pH 值的降低、硫脲游离浓度的降低和二硫甲脒浓度的增加而提高。因此，只能采用硫脲的酸性液浸出金银。从硫脲的稳定性考虑，应采用较稀的硫脲酸性液浸出金银，而且浸出液中二硫甲脒浓度应维持一定值。试验和生产实践表明，SO_4^{2-}/SO_3^{2-} 电对的标准还原电位为 +0.17V，对硫脲而言硫酸为非氧化酸，且为强酸，故硫脲浸出金银时常用硫酸作介质调整剂。

硫脲在酸性液中氧化生成的二硫甲脒可进一步氧化分解为较高氧化态的硫氧化产物（如元素硫和硫酸根等），此氧化分解反应为不可逆反应。其反应式可表示为：

$$(SCN_2H_3)_2 \longrightarrow SCN_2H_4 + （亚磺酸化合物）$$

$$（亚磺酸化合物）\longrightarrow CNNH_2 + S^o$$

$$(SCN_2H_3)_2 \longrightarrow SCN_2H_4 + CNNH_2 + S^o$$

据报道，硫脲在酸性液中的分解产物可能有二硫甲脒、元素硫、硫酸根、硫化氢。甚至还有二氧化碳和氮的化合物，这可能是氨基氰进一步分解的结果。

硫脲在酸性液或碱酸性液中加热时发生水解。其反应式可表示为：

$$SCN_2H_4 + 2H_2O \xrightarrow{加热} CO_2\uparrow + 2NH_3\uparrow + H_2S$$

硫脲溶液加热至沸腾时，便快速水解为 S^{2-}、S^o、HSO_4^-、SO_4^{2-} 等而失效。因此，采用硫脲酸性液浸出金银时，浸出温度不宜太高。试验研究和生产中的浸出温度一般为室温，加温浸出的温度不宜大于 50℃。操作时应先加硫酸调整矿浆 pH 值，待搅拌均匀后才能添加硫脲。以免矿浆 pH 值过高或加酸引起局部矿浆温度过高造成硫脲碱分解和热分解。

硫脲属低毒药剂，对人体的致死量为每千克体重 10g。若口服 0.1g NaCN 或 0.12g KCN 或 0.05g HCN 均可使人瞬间致死。因此，硫脲为低毒药剂，氰化物为剧毒药剂。

7.3　硫脲浸出金银的原理

7.3.1　硫脲浸出金银的热力学分析

在存在氧化剂的条件下，硫脲酸性液可浸出金银，金银均呈硫脲配阳离子形态转入浸出液中。因此，较一致地认为硫脲酸性液浸出金银属电化学腐蚀过程。其浸出过程如图7-1所示。

浸出金银的电化学方程为：

阳极区：

$$Au - e \longrightarrow Au^+$$

$$Au^+ + 2SCN_2H_4 \longrightarrow Au(SCN_2H_4)_2^+$$

$$Ag - e \longrightarrow Ag^+$$

$$Ag^+ + 3SCN_2H_4 \longrightarrow Ag(SCN_2H_4)_3^+$$

阴极区：

$$\frac{1}{4}O_2 + H^+ + e \longrightarrow \frac{1}{2}H_2O$$

总的电化反应方程可表示为：

$$Au(SCN_2H_4)_2^+ + e \longrightarrow Au + 2SCN_2H_4$$

$$Ag(SCN_2H_4)_3^+ + e \longrightarrow Ag + 3SCN_2H_4$$

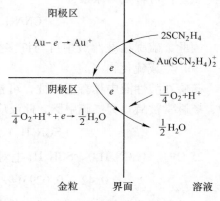

图 7-1　硫脲酸性液浸出金的原理图

25℃时，测量 $Au(SCN_2H_4)_2^+/Au$ 电对的标准还原电位为（ $+0.38 \pm 0.01$ ）V，$Ag(SCN_2H_4)_3^+/Ag$ 电对的标准还原电位为（ $+0.12 \pm 0.01$ ）V。其相应的平衡条件为：

$$\varepsilon = 0.38 + 0.0591 \lg \alpha_{Au(SCN_2H_4)_2^+} - 0.118 \lg \alpha_{SCN_2H_4}$$

$$\varepsilon = 0.12 + 0.0591 \lg \alpha_{Ag(SCN_2H_4)_3^+} - 0.177 \lg \alpha_{SCN_2H_4}$$

从其平衡式可知，硫脲酸性液浸出金银的平衡电位仅与硫脲的游离浓度和硫脲金（银）配阳离子浓度有关。浸出液中硫脲金（银）配阳离子浓度愈低和硫脲的游离浓度愈高，金银愈易被浸出，金银的浸出率愈高。因此，采用硫脲酸性液一步法浸出金银可以达到浸出速度快，金银浸出率高的目的。

硫脲酸性液浸出金银时，由于生成硫脲金（银）配阳离子，使 Au^+/Au 和 Ag^+/Ag 电对的标准还原电位降至 $Au(SCN_2H_4)_2^-/Au$ 和 $Ag(SCN_2H)_3^-/Ag$ 电对的标准还原电位分别从 $+1.58V$ 降至 $+0.38V$ 和从 $+0.799V$ 降至 $+0.12V$。因此，硫脲酸性液浸出金银时，采用常见的氧化剂即可将金（银）氧化而呈硫脲金（银）配阳离子形态转入硫脲酸性液，故将硫脲酸性液浸出金银的机理称为电腐蚀-氧化配合机理。

25℃时，$Au(Ag)$-SCN_2H_4-H_2O 系的 ε-pH 图如图 7-2 所示。

从图 7-2 中的曲线可知，金溶解线① 电位为 $+0.3739V$，银溶解线② 电位为 $+0.1142V$。②线比①线低，表明硫脲酸性液浸出银比浸出金较容易，相同条件下，银的浸出率高于金的浸出率。①、②线均与硫脲氧化线④相交，与①线交点对应的 pH 值为1.78，与②线交点对应的 pH 值为 6.17。表明硫脲酸性液浸出金时的 pH 值应小于 1.78，硫脲酸性液浸出银时的 pH 值应小于 6.17，同时浸出金（银）的 pH 值应小于 1.78。在此条件下，才能使金（银）氧化并与硫脲生成金（银）硫脲配阳离子转入硫脲酸性液中。否则，将增加硫脲氧化分解，生成的二硫甲脒也将分解为 S^0、NH_3、H_2S、$CNNH_2$ 等而失效，并可使已溶金和已溶银还原沉淀析出。矿浆 pH 值愈高，硫脲被氧化的趋势愈大，已溶金和已溶银还原沉淀析出量愈大，二硫甲脒对金（银）也将失去氧化作用。

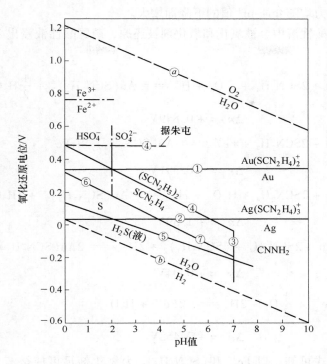

图 7-2 25℃时 Au(Ag)-SCN₂H₄-H₂O 系的 ε-pH 图

（绘制 25℃时，Au(Ag)-SCN₂H₄-H₂O 系的 ε-pH 图的条件为：$SCN_2H_4 = (SCN_2H_3)_2 = 10^{-2}\,mol/L$，

$Au(SCN_2H_4)_2^+ = Ag(SCN_2H_4)_3^+ = 10^{-4}\,mol/L$，$P_{O_2} = P_{H_2} = 0.1\,MPa(1\,atm)$）

由于 $(SCN_2H_3)_2/SCN_2H_4$ 电对的标准还原电位与 $Au(SCN_2H_4)_2^+/Au$ 电对的标准还原电位相近（分别为 +0.42V 和 +0.38V），所以选择合适的氧化剂及其用量是实现硫脲酸性液浸出金（银）的关键因素之一。某些常用氧化剂及其标准还原电位列于表 7-1 中。

表 7-1 某些常用氧化剂及其标准还原电位

氧化电对	H_2O_2/H_2O	MnO_4^-/Mn^{2+}	CrO_4^{2-}/Cr^{3+}	Cl_2/Cl^-	ClO_3^-/Cl_2	$Cr_2O_7^{2-}/Cr^{3+}$
$\varepsilon^\ominus/V$	+1.77	+1.51	+1.45	+1.358	+1.385	+1.33
氧化电对	O_2/H_2O	MnO_2/Mn_2O_3	NO_3^-/HNO_2	Fe^{3+}/Fe^{2+}	$(SCN_2H_3)_2/SCN_2H_4$	SO_4^{2-}/H_2SO_3
$\varepsilon^\ominus/V$	+1.229	+1.04	+0.94	+0.771	+0.42	+0.17

某些常用氧化剂被还原的电化学反应为：

$$O_2 + 4H^+ + 4e \Longrightarrow 2H_2O \qquad \varepsilon^\ominus = +1.229V$$

$$H_2O_2 + 2H^+ + 2e \Longrightarrow 2H_2O \qquad \varepsilon^\ominus = +1.77V$$

$$(SCN_2H_3)_2 + 2H^+ + 2e \Longrightarrow 2SCN_2H_4 \qquad \varepsilon^\ominus = +0.42V$$

$$Fe^{3+} + e \Longrightarrow Fe^{2+} \qquad \varepsilon^\ominus = +0.771V$$

$$2MnO_2 + 2H^+ + 2e \Longrightarrow Mn_2O_3\downarrow + H_2O \qquad \varepsilon^\ominus = +1.04V$$

从上述电化方程可知，高价铁离子作氧化剂时，介质 pH 值应小于其水解 pH 值，其他氧化剂的氧化能力均随介质 pH 值的下降而增大。

综合考虑硫脲酸性液中金被氧化和氧化剂被还原，硫脲酸性液浸出金的总化学反应式可表示为：

$$Au + 2SCN_2H_4 + \frac{1}{2}O_2 + H^+ \rightleftharpoons Au(SCN_2H_4)_2^+ + \frac{1}{2}H_2O$$

$$\Delta\varepsilon^\ominus = +0.849V$$

$$Au + 2SCN_2H_4 + Fe^{3+} \rightleftharpoons Au(SCN_2H_4)_2^+ + Fe^{2+}$$

$$\Delta\varepsilon^\ominus = +0.391V$$

$$Au + 2SCN_2H_4 + H_2O_2 + 2H^+ \rightleftharpoons Au(SCN_2H_4)_2^+ + 2H_2O$$

$$\Delta\varepsilon^\ominus = +1.39V$$

$$2Au + 2SCN_2H_4 + (SCN_2H_3)_2 + 2H^+ \rightleftharpoons 2Au(SCN_2H_4)_2^+$$

$$\Delta\varepsilon^\ominus = +0.04V$$

$$2Fe^{2+} + \frac{1}{2}O_2 + 2H^+ \rightleftharpoons 2Fe^{3+} + H_2O$$

$$\Delta\varepsilon^\ominus = +0.458V$$

从总化学反应式可知，以 Fe^{3+} 和 $(SCN_2H_3)_2$ 为氧化剂足可使金溶于硫脲酸性液中。此时，氧为氧化剂，高价铁离子和二硫甲脒起催化剂的作用。可采用调整介质 pH 值、氧化剂和还原剂用量的方法控制还原电位，使金（银）能氧化配合浸出，又使硫脲耗量降至最低值，以获得最高的金（银）浸出率。

采用常规二步法进行硫脲提金（银）时，可采用铁粉、铝粉、铜粉、旋转铅置换法从浸出贵液中回收金银。采用一步法进行提金（银）时，常采用电积法从载金炭或载金树脂解吸贵液中回收金银。

7.3.2 硫脲浸出金银的动力学分析

格伦纳瓦等人曾对硫脲浸金的动力学进行过研究，认为有氧化剂存在的条件下，金在硫脲酸性液中的浸出速度决定于扩散速度，并测定了硫脲的扩散速度。

作者认为以氧为氧化剂时，硫脲酸性液浸金的标准还原电位差较大，浸出推动力大。浸出速度主要由扩散过程控制，服从菲克扩散定律，并对浸出速度的数学表达式进行了推导。

硫脲酸性液中硫脲分子向金粒表面阳极区扩散的速度为：

$$\frac{d(SCN_2H_4)}{dt} = \frac{D_{SCN_2H_4}}{\delta_1}A_1\left[(SCN_2H_4) - (SCN_2H_4)_i\right]$$

式中 $\dfrac{d(SCN_2H_4)}{dt}$ ——硫脲分子向金粒表面阳极区的扩散速度，mol/s；

$D_{SCN_2H_4}$ ——硫脲分子的扩散系数，cm^2/s；

(SCN_2H_4)，$(SCN_2H_4)_i$ ——溶液本体和金粒表面的硫脲浓度，mol/mL；

δ_1——扩散层厚度，cm；

A_1——金粒表面的阳极区面积，cm^2。

当 $(SCN_2H_4)_i \to 0$ 时，可得：

$$\frac{d(SCN_2H_4)}{dt} = \frac{D_{SCN_2H_4} \cdot (SCN_2H_4)}{\delta_1} A_1$$

硫脲酸性液中溶解氧向金粒表面阴极区的扩散速度为：

$$\frac{d(O_2)}{dt} = \frac{D_{O_2}}{\delta_2} A_2 [(O_2) - (O_2)_i]$$

式中　$\dfrac{d(O_2)}{dt}$——硫脲酸性液中溶解氧向金粒表面阴极区的扩散速度，mol/s；

D_{O_2}——溶解氧的扩散系数，cm^2/s；

(O_2)，$(O_2)_i$——溶液本体和金粒表面的溶解氧浓度，mol/mL；

δ_2——扩散层厚度，cm；

A_2——金粒表面的阴极区面积，cm^2。

当 $(O_2)_i \to 0$ 时，可得：

$$\frac{d(O_2)}{dt} = \frac{D_{O_2} \cdot (O_2)}{\delta_2} A_2$$

从硫脲酸性液浸出金的总化学反应式可知，金的浸出速度为硫脲消耗速度的 1/2，为溶解氧消耗速度的 4 倍。即：

$$金的浸出速度 = \frac{1}{2} \cdot \frac{d(SCN_2H_4)}{dt} = 4\frac{d(O_2)}{dt} = \frac{D_{SCN_2H_4} \cdot (SCN_2H_4)}{2\delta_1} A_1 = \frac{4D_{O_2} \cdot (O_2) \cdot A_2}{\delta_2}$$

由于 $A = A_1 + A_2$，当 $A_1 = A_2$，$\delta_1 = \delta_2$ 时：

$$\frac{D_{SCN_2H_4} \cdot (SCN_2H_4) \cdot (A - A_2)}{2\delta} = \frac{D_{O_2} \cdot (O_2) \cdot A_2}{\delta}$$

$$\frac{D_{SCN_2H_4} \cdot (SCN_2H_4) \cdot A}{2\delta} = \left[\frac{4D_{O_2} \cdot (O_2)}{\delta} + \frac{D_{SCN_2H_4} \cdot (SCN_2H_4)}{2\delta} \right] \cdot A_2$$

$$A_2 = \frac{\dfrac{D_{SCN_2H_4} \cdot (SCN_2H_4) \cdot A}{2\delta}}{\dfrac{8D_{O_2} \cdot (O_2) + D_{SCN_2H_4} \cdot (SCN_2H_4)}{2\delta}} = \frac{D_{SCN_2H_4} \cdot (SCN_2H_4) \cdot A}{8D_{O_2} \cdot (O_2) + D_{SCN_2H_4} \cdot (SCN_2H_4)}$$

将 A_2 代入，可得：

$$金的浸出速度 = \frac{4D_{O_2} \cdot (O_2)}{\delta} \cdot \frac{D_{SCN_2H_4} \cdot (SCN_2H_4) \cdot A}{8D_{O_2} \cdot (O_2) + D_{SCN_2H_4} \cdot (SCN_2H_4)}$$

$$= \frac{4A \cdot D_{O_2} \cdot D_{SCN_2H_4} \cdot (O_2) \cdot (SCN_2H_4)}{\delta[8D_{O_2} \cdot (O_2) + D_{SCN_2H_4} \cdot (SCN_2H_4)]}$$

当硫脲浓度高、溶解氧浓度低时，上式分母中的 (O_2) 可忽略不计。此时可得：

$$金的浸出速度 = \frac{4AD_{O_2} \cdot (O_2)}{\delta}$$

此时，金的浸出速度随溶液中溶解氧浓度的增大而提高。

当溶解氧浓度高、硫脲浓度低时，上式分母中的(SCN_2H_4)可忽略不计。此时可得：

$$金的浸出速度 = \frac{A \cdot D_{SCN_2H_4} \cdot (SCN_2H_4)}{2\delta}$$

此时，金的浸出速度随溶液中硫脲游离浓度的增大而提高。

当$A_1 = A_2$，$\delta_1 = \delta_2$时：

$$金的浸出速度 = \frac{D_{SCN_2H_4} \cdot (SCN_2H_4)}{2} = 4D_{O_2} \cdot (O_2) = \frac{(SCN_2H_4)}{(O_2)} = 8\frac{D_{O_2}}{D_{SCN_2H_4}}$$

25℃时，测得的扩散系数为：$D_{O_2} = 2.76 \times 10^{-5}\,cm/s$，$D_{SCN_2H_4} = 1.1 \times 10^{-5}\,cm/s$。将其代入上式可得：

$$金的浸出速度 = \frac{(SCN_2H_4)}{(O_2)} = 8 \times \frac{2.76 \times 10^{-5}}{1.1 \times 10^{-5}} = 8 \times 2.5 = 20(cm/s)$$

从上式计算结果可知，硫脲酸性液浸出金（银）时，浸出矿浆中的硫脲游离浓度与溶解氧浓度应保持一定的比值，才能获得较高的金（银）浸出速度。当浸出矿浆中的硫脲游离浓度与溶解氧浓度的比值为 20 时，金（银）浸出速度达最大值。以溶解氧为氧化剂，高价铁离子和二硫甲脒为催化剂，矿浆液相中的溶解氧浓度可达 8.2mg/L，相当于 0.26×10^{-3} mol/L，此时相应的硫脲游离浓度应为 5.2×10^{-3} mol/L（约 0.05%）。若将上述浓度数值代入硫脲氧化为二硫甲脒的平衡式中，并令硫脲氧化的平衡还原电位为 +0.38V，即可求得相应的 pH 值为 1.68。若提高矿浆液相中的硫脲游离浓度，除应相应提高溶解氧浓度外，还应相应降低浸出矿浆的 pH 值。如矿浆液相中的硫脲游离浓度为 0.03mol/L（约 0.2%）时，浸出矿浆的 pH 值应小于 1.29。实际生产中矿浆液相中的硫脲游离浓度较高，因矿浆中还有其他消耗硫脲的杂质和应保持一定的剩余浓度。由于高价铁离子和二硫甲脒本身既是氧化剂，又是溶解氧氧化时的催化剂。因此，硫脲酸性液浸出金（银）时，硫脲浓度和液态氧化剂浓度均可在较大范围内进行调节，可以采用较高的硫脲浓度。

7.4　硫脲酸性液浸出金（银）的主要影响因素

7.4.1　浸出矿浆的 pH 值

硫脲酸性液浸出金（银）时常在硫酸介质中进行，因硫酸既是强酸，对硫脲来说又是非氧化酸。浸出矿浆的 pH 值与硫脲浓度有关，提高浸出矿浆的酸度可以提高矿浆中硫脲的稳定性及其游离浓度。理论计算和试验表明，在常用硫脲用量条件下，浸出矿浆的 pH 值以 1~1.5 为宜。浸出矿浆的 pH 值过低，会增加杂质矿物的酸溶量，增加硫脲耗量和降低金（银）的浸出率。

7.4.2　金（银）物料的矿物组成

金（银）物料中的酸溶物（如金属铁粉、碳酸盐、有色金属氧化物等）及还原组分含量高时，将增加硫酸、氧化剂和硫脲耗量。因此，硫脲酸性液不宜直接处理碳酸盐含量高的金银矿物原料和有色金属氧化物、钙、镁含量高的焙砂。否则，硫酸耗量大，生成大量硫酸钙，结钙严重，影响正常操作。

硫脲酸性液直接浸出有色金属硫化矿的氧化焙砂时，将生成大量贱金属硫脲配合物而增加硫脲耗量和降低金（银）的浸出率。含金银的有色金属硫化矿的氧化焙砂，可采用先用稀硫酸浸出有色金属氧化物，浸渣洗涤后再用硫脲酸性液回收其中的金银。

硫脲酸性液不宜直接处理混汞尾矿，由于混汞尾矿中不可避免地含有残留的少量游离金属汞，将生成汞硫脲配合物而消耗硫脲，甚至使硫脲酸性液浸出金银失效。混汞尾矿可经浮选除去大部分游离金属汞后，再用硫脲酸性液从浮选金银精矿中提取金银。

矿浆中的金属铁粉来源于钢球和衬板的磨损，是已溶金、银的还原剂，可置换已溶金、银，将降低金、银浸出率。矿浆中的金属铁粉可被氧化酸浸，消耗硫酸和氧化剂。因此，应在硫脲酸性液浸出金银前将金属铁粉除去。除去金属铁粉可在金（银）物料再磨后进行磁选，可除去大部分金属铁粉。或在添加硫脲前先加硫酸，对金属铁粉进行氧化酸浸，将其转变为亚铁离子和高价铁离子。可彻底消除其有害影响。

因此，金（银）物料的矿物组成是硫脲酸性液提取金银成败的决定因素之一。试验表明，通常有害于氰化提金的锑、砷、铜、铁、铅、锌硫化矿物和碳对硫脲浸出金银的有害影响甚微，可从含这些矿物的原料和精矿中提取金银。

7.4.3 金粒大小及其裸露解离程度

矿物原料中金银矿物的嵌布粒度和赋存状态，是硫脲浸出金银成败的关键因素之一。硫脲酸性液浸出金银时，一般不破坏载金银矿物，只能浸出单体解离的金银矿物和裸露的金银矿物，无法浸出金属硫化矿物和铝硅酸盐脉石中的包体金银矿物。在金银矿物原料中，金呈自然金形态存在，银除呈金银合金形态存在外，主要呈硫化银矿物形态存在。当其矿物呈粗粒（大于 0.074mm）和细粒（0.074～0.037mm）时，金银矿物原料须磨至 -0.036mm 占 80%～95% 后，可使原料中的金银矿物单体解离和裸露，硫脲酸性液浸出时可获得较高的金银浸出率。

若矿物原料中金银矿物呈微粒或显微粒（小于 0.037mm）存在时，在选厂通常磨矿细度条件下，磨矿产品中金银矿物主要呈包体形态存在，此时直接进行硫脲酸性液浸出很难获得满意的金银浸出率。此时再磨后的金银矿物应进行预处理（如氧化焙烧、生物氧化酸浸、热压氧化酸浸、液氯氧化酸浸、硝酸浸出等），以破坏载金银矿物，使金银矿物单体解离和裸露，然后再进行硫脲酸性液浸出，才能获得较高的金银浸出率。

硫脲酸性液浸出前均须将金（银）物料进行再磨，再磨细度常用小于 0.041mm 或小于 0.036mm 的百分数表示，如 -0.036mm 占 90%。

7.4.4 硫脲用量

浸出时，硫脲主要消耗于氧化分解、碱分解、热分解、浸出金银、浸出杂质组分和保持一定的剩余浓度。其中浸出金银和保持一定剩余浓度的硫脲消耗为有效消耗，只占硫脲消耗的极小部分；其他的硫脲消耗为无效消耗，占硫脲消耗的大部分。

硫脲为有机配合剂，可与许多金属阳离子生成金属硫脲配阳离子，消耗大量的硫脲。

某些金属硫脲配阳离子的解离常数（pK 值）列于表 7-2 中。

表 7-2　某些金属硫脲配阳离子的解离常数（pK 值）

配阳离子	$Hg(thi)_4^{2+}$	$Au(thi)_2^{+}$	$Hg(thi)_2^{2+}$	$Cu(thi)_4^{+}$	$Ag(thi)_3^{+}$	$Cu(thi)_3^{+}$
pK 值	26.30	22.10	21.90	15.40	13.60	12.82
配阳离子	$Bi(thi)_6^{3+}$	$Fe(thi)_2^{2+}$	$Cd(thi)_3^{2+}$	$Pb(thi)_4^{2+}$	$Zn(thi)_2^{2+}$	$Pb(thi)_3^{2+}$
pK 值	11.94	6.64	2.12	2.04	1.77	1.77

从表 7-2 中数据可知，除汞硫脲配阳离子比金、银硫脲配阳离子稳定外，其他金属硫脲配阳离子的稳定性较小，但铜、铋硫脲配阳离子的 pK 值较大，故硫脲酸性液不宜直接浸出含金银的有色金属硫化矿的氧化焙砂和碳酸盐矿物原料。

因此，硫脲酸性液浸出金银时须严格按操作规程和加药顺序进行操作，尽可能降低硫脲的无效消耗。硫脲耗量与金（银）物料的矿物组成及工艺参数有关，一般为每吨 1 千克至十几千克。

7.4.5　氧化剂与还原剂

从标准还原电位和经济方面考虑，硫脲酸性液浸出金银时常用的氧化剂为过氧化氢、空气、高价铁盐和二硫甲脒等。各种氧化剂用量不一，要求矿浆液相维持一定的还原电位，超过此值，硫脲将被大量氧化分解失效。试验表明，采用漂白粉、高锰酸钾、重铬酸钾等强氧化剂时，硫脲酸性液浸出金银的浸出率低，浸出液中很快出现元素硫沉淀，故硫脲酸性液浸出金银时不宜采用强氧化剂。

金（银）物料中含有大量的杂质矿物，硫脲酸性液浸出金银时不可避免地会有酸溶铁等杂质进入浸出液中，只要浸出液中维持一定的溶解氧浓度，浸出液中的亚铁离子将不断氧化为高价铁离子。因此，硫脲酸性液浸出金银时只需开始时加入少量的过氧化氢或高价铁盐，并不断向矿浆中鼓入空气即可满足硫脲酸性液浸出金银时对氧化剂的要求。

与氰化浸出金银比较，硫脲酸性液浸出金银时使用的为液态氧化剂和催化剂，可采用较高的浓度，可在较大的范围内调节硫脲的浓度以获得较高的浸出速度和金银浸出率。

硫脲酸性液浸出金银时，在起始阶段要求将 30% 左右的硫脲氧化为二硫甲脒，在浸出后期要求将二硫甲脒还原为硫脲，以维持较高的硫脲游离浓度。故在浸出后期，可加入二氧化硫或亚硫酸盐等还原剂以降低硫脲耗量，可获得较高的浸出速度和金银浸出率。

7.4.6　搅拌与充气

硫脲酸性液浸出金银时的搅拌是使矿粒悬浮、减小扩散层厚度和提高扩散系数，靠压风机向矿浆中充气。因此，硫脲酸性液浸出金银时常采用双桨低转速机械搅拌浸出槽或空气搅拌浸出槽。

7.4.7　浸出温度

硫脲酸性液浸出金银的浸出速度，随浸出温度的增加而增加，但有峰值。由于硫脲耐热性较低，浸出矿浆温度不宜超过 55℃，常在室温或约 40℃ 条件下浸出金银。

7.4.8 浸出工艺与浸出时间

我国台湾省矿业研究所的 C. K. Chen 等人采用纯度为 99.9% 金盘、银盘和基隆金爪石产的含 Au 50g/t、Ag 250g/t、Cu 6.02% 的矿石进行氰化浸出和硫脲浸出的对比试验表明，当金盘、银盘以 125r/min，分别在含 0.5% NaCN、0.05% CaO 的溶液中旋转时，金、银的浸出速度分别为 3.54×10^{-4} mg/(cm²·s) 和 1.29×10^{-4} mg/(cm²·s)。浸出剂改为 1% SCN_2H_4、0.5% H_2SO_4 和 0.1% Fe^{3+} 溶液，金、银的浸出速度分别为 43.19×10^{-4} mg/(cm²·s) 和 13.93×10^{-4} mg/(cm²·s)。因此，金、银在硫脲酸性液中的浸出速度分别比其在氰化物液中的浸出速度高 12.2 倍和 10.8 倍。

以金爪石矿粉为试样，分别在 0.5% SCN_2H_4、0.5% H_2SO_4、0.1% Fe^{3+} 液和在 0.5% NaCN、0.5% CaO 液为浸出剂，在 25℃ 和 0.1MPa 条件下进行浸出对比试验，金、银、铜的浸出曲线如图 7-3 ~ 图 7-5 所示。

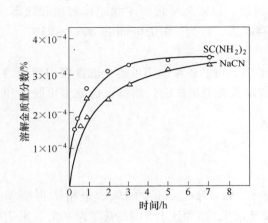

图 7-3 金在硫脲酸性液和氰化液中的浸出曲线

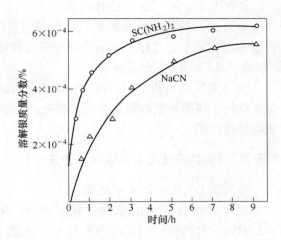

图 7-4 银在硫脲酸性液和氰化液中的浸出曲线

从图 7-3 ~ 图 7-5 中曲线可知，金、银在硫脲酸性液的浸出速度比其在氰化液中的浸出速度高得多，铜在硫脲酸性液的浸出速度比其在氰化液中的浸出速度则低得多。

硫脲酸性液浸出金银时，金银浸出率随浸出时间的增加而增加，但有峰值。浸出时间常为 5 ~ 8h。

硫脲酸性液浸出金银时，根据金（银）物料特性可采用渗滤浸出法和搅拌浸出法。搅拌浸出时，可采用常规的硫脲浸出—逆流洗涤—金属置换沉淀（CCD）二步法工艺和一步法工艺（如铁浆 FeIP、炭浆 CIP、炭浸 CIL、矿浆电积 EIP、树脂浸 RIL 等）。采用一步法工艺时，矿浆液相中溶金银含量始终维持最低值，可强化浸出过程。当其他浸出工艺条件相同

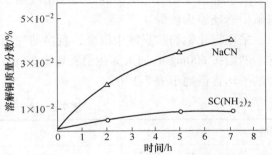

图 7-5 铜在硫脲酸性液和氰化液中的浸出曲线

时，一步法工艺的浸出时间较短，工艺流程较简，金银浸出率较高。

7.5　硫脲酸性液浸出金（银）的试验研究与生产应用

7.5.1　硫脲浸出金（银）前的预处理

7.5.1.1　硫脲难直接浸出的硫化物原料的预氧化处理

硫脲酸性液浸出只能浸出单体解离和裸露的金（银）矿物，无法浸出呈包体的金（银）矿物。当金（银）物料再磨至 -0.036mm 占 90%，硫脲直接浸出的金（银）浸出率小于 70% 时，说明物料中相当部分的金（银）矿物呈微粒包体存在于载金（银）矿物中，此时须采用相应方法对金（银）物料进行预氧化处理，以使其中的金（银）矿物单体解离和裸露。具体的预氧化处理方法可参阅本书第 5 章难浸出金银矿物原料预处理。

7.5.1.2　金（银）物料再磨

金（银）物料（常为精矿）浸出前应进行再磨，以使金（银）矿物单体解离和裸露。再磨细度决定于金（银）矿物的嵌布粒度和赋存状态，常为 -0.036mm 占 80% ~95%。

7.5.1.3　除去金属铁粉

金（银）物料再磨时，由于钢球和衬板的磨损，再磨矿浆中不可避免地含有相当量的金属铁粉。再磨矿浆浓密脱水前，可先经弱磁选以除去金属铁粉，然后再送浓密机脱水和脱除浮选药剂。

7.5.2　常规硫脲法浸出金银（二步法）

7.5.2.1　从金精矿中提金

某金矿浮选产出的黄铁矿精矿含 Au 56g/t、Ag 49g/t、Cu 约 1%。金精矿再磨至 -0.038mm 占 77%，采用硫脲 7.5kg/t、硫酸 22.5kg/t，液固比 1.5:1，温度为 40℃，采用添加过氧化氢氧化硫脲和添加二氧化硫还原二硫甲脒的方法控制溶液的还原电位，进行二段浸出，每段浸出 2h，金浸出率为 96%。

半工业试验每段为 6 个浸出槽，槽中装搅拌器和蛇管加热器，将矿浆加热至 40℃，液固比 1.5:1，第一段浸出矿浆过滤，滤饼经硫脲液和水洗涤后送第二段浸出。第二段浸出矿浆过滤，滤饼经硫脲液和水洗涤。每浸出段第 1 槽加入 5% 的过氧化氢，以使 20% ~30% 的硫脲被氧化为二硫甲脒。每浸出段第 3 槽和第 5 槽，充入二氧化硫气体以使过量的二硫甲脒还原为硫脲。

采用雾化铝粉从贵液中沉金，置换前先用二氧化硫气体将贵液中的二硫甲脒还原为硫脲。然后按 600mg/L 加入雾化铝粉置换 30min，金置换率为 99.5%。试验过程中各浸出槽金的平均含量列于表 7-3 中。

表 7-3　浸出槽金的平均含量　　　　　　　　　　　　　　　　（g/t）

槽　号	进料	1	2	3	4	5	6	产品	金浸出率/%
第一段	59.3	28.7	15.5	10.0	8.2	7.2	6.2	5.8	90.2
第二段	5.9	3.4	3.1	3.2	2.9	2.9	2.9	3.0	94.9

第一段浸出产品的固体含量为 42.9%，第二段浸出产品的固体含量为 37.9%。从表 7-3 数据可知，大部分金在第一段浸出；第二段浸出时，大部分金在第 1 槽浸出。第一段浸出液中含金 45.2mg/L，第二段浸出液中含金 2.1mg/L。

试验过程浸出槽中硫脲浓度的变化列于表 7-4 中。

表 7-4 浸出槽中硫脲总浓度的变化 （g/L）

槽　　号	进　　料	1	2	4	6
第一段	5.00	4.78	4.72	4.68	4.60
第二段	5.00	4.97	4.91	4.82	4.75

溶液中硫脲的游离浓度视其氧化程度而异，硫脲的氧化程度宜控制在 20% ~30%。

第二段硫脲的总耗量平均为 0.65g/L，即 0.95kg/t。若将第一段贫液的 50% 返回第二段补加新浸出剂溶液，硫脲耗量为 4.1kg/t；若将第一段贫液的 80% 返回第二段，硫脲耗量降为 1.9kg/t。硫脲浸出金精矿不消耗硫酸，当返回 50% 贫液时，硫酸耗量为 11kg/t，过氧化氢耗量为 1.7kg/t，二氧化硫耗量为 3.2kg/t，雾化铝粉耗量为 0.75kg/t。返回 50% 贫液的浸出结果与使用新鲜浸出剂的浸出结果相当。

7.5.2.2 从含金辉锑矿精矿中浸出裸露金

A 澳大利亚新南威尔士希尔格罗夫（Hillgrove）锑矿

澳大利亚新南威尔士希尔格罗夫锑矿为石英脉型含金辉锑矿，原矿含金、黄铁矿、磁黄铁矿、毒砂、白钨和绿泥石等。原矿经破碎、磨矿、重选和浮选获得含金锑精矿。该矿从 1982 年起采用硫脲酸性液浸出含金锑精矿中的单体金和裸露金，含金锑精矿不再磨，采用较高的硫脲浓度和较高的高价铁离子浓度作浸出剂，将浸出剂与含金锑精矿预先混合制浆，每批含金锑精矿的浸出时间小于 15min。采用活性炭吸附贵液中的已溶金，产出含金 6~8kg/t 的载金炭直接销售。吸后液（贫液）中添加过氧化氢调整还原电位后，返回浸出作业循环使用。

投产几个月后，曾出现已溶金沉淀现象，后查明是由于金锑精矿吸附有绿泥石矿泥所致。浮选作业添加脉石抑制剂 633，浸出前矿浆中加入少量柴油即可消除已溶金沉淀现象。含金锑精矿中金浸出率为 50% ~80%，硫脲耗量小于 2kg/t。

后发现尾矿中的毒砂金含量较高，又增建了毒砂浮选循环，产出含 As 15% ~20%、Sb 5%、Au150 ~200g/t 的毒砂精矿，可回收尾矿中约 70% 的金。1983 年新建 600t/d 浮选厂以处理老浮选厂尾矿，可从每吨老浮选尾矿中回收 1~2.5g 的金。

B 湘西金矿浮选金锑精矿硫脲浸金试验

作者曾对湘西金矿浮选金锑精矿试样进行硫脲浸金小型试验，试样多元素分析结果列于表 7-5 中。

表 7-5 湘西金矿浮选金锑精矿多成分分析结果

成　分	Cu	Pb	Zn	Sb	S	Au	Ag	SiO₂	Ca	Mg
含量/%	0.10	0.45	0.39	31.72	30.81	60.4g/t	<5g/t	12.22	0.068	0.066

浮选金锑精矿试样细度为 -45μm（-320 目）占 68.16%，再磨至 -45μm（-320

目）占96%，弱磁选去金属铁粉，用4% H_2SO_4、1% SCN_2H_4、2% $Fe_2(SO_4)_3$ 作浸出剂，25℃下浸出9h，金浸出率为42.78%，锑浸出率为0.08%。若进行3段浸出，金浸出率为69.84%，锑浸出率仍为0.08%。试验表明，硫脲酸性液浸出金锑精矿具有很高的选择性，辉锑矿对硫脲酸性液浸出金的有害影响甚微，金浸出率较低的主要原因是包体金含量高所致。

7.5.2.3　从含银原料中制取纯银

西安建筑科技大学（原西安冶金建筑学院）张箭等人探索了采用硫脲酸性液浸出含银原料制取纯银的新工艺。含银原料多成分分析结果列于表7-6中。

表7-6　含银原料多成分分析结果

成　分	Ag	AgCl	SiO_2	CaO	MgO	Fe_2O_3	Al_2O_3	K_2O	Na_2O	H_2O	挥发物	其他
含量/%	0.91	0.29	61.00	15.76	0.78	1.81	1.75	1.16	0.47	3.30	11.05	1.72

单因素优化后的最佳工艺参数为：H_2SO_4 1.18mol/L、SCN_2H_4 0.52mol/L、$Fe_2(SO_4)_3$ 0.004mol/L、温度60℃、搅拌速度700r/min、浸出2h。浸出矿浆经过滤、洗涤，滤液与洗涤水合并，滤渣弃去。银浸出率为98.50%，试样碎至2mm，试验规模为100g试样。

小试基础上，采用相同工艺参数进行扩大试验，试验规模为1000g试样。银浸出率为97.23% ~ 98.91%，重现了小试结果。

银硫脲配合物结晶的单因素试验表明，温度从15℃降至2℃，结晶率从70%升至95%以上；pH值为0.5 ~ 3.0范围内，结晶率均为80%以上。提高pH值，结晶率略有增加，但当pH值大于3.5时，出现黑色沉淀；液中含银0.6 ~ 3.6g/L时，结晶率均略高于80%。随液中含银量的增加，结晶率略有下降。因此，选定结晶工艺参数为：温度2℃，pH值为3.0，原液含银0.78g/L，银的结晶率达93%。影响结晶率的三个因素中，最主要的因素为结晶温度。

产出的结晶经约100℃干燥后，升温至1100℃煅烧，产出银含量为99.84%的纯银。结晶后的母液返回浸银作业，循环使用。

本工艺可用于处理不纯的金属银、氯化银、辉银矿、角银矿及其混合含银物料。具有流程短、投资少和产品纯度高的特点。具有较大的工业应用前景。

7.5.2.4　硫脲浸出－二氧化硫还原法（SKW法）

德国南德意志氰氨基化钙公司（SKW）为硫脲主要生产厂家。鉴于当时硫脲浸金过程硫脲耗量较大，为了开拓市场，该公司开展以降低硫脲耗量为目标的硫脲酸性液浸出金银的试验研究工作。

硫脲酸性液浸出金银时，硫脲耗量较大的主要原因是硫脲易氧化为二硫甲脒（为可逆反应），而二硫甲脒产生歧化反应生成硫脲和亚磺酸化合物（为不可逆反应），亚磺酸化合物可分解为氨基氰和元素硫等产物（为不可逆反应）。因此，降低硫脲耗量最直接和最有效的方法是防止或降低二硫甲脒的不可逆分解反应，而且不可逆分解产出的元素硫可黏附于金粒表面，对金的浸出产生钝化作用。

二氧化硫气体是有效的还原剂，其电化反应可表示为：

$$SO_2 + H_2O \Longleftrightarrow H_2SO_3$$

$$2SO_3^{2-} + 3H_2O + 4e \rightleftharpoons S_2O_3^{2-} + 6OH^- \qquad \varepsilon^\ominus = -0.58V$$

$$(SCN_2H_3)_2 + 2H^+ + 2e \rightleftharpoons 2SCN_2H_4 \qquad \varepsilon^\ominus = +0.38V$$

从标准还原电位可知，硫脲酸性液浸出金银时，控制二氧化硫气体的充入量足可将过量的二硫甲脒还原为硫脲，且可防止或降低二硫甲脒的不可逆分解反应。

试验表明，将矿浆加温至40℃以加速硫脲氧化为二硫甲脒，充入二氧化硫气体以还原矿浆中过量的二硫甲脒。二氧化硫气体的充入量以50%硫脲氧化为二硫甲脒为宜，此硫脲酸性液浸出金银方法称为SKW硫脲法。

以含Pb 50%、Zn 6.8%、Fe 26.5%、Au 10.6g/t、Ag 315g/t的难处理氧化矿作为试样，进行氰化法、常规硫脲法和SKW硫脲法的对比浸出试验结果列于表7-7中。

表7-7 不同浸出方法对难处理氧化矿的对比浸出试验结果

浸出方法	药剂耗量/kg·t⁻¹	浸出时间/h	SO₂用量/kg·t⁻¹	金浸出率/%	银浸出率/%
氰化法	7.0	24	—	81.2	38.6
常规硫脲法	34.4	24	—	24.7	1.0
SKW硫脲法	0.57	5.5	6.5	85.4	54.8

从表7-7数据可知，SKW硫脲法的金（银）浸出率比氰化法、常规硫脲法高得多，而二氧化硫耗量仅6.5kg/t，硫脲耗量仅0.57kg/t。

据小试结果，R.G.舒尔策（Schulze）进行1t级的半工业试验。半工业试验的硫脲、金、溶液流量的数质量流程如图7-6所示。

半工业试验的主要工艺参数为：

（1）干矿1t，给矿含水10%，浸出液固比1.1∶1，循环溶液1m³。给矿为含硫金精矿或预氧化处理后的含金氧化矿。

（2）SO₂总用量6.5kg/t，其中0.5kg/t用于浸出，6kg/t用于浸后矿浆还原二硫甲脒为硫脲，并使氧化生成的元素硫完全沉淀，为后续作业提供性能稳定的溶液。

（3）氧化剂为过氧化氢，用量为0.75kg/t。

（4）浸出作业的硫脲来自循环溶液（5.5kg/t），另在洗涤作业加硫脲1.05kg/t。

（5）浸后矿浆经过滤1，滤液送吸附1。滤饼用硫脲浓度为1.05g/L的50℃溶液洗涤，洗涤矿浆送过滤2，滤液送吸附2。过滤2的滤饼用贫液洗涤，洗涤矿浆送过滤3，滤液送吸附3，吸后液为循环溶液，返回浸出作业循环使用。过滤3的滤饼用吸附2的吸后液洗涤，洗涤矿浆送过滤4，滤液送吸附4。过滤4的滤饼和吸附4的吸后液一起送中和作业，用石灰或碱性煤矸石中和后送尾矿库堆存。

（6）给矿1t含金35g，浸出液中金回收率为88%，洗涤金回收率为10%，金总回收率为98%。最终滤饼渣含金0.7g，废液含金0.05g，合计损失0.75g Au，金损失率为2%。

（7）贵液中的金银若用活性炭吸附，载金炭含金达100kg/t，可采用煅烧-熔炼或解吸-电积法处理载金炭。

（8）贵液中的金银若用离子交换树脂吸附，载金树脂可用浓硫脲酸性溶液解吸，再用电积法或置换法从解吸液中回收金银。

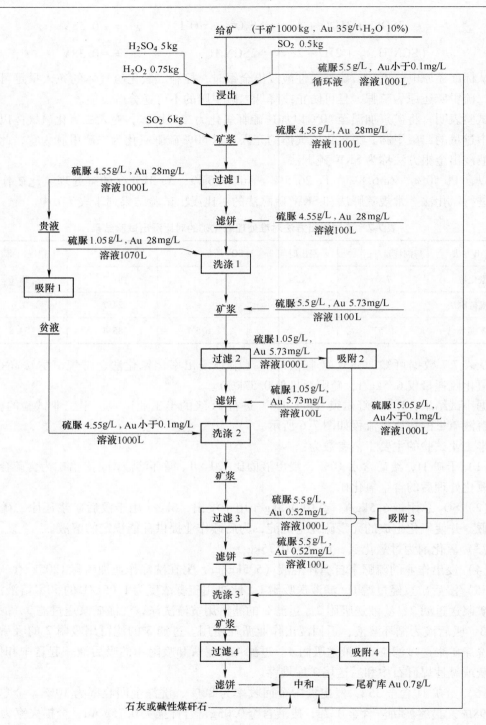

图 7-6 SKW 硫脲法的半工业试验流程

在半工业试验基础上，R. G. 舒尔策提出的 SKW 硫脲炭浆工业生产流程如图 7-7 所示。

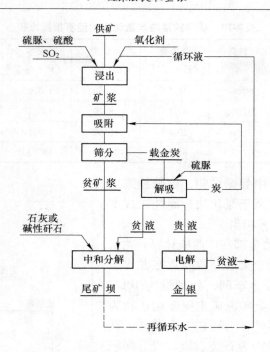

图 7-7 SKW 硫脲炭浆工业生产流程

此生产流程与氰化炭浆流程相似，其工艺参数与半工业试验的工艺参数相近。

7.5.3 硫脲一步法提取金银

7.5.3.1 硫脲浸出-铁板置换一步法提取金银

硫脲浸出-铁板置换一步法提取金银（FeIP）工艺为长春黄金研究院（原黄金研究所）于 20 世纪 70 年代初研发成功。对某些金矿样的小型浸置结果列于表 7-8 中。

表 7-8 硫脲浸出-铁板置换一步法提金小试结果

矿样来源	灵山	玲珑	五龙	四道沟	金厂峪	峪耳崖	张家口	三家子	龙水	万庄	通化烧渣
金浸出率/%	96.65	96.64	97.50	96.00	95.00	96.50	95.07	96.70	95.00	76.00	98.50
金置换率/%	99.20	99.72	99.87	99.10	99.40	99.50	99.64	99.44	99.50	98.00	99.60
浸置率/%	95.87	95.78	96.88	95.14	94.48	96.01	94.70	96.15	94.53	74.78	98.10

硫脲铁浆法扩试、工试和现场生产与氰化工艺的对比指标列于表 7-9 和表 7-10 中。

表 7-9 硫脲铁浆法与氰化法技术指标比较

浸出方法	浸 出			置 换			浸置率 /%
	浸原金/g·t⁻¹	浸渣金/g·t⁻¹	浸出率/%	贵液金/g·m⁻³	贫液金/g·m⁻³	置换率/%	
氰化法	101.50	4.96	95.10	16.62	0.07	98.36	93.54
硫脲工试	75.50	3.73	95.06	35.88	0.15	99.50	94.50
硫脲大槽	112.49	4.18	96.25	52.15	0.31	99.44	95.74
现场生产	84.88	5.73	93.25	43.25	0.33	99.23	92.53

表 7-10　硫脲铁浆法与氰化法的经济指标比较

浸出方法	人工费 /元·吨⁻¹	材料费 /元·吨⁻¹	动力费 /元·吨⁻¹	车间费 /元·吨⁻¹	成本 /元·吨⁻¹	黄金成本 /元·两⁻¹	浸原品位 /g·t⁻¹
氰化法	13.20	98.66	31.37	21.50	165.13	54.59	101.50
硫脲工试	10.80	71.50	47.20	18.20	147.70	58.54	75.50
硫脲大槽	6.60	73.50	20.70	18.00	118.50	39.90	112.49
现场生产	20.69	77.77	62.57	26.30	187.33	62.60	84.88

从表7-9和表7-10中数据可知，硫脲铁浆工艺的浸出率和置换率均高于氰化法，而吨矿成本和每两黄金成本两种工艺相当。

1981年10月初，冶金部在广西桂林召开龙水金矿硫脲提金论证会，专家组一致同意在龙水金矿建立我国首座硫脲提金车间，处理量为10t/d含金黄铁矿精矿。龙水金矿原矿主要金属矿物为黄铁矿、黄铜矿、方铅矿、闪锌矿、褐铁矿、孔雀石和自然金，脉石矿物为石英、绢云母、绿泥石、高岭土和碳酸盐类矿物。浮选产出含金黄铁矿精矿，绝大部分自然金呈细粒嵌布。工业试生产工艺条件为：含金黄铁矿精矿再磨至 $-0.045mm$ 占80%~85%，浸置液固比2:1，硫脲用量6kg/t（原始浓度0.3%），硫酸用量100.5kg/t（pH值为1~1.5），铁板置换面积 $3m^2/m^3$ 矿浆，金泥刷洗时间间隔2h，浸置35~40h。金浸出率大于94%，金置换沉积率大于99%。试生产工艺流程如图7-8所示。

工业试生产指标列于表7-11中。

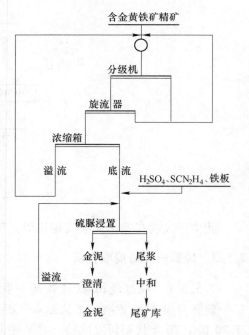

图7-8　龙水金矿硫脲提金车间
试生产工艺流程

表 7-11　龙水金矿硫脲提金车间工业试生产指标

序 号	浸　出			置　换			浸置率/%
	金精矿/g·t⁻¹	浸渣/g·t⁻¹	浸出率/%	贵液/g·m⁻³	贫液/g·m⁻³	置换率/%	
1	80.77	4.44	94.5	38.17	0.25	99.35	93.89
2	75.50	3.62	95.21	35.94	0.13	99.64	94.85

从表7-11中数据可知，硫脲浸出-铁板置换工艺浸置段的金浸出率和置换率均较理想，但浸置时间长达35~40h，硫酸耗量高达100.5kg/t，金泥含金仅0.3%~0.5%。

金泥的处理采用先氧化焙烧、硫酸浸铜，浸铜液用浸置段的废铁板置换铜，产出海绵铜。浸铜渣用硝酸浸银，浸银液用氯化钠溶液沉银产出氯化银。浸银渣用王水浸金，浸金液赶硝，然后采用硫酸亚铁还原沉金。最后产出海绵铜、银锭和金锭。

工业试生产期间发现的主要问题为：硫酸耗量大；铁板耗量高，铁板置换易起麻点，一起麻点铁板就须报废，麻点中的置换金无法回收；金泥品位低，含大量黄铁矿矿泥，处理流程冗长复杂，药耗高，成本高，易造成金属量不平衡；金总回收率较低。

经研究，上述问题主要因工艺方法本身造成，铁板在硫酸介质中肯定会被酸溶，易起麻点。因此，硫脲提金车间只试生产了 2~3 年，终因金属量不平衡，金总回收率较低和生产成本偏高而停产。

7.5.3.2 硫脲浸出-矿浆电积一步法提取金银

硫脲浸出-矿浆电积一步法提取金银（EIP）工艺为作者 1980 年研发的硫脲提金新工艺。试样为龙水金矿浮选产出的含金黄铁矿精矿，其多成分分析结果列于表 7-12 中。

表 7-12 含金黄铁矿精矿多成分分析结果

成 分	Cu	Pb	Zn	Fe	S	CaO	MgO	SiO_2	Al_2O_3	C	Au/g·t^{-1}	Ag/g·t^{-1}
含量（质量分数）/%	0.20	0.78	0.07	32.50	35.81	0.14	0.13	18.33	4.25	2.09	34	60

硫脲浸出-矿浆电积在自制电积槽中进行，用硅整流器供直流电，阳极为 Pb-Ag 板，阴极为不锈钢板，并用电解铜板和铅板作阴极进行比较。

试验考查了金精矿再磨产生的金属铁粉的有害影响，试验结果列于表 7-13 中。

表 7-13 金属铁粉对金浸出率的影响

再磨/min	-0.04mm 粒级含量/%	pH 值	精矿金/g·t^{-1}	贵液金/mg·L^{-1}	金浸出率/%	贫液金/mg·L^{-1}	金沉积率/%
0	55.45	1.7	46.00	13.17	57.28	0.03	99.77
5	83.75	2.7	46.00	7.68	33.52	0.03	99.61
10	94.50	2.8	46.00	5.64	24.54	0.026	99.54
15	97.30	3.6	46.00	5.99	26.04	0.018	99.69
15（去铁）	97.30	2.0	46.00	22.44	97.59	0.020	99.72
手工磨	97.62	1.6	46.00	22.45	97.60	0.020	99.70

从表 7-13 中数据可知，再磨时间愈长，进入矿浆中的金属铁粉愈多，矿浆 pH 值愈高，金浸出率愈低。去除矿浆中的金属铁粉和手工磨矿（瓷研钵）均可消除金属铁粉的有害影响。

试验考查了阴极板材质对金沉积率的影响。试验表明，槽压为 7V，阳极和阴极电位随硫酸用量变化而变化，但与硫脲用量无关。采用不锈钢板、电解铜板和铅板作阴极时，硫酸用量 6kg/t，硫脲用量 3kg/t，槽压为 7V 时，阳极电位为 +45mV，阴极电位为 -5mV。因此，阳极和阴极电位主要与硫酸用量和槽压有关，而与阴极材质（不溶于稀硫酸）无关。矿浆直接电积时，阴极板直接与直流电源的阴极相连，阴极电位均为负值，均可实现已溶金银的还原沉积。从平整光滑度考虑，建议采用不锈钢板较理想，其平整光滑度高，矿泥黏附量少，须返回处理的矿泥金含量较低。

硫脲浸出-矿浆电积一步法提取金银的工艺参数为：再磨至 -0.041mm 占 95%，经弱磁选去除金属铁粉和浓密脱水后进入电积槽，矿浆液固比为 2:1，硫酸用量 15kg/t（pH 值为 1~1.5），硫脲用量 3kg/t，阴极板面积与矿浆体积之比为 37.5m^2/m^3，槽压为 7V，阴极电流密度为 37.9A/m²，每 30min 刷洗一次阴极板。刷洗阴极板时，浸出-电积作业照常进行。浸出-电积 4h，金浸出率为 97.59%，金电积沉积率为 99.72%，浸出-电积作业金回收率为 97.31%。

多次试验表明，定期刷洗阴极板可提高金的浸出率，刷洗阴极板所得矿泥中含金约 0.3%，此部分含金矿泥可返回浸出-电积作业或单独处理。阴极板上的沉积金较致密，不易脱落。由于小试金的金属量小，未能在阴极上剥得金箔，但阴极已转变为金黄色。

硫脲浸出-矿浆电积一步法提取金银工艺的主要优点是金的回收率高，指标稳定；流程简短，易操作；试剂耗量低，生产成本低；极板不被腐蚀，可循环使用。其主要缺点是须定期刷洗阴极板，产出少量含金量约 0.3% 的矿泥，须返回或单独处理。

7.5.3.3　硫脲炭浸（炭浆）一步法提取金银

硫脲炭浸（炭浆）一步法（CIL 或 CIP）提取金银工艺为作者 1980 年研发成功的硫脲提金新工艺。并于 1985 年完成了实验室小型全流程试验，取得了非常满意的技术经济指标。

1980 年作者以龙水金矿浮选产出的含金黄铁矿精矿为试样，以北京光华木材厂产的粒状椰壳炭和杏核炭为吸附剂，进行硫脲炭浆和硫脲炭浸工艺的平行对比试验，两种工艺的浸吸指标非常理想。经对比，作者认为硫脲炭浸工艺比硫脲炭浆工艺较优越，也许是因硫脲浸出金银速度高，无需先浸出后吸附。

1985 年作者以洋鸡山金矿浮选产出的铜金混合精矿为试样，完成了硫脲炭浸（炭浆）一步法提取金银的实验室小型全流程试验。

洋鸡山金矿为以金铜为主的金、银、铜、铅、锌、硫多金属矿。主要金属矿物为自然金、银金矿、自然银、辉银矿、黄铁矿、黄铜矿、辉铜矿、斑铜矿、闪锌矿、方铅矿等。脉石矿物主要为石英、绢云母、长石、方解石等。原矿多成分分析结果列于表 7-14 中。铜物相分析结果列于表 7-15 中。砷物相分析结果列于表 7-16 中。银物相分析结果列于表 7-17 中。金粒度分析结果列于表 7-18 中。

表 7-14　原矿多成分分析结果（质量分数）

成　分	Cu	Pb	Zn	S	As	Fe	Mn	Bi
含量/%	1.72	0.2	0.47	26.70	0.29	29.59	0.27	0.17
成　分	Sn	Sb	CaO	MgO	SiO₂	Al₂O₃	Au/g·t⁻¹	Ag/g·t⁻¹
含量/%	微	0.04	0.072	0.02	22.92	1.99	5.2	96.6

表 7-15　铜物相分析结果（质量分数）

物　相	硫酸铜	自由氧化铜	结合铜	原生硫化铜	次生硫化铜	总　铜
含量/%	0.06	0.13	0.008	0.85	0.67	1.718
占有率/%	3.49	2.57	0.46	49.48	39.00	100.00

表 7-16　砷物相分析结果

物　相	砷黝铜矿	黄铁矿	其他矿物	合　计
占有率/%	77.80	21.90	0.30	100.00

表 7-17 银物相分析结果

载银矿物	方铅矿	辉银矿	硫化矿包裹辉银矿	硫化矿高度分散银	自然银	合 计
占有率/%	1.63	37.01	38.95	15.02	7.39	100.00

表 7-18 金粒度分析结果（质量分数）

粒级/mm	>0.1	0.1~0.037	<0.037	合 计
相对含量/%	1.46	8.20	86.34	100.00

从上列表 7-14~表 7-17 中数据可知，该矿为多金属复合矿，有用组分为金、银、铜、硫四种。铜主要呈黄铜矿和砷黝铜矿形态存在，氧化铜含量为总铜量的 11.06%。砷主要存在于砷黝铜矿中，浮选产出的金铜混合精矿中砷超标。银较分散，主要存在于辉银矿和硫化矿包裹辉银矿中。金的嵌布粒度较细，86% 以上的金粒小于 0.037mm。因此，该矿要同时回收金、银、铜、硫，实现就地产金比较困难。目前该矿采用优先浮选流程产出砷含量较高的金铜混合精矿和硫精矿，直接出售。

为了实现就地产金，该矿曾委托有关研究单位进行氰化提金试验。经多种氰化方案对比，最后选定浮选—氰化—浮选流程。即原矿经破碎、磨矿、分级后的矿浆进行优先浮选产出金铜混合精矿，铜尾再磨后送氰化提金，氰化渣洗涤后浮选产出硫精矿。所得金铜混合精矿含金 26g/t，银 758g/t，铜 13.74%，各组分回收率为：Au 53.69%、Ag 78.36%、Cu 90.63%。铜尾含 Au 3g/t、Ag 28g/t，再磨后送氰化，金的氰化浸出率为 25.78%，氰化渣含金 1.33g/t，金损失率为 20.53%。氰化渣洗涤后浮硫，产出含硫 38% 的硫精矿。工业试验表明，铜尾再磨费用高，铜尾氧化铜含量高导致氰化物耗量高（达 40kg/t 以上），金的氰化浸出率低，氰化渣金含量高，氰化渣洗涤水量大及硫浮选指标欠佳等。此工艺未用于工业生产。

1985 年作者承担了江西省科委下达的《洋鸡山金矿硫脲提金小型试验研究》课题。选择的工艺路线为：原矿经破碎、磨矿、分级后的矿浆进行全混合浮选—混精再磨—硫脲炭浸（炭浆）提金—载金炭解吸—贵液电积—熔铸—金锭，炭浸尾浆—铜硫分离浮选。完成了实验室原矿经破碎、磨矿、分级后的矿浆进行全混合浮选—混精再磨—硫脲炭浸（炭浆）提金—载金炭解吸，炭浸尾浆铜硫分离浮选等作业。现就流程试验的有关问题简述如下：

（1）原矿磨矿细度：原矿碎至 -2mm，用 XMQ-240×90 型锥形球磨机磨至 -0.074mm 占 80%，送全混合浮选作业。

（2）全混合浮选：全混合浮选流程为一次粗选、二次扫选、中矿循序返回的闭路流程。采用丁基铵黑药 60g/t、丁基黄药 80g/t，闭路可丢弃 43% 的尾矿，混合精矿产率为 57%。混合精矿中金银铜硫的回收率均达 92% 以上。混合浮选闭路试验产出混合精矿 22kg，供后续试验作试样。

（3）混合精矿再磨细度：再磨仍用 XMQ-240×90 型锥形球磨机，将混合精矿再磨至 -0.041mm 占 99%。再磨矿浆经弱磁选去除金属铁粉后送硫脲炭浸（炭浆）提金作业。

（4）硫脲炭浸（炭浆）提金：先进行硫脲炭浸和硫脲炭浆的平行对比试验，与龙水金矿试样的试验相同，均采用北京光华木材厂的椰壳炭，取得较理想的浸吸指标，相比较后，硫脲炭浸指标高些。然后进行了混精再磨弱磁去铁粉-硫脲炭浸和混精再磨稀硫酸浸出去铁粉-硫脲炭浸对比试验，两种方法的浸吸指标相当，稀硫酸浸出时铜浸出率极低。因此，决定采用混精再磨弱磁去铁粉-硫脲炭浸工艺进行连续闭路试验。

硫脲炭浸连续闭路试验的工艺条件为：矿浆液固比为 1.5∶1，硫酸用量为 36kg/t（pH 值为 1.5~2.0），硫脲用量为 5kg/t，粒状活性炭 10kg/t，浸吸 15h（5 级，每级 3h）。金浸出率为 56.39%，金吸附率大于 99%。铜、铅、锌的浸出率极微。

（5）载金炭的解吸：载金炭经洗涤除去矿泥后，送解吸作业。本次试验采用两段解吸法。先用稀硫酸溶液解吸贱金属阳离子，然后采用碱性配合剂解吸金银。解吸作业温度为 90℃，金银解吸率均大于 99%。所得贵液较纯净，可不经预处理，直接送电积或置换作业回收金银。

（6）硫脲炭浸尾浆铜硫分离浮选：硫脲炭浸尾浆的 pH 值为 2.0，为降低药剂用量，用石灰将其中和至 pH 值为 6.5~7.0，加入丁基铵黑药 80g/t 可获得铜含量为 11.98% 的金铜混合精矿，金回收率为 30%，铜回收率为 90%。分离浮选尾矿为含硫 40% 的硫精矿，硫回收率为 80%。

若贵液电积和熔铸的金回收率为 99%，则金的总回收率为 78.78%，其中金铜混合精矿中的金回收率为 30%，成品金回收率为 48.78%。金铜混合精矿含铜 11.98%，铜回收率为 90%。硫精矿含硫 40%，硫回收率为 80%。上述指标比相同矿样的相应氰化指标高得多。

从上可知，原矿经破碎、磨矿、分级后的矿浆进行全混合浮选—混精再磨—硫脲炭浸提金—载金炭解吸—贵液电积—熔铸—金锭，炭浸尾浆—铜硫分离浮选工艺，具有流程简短、技术指标高、易操作、成本低、硫脲易再生回收、污水易处理、铜、铅、锌硫化矿物对硫脲炭浸提金的有害影响甚微、环境效益好等特点。

7.5.3.4　硫脲树脂矿浆一步法提取金银

硫脲树脂矿浆一步法（RIL）提取金银工艺为作者 1980 年研发成功的硫脲提金新工艺。此工艺与硫脲炭浸提金工艺非常相似，主要差别在于用大孔型酸性苯乙烯系阳离子交换树脂代替粒状活性炭作吸附剂，其工艺参数与硫脲炭浸提金工艺相似。载金树脂的解吸方法同样采用两段解吸，先用稀硫酸溶液解吸载金树脂中吸附的贱金属阳离子，然后采用碱性配合剂解吸金银。所得贵液同样可用电积、置换、还原等方法从中回收金银。

8　其他提取金银的方法

8.1　液氯法提金

8.1.1　液氯法提金原理

Au-Cl$^-$-H$_2$O 系的 ε-pH 图如图 8-1 所示。含氯氧化剂及贵金属的标准还原电位列于表 8-1 中。

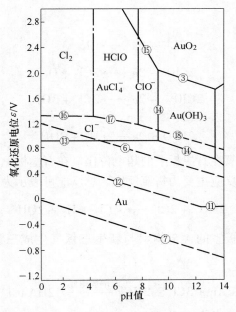

图 8-1　Au-Cl$^-$-H$_2$O 系的 ε-pH 图

$(\alpha_{Au^{3+}} = 10^{-2}\,mol/L;\ \alpha_{Cl^-} = 2\,mol/L;\ \alpha_{HClO} = \alpha_{ClO^-} = 6 \times 10^{-3}\,mol/L;$

$p_{Cl_2} = 10.13\,kPa;\ p_{O_2} = p_{H_2} = 101.3\,kPa)$

表 8-1　含氯氧化剂及贵金属的标准还原电位

电　对	ClO$^-$/Cl$^-$	HClO/Cl$_2$(ag)	Au$^+$/Au	Au^{3+}/Au	Cl$_2$/Cl$^-$	Pt^{4+}/Pt	Ir^{3+}/Ir	Pd^{2+}/Pd	Ag$^+$/Ag	Ru^{3+}/Ru	Rh^{3+}/Rh
$\varepsilon^{\ominus}$/V	+1.715	+1.594	+1.58	+1.42	+1.395	+1.20	+1.15	+0.98	+0.80	+0.49	+0.81

液氯在水中可水解为次氯酸。次氯酸的标准还原电位高于全部贵金属的标准还原电位。因此，液氯可浸出金（银），使金呈 AuCl$_4^-$ 转入浸液和使银呈 AgCl 形态留在浸渣中。在过量的氯化物溶液中，银可呈 AgCl$_2^-$ 配阴离子转入浸液中。其反应可表示为：

$$2Au + 3Cl_2 + 2HCl \longrightarrow 2HAuCl_4$$

$$2Ag + Cl_2 \longrightarrow 2AgCl \downarrow$$

$$AgCl + HCl \longrightarrow HAgCl_2$$

漂白粉加硫酸产生的氯气也能浸出金银。其反应可表示为：

$$CaOCl_2 + H_2SO_4 \longrightarrow CaSO_4 \downarrow + Cl_2 + H_2O$$

$$Ca(OCl)_2 + 2H_2SO_4 \longrightarrow CaSO_4 \downarrow + O_2 + 2Cl_2 + 2H_2O$$

$$Cl_2 + H_2O \longrightarrow HCl + HClO$$

$$2Au + 3Cl_2 + 2HCl \longrightarrow 2HAuCl_4$$

$$2Ag + Cl_2 + 2HCl \longrightarrow 2HAgCl_2$$

液氯浸金的另一形式为电氯化浸金，采用电解碱金属氯化物水溶液的方法产生氯气浸出金。其反应可表示为：

阳极：

$$2Cl^- - 2e \longrightarrow Cl_2$$

$$2ClO^- - 2e \longrightarrow 2Cl^- + O_2$$

$$2ClO^{3-} - 2e \longrightarrow 2Cl^- + 3O_2$$

阴极：

$$2H_2O + 2e \longrightarrow H_2 + 2OH^-$$

若以石墨板为阳极，氧在石墨板上的超电位比氯在石墨板上的超电位高，故电解碱金属氯化物水溶液时，阳极反应主要为析氯反应。总反应可表示为：

$$2H_2O + 2Cl^- \longrightarrow Cl_2 + H_2 + 2OH^-$$

隔膜电解时，进入阳极室的含金物料与新生态氯气生成三氯化金，进而生成金氯氢酸。其反应可表示为：

$$2Au + 3Cl_2 + 2HCl \xrightarrow{\text{隔膜电膜}} 2HAuCl_4$$

非隔膜电解时，电解产物相互作用，在阳极上生成氯酸钠和氧气，在阴极上生成氢气。其反应可表示为：

$$2Cl^- + 12H_2O \xrightarrow{\text{无隔膜电解}} 2ClO_3^- + 12H_2 \uparrow + 3O_2 \uparrow$$

$$2Au + 8Cl^- + 2H_2O \xrightarrow{\text{无隔膜电解}} 2HAuCl_4 + H_2 \uparrow + O_2 \uparrow$$

液氯浸金后所得贵液，可用还原法使金沉淀析出。常用还原剂为硫酸亚铁、二氧化硫、硫化钠、硫化氢、草酸等，其中采用二氧化硫具有价廉、使用方便、指标稳定、沉淀物纯度高和金回收率高等优点。用硫酸亚铁作还原剂也可获得很高的金回收率，如从含金 300mg/L 或 50mg/L 的贵液，用硫酸亚铁作还原剂，贫液中的金含量可降至 0.09mg/L。其反应可表示为：

$$HAuCl_4 + 3FeSO_4 \longrightarrow Au \downarrow + Fe_2(SO_4)_3 + FeCl_3 + HCl$$

还原沉金可在渗滤槽或搅拌槽中进行。

8.1.2　液氯法提金的主要影响因素

8.1.2.1　浸出剂中的氯离子浓度

液氯浸金速度远高于氰化浸金速度。液氯浸金速度与浸出剂中的氯离子浓度密切相关，液氯浸金速度随浸出剂中的氯离子浓度的增加而急剧增大。浸出剂中添加其他可溶性氯化物常可提高浸金速度，由于液氯饱和液中的氯离子质量浓度约5g/L，为了提高浸出剂中的氯离子浓度，常在浸出剂中添加盐酸和氯化钠。

8.1.2.2　原料中的硫含量

原料中的硫为还原剂，液氯浸金速度随原料中硫含量的增加而急剧下降。因此，液氯法提金一般仅用于处理含金氧化矿、含金硫化矿氧化焙烧后的焙砂、含金硫化矿预氧化浸出后的浸渣。试验表明，液氯法不宜直接用于处理硫含量大于1%的含金（银）矿物原料。

8.1.2.3　原料中的贱金属含量

含金（银）矿物原料中的贱金属与氯生成可溶性氯化物转入浸出液中，会增大氯耗量。液氯浸金时，原料中的铜锌易转入浸出液中，处理含金低的铜氧化矿时可预先进行堆浸，用稀硫酸溶液浸出铜和提高原料中的金含量。为了防止重金属的优先浸出，可采用控制溶液的还原电位的方法进行液氯浸出金，以提高金浸出率和降低氯耗量。

8.1.2.4　原料中的金属铁粉含量

金属铁粉为还原剂，可置换已溶金和被氧化为亚铁离子，亚铁离子可还原已溶金，从而导致降低金浸出率。因此，液氯法提金时，须预先除去原料中的金属铁粉。

8.1.3　试验研究与生产应用

8.1.3.1　南非用于处理重选金精矿

1966年建立液氯法提金试验厂，重选金精矿在800℃条件下进行氧化焙烧以脱除硫。焙砂在稀盐酸溶液中通入氯气浸金，金浸出率达99%。固液分离后，向贵液中通入二氧化硫气体还原沉析金。所得金泥经氯化铵溶液洗涤，产出金含量达99.9%的金粉。

8.1.3.2　澳大利亚用于处理锌置换产出的锌金沉淀物

1950年澳大利亚卡尔古利矿业公司采用液氯法处理锌粉置换产出的锌金沉淀物，采用亚硫酸钠从贵液中还原沉析金，可得纯度达99.8%的金。后经改进，证明液氯法处理浮选和重选产出的高品位金精矿焙砂，在经济上也合算。若采用二氧化硫代替亚硫酸钠作还原剂，从液氯浸金液中还原沉析金，可得纯度达99.9%的金。

8.1.3.3　我国吉林冶金研究所用电氯化-矿浆树脂法浸出铁帽矿中的金

我国吉林冶金研究所采用电氯化-矿浆树脂法处理原料含金11.45g/t的铁帽金矿石，金回收率达83.8%。

采用无隔膜钢板搅拌电解槽，槽体（$\phi900mm \times 1000mm$）为阴极，采用250mm×700mm的石墨板为阳极。每个电解槽有5块阳极板，固定于槽体和搅拌桨之间，极间距为200mm。原矿经破碎、磨至−0.074mm占71.92%，液固比为3.5:1，氯化钠耗量30kg/t，盐酸耗量20kg/t，pH值为2.0，采用717型苯乙烯系强碱性阴离子交换树脂

（粒度为 - 0.991 + 0.294mm），树脂耗量 10kg/t，电流密度为 285A/m²（体积电流密度为 0.65A/L），槽压为 13V，温度为 50℃，连续搅拌电解 - 吸附 8h。144h 连续试验指标为：载金树脂含金 1.69kg/t，尾液含金 0.03mg/L，阴极泥含金 6.26g/t，金吸附回收率为 99.1%。

采用跳汰—筛分—摇床工艺分离矿浆中的载金树脂，用电解解吸沉积法解吸载金树脂中的金。试验采用 ϕ340mm × 500mm 的瓷搅拌电解槽作解吸槽，转速为 352r/min，解吸剂为 4% 硫脲和 2% 盐酸混合液，解吸液固比为 7:1，石墨板为阳极，铅板为阴极，极间距为 80mm，电流密度为 400A/m²，槽压为 2V，电解解吸 8h，金的解吸率为 99.6%，金的沉积率为 98.2%。硫脲损失率为 16%。

电氯化-矿浆树脂吸附作业和电解解吸沉积作业均在密封电解槽中进行，抽出的废气经洗涤塔用 2% NaOH 液洗涤吸收后排空。解吸后的 717 树脂先用 2% NaOH 液处理 2h（液固比为 3:1），过滤后水洗至中性。再用 2% HCl 液处理 2h（液固比为 3:1），然后返回矿浆树脂吸附作业循环使用。由于磨矿粒度较粗，金粒常为 0.001 ~ 0.005mm，致浸渣含金大于 1g/t，金的总回收率仅 83.8%。

8.1.4　液氯法提金的优缺点

液氯法提金的浸金速度高，金浸出率高，浸出药剂价廉易得。但浸出过程中元素硫易进入浸出液中，使金的回收较困难；其次是氯化物的腐蚀性很强，对设备的防腐要求较高；过程须密闭操作，作业条件较差。

8.2　硫代硫酸盐法提金（银）

8.2.1　硫代硫酸盐的基本特性

浸金时采用的硫代硫酸盐常为硫代硫酸铵和硫代硫酸钠，为金的强配合剂，均含有 $S_2O_3^{2-}$ 基团。易溶于水，在干燥空气中易风化，在潮湿空气中易潮解。加热至 100 ~ 150℃ 时分解。在酸性介质中转变为硫代硫酸，并立即分解为元素硫和亚硫酸，亚硫酸又立即分解为二氧化硫和水。因此，硫代硫酸盐在酸性介质中不稳定，硫代硫酸盐浸金只能在碱性介质（常为氨介质）中进行。硫代硫酸盐在酸性介质中的反应可表示为：

$$S_2O_3^{2-} + 2H^+ \longrightarrow S^0 + SO_2 + H_2O$$

$S_2O_3^{2-}$ 基团中两个硫原子平均价态为 +2 价，具较强的还原性，易被氧化为 +3 和 +5 价。其反应可表示为：

$$S_2O_3^{2-} + 2O_2 + H_2O \longrightarrow 2SO_4^{2-} + 2H^+$$

$$2S_2O_3^{2-} + \frac{1}{2}O_2 + H_2O \longrightarrow S_4O_6^{2-} + 2OH^-$$

$S_2O_3^{2-}$ 基团可与许多金属阳离子（如 Au^+、Ag^+、Cu^{2+}、Cu^+、Fe^{3+}、Pt^{4+}、Pd^{4+}、Hg^{2+}、Ni^{2+}、Cd^{2+} 等）生成配合离子。某些硫代硫酸盐配合离子和氨配合离子的稳定常数列于表 8-2 中。

表8-2 某些硫代硫酸盐配合离子和氨配合离子的稳定常数

配合离子	K 值	配合离子	K 值
$Au(S_2O_3)_2^{3-}$	1×10^{28}	$Cu(S_2O_3)_2^{2-}$	2.0×10^{12}
	5×10^{28}	$Au(NH_3)_2^+$	1.1×10^{26}
$Ag(S_2O_3)^-$	6.5×10^8		1.1×10^{27}
$Ag(S_2O_3)_2^{3-}$	2.2×10^{18}	$Ag(NH_3)^+$	2.3×10^8
$Ag(S_2O_3)_3^{5-}$	1.4×10^{14}	$Ag(NH_3)_2^+$	
$Cu(S_2O_3)^-$	1.9×10^{10}	$Cu(NH_3)_4^{2+}$	7.2×10^{10}
$Cu(S_2O_3)_3^{3-}$	1.7×10^{12}	$Cu(NH_3)_4^+$	4.8×10^{12}
$Cu(S_2O_3)_3^{5-}$	6.9×10^{18}		

8.2.2 硫代硫酸盐浸出金（银）原理

在浸出剂中含有铜、氨的条件下，硫代硫酸盐浸出金（银）属电化腐蚀过程，认为是电化学催化机理。其浸出原理如图 8-2 所示。

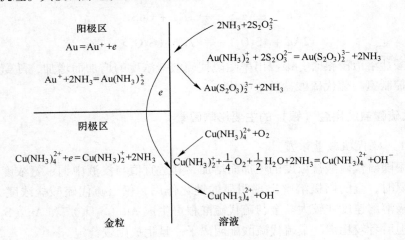

图 8-2 硫代硫酸盐浸出金的电化学催化机理图

浸出反应可表示为：

阳极反应：

$$Au \longrightarrow Au^+ + e$$

$$Au^+ + 2NH_3 \longrightarrow Au(NH_3)_2^+$$

$$Au(NH_3)_2^+ + 2S_2O_3^{2-} \longrightarrow Au(S_2O_3)_2^{3-} + 2NH_3$$

阴极反应：

$$Cu(NH_3)_4^{2+} + e \longrightarrow Cu(NH_3)_2^+ + 2NH_3$$

$$4Cu(NH_3)_2^+ + O_2 + 2H_2O + 8NH_3 \longrightarrow 4Cu(NH_3)_4^{2+} + 4OH^-$$

总化学反应可表示为：

$$2Au + 4(NH_4)_2S_2O_3 + \frac{1}{2}O_2 + H_2O \longrightarrow 2(NH_4)_3Au(S_2O_3)_2 + 2NH_4OH$$

从上述反应式可知，金在金粒的阳极区失去电子，呈 Au^+ 与 NH_3 配合生成 $Au(NH_3)_2^+$ 配阳离子转入浸液中。由于 $Au(S_2O_3)_2^{3-}$ 的稳定性比 $Au(NH_3)_2^+$ 大，故 $Au(NH_3)_2^+$ 将转变为 $Au(S_2O_3)_2^{3-}$ 形态进入浸液中。$Cu(NH_3)_4^{2+}$ 在金粒的阴极区获得电子被还原为 $Cu(NH_3)_2^+$，然后又被氧气氧化为 $Cu(NH_3)_4^{2+}$。因此，氨在阳极区催化了金与硫代硫酸根离子的配合反应，加速了金被氧化呈金硫代硫酸配阴离子形态转入浸液中；而铜氨配离子在阴极区催化了氧的氧化反应，二价铜氨配离子与亚铜氨配离子的转换成了氧的输送媒介。二价铜离子和氨的再生，使金被氧化且与硫代硫酸根离子配合为配合阴离子形态转入浸液中，使反应持续进行。因此，硫代硫酸盐浸金时，铜、氨与硫代硫酸盐的浓度比须维持在一定水平。

含铜、氨的硫代硫酸盐溶液浸银的机理与浸金相似，但浸出辉银矿时，是铜取代辉银矿中的银，然后再与硫代硫酸盐生成配合物转入浸液中。其反应可表示为：

$$2Cu^+ + Ag_2S \longrightarrow 2Ag^+ + Cu_2S$$

$$Cu^{2+} + Ag_2S \longrightarrow 2Ag + CuS$$

$$2Ag + 4S_2O_3^{2-} \longrightarrow 2[Ag(S_2O_3)_2]^{3-}$$

硫代硫酸盐溶液浸银时，银浸出率随硫代硫酸盐浓度的增加而增加，随氨浓度的增加而降低，应控制氨与硫代硫酸盐的浓度比。

8.2.3 硫代硫酸盐浸出金（银）的主要影响因素

8.2.3.1 硫代硫酸盐浓度

金浸出率随硫代硫酸盐浓度的增加而增加，其适宜值与浸液中铜、氨浓度有关。浸出剂中无铜和氨时，金的阳极溶解出现明显的钝化作用，仅当硫代硫酸盐浓度大于 $1mol/L$ 时，金的阳极溶解速度才较大。金与硫代硫酸根可生成 $Au(S_2O_3)^-$ 和 $Au(S_2O_3)_2^{3-}$ 两种配合离子，但后者较稳定。金硫代硫酸配阴离子一旦生成则较稳定。

8.2.3.2 亚硫酸盐浓度

浸出剂中加入适量亚硫酸盐，可对硫代硫酸盐起稳定作用，可降低其耗量。亚硫酸盐与元素硫反应可生成硫代硫酸盐。其反应可表示为：

$$SO_3^{2-} + S^0 \longrightarrow S_2O_3^{2-}$$

浸液中亚硫酸根离子可防止生成负二价的硫离子，故可防止已溶金、已溶银沉淀析出。试验表明，亚硫酸盐浓度为 0.05% 即可稳定硫代硫酸盐。然而此时会降低溶液电位，可使二价铜离子还原为一价铜离子。二价铜离子也可将硫代硫酸根离子氧化为硫酸根离子或连二硫酸根离子。亚硫酸盐本身无毒，价廉易得，可提高浸液 pH 值，对金有一定的浸出作用。

当矿石中含锰高时，须添加高用量的亚硫酸盐以还原各种锰化合物和其他氧化性化合物，可提高金浸出率，如金浸出率可从 5.8% 提高至 84.5%。

8.2.3.3 浸出温度

在 45~85℃ 范围内，硫代硫酸盐浸出金银速度与温度呈直线关系。浸出过程常在

65～75℃范围内进行，以降低硫代硫酸盐的分解率。添加亚硫酸盐可防止硫代硫酸盐分解，并可阻止浸出过程生成元素硫和硫化物。有人认为含氨及氧化剂的硫代硫酸盐液在130～140℃的热压条件下才能获得较高的浸金速度和金浸出率。在热压条件下亚硫酸盐可溶解元素硫并生成硫代硫酸盐。

8.2.3.4　氧分压

硫代硫酸盐的分解率随浸液中氧分压的增加而增大。试验表明，在氧气气氛下可提高硫代硫酸盐的浸金速度，充分表明氧参与了阴极反应过程。

常温常压下，溶解氧氧化硫代硫酸盐的速度很慢，而且只当溶液中同时存在氨及铜离子时，浸金作业才可进行。

在无氧的碱性液中，氨溶液中的二价铜离子先将硫代硫酸根离子氧化为连四硫酸根离子，然后通过歧化反应生成连三硫酸根离子和硫代硫酸根离子。

在氧化剂不足的低还原电位条件下，铜含量高的浸液中，硫代硫酸盐的分解导致生成黑色的硫化铜沉淀。因此，硫化铜沉淀与溶液中可利用的氧量有关。溶液中溶解氧浓度有限，若无铜离子的催化作用，氧在金粒表面的还原速度非常慢，导致金的浸出速度也非常慢。

8.2.3.5　氨含量

浸出剂中无氨时，硫代硫酸盐在金粒表面分解生成元素硫膜，使金浸出钝化。浸出剂中含氨时，氨可优先于硫代硫酸盐吸附于金粒表面上，故可防止金浸出钝化。随后金氨配合物转变为金硫代硫酸配合物。

在热力学上氨虽可浸出金，但动力学试验表明，室温下氨几乎不浸出金。只当温度升至80℃以上时，才可观察到金在氨液中的浸出现象。

硫代硫酸盐浸出金时，氨的主要作用是与铜离子生成配离子以稳定铜离子，其次是降低铁氧化物、硅酸、硅酸盐矿物、碳酸盐矿物及其他脉石矿物的浸出。

8.2.3.6　铜离子浓度

硫代硫酸盐浸出金时，浸出剂中的铜离子可使金的浸出速度提高18～20倍。温度小于60℃时，铜离子可与浸出剂中的氨生成配阳离子。以二价铜离子为氧化剂而不以氧为氧化剂的浸金反应可表示为：

$$Au + Cu(NH_3)_4^{2+} \longrightarrow Au(NH_3)_2^+ + Cu(NH_3)_2^+$$

含氨的硫代硫酸盐浸液中，二价铜离子与亚铜离子间的化学平衡可表示为：

$$4Cu(S_2O_3)_3^{5-} + 16NH_3 + O_2 + 2H_2O \longrightarrow 4Cu(NH_3)_4^{2+} + 4OH^- + 12S_2O_3^{2-}$$

二价铜离子的作用是将金氧化为一价金离子。其反应可表示为：

$$Au + 5S_2O_3^{2-} + Cu(NH_3)_4^{2+} \longrightarrow Au(S_2O_3)_2^{3-} + 4NH_3 + Cu(NH_3)_3^{5-}$$

含氨的硫代硫酸盐浸液中，铜离子可提高金的浸出速度，还可使硫代硫酸盐部分降解为连四硫酸盐，二价铜离子可促进硫代硫酸盐分解。其反应可表示为：

$$2Cu(NH_3)_4^{2+} + 8S_2O_3^{2-} \longrightarrow 2Cu(S_2O_3)_3^{5-} + 8NH_3 + S_4O_6^{2-}$$

因此，浸出液中的铜离子浓度是稳定硫代硫酸盐以降低其耗量的重要因素之一。在纯硫代硫酸盐液中，二价铜离子氧化硫代硫酸盐的速度很快，但当加入氨后，其氧化速度变缓慢。氧化速度改变的程度与氨的浓度有关。

8.2.3.7　硫酸根离子

浸出剂中加入硫酸盐可降低硫代硫酸盐耗量和提高金浸出率。其原因是硫酸根离子可与硫离子反应生成硫代硫酸盐。其反应可表示为：

$$SO_4^{2-} + S^{2-} + H_2O \longrightarrow S_2O_3^{2-} + 2OH^-$$

因硫酸根很稳定，产生上述反应的可能性很小。含氨硫代硫酸盐浸金过程中将生成硫酸盐，且不再进一步反应，故硫酸根在浸液中将积累。当硫酸根积累达一定浓度后，可添加石灰使其呈硫酸钙而除去。从含金硫化矿中提金时，应采用硫代硫酸盐加硫酸盐代替硫代硫酸盐加亚硫酸盐作浸出剂。

8.2.3.8　其他金属阳离子

当介质 pH 值小于 8.0 时，进入矿浆中的金属铁粉和其他金属盐可降低金浸出率。因它们（如 Fe^{3+}）可将硫代硫酸盐氧化为连四硫酸盐而失去浸金作用。浸液中的铜离子和中等浓度的钴、镍、锰等，在高于常温条件下可溶于含氨硫代硫酸盐浸液中，也可能会降低金浸出率。

当介质 pH 值大于 10 时，浸液中的金属离子浓度均很低，对金浸出率的影响可忽略不计。一般而言，其他金属阳离子对硫代硫酸盐浸金的有害影响远小于对氰化浸金的影响。

8.2.3.9　金的钝化

采用含铜的硫代硫酸盐溶液浸出金时，在金粒表面曾观察到元素硫膜及硫化物表面化合物，两者均为硫代硫酸盐在碱性介质中的分解产物。

试验表明，硫代硫酸盐浸出剂中无铜离子时，金的浸出会产生钝化现象。其原因是金粒表面形成元素硫膜，阻碍了金的浸出。金电极上的元素硫膜可因元素硫吸附于金电极表面或硫化物在金电极表面被氧化所致。

硫代硫酸盐浸出剂中添加氨或提高氧分压可消除金的钝化现象。

8.2.3.10　磨矿细度

磨矿细度因含金原料性质和金的赋存状态而异，从金精矿中提金时，再磨细度一般为 $-0.053mm$ 占 $60\% \sim 90\%$。

8.2.3.11　热压浸出

为了克服金粒表面生成元素硫膜及硫化物表面化合物，早期的许多研究在热压条件下进行。当浸出温度高于 100℃ 时，硫代硫酸盐氧化形成的元素硫膜可重新溶解。其反应可表示为：

$$4S^0 + 6OH^- \longrightarrow S_2O_3^{2-} + 2S^{2-} + 3H_2O$$

在碱性介质中可再生硫代硫酸盐，但在酸性介质中又将沉淀析出元素硫。在热压条件下，硫酸铵可促进金粒表面硫化物的氧化和溶解。

8.2.4　从硫代硫酸盐浸出液中回收金、银

8.2.4.1　锌粉置换法

锌粉置换法从硫代硫酸盐浸出液中回收金、银的试验结果列于表 8-3 中。

表 8-3 锌粉置换法从硫代硫酸盐浸出液中回收金、银的试验结果

序号	pH 值	置换时间/h	锌粉用量/g·L⁻¹	金置换率/%	银置换率/%	铜置换率/%
1	9.5	1.5	5	99.76	99.90	99.79
2	9.5	1.5	10	99.75	99.89	99.75
3	9.5	1.5	20	99.76	99.72	99.89
4	9.5	1.5	40	99.75	99.95	99.90
5	9.5	0.5	20	96.68	99.70	99.02
6	9.5	1.0	20	99.58	99.71	99.50
7	9.5	1.5	20	99.61	99.70	99.37
8	9.5	2.0	20	99.75	99.75	99.66
9	9.5	1.0	20	99.84	>99.85	99.81
10	10	1.0	20	99.78	>99.85	99.49
11	10.5	1.0	20	99.72	>99.85	99.16
12	10.9	1.0	20	99.81	>99.85	99.86

从表 8-3 中数据可知, 在相当宽的范围内, 金、银的置换率相当高。但铜也被置换沉淀析出, 导致增加锌粉耗量。贫液返回浸出作业时须补加铜离子。

8.2.4.2 铁粉置换法

铁粉置换法从硫代硫酸盐浸出液中回收金、银的试验结果列于表 8-4 中。

表 8-4 铁粉置换法从硫代硫酸盐浸出液中回收金、银的试验结果

温度/℃	铁粉用量/g·L⁻¹	pH 值	金置换率/%	银置换率/%	铜置换率/%	置后液 $S_2O_3^{2-}$/g·L⁻¹	置前液 $S_2O_3^{2-}$/g·L⁻¹
20	2	9.5	75.28	75.25	6.49	118.45	120.75
20	4	9.5	98.02	99.53	9.54	118.45	120.75
20	6	9.5	97.42	99.91	9.54	119.60	120.75
20	8	9.5	99.39	99.67	16.41	119.16	120.75
20	10	9.5	97.62	99.26	9.16	118.75	120.75
20	4	6.7	98.26	99.26	8.40	109.25	111.15
20	4	7.5	97.24	99.81	7.63	110.40	111.15
20	4	8.1	27.40	28.51	4.20	109.25	111.15
20	4	9.5	98.02	99.53	9.54	110.40	111.15
20	4	10.5	99.02	99.59	12.33	110.40	111.15
20	4	11.0	99.48	96.76	25.95	108.92	111.15
30	4	9.5	99.20	99.52	9.16	—	—
30	4	6.7	99.48	99.52	11.83	—	—

从表 8-4 中数据可知: (1) 铁粉可完全置换金、银, 铜只部分被置换; (2) 影响金银置换率的主要因素为 pH 值, 置换金宜在 pH 值大于 9.5 的碱性液中进行; (3) 置换金的最佳 pH 值为 10.5~11.0, 置换银的最佳 pH 值为 9.5~10.5; (4) 温度对金、银置换

率影响较小；（5）铁粉置换对溶液中硫代硫酸盐影响甚微，置后液可返回浸出作业循环使用，可降低硫代硫酸盐耗量。

8.2.4.3　活性炭吸附法

在 pH 值为 9.2 ~ 11，活性炭用量为 20 ~ 100g/L，吸附 2 ~ 8h，金、银吸附率均为 30% 左右。表明不宜采用活性炭吸附法从硫代硫酸盐浸出液中回收金、银。

8.2.5　硫代硫酸盐浸金的优缺点

优点：（1）硫代硫酸盐无毒，价廉易得；（2）浸金速率高，浸出时间短；（3）浸液中的金易回收。

缺点：（1）硫代硫酸盐易分解，耗量高；（2）浸出剂中须加亚硫酸盐作稳定剂；（3）浸出剂中须加铜、氨作催化剂。

8.2.6　试验研究与生产应用

8.2.6.1　较典型的硫代硫酸盐浸金的工艺参数

20 世纪 90 年代，许多学者针对高铜、碳质、高铅、高锌、高锰等复杂金矿石，采用硫代硫酸盐浸金的方法进行试验。较典型的硫代硫酸盐浸金的工艺参数列于表 8-5 中。

表 8-5　较典型的硫代硫酸盐浸金的工艺参数

矿石类型	Au /g·t^{-1}	温度/℃	浸出时间 /h	$S_2O_3^{2-}$ /mol·L^{-1}	NH_3 /mol·L^{-1}	Cu^{2+} /mol·L^{-1}	SO_3^{2-} /mol·L^{-1}	pH 值	金回收率 /%
氧化矿 0.05% Cu	4.78	30 ~ 65	2	1% ~ 22%	1.3% ~ 8.8%	0.05% ~ 2%	1%	—	93.9
Pb-Zn 硫化矿	1.75	21 ~ 75	3	0.125 ~ 0.5	1	—	—	6 ~ 8.5	95.0
硫化矿 3% Cu	62	60	1 ~ 2	0.2 ~ 0.3	2 ~ 4	0.047	—	10 ~ 10.5	95.0
氧化矿 0.02% Cu	1.65	常温	48	0.2	0.09	0.001	—	11	90
碳质矿 1.4% C	2.4	常温	12 ~ 25d	0.1 ~ 0.2	0.1	60×10^{-6}	—	9.2 ~ 10	—
金　矿	51.6	25	3	2	4	0.1	–	8.5 ~ 10.5	80
细菌预浸矿 0.14% Cu	3.2	常温		15g/L	加至 pH 值为 9.0	0.5g/L	0.5g/L	9.5 ~ 10	80
碳质硫化矿	3 ~ 7	55	4	0.02 ~ 0.1	2g/L	0.5g/L	0.01 ~ 0.5	7 ~ 8.7	70 ~ 85
金矿 0.36% Cu	7.2 ~ 7.9	常温	24	0.5	6	0.1	—	10	95 ~ 97

从表 8-5 中数据可知，金的浸出速率和浸出率均取决于原料特性和金的赋存状态。近年的研究工作倾向于采用低浓度的硫代硫酸盐和低浓度铜溶液作浸出剂，以尽量降低硫代硫酸盐的氧化损耗。

8.2.6.2　浸出含铜金矿

墨西哥 LaColorada 矿采用硫代硫酸盐溶液作浸出含铜金矿的半工业试验流程如图 8-3 所示。

破碎后的矿石与所需的石灰、硫代硫酸盐、无水氨、硫酸铜和水混匀后送入球磨机

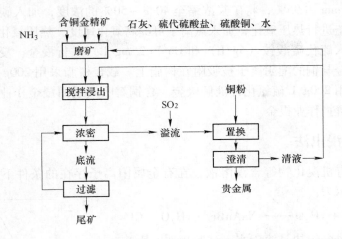

图 8-3   LaColorada 矿的半工业试验流程

中，磨至 -0.053mm 占90%，矿浆 pH 值为 9.5，矿浆加水稀释至 40% 的浓度，送入搅拌槽浸出 1.5h，浸出矿浆 pH 值为 8～9。浸后矿浆经浓密机进行固液分离，溢流送搅拌槽进行铜粉置换析出金银。置换浆液送澄清槽，所得金银泥送冶炼铸锭，澄清液返回浸出作业。

Cao 等人采用低浓度的硫代硫酸盐和高浓度氨溶液作浸出剂，浸出硫化矿金精矿。金精矿含金 62g/t，铜 3.1%。浸金工艺参数为：硫代硫酸铵 0.2～0.3mol/L，Cu^{2+} 3g/L，NH_4OH 2～4mol/L，$(NH_4)_2SO_4$ 0.5～0.8mol/L，温度 60℃，浸出 1～2h，金浸出率大于 95%。

8.2.6.3 浸出碳质金矿

氰化浸金时，碳质物吸附已溶金较严重。硫代硫酸盐浸出碳质金矿时，碳质物吸附金硫代硫酸根配阴离子的吸附率极低，这一现象引起许多学者的极大关注。

Hemmati 等人采用硫代硫酸盐从含有机碳为 2.5% 的碳质金矿中浸金，其最佳工艺参数为：温度 35℃，氧压为 103kPa，pH 值为 10.5，NH_3 3mol/L，硫代硫酸铵 0.71mol/L，$CuSO_4$ 0.15mol/L，$(NH_4)_2SO_4$ 0.1mol/L，浸出 4h，金浸出率达 73%。该试样氰化时，金的浸出率为 10%。

对含金低的碳质金矿，可采用硫代硫酸盐溶液进行堆浸。若矿石中硫化物含量较高，则须进行氧化预处理以除硫。

Newmont 公司提出用细菌氧化与硫代硫酸盐浸金的联合流程。采用 T.f 和 L.f 混合菌进行细菌氧化除硫，然后进行硫代硫酸盐浸金。浸金工艺参数为：pH 值为 9.2～10，硫代硫酸铵 0.1～0.2mol/L，NH_3 0.1mol/L，Cu^{2+} 60mol/L。

Barrick 公司提出用热压氧化预处理与硫代硫酸盐浸金的联合流程。浸金最佳工艺参数为：pH 值为 7～8.7，Cu^{2+} 5～50mg/L，硫代硫酸铵 0.025～0.1mol/L，加入足量的氨，$NH_3 : Cu^{2+}$ = 4:1，Na_2SO_3 0.01～0.05mol/L 或通入相应量的 SO_2 气体，浸出温度 45～55℃，浸出 1～4h，金浸出率达 70%～75%。

最近，Barrick 公司提出用热压氧化预处理、硫代硫酸盐浸金和树脂矿浆联合流程。矿

石碎磨至 −0.074mm 占 95%，将矿浆浓缩至 40% ~50% 的浓度，加入碳酸钠和一定量的氯离子后送高压釜进行热压氧化，加入氯离子可提高氧化速度。热压氧化矿浆加水稀释至 35% 的浓度，加入硫代硫酸铵（5g/L）和 Cu^{2+}（25mg/L）进行浸金。浸金后，加入强碱性阴离子树脂，金与铜的配阴离子被吸附在树脂上。载金树脂采用 200g/L 硫代硫酸铵液解吸铜，然后采用 200g/L 硫氰化钾液解吸金。含铜解吸液返回浸金作业，金解吸液送后续的电积作业或置换作业提金。

8.3　含溴溶液浸出法

溴或无机及有机溴化物等含溴溶液，在有金属阳离子存在的条件下是金的良好浸出剂。其反应可表示为：

$$Au + 4Br + NaCl + xH_2O \longrightarrow NaAuBr_4 \cdot xH_2O + Cl^-$$

反应生成的溴金酸盐易溶于水。试验表明，影响含溴溶液浸金速度的主要因素为浸出剂组成、氧化剂、温度和阳离子类型等。

浸出剂组成对浸金速度的影响如图 8-4 所示。

从图 8-4 中曲线可知，浸出剂组成对浸金速度的影响很明显。17℃ 时，含 1% Br 和一定量的 NaOH（pH 值为 2.8 ~3.4）的浸出剂的浸金速度相当高。

在相同条件下，添加适量氧化剂（见表 8-6）和提高浸出温度（见表 8-7）可加速金的浸出。

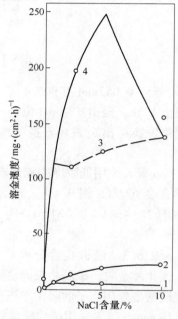

图 8-4　浸出剂组成对浸金速度的影响
1—Br 0.1%，pH 值为 7.3（加 0.07% NaOH）；
2—Br 0.1%，pH 值为 2.8 ~3.8；3—Br 1%，
pH 值为 7.4 ~7.56（加 1% NaOH）；
4—Br 1%，pH 值为 2.8 ~3.4

表 8-6　氧化剂对浸金速度的影响（1% Br_2，16℃）

序号	NaCl/%	NaOH/%	氧化剂	pH 值	浸金速度 /mg·(cm²·h)⁻¹
1	—	—	无	2.8	6.3
2	—	—	1% Na_2O_2	7.1	129
3	—	0.05	1% Na_2O_2	7.4	110
4	—	—	1% $KMnO_4$	2.8	10.6
5	1	—	1% $KMnO_4$	3.15	140.6
6	1	0.8	1% $KMnO_4$	7.4	162

表 8-7　浸出温度对浸金速度的影响（1% Br_2）

序号	含量/% NaCl	含量/% NaOH	pH 值	温度/℃ 起始	温度/℃ 最终	浸金速度 /mg·(cm²·h)⁻¹
1	1.2	—	3.6	20	20	92.0
2	1.2	—	3.1	45	33	272.0
3	—	1.2	7.8	20	20	81.2
4	—	1.2	7.2	45	33	131.2

阳离子类型对浸金速度的影响列于表 8-8 中。

表 8-8　阳离子类型对浸金速度的影响

序号	阳离子	pH 值	温度/℃	浸金速度/mg·(cm²·h)⁻¹	序号	阳离子	pH 值	温度/℃	浸金速度/mg·(cm²·h)⁻¹
1	—	2.8	17	6.3	8	1% NH_4NO_3	5.83	20	143.8
2	1% $Fe_2(SO_4)_3 \cdot 9H_2O$	2.0	13	5.0	9	1% NH_4Cl	6.70	20	152.0
3	1% $FeSO_4 \cdot 7H_2O$	2.1	13	71.2	10	1% $(NH_4)_2SO_4$	6.87	20	174.6
4	1% $ZnBr_2$	4.8	13	163.6	11	1% $(NH_4)_2HPO_4$	7.82	20	176.7
5	1% K_2CrO_4	5.6	13	91.7	12	1% $NaCl$	3.15	17	118.0
6	1% $Li_2Br_2O_3$	3.55	13	130.0	13	1% $NaBr$,0.6% $NaOH$	7.35	18	207.4
7	1% NH_4I	3.93	20	134.2	14	15 $NaBr$	3.35	16	250.0

从表 8-8 中数据可知，NH_4^+、Na^+、K^+、Li^+ 等一价阳离子具有较高的浸金速度；高价阳离子（如 Fe^{3+}）的浸金速度很低；酸性介质中，浸金速度较高；温度较高时（如炎热夏季），浸出作业宜在碱性介质中进行，以降低溴的损失。

含溴溶液的浸金速度比氰化法高，如用 10% $NaCl(w/v)$ 及 0.4% $Br_2(v/v)$ 溶液，在 pH 值为 1.4、温度 16℃ 下浸出含金 9.8g/t 的矿样，浸出 5min、20min 和 30min，金浸出率分别为 61%、82% 和 96%。同一矿样，采用氰化法浸出 24h，金浸出率才达 96%。

含溴溶液浸出含金氧化矿时，可不经破碎磨矿即可获得高的金浸出率。如用 0.4% Br_2 及 0.4% $NaOH$（pH 值为 7.4）液，在 16℃ 下浸出碎至 196μm(75 目)和未经破碎的含金氧化矿，金浸出率均达 100%。

溴溶液浸出含金矿物原料时，只浸出金，浸出选择性高。采用 0.4% Br_2 和 10% $NaCl$ 溶液，在 pH 值为 1.3，15℃，液固比为 2∶1 条件下浸出 1h 与沸腾王水浸出相同矿样的浸出结果列于表 8-9 中。

表 8-9　含溴溶液浸金与王水浸金的对比

组分含量	矿样	王水浸金	王水浸出率/%	含溴溶液浸金	含溴溶液浸出率/%
Au/g·t⁻¹	4.1	3.7	90.2	3.6	87.8
Ni/g·t⁻¹	5	4.2	84	0.6	12
Pb/g·t⁻¹	10	10	100	0.1	1
Zn/g·t⁻¹	3	2.4	80	0.1	3.3
Cu/g·t⁻¹	450	300	66.7	5	1.1
Fe_2O_3/%	3.0	1.7	56.7	0.008	0.3
MnO/%	0.005	0.0045	90	0.005	100
CaO/%	0.26	0.124	47.7	0.006	2.3

从表 8-9 中数据可知，溴溶液浸出时，金浸出率与王水浸出时的金浸出率相当，但 Fe、Ni、Pb、Zn、Cu 等贱金属的浸出率均比王水浸出时的相应浸出率低得多。

含溴溶液浸出提金的原则流程如图 8-5 所示。

含溴溶液浸出所得贵液可采用甲基异丁基酮、乙醚等有机溶剂萃取金，然后采用蒸馏或还原法回收有机相中的金；也可采用锌粉或铝粉直接从有机相中置换沉析反萃金；或采用电解沉积法、离子交换吸附法回收贵液中的金。

含溴溶液对纯铁、铅、铝等有一定的腐蚀性。其腐蚀性在中性和碱性介质中较低，浸出时应考虑浸出介质和设备材质。浸出槽应密封，应配设回收挥发溴的装置，以提高溴的利用率。

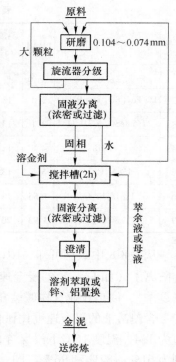

图 8-5　含溴溶液浸出提金的原则流程

8.4　多硫化物溶液浸出法

8.4.1　多硫化物溶液浸出金（银）原理

元素硫的负电性很强，易与碱金属或碱土金属生成多硫化物。金银等贵金属为亲硫元素，易与硫生成硫化物。已研究的浸金多硫化物为 $(NH_4)_2S_5$、Na_2S_5、CaS_5 等。它们在水溶液中可稳定存在的多硫离子为 S_4^{2-} 和 S_5^{2-}，它们均具氧化性，无毒，均为金银的无机配合剂。

多硫化物溶液浸出金（银）的反应可表示为：

（1）起氧化、配合双重作用：

$$Au + 2S_5^{2-} \longrightarrow AuS_5^- + S_4^{2-} + S^0 + e$$

（2）只起配合作用：

$$Au + S_5^{2-} \longrightarrow AuS_5^- + e$$

浸出剂中无氧化剂时，多硫化物起氧化、配合双重作用；浸出剂中有氧化剂时，多硫化物只起配合剂作用。

碱金属或碱土金属硫化物与元素硫反应可生成多硫化物。其反应可表示为：

$$(NH_4)_2S + (x-1)S^0 \longrightarrow (NH_4)_2S_x$$

$$Na_2S + (x-1)S^0 \longrightarrow Na_2S_x$$

$$CaS + (x-1)S^0 \longrightarrow CaS_x$$

8.4.2　试验研究与应用

8.4.2.1　多硫化物溶液浸出金（银）的热力学研究成果

1962 年卡可夫斯基发表了多硫化物溶液浸出金（银）的热力学研究成果。

8.4.2.2　从砷锑金矿中浸出金

南非约翰内斯堡联合投资公司（J.C.L）实验室采用多硫化物溶液从砷锑金矿中浸出金，并在格拉夫洛特厂建立 5t/d 的试验厂，采用多硫化铵从含 Sb 31.5%、As 4.5%、Au 60g/t 的浮选精矿中浸出金和锑。浸出率为：Au 80%、Sb 90%、As 0.6%。浸出液用活性炭柱吸附金，吸后液蒸气加热沉淀析出 Sb_2S_5，然后转化为 Sb_2S_3 产品。过程逸出的 NH_3 和 H_2S 气体经冷凝吸收，再加入浸出过程产出的元素硫可再生多硫化铵，返回浸出作业循环使用，浸出剂再生率达 90% 。

后将试验厂改建为 150t/d 的生产厂，年产黄金约 93kg，产含 Sb71.6% 、Au0.7% 的锑精矿。格拉夫洛特厂是世界主要辉锑矿生产厂，其产量约占西方国家总产量的 60% 。

8.4.2.3　从湿法炼铅硫化浸出渣和湿法炼锑的含砷硫化浸出渣中回收金

中南大学（原中南工业大学）用多硫化铵和多硫化钠从湿法炼铅硫化浸出渣和湿法炼锑的含砷硫化浸出渣中回收金。试验在恒温水浴的 500mL 三颈烧瓶中进行，向矿样中加入硫化铵或硫化钠，利用浸出渣的硫生成多硫化物。采用多硫化铵时，每批加入湿法炼铅渣 60 ~ 100g。浸出最佳参数为：温度 50 ~ 70℃ 、硫化铵 250mL 、氨水大于 300mL 、浸出 6 ~ 9h，金浸出率大于 90% 。试验中曾采用每升硫化铵加 200g 元素硫配制的多硫化铵 30 ~ 50mL，因浸出渣含硫达 51.07% ，多次试验表明硫浸出率大于 98% 。浸出的硫足可满足生成多硫化铵的要求，故加入多硫化铵对金浸出率无明显影响。由于多硫化铵的热稳定性较差，温度升至 70℃ 时，将沉淀析出元素硫，过程还逸出氨和硫化氢气体。

用同样方法采用多硫化钠浸出湿法炼锑的含砷硫化浸出渣。浸出工艺参数为：温度 90℃ 、液固比 7:1 、NaOH 0.5mol/L 、Na_2S 116g/L 、浸出 6h，金浸出率约 85% 。增加药剂用量对金浸出率影响不大，可能是渣中金呈显微或次显微态存在的原因。

浸液中的金可用活性炭吸附或 TBP 萃取的方法回收，金回收率均大于 97% 。

8.4.2.4　石硫合剂（LSSS）浸出金银

西安建筑科技大学（原西安冶金建筑学院）张箭等人用石硫合剂（LSSS）浸出金银，获得满意指标。石硫合剂是采用生石灰（或消石灰）、硫黄及添加剂为原料，用湿法或火法合成的一种混合物，其降解物主要为多硫化钙和硫代硫酸钙。故推知其合成反应方程为：

$$2CaO + 8S^o + H_2O \xrightarrow{加热} CaS_5 + CaS_2O_3 + H_2O \qquad （湿法）$$

$$3CaO + 12S^o \xrightarrow{加热} 2CaS_5 + CaS_2O_3 \qquad （火法）$$

试样组成为：Cu 3.7% ，Pb 11% ，S 33% ，Fe 28% ，Au 60g/t ，Ag 112g/t 。试验表明，是否另加氧化剂，石硫合剂均可浸出金银。将石硫合剂原液稀释 3 倍，金银浸出率也较满意。浸出剂中加入 0.02mol/L 的铜氨配离子、0.55mol/L 氨水、0.2mol/L 硫代硫酸钠均可提高金银浸出率。

用石硫合剂（LSSS）浸出某金银精矿的工艺参数为：温度 40℃ 、pH 值为 14 、液固比 3:1 、试样重 30g 、LSSS 90mL 、NH_4OH 0.55mol/L 、浸出 10h，金浸出率为 98% ，银浸出率为 80.07% 。

8.4.2.5　从固硫、固砷渣中回收金

中南大学（原中南工业大学）杨天足等人对含硫 23.77% 、砷 4.78% 、锑 2.85% 、金 50g/t 的难处理精矿加石灰进行焙烧，焙砂中固砷率大于 99% ，固硫率达 94.62% 。但焙砂中仍有 5.38% 的硫呈硫化钙形态存在。若用氰化法从焙砂中浸金，须预先除去硫化钙。若用多硫化物从焙砂中浸金，硫化钙则成为合成多硫化物的有用组分。

多硫化物浸出固硫、固砷渣的工艺参数为：Na_2S 136g/L、按 Na_2S：S^0 = 1：（3 ~ 4）的分子比加入元素硫，溶液呈红色，在温度 80 ~ 90℃下搅拌浸出 2h，金浸出率约 80% 。金浸出率随浸出时间的增加而下降，可能是温度高使多硫化物分解所致。

将此一试样采用 NaCN 0.1% 、pH 值为 10 ~ 11、液固比 5：1、常温搅拌浸出 24h，金浸出率仅 58% 。若将焙砂进行空气氧化，预先脱除硫化钙后再进行氰化，金浸出率为 80.83% 。氰渣再进行两次氰化，金浸出率也只达 85.39% 。

8.5 王水浸出与硝酸浸出

8.5.1 王水浸出法

王水为 1 份硝酸和 3 份盐酸的混合物，常用于浸出贵金属含量高，而还原组分含量低的矿物原料和中间产物（如砂金重选精矿、合质金、金银富集物、粗金、贵液金属置换产物等），用于制取富金溶液和金银分离。浸出过程的主要反应可表示为：

$$HNO_3 + 3HCl \longrightarrow Cl_2 + NOCl + 2H_2O$$

$$2Au + 3Cl_2 + 2HCl \longrightarrow 2HAuCl_4$$

$$Pt + 2Cl_2 + 2HCl \longrightarrow H_2PtCl_6$$

$$Pd + 2Cl_2 + 2HCl \longrightarrow H_2PdCl_6$$

$$Ag_2S + 4HNO_3 + 1\frac{1}{2}O_2 \longrightarrow 2AgNO_3 + H_2SO_4 + 2NO_2 + H_2O$$

$$AgNO_3 + HCl \longrightarrow AgCl\downarrow + HNO_3$$

王水浸出贵金属物料时，金、铂、钯进入浸液中，而铑、钌、锇、铱和氯化银留在浸出渣中。浸液加热赶硝后，可用亚铁盐还原法沉析金。固液分离、洗涤后，可用氯化铵沉淀法回收铂。固液分离、洗涤后，再用二氯二氨亚钯法回收钯。废液中残留的少量贵金属可用锌置换法回收，产出贵金属化学精矿（富集物）。

8.5.2 硝酸浸出法

硝酸为酸性氧化剂，常用于浸出银含量高的矿物原料及中间产物，使银转入浸液中，金等贵金属留在浸渣中。使金与银分离，使金富集于浸渣中。硝酸浸银的主要反应为：

$$Ag + 2HNO_3 \longrightarrow AgNO_3 + NO_2 + H_2O$$

$$Ag_2S + 4HNO_3 + 1\frac{1}{2}O_2 \longrightarrow 2AgNO_3 + H_2SO_4 + 2NO_2 + H_2O$$

银以硝酸银形态进入浸液中，可加入食盐溶液使银呈氯化银沉淀析出。经固液分离、洗涤后，可获得纯度高的氯化银产品。金富集于浸渣中，可用王水浸出，固液分离后，可用亚铁盐还原沉析法回收贵液中的金。

8.6 硫酸-氯化钠混合溶液热压氧化浸出法

8.6.1 硫酸-氯化钠混合溶液热压氧化浸出原理

热压氧化浸出矿浆中 Au-Cl^--H_2O 系和 Ag-Cl^--H_2O 系的 ε-pH 图如图 8-6 所示。

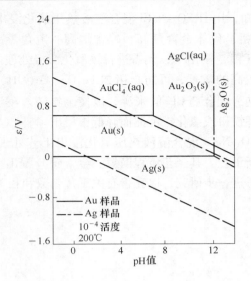

图 8-6 Au-Cl⁻-H₂O 系和 Ag-Cl⁻-H₂O 系的 ε-pH 图

从图 8-6 中的曲线可知，只要在热压氧化浸出矿浆中保持足够高的氯离子浓度即可使金银硫化矿物原料中的金银同时转入浸液中。此时浸出金银的反应可表示为：

$$2Au + 1\frac{1}{2}O_2 + 8Cl^- + 6H^+ \xrightarrow{\text{热压氧化}} 2AuCl_4^- + 3H_2O$$

$$2Ag + \frac{1}{2}O_2 + 2Cl^- + 2H^+ \xrightarrow{\text{热压氧化}} 2AgCl(aq) + H_2O$$

8.6.2 试验研究

研究表明，采用 H_2SO_4-NaCl 混合溶液作浸出剂比 HCl-NaCl 混合溶液作浸出剂较有利，此时可利用热压氧化浸出硫化矿"就地"生成的硫酸。采用 NaCl 比采用 $CaCl_2$ 有利，可避免生成石膏沉淀物。

某矿产出的浮选金精矿粒度为 $-0.074mm$ 占 53%，其组成为：Fe 40.6%、S 42.12%、As 34.6%、Au 34.6g/t、Ag 27.6g/t。其矿物含量为：黄铁矿 73%、磁黄铁矿 18%。采用常规氰化法浸金，金浸出率仅 5%。用 H_2SO_4-NaCl 混合溶液热压氧化浸出的结果列于表 8-10 中。

表 8-10 某矿产出的浮选金精矿用 H_2SO_4-NaCl 混合溶液热压氧化浸出的结果

温度/℃	浸出时间/h	酸浓度/mol·L⁻¹	NaCl 浓度/mol·L⁻¹	浸出率/%	
				Au	Ag
170	2	1.5HCl	2.5	58.7	82.1
185	2	1.5HCl	2.5	76.1	95.2
200	2	0.5HCl	2.5	53.9	96.8
200	2	1.5HCl	2.5	93.8	98.1
200	4	1.5H₂SO₄	4.0	60.7	98.8
200	4	3.0H₂SO₄	4.0	99.0	99.5

从表 8-10 中数据可知，用 H_2SO_4-NaCl 混合溶液热压氧化浸出含金银的难氰化的硫化矿矿物原料（如粒度较粗、包体金含量高、砷含量高、硫含量高、磁黄铁矿含量高等）时，可获得相当高的金（银）浸出率，无需进行预氧化酸浸处理。

混合浸出剂中保持较高的酸度，可防止诸如 Fe_2O_3、$Fe(OH)_3$、$Fe(OH)SO_4$、$FeAsO_4$ 等铁化合物沉淀。氯化钠为配合剂 Cl^- 的来源，以使金银转入浸液中。由于银与 Cl^- 生成配合离子，可避免因黄钾铁矾或氯化银沉淀而降低银浸出率。

试验结果表明，H_2SO_4-NaCl 混合溶液热压氧化浸出工艺处理难浸金银矿物原料是一种很有工业应用前景的新工艺。其工艺流程简短、金（银）浸出率高，但对热压氧化浸出设备防腐要求较高。值得进一步研究，以完善有关工艺参数和相关设备条件。

9　从阳极泥中提取金银

9.1　概述

重有色金属精矿火法冶炼过程中，熔融的铜、铅及其硫化物对金、银及铂族金属具有良好的溶解能力，故精矿中的贵金属最终进入粗铜、粗铅和硫化镍中。粗铜、粗铅、硫化镍电解精炼时，贵金属进入阳极泥中。铜阳极泥、铅阳极泥中的金、银含量较高，镍阳极泥中的的铂族金属含量较高。因此，电解精炼产出的阳极泥和银锌壳是回收金银等贵金属的主要原料之一。

阳极泥的处理方法有许多共同点，除混合处理外，单独处理某一阳极泥时也常采用相同的方法。如硫酸化焙烧除硒、稀硫酸浸出除铜、火法精炼富集贵金属、氯化浸出除铅、液氯浸出金和铂族金属，二氧化硫、亚铁或草酸还原金、浓硫酸浸煮除银和贱金属等均是处理铜阳极泥、铅阳极泥的基本方法。本章主要介绍从铜阳极泥、铅阳极泥及银锌壳中回收金银，有关有用组分综合利用仅作一般介绍。

9.2　从铜阳极泥中回收金银

9.2.1　铜阳极泥的组成及性质

9.2.1.1　铜阳极泥的化学组成

铜精矿冶炼时，其中所含的贵金属几乎全部进入粗铜中。粗铜电解精炼时，其中所含的贵金属除少部分呈机械夹带损失于电铜外，其余全部与硫酸铅、铜粉等一起进入铜阳极泥中。铜阳极泥的产率常为粗铜阳极板质量的 $0.2\% \sim 1.0\%$，贵金属在铜阳极泥中进一步富集。

铜阳极泥中常含 $35\% \sim 40\%$ 的水，干铜阳极泥中常含 $10\% \sim 30\%$ Ag，$0.5\% \sim 1.0\%$ Au，铂族金属含量很低。铜阳极泥的化学组成因其原料而异（见表9-1）。

表 9-1　国内外某些铜阳极泥的化学组成（质量分数）　　　　　　（%）

厂名	Au	Ag	Cu	Pb	Mn	Sb	As	Se	Te	Fe	SiO$_2$	Ni	Co	S	合计
某厂 a（中国）	0.8	18.84	9.54	12.0	0.77	11.5	3.06	—	0.5	—	11.5	2.77	0.09	—	71.37
某厂 b（中国）	0.08	19.11	16.67	8.75	0.70	1.37	1.68	3.63	0.20	0.22	15.1	—	—	—	67.51
某厂 c（中国）	0.08	8.2	6.84	16.58	0.03	9.00	4.5	—	—	0.22	—	0.96	0.76	—	47.17
某厂 d（中国）	0.10	9.43	6.96	13.58	0.32	8.73	2.6	—	—	0.87	—	1.28	0.08	—	43.95

厂名	Au	Ag	Cu	Pb	Mn	Sb	As	Se	Te	Fe	SiO$_2$	Ni	Co	S	合计
某厂 e （中国）	1.64	26.78	11.20	18.07	—	—	—	—	—	0.80	2.37	—	—	—	60.86
保利颠纳 （瑞典）	1.27	9.35	40.0	10.0	0.8	1.5	0.8	21.0	1.0	0.04	0.30	0.50	0.02	3.6	90.18
诺兰达 （加拿大）	1.97	10.53	45.80	1.00	—	0.81	0.33	28.42	3.83	0.04	—	0.23	—	—	93.32
蒙特尔 （加拿大）	0.2~2	2.5~3	10~15	5~10	0.1~0.5	0.5~5	0.5~5	8~15	0.5~8	—	1~7	0.1~2	—	—	50.45 （平均）
奥托昆普 （芬兰）	0.43	7.34	11.02	2.62	—	0.4	0.7	4.33	—	0.60	2.25	45.21	—	2.32	76.86
佐贺关 （日本）	1.01	9.10	27.3	7.01	0.4	0.91	2.27	12.00	2.36	—	—	—	—	—	62.36
日立 （日本）	0.445	15.95	13.79	19.20	0.97	2.62	—	4.33	0.52	0.43	1.55	—	—	—	59.61
津巴布韦	0.03	5.14	43.55	0.91	0.48	0.06	0.29	12.64	1.06	1.42	6.93	0.27	0.09	6.55	79.42
莫斯科 （苏联）	0.1	4.69	19.62	—	—	—	—	5.62	5.26	—	6.12	30.78	—	—	72.19
肯尼柯特 （美国）	0.9	9.0	30.0	2.0	—	0.5	2.0	12.0	3.0	—	—	—	—	—	59.40
拉里坦 （美国）	0.28	53.68	12.26	3.58	0.45	6.76	5.42	—	—	—	—	—	—	—	82.43
奥罗亚 （秘鲁）	0.09	28.1	19.0	1.0	23.9	10.7	2.1	1.6	1.75	—	—	—	—	—	88.42

9.2.1.2　铜阳极泥中各组分的赋存状态

铜阳极泥中各组分的赋存状态列于表 9-2 中。

表 9-2　铜阳极泥中各组分的赋存状态

元素	赋存状态	元素	赋存状态
Au	Au、(Au、Ag)Te$_2$	Sb	Sb$_2$O$_3$、SbAsO$_4$
Ag	Ag、Ag$_2$Se、Ag$_2$Te、AgCl、CuAgSe、(Au、Ag)$_2$Te	Bi	Bi$_2$O$_3$、BiAsO$_4$
铂族	金属或合金态	Pb	PbSO$_4$、PbSb$_2$O$_6$
Cu	Cu、Cu$_2$O、CuO、Cu$_2$S、CuSO$_4$、Cu$_2$Se、Cu$_2$Te、CuAgSe、CuCl$_2$	Sn	SnO$_2$、Sn(OH)$_2$SO$_4$
		Ni	NiO
Se	Se、Ag$_2$Se、Cu$_2$Se、CuAgSe	Fe	Fe$_2$O$_3$
Te	Ag$_2$Te、Cu$_2$Te、(Au、Ag)$_2$Te	Zn	ZnO
As	As$_2$O$_3$、BiAsO$_4$、SbAsO$_4$	Si	SiO$_2$

从表 9-2 可知，金主要呈金属态存在，部分金呈碲化金或金银合金态存在。银除金属态外，常与硒、碲结合，过量的硒、碲也可与铜结合。铂族金属常呈金属态和合金态存在。铜主要呈金属铜（阳极碎屑、阴极粒子和铜粉）和氧化铜、氧化亚铜的粉末存在，部

分与硒、碲、硫结合，铜还与砷、锑的氧化物生成复盐，存在大量硫酸铜，硫酸铜可用洗涤法除去。铅主要呈硫酸铅形态存在，部分呈硒化铅和硫化铅形态存在，常生成以硫酸铅为核心的外包硒化物的球形颗粒。

铜阳极泥经洗涤、筛分、水洗除去硫酸铜、阳极碎屑、阴极粒子和粗粒铜粉后，呈灰黑色，杂铜阳极泥呈浅灰色，粒度常为 0.147 ~ 0.074mm（100 ~ 200 目）。铜粉及氧化铜含量高时呈暗红色，铜阳极泥常温下较稳定，氧化不显著。不与硫酸、盐酸作用，可与硝酸剧烈反应。在空气中加热时，铜阳极泥中的许多重有色金属可转变为相应的氧化物或亚硒酸盐、亚碲酸盐。温度较高时，硒、碲可转变为氧化物并升华。

铜阳极泥与浓硫酸共热时，产生氧化和硫酸化反应，铜、银及其他贱金属生成相应的硫酸盐；金不发生变化；硒、碲氧化为氧化物和硫酸盐，硒的硫酸盐随温度提高可进一步分解为 SeO_2 而挥发。

9.2.2 处理铜阳极泥的火法-电解法工艺

9.2.2.1 概述

各国阳极泥的处理均经历了以火法为主至以湿法为主的过程。工艺的改变主要为环保、提高生产技术经济指标及提高资源综合利用率等方面的要求。目前，国内外大型冶炼厂仍主要用火法处理铜阳极泥，即火法-电解法工艺。

我国 20 世纪 60 年代前，主要采用阳极泥直接入炉熔炼以回收金银。60 年代后期开始重视综合利用，除回收金银外，选用适当流程回收铜、硒、碲、铅、铋、锑、镍、砷及铂族金属，使阳极泥的处理成为一个复杂的单独生产系统。目前，国内大型冶炼厂仍主要用火法处理为骨干流程，中、小型冶炼厂因火法设备投资大、利用率低、不配套，公害难解决等原因而向湿法方向发展。70 年代后期以来，结合我国实际条件，出现了多种湿法处理工艺，并相继用于工业生产，取得了较好的技术经济指标。

9.2.2.2 火法-电解法工艺流程

火法-电解法工艺是国内外处理铜阳极泥的常规工艺，工艺成熟，至今仍为国内外所采用。由于各厂原料和设备的不同，其工艺流程不尽相同。某厂铜阳极泥的火法-电解法工艺流程如图 9-1 所示。

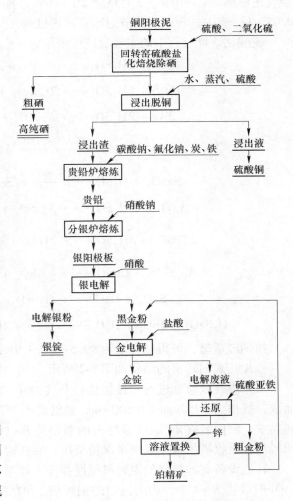

图 9-1 某厂铜阳极泥的火法-电解法工艺流程

A 铜阳极泥的硫酸盐化焙烧和除硒

将铜阳极泥送入不锈钢混料槽中,按铜、银、硒、碲与硫酸反应理论量的130% ~ 140%配加浓硫酸,机械搅拌成糊状,用加料机均匀送入回转窑内进行硫酸盐化焙烧。用煤气或重油进行间接加热,控制进料端温度为220~300℃,窑中部温度为450~550℃,为硫酸化主要反应区,排料端温度为600~680℃,硫酸化反应完全。

硫酸化焙烧过程中,硒氧化物被氧化为SeO_2,其升华温度为315℃,故SeO_2挥发进入烟气中。为防止硫酸铜分解,温度不宜过高,窑内应保持负压,进料端为300~500Pa。物料在窑内停留3h左右,硒挥发率达93%~97%,烧渣中硒含量降至0.1%~0.3%,烧渣流入贮料斗,定期排出。含SeO_2和SO_2气体的烟气经进料端的出气管进入吸收塔。吸收塔分两组,交换使用。每组由3个串联的吸收塔(钢板内衬铅)组成,吸收塔规格为$\phi(1000 ~ 1200)mm \times (600 ~ 800)mm$,通常1号塔为$\phi1200mm \times 800mm$,2、3号塔为$\phi1000mm \times 600mm$。塔内装水。炉气经过时,$SeO_2$气体溶于水生成$H_2SeO_3$,并被炉气中的$SO_2$气体还原为粉状硒,经水洗、干燥得粗硒。1号塔的吸收还原率为85%,2号塔的吸收还原率7%~10%,3号塔为2%~6%。排出的塔液和洗液经铁置换后,硒含量低于0.05g/L,弃去。含硒置换渣返回窑内再处理。

硫酸化焙烧过程中的主要反应可表示为:

$$Cu + 2H_2SO_4 \longrightarrow CuSO_4 + 2H_2O + SO_2 \uparrow$$

$$Cu_2S + 6H_2SO_4 \longrightarrow 2CuSO_4 + 6H_2O + 5SO_2 \uparrow$$

$$2Ag + 2H_2SO_4 \longrightarrow Ag_2SO_4 + 2H_2O + SO_2 \uparrow$$

$$Ag_2Se + 3H_2SO_4 \xrightarrow{220 ~ 300℃} Ag_2SO_4 + SeSO_3 + 3H_2O + SO_2 \uparrow$$

$$SeSO_3 + H_2SO_4 \xrightarrow{550 ~ 680℃} SeO_2 + H_2O + 2SO_2 \uparrow$$

$$Ag_2Te + 3H_2SO_4 \longrightarrow Ag_2SO_4 + TeSO_3 + 3H_2O + SO_2 \uparrow$$

$$2TeSO_3 + 3H_2SO_4 \xrightarrow{高温} 2TeO_2 \cdot SO_3 + 3H_2O + 3SO_2 \uparrow$$

$$Ag_2SeO_3 + CuSO_4 \xrightarrow{高温} Ag_2SO_4 + CuO + SeO_2 \uparrow$$

$$SeO_2 + H_2O \longrightarrow H_2SeO_3$$

$$H_2SeO_3 + 2SO_2 + H_2O \longrightarrow Se \downarrow + 2H_2SO_4$$

粗硒经蒸馏,可得硒含量为99.5%~99.9%的成品硒。

外加热式回转窑的结构如图9-2所示。

采用煤气或重油进行间接加热,分段设4~5个测温点。窑身用16mm锅炉钢板焊接而成,规格为$\phi750mm \times 10800mm$,倾斜度小于2%,转速为65r/min,无炉衬。为防止炉料黏壁,窑内装有$\phi75mm$带耙齿的圆钢搅笼以翻动阳极泥。处理量为1.5t/d湿阳极泥。回转窑和吸收塔用水环真空泵保持负压。回转窑的技术性能列于表9-3中。

其他设备有加料勺的混料机械搅拌槽,规格为$\phi1000mm \times 950mm$,转速为46.5r/min。SeO_2吸收塔3~4个,为内衬铅的钢板塔。SO_2吸收塔可用波纹塔,用碱液吸收制取亚硫酸钠,废气排空。

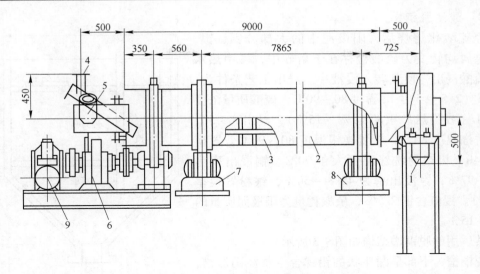

图 9-2　外加热式回转窑的结构图

1—密封料斗；2—窑身；3—滚齿；4—加料管；5—出气管；
6—传动装置；7—前托轮；8—后托轮；9—电动机

表 9-3　回转窑的技术性能

项　目	厂　编　号			
	1	2	3	4
窑直径/mm	0.80	0.75	0.70	0.80
窑长/mm	9	10.88	9.60	11.24
窑容积/m³	4.50	4.80	3.69	5.65
处理量/t·d⁻¹	1.30	1.50~2.10	0.90	1.90~2.00
生产强度/kg·(m³·h)⁻¹	8.30	9~12.70	7.10	16.90~18.00
物料停留时间/h	3	4	4	4.75
窑气量/m³·h⁻¹	—	—	—	60~90
窑身斜度/%	2	1.60	1.50	1.50
电动机转速/r·min⁻¹	1	0.91	1	0.80~1
电动机功率/kW	4.50	4.20	5.50	13
加料方式	螺旋	料勺	料勺	料勺
排料方式	螺旋	密封料仓	密封料仓	密封料仓
燃　料	煤气	煤气	柴油	柴油

注：指处理含水 25%~30% 铜阳极泥的处理量和生产能力。

硫酸化焙烧的技术经济指标列于表 9-4 中。

表 9-4　硫酸化焙烧的技术经济指标

项　目	焙砂含硒量(质量分数)/%	粗硒回收率/%	1t 阳极泥消耗硫酸/t	1t 阳极泥消耗煤气/m³
指　标	0.1~0.2	95	0.7~1.0	700

B　酸浸脱铜

经硫酸化焙烧后，阳极泥中的大部分铜、银、镍等金属均转变为硫酸盐存在于焙砂中，可用热水或稀硫酸浸出，使其转入浸液中。浸出工艺条件为：液固比（2.5～5）∶1，温度80～90℃，硫酸质量浓度150g/L（或为焙砂重的10%～15%），浸出3～5h。浸渣洗涤温度80℃，铜置换银温度80～90℃，置换2.5～4h，粗银粉洗涤温度大于90℃。铜浸出率为95%～97%，银浸出率为45%～50%，银粉置换率为99%。浸渣含铜2.5%，硫酸耗量为阳极泥质量的10%～15%。

某厂用的脱铜槽结构如图9-3所示。

脱铜槽为下部呈漏斗状的铅锑合金整浇圆形槽，每槽可处理焙砂160～250kg。操作时槽中装半槽水（约1m³），再加入焙砂重30%～40%的浓硫酸。蒸汽直接加热至沸腾后开始空气搅拌，再缓慢加入焙

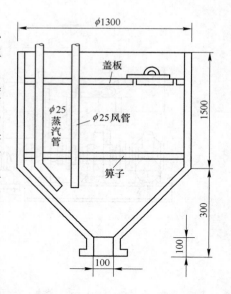

图9-3　某厂用的脱铜槽结构图

砂，液温保持90℃下浸出3～5h。浸出浆用真空抽滤法进行固液分离和滤渣洗涤。滤渣送贵铅炉进行还原熔炼，浸液和洗液合并后用铜残极并通蒸汽加热进行银置换，置换反应至氯离子检测无乳白色氯化银沉淀为止，此时浸液中的硒也被置换。其反应可表示为：

$$Ag_2SO_4 + Cu \longrightarrow CuSO_4 + 2Ag \downarrow$$

$$H_2SeO_3 + 2H_2SO_4 + 4Cu \longrightarrow Cu_2Se + 2CuSO_4 + 3H_2O$$

置换银后的母液送制取硫酸铜。置换所得银粉送分银炉熔铸银阳极板。

C　还原熔炼

a　概述

蒸硒脱铜后的铜阳极泥中，主要含金、银及杂质氧化物。为了富集金、银，将其配入溶剂和还原剂，送入高温炉中进行还原熔炼，使杂质进入炉渣或挥发进入烟尘。铜阳极泥中的铅氧化物还原为金属铅，铅熔体为金、银的良好捕收剂，可吸收几乎全部的贵金属，生成贵铅，即 Pb-Au-Ag 合金。铜阳极泥的还原熔炼分一段熔炼和两段熔炼，一段熔炼是在同一炉内连续完成贵铅熔炼和氧化精炼，产出金银合金。两段熔炼是先将铜阳极泥熔炼成贵金属含量达20%～50%的贵铅，然后在另一熔炼炉内将贵铅氧化精炼为贵金属含量达95%以上的金银合金。目前，国内外处理铜阳极泥的大型工厂多数采用两段熔炼工艺。

b　配料

熔炼贵铅的溶剂常为苏打、萤石、石灰、石英，其配比因炉料而异。还原剂为焦粉、铁屑。某厂浸出渣组成为：H_2O 30%、Au 1%～1.5%、Ag 10%～15%、Pb 15%～20%、SiO_2 小于2.5%、Se 小于0.3%、Te 约0.3%。还原熔炼时配入8%～15%碳酸钠、3%～5%萤石粉、6%～10%碎焦屑（或煤粉）、2%～4%铁屑。碳酸钠的配入量为氧化硅含量的1.8倍或稍多些。若熔炼时黏渣过多或炉结太厚，可适当增加碳酸钠用量。

c 化学反应

铜阳极泥与熔剂、还原剂均匀混合后，经皮带输送机送入转炉内。炉内负压操作，负压为 30～90Pa。随炉温升高，炉料脱水，部分砷、锑呈氧化物挥发进入炉气，炉料逐渐熔化，部分砷、锑、铅氧化物进入炉渣。造渣反应可表示为：

$$Na_2CO_3 \longrightarrow Na_2O + CO_2 \uparrow$$

$$Na_2O + As_2O_5 \longrightarrow Na_2O \cdot As_2O_5$$

$$Na_2O + Sb_2O_5 \longrightarrow Na_2O \cdot Sb_2O_5$$

$$Na_2O + SiO_2 \longrightarrow Na_2O \cdot SiO_2$$

$$PbO + SiO_2 \longrightarrow PbO \cdot SiO_2$$

$$CaO + SiO_2 \longrightarrow CaO \cdot SiO_2$$

同时发生铅和银的还原反应：

$$2PbO + C \longrightarrow 2Pb + CO_2 \uparrow$$

$$PbO + Fe \longrightarrow Pb + FeO$$

$$PbSO_4 + 4Fe \longrightarrow Pb + Fe_3O_4 + FeS$$

$$PbS + Fe \longrightarrow Pb + FeS$$

$$Ag_2S + Fe \longrightarrow 2Ag + FeS$$

此时，化合态的银发生分解。其反应可表示为：

$$2Ag_2SeO_3 \longrightarrow 4Ag + 2SeO_2 + O_2$$

$$2Ag_2SO_4 + 2Na_2CO_3 \longrightarrow 4Ag + 2Na_2SO_4 + 2CO_2 + O_2$$

$$Ag_2SO_4 + C \longrightarrow 2Ag + CO_2 + SO_2$$

$$Ag_2TeO_3 + 3C \longrightarrow 2Ag + Te + 3CO$$

铜阳极泥中的金、银与铅熔体形成贵铅，沉入炉底。分解生成的银及少量的碲、铜、硒也进入贵铅。

若铜阳极泥中含有较多的硫化物，熔炼时会生成铜锍（主要由 FeS、PbS 和 CuS 组成），铜锍中熔有贵金属，且位于炉渣和贵铅之间，阻碍新生成贵铅下沉，导致贵金属分散和损失。

d 熔炼产物及熔炼指标

还原熔炼产物为贵铅、炉渣、烟尘和铜锍。全炉作业时间为 18～24h。贵铅产率为 30%～40%，其组成为：Au 0.2%～4.0%、Ag 25%～60%、Bi 10%～25%、Te 0.2%～2.0%、Pb 15%～30%、As 3%～10%、Sb 5%～15%、Cu 1%～3%。

熔炼的初期渣称为稀渣，流动性好，其产率为 25%～35%，含 Au 小于 0.001%、Ag 小于 0.2%、Pb 15%～45%，送铅冶炼处理。熔炼的后期渣称为黏渣，黏度、密度较大，产率为 5%～15%，含 Au 0.05%～0.1%、Ag 3.5%～5%，其他主要为铅、砷、锑化合物和少量铜、铋、铁、锌化合物。后期渣金银含量较高，返回下一炉进行还原熔炼。最后产出少量氧化渣，产率为 5%～10%，须返炉处理。

烟尘气经收尘后排空，所得烟尘为回收 As、Sb 的原料。烟尘产率常为 4%，若挥发物含量高时，可达 30% ~ 35%。

某厂还原熔炼时主要金属分配列于表 9-5 中。

表 9-5　某厂还原熔炼时主要金属在产物中的分配　　　　　　（％）

产物名称	Au	Ag	Pb	Bi	Te
贵　铅	97.2 ~ 98	95.2 ~ 98.5	30 ~ 66.2	90	70
稀　渣	0.024 ~ 0.059	0.033 ~ 0.12	2.3 ~ 15.3	0.17 ~ 0.2	0.35 ~ 0.47
黏　渣	0.179 ~ 0.935	0.725 ~ 0.735	3.6 ~ 4.4	0.18 ~ 0.3	0.685
氧化渣	0.403 ~ 0.6	0.507 ~ 0.88	3.1 ~ 53.5	0.167 ~ 0.2	0.74 ~ 0.85

还原熔炼时的金、银回收率为 98% ~ 99%，贵铅产率为 30% ~ 35%，1t 阳极泥重油耗量为 0.8t。

　　e　生产实例

还原熔炼贵铅，早期用反射炉，现多数采用转炉。转炉易操作，劳动条件好，炉龄长，损失于炉衬的贵金属少。转炉用 16mm 锅炉钢板做外壳，内衬耐火砖，规格常为 $\phi(1200 ~ 2500)mm \times (1800 ~ 4500)mm$。转炉结构如图 9-4 所示。

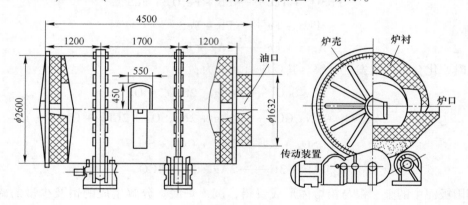

图 9-4　转炉结构

该厂转炉规格为 $\phi2400mm \times 4200mm$，炉床面积 5.5m²，出烟口为 600mm×520mm，床处理能力为 1.0 ~ 1.2t/(m²·d)。床底采用镁砂粉、耐火土、焦粉混合物垫高 40mm，全炉径向砌一层立砖镁砖，砖与炉壳之间垫两层石棉板，炉龄大于 200 炉次。

新砌筑炉衬的转炉，熔炼前应烤炉和洗炉。烤炉时，先用木炭于 200℃ 保温 16h，然后以 8h 升温 66℃ 烘 120h。达 1200℃ 时保温 8h，开始洗炉，烤炉需 7d。洗炉时，向炉内加废铅或氧化铅烟尘，1000℃ 下保温 24h，使转炉前后转动，使砖砌缝充满铅，以免金、银渗入砖缝中。

还原熔炼包括加料、熔化、放渣和放贵铅等作业。先将配好的炉料一批或分批加入炉内，加料时炉温不宜过高，以 700 ~ 900℃ 为宜。升温至 1200 ~ 1300℃，炉料熔化时间约 12h。熔化时宜用铁管往熔体中鼓入空气，既翻动炉料又可氧化造渣。造渣完成后，沉淀 12h 后放渣，放渣时炉温宜保持 1200℃ 左右，徐徐转动炉子，使浮渣从炉口注入渣车中。放渣作业分两次，先放稀渣，然后再加热熔池进行氧化精炼，再次造渣。再造渣的黏度密度大，易夹带金、银，放黏渣应特小心。最后在贵铅表面残留一层干渣，难放尽，用耙子精心扒出后即可放贵铅出炉。出炉温度宜保持 800℃ 左右，放出的贵铅铸成贵铅块，积累至一定量，再送氧化精炼。

还原熔炼贵铅炉的性能列于表 9-6 中。

表 9-6 还原熔炼贵铅炉的性能

项 目	一 厂	二 厂	三 厂	四 厂
直径/mm	2500	2400	1200	1300
长度/mm	2770	4200	1830	1800
每炉加料量/t	2	5	0.4	0.25
每炉操作周期/h	14 ~ 17	21 ~ 23	10	8 ~ 10
处理原料	铜阳极泥	铜铅阳极泥	铜阳极泥	铜阳极泥
燃 料	60 号重油	重油	轻柴油	20 号重柴油
燃料消耗/kg·h^{-1}	120	80	—	30

D 贵铅的氧化精炼（分银炉精炼）

a 概述

还原熔炼所得贵铅中金、银含量常为 35% ~ 60%，其他为铅、铜、砷、锑、铋等杂质。贵铅氧化精炼的目的是将贵铅中的杂质氧化造渣而被除去，获得金、银含量大于 95% 的金、银合金，以铸造金银阳极板送电解分银。

氧化精炼常在转炉中于 900 ~ 1200℃ 下进行，操作时鼓入空气并加入熔剂、氧化剂等，使绝大部分杂质氧化为不溶于金、银的氧化物，进入烟尘和渣中被除去。贵铅中各种金属的氧化顺序为：锑、砷、铅、铋、铜、碲、硒、银，贵铅中铅含量较高，也较易氧化。因此，贵铅氧化精炼时，锑、砷、铅先被氧化，然后 PbO 实际上充当氧的传递剂使砷、铅等进一步氧化。

b 贵铅氧化精炼时的化学反应

开始时，炉料中的砷、锑主要生成三氧化物及部分铅生成 PbO 呈烟气逸出，经收尘所得烟尘返回熔炼炉处理。其反应可表示为：

$$4Sb + 3O_2 \longrightarrow 2Sb_2O_3 \uparrow$$

$$4As + 3O_2 \longrightarrow 2As_2O_3 \uparrow$$

$$2Pb + O_2 \longrightarrow 2PbO$$

$$3PbO + 2Sb \longrightarrow Sb_2O_3 \uparrow + 3Pb$$

$$3PbO + 2As \longrightarrow As_2O_3 \uparrow + 3Pb$$

低价化合物可氧化为高价化合物，并与碱性化合物（PbO、Na$_2$O）造渣或直接生成亚砷酸铅、亚锑酸铅：

$$As_2O_3 + O_2 \longrightarrow As_2O_5$$

$$Sb_2O_3 + O_2 \longrightarrow Sb_2O_5$$

$$3PbO + As_2O_5 \longrightarrow 3PbO \cdot As_2O_5$$

$$2As + 6PbO \longrightarrow 3PbO \cdot As_2O_3 + 3Pb$$

$$2Sb + 6PbO \longrightarrow 3PbO \cdot Sb_2O_3 + 3Pb$$

亚砷（锑）酸铅与过量空气作用可生成砷（锑）酸铅：

$$3PbO \cdot As_2O_3 + O_2 \longrightarrow 3PbO \cdot As_2O_5$$

由于 As_2O_5 的离解压比 Sb_2O_5 低，故大部分砷以砷酸盐形态进入炉渣，而大部分锑以锑酸盐形态进入炉气中。当不冒白烟时，表示砷锑基本氧化完成，改为表面吹风以将铅全部氧化为 PbO 而挥发除去。开始烟气为青灰色，大部分铅除去后烟气转为淡灰色。铜、硒、铋、碲为较难氧化的金属杂质，当砷、锑、铅基本氧化除去后，铋开始氧化为 Bi_2O_3，生成含部分铜、银、砷、锑等杂质的铋渣，经沉淀以降低其中的银含量。铋渣可作为回收铋的原料。

当炉料中金银含量达 80% 以上时，加入贵铅量 5% 的 Na_2CO_3 和 1% ~ 3% $NaNO_3$，进行人工激烈搅拌，使铜、硒、碲完全氧化。其反应可表示为：

$$2NaNO_3 \longrightarrow Na_2O + 2NO_2 + [O]$$

$$2Cu + [O] \longrightarrow Cu_2O$$

$$Me_2Te + 8NaNO_3 \longrightarrow 2MeO + 8NO_2 + TeO_2 + 4Na_2O$$

$$Me_2Se + 8NaNO_3 \longrightarrow 2MeO + 8NO_2 + SeO_2 + 4Na_2O$$

TeO_2 与 Na_2CO_3 生成亚碲酸钠（苏打渣），可作回收碲的原料。其反应可表示为：

$$TeO_2 + Na_2CO_3 \longrightarrow Na_2TeO_3 + CO_2 \uparrow$$

过程中银可氧化为 Ag_2O，但即被铜、铋等还原为金属银。其反应可表示为：

$$Ag_2O + 2Cu \longrightarrow 2Ag + Cu_2O$$

$$3Ag_2O + 2Bi \longrightarrow 6Ag + Bi_2O_3$$

当炉料中金银含量达 95% 以上时，可浇铸为阳极板，送银电解精炼。

贵铅氧化精炼在分银炉中进行，分银炉结构与贵铅炉结构相同，但规格较小，床能力为 $1.6t/(m^2 \cdot d)$。

c　分银炉操作

贵铅氧化精炼常包括加料、熔化、出渣和出炉等作业。操作时，将贵铅块精心加入炉内，点火加热升温至 900℃ 以上，使炉料熔化，向熔池表面吹风形成浮渣，并不断放出浮渣。先形成砷、锑渣（氧化前期渣），后形成铅、铋渣（氧化后期渣）。应将其分别放出和分别存放，直至合金含金、银达 80% ~ 85%，即可加入苏打使之生成含碲高的苏打渣。此时炉温控制为 1000℃ 左右，常搅拌，使 Na_2O 与 TeO_2 充分接触，生成亚碲酸钠，防止 TeO_2 挥发，造碲渣常进行两次。碲渣排出后，合金中仍含较高的铜，加入硝石使铜氧化造铜渣。除铜为氧化精炼的最后作业，常将其称为"清合金"，此时炉温应控制为 1200℃ 左右。"清合金"作业完成后，合金含金、银达 95% 以上，即可出炉，浇铸为阳极板送电解精炼作业。

分银炉操作条件列于表 9-7 中。

表 9-7 分银炉操作条件

作　业	作业时间/h	温度/℃	其　他
加　料	1	约 800	
氧化除砷、锑	24 ~ 32	800 ~ 1000	
氧化除铅、铋	16 ~ 24	1000 ~ 1100	风压 0.3MPa，风管面吹
造苏打渣	1	1000	加 Na_2CO_3 5%、$NaNO_3$ 1% ~ 3%
一次除铜	12 ~ 24	1100	加 Na_2CO_3 少量
二次除铜	2 ~ 6	1200	
出　炉	1	1200	
总作业时间	58 ~ 79		

d　贵铅氧化精炼产物

贵铅氧化精炼产物为金银合金板、氧化前期渣、氧化后期渣、苏打渣、铜渣和烟尘等 6 种。各产物产率及组成列于表 9-8 和表 9-9 中。

表 9-8 贵铅氧化精炼产物产率

产　物	金银合金板	氧化前期渣	氧化后期渣	苏打渣	铜　渣	烟　尘
产率/%	24 ~ 30	15 ~ 30	8	13 ~ 20	6 ~ 10	3 ~ 4

表 9-9 贵铅氧化精炼产物组成　　　　　　　　（%）

产　物	Au	Ag	Cu	Pb	Bi	Te	As	Sb
合金板	1.32	96.94	1.21	0.061	0.14	0.0125	0.036	0.095
前期渣	0.02 ~ 0.05	1.16 ~ 5.62	0.63 ~ 4.5	16 ~ 38	0.4 ~ 4	0.06	9 ~ 10	10 ~ 16
后期渣	0.0045	5.85	12.04	4.725	50.2	2.41	—	0.35
苏打渣	0.002	0.022	1 ~ 1.5	0.4 ~ 0.5	7 ~ 14	15 ~ 20	0.1	0.76
铜　渣	0.003 ~ 0.1	3 ~ 8	5.45	0.4 ~ 3.5	6 ~ 13.7	0.8 ~ 2	—	2 ~ 3

e　贵铅氧化精炼的主要技术经济指标

贵铅氧化精炼的主要技术经济指标为：金回收率 99.5%，银回收率 98.8%，碲回收率 50%，铋回收率 70%，1t 贵铅消耗重油 1 ~ 1.2t。

9.2.3　处理铜阳极泥的几种湿法工艺流程及特点

9.2.3.1　铜阳极泥硫酸盐化焙烧蒸硒—酸浸脱铜—氨浸分银—氯化分金工艺

铜阳极泥硫酸盐化焙烧蒸硒—酸浸脱铜—氨浸分银—氯化分金工艺流程如图 9-5 所示。

该工艺为我国首先使用的湿法处理工艺流程，其特点为：（1）保留了火法工艺的焙烧蒸硒和酸浸脱铜作业；（2）采用分银、分铅、分金三个作业代替了火法工艺的贵铅炉和分银炉熔炼；（3）流程短，设备简单，易操作，适用于中、小企业采用。主要缺点为：（1）对含碲高的铜阳极泥的适应性较差；（2）氯气污染较难治理。

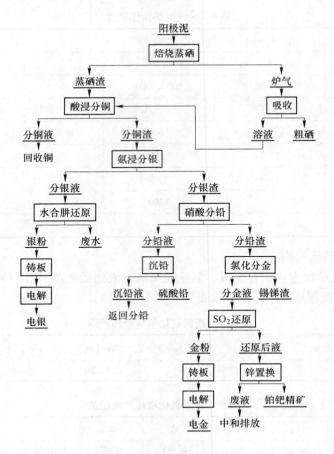

图 9-5　铜阳极泥硫酸盐化焙烧蒸硒—酸浸脱铜—氨浸分银—氯化分金工艺流程

该工艺显著提高了金、银直收率，金回收率由 73% 升至 99.2%，银的回收率由 81% 升至 99%，缩短了生产周期，经济效益明显。

9.2.3.2　铜阳极泥硫酸盐化焙烧蒸硒—酸浸脱铜、银—氯化分金工艺

铜阳极泥硫酸盐化焙烧蒸硒—酸浸脱铜、银—氯化分金工艺流程如图 9-6 所示。

该工艺的铜阳极泥硫酸盐化焙烧蒸硒采用高温法和低温法两种工艺。当铜阳极泥含硒高时，在 600 ~ 650℃ 焙烧蒸硒 4h；铜阳极泥含硒低时，在 300℃ 焙烧蒸硒 2h，炉料与硫酸配比为 1:1。焙砂液固比为（12 ~ 15）:1，温度为 80 ~ 90℃ 的 6mol/L 硫酸液中浸出铜、银。固液分离后，经铜置换银可得纯度达 99.95% 的海绵银，置后液返回铜电解作业。铜、银浸渣在液固比为 10:1，温度为 80 ~ 90℃，初始酸度 4mol/L H_2SO_4 和 2mol/L HCl 液中按金含量加入 3.5 倍的 $NaClO_3$ 浸出 4h 分金。固液分离后，用 SO_2 还原浸液中的金，可得纯度达 99.99% 的海绵金。尾液经锌置换，可得铂、钯化学精矿。最终浸渣，返回铜火法冶炼。

该工艺特点为：（1）流程简短，由焙烧蒸硒—酸浸脱铜、银—氯化分金两个作业组成；（2）适于处理金银含量较高，硒、碲含量较低，铜、锡、铅含量中上的组成不复杂的铜阳极泥，可得较高的金、银回收率和经济效益。金回收率为 99.6%，直收率为 97% ~

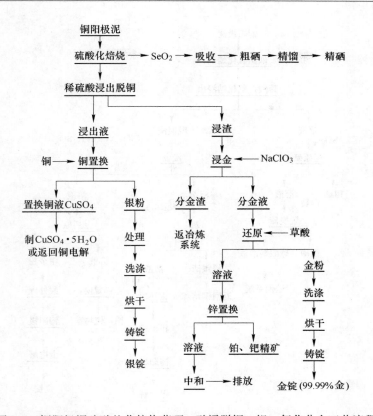

图 9-6　铜阳极泥硫酸盐化焙烧蒸硒—酸浸脱铜、银—氯化分金工艺流程

99%；银回收率为 99.0%，直收率为 96% ~ 98%；（3）硫酸盐化焙烧可使 99% 的银转化为 Ag_2SO_4，浸出铜、银可在一个作业完成。

9.2.3.3　铜阳极泥低温氧化焙烧—酸浸脱铜—氯化分金—亚硫酸钠分银工艺

铜阳极泥低温氧化焙烧—酸浸脱铜—氯化分金—亚硫酸钠分银工艺流程如图 9-7 所示。

该工艺的铜阳极泥经 375℃ 低温氧化焙烧可使硫、铜、硒、碲等氧化，焙砂在液固比为 4∶1，温度为 80 ~ 90℃ 的 6mol/L 硫酸液中浸出 2h，可同时浸出铜、硒、碲等，浸出时加入 HCl 沉银。固液分离后，脱铜渣在固液比为 4∶1、温度为 80 ~ 90℃、初始酸度 1mol/L H_2SO_4 和 40g/L NaCl 液中按金含量加入 10 倍的 $NaClO_3$ 氯化浸出 4h 分金。浸液中的金经草酸还原得粗金粉，送精炼产出金锭。尾液经锌置换产出铂、钯化学精矿。分金渣在液固比为（6 ~ 8）∶1，常温 Na_2SO_3 250g/L 液中浸出 2h 分银。浸液中的银经甲醛还原得粗银粉，送银电解产出银锭，尾液返回分银作业。分银渣返铜火法冶炼。金回收率为 99.3%，银回收率为 99.1%。

该工艺特点为：（1）采用低温氧化焙烧，从铜浸液中分别还原产出粗硒和粗碲；（2）浸铜渣氯化分金，浸液草酸还原经金电解产出金锭；（3）分金渣亚硫酸钠分银选择性高，甲醛还原银，劳动条件好。缺点主要为：（1）该工艺对含硒高的铜阳极泥的适应性较差；（2）亚硫酸钠分银的配合能力比氨弱，银浸出率较低。

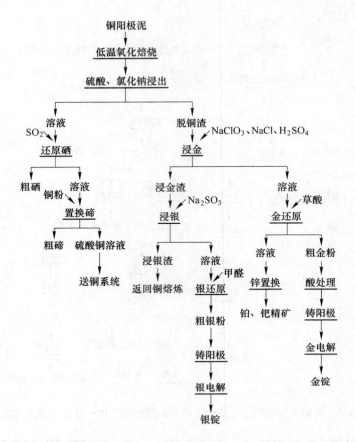

图 9-7 铜阳极泥低温氧化焙烧—酸浸脱铜—氯化分金—亚硫酸钠分银工艺流程

从上可知，几种湿法处理工艺流程均包括首先从铜阳极泥中脱除贱金属、分银、分金和从尾液中置换回收铂、钯化学精矿等作业。

9.2.3.4 从铜阳极泥中脱除贱金属

A 硫酸化焙烧

铜阳极泥硫酸化焙烧蒸硒、酸浸脱铜是成熟、高效的方法，但酸耗较高，作业时间较长。硫酸化焙烧要求 99% 的银转化为 Ag_2SO_4，酸浸时若不添加 HCl 或 NaCl，铜、银均转入浸液中。当用铜残极从浸液中回收银时，因有 25%~50% 的碲进入浸液中，置换时生成 Cu_2Te，会降低粗银粉品位。其反应为：

$$2H_2TeO_3 + 4H_2SO_4 + 6Cu \longrightarrow Te + Cu_2Te + 4CuSO_4 + 6H_2O$$

因此，若碲含量较高时，酸浸铜时应添加 HCl 或 NaCl，使银呈 AgCl 形态留在浸渣中。硫酸化焙烧的工艺条件和技术指标列于表 9-10 中。

B 酸浸脱铜

酸浸脱铜作业在衬钛反应釜中进行，硫酸浓度为 120~300g/L，温度 80~90℃。浸渣产率为 30% 左右，渣含铜小于 0.2%。酸浸脱铜工艺条件和技术指标列于表 9-11 中。

表 9-10　硫酸化焙烧的工艺条件和技术指标

项　目		a　厂	b　厂	c　厂
焙烧设备		回转窑		回转窑
铜阳极泥处理量/t·d⁻¹		1.35~1.42	0.10~0.20	
酸泥比		(0.7~0.8):1	0.70:1	1.50:1
硫酸浓度/%		93	93	98
焙烧温度/℃	焙　烧	250~350	250~300	250~400
	蒸　硒	550~600	550~600	600~650
焙烧时间/h	焙　烧	1~1.5	4	3~3.5
	蒸　硒	2~3	10~12	3~3.5
吸收液酸度/g·L⁻¹		<500	<500	<600
出塔时间/d	1、2 号	3~5	3~4	2~3
	3、4 号	6~7	6~10	7~10
负压/Pa	窑　尾	98		98
	窑　头	150~200		147~196
蒸硒渣残硒/%		<0.5	<0.05	0.06~0.07
硒直收率/%		>85	>90	86~87
1t 干泥酸耗（100% 硫酸）/t		0.05~0.95	0.874	1.47
1t 干泥能耗/kg		470（重柴油）	2595（煤）	

表 9-11　酸浸脱铜工艺条件和技术指标

项　目		a　厂	b　厂	c　厂	d　厂	e　厂
原　料		氧化焙砂	蒸馏渣	蒸馏渣	蒸馏渣	酸化焙砂
硫酸浓度/g·L⁻¹		150	80~150	280~320	150	90~100
液固比		4:1	(4~5):1	4:1	(8~9):1	6:1
反应温度/℃		80~90	80~90	80~85	80	80~90
反应时间/h		2	3~4	5	6	4
浸出率/%	铜	99.6	>98	99	>97	99①、95②
	银	—	98.5~99	>98	0.63①	
	硒	>98	84.4			
	碲	>98	50			
	镍	—	—	93①、90②		
1t 干泥酸耗(100% 硫酸)/t		—	0.5	0.8~1.0	1.5	0.76①、0.76②
1t 干泥酸耗(31% 盐酸)/kg		70	—	—	—	—
1t 干泥盐耗(90% 食盐)/kg		—	55	—	—	—

① 一次焙砂浸出液；
② 二次焙砂浸出液。

蒸硒渣中 50% 以上的碲留在浸铜渣中。浸铜渣中碲含量高时，将影响金、银直收率和金、银品位，必要时须增加脱碲作业。浸铜渣中脱碲有 NaOH 法和 HCl 法。

C　碱浸脱碲、铅

碱浸脱碲、铅时，呈亚碲酸钠和亚铅酸钠形态转入浸液中。其反应可表示为：

$$TeO_2 + 2NaOH \longrightarrow Na_2TeO_3 + H_2O$$

$$PbSO_4 + 4NaOH \longrightarrow Na_2PbO_2 + Na_2SO_4 + 2H_2O$$

浸液用硫酸或盐酸中和可沉淀析出 TeO_2。其反应可表示为：

$$Na_2TeO_3 + H_2SO_4 \longrightarrow TeO_2 \downarrow + Na_2SO_4 + H_2O$$

碲、铅分离工艺条件为：NaOH 120 ~ 160g/L，液固比（5 ~ 6）：1，80 ~ 90℃，浸出 3 ~ 4h。浸出率为：Te 60% ~ 70%，Pb 26%，As 95%，Bi 2.03%。

盐酸浸出碲的反应为：

$$TeO_2 + 4HCl \longrightarrow TeCl_4 + 2H_2O$$

浸出工艺条件为：HCl 5mol/L，H_2SO_4 0.5mol/L，室温，液固比（5 ~ 6）：1，浸出 2 ~ 3h。浸出液在室温下通入 SO_2 气体即可沉淀析出碲。其反应可表示为：

$$TeCl_4 + 2SO_2 + 4H_2O \longrightarrow 2H_2SO_4 + 4HCl + Te \downarrow$$

脱碲时，铅、砷、锑、铋也一起转入浸出液中。

D　硝酸浸出脱铅

某厂分银后，采用硝酸浸出脱铅，分银渣中95%的铅转化为 $PbCO_3$，硝酸浸出时转化为 Pb（NO_3）$_2$ 进入浸液中。浸出工艺条件为：液固比（6 ~ 8）：1，硝酸浓度 2mol/L，常温，搅拌浸出 2h，铅浸出率达90%以上。

E　铜阳极泥低温氧化焙烧、酸浸铜、硒、碲

铜阳极泥低温氧化焙烧是使铜转化为 CuO，破坏 Ag_2Se 的结构和使硒呈亚硒酸盐形态存在于焙砂中。其主要反应为：

$$2Cu_2S + 5O_2 \longrightarrow 2CuSO_4 + 2CuO$$

$$Cu_2Se + 2O_2 \longrightarrow CuO + CuSeO_3$$

$$2Ag_2Se + 3O_2 \longrightarrow 2Ag_2SeO_3$$

$$Ag_2Se + O_2 \longrightarrow 2Ag + SeO_2$$

$$Cu_2Te + 2O_2 \longrightarrow CuTeO_3 + CuO$$

$$2Ag_2Te + 3O_2 \longrightarrow 2Ag_2TeO_3$$

低温氧化焙烧在电阻炉内进行，向炉内鼓入空气，炉温为 350 ~ 375℃，碲的氧化速度比硒慢。用稀硫酸浸出焙砂，并加入适量盐酸沉银，铜、硒、碲转入浸液中，分别用 SO_2 还原硒，铜粉置换碲，置后液生产硫酸铜。

国外焙烧温度为 700 ~ 780℃，为高温氧化焙烧。在此条件下，SeO_2 挥发进入烟气。高温氧化焙烧产生熔结现象，常须加石英粉、氧化铝粉惰性物料防止熔结，烧渣须细磨才能进行湿法处理。

9.2.3.5　分银作业

分银原料（脱贱金属后的浸渣或分金渣）中银呈 AgCl 形态存在，常用氨或亚硫酸钠

作浸出剂。

A 氨浸银-水合肼还原工艺

氨浸银的反应为：

$$AgCl + 2NH_3 \longrightarrow Ag(NH_3)_2^+ + Cl^- \qquad \Delta G^\ominus = -14.54kJ$$

$AgCl$-NH_3-H_2O 系 ε-pH 图如图 9-8 所示。

从图 9-8 中曲线可知，pH 值大于 7.7 时，$AgCl$ 才能转变为银氨配阳离子。当 pH 值大于 13.5 时，银氨配阳离子将析出 Ag_2O 沉淀。因此，氨浸银的终了 pH 值不宜过高。氨浸银在室温下进行，氨浓度为 8%～10%，按银含量为 35g/L 确定液固比，搅拌浸出 4h。

氨浸液用水合肼（联氨）还原可得银含量为 98% 以上的银粉。还原反应为：

$$4Ag(NH_3)_2^+ + N_2H_4 + 4H^+ \longrightarrow 4Ag\downarrow + N_2 + 8NH_3 + 4H_2O$$

$$\Delta G^\ominus = -591.62kJ$$

还原工艺条件：水合肼用量为理论量的 2 倍，60℃，还原 30min，银还原率大于 99%。

氨浸银时常用 $NaHCO_3$ 或 Na_2CO_3 将 $PbSO_4$、$PbCl_2$ 同时转化为更难溶的 $PbCO_3$：

$$PbSO_4 + NH_4HCO_3 + NH_4OH \longrightarrow PbCO_3 + (NH_4)_2SO_4 + H_2O$$

298℃时各化合物的溶度积（K_{SP}）：$PbCO_3$ 为 7.4×10^{-14}，$PbCl$ 为 1.6×10^{-6}，$PbSO_4$ 为 1.6×10^{-8}。

氨浸银-脱铅工艺流程如图 9-9 所示。

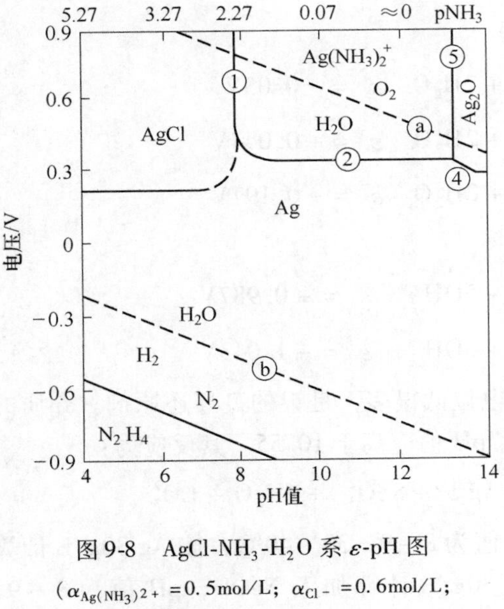

图 9-8 $AgCl$-NH_3-H_2O 系 ε-pH 图

$(\alpha_{Ag(NH_3)_2^+} = 0.5mol/L; \ \alpha_{Cl^-} = 0.6mol/L;$

$[NH_3]_T = 1mol/L; \ p_{O_2} = p_{H_2} = 1 \times 10^5 Pa)$

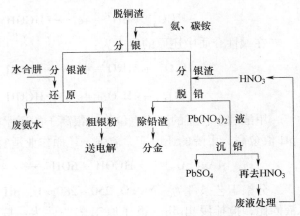

图 9-9 氨浸银-脱铅工艺流程

分银渣用 5% 氨水洗涤、热水洗涤后，在不锈钢反应釜中加硝酸浸铅，终点 pH 值为 1.0，常温搅拌浸出 2h。

B 亚硫酸钠-甲醛还原工艺

亚硫酸钠浸银的反应为：

$$AgCl + 2Na_2SO_3 \longrightarrow Ag(SO_3)_2^{3-} + NaCl + 3Na^+ \qquad \Delta G^\ominus = -21.45kJ$$

AgCl-SO$_3^{2-}$-H$_2$O 系 ε-pH 图如图 9-10 所示。

从图 9-10 中曲线可知，pH 值大于 5 时，AgCl 才能转变为银的亚硫酸根配阳离子，提高亚硫酸根浓度和降低氯离子浓度将利于氯化银浸出。银亚硫酸根配阳离子转变为 Ag$_2$O 沉淀的 pH 值很高，故浸出过程中不会产生 Ag$_2$O 沉淀。

SO$_3^{2-}$ 在 pH 值大于 7.2 的介质中才稳定，pH 值小于 1.9 时转变为 H$_2$SO$_3$，故亚硫酸钠浸银的 pH 值应高于 7.2，适宜 pH 值为 8 左右。亚硫酸钠浸银液可用甲醛（HCOH）、水合联氨（N$_2$H$_4$ · H$_2$O）或连二亚硫酸钠（Na$_2$S$_2$O$_4$）还原银，并可再生亚硫酸钠。

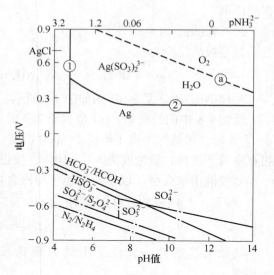

图 9-10　AgCl-SO$_3^{2-}$-H$_2$O 系 ε-pH 图
（$\alpha_{\mathrm{Ag(SO_3)_2^{3-}}}$ = 0.25mol/L；$\alpha_{\mathrm{Cl^-}}$ = 0.5mol/L；
$\alpha_{(\mathrm{SO_3^{2-}})_T}$ = 1mol/L；$p_{\mathrm{O_2}}$ = $p_{\mathrm{H_2}}$ = 1 × 10^{5}Pa）

甲醛（HCOH）在 pH 值小于 6.38 的介质中还原时，被氧化为 H$_2$CO$_3$。在 pH 值为 6.38 ~ 10.25 还原时，被氧化为 HCO$_3^-$。甲醛氧化时产生大量 H$^+$，使酸度上升。其反应为：

$$\mathrm{H_2CO_3 + 4H^+ + 4}e \longrightarrow \mathrm{HCOH + 2H_2O} \qquad \varepsilon^{\ominus} = -0.05\mathrm{V}$$

$$\mathrm{HCO_3^- + 5H^+ + 4}e \longrightarrow \mathrm{HCOH + 2H_2O} \qquad \varepsilon^{\ominus} = +0.044\mathrm{V}$$

$$\mathrm{CO_3^{2-} + 6H^+ + 4}e \longrightarrow \mathrm{HCOH + 2H_2O} \qquad \varepsilon^{\ominus} = +0.197\mathrm{V}$$

在碱性介质中还原的反应为：

$$\mathrm{HCO_3^- + 3H_2O + 4}e \longrightarrow \mathrm{HCOH + 5OH^-} \qquad \varepsilon^{\ominus} = -0.987\mathrm{V}$$

$$\mathrm{CO_3^{2-} + 4H_2O + 4}e \longrightarrow \mathrm{HCOH + 6OH^-} \qquad \varepsilon^{\ominus} = -1.043\mathrm{V}$$

甲醛和水合肼的还原电位均比银离子的还原电位低得多，是银的良好还原剂。介质的 pH 值愈高，甲醛的还原能力愈强，还原作业适宜 pH 值应高于 10.55。其反应为：

$$\mathrm{4Ag(SO_3)_2^{3-} + HCOH + 6OH^- \longrightarrow 4Ag\downarrow + 8SO_3^{2-} + 4H_2O + CO_3^{2-}}$$

分银工艺条件为：Na$_2$SO$_3$ 250 ~ 280g/L，pH 值为 8 ~ 9，30 ~ 40℃，按 Ag 30g/L 计算液固比，搅拌浸出 5h。银还原工艺条件为：按 30g/L 计算加入 NaOH，pH 值为 8 ~ 9，40 ~ 50℃加甲醛，$m_{甲醛}$: $m_{银}$ = 1 : (2.5 ~ 3)，终点含银 0.5 ~ 1g/L，过滤得银粉。还原后液通 SO$_2$ 使介质 pH 值从 14 降至 8.5 ~ 9，返回分银作业。

随循环次数增加，母液中的 Cl$^-$ 会积累，分银效果变差。当银浸出率低于预期时，将母液进行深度还原而后弃去。母液循环次数常为 10 次。亚硫酸钠浸银时浸液污染小，作业环境好，母液可循环使用。

C　浸银工艺条件和技术指标

浸银工艺条件和技术指标列于表 9-12 中。

表 9-12 浸银工艺条件和技术指标

项 目	氨浸分银工艺	亚硫酸钠浸出分银工艺	项 目	氨浸分银工艺	亚硫酸钠浸出分银工艺
浸出剂浓度	10%	250g/L	银直收率/%	98.95	96.00
液固比	(4~5):1	7:1	分银渣含银/%	0.02	0.70
$m_{Na_2CO_3}:m_{PbCO_3}$	1.3:1	—	1kg 银消耗氨/kg	2.67	
反应温度/℃	常温	30~40	1t 干泥消耗亚硫酸钠/t	—	0.34
搅拌时间/h	4	3~5	1t 干泥消耗二氧化硫/kg	—	85
溶液 pH 值	—	8~8.5	1kg 铅消耗碳酸钠/kg	0.70	—
终点溶液含银/g·L^{-1}	<35	<32	1kg 银消耗甲醛/kg	—	0.9
银浸出率/%	99.95	97.68	1kg 银消耗水合肼/kg	0.3	—

9.2.3.6 分金作业

A 金的浸出

进入分金作业的原料中金呈金属态存在，除几个厂采用氰化钠浸出外，多数厂采用水溶液氯化浸出，即采用氯气或氯酸钠作氧化剂，在 HCl-NaCl 水溶液或 H_2SO_4-NaCl 水溶液中浸出金。工业生产中多数采用氯酸钠作氧化剂。分金初始酸度为 1~2mol/L，采用盐酸时，NaCl 浓度为 30~40g/L。采用硫酸时，NaCl 浓度为 60~80g/L。采用硫酸可抑制生成氯化铅，可提高金粉纯度。分金液固比为 (3~6):1，温度为 80~90℃。分金反应为：

$$2Au + 2NaClO_3 + 6HCl \longrightarrow 2NaAuCl_4 + 3H_2O + 1\frac{1}{2}O_2$$

25℃，Au-Cl$^-$-H_2O 系 ε-pH 图如图 9-11 所示。

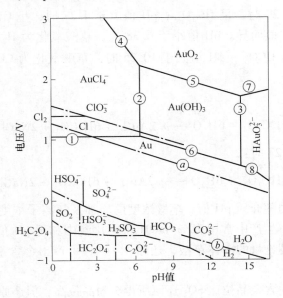

图 9-11 25℃，Au-Cl$^-$-H_2O 系 ε-pH 图

($\alpha_{AuCl_4^-} = 0.5mol/L$；$\alpha_{Cl^-} = 0.1mol/L$；$p_{O_2} = p_{H_2} = 1 \times 10^5 Pa$)

从图 9-11 中曲线可知，$AuCl_4^-$ 只当 pH 值小于 3 时才能稳定存在；pH 值大于 6.5 时 $AuCl_4^-$ 易水解为胶体 $Au(OH)_3$；pH 值大于 14.4 时则转变为 $HAuO_3^{2-}$，$Au(OH)_3$ 和 $HAuO_3^{2-}$ 在热力学上均不稳定。

分金原料中的铂、钯也被氯酸钠氧化浸出。其反应为：

$$3Pt + NaClO_3 + 6HCl + 5NaCl \longrightarrow 3Na_2PtCl_4 + 3H_2O$$

$$3Pd + NaClO_3 + 6HCl + 5NaCl \longrightarrow 3Na_2PdCl_4 + 3H_2O$$

Na_2PdCl_4、Na_2PtCl_4 进一步氧化为 Na_2PdCl_6、Na_2PtCl_6：

$$3Na_2PdCl_4 + NaClO_3 + 6HCl \longrightarrow 3Na_2PdCl_6 + 3H_2O + NaCl$$

$$3Na_2PtCl_4 + NaClO_3 + 6HCl \longrightarrow 3Na_2PtCl_6 + 3H_2O + NaCl$$

当 pH 值大于 5 时，Na_2PdCl_4 和 Na_2PdCl_6 易水解为氢氧化钯沉淀，故浸液 pH 值应小于 5。pH 值大于 1.29 时，铂氯配合物也易转变为氢氧化物。因此，为保证金、铂、钯浸出，防止其水解，浸液 pH 值应小于 1，氯酸钠浸出时的酸度愈高，对浸出金、铂、钯愈有利。

B　还原沉析金

固液分离，用 SO_2 或草酸还原沉析金。SO_2 还原沉析金的反应为：

$$2NaAuCl_4 + 3SO_2 + 6H_2O \longrightarrow 2Au\downarrow + 3H_2SO_4 + 2NaCl + 6HCl$$

还原反应产生酸，提高 pH 值有利于还原反应。为了防止重金属离子被还原和水解以提高金粉品位，常在较高酸度下还原，酸度为 1mol/L 条件下还原可获得含金 99.9% 的金粉。然后提高 pH 值用 SO_2 进行深度还原，可获得含金较低的金粉，再送提纯。

草酸在溶液中的存在形态与介质 pH 值有关。pH 值小于 1.27 时，草酸以 $H_2C_2O_4$ 存在；pH 值为 1.27 ~ 4.27 时，呈 $HC_2O_4^-$；pH 值大于 4.27 时，呈 $C_2O_4^{2-}$。草酸还原金时，其氧化产物因介质 pH 值而异。pH 值小于 6.38 时，草酸氧化为 H_2CO_3；pH 值为 6.38 ~ 10.25 时，草酸氧化为 HCO_3^-；pH 值大于 10.25 时，草酸氧化为 CO_3^{2-}。草酸还原金时的反应为：

pH 值为 1.27 时：

$$2NaAuCl_4 + 3H_2C_2O_4 + 6H_2O \longrightarrow 2Au\downarrow + 6H_2CO_3 + 2NaCl + 6HCl$$

pH 值为 1.27 ~ 4.27 时：

$$2NaAuCl_4 + 3HC_2O_4^- + 6H_2O \longrightarrow 2Au\downarrow + 6H_2CO_3 + 2NaCl + 3HCl + 3Cl^-$$

草酸还原金的能力随介质 pH 值、草酸浓度的增加及氯离子浓度和草酸氧化产物浓度的降低而增大。因此，生产中常用 20% NaOH 将氯化液中和至 pH 值为 1 ~ 2，加热至沸，在搅拌下加入 1.5 倍理论量的固体草酸，还原 4 ~ 6h，可产出金含量高于 99.9% 的金粉，趁热过滤。

草酸还原所得金粉含金品位比 SO_2 还原所得金粉品位高，但还原成本也较高。当铜阳极泥中金含量低时，分金液中金含量很低，还原所得金粉很细，难过滤收集。此时最好用萃取法从氯化分金液中富集金，然后从负载金的有机相中还原沉析金。

C 从尾液中置换沉析铂、钯

用 SO_2 或草酸从氯化浸出液中还原沉析金时，铂、钯常不被 SO_2 或草酸还原，溶液中的铂、钯可用锌粉置换法沉淀析出铂、钯化学精矿。置换作业在常温下置换 8h，至溶液清亮为止。

铂、钯化学精矿可用王水浸出，浸液赶硝后用水解法沉淀析出氢氧化钯。固液分离后，滤液中加入氯化铵使铂呈氯铂酸铵形态沉淀析出，经过滤、干燥、煅烧产出粗铂。

氢氧化钯经盐酸溶解，加入氢氧化铵生成配合物，再加盐酸酸化可沉淀析出二氯二氨配亚钯，经过滤、干燥、煅烧产出粗钯，经氢还原产出金属钯。

除从铜阳极泥中先脱除贱金属杂质再提取贵金属的湿法工艺外，国内外也在研究铜阳极泥先氯化（通氯气或电氯化）分金，银呈 AgCl 进入渣中（Pb-Ag 渣），金、铂、钯和其他贱金属转入浸液中，然后从浸液中逐步回收贵金属和其他有用组分，再从氯化渣中回收银。

9.3 从铅阳极泥中回收金银

9.3.1 铅阳极泥的组成及特性

铅电解精炼时，产出粗铅质量分数 1.2% ~ 1.75% 的铅阳极泥。粗铅电解时，大部分阳极泥黏附于阳极板表面，少部分因搅动或生产操作影响从阳极板上脱落而沉于电解槽中。粗铅阳极板中的金、银、铋几乎全部进入阳极泥中，砷、锑、铜等则部分或大部分进入阳极泥中。因此，铅阳极泥的组成主要取决于粗铅阳极板的组成。某些厂铅阳极泥的组成列于表 9-13 中。

表 9-13 某些厂铅阳极泥的组成 （%）

成分	新居滨（日本）	奥罗亚（秘鲁）	特莱尔（加拿大）	中 国 a 厂	b 厂	c 厂	d 厂	e 厂	f 厂	g 厂
H_2O	—	—	—	35	—	30 ~ 35	—	15 ~ 20	5.50	—
Au	0.2 ~ 0.4	0.11	0.016	0.043	0.07	0.02 ~ 0.045	0.005	—	0.025	0.059
Ag	0.1 ~ 0.15	9.5	11.5	12.15	10.0	8 ~ 10	3 ~ 5	16.7 ~ 18.7	2.63	4 ~ 5
Se		0.07				0.015				
Te		0.74		0.30		0.1	0.1			
Bi	10 ~ 20	20.6	2.1	9.32	8.0	10.0	46	5.53	—	5.6
Cu	4 ~ 6	1.6	1.8	—		2.0	1 ~ 1.5	2.5 ~ 3.7	1.32	1.74
Pb	5 ~ 10	15.6	19.7	14.79		6 ~ 10	15 ~ 19	8 ~ 16	8.81	18.42
As		4.6	10.6	7 ~ 9		20 ~ 25	25 ~ 35	—	0.67	15 ~ 23
Sb	25 ~ 35	33.0	38.1	—		25 ~ 30	20 ~ 30	45 ~ 49	54.30	16 ~ 19
SiO_2	—	—	Sn 0.07	—		—	—	—	0.38	—
其他	—	—	—	—		—	—	—	Sn 0.38	—

从表 9-13 数据可知，铅阳极泥除含金、银外，铅、砷、锑的含量相当高。

采用氟硅酸铅电解液产出电解铅时，铅阳极泥中夹带大量电解液，溶液中有时含铅高达 323g/L，总酸量 304g/L（其中游离酸 78g/L），并含少量未溶解的添加剂。为了回收这些物质，从电解槽取出或从残极上刮下来的铅阳极泥须先经沉淀过滤，再在液固比 1.2：1下搅拌洗涤 2h 以上，使氟硅酸铅、游离酸及添加剂充分溶于热水中。经离心机或压滤机脱水，获得含水约 30% 的铅阳极泥送处理。由于各厂铅阳极泥组成及设备条件不尽相同，阳极泥处理流程各异，但除回收金银外，均尽可能回收其他有用组分。

铅阳极泥中各金属的赋存状态列于表 9-14 中。

表 9-14　铅阳极泥中各金属的赋存状态

元素	赋存状态	元素	赋存状态
Au	Au、$(Au、Ag)Te_2$	Bi	Bi、Bi_2O_3、$PbBiO_4$
Ag	Ag、$AgCl$、Ag_3Sb、$Ag_7Sb_2 \cdot x(O \cdot OH \cdot H_2O)_{6\sim7}$，$x=0.5$	Cu	Cu、$Cu_{9.5}As_4$
Sb	Sb、Ag_3Sb、$Ag_7Sb_2 \cdot x(O \cdot OH \cdot H_2O)_{6\sim7}$，$x=0.5$	Sn	Sn、SnO_2
As	As、As_2O_3、$Cu_{9.5}As_4$	其他	SiO_2
Pb	Pb、PbO、$PbFCl$		

铅阳极泥不稳定，堆存期间会氧化，可升温至 70~80℃，尤其是锑会氧化为 Sb_2O_3，堆存期愈长，氧化愈充分。

9.3.2　处理铅阳极泥的火法-电解法工艺

9.3.2.1　铅阳极泥除硒、碲

处理铅阳极泥的常规方法为火法-电解工艺，熔炼前先除硒、碲（铜高时包括除铜），再经火法熔炼产出金银合金板送电解银。

多数厂常用回转窑焙烧除硒，焙砂浸出除碲。有的厂则于贵铅氧化熔炼造渣时回收硒、碲，其操作方法与铜阳极泥分银炉氧化熔炼造碲渣的方法相似。

（1）回转窑焙烧除硒、碲：将铅阳极泥与浓硫酸混合均匀后送回转窑进行硫酸化焙烧，开始温度为 300℃，逐渐升至 500~550℃，硒呈 SeO_2 挥发，硒的回收与还原与处理铜阳极泥相同。焙砂破碎后用稀硫酸浸出碲，碲浸出率可达 70% 左右，浸液经锌粉置换得碲泥。碲泥经硫酸化焙烧氧化，再用氢氧化钠浸出，浸液经电解产出电解碲，碲的总回收率约 50%。

（2）马弗炉焙烧除硒、碲：将铅阳极泥与浓硫酸混合均匀后于焙烧炉内在 150~230℃下进行预先焙烧，然后将焙烧物料转入马弗炉内在 420~480℃下进行焙烧除硒，硒挥发率达 87%~93%。焙砂破碎后用热水浸出，浸液经锌粉置换得碲泥，然后送提纯。

9.3.2.2　铅阳极泥火法熔炼

铅阳极泥可单独或与铜阳极泥一起进行火法熔炼，某厂铅、铜阳极泥混合处理流程如图 9-12 所示。

铅阳极泥与脱铜后的铜阳极泥混合后在贵铅炉中进行还原熔炼，加入碎焦屑（或煤粉）、石灰石、碳酸钠和铁屑作熔剂。熔炼时，铁屑可使炉料中的铅、铋化合物造渣，并可改善渣的流动性。炉料中铁含量高时，可不添加铁屑。但含铁量过高会增大炉渣密度。碳酸钠可与炉料中杂质造出密度小且流动性好的钠渣。但钠可与碲生成碲酸盐渣，不利于碲的回收，故有些厂采用萤石代替碳酸钠。石灰石可降低炉渣密度，有利于贵金属的沉淀分离，但石灰石过量会提高炉渣熔点。碎焦屑（或煤粉）为还原剂，可还原炉料中的铅、

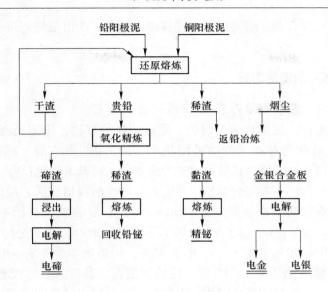

图 9-12 某厂铅、铜阳极泥混合处理流程

铋和碲，以捕集贵金属，并降低铅、铋和碲在炉渣中的损失。因此，碎焦屑（或煤粉）的加入量常为还原阳极泥中铅、铋、碲的理论量。为了使炉内呈微还原气氛，还原剂不宜过量。否则，炉内的强还原气氛将大量还原铅、铋、碲以外的金属杂质，降低贵铅中的金银含量和增大炉渣中的二氧化硅含量（有时达 40% 以上），增大炉渣黏度，造成扒渣困难，延长操作时间和增大渣中的金银损失。

还原熔炼铅阳极泥或铅、铜阳极泥混合料常用转炉或电炉，转炉常用重油或柴油作燃料，也可用煤气。采用平炉或反射炉时，加料前须扎好炉口。扎炉口是将炉口上的贵铅和杂物清除干净，再将 1 份焦炭、2 份黏土加少量水混匀制成泥团放在炉口上，用铁管一层一层扎实以免产生"跑炉"事故。炉料逐渐升温至熔化后期，用耙子搅拌熔池以加速炉料熔化。经 8h 炉料全部熔化后，彻底搅拌熔池一次，以防炉粘底。澄清 1h 后，放出上层的硅酸盐和砷酸盐稀渣，扒出黏渣。为降低黏渣中的金银损失，可在放完稀渣后再升温 1h，使夹杂于黏渣中的贵铅粒沉淀后再扒黏渣。某厂为提高贵铅品位，除渣后保持炉温 900℃，用风管向金属液面吹风氧化，至熔池液面白烟很少时才停止吹风。经沉淀后出炉，可产出金银总量达 30%～40% 以上的贵铅。

在平炉内单独熔炼铅阳极泥时，配入 1%～2% 碳酸钠，小于 3% 煤粉（或不加）。炉料在 1150～1200℃ 熔化后，沉淀 2h 放稀渣。放完稀渣后，逐渐将炉温降至 800℃ 左右，扒出干渣后出炉（干渣返回下次配料）。产出的贵铅送分银炉熔炼。含铅烟尘及稀渣，送铅回收系统作烧结配料或从烟尘中制取砷酸钠。稀渣经还原熔炼后送锑精炼。

常用转炉作分银炉，较少采用小型平炉和反射炉。当贵铅在 700～900℃ 的低温下熔析时，铜、铁及其化合物（包括锑化铜、砷化铜等）浮于液面（因其熔点高）。此时不与贵铅组成合金的各种高熔点杂质也熔析分离，与铜、铁及其化合物一起组成干渣。捞出干渣后，再进行吹风氧化，并在吹风氧化后期加硝石以强化氧化过程。熔炼碲、铋含量高的原料时，则采用与铜阳极泥分银炉相似的方法造碲渣和放铋渣。未经除硒的铅阳极泥中的硒有回收价值时，则在造碲渣同时回收硒。

分银炉产出的金银合金，熔铸阳极板送银电解精炼，产出银锭。再从电解银的阳极泥中回收金。

9.3.3　处理铅阳极泥的湿法工艺

9.3.3.1　铅阳极泥长期堆存氧化-苛性钠浸出工艺

铅阳极泥长期堆存，被氧化为灰白色、质地疏松的产物，铅阳极泥中的砷、锡、铅、锑、碲完全氧化呈氧化物存在。苛性钠浸出时，砷、锡、铅、锑、碲转入浸液中，金、银、铜、铋等留在浸渣中。浸渣送还原熔炼产出贵铅，可基本消除铅害。

某厂曾对长期堆存的不同组分的铅阳极泥进行苛性钠浸出试验，浸出工艺条件为：常温，液固比3∶1，在球磨机中混浆磨至250μm（60目），在铁搅拌槽中于液固比10∶1、NaOH初始浓度180～200g/L、温度95～100℃下搅拌浸出2h。各组分浸出率为：As 97%、Sn 94%、Pb 90%、Sb 70%～80%、Te小于40%。浸渣产率为8%～40%，金、银、铜、铋全部留在渣中，富集比达2.5～15倍。浸液浓度高，黏度大，常温难过滤。浸出后于70℃下趁热过滤可防止产生结晶。浸液送电解回收铅、锑，结晶回收砷、锡，中间产物送提纯。碱浸渣经洗涤后送还原熔炼产出含银达25%左右的贵铅，熔炼时渣流动性好。

9.3.3.2　铅阳极泥长期堆存氧化—HCl、NaCl浸出工艺

铅阳极泥长期堆存氧化或于120～150℃下烘干氧化，此时铜、砷、锑、铋氧化为相应的氧化物。采用HCl-NaCl混浸液浸出铜、砷、锑、铋。金、银、铅留在浸渣中。其工艺流程如图9-13所示。

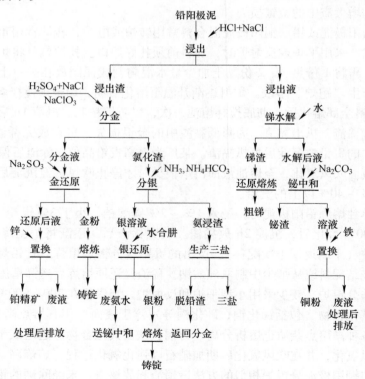

图9-13　铅阳极泥长期堆存氧化—HCl、NaCl浸出工艺流程

该工艺各组分回收率为：Au 97.14%、Ag 95%、Sb 82.68%、Bi 84.17%、Pb 77.44%。

该工艺特点为湿法工艺，适于处理金、银含量高的铅阳极泥，设备简单，规模可大可小，可回收多种组分，经济效益好。其主要缺点是设备防腐要求高。

9.3.3.3 铅阳极泥液氯浸出工艺

铅阳极泥液氯浸出工艺流程如图9-14所示。

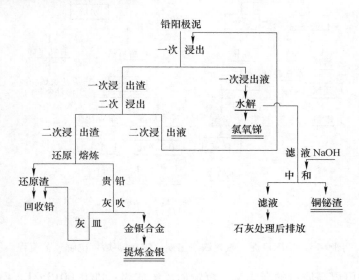

图9-14 铅阳极泥液氯浸出工艺流程

采用HCl-Cl$_2$作浸出剂，控制还原电位进行两次浸出，使锑、铋、铜转入浸液中，金、银留在浸渣中。经两次浸出的浸渣可进行还原熔炼产出贵铅，也可用碱转化得富银渣，熔炼为金银合金板送银电解和金电解，直接生产金、银。一次浸液可用水解法产出氢氧化锑，水解后液经中和产出铜铋渣，送分离铜、铋。

9.3.3.4 铅阳极泥三氯化铁浸出铜、铋、锑-熔炼电解工艺

铅阳极泥三氯化铁浸出铜、铋、锑-熔炼电解工艺流程如图9-15所示。

三氯化铁浸出铜、铋、锑的工艺条件为：料铁比为1:(0.72 ~ 0.76)(0.72相当于140g/L Fe^{3+})，酸度0.5mol/L HCl，液固比(5 ~ 7):1，60 ~65℃浸出5h。浸出液用水稀释，SbCl$_3$水解析出SbOCl，银呈AgCl析出。其反应为：

$$SbCl_3 + H_2O \longrightarrow SbOCl\downarrow + 2HCl$$

$$Ag^+ + Cl^- \longrightarrow AgCl\downarrow$$

浸液用水稀释6倍，pH值为0.5，锑、银沉淀率大于99%。沉锑后液用碳酸钠中和至pH值为2 ~2.5，铋可全部水解沉析，残余的银也一起析出，铜仍留在溶液中。沉铋后液含铜约2.3g/L，可用Na$_2$S沉淀或铁屑置换-石灰中和法处理。Na$_2$S沉淀时，Na$_2$S用量为铜量的12%，温度30℃下搅拌1h。沉铜后液组成为：Pb 0.0013g/L、Cu 小于0.001g/L、Sb 0.016g/L、Bi 0.0019g/L，基本达到排放标准。

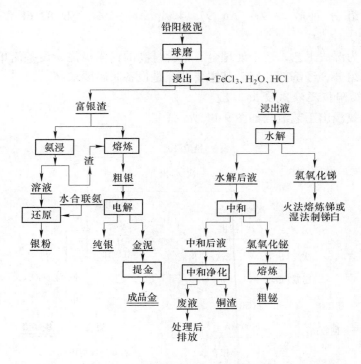

图 9-15　铅阳极泥三氯化铁浸出铜、铋、锑-熔炼电解工艺流程

铁屑置换法可得高质量的海绵铜，沉铜后液组成为：Pb 0.0013g/L、Cu 0.001g/L、Sb 0.022g/L、Bi 0.023g/L、As 0.006g/L。再用石灰中和至 pH 值为 8～9，废液组成为：Pb 0.001g/L、Cu 小于 0.001g/L、Sb 0.003g/L、Bi 0.001g/L、As 微量，达直接排放标准。

95％以上的银和全部金富集于三氯化铁浸出渣中，渣含银大于 50％，可用成熟的熔炼电解法处理。如用苏打、炭粉（3％）进行熔炼得粗银，银回收率为 95％～97％。粗银电解得银粉，经熔铸产出银锭。银电解阳极泥经硝酸浸煮除银，用电解提纯或化学提纯产出金锭。也可用氨浸法回收三氯化铁浸出渣中的银，氨浸温度 50～70℃，浸液用水合肼还原，银回收率大于 99％。氨浸渣还原熔炼得粗银，粗银电解得银粉，再从银电解阳极泥中回收金。

9.3.3.5　铅阳极泥湿法处理工艺

铅阳极泥湿法处理工艺流程如图 9-16 所示。

用氯化钠-盐酸混合液直接从铅阳极泥中浸出铜、铋、锑。试验用铅阳极泥组成为：Au 0.4％～0.9％、Ag 8％～12％、Sb 40％～45％、Pb 10％～15％、Cu 4％～5％、Bi 4％～8％、As 0.87％、Fe 0.62％、Zn 0.03％、Sn 0.001％。在液固比 6∶1、70～80℃、终酸 1.5mol/L HCl、[Cl⁻] 5mol/L 条件下搅拌浸出 3h，各组分浸出率为：Sb 99％、Pb 29％～53％、Bi 98％、Cu 90％、As 90％。用常规方法从浸出液中回收锑、铋、铜。

浸渣采用硫酸、氯化钠和氯酸钠混合液浸金，在液固比 6∶1、硫酸 100g/L、氯化钠 80g/L、80～90℃、氯酸钠用量为铅阳极泥重的 3.5％～5％的条件下搅拌浸出 2h，金浸出率大于 99.5％。浸液用亚硫酸钠还原得金粉，金粉含金 95％～98％，金回收率大于 98％。

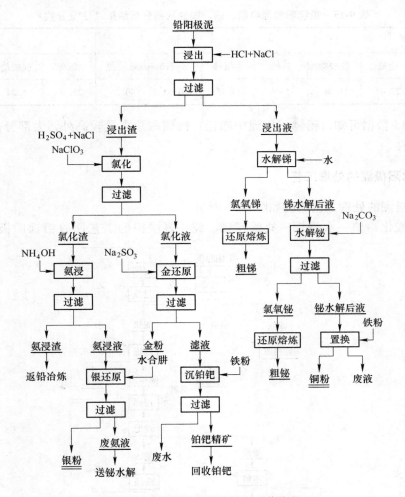

图 9-16 铅阳极泥湿法处理工艺流程

浸金渣采用 1∶1 氨水，在 30℃、液固比（5～8）∶1 的条件下搅拌浸出 2h，银浸出率为 99.5%。浸银液用水合肼还原，银回收率为 97%。

此工艺除回收金、银外，可综合回收其他有用组分（如铅、锑、铋、铜等），其回收率为：Pb 84%、Sb 70%、Bi 85%、Cu 92%。

9.4 铅锑阳极泥的处理工艺

9.4.1 铅锑阳极泥的组成

采用火法熔炼脆硫铅锑矿浮选精矿时，产出含铅 60% 左右、含锑 36% 左右的铅锑合金。该合金铸成阳极板送电解提铅，铅残极送电解提锑。这两次电解过程中，只在电锑作业产出阳极泥。此阳极泥中除含铅、锑外，还集中了铅锑合金中的其他有用组分。铅锑阳极泥组成为：Pb 36.67%、Sb 24.27%、Cu 8.73%、Ag 2.81%、Bi 2.43%、Sn 0.49%、As 4.49%。

铅锑阳极泥中铅、锑、铜的物相分析结果列于表 9-15 中。

表 9-15　铅锑阳极泥中铅、锑、铜的物相分析结果（质量分数）

金　属	铅			锑			铜		
物　相	金属	硫酸盐	其他	可溶锑	金属锑	硫酸盐	金属	硫酸盐	其他
含量/%	27.45	56.86	15.69	13.15	46.65	40.20	25.30	1.24	73.46

从表 9-15 数据可知，铅锑阳极泥中除铅、锑硫酸盐含量较高外，大部分呈金属态和其他形态存在。

9.4.2　铅锑阳极泥的处理工艺

铅锑阳极泥的处理工艺流程如图 9-17 所示。

采用硫酸化焙烧—水浸铜—盐酸浸锑、铋—氨浸银的工艺回收铅锑阳极泥中的铅、

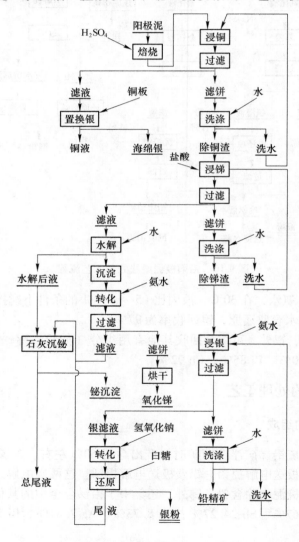

图 9-17　铅锑阳极泥的处理工艺流程

锑、铋、银、铜等有用组分。对铅锑阳极泥进行硫酸化焙烧可使呈金属态和其他形态存在的有用组分转变为相应的硫酸盐。水浸焙砂，铜转入浸液中，少量硫酸银也转入浸液中，用铜板置换可得海绵银。硫酸化焙烧温度与铜、银浸出率的关系如图9-18所示。

水浸焙砂可在室温、液固比(2~10):1条件下浸出1~2h或在90℃、液固比3:1条件下浸出1h，铜浸出率大于96%，银浸出率取决于硫酸化焙烧温度。

浸铜渣组成为：Sb 25.58%、Bi 2.01%、Ag 2.92%，采用盐酸浸出锑。盐酸浓度与锑浸出率的关系如图9-19所示。

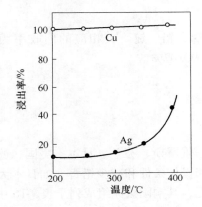

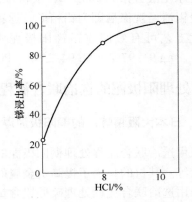

图9-18　硫酸化焙烧温度与铜、银浸出率的关系
（液固比3:1，90℃，水浸90min）

图9-19　盐酸浓度与锑浸出率的关系
（液固比10:1，90℃，浸出90min）

采用10%的盐酸，在液固比10:1、90℃条件下浸出1.5h，锑浸出率大于98%。若在液固比8:1的相同条件下浸出，虽然锑浸出率相同，但浸液冷却后会析出大量的晶体，给下步分离造成困难。因此，盐酸浸锑的液固比以10:1为宜。按上述条件浸出可得含锑28~30g/L、含铋3g/L的浸液。可利用锑、铋浓度差进行分步水解，第一步水解终点pH值为0.5，90%以上的锑呈氯氧锑水解沉淀，铋几乎全部留在溶液中。第二步水解终点pH值为6.0，含铋沉淀物组成为：Bi 5%、Sn 0.5%、Sb 1%左右。

浸锑渣含Pb 58%、Ag 5.4%。可用4mol/L的氨水，在液固比10:1、30~40℃条件下浸出1h，银浸出率可达85%。浸出时间与银浸出率的关系如图9-20所示。

从图9-20曲线可知，银浸出率随浸出时间的增加而迅速降低。浸出时的主要反应为：

$$AgCl \rightleftharpoons Ag^+ + Cl^-$$

$$Ag^+ + 2NH_3 + Cl^- \rightleftharpoons Ag(NH_3)_2Cl$$

加热浸出时，随浸出时间的增加，氨的挥发损失增大，反应向左进行，已溶银重新转化为氯化银留在浸渣中。

银浸液中含银5g/L左右，将其加热至80℃后，

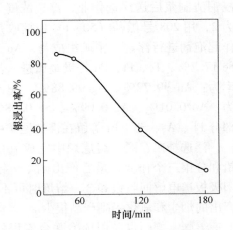

图9-20　浸出时间与银浸出率的关系

加入苛性钠溶液并按一定比例加入白糖，银被还原呈海绵银沉淀析出。沉银的主要反应为：

$$Ag(NH_3)_2Cl + NaOH \longrightarrow Ag(NH_3)_2OH + NaCl$$

$$\underset{(白糖)}{C_{12}H_{22}O_{11}} + H_2O \longrightarrow \underset{(葡萄糖)}{C_6H_{12}O_6} + \underset{(果糖)}{C_6H_{12}O_6}$$

$$2Ag(NH_3)_2OH + RCHO \longrightarrow 2Ag\downarrow + RCOONH_4 + 3NH_3 + H_2O$$

还原尾液含银 0.005g/L，银粉含银 99% 左右。

浸银渣经洗涤后即为铅精矿，返铅熔炼。

此工艺可有效回收铅锑阳极泥中的铜、银、锑、铅、铋。其相应的回收率为：Cu 97.8%、Ag 91.97%、Sb 94.25%、Pb 89.65%、Bi 90.07%。

9.5　处理阳极泥的选冶联合流程

9.5.1　日本大阪精炼厂的铜阳极泥浮选工艺

采用选冶联合流程处理铜阳极泥的国家有中国、俄罗斯、芬兰、日本、美国、德国和加拿大等。其目的是为了提高贵金属的回收率，改善操作条件和减少铅害。如日本大阪精炼厂采用选冶联合流程处理硫酸铅含量高的铜阳极泥，其铜阳极泥组成列于表 9-16 中。

表 9-16　日本大阪精炼厂的铜阳极泥组成　　　　　　　　　（%）

产品	$Au/kg \cdot t^{-1}$	$Ag/kg \cdot t^{-1}$	Cu	Pb	Se	Te	S	Fe	SiO_2
铜阳极泥 A	22.55	198.5	0.6	26	21	2.2	4.6	0.2	2.4
铜阳极泥 B	6.24	142	0.6	31	17	1.0	6.7	0.1	1.0

原处理流程为：氧化焙烧脱硒—熔炼铜锍和贵铅—灰吹（氧化精炼）—银、金电解。试验后改为选冶联合流程（见图 9-21）。

将硫酸加入磨机中进行磨矿脱铜，同时将铜阳极泥磨至 −0.003mm 占 100%。经固液分离后，从浸液中回收铜。浸铜渣制浆后送浮选作业，浮选浓度为 10%，矿浆 pH 值为 2，用 208 号黑药（50g/t）作捕收剂，甲基异丁基甲醇作起泡剂进行浮选。精矿组成为：Au 1.2%，Ag 42.35%，Se 17.7%，Te、Pt、Pd 等贵金属进入浮选精矿；浮选回收率为：Au 99.72%、Ag 99.88%、Se 99.73%。尾矿组成为：Au 0.01%、Ag 0.09%、Se 0.08%、Pb 57.32%，大部分 Pb、As、Sb、Bi 等留在浮选尾矿中。

浮选精矿在同一熔炼炉中完成氧化焙烧脱硒、熔炼贵铅和分银三个作业，最后产出硒尘、银阳极板和炉渣。银阳极板送电解回收银和金。熔炼时可不添加熔剂和还原剂，产出的烟尘和氧化铅副产品很少。

美国、德国也采用选冶联合流程处理铜阳极泥，其工艺流程和指标大致与日本相似。

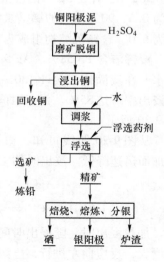

图 9-21　日本大阪精炼厂浮选法处理铜阳极泥的工艺流程

1972 年报道的苏联的铜阳极泥实验室浮选工艺试验结果，在 150~200g/t 的硫酸介质中采用 250g/t 丁基黄药作捕收剂进行浮选，60%~65% 的铜进入溶液，98%~100% 的金、银、钯、硒等进入浮选精矿中，镍富集于浮选尾矿中。此工艺可富集金、银、钯、硒，可实现铜阳极泥脱铜。

9.5.2 我国的铜阳极泥浮选工艺

我国铜冶炼厂先采用氯酸钠浸出铜阳极泥，使铜、硒和部分金、铂、钯转入浸液中，浸出矿浆不过滤，直接加入适量铜粉使氯化银转变为金属银，使浸液中的金、铂、钯还原析出，并可使部分极难浮选的贵金属结合体得到"活化"，提高这部分"顽固"贵金属结合体的可浮性。但铜粉过量时，可使浸液中的亚硒酸和硒酸还原为金属硒，降低硒回收率。对硒含量高的铜阳极泥，氯酸钠酸化浸出后，可先加入一定量的铜粉将浸液中的大部分金、铂、钯还原析出，使硒留在浸液中，然后加少量活性炭吸附浸液中残余的金、铂、钯。矿浆过滤、洗涤脱铜、硒。

滤饼制浆后送浮选作业，浮选采用丁基铵黑药和丁基黄药作捕收剂，2 号油作起泡剂，硫酸为调整剂，六偏磷酸钠为抑制剂，在 pH 值为 2~2.5 条件下进行浮选。浮选精矿中的金、银回收率均大于 99%，尾矿中的金银含量分别降至小于 20g/t 和 0.06%。

浮选精矿配入适量苏打，在熔炼炉中进行氧化熔炼，扒渣后的"开门合金"达 89%，经 3h 吹风氧化精炼，含银可升至 98.6%，产出银阳极板送电解回收银和金。因此，含硒低的铜阳极泥可直接采用氯酸盐浸出—铜粉还原—浮选—浮选精矿熔炼—电解工艺；含硒高的铜阳极泥可采用氯酸盐浸出—铜粉还原—活性炭吸附—浮选—浮选精矿熔炼—电解工艺。

上述选冶联合流程已用于云南冶炼厂和天津电解铜厂的铜阳极泥处理。生产实践表明，选冶联合流程处理铜阳极泥可使贵金属与铅获得较好的分离，贵金属回收率高，可简化火法熔炼流程，降低生产成本并可基本上根除铅害。

9.6 铅毒的防护和治疗

9.6.1 铅毒的来源及排放标准

生产贵金属过程中的氧化熔炼、灰吹等作业产出含大量氧化铅的烟气。贵金属湿法处理过程中也常产出含铅等重金属离子的工业废水。烟气和废水中排出的铅均可造成铅害，故世界各主要国家均制定了采用空气监测法的大气和水中允许铅含量及排放标准。我国规定的标准列于表 9-17 中。

表 9-17 我国规定的大气和水中允许铅含量及排放标准

类 别	居民区大气 /mg·m^{-3}	车间空气 /mg·m^{-3}	排放废气（100m 烟囱）/mg·m^{-3}	排放废气（120m 烟囱）/mg·m^{-3}	排放废水 /mg·L^{-1}	饮用水 /mg·L^{-1}
含铅极限	0.0007	<0.01	34	47	1.0	<0.1

铅主要由呼吸道吸入人体，其次由消化道进入人体。一般城市居民（非生产车间）每天从空气、食物及饮用水中带入人体内的铅量为 70~750μg，其中从蔬菜、谷物及肉类等

食物中摄取的铅量约300μg。在冶炼厂及其周围地区，因存在大量的铅烟和铅尘，人体摄取的铅量常高达上述值的许多倍。由呼吸道吸入的铅经人体吸收后进入血液，结合为可溶性的磷酸氢铅、甘油磷酸铅、蛋白复合物或呈铅离子形态存在。其中90%左右的铅迅速与红细胞结合，在循环中被各种组织吸收后，一部分经尿、粪排出，另一部分经几星期后由软组织转移到骨骼，成为不易溶解的磷酸铅沉积于骨骼中。

由食物和铅污染的手指和食具等带入消化道的铅有5%～10%被吸收。由肠道入门脉、经肝脏，一部分随胆汁进入肠内由粪便排出，另一部分进入血液，通过与呼吸摄入铅相同的途径最后沉积于骨骼中。

铅及其无机化合物，一般不能经皮肤侵入人体内。

正常条件下，人体日常吸入的铅量与其排出量（其中包括积蓄量）大致处于平衡状态。一般认为铅在人体内的积蓄量每日为3～11μg，按50年计算，人体内积蓄的铅总量为51～205mg。体内积蓄的铅的90%～95%存在于骨骼中。当铅的积蓄量过多时，可在X光照片中看见骨骼内的"铅线"。

长期接触铅毒的慢性铅中毒者，在临床上常表现为神经衰弱和消化不良等症状。短期摄入大量铅而产生的急性中毒，常表现为腹绞痛和肝炎等。职业性的铅中毒很少出现重症。铅中毒的体征常出现齿龈线、贫血性脸色苍白（铅容）以及面部皮肤、血管发生痉挛等。

9.6.2 检查铅毒的方法和标准

国际上检查铅毒的方法有空气监测法和生物学监测法。空气监测法是在主通道、工业区及生产现场安装监测仪器，以检测空气中的含铅量。许多国家均采用美国工业卫生学协会和1968年国际铅会议制定的150μg/m³的临界极限标准。通常空气铅含量极限不大于150～200μg/m³时，人体血液中的含铅量（血铅）不超过每100g血中70μg。但因空气监测法系采用定点取样，测得的空气含铅量无法反映操作人员在现场工作来回走动及个人的不良习性及卫生习惯等因素。因此，不能根据空气含铅量推断人体内的血铅含量。但空气监测法测得的空气含铅量可用于指导需建立生物学监测的范围和必须建立控制污染的区域，并可用于评价所采用的控制方法的效果。

生物学监测法是直接采取人体血液、尿、毛发样品并化验其中铅含量的方法。血铅值常被认为是确定人体铅含量的唯一可靠指标。它能正确诊断是否铅中毒，预示发生铅中毒的可能性，从而可采取必要措施预防发生铅中毒。

基欧（Kehoe）医生提出的人体血液和尿中含铅量的分类标准列于表9-18中。

表 9-18 人体血液和尿中含铅量的分类标准

分　类	正常值	异常值	危险值
血铅（每100g血）/μg	10～40	50～70	80
尿铅/μg·L⁻¹	20～100	100～150	200

实践表明，此分类标准较合理，但个别对铅特敏感者，血铅含量低于每100g血中80μg时，会出现铅中毒症状，而有些人则不会。但超过此值必将增加铅中毒危险。尿铅

值比血铅值变化大，检验人体铅吸收量的可靠性差。但尿样易采，当检查得知某人早晨新鲜尿铅值过高时，则必须检验血铅值。

我国制定的人体含铅量的评价标准列于表 9-19 中。

表 9-19　我国人体含铅量的评价标准

样　品	代谢产物	生理值	生物学允许浓度（中毒判断标准）
血	铅（每 100g）/μg	5~40（平均 15）	60
尿	铅/μg·L^{-1}	5~75（平均 16）	
毛发	铅/μg·g^{-1}	3~26（平均 9.4）	20
血	红细胞 δ-ALAD	60~120 单位	
血	点彩红细胞（每百万红细胞）/个	≤300	
血	碱总红细胞/%	<0.8	
尿	δ-ALA/mg·L^{-1}	<6	
尿	粪卟啉/mg·L^{-1}	<0.15	

9.6.3　铅中毒防护与治疗

铅中毒防护应以预防为主，主要的预防措施为：

（1）对含氧化铅的烟气和烟尘应进行除尘和空气净化，如采用密闭、通风、增湿、干尘和湿尘收尘等。

（2）改进和简化工艺流程，实现操作密闭化、机械化和自动化，减少含铅气体和废水的排放，减少操作人员与铅害的接触机会。

（3）含铅废水的净化常采用中和法、吸附沉淀法和水葫芦生物净化法，处理后的废水可返回生产过程使用。

（4）加强预防铅毒的安全教育，严格遵守操作规程，养成饭前洗手、洗脸和漱口习惯。

（5）加强劳动保护，厂房墙壁和地面应光滑平整，车间应设专用进餐和吸烟室，沾染铅尘的工作服应与干净的衣服分开存放。

（6）定期进行健康检查和医疗监护，发现操作人员体内含铅量超标时，应采取行政措施减少其接触铅害的机会，直至将其调离铅害工作岗位，并进行医疗观察和复查。

治疗铅中毒主要采用驱铅疗法。目前我国用于驱铅的药物有依地酸二钠钙、二巯基丁二酸钠、促排灵（二乙烯三胺五乙酸钙）、青霉胺等。我国还采用中西医结合法、综合疗法和中药驱铅法，如服用甘草绿豆汤等均有较令人满意的疗效。急性铅中毒的腹绞痛除采用驱铅疗法外，还可对症下药，静脉注射 10% 葡萄糖酸钙 10~20mL，肌肉注射阿托品 0.5~1.0mg。

10　从混合精矿、冶炼渣和废旧物料中回收金银

10.1　从混合精矿中回收金银

10.1.1　混合精矿化学组成与处理工艺流程

　　根据金属硫化矿物浮选理论，金属硫化矿物的可浮性随 pH 值降低而增大。因此，在自然 pH 值下进行含金银的多金属硫化矿混合浮选，可提高金银的回收率。目前我国多数金银选矿厂采用混合浮选法产出含金银的混合精矿，然后从混合精矿中回收金银和综合回收各有用组分。如某厂处理来自 101 个选矿厂的混合精矿，混合精矿化学组成列于表10-1中。

表 10-1　混合精矿化学组成（质量分数）

成　分	$Au/g \cdot t^{-1}$	$Ag/g \cdot t^{-1}$	Cu	Pb	Zn	Fe	S	Ni
含量/%	130	276.6	2.09	2.12	1.38	29.65	32.00	0.005
成　分	Co	As	Sb	Bi	Mn	F	CaO	MgO
含量/%	0.0175	0.0255	0.0051	0.0026	0.024	0.0096	0.295	0.381

　　混合精矿处理工艺流程如图 10-1 所示。

　　该工艺流程主要由混合精矿的干燥与沸腾焙烧、焙砂浸出与过滤、综合回收与贵金属回收等作业组成。

10.1.2　混合精矿的干燥与沸腾焙烧

10.1.2.1　混合精矿的干燥

　　混合精矿含水约 12%，干燥时加入 5% 的芒硝（以干精矿计）。将芒硝溶于水后加入精矿中，加入芒硝后的精矿含水约 16%，混匀后送回转窑干燥。干燥采用顺流作业，窑头温度为 700~800℃，窑尾烟气温度为 120~150℃，烟气经漩涡收尘器和布袋收尘器收尘后排空。干燥后的混合精矿含水 6%~7%，干燥用煤作燃料，但灰分残炭会降低氰化浸出率。

10.1.2.2　混合精矿的沸腾焙烧

　　干燥后的混合精矿，送沸腾焙烧炉进行硫酸化焙烧，使铜、铅、锌及其他重金属元素最大限度转变为硫酸盐、碱式硫酸盐及氧化物。硫酸化焙烧温度为 600~650℃，焙烧时用汽化水套控制焙烧温度。含二氧化硫的烟气经汽化冷却器冷却、漩涡收尘器、电收尘器收尘后送硫酸车间制酸。

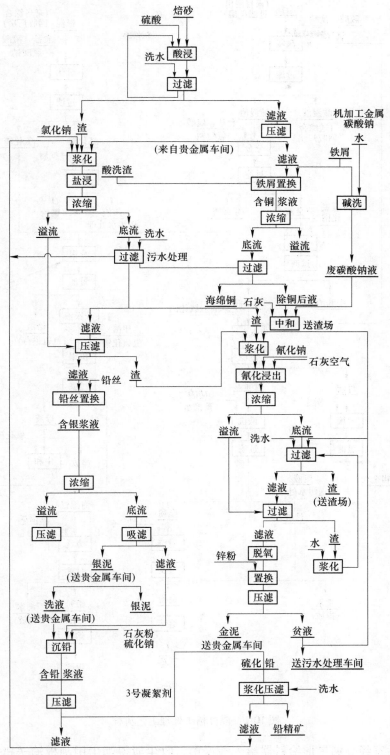

(a)

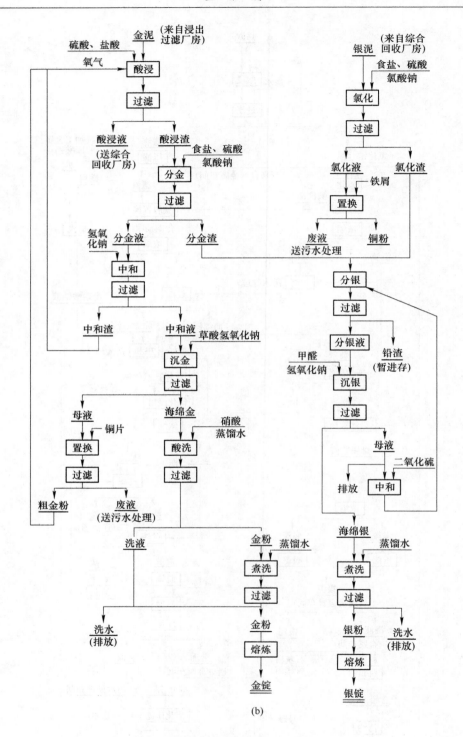

图 10-1　混合精矿处理工艺流程

　　焙砂从后室经高温星形给料器给入酸浸槽，收尘所得烟尘用刮板输送机送入酸浸槽。焙烧作业中金、银、铜、铅、锌、铁、硫的回收率均高于99%。

10.1.3　焙砂酸浸出与过滤

10.1.3.1　酸浸

用稀硫酸对焙砂进行浆化和浸出，温度 70℃，液固比为 1.5∶1，硫酸浓度 3～6g/L，浸出 1h。浸出矿浆经水平真空过滤机过滤，铜、锌转入浸液中，铜浸出率为 93.5%，金、银、铅留在浸渣中。浸液送综合回收工段，浸渣送盐浸，渣率为 85%。

10.1.3.2　酸浸渣盐浸

酸浸渣的盐浸温度为 50℃，液固比为 3∶1，氯化钠浓度 280～300g/L，浸出 2h。铅浸出率为 93%，银浸出率为 41%，渣率为 81%。浸出矿浆经浓缩，底流经水平真空过滤机过滤，用贫液和清水洗涤滤渣三次。滤液和浓缩机溢流经压滤机压滤，所得滤液送综合工段回收铅、银。第三次洗水送污水处理，盐浸渣送氰化浸出。

10.1.3.3　氰化浸出

盐浸渣氰化浸出条件为：液固比 3∶1，氰化钠浓度 0.8%，pH 值为 10～11，常温浸出 36h。浸出矿浆送浓缩机浓缩，底流经水平真空过滤机过滤，用贫液和清水洗涤滤渣三次，吸干后滤渣含水 25%。滤渣经浆化送渣场堆存。

滤液和浓缩机溢流（贵液）经真空过滤机过滤，滤液经脱氧塔脱氧，再经锌粉置换压滤产出金泥。金泥吹干后，送贵金属工段回收金银。锌粉置换后的贫液部分用于浆化、部分用于洗涤盐浸渣、部分送污水处理。

金氰化浸出率为 99.9%，氰化钠每吨盐浸渣耗量为 3.62kg。

10.1.4　综合回收工段

10.1.4.1　回收铜

来自焙砂酸浸出与过滤工段及贵金属工段的酸浸液连续给入水平转筒式置换器中，用碱洗后的机加工铁屑和小块废铁置换铜。置换温度 40℃，脱铜后液含铜 0.2g/L，铜回收率 98.9%。

置换器流出的铜粉料浆，经格筛除去粗粒铁屑，送铜粉浓缩槽。浓缩底流经离心机脱水，产出铜粉，送成品库。

脱铜后液，经石灰中和至 pH 值为 10，温度 30～40℃，中和 1h，采用中和渣泵送渣场堆存。渣组成为：Zn 6.3%、Fe 17.8%、Cu 17.2%。中和渣仍可进一步回收铜、锌。

10.1.4.2　回收银

来自酸浸渣盐浸的盐浸液连续给入水平转筒式置换器中，用铅丝置换银，置换温度 40℃，脱银后液含银 4mg/L，银回收率 96.6%。银泥料浆经格筛，送银泥浓缩槽，浓缩底流间断给入真空吸滤盘吸滤，产出银泥，再送贵金属工段回收银。

浓缩槽溢流经压滤，滤液送沉铅作业。

10.1.4.3　回收铅

脱银后液采用硫化钠和石灰沉铅，间断作业，沉铅温度 50℃，操作周期 4h，沉铅终点 pH 值为 9。硫化钠用量为理论量的 0.7 倍，沉铅后液含铅小于 0.04g/L。沉铅反应结束后，加少量凝聚剂进行浓缩澄清，底流经压滤得粗铅精矿。洗水送污水处理，滤液（盐浸贫液）返回盐浸出过滤工段循环使用。

10.1.5 贵金属工段

10.1.5.1 回收金

来自浸出过滤工段的金泥送酸浸釜，进行酸浸除铜、锌作业，酸浸为间断作业。酸浸液固比为 6∶1，硫酸浓度 1.5mol/L，温度 60~80℃，浸出 6h。铜浸出率为 98.5%，锌浸出率为 99%。作业过程中不断通入氧气，加入一定量盐酸以使银留在浸渣中。固液分离后，底流经吸滤、洗涤后送分金作业。酸浸液返回综合回收工段，洗液返回酸浸作业。

分金在分金釜中进行，间断作业。工艺条件为：温度 80~90℃，液固比为 5∶1，加入氯酸钠、食盐和硫酸作浸出剂，NaCl 40g/L、H_2SO_4 0.25mol/L、$NaClO_3$ 为分金渣中金量的 5 倍，浸出 4h。渣率为 65.25%，金浸出率为 99.7%。金转入浸液中，银留在浸渣中。浸出料浆澄清后，上清液抽至贮液罐送中和，底流经吸滤、洗涤后送分银作业，洗液返回分金作业。

分金液的中和在中和釜中间断进行。工艺条件为：温度 80℃，加入 NaOH，中和 1~2h。金回收率约 100%，产出少量中和渣，应趁热过滤。滤液送沉金作业，中和渣返酸浸作业。

沉金在沉金釜中间断进行。工艺条件为：温度 80~90℃，用草酸还原金，草酸用量为液中金量的 2~3 倍，同时滴加 NaOH 使 pH 值为 1~2，金还原率为 99.9%。沉金料浆澄清后，抽出上清液，底流过滤得海绵金。海绵金经硝酸洗涤、水洗、烘干、熔铸产出含金 99.9% 的金锭。

沉金母液在置换釜中，用铜片置换得粗金。工艺条件为：温度 80℃，pH 值为 1.5，置换率为 99.9%。粗金返酸浸作业，置换后液送污水处理。

10.1.5.2 回收银

来自综合回收工段的银泥，在氯化釜中间断进行氯化浸出，以除铜锌。工艺条件为：温度 80~90℃，液固比为 4∶1，NaCl 40g/L，H_2SO_4 0.15mol/L，$NaClO_3$ 为银泥中铜锌铁总量的 2.5 倍，浸出 4h，银、铅留在渣中。浸出料浆澄清后，底流经吸滤、洗涤后送分银作业，渣率为 73.27%，银回收率为 99.7%。氯化浸液经铁屑置换，回收铜，置后液送污水处理，洗液返回氯化作业。

分金渣和氯化渣送分银釜，间断进行银的浸出（可分别浸出或一起浸出）。工艺条件为：常温，以亚硫酸钠和硫酸钠作浸出剂，液固比为（6~8）∶1，亚硫酸钠浓度 250g/L，硫酸钠用量据液中铅量相应加入，银浸出率为 98%。浸出料浆澄清后，底流经吸滤、洗涤后返回盐浸作业。分银浸液经抽滤后送沉银作业。洗液部分返回分银作业，部分送沉银釜中单独沉银。

沉银在沉银釜中间断进行。工艺条件为：常温下以 NaOH 调 pH 值为 12~14，然后用甲醛还原银，甲醛∶银 = 1∶（2.5~3）（质量比），反应 1~2h，银还原率为 99.9%。料浆澄清后，底流抽滤得海绵银，再经蒸馏水洗、烘干、熔铸产出含银 99.9% 的银锭。

沉银母液通入二氧化硫，中和至 pH 值为 6~7，中和时间 0.5~1h，中和后补加亚硫酸钠，使母液中的亚硫酸钠浓度达 259g/L，然后将其返回分银酸浸作业。

后经流程改造，改进后的金泥处理流程如图 10-2 所示。

将来自浸出过滤工段的金泥进行两次酸浸除铜锌，浸渣一次碱浸除铅，碱浸渣烘干后送转炉熔炼（此时配银3∶7），产出金银阳极板。经电解产出银粉和黑金粉，分别熔铸产出银锭和含金97%的粗金。

金泥酸浸时会产出氰化氢气体，分金釜和氯化釜会产出氯气，银中和会产出二氧化硫气体等，均为有害气体，宜分别引入通风系统经处理后才能排空。

焙砂至最终产品的综合回收率为：Au 96.8%、Ag 63.1%、Cu 92.4%、Pb 90.4%。产品品位为：金锭 Au 不小于99.9%，银锭 Ag 不小于99.9%，铜粉 Cu 不小于76%、铅精矿 Pb 不小于52.1%，铅渣 Pb 大于6，氰化渣 Ag 129g/t。铅渣可返回盐浸作业处理，氰化渣暂时堆存。

图 10-2　改进后的金泥处理流程

10.2　从含金硫酸烧渣中回收金

10.2.1　含金硫酸烧渣化学组成

伴生金的多金属硫化矿浮选过程中常产出含金黄铁矿精矿（硫精矿），硫精矿送化工厂制酸，产出含金硫酸烧渣。含金硫酸烧渣中的金常呈包体金形态存在，烧渣再磨后常难单体解离，但可使其裸露。因此，含金硫酸烧渣再磨后可用氰化法或硫脲法提金。

烧渣多元素分析结果列于表 10-2 中。

表 10-2　烧渣成分分析结果（质量分数）　　　　（%）

成　分	Au	Cu	Pb	Zn	Fe	S
含量/%	5.28g/t	0.069	0.929	0.028	21.12	0.53
成　分	As	C	SiO$_2$	Al$_2$O$_3$	CaO	MgO
含量/%	0.054	0.091	39.9	5.39	2.51	0.65

烧渣铁物相分析结果列于表 10-3 中。

表 10-3　烧渣铁物相分析结果

铁物相	Fe(磁铁)	Fe(褐铁)	Fe(菱铁)	Fe(黄铁)	Fe(硅铁)	TFe
含量(质量分数)/%	14.68	15.86	0.056	0.95	0.39	31.936
占有率/%	45.97	49.66	0.18	2.97	1.22	100.00

烧渣筛析结果列于表 10-4 中。

表 10-4　烧渣筛析结果

粒级/μm(目)	+150(+100)	−150 +106 (−100 +150)	−106 +75 (−150 +200)	−75 +61 (−200 +240)	−61 +45 (−240 +320)	−45(−320)	合计
产率/%	27.48	3.33	4.78	1.78	8.12	54.5	100.00
金含量/g·t^{-1}	3.4	5.4	5.2	6.33	6.6	6.0	5.28
占有率/%	17.69	3.4	4.71	2.15	10.15	61.99	100.00

10.2.2　硫酸烧渣提金工艺流程

我国某化工厂硫酸烧渣提金工艺流程如图 10-3 所示。

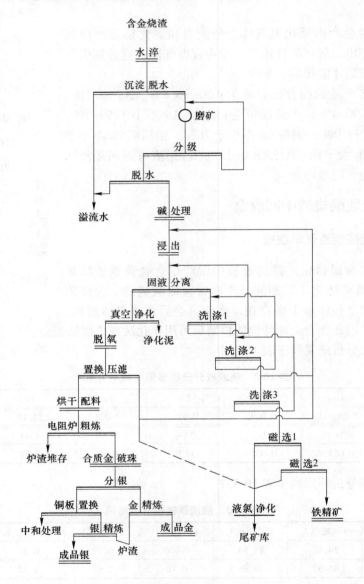

图 10-3　我国某化工厂硫酸烧渣提金工艺流程

烧渣浮选，金回收率仅 10.69%。后改用氰化提金，金浸出率可达 70%，金总回收率可达 60.2%。自然金粒度为 0.009 ~ 0.0009mm，80.22% 的自然金为单体和连生体，1.62% 为硫化矿和氧化物包体金，18.18% 为脉石包体金。

烧渣氰化提金主要由硫精矿沸腾焙烧、排渣水淬、磨矿、浓密脱水、碱处理和氰化提金等作业组成。生产实践表明，采用控制沸腾焙烧温度（800℃左右）、控制空气过剩系数（产出棕色渣）、水淬排渣、磨矿、脱水、碱处理（pH 值为 10.5 ~ 11）和氰化作业条件是提高金氰化指标的有效措施。

10.3 从铋精炼渣中提银

10.3.1 铋精炼渣的化学组成

粗铋火法精炼时，为了较彻底除去铋液中的金、银、铜等杂质，特向铋液中加入金属锌，铋精炼渣为加锌除银产出的熔析渣。渣中带有大量金属铋，渣中银、锌、铋的分离较困难。某厂曾对铋精炼渣用硫酸脱锌，脱锌渣与铜、铅阳极泥搭配熔炼回收银，铋则在银和铋二大生产系统中循环，锌回收率低，混合熔炼时易生炉结，产出含银 0.5% ~ 1% 的砷烟灰。曾对铋精炼渣进行鼓风炉熔炼，均因效果不佳而未用于工业生产。

铋精炼渣的化学组成列于表 10-5 中。

表 10-5 铋精炼渣的化学组成（质量分数） （%）

成 分	Ag	Zn	Bi	Fe	Pb	Au	Sb	Cu	As	H$_2$O
1	11.19	19.58	65.67	0.0033	0.58	微	0.05	0.539	—	—
2	7.03	—	78.37	—	—	0.00485	0.032	—	0.016	—
3	4.86	18.58	56.60	—	—	—	—	—	—	8

10.3.2 从铋精炼渣中提银的工艺流程

经比较，最后选用氯化浸出工艺回收铋精炼渣中的银，并综合回收铋、锌。其工艺流程如图 10-4 所示。

铋精炼渣经破碎、磨至 −0.088mm 占 95%，浸出剂氯酸钠为原料重的 30% 左右，液固比 6:1，盐酸浓度 4mol/L，温度 95℃浸出 3h。氯化浸出结果列于表10-6中。

表 10-6 氯化浸出结果

产品	含量(质量分数)/%			浸出率/%		
	Ag	Bi	Zn	Ag	Bi	Zn
浸出液	0.03	72.02	24.37	0.47	96.80	99.79
浸出渣	43.39	0.67	0.84	5.4	0.15	0.57

氯化浸出时，铋、锌转入浸液中，银留在浸渣中。浸液用锌粉置换铋。工艺条件为：常温，终点 pH 值为 4.5，置换时间决定于终点 pH 值。置换结果列于表 10-7 中。

表 10-7 锌粉置换结果

产品	组分含量			
	Ag	Bi	Zn	Pb
置换前液/g·L^{-1}	0.07	68.86	23.35	0.69
置换后液/g·L^{-1}	0	0.001	154.46	0
海绵铋/%	0.36	71.77	3.54	0.93

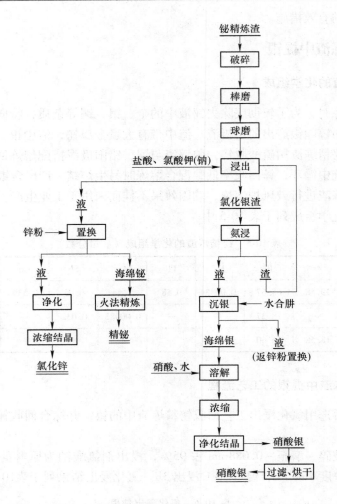

图 10-4　氯化浸出工艺回收铋精炼渣中的银，并综合回收铋、锌工艺流程

　　锌粉置换可使液中的锌含量由 30 ~ 50g/L 增至 150 ~ 200g/L，为产出氯化锌创造了条件。置换后液经净化、浓缩结晶，产出氯化锌。海绵铋经火法精炼产出精铋。不具备生产氯化锌条件时，可用碳酸钠中和法或铁屑置换法回收浸出液中的铋。

　　氯化浸渣水洗至 pH 值为 6 左右，滤干后送氨浸回收银。工艺条件为：常温，液固比 6∶1，浸出 3h，银浸出率约 90%，渣率为 15%。氨浸料浆过滤，滤液用水合肼还原银。工艺条件为：常温，每千克银加 0.7L 水合肼，静置 6 ~ 10h，过滤，水洗海绵银粉至 pH 值为 8 左右，脱水烘干后送硝酸浸出作业。水合肼沉银结果列于表 10-8 中。

表 10-8　水合肼沉银结果

原液含银 /g·L⁻¹	后液含银 /g·L⁻¹	沉银率/%	海绵银组成/%				
			Ag	Bi	Cu	Pb	Fe
39.24	0.0009	99	99.03	0.0005	0.001	0.003	0.0008

　　海绵银粉硝酸浸出工艺条件为：银∶水∶硝酸 = 1∶1∶1，通蒸汽下浸出。过滤，滤液

浓缩至原体积 3/4 时，加蒸馏水稀释至原体积，静置 8~10h，过滤除杂，滤液浓缩至原体积的 1/3，pH 值大于 4.5 时，静置 10h 以上，结晶析出硝酸银。离心过滤后，硝酸银盛于搪瓷盘中，于烘箱内在温度低于 90℃下烘干 3h，瓶装（1kg）入库。硝酸银组成列于表10-9 中。

表 10-9　硝酸银组成

组　成	Bi	Cu	Fe	Pb	硝酸银	硫酸盐	盐酸不沉淀物	水不溶物	澄清度
含量（质量分数）/%	0.00065	<0.0001	0.0006	0.00042	99.50	0.005	0.03	0.005	合格

该工艺投产后指标稳定，金属总回收率为：Ag 不小于 99%，Bi 不小于 95%，Zn 不小于 95%。不产生新的废渣、废水，无二次污染，并可直接制取硝酸银，社会效益和经济效益较明显。

10.4　从湿法炼锌渣中回收金银

10.4.1　湿法炼锌渣类型与组成

浮选产出的硫化锌精矿，经氧化焙烧-焙砂硫酸浸出后产出的湿法炼锌渣中，几乎集中了锌精矿中所含的金和银。湿法炼锌渣有挥发法渣（窑渣）、赤铁矿法渣、黄钾铁矾法渣和针铁矿法渣四种类型。多数锌冶炼厂采用回转窑挥发法，回收湿法炼锌渣中的铅锌，金银不挥发留于渣中，渣中银含量达 300~400g/t。

苏联、日本和我国某些冶炼厂将湿法炼锌渣作为铅精矿的铁质助熔剂送铅冶炼，使湿法炼锌渣中的金银富集于粗铅中，粗铅电解精炼中进行综合回收。若铅冶炼能力大，可采用此法处理湿法炼锌渣。若不具备此条件，湿法炼锌渣只能单独处理以回收其中的金银。

某厂湿法炼锌渣的组成列于表 10-10 中。

表 10-10　某厂湿法炼锌渣的组成（质量分数）　　　　　（%）

编号	$Ag/g \cdot t^{-1}$	$Au/g \cdot t^{-1}$	Cu	Pb	Zn	Fe	$S_总$	SiO_2	As	Sb
1	270	0.2	0.82	3.3	19.4	27.0	5.3	8.0	0.59	0.41
2	340	0.2	0.85	4.6	20.5	23.8	8.75	9.72	0.79	0.36
3	360	0.25	0.83	4.33	21.8	23.54	5.0	10.63	0.57	0.33
4	355	0.2	0.73	3.18	20.38	21.14	5.47	8.88	0.54	0.21

渣中银、锌的物相分析列于表 10-11 中。

表 10-11　湿法炼锌渣中银、锌的物相分析（质量分数）

锌	锌物相	$ZnSO_4$	ZnO	$ZnSiO_3$	ZnS	$ZnO \cdot Fe_2O_3$	
	含量/%	16.73	14.13	0.96	7.54	60.64	
银	银物相	自然银	Ag_2S	Ag_2SO_4	AgCl	Ag_2O	脉石
	含量/%	10.03	61.80	2.14	3.50	5.44	17.09

从表 10-11 中数据可知，71.83% 的银呈自然银和硫化银形态存在，氯化银和氧化银占 8.94%，与脉石共生银占 17.09%。

湿法炼锌渣的筛析结果列于表 10-12 中。

表 10-12　湿法炼锌渣的筛析结果

粒级/mm	+0.147	-0.147 +0.104	-0.104 +0.074	-0.074 +0.037	-0.037 +0.019	-0.019 +0.010	-0.010	合计
产率/%	3.84	8.07	3.57	13.49	14.55	12.17	44.31	100.00
银含量/g·t^{-1}	150	130	220	360	300	220	120	235
银分布/%	2.94	5.34	4.00	24.75	22.24	13.64	27.09	100.00

从表 10-12 中数据可知,湿法炼锌渣中 -0.074mm 含量占 84.52%, -0.074mm 粒级中的银占 87.72%,其中小于 0.10mm 粒级中的银占 27.09%。

从湿法炼锌渣的组成、物相和筛析数据可知,可采用直接浸出法、浮选-精矿焙烧-焙砂浸出法和硫酸化焙烧-水浸法等提取湿法炼锌渣中的金银。

10.4.2　湿法炼锌渣的直接浸出工艺

由于湿法炼锌渣中含一定量的铜、砷、锑,不宜直接采用氰化法提取金银。

据美国专利 4145-212 报道,湿法炼锌渣可用酸性硫脲溶液作浸出剂,过氧化化氢作氧化剂浸出金银。固液分离后,用铝粉从贵液中置换沉析金银,银回收率大于 90%。

10.4.3　湿法炼锌渣的浮选—精矿焙烧—焙砂浸出工艺

湿法炼锌渣制浆,矿浆呈酸性,浓度为 30%,以丁基铵黑药为捕收剂(700~1000 g/t),2 号油为起泡剂(250~300g/t),加 250~350g/t 硫化钠,采用一次粗选、三次精选、三次扫选闭路流程进行浮选,所得浮选指标列于表 10-13 中。

表 10-13　湿法炼锌渣浮选指标

产品	产率/%	品 位/%									
		Ag/g·t^{-1}	Cu	Pb	Zn	Fe	S$_总$	In	Ge	Ga	Cd
精矿	2.70	9410	4.50	0.28	39.90	5.73	29.80	0.014	0.0031	0.013	0.26
尾矿	97.30	90	0.97	4.41	19.06	24.03	4.66	0.038	0.0069	0.021	0.13
浸出渣	100.00	342	0.80	4.30	29.60	23.54	5.34	0.037	0.0068	0.021	0.18

产品	回收率/%									
	Ag	Cu	Pb	Zn	Fe	S$_总$	In	Ge	Ga	Cd
精矿	74.29	15.19	0.18	3.64	0.66	15.07	0.07	1.23	1.54	3.90
尾矿	25.71	84.81	99.82	96.36	99.34	84.93	99.93	98.77	98.46	96.10
浸出渣	100.00	100.00	100.00	100.00	100.00	100.00	100.00	100.00	100.00	100.00

从表 10-13 数据可知,浮选精矿为富银的硫化锌精矿,银浮选回收率达 74.29%。98% 以上的铅、铟、锗、镓进入浮选尾矿,有待进一步处理回收。

浮选精矿的化学组成列于表 10-14 中。

表 10-14 浮选精矿的化学组成（质量分数） （%）

成分	Au/g·t^{-1}	Ag	Cu	Zn	Cd	Pb	As	Sb	Bi	SiO$_2$	Fe	S$_总$
1 号	2.0	1.0	4.68	48.4	0.32	0.98	0.15	0.14	0.02	4.28	5.31	28.86
2 号	2.0	0.94	4.85	48.7	0.29	0.94	0.15	0.13	0.02	3.90	6.06	28.71
3 号	2.5	0.74	4.52	46.2	—	0.44	0.24	0.15	—	3.90	6.35	29.0

浮选精矿中银、锌、铜物相分析结果列于表 10-15 中。

表 10-15 浮选精矿中银、锌、铜物相分析结果

元素	Ag				Zn				
物相	Ag^0	Ag$_2$S	Ag$_2$SO$_4$	Ag$_总$	ZnS	ZnO	ZnSO$_4$	ZnO·Fe$_2$O$_3$	Zn$_总$
含量（质量分数）/%	0.0026	0.76	0.018	0.781	41.38	0.25	0.25	6.62	48.50
分布/%	0.03	97.31	2.30	100.00	85.32	0.51	0.52	13.65	100.00

元素	Cu				
物相	CuS + Cu$_2$S	CuO	CuSO$_4$	Cu^0（结合）	Cu$_总$
含量（质量分数）/%	4.32	0.19	0.011	0.011	4.532
分布/%	95.32	4.19	0.24	0.25	100.00

从表 10-15 数据可知，浮选精矿中 97.31% 的银为 Ag$_2$S，85.32% 的锌为 ZnS，95.32% 的铜为硫化铜。因此，可从浮选精矿中回收银、铜、锌。

从浮选精矿中回收银、铜、锌的工艺流程如图 10-5 所示。

浮选精矿硫酸化焙烧的工艺条件为：温度 650 ~ 750℃，焙烧 2.5h。焙砂硫酸浸出的工艺条件为：温度 85 ~ 90℃，液固比 (4 ~ 5):1，硫酸用量 700kg/t，浸出 2h，银浸出率大于 95%。固液分离，浸渣含金、银、铅、锌，送铅冶炼以回收金、银、铅、锌。浸液用二氧化硫还原沉析银，其反应为：

$$2Ag^+ + SO_2 + 2H_2O \longrightarrow 2Ag\downarrow + SO_4^{2-} + 4H^+$$

还原工艺条件为：温度 50℃，通入二氧化硫气体，银还原率大于 99.5%。所得银粉组成为：Ag 95.12%、Cu 0.05%、Zn 0.01%。为了防止铜被还原，应严格控制二氧化硫的通入量，用 Cl$^-$ 检查银是否完全沉淀，银一旦完全沉淀即停止通入二氧化硫气体。

沉银后液用锌粉置换沉铜，工艺条件为：温度 80℃，锌粉为理论量的 1.2 倍，搅拌 1 ~ 2h，所得铜粉含铜达 80%。沉铜后液送净化生产 ZnSO$_4$·7H$_2$O。

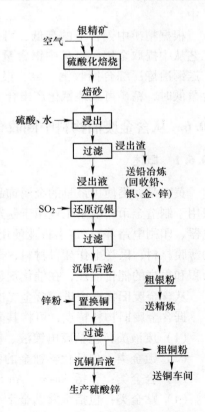

图 10-5 从浮选精矿中回收银、铜、锌的工艺流程

10.4.4　湿法炼锌渣的直接硫酸化焙烧—焙砂浸出工艺

湿法炼锌渣的直接硫酸化焙烧—焙砂浸出工艺的工艺流程如图 10-6 所示。

硫酸化焙烧的工艺条件为：浓度为 90% 的硫酸，温度 200℃，焙烧 10～16h。水浸工艺条件为：温度 80℃，液固比 3∶1，浸出 2h，锌、银、铜、镉等转入浸液中，铅和少量银留在浸渣中。固液分离，浸渣送铅冶炼以回收铅、银。

浸液用氯化钠溶液沉银，沉银后液用锌粉置换铜。沉铜后液含锌、镉等，送锌系统回收锌、镉。

10.5　从湿法炼铜渣中回收金银

硫化铜精矿经氧化焙烧—酸浸提铜后的浸出渣中常含金银和少量铜。可采用重选或浮选方法预先富集和丢尾，将金银富集于相应精矿中。

根据精矿中铜含量的高低，可采用不同的工艺从中提取金银。精矿中铜含量高时，将精矿送铜冶炼厂综合回收铜、金、银。精矿中铜含量低时，精矿可就地氰化产出合质金。

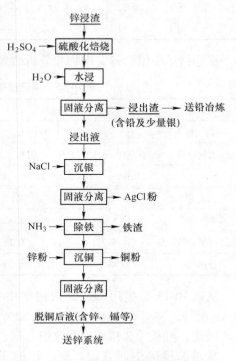

图 10-6　湿法炼锌渣的直接硫酸化焙烧—焙砂浸出工艺的工艺流程

10.6　从含金废旧物料中回收金

10.6.1　概述

黄金是人类使用最早的金属饰品材料，至今仍为黄金最大的消费领域。金及其合金大量用于制造金币；电子工业用于制造低电压小电流的电子元件（如触头、插座、焊料、继电器、印刷电路等）；许多行业使用镀金、贴金技术制造表面复合材料及在基质上制备厚的薄膜材料；医学上作牙科材料，金化合物用于治疗风湿性关节炎；金粉具有很大的比表面积和很高的催化活性，在催化剂领域有较大的应用前景。

从含金废旧物料中进行含金二次资源回收是黄金生产的重要原料之一，不可或缺。

据含金废旧物料特点，可将其分为：

（1）废液类：包括废电镀液、镀金件冲洗水、王水腐蚀液、氯化废液、氰化废液等。

（2）镀金类：包括化学镀金的各种报废元件。

（3）合金类：包括 Au-Si、Au-Sb、Au-Pt、Au-Al、Au-Mo-Si 等合金废件。

（4）贴金类：包括金匾、金字、神像、神龛、泥底金寿屏、戏衣金丝等。

（5）粉尘类：包括金笔厂、首饰厂和金箔部的抛灰、废屑、金刚砂废料、各种含金烧灰等。

（6）垃圾类：包括拆除古建筑物垃圾、贵金属冶炼车间垃圾、炼金炉拆块等。

（7）陶瓷类：包括各种描金的废陶瓷器皿、玩具等。

10.6.2　从含金废液中回收金

据化学组成，含金废液可分为氰化废液、氯化废液、王水废液及各种含金洗水。处理含金氰化废液一般用锌置换法（锌丝或锌块）回收金。处理含金氯化废液一般用铜置换法（铜丝或铜屑）回收金。处理含金王水废液除一般用锌置换法外，还可采用各种还原剂沉积金，常用亚铁离子、水合肼、硼氢化钠等作还原剂。此外，这些含金废液也可用活性炭吸附法、离子交换吸附法或有机溶剂萃取法回收金。

处理各种含金洗水原则上可用金属置换法或还原剂还原法。但金含量低，采用活性炭吸附法、离子交换吸附法回收金更经济实用。

处理含金电镀废液除采用锌置换法外，还可采用电解沉积法回收金。

10.6.3　从镀金废件中回收金

镀金废件上的金可用火法或化学法进行退镀。火法退镀是将被处理的镀金废件置于熔融的电解铅液中（铅的熔点为327℃），使金渗入铅中，取出退金后的废件，将含金铅液铸成贵铅板，用灰吹法或电解法从贵铅中回收金。灰吹时可补加银得金银合金，水淬为金银粒，再用硝酸分金得金粉，熔铸得粗金。硝酸浸液加盐酸沉银。

化学退镀是将被处理的镀金废件置于加热至90℃的退镀液中1～2min后，金转入溶液中。退镀液的配制方法为：称取 NaCN 75g，间硝基苯磺酸钠 75g，溶于 1000mL 水中，完全溶解后待用。若退镀量过多或退镀液中金饱和使镀金层退不掉时，则应重新配制退镀液。退金后的废件用蒸馏水冲洗三次，留下冲洗水作下次冲洗用。每升含金退镀液用 5L 蒸馏水稀释，充分搅拌均匀，用盐酸调 pH 值为 1～2，调 pH 值须在通风橱中进行以免氰化氢中毒。然后用锌板或锌丝置换退镀液中的金，至溶液无黄色时为止。澄清，吸去上清液，金粉水洗 1～2 次，再用硫酸煮沸以除去锌等杂质。固液分离，金粉经烘干、熔铸产出粗金锭，也可用电解法从退镀液中回收金，电解尾液补加氰化钠和间硝基苯磺酸钠后返回作退镀液使用，但此法设备、工艺较复杂。

用间硝基苯磺酸钠、氰化物、柠檬酸盐配的退镀液经 3～5s 即可退净镀金层，稀释退金液，以不锈钢板作阴极，石墨作阳极，在直流电压 6V，阴极电流密度 0.3～0.5A/dm²，40～60℃，电积 4～8h，金回收率大于 99.5%，金含量达 99%。

10.6.4　从含金合金中回收金

从含金合金中回收金有以下几种：

（1）从 Au-Sb（Au-Al 或 Au-Sb-As）合金中回收金。先用稀王水（酸∶水 = 1∶3）煮沸使金完全溶解，蒸发浓缩至不冒二氧化氮气体，浓缩至原体积的 1/5 左右，再稀释至含金 100～150g/L，静置过滤。用二氧化硫还原滤液中的金，用苛性钠吸收余气中的二氧化硫。水洗金粉，烘干、铸锭。

（2）从 Au-Pd-Ag 合金中回收金。先用稀硝酸（酸∶水 = 2∶1）溶解银，滤液加盐酸沉银，残液中的钯加氨配合后用盐酸酸化，再加甲酸还原产出钯粉。然后从硝酸不溶残渣中回收金。

（3）从 Au-Pt（Au-Pd）合金中回收金。先用王水溶解，加盐酸蒸发赶硝至糖浆状，用蒸馏水稀释后加饱和氯化铵溶液使铂呈氯铂酸铵沉淀。用 5% NH_4Cl 溶液洗涤后煅烧得粗海绵铂。滤液加亚铁盐还原回收金。

（4）从 Au-Ir 合金中回收金。铱为难熔金属，可先与过氧化钠（可同时加入苛性钠）于 $600 \sim 750℃$ 下加热 $60 \sim 90min$ 熔融。将熔融物倾于铁板上铸成薄片，冷却后用冷水浸出。少量铱钠盐转入浸液中，大部分铱留在浸渣中。浸渣加稀盐酸加热浸出铱，过滤，滤液通氯气将铱氧化为四价。再加入饱和氯化铵溶液使铱呈氯铱酸铵沉淀析出。固液分离，沉淀物经洗涤、烘干、煅烧得粗海绵铱。浸渣用王水溶金，亚铁还原回收金。

（5）从含金硅质合金中回收金。可用氢氟酸和硝酸混合液（$HF:HNO_3 = 6:1$）的稀酸（酸：水 = $1:3$）浸出含金硅质合金，浸出时硅溶解，金从硅片上脱落。然后用 $1:1$ 稀盐酸煮沸 3h 以除去金片上的杂质，水洗金片（金粉），烘干铸锭。

可用王水浸出的物料均可用水溶液氯化法浸出。因水溶液氯化法浸出工艺流程短，不用赶硝，作业环境好，被广泛应用，尤其适用于含金废料的大规模处理，已逐渐取代王水。

10.6.5　从贴金废件中回收金

根据基底物料的特性可选用下列相应的方法从贴金废件中回收金：

（1）煅烧法：适用于铜及黄铜贴金废件，如铜佛像、神龛、贴金器皿等。采用硫黄（硫华）组成并用浓盐酸稀释的糊状物涂抹贴金废件，然后置于通风橱内放置 30min，再放入马弗炉内于 $700 \sim 800℃$ 下煅烧 30min。在贴金与基底金属间生成一层硫化铜和铜的鳞片，将炽热金属废件从炉内取出并放入冷水中，贴金层与鳞片一起从铜或黄铜上脱落下来。没脱落的贴金可用钢丝刷刷下来，过滤烘干，熔炼铸锭。

（2）电解法：适用于各种铜质贴金废件。将铜质贴金废件装入筐中作阳极，铅板为阴极，用浓硫酸配制电解液，电解电流密度为 $120 \sim 180A/m^2$。金沉于电解槽底，部分金泥附着于金属表面容易洗下来，电解一定时间后，用水稀释电解液，煮沸，静置 24h，再过滤水洗，将沉淀物过滤烘干，熔炼铸锭产出粗金。

（3）浮石法：适用于从较大的贴金废件上取下贴金。用浮石块仔细刮擦贴金，并用湿海绵从浮石块和贴金废件上除去含金尘细泥，洗涤海绵，金与浮石粉沉于槽底，过滤烘干，熔炼铸锭产出粗金。

（4）浸蚀法：适用于从金匾、金字、招牌等废件上回收金。操作时每隔 15min 用热的苛性钠溶液浸洗润湿贴金废件。当油腻子与苛性钠皂化时，可用海绵或刷子洗刷贴金。将洗下来的贴金过滤烘干，熔炼铸锭产出粗金。

（5）焚烧法：适用于木质、纸质和布质的贴金废件。将贴金废件置于铁锅内，小心焚烧，熔炼金灰产出粗金。

10.6.6　从含金粉尘中回收金

此类原料来自金笔厂磨制金笔尖的抛灰、金箔厂的下脚废屑、首饰厂抛光开链锤打产生的粉尘、纺织厂机械制造尼龙喷丝头的磨料等。其处理方法为：

（1）火法熔炼：将含金粉尘筛去粗砂、瓦砾等杂物，按粉尘：氧化铅：碳酸钠：硝石 = 100：1.5：30：20 的比例配料，搅拌混匀后放入坩埚内，再盖上一层薄硼砂，放入熔炼炉内熔炼得贵铅。灰吹产出粗金。若粗金含铂铱时，可用王水溶解，进一步分离铂和铱。

（2）湿法分离：含金铂铱的抛灰先用王水溶解，铱不溶于王水中，过滤可得铱粉。滤液可用氯化铵沉铂（$(NH_4)_2PtCl_6$），过滤后的滤液再用二氧化硫还原金。

10.6.7　从含金垃圾中回收金

含金垃圾种类较多，据其类型决定处理方法。如贵金属熔炼拆块及扫地垃圾可直接返回铅或铜冶炼车间配入炉料中进行熔炼，再从阳极泥中回收金。泥质的含金垃圾可用淘洗法、重选法或氰化法回收和提取金。

10.6.8　从描金陶瓷废件中回收金

可采用前述的化学退镀法、氧化法或王水法回收其中的金。

10.7　从含银废旧物料中回收银

10.7.1　概述

银是产量和用量最大的贵金属，从含银废旧物料中回收银的产量也最大，当前世界再生银供应量每年约 6000t，约占全球银供应量的 25%。此回收银产量不包括企业和行业内循环利用的再生银（难统计）。

含银废旧物料主要可分为下列几类：

（1）废固相感光材料：废胶片、相纸等。

（2）含银废液：废定影液等。

（3）银及其合金废料。

（4）其他含银固体废料。

10.7.2　从废固相感光材料中回收银

从废固相感光材料中回收银的方法主要为焚烧法和浸出法。

10.7.2.1　用焚烧法从废固相感光材料中回收银

用焚烧法从废固相感光材料中回收银的工艺流程如图 10-7 所示。

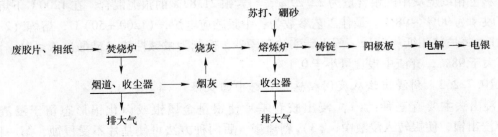

图 10-7　用焚烧法从废固相感光材料中回收银的工艺流程

焚烧炉有间歇式和连续式两类。国内焚烧炉的燃烧温度先控制为650℃，未完全燃烧的烟气补充空气进一步燃烧达800℃，以使有机聚合物深度氧化分解。烟气经收尘捕集后排空，银回收率大于98%。

焚烧彩色相纸时，供给空气缓慢燃烧，用外加热使炉温高于有机聚合物分解温度以获得含银灰烬，当燃烧温度800℃时，灰烬中的银含量为30%～40%，银回收率约94%，烟气回收烟灰中的银回收率约5%。

从焚烧灰中回收银可用下列方法：

（1）电弧炉熔炼法回收银；

（2）硝酸浸出，盐酸沉淀，加碳酸钠熔炼回收银；

（3）硝酸浸出后直接电解回收银；

（4）在500±5℃下煅烧过的胶片灰，可用4% NaOH溶液浸出，热水洗涤后用含10% H_2O_2和0.5mol/L的硫酸溶液浸出碱浸出渣，浸出2h，91.75%的银进入浸液中。

焚烧废固相感光材料所得烧灰和感光材料厂回收的各种银泥经熔炼可产出金属银。通常胶片烧灰中的银含量为46%～52%；相纸烧灰中的银含量较低，有的含银仅0.6%～0.7%。

某厂熔炼含银感光废料回收银的工艺流程如图10-8所示。

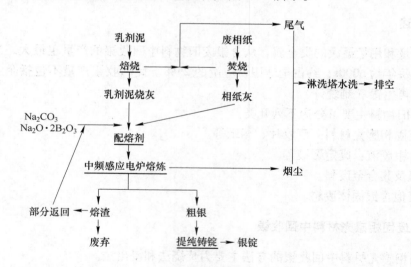

图10-8　某厂熔炼含银感光废料回收银的工艺流程

彩色相纸烧灰中的银含量为22.29%，与含银21.83%的银泥混合，在1200℃下熔炼，银直收率为90%～98%。最佳工艺参数为：中频感应电炉，（1200±50）℃，熔炼（2.5±0.5）h，每炉装相纸灰35kg，配入碳酸钠和硼砂，控制为微碱性渣（硅酸度 $K \leqslant 1$）。银回收率大于98%，弃渣中银含量小于0.1%。

10.7.2.2　用浸出法从废固相感光材料中回收银

浸出法主要有三种：（1）浸出胶卷基片使银呈金属银或卤化银形态留于浸渣中；（2）浸出银，使银转入浸液中；（3）剥离银。后两种方法可使基片不受侵蚀，第一种方法成本高，较少采用。

A 碱浸法

已感光或报废的相纸、胶片可用氢氧化钠溶液加热至微沸和搅拌下，可破坏乳胶膜，使银层脱落，静置 3~4h，倾析，银泥留于槽底。加入银泥等体积 10% 的 NaOH 溶液，加热至沸，浸出 0.5h，可使银泥中的残留胶体完全水解，并使银转化为氧化银。将温度降至 80℃，加入适量甲醛还原银。银粉经洗涤、烘干，加入碳酸钠熔铸产出银锭。

也可用 4% NaOH 溶液浸泡胶片，过滤得氧化银。将氧化银溶于硝酸，加入 10% NH_4OH，再用 2% 葡萄糖溶液还原（也可用其他还原剂），经过滤、洗涤、烘干、熔铸，可产出含银 99.5% 的银锭。

某厂用碱浸法从 X 光胶片上回收银的工艺流程如图 10-9 所示。

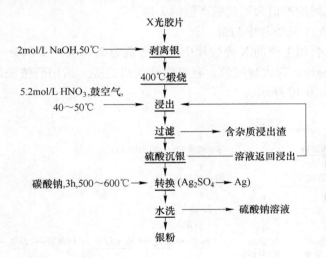

图 10-9　某厂用碱浸法从 X 光胶片上回收银的工艺流程

将粉碎后的感光材料放入反应器内，加入 20% NaOH（也可用次氯酸钠或碳酸钠），在 60~110℃下浸出一定时间，然后用离心过滤机过滤，加水强烈搅拌洗涤使胶质分离。脱膜后的聚酯质片基经清洗后可用于生产复纺聚酯纤维，而感光层及胶质层经烧结后用硝酸浸出，硫酸沉银和碳酸钠转换可产出银粉。此法脱膜仅约 20min 即可将胶膜清除干净。

B 酶解法

酶解法是利用蛋白酶、淀粉酶、脂肪酶、阮酶等微生物使胶片涂层或乳剂的主要成分明胶降解破坏，生成可溶性的肽及氯基酸从基片上脱落，并使其中的卤化银沉淀析出。因乳剂中的银粒度极其细小，须加凝聚剂以加速银的沉析。

a 酶解法回收含银感光乳剂及胶卷中的银

最佳工艺条件：温度小于 55℃，液固比为：乳剂为 3∶1，胶片为 10∶1，4~5h，脱胶酶最佳 pH 值为 4~5，中性酶最佳 pH 值为 6.5~7.5，脱氢酶最佳 pH 值为 8.5~9.0，银直收率大于 99%。

b 蛋白酶洗脱

pH 值为 8.0~10.0 时酶利用率最高，适宜温度为 50~60℃。未曝光的废胶片可直接用蛋白酶洗脱，已曝光的废胶片可用重铬酸盐与盐酸混合液处理，使胶片上的银转化为氯化银，再用蛋白酶洗脱，银回收率约 99%，处理后废片基可重新利用。用硫代硫酸钠、亚硫酸钠和冰醋酸混合液浸出银泥，银浸出率达 99.95%。浸出液在强化电解液循环的密封式电解槽中电解，废电解液含银 0.76g/L，可返回浸出银泥。电解总回收率大于 99%。

从固相感光材料中回收银的专利为：用蛋白酶洗脱含银乳剂层，沉析和分离银泥，银泥经焙烧—水浸焙烧渣—水浸渣熔炼产出纯银。试样为废 X 光胶片和油彩正片，产品银含量为 99.9%～99.99%，直收率为 97%～99.7%，银总回收率大于 99%。

含银纸质固体废料经整理－切碎－加碱性蛋白酶（pH 值为 8～10）处理后，纸基进入活性疏松作业，此时加入高分子聚合物的水解产物将纸基疏松处理后打浆，并将纸纤维与聚乙烯分离，然后加药剂絮凝沉淀。沉淀物直接或与银泥混合熔炼铸锭产出纯银产品。回收的纸浆及聚乙烯的产值为回收银产值的 2 倍。

c　酶解法回收 X 光胶片中的银

天津感光材料公司生产的 X 光胶片中的银含量为 2.31%～2.61%（单面）和 4.21%（双面），主要为 AgBr，含大量明胶、有机物和无机盐等。采用酶解法回收 X 光胶片中的银的工艺流程如图 10-10 所示。

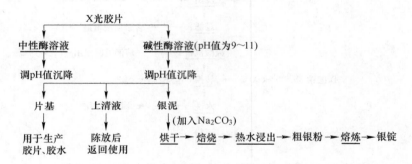

图 10-10　酶解法回收 X 光胶片中的银的工艺流程

选用中性、碱性蛋白酶的活性分别为 5 万及 8 万活力单位，扩大试验处理胶片 320kg。工艺参数为：蛋白酶浓度 0.25g/L，每次酶液 20L，胶片 3.3kg。结果为：中性蛋白酶沉降 pH 值为 2.3～2.5，沉降时间小于 15h，上清液中银含量为 0.4mg/L；碱性蛋白酶的沉降 pH 值为 2～2.2，沉降时间小于 15h，上清液中银含量为 0.17mg/L。废液达排放标准，残留于片基中的银约占 0.2%，浸出-沉降作业的银回收率为 99.8%。

银泥含银 49.26%～51.61%，经过滤、烘干、磨细，配入碳酸钠（物质的量比不小于 1∶1），在 650～700℃下焙烧 2h，使卤化银转化为金属银。水浸焙砂，浸出液固比 10∶1，80～90℃，卤化银溶于水而与粗银分离，浸液中含银约 3mg/L，放入废水槽陈放即可达排放要求。

粗银粉含银大于 92%，配入适量苏打和硼砂（熔剂总量为银泥量的 30%，苏打∶硼砂 ＝2∶1）及造渣剂（如玻璃粉及硝石），在 1050～1100℃下熔炼，产出含银 99.99% 的纯银，银回收率大于 99%。

采用此工艺处理油彩正片，银溶脱率为 99.74%，上清液中银含量为 0.8mg/L；焙烧-水浸银回收率为 99.95%，银转化率为 90.4%～99.9%，浸液中含银 0.1mg/L；熔炼银回收率为98%，金属银含银大于99.95%；全流程银直收率为97.7%。

处理工业废水回收的银泥，熔炼银纯度为99.98%，废水中银含量小于1mg/L，全流程银直收率为98.7%。

d 酶解法回收印相纸边中的银

感光材料厂生产印相纸时剪裁出大量废印相纸边，如柯达中国公司每年产出约2000t废印相纸边。曾用焚烧法处理，银回收率仅92%左右。

采用酶解法回收印相纸边中的银时，蛋白酶将明胶分解为可溶性肽和氨基酸，银从塑纸基上脱落，实现纸塑分离并可有效利用。可综合利用白银、纸基、塑膜。处理1t相纸，一般可回收1.695kg白银（银回收率为97.42%，产品含银99.63%），1.22t羧甲基纤维素，0.17t聚乙烯膜。消耗烧碱（30%）2.2t，乙醇1t，氯乙酸0.8t。银洗脱率99.30%，银泥浸出率98.6%，银还原回收率99.50%，银总回收率97.42%，银一次铸锭品位达99.63%。

10.7.2.3 从废固相感光材料中回收银的其他方法

从废固相感光材料中回收银的其他方法的效果较碱浸法和酶解法差，有时可供选择的方法有：

（1）用稀硫酸加温至50℃以上溶脱含银0.0155g/kg的X光胶片，银回收率达99%。

（2）用稀硫酸处理含银近1%的废胶片，含银1.58%~6.00%废乳剂的废感光材料，银回收率大于98%。

（3）加苏打焙烧-酸性硫脲浸出-铁置换-酸洗银泥（含银36%~39%），可产出含银99.95%的银粉，银直收率大于95%，银总回收率大于97%，银锭含银大于99%。

（4）盐酸或溴酸水溶液中加入重铬酸钾催化，硫代硫酸钠浸出切碎胶片中的银，送电沉积提银。

（5）用芳基醚、苯酮醚和二羧醋酯等有机溶剂溶解碎胶片，析出金属银和卤化银沉淀，进行搅拌浸出-电沉积提银。

（6）用15%~20%硝酸脲溶液处理废胶片，使银粒脱落，过滤、洗涤、烘干、熔铸，产出含银大于99%的银锭，胶片可重新利用。

（7）用5%硝酸溶液，加热至40~60℃，浸出10min，可使胶片上的银完全溶解。

10.7.3 从含银废液中回收银

废定影液中回收银可采用金属置换法、化学沉淀法、电积法或离子交换吸附等方法回收银。

10.7.3.1 金属置换法

金属置换法是从废定影液中回收银的最简便的方法之一。银呈 $NaAgS_2O_3$ 或以通式 $Na_x Ag_{x-2}(S_2O_3)_{x-1}(x = 3 \sim 5)$ 的形态存在，可采用铁、铜、锌、铝或镁等作还原剂，最常用的是铁片或铁屑。操作时加少量硫酸（pH值为4），40℃下加入薄铁片或铁屑置换，倾去上清液，洗下铁片上的银，加入等重量的铁片及适量浓盐酸煮沸15~20min，以还原硫化银和除去盐酸可溶物，固液分离，经洗涤2次，过滤，用蒸馏水洗至无氯根，干燥可获得含银大于98%的粗银粉。铁粉实际用量为0.5kg/kg(Ag)，铁粉最佳粒度为0.01~0.1mm。

采用锌粉、铝粉或镁粉作还原剂时，置换速度更快，银回收率较高，反应时间更短。

金属置换可在各种类型的置换器中进行。

10.7.3.2　化学沉淀法

采用硫化钠或硫化氢气体作沉淀剂。用硫化钠时，其用量为每千克银 1～1.5kg。沉淀终点是取 2～3 滴上清液滴于滤纸上，再在液滴边缘滴硫化钠液 1 滴，若出现黑色或深褐色沉淀，则银沉淀不完全，需再补加沉淀剂。若液滴边缘呈浅黄色则表示银已沉淀完全。沉淀终点到达后，静置 1～2h，抽出上清液，加热至沸，使硫化银凝集成块，稍冷后趁热过滤，洗涤并干燥，产出硫化银。废定影液经硫化沉银后即得到再生，每升定影液补加 0.4～0.9kg 硫代硫酸钠、67～89g 钾钒和 90mL 冰醋酸后即可返回使用。

从硫化银中提银的方法有：

（1）硝酸氧化法：用稀硝酸（酸∶水 = 1∶(2～3)）溶解，过滤，向滤液中加入食盐水，静置，抽出上清液，加热至沸使氯化银凝集，过滤，洗涤。洗净后的氯化银于碱性液中用水合肼还原得银粉。

（2）铁片置换法：100g 硫化银加入 250mL 浓盐酸和 75g 铁片，在通风橱内加热至沸。移至石棉垫上继续加热 1h，银全被还原。倾去上清液，加水洗涤并取出铁片。过滤，用蒸馏水洗至无氯根。干燥后的银粉可销售或铸锭。

10.7.3.3　不溶阳极电积法

采用不溶阳极电积法，直接从废定影液中回收银，可产出银含量约 95% 的产品。可使定影液再生，返回循环使用。此法适用于大量含银废液的处理，为各国所重视和应用。

不溶阳极电积法大致分为普通电积法、密封机械搅拌电积法（常为旋转阴极电积法）、电解液循环电积法和混合结构电积法四种类型，各国研究和推荐的电积设备达数十种以上。

此外还可采用硫脲、葡萄糖、硼氢化钠等作还原剂从含银废液中还原析出银。可用离子交换吸附法、吸附法、还原糖溶液法及添加剂再生法等从含银废液中提取银。

10.7.4　从含银金属废料中提银

10.7.4.1　预处理

废件、钱币、金属屑、切片、切边等金属态高品位废料可简单熔炼为金属锭、阳极或细粒，为后续处理创造条件。常用石墨坩埚在电阻炉或坩埚炉中熔炼，产出金属锭、阳极或细粒。炉料含少量杂质时，可加入熔剂、氧化剂造渣，可产出纯银。处理铜含量为 2%～25% 的银铜合金时，在 850～1200℃ 熔化、灰吹，加碱等熔剂使铜氧化、造渣，铸成银阳极电解提纯，可产出含银 99.99% 的电解银。

设备、器件中的含银零部件，常须机械或人工拆卸，集中回收。废催化剂及其他含银废料需进行分类，据其特性选择最佳的处理方法回收银。

10.7.4.2　无机溶剂浸出法

A　硫酸浸出回收银

煮沸的浓硫酸可溶解银，不溶解金和除钯外的铂族金属。用于热浓硫酸浸出的合金，金及铂族金属与银的质量比应小于 1∶4。热浓硫酸浸出时间为 8～12h。硫酸银难溶于冷水，20℃ 时，硫酸银在水中的溶解度为 0.79%，60℃ 时为 1.14%。因此，热浓硫酸浸出后应加水稀释，使硫酸银不结晶析出。浸渣再用热浓硫酸浸出，直至银完全溶解。固液分离,用25%硫酸洗涤多次,洗水与浸液合并。含银液送衬铅槽中,用水稀释,冷却结晶析出硫酸银,经分离、洗涤、铁屑还原、熔化、铸锭。若含银液不含钯时,可用铜置换。若含银液含钯时,可加入食盐析出氯化银沉淀,再处理。热浓硫酸浸出渣不含铂族金属而含金时,可加入适量氧化剂和熔剂进行熔炼,产出含金99.6%~99.9%的纯金。当浸渣含铅高时不宜采用此工艺。

热浓硫酸浸出 Ag-Au 合金的工艺流程如图10-11所示。

B　硝酸浸出回收银

a　Ag-Au 合金废料

稀硝酸浸出 Ag-Au 合金的工艺流程如图10-12所示。

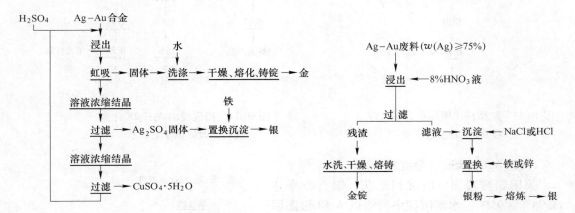

图 10-11　热浓硫酸浸出 Ag-Au 合金的工艺流程　　　图 10-12　稀硝酸浸出 Ag-Au 合金的工艺流程

当 Ag-Au 合金中的银含量不小于75%时,可将合金加工为薄片,用8%稀硝酸浸出。浸液加盐酸或食盐析出氯化银沉淀,铁或锌置换得银粉,洗净、干燥、熔铸为银锭。可从浸渣中回收金。

b　Ag-W 合金废料

用硝酸浸出 Ag-W 合金中的银,从浸渣中回收钨。浸液用水合肼还原产出银粉。固液分离,先用1:1 HCl 洗涤,再用去离子水洗涤。银粉烘干为成品银。

c　银焊料、触点等废料

硝酸浸出银焊料、触点等废料回收银的工艺流程如图10-13所示。

d　AgCu28 合金废料

硝酸浸出 AgCu28 合金废料回收银的工艺流程如图10-14所示。

具体操作有两种方法:

(1)浸出时分次加入硝酸可降低酸耗,蒸发浓缩使银浓度最高而不析出硝酸银结晶,结晶母液用 NaCl 沉银,氨介质水合肼还原得银粉,沉银后液用碳酸钠回收 Cu(OH)$_2$。该工艺可用于处理银含量大于70%的其他银合金。

(2)硝酸浸出液先调 pH 值以除去易水解杂质,浓缩结晶析出硝酸银,经3次重结晶产出分析纯硝酸银,银直收率达65%。结晶母液用 NaCl 或 HCl 沉银,氨介质水合肼还原得2号海绵银粉,银总回收率达99%。

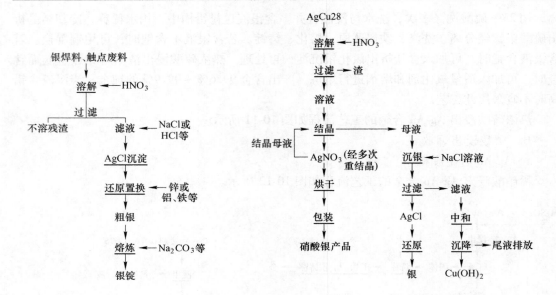

图 10-13　硝酸浸出银焊料、触点等
废料回收银的工艺流程

图 10-14　硝酸浸出 AgCu28 合金
废料回收银的工艺流程

e　56AgCuZnSn 合金废料

采用硝酸浸出—电沉积工艺，银直收率达 93.94% ~95%。水解沉淀中的银以 AgCl 形态回收，银总回收率达 97.86% ~98.33%。

f　PdAgAuNi 合金废料

硝酸浸出 PdAgAuNi 合金废料回收银的工艺流程如图 10-15 所示。

PdAg23、PdAg25、PdAg30、PdAgAu25-5、PdAgAuNi23-3-0.3、PdAgAuNi23-3-1 等合金废料可先用汽油洗涤、碱水煮沸以除去油污。氧化钯不溶于硝酸，必要时可用氢还原进行预处理。硝酸浸出时，钯、银、镍和其他贱金属转入浸液中，金留在浸渣中。硝酸与合金接触时反应激烈，硝酸应分次加入。待反应缓慢时，加热煮沸以加速浸出过程。

10.7.4.3　电化学浸出法

A　从货币废料中回收银

从货币废料中回收银的工艺流程如图 10-16 所示。

该工艺流程主要包括预处理、熔铸阳极（或装入阳极筐中）、电解及回收等作业。此工艺可综合回收货币废料中的贵金属和贱金属，不溶残

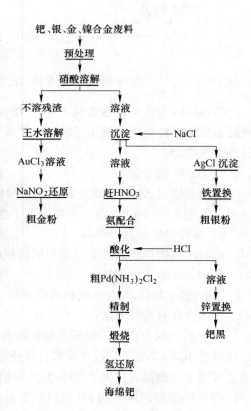

图 10-15　硝酸浸出 PdAgAuNi 合金
废料回收银的工艺流程

极中 $w(Ag) \approx 96\%$。试验表明，提高分离和回收技术指标的关键是控制阳极的银含量。阳极的银含量大于 25% 时，电化学浸出时部分银被溶解；阳极的银含量小于 10% 时，残极强度差，易碎裂。

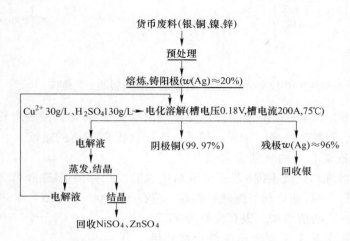

图 10-16 从货币废料中回收银的工艺流程

B 从 Ag-W 合金废料中回收银

Ag-W 合金废料中的 $w(Ag) = 30\% \sim 50\%$，过去常用硝酸浸出回收银，但浸出时产生大量 NO_2 有害气体污染环境。电化学浸出时，若采用硝酸电解液，仍会产生少量 NO_2 有害气体污染环境，银回收较复杂，设备防腐蚀要求较高。改用以 $S_2O_3^{2-}$-$[Ag(S_2O_3)_2]^{3-}$ 为主的电解液体系，电化学浸出的工艺参数为：槽压 0.24V，电流密度 $60 \sim 100 A/m^2$，极间距 5cm，电解液含银 $30 \sim 45 g/L$，$Na_2S_2O_3$ 浓度为 240g/L，电流效率可达 $97.3\% \sim 97.6\%$，阴极银含量为 $99.33\% \sim 99.69\%$，可消除浸出过程中的环境污染。

10.7.5 从其他含银固体废料中回收银

10.7.5.1 从废催化剂中回收银

A 硝酸浸出法

生产甲醛用的银/沸石催化剂，早期采用硝酸浸出回收银。化纤生产用含银 14% 的 Al_2O_3-SiO_2 催化剂，采用硝酸浸出两次，浸渣含银降至 1% 左右，碎至 $-0.833mm$ 再用硝酸浸出，浸渣含银降至 $500 \sim 600 g/t$，银浸出率为 96%。

含银 $10\% \sim 20\%$ 的 Al_2O_3-SiO_2 催化剂（大量微孔小球或小圆柱体），采用硝酸浸出、氨-肼还原回收银的工艺流程如图 10-17 所示。

含银 17.23% 的废催化剂的最佳浸出参数为：液固比 4:1，温度 85℃，恒温 70min，酸量为理论量的 1.2 倍，银浸出率为 99.23%。AgCl 浆化后用氨水调 pH 值大于 9，边搅拌边加 50% 的水合肼至反应完全。白色海绵银粉易过滤，银还原率达 99.9%。海绵银粉放入坩埚，于 $1000 \sim 1100℃$ 熔化铸锭，产品含银 99.95%，全流程银直收率为 98.6%。

B 氨浸回收废催化剂硝酸浸出渣中的银

废催化剂硝酸浸出渣中仍含 $500 \sim 600 g/t$ 的银，主要呈银离子及硝酸银形态存在。浸

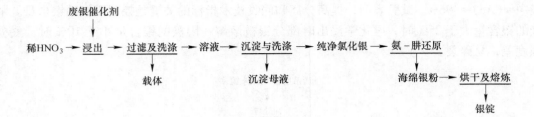

图 10-17　硝酸浸出、氨-肼还原回收银的工艺流程

渣试样含银 1.49%，碎至 −0.833mm，氨浸银浸出率大于 98%，浸渣含银降至 200g/t 左右。经氨-肼还原，过滤、洗涤、干燥、熔铸，产出含银 99.9% 的银锭。

C　废银/沸石催化剂的火法回收银

经纯碱-硼砂熔炼和纯碱-硼砂-萤石熔炼对比试验，选择纯碱-硼砂-萤石熔炼法。炉料质量配比为：废银/沸石催化剂：纯碱：硼砂：萤石 = 100：33：15：18。生产用的萤石中 CaF_2 含量比较低，应酌情增加。银直收率为 99.7%。

10.7.5.2　从表层及复合金属废料中回收银

各种表层涂、镀、复合贵金属及其合金材料的应用愈来愈广，其废件已成为重要的再生资源。其回收方法主要为化学剥离法和选择性浸出法。

A　化学剥离法

a　乙二胺四乙酸钠及过氧化氢退镀银

可配制多种剥离液，如 10% H_2O_2 + 10g/L Na_2-EDTA、10% H_2O_2 + 20g/L Na_2-EDTA + 10g/L NaOH、10% H_2O_2 + 50g/L Na_2-EDTA + 10g/L NaOH 等。采用 10% H_2O_2 + 10g/L Na_2-EDTA 剥离液完全剥离磷青铜或铜基体上的镀银层仅需 3min。剥离液无毒、稳定，不侵蚀基体，可长期处理批量镀银废件。

b　硝酸 + 硫酸混酸选择性浸出银

硝酸：硫酸 = 1：19 的混酸液可选择性浸出铜废件上的镀银层，但处理 Ag-Cu 复合材料时的浸出速度慢，铜溶解量较大。改变硝酸 + 硫酸混酸比例，可有效浸出复合材料中的银，而铜基本不溶解。纯铜、黄铜和铍青铜上的镀银电子废件和电器废料，一般含银 1%，可用浓硫酸与硝酸的混合溶液选择性浸出镀银层，选择性浸出镀银层的最佳参数为：浓硫酸中加入 10% ~12% 的 HNO_3，80℃，3min，镀银层完全溶解，铜浸出率小于 0.6%，具有工业应用价值。

c　从眼镜、瓶胆含银镀层中回收银

高反射率的玻璃镜及热水瓶胆至今仍使用硝酸银，生产过程中有 40% 为废品，须加以回收。

（1）未上漆的返工眼镜和镜片边角料，可涂上稀硝酸使镀银层完全溶解。准备返新的或已上漆的次品镜，可先用 20% ~25% NaOH（或浓硫酸）涂于漆面，使漆和部分银皮脱落，收集脱落的银皮，洗去酸、碱，再用 20% 的硝酸浸出银。

（2）镀银用具（如浇镀壶内壁）可用硝酸溶解银。喷镀设备支架、玻璃护罩、水泥池壁上附着的银层，结构疏松，可铲下直接生产硝酸银或熔铸为粗银锭。

（3）废玻璃瓶胆（每个瓶胆含 0.2g 银）、玻璃镜及其碎片用水洗净后，可用稀硝酸浸出银。因镀银层不佳，须返工的瓶胆、玻璃镜可用稀硝酸溶解洗净后，重新镀银。所得硝酸银溶液可用铁片置换产出银粉，或加 HCl 析出 AgCl，经洗涤、过滤，制成银粉。粗银粉提纯产出硝酸银或金属银。

B 电化学剥离法

常用氰化物、氟化物或硝酸溶液作电解液，石墨、钛板作阳极，不锈钢板作阴极。如 Ag-CdO 复合材料可用氟化钾和氟化银组成的电解液，进行电化学剥离，可获得含银 99.3% 的银粉，银回收率为 98.2%。

C 物理剥离法

利用银与其他金属或非金属物理性质的差异，从涂覆有银的电子、电器废件上进行分离、富集、回收银的方法称为物理剥离法。如：

(1) 高温加热-水淬法处理冲制双金属复合触头产出的银铜复合边角料。废料按大小分类，在箱式炉中加热至 700~780℃，恒温数小时，立即放入水中冷却。由于银、铜膨胀系数不同及氧侵入至银、铜结合层之间，使铜表面氧化而使银、铜分离，剥离的银层用稀盐酸溶解除去微量铜及其他有害杂质后，烘干产出纯银。

(2) 将复合层为银或银合金的复合材料置于富氧气氛（氧压为 3~12kg/cm^2）的密闭容器中，加热至 450~900℃，恒温大于 15min，渗透至复合界面的氧与基底材料反应生成氧化物，趁热（大于 300℃）放入水槽中冷却，可使银或银合金与基底材料分离。

10.7.5.3 从电子废料中回收银

A 预处理

电子废料为制造电子元器件和构件时产出的废料及废弃的电子元器件（如印刷电路板、连接器、集成电路板、晶体管、电阻、电容等），其特点是载体某部位有贵金属涂层（厚膜），有的使用了贵金属或贵金属合金导线或钎料。

厚膜贵金属涂层是将贵金属浆料印刷于基材（常为 Al$_2$O$_3$ 陶瓷）上。贵金属浆料由功能相、黏结剂和载体三种基本成分组成，浆料的应用功能取决于功能相，导电浆料的功能相常为金属粉末，其中银浆的应用最广。

生产中产出的废品为：(1) 含黏结剂及其他组分的废浆料（不正确配料及残料）；(2) 未烧成或已烧成、部分带有连接接头以及全封壳或部分封壳的印刷电路板、电子元器件等。处理此类废料主要是回收贵金属及 Al$_2$O$_3$ 基材。成分较复杂，银含量常小于 1%。

先经手工拆卸和分选，再用锤式破碎机、空气分选机、集尘器、磁选机、振动筛及高压静电分选机等进行机械加工处理以碎为适宜的粒度和按成分进行分离。机械加工处理及分离后，有用组分已初步富集，可采用火法、湿法或电化学法进一步处理。

B 火法熔炼法回收贵金属

火法熔炼回收电子废料中贵金属的原则流程如图 10-18 所示。

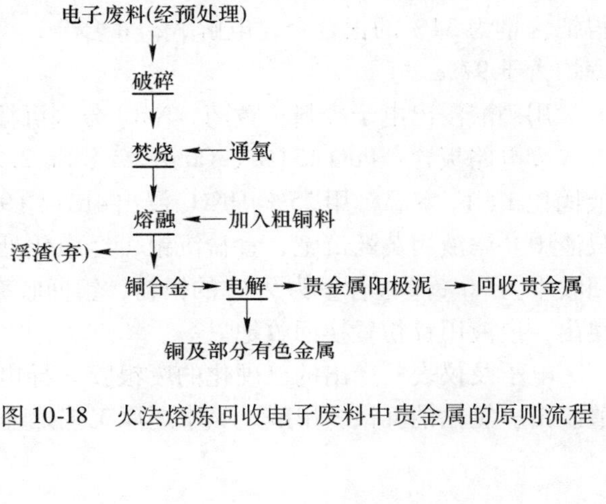

将电子废料进行预处理，除去硅片、

图 10-18 火法熔炼回收电子废料中贵金属的原则流程

极管、电阻等元器件，破碎，送入焚烧炉中通空气或氧气焚烧以除去有机物。然后转至铜熔炼炉中与粗铜料一起熔炼，使贵金属与有色金属生成铜合金，废料中的陶瓷材料及玻璃纤维等呈炉渣排出。将富集了贵金属的铜合金熔体铸成阳极，经电解，从阳极泥中回收金、银、钯，其回收率均大于 90%。此工艺也可用于处理电脑板卡。

　　C　湿法浸出工艺回收贵金属

　　从电子废料中分步浸出回收贵金属的工艺流程如图 10-19 所示。

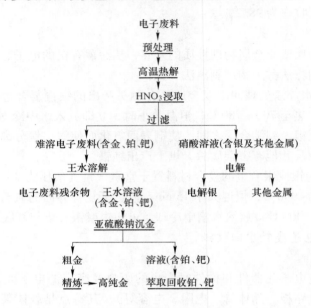

图 10-19　从电子废料中分步浸出回收贵金属的工艺流程

　　预处理后的电子废料在 400℃下进行热分解以除去废印刷电路板、浆料中的有机物。然后用 9mol/L HNO$_3$ 浸出 Ag、CuO、CdO 等氧化物，过滤，浸液送电积回收银。金、铂、钯等仍留在电路板上，用王水浸出后分别回收。

　　也可采用浓硝酸浸出电子废料中的基体金属及银，而 Au、SnO$_2$、PdCl$_2$ 等不溶解。过滤，滤渣用王水浸出，过滤洗涤后，可用二丁基卡必醇从滤液中萃取回收金。或用浓硫酸处理悬浮液，过滤，滤渣为 Au、SnO$_2$ 和 PbSO$_4$，加纯碱熔炼回收金。滤液用铜置换，可得钯含量为 34% 的银合金，电解 Ag-Pd 合金，可分别产出银、钯。银、钯、金、铜的回收率均大于 97%。

　　用硝酸浸出电子废料，黄药、NaCl 分别沉淀回收钯、银的工艺流程如图 10-20 所示。

　　废电路板含：PdO 131%、Cu 4.2%、Sn 2.2%、Pb 3.3%、Ag 0.92%，其他为瓷片。液固比 1∶1，室温，用 25% HNO$_3$ 浸出 4h，约 95% 的钯和银进入浸液中，约 4% 的钯留在浸渣中。滤液用黄药沉钯，食盐沉银，经净化处理后可得钯含量为 99.98% 的海绵钯，钯回收率为 96% 及银含量为 99% 的银粉，银回收率为 93%。硝酸浸渣主要为 SnO$_2$，用盐酸浸出，浸液用锌粉置换回收钯。

　　电子及仪表厂产出的已硬化的废银胶（导电银浆含银 75% ~ 77%），可采用灼烧—硝酸浸出—氯化钠沉银—甲醛、氨水还原工艺处理，可产出银含量大于 99% 的纯银粉，银回

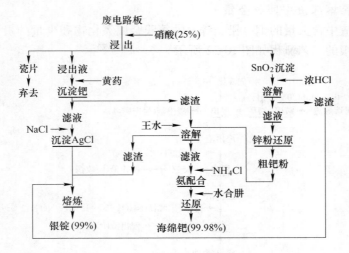

图 10-20　用硝酸浸出电子废料，黄药、NaCl 分别沉淀回收钯、银的工艺流程

收率不小于 97%。

10.7.5.4　从其他含银废料中回收银

据含银废料特性可用相应方法回收银。

A　从含金银废耐火材料中回收金银

某厂金银车间贵铅炉和分银炉检修时将拆下大量的含金银镁铝砖，其中含 Au 1394g/t、Ag 2.41%。从含金银废镁铝砖中回收金银的工艺流程如图 10-21 所示。

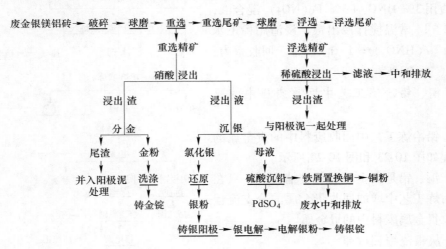

图 10-21　从含金银废镁铝砖中回收金银的工艺流程

采用重选—浮选—浸出联合工艺流程回收金银，重选精矿中贵金属回收率约 85%，浮选精矿中贵金属回收率约 11%。重选精矿含 Au 1.5%～2.8%、Ag 18%～40%，用硝酸浸出、过滤洗涤，从浸液中回收银，从浸渣中回收金。浮选精矿用稀硫酸浸出，浸渣与阳极泥合并处理。

B　从贵金属熔炼渣中回收金银

贵金属熔炼渣中含大量的铜、铅、锌、铁等贱金属氧化物和少量的贵金属。从贵金属熔炼渣中回收金银的工艺流程如图 10-22 所示。

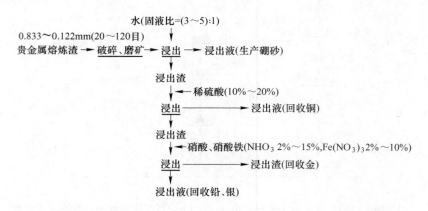

图 10-22　从贵金属熔炼渣中回收金银的工艺流程

熔炼渣中含 Au 156g/t、Ag 1700g/t，碎磨至 −0.246mm，先用 15% 硫酸常温搅拌浸出，过滤。滤渣用 5% HNO$_3$ +8% Fe(NO$_3$)$_3$ 混合液，液固比为 2∶1，常温搅拌浸出 2h。浸渣用水氯化法浸金。回收率为：Au 98.3%，Ag 97.5%。

熔炼渣中含 Au 35g/t、Ag 387g/t，碎磨至 −0.246mm，先用 20% 硫酸常温搅拌浸出，过滤。滤渣用 3% HNO$_3$ +5% Fe(NO$_3$)$_3$ 混合液，液固比 2∶1，常温搅拌浸出银。浸渣用稀王水（c(HCl)∶c(HNO$_3$) = 1∶1）浸金。回收率为：Au 99%、Ag 98%。

C　铜、铅冶炼工艺中回收废料中的贵金属

铜、铅冶炼工艺中回收废料中的贵金属的工艺流程如图 10-23 和图 10-24 所示。

由于铜、铅是贵金属的优良捕集剂，只在铜、铅冶炼工艺中增加回收贵金属的分支流程即可回收贵金属废料中的贵金属。

D　从银渣中回收银

a　从提钯氯化渣中回收银

废电子元件经盐酸-氯盐浸出金、铂、钯后，银呈 AgCl 形态留于浸渣中，渣中银含量小于 0.01%，采用氨浸—提纯工艺，银回收率仅 50% 左右。改进的提银工艺流程如图 10-25 所示。

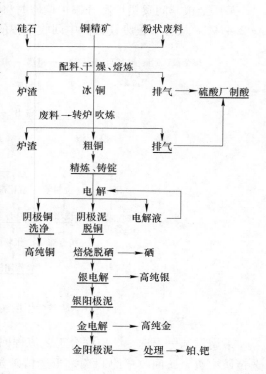

图 10-23　在铜冶炼工艺中回收废料中的贵金属的工艺流程

采用铁粉置换使 AgCl 转为金属银,使 PdCl₂ 转型,洗去氯根后进行硝酸浸出,可提高银浸出率。银回收率达 95%。

b　从银渣中回收银

锗蒸馏残液铁置换渣中含银 1.26%,从银渣中回收银的工艺流程如图 10-26 所示。

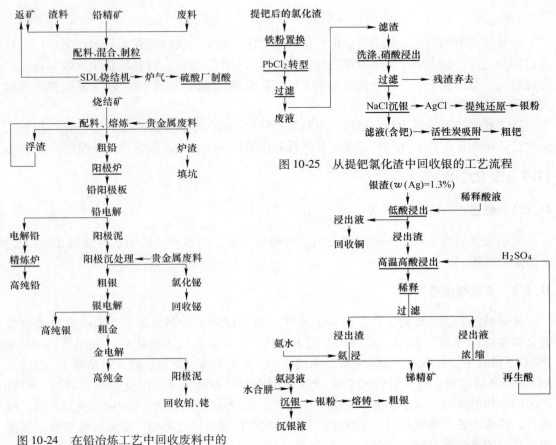

图 10-24　在铅冶炼工艺中回收废料中的
贵金属的工艺流程

图 10-25　从提钯氯化渣中回收银的工艺流程

图 10-26　从银渣中回收银的工艺流程

氨浸银浸出率大于 95%,水合肼还原,银沉淀率大于 99%。

E　从含铅银废料中回收银

含铅银废料中银含量小于 3%,采用浸出-火法联合工艺和控制电氯化电位处理含铅银废料与火法工艺比较,银回收率可提高 3%~5%,银回收率可达 96.5%。操作时将含铅银废料碎磨至 -0.974mm,控制电位 400~500mV 进行电氯化浸出,固液分离。浸渣用 NaOH 溶液浸出,固液分离。含银 18%~24% 的银渣在 1150~1200℃ 下熔炼,铸成含银 98% 的粗银板,电解提纯,产出含银 99.99% 的纯银,银直收率达 96.5%。

11　金银提纯与铸锭

金银提纯可用火法、化学法、电解法和萃取法。金银火法提纯在古代曾广泛应用，目前已很少应用。现主要采用电解法提纯，其特点是操作简便、原材料消耗少、效率高、产品纯度高、指标稳定、可综合回收铂族金属。其次是化学提纯法，主要用于某些特殊原料和特定的工艺流程中。

随着科学技术的进步和金银回收原料的多样化，溶剂萃取法提纯金、银已先后用于工业生产。溶剂萃取法提纯的特点是可处理低品位原料，金、银回收率高，规模可大可小。

11.1　金化学提纯

11.1.1　概述

金的化学提纯主要采用硫酸浸煮法、硝酸分银法、王水分金法和水溶液氯化法浸金-草酸还原法等。

11.1.2　浓硫酸浸煮法

浓硫酸浸煮法主要用于金含量小于33%、铅含量小于0.25%的金银合金。浸煮前将合金熔淬成粒或铸（碾压）成薄片，置于铸铁锅内，分次加入浓硫酸，在温度为100~180℃下浸煮4~6h以上，银及铜等转入浸液中。浸煮料浆冷却后，倾入衬铅槽中，加2~3倍水稀释后过滤。滤渣用热水洗涤，然后加入新的浓硫酸浸煮，反复浸煮3~4次。最后产出的金粉经洗涤、烘干，金含量达95%以上。浸液和洗水合并，先用铜置换银、钯。过滤后，滤液用铁置换回收铜。余液经蒸发浓缩回收粗硫酸返回再用。浓硫酸浸煮作业须在通风良好的条件下进行。

11.1.3　硝酸分银法

硝酸分银法适用于金含量小于33%的金银合金。分银前将合金熔淬成粒或铸（碾压）成薄片，分银作业在带搅拌器的耐酸搪瓷反应罐或耐酸瓷槽中进行。加入碎合金后，先用水润湿，再分次加入1:1稀硝酸，加酸不宜过速，以免溶液外溢。若溶液外溢，可加少量冷水冷却。反应在自热条件下进行。加完全部酸后，若反应很缓慢，可加热以促进银的浸出。当液面出现硝酸银结晶时，可加适量热水稀释浸液以使浸银作业继续进行。

通常，逐步加完硝酸后，反应逐渐缓和时，可抽出部分硝酸银溶液，重新加入新硝酸，经反复浸出2~3次。浸出残渣经洗涤、烘干后，在坩埚内加硝石熔炼造渣，可产出金含量达99%以上的金锭。浸液经铜置换以回收银、铂、钯，产出海绵银。

分银作业逸出的大量含氮气体须经液化烟气接收器和洗涤器吸收后才能排空。

11.1.4　王水分金法

王水分金法适用于银含量小于8%的粗金提纯。一般采用浓王水，1份工业硝酸加3~4份工业盐酸配成。配制王水在耐烧玻璃或耐热瓷缸中进行，先加盐酸，在搅拌下缓慢加入硝酸。反应强烈，放出许多气泡并生成部分氧化氮气体，溶液颜色逐渐变为橘红色。

操作时，先将粗金淬成粒或铸（碾压）成薄片，置于溶解皿中，每份粗金分次加入3~4份浓王水。在自热和后期加热下搅动，金转入溶液中，银留在渣中。须将溶解皿置于大盘或大容器中，以免溶解皿破裂而造成损失。溶解后过滤，用亚铁（或二氧化硫或草酸）还原金，金粉经仔细洗涤后，再用硝酸处理以除去杂质，洗净、烘干、铸锭，产出金含量达99.9%以上的金锭。分金作业反复进行2~3次，产出的氯化银用铁屑或锌粉还原回收。

回收金后的残液含少量金，可加入过量的亚铁充分搅拌，静置12h，过滤回收得粗金。母液含残余金和铂族金属，加入锌块或锌粉置换至溶液澄清，过滤，滤渣洗净、烘干产出铂族化学精矿，送去分离铂族金属。

11.1.5　水溶液氯化法浸金-草酸还原法

水溶液氯化法浸金-草酸还原法适用于金含量为80%的粗金锭或粗金粉提纯，溶解粗金可用王水或水溶液氯化法。王水溶解粗金酸耗大，劳动条件差，工业上应用较少。水溶液氯化法浸金相对较简单、经济，适应性强，劳动条件较好，工业上应用较普遍。

水溶液氯化法是在常压下于盐酸水溶液中通入氯气浸出金，金呈金氯酸（$HAuCl_4$）转入浸液中。提高溶液酸度可以提高氯化效率，加入适量硝酸可提高反应速度，加入适量硫酸可对铅、铁、镍的溶解起一定的抑制作用。加入适量氯化钠可以提高氯化效率，但会提高氯化银的溶解度和降低氯气的溶解度，因而会降低金的氯化效率。溶液酸度一般为1~3mol/L的盐酸。

氯化反应为放热反应，开始通入氯气时的溶液温度不宜过高，以50~60℃为宜。氯化过程温度以80℃为宜。液固比以（4~5）:1为宜，氯化4~6h，反应基本完成。根据处理量，氯化反应可在搪瓷釜或三口烧瓶中进行，设备应密封，尾气用10%~20% NaOH溶液吸收后才能排空。

水溶液氯化浸金可用氯酸钠代替氯气，此时金呈金氯酸钠形态转入浸液中。

从金氯酸（钠）溶液中还原金可采用草酸、抗坏血酸、甲醛、氢醌、二氧化硫气体、亚硫酸钠、硫酸亚铁和氯化亚铁等作还原剂。其中草酸还原的选择性高，速度快，应用较广。草酸还原反应可表示为：

$$2HAuCl_4 + 3H_2C_2O_4 \longrightarrow 2Au\downarrow + 8HCl + 6CO_2\uparrow$$

操作时，先将王水浸金液或水溶液氯化浸金液加热至70℃左右，用20% NaOH溶液将浸液pH值调至1~1.5，在搅拌下一次性加入理论量1.5倍的固体草酸，反应开始激烈进行。反应平稳后，再加适量NaOH溶液，反应又加快。直至加入NaOH溶液无明显反应时，再补加适量固体草酸使金完全还原。还原过程中应控制溶液pH值为1.5。反应终了静置一定时间，过滤得海绵金。用1:1稀硝酸和去离子水洗涤海绵金，以除去金粉表面的草酸和贱金属杂质。烘干、铸锭，金锭含金大于 99.9%。

还原金后液用锌粉置换以回收残存金，置换所得粗金用盐酸浸以除去过量锌粉，浸渣返回水溶液氯化浸金作业。

11.1.6　水溶液氯化法浸金-二氧化硫还原法

水溶液氯化法浸金-二氧化硫还原法提纯金的反应可表示为：

$$2Au + 2NaClO_3 + 8HCl \longrightarrow 2NaAuCl_4 + Cl_2\uparrow + O_2\uparrow + 4H_2O$$

$$2NaAuCl_4 + 3SO_2 + 6H_2O \longrightarrow 2Au\downarrow + Na_2SO_4 + 8HCl + 2H_2SO_4$$

从上述反应式可知，还原反应生成酸，提高溶液 pH 值有利于还原反应的进行，但提高溶液 pH 值易生成一系列硫酸盐沉淀析出（如析出硫酸铅等），将降低金粉纯度。因此，水溶液氯化法浸金 – 二氧化硫还原常在较高的酸度条件下进行，常进行两段还原，先在 1mol/L 的酸度条件下通二氧化硫气体还原，产出含金达 99.99% 的纯金粉。固液分离后，再提高 pH 值，再通二氧化硫气体进行还原，产出含金较低的粗金粉。粗金粉须返回水溶液氯化法浸金作业处理。

11.2　银化学提纯

11.2.1　概述

银化学提纯一般是将粗银锭或银粉溶于硝酸中，直接用还原剂从硝酸银浸液中还原产出纯银。也可从硝酸银浸液中加入 NaCl 使银呈氯化银沉淀析出，以除去其他杂质。热水洗涤氯化银沉淀，再用氨水配合以除去其他杂质，然后在氨介质中加入还原剂还原产出纯银。可采用活性金属、甲酸、亚硫酸钠、抗坏血酸、葡萄糖、水合肼等作还原剂，其中活性金属、蚁酸、水合肼等的还原选择性较高，成本较低。

11.2.2　氨浸-水合肼还原提纯

金银提取过程中，常产出纯度不同的氯化银产品。如水溶液氯化法处理铜阳极泥或锌置换金泥分金后的氯化浸渣、王水分金浸渣、食盐沉淀法或盐酸酸化沉淀法处理各种硝酸银溶液的沉淀物、次氯酸钠处理废氰化银电镀液的沉淀物等，其中银均呈氯化银沉淀物形态存在。氨浸-水合肼还原工艺既可用于银的提取，也可用于银的化学提纯。

氯化银极易溶于氨水，呈银氨配阳离子形态转入溶液中。浸出氯化银沉淀物时，在室温下，用含氨 12.5% 的工业氨水在搅拌下浸出 2h，浸出液固比决定于氯化银沉淀物的银含量，一般控制浸液中的银含量不大于 40g/L，银浸出率达 99% 以上。氨浸作业须在密闭设备中进行。

水合肼为强还原剂，其 $\varepsilon^{\ominus}_{N_2H_4 \cdot H_2O/N_2} = -1.16V$，而 $\varepsilon^{\ominus}_{[Ag(NH_3)_2]^+/Ag} = +0.377V$。因此，水合肼易将银还原为银粉。还原反应可表示为：

$$4Ag(NH_3)_2Cl + N_2H_4 \cdot H_2O + 3H_2O \longrightarrow 4Ag\downarrow + 4NH_4Cl + 4NH_4OH + N_2\uparrow$$

还原时将含银溶液加热至 50℃，在搅拌下缓缓加入水合肼，水合肼用量为理论量的 2~3 倍，还原 30min，银还原率达 99% 以上。

若氯化银沉淀物中含铜、镍、镉等杂质，氯化银沉淀物氨浸时，这些杂质会生成相应的氨配合物转入浸液中，直接采用水合肼还原，产出的银粉的纯度较低。此时，可在氨浸液中加入适量盐酸，使银呈氯化银沉淀析出而与贱金属杂质分离。纯的氯化银沉淀物经氨浸-水合肼还原，可获得银含量达99.9%以上的海绵银。

11.2.3　氨-水合肼还原提纯

氨-水合肼还原提纯是将氯化银沉淀物氨浸和在氨介质中水合肼还原两个作业合并为一个作业，简化了工艺过程。其综合反应可表示为：

$$4AgCl + N_2H_4 \cdot H_2O + 4NH_4OH \longrightarrow 4Ag \downarrow + N_2 \uparrow + 4NH_4Cl + 5H_2O$$

氨浸-水合肼还原提纯与氨-水合肼还原提纯的效果相同，但氨-水合肼还原提纯的氨耗量比氨浸-水合肼还原提纯的氨耗量降低了50%，氨-水合肼还原提纯法只适用于处理纯的氯化银沉淀物。

我国某厂处理铜、银、铅含量较高的硝酸银废电解液的工艺流程如图11-1所示。

操作时，将硝酸银废电解液加热至50℃，加入饱和食盐水使银沉淀析出，待银沉淀完全后，静置，过滤，用热水将沉淀物洗至无色。按水合肼：氨水：水 = 1:3:8 的质量分数比例将氨-水合肼混匀，加热至50~60℃，然后将调成糊状的氯化银沉淀物缓缓加入其中，加料完毕并搅拌，待反应缓慢后再加热煮沸30min。经过滤、洗涤、烘干、铸锭，产出银含量大于99.9%的银锭，银总回收率为99%。食盐沉银母液和还原后液中的银含量均小于0.001g/L。还原1kg银的氨水耗量为1.2~1.6kg，水合肼耗量为0.3~0.4kg。

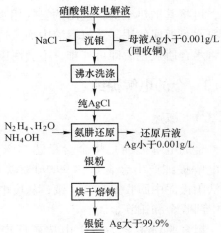

图11-1　从硝酸银废电解液中制取
纯银锭的工艺流程

11.2.4　从硝酸银溶液中用水合肼还原提纯

在室温下，用水合肼可从硝酸银溶液中还原制取高纯度的银粉。其反应可表示为：

$$AgNO_3 + N_2H_4 \cdot H_2O \longrightarrow Ag \downarrow + NH_4NO_3 + \frac{1}{2}N_2 \uparrow + H_2O$$

或　　　　　$$4AgNO_3 + N_2H_4 \cdot H_2O \longrightarrow 4Ag \downarrow + 4HNO_3 + N_2 \uparrow + H_2O$$

由于硝酸可消耗大量水合肼，操作时应先将适量氨水加入硝酸银溶液中，将溶液pH值调至10左右，然后才加入水合肼，这可加速反应的进行。其反应可表示为：

$$AgNO_3 + 2NH_4OH \longrightarrow Ag(NH_3)_2NO_3 + 2H_2O$$

$$2Ag(NH_3)_2NO_3 + 2N_2H_4 \cdot H_2O \longrightarrow 2Ag \downarrow + N_2 \uparrow + 2NH_4NO_3 + 4NH_3 + 2H_2O$$

该提纯工艺可从含 Ag-W、Ag-石墨、Ag-CdO、Ag-CuO 等含银废料中制取纯银粉，银粉粒度小于96μm（160目），纯度为99.95%，可满足粉末冶金制造电触头的要求。某厂

从含银废料制取纯银粉的工艺流程如图 11-2
所示。

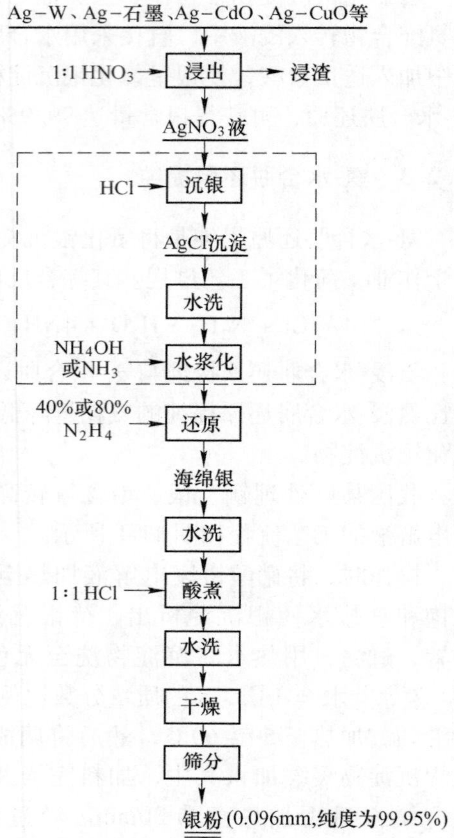

操作时，用 1 : 1 的硝酸浸出含银废料，银
浸出率达 98% ~ 99% 。硝酸银浸出液采用氨-水
合肼还原，银粉经过滤、水洗后，再用 1 : 1 盐
酸煮洗。银粉经过滤、水洗、干燥、筛分，可获
得粒度小于 96μm （160 目），纯度为 99.95% 的
纯银粉，银的还原率可达 99% 。

若硝酸银浸出液中含有贱金属杂质，可加入
适量盐酸沉银以制取纯氯化银沉淀物，再用氨-
水合肼还原，同样可制取上述规格的纯银粉。

水合肼还原后液中含有一定量的氨和水合
肼，可将其加热至沸，逸出的氨气用水吸收，所
得氨水可返回使用。蒸氨后液中加入适量高锰酸
钾将水合肼氧化后即可外排，不会污染环境。

11.3　金的电解提纯

11.3.1　概述

金的电解提纯是将金含量达 90% 的粗金通
过电解提纯产出金含量达 99.90% 以上的电金，
并从阳极泥中回收银和铱、锇，从废电解液和洗
液中回收金和铂族金属。

图 11-2　某厂氨-水合肼还原法从含银废料
制取纯银粉的工艺流程

粗金原料主要为金矿山选矿厂产出的合质
金、有色金属冶炼厂副产金及含金废料、废屑、
废液回收金和金首饰等。原料为合质金及其他银含量高的原料时，粗金熔铸阳极板前须用
电解法或化学法分银。

金的电解提纯可采用氯化金水溶液或氰化金水溶液作电解液，现场常采用氯化金水溶
液作电解液，因金的氯化金水溶液电解提纯较安全，造液工艺较简便。

11.3.2　金电解提纯原理

11.3.2.1　金电解提纯中金的行为

金电解提纯以粗金板为阳极、纯金片为阴极，以金氯酸配合物水溶和盐酸作电解液，
产出电金。因此，电化学系统可表示为：阴极 Au（纯）/HAuCl$_4$，HCl、H$_2$O、杂质/Au（粗）
阳极。

其电化反应可表示为：

阳极：

$$Au + 4Cl^- - 3e \longrightarrow AuCl_4^- \qquad \varepsilon^\ominus = +1.0V$$

$$2Cl^- - 2e \longrightarrow Cl_2 \uparrow \qquad \varepsilon^\ominus = +1.36V$$

$$2H_2O - 4e \longrightarrow 4H^+ + O_2 \uparrow \qquad \varepsilon^\ominus = +1.229V$$

阴极：

$$AuCl_4^- + 3e \longrightarrow Au \downarrow + 4Cl^- \qquad \varepsilon^\ominus = -1.0V$$

$$2H^+ + 2e \longrightarrow H_2 \uparrow \qquad \varepsilon^\ominus = 0V$$

因此，阴极还原析金，阳极氧化溶解和析出氧气。

11.3.2.2　金电解提纯中主要杂质组分的行为

国内外均采用在氯化金和盐酸水溶液中进行金电解提纯，又称沃耳维尔法。它是在大电流密度和高浓度氯化金和盐酸水溶液中进行金电解，此时粗金阳极板不断溶解，阴极不断还原析出电解纯金。

在氯化金和盐酸介质中进行金电解提纯时，杂质的行为与电位有关。电位比金负的杂质有银、铜、铅、镍、铂、钯、铱、锇等。银氧化溶解后与氯根生成氯化银壳覆盖于阳极表面，阳极板含银5%以上时，氯化银壳可使阳极钝化放出氯气，妨碍阳极溶解。为了使阳极表面的氯化银壳脱落进入阳极泥中，采用向电解槽供直流电的同时重叠供比直流电强度大的交流电，直交流电重叠在一起组成一种与横坐标不对称的脉动电流。金的阴极还原析出取决于直流电强度，交流电的作用是在脉动电流最大值的瞬间使电流密度达最大值，甚至使阳极上开始分解析出氧气，经如此断续而均匀的振荡，进行阳极的自净化，使覆盖于阳极表面的氯化银壳疏松、脱落进入阳极泥中。采用直交流重叠电流电解可以提高液温和降低阳极泥中的金含量。直流电与交流电的比例为1:(1.5~2.2)，随电流密度的增大，须相应提高电解液的温度和酸度。

金电解提纯时，铜、铅、镍等贱金属转入溶液中。阳极板中铜、铅杂质含量高对金电解提纯不利。电解液中铜含量较高时，将迅速降低电解液中的金含量，甚至在阴极上析铜。因阳极上的金、铜、铅溶解时只析金，阳极上每溶解1g铜，阴极上则析出2.5g金。为了保证电金质量，可采用每电解两个阴极周期则更换全部电解液。电解液中铅含量较高时，会生成大量氯化铅使电解液饱和而引起阳极钝化。因此，电解过程中须定时向电解液中加入硫酸，使铅沉入阳极泥中。

金电解提纯时，阳极中的铱、锇（包括锇化铱）、钌、铑不溶解而进入阳极泥中。钝铂和纯钯的离子化倾向小，应不溶解。但在粗金阳极板中，铂、钯一般与金生成合金，有部分铂、钯与金一起进入电解液中，但在阴极不析出。只有当电解液中铂、钯积累至浓度大于铂50~60g/L、钯15g/L时，才会与金一起在阴极还原析出。

阴极析出的电金致密性随电解液中金含量的提高而增大，故金电解提纯均采用金含量高的电解液。通常电解液中金含量大于30g/L，电流密度为1000~1500A/m^{2}时，析出的金能很好地附着于始极片上。

11.3.3　电解操作

11.3.3.1　极板

金电解提纯的生产规模一般较小。金电解提纯的阳极板，一般采用石墨坩埚在烧柴油的地炉中熔铸。地炉和坩埚的容积决定于生产规模，常采用 60 ~ 100 号坩埚。100 号坩埚每埚可熔粗金 75 ~ 100kg。熔炼时加少量硼砂、硝石和适量洁净的碎玻璃，在 1200 ~ 1300℃下熔化造渣 1 ~ 2h。熔化造渣后，用铁质工具清除液面浮渣，取出坩埚，将金液浇铸于预热的模内。因金阳极小，浇铸速度宜快。各厂的金阳极规格不一，某厂为 160mm × 90mm × （厚）10mm。每块金阳极重 3 ~ 3.5kg，金含量 90% 以上。阳极板冷却后，撬开模子，趁热将阳极板置于 5% 左右的稀盐酸液中，浸泡 20 ~ 30min 以除去表面杂质，洗净晾干后送金电解提纯。

金电解提纯的阴极片用纯金制作，金电解提纯时可用轧制法或电积法制作阴极片。生产中常用电金轧制板作阴极，板面涂层薄蜡，板边涂厚蜡。当阴极板上析出一层金薄片后，将金薄片剥下，然后将其加工成电解提纯时的纯金阴极片（始极片）。近年来，多数厂采用轧制法制作纯金阴极片。

11.3.3.2　电解液

可用电解法或王水法造液，但常用电解法造液。

王水法造液是将王水和纯金粉（金片）置于容器中加热至沸，1 份金加 1 份王水，金粉全部溶解后继续加热赶硝，过滤除去杂质后备用。此法造液速度快，但溶液中的硝酸不可能完全除去。硝酸根的存在，在金电解提纯过程中会产生阴极金反溶现象。王水造液虽简便，但赶硝相当麻烦，劳动条件较差。

目前，电解造液均采用隔膜电解法，电解造液的工艺条件与金电解提纯基本相同。用粗金作阳极，纯金作阴极，用稀盐酸作电解液。金的隔膜电解造液装置如图 11-3 所示。

电解槽为陶瓷槽或塑料槽，常用素烧陶瓷坩埚作隔膜，也可用阴离子交换膜作隔膜。槽中电解液为 HCl：H_2O = 2：1 的稀盐酸，坩埚内的电解液质量分数比为 HCl：H_2O = 1：1 的稀盐酸。坩埚内的电解液液面比电解槽内电解液液面高 5 ~ 10mm。通入脉动电流，槽压为 3 ~ 4V，粗金阳极溶解呈 Au^{3+} 转入槽内电解液中。由于素烧陶瓷坩埚隔膜的阻碍及隔膜内电解液液面较高，Au^{3+} 不会进入坩埚隔膜内的电解液中，而 H^+、Cl^- 可以通过隔膜，阴极上不会析出金，只逸出氢气，金在阳极电解液中不断积累，最终阳极电解液含金达 250 ~

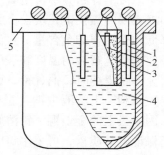

图 11-3　金的隔膜电解造液装置
1—阳极；2—阴极；3—素烧陶瓷隔膜；
4—电解液；5—电解槽

350g/L、盐酸浓度 133 ~ 140g/L，可利用此阳极电解液配制金电解提纯的电解液。

某厂电解造液电解槽内装 1：1 稀盐酸，装粗金阳极板。素烧陶瓷坩埚内径为 115mm × 55mm × （深）250mm × （厚）（5 ~ 10）mm，内装 105mm × 43mm × （厚）1.5mm 的纯金阴极板和 1：1 稀盐酸。阴极电解液液面比阳极电解液液面高 5 ~ 10mm，以防止阳极液渗入阴极区。造液条件为：槽压 3.5 ~ 4.5V，电流密度 2200 ~ 2300A/m^2，重叠的交流电为直流电的 2.2 ~ 2.5 倍，交流电压为 5 ~ 7V，液温 40 ~ 60℃，同极距 100 ~ 120mm。接通电流后，阴极析氢，阳极板金溶解。造液 44 ~ 48h，可得密度为 1.38 ~ 1.42g/cm^3、金含量为 300 ~ 400g/L、盐酸为 250 ~ 300g/L 的溶液，若延长造液时间，溶液金含量可达 450g/L。过滤除去阳极泥后，贮存于耐酸缸中备用。造液结束后，取出坩埚，阴极液进行锌置换以回收进入阴极液中的金。

11.3.3.3　电解槽

金电解提纯电解槽可用耐酸陶瓷槽，或采用 10~20mm 厚的硬塑料板焊制的塑料槽。为防止电解液漏损，电解槽外再加保护套槽。某厂金电解提纯电解槽的结构如图 11-4 所示。

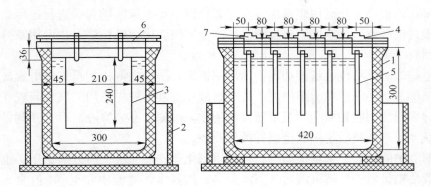

图 11-4　某厂金电解提纯电解槽的结构

1—耐酸陶瓷槽；2—塑料保护槽；3—阴极；4—阳极吊钩；5—粗金阳极；6—阴极导电棒；7—阳极导电棒

导电棒和导电排常用纯银制成，阳极吊钩用纯金制成。

11.3.3.4　电解操作

先将电解液注入电解槽中，然后将套入布袋中的阳极垂直悬挂于电解槽之中，再依次相间地挂入阴极。槽内同极并联，槽与槽为串联。挂好电极后，调整电解液面略低于阳极吊钩。电解液不循环，只用小空气泵进行吹风搅拌。由于高温高酸下可采用高电流密度，常在高酸高温下进行电解提纯。除通过电流升温外，还可在电解槽下通过水浴、砂浴或空气浴提高电解液的温度。

接通电流后，应检查电路是否畅通，有无短路、断路现象，槽压是否正常等。

粗金阳极板银含量常为 4%~8%。电解正常时，生成的氯化银覆盖于阳极表面，影响阳极正常溶解和使电解液混浊，甚至引起短路。因此，每 8h 应刮除阳极板上的阳极泥 1~2 次。刮阳极泥时，先用导电棒使该电解槽短路，然后轻轻提起阳极板以免扰动阳极泥引起混浊或漂浮。刮净阳极泥并用水冲洗后，再放回槽内继续电解。

每 8h 检查 1~2 次阴极的析出状况，此时不必短路，一块一块提起阴极板检查和除去阴极上的尖粒，以免引起短路。一个阴极周期后，电金出槽不必短路，取出一块电金则加入一块始极片，直至取出全部电金和加完新始极片为止。取出的电金用少量水洗净表面电解液，剪去耳子（返回铸阳极），用稀氨水浸煮 4h，洗刷净。再用稀硝酸煮 8h，刷洗净晾干后，送熔铸金锭。

阳极溶解至残极无法再用时，应取出，及时更换新阳极板。阳极布袋中的阳极泥应精心收集。

金电解提纯过程中，有时因酸度低或杂质析出使阴极板发黑，或因电解液比重过大和液温过低而产生极化，在阴极板上析出金和铜的绿色絮状物。严重时，绿色结晶布满整个阴极板。此时应分析具体情况，向电解液中补加盐酸、部分或全部更换电解液。同时取出阴极板刷洗净绿色絮状结晶物后，再放入电解槽中电解。当电压或电流过高时，阴极板也会变黑。

11.3.4　阳极泥和废电解液的处理

阳极泥约含 90% 以上的氯化银、1%～4% 的金，常将其返回熔铸金银合金阳极板供电解银，也可在地炉中熔化后用倾析法分金。氯化银渣加入碳酸钠和碳进行还原熔炼，铸成粗银阳极板送银电解，金返回熔铸金阳极。当金阳极泥中含锇铱矿时，可用筛分法分离锇化铱后再回收金银。

更换电解液时，将废电解液抽出，清出阳极泥，洗净电解槽后再加新电解液。废电解液和洗液全部过滤，洗净烘干阳极泥。废电解液和洗液一般先采用二氧化硫或亚铁盐还原金，再用锌置换法回收铂族金属至溶液澄清为止。过滤，弃去滤液，用1∶1稀盐酸浸出滤渣以除去铁、锌等杂质后送铂族金属提纯作业。

废电解液中的铂、钯含量很高时，可先用氯化亚铁还原金，再分离铂钯。也可用氯化铵饱和溶液使铂呈氯铂酸铵沉淀后，固液分离，用氨水将滤液中和至 pH 值为 8～10 以水解贱金属杂质。固液分离后，再用盐酸将滤液酸化至 pH 值为 1，钯呈二氯二氨配亚钯形态沉淀析出。余液用铁或锌置换法回收残余的贵金属后弃去。

11.3.5　金电解提纯的技术经济指标

11.3.5.1　某些厂金电解提纯的技术条件
某些厂金电解提纯的技术条件列于表 11-1 中。

表 11-1　某些厂金电解提纯的技术条件

项　目	厂　别				
	1	2	3	4	5
阳极金含量/%	90	>88	≥90	≥90	96～98
阳极银含量/%	—	—	—	<5	<2
电解液温度/℃	30～50	30～70	40～50	35～50	50～70
电解液金含量/g·L^{-1}	250～300	250～350	250～300	250～300	250～350
电解液盐酸含量/g·L^{-1}	250～300	150～200	250～300	200～250	200～300
阴极电流密度/A·m^{-2}	200～250	500～700	190～230	250～280	450～500
同极中心距/mm	80～90	120	70～80	90	90
电流比（直流∶交流）	1∶2	1∶(1.5～2.0)	1∶1.5	1∶1	无交流
电解液密度/g·cm^{-3}	1.4	1.36～1.4	—	—	—
槽电压/V	0.2～0.3	0.3～0.4	0.2～0.3	–	0.4～0.6

11.3.5.2　某些厂金电解提纯的技术经济指标
某些厂金电解提纯的技术经济指标列于表 11-2 中。

11.3.5.3　某些厂金电解提纯电解槽的技术性能
某些厂金电解提纯电解槽的技术性能列于表 11-3 中。

表 11-2 某些厂金电解提纯的技术经济指标

名　称	厂　别		
	1	2	3
电流效率/%	95	—	>98
提纯槽电压/V	0.2～0.3	0.3～0.4	0.4～0.6
造液槽电压/V	2.5～4.5	2.5～4.5	2.8～3.5
直流电耗/kW·h·kg⁻¹	2.14	—	—
残极率/%	20	—	15～20
阳极泥率/%	20～25	—	10
盐酸耗量/kg·kg⁻¹	4		2
阴极金含量/%	≥99.96	>99.95	>99.99
金锭金含量/%	>99.99	>99.99	>99.99
每块金锭质量/kg	12.45≤ +0.85，12.45≤ -1.56	11～13	12～13
电解回收率/%	99	99.73	>99
金锭浇铸回收率/%	99.93	100	100
金锭浇铸合格率/%	100	91.35	—
金提纯回收率/%	98.5	82	98.2
金冶炼回收率/%	98	—	—

注：金提纯回收率为粗金阳极至金锭的回收率；金冶炼回收率为阳极泥至金锭的回收率；盐酸浓度为31%；直流电耗包括造液的直流电耗。

表 11-3 某些厂金电解提纯电解槽的技术性能

项　目	厂　别				
	1	2	3	4	5
直流电流强度/A	80	80～120	50～60	18～20	40～50
交流电流强度/A	180～200	120～240	75～90	18～20	无
阴极电流密度/A·m⁻²	200～250	500～700	190～230	250～280	450～500
阳极尺寸/mm×mm×mm	100×150×10	165×100×10	128×68×2	100×78×10	130×100×10
阴极尺寸/mm×mm（×mm）	190×120	210×180×0.2	128×68	—	140×110
种板尺寸/mm×mm×mm	260×250×1.5	无种板	—	—	—
种板材料	压延钝银板	始极片为压延金箔	—	压延钝银板	压延钝银板
每槽阳极数/片	4排，每排2片	3	4排，每排3片	4	3
每槽阴极数/片	5排，每排2片	4	5排，每排3片	4	4
同极中心距/mm	80～90	120	80	90	90
电解槽尺寸/mm×mm×mm	310×310×340	380×280×360	—	280×150×220	450×170×300
电解槽个数/个	2	6		2	2
电解槽材质	硬聚氯乙烯	硬聚氯乙烯		硬聚氯乙烯	耐酸陶瓷

11.4 银电解提纯

11.4.1 银电解提纯原理

银电解提纯的电化学系统为：阴极 Ag(纯)/AgNO₃，HNO₃、H₂O、杂质/Ag(粗)、杂质阳极。

　　主要的电化反应为：

阳极：

$$Ag - e \longrightarrow Ag^+$$

$$2Ag - e \longrightarrow Ag_2^+$$

阴极：

$$Ag^+ + e \longrightarrow Ag \downarrow$$

$$H^+ + e \longrightarrow \frac{1}{2} H_2 \uparrow$$

$$NO_3^- + 4H^+ + 3e \longrightarrow NO \uparrow + 2H_2O$$

$$NO_3^- + 2H^+ + e \longrightarrow NO_2 \uparrow + H_2O$$

　　银电解提纯时，各杂质组分的行为与电位、浓度及是否水解有关，可将其分为下列几类：

　　（1）电位比银负的有锌、铁、镍、锡、铅、砷。其中锌、铁、镍、砷含量极微，对银电解提纯影响小。电解过程中，锌、铁、镍、砷等杂质全部进入电解液中，并逐渐积累污染电解液和消耗硝酸。但在一般条件下，它们不会影响电解银的质量。锡呈锡酸进入阳极泥中。铅一部分进入电解液中，另一部分氧化生成 PbO_2 进入阳极泥中，少量 PbO_2 则黏附于阳极板表面，较难脱落，故当 PbO_2 较多时，会影响阳极银的溶解。

　　（2）电位比银正的金和铂族金属。这些金属一般不溶解而进入阳极泥中。当其含量很高时，会滞留于粗银阳极表面，而阻碍阳极银的溶解，甚至引起阳极钝化，使银的电极电位升高，影响银电解提纯的正常进行。实际上有一部分铂、钯进入电解液中。部分钯进入电解液中是因为部分钯在阳极被氧化为 $PdO_2 \cdot nH_2O$，新生成的这些氧化物易溶于硝酸，铂的行为与钯相似，尤其是采用较高的硝酸浓度、过高的电解液温度和大的电流密度时，钯和铂进入电解液中的量会提高。由于钯的电位为 $+0.82V$ 与银的电位 $+0.8V$ 相近，当电解液中的钯含量增至 $15 \sim 50g/L$ 时，会与银一起在阴极析出。

　　（3）不发生电化学反应的化合物（通常为 Ag_2Se、Ag_2Te、Cu_2Se、Cu_2Te 等）随粗银阳极溶解脱落进入阳极泥中。但金属硒会溶于弱酸性液，并与银一起在阴极析出。在 1.5% 的高酸度的溶液中，阳极中的金属硒不会溶于电解液中。

　　（4）电位与银相近的铜、铋、锑等。此类杂质对银电解提纯的危害最大。粗银阳极中的铜含量较高，常达 2% 以上，电解时进入电解液，使电解液呈蓝色，正常条件下不在阴极析出。但当出现浓差极化，银离子浓度急剧下降，电解液搅拌不良，银铜含量比超过 $2:1$ 时，铜将在阴极上部析出。尤其当阳极含铜高时，阳极溶解 1g 铜，阴极相应析出 3.4g 银，易使电解液中的银离子浓度急剧下降，增加阴极析铜的危险性。因此，电解粗银阳极含铜高时，应定期抽出部分含铜高的电解液，补入部分浓度高的硝酸银溶液。但电解液保持一定浓度的铜可提高电解液密度，可降低银离子的沉降速度，有利于电解提纯过程的进行。

　　铋部分生成碱式盐 $[Bi(OH)_2NO_3]$ 进入阳极泥中，部分进入电解液中，积累至一定浓度后会在阴极析出，降低电银质量。在低酸条件下电解时，硝酸铋水解呈碱式盐沉淀析出，会降低电银粉质量。

11.4.2 银电解提纯操作

11.4.2.1 极板

银电解提纯的原料为各种不纯的金属银，将其铸成粗银阳极板，要求粗银阳极板中含铜小于5%，金银总量达95%以上，其中金含量不超过金银总量的1/3。若金含量过高，须配入粗银，以免阳极钝化。粗银阳极板须装入隔膜袋中，以免阳极泥和残极落入电解槽底污染电解银粉。

银电解提纯的阴极板最好为纯银板，也可采用不锈钢板或钛板。电解银呈粒状在阴极析出，易于刮下。刮下的电银粒直接沉入槽底，阴极可长期使用。

11.4.2.2 电解液

银电解提纯时，国内外均采用硝酸银电解液，电解液组成常为：Ag 30～150g/L、HNO_3 2～15g/L、Cu 40g/L。配制电解液时，在耐酸瓷缸中用水润湿含银99.86%～99.88%的电解银粉后，分次加入硝酸和水，在自热条件下溶解，造液过程需4～4.5h，溶液含银600～700g/L，硝酸低于50g/L，再用水稀释至所需浓度作电解液待用。或直接将浓硝酸银溶液按计算量补加于电解槽中。造液作业须在通风柜中进行，产出大量的氧化氮气体，经洗涤、吸收后才能排空。我国某厂采用8013催化剂以氨水处理氧化氮尾气，效果较好，吸收率达99%以上。

有的厂采用银含量较低的银粉或粗银合金板及各种不纯银原料制取硝酸银电解液。日本采用含银40～50g/L的电解液。我国常采用含银50～100g/L的电解液。

电解液中的硝酸在于改善电解液的导电性，但硝酸含量不宜过高，否则会使析出的电银反溶、析出NO_2气体和析氢。因此，为了维持电解液的导电性，须向电解液中加入适量的KNO_3、$NaNO_3$。

电解液中的银离子浓度取决于电流密度和粗银阳极的银含量。电流密度大，银离子浓度宜高，以保证阴极区有较高的银离子浓度。粗银阳极的银含量低、杂质多，电解液中的银离子浓度宜高些，以抑制杂质离子在阴极析出。

11.4.2.3 电解槽

银电解提纯时，国内外均广泛采用妙比乌斯直立电极电解槽，多为钢筋水泥槽，内衬软塑料，槽形近正方形，也可用硬塑料槽，其结构如图11-5所示。

某厂为了克服手工出电银粉的困难，将串联的一列电解槽下部连通，于槽底安装涤纶布无极输送带，随输送带转动，不断将落入带上的电银粉送至槽外的不锈钢槽中。

目前，国内主要采用硬聚氯乙烯板焊接的立式电极电解槽。槽内采用未接槽底的隔板横向隔成若干小槽，小槽底部连通，电解液可循环流动。槽底连通

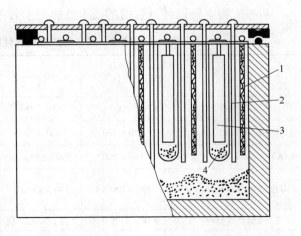

图11-5 妙比乌斯直立电极电解槽的结构图
1—阴极；2—搅拌棒；3—阳极；4—隔膜袋

处，装设有涤纶布无极输送带，专供运输槽内电银粉用。槽面装设有带玻璃棒（或硬聚氯乙烯棒）的机械搅拌装置，可定期开动，既可防止阴极、阳极短路，又可搅动电解液。其结构如图11-6所示。

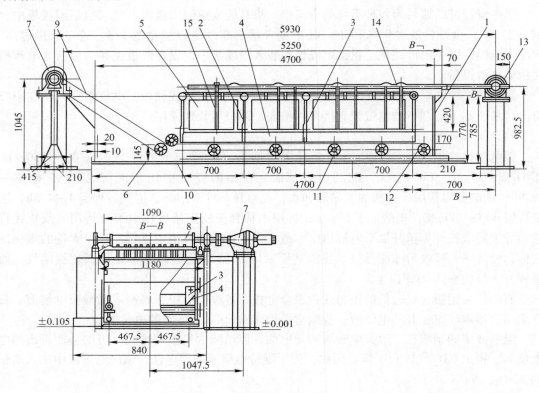

图 11-6　立式电极电解槽的结构图

1—槽体；2—隔板；3—连接板；4—斜挡板；5—阴极板；6—保护槽；7—输送带传动装置；8—传动滚筒；
9—输送带；10—导向辊；11—托辊；12—换向辊；13—搅拌传动装置；14—滚轮；15—搅拌棒

某些厂银电解提纯电解槽的技术性能列于表11-4中。

表 11-4　某些厂银电解提纯电解槽的技术性能

项　目	厂　别				
	1	2	3	4	5
电流强度/A	700	450 ~ 750	60 ~ 70	60 ~ 80	240 ~ 260
阴极电流密度/A·m^{-2}	250 ~ 300	270 ~ 450	200 ~ 290	280 ~ 300	300 ~ 320
阳极尺寸/mm×mm（×mm）	190×250	300×250×20	160×155×15	150×160×15	445×280×15
阴极尺寸/mm×mm×mm	370×700×3	340×550×2	160×160×3、180×180×3	160×180×3	470×300×3
每槽阳极数/片	5排，每排3块	5排，每排2块	7	7	6
每槽阴极数/片	6	6	6	6	5
同极中心距/mm	160 ~ 180	150	100 ~ 125	100 ~ 110	100 ~ 120

项 目	厂 别				
	1	2	3	4	5
电解槽尺寸/mm×mm×mm	760×780×740	700×840×730、700×1000×750	—	760×280×510	950×750×870
电解槽数/个	10	14	—	6	14
电解周期/h	36	48	72	72	48
电解槽材质			—	10mm 硬聚氯乙烯板焊制	15mm 硬聚氯乙烯板焊制

11.4.2.4 银电解提纯操作

某厂银电解提纯的工艺流程如图 11-7 所示。

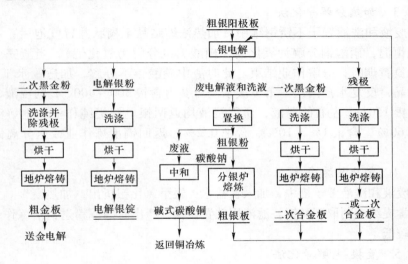

图 11-7 某厂银电解提纯的工艺流程

装槽前，阳极板应拍平、去掉飞边毛刺，钻孔挂钩，套上布袋，用银钩挂在阳极导电棒上，装入电解槽内。阴极纯银板应平整光滑，用吊耳挂于紫铜棒上，用过的阴极板应刮除表面银粉。装完电极后，注入电解液，检查线路接触是否良好，接通电路进行电解，定期开动搅拌机械。阴极电银的沉积速度快，待电解析出一定数量银粉后，开动运输皮带将银粉运出槽外。取出的电银置于滤缸中，用无氯离子热水洗至无绿色或微绿色后送烘干、铸锭。电解 20h 后，阳极不断溶解而缩小，同极距增大，电流密度逐渐上升，引起槽压脉动上升。当槽压升至 3.5V 时，粗银阳极基本溶完，阳极溶解至无法再用时，更换新阳极板。定期取出阳极袋中的阳极泥，精心收集，洗涤、干燥后待处理。

集液槽和高位槽为钢板槽，内衬软塑料。电解液循环为下进上出方式，使用小型立式不锈钢泵抽送电解液。电解槽串联组合。

隔膜袋中的残极（残极率为 4% ~6%）和一次黑金粉洗净、烘干，送熔铸二次阳极板。二次黑金粉洗净、烘干，送熔铸粗金阳极板。

11.4.3 电解废液和洗液的处理

电解废液和洗液的处理方法较多，其中主要为以下几种。

11.4.3.1 硫酸净化法

硫酸净化法适用于处理被铅、铋、锑污染的电解液。往电解废液中加入按含铅量计算所需的硫酸（不可过量），搅拌、静置，铅呈硫酸铅析出，铋水解为碱式盐沉淀析出，锑水解呈氢氧化物浮于液面。过滤后，滤液可返回使用。

11.4.3.2 铜置换净化法

将电解废液和洗液置于槽中，挂入铜残极，蒸气加热至80℃，银被置换还原呈粒状析出，置换还原至检不出氯化银沉淀为止。可产出银含量大于80%的粗银粉，熔铸粗银阳极板。置换后液用碳酸钠中和至 pH 值为 7～8，析出碱式碳酸铜，过滤后，滤渣送铜冶炼。残液可弃去。

11.4.3.3 加热分解净化法

将电解废液和洗液置于不锈钢罐中，加热浓缩结晶至糊状并冒气泡后，严格控制在 220～250℃恒温，硝酸铜分解为氧化铜（硝酸钯也分解为氧化钯），当渣完全变黑和不再逸出氧化氮黄烟时，分解作业结束。此时渣中硝酸银不分解，加适量水于100℃下浸出硝酸银结晶，反复水浸两次。第 1 次水浸可获得含银 300～400g/L 的浸液，第 2 次水浸可获得含银 150g/L 左右的浸液，所得浸液均返回银电解提纯作业作电解液用。浸渣中铜含量约60%、含银1%～10%、含钯0.2%，返回铜冶炼作业或送分离回收钯和银作业。

11.4.3.4 食盐沉淀净化法

将电解废液和洗液置于槽中，加入食盐水，银呈氯化银析出，加热凝聚。过滤，氯化银可送去化学提纯或制取硝酸银。滤液用铁置换铜，产出海绵铜粉送铜冶炼作业。但铜的置换回收率较低。

11.4.3.5 置换-电解净化法

置换-电解净化法适用于处理铜含量高的电解废液。将电解废液和洗液置于槽中，挂入铜残极，过滤洗涤后，银粉送制取硝酸银作业。除银后液用硫酸沉铅，固液分离，滤液送电积提铜作业回收铜。

11.4.3.6 结晶净化法

结晶净化法适用于银含量较高而杂质含量较低的电解废液和洗液的净化处理。将电解废液和洗液置于不锈钢罐中，加热浓缩，冷却后可析出硝酸银结晶，绝大部分杂质留在结晶母液中。硝酸银结晶水浸后可返至银电解提纯作业作电解液用。结晶母液中加入食盐水可析出氯化银沉淀，固液分离，滤渣可送去化学提纯或制取硝酸银。滤液用铁置换铜，产出海绵铜粉送铜冶炼作业。

11.4.3.7 水解除铋净化法

当电解废液和洗液中铋含量高时，可将其置于槽中，加水或碱、1∶1 氨水等将溶液 pH 值调至 3～4，铋呈氢氧化物沉淀析出，固液分离，滤液浓缩后可返回银电解提纯作业作电解液用。滤渣经盐酸浸出后，固液分离，滤渣为氯化银，滤液用水解法或碱中和至 pH 值为 3～4，析出氯氧铋沉淀，经过滤、洗涤、烘干，可产出铋含量约 70%的铋产品。

11.4.3.8　氯化银沉淀-铁置换净化法

氯化银沉淀-铁置换净化法适用于银含量较高而杂质含量较低的电解废液和洗液的净化处理。将电解废液和洗液置于不锈钢罐中，加入盐酸液使银呈氯化银析出，大部分杂质留在溶液中。固液分离，滤饼经洗涤后可用铁置换-磁选除铁或用氨-水合肼还原法均可获得含银99.6%以上的银粉。

11.4.3.9　丁黄药净化法

丁黄药净化法适用于铂、钯含量较高而杂质含量较低的电解废液和洗液的净化处理。净化工艺流程如图11-8所示。

将电解废液和洗液置于槽中，加入丁黄药可使铂、钯呈黄原酸盐沉淀析出，铂、钯的沉淀率达99%以上，银沉淀率小于2%。丁黄药的加入量为沉淀铂、钯的理论量。固液分离，过滤渣进行盐酸+氯酸钠+过氧化氢溶液浸出后，中和、过滤，析出氯化银沉淀、粗氯钯酸、粗氯铂酸溶液。固液分离，滤液送铂钯分离提纯作业，铂钯直收率达97%。丁黄药沉铂、钯后的残液和铂、钯沉淀酸浸渣送回收银作业。

某厂电解废液和洗液含 Pd 0.0905g/L、Pt 0.0002g/L、Ag 110.57g/L、Cu 57.94g/L。丁黄药的加入量为沉淀钯的理论量。钯沉淀率大于97%。黄原酸钯经酸浸后使其析出二氯化二氨配亚钯沉淀，固液分离，再将沉淀溶于氨水后加水合肼还原产出钯粉，钯直收率为97%。钯粉含 Pd 99.98%、Cu 0.006%、Ag 0.0003%。

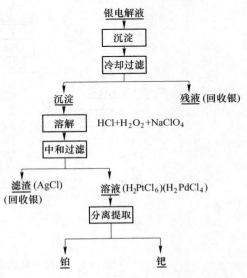

图11-8　丁黄药净化法回收铂、钯工艺流程

另一厂在 pH 值为 0.5~2.0、液温 80~85℃下，用丁黄药沉钯 1h，钯沉淀率大于99%，铂沉淀率为91.7%~99.9%，银沉淀率小于2%。若黄药的加入量过量5%~20%，铂、钯的回收率均大于99%。若再提高黄药的加入量，则银的沉淀率将随之增大。

11.4.3.10　活性炭吸附净化法

A　活性炭吸附净化法回收铂、钯的工艺流程

活性炭吸附净化法回收铂、钯的工艺流程如图11-9所示。

银电解提纯时，粗银阳极板中的铂、钯有40%~50%进入电解液中，并不断积累。采用活性炭可选择性吸附铂、钯，吸余液返回银电解提纯作业。采用1:1 HNO₃解吸载铂、钯炭柱获得铂、钯富液，铂、钯贫液返回解吸作业作解吸剂用。铂、钯富液用12mol/L HCl分银，析出氯化银沉淀，固液分离，滤渣送分银炉熔炼分银。滤液与沉银后的铂、钯富液合并，加入固体氯化铵析出粗氯钯酸铵沉淀。固液分离，滤渣经洗涤后送钯提纯作业，钯直收率达97%。沉钯后液加热浓缩赶硝后，用饱和氯化铵溶液沉铂，固液分离，滤渣经洗涤后送铂提纯作业，铂直收率达92%。

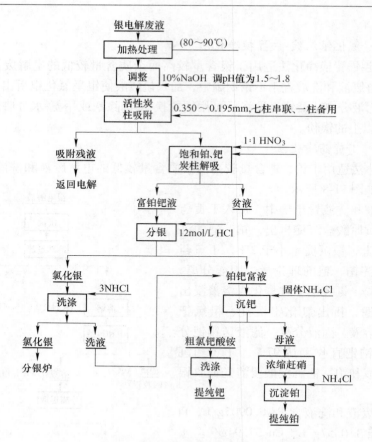

图 11-9 活性炭吸附净化法回收铂、钯的工艺流程

B 操 作

a 活性炭制备

粒状活性炭经筛分选用 380～250μm（40～60 目）活性炭备用。将 1：1 的工业稀硝酸加热至 90～100℃，按液固比 10：1 将活性炭缓慢加入热稀硝酸中，氧化浸出活性炭 6～12h，至不逸出棕色气体为止。倾析弃去硝酸浸液，用等量蒸馏水洗热稀硝酸浸活性炭 3 次后装柱。炭柱采用 φ70mm 的玻璃管，共 8 根，7 根串联吸附，1 根备用。各柱装备用活性炭 1kg，高位槽高出炭柱 5～6m。

b 吸附

先将电解废液和洗液加热浓缩 4h，然后边搅拌边加入 10% NaOH 溶液调 pH 值为 1.5～1.8（游离硝酸为 1～2g/L），将浓缩和调整 pH 值后的电解废液泵至高位槽，再以 100～150mL/min 的流速通过串联的 7 根炭柱。1 号柱铂、钯饱和后转为解吸作业，2 号柱转为吸附 1 号柱，备用柱转为吸附 7 号柱，依此类推。吸余液中的铂、钯含量多数小于 1mg/L。可考虑除铜、铅后返回银电解提纯作业。

c 解吸

载铂、钯饱和炭柱采用逆流解吸工艺，用 1：1 工业硝酸作解吸剂，解吸剂流速为 75～100mL/min，每次取出 2.5L 铂、钯富液回收铂钯，解吸贫液分两级补加 1：1 工业硝酸后，采用逐级增浓的方法返回作解吸剂用，解吸作业通过的总液量为 25～30L。

吸附-解吸总回收率为：Pt 102% ，Pd 96.5% 。

解吸后的炭柱用蒸馏水洗涤至中性，即可再生返回吸附作业，再生 4 次，吸附容量未变。

活性炭的吸附全容量为：钯大于 72.5mg/g，铂大于 6.9mg/g。

d 铂、钯富液的处理

铂、钯富液中铂、钯含量比为 1：(6 ~ 7)，先用 12mol/L 盐酸沉银，固液分离，用 3mol/L 盐酸洗涤氯化银。除银富液与洗液合并，加固体氯化铵析出粗钯酸铵沉淀，钯盐用二氯二氨配亚钯法提纯两次后煅烧或用 10% 水合肼还原，产出钯含量大于 99.9% 的海绵钯。

沉钯后液经加热浓缩赶硝后，用氯化铵沉铂，再直接水解提纯，用 10% 水合肼还原，产出铂含量大于 99% 的海绵铂。

11.4.4 阳极泥的处理

银电解提纯产出的阳极泥中，除含金和铂族金属外，还含有较高的银、铜、锡、铋、铅、硒、碲等杂质。阳极泥产率约为粗银阳极板的 8% ，含金 50% ~ 70% ，含银 30% ~ 40% 。银电解提纯产出的阳极泥的处理方法主要有：硝酸分银法、二次电解法、配杂银二次电解法、水溶液氯化分金法等。

11.4.4.1 硝酸分银法

将阳极泥加入硝酸中分离金银，固液分离，滤液送回收银，滤渣中金含量约 90% ，可送熔铸电解提金阳极板。此工艺酸耗高，回收银较复杂，生产很少使用。

11.4.4.2 二次电解法

将电解提纯产出的一次阳极泥送去熔铸粗银阳极板，再进行二次电解提银，产出合格电银粉和产出金含量约 90% 的二次阳极泥。二次阳极泥送去熔铸粗银阳极板时，可掺一部分银粉以降低银阳极板中的金含量。二次阳极泥产率约为二次粗银阳极板的 35% ，含金 90% 以上，含银 6% ~ 8% ，其余为铜等杂质。将二次阳极泥熔铸为粗金阳极板送金电解提纯。

11.4.4.3 配杂银二次电解法

银电解提纯产出的一次阳极泥中的银含量高，不能直接熔铸为粗金阳极板送金电解提纯。国内多数厂将电解提纯产出的一次阳极泥（一次黑金粉）洗净、烘干后，配入适量杂银熔铸为金含量小于 33% 的二次粗银阳极板，再经二次电解提银产出二次阳极泥（二次黑金粉），将二次阳极泥熔铸为粗金阳极板送金电解提纯。

11.4.4.4 水溶液氯化分金法

水溶液氯化浸出银电解提纯产出的一次阳极泥，金转入浸液中，银呈氯化银形态留在浸渣中。为了抑制铅的浸出，浸出剂中加入适量硫酸，使铅呈硫酸铅留在浸渣中。含金液用还原剂还原，可产出金含量高的金粉，金回收率高，生产周期短。金还原后液可用锌置换法回收铂精矿，送分离提纯。

11.4.4.5 浓硫酸浸煮分银法

将阳极泥用浓硫酸浸煮多次，使银转入浸液中，固液分离，滤液送回收银。滤渣洗净、烘干后，熔铸为粗金阳极板送金电解提纯。

11.4.5 银电解提纯的主要技术经济指标

11.4.5.1 银电解提纯的主要技术条件

某些厂银电解提纯的主要技术条件列于表 11-5 中。

表 11-5 某些厂银电解提纯的主要技术条件

项　目		厂　别				
		1	2	3	4	5
阳极成分	Au + Ag 含量/%	≥97	≥97	>96	>96	≥98
	Cu 含量/%	<2	<2	—	2.5 ~ 3.5	<0.5
电解液成分	Ag 含量/g·L^{-1}	80 ~ 100	100 ~ 150	60 ~ 80	60 ~ 80	120 ~ 200
	HNO$_3$ 含量/g·L^{-1}	2 ~ 5	2 ~ 8	3 ~ 5	3 ~ 5	3 ~ 6
	Cu^{2+} 含量/g·L^{-1}	<50	<60	<40	<50	<60
电解液温度/℃		35 ~ 50	35 ~ 50	38 ~ 45	35 ~ 45	常温
阴极电流密度/A·m^{-2}		250 ~ 300	270 ~ 450	200 ~ 290	260 ~ 300	300 ~ 320
每槽电解液循环量/L·min^{-1}		0.8 ~ 1.0	不定期	1 ~ 2	0.5 ~ 0.7	—
同极中心距/mm		160	150	100 ~ 125	100 ~ 110	120
电解周期/h		36	48	72	72	48

从表 11-5 中数据可知，各厂银电解提纯的主要技术条件差别较大。阴极电流密度应尽可能高些以提高产量，降低贵金属积压。但阴极电流密度过高会降低电银的物理、化学性能。若阳极质量高时，可采用较高的阴极电流密度。同极中心距一般应大些以防短路，但过大会升高槽压和增加电能消耗。

11.4.5.2 某些厂银电解提纯的主要技术经济指标

某些厂银电解提纯的主要技术经济指标列于表 11-6 中。

表 11-6 某些厂银电解提纯的主要技术经济指标

项　目	厂　别			
	1	2	3	4
电流效率/%	96	—	90 ~ 95	>95
槽电压/V	1.5 ~ 2.5	1 ~ 2.8	1.5 ~ 2.5	1 ~ 2.2
直流电耗/kW·h·t^{-1}	510		500	
残极率/%	10	约 10	6 ~ 10	<15
硝酸耗量/kg·t^{-1}	90	60 ~ 65	—	80
电解回收率/%	99.7	99.95		
银粉含银/%	99.86 ~ 99.88	99.91	99.95	99.94 ~ 99.95
银锭浇铸回收率/%	99.96	99.96		>99
银锭浇铸合格率/%	97.5	97		100
银锭含银/%	99.94 ~ 99.96	99.97	99.95	99.95 ~ 99.98
每块银锭质量/kg	15.625	15 ~ 16	15 ~ 16	15 ~ 16
银提纯回收率/%	99.5	—	97.89	
银冶炼回收率/%	98.3	99	87	98.4

注：银提纯回收率为阳极至银锭回收率；银冶炼回收率为从阳极泥至银锭回收率；硝酸耗量折合含量为 100%。

生产中力求提高电流效率。因此，应保证电路畅通，无漏电、短路、断路，降低电银反溶，防止产生半价银离子，尽力降低阳极和电解液中的杂质含量。

槽电压与极间距、电解液的导电率、阳极成分等因素有关。因此，应降低极间距，提高电解液的导电率，适当降低阳极金含量等均有助于降低槽电压。

11.5 金的萃取提纯

11.5.1 概述

溶剂萃取技术具有速率高、效率高、容量大、选择性高、为全液过程、易分离、易自动化、试剂易再生、操作安全方便等特点。该方法广泛用于化学工业、分析化学和冶金工业，可用于金的提取和提纯作业。

近40多年来，萃取技术在我国贵金属提取领域的试验研究和应用获得迅速发展，对金的萃取剂进行了大量的试验研究工作。试验表明，二丁基卡必醇、二异辛基硫醚、仲辛醇、乙醚、甲基异丁基酮、磷酸三丁酯、酰胺 N503、石油亚砜、石油硫醚等是金的良好的萃取剂。

适于萃取分离和提纯的含金原料分布较广，如金精矿或原矿的浸出液、氰化金泥、铜阳极泥、铂族金属化学精矿及各种含金的边角废料等，原料中的金含量波动范围大，从百分之几至百分之几十，将其浸出溶解后，金呈金氯酸形态存在于溶液中。

11.5.2 二丁基卡必醇萃取金

11.5.2.1 二丁基卡必醇的特性

二丁基卡必醇（二乙二醇二丁醚）为长链醚类化合物，分子式为 $C_{12}H_{26}O_3$，其结构式为：C_4H_9—O—C_2H_4—O—C_2H_4—O—C_4H_9，密度为 $0.888g/cm^3$（20℃），沸点为 252℃/98.7kPa，闪点为 118℃，水中溶解度为 0.3%（20℃）。

二丁基卡必醇对金具有优良的萃取性能，分配系数高。萃取时，金在两相中的平衡浓度如图 11-10 所示。

从图 11-10 的曲线可知，有机相中的金浓度达 25g/L 时，萃余液中的金平衡浓度仅 10mg/L，其分配系数为 2500。试验表明，金几乎可完全萃取，萃取率高。

二丁基卡必醇对各种金属组分的萃取率与盐酸浓度的关系如图 11-11 所示。

从图 11-11 的曲线可知，除锑、锡外，在低酸度下，其他金属组分的萃取率甚低，均可与金有效分离。

二丁基卡必醇的萃取速度快，30s 可达平衡。金的萃取容量可达 40g/L 以上。有机相中夹带的杂质可用 0.5mol/L HCl 液洗涤除去，相比为 1:1。负载有机相反萃较困难，可将其加热至 70~80℃，用 5% 草酸液还原反萃 2~3h，金可全部被还原反萃析出。海绵金经酸洗、水洗、烘干、熔铸，产出金含量为 99.99% 的金锭。

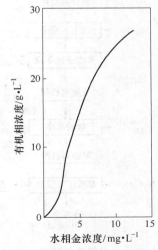

图 11-10 金在两相中的平衡浓度

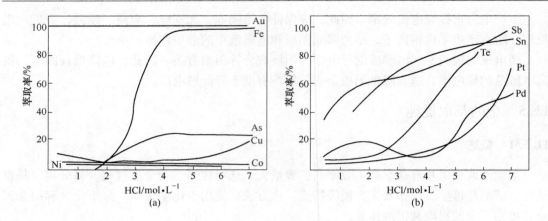

图 11-11　二丁基卡必醇对各种金属组分的萃取率与盐酸浓度的关系

（a）不同盐酸浓度下 Au、Fe、As、Co、Cu、Ni 的萃取率；
（b）不同盐酸浓度下 Pt、Pd、Sb、Sn、Te 的萃取率

11.5.2.2　应用实例

我国某厂从锇钌蒸馏残液中采用二丁基卡必醇萃取金的工艺流程如图 11-12 所示。

料液组成为：Au 3g/L、Pt 11.72g/L、Pd 5.13g/L、Rh 0.88g/L、Ir 0.36g/L、Fe 2.39g/L、Cu 0.32g/L、Ni 5.60g/L。萃取相比为 1∶1，4 级，室温，混合澄清各 5min，料液酸度为 2.5mol/L HCl。负载有机相用 0.5mol/L HCl 液洗涤除杂，除杂相比为 1∶1，3 级，室温，各级混合澄清 5min。萃取和洗涤均在箱式混合澄清器中进行。洗后负载有机相用草酸进行还原反萃，草酸浓度为 5%，草酸用量为理论量的 1.5~2 倍，温度 70~85℃，搅拌 2~3h。金萃取率大于 99%，金回收率为 98.7%，海绵金含量为 99.99%。

加拿大国际镍公司阿克统精炼厂采用二丁基卡必醇萃取金的工艺流程如图 11-13 所示。

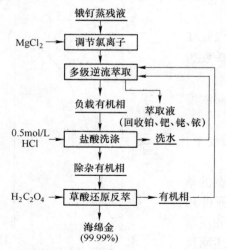

图 11-12　从锇钌蒸馏残液中采用二丁基卡必醇
萃取金的工艺流程

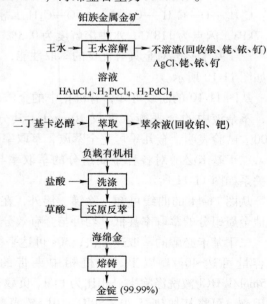

图 11-13　阿克统精炼厂采用二丁基卡必醇
萃取金的工艺流程

料液组成为：Au 4～6g/L，Pt 25g/L，Pd 25g/L，Os、Ir、Ru 微量，Cu、Ni、Pb、As、Sb、Bi、Fe、Te 等总量不超过 20%，盐酸浓度为 3mol/L，Cl^- 总浓度为 6mol/L。萃取相比为 1:1，采用错流萃取方式，有机相含金达 25g/L 时为终点。负载有机相用 1.5mol/L HCl 液洗涤 3 次以除杂，然后用草酸进行还原反萃。还原反应器采用外部加热，还原温度小于 90℃，还原反应结束后冷却，吸出有机相返回萃取作业。过滤，用稀盐酸洗涤金粉以除杂，再用甲酸洗涤以除去吸附的有机相，烘干、熔铸，产出金含量为 99.99% 的金锭。

此工艺比硫酸亚铁还原-电解工艺周期短、成本低。但有机相的损失率高达 4%，在生产成本中占很大比重。

11.5.3 二异辛基硫醚萃取金

11.5.3.1 二异辛基硫醚的特性

二异辛基硫醚为无色透明油状液体，无特殊臭味，与煤油等有机溶剂无限混溶。其分子式为 $C_{16}H_{32}S$，相对分子质量为 285，密度为 0.8485g/cm³（25℃），闪点高于 300℃，黏度为 3.52CP（25℃）。

二异辛基硫醚的萃金反应式可表示为：

$$HAuCl_4 + n\overline{C_{16}H_{32}S} \Longleftrightarrow \overline{AuCl_3 \cdot nC_{16}H_{32}S} + HCl$$

料液酸度对二异辛基硫醚萃金和某些杂质元素的影响如图 11-14 所示。

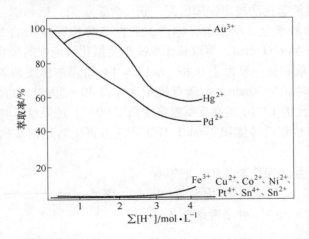

图 11-14 料液酸度对二异辛基硫醚萃金和某些杂质元素的影响

有机相：50% 二异辛基硫醚 + 煤油；水相：金属离子含量为 Au^{3+} 10g/L、Hg^{2+} 1g/L、Pt^{4+} 4g/L、Pd^{2+} 1g/L、Fe^{3+} 1g/L、Co^{2+} 0.6g/L、Ni^{2+} 2.2g/L、Cu^{2+} 0.58g/L、Sn^{2+} 1g/L、Sn^{4+} 1g/L。

萃金负载有机相用稀盐酸洗涤除杂后，可用亚硫酸钠的碱性液作反萃剂，使金呈金亚硫酸根配阴离子形态转入水相。反萃反应可表示为：

$$\overline{AuCl_3 \cdot nC_{16}H_{32}S} + 2SO_3^{2-} + 2OH^- \Longleftrightarrow n\overline{C_{16}H_{32}S} + AuSO_3^- + SO_4^{2-} + 3Cl^- + H_2O$$

反萃液用盐酸酸化使其转变为亚硫酸体系，金沉淀析出，经过滤、稀盐酸洗涤、烘干、熔铸，产出金含量为 99.99% 的金锭。有机相经稀盐酸再生后返回使用。

11.5.3.2　实例

我国某厂用王水溶金，二级萃取、洗涤，二级反萃取，加浓盐酸酸化沉金。海绵金经过滤、洗涤、烘干、熔铸，产出金锭。水相含金 50g/L，盐酸浓度 2mol/L。有机相为 50% 二异辛基硫醚-煤油（含三相抑制剂），萃取相比 1∶1，2 级，常温，萃取 1min，金萃取率达 99.99%。负金有机相用 0.5% 稀盐酸液洗涤除杂。反萃剂为 0.5mol/L NaOH + 1mol/L Na$_2$SO$_3$，反萃相比 1∶1，2 级，常温，反萃取 5~10min，金反萃取率达 99.1%。萃取和反萃取均在离心萃取器中进行。将反萃液加热至 50~60℃，加入与亚硫酸钠等物质的量的浓盐酸，金沉淀析出，金析出率达 99.97%，金回收率可达 99.99%，金锭含金与电解金相当。

11.5.4　仲辛醇萃取金

11.5.4.1　仲辛醇的特性

仲辛醇的分子式为 C$_8$H$_{17}$OH，结构式为 CH$_3$(CH$_2$)$_5$—CHOH—CH$_3$，密度为 0.82 g/cm^3，沸程为 178~182℃，无色，易燃，不溶于水。其萃金和反萃的反应式可表示为：

$$\overline{C_8H_{17}OH} + HCl \Longleftrightarrow \overline{[C_8H_{17}OH_2]^+ \cdot Cl^-}$$

$$HAuCl_4 + \overline{[C_8H_{17}OH_2]^+ \cdot Cl^-} \Longleftrightarrow \overline{[C_8H_{17}OH_2]^+ \cdot AuCl_4} + HCl$$

$$2\overline{[C_8H_{17}OH_2]^+ \cdot AuCl_4} + 3H_2C_2O_4 \longrightarrow 2Au\downarrow + 2\overline{C_8H_{17}OH} + 8HCl + 6CO_2\uparrow$$

11.5.4.2　实例

我国某厂用水溶液氯化法浸出铜阳极泥，获得含金、铂、钯和铜、铅、硒等贱金属的氯化浸液，采用仲辛醇萃金。萃金前，国产工业仲辛醇用等体积的 1.5mol/L HCl 饱和。金氯化浸液酸度为 1.5mol/L HCl，萃取相比取决于金氯化浸液中的金含量，仲辛醇的萃金容量大于 50g/L，萃取相比一般为 有机相∶水相 = 1∶5。萃取温度为 25~35℃，萃取时间为 30~40min，澄清时间为 30min。负载有机相含金以 40~50g/L 为宜。还原反萃的草酸浓度为 7%，反萃相比为 1∶1，还原反萃温度应高于 90℃，还原反萃时间为 30~40min。

还原反萃后的有机相用等体积 2mol/L HCl 液洗涤再生后返回萃取作业使用。有机相损失率小于 4%。

萃余液采用铜置换法回收金、铂、钯等有用组分。试验表明，只有当氯化浸液中 $w(Au)∶w(Pt+Pd) > 50$ 时，仲辛醇萃金才具有较高的选择性。

11.5.5　甲基异丁基酮萃取金

11.5.5.1　甲基异丁基酮的特性

甲基异丁基酮为无色透明液体，分子式为 (CH$_3$)$_2$CHCH$_2$COCH$_2$，沸点为 115.8℃，闪点为 27℃，密度为 0.8006g/cm^3，易燃，水中溶解度为 2%。甲基异丁基酮对金的萃取容量可达 90.5g/L。不同水相酸度下，金及杂质元素的萃取曲线如图 11-15 所示。

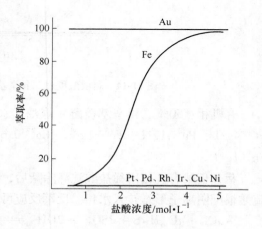

图 11-15　甲基异丁基酮萃取时各元素萃取率与水相盐酸浓度的关系

从图 11-15 曲线可知，在较低盐酸浓度下，金可完全萃取，其他杂质的萃取率均小于 1%，具有很高的萃取选择性。

甲基异丁基酮从氯金酸液中萃取金为锌盐萃取，负金有机相易被草酸还原反萃。

11.5.5.2 实例

试验料液组成为：Au 0.87g/L、Pt 2.65 g/L、Pd 1.55g/L、Rh 0.2g/L、Ir 0.18g/L、Cu 5.32g/L、Ni 7.3g/L、Fe 0.09g/L，酸度为 0.5mol/L HCl，萃取相比 1 : （1 ~ 2），3 级，萃取时间为 5min。负载有机相 1 ~ 0.5mol/L HCl 洗涤两次除杂，金萃取率为 99.9%，可有效地与其他杂质相分离。洗后负载有机相用 5% 草酸溶液，在 90 ~ 95℃ 下进行还原蒸发。不时搅拌，待有机相完全挥发后，金粉经过滤、洗涤、烘干，可获得金含量为 99.99% 的海绵金，金直收率为 99.8%。蒸发的有机相经冷凝回收后，返回使用。

甲基异丁基酮的沸点、闪点低，易燃，需蒸发、冷凝再生。甲基异丁基酮萃取金在国内尚处于试验阶段，未用于工业生产。

11.5.6 乙醚萃取金

11.5.6.1 乙醚的特性

乙醚为无色透明易挥发液体，分子式为 $C_2H_5OC_2H_5$，沸点为 34.6℃，密度为 0.715 g/cm^3。其蒸气与空气混合极易爆炸。乙醚萃取金是基于在高浓度盐酸溶液中，乙醚与酸能生成锌离子，锌离子可与氯金配阴离子结合为中性锌盐。乙醚萃取金的反应可表示为：

$$\overline{(C_2H_5)_2O} + HCl \Longleftrightarrow \overline{[(C_2H_5)_2OH] \cdot Cl}$$

$$\overline{[(C_2H_5)_2OH] \cdot Cl} + HAuCl_4 \Longleftrightarrow \overline{[(C_2H_5)_2OH] \cdot AuCl_4} + HCl$$

锌盐只存在于浓酸溶液中，在水溶液中锌盐分解。负载有机相反萃反应可表示为：

$$\overline{[(C_2H_5)_2OH]^+ \cdot AuCl_4^-} + H_2O \longrightarrow \overline{(C_2H_5)_2O} + HAuCl_4 + H_2O$$

在盐酸溶液中，乙醚萃取各种金属离子的萃取率列于表 11-7 中。

表 11-7　乙醚萃取各种金属离子的萃取率（6mol/L HCl）

金属离子	Fe^{2+}	Fe^{3+}	Zn^{2+}	Al^{3+}	Ca^{2+}	Tl^+	Pb^{2+}	Bi^{2+}
萃取率/%	0	95	0.2	0	97	0	0	0
金属离子	Sn^{2+}	Sn^{4+}	Sb^{5+}	Sb^{3+}	As^{5+}	As^{3+}	Se	Te
萃取率/%	15 ~ 30	17	81	66	2 ~ 4	68	微量	34

乙醚萃取各种金属离子的萃取率与水相酸度的关系如图 11-16 所示。

从图 11-16 中的曲线可知，水相盐酸浓度小于 3mol/L 时，乙醚萃取金的选择性较高。

11.5.6.2 乙醚萃取金制取高纯金的工艺流程

乙醚萃取金制取高纯金的工艺流程如图 11-17 所示。

可采用金含量为 99.9% 的海绵金或工业电解金为原料，用王水溶解法或隔膜电解造液法制取萃取原液。电解造液是将含金 99.9% 的金铸成阳极板，用盐酸（1 : 3）浸泡 24h，再用去离子水洗至中性，送电解造液。电解造液条件为：电流密度为 $300 \sim 400 A/m^2$，槽压 $2.5 \sim 3.5V$，初始酸度为 $3 mol/L$ HCl，至阳极全部溶解，最终溶液含金 $100 \sim 150 g/L$，调酸至 $1.5 \sim 3 mol/L$，待萃取。

萃取相比为 $1 : 1$，搅拌 $10 \sim 15 min$，澄清 $10 \sim 15 min$。然后将负载有机相注入蒸馏器中，加入 50% 体积的去离子水，用恒温水浴的热水（始温为 $50 \sim 60 ℃$，终温为 $70 \sim 80 ℃$）进行蒸馏反萃。蒸出的乙醚经冷凝后返回使用。

反萃液含金约 $150 g/L$，调酸至 $1.5 mol/L$ HCl 送第 2 次萃取和蒸馏反萃，条件与第 1 次相同。第 2 次反萃液调酸至 $3 mol/L$ HCl，含金 $80 \sim 100 g/L$，送二氧化硫还原作业。

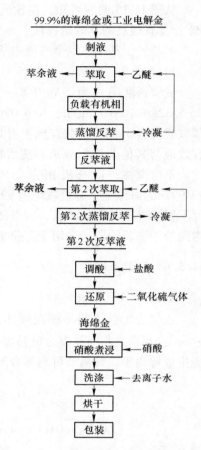

图 11-17　乙醚萃取金制取高纯金的
工艺流程

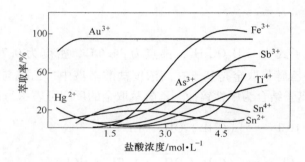

图 11-16　乙醚萃取各种金属离子的
萃取率与水相酸度的关系

还原用的二氧化硫须经浓硫酸、氧化钙、纯净水洗涤净化后才能通入待还原的反萃液中，以保证金粉质量。二氧化硫还原金的反应为：

$$2HAuCl_4 + 3SO_2 + 3H_2O \longrightarrow 2Au \downarrow + 3SO_3 + 8HCl$$

二氧化硫为有毒气体，还原操作应在通风橱内进行，尾气应经苛性钠溶液吸收后才能排空。

还原所得海绵金经硝酸煮沸 $30 \sim 40 min$，再用去离子水洗至中性、烘干，包装出厂。我国某厂采用此工艺生产的高纯金的金含量均大于 99.999%，金总回收率大于 98%。

11.6　银的萃取提纯

银为亲硫元素，可采用含硫的萃取剂进行银的萃取提纯。较有效的银萃取剂为二异辛基硫醚、二烷基硫醚、石油硫醚等。二异辛基硫醚的抗氧化性能较好，可从硝酸介质中萃取银。

目前，有关银的萃取尚处于试验研究阶段，我国某厂已将二异辛基硫醚萃银用于小规模生产，其工艺流程如图 11-18 所示。

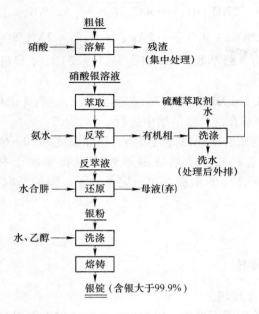

图 11-18　我国某厂用二异辛基硫醚萃银的工艺流程

二异辛基硫醚萃银时，萃取剂浓度对银萃取率的影响如图 11-19 所示。

二异辛基硫醚萃银时，料液酸度对银萃取率的影响如图 11-20 所示。

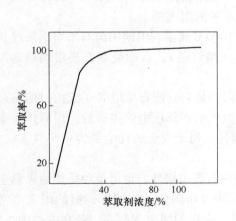

图 11-19　二异辛基硫醚萃银时萃取剂浓度
对银萃取率的影响

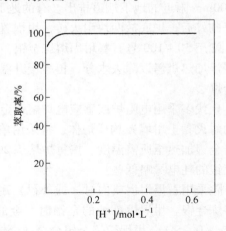

图 11-20　二异辛基硫醚萃银时料液酸度
对银萃取率的影响

从图 11-19 和图 11-20 可知，二异辛基硫醚萃银时，萃取剂浓度应大于 30%，一般以 40%~60% 为宜。萃取剂浓度高虽可提高生产效率，但分相较困难。萃取水相酸度以 0.2~0.5mol/L HNO_3 为宜，水相酸度低不利于相分离，但酸度太高对萃取剂有破坏作用。水相银含量一般为 60~150g/L 为宜，在室温下萃取。萃取与反萃取反应为：

$$AgNO_3 + n\,\overline{C_{16}H_{32}S} \rightleftharpoons \overline{AgNO_3 \cdot nC_{16}H_{32}S}$$

$$\overline{AgNO_3 \cdot nC_{16}H_{32}S} + 2NH_4OH \longrightarrow n\overline{C_{16}H_{32}S} + [Ag(NH_3)_2]NO_3 + 2H_2O$$

$$2Ag(NH_3)_2NO_3 + 2N_2H_4 \cdot H_2O \longrightarrow 2Ag\downarrow + N_2\uparrow + 2NH_4NO_3 + 4NH_3\uparrow + 2H_2O$$

采用离心萃取器进行 5 级萃取，O/A 相比为 $(1 \sim 2):1$，有机相萃取容量为 70g/L 左右。银萃取率大于 99.9%。

反萃剂为 $1 \sim 2mol/L$ NH_4OH 溶液，O/A 相比为 1:1，进行 3 级反萃，2 级洗涤。银反萃率大于 99.75%。反萃作业在混合澄清槽中进行。

经提纯后的反萃液用水合肼还原得纯银粉，还原温度为 50 ~ 60℃。纯银粉经过滤、洗涤、烘干、熔铸产出银锭。二异辛基硫醚萃银的直收率大于 99%，银总回收率大于99.9%，产出含银大于 99.9% 的银锭。在一定条件下，银的萃取提纯比电解提纯较经济合理。

11.7　金银铸锭

11.7.1　熔铸设备与添加剂

11.7.1.1　熔化炉与坩埚

传统的金银熔化炉采用圆形地炉，以煤气、柴油、焦炭作燃料。地炉用镁砖或耐火黏土砖砌成，炉子大小取决于坩埚容积，地炉净空断面直径一般为坩埚外径的 1.6 ~ 1.8 倍，深度为坩埚高度的 1.8 ~ 2.0 倍。实际生产中，常在同一地炉中采用不同规格的坩埚熔化金银。煤气或柴油喷嘴多设于靠近炉底的壁上，炉口上设炉盖，烟气经炉盖中心孔或炉口下 100mm 附近的地下烟道排出。有的地下烟道设于近炉底壁上，喷嘴设炉口下 100mm 处。炉子砌好后，炉底放两块耐火砖，坩埚置于加有焦粉的耐火砖上。

常用 50 ~ 100 号石墨坩埚熔炼金银，可承受 1600℃高温。但使用前石墨坩埚须经长时间缓慢加热烘烤以除去水分，再缓慢升温至红热（暗红色），否则受潮石墨坩埚遇高温骤热会爆裂。

现代多采用电阻炉或感应电炉熔铸金银。电阻炉是用碳或石墨坩埚（或内衬熔炼金银用的耐火黏土坩埚）构成炉体，常采用单相交流电供电。低压电流接通后，坩埚作为电阻并将金银加热至所需温度。按每炉熔炼 20kg 金属计，每千克金的耗电量为 0.5kW·h，每千克银的耗电量略低些。

除采用石墨坩埚或内衬（或外衬）耐火黏土的石墨坩埚外，也可单独采用耐火黏土坩埚熔炼金银。坩埚熔炼纯的金银时，金的损失率常为 0.01% ~ 0.02%，银的损失率常为0.1% ~ 0.25%。坩埚熔炼金银合金或金铜合金时，金银的损失率高些。若在电炉中熔铸，金、银的损失率可降低 70% ~ 90%。

11.7.1.2　氧化剂和熔剂

熔炼金银时，应加入适量的氧化剂和熔剂。常加入硝石、碳酸钠或硝石、硼砂。碳酸钠在高温下放出活性氧，又能稀释造渣，可起氧化剂和熔剂的作用。氧化剂和熔剂的加入量随金银纯度而异，如熔化银含量达 99.88% 以上的电解纯银粉，常只加 0.1% ~ 0.3% 的碳酸钠。熔化杂质含量较高的粗银时，除加入碳酸钠外，还须加入适量的硝石和硼砂，以氧化杂质使之造渣除去。熔融银可溶解大量氧气，故氧化剂的加入量不宜过多，以保护坩埚免受强烈氧化而损坏。同时碳酸钠的加入量也不宜过多，因石墨坩埚为酸性材料。

熔化金含量达99.96%的电解金时，常只加硝酸钾、硼砂各0.1%及0.1%～0.5%的碳酸钠。若金的纯度较低，应适当增加氧化剂和熔剂的加入量。

熔炼金银时，坩埚液面附近因强烈氧化而可能“烧穿”，为了保护坩埚，可加入适量洁净而干燥的碎玻璃以中和渣，避免坩埚损坏而损失金、银。

11.7.1.3　保护剂

金、银在空气中熔融时，均可溶解大量的气体。空气中的熔融银可吸收约21倍体积的氧气，冷却时会放出被吸收的氧气而形成“银雨”，造成细粒银的损失。来不及逸出的氧气则在银锭中形成缩孔、气孔、麻面等，影响锭块质量。为了使金属液面不被氧化和阻止合金被气体饱和，常加入保护剂以在金属液面形成保护层。

熔融银中氧的溶解度随温度的上升而下降，浇铸前应提高银液温度并在液面盖一层保护剂（如木炭等）以除去氧，也可加一块松木，随银熔融而燃烧以除去部分氧。浇铸前用木棍搅动银液，效果也较理想。还可在真空状态下熔融银。有些厂在加入木块燃烧时，浇铸前将液面的少量余渣拨向后面，于坩埚口放一块石墨（从废坩埚锯下），并在液面上加一把草木灰，既可除去部分氧又可吸收液面余渣，可提高锭块质量。

金的吸气性更强，空气中熔融金可溶解33～48倍体积的氧或37～46倍体积的氢。但金的浇铸温度较高，且采用敞口整体平模。模具先预热至160℃以上，被吸收的气体较易放出。某些厂还采用锭面浇水或覆盖湿纸以加速表面先冷却等措施，以保证锭面平整。

金、银原料较纯，烟气较少，虽有少量二氧化碳、二氧化氮气体，但对铸锭无影响。

无论何种金属或合金均在过热状态下进行浇铸，过热温度比其熔点高150～200℃。金、银的浇铸温度较高，有利于获得质量高的锭块。据生产实践，银的浇铸温度应为1100～1200℃，金的浇铸温度应为1200～1300℃。

11.7.1.4　涂料

锭块应有好的内部结构质量和表面质量。锭块的表面质量与模具内壁涂料和模具内壁的加工质量密切相关。浇铸时涂料升华（燃烧）在模具内壁留下一层极薄且具有一定强度的焦黑。此层焦黑不仅有助于提高锭块的表面质量，而且将模具内壁与金属隔离，有利于脱模。

涂料应含有一定量的挥发物质，其升华温度应与金属的熔铸温度一致。涂料应具有遮盖模壁的性能，应能黏附在模具的垂直内壁上。涂料的升华速度应与金属在锭模中的充满速度相同，并应价廉易得。据实践经验，金银浇铸时可采用乙炔或石油（重油或柴油）熖于模具内壁上均匀熏上一层薄烟。涂料层应薄且均匀细致，模具拐角处的涂层厚度应与平壁上的涂层厚度相同。

浇铸银锭时，常采用组合立模。采用组合立模顶铸法浇铸，银液应垂直注入模具的中心。

浇铸金锭时，常采用敞口整体平模。将模具置于水平面上，坩埚应垂直于模具长轴将金液均匀注入模心。为了保护模具内壁，浇铸时应不断改变金液注入的位置。

11.7.2　成色和国家质量标准

11.7.2.1　金银的计量

自古至今，各国的金银计量均随其度量衡制度的变化而变化，各国计量单位不一。新中国成立以后，统一了我国的度量衡，金、银以千克或吨为单位，但多年来我国仍以两计量（一两为 31.25 克）。当今各国计量单位甚多，常用计量单位换算系数列于表 11-8 中。

表 11-8　常用黄金计量单位换算表

质　量	金衡喱	本尼威特	金衡盎司	常衡盎司	金衡磅	克
1 金衡喱	1	0.041666	0.0020833	0.00228571	0.000142857	0.0648
1 本尼威特	24	1	0.05	0.0548571	0.00342857	1.5552
1 金衡盎司	480	20	1	1.0971428	0.0685714	31.104
1 常衡盎司	437.5	18.2292	0.911458	1	0.0625	28.35
1 金衡磅	5760	240	12	13.165714	1	453.6
1 克	15.432	0.643	0.03215	0.035274	0.0022046	1
1 千克	15432	643	32.15	35.274	2.2046	1000

11.7.2.2　黄金合金的成色

黄金的成色有不同的表示方法。金可与多种金属生成合金，金基合金的含金量即为其成色。金合金或金锭只表示其中的含金量，不表示其他金属或杂质的含量。金合金的颜色随添加金属的种类和数量而变化。常见金合金的颜色列于表 11-9 中。

表 11-9　常见金合金的颜色

合金颜色		绿色	浅绿黄色	浅黄色	鲜黄色	浅红色	橙黄色	红色
合金组成/%	Au	75	75	75	75	75	75	75
	Ag	25	21.4	16.7	12.5	8.3	3.6	0
	Cu	0	3.6	8.3	12.5	16.7	21.4	25

首饰业、金币和金笔制造业常用 K 表示黄金的成色。K 金按成色高低分为 24K、22K、20K、18K、14K、12K、9K、8K 等。1K 的含金量为 4.1666%。24K 金的含金量为 99.998%，视为纯金，22K 金的含金量为 91.6652%。

我国民间判断金成色的谚语为：七成者青、八成者黄、九成者紫、十成者足赤。

自古有"金无足赤"之说，即使是 6 个"9"的高纯金也含有微量的铜、锌、锡等杂质。

11.7.2.3　金、银锭国家质量标准

A　金锭国家质量标准

金锭国家质量标准（GB 4134—1994）列于表 11-10 中。

表 11-10　金锭国家质量标准（GB 4134—1994）

产品牌号	化学成分（质量分数）/%							
	金含量（不小于）	杂质含量（不大于）						
		Ag	Cu	Fe	Pb	Bi	Sb	总和
Au-1	99.99	0.005	0.002	0.002	0.001	0.002	0.001	0.01
Au-2	99.95	0.02	0.015	0.003	0.003	0.002	0.002	0.05
Au-3	99.90	—	—	—	—	—	—	0.10

B 银锭国家质量标准

银锭国家质量标准（GB/T 4135—2002）列于表 11-11 中。

表 11-11　银锭国家质量标准（GB/T 4135—2002）

产品牌号	银含量（不小于）	化学成分（质量分数）/%								
		杂质含量（不大于）								
		Bi	Cu	Fe	Pb	Sb	Pd	Se	Te	总和
IC-Ag99.99	99.99	0.0008	0.003	0.001	0.001	0.001	0.001	0.0005	0.0005	0.01
IC-Ag99.95	99.95	0.001	0.025	0.002	0.015	0.002	—	—	—	0.05
IC-Ag99.90	99.90	0.002	0.05	0.002	0.025	—	—	—	—	0.10

11.7.3　熔铸成品金锭

熔铸成品金锭的原料主要为电解金及达标准要求的化学提纯和萃取提纯产出的纯金。

熔铸成品金锭一般采用柴油地炉熔化以提高炉温，地炉的构造与煤气地炉相同。采用 60 号坩埚，经烘烤并检查无损坏后，每埚每次加入电解金 35~60kg，逐渐升温至 1300~1400℃，待金全部熔化并过热时，金液呈赤白色，加入化学纯硝酸钾和硼砂各 10~20g 造渣。

锭模为敞口长方梯形铸铁平模。加工后的内部尺寸为：长 260mm（上）、235mm（下）、宽 80mm（上）、55mm（下），高 40mm。用柴油棉纱洗净锭模，置于地炉盖上烘烤至 150~180℃，点燃乙炔熏上一层均匀的烟，水平放置（用水平尺校平），待浇铸。

熔铸成品金锭时，经造渣和清渣后，取出坩埚，用不锈钢片清理净坩埚口的余渣，在液温 1200~1300℃、模温 150~180℃下，将金液沿模具长轴的垂直方向注入模具中心。浇铸速度应快、稳和均匀，避免金液在模内剧烈波动。金液注入位置应平稳地左右移动以防金液侵蚀模底。

为了保证锭面平整，避免缩坑，某厂浇完一块金锭后，立即用硝酸钾水溶液浸透的纸盖上，再用预热至 80℃ 以上的砖严密覆盖。盖纸和盖砖的动作应快而准确。待金锭冷凝后，将其倾于石棉板上，立即用不锈钢钳将其投入 5% 稀盐酸缸中浸泡 10~15min，取出用自来水洗刷净，并用纱布抹干后，再用无水乙醇或汽油清擦表面。质量好的金锭经清擦后应光亮如镜。每坩埚铸锭 3~5 块、化验样 3~4 根，金锭含金 99.99% 以上，每块重 10.8~13.3kg。经厂检验员检验合格后，用钢码打上顺序号、年、月，按块磅码（精度百分之一克），开票交库。废金锭重铸。

许多厂已改铸小锭，不盖纸和砖。在敞口平模内铸成厚 5~25mm 的薄锭。由于厚度小，冷凝快不形成缩孔，但常在锭面中间出现凹陷和锭面气泡。某厂用小型坩埚熔铸金锭，一埚铸一块，先称好质量再加入埚内。金液注入模中后，在金锭表面撒少许硼砂以氧化杂质，再浇冷水，用嘴反复吹动，可洗去浮渣和使金锭表面先冷却，避免缩坑。浇水动作应轻和适时，应在锭面上生成冷凝膜后浇水，以免将锭面冲成坑。

11.7.4　熔铸成品银锭

熔铸成品银锭的原料主要为电解银粉和达银锭标准的化学提纯和萃取提纯产出的

纯银。

各厂熔铸银锭的方法大同小异，某厂产出含银 99.86% ~99.88% 的电解银粉，将 100 号坩埚先锯好浇口。经烘烤并检查无损坏后，分次加入烘干的约 9kg 银粉（银粉密度小体积大）、配入约 0.3% 碳酸钠和一块活松木（含松脂应低）。加热至 1200 ~1250℃，熔化 60min 至银液呈青绿色透明状，液面木块急转时可出炉浇铸。每埚铸 5 块 370mm × 135mm ×30mm 的银锭，每块重 15 ~16kg，银含量为 99.94% ~99.96%。

熔铸成品银锭的锭模为组合立式生铁模，内表面应平整光滑。浇铸前，用煤气烘烤至 130 ~160℃，清刷后点燃乙炔往模壁上均匀熏上一层烟，然后合模夹紧并用银片或不锈钢片盖严浇口待用。每浇铸一次用乙炔熏烟一次，每浇铸 14 次左右就应全面清刷一次模具。

浇铸成品银锭前，应在炉内清除液面及坩埚壁上的渣（不取出木块）。取出坩埚，用不锈钢片将坩埚口附近的余渣和木块拨向后面，坩埚口放一块从旧坩埚上锯下的约 150mm ×100mm 并经预热至 300℃ 以上的石墨块，往液面上倒一大碗稻草灰后即可浇铸。浇铸液温为 1200℃ 左右，模温 90 ~160℃。浇铸时应对准模心，速度由慢变快再变慢，以保证银液充满模内各上角，浇铸一块银锭为 10 ~16s。浇完第 2 块后，在样模中浇样品一块供化验。浇完 5 块后，取出坩埚内的稻草灰和石墨块，再加料熔化下一埚。

锭冷凝后，撬开模具，用不锈钢钳取出银锭。轻轻放在表面光洁平整的生铁模具上，趁热用粗钢丝刷刷光银锭表面。经初步检验后，不合格银锭送重铸。合格银锭用钢码打上炉次号（第 x 炉 $\dfrac{\text{本炉第 } x \text{ 块}}{\text{本炉共 } x \text{ 块}}$）。待锭冷后，锯去锭头，在锭底上打上批次号（第 x 批 $\dfrac{\text{本批第 } x \text{ 炉}}{\text{本批共 } x \text{ 炉}}$）。去除飞边毛刺后入库。再由厂检验员按出厂标准再次检验，不合格银锭送重铸，合格银锭用钢码打上顺序号、年、月和检验印。分块磅码（精度达百分之一克），填写磅码单开票交库。银锭钢码位置如图 11-21 所示。

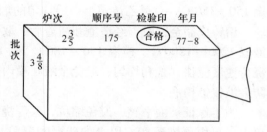

图 11-21　银锭钢码位置及含义

废锭和锭头，当时返回重铸，待浇铸完一批后，剩余的废锭、锭头和锯屑等均应磅码开票交库，供下批重铸。

11.7.5　熔铸粗金、粗银和合质金

金矿山产出的多数为成色不高的粗金、粗银和合质金，可不经提纯而直接出售。熔铸合质金可参照熔铸成品银锭的方法进行，但氧化剂和熔剂的加入量较大，具体数量随成色而异。经造渣和清渣后，一般在水平模具中铸成锭块，冷凝后将锭块倾于石棉板上，剔除毛边飞刺后入库，不必进行酸浸和洗涤。

粗银中金的含量低或不含金，经熔化造渣后，向坩埚内加入木块以降低银液中氧的含量。但当银中含金时，金属冷凝时不会形成"银雨"。

铂族金属篇

12　铂族金属的基本性质和用途

12.1　化学元素分类

化学元素是构成万物的基本单元。至 2000 年，人类已发现天然元素和人造元素 116 种，其中元素性质已清楚的为 112 种。

116 种元素可分为金属元素和非金属元素两大类，其分界线为从 ⅢA 族的 B（硼）到 ⅥA 族的 Te（碲）的台阶形对角线，可将其称为金属分界线。台阶形对角线左侧的元素（除氢外）为金属元素，共 94 种；台阶形对角线右侧的元素（加上氢）为非金属元素，共 22 种。金属元素占元素总数的 81%。

金属是金属元素组成的一类物质。常将金属分为黑色金属和有色金属两大类，黑色金属为铁、铬、锰三种金属，其余 91 种金属为有色金属。常根据有色金属的密度、储量、发现和应用时间及其价值等因素，将有色金属分为五类：

（1）重有色金属：密度大于 $4.5g/cm^3$ 的有色金属，包括铜、镍、铅、锌、钴、锡、锑、汞、镉、铋等 10 种有色金属。

（2）轻有色金属：密度小于 $4.5g/cm^3$ 的有色金属，包括铝、镁、钠、钾、钙、锶、钡等 7 种有色金属。

（3）稀有金属：自然界含量少、分散或难提取的有色金属，包括锂、铷、铯、铍、钛、金、银、铂、钯、锇、铱、锇、钌、钨、钼、钽、铌、锆、铪、钒、铼、镓、铟、铊、锗、钪、钇、镧、铈、镨、钕、钷、钐、铕、钆、铽、镝、钬、铒、铥、镱、镥、钋、镭、锕、钍、镤、铀、镎、镅、锔、锫、锎、锿、镄、钔、锘、铹和 13 个人造超锕系元素等 74 种稀有金属。

根据稀有金属的物理、化学性质，共生关系和提取工艺特点，常将其分为 5 小类：

1）稀有轻金属：其特点是密度小（如锂为 $0.53g/cm^3$，钛为 $4.5g/cm^3$），化学活性强。包括锂、铍、铷、铯、钛等 5 种稀有金属。

2）稀有高熔点金属：其特点是熔点高（如锆 1830℃、钨 3400℃），硬度大，抗腐蚀性强，与某些非金属生成非常硬和非常难熔的化合物（如碳化物、氮化物、硼化物等）。包括钨、钼、钽、铌、锆、铪、钒、铼等 8 种稀有金属。

3）稀有分散金属：其特点是在地壳中很分散，常从冶炼厂及化工厂的烟尘中提取。包括镓、铟、铊、锗等 4 种稀有金属。

4）稀土金属：包括钪、钇、镧、铈、镨、钕、钷、钐、铕、钆、铽、镝、钬、铒、铥、镱、镥等 17 种稀有金属。其中镧、铈、镨、钕、钷、钐、铕等 7 种称为轻稀土金属；钪、钇、钆、铽、镝、钬、铒、铥、镱、镥等 10 种称为重稀土金属。

5）放射性金属：包括钋、镭、锕、钍、镤、铀等 6 种天然放射性元素和镎、镅、锔、锫、锎、锿、镄、钔、锘、铹等 13 种人造放射性元素及 13 个超锕系元素等共计 32 种天然放射性元素和人造超铀元素。

（4）贵金属：其特点是在地壳中含量少，化学性质不活泼，提取难度大，产量少，价格贵。包括金、银、铂、钯、铱、锇、铑、钌等 8 种有色金属。贵金属中的铂、钯、铱、锇、铑、钌等 6 种称为铂族金属，其中锇、铱、铂为重铂族金属，钌、铑、钯为轻铂族金属，这种"三元素组"具有明显的性质相似性。元素周期表中ⅧB 族的 9 个元素分为铁、钌、锇；钴、铑、铱；镍、钯、铂等 3 个"三元素组"。"三元素组"的元素间存在紧密的化学性质相似关系，可利用此特性提取相关的有用组分。

贵金属之外的其他金属统称为贱金属。

（5）半金属：为金属与非金属间的过渡元素，其性质介于金属与非金属之间。包括硅、硒、碲、砷、硼等 5 种金属。

常将产量大、应用广的 10 种有色金属称为"十种有色金属"。国外的"十种有色金属"包括铜、铅、锌、铝、镍、镁、钴、锡、锑、汞等；国内的"十种有色金属"包括铜、铅、锌、铝、镍、钨、钼、锡、锑、汞等。

12.2　铂族金属元素的发现年代和发现人

铂族金属元素的发现年代和发现人列于表 12-1 中。

表 12-1　铂族金属元素的发现年代和发现人

项　　目	钌（Ru）	铑（Rh）	钯（Pd）	锇（Os）	铱（Ir）	铂（Pt）
发现年代	1844 年	1802 年	1802 年	1803 年	1803 年	16 世纪
发现人	C. Clars（俄）	Wollaston（英）	Wollaston（英）	S. Tennant（英）	S. Tennant（英）	西班牙人

从表 12-1 可知，铂被发现最早，钌被发现最晚，两者相距 200 多年。

铂族金属元素（PGE）系指元素周期表中第 5 周期第八族的钌（Ru）、铑（Rh）、钯（Pd）及第 6 周期第八族的铂（Pt）、锇（Os）、铱（Ir）6 种元素的总称。这 6 种铂族金属元素可分为轻铂族金属元素（Ru、Rh、Pd）和重铂族金属元素（Os、Ir、Pt）两组。铂族金属（PGM）被称为"现代工业的维他命"、贵金属的"明星"或称为"环保金属"。铂族金属（PGM）与金、银等 8 种金属统称为贵金属。贵金属在各个领域的应用和发展反映了一个国家的现代化水平，在新的尖端科技领域中具有极其重要的作用。

12.3　铂族元素的物理性质

铂族元素的物理性质列于表 12-2 中。

表 12-2　铂族元素原子的性质和单质的物理性质

项　　目	铂族元素名称					
	钌（Ru）	铑（Rh）	钯（Pd）	锇（Os）	铱（Ir）	铂（Pt）
英文名称	Ruthenium	Rhodium	Palladium	Osmium	Iridium	Platinum
原子序数	44	45	46	76	77	78
相对原子质量	101.07	102.91	106.40	190.20	102.20	195.09

项　目	铂族元素名称					
	钌（Ru）	铑（Rh）	钯（Pd）	锇（Os）	铱（Ir）	铂（Pt）
主要价态	+3、+4、+6、+8	+2、+3、+4	+2、+4	+2、+3、+4、+6、+8	+2、+3、+4、+6	+1、+2、+4
原子半径/pm	132.5	134.5	137.6	134	135.7	138.8
原子体积/cm³·mol⁻¹	8.177	8.286	8.859	8.419	8.516	8.085
离子半径/pm	63（+4）	75（+3）	86（+2）、64（+4）	65（+4）、60（+6）	64（+4）	85（+2）、70（+4）
第一电离能/eV	7.37	7.46	8.34	8.7	9.1	9.0
电负性（L. Pauling）	1.42（Alfred-Rochow）	2.28	2.20	152（Alfred-Rochow）	2.20	2.28
晶体结构	密度六方	面心立方	面心立方	密度六方	面心立方	面心立方
颜　色	灰白色或银色	灰白色	银白色	灰蓝色	银白色	银白色
熔点/℃	2310	1966	1552	2700	2410	1772
沸点/℃	2900	3727	3140	>5300	4130	3827
密度/g·cm⁻³	12.30	12.40	12.02	22.48	22.42	21.45
晶格常数/pm	270.6	380.4	388.2	273.4	383.9	392.2
原子间距	270.6	269.2	275.3	273.4	271.6	277.6
蒸汽压（1500℃）/Pa	1.333×10^{-6}	1.333×10^{-6}	1.333×10^{-6}	1.333×10^{-4}	1.333×10^{-10}	1.333×10^{-4}
热导率（0~100℃）/W·(m·K)⁻¹	104.67	150.72	75.36	104.92	146.54	71.18
传热系数（0~100℃）/W·(m²·K)⁻¹	1.047	1.507	0.754	0.879	1.465	0.712
电阻率/μΩ·cm⁻¹	6.80	4.33	9.93	8.12	4.71	9.85

从表 12-2 中数据可知，铂族金属元素（PGE）具有许多相同或相似的物理性质，除锇为灰蓝色外，其他 5 种铂族金属元素均为银白色。铂族金属（PGM）均为高熔点、高密度金属。铂、钯易于机械加工，纯铂可冷轧成厚度为 0.0025mm 的箔。铑、铱则很难加工。锇、钌硬度高且脆，无法承受机械加工。

铂族金属有优良的热电稳定性、高温抗氧化性和高温抗腐蚀性。铱和铑在高温下可抗多种熔融氧化物的侵蚀，而且具有很高的力学性能。钌与氨结合，具有某些生物的活性，可应用于生物工程。钯可吸收比其自身体积大 2800 倍的氢，而且氢可在钯中"自由通行"。铂可制成碎粒或海绵体，常温下可吸收比其自身体积大 114 倍的氢，温度升高，吸收气体的性能更强。铱呈微细状黑粒时，易吸收气体，对许多化学反应有催化作用。熔融铑具有高度溶解气体的性能，凝固时放出气体，铑黑易吸收氢及其他气体。钌和锇也有类似性质。贵金属对光的反射能力较强，对 550nm 的光线，银、铑、钯的反射率分别为 94%、78% 和 65%。

12.4　铂族元素的化学性质

12.4.1　贵金属在元素周期表中的位置及价电子层结构

贵金属在元素周期表中的位置及价电子层结构列于表 12-3 中。

表 12-3　贵金属在元素周期表中的位置及价电子层结构

周　期	项　目	族			
		VIII			I B
5	元素名称	钌（Ru）	铑（Rh）	钯（Pd）	银（Ag）
	原子序数	44	45	46	47
	相对原子质量	101.10	102.91	106.42	107.87
	价电子层结构	$4d^7 5s^1$	$4d^8 5s^1$	$4d^{10}$	$4d^{10} 5s^1$
6	元素名称	锇（Os）	铱（Ir）	铂（Pt）	金（Au）
	原子序数	76	77	78	79
	相对原子质量	190.2	192.22	195.08	196.97
	价电子层结构	$5d^6 6s^2$	$5d^7 6s^2$	$5d^9 6s^1$	$5d^{10} 6s^1$

在等价轨道上的电子排列全充满或全空状态下具有较低的能量和较高的稳定性，铂族元素电子结构的特点为 ns 轨道的电子，除锇、铱为 2 个电子外，其余均只有 1 个电子或没有电子。说明其价电子有从 ns 轨道转到 $(n-1)d$ 轨道的强烈趋势，最外层电子不易失去。金银的次外层 d 电子与外层的 s 电子一样也参与金属键生成。因此，贵金属的熔点和升华焓均较高，导致金属不易变为水合阳离子，使其不易被腐蚀。具有较高的稳定性和化学性质较不活泼。

12.4.2　贵金属元素原子的化合价

贵金属元素原子的化合价、电极电位及配位数列于表 12-4 中。

表 12-4　贵金属元素原子的化合价、电极电位及配位数

项　目	Au	Ag	Ru	Rh	Pd	Os	Ir	Pt
主要氧化态	+1、+2、+3	+1、+2、+3	+3、+4、+6、+8	+2、+3、+4	+2、+4	+2、+3、+4、+6、+8	+2、+3、+4、+6	+1、+2、+4
稳定氧化态	+3	+1	+4	+3	+2	+8	+3、+4	+2、+4
电极电位/V	+3 为 1.401	+1 为 0.799	+2 为 0.455	+3 为 0.799	+2 为 0.83		+3 为 1.156	+2 为 1.188
配位数	2、3、4、5、6	2、3、4、6	4、6	3、4、5、6	4、6	4、5、6	5、6	3、4、5、6

12.4.3　贵金属与气体的作用

贵金属具有吸氧气和氢气的能力。但在常温下，贵金属（除锇外）在空气中不被氧化，不生成贵金属氧化物。

铂在室温下的空气中不被氧化，但加热时生成氧化物。铂黑加热至 700～800℃ 时变为

大量吸收氢的海绵铂。铂不与硫及其化合物蒸气反应，但与有机物蒸气反应生成表面有机膜，降低其导电性。铂吸收含碳气体使晶界变宽而降低其力学性能，故铂不在还原性气氛中使用。

钯在室温下的空气中不被氧化，4000℃时开始氧化，800℃以上时氧化物分解并挥发。根据氧的浓度，钯可生成不同的氧化物，如 PdO、Pd_5O_6、Pd_2O_3 等。钯强烈吸附氢，最多可吸附其体积 2860 倍的氢，其吸氢能力随温度升高而降低。吸氢后钯的体积增大，密度下降，导电性、导磁性和抗拉强度均下降。钯吸附的氢在 300℃时可放出，钯具有选择性透氢及其同位素的能力，故钯及其合金广泛用作制备高纯氢材料。但钯大量吸氢会给熔铸工艺带来困难。钯在常温下不与硫及硫化物蒸气作用，但可与有机物蒸气反应生成表面有机膜，降低其导电性能。

铑在空气中加热会生成氧化铑膜，其氧化速度随温度升高而增大。铑的氧化物有 Rh_2O_8、Rh_2O、RhO。金属铑吸氢很少，1000~1500℃时的吸氢量为 $(1.9~4)×10^{-8}$ 原子比。铑黑可吸氢，但加热至 400~450℃时急剧下降，铑黑变为海绵铑。

铱在空气中加热至 600℃时生成 IrO_2，1100℃时开始分解。金属铱吸氢很少，1400~1600℃时的吸氢量为 $(1.30~2.33)×10^{-7}$ 原子比。铱、铑不与硫及硫化物蒸气作用。

钌粉在室温空气中会氧化，氧化速度随温度升高而增大，1000℃时的氧化速度比 700℃时快 400 倍。金属钌吸附氢、氧的速度均很慢，且溶解度很小，如 1000~1500℃时的吸氢量为 $(2.76~11.6)×10^{-7}$ 原子比。但铱黑可大量吸附氢。

锇粉在室温空气中会氧化，500℃时会燃烧，生成高蒸气压的稳定氧化物 OsO_4。具有强烈的臭味和毒性。金属锇吸附氢很慢，但锇黑可大量吸附氢，如在室温、133.32Pa 氢压下每 100g 锇黑可吸附 $263.8cm^3$ 的氢气。400~450℃时，锇黑大量放出吸附的氢并转变为海绵锇。

12.4.4 贵金属化合物

贵金属可生成大量的氧化物、硫化物、磷化物等二元化合物，但最重要的化合物是其卤化物。贵金属化合物为：

(1) 金化合物有：Au_2O、Au_2O_2、Au_3O_3、$Au(OH)_3$、Au_2S、Au_2S_2、Au_3S_3、AuF_3、$AuCl$、Au_2Cl_3、$AuBr$、Au_2Br_3、AuI_3、$AuCN$、$[Au(CN)_2^-]$ 等。其中主要为 Au_2O、Au_2S、$AuCl$、Au_2Cl_3、$AuBr$、AuI_3、$AuCN$、$[Au(CN)_2^-]$ 等。

(2) 银化合物有：Ag_2O、AgO、Ag_2S、AgF、$AgCl$、$AgBr$、AgI、$AgNO_3$、$AgCN$、Ag_2SO_4 等。其中主要为 Ag_2O、Ag_2S、$AgCl$、$AgNO_3$、$AgCN$、Ag_2SO_4 等。

(3) 铂化合物有：PtO_2、$Pt(OH)_2$、$Pt(OH)_4$、PtS、PtS_2、PtF_4、PtF_5、PtF_6、$PtCl_2$、$PtBr_2$、PtI_2、$PtCl_3$、$PtBr_3$、PtI_3、$PtCl_4$、$PtBr_4$、PtI_4 等。其中主要为 PtO_2、$Pt(OH)_2$、$Pt(OH)_4$、PtS、PtS_2、$PtCl_2$、$PtCl_4$、PtI_4 等。

(4) 铑化合物有：RhF_6、RhF_5、RhF_3、$RhCl_3$、$RhCl_2$、$RhBr_2$、$RhBr_3$、RhI_3、Rh_2O_3、RhO、Rh_2O、$Rh_2O_3·xH_2O$、Rh_2O_5 等。其中主要为 $RhCl_3$、Rh_2O_3、$Rh_2O_3·xH_2O$ 等。

(5) 钯化合物有：PdF_4、PdF_2、$PdCl_2$、$PdBr_2$、PdI_2、PdO、PdS_2、$PdSe_2$、$PdTe_2$、$PdSe$、$PdTe$、$Pd(NO_3)_2$、$Pd(NO_3)_4$、$PdSO_4$、$Pd(CN)_2$、$Pd(SCN)_2$ 等。其中主要为 $PdCl_2$、PdO、PdS_2、$Pd(NO_3)_2$、$PdSO_4$、$Pd(CN)_2$、$Pd(SCN)_2$ 等。

（6）铱化合物有：$IrCl_3$、IrO_2、IrO_3、IrS_3、$IrSe_3$、$IrTe_3$ 等。其中主要为 $IrCl_3$、IrO_2、IrS_3、$IrSe_3$、$IrTe_3$ 等。

（7）锇化合物有：OsF_8、OsF_7、OsF_6、OsF_5、OsF_4、$OsCl_4$、$OsCl_3$、OsO_4 等。其中主要为 OsF_8、$OsCl_4$、OsO_4 等。

（8）钌化合物有：$RuCl_4$、$RuCl_3$、$RuBr_3$、RuI_3、RuO_4、RuO_2 等。其中主要为 $RuCl_4$、RuO_2 等。

铂所在的周期表第Ⅷ族中的天然元素有 9 个，即 4 周期的铁、钴、镍"三元素组"称为铁系元素，其性质非常相似；5 周期的钌、铑、钯；6 周期的锇、铱、铂两个"三元素组"称为铂系元素。铂系元素纵列的 3 对元素，即钌和锇、铑和铱、钯和铂的性质更相似。铂族元素为亲铁和亲硫元素，在矿产原料中，铂族金属矿物常与铁、钴、镍的硫化矿物共生在一起。

铂系元素比铁系元素的化学性质更不活泼，具有更高的惰性，与酸反应不活泼，因铂系元素的升华热高且易钝化。铂系元素的化学活性在周期表中从左至右逐渐增大，而铁系元素的化学活性在周期表中从左至右则逐渐降低。铂系元素对酸的活性增大的顺序为：$Os < Ru < Rh < Ir < Pt < Pd$，前 4 个元素常温下不溶于王水，铂则可溶于王水，钯的活性较铂高，钯不仅可溶于王水，而且可溶于浓硫酸和热浓硝酸中。

铂系元素和铁系元素形成高氧化态的倾向在周期表中从左至右逐渐降低，即元素的金属性质逐渐降低，如钌、锇都能生成 +8 价的 RuO_4 和 OsO_4，而钯和铂的正常价态为 +2 和 +4 价。在周期表纵列元素中，形成高氧化态的倾向在周期表中从上至下逐渐增大，即元素的金属性质逐渐增强，如铁的最高价为 +3 价，而钌、锇都能生成 +8 价的 RuO_4 和 OsO_4，且后者尤为稳定。钯的氧化态主要为 +2 价，而铂除 +2、+4 价外，还可生成 +6 价化合物。

12.5　铂族金属的用途

铂族金属元素发现较晚，直至 18～19 世纪才陆续被发现，并认识它们是真正的独立金属元素。至 20 世纪初才开始进行工业生产，因铂族金属具有特殊的优异性能，其应用范围日益扩大，逐渐成为现代科学技术和现代工业中不可或缺的重要金属材料。

铂族金属最初主要用于制造蒸馏釜以生产硫酸，曾采用铂铱合金制造标准米尺和砝码。至 19 世纪中叶，俄国曾制作铂铱合金币在市场流通。目前，铂族金属的主要用途是制作首饰和工业用催化剂。铂族金属主要用于：

（1）铂：铂又称为"铂金"，具有洁白的颜色和闪亮的光泽，化学性质稳定，不腐蚀，不氧化，硬度和强度比金大许多。这些优良的特性使其非常适用于镶嵌钻石和珠宝。因此，铂被广泛用于首饰制造业。用铂金镶嵌钻石可保持钻石的纯白色彩，既洁白又晶莹。

铂的活性、稳定性和选择性均较好，在许多工业领域用作催化剂，如炼油工业中铂重整工艺、消除汽车排气污染的铂催化剂用量高速增长，铂催化剂是重要的军事物资。

Pt-Ir、Pt-Rh、Pt-Pd 合金具有很高的抗电弧烧损能力，被广泛用作电接点合金。铂的抗氧化性能高，熔点高，被用于制作宇航服。Pt-Rh 合金对熔融玻璃具有很高的抗腐蚀性，生产玻璃纤维和高级光学玻璃时，使用铂坩埚和铂器皿。Pt-Rh 合金广泛用于工业上的测温元件热电偶等。铂在医药上用于制作抗癌药、牙科修复材料、人体内种植材料和人造脏器材料等，如将铂电极电子脉冲器植入心脏，可治疗心律不齐等。

（2）钯：钯是铂族金属中抗腐蚀性最差的金属，可溶于硝酸和王水。钯产量比金和铂多，在某些领域常用钯代替铂，铂族金属中钯的用量最大。

钯与铂、铑的合金可作电镀层，用于首饰加工业和电子工业。钯广泛用于制作首饰和工艺品。铂中加入钯可提高铂的浇注性能和表面质量。因此，常将 Pt-Pd 合金和 K 白金作首饰材料。在铂中加入 Pd-Ag 制作的 Pt900 合金和 18K 白金是良好的珠宝镶嵌饰品材料。

在工业上，大量钯用作空气净化材料，如汽车尾气净化装置和催化剂。Pd-Ag 合金用作制造高纯氢的净化材料。

（3）铑：在闪光灯、灯丝、催化剂、高温热电偶、高温电镀材料和真空蒸发相沉积等领域，铑有广泛的用途。

铑对可见光谱具有很强而又均匀的反射能力，其反射能力在金属中仅次于银。但银在空气中会与硫化物起作用而被腐蚀变暗，而铑耐腐蚀且坚固耐磨，可长久保持其较高的反射率。因此，铑常用作白银首饰和铂钯合金首饰的电镀，可长久保持饰品光亮如新，故多数铂金首饰表面均镀铑。

Pt-Rh 合金用于制作热电偶、生产优质玻璃用坩埚和器皿及化学试验用坩埚、电极和电阻丝等，Pt-Rh-Pd 合金用于制作触媒材料。

（4）铱：与铂相比较，Pt-Ir 合金具有高硬度、高密度、高熔点、高韧性和高耐腐蚀性，化学性质稳定，具银白色和金属光泽等特点，被广泛用于工业和牙科医学中。Pt-Ir 合金是良好的贵金属首饰材料，用铱含量较高的 Pt-Ir 合金制作的饰品经处理可获得独特的浅蓝银白色彩，具有较高的欣赏和收藏价值。

工业上铱主要用于制造科学仪器、热电偶、热电阻等。Pt-Ir 合金用于制作电接点材料及化学试验室设备材料。高硬度的 Fe-Ir 合金和 Pt-Ir 合金常用于制作笔尖和首饰。

（5）钌：钌广泛用作 Pt-Pd 合金的硬化剂。氯碱工业用涂钌和铂的钛阳极板代替石墨板作电解槽阳极，延长了寿命，提高了效率。

（6）锇：在医学上，锇是制造种植材料必不可少的微量元素。锇可用作顺式羟基反应的有效催化剂。

12.6 铂族金属生产

12.6.1 世界铂族金属生产现状

12.6.1.1 世界铂族金属产量

从 1751 年至今，铂族金属生产经历了由小到大，生产工艺逐渐完善的漫长过程。至 20 世纪末，世界矿产铂族金属生产形成了比较稳定的格局，现代铂族金属矿产国大致可分为三类：（1）主要铂族金属矿产国：南非和俄罗斯，长期来它们的矿产铂族金属产量占世界矿产铂族金属总产量的 90%。南非铂产量占世界产量的 2/3 以上，俄罗斯钯产量居世界首位（占 50%~60%）。（2）次要铂族金属矿产国：加拿大和美国，称为北美，其矿产铂族金属产量占世界矿产铂族金属总产量的 10% 以下。（3）其他铂族金属矿产国：合计矿产铂族金属产量份额不足 3%。主要有津巴布韦、哥伦比亚、日本、德国等。

世界著名矿山铂产量列于表 12-5 中。

表 12-5　世界著名矿山铂产量　　　　　　　　　　（t）

国　名	生产者	1994 年	1995 年	1996 年
南非	英美铂业集团（Amplats group）	合计 48.8		
	吕斯腾堡（Rustenburg）		49.8	41.8
	俄斯特（PPRust）		4.0	4.4
	黎玻华（Lebowa）		2.4	2.5
	英帕拉（Impala）	30.7	28.0	29.9
	朗侯（Lonrho）	15.6	17.7	18.6
	诺坦（Northam）	3.3	3.7	5.3
	小　　计	98.4	105	102.5
俄罗斯	诺里尔斯克镍（Norilsk Nickel）	21.8	21.8	18.7
加拿大	国际镍公司（Inco）	4.9	4.1	5.6
	鹰桥（Falconbridge）	—	1.3	
美　国	斯蒂尔瓦特（Stillwater）	2.0	1.7	1.8
合　　　计		127.1	134.5	128.6
占世界当年产量/%		90.2	86.7	83.0

　　钯也主要由这些企业产出，只是所占份额不同，钯主要由俄罗斯生产（约占 50%），其次才由南非和北美生产。

　　2003 年世界主要冶炼厂的铂族金属产量列于表 12-6 中。

表 12-6　2003 年世界主要冶炼厂的铂族金属产量　　　　　　　　（t）

	企　业	Pt	Pd	Rh	Pt + Pd + Rh
原生铂族 金属生产者	南非 Anglo 公司	71.84	37.01	7.15	116.02
	南非 Impala 铂公司	60.96	32.66	7.78	101.4
	南非 Lonmin 铂公司	28.93	13.06	4.35	46.34
	美国 Stillwater 公司	4.04	14.0	0.16	18.04
	南非 Northam 铂公司	6.53	3.11	0.62	10.26
	津巴布韦 Zimplats 公司	2.8	2.18	0.31	5.29
	小　　计	175.1	102.02	20.37	297.35
作副产品的 铂族金属生产者	俄罗斯 Norilak Nickel 公司	20.22	83.98	1.87	106.06
	加拿大 Falconbridge 公司	3.42	10.26	0.06	13.69
	加拿大 Inco 公司	—	—	—	6.53
	小　　计	23.64	94.24	1.93	126.28
合　　　计		198.74	196.26	22.3	423.63

　　注：南非 Anglo 公司的前身为英美铂业集团。

　　稀有铂族金属（即铑、铱、锇、钌）的总产量约为铂、钯总产量的 10%，且随铂、钯总产量而变，几乎全产自南非、俄罗斯和北美，分别约占 58%、36% 和 6%。稀有铂族金属总产量的平均比例约为：铑 28%、铱 16%、钌 46%、锇 10%。

由于现代工业对铂族金属的需求正处于增长旺盛期，加之世界铂族资源相对较丰富。因此，铂族金属的生产规模和产量仍将持续增长。

12.6.1.2　主要生产工艺

A　混合精矿—鼓风炉硫化熔炼产出低锍—转炉吹炼为高锍—送提纯分离

20世纪30年代后，含铂族金属的硫化铜镍矿精矿一般经硫化熔炼产出低锍（低冰镍），再经转炉吹炼为高锍（高冰镍）。转炉渣中金和铂族金属含量常高于 1×10^{-6}，可返回熔炼炉或专门设备中回收。当原料含铬高不宜返回时，常将转炉渣磨细送浮选或用炉渣贫化炉处理。火法冶炼过程的铂族金属回收率可达99%。

B　混合精矿—成排多电极的矩形埋弧电弧炉硫化熔炼为高锍—送提纯分离

20世纪60年代，南非采用成排6电极的矩形埋弧电弧炉取代鼓风炉，用P-S卧式转炉取代竖式转炉。几十年来，麦伦斯基铂矿浮选产出的混合精矿全部采用火法熔炼。若精矿中贵金属含量为 $100 \sim 150 \mathrm{g/t}$，高锍产率约15%。混合精矿中贵金属含量为 $2600 \sim 5000 \mathrm{g/t}$ 时，高锍中贵金属含量有时高于 $0.5\% \sim 1\%$。UG-2矿精矿 Cr_2O_3 含量高，则采用功率密度更高的电弧炉。新建厂（如津巴布韦的Zimplats）多采用三电极交流圆筒形电弧炉（最高功率密度达 $250 \mathrm{kW/m^2}$）。美国斯蒂尔瓦特公司和俄罗斯诺里尔斯克镍公司的工艺与南非基本相似。

C　合金熔炼法

合金熔炼法适用于高铬铜镍混合精矿的熔炼。

D　硫酸介质热压氧浸或氯化物介质控制电位氯化浸出工艺

当贵金属产值超过铜镍的产值时，广泛采用硫酸介质热压氧浸或氯化物介质控制电位氯化浸出工艺，以获得贵金属化学精矿（贵金属富集物），使贵金属和贱金属尽快分离，减少贵金属在有色金属冶炼过程中的积压、周转和损失。此工艺也适用于伴生贵金属的硫化铜镍混合精矿，在保证主金属铜、镍回收率的条件下，尽快产出贵金属化学精矿（贵金属富集物）。

E　萃取工艺

20世纪80年代后，在铂族金属提取和提纯过程中，不同结构的萃取工艺已逐步取代传统的选择性化学沉淀分离工艺，显著提高了有用组分的回收率和生产效率。

12.6.2　我国铂族金属生产现状

12.6.2.1　我国铂族金属产量

1958年前，我国铂族金属生产为一片空白。1958年沈阳冶炼厂从多年提取金银后的渣中生产出首批矿产铂、钯约9kg，1958~1964年累计产出铂28.12kg，钯11.9kg。之后国内多家冶炼厂相继从冶炼副产品中回收少量铂、钯。

1958年我国发现金川白家嘴子镍矿。

1964年6月，中国科学院昆明贵金属研究所和北京有色金属研究总院合作对金川镍矿进行综合利用研究，首次从金川镍电解阳极泥中提取出铂、钯样品，完成了"从硫化镍电解阳极泥中提取铂族金属"工艺流程研究，协助建立了我国第一个铂族金属生产车间。1966年，昆明贵金属研究所提出改进的新工艺，并于当年建成新车间。1972年7月，昆明贵金属研究所与金川冶炼厂合作完成了从硫化镍电解阳极泥中提取铑、铱、锇、钌的工艺流程，首次从国产矿物原料中提取出全部铂族金属。此后经多次改进工艺和流程，1981年生产铂、钯 300.88kg，钌、铱、锇、铑 21.38kg。1992 年改为：选择性氯化—碱浸—二次控制电位氯化—二次碱浸工艺使富集比从 150 倍增至 180 倍，铂、钯含量大于 7%（品位较高的原料时为 10% ~ 15%）。至今，甘肃金川镍矿仍是我国唯一的矿产铂族金属的生产基地。

随着工艺技术的不断进步和提高，我国矿产铂族金属的产量由年产数千克升至 2001 年突破 1000kg，2006 年达 2.68t。

12.6.2.2　主要生产工艺

引进澳大利亚奥托昆普新技术取代原熔炼矩形电弧炉，新炉将闪速炉和贫化炉合二为一。1992 年 11 月 19 日，二期工程镍精矿闪速熔炼系统建成并投料试车，后经改进和完善，基本实现了从镍铜混合精矿开始，采用世界先进工艺生产单一铂族金属和创世界先进生产指标的要求。

根据国内外确定的铂族矿床工业指标，我国至今未发现产于镁铁质-超镁铁质层状杂岩体内的铂族矿床，迄今我国尚无单独开采的原生铂族矿床。我国现有的铂族矿床，均为非工业类型的共生和伴生铂族矿产资源。

根据我国铂族矿产资源的特点，我国已开发和建成了：

（1）我国金川的副产铂族金属的镍铜矿的浮选工艺：镍铜混合精矿—熔炼产出低镍锍—吹炼产出高镍锍，以初步富集铂族金属（PGM 含量为 20g/t）工艺：铜镍高锍磨矿—磁选—浮选——次铜镍铁合金—二次锍化—磨矿—磁选—浮选—二次铜镍铁合金—氧气顶吹—高压羰化—铜渣—热压酸浸—铂族金属化学精矿。

（2）我国阜康的铜镍高锍（Au + PGM 含量为 2 ~ 3g/t）的富集工艺为：常压硫酸浸出—热压硫酸浸出—硫化铜渣—沸腾焙烧—硫酸浸出—电炉还原熔炼—电解—阳极泥—再处理—产出铂族金属化学精矿。

（3）我国云南金宝山低铜、镍富钯、铂的浮选混合精矿（含 Pt 36.73g/t、Pd 51.42g/t、Cu 4.28%、Ni 3.86%、Co 0.3%）—热压氧化酸浸-铜粉置换铂、钯一次热压氰化浸出—二次热压氰化浸出—锌置换—贵金属化学精矿（铂族金属富集物）。

（4）建成了贵金属化学精矿（铂族金属富集物）-贵金属分离-铂族金属提纯的完整的工业生产体系和相关的研究院所。在贵金属化学精矿生产、贵金属分离和铂族金属提纯等过程中完成了以化学沉淀工艺为主逐渐过渡为化学沉淀分离与有机溶剂萃取分离、离子交换树脂交换吸附分离相结合的分离和提纯工艺，其装备和技术水平接近或已达世界先进水平。

13　铂族金属矿物原料

13.1　贵金属元素在地壳中的丰度值

贵金属元素在地壳中的丰度值列于表 13-1 中。

表 13-1　贵金属元素在地壳中的丰度值

元　素	Au	Ag	Pt	Pd	Os	Ir	Ru	Rh
丰度值/$g \cdot t^{-1}$	0.0035	0.08	0.005	0.013	0.013	0.001	0.005	0.001

13.2　铂族金属元素的地球化学性质

铂族金属元素的地球化学性质，与元素周期表中第Ⅷ族过渡金属元素性质相似，具有较强的亲铁性和亲硫性。在自然界的不同地质条件下的成矿作用，铂族元素比铁具有较强的亲硫性和亲铜性，尤其是铂、钯更具有亲铜性。铂族元素的原子体积和密度相近，故它们的地球化学性质极相似。它们之间的熔点差异，导致了它们在成矿和富集过程中出现分异现象，与造矿元素形成不同元素组合的铂族元素矿床。

铂族元素矿床的形成，常与深部岩浆的熔离作用有关。镁质超基性岩为富镁、贫铁和硫的地表地幔的难熔部分，其特征是富含锇、铱、钌、铑，主要形成自然元素和金属互化物，少部分形成硫化物、硫砷化物、砷化物的矿物组合。铁质基性岩和超基性岩，相对富集熔点较低的铂、钯和硫及亲硫阴离子，常形成与砷、硫、碲、锑、铋、锡、硒等化合物的矿物共生组合。因此，铂族元素最重要的地球化学性质，是高度富集在基性岩、超基性岩和其中的铜、镍、铬、铁、钛的矿床中，显示它们的亲铁性和亲硫性，它们总是与硫化矿物密切共生。

岩浆岩中不混溶硫化物小熔滴的沉淀，是铂族元素矿床形成的极其重要的地质地球化学条件。含铂（族）铬铁矿床中，铬铁矿化早期阶段只有少量铂族元素形成单质矿物或以类质同象形态进入铬尖晶石和硅酸盐矿样的晶格中，大部分铂族元素则伴随着铬铁矿体形成而富集于铬铁矿体内，呈细小的自然元素、金属互化物、硫化物、硫砷化物包裹于铬铁矿或造岩矿物中。

在钒钛磁铁矿矿床中，伴随着含矿熔浆的重力分异作用，少部分铂族元素分布于钒钛磁铁矿矿体内，大部分铂族元素被不混溶硫化物小熔滴捕集而赋存于钒钛磁铁矿体下部的韵律层，形成富含铂族元素尤其是富含锇、钌、铂的硫化物矿层。

在铜镍硫化物矿床中，铂族元素的聚集常与铜镍矿化相一致，铜镍矿体常有铂族元素富集。矿石中铂族元素以铂、钯为主，锇、铱、钌、铑含量较低。由于铂族元素之间地球化学性质的差异，在硫化物熔融体结晶过程中，铂、钯的富集与铜相关，而锇、铱、钌、铑的富集与镍相关性较大。在铜含量高的铜镍硫化物矿体中，可形成铂（钯）富集体。而在含镍黄铁矿和磁黄铁矿较高的富镍矿体中，可形成锇、铱、钌、铑含量较高的富集地段。因此，铂族元素在铜镍硫化物成矿过程中，形成两个不同的成矿元素共生组合，即镍、钴、锇、铱、钌、铑组合和铜、铂、钯、金、银组合。铂、钯随黄铜矿的结晶而形成硫化物和其他亲硫阴离子的化合物（如砷化物、锑化物、碲锑化物等），赋存于黄铜矿中或与其共生产出。锇、铱、钌、铑常伴随镍黄铁矿和磁黄铁矿的结晶而形成细小的硫化物或硫砷化物包裹于其中，或呈类质同象分散于金属硫化物和氧化物中。因此，在铜镍硫化物矿床中，铂族元素主要呈独立的矿物相产出，与砷、硫、碲、锑、铋、硒等生成化合物，少量铂族元素呈类质同象分散于硅酸盐矿物和副矿物中。

研究表明，岩浆热液作用，可成为活化和搬运铂族元素的有效方法，可将铂族元素从源岩搬运至沉积岩中。在自然界中以 HCO_3^- 和硫、砷、氯易溶配合物形式搬运，从低温环境到较高温的富含挥发组分的热液系统中，铂族元素产于不同的地质环境中，形成以不规则矿化作用为特征的热液型铂族元素矿床（或矿化体）。随岩浆热液温度降低，硫逸度增加，铂族元素主要富集于与中酸性岩浆作用有关的热液多金属硫化物矿床中。如矽卡岩型铜（铁）矿床、斑岩型铜（钼）矿床及长英质火山岩多金属硫化物矿床或叠加于某些岩浆型铜镍铂（族）矿床等。铂族元素以铂、钯为主，锇、铱、钌、铑含量较低。表明岩浆期后的残余溶液明显富集铂、钯，而且岩浆热液可促使镁铁硅酸盐的变化而释放出赋存于矿物晶格中的铂族元素而进行再分配，或使含有铂族元素的沉积岩或变质岩发生热液交代作用，从而形成含铂族元素的多金属硫化物矿床。

在表生地质作用环境中，铂族元素的自然金属和金属互化物较稳定，可形成砂铂矿床。但铂族元素在氧化作用、细菌作用和淋滤作用下也会产生分解，细小的铂族元素自然金属颗粒可继续生长为较大的颗粒，如形成同心带状构造，中间为富锇核，核外为铱、锇含量相同的环带，最外一圈为富铱的外壳。在风化残余层中，可见中间为钯、四周为铂的细小颗粒。可见铂、钯以金属互化物形态呈钟乳状或葡萄状的沉积产物。在红土层中，可见铂族元素与金结合的块体。可见在风化淋滤作用下，铂族元素与有色金属形成金属互化物。

在某些沉积岩中发现有铂族元素富集现象，锰结壳、锰结核中有铂族元素富集现象，煤层中有铂、钯、铑富集现象，铂、钯可生成稳定的有机化合物，$PdCl_4^{2-}$ 可被有机质还原为金属钯，吸附或沉淀于有机质土壤中或进入黏土质矿物层间或其晶体缺陷中。在氧化条件下，铂族元素易从硫化矿物及其他硫酸盐矿物中分解出来，生成自然金属或金属互化物。锇、钯硫化物比铂、铱硫化物的稳定性差，铑硫化物的稳定性最高，抗风化作用能力最强。

综上所述，铂族元素从原始岩浆分异开始，经伟晶、热液、变质作用、风化、搬运、沉积阶段，从极高温、高温、中温至低温期，甚至常温下均有铂族元素活动的轨迹。表明铂族元素矿化和成矿，具有广泛的地质条件。

13.3　铂族元素的主要矿物

目前，发现的铂族元素矿物有 106 种，加上矿物亚种或端元成分及未定名的铂族元素矿物已达 150 种。我国已发现 20 多种铂族元素矿物和矿物亚种。按铂族元素在元素周期表中Ⅷ副族的铂、钯、钌、铑、锇、铱的顺序，铂族元素的主要矿物列于表 13-2 中。

表 13-2　铂族元素的主要矿物

铂族元素	矿物名称	矿物分子式	含量/%
	钯铂矿	$PtPd_2$、Pt_9Pd_4	48.9~74.1
	铜铂矿	Pt_5Fe_4Cu、$Pt_3Fe_3Cu_2$	55.75
	粗铂矿	Pt_4Fe、$Pt_iFe(i>2)$	85.5~94.3
	铁铂矿	$PtFe$、$Pt_iFe_6(i<2)$	62.1~83.5
	镍铂矿	Pt_3Fe_3Ni、Pt_3Fe_5Ni	62.1~82.0
	铱铂矿	Pt_2Ir	48.3~77.0
	锡铂矿	Pt_3Sn_2	63.0
	六方锡铂矿	$PtSn$	58.0~63.0
	锡钯铂矿	$PtPdSn$	50.0
	锡锑钯铂矿	$(Pt,Pd,Ni)_5(Sn,Sb)_2$	59.9~61.0
	二锡二钯三铂矿	$Pt_3Pd_2Sn_2$	54.6~57.2
	二锡二铂三钯矿	$Pd_3Pt_2Sn_2$	42.0
	二锡三钯三铂矿	$Pt_3Pd_3Sn_2$	43.2
	三锡四铜四铂矿	$Pt_4Cu_4Sn_3$	51.7
	锑铂矿	$PtSb$	81.8
	一锑四铂矿	Pt_4Sb	81.8
	二锑五铂矿	Pt_5Sb_2	79.7
	锑钯铂矿	$PtPdSb$	49.9
1. 铂的主要矿物	等轴锑铂矿	$PtSb_2$	45.0
（含量为铂的含量）	三锑二钯二铂矿	$Pt_2Pd_2Sb_3$	39.4~41.7
	锑金铂矿	Pt_5AuSb_2	72.2~79.8
	铋锑铂矿	$Pt(Sb,Bi)$	50.5
	碲铂矿	$PtTe$、Pt_3Te_3	54.8
	富碲铂矿	$PtTe_{2.5~3.0}$	34.2~37.7
	铋碲钯铂矿	$(Pt,Pd)(Te,Bi)_2$	18.6~30.8
	铋碲镍铂矿	$(Pt,Ni)(Te,Bi)_2$	7.0~42.6
	砷铂矿	$PtAs_2$	50.3~57.0
	砷铱铂矿	$(Pt,Ir)As_2$	45.1~45.7
	砷铂铱矿	$(Ir,Pt)As_2$	20.7
	砷铑铂矿	$(Pt,Rh)_7As_4(?)$	48.0
	砷锇铱铂矿	$Pt(Ir,Os)_2As_4(?)$	22.0
	硫铂矿	PtS	77.1~85.6
	硫镍钯铂矿	$(Pt,Pd,Ni)S$	58.2~59.1
	硫砷铂矿	$(Pt,Ir,Rh)AsS$	23.8
	铑铂矿	$PtRh$	62.2
	铋碲铂矿	$Pt(Te,Bi)_2$	33.7~42.0
	铋铂矿	$PtBi_2$	35.6~36.4

铂族元素	矿物名称	矿物分子式	含量/%
	自然钯	Pd	86.2 ~ 100.0
	六方钯矿	Pd	95.0
	汞钯矿	PdHg	34.8 ~ 35.9
	铂金钯矿	$(Pd, Au)Pt$	43.7
	钯金矿	AuPd	5.8 ~ 11.6
	一铅三钯矿	Pd_3Pb	55.6 ~ 63.0
	一铅四钯矿	Pd_4Pb	70.0
	铅钯矿	Pd_3Pb_2	41.3 ~ 44.6
	三铅四钯矿	Pd_4Pb_3	40.0
	铋铅钯矿	Pd_2PbBi	30.9 ~ 34.2
	铋二铅三钯矿	Pd_3Pb_2Bi	35.0
	铋三铅三钯矿	Pd_3Pb_3Bi	27.0
	锡钯矿	Pd_3Sn_2	58.0
	锡铜四钯矿	Pd_4CuSn	61.0
	二锡二铜五钯矿	$Pd_5Cu_2Sn_2$	57.0
	锡铜铂钯矿	$Pd_2PtCuSn$	34.2
	多锡铜铂钯矿	$Pd_7PtCu_2Sn_3$	46.2
	锡铅铜钯矿	$Pd_6Cu(Sn, Pb)_3$	57.6
	锡铅钯矿	Pd_8Pb_3Sn	70.0
	铅锡铂钯矿	$(Pd, Pt)_3(Pb, Sn)$	55.0 ~ 57.6
	锡铅铂钯矿	$(Pd, Pt)_7(Sn, Pb)_2$	45.2 ~ 51.0
	锑钯矿	Pd_3Sb	70.35 ~ 73.0
	锑铂二钯矿	Pd_2PtSb	36.1 ~ 42.6
2. 钯的主要矿物	锑铂钯矿	PdPtSb	28.7 ~ 32.4
（含量为钯的含量）	锑铜二钯矿	Pd_2CuSb	53.5
	多锑铜钯矿	Pd_8CuSb_3	62.0
	铋锑钯矿	$Pd(Sb, Bi)$	43.6
	黄铋碲钯矿	$Pd(Te, Bi)$	29.5 ~ 45.9
	铋碲钯矿	$Pd(Te, Bi)_2$	19.4 ~ 33.2
	铋碲铂钯矿	$(Pd, Pt)(Te, Bi)_2$	14.9 ~ 18.7
	等轴铋碲钯矿	$Pd(Te, Bi)_2$	17.0 ~ 28.4
	等轴铂铋碲钯矿	$(Pd_{0.75}Pt_{0.25})(Te, Bi)_2$	10.0 ~ 16.9
	铋碲镍银钯矿	$(Pd, Ag, Ni)(Te, Bi)_2$	4.1 ~ 15.6
	铋碲汞钯矿	$(Pd, Hg)_x(Te, Bi)_y$	27.8
	硒铜钯矿	$(Pd, Cu)Se_3$	44.1 ~ 44.9
	一铋二钯矿	Pd_2Bi	50.0
	单斜铋钯矿	$PdBi_2$	17.6 ~ 19.1
	三铋一钯矿	$PdBi_3$	13.0 ~ 16.0
	铋银钯矿	$(Pd, Ag)Bi_2$	12.3
	砷钯矿	Pd_3As	79.8
	砷镍钯矿	Pd_2Ni_2As, $Pd_3Ni_4As_3$	41.0 ~ 54.0
	砷锡钯矿	$Pd_9Sn_3As_2$	64.4
	砷铅钯矿	$(Pd, Pb)_3As$	66.2
	硫铂钯矿	$(Pd, Pt)S$	55.6 ~ 57.7
	硫镍钯矿	$(Pd, Ni)S$	57.1 ~ 61.9
	铋碲镍钯矿	$(Pd, Ni)(Te, Bi)_2$	2.1 ~ 18.3
	锡二铜六钯矿	Pd_6Cu_2Sn	65.0
	钯华	PdO	

铂族元素	矿物名称	矿物分子式	含量/%
3. 钌的主要矿物 （含量为钌的含量）	铁钌矿	Ru_3Fe	73.7
	铱锇钌矿	$Ru_{1\sim6}Os_{1\sim2}Ir$	21.0~55.0
	硫钌矿	RuS_2	61.0~67.0
	硫铱锇钌矿	$(Ru,\ Os,\ Ir)S_2$	18.0~38.1
4. 铑的主要矿物 （含量为铑的含量）	钯硫砷铑矿	$(Rh,\ Pd,\ Pt)AsS$	30.8
	硫砷铑矿	$RhAsS$	41.3
	钌硫砷铑矿	$(Rh,\ Ru,\ Pt)AsS$	24.6
5. 锇的主要矿物 （含量为锇的含量）	自然锇	Os	95.0~98.0
	铱锇矿	$Os_iIr(Os_{6.5}Ir)(i>1)$	41.8~86.5
	钌铱锇矿	$Os_2Ir_{1\sim2}Ru_{1\sim2}$	41.4~49.5
	砷铂锇矿	$(Os,\ Pt)As_2(?)$	36.3
	硫锇矿	OsS_2	64.3~68.0
	硫铱锇矿	$(Os,\ Ir)S$	69.2
	金铱锇矿	$AuIrOs$	
	硫砷钌锇矿	$(Os,\ Ru)AsS$	35.6
6. 铱的主要矿物 （含量为铱的含量）	自然铱	Ir	95.0
	铂铱矿	$IrPt$	76.85
	等轴锇铱矿	$Ir_2Os(Ir_6Os)$	65.4~79.1
	等轴铂锇铱矿	$Ir_{5\sim4}Os_{1\sim10}Pt_2$	59.1~66.8
	等轴金锇铱矿	Ir_2OsAu	51.7
	锇铱矿	$IrOs(Ir_4Os)$	46.8~77.2
	铑锇铱矿	Ir_6Os_2Rh	64.5
	钌锇铱矿	$Ir_{2\sim3}Os_2Ru$	43.1~51.4
	砷铂铱矿	$(Ir,\ Pt)As_2$	39.6
	钌硫砷铱矿	$(Ir,\ Ru,\ Rh,\ Pt)AsS$	23.0
	硫砷铱矿	$(Ir,\ Pt,\ Rh)AsS$	44.8~58.7
	锇硫砷铱矿	$(Ir,\ Os,\ Pt)AsS(?)$	35.8
	铱金矿	$AuIr$	30.4

注：摘自《野外地质工作参考资料》，冶金工业出版社，1978。

从表 13-2 可知，铂族元素除可生成自然金属矿物外，同族元素间及与相邻副族元素可生成金属互化物矿物。铂族元素可与非金属性能强的元素（如氧、硫、硒、碲等）及两性元素（如砷、锑、铋等）生成简单或复杂的化合物矿物。铂族元素可与锡、铅、铜、铁、汞、银、金等生成金属互化物矿物。因此，自然界发现的铂族矿物可分为：自然金属和金属互化物、砷化物、硫化物、硫砷化物、硫铋化物、硫硒化物、氧化物、锑化物、碲化物、碲锑化物、铋化物、碲铋化物、含铂族矿物等 13 大类矿物。

铂族矿物中，铂、钯矿物约占 70%。较常见的铂族矿物为砷铂矿、碲铂矿、碲铋钯矿、锑钯矿、硫镍钯铂矿、铁铂矿、自然铂矿、锇铱矿、硒钯矿、铋钯矿等，其中尤以自然金属和金属互化物最多，其次为硫化物、砷化物、碲化物、硫砷化物、锑化物，较少的为硒化物、氧化物、铋化物、碲锑化物、碲铋化物和硫铋化物。

13.4　各类铂族矿物的产出特征

各类铂族矿物的产出特征如下：

（1）自然金属及金属互化物类。其包括铂族自然金属、铂族二元以上及铂族与铁、铜、镍、铅、锡、铋、金、银等组成的金属互化物矿物。此类矿物在自然界分布很广，在岩浆岩型的铜镍、铬、钛矿床及矽卡岩型、热液型及沉积型矿床中均可发现。除含铁矿物外，此类矿物无磁性，多数矿物性脆，少数矿物具延展性，矿物反射率高，密度大，中等硬度。

（2）砷化物、硫化物和硫砷化物类。6 种铂族元素均可与硫、砷生成二元或多元化合物，在各种类型铂族矿床中均可发现。尤其是铜镍矿床和铬铁矿床中，可见与镍、汞、铅、锑与硫、砷构成多元素铂族硫化物和硫砷化物矿物。

（3）硒化物类。自然界中只有低熔点的铂、钯可与硒生成化合物矿物，一般产于热液型多金属硫化物矿床中。

（4）铋化物和碲铋化物类。自然界中较少发现此两类铂族矿物，主要发现钯的铋化物和碲铋化物，仅在我国发现铱的碲铋化物矿物（马营矿）。

（5）碲化物、锑化物和碲锑化物类。自然界中易产生碲、锑替代现象，发现最多的是铂、钯与碲、锑组成的碲化物和锑化物，也可见铱与碲组成的碲化物和钯与碲、锑组成的化合物。此类矿物在岩浆岩型和热液型铂族矿床中均可发现。但铂、钯形成较多的此类矿物。

（6）硫铋化物类。自然界中只见铂与硫、铋生成的化合物。近年由我国於祖相发现于河北滦平县三道沟，产于接触蚀变交代型铜矿床的唯一的李四光矿（CuPtBiS）。

（7）氧化物类。目前除钯华外，已报道几种未定名的铂族氧化物，均为铂族矿物蚀变或风化后的产物。在自然界中属极少数的一类铂族矿物。

13.5　铂族矿床及其产出特征

13.5.1　铜镍型铂族矿床

铜镍型铂族矿床中的铂族矿物种类最多，分布最广。可见多类铂族矿物，但以铂、钯的矿物为主，主要与硫、砷、铋、铅、锑等生成二元素和多元素的化合物。某些铂族矿床中，可见锇、铱、钌的硫化物、硫砷化物、自然金属和金属互化物。不少铂族矿床中，铂族矿物达 10 ~ 20 种，但少数铂族矿床中的铂族矿物种类较简单。目前，世界各地的铜镍矿床中发现的铂族矿物已达 50 多种，而 95% 以上为铂、钯矿物，且含有砷、碲、硫、锑的铂、钯矿物。只见微量的铱、钌、锇的矿物。

13.5.2　铬铁矿型铂族矿床

铬铁矿型铂族矿床中的铂族矿物种类也较多，但多为锇、铱、铂、钌的矿物，其形态主要为 Os-Ir-Ru-Pt、Pt-Fe 的自然金属互化物和 S、As、S-As 的化合物。少数矿床中可见 Rh-Fe-Ir 矿物和钯的硫化物和锑化物。该类型矿床中共发现 30 多种铂族矿物，其中锇、铱、钌的矿物占铂族矿物总数的 65% 以上，铑的矿物特别稀少是其特点。

13.5.3 钒钛磁铁矿型铂族矿床

钒钛磁铁矿型铂族矿床中的铂族矿物为铂、钯矿物，主要形态为 Pt-Fe 互化物和铂、钯与砷、汞、锑、碲、硫的化合物，可见少量的锇、铱、钌的自然金属及金属互化物和硫化物。该类型矿床中共发现近 20 种铂族矿物。铂族矿物与钛铁矿紧密伴生，充填于辉石、橄榄石和钛铁矿颗粒之间或与铜、铁、镍硫化物紧密共生。

13.5.4 砂铂矿床

砂铂矿床中铂族矿物主要为 Os-Ir 及铂、铱、钌、铑的自然金属、金属互化物和硫化物。可见铂、钯与金的金属互化物、钯与砷、碲的化合物及铂与锑、硒、碲的化合物。不同的砂铂矿床中，铂族元素矿物的共生组合的差异较大。表明铂族矿物来源于不同类型的铂族矿床或含铂族岩体。

13.5.5 沉积型或黑色页岩型铂族矿床

沉积型或黑色页岩型铂族矿床中的铂族矿物主要为钯、铂、镍、钼、铋、硒、钇组合和铂、钯、锑、铜、金、铀、氟组合。表明成矿作用与后来的热液作用有关，与火山热液作用有关的海相黑色页岩中的矿物赋存形态有明显差异。铂族矿物种类较复杂，主要为 Au-Ag -铂族-Hg 和 Pt-Ir 的互化物、自然金属、铋化物、砷化物和硫砷化物。在某些特殊条件下，它们可生成金属有机化合物。

13.5.6 热液型铂族矿床

热液型铂族矿床中的铂族矿物主要为铂、钯与砷、碲、锑、硫的化合物及少量的铋、硒化合物，偶见铂、钯的自然金属及金属互化物。该类型矿床中共发现 10 种铂、钯矿物，尚未发现锇、铱、钌、铑的矿物。铂族矿物粒度小，常包裹于黄铜矿、斑铜矿、磁黄铁矿、磁铁矿的矿物中。

13.6 铂族矿床

13.6.1 国外铂族矿床

国外铂族矿产资源开发始于 1775 年，在哥伦比亚乔科发现砂铂矿床；1922 年在俄罗斯乌拉尔发现富铂族砂矿床；1919 年在加拿大发现萨德贝里原生含铂（族）铜镍硫化物矿床；尔后在南非发现布什维尔德基性超基性杂岩体内的麦伦斯基铂（族）矿层和富铂（族）铬铁矿层；在俄罗斯发现诺里尔斯克和芒契等含铂（族）铜镍硫化物矿床。由于某些国家在基性超基性杂岩体内发现原生岩浆岩型铂族矿床，从此改变了铂族矿产资源的分布格局，扩大了寻找铂族矿产资源的范围。

国外铂族矿床主要分布于俄罗斯的阿尔丹、诺里尔斯克、乌拉尔、贝辰加，芬兰的希图拉，土耳其的古里曼，埃塞俄比亚的比尔，津巴布韦的大岩墙，南非的布什维尔德，澳大利亚的波卡姆巴尔达，美国的斯提尔沃特、阿拉斯加，加拿大的林恩湖、汤普森、萨德贝里，哥伦比亚的乔科等。

国外铂族矿床主要为基性超基性岩体有关的铜镍型铂族矿床，是国外也是世界 PGM 的主要矿产资源。如南非布什维尔德基性超基性杂岩体内铜镍型铂族矿床和麦伦斯基铂（族）矿层，俄罗斯诺里尔斯克和贝辰加铜镍型铂族矿床，加拿大的萨德贝里和汤普森铜镍型铂族矿床，澳大利亚的卡姆巴尔达铜镍型铂族矿床，芬兰的希图拉铜镍型铂族矿床，美国的斯提尔沃特杂岩体内的铜镍型铂族矿床和 J-M 铂（族）矿层。其次为与基性超基性岩有关的铬铁矿型铂族矿床，如南非布什维尔德杂岩体内的 UG-2 铬铁矿层状铂族矿床，俄罗斯的乌拉尔地区纯橄榄岩中巢状铬铁矿体铂族矿床，土耳其的古里曼-索利达铬铁矿铂族矿床等。最后为砂铂矿，曾一度为铂族的主要矿产资源，目前储量和开采量逐年减少。现拥有砂铂矿床的国家为哥伦比亚、美国、加拿大、俄罗斯、南非、埃塞俄比亚。美国的砂铂矿大部分位于阿拉斯加的古德纽斯湾，俄罗斯的最大砂铂矿为乌拉尔地区的冲积砂铂矿，哥伦比亚的砂铂矿全部位于乔科地区。

13.6.2 国内铂族矿床

13.6.2.1 铂族矿床成因类型

铂族矿床成因类型分类方法不一。根据我国铂族矿床的地质环境、共生元素组合、成矿作用和矿化类型等因素，可将我国铂族矿床的成因类型分为岩浆型、热液型和外生型三大类和 10 个亚类。其成因类型列于表 13-3 中。

表 13-3 我国铂族矿床的成因类型分类

矿床成因类型		含矿岩体或岩石类型	实 例
岩浆型	1. 铜镍型	铁质超基性岩体	金川、金宝山、五星、红河湾、拉水峡、岔路子、周庵、榆树沟、柳树庄
		铁质基性、超基性杂岩体	朱布、黄山东、杨柳坪、大坡岭、赤柏松、核桃树、白石泉、汗牛
		铁质基性岩体	喀拉通克、尾洞、黄花滩、小南山、红石磊、红洞沟
	2. 铬铁矿型	蛇纹岩、镁铁质-超镁铁质侵入岩体	大道尔吉、罗布莎、东巧、小松山、松树沟、高寺台
	3. 钒钛磁铁矿型	层状基性岩体、基性超基性杂岩体、斜长岩岩体	新街、红格、攀枝花、安益、大庙-黑山
热液型	4. 矽卡岩型	酸性或基性侵入岩体与碳酸盐岩或火山沉积岩接触带岩石	铜绿山、铜山口、大红山、赤马山、铜官山、新桥、金口岭、笔山
	5. 斑岩型	花岗斑岩、石英斑岩、花岗闪长岩	德兴、玉龙、多宝山、大红山、井边
	6. 热液型	不同时代的沉积岩、变质岩、构造破碎带	三道沟、银洞山
	7. 石英脉型	硫化物石英脉、硅化蚀变岩石	金山、夹皮沟、铜井
	8. 构造蚀变岩型	辉石岩岩体、白云岩	大岩子
外生型	9. 镍钼型	黑色岩系、含碳质黑色页岩	大庸、慈利、积金、遵义、德泽、金溪
	10. 砂铂矿	产于现代河床、河漫滩、低谷洼地、风化壳、坡地	酸刺沟、红坑、阿尔腾哈拉、罗匠沟、沙巴恰普、乌坊、阿拉坦敖包

13.6.2.2 铂族矿床成因类型特征

A 岩浆型铂族矿床

岩浆型铂族矿床为深部岩浆作用，引起铂族元素成矿或富集于岩浆体内的全部铂族矿床。

a 铜镍型铂族矿床亚类

铜镍型铂族矿床亚类铂族矿床为我国目前最主要的铂族金属矿产资源。按岩石类型可分为三种：

（1）超基性岩体内的铜镍型铂族矿床。铂族元素成矿作用与铁质超基性岩有关，可生成大型或特大型铂族矿床。岩性愈复杂且分异作用愈完善，其含矿性愈好。铂族元素的矿化富集与铜、镍成矿密切相关，铂族元素富集于铜镍矿石中。其特点是铂族元素与铜、镍伴生产出，富铂、钯而贫锇、铱、钌、铑，铂族元素与铜、镍呈正消长关系。铂族元素呈自然金属、金属互化物、砷化物、硫化物、锑化物、碲铋化物、碲化物、硫砷化物产出。且主要与黄铜矿等金属硫化物密切共生或包裹其中，或产于金属硫化物的裂隙中，表现多期结晶作用。如金川铜镍型铂族矿床产于华北地台阿拉善台块西南边缘的龙首山隆起的超基性岩体内，全矿区有60多个铂（钯）含量大于 $1.0g/t$ 的铂（钯）富矿体，还有锇、铱、钌、铑含量相对较高的富集地段及锇（钌）含量大于 $0.4g/t$ 的高含量贯入型特富铜镍矿体。总体上铂、钯与铜密切相关，锇、铱、钌、铑与镍相关性较强。矿石中90%以上的铂和85%以上的钯呈独立矿物存在。该矿床为岩浆熔离及贯入作用形成的大型铜镍型铂族矿床。此外，还有云南金宝山、北京红石湾、黑龙江五星、辽宁岔路子、青海拉水峡，河南周庵、甘肃榆树沟及河南柳树庄等超基性岩体内的铜镍型铂族矿床。

（2）基性超基性杂岩体内的铜镍型铂族矿床。铜镍型铂族矿体大多产于基性程度较高的超基性岩相内。由于分异作用，富含橄榄石的超基性岩相常位于基性程度较低的基性岩的下部或中下部，形成多个矿体和似层状矿体，故矿体赋存于岩体内基性程度较高的超基性岩相内，形成中、小型或大型铜镍型铂族矿床。矿石多为超基性岩相富矿石，矿体多呈似层状或透镜体状产出。铂族元素以铂、钯为主，锇、铱、钌、铑含量低微。铂、钯主要呈碲、砷、铋、锑化合物产出，与金属硫化物密切共生。如云南朱布铜镍型铂族矿床，它位于康滇地轴中段的永仁隆起东侧的元谋基性超基性岩带内，岩带严格受昔格达-元谋断裂带控制，岩体分异良好，具有明显的垂直分带现象，下部为橄榄岩相，上部为辉长岩相。各岩相呈渐变过渡关系，岩体属铁质基性超基性岩石，矿体呈透镜体状和似层状，矿石中铂、钯平均含量分别为 0.54×10^{-6} 和 0.33×10^{-6}。铂族矿物为砷化物、硫砷化物、铋化物和碲铋化物，铂、钯矿物与铜、镍硫化物密切共生。矿体严格受岩相控制，矿床成因属岩浆熔离及贯入作用形成的铜镍型铂族矿床。此外，还有新疆哈密黄山东、白石泉和图拉尔根、四川杨柳坪和核桃树、小金汗牛、广西大坡岭、池洞、吉林赤柏松和新安等基性超基性杂岩体内的铜镍型铂族矿床。

（3）基性岩体内的铜镍型铂族矿床。我国的基性岩体不大，一般为中、小岩体。在基性岩体内常存在一定量基性程度较高的橄榄石异离体岩相，且含矿较好。含铂族铜镍矿体呈透镜体状和似层状产于基性较高的岩相中，铂族元素与铜、镍共同赋存于相同的岩相中。铂族元素以铂、钯为主，锇、铱、钌、铑含量低微。铂族矿物为砷、碲、锑、铋化合物，包裹于铜、镍硫化矿物中或产于其边缘。成矿作用具有明显的重力分异现象。如新疆喀拉通克大型铜镍型铂族矿床，它位于阿尔泰褶皱带与准噶尔褶皱带两大构造单元接合部的南侧，矿体产于橄榄苏长岩-苏长辉长岩-闪长岩型的基性程度偏高的橄榄苏长岩相中，次为苏长辉长岩相。矿体产于岩体的中、下部，受构造破碎带控制，为岩浆晚期熔离及贯入型含铂族的铜镍硫化物矿床。在特富铜镍矿石中，铂、钯的独立矿物分别占矿石中铂、钯含量的 95.35% 和 94.91%。此外，还有云南富宁屋洞、内蒙古达茂旗黄花滩、四子王旗小南山、山东历城红洞沟、北京丰宁红石磊等基性岩体内的铜镍型铂族矿床。

　　b　铬铁矿型铂族矿床亚类

　　铬铁矿型铂族矿床亚类铂族矿床为与铬铁矿密切共生的铂族矿产资源，属非层状的镁铁质基性超基性岩石类型。含铂族的岩体形成与 Ca-Mg-Fe 岩浆系列低钙高镁岩浆有关。含矿岩体为蛇绿岩，属镁铁质-超镁铁质的基性超基性侵入岩体。岩石类型为单辉橄榄岩-辉石岩-辉长岩体，其特征为铁、钙高镁低。工业矿体产于由斜辉橄榄岩和橄榄岩异离体组成的岩相中。铬铁矿石中相对富集高熔点的锇、铱、钌、铑而贫铂、钯。铂族元素在铬铁矿中富集，取决于铂族元素含量和分异结晶作用，即受构造环境、含矿岩浆成分、熔离程度、分异和扩散作用等多因素的影响。一般为岩浆晚期结晶作用的产物，属岩浆晚期熔离矿床，由晚期岩浆残余含矿熔融体形成的矿体。如甘肃大道尔吉铬铁矿型铂族矿床，它位于祁连山中间地块西端南缘沙果河断裂的北侧的超基性岩体中，岩体呈狭长的透镜体状，沿沙果河断裂的北侧向北西-南东方向展布，属富镁质-超镁铁质超基性岩。矿体赋存于纯橄榄岩和含辉橄岩相中，矿体形状多为长条状、扁豆状、透镜体状。富铬铁矿矿石中的铂族元素平均含量为 0.306×10^{-6}，铂族元素中钌含量最高，占 57.84%，其次为锇，占总量的 26.37%，铱占 9.75%，铑占 2.36%。铂族元素矿化富集体就是铬尖石的富集体，属晚期岩浆分凝作用的铬铁矿型铂族矿床。此外，还有西藏罗布莎、东巧、宁夏小松山、陕西松树沟、河北承德高寺台、新疆扎河坝等铬铁矿型铂族矿床。

　　c　钒钛磁铁矿型铂族矿床亚类

　　含矿岩类为铁质基性岩和富铁质超基性岩。赋矿岩石为辉长岩、辉长岩-辉石岩-橄榄岩及辉绿岩。绝大多数含矿岩体分异作用良好，形成韵律式变化的层状岩体，从上向下岩体基性逐渐增大。矿体与基性程度高的暗色岩相有关，常位于岩体下部或中下部，有的暗色岩相显示韵律式变化，而矿体由多层矿层组成。岩浆分异过程中形成不同元素组合的钒钛磁铁矿体（层）。通常矿体底层富集铬、铂族元素，并可形成富铂族硫化物矿层，上部则富集钛和磷。铂族元素主要富集于金属硫化物矿层中，在金属氧化物和硅酸盐矿物层中也有产出。如四川攀西地区钒钛磁铁矿型铂族矿床。钒钛磁铁矿型铂族矿床可分为四种类型：

　　（1）含铬铂（族）钒钛磁铁矿床。矿石中铬、PGE、铜、镍、钴等含量高，在矿床底部产出一定厚度的铬、PGE、铜、镍、钴硫化物富矿层，如红格、新街矿床。新街矿床的硫化物富矿层厚度可达 5~8m，PGE 含量常为 0.30×10^{-6} ~ 0.90×10^{-6}，最高可达 10804×10^{-6}。

　　（2）一般钒钛磁铁矿床。矿石中铬、PGE、铜、镍、钴等含量比含铬铂（族）钒钛磁铁矿床低。一般不形成含铂族元素的硫化物富矿层，但 PGE 等为伴生元素，均具有综合利用价值。如攀枝花、白马、太和等矿床。

　　（3）含铂（族）钒钛磁铁矿床。在矿体底部可形成 28m 厚的贫 PGE 的钒钛磁铁矿层，Pt + Pd 含量达 0.30×10^{-6} ~ 0.60×10^{-6}，最高达 2.5×10^{-6}，矿层含铬较低。如云南

牟定安益矿床。

（4）富含钛铁矿、金红石的钒钛磁铁矿床。一般矿体下部含矿性较差，金属硫化物含量低，PGE 含量也低。在岩体上部基性岩相产有以钛铁矿为主的钒钛磁铁矿矿层。如云南德昌巴硐钒钛磁铁矿床。还有河北大庙-黑山钒钛磁铁矿床。

B　热液型铂族矿床

热液型铂族矿床包括不同地质构造环境中的沉积岩（或岩浆岩、变质岩），通过岩浆期后气液流体的热液作用或交代作用产生的富集或成矿作用而形成的含 PGE 的多金属硫化物矿床。目前我国发现的热液型铂族矿床类型有：矽卡岩型、斑岩型、热液型、石英脉型和构造蚀变岩型 5 个亚类。

a　矽卡岩型铜（铁）矿床

矽卡岩型铜（铁）矿床主要包括矽卡岩型铜（铁）矿床、矽卡岩型铜（钼）矿床和矽卡岩型铜矿床中伴生的铂族矿产资源。成矿母岩为中酸性的花岗闪长岩和石英闪长岩，较少为闪长岩，与花岗岩无关。矿体产于岩体与灰岩、泥灰岩、钙质页岩和白云质灰岩的接触处的内外接触带，具明显分带现象。PGE 主要为铂、钯，锇、铱、钌、铑，含量极微。发现的铂族矿物有含钯金银矿、碲钯矿、碲铂钯矿。PGE 主要赋存于黄铜矿中，与铜、金密切共生。如安徽铜官山地区的矽卡岩型铜（铁）矿床，湖北大冶矽卡岩型铜（钼）矿床和铜山口的矽卡岩型铜矿床。

b　斑岩型铜（钼）矿床

成矿母岩为中酸性的花岗闪长斑岩，在侵入体内及其内外接触带形成浸染状、网脉状、似层状和透镜体状的铜（钼）矿体。矿石中 PGE 含量常为 $0.10 \times 10^{-6} \sim 0.17 \times 10^{-6}$，主要为铂、钯，发现的铂族矿物有碲钯矿、碲钯铂矿、斜砷铂矿。如江西德兴、西藏玉龙、黑龙江多宝山和云南普朗的斑岩型铜（钼）矿床。

c　热液型铜矿床

热液型铜矿床为岩浆期后热液活动产生的较重要的含 PGE 的金属硫化物矿床。PGE 矿化较明显，尤其是高-中温热液。PGE 主要为铂、钯，并以铋、碲、砷化物形态产出。锇、铱、钌、铑含量极微。Pt + Pd 含量达 $0.08 \times 10^{-6} \sim 0.25 \times 10^{-6}$，最高达 0.60×10^{-6}。铂碲钯矿、黄碲钯矿、含钯碲铂矿，与金属硫化物密切共生。如河北滦平三道沟、湖北均县银铜山、云南新平大红山铜（铁）矿床、安徽枞阳井边铜矿床等。

d　石英脉型硫化物金（铜）矿床

石英脉型硫化物金（铜）矿床成矿受构造破碎带和裂隙破碎构造控制。一般为裂隙充填或交代蚀变成矿的脉状矿体，有单脉、复脉和网脉状矿体。PGE 矿化富集与金的热液成矿作用和有机质密切相关。发现的铂族矿物有自然铂、锑钯矿、碲铂钯矿、砷铂矿、钯金矿，如江西金山金矿、南京铜井金铜矿、吉林夹皮沟金矿。

e　构造蚀变岩型铜（镍）铂族矿床

如四川会理大岩子构造蚀变岩型铜（镍）铂族矿床，位于安宁河断裂会理段东侧，超基性岩体侵入震旦系灯影组白云岩中，矿体产于超基性岩体与白云岩接触的断裂破碎带的两侧，呈大脉状或多条岩脉产出。矿化带长达 400m，厚度 3.8m。接触带围岩蚀变有明显的分带现象。主要成矿元素为：Cu 2.5%、Ni 0.6%、Au 0.48×10^{-6}、Pt + Pd 平均含量为 4.80×10^{-6}。矿床属碱性拉斑玄武岩浆期后含铜、镍、PGE 及其他有用组分的硫化物组合的热液作用成矿与富集作用，于构造破碎带而形成的热液交代作用的含铂族元素的金属硫化物矿床。

C 外生型铂族矿床

外生型铂族矿床包括地质外力作用下，通过空气、风、水、冰及生物等因素，对地球表面的岩石破坏，将破坏的岩石碎屑和含矿物质全部或大部分以不同方式残留原地，或通过水、冰搬运至别的地区，在一定的地质环境沉积下来，所形成可供开采利用的有用矿物集合体，或受后来的化学作用和热液叠加作用而形成有价值的铂族矿产资源。目前，我国有综合利用和开采价值的外生型铂族矿床只有镍钼型铂族矿床（或称沉积型铂族矿床）和砂铂矿床两个亚类。

a 镍钼型铂族矿床

镍钼型铂族矿床为赋存于我国南方下寒武统牛蹄塘组黑色岩系中与镍钼共生的 PGE 矿产资源。镍、钼、PGE 在特定的沉积环境中富集成矿。在黑色页岩中的镍、钼硫化物层含有一定数量的 PGE 和其他有色金属及稀土金属。矿体多呈似层状、透镜体状、矿体厚度不大，与上下岩层呈整合接触，受沉积岩层层位控制。富矿体多呈透镜体状、扁豆体状或扁豆体群产出，常产于黑色岩系的底部。含矿围岩主要为黑色白云质页岩和黑色粉砂质岩，含大量黄铁矿和磷、钒、碳泥质等。镍钼矿石中 Re_xO_y 平均含量为 885.6×10^{-6}，V_2O_5 含量为 $0.3\% \sim 0.5\%$，PGE 主要为铂、钯，其次为锇、铱，而钌、铑低微。目前尚未发现独立的铂族矿物。黑色岩系成矿物质来源具有多源性，是多种物质来源沉积聚集的结果。矿床成因属同生沉积的多金属矿床。如湖南大庸天门山地区的镍钼型铂族矿床，矿体产于牛蹄塘组黑色岩系中的富含有机质和黄铁矿的碎屑沉积岩层。矿体呈缓倾斜的似层状产出，其次为透镜体状、扁豆状，矿体与围岩呈整合接触。镍钼矿石中 V_2O_5 含量为 0.32%，Re_xO_y 平均含量为 889.36×10^{-6}，铂和钯平均含量分别为 0.288×10^{-6} 和 0.320×10^{-6}，锇为 0.075×10^{-6}，铱为 0.043×10^{-6}。从铼、镍、钼、钒、磷、PGE 共生组合，可知其为同生沉积含铂族多金属矿床。此外，还有贵州织金、遵义、浙江桐庐金溪、云南德泽镍钼型铂族矿床。

b 砂铂矿床

砂铂矿床主要为古砾岩砂矿床、冲积砂矿床、海滨砂矿床，其次为淋滤残积砂矿床和坡积砂矿床。

我国对砂铂矿床的研究程度较低。发现的砂铂矿床含 PGE 低，规模小，工业价值小。我国现有的砂铂矿床的成因类型有：冲积型河床砂铂矿床、冲积型河漫滩砂铂矿床、冲积型阶地砂铂矿床和海滨砂铂矿床。如青海祁连县酸刺沟砂铂矿床，PGE 含量较低，含量为 $0.006 \sim 0.0031 g/m^3$，最高为 $0.32 g/m^3$，平均含量为 $0.0162 g/m^3$。铂族矿物有粗铂矿、等轴锇铱矿、铱锇矿、锇钌铱铂矿等。此外，还有内蒙古阿尔腾哈拉、阿拉坦敖包、新疆洪坑、沙巴恰普、河北罗匠沟、陕西勉县汉江一带、海南万宁乌坊等砂铂矿床。

13.7 铂族矿床的工业指标

13.7.1 国外铂族矿床的工业指标

国外独立开采的铂族矿床的工业指标为：边界品位为：Pt 0.50g/t，工业品位为5.0g/t；

砂铂矿边界品位为：0.03g/m^3，工业品位为0.50g/m^3。

根据此工业指标，南非布什维尔德杂岩体中层状科马提岩的铜镍型铂族矿床的麦伦斯基铂族矿层和UG-2铬铁矿铂族矿层、美国斯提尔沃特杂岩体中的J-M铂族矿层、俄罗斯诺里尔斯克铜镍型铂族矿床才可作为单独开采的大型原生的铂族矿床。俄罗斯乌拉尔地区的冲积砂铂矿床、哥伦比亚乔科砂铂矿床、美国阿拉斯加古德纽斯湾砂铂矿床可作为单独开采的砂铂矿床。

13.7.2 我国铂族矿床的工业指标

1986年曾制订的铂族矿床工业指标列于表13-4中。

表 13-4 1986 年曾制订的铂族矿床工业指标

矿床类型		金属种类	边界品位/g·t^{-1}	工业品位/g·t^{-1}	块段品位/g·t^{-1}	最小可采厚度/m	夹石剔除厚度/m
原生矿床	超基性岩铜镍型铂族矿床	Pt + Pd	0.3 ~ 0.5	≥0.5	1.0	1 ~ 2	≥2
		Pt	0.25 ~ 0.42	≥0.42	0.34		
		Pd	1.25 ~ 2.1	≥2.1	4.20		
	伴生铂族矿床	Pt、Pd	—	0.03			
		Os、Ir、Ru、Rh	—	0.02			
砂矿床	松散沉积铂族矿床	Pt + Pd	0.03g/m^3	≥0.1g/m^3			
		Pt	0.025g/m^3	0.085g/m^3			
		Pd	0.125g/m^3	0.42g/m^3			
	砂砾岩型铂族矿床	Pt + Pd	0.1 ~ 0.5g/m^3	1 ~ 2g/m^3		0.5 ~ 1.0	≥1
		Pt	0.085 ~ 0.42g/m^3	0.84 ~ 1g/m^3			
		Pd	0.42 ~ 2.1g/m^3	4.2 ~ 8.4g/m^3			

注：Pt + Pd 为 Pt：Pd = 4：1。

原生铂族矿床圈定的工业品位为：（Pt + Pd）不小于0.50g/t，作为伴生铂族矿床：（Pt + Pd）为0.03g/t，Os、Ir、Ru、Rh 为0.02g/t。因此，国内外确定的铂族矿床工业指标的差异较大。此标准已不适用，应参照金矿工业指标加以修改，原生矿床的最低工业品位为3 ~ 5g/t；砂铂矿最低工业品位为0.14 ~ 0.18g/m^3，应根据PGM国际市场价格和矿山生产技术经济指标制订工业要求。认为我国铂族矿床的铂、钯品位为：Pt 0.13 ~ 1.01g/t，Pd 0.12 ~ 0.9g/t，PGM 总含量为0.9 ~ 1.68g/t。与国外的工业指标相比较，仅为其1/10 ~ 1/5。

根据国内外确定的铂族矿床工业指标，我国至今未发现产于镁铁质-超镁铁质层状杂岩体内的铂族矿床，迄今尚无单独开采的原生铂族矿床，现有的铂族矿床均为非工业类型共生和伴生铂族矿产资源。但从我国已探明PGM储量的30多个矿区而言，云南金宝山贫铜镍型铂族矿床可能是继金川铜镍型铂族矿床之后的第2个较大的原生PGM生产基地。其他的铜镍型、铬铁矿型、钒钛磁铁矿型的原生铂族矿床可作为开采主金属的伴生组分进行综合回收利用。随着科学技术的发展和进步，某些PGE含量较高的矿床也有可能成为独立开采PGM的具工业价值铂族矿。因此，我国寻找铂族矿床的地质勘探和科学研究工作任重而道远，应选择重点，寻找可单独开采的岩浆型铂族矿床，同时，在选矿、冶炼过程中应采用新工艺、新技术提高主金属和 PGM 的回收率，提高 PGM 的产量，才能满足国内对 PGM 的需求，以减少依赖进口的被动局面。

13.8　铂族金属生产和消费

1993～2005 年，世界铂、钯、铑的产量分别增长 48.7%、96%、100.5%。钌、铱的产量分别增长 158.4%、138.5%。主要供应国为南非和俄罗斯，北美和其他地区的供应量逐年增加。我国铂族金属产量于 2001 年突破 1000kg，虽有增长，但仍无法满足国内需求。从 20 世纪 70 年代起，我国的铂族金属再生回收量一直超过矿产铂族金属量，成为国内铂族金属供应的重要来源。

近年，世界铂族金属应用的趋势为：

（1）大部分铂族金属仍为发达国家消费，但发展中国家的消费量迅速增加，导致发达国家消费比例呈下降趋势，2005 年比 1994 年铂、钯所占比例分别下降 18.3% 和 28.5%。1990～2005 年欧洲、日本和北美铂族金属消费占世界总量的比例列于表 13-5 中。

表 13-5　1990～2005 年欧洲、日本和北美铂族金属消费占世界总量的比例

年　份	1990	1994	1996	1998	2000	2002	2004	2005
铂	90.3	88.7	81.1	75.0	66.5	63.8	68.7	70.4
钯	91.9	92.7	91.0	92.4	88.0	79.3	71.7	64.2

（2）铂、钯、铑的最重要用途仍是汽车排气净化催化剂。1996～2005 年 10 年间，全球汽车铂族金属总用量达：Pt 770t、Pd 1120t、Rh 188t，合计 2078t。20 世纪 80 年代以来，从失效汽车排气净化器中回收的铂族金属逐年增加。从失效汽车排气净化器中回收的铂、钯、铑量列于表 13-6 中。

表 13-6　从失效汽车排气净化器中回收的铂、钯、铑量　　　　　　　　（t）

年　份	Pt	Pd	Rh
1996	10.9	4.5	1.4
2005	24.9	21.4	4.7

从表 13-6 中数据可知，回收的增幅均达 1 倍以上。

（3）铂族金属的应用范围不断扩大，新材料不断涌现，如在电子、信息、军用、新能源、环境协调、医学生物、新型功能材料等领域的铂族金属用量不断增大。这些领域铂族金属的再生回收将不断取得进展。

13.9　铂族金属的再生回收

铂族金属的再生回收工业，随铂族金属加工业共同发展。现已成为铂族金属供应的重要组成部分。铂族金属的再生回收工业大致可分为三类：

（1）专业、综合性的大型贵金属回收企业。规模较大，废料来源渠道广，技术、设备先进，各种贵金属均能回收、提纯。此类企业常为大型贵金属冶炼企业的分厂或车间，先分类进行预处理，预先富集，分别进入统一流程进行回收、提纯，产出各种贵金属产品。

（2）企业附设的专门性贵金属回收厂（车间）。大量使用和生产贵金属产品的企业，多数配置了贵金属回收、提纯分厂或车间，为本企业服务。回收对象相对稳定，主要回收本企业生产过程产生的各种废料及废旧产品。一般工艺、设备先进，技术经济指标较高，所回收的贵金属基本上在企业内部流动。

（3）专业贵金属回收、提纯厂。专门进行贵金属回收、提纯、加工，有的规模不断扩大，已成为综合性公司。一般技术力量较强，设备先进，可处理和回收多种物料，产出的产品一般通过市场销售。

国外著名的生产贵金属和贵金属材料的大公司，几乎均从事贵金属废旧材料的回收。如英国的 Johnson Matthey Corporation，美国的 Sabin Metal Corporation、Engrhard Corporation、Noranda Company 和 PGP Company，德国的 Heraeus Corporation，俄罗斯的 Supermetal Company 及日本田中公司等。国外贵金属物料的交易十分重视取样、分析，封闭式生产，进出人员须严格检查。工艺、设备先进，环保要求高，工作环境好。如英国的 Johnson Matthey Corpration、（庄信万丰）公司 1979 年 10 月投产的布林斯敦厂为当时西方处理废料中心，至今仍是世界最大废料处理厂之一。

14　铂族矿物原料选矿

14.1　我国铂族矿物原料的特点

我国的铂族矿产资源，绝大部分为 20 世纪 50 年代后期至 80 年代末期发现的岩浆岩体内的铜镍型铂族矿床，少量的为铬铁矿型铂族矿床和钒钛磁铁矿型铂族矿床，最少的为砂铂矿矿床和沉积镍钼型铂族矿床，其他成因类型的铂族矿床处于极次要地位。因此，我国的铂族矿产资源稀少，已探明的金属储量仅 300t。

我国铂族矿物原料的特点为：

（1）我国至今未发现产于镁铁质-超镁铁质层状杂岩体内的铂族矿床，迄今尚无单独开采的原生铂族矿床，现有的铂族矿床均为非工业类型共生和伴生的铂族矿产资源。

（2）我国的铂族矿产资源分布极不均匀，95% 以上分布于甘肃、云南、四川、黑龙江和河北五省，其中甘肃省占全国总储量的 57.5%。这五个省的储量又集中于甘肃金川、云南金宝山和四川杨柳坪 3 个大型共生和伴生铂族矿床。

（3）我国的铂族矿中铂族金属品位低，铂族元素以铂、钯为主，且铂大于钯。已探明的铂钯品位仅为全国储量委员会（1985 年）确定的工业要求指标的 1/5～1/3。全国铂族矿的平均品位仅 0.796g/t。国外大型铂族矿床的品位相当高，如南非布什维尔德杂岩的铂族品位为 3.1～17.1g/t，俄罗斯诺里尔斯克的品位高达 6～350g/t。因此，我国的铂族矿的品位相当低，我国铂族矿床平均的 Pt : Pd = 1.3954 : 1，铂族总储量中铂占 38.5%，钯占 19.3%，Pt + Pd（未分）占 35.4%。

（4）矿床类型多样，绝大部分储量集中于共生矿和伴生矿。按全国储量委员会（1985 年）确定的铂族金属参考工业指标，原生矿的边界品位为 0.3～0.5g/t，工业品位为 0.5g/t。根据 1990 年的资料，可将我国铂族矿床分为单一矿、共生矿和伴生矿三类。单一矿（Pt + Pd 为 0.5g/t）有 13 处，储量为 44.41t；伴生矿（Pt + Pd 为 0.5g/t）有 10 处，储量为 184.11t。共生矿与伴生矿的储量占 73%，共生矿与伴生矿的储量大部分集中于硫化铜镍型铂族矿床中。因此，铂族矿物原料选矿其实为硫化铜镍矿的浮选。

14.2　我国的硫化铜镍矿

14.2.1　镍矿产资源

镍矿床有硫化铜镍矿、红土矿和风化壳硅酸镍矿床三种类型。其中红土矿和硅酸镍矿床的储量约占目前世界镍储量的 75%。但目前从硫化铜镍矿中提取的镍，约占目前镍总产量的 75%。尽管从氧化矿中提取镍愈来愈迫切，但在可预见的若干年内，硫化铜镍矿仍是镍的主要矿物原料。由于硫化铜镍矿石可采用物理选矿方法（浮选法）进行富集，而氧化镍矿只能采用化学选矿的方法进行富集，其生产成本要高得多。

未来镍的重要矿产资源为海底锰结核（锰矿瘤），在太平洋、大西洋和印度洋的海底，广泛分布有锰结核，其储量极大。锰结核除富含锰、铁外，还含有镍、钴、铜等有用组分。仅太平洋海底的锰结核中所含的镍约 164 亿吨，而陆地上目前发现的镍储量仅 1 亿吨。因此，开发海底资源，加强利用锰结核的综合利用的试验研究工作尤为重要。海底锰结核（锰矿瘤）和陆地镍储量列于表 14-1 中。

表 14-1　海底锰结核（锰矿瘤）和陆地镍储量

元　素	海底锰结核中的金属含量（质量分数）/%			锰结核中的金属储量/亿吨	陆地的金属储量/亿吨
	最高	最低	平均		
Mn	77.0	8.2	24.2	2000	20
Ni	2.0	0.16	0.99	164	1
Cu	2.3	0.028	0.53	88	>2
Co	1.6	0.014	0.35	58	0.04 ~ 0.05

我国硫化铜镍矿资源较丰富，西北金川镍矿是目前世界三大硫化铜镍矿床之一。吉林、四川、青海、新疆、陕西等省区均有较丰富的铜镍矿资源。

硫化铜镍矿石中，除含铜、镍外，还伴生有金、银、铂、钯、锇、铱、铑、钌、钴、铬等。在氧化镍矿石中，除含镍外，目前只回收少量的钴、铁，其他组分无工业回收利用价值。

14.2.2　镍的地球化学特征

元素的成矿取决于元素的化学性质和物理性质，主要与元素原子的核外电子层结构有关。铁、钴、镍、锇、铱、铂、钌、铑、钯等过渡元素的原子的核外电子层结构为：d 亚层未被电子充满，次外层电子数为 8 ~ 18，它们的最外层电子数相同或相近。因此，这些元素的原子（或离子）半径相近，价数相同或相近。铁、钴、镍、镁等元素的特征列于表14-2 中。

表 14-2　铁、钴、镍、镁等元素的特征

元　素	Fe	Co	Ni	Mg
离子半径/$\times 10^{-10}$	0.71	0.65	0.77	0.66
氧化价数	2	2	2	2
	3	3	3	—
配位数	4	4	5	4
	6	5	6	5、6

这些元素均为亲铁元素，主要集中于地球深部的“铁镍核”中。根据这些元素的原子结构、结晶化学特征及它们在自然界的分布与组合情况，又将这些元素称为超基性岩元素。它们在地壳中的结晶化学关系非常密切，广泛呈类质同象彼此置换，存在于分布最广的铁镁硅酸盐矿物中，如橄榄石、辉石、角闪石及碳酸盐矿物中。镁、铁常呈二价类质同象等价置换，少量的镍、钴也进入该硅酸盐中。由于铁、钴、镍的离子半径极为相近（相差仅 1% ~ 2%），因此，它们的结晶化学关系极其密切，使它们呈混合晶体广泛分布于铁镁硅酸盐矿物中。

镍的分布趋向集中于最早期结晶的铁镁矿物中，如辉长质或玄武质岩浆分异的早期结晶产物。纯橄榄岩和橄榄岩中的镍含量最高。岩浆的正常分异次序为辉长岩→闪长岩→花岗岩，镍的含量随此次序而逐渐下降。

镍与硫的亲和力比镍与铁的亲和力大，在硫化矿床中镍异常富集。但镍很少生成单独的镍硫化矿物，一般是与铁、硫形成镍黄铁矿（Fe、Ni）$_9S_8$ 和硫铁镍矿（Ni、Fe）S_2。在镍黄铁矿中 $m(Ni) : m(Fe) = 1 : 1$，而在硫铁镍矿中镍铁的比例是变化的。

在岩浆成因且与橄榄岩有关的镍矿床中，镍不仅存在于与纯橄榄岩和橄榄岩有关的硫化矿物中，而且在这些岩石的硅酸盐矿物中也含有相当数量的镍。镍可存在于岩浆岩的铁镁矿物中，尤其是存在于橄榄石中，但镍也是辉石的次要组分。

在热液矿床中，可产出多种含镍的硫化矿物，如辉砷镍矿（Ni、As、S）、锑硫镍矿（Ni、Sb、S）、红砷镍矿（Ni、As）等，伴生矿物有方钴矿（Co、Ni）$_4As_3$ 和红锑矿（Sb_2S_2O）。

在镍矿床中通常含有铂、钯等铂族元素，有些富铂矿体可作单独的铂矿进行开采。铂族金属一般呈自然金属、金属互化物、砷化物、硫化物、锑化物、碲铋化物、碲化物、硫砷化物产出。且主要与黄铜矿等金属硫化物密切共生或包裹其中，或产于金属硫化物的裂隙中，表现多期结晶作用。如金川铜镍型铂族矿床产于华北地台阿拉善台块西南边缘的龙首山隆起的超基性岩体内，全矿区有 60 多个铂（钯）含量大于 1.0g/t 的铂（钯）富矿体，还有锇、铱、钌、铑含量相对较高的富集地段及锇（钌）含量大于 0.4g/t 的高含量贯入型特富铜镍矿体。总体上铂、钯与铜密切相关，锇、铱、钌、铑与镍相关性较强。矿石中 90% 以上的铂和 85% 以上的钯呈独立矿物存在。但也有不含铂族元素的镍矿床。

在矿石中镍除呈某些单独的镍矿物存在外，还可呈类质同象混入、晶格杂质混入、显微包裹体及胶体吸附等形态赋存于某些矿物中。

14.2.3　硫化镍矿床的成因和矿物共生组合

14.2.3.1　硫化镍矿床的成因、矿石类型及矿物共生组合

A　硫化镍矿床的成因

地球核心为镍和铁组成的熔融岩浆，在核心和地壳之间主要为含镍、铜、铂族元素或铬、钒、钛的铁镁硅酸盐。当含铜镍硫化物的岩浆浸入至地壳中时，随温度的降低而逐渐冷凝。铁镁硅酸盐中，最先结晶析出橄榄石，随后为辉石，从而形成橄榄石和辉石呈不同比例的橄榄岩相。由于铜镍硫化物的结晶温度低于铁镁硅酸盐的结晶温度，加之其密度最大，故铜镍硫化物向深部沉积和富集。沉向深部而未完全凝固的金属硫化物，因受压而可能沿着裂隙或与下部未凝固的橄榄石一起，再次贯入地壳浅部。当温度较高的含矿岩浆浸入时，其中的挥发性气体或含矿热液可能与周围岩石发生化学反应，使围岩成分发生变化，产生金属元素的富集。

世界最著名的硫化铜镍矿床的形成均与基性或超基性岩有关。即使是含镍红土矿及硅镁镍矿等氧化镍矿床也均为基性或超基性岩在一定条件下经长期风化所生成。

基性和超基性岩系指富铁、镁，贫硅、铝，少钾、钠的岩石。它主要是由橄榄岩类（镁铁硅酸盐）、辉石类（镁铁钙硅酸盐）和斜长石类（钾钠铝硅酸盐）所组成的岩浆岩。基性岩中的二氧化硅含量低于 52%，超基性岩中的二氧化硅含量为 40% 左右。

B　矿石类型

世界各地的硫化铜镍矿床的矿石，其类型大致可分为：

（1）基性-超基性母岩中的浸染状矿石。稠密状浸染状矿石以海绵晶铁状矿石最为典型，孤立的硅酸盐脉石矿物，被互相连接的硫化矿物所包围。稀疏浸染状矿石，硫化矿物散布于脉石矿物中。

（2）角砾状矿石。在硫化矿物中包裹有岩状的破碎角砾。

（3）致密块状矿石。几乎全由金属硫化矿物所组成。致密块状矿石与角砾状矿石关系密切，实际为角砾很少的角砾状矿石。

（4）细脉浸染状矿石。由金属硫化矿物细脉、透镜体和条带所组成。

（5）接触交代矿石。在高温气化作用下，围岩（如钙镁碳酸盐）发生化学组分变化，除形成浸染状、细脉状矿化外，还产生如硅灰石、透闪石、石榴子石等接触交代矿物。

不同地区产出的各类型矿石中，由于地质环境的差异，在不同的矿床中各类矿石所占的比例及规模不相同。

硫化铜镍矿石中，除硫化铜和硫化镍矿物外，还伴生种类繁多的其他矿物，如自然金属、金属互化物、多种金属硫化物、砷化物、硒化物、碲化物、铋和铋碲化物、锡化物、锑化物、氧化物等。虽然各个矿床中的有用矿物种类和数量不同，但在所有硫化铜镍矿床中，不论何种矿石类型，其基本的金属矿物组合却十分相近，常为磁黄铁矿（或黄铁矿、白铁矿）-镍黄铁矿（或紫硫镍矿）-黄铜矿及方黄铜矿-磁铁矿（或 δ-磁赤铁矿）。由于多数硫化铜镍矿床的生成与基性及超基性岩有关，各地的硫化铜镍矿床中的脉石矿物组合也十分相似。

14.2.3.2 围岩蚀变及脉石矿物的共生组合

成矿热液在转移过程中，将与围岩产生蚀变交代作用。对于岩浆成因的硅酸盐而言，热液的作用可认为是一种氧化作用。如产生蛇纹石化时，水对镁硅酸盐中的低价铁的氧化作用。此种氧化作用伴随硅酸盐的水解，不仅存在于高温热液作用阶段，而且一直持续至低温阶段的风化作用阶段。

蚀变矿物的共生组合规律为：

$$2(Mg,Fe)_2SiO_4 + 2H_2O + CO_2 \longrightarrow (Mg,Fe)_3[Si_2O_5](OH)_4 + (Mg,Fe)CO_3$$

（橄榄石）　　　　　　　　　　　（蛇纹石）　　　　　　（菱镁矿）

随二氧化碳浓度的提高，则转化为滑石-菱镁矿组合：

$$4(Mg,Fe)_2SiO_4 + H_2O + 5CO_2 \longrightarrow (Mg,Fe)[Si_4O_{10}](OH)_2 + 5(Mg,Fe)CO_3$$

（橄榄石）　　　　　　　　　　（滑石）　　　　　（菱镁矿）

若仅存在水的交代作用时，橄榄石则转化为蛇纹石-氢氧镁石组合：

$$(Mg,Fe)_2SiO_4 + 6H_2O \longrightarrow Mg[Si_4O_{10}](OH)_8 + 2(Mg,Fe)(OH)_2$$

（橄榄石）　　　　　　　（蛇纹石）　　　　（氢氧镁石）

辉石则发生滑石化：

$$4MgSiO_3 + 2H_2O \longrightarrow Mg[Si_4O_{10}](OH)_2 + Mg(OH)_2$$

（辉石）　　　　　　（滑石）

因此，火成岩的无水镁铁硅酸盐在热液作用下，形成了蛇纹石和滑石；橄榄石最终形成蛇纹石和相关含水硅酸盐；辉石则转变为滑石；含铝铁镁硅酸盐则转变为绿泥石属的矿物。此为早期蚀变的结果。

在低温风化作用下，也发生与上述类似的转变。所以，以橄榄石及辉石为基质的超基性岩，在热液及低温风化作用下，总存在橄榄石-蛇纹石-辉石-滑石-绿泥石-菱镁矿的共生矿物组合。

蚀变过程中，有氧时，橄榄石、辉石蚀变为蛇纹石时会析出云雾状的磁铁矿，并嵌布于蛇纹石中。因此，硫化铜镍矿石中的脉石易泥化，具一定磁性和天然可浮性好等特点。

14.2.3.3 硫化铜镍矿物的浅成蚀变及矿物的共生组合

A 硫化铜镍矿物的浅成蚀变

可将理想的硫化铜镍矿体的蚀变剖面分为过渡带、浅成带和氧化带。地下水和风化作用是导致硫化铜镍矿体的化学组成和矿物组成发生变化的根本原因。对块状磁黄铁矿-镍黄铁矿石的浅成蚀变过程可采用电化学模型进行解释。在此模型中认为空气中的氧通过通道进入块状硫化矿体的隐蔽露头所形成的氧化电位差，在潜水层的块状硫化矿体中形成阳极区和阴极区，在阴极区氧被还原，俘获电子；在阳极区硫化矿物被氧化，释放出金属离子（Ni^{2+}、Fe^{2+}）及电子。此过程中的主要反应如图14-1所示。

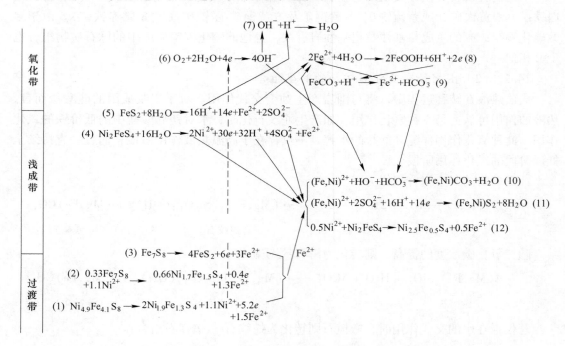

图 14-1 硫化铜镍矿床中的硫化铜镍矿物可能发生浅成蚀变过程的主要化学反应

（虚线箭头为一系列阳极反应所释放的电子运动路径；实线箭头为各组分反应的路径）

硫化矿物发生浅成蚀变的同时，其围岩也发生蚀变。在空气中的氧、地下水及硫化矿体浅成蚀变产物的综合作用下，脉石矿物发生了滑石化、绿泥石化及硅化，并析出大量的水溶性盐类。在选矿过程中，它们可溶于矿浆中而提高矿浆中的离子浓度。

B 硫化矿物的共生组合

由于地质条件不同，同一硫化铜镍矿体，在不同的空间部位发生不同程度的浅成蚀变。在某些硫化铜镍矿体中，原生硫化矿物与次生矿物交错共生，使矿物组成变得相当复杂。这些因素均给硫化铜镍矿物的浮选增加了难度。

原生硫化矿物的共生组合为：磁黄铁矿-镍黄铁矿-黄铜矿。

浅成蚀变后的硫化矿物的共生组合为：次生黄铁矿、白铁矿-紫硫镍矿、针镍矿-黄铜矿。

硫化铜镍矿床中，尚含某些过渡成分的矿物，如铜镍铁矿、四方硫铁矿（马基诺矿）等。

原生硫化铜镍矿物的共同特点为：矿物晶格组分稳定，天然可浮性良好。次生硫化铜镍矿物的晶格组分不稳定，矿物解理发达，易被氧化，易过粉碎等，如紫硫镍矿、白铁矿等，故次生硫化铜镍矿物的天然可浮性较差。

14.2.3.4　主要硫化镍矿物及其伴生矿物的矿物学特征

目前已发现有 20 多种镍矿物，加上类质同象混合等形成的镍矿物则更多，但常见的镍矿物不多。在所见的镍矿物中，由于常发生离子置换，镍矿物的实际化学组分常与矿物的分子式不相符。常见的镍矿物为：

（1）镍黄铁矿（Ni、Fe）$_9$S$_8$。为最常见的硫化镍矿物，目前世界上 75% 以上的镍产自镍黄铁矿。镍黄铁矿呈青铜黄色，沿矿物的光滑表面的解理裂隙相当发育。自然界很少可见大的晶体或纯的块状矿物。与大量的磁黄铁矿共生，其化学成分波动，$m(\text{Ni})$：$m(\text{Fe})$ 比例接近 1，其理论化学成分为：Fe 32.55%、Ni 34.22%、S 33.23%。常含类质同象形态的钴（含量为 0.4% ~ 3%），有时还含硒、碲等。密度为 4.5 ~ 5g/cm^3，莫氏硬度为 3 ~ 4，性脆，无磁性，为电、热良导体。镍黄铁矿属等轴晶系，其晶格结构为硫离子呈立方紧密堆积，铁和镍离子可互相置换。其化学分子式中的 9 个阳离子中有 8 个充填于半数四面体空隙，而第 9 个阳离子则位于八面体的空隙中。通常镍黄铁矿具有发育良好的八面体解理，在解理中常为紫硫镍矿所充填。有时镍黄铁矿呈微粒状或透镜状包裹于黄铁矿中，有时可呈固熔体分离的乳浊状。

镍黄铁矿常与磁黄铁矿、黄铜矿共生，产于基性岩（辉长岩、紫苏辉长岩）或超基性岩（橄榄岩）中，为一组具有典型特性的共生组合矿物，有时还含有磁铁矿和铂族矿物。这一共生组合矿物中，镍黄铁矿最不稳定。在浅成条件下，紫硫镍矿沿其解理发育，最终紫硫镍矿将完全取代镍黄铁矿。

（2）紫硫镍矿（Ni，Fe）$_3$S$_4$。理论分子式为 Ni$_2$FeS$_4$，其中含 Ni 38.94%、Fe 18.52%、S 42.54%。紫硫镍矿由镍黄铁矿或磁黄铁矿蚀变而得，其化学成分波动较大。有些弱蚀变矿石的镍矿石中的紫硫镍矿含镍 28% ~ 36%，强蚀变矿石含镍 16% ~ 25%，即强蚀变矿石中的紫硫镍矿含镍较低，含铁较高，含硫低。紫硫镍矿的八面体解理十分发育。在解理中，除广泛穿插磁铁矿外，还有碳酸盐矿物、透闪石、金云母等。紫硫镍矿氧化时产生龟裂收缩，使矿物疏松易碎。紫硫镍矿极易被氧化，氧化后，其表层比内层的铁含量高、硫含量低。其表面氧化层的厚度随氧化程度而异，一般为 0.2 ~ 1μm。氧化层由碧矾晶体、氢氧化铁和氢氧化镍混合物组成。

紫硫镍矿为有限氧化环境下稳定的中间产物，易被氧化淋失，不易生成具工业价值的矿床。但在我国西北地区，由于气候干旱，氧化速度慢，才得以保存而生成世界罕见的大型以紫硫镍矿为主的硫化铜镍矿床。

　　此外，紫硫镍矿受其解理中密集穿插的小于 $1 \sim 30 \mu m$ 宽的磁铁矿细脉的影响，其比磁化系数为 $13300 \times 10^{-6} cm^3/g$，具磁性。当磁铁矿含量低或不含磁铁矿时，显弱磁性。也常见黄铜矿等细脉穿插。

　　（3）铜镍铁矿。为镍黄铁矿与黄铜矿的复合相，为超基性岩浆的高温熔体在快速冷却中，部分铜镍硫化物固熔体分离成为显微晶粒的两种矿物集合体。其硫、铁含量稳定（一般含硫 $32\% \sim 33.3\%$，铁 $29.3\% \sim 31.4\%$），铜镍含量变化较大（一般含 Cu $8.0\% \sim 22.7\%$，Ni $17.0\% \sim 28.1\%$）。但铜镍总含量比较稳定，矿物的颜色随铜镍含量的变化而变化。性脆，中等硬度，具磁性。常与镍黄铁矿、磁铁矿、黄铜矿、蛇纹石等共生。其天然可浮性差。

　　（4）针镍矿 NiS。含镍 64.67%，含硫 35.33%，混入有 $1\% \sim 2\%$ 的 Fe，小于 0.5% 的 Co 及小于 1% 的 Cu。密度为 $5.2 \sim 5.6 g/cm^3$，硬度为 $3 \sim 4$。性脆，良导电性，属三方晶系。为紫硫镍矿等镍矿物次生变化的产物。

　　（5）四方硫铁矿（马基诺矿）。由镍黄铁矿和黄铜矿转变而生成，为国内某些镍矿石中的重要含镍矿物，其化学成分列于表 14-3 中。

表 14-3　四方硫铁矿（马基诺矿）化学成分（质量分数）

产　状	元素含量/%				
	Fe	S	Ni	Co	Cu
交代镍黄铁矿	56.7	32.8	5.9	0.6	4.1
交代黄铜矿	55.9	35.25	8.26	0.42	0.09

　　（6）磁黄铁矿 $Fe_{n-11}S_n$。非镍矿物，镍不是其晶格中的基本成分，但有些磁黄铁矿含镍。几乎所有的硫化镍矿石中均含有磁黄铁矿，而且其含量很高，并与镍黄铁矿、黄铜矿等紧密共生。磁黄铁矿由几乎相等的硫原子和铁原子组成，但铁原子数总比硫原子数少些，铁、硫原子数的比值因产地而异，通常介于 FeS 与 Fe_7S_8 之间。镍和钴常呈类质同象的形态置换晶格中的少量铁。

　　磁黄铁矿有单斜晶系和六方晶系两种晶形，前者镍含量最高可达 1%，具强磁性，可采用磁选法进行富集；后者含镍为千分之几，无磁性。此外，可见铜、铅、银等呈类质同象置换铁。磁黄铁矿的密度为 $4.6 \sim 4.7 g/cm^3$，具导电性。

　　磁黄铁矿参与硫化镍矿体的浅成蚀变过程，在其解理中，有紫硫镍矿发育，某些镍黄铁矿在磁黄铁矿中呈火焰状嵌布。由于这些镍矿物呈微细粒浸染嵌布，物理选矿过程中无法分离。因此，选矿过程中获得的磁黄铁矿精矿中的镍含量常大于 1%。

　　（7）次生黄铁矿、白铁矿 FeS_2。为硫化铁矿物，参与硫化镍矿体的浅成蚀变过程，故富含镍。在空气中极易被氧化，天然可浮性差。

　　（8）黄铜矿 $CuFeS_2$。与镍黄铁矿共生，为硫化镍矿石中的主要含铜矿物。

　　（9）墨铜矿（$CuFeS_2$）$\cdot n[MgFe(OH)_2]$。墨铜矿与黄铜矿关系密切，其结构较特殊，分为铜铁硫化物层 $(Cu,Fe)S_2$ 和水镁石层 $Mg(OH)_2$，两者呈薄膜状有规律相互交替排列。其分子式中的 n 为系数，其值常为 $1.3 \sim 1.5$。水镁石质软，破碎时易沿其层面裂开。墨铜矿常被水镁石层覆盖，因其具有亲水性而使墨铜矿失去可浮性。西北金川镍矿二矿区的富矿中，墨铜矿的含量较高，约占总铜量的 20%。试验表明，墨铜矿在酸性介质中的可浮性良好，这与水镁石层被酸溶解而露出铜铁硫化物层密切相关。

（10）方黄铜矿 $CuFe_2S_3$。在硫化镍矿石中普遍存在此矿物，但含量很少。

除上述矿物外，在大多数硫化镍矿床中还含有少量的银、金及铂族金属矿物。如银金矿 $AuAg$，碲化银-碲银矿 Ag_2Te、自然铂、砷铂矿 $PtAs_2$、硫铂矿 PtS、硫钯铂矿（Pt、Pd、Ni）S 等。

14.2.4 硫化铜镍矿物的可浮性

14.2.4.1 硫化镍矿物的表面特性与液相 pH 值的关系

新鲜的镍黄铁矿、针镍矿和紫硫镍矿的表面特性与液相 pH 值密切相关，在适宜的氧化还原电位条件下，针镍矿和紫硫镍矿表面的氧化产物为 $Ni(OH)_2$，而镍黄铁矿表面的氧化产物为 $Fe(OH)_3$ 与 $Ni(OH)_2$ 的混合物。在氧化不充分时，镍黄铁矿表面还可生成镍、铁的碳酸盐或碳酸盐与其氢氧化物的混合物。在碳酸钠介质中，氢氧化物将代替相应的碳酸盐。因此，在溶液中，新鲜的硫化镍矿物表面将被一层氧化物薄膜所覆盖，此薄膜由表面氧化物和多孔的氧化最终产物层所组成。

25℃常压下，溶液 pH 值及氧化还原电位对镍黄铁矿表面状态的影响如图 14-2 所示。

从图 14-2 中曲线可知，在高 pH 值和氧化还原电位为负值时，镍黄铁矿表面生成 $Fe(OH)_3$ 和 $Ni(OH)_2$，甚至生成 $FeCO_3$。提高氧化还原电位时，镍黄铁矿表面仅生成 $Fe(OH)_3$ 和 $Ni(OH)_2$。若 pH 值小于 7 时，随氧化还原电位的提高，镍黄铁矿表面产物的变化顺序为：$S^0 \rightarrow [Fe(OH)_3、Ni(OH)_2] \rightarrow [Fe^{2+}、Ni^{2+}、Fe(OH)_3、Ni(OH)_2]$。即出现镍及铁的转移。

25℃常压下，溶液 pH 值及氧化还原电位对紫硫镍矿表面状态的影响如图 14-3 所示。

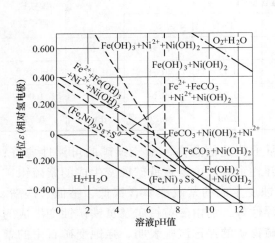

图 14-2　25℃常压下，溶液 pH 值及氧化还原
电位对镍黄铁矿表面状态的影响-
（Fe,Ni）$_9S_8$-H_2O 系 ε-pH 图
（溶液中 CO_2 的溶解总量为 10^{-5}mol/L）

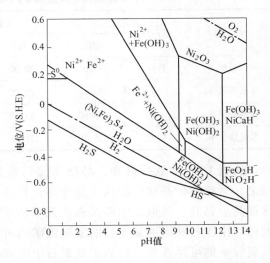

图 14-3　25℃常压下，溶液 pH 值及氧化还原
电位对紫硫镍矿表面状态的影响-
（Ni、Fe）$_3S_4$-H_2O 系的 ε-pH 图
（常压、25℃、溶液中 $[Fe^{2+}]$、$[Ni^{2+}]$ 及 $[SO_4^{2-}]$
均为 10^{-6}mol/L，$[H_2S]$ 及 $[HS^-]$ 为 10^{-1}mol/L）

从图 14-3 中曲线可知，25℃常压下，提高溶液的 pH 值可降低紫硫镍矿表面氧化的氧化还原电位，使矿物表面氧化过程较易进行。若 pH 值小于 9.2 时，紫硫镍矿表面的氧化产物为 $NiSO_4$ 和 $FeSO_4$；若 pH 值大于 9.2 时，其表面氧化产物为 $Fe(OH)_3$ 和 $Ni(OH)_2$ 或 $FeOOH^-$ 与 $NiOOH^-$ 的混合物。

试验表明，不仅在矿浆搅拌过程中会产生镍黄铁矿和紫硫镍矿的表面氧化过程，甚至矿物与气泡接触时间较长时，也会发生此氧化过程。

14.2.4.2　镍黄铁矿的可浮性

镍黄铁矿为最重要和最普通的硫化镍矿物，世界上 75% 的镍产自镍黄铁矿。镍黄铁矿的理论化学成分为 Fe 32.55%，Ni 34.22% 和 S 33.23%，镍铁比接近 1.0，常含类质同象的钴（含量为 0.4% ~ 3%）等。镍黄铁矿的天然可浮性接近于黄铁矿的天然可浮性，由于镍黄铁矿的含铁量比黄铁矿低些。因此，镍黄铁矿的天然可浮性比黄铁矿的天然可浮性好些。镍黄铁矿是最不稳定的硫化镍矿物，与黄铁矿相似，表面易被氧化，生成相应的氧化膜和可溶盐。在氧化带和浅成蚀变过程中，镍黄铁矿将转变为紫硫镍矿、针镍矿等。在浮选过程中，其氧化速度随矿浆 pH 值的提高而增大，故在高碱介质中可抑制镍黄铁矿的浮选。在酸性或弱碱介质中，可溶去镍黄铁矿表面的氧化膜，露出新鲜的含镍、硫的矿物表面。因此，低碱介质浮选和低酸介质浮选可提高镍黄铁矿的天然可浮性。

14.2.4.3　紫硫镍矿的可浮性

紫硫镍矿的可浮性较复杂，既与其矿物组成有关，也与其表面特性有关。我国西北金川镍矿富矿中的紫硫镍矿的可浮性与晶格成分的关系列于表 14-4 中。

表 14-4　紫硫镍矿的可浮性与晶格成分的关系

矿　物	可浮性	元素含量/%				镍铁比	镍铁比（原子数）
		Ni	Fe	Co	S		
紫硫镍矿 K_1	良好	35.00	20.90	0.79	43.20	1.67	1.59
紫硫镍矿 K_2	好	30.64	27.80	0.72	40.38	1.10	1.45
紫硫镍矿 K_3	一般	30.60	29.10	0.72	39.64	1.05	1.00
紫硫镍矿 K_4	较差	26.30	31.91	0.60	40.30	0.82	0.77

从表 14-4 中数据可知，晶格中镍与铁原子数比值愈高，紫硫镍矿的可浮性愈好；反之，紫硫镍矿晶格中的铁含量愈高，其可浮性愈差。由镍黄铁矿蚀变生成的紫硫镍矿含镍高、钴高、铁低，由磁黄铁矿及黄铁矿蚀变生成的紫硫镍矿含镍低、钴低、铁高。因此，由镍黄铁矿蚀变生成的紫硫镍矿的可浮性好，而由磁黄铁矿及黄铁矿蚀变生成的紫硫镍矿的可浮性差。对该矿贫矿石中的紫硫镍矿的浮选试验表明，强蚀变矿石中的紫硫镍矿比弱蚀变矿石中的紫硫镍矿具有明显的铁高、镍低和硫低的特点，强蚀变矿石中的紫硫镍矿的浮选回收率仅 40% 左右，弱蚀变矿石中的紫硫镍矿的浮选回收率可达 60% ~ 70%。

紫硫镍矿的可浮性与其表面特性密切相关，紫硫镍矿的表层及内部晶格元素成分和含量列于表 14-5 中。

表 14-5 紫硫镍矿的表层及内部晶格元素含量

项 目			元素含量（质量分数）/%					
			Fe	Co	Ni	Cu	O	S
紫硫镍矿表面氧化膜	1	质 量	46.24	0.88	11.96	1.90	23.13	15.80
		原子数	27.30	0.50	6.70	1.10	47.80	16.40
	2	质 量	42.03	0.91	11.35	1.99	23.57	20.15
		原子数	24.20	0.50	6.20	1.00	47.50	20.30
紫硫镍矿晶格	强蚀变	质 量	48.20	0.95	22.61	2.06	5.91	20.27
		原子数	27.50	0.70	16.70	1.46	16.10	27.30
	弱蚀变	质 量	—	—	—	—	—	—
		原子数	20~26	0.50	28~36	—	—	40~43

从表 14-5 中的数据可知，紫硫镍矿表层的成分较复杂，尤其是存在相当数量的氧。与内层比较，表层具有铁高、镍低和硫低的特点。表层存在氢氧化铁、氢氧化镍及在解理中存在磁铁矿及脉石矿物的穿插，更增强了紫硫镍矿的天然亲水性。

为了提高紫硫镍矿物的可浮性，曾采用"磁选-酸洗-浮选"的联合流程进行试验，利用紫硫镍矿具有磁性进行磁选和酸洗溶去其表面的氧化膜，以露出新鲜的含镍、硫高和铁低的较为疏水的表面，然后采用浮选法回收镍矿物。试验表明，经酸洗后，可明显提高含镍矿物的可浮性，故采用低酸介质浮选新工艺可提高镍的浮选回收率。

14.2.4.4 铜镍铁矿的可浮性

铜镍铁矿为镍黄铁矿与黄铜矿的复合相，其化学成分为 S 32%~33.3%、Fe 29.3%~31.4%、Cu 8%~22.7%、Ni 17%~28.1%，其硫、铁含量较稳定，铜、镍含量变化大，但比较稳定。常与镍黄铁矿、磁铁矿、黄铜矿、蛇纹石等共生。其天然可浮性差。具磁性，性脆。

14.2.4.5 磁黄铁矿的可浮性

磁黄铁矿为非镍矿物，但有些磁黄铁矿含镍，而且几乎所有的硫化镍矿石中均含有磁黄铁矿，且含量较高。常与镍黄铁矿、黄铜矿等紧密共生，镍、钴常以类质同象形态置换晶格中的少量铁。单斜系晶形的磁黄铁矿具有强磁性，可采用磁选法进行富集。六方晶系的磁黄铁矿无磁性，无法进行磁选富集。磁黄铁矿的天然可浮性比黄铁矿差，浮选时常用硫酸铜作磁黄铁矿的活化剂，用黄药类药剂作浮选磁黄铁矿的捕收剂。

在硫化镍矿体的浅成蚀变过程中，磁黄铁矿的解理中常有紫硫镍矿发育，某些镍黄铁矿在磁黄铁矿中呈火焰状嵌布，这些镍矿物均呈微细粒浸染嵌布。硫化镍选矿实践中所得的磁黄铁矿精矿中的镍含量常大于 1%，采用物理选矿法不可能分离其中的镍，只能采用化学选矿法将磁黄铁矿分解后，才可采用相应的方法回收磁黄铁矿精矿中的镍。

14.2.4.6 硫化铜镍矿中有用矿物的相对可浮性

硫化铜镍矿中的有用矿物常为黄铜矿、镍黄铁矿、紫硫镍矿、黄铁矿和磁黄铁矿等，其天然可浮性递降的顺序为：黄铜矿→镍黄铁矿→黄铁矿→紫硫镍矿→磁黄铁矿→墨铜矿。这些矿物浮选过程中的可浮性与矿浆介质 pH 值、矿浆中捕收剂类型和浓度、磨矿细度、活化剂用量等密切相关。矿浆 pH 值为酸性和自然 pH 值时，这些矿物具有最好的可浮性；随捕收剂用量的增大，其可浮性提高，适宜浮选的 pH 值范围扩大，由酸性介质扩展至弱碱介质；当矿浆 pH 值高至强碱介质时，它们均被抑制；随磨矿细度的增大，单体解离度增大，不可浮的过粗粒含量降低，适于浮选的粒级含量的增加，可提高有用矿物的可浮性。

由于单斜系磁黄铁矿具有强磁性，常采用"浮选—磁选联合流程"。采用浮选方法回收黄铜矿和镍黄铁矿，采用弱磁场磁选法从浮选尾矿中回收单斜磁黄铁矿，产出黄铜矿和镍黄铁矿的混合精矿和含镍磁黄铁矿精矿。对含非磁性的六方晶系的磁黄铁矿时，可采用添加石灰、碳酸钠等调整剂实现黄铜矿、镍黄铁矿与磁黄铁矿的浮选分离。

黄铜矿、紫硫镍矿、黄铁矿及白铁矿的矿物组合中，仅黄铜矿为原生矿物，具有好的天然可浮性。而紫硫镍矿、黄铁矿及白铁矿均为蚀变的次生矿物，与其共生的脉石矿物为蛇纹石、绿泥石、滑石和碳酸盐等蚀变矿物，上述硫化矿物的可浮性与脉石矿泥和水溶盐的有害影响密切相关。由于紫硫镍矿具有较强的磁性及其可浮性易受矿泥和水溶盐的干扰，可采用磁选法从浮选尾矿中富集紫硫镍矿。由于蛇纹石中含有云雾状的磁铁矿，有部分进入磁选精矿。因此，磁选精矿须进行再磨再浮选。

由于硫化矿物紧密共生及磁铁矿与黄铜矿相互穿插和含方黄铜矿等原因，磁选精矿会富集硫化铜矿物。因此，处理浅成蚀变带的硫化镍矿石时，磁选法可使铜和镍进行初步富集；处理以镍黄铁矿为主要镍矿物的原生带矿石时，磁选法则为回收磁黄铁矿的重要方法。

镍黄铁矿、紫硫镍矿、含镍磁黄铁矿、次生黄铁矿和白铁矿等皆易被氧化，其表面层的镍铁和硫铁原子比值的变化取决于其氧化程度。硫化矿物表面的强烈氧化将降低硫化矿物的可浮性，氧化生成的矿泥可在硫化矿物表面形成泥膜，水溶盐也将降低浮选的选择性和增加药剂耗量。浮选时，黄铜矿及大部分镍黄铁矿及紫硫镍矿的浮选速度高，可迅速浮出。磁黄铁矿和铁镍比值高的紫硫镍矿的浮选速度较缓慢，需较长的浮选时间，有时还须添加活化剂。因此，采用高细度、低酸介质调浆和与矿石性质相匹配的药方，可大幅度提高黄铜矿、镍黄铁矿、紫硫镍矿、黄铁矿、磁黄铁矿和墨铜矿在浮选过程中的可浮性，提高混合浮选精矿中镍、铜的回收率和混合精矿中的镍、铜含量。

14.3 选矿产品及其分离方法

14.3.1 选矿产品

依入选矿石中硫化矿物的可浮性，铜、镍、铁硫化矿物的比例及其嵌布特性和贵金属与铜、镍、铁硫化矿物的共生关系等因素，入选原矿处理后的产品结构可能为：

（1）铜镍混合精矿（黄铁矿和磁黄铁矿含量低）；

（2）铜镍混合精矿（黄铁矿和磁黄铁矿含量高）；

（3）铜镍混合精矿（黄铁矿和磁黄铁矿含量低），磁黄铁矿精矿；

（4）单一铜精矿，单一镍精矿（＋磁黄铁矿）；

（5）单一铜精矿，单一镍精矿、磁黄铁矿精矿；

（6）单一铜精矿，铜镍混合精矿（＋磁黄铁矿）。

当入选矿石中硫化矿物的可浮性相当，铜镍硫化矿物紧密共生，矿石中贵金属及铂族元素含量较低及与铜、镍、铁硫化矿物关系密切时，宜采用混合浮选法产出铜镍混合精矿，然后送后续作业进行贵金属及铂族元素的初步富集和进行铜、镍分离及产出贵金属化学精矿（富集物）。

若入选矿石中硫化铜矿物的可浮性好，硫化镍矿物易于抑制；硫化铜矿物与硫化镍矿物易于单体解离；贵金属及铂族元素与硫化铜关系不密切；可获得铜含量大于25%的单一铜精矿时，可采用优先浮选法产出单一铜精矿、单一镍精矿（+磁黄铁矿）。

若入选矿石中磁黄铁矿含量高，磁黄铁矿中不含贵金属和铂族元素，生产实践中可采用磁选法获得单一的磁黄铁矿精矿。磁黄铁矿精矿中镍含量约1%，可用化学选矿法回收其中的铁、镍、铜、钴、硫；可作钴冰铜冶炼的硫化剂；可单独堆存或送尾矿库。

14.3.2　原矿铜镍分离方法

原矿铜镍分离常采用铜镍混合精矿-抑镍浮铜法。

原矿铜镍分离方法有两种方案：

（1）全分离方案。产出铜含量为25%～30%的单一铜精矿和镍含量大于8%的单一镍精矿。

（2）半分离方案。产出镍含量小于2%的单一合格铜精矿和铜镍混合精矿。

生产实践表明，铜镍混合精矿是否分离为单一铜精矿和单一镍精矿，完全取决于贵金属的走向和铜镍分离的难易程度。对于易选矿石，可采用从铜镍混合精矿直接分离铜镍的工艺，但易造成贵金属分散，对提高贵金属回收率不利。对蚀变强度大的难选矿石，贵金属含量低且易分散的矿石，一般只产出铜镍混合精矿，以利于提高贵金属回收率。

14.4　金川铜镍矿原矿选矿

14.4.1　矿石性质

我国的镍矿床类型列于表14-6中。

表14-6　我国的镍矿床类型

矿床类型	围岩	主要金属矿物和脉石矿物	实例
岩浆熔离型硫化铜镍矿床	以二辉橄榄岩为主，其次为橄榄辉石岩、蛇纹岩、大理岩等	主要金属矿物为磁黄铁矿、镍黄铁矿、黄铜矿。磁黄铁矿：镍黄铁矿：黄铜矿=2.59:1:0.5。脉石矿物为橄榄石、辉石、透闪石、绿泥石、碳酸盐	金川镍矿二矿区
	以辉橄榄岩、二辉橄榄岩为主，其次为辉长岩、绿泥石化片岩、绿泥石化片岩、透长石等	主要金属矿物为黄铁矿、紫硫镍铁矿、黄铜矿。脉石矿物为橄榄石、辉石、蛇纹石化橄榄石	金川镍矿一矿区
	斜方辉石、蚀变辉石、辉长岩及黑云母片麻岩	主要金属矿物为磁黄铁矿、镍黄铁矿、紫硫镍铁矿、黄铜矿。磁黄铁矿：镍黄铁矿：黄铜矿=3.34:1:0.44。脉石矿物为斜方辉石、透闪石、滑石、硅酸盐等	盘石镍矿

我国镍矿石储量位于世界第五位，大部分分布于甘肃、吉林、新疆等地。我国镍的主要产地为甘肃省金昌市。金川镍矿属岩浆熔离型硫化铜镍矿床，是世界著名的多金属共生的大型硫化铜镍矿床之一，发现于1958年，集中分布在龙首山下长6.5km、宽500m的范

围内，已探明的矿石储量为5.2亿吨，镍金属储量550万吨，居我国之首，列世界同类矿床第三位；铜金属储量343万吨，居我国第二位。近年的地质勘探成果表明，金川镍矿的深部、边部及外围具有良好的找矿前景。矿石中除含镍、铜外，还伴生有钴、金、银、铂、钯、铑、铱、锇、钌、硒、碲、硫、铬、铁、镓、铟、锗、铊、镉等元素，可供回收利用的有价组分达14种。矿床之大、矿体之集中、可供利用的有用组分之多，国内外均属罕见。

含矿超基性岩体长约6.5km，受岩体产状及后期断层影响，全矿形成四个相对独立的岩段，分别称为四个矿区。各矿区的镍金属量分别占17.02%、74.73%、3.97%、4.28%；各矿区的铜金属量分别占15.19%、77.08%、4.19%、3.54%。由于受成矿地质条件影响，各矿区矿石性质有相似之处，但也有些差异。

目前建有一座原矿选矿厂、一座高冰镍选矿分离厂和一座铜冶炼渣浮选厂。原矿选矿厂下设三个选矿车间，一选矿车间处理量为14000t/d，处理二矿区富矿；二选矿车间的处理量9000t/d，处理龙首贫矿和龙首西二矿；三选矿车间的处理量为6000t/d，处理三矿区贫矿；高冰镍选矿分离厂属镍冶炼厂，用于分离冶炼厂产出的一次高冰镍和二次高冰镍，分别产出铜镍铁合金、硫化铜矿精矿和硫化镍精矿三种产品；铜冶炼渣浮选厂属铜冶炼厂，处理铜冶炼渣，产出铜精矿。

二矿区矿体分为超基性岩型、交代型和贯入型三种类型，其中以超基性岩为主的1号、2号矿体最大，约占二矿区总储量的99%。超基性岩体呈同心壳状分布，核心为富矿，核外为贫矿，外围为超基性或基性围岩，有的直接与片麻岩、大理岩接触。围岩以二辉橄榄岩为主。各岩相均含有少量硫化矿物。

二矿区矿体中的主要金属硫化矿物为磁黄铁矿、镍黄铁矿、黄铜矿，其次为方黄铜矿、黄铁矿、墨铜矿、紫硫镍铁矿，还有少量的四方硫铁矿，其中黄铜矿、镍黄铁矿、磁黄铁矿、黄铁矿为原生硫化矿物，其余硫化矿物为蚀变次生硫化矿物。发现的铂族金属矿物有数十种，主要有自然铂、铂金矿、铂金钯矿、砷铂矿、钯金矿、铋钯矿、铋碲钯矿、含钯自然铋等。其中铂矿物以砷铂矿为主，其次为自然金属互化物，两者占铂族金属矿物总量的90%以上。砷铂矿粒度一般为0.0421mm，以独立矿物存在的铂占83%～98%。矿体中有用组分的平均含量为：Cu 0.23%、Ni 0.42%、Pt 0.06～0.53g/t、Pd 0.05～0.24g/t、Au 0.07～0.3g/t、Ag 2.2～6.1g/t、Rh、Ir、Os、Ru含量为千分之几至百分之几克每吨。铂族矿物虽以独立矿物存在，但其含量低、嵌布粒度细微，主要与硫化铜镍矿物连生或包裹于其中，故无法单独浮选回收贵金属矿物精矿，只能将贵金属矿物富集于硫化铜镍矿物浮选混合精矿中。金属氧化矿物为磁铁矿、铬尖晶石、赤铁矿等，含量较少。主要脉石矿物为橄榄石，其中部分橄榄石已蛇纹石化，其次为辉石，少量碳酸盐及斜长石等。

二矿区矿石依工业品级分为贫矿石、富矿石和特富矿石三类。贫矿以星点状构造为主，富矿以海绵晶铁构造为主，特富矿以块状构造为主。海绵晶铁构造的金属硫化矿物呈集合体形态出现，由镍黄铁矿、磁铁矿和黄铜矿组成。集合体粒度为1～5mm。硫化矿物集合体紧密充填于橄榄石颗粒间，与脉石矿物接触界线明显。镍黄铁矿的粒度一般为0.05～1mm，有少部分呈火焰状嵌布于磁铁矿中，粒度一般小于0.01mm，难于解离和分离。黄铜矿的粒度一般为0.1～0.5mm，少部分达1～3mm，有少量细粒。磁黄铁矿的粒度较粗，90%大于0.1mm。矿石中除主要含磁黄铁矿、镍黄铁矿和黄铜矿外，还伴生有金、银和铂族元素。其中金、银在各类矿石中均有分布，主要与铂、钯形成局部富集。铂、钯主要分布于海绵晶铁构造的富矿中，主要与铜成正消长关系；锇、铱、钌、铑与镍关系较密切，成正消长关系，锇、铱、钌、铑含量低，但较稳定，其比例为 Os：Ir：Ru：Rh ＝1：0.87：0.87：0.4。此外，磁黄铁矿中含有少量的镍和贵金属。

二矿区富矿石的莫氏硬度为 10～14，密度为 3.08g/cm³，松散密度为 1.89g/cm³，安息角为 38°。

14.4.2　原矿选矿工艺

14.4.2.1　磨矿-浮选工艺

一选矿车间原处理一矿区西部贫矿，1983 年开始转为处理二矿区富矿。一选矿车间共有两个碎矿系列、一个磨浮系列和一个脱水系列。

一选矿车间处理矿石中的金属矿物主要为黄铁矿、紫硫镍矿、黄铜矿、镍黄铁矿、墨铜矿和磁黄铁矿。脉石矿物主要为蛇纹石化橄榄岩、蛇纹石、辉石等。矿石中铜镍比为0.6：1。硫化镍中的镍含量约占总镍的 90%，属易选的硫化铜镍矿石，原矿含镍 1.4%，含铜 0.8%。矿石密度为 3.18g/cm³。

一选矿车间采用三段一闭路碎矿流程，将原矿从 350mm 碎至小于 10mm。阶段磨矿（三段），阶段浮选（两段），采用浓缩、过滤二段脱水。铜镍混合精矿的干燥设于冶炼厂。

富矿原矿碎至 −10mm，经二段球磨磨至 −0.074mm 占 60%～65%，在矿浆 pH 值为 9.0左右条件下，采用六偏磷酸钠、硫酸铜、丁基黄药、丁基铵黑药和 J—622，进行第一段浮选，采用一次粗选、二次精选产出高品位铜镍混合精矿。一段粗选尾矿和精一尾矿合并再磨至 −0.074mm 占 85% 左右，分级溢流进入第二段浮选。经一次粗选、三次精选、二次扫选产出低品位铜镍混合精矿和最终尾矿。两个铜镍混合精矿合并送浓缩、过滤作业。

14.4.2.2　原矿浮选流程和浮选指标

原矿浮选工艺流程图如图 14-4 所示。

浮选作业 pH 值为 9.0，一段浮选矿浆浓度为 28%，二段浮选矿浆浓度为 24%。

浮选药剂用量列于表 14-7 中。

表 14-7　选矿厂一选矿车间浮选药剂用量

药　名	六偏磷酸钠	硫酸铜	丁基黄药	丁基铵黑药	J-622	硫酸铵
用量/g·t⁻¹	300	160	250	20	70	1300

选矿厂一选矿车间 2011 年全年平均浮选指标列于表 14-8 中。

表 14-8　选矿厂一选矿车间 2011 年全年平均浮选指标

原矿品位/%		混合精矿品位/%		尾矿品位/%		回收率/%	
Ni	Cu	Ni	Cu	Ni	Cu	Ni	Cu
1.35	0.97	8.154	5.124	0.236	0.286	85.05	74.67

选矿厂一选矿车间 2012 年 1～5 月平均浮选指标列于表 14-9 中。

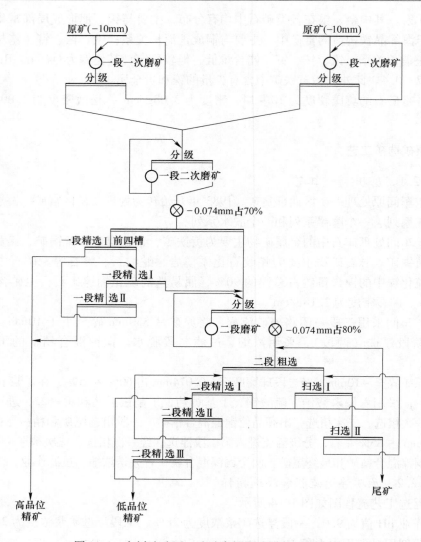

图 14-4　金川选矿厂一选矿车间原矿浮选工艺流程

表 14-9　选矿厂一选矿车间 2012 年 1~5 月平均浮选指标

原矿品位/%		混合精矿品位/%		尾矿品位/%		回收率/%	
Ni	Cu	Ni	Cu	Ni	Cu	Ni	Cu
1.32	0.96	8.34	5.42	0.23	0.27	85.25	75.93

选矿厂现工艺 2013 年全年平均累计生产指标列于表 14-10 中。

表 14-10　选矿厂现工艺 2013 年全年平均累计生产指标

矿　种	产品名称	产率/%	品位/%			回收率/%	
			Ni	Cu	MgO	Ni	Cu
1 车间富矿	镍铜混精	13.532	8.388	5.40	7.00	86.06	77.74
	尾　矿	86.468	0.213	0.254	—	13.04	22.36
	原　矿	100.000	1.319	0.985	—	100.00	100.00

矿　种	产品名称	产率/%	品位/%			回收率/%	
			Ni	Cu	MgO	Ni	Cu
2 车间贫矿（龙首）	镍铜混精	11.35	6.10	4.48	—	82.42	77.42
	尾　矿	88.65	0.17	0.17	—	17.58	22.58
	原　矿	100.00	0.84	0.66	—	100.00	100.00
2 车间贫矿（西二）	镍铜混精	8.19	4.91	3.45	—	69.06	71.69
	尾　矿	91.81	0.196	0.121	—	30.94	28.31
	原　矿	100.00	0.582	0.394	—	100.00	100.00
3 车间贫矿	镍铜混精	13.44	6.08	3.12	—	84.38	70.42
	尾　矿	86.56	0.18	0.20	—	15.62	29.58
	原　矿	100.00	0.97	0.60	—	100.00	100.00

铜镍混合精矿中贵金属的含量列于表 14-11 中。

表 14-11　铜镍混合精矿中贵金属的含量（质量分数）

产品	项　目	贵金属元素							
		Pt	Pd	Os	Ir	Ru	Rh	Au	Ag
贫矿铜镍混合精矿	含量/g·t^{-1}	1.07	0.32	0.069		0.057		0.376	6.04
	回收率/%	71.01	39.56	45.64	—	48.83	—	52.60	45.13
富矿铜镍混合精矿	含量/g·t^{-1}	1.06	0.65	0.219	0.17	0.15	0.075	0.50	4.50
	回收率/%	87.95	82.21	67.59	69.72	85.15	70.60	67.01	71.90

选矿厂二车间和三车间的选矿工艺与药剂制度与一车间略有差异。

14.4.3　原矿混合浮选新工艺探索试验

14.4.3.1　概述

作者从 2012～2015 年连续 4 年 4 次前往金川集团学习、调研。在金川集团科技部、选矿厂、镍冶炼厂、矿物工程研究所和镍钴设计研究院检化中心等相关领导的大力支持下，前后进行了 10 个多月的原矿混合浮选和高冰镍物理选矿法分离铜、镍和富集贵金属的探索试验和小型试验。在试验过程中逐步了解金川的原矿矿石性质和有关选矿工艺。针对"提高原矿混合浮选精矿中的镍、铜回收率和降低混合浮选精矿中的氧化镁含量"及"用物理选矿法从高冰镍中分离镍、铜和富集贵金属"两大选矿课题进行了相关的探索试验和小型试验。

现原矿混合浮选生产工艺存在的不足主要为：（1）工艺流程较长，三段磨矿、二段混合浮选，能耗较高；（2）镍、铜的混合浮选指标仍有相当大的提高空间，如富矿镍浮选回收率为 86%，铜浮选回收率为 77%，镍、铜的混合浮选指标直接影响金、银、铂、钯、铑、铱、锇、钌的回收；（3）药剂种类和加药点较多，不利于指标稳定；（4）需用硫酸铵或碳酸钠调浆，在 pH 值为 8～10 的条件下进行镍、铜混合浮选。

14.4.3.2　2012 年二矿富矿低碱介质混合浮选新工艺探索试验结果

A　试验流程

碎至 -2mm 的矿样在试验室磨机中一次磨至所需细度，浮选采用一次粗选、二次精选、二次扫选的浮选流程进行闭路试验。

B 闭路试验结果

a 磨矿细度为 $-0.074mm$ 占 85%

闭路试验的药剂用量列于表 14-12 中。

表 14-12 闭路试验的药剂用量

药 名	六偏磷酸钠	硫酸铜	丁基黄药	SB 选矿混合剂
用量/g·t^{-1}	200	200	480	40

闭路试验指标列于表 14-13 中。

表 14-13 闭路试验指标

产 品	产率/%	品位/%			回收率/%	
		Ni	Cu	MgO	Ni	Cu
混合精矿	14.72	7.19	6.42	5.96	73.39	79.26
尾矿	85.28	0.45	0.29	—	26.61	20.74
原矿	100.00	1.44	1.19	—	100.00	100.00

从表 14-13 中的数据可知，尾矿含镍 0.45%，含铜 0.29%。混合精矿中的镍回收率仅为 73.39%，铜回收率仅为 79.26%。

b 磨矿细度为 $-0.074mm$ 占 90%

闭路试验的药剂用量列于表 14-14 中。

表 14-14 闭路试验的药剂用量

药 名	六偏磷酸钠	硫酸铜	丁基黄药	SB 选矿混合剂
用量/g·t^{-1}	200	150	500	40

闭路试验指标列于表 14-15 中。

表 14-15 闭路试验指标

产 品	产率/%	品位/%			回收率/%	
		Ni	Cu	MgO	Ni	Cu
混合精矿	14.31	8.34	6.30	5.11	80.47	78.54
尾矿	85.79	0.34	0.29	—	19.53	21.46
原矿	100.00	1.47	1.14	—	100.00	100.00

从表 14-15 中的数据可知，尾矿含镍 0.34%，含铜 0.29%。混合精矿中的镍回收率为 80.47%，铜回收率为 78.54%。

对比表 14-13 和表 14-15 中的数据可知，在闭路药剂用量基本相同的条件下，仅磨矿细度从 $-0.074mm$ 占 85% 提高至 $-0.074mm$ 占 90%，尾矿中的镍含量从 0.45% 降至 0.34%，混合精矿中的镍回收率则从 73.39% 升至 80.47%。因此，尾矿中的镍、铜含量较高，混合精矿中的镍、铜回收率较低的主要原因之一，是有用矿物的单体解离度不够和混合捕收剂的比例仍不理想。

14.4.3.3 2014 年的低酸介质混合浮选新工艺探索试验

从 2014 年 10 月 20 日至 2015 年 1 月 21 日历时 3 个多月，在总结 2012 年和 2013 年小

型探索试验的基础上，对金川选矿厂处理的矿浆样和原矿样进行了低酸介质调浆—混合浮选新工艺小型试验，大幅度提高了混合精矿中的镍、铜浮选指标。

A　新工艺试验的初步设想

矿浆样直接磨至 -0.074mm 占 95%，加硫酸将矿浆 pH 值降至弱酸性，可提高硫化镍矿物和墨铜矿物的可浮性，以 SB 选矿混合剂与丁黄药组合药剂为捕收剂，进行混合浮选获得镍铜混合精矿。矿化泡沫清爽，夹带矿泥少，有利于降低镍铜混合精矿中的氧化镁含量。

B　低酸介质混合浮选新工艺试验结果

a　试验流程

从一段磨矿的旋流分级溢流取矿浆样，磨矿细度约 -0.074mm 占 55%。将矿浆样分为小样（干矿 400g），分别磨至 -0.074mm 占 95% 进行闭路试验。原矿样取自给矿皮带，碎至 -2mm，干矿 400g 分别磨至 -0.074mm 占 95% 进行闭路试验。闭路试验流程为一次粗选、二次精选、二次扫选，中矿循序返回。

b　矿浆样闭路试验结果

闭路试验的药剂用量列于表 14-16 中。

表 14-16　闭路试验的药剂用量

药　名	SB 选矿混合剂	丁基钠黄药
用量/g·t^{-1}	60	250

闭路试验指标列于表 14-17 中。

表 14-17　闭路试验指标

试样	试样品位/%		产品名称	产率/%	品位/%			回收率/%	
	Ni	Cu			Ni	Cu	MgO	Ni	Cu
1 车间	1.41	1.10	混合精矿	20.11	7.71	4.65	6.60	92.68	83.00
			尾　矿	79.89	0.15	0.24		7.32	17.00
			给　矿	100.00	1.67	1.13		100.00	100.00
1 车间	1.25	1.32	混合精矿	17.61	8.23	7.68	5.00	91.96	84.25
			尾　矿	82.39	0.15	0.31		8.04	15.75
			给　矿	100.00	1.58	1.61		100.00	100.00
1 车间	1.43	1.09	混合精矿	19.86	8.36	5.59	5.66	92.56	84.01
			尾　矿	80.14	0.17	0.26		7.44	15.99
			给　矿	100.00	1.79	1.32		100.00	100.00
1 车间	1.50	1.21	混合精矿	17.95	8.14	5.83	5.69	92.40	84.16
			尾　矿	82.05	0.15	0.24	—	7.60	15.84
			给　矿	100.00	1.58	1.24	—	100.00	100.00
2 车间	0.87	0.69	混合精矿	11.98	8.51	7.10	4.84	84.25	84.56
			尾　矿	88.02	0.22	0.18		15.75	15.44
			给　矿	100.00	1.21	1.00		100.00	100.00

试 样	试样品位/%		产品名称	产率/%	品位/%			回收率/%	
	Ni	Cu			Ni	Cu	MgO	Ni	Cu
3 车间	0.98	0.66	混合精矿	16.02	6.34	3.44	5.96	91.67	83.45
			尾 矿	83.98	0.11	0.13		8.33	16.55
			给 矿	100.00	1.11	0.65		100.00	100.00
3 车间	1.00	0.50	混合精矿	16.76	6.31	3.23	6.23	91.36	87.37
			尾 矿	83.24	0.12	0.09		8.64	12.63
			给 矿	100.00	1.16	0.62		100.00	100.00

c　原矿样校核试验闭路试验（回水）指标列于表 14-18 中。

表 14-18　原矿样校核试验闭路试验（回水）指标（药剂用量与矿浆样闭路相同）

来 源	试样品位/%	金属平衡率/%	产品名称	产率/%	品位/%			回收率/%	
					Ni	Cu	MgO	Ni	Cu
1 车间	Ni：1.42 Cu：1.10	Ni：94.67 Cu：99.10	混合精矿	16.74	8.20	5.54	5.19	91.50	83.57
			尾 矿	83.26	0.15	0.22	—	8.5	16.43
			给 矿	100.00	1.50	1.11	—	100.00	100.00
1 车间	Ni：1.42 Cu：1.10	Ni：99.35 Cu：96.85	混合精矿	15.70	8.23	5.63	5.68	91.65	82.62
			尾 矿	84.30	0.20	0.22	—	8.35	17.38
			给 矿	100.00	1.41	1.07	—	100.00	100.00
1 车间	Ni：1.42 Cu：1.10	Ni：95.30 Cu：92.99	混合精矿	16.40	8.36	5.14	6.19	92，00	82.60
			尾 矿	83.60	0.14	0.21	—	8.00	17.40
			给 矿	100.00	1.49	1.02	—	100.00	100.00
3 车间	Ni：1.31 Cu：0.73	Ni：96.30 Cu：98.63	混合精矿	20.13	6.17	3.02	3.86	92.00	84.47
			尾 矿	79.87	0.14	0.14	—	7.00	15.53
			给 矿	100.00	1.35	0.72	—	100.00	100.00
3 车间	Ni：1.31 Cu：0.73	Ni：96.94 Cu：98.41	混合精矿	20.39	6.01	3.03	5.20	91.48	83.54
			尾 矿	79.61	0.14	0.15	—	8.52	16.46
			给 矿	100.00	1.34	0.74	—	100.00	100.00
2 车间龙首	Ni：1.02 Cu：0.96	Ni：98.08 Cu：96.97	混合精矿	12.92	7.00	6.46	4.97	86.93	84.36
			尾 矿	87.08	0.17	0.18	—	13.07	15.64
			给 矿	100.00	1.04	0.99	—	100.00	100.00
2 车间西二	Ni：0.67 Cu：0.40	Ni：94.03 Cu：86.96	混合精矿	8.51	6.14	4.14	8.18	76.84	74.95
			尾 矿	91.49	0.17	0.13	—	23.16	35.05
			给 矿	100.00	0.68	0.46	—	100.00	100.00

从表 14-17 和表 14-18 数据可知，在磨矿细度、加酸量和浮选药剂用量基本相同的条件下，原矿样校核试验（回水）的闭路指标基本重现了矿浆样的闭路指标，但矿浆样的闭路指标的金属平衡率略低于原矿样校核试验（回水）的闭路指标的金属平衡率，原矿样校核试验（回水）的浮选指标较稳定可靠。

对比表 14-18 原矿样校核试验（回水）的闭路指标和表 14-10 现工艺 2013 年全年平均累计生产指标可知：（1）在精矿镍、铜品位相当或略有提高的前提下，富矿的镍回收率提高 5%，铜回收率提高 6%；（2）龙首贫矿的镍回收率提高 4%，铜回收率提高 7%；（3）西二贫矿的镍回收率提高 6%，铜回收率提高 3%；（4）三矿贫矿的镍回收率提高 7%，铜回收率提高 13%；（5）原矿样校核试验（回水）的闭路的混合精矿中的氧化镁含量除西二贫矿外，其他混合精矿中的氧化镁含量均小于 6.2%。

d　2015 年 5~7 月的验证试验指标

金川矿物工程研究所于 2015 年 1 月 21 日我们离开金川后，在我们研发成功的"低酸调浆-一段混合浮选"的基础上试验了"现工艺二段低酸调浆"的试验流程。因此，验证试验时进行了每种矿浆样的"新工艺"、"现工艺"、"现工艺二段加酸"的三个方案的对比验证试验。

2015 年 5~7 月的验证试验的新工艺与现工艺闭路指标对比列于表 14-19 中。

表 14-19　新工艺与现工艺闭路指标对比表

浆样	工艺	药量/g·t^{-1}	产品名称	产率/%	品位/%			金属量			回收率/%	
					Ni	Cu	MgO	Ni	Cu	MgO	Ni	Cu
富矿	新工艺	H$_2$SO$_4$ 25mL,丁黄 50,SB 60	混精	15.47	8.28	5.05	6.78	1.2809	0.7812	1.0488	90.44	82.68
			尾矿	84.53	0.16	0.19		0.1352	0.1606		9.56	17.32
			原矿	100.00	1.42	0.94		1.4161	0.9418		100.00	100.00
	现工艺	CuSO$_4$ 50,丁黄 120,混药 45,CuSO$_4$ 50,丁黄 120,混药 25	总混精	14.82	7.60	4.78	7.73	1.1263	0.7084	1.1456	85.17	79.09
			尾矿	85.18	0.23	0.22		0.1959	0.1874		14.83	20.91
			原矿	100.00	1.32	0.90		1.3222	0.8958		100.00	100.00
	二段加酸	CuSO$_4$ 50,丁黄：AT620 = 7：3 120,丁铵 100,硫酸 18,丁黄 120,丁铵 60,CuSO$_4$ 50	总混精	16.66	6.85	5.64	7.65	1.1412	0.9396	1.2745	89.83	85.90
			尾矿	83.34	0.16	0.19		0.1333	0.1583		10.17	14.10
			原矿	100.00	1.27	1.09		1.2745	1.0979		100.00	100.00
三矿贫矿	新工艺	H$_2$SO$_4$ 20mL,丁黄 50,SB 60	混精	16.04	5.38	2.55	8.36	0.8630	0.4090	1.3409	90.33	83.38
			尾矿	83.96	0.11	0.10		0.0924	0.0840		9.67	16.62
			原矿	100.00	0.95	0.49		0.9554	0.4930		100.00	100.00
	现工艺	乙黄：AT622 = 7：3 120,丁铵 70,不加酸丁黄 120,丁铵 30	总混精	14.32	5.75	2.23	7.44	0.8434	0.3193	1.0654	82.77	65.10
			尾矿	85.68	0.20	0.20		0.1714	0.1714		17.23	34.90
			原矿	100.00	0.99	0.49		1.0148	0.4907		100.00	100.00
	二段加酸	乙黄：AT622 = 7：3 120,丁铵 100,酸 13,丁黄 120,丁铵 60	总混精	16.09	5.35	2.51	6.31	0.8608	0.4039	1.0153	89.27	82.81
			尾矿	83.91	0.12	0.10		0.1007	0.0839		10.73	17.19
			原矿	100.00	0.96	0.49		0.9615	0.4878		100.00	100.00

浆样	工艺	药量/g·t⁻¹	产品名称	产率/%	品位/%			金属量			回收率/%	
					Ni	Cu	MgO	Ni	Cu	MgO	Ni	Cu
龙首贫矿	新工艺	H_2SO_4 25, SB 50	混精	9.70	6.94	6.20	—	0.6732	0.6014		84.52	84.38
			尾矿	90.30	0.14	0.12		0.1264	0.1084		15.48	15.62
			原矿	100.00	0.80	0.71		0.7996	0.7098		100.00	100.00
	现工艺	乙黄药 120,丁铵 70,碳酸钠 15,丁黄 120,丁铵 35	总混精	10.13	6.15	5.24	8.20	0.6230	0.5308	0.8307	78.47	73.46
			尾矿	89.87	0.19	0.21	—	0.1708	0.1887		21.53	26.54
			原矿	100.00	0.79	0.72		0.7938	0.7195		100.00	100.00
	二段加酸	乙黄药 120,丁铵 70,碳酸钠 150,酸 14,丁黄 120,丁铵 35	总混精	9.71	6.56	5.72	6.87	0.6370	0.5554	0.6671	79.97	81.44
			尾矿	90.29	0.18	0.14		0.1625	0.1264		20.03	18.56
			原矿	100.00	0.80	0.68		0.7995	0.6818		100.00	100.00
西二贫矿	新工艺	H_2SO_4 20,丁黄 50,SB50	混精	7.66	6.48	3.54	6.77	0.4964	0.2712	0.5186	79.42	76.20
			尾矿	92.34	0.14	0.092		0.1293	0.0850		20.58	23.80
			原矿	100.00	0.63	0.36		0.6257	0.3562		100.00	100.00
	现工艺	乙黄 120,丁铵 70,不加酸,丁黄 120,丁铵 40	总混精	7.51	5.91	3.18		0.5029	0.2388		67.90	67.67
			尾矿	92.49	0.23	0.12		0.2127	0.1110		32.10	32.33
			原矿	100.00	0.65	0.35		0.7156	0.3498		100.00	100.00
	二段加酸	乙黄 120,丁铵 70,H_2SO_4 12,丁黄 220,丁铵 110	总混精	7.62	5.84	3.25	8.32	0.4450	0.2477	0.6340	68.65	68.53
			尾矿	92.38	0.22	0.12		0.2032	0.2032		31.35	31.47
			原矿	100.00	0.65	0.36		0.6482	0.4509		100.00	100.00
四种矿样加权指标	新工艺	硫酸 20~25,SB 50,丁黄 50	混精	12.22	6.78	4.22	5.95	0.8284	0.5157	0.7271	87.27	82.47
			尾矿	87.78	0.14	0.12		0.1208	0.1096		12.73	17.53
			原矿	100.00	0.95	0.63		0.9492	0.6253		100.00	100.00
	现工艺	乙黄 120,丁铵 70,不加酸,丁黄 120,丁铵 40	总混精	11.70	6.61	3.84	9.45	0.7739	0.4493	1.1055	80.48	73.19
			尾矿	88.30	0.21	0.19		0.1877	0.1646		19.52	26.81
			原矿	100.00	0.96	0.61		0.9616	0.6139		100.00	100.00
	二段加酸	乙黄 120,丁铵 70,硫酸 13~20,丁黄 120~220,丁铵 60~120	总混精	12.52	6.16	4.29	7.17	0.7710	0.5366	0.8977	83.72	78.96
			尾矿	87.48	0.17	0.16		0.1499	0.1430		16.28	21.04
			原矿	100.00	0.92	0.68		0.9209	0.6796		100.00	100.00

从表 14-19 数据可知：

（1）各种矿浆样的新工艺闭路指标与现工艺闭路指标比较：

1）二矿富矿的新工艺混合精矿镍含量高 0.68%，铜含量高 0.27%，氧化镁含量低 0.95%。镍回收率高 5.27%，铜回收率高 3.59%。尾矿镍含量低 0.07%，铜含量低 0.03%。

2）三矿贫矿的新工艺混合精矿镍含量低 0.37%，铜含量高 0.32%，氧化镁含量高 0.92%。镍回收率高 7.56%，铜回收率高 18.28%。尾矿镍含量低 0.09%，铜含量低 0.1%。

3）龙首贫矿的新工艺混合精矿镍含量高 0.79%，铜含量高 0.96%，氧化镁含量。镍回收率高 6.05%，铜回收率高 10.92%。尾矿镍含量低 0.05%，铜含量低 0.09%。

4）西二贫矿的新工艺混合精矿镍含量高 0.57%，铜含量高 0.36%，氧化镁含量低。镍回收率高 11.52%，铜回收率高 8.53%。尾矿镍含量低 0.09%，铜含量低 0.028%。

（2）各种矿浆样的新工艺闭路指标与现工艺二段加酸闭路指标比较：

1）二矿富矿的新工艺混合精矿镍含量高 1.43%，铜含量高 0.04%，氧化镁含量低 0.87%。镍回收率高 0.61%，铜回收率低 3.22%。尾矿镍含量均为 0.16%，铜含量均为 0.19%。

2）三矿贫矿的新工艺混合精矿镍含量高 0.03%，铜含量高 0.04%，氧化镁含量高 2.05%。镍回收率高 1.06%，铜回收率高 0.57%。尾矿镍含量低 0.01%，铜含量均为 0.10%。

3）龙首贫矿的新工艺混合精矿镍含量高 0.38%，铜含量高 0.48%，氧化镁含量低。镍回收率高 4.55%，铜回收率高 2.94%。尾矿镍含量低 0.04%，铜含量低 0.04%。

4）西二贫矿的新工艺混合精矿镍含量高 0.57%，铜含量高 0.29%，氧化镁含量低 1.22%。镍回收率高 10.77%，铜回收率高 7.67%。尾矿镍含量低 0.08%，铜含量低 0.028%。

（3）四种矿样的加权指标比较：

1）新工艺与现工艺比较：新工艺混合精矿镍含量高 0.64%，镍回收率高 6.79%；铜含量高 0.38%，铜回收率高 9.28%；混精氧化镁含量低 3.50%，新工艺混精氧化镁含量为 5.95%。

2）新工艺与现工艺二段加酸比较：新工艺混合精矿镍含量高 0.62%，镍回收率高 3.55%；铜含量低 0.07%，铜回收率高 3.51%；混精氧化镁含量低 1.22%，新工艺混合精矿氧化镁含量为 5.95%。

3）现工艺二段加酸与不加酸比较：现工艺二段加酸混合精矿镍含量低 0.45%，镍回收率高 3.24%；铜含量高 0.45%，铜回收率高 5.77%；现工艺二段加酸混合精矿氧化镁含量低 2.28%，二段加酸混精氧化镁含量为 7.17%。

（4）综合全部验证试验数据可知，采用高细度-低酸调浆-一段混合浮选流程处理金川硫化镍铜矿是最合理的方案，新工艺闭路指标均比现工艺闭路指标或现工艺二段加酸闭路指标高。若采用高细度-低酸调浆-低碱介质一段混合浮选流程进行工业试验和工业生产，不仅可大幅度提高镍铜浮选指标，而且可保护浮选设备，可达节能、降耗、提质（品位）、增产（金属量）、提高经济效益和环境效益，可为后续作业降低生产成本创造条件。

因此，建议工业试验时将现生产磨矿流程改为三段磨矿，第一段磨矿磨至 -0.074mm 占 50%，第二段磨矿将原矿磨至 -0.074mm 占 85%，第三段磨矿将原矿磨至 -0.074mm 占 95%。各段磨矿均与预拣分级闭路，可降低蚀变脉石的过度泥化。工业试验时的磨矿产品粒度组成比小试时一段磨矿磨至 -0.074mm 占 95% 时要好得多。采用低酸调浆-低碱介质混合浮选工艺路线，用 SB 选矿混合剂 50~60g/t 与丁基黄药 20~30g/t 组合捕收剂，一点加药进行一次粗选、二次精选、二次扫选一段混合浮选，可产出合格的镍铜混合精矿。与现工艺浮选指标比较，小型闭路试验混合浮选精矿中的镍回收率可提高 5%~10%，铜回收率可提高 4%~18%，混合浮选精矿中的氧化镁含量为 6%。金川集团公司准备将此小试成果逐步推广应用于工业生产，现准备先在二车间的一个 1500t/d 系统中进行工业试验。

为了进一步提高镍铜的浮选指标，工业试验时，高细度-低酸调浆-低碱介质一段混合浮选新工艺的工艺参数有待进一步优化。

14.5　云南金宝山贫铜镍型铂族矿的选矿

14.5.1　矿石性质

云南的铂族矿产资源居全国第二位，目前已发现 12 个矿点，其中大理地区的金宝山硫化铜镍矿已探明可供开采的铂钯储量为 45t，A + B + C + D 级储量为 82t，占云南省已探明铂钯总储量的 67%。云南金宝山贫铜镍型铂族矿床可能是继金川铜镍型铂族矿床之后的第 2 个较大的原生 PGM 生产基地。

该矿为岩浆熔离型硫化铜镍矿床，主要金属矿物为磁黄铁矿、镍黄铁矿、黄铜矿。脉石矿物为橄榄石、辉石、透闪石、绿泥石、碳酸盐等。成矿原因与甘肃金川矿相似，但铜、镍平均品位分别为 0.14%、0.22%，均在工业开采的边界品位以下，而影响火法熔炼温度的 MgO 含量却高达 27% ~ 29%。主要矿物的相对含量为：黄铜矿 0.38%、紫硫镍矿 0.36%、镍黄铁矿 0.02%、黄铁矿 0.71%、磁铁矿 10.73%、铬铁矿 0.94%，而橄榄石、蛇纹石等脉石含量高达 87.51%。

对金宝山浮选混合精矿的处理，试验了以下几种方法。

14.5.2　浮选混合精矿的化学处理

14.5.2.1　微波加热或硫酸熟化后硫酸氧化浸出工艺

微波加热或硫酸熟化后硫酸氧化浸出工艺的工艺流程如图 14-5 所示。

微波加热预处理的微波频率为 2450MHz，试验在功率为 1.5kW 的微波马弗炉中进行。试验报告未给出二级浸出的反应条件和浸液组成，仅指出铜、镍、铂、钯的最终浸出率分别为 98.89%、97.21%、87.95% 和 95.43%。虽有试验报告称，微波加热预处理具有"快速加热、内外一致加热和选择性加热的特性，使矿物晶粒间产生热应力，导致晶间缝扩展变宽，从而达到破坏矿物晶体结构，改变矿物物相和元素价态，打开包裹体的目的"，但进行微波加热预处理试验的结果并不理想。

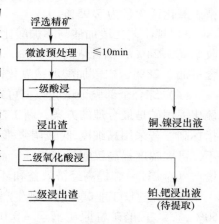

图 14-5　微波加热或硫酸熟化后硫酸氧化浸出工艺的工艺流程

将图 14-5 的微波加热改为硫酸熟化后进行硫酸预浸，正交试验获得的最佳条件为：熟化硫酸用量（矿：硫酸 = 1：0.5），熟化温度 150℃，时间 10h，预浸硫酸用量 1：0.8，液固比 4：1，常温浸出 2.5h。预浸时，铜、镍、钴的浸出率分别为 99.55%、98.74% 和 92.17%。第 2 级硫酸氧化浸出的酸度为 2.9mol/L，氧化剂用量为 50%，温度 95℃，浸出 2.5h。经预处理-氧化酸浸-置换工艺处理可代替传统火法处理的 10 多个作业，克服了铂钯较分散和回收率低的缺点。可获得铂、钯浸出率分别为 89.93% 和 89.26%，铂、钯置换率分别为 88.56% 和 94.20%，二次铂、钯富集物品位达 8.18%，富集比为 1110 倍。

14.5.2.2　火法熔炼造锍捕集贵金属工艺

火法熔炼造锍捕集贵金属工艺流程如图 14-6 和图 14-7 所示。

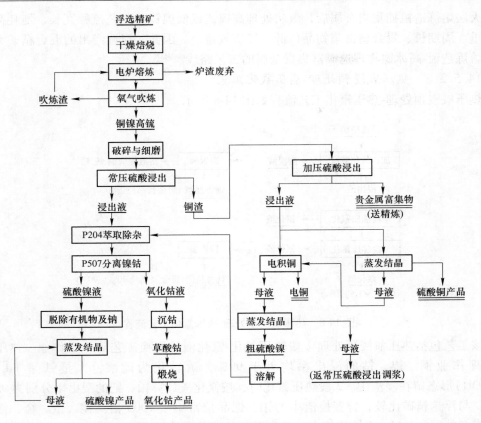

图 14-6　火法熔炼造锍捕集贵金属工艺流程（一）

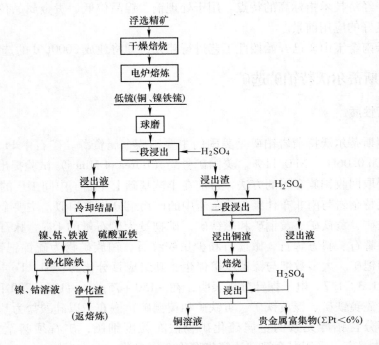

图 14-7　火法熔炼造锍捕集贵金属工艺流程（二）

　　火法熔炼造锍捕集贵金属后，湿法处理高镍锍或低镍锍的工艺流程冗长、能耗高、污染严重、周期长、贵金属富集物品位低、经济效益差。因此，浮选产出的混合精矿无法采用经熔炼造锍-高冰镍物理选矿富集贵金属的工艺路线。

　　14.5.2.3　热压氧浸预处理-热压氰化工艺

　　热压氧浸预处理-热压氰化工艺流程如图 14-8 所示。

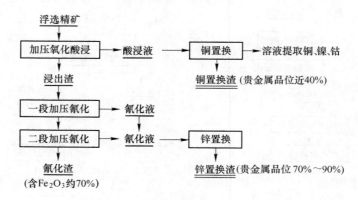

图 14-8　热压氧浸预处理-热压氰化工艺流程

　　该工艺包括热压氧浸预处理-2 段热压氰化-氰化液锌置换工艺等 4 个作业。热压氧浸预处理作业铜、镍、钴的浸出率均大于 99%，硫转化为硫酸，大量铁呈 Fe_2O_3 和 $FeO(OH)$ 形态留在浸渣中。2 段热压氰化时，按氰化渣计算铂、钯的浸出率分别为 95% 和 99%。与浮选精矿比较，锌置换渣中的铂、钯品位富集了 7000 倍。铑、铱、金、银也得到了满意的回收。5kg 规模的扩大试验表明，该工艺具有流程短、效率高、污染低、周期短、投资少、经济技术指标高的特点。用于处理铜、镍品位低、贵金属品位高的浮选混合精矿，具有良好的应用前景。

　　目前，云南金宝山矿已开始按此工艺进行建设，即将建成 3000t/d 的选矿厂。

14.6　美国斯蒂尔沃特铂矿选矿

14.6.1　矿石性质

　　蒙大拿州斯蒂尔沃特杂岩铂矿是美国的主要铂族金属资源。矿石中 Pt、Pd、Au 含量为 17.1g/t、Cu 0.06%、Ni 0.11%。美国矿务局（Burea of Mines）试验提出了浮选—焙烧—浸出工艺提取回收铂族金属的方法，目前在小试基础上完成了中间工厂的扩大试验。

　　斯蒂尔沃特杂岩与南非布什维尔德杂岩中的矿物组分非常相似，主要金属矿物为磁黄铁矿、镍黄铁矿、黄铁矿、黄铜矿和磁铁矿，矿物量为矿石量的 1%。脉石矿物主要为钙质斜长石、斜辉石、斜方辉石、橄榄石和少量蛇纹石。铂族矿物为硫镍钯铂矿、碲铂矿、黄碲钯矿和碲钯矿。大多数钯与镍黄铁矿伴生，其组成百分比为：Ni：Fe：S：Pd：Co = 34：32：31：1.3：1.7。电子探针分析表明，在 $-150+75\mu m$（ $-100+200$ 目）粒级中，大多数硫化物（磁黄铁矿、镍黄铁矿、黄铁矿和黄铜矿）嵌布于以硅酸盐为基质的混合颗粒中。由于大部分含铂族元素的金属硫化矿物嵌布粒度细微，矿石须磨至 -0.074mm 占 100% 才能单体解离，采用混合浮选法富集有价金属组分。

14.6.2 选矿工艺

对斜长岩和蛇纹岩两种类型的矿石进行了小型试验和中间工厂试验。

14.6.2.1 采自明尼阿波利斯（Minneapolis）探坑的斜长岩矿石的试验

矿石原矿品位为：Pt 3.11g/t、Pd 10.52g/t、Au 0.22g/t、Cu 0.03%、Ni 0.06%。主要金属矿物为磁黄铁矿、镍黄铁矿、黄铁矿、黄铜矿和磁铁矿。小试条件为：磨矿细度 -0.074mm 占 100%（-0.043mm 占 55%），矿浆浓度为 36%，药剂用量：硫酸 12.7kg/t（pH 值为 4），巯基苯骈噻唑（AERO 404）136g/t，起泡剂（Dowfroth 250）4.5g/t。小试精矿产率为 9%，精矿含 Pt 31.1g/t、Pd 84g/t、Au 1.56g/t、Cu 0.1%、Ni 0.2%。金属回收率为：Pt 91%、Pd 80%、Au 71%、Cu 50%、Ni 33%。

5 天连续中间工厂试验流程如图 14-9 所示。

中间工厂试验的药耗为：H_2SO_4 14kg/t、AERO 404 182g/t、Dowfoth250 4.5g/t。

中间工厂试验结果列于表 14-20 中。

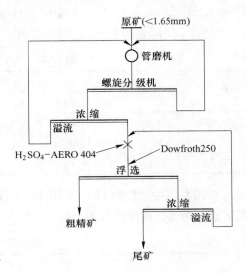

图 14-9 5 天连续中间工厂试验流程

表 14-20 中间工厂试验结果（斜长岩矿石）

产　品	产率/%	品位/$g \cdot t^{-1}$					回收率/%				
		Pt	Pd	Au	Cu/%	Ni/%	Pt	Pd	Au	Cu	Ni
混合精矿	8.5	34.21	108.85	1.87	0.24	0.35	91	87	74	69	52
尾　矿	91.5	0.31	1.56	0.06	0.01	0.03	9	13	26	31	48
原　矿	100.0	3.42	10.89	0.22	0.03	0.06	100	100	100	100	100

中间工厂试验浮选精矿组成列于表 14-21 中。

表 14-21 中间工厂试验浮选精矿组成

元　素	Pt	Pd	Au	Rh	Ir	Cu	Ni	Fe	S	SiO_2	MgO	Al_2O_3	CaO
含量/%	34.21	108.85	1.87	0.93	0.31	0.24	0.35	5.7	2.7	44.6	15.1	15.8	8.4

注：贵金属品位单位为 g/t。

14.6.2.2 采自明尼阿波利斯（Minneapolis）坑道的蛇纹岩矿石的试验

矿石原矿品位为：Pt 3.11g/t、Pd 9.95g/t、Au 0.19g/t、Cu 0.03%、Ni 0.06%。主要金属矿物为磁黄铁矿、镍黄铁矿、黄铁矿、黄铜矿和磁铁矿。脉石矿物为蛇纹石、方解石、高岭石、绿泥石和绢云母。贵金属矿物与金属硫化矿物共生。

小试条件为：磨矿细度 -0.074mm 占 100%（-0.043mm 占 65%），矿浆浓度为 36%，药剂用量：矿浆自然 pH 值（pH 值为 8.2），异丁基钠黄药（AERO 317）136g/t，十二烷基硫醇（Pennfloat3）91g/t，Dowfroth250 6.8g/t，浮选 10min。获得粗精矿含 Pt 28g/t、

Pd 71.5g/t。铂回收率为 95%，钯回收率为 85%。

32h 的连续中间工厂试验流程与图 14-9 相同。

32h 的连续中间工厂试验条件：磨矿细度 –0.074mm 占 100%（–0.043mm 占 65%），矿浆浓度为 36%，药剂用量：矿浆自然 pH 值（pH 值为 8.2），异丁基钠黄药（AERO 317）136g/t，十二烷基硫醇（Penn float3）91g/t，Dowfroth250 6.8g/t。

中间工厂试验结果列于表 14-22 中。

表 14-22　32h 的连续中间工厂试验结果

产　品	产率/%	品位/g·t⁻¹					回收率/%				
		Pt	Pd	Au	Cu/%	Ni/%	Pt	Pd	Au	Cu	Ni
混合精矿	6.1	52.87	146.17	3.11	0.31	0.45	96	86	95	69	49
尾　矿	93.9	0.16	1.56	<0.03	0.009	0.03	4	14	5	31	51
原　矿	100.0	3.42	10.26	0.31	0.03	0.06	100	100	100	100	100

采用水溶性聚合物 TDL 和 Minfllo 1 作脉石矿物抑制剂，对中间工厂试验产出的 68kg 粗精矿进行精选，矿浆浓度为 16%，TDL 用量 136g/t，调浆 10min。精选结果列于表 14-23 中。

表 14-23　粗精矿精选结果

产　品	产率/%	品位/g·t⁻¹					回收率/%				
		Pt	Pd	Au	Cu/%	Ni/%	Pt	Pd	Au	Cu	Ni
混合精矿	44	115.07	304.78	6.84	0.66	0.86	96	92	95	93	94
尾　矿	56	1.04	21.45	0.31	0.04	0.13	4	8	5	7	6
原　矿	100	52.87	146.17	3.11	0.31	0.45	100	100	100	100	100

精选混合精矿多元素分析结果列于表 14-24 中。

表 14-24　精选精矿多元素分析结果

元　素	Pt/g·t⁻¹	Pd/g·t⁻¹	Rh/g·t⁻¹	Ir/g·t⁻¹	Au/g·t⁻¹	Cu	Ni	Fe	S	SiO₂	MgO	Al₂O₃	CaO
含量/%	115.07	304.78	10.26	1.87	6.84	0.66	0.86	7.3	2.4	46.8	20.9	6.6	5.9

浮选混合精矿经熔炼产出镍锍，镍锍经吹炼除铁产出高镍锍是通用技术。但若产出的为低镍锍，且规模较小，达不到自热氧化吹炼除铁的条件时，可选择浸出工艺处理浮选混合精矿经熔炼产出的低镍锍。

20 世纪 80 年代，美国针对斯蒂尔沃特铂矿浮选混合精矿（铜镍品位低），进行熔炼低锍-选择性浸出的试验研究。浮选混合精矿组成为：Cu 1.4%，Ni 2.1%，Fe 10.6%，S 7.2%，Pt 114g/t，Pd 253g/t，Au 17g/t。按浮选混合精矿∶氟石∶石灰∶石英的质量比为 150∶5.5∶11∶5.5 的配料制粒（加入氟石和石灰是为了使炉渣熔点降至小于 1300℃），于 1300～1350℃下在电炉中造锍，低镍锍产率约 16%，镍、铜、贵金属回收率约 95%。低镍锍中 FeS 含量大于 80%，其余为 Cu₂S、Ni₃S₂，PGM 含量上升至约 0.2%。曾进行三个方案试验：（1）低锍硫酸浸出镍、铁硫化物-FeCl₃ 浸出铜硫化物-分离元素硫；（2）硫酸化焙烧-硫酸浸出贱金属；（3）低锍硫酸浸出镍、铁硫化物-硫酸化焙烧后浸出铜的比较试验。结果表明，第 3 个方案较合理。将低镍锍磨至 −0.074mm 占 90%，2mol/L 硫酸，液固比为 9～10 浸出镍、铁。过滤后，浸渣在 330～400℃下进行硫酸化焙烧，再用 0.2mol/L的稀硫酸，在常温常压下浸出铜。过滤产出贵金属化学精矿。各段物料组分变化列于表 14-25 中。

表 14-25 各段物料组分变化

物　料	贵金属/g·t⁻¹				贱金属/%			
	Pt	Pd	Au	合　计	Cu	Ni	Fe	S
浮选混合精矿	114	252.9	17.1	384	1.4	2.1	10.6	7.2
低镍锍	471	1290	83	1844	7.5	10.5	53	31.5
炉　渣	5	11	0.6	16.6	0.1	0.1	—	—
一段浸出液	未测出				<0.1	12	56	
一段浸出渣	0.5%	1.18%	0.07%	1.75%	66	<1	<1	
焙烧浸出渣	6.1%	20.4%	0.64%	27.14%	10.2	0.19	0.44	

从表 14-25 数据可知，焙烧浸渣中的贵金属约富集 700 倍，可产出金、铂、钯含量约 27.14%的化学粗精矿，进一步分离铜、硫及夹带的硅酸盐等杂质后，可产出贵金属化学精矿。

低镍锍直接硫酸浸出的镍浸出液中，铁含量高达 56g/L，约为镍含量的 4.7 倍。因此，有效分离铁和保证镍、钴的高回收率是此工艺能否工业化的关键。

14.7 南非布什维尔德吕斯腾堡铂矿选矿厂

14.7.1 矿石性质

布什维尔德基性超基性杂岩体内铜镍型铂族矿床。

14.7.2 选矿工艺

南非布什维尔德吕斯腾堡（Rustenbung）铂矿公司在 20 世纪 30 年代就采用重选-浮选联合流程处理含铂的氧化矿石和硫化矿石。氧化矿石含铂族金属 7～15g/t，不同矿山铂族金属的回收率为 65%～85%。硫化矿石用浮选法处理，铂族金属的回收率为 87%。

20 世纪 60 年代吕斯腾堡铂矿选矿厂采用绒面溜槽进行重选，其工艺流程如图 14-10 所示。

粗碎至 −150mm 的矿石经洗矿、筛分为 +50mm、−50mm 和矿泥 3 个粒级。+50mm 矿石经拣选除去废石后与 −50mm 矿石合并碎至 −13mm，送第一段磨矿分级，磨机与旋流器闭路。分级溢流送绒面溜槽进行重选，其尾矿进行再磨、再选。溜槽精矿送詹姆斯摇床精选，产出最终精矿。该精矿含 Pt 30%～35%、Pd 4%～6%、Au 2%～3%、Ru 0.5%和其他铂族金属及铜镍硫化物和部分铬铁矿，直接送冶炼厂处理。重选尾矿经浓缩脱水后送浮选，浮选采用简单粗选和精选，精选尾矿返回粗选。浮选药剂为硫酸铜、黄药和甲酚酸，有机胶体作抑制剂。浮选混合精矿含铂族金属 150g/t、Ni 4%、Cu 2.3%、Fe 15%、S 10%、CaO 3%、MgO 15%、SiO₂ 39%。

随采掘深度增加，氧化矿减少，硫化矿增加，重选矿量下降。有些矿山不再采用绒面溜槽进行重选预选，而采用单槽浮选机直接处理球磨机排矿，其目的是尽快回收易于解离的粗粒硫化矿物。此外，粉矿品位比正常给矿品位高，氧化率也高，有些选矿厂在破碎作业中将其分出，单独进行浮选。其工艺流程如图 14-11 所示。

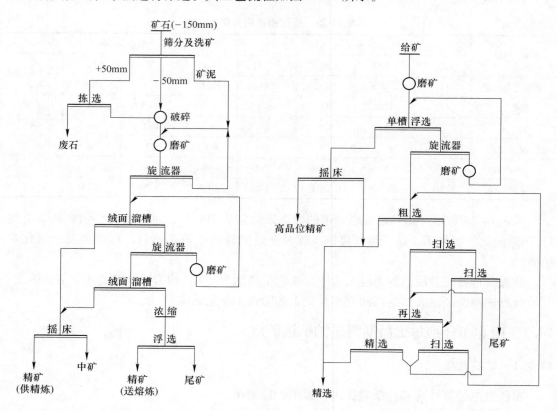

图 14-10　20 世纪 60 年代吕斯腾堡铂矿　　　　图 14-11　改进后的吕斯腾堡铂矿
　　　　选矿厂重选工艺流程　　　　　　　　　　　　选矿厂工艺流程

二段磨矿的旋流器溢流（ -0.075mm 占 30% ~ 60% ）进入浮选回路。浮选药剂为硫酸铜、黄药和甲酚酸，抑制剂为羧甲基纤维素、淀粉、糊精及古尔胶。浮选混合精矿产率为 4% ~ 5% ，精矿含铂族金属为 66g/t ，回收率为 82% ~ 85% 。Cr_2O_3 含量小于 0.3% （符合冶炼要求）。浮选混合精矿经干燥使水分降至 7% 。

浮选混合精矿经电炉熔炼，炉料组成为浮选精矿∶石灰石∶回炉料 = 76∶22∶2 。电炉每月处理 12500t 浮选混合精矿。炉渣连续水淬，经球磨-旋流器回路磨至 -0.074mm 占 60% ，送浮选回收有价金属组分，尾矿送尾矿库堆存。

14.8　南非因帕拉（Impala）铂矿选矿厂

14.8.1　矿石性质

南非因帕拉铂公司的铂产量占南非铂产量的 41% ，1979 年产 Pt 24.665t，Pd 10.178t，Ru 73.175t，Rh 1.786t，Ir 0.567t，Os 0.326t。

梅伦斯基矿脉部分由因帕拉开采，部分由吕斯腾堡开采，矿石中的铂族金属品位、各金属间的比例大致相同。主要有用矿物为原生的磁黄铁矿、镍黄铁矿、黄铁矿、黄铜矿。贵金属与这些硫化矿物共生，主要铂族矿物为硫镍钯铂矿、硫铂矿、硫钌矿、砷铂矿和铁铂合金。

矿脉铂族金属平均品位为 8.1g/t，因采矿贫化，选矿厂给矿品位为 PGM 5.3g/t。此外，含 Ni 0.2%、Cu 0.14%、Cr 0.25%、Co 0.1% 及 Au、Ag。

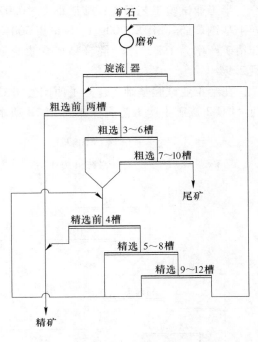

图 14-12　因帕拉铂矿选矿工艺流程

14.8.2　选矿工艺

选矿工艺流程如图 14-12 所示。

选矿厂浮选混合精矿经浓缩、干燥，含水 7% 的干燥精矿粉为电炉熔炼的给料。电炉熔炼时，加入石灰作助熔剂，在 1430℃ 下熔炼，产出铁含量约 45% 的冰铜，经转炉吹炼为铁含量小于 1% 的高锍。高锍含 Ni 50%、Cu 28%、铂族金属 3%。高锍经三段热压氧浸、焙烧浸出，产出品位大于 45% 的铂族化学精矿。

14.9　南非西铂公司铂矿选矿厂

14.9.1　矿石性质

英国伦罗联合企业（Lonrho）于 1970 年建立西铂公司（Western Platium Ltd.），1971 年开始建设矿山（斜井）和选矿厂。目前，该公司年产：Ni 1560t、Cu 900t、铂族金属 4t（其中 Pt 约占 60%，其余为 Pd、Rh、Ir、Ru）。

UG-2 矿脉位于梅伦斯基矿脉以下 15～330m，铂族金属含量为 4.6～7.3g/t、Cu 0.004%～0.012%、Ni 0.029%～0.10%、Cr_2O_3 27%～34%。矿石中金属矿物主要为镍黄铁矿、磁铁矿、黄铜矿、钴-镍黄铁矿、针镍矿。嵌布粒度多为 0.001～0.030mm，最大为 0.550mm。铂族金属矿物多与贱金属硫化矿物紧密共生，嵌布粒度较小，多为 0.001～0.003mm，多包裹于硫化矿物中或黏附于其间。尚可见铂族金属矿物单体或连生体沿铬铁矿颗粒边缘分布或赋存于铬铁矿和脉石中。主要的铂族金属矿物为硫铂矿、硫钌矿、硫镍钯铂矿、砷铂矿、硫钯矿等。

14.9.2　选矿工艺

由于原矿中铬铁矿含量高，常规浮选产出的混合精矿中的氧化铬含量大于 7%，不符合冶炼的要求。从 1976 年起，南非国立冶金研究所对含铬高的 UG-2 矿石进行了大量的试验研究工作，并进行了半工业试验。半工业试验流程如图 14-13 所示。

半工业试验工艺条件：磨矿细度 −0.075mm 占 80% ~85% ，浮选药剂：硫酸铜70g/t、异丁基钠黄药 （SIBX）200g/t、Sefroth 5004 10g/t，粗选 35min，精选 8min。指标：浮选混合精矿产率为 1% ，浮选混合精矿含贵金属 430g/t，贵金属回收率 87% ，三氧化二铬含量 2.9% 。

在半工业试验基础上建立了西铂公司 UG-2 选矿厂，于 1983 年投产，月处理矿石 6 万吨。UG-2 选矿生产工艺流程如图 14-14 所示。

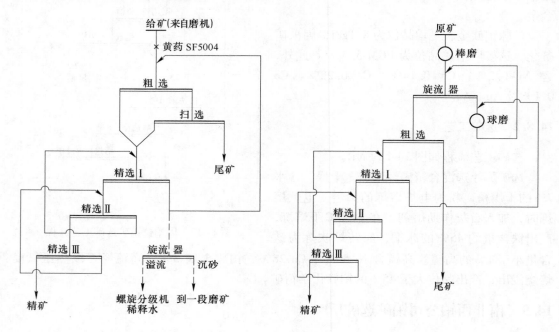

图 14-13　UG-2 矿石半工业试验浮选流程　　　　　图 14-14　UG-2 选矿生产工艺流程

与处理含铬低的矿石相比较，处理含铬高的 UG-2 矿石的工艺流程和工艺参数的特点为：

（1）磨矿细度较高 （−0.075mm 占 80% ） 以解离铬铁矿裂隙中的铂族金属矿物。

（2）浮选 UG-2 矿石无滑石干扰，易精选，精矿中铂族金属品位高。

（3）为降低浮选混合精矿中的铬含量，应采用泡沫易碎的起泡剂，以减少铬铁矿的夹带。应采用压气式浮选机，精选尾矿应再磨再选。

（4）可采用重选法从浮选尾矿中副产回收铬铁矿，可产出 Cr_2O_3 含量为 42% 、回收率为 42% 的铬精矿。

15　铂族金属初步富集工艺

15.1　概述

目前，含贵金属的硫化铜镍混合精矿，工业生产中几乎全采用熔炼造锍工艺进行贵金属的初步富集。由于铜、镍对硫的亲和力与铁对硫的亲和力相似，而铜、镍对氧的亲和力远小于铁对氧的亲和力。因此，在熔炼造锍过程的不同氧化阶段，可使硫化铜镍混合精矿中的大量硫化铁不断分阶段氧化为铁氧化物，铁氧化物与脉石作用造渣而与锍分离除去，锍为贵金属的优良捕集剂，使主金属铜、镍和贵金属一起富集于锍中。

根据硫化铜镍混合精矿的组成、形态及能源等条件，早期主要采用鼓风炉、反射炉进行熔炼造锍。目前，熔炼造锍常采用电炉、闪速炉、熔池熔炼炉等先进设备进行熔炼造锍。

熔炼造锍的主要特点为：

（1）可经济有效地将硫化铜镍混合精矿中的全部有价组分（铜、镍、PGM）富集于锍中，渣中的 PGM 含量可达废弃标准。

（2）熔炼造锍对硫化铜镍混合精矿的适应性强，不受混合精矿中的矿物形态制约。

（3）熔炼造锍可使混合精矿中的有价组分重新组合，生成新的人造矿物，有利于采用物理选矿方法，对镍锍进行有价组分的分离。

若矿石或混合精矿中有价组分产值无法承受提取工艺的成本，则须采用某些特殊的冶炼方法处理。如采用还原熔炼法，利用脉石的特点，用铁或铁合金作为 PGM 的捕集剂，并将熔渣作为副产品回收（如钙镁磷肥或铸石），以抵消部分提取工艺成本。

某些科技人员对从浮选混合精矿中直接提取 PGM 的工艺进行了有益的探索试验，但目前工业上广泛应用的是采用浮选混合精矿熔炼造锍工艺进行贵金属的初步富集。

15.2　硫化铜镍浮选混合精矿造锍-吹炼的基本原理

15.2.1　熔炼造锍的基本原理

15.2.1.1　熔炼造锍的基本原理

浮选混合精矿在炉内高温熔炼时，混合精矿中的金属硫化矿物（如磁黄铁矿、镍黄铁矿、黄铜矿、黄铁矿等）产生热分解，转变为高温条件下稳定的低价金属硫化物。其反应可表示为：

550℃时：

$$4CuFeS_2 \longrightarrow 2Cu_2S + 4FeS + S_2 \uparrow$$

$$3NiS \cdot FeS_2 \longrightarrow 2Ni_3S_2 + FeS + S_2 \uparrow$$

$$(Ni,Fe)_9S_8 \longrightarrow 2Ni_3S_2 + 3FeS + \frac{1}{2}S_2 \uparrow$$

$$3NiS \longrightarrow Ni_3S_2 + \frac{1}{2}S_2 \uparrow$$

680℃时：

$$FeS_2 \longrightarrow FeS + \frac{1}{2}S_2 \uparrow$$

$$Fe_7S_8 \longrightarrow 7FeS + \frac{1}{2}S_2 \uparrow$$

生成的低价金属硫化物的熔点较低，如硫化亚镍（Ni_3S_2）的熔点为790℃，硫化亚铜（Cu_2S）的熔点为1135℃，硫化亚铁的熔点为1190℃。它们均为共价键结合的化合物，高温下稳定，熔融状态下互熔，形成FeS-Ni_3S_2-Cu_2S为主要成分的共熔体，可与脉石矿物氧化生成的FeO、SiO_2、MgO、CaO、Al_2O_3炉渣相分离。根据共熔体的主要成分称为冰铜（锍）、铅冰铜（锍）、镍冰铜（锍）和钴冰铜（锍）等。

采用现代熔炼炉时，炉料很快进入高温氧化气氛中，高价金属硫化矿物除发生离解反应外，还可被直接氧化，高价金属硫化矿物释放的元素硫的熔点为112.8℃，沸点为444.6℃，与炉气中的氧燃烧生成SO_2气体。其反应可表示为：

$$2CuFeS_2 + 2\frac{1}{2}O_2 \longrightarrow Cu_2S \cdot FeS + FeO + 2SO_2 \uparrow$$

$$2FeS_2 + 8O_2 \longrightarrow Fe_3O_4 + 6SO_2 \uparrow$$

$$2Fe_7S_8 + 26\frac{1}{2}O_2 \longrightarrow 7Fe_2O_3 + 16SO_2 \uparrow$$

$$2Cu_2S + 3O_2 \longrightarrow 2Cu_2O + 2SO_2 \uparrow$$

$$Ni_3S_2 + 3\frac{1}{2}O_2 \longrightarrow 3NiO + 2SO_2 \uparrow$$

$$2FeS + 3O_2 \longrightarrow 2FeO + 2SO_2 \uparrow$$

$$\frac{1}{2}S_2 + O_2 \longrightarrow SO_2 \uparrow$$

所生成的金属氧化物与脉石氧化物（如SiO_2、MgO、CaO、Al_2O_3）在高温下相互作用生成相应的硅酸盐和少量铝酸盐，称为造渣。如：

$$2FeO + SiO_2 \longrightarrow 2FeO \cdot SiO_2$$

$$CaO + SiO_2 \longrightarrow CaO \cdot SiO_2$$

$$MgO + SiO_2 \longrightarrow MgO \cdot SiO_2$$

与硫化镍熔炼有关反应的自由能变化数据如图15-1所示。

从图15-1中曲线可知，铜、镍与硫的亲和力与铁相似，铜、镍对氧的亲和力远小于铁。因此，铁比镍、铜更易生成FeO而与熔剂SiO_2造渣。当物料中SiO_2不够时，FeO将继续氧化为Fe_3O_4，但在高温下又被还原为FeO。由于镍对氧的亲和力比铜高得多，故铜镍混合精矿熔炼造锍和吹炼的最终产物常为低铁（0.5%～3%）、高硫（10%～22%）的镍高锍，不可能产出粗镍，而铜冶炼可产出粗铜。

15.2.1.2 镍锍的组成与特性

镍锍为低价金属硫化物的共熔体，其中镍、铁、硫质量合计占80%～90%。Ni-Ni_3S_2-FeS-Fe体系状态图如图15-2所示。

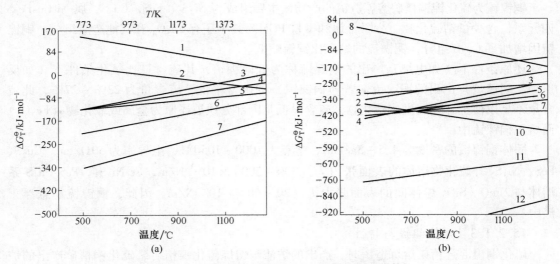

图 15-1 与硫化镍熔炼有关反应的自由能变化数据

（a）反应式：

$$1 — \frac{1}{2}Ni_3S_2 + 2NiO \longrightarrow 3\frac{1}{2}Ni(s) + SO_2；2 — 2Cu_2O(s) + Cu_2S(s) \longrightarrow 6Cu(s) + SO_2；$$

$$3 — 1\frac{1}{2}Ni(s) + \frac{1}{2}S_2 \longrightarrow \frac{1}{2}Ni_3S_2(s)；4 — Fe(s) + \frac{1}{2}S_2 \longrightarrow FeS；$$

$$5 — 2Cu(s) + \frac{1}{2}S_2 \longrightarrow Cu_2S(s)；6 — 4Cu(s) + O_2 \longrightarrow 2Cu_2O；$$

$$7 — 2Ni + O_2 \longrightarrow 2NiO$$

（b）反应式：

$$1 — 4Cu(s) + O_2 \longrightarrow 2Cu_2O；2 — 2Ni + O_2 \longrightarrow 2NiO；3 — \frac{1}{2}S_2 + O_2 \longrightarrow SO_2；$$

$$4 — 6FeO + O_2 \longrightarrow 2Fe_3O_4；5 — 2CO + O_2 \longrightarrow 2CO_2；6 — 2H_2 + O_2 \longrightarrow 2H_2O；$$

$$7 — 2Fe(s) + O_2 \longrightarrow 2FeO(s)；8 — Fe_3O_4 + C \longrightarrow 3FeO + CO；9 — C(s) + O_2 \longrightarrow CO_2(g)；$$

$$10 — 2C(s) + O_2 \longrightarrow 2CO(g)；11 — Si(s) + O_2 \longrightarrow SiO_2(s)；12 — 2Mg + O_2 \longrightarrow 2MgO$$

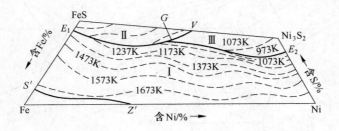

图 15-2 $Ni-Ni_3S_2-FeS-Fe$ 体系状态图

从图 15-2 可知：

（1）液相面以上，四组分（$Ni-Ni_3S_2-FeS-Fe$）完全互熔。

（2）等温线表明，最高熔点区靠近 Fe-Ni 边，最低熔点区靠近 E_2，故镍锍的金属化程度愈高则熔点愈高。E_2 共晶的最低熔点为 645℃。

（3）两条二元共晶线 E_2G、E_1G 和结晶转变线 VG 分为三个初晶面区。镍锍品位一般为 16% ~ 20%。Ⅰ区（熔点较高区域）中表现熔炼镍的炉温要求比铜高。

　　铜镍锍为硫化镍铜精矿熔炼造锍的产物，主要组成为 Ni_3S_2、FeS、Cu_2S，属 Ni-Cu-Fe-S 四元系，含少量钴硫化物、少量金属和微量 PGM。其中还有 Fe_3O_4 和其他造渣组分。铜镍锍因增加了 Cu_2S 组分，铜镍锍的熔点比镍锍略低。

　　还原条件下（如电炉）产出的铜镍锍称为低硫镍锍，其硫含量比氧化条件下（如反射炉、闪速炉）产出的铜镍锍（普通铜镍锍）的硫含量低，硫含量为 22% ~ 27%，此硫含量不足以使全部金属生成硫化物。硫含量低是因部分铁被还原为金属或氧化物（Fe_3O_4）而熔于铜镍锍中。

　　固体铜镍锍的密度为 4.5 ~ 5g/cm³，熔点为 1000 ~ 1050℃，电导率为 50Ω/cm。Cu_2S、FeS、Ni_3S_2 等硫化物熔体的表面张力为 $(300 ~ 500) \times 10^{-3}$ N/m，$Fe\text{-}Ni_3S_2$、$FeS\text{-}Cu_2S$ 系熔体与 $2FeO \cdot SiO_2$ 熔体间的表面张力为 $(20 ~ 60) \times 10^{-3}$ N/m。因此，铜镍锍易悬浮于渣中。

15.2.1.3　炉渣组成与特性

　　硫化铜镍混合精矿熔炼造锍时，产出的炉渣与熔炼硫化镍精矿、硫化铜精矿产出的炉渣相似，主要为铁橄榄石型，属于 $FeO \cdot SiO_2$ 系和 $FeO \cdot SiO_2 \cdot CaO(MgO)$ 系。$FeO \cdot SiO_2 \cdot CaO(MgO)$ 系状态图如图 15-3 所示。

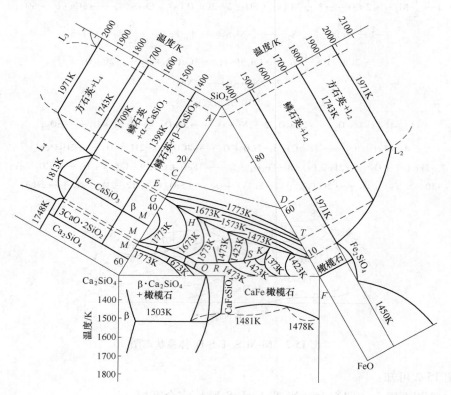

图 15-3　$FeO \cdot SiO_2 \cdot CaO(MgO)$ 系状态图

粗实线—液相界线；细实线—等温液相线；虚线—等氧压线

　　利用这些氧化物的共晶组成可获得熔点较低的炉渣，部分氧化物的熔点为：FeO 1360℃、$2FeO \cdot SiO_2$ 1244℃、MgO 2800℃、$MgO \cdot SiO_2$ 1543℃、Al_2O_3 2050℃、Al_2O_3 ·

SiO_2 1545℃、$FeO \cdot CaO \cdot 2SiO_2$ 980℃。

如 $2FeO \cdot SiO_2$（Fe_2SiO_4）铁橄榄石附近的熔点较低，约为 1200℃，加入 CaO 后，熔点有所降低，可降至图 15-3 中 S、K 点附近的 1100℃ 左右。熔炼造锍时还须关注 Fe_3O_4 的变化，从图 15-4 可知，1200~1300℃ 时，Fe_3O_4 的饱和溶解度为 10%~20%，可认为铜镍锍吹炼产出的炉渣为 Fe_3O_4 饱和的 $FeO \cdot SiO_2$ 炉渣。

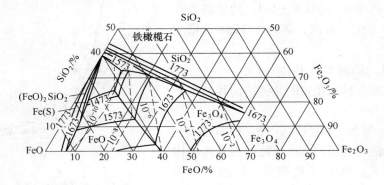

图 15-4　$FeO \cdot Fe_2O_3 \cdot SiO_2$ 体系液相面（温度单位为 K）

粗实线—液相界线；细实线—等温液相线；虚线—等氧压线

炉渣的熔点和黏度因炉渣各组分含量不同而异。由于镍矿含 MgO 高，炉渣中 MgO 含量较高。当炉渣中 MgO 含量低于 10% 时，对炉渣性质影响小；当炉渣中 MgO 含量大于 13% 时，炉渣熔点急剧升高（见图 15-5），黏度增大，单位电耗增大。

从图 15-5 可知，由于析出难熔的 $2MgO \cdot SiO_2$（熔点 1890℃），恶化了炉渣性质。但当炉渣中 MgO 含量大于 22% 时，炉渣电导率增大，随渣中 MgO 含量升高和 FeO 含量下降，渣中有价金属含量下降。炉渣中 CaO 含量为 3%~8% 时，对炉渣性质影响小；但当炉渣中 CaO 含量达 18% 左右时，炉渣电导率增大 1~2 倍，密度和黏度下降，熔点升高，金属硫化物在渣中的溶解度下降。

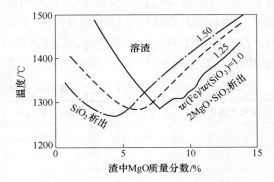

图 15-5　$Fe\text{-}O\text{-}MgO\text{-}SiO_2$ 渣系的液相线

（$P_{O_2} = 5.6 \times 10^{-7} Pa$）

炉渣中 FeO 含量上升可降低炉渣熔点，当炉渣组成为 $FeO \cdot CaO \cdot 2SiO_2$ 时，熔点为 980℃。炉渣中 SiO_2 含量大于 40%、Al_2O_3 含量大于 13% 时，MgO 含量愈高，炉渣黏度愈大；含适量的 FeO、CaO 可降低炉渣黏度。过热易流动的炉渣的黏度为 0.3~0.5Pa·s（室温水的黏度为 0.001Pa·s，甘油的黏度为 0.78Pa·s）或以下，此时，炉渣与锍分离良好，易从熔炉中放出。当炉渣黏度增至 1.0Pa·s 以上时，炉渣较浓稠，难与锍分离，难从熔炉中放出。当炉渣黏度增至 3~4Pa·s 时，则无法从熔炉中放出。不同温度下，工业炉渣及合成炉渣黏度与碱度的关系如图 15-6 所示。

从图 15-6 可知，在 1200℃、1300℃ 及碱度大于 1.5 时，炉渣黏度均低于 0.2Pa·s。

随炉渣熔点和黏度升高，熔炼能耗增大。以电炉熔炼为例，加拿大汤普森炉渣中$w(MgO) \approx$ 5% 时，电耗约为 400kW·h/t；金川公司炉渣中 MgO 含量为 16% ~ 19%，电耗为 600 ~ 650kW·h/t；俄罗斯北镍公司炉渣中 MgO 含量为 18% ~ 22%，电耗高达 810 ~ 850kW·h/t，约比汤普森炉渣的电耗高 1 倍。因此，炉渣中 MgO 含量应不大于 15%。

15.2.1.4　炉渣中的 PGM 损失

某些金属和金属硫化物的晶体结构和晶体半径列于表 15-1 中。

从表 15-1 可知，除锇、钌外，PGM 与铜、镍、铁、铅、钴等金属和金属硫化物的晶体结构和晶体半径相近，PGM 亲硫疏氧，炉渣主要为各种组分的氧化物，铜镍锍为低价金属硫化物的共熔体，其间组分靠金属键或离子键连接，具有类金属性质。根据相似相溶原理，PGM 必然选

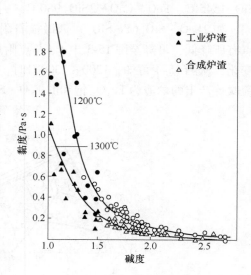

图 15-6　温度对炉渣黏度的影响
$(K_P = w(CaO) + w(FeO) + w(Fe_2O_3) +$
$w(MgO) + w(SiO_2) + w(Al_2O_3))$

择与熔融金属和金属硫化物结合而远离炉渣。因此，熔融锍是 PGM 的良好捕集剂，PGM 可在熔融锍中获得有效富集。在 1200 ~ 1500℃ 时，镍锍的电导率为 (4.6 ~ 4.9) × 10^3 S/cm；工厂低镍锍在 1190 ~ 1320℃ 时的电导率可达 (3.75 ~ 4.4) × 10^3 S/cm；工厂高镍锍在 1200 ~ 1400℃ 时的电导率可达 9 × 10^3 S/cm；而 FeS 在 1400℃ 时的电导率为 1500S/cm，故高镍锍比 FeS 更类似于金属。镍锍的电导率随温度上升而明显下降，属电子导电体系。因此，贵金属原子易进入熔融锍中并降低体系的自由能。

表 15-1　某些金属和金属硫化物的晶体结构和晶体半径

金属和金属硫化物	晶体结构	晶体半径/pm	金属和金属硫化物	晶体结构	晶体半径/pm
Co	立方晶系	3.55	Os	密集六方	2.73
Cu	立方晶系	3.60	Ru	密集六方	2.71
γ-Fe	立方晶系	3.68	PbS	立方晶系	5.97
Ni	立方晶系	3.94	β-ZnS	立方晶系	5.43
Pd	立方晶系	3.29	Cu_2Se	立方晶系	5.75
Pt	立方晶系	3.92	α-Cu_2S	立方晶系	5.56
Pb	立方晶系	4.00	α-Ag_2S	立方晶系	4.88
Rh	立方晶系	3.80	Ni_3S_2	立方晶系	4.08
Ir	立方晶系	3.84	FeS	六方晶系	3.43

化学分析中常采用"锍试金"法分析样品中的低、痕量贵金属，可用镍锍、铜镍锍作捕集剂，从矿石中富集回收含量仅 0.01 ~ 0.001g/t 的超微量贵金属。

当炉渣熔点、黏度较低，渣与锍分离良好时，PGM 可与炉渣彻底分离而被锍完全回

收；当炉渣熔点、黏度升高，由于锍残留于渣中的比例增大，造成锍中 PGM 回收率下降。因此，炉渣的成分、熔点、黏度、流动性、密度等是熔炼过程能否正常进行和能否获得较高技术经济指标的关键因素，熔炼的关键是炼好渣。

综上所述，PGM 在渣中的损失率与渣中镍含量密切相关。镍在锍和渣间的分配系数与镍锍含铁量和渣中 FeO 与 Fe_3O_4 比值的关系如图 15-7 和图 15-8 所示。

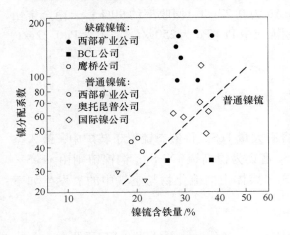

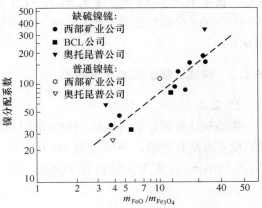

图 15-7　镍分配系数与镍锍含铁量的关系　　　　　图 15-8　镍分配系数与渣中 FeO 与 Fe_3O_4 比值的关系

硫化铜镍混合精矿熔炼造锍时，PGM 在 Cu-Ni-Fe 锍（低镍锍）中的回收率常大于 90%～95%（PGM 含量高时可大于 98%～99%）。国际镍公司汤普森镍厂电炉熔炼的低镍锍成分为：（Ni + Cu）17%，Fe 47%，S 26%；炉渣成分为：Fe 36%，SiO_2 36%，（Ni + Cu）0.3%。哈贾伐尔塔冶炼厂和奥托昆普研究中心合作开发的闪速炉可直接产出高镍锍，要求电炉渣中镍含量小于 0.3%。

当渣中镍损失率较大时，常采用贫化电炉处理，用焦炭作还原剂以降低渣中 Fe_3O_4 含量和镍含量（见图 15-9 和图 15-10）。因此，电炉贫化操作中，常用渣中 Fe_3O_4 含量作为控制参数。

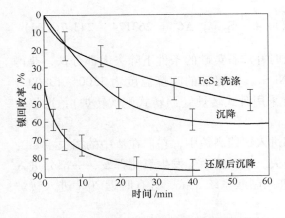

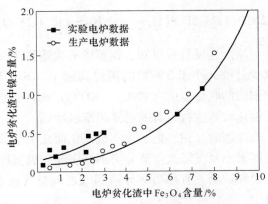

图 15-9　电炉熔炼渣时各种贫化措施比较　　　　　图 15-10　电炉弃渣中镍含量与渣中 Fe_3O_4 含量的关系

可根据有关相图、结合物料成分、当地熔剂供应和能源条件等因素，选择合理的渣型、熔炼设备和技术操作，以使 PGM 有效地回收于铜镍锍中。

正常生产中，PGM 和金在电炉渣中的含量均小于 1g/t。如南非吕斯腾堡公司处理麦伦斯基 PGM + Au 为 111 ~ 150g/t 的浮选精矿，获得 PGM + Au 为 500 ~ 600g/t 的锍，渣中 PGM + Au 为 0.54g/t，回收率不小于 99%；金川二矿区富矿 PGM + Au 为 2g/t 的浮选混合精矿，锍中 PGM + Au 为 35g/t，渣中 PGM + Au 为 0.27g/t，回收率约 90%；云南金宝山 Pt + Pd 为 60g/t 的浮选混合精矿，电炉试验铜镍锍中 Pt + Pd 为 250g/t，渣中含 Pt 0.22g/t、Pd 0.6g/t。

15.2.2 镍锍、铜镍锍的吹炼原理

15.2.2.1 吹炼原理

熔炼硫化矿精矿所得镍锍、铜镍锍中均含有大量 FeS。将液态锍置于转炉中，鼓入空气以使 FeS 氧化造渣，使镍锍由 xFeS · yNi$_3$S$_2$ 富集为镍高锍 yNi$_3$S$_2$，铜镍锍则由 xFeS · yCu$_2$S · zNi$_3$S$_2$ 富集为铜镍高锍 yCu$_2$S · zNi$_3$S$_2$。熔体中的硫化物与空气中的氧发生如下反应：

$$\frac{2}{3}Cu_2S(l) + O_2 \longrightarrow \frac{2}{3}Cu_2O(l) + \frac{2}{3}SO_2 \uparrow \qquad \Delta G^\ominus = -256898 + 81.17T(J)$$

$$\frac{2}{7}Ni_3S_2(l) + O_2 \longrightarrow \frac{6}{7}NiO(l) + \frac{4}{7}SO_2 \uparrow \qquad \Delta G^\ominus = -337230 + 94.06T(J)$$

$$\frac{2}{3}FeS(l) + O_2 \longrightarrow \frac{2}{3}FeO(s) + \frac{2}{3}SO_2 \uparrow \qquad \Delta G^\ominus = -303340 + 52.68T(J)$$

从上述反应式的自由能变化可知，其氧化顺序为：FeS > Ni$_3$S$_2$ > Cu$_2$S。吹炼时，铜镍锍中的 FeS 最先氧化为 FeO，并与加入转炉中的 SiO$_2$ 生成 2FeO · SiO$_2$ 炉渣被除去。FeS 氧化时，铜、镍硫化物会被部分氧化，但铜、镍氧化物会与大量存在的铁硫化物作用转化为硫化物。其反应可表示为：

$$Cu_2O(l) + FeS(l) \longrightarrow Cu_2S(l) + FeO(l) \qquad \Delta G^\ominus = -68664 - 42.76T(J)$$

$$2NiO(l) + 2FeS(l) \longrightarrow \frac{2}{3}Ni_3S_2(l) + 2FeO(l) + \frac{1}{3}S_2 \uparrow \qquad \Delta G^\ominus = 263174 - 243.76T(J)$$

从上述反应式可知，铜镍锍的吹炼是在及时补加石英砂的条件下除去大部分铁，获得含少量铁（小于 3%）的铜镍高锍 yCu$_2$S · zNi$_3$S$_2$。铜镍锍的吹炼温度为 1300 ~ 1380℃，比铜锍的吹炼温度（1200 ~ 1300℃）高。通常采用卧式转炉（回转式侧吹转炉），近年为了强化吹炼过程，有的已采用富氧吹炼。

吹炼时，铂、钯、金不被氧化而几乎全部进入铜镍高锍中，它们在渣中的损失主要为高锍来不及沉降及与渣分离不好引起的机械损失。锇、钌由于发生氧化挥发，一部分进入烟尘和炉渣，有相当部分随烟气进入空气或进入制酸系统。铱、钌有时近 20% 进入转炉渣中。

铜镍锍转炉吹炼时，PGM 在产物中的分配列于表 15-2 中。

表 15-2 铜镍锍转炉吹炼时，PGM 在产物中的分配

吹炼产物	Pt	Pd	Os	Ir	Ru
高 锍	96.2	95.1	58.8	79.1	66.1
转炉渣	2.9	3.4	13.0	18.7	17.8
烟 尘	0.64	0.64	15.4	7.3	—
平衡差值	0.26	0.5	12.8	0.9	11.9

工业生产中，烟尘和前期渣返回造锍熔炼。后期渣含镍较高，一般在专门电炉中贫化获得钴镍锍，同时回收 PGM。苏联生产实践表明，低品位铂族金属原料在熔炼、吹炼过程中的实收率可达 90% ~95%。南非吕斯腾堡铂矿公司和帕拉铂矿公司由于原料中铂族金属品位较高，火法熔炼时，高锍中的铂、钯、金的回收率可达 99%。

吹炼后期，当铜镍锍中铁含量降至 8% 时，铜镍锍中的 Ni_3S_2 开始剧烈氧化和造渣。因此，为了降低渣中镍含量，当铁含量吹炼至不低于 20% 时便放出熔渣，并加入新的低锍，直至炉内有足够数量的富铜镍锍时才进行操作。筛炉是将富铜镍锍中的铁集中吹炼至 2% ~4%，产出镍、铜含量合计为 45% ~50% 的高锍。由于铜硫化物比镍硫化物更稳定而不易被氧化，大部分仍以 Cu_2S 形态保留在高锍中，仅少部分被氧化为 Cu_2O。氧化后的镍、铜氧化物将与尚未氧化的镍、铜硫化物产生交互反应，在高锍中产生金属相。反应式为：

$$MeS + O_2 \longrightarrow Me + SO_2 \uparrow$$

$$MeS + 2MeO \longrightarrow 2Me + SO_2 \uparrow$$

因此，吹炼后期获得的高锍为 $Ni_3S_2 \cdot Cu_2S \cdot FeS$（仅含少量 FeS）和镍铜铁合金的共熔体。当高锍中硫含量小于 17%，镍铜铁合金产率大于 15% 时，称为"金属化高锍"。若吹炼终点要求硫含量控制为 1%，则最终吹炼温度要达到 1700 ~1800℃，须采用卡尔多炉（旋转式氧气顶吹转炉，呈圆筒形，绕竖轴不断回转）吹炼。如在 1600℃ 镍锍或镍锍电解残极，可获得粗金属镍，此时铂族金属大部分富集于金属镍中。镍高锍用卡尔多炉吹炼时贵金属在金属镍中的分配列于表 15-3 中。

表 15-3 镍高锍用卡尔多炉吹炼时贵金属在金属镍中的分配（质量分数）

项 目	贱金属含量/%				贵金属含量/$g \cdot t^{-1}$				
	Ni	Cu	Fe	S	Pt	Pd	Au	Os	Ru
镍高锍电解残极	66.6	5.1	1.58	24.2	16.5	7.0	8.7	1.22	1.62
金属镍	86.5	6.9	1.5	3.0	20.7	9.0	10.1	1.49	1.98
金属镍中的直收率/%	91.3	93.0	69.3	—	88.2	90.4	81.6	85.3	83.6

吹炼时形成金属相后，铂族金属主要富集于金属相中。由于在自然界中铂族金属常与铁共生，高温下，铁与铂族金属形成连续固溶体。Pt-Ni、Pd-Ni 在 600℃ 以上时也存在连续固溶体，其他铂族金属在高温下也溶于镍中。镍铁合金中若含一定数量的铜时，可降低合金熔点，更有利于铂族金属的回收。Plummer 和 Beamish 等人的研究表明，Ni-Cu-Fe 合金一次捕收铂、钯、铑、锇、钌的回收率大于 98%，捕收铱的回收率约 95%。

金属铜对铂族金属也有很强的捕收能力。铜为面心立方结构，原子半径与铂族金属接近，与铂、钯、铑可形成固溶体，可溶解一定量的铱，故金属铜可作为铂族金属的捕集剂。吹炼铜锍时，早期产出的少量炉底铜中捕集了大部分金、铂、钯。若能先分离出这部分铜再继续吹炼，则产出的后期铜中基本不含贵金属。吕斯腾堡铂矿公司采用此原理处理提纯厂的残渣，残渣含铜、镍、银、硒、碲等造渣氧化物和约 3100g/t 的铂族金属和金。熔炼获得富集贵金属的铜锍后，加入少量金属铜共熔或吹炼产出一定数量的金属铜以富集贵金属。当金属铜的产率为 23.5% 时，贵金属在其中的捕集回收率为：Au 98.9%，Pt 97%，Pd 95%，Ru 88.5%，Rh 99%，Ir 大于 90%，Ag 38.5%。大部分银及硒、碲等贱金属主要留在铜锍中。

15.2.2.2　熔炼造锍，吹炼过程中锇、钌去向

锇、钌与其他铂族金属的性质有较大差异。锇、钌的熔点高，易氧化。锇、钌的高价氧化物的沸点低（OsO_4 的沸点为 131.2℃，RuO_4 在 108.8℃ 时的蒸气压为 24.3kPa），易挥发。但锇、钌高价氧化物又易被金属、硫等还原为低价氧化物 MeO_2 或金属而不再挥发。锇、钌四氧化物的某些还原反应列于表 15-4 中。

表 15-4　锇、钌四氧化物的某些还原反应

还原反应式	$\Delta G^{\ominus}/kJ \cdot mol^{-1}$		
	1000℃	1200℃	1400℃
$OsO_4 + 4Fe \rightarrow Os + 4FeO$	−518.0	−484.5	−451.0
$OsO_4 + 4Ni \rightarrow Os + 4NiO$	−306.1	−305.9	−309.6
$RuO_4 + 4Fe \rightarrow Ru + 4FeO$	−703.2	−694.5	—
$OsO_4 + 2S^0 \rightarrow Os + 2SO_2$	−117.7	−140.2	−162.8
$RuO_4 + 2S^0 \rightarrow Ru + 2SO_2$	−320.8	−372.4	−421.2
$RuO_4 + 2SO_2 \rightarrow RuO_2 + 2SO_3$	−84.1	−52.7	—
$OsO_4 + 2SO_2 \rightarrow OsO_2 + 2SO_3$	+92.5	+121.3	

因此，熔炼造锍，吹炼过程中，锇、钌的去向要比铂、钯复杂，其损失受更多因素影响。其主要影响因素为：

（1）加热熔化时间及温度：加有放射性同位素 106Ru、191Os 的烧结块在空气中熔炼时，锇、钌的挥发率与加热熔化时间及温度的关系如图 15-11 所示。在 900 ~ 1000℃ 时，锇剧烈氧化挥发，1100℃ 时锇的挥发率达最高值。稍后，钌于 1000 ~ 1200℃ 时，剧烈氧化挥发，1350℃ 时，钌的挥发率达最高值。氧化挥发延续 15 ~ 30min，物料熔化后，由于锇、钌在物料中的活度降低而不再氧化挥发。因此，为降低熔炼时锇、钌的挥发率，须缩短物料的熔化加热时间，尽量使氧化反应在熔融状

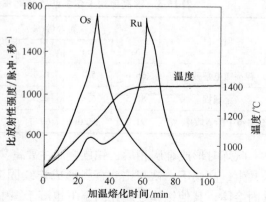

图 15-11　锇、钌的挥发率与加热熔化
时间及温度的关系

态下进行，故采用悬浮熔炼和闪速熔炼可降低锇、钌的挥发率。

在中性气氛下熔炼时，当物料中含有氧化剂时，锇、钌也将挥发损失。如常见的 Fe_2O_3 可使其挥发率达氧化气氛中的 1/3。

（2）熔炼气氛：熔炼时，锇、钌因氧化而进入炉渣的量与气氛密切相关。熔炼时，钌在锍和渣中的分配数据列于表 15-5 中。

表 15-5　熔炼时，钌在锍和渣中的分配数据

熔炼气氛	熔炼时间/min	产率/%		钌分配率/%		分配系数 α
		锍	渣	锍	渣	
氧化气氛	1	15.2	84.8	86.24	13.81	0.16
	35	9.2	90.8	73.08	26.92	0.37
	75	5.7	94.3	57.85	42.21	0.73
中性气氛	1	27.6	72.4	88.56	11.90	0.13
	55	27.5	72.5	92.34	7.60	0.08

（3）氧化程度：铜锍吹炼为粗铜时，生成的 Cu_2O 可使锇氧化挥发，并随氧化程度的提高而加剧（见表 15-6）。因此，物料中含锇时，应控制氧化程度，防止过吹。

表 15-6　Cu-Cu_2S 氧化吹炼时锇的回收率

熔体成分/%	Cu	76.8	80.5	89.0	91.7	75.9	14.3
	Cu_2S	21.4	19.5	11.0	—	—	—
	Cu_2O	—	—	—	8.3	24.1	85.7
锇在铜中的回收率/%		99.3	97.6	99.8	46.2	21.2	3.3

（4）收尘装置：氧化挥发的锇富集于烟尘中。如俄罗斯有的电收尘器烟尘中含锇达 1000～2000g/t，洗涤塔洗涤泥中含锇达 500～700g/t，这两部分收尘产物中锇含量占全部挥发锇约 20%。约 80% 挥发锇进入烟气，其中约 40% 进入电除雾净化烟气时产出的洗涤酸（污酸）中，锇含量达 0.3～9mg/L；其余 40% 随 SO_2 进入制酸系统并富集于硒泥中，其中硒含量 20%～80%，含锇 200～700g/t。

硫化钼矿中的 187Re 衰变时转化为 187Os，在 550～770℃ 氧化焙烧时，90% 以上的锇将氧化挥发进入烟气，且绝大部分进入电收尘时被还原而进入电收尘溶液中。用碳酸钠中和沉淀钼时，锇与钼一起进入中和渣中，渣中锇含量比原料中的锇含量高约 5000 倍。

15.3　硫化铜镍浮选混合精矿的造锍-吹炼生产实践

15.3.1　概述

硫化铜镍浮选混合精矿的造锍熔炼可在鼓风炉、电炉或闪速炉中进行。吹炼常采用卧式侧炉吹转炉，部分厂采用氧气顶吹转炉。现世界主要铂族金属冶炼厂的基本资料列于表 15-7 中。

表 15-7　现世界主要铂族金属冶炼厂的基本资料

厂名(国别)	Anglo 1 Rustenburg (南非)	Anglo 2 Swartklip (南非)	Impala Platinum (南非)	Lonmin Platinum (南非)	Northam Platinum (南非)	Stillwater (美国)	Nonilsk Nickel-1 (俄罗斯)
投产时间	1926 年	1973 年	1969 年	1971 年	1992 年	1990 年	20 世纪 40 年代初
铂族年产量/t	129.45	23.45	115.86	54.68	11.97	18.63	106.06
镍年产量/t	22.1	2.6	16.4	3.18	1.51	0.75	239
转炉投产时间	2002 年	不详	—	—	1992 年	1999 年	20 世纪 40 年代初
类型及台数	Ausmelt(ACP)1, Peirce-Smith6	—	Peirce-Smith 2 +4	Peirce-Smith 3	Peirce-Smith 2	Kald 炉 (TBRC)2	俄罗斯 6
配置	急骤 干燥器	急骤 干燥器	喷雾 干燥器	急骤 干燥器	急骤 干燥器	流态化床 干燥器	烧结设备
熔炼炉[①]	炉渣 V 锍 V	炉渣 V 锍 ×	炉渣 V 锍 ×	炉渣 V 锍 ×	炉渣 V 锍 ×	炉渣 × 锍 V	—
转炉[①]	炉渣 V 锍 ×	— 锍 V	炉渣— 锍 V	炉渣 V 锍 V	炉渣 V 锍 V	炉渣 V 锍 V	—
烟囱高度/m	183	100	77(91)	120	200	26	—
硫酸厂	有	无	有	无	无	无	—
气体净化 设备	陶瓷过滤器	静电除尘器	静电除尘器	集尘室,静电除尘器,双碱湿式洗涤器	静电除尘器,湿式洗涤器	集尘室,SO₂ 湿式洗涤器	—
转炉渣 返回熔炼	不返回	不详	不返回	不返回	返回	返回	返回
熔炼炉类型	成排 6 电极长方形电弧炉,3 电极交流圆筒形电弧炉	成排 6 电极长方形电弧炉	成排 6 电极长方形电弧炉 3 号,成排 6 电极长方形电弧炉 5 号	3 电极交流圆筒形电弧炉		3 电极长方形电弧炉	成排 6 电极长方形电弧炉 5,渣贫化电炉 2
功率/MW[②]	39,39,28	19.5	38,35	28(60)	15(16.5)	5.0	75,20
功率通量 /kW·m⁻²	165	110	180,180	320	90	150	
尺寸/m×m (×m)	25.8 ×8.0	25.3 ×7.0	25.9 ×8.2	—	25.9 ×8.7 ×5.6	9 ×5	
电极直径/mm	1100,1200	1250	1140,1140	1400	1000	305	1500
投产时间	2003 年	1973 年	2001 年, 1992 年	2002 年	1992 年	1999 年	—
精矿品位 /g·t⁻¹	150	145	130	300 ~500	130	600 ~1200	

① 制粒条件下: V 表示制粒, × 表示不制粒, —表示缺乏资料;

② 括号中的单位为 mV·A。

　　以生产铂族金属为主的现代冶炼厂(如南非、美国、津巴布韦、俄罗斯)的硫化铜镍混合精矿原料中, 铂族金属含量常为 150g/t(75 ~1200g/t), 常采用电炉(一般为埋弧电弧炉）进行造锍熔炼，产出含铂族金属的铜镍低锍。然后常采用卧式侧吹转炉进行铜镍低锍吹炼，转炉渣中铂族金属和金的含量常大于 10g/t，可返回熔炼，也可将转炉渣磨细后进行浮选或用专门的渣贫化炉处理。

以生产镍为主金属的冶炼厂和一般的处理硫化镍精矿的冶炼厂相似，如俄罗斯的诺里尔斯克、纳杰日达冶炼厂（Norilsk Nickel、Nadezhda Smelter）泰米尔采用 2 台奥托昆普闪速炉、炉膛区为 245m²，每台精矿熔炼能力为 135～180t/h；1 台瓦纽柯夫（Vanukov）炉；3 台三电极炉渣贫化炉，每台功率为 18MW（正常操作为 8～11MW）；1 台炉渣贫化回转炉；4 台旋转阳极炉。

我国金川公司于 1992 年引进澳大利亚奥托昆普技术，取代了原熔炼用的矩形电弧炉，新炉将闪速炉和贫化电炉合二为一。

15.3.2　鼓风炉熔炼和电炉熔炼

15.3.2.1　概述

鼓风炉为最早的炼镍设备之一。1937 年庄信万丰公司在南非吕斯腾堡铂矿公司建成一座鼓风炉用于熔炼铂族精矿，很快发展为 4 台风口为 3.0m×3.6m 的鼓风炉。鼓风炉有水套和前床，用于熔炼布什维尔德矿麦伦斯基矿山产出的精矿，一直沿用至 20 世纪 60 年代。鼓风炉熔炼工艺的主要缺点为：（1）精矿熔炼前须制粒；（2）精矿制粒后的强度不够，易粉碎；（3）炉渣熔点太高，鼓风炉工艺不适应；（4）低浓度 SO_2（1%～2% SO_2）污染环境；（5）炉温低，无法满足 MgO 含量高的浮选精矿需提高炉温的要求；（6）焦炭价格高。

冶炼厂进一步扩大生产规模时，选择了电炉熔炼。南非沃特沃尔（Waterval）电炉熔炼冶炼厂于 1969 年投产，电弧炉成为大型冶炼厂熔炼硫化铜镍混合精矿的主要设备而被普遍采用。但是，鼓风炉熔炼具有投资小、建设周期短、操作简单、易控制等特点，加之炉顶密封、富氧鼓风等先进技术的应用，传统的鼓风炉熔炼工艺具有改善环境、降低能耗、加强烟气回收利用等诸多优点，对中、小型冶炼厂而言仍为可选的熔炼工艺。

15.3.2.2　设备与工艺流程

现代铜镍冶炼厂常采用复合式电炉熔炼矿石和浮选精矿,称为矿热电炉。其主要优点为：

（1）熔池温度较高且易调节，可处理难熔物料含量较高的原料，炉渣易过热，有利于 Fe_3O_4 的还原，渣中有价金属含量低。

（2）炉气量较小，含尘量较低，电炉密封设施完善，可提高烟气中 SO_2 的浓度和可利用度。

（3）对物料成分变化的适应性强，可处理一些杂料和返料。

（4）易操作和控制，易机械化和自动化。

（5）炉气温度低，热利用率达 45%～60%，炉顶和部分炉墙可用廉价的耐火黏土砖砌筑。

电炉熔炼的主要缺点为：

（1）电能耗量大，电费较高时的生产成本高。

（2）炉料含水量不高于 3%。

（3）脱硫率仅 16%～20%，较低。处理硫含量高的物料时，熔炼前须进行焙烧预脱硫。硫化铜镍混合精矿的焙烧-电炉熔炼-转炉吹炼的典型流程如图 15-12 所示。

由于电炉熔炼脱硫率低，只有硫含量较低的高品位混合精矿可直接入炉熔炼，硫含量

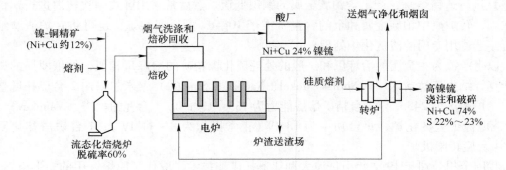

图 15-12　硫化铜镍混合精矿的焙烧-电炉熔炼-转炉吹炼的典型流程

高的低品位精矿熔炼前须进行焙烧预脱硫，才能产出铜镍含量约 24% 的低镍锍。多数厂采用流态化焙烧炉，有的采用回转窑焙烧预脱硫。

电炉结构示意图如图 15-13 所示。

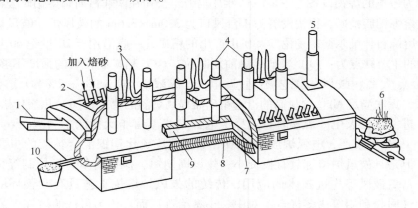

图 15-13　电炉结构示意图

1—转炉渣流槽；2—加料管；3—供电；4—电极；5—炉气；6，9—炉渣；7—焙砂；8，10—低镍锍

电炉熔炼示意图如图 15-14 所示。

15.3.2.3　电炉熔炼操作要求

A　渣中的 MgO 含量

由于硫化铜镍混合精矿中 MgO 含量较高，所产炉渣中的 MgO 含量也较高。当炉渣中的 MgO 含量大于 14% 时，炉渣熔点迅速上升，黏度增大，单位电耗增大。俄罗斯贝辰加镍厂炉渣 MgO 含量与电炉熔炼电耗的关系列于表 15-8 中。

常将渣中的 MgO 含量控制为 10% ~ 12%。

B　渣中的 CaO 含量

渣中的 CaO 含量常为 3% ~ 8%，对炉渣性能影响不大。

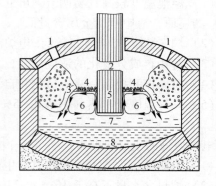

图 15-14　电炉熔炼示意图

1—炉料入口；2—炉气的运动；3—炉料熔化；

4—炉渣被焦炭还原；5—能量输入、分配和转变；

6—炉渣运动和热交换；7—炉渣；8—镍锍

表 15-8 俄罗斯贝辰加镍厂炉渣 MgO 含量与电炉熔炼电耗的关系

炉渣中 MgO 含量/%	10	11	12	13	14	15	16	17	18	19
熔炼电耗/kW·h·t^{-1}	680	700	715	740	750	770	790	820	830	850

C 渣中的 Al$_2$O$_3$ 含量

渣中的 Al$_2$O$_3$ 含量常为 5% ~ 12%，量少对炉渣性能影响不大。但随其含量的增大，炉渣黏度和渣中的金属损失率将增大。

D 渣中的 FeO 含量

渣中的 FeO 含量与炉渣性能密切相关（尤其影响炉渣导电）。随其含量的增大，炉渣熔点降低，流动性变好，但渣密度增大，会降低镍锍与炉渣界面的表现张力，恶化分离条件，导致渣中的金属损失率增大。渣中的 FeO 的适宜含量为 25% ~ 32%。

E 渣中的 Fe$_3$O$_4$ 含量

Fe$_3$O$_4$ 的熔点高（1597℃），密度大（5.18g/cm^3），其含量对电炉熔炼过程影响大。由于电炉熔炼熔池温度高、氧分压较低及炉渣在熔池内的运动比其他熔炼方法剧烈，有利于物料的分解。因此，在高温区，由于 Fe$_3$O$_4$ 在熔渣中的溶解度大，其影响不明显。但进入炉内的沉淀区后，随炉温的降低，Fe$_3$O$_4$ 将从熔渣中析出并常在低镍锍和炉渣之间形成"黏渣层"（具有较高黏度、似半熔状态的沉淀物），影响低镍锍的沉降分离，使炉渣中的镍和铂族金属含量明显增大。此时须采取诸如添加碎焦、生铁、高硫精矿还原法、适当提高炉料中的 SiO$_2$ 含量、升高熔池温度等有效措施加以解决。因炉渣中的 Fe$_3$O$_4$ 含量与炉渣中的镍（或铜）正相关，操作时常用炉渣中的 Fe$_3$O$_4$ 含量，作为控制熔炼过程的重要参数。

15.3.2.4 电炉熔炼的技术参数

电炉熔炼产出的低镍锍和炉渣的组成因入炉物料而异，某些实例列于表 15-9 中。

表 15-9 电炉熔炼产出的低镍锍和炉渣的组成实例（质量分数） （%）

公司	低镍锍组成					炉渣组成							
	Ni	Cu	Co	Fe	S	Ni	Cu	Co	FeO	SiO$_2$	MgO	CaO	Al$_2$O$_3$
贝辰加公司	7 ~ 13	4.5 ~ 13	0.3 ~ 0.5	50 ~ 54	25 ~ 27	0.07 ~ 0.09	0.06 ~ 0.09	0.025	24 ~ 26	43 ~ 46	18 ~ 22	2.5 ~ 4	5 ~ 7
北镍公司	7 ~ 13	4.5 ~ 11	0.3 ~ 0.5	50 ~ 53	25 ~ 27	0.08 ~ 0.11	0.05 ~ 0.10	0.03 ~ 0.04	25 ~ 32	41 ~ 43	12 ~ 25	3 ~ 5	8 ~ 10
诺里尔斯克公司	2 ~ 16	9 ~ 12	0.4 ~ 0.55	47 ~ 49	22 ~ 26	0.09 ~ 0.11	0.05 ~ 0.10	0.03 ~ 0.04	28 ~ 32	41 ~ 43	12 ~ 24	6 ~ 8	8.5 ~ 12
汤普森公司	15 ~ 17	2	—	48 ~ 50	25 ~ 27	0.17	0.01	0.06	47 ~ 50	35 ~ 46	5	4	6
金川公司	12 ~ 18	约9	0.4	46 ~ 50	24 ~ 27	0.08 ~ 0.14	0.1	0.06	30	40	16 ~ 19	6 ~ 8	6
吕斯腾堡公司	16 ~ 18	9 ~ 11	—	33 ~ 42	26 ~ 28	0.1	0.06	—	20	41	15	15	6

南非铂矿早期熔炼麦伦斯基矿料，后掺入 UG-2 矿料，掺入量逐渐增大，使得精矿和炉渣中的 MgO 和 Cr$_2$O$_3$ 含量增加，导致炉渣熔点升高。Lonmin 厂处理的典型精矿成分和相应的炉渣组成列于表 15-10 中。

表 15-10　Lonmin 厂处理的典型精矿成分和相应的炉渣组成（质量分数）

产　物	组成/%								PGM 含量/g·t^{-1}
	Al_2O_3	CaO	Cr_2O_3	Cu + Ni	Fe	MgO	S	SiO_2	
麦伦斯基精矿	1.8	2.8	0.4	5	18	18	—	41	130
掺 UG-2 混合精矿	3.6	2.7	2.8	3.3	15	21	—	47	340
麦伦斯基炉渣	2.0	10	1.2	0.24	28	19	0.5	44	—
掺 UG-2 精矿炉渣	3.9	13	2.4	0.24	9	22	0.3	47	—

　　由于浮选精矿成分的变化（主要是掺入 UG-2 的浮选精矿），MgO 和 Cr_2O_3 含量的升高，导致炉渣熔点升高（如麦伦斯基炉中，炉渣熔点为 1350℃，UG-2 炉中炉渣熔点大于 1600℃）。SiO_2 含量的升高导致黏度增大。因此，随炉料中 UG-2 的精矿增加，锍中夹杂物和炉渣中 PGM 损失率均将升高。为了保证 PGM 的高捕收率和高回收率，锍产率应接近 15%。由于铬在炉渣中的溶解度很低（小于 2%），铬含量高时，炉渣常被富含铬的尖晶石相所饱和。

　　铬含量高时，对电炉熔炼的不良影响为：

　　（1）富含铬的尖晶石在炉渣-锍界面积累，对两者的彻底分离不利；

　　（2）使炉渣黏度增大，引起炉渣和锍的乳化；

　　（3）容易结炉，降低熔炼炉的有效容积和改变炉膛形状；

　　（4）富含铬的尖晶石（$FeCr_2O_4$）污染锍，导致吹炼时渣、锍分离困难。

　　因此，铬含量高的转炉渣不宜返回电弧炉熔炼，须在专门的炉渣贫化炉中熔炼或送选矿厂处理。同时可定期监测电弧炉性能、保持炉渣碱度最佳化、提高熔炼炉的操作温度、采用高功率密度熔炼炉等有效措施，以放宽对铬含量的限制。但铬含量的进一步提高，将很难克服其造成的不良影响，导致造锍熔炼法被合金熔炼法所取代。

　　电炉造锍熔炼时，铂族金属主要富集于低镍锍中，如南非吕斯腾堡铂矿公司处理铂族金属和金含量为 111~150g/t 的浮选精矿，产出的低镍锍中的铂族金属和金含量为 500~600g/t，炉渣中的铂族金属含量仅为 0.54g/t，低镍锍中的铂族金属含量约提高 4 倍，铂族金属回收率大于 90%。即使处理铂族金属含量低的炉料，铂族金属在低镍锍中的富集比也较高，如我国金川公司处理铂族金属含量仅 2g/t 的硫化铜镍浮选混合精矿，低镍锍中铂族金属含量约 30g/t，其富集比约 15，炉渣中的贵金属含量仅约 0.27g/t，低镍锍中铂族金属回收率大于 90%。其具体数据列于表 15-11 中。

表 15-11　我国金川公司硫化铜镍浮选混合精矿电炉熔炼时的贵金属分布情况

产品	项　目	Pt	Pd	Au	Rh	Ir	Os	Ru
锍	贵金属含量/g·t^{-1}	15.98	6.71	6.86	0.72	1.2	1.32	1.72
	贵金属分布率/%	87.29	88.42	86.96	89.06	91.71	89.28	91.72
渣	贵金属含量/g·t^{-1}	0.14	0.05	0.05	0.006	<0.006	0.009	0.006
	贵金属分布率/%	8.69	7.49	7.21	7.07	4.02	6.51	3.03
车间回收率[①]/%		90.33	91.52	91.81	91.81	94.97	92.49	95.93

① 加上电炉结存部分的数据。

15.3.3　闪速炉熔炼

15.3.3.1　概述

闪速炉熔炼为镍熔炼的新技术，它克服了传统熔炼方法未能充分利用粉状浮选精矿巨大比表面积和矿物燃料的缺点，具有能耗低、硫利用率高、环境效益高等优点。闪速炉熔炼有奥托昆普闪速炉熔炼和因柯纯氧闪速炉熔炼两种类型。目前，国内外至少有 5 台奥托昆普型镍闪速炉在生产，如俄罗斯诺里尔斯克厂 1981 年投产，处理量为 1656t/d；我国金川公司 1992 年投产，处理量为 1200t/d。因柯型镍闪速炉炼镍仅进行过试生产，由于镍在锍、渣两相分配比较低（约 65%），一直未能用于工业生产。

15.3.3.2　奥托昆普闪速炉熔炼的工艺流程

奥托昆普闪速炉熔炼硫化镍浮选精矿时，将深度脱水（水含量小于 0.3%）后的粉状硫化镍精矿在加料喷嘴中与富氧空气混合后，以 60～70m/s 的高速从反应塔顶部喷入温度为 1450～1550℃的反应塔内。此时精矿颗粒被气体包围，处于悬浮状态，在 2～3s 内基本完成硫化物分解、氧化和熔化过程。硫化物和氧化物的混合熔体沉入反应塔底部的沉淀池中，继续完成造锍和造渣反应。熔锍和熔渣在沉淀池中进行沉降分离，熔渣流入贫化炉中进一步还原贫化处理后弃去，熔锍送转炉吹炼进一步富集为镍高锍。熔炼产出的 SO_2 烟气经余热锅炉、电收尘后送制酸系统。典型的闪速炉熔炼工艺原则流程如图 15-15 所示。

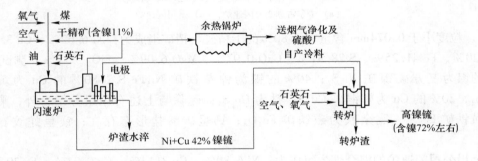

图 15-15　闪速炉熔炼工艺原则流程

闪速炉熔炼的入炉物料中含有干浮选精矿、粉状熔剂、粉煤和混合烟灰等。浮选精矿须干燥至水分含量小于 0.3%。水分含量高于 0.5% 时，易使浮选精矿进入反应塔高温气流时，由于水分迅速汽化而被水汽膜包围，阻碍硫化物氧化反应的迅速进行，导致其呈生料形态沉入沉淀池中。

我国金川公司浮选镍铜混合精矿闪速炉熔炼系统于 1992 年建成投产，它是将引进的澳大利亚闪速炉技术和我国的技术相结合的产物，其炉型结构如图 15-16 所示。

卡尔古利闪速炉和金川闪速炉的主要区别为：炉顶、反应塔与沉淀池的连接部结构不同，而且金川闪速炉从沉淀池至上升烟道以及从贫化区至上升烟道均有过渡斜面（内面带槽的水套），通过改善贫化区的电极结构，使电极孔密封良好。金川闪速炉经 20 多年生产实践，表明其电极操作平稳、电耗低、事故少、维护工作量少。

金川公司进入闪速炉的物料为硫化铜镍浮选混合精矿，水分含量为 8%～10%，先经短窑（设粉煤燃烧室）、鼠笼打散机和气流管三段低温气流快速干燥，产出水分含量为

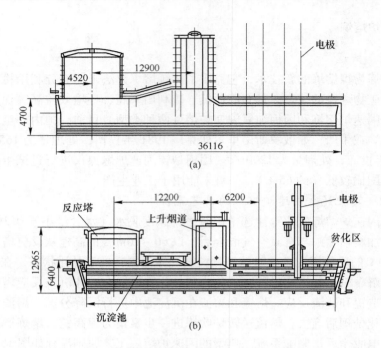

图 15-16　卡尔古利和金川闪速炉结构图

（a）卡尔古利 2 号闪速炉；（b）金川闪速炉

0.3%、粒度小于 0.074mm 含量大于 80% 的干精矿。精矿组成为：Ni 6.62%、Cu 3.07%、Co 0.20%、Fe 41.25%、S 28.31%、CaO 0.97%、MgO 6.09%、SiO$_2$ 7.12%。测试表明，60% 的镍为三方硫镍矿 Ni$_3$S$_2$；40% 的镍为镍黄铁矿 Ni$_5$Fe$_4$S$_8$；80% 的 Cu 为黄铜矿 CuFeS$_2$，20% 的 Cu 为辉铜矿 Cu$_2$S；钴为 Co$_3$S$_4$；硫除与上述有用组分结合外，剩余硫为磁黄铁矿 Fe$_7$S$_8$；剩余铁为磁铁矿 Fe$_3$O$_4$；钙呈碳酸盐形态存在；镁呈蛇纹石形态存在。

金川公司闪速炉的混合烟尘组成为：Ni 6.80%、Cu 3.14%、Co 0.21%、Fe 39.70%、S 3.3%、CaO 1.12%、MgO 6.86%、SiO$_2$ 17.68%。混合烟尘中的硫含量比相应的铜冶炼烟尘中的硫含量低。

所采用的石英熔剂组成为：SiO$_2$ 95.65%、CaO 0.39%、MgO 0.26%、Fe 1.47%、H$_2$O 0.08%。在石英熔剂中，钙、镁呈碳酸盐形态存在，铁呈 Fe$_2$O$_3$ 形态存在。石英砂加工时，将粒度小于 12mm、水分含量小于 5% 的石英砂与用粉煤加热产生的热烟气一起送入烘干式球磨机。磨制石英粉时进行干燥，产出水分含量小于 1%、粒度小于 0.246mm、含量大于 90% 的石英粉，然后用压缩空气送至闪速炉顶的石英粉仓中。

粉煤含水量一般小于 1%，并磨至 -0.074mm 占 90%。加工时将含水量小于 5%、粒度小于 12mm 的原煤加热干燥至含水量小于 1%，并磨至 -0.074mm 占 90%，供硫化铜镍浮选混合精矿干燥和熔剂加工使用。

15.3.3.3　闪速炉熔炼的反应过程

铜镍混合精矿和石英熔剂混合物料的矿物组成常为：(Ni, Fe)$_9$S$_8$、CuFeS$_2$、Fe$_7$S$_8$、Fe$_2$O$_3$、FeS$_2$、MgO、SiO$_2$、CaO 等。在反应塔的高温条件下，高价硫化物发生离解反应和部分氧化反应。

在闪速炉熔炼的高温和氧化气氛条件下，利用铁对氧的亲和力大于镍、铜对氧的亲和力，铁优先氧化，导致精矿中的一部分硫和铁被氧化，生成的 SO_2 进入烟气中，被氧化的铁与脉石及熔剂中的氧化物造渣。闪速熔炼时，须严格控制入炉的氧料比，可准确控制部分 FeS 不被氧化，这部分残存的 FeS 可与 Ni_3S_2（Cu_2S）形成预定组分的镍（铜）锍，如金川公司的镍（铜）锍典型组成为：Ni 31%、Cu 14%、Fe 28%、S 24%。因此，造锍熔炼是镍和铜的火法富集过程。

当氧化气氛高又缺乏充足的 SiO_2 熔剂时，FeS 和 FeO 均可进一步氧化生成 Fe_3O_4。其反应式为：

$$3FeS + 5O_2 \longrightarrow Fe_3O_4 + 3SO_2$$

$$3FeO + \frac{1}{2}O_2 \longrightarrow Fe_3O_4$$

Fe_3O_4 的熔点高（1597℃），密度大（约 $5g/cm^3$），对炉渣与镍（铜）锍分离不利，导致渣中金属损失率增大；易在炉底析出沉积，降低炉内生产空间和降低熔炉处理能力。

高温下，Fe_3O_4 可被 FeS 和固体碳还原。其反应式为：

$$3Fe_3O_4 + FeS \longrightarrow 10FeO + SO_2$$

$$Fe_3O_4 + C \longrightarrow 3FeO + CO$$

生成的 FeO 与 SiO_2 反应造渣，生成 $2FeO \cdot SiO_2$。熔炼过程中保持适量的石英砂存在是防止 Fe_3O_4 析出的主要控制措施。当 Fe_3O_4 含量过高时，可及时加入生铁使其转化为 FeO。

熔炼过程中，黄铜矿除产生离解反应外，部分黄铜矿与 FeS 产生氧化反应。其反应式为：

$$4CuFeS_2 + O_2 \longrightarrow 2Cu_2S \cdot FeS + 4SO_2 + 2FeO$$

$$4FeS + 3O_2 \longrightarrow 2FeS + 2FeO + 2SO_2$$

反应生成的 FeO 与 SiO_2 造渣。少量铜硫化物氧化为铜氧化物，当有足量 FeS 存在时，又会生成硫化物进入镍（铜）锍中，只有少量的铜以铜氧化物形态溶于渣中。

镍硫化物除产生离解反应外，也有少量的 Ni_3S_2 被氧化进入渣中。其反应式为：

$$2Ni_3S_2 + 7O_2 \longrightarrow 6NiO + 4SO_2$$

反应塔中的镍有 5%～7% 以 NiO 形态进入沉淀池中，故沉淀池中渣含镍高达 0.8%～1.2%。

在反应塔高温和强氧化气氛下，钴硫化物 Co_3S_4 有 30%～40% 被氧化为 CoO 进入渣中，其余的进入镍（铜）锍中。

铜镍混合精矿中的脉石主要为 SiO_2 和碳酸盐，在高温下离解，生成 CaO、MgO 与 SiO_2 造渣。其反应式为：

$$CaCO_3 \xrightarrow{\triangle} CaO + CO_2 \uparrow$$

$$MgCO_3 \xrightarrow{\triangle} MgO + CO_2 \uparrow$$

$$2CaO + SiO_2 \longrightarrow 2CaO \cdot SiO_2$$

$$2MgO + SiO_2 \longrightarrow 2MgO \cdot SiO_2$$

试验数据表明，炉渣中 MgO 含量每增加 1%，炉渣温度将升高 9 ~ 10℃；当炉渣中 MgO 含量超过 8% 时，炉渣中 MgO 含量每增加 1%，炉渣温度将升高 35 ~ 40℃。

15.3.3.4　闪速炉熔炼生产实践

闪速炉熔炼是个复杂的系统过程，闪速熔炼的主要影响因素为：（1）反应塔顶加入的配料比；（2）镍（铜）锍温度；（3）镍（铜）锍组成；（4）渣中铁硅比；（5）贫化区的电耗；（6）贫化区的还原剂耗量等。其中从反应塔顶加入的配料比是决定性的主要工艺参数。通常是根据选定的炉渣组成、镍（铜）锍组成等目标值和入炉物料的组成，经计算机计算、调整和自动控制生产过程。

以处理量为 50t/h 硫化铜镍混合精矿为例，实际产出的镍（铜）锍组成、渣组成与目标值相近。若镍（铜）锍组成为：Ni 28. 39% ~ 34. 20（31）% 、Cu 13. 4% ~ 14. 06（14）% 、Co 0. 61% ~ 0. 65（0. 60）% 、Fe 30. 36% ~ 29. 12（28）% 、S 24. 86% ~ 24. 13（24）% ，渣组成为：SiO_2 33. 57% ~ 35. 65（40. 5）% 、MgO 7. 79% ~ 8. 12（7. 5）% 、CaO 1. 20% ~ 1. 22（1. 2）% ，渣中铁硅质量比 Fe：SiO_2 = 1. 15 ~ 1. 25（1. 2）。上述括号前的数据为实际值，括号内的数据为目标值。实际生产中，主要是通过调整每吨混合精矿的耗氧量来控制镍（铜）锍组成。

1993 年，哈贾伐瓦尔塔冶炼厂与奥托昆普研究中心共同开发了采用闪速炉直接生产低铁镍（铜）锍的新工艺。该新工艺取消了传统的转炉吹炼，无转炉渣返回贫化处理作业；可连续产出 SO_2 气流，改善了制酸条件；减少了吊车运输和废气逸出量及灰尘量，改善了环境；熔炼炉渣还原贫化后的弃渣中镍含量达 0. 3% 、铜含量达 0. 2% 的水平，提高了镍、铜回收率。

15.3.4　熔池熔炼

15.3.4.1　概述

俄罗斯开发了瓦纽柯夫法和北镍法两种不同的熔池熔炼法。瓦纽柯夫熔池熔炼法是从 1949 年发展起来的熔池熔炼法。北镍熔池熔炼法是 20 世纪 70 年代研发的硫化铜镍混合精矿自热熔炼技术，试验在氧气顶吹竖式熔池熔炼炉中进行，1984 年试生产，1986 年 1 月正式投产。

第一座瓦纽柯夫炉于 1977 年在俄罗斯诺里尔斯克铜镍矿业公司铜冶炼厂投入使用，用于处理铜镍质量比 Cu：Ni = 10 的硫化铜镍混合精矿。风口线的炉膛面积为 20m²，处理量约为 2000t/d 炉料。诺里尔斯克铜镍矿业公司的硫化铜镍混合精矿闪速熔炼-电炉贫化炉渣-转炉炼镍高锍工艺成功使用了 20 年。与闪速炉比较，瓦纽柯夫炉的优点为：（1）原料准备简单，可直接处理高品位的铜镍原料；（2）可一步获得镍高锍和弃渣；（3）处理硫化铜镍混合精矿时，单位炉膛面积的生产能力为 60 ~ 80t/（m² · d），为闪速炉的 5 ~ 8 倍；（4）易操作，易维修；（5）投资少，成本低（约为芬兰闪速炉大修费用的 50%）。因此，该公司又新建了世界最大的瓦纽柯夫炉。该炉分两区：氧化熔炼区面积为 60m², 还原区面积为 15m²。计划处理硫化铜镍混合精矿 6000t/d, 获得的高锍中的铜镍总值高达 72% ~ 73%, 铁含量仅 3% ~ 4%。还原区产出的贫化渣计划含 Cu 0.45%、Ni 0.2%。

15.3.4.2 瓦纽柯夫炉的结构

瓦纽柯夫炉的结构如图 15-17 所示。

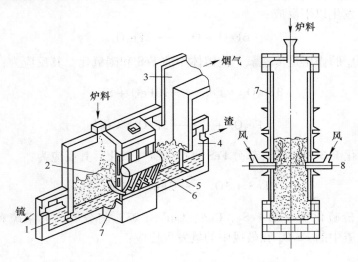

图 15-17 瓦纽柯夫炉的结构
1—铜锍虹吸道；2—熔炼室；3—烟道；4—渣虹吸道；
5—耐火砖砌体；6—空气；7—氧气风管；8—风口熔

瓦纽柯夫炉为具有固定炉床、横断面为矩形的竖炉。炉渣虹吸池及炉顶下部的一段围墙均用铬镁砖砌筑, 其他的侧墙、端墙和炉顶均为水套结构, 外部用架支承。风口设于两侧墙的下部水套上。有的瓦纽柯夫炉每侧有两排风口, 端墙外一端为熔锍虹吸池, 设有排放熔锍的放出口和安全口；另一端为熔渣虹吸池, 设有排放熔渣的放出口和安全口。

大型瓦纽柯夫炉的炉膛中设有水套隔墙, 将炉膛分隔为包括熔炼区和贫化区的双区室。隔墙与炉顶之间留有烟气通道, 炉底之间留有熔体通道, 炉子烟道口设在炉顶中部或设于靠渣池一端的炉顶上。在熔炼区炉顶上设有两个加料口, 贫化区炉顶上设有 1 个加料口。

为了较充分搅拌熔池, 两侧墙风口的对面距离较小, 仅 2.0 ~ 2.5m；炉子长度因处理能力而异, 为 10 ~ 20m；炉底至炉顶高度为 5.0 ~ 6.5m, 较高；熔体上面的空间高度为 3 ~ 4m, 有利于减少带出的烟尘量。风口中心距炉底 1.6 ~ 2.5m, 风口上方渣层厚 400 ~ 900mm；渣层厚度和铜锍层厚度由出渣口和出铜口高度进行控制, 一般为 1.8m 和 0.8m；为防止将粉状炉料被带入烟道, 加料口通常远离烟道口。

15.3.4.3 瓦纽柯夫炉的生产实践

炉料从炉顶加料口连续加入熔炼区, 被鼓入的气流搅拌, 迅速熔入以炉渣为主的熔体中。炉上部的熔体被称为炉渣-熔锍乳化相, 其中包括 90% ~ 95%（体积）的炉渣和

5%～10%（体积）的金属硫化物或金属微粒。由于强烈搅拌，金属或金属硫化物相液滴相互碰撞合并，微粒聚结为 0.5～5mm 的小粒，从上层鼓泡层下落并沉至底相。低于风口水平面的区域为一湍动较弱的区域，在其下部为平静的区域，不同液相珠滴在平静区域内将按密度差迅速分离。

处理金属硫化矿时，瓦纽柯夫过程的基本化学反应为硫化铁的氧化反应。富氧空气直接鼓入熔渣中，发生以下反应：

$$6FeO + O_2 \longrightarrow 2Fe_3O_4$$

渣中的 Fe_3O_4 的作用是传递氧，使熔体中的 FeS 和碳氧化。其反应为：

$$3Fe_3O_4 + FeS \longrightarrow 10FeO + SO_2 \uparrow$$

$$Fe_3O_4 + C \longrightarrow 3FeO + CO \uparrow$$

除 Fe_3O_4 氧化 FeS 外，还有部分 FeS 直接为氧气氧化。其反应为：

$$2FeS + 3O_2 \longrightarrow 2FeO + 2SO_2 \uparrow$$

炉料中的高价硫化物（如 FeS_2、CuS、$CuFeS_2$ 等）将分解为元素硫和低价金属硫化物，产生的硫与渣中的 Fe_3O_4 和鼓风中的氧发生反应：

$$4Fe_3O_4 + 2S^0 \longrightarrow 2FeO + 2SO_2 \uparrow$$

$$2O_2 + 2S^0 \longrightarrow 2SO_2 \uparrow$$

进入熔渣中的 FeS 有部分溶入渣中。

瓦纽柯夫炉中的相界面积大，搅拌强度高，有利于硫和氧之间的交互反应，可阻止炉渣和鼓风中的氧产生 $6FeO + O_2 \rightarrow 2Fe_3O_4$ 的反应而过度氧化。生产实践表明，产出约含铜 60% 的正常熔锍时，渣中 Fe_3O_4 的含量不大于 10%。闪速熔炼时是以固体颗粒或液滴的形态在气流中进行氧化，而瓦纽柯夫的氧化过程不同，瓦纽柯夫的氧化结果使炉渣中的硫化铁含量下降，同时在搅动的乳化相中锍相为非主要产物，导致锍在渣中的损失率最低。

俄罗斯诺里尔斯克铜镍矿业公司铜冶炼厂产出的铜镍锍组成为：Cu 40%～60%、Ni 3.5%～4.5%、S 22.7%～23.5%；渣组成为：Cu 0.65%～0.86%、Ni 0.15%～0.21%、Co 0.05%～0.07%、Fe 40.0%～43.3%、S 0.7%～1.2%、SiO_2 28.9%～30.4%；烟气中 SO_2 含量（体积）为 32%～40%。

15.3.5　转炉吹炼

电炉、鼓风炉及闪速炉产出的低镍锍中含有大量的铁硫化物，须将其氧化除去。通常在转炉中进行吹炼，产出以 Ni_3S_2、Cu_2S 为主，含少量 Cu-Ni 合金和含铁 2%～4% 的镍高锍。

南非早期采用大瀑布型竖式转炉（great-falls-fype converter），20 世纪 60 年代被更有效的 P-S 卧式侧吹转炉（peirce-smith converter）所代替，现代多数冶炼厂使用此类型卧式转炉。卧式侧吹转炉的结构如图 15-18 所示。

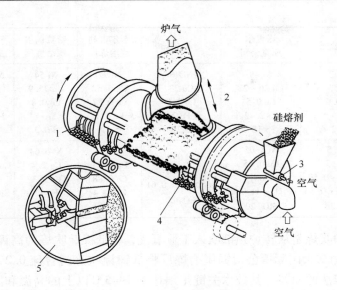

图 15-18 卧式侧吹转炉的结构

1—风口弯管；2—烟罩；3—石英枪；4—风动风口通打器；5—自动风动风口通打器

卧式侧吹转炉由炉基、炉体、送风系统、排烟系统、传动系统及石英、冷料加料系统等组成。某些冶炼厂的卧式侧吹转炉的结构参数、作业条件及产物组成列于表 15-12 中。

表 15-12 卧式侧吹转炉的结构参数、作业条件及产物组成

项　目	北镍公司	诺里尔斯克公司	金川公司	卡尔古利镍冶炼厂	哈贾伐尔镍冶炼厂	汤普森镍冶炼厂	鹰桥镍冶炼厂
转炉尺寸 /m×m	$\phi3.6×6.1$	$\phi4.0×8.5$	$\phi3.66×6.1$	$\phi3.7×6.1$	$\phi3.2×5.8$	$\phi4.1×10.7$	$\phi4.0×7.3$ $\phi4.0×9.1$
风口数 /个	28	48	32	24	28	36	52
风口直径 /mm	38	50	38	50	50.8	41	—
石英耗量 /t·t^{-1}	1.2	2~2.2	0.85	—	—	1.443	1.04
作业时间 /h	34	25~28	12	8	16	25.7	
鼓风量 /m³·min^{-1}	—				250	250	651.3
高锍产量 /t·h^{-1}	1.2~1.5	1.3~1.5	3.5		—	6.25	2.2
低镍锍组成/%	Ni 13 Cu 9	Ni 13 Cu 9 S 26	Ni 16 Cu 19 S 24	Ni 48.4 Cu 3.84 S 25.4	Ni 29.4 Cu 19.6 S 25.4	Ni 15~17 Cu 1 S 25 Fe 48~50	Ni 8.5 Cu 5 S 24.7 Fe 43.7

项　目	北镍公司	诺里尔斯克公司	金川公司	卡尔古利镍冶炼厂	哈贾伐尔镍冶炼厂	汤普森镍冶炼厂	鹰桥镍冶炼厂
高镍锍组成/%	Ni 42 Cu 33 Co 0.6 Fe 2 ~ 4 S 22	Ni 49 Cu 26 ~ 28 Co 0.5 Fe 2 ~ 3 S 18	Ni 46 Cu 23 Co 0.6 Fe 2 S 22	Ni 72 Cu 5.52 Co 0.77 Fe 1.1 S 19	Ni 54 Cu 35.9 Co 0.8 Fe - S 6.3	Ni 75 ~ 79 Cu 3 Co 0.6 Fe 0.5 ~ 1 S 19	Ni 8.6 Cu 27.96 Co - Fe 0.92 S 24.5
转炉渣组成/%	Ni 1.5 Cu 1.3 Co 0.26 ~ 0.50 Fe_3O_4 + Fe 0.66 SiO_2 26	Ni 1.05 Cu 0.85 Co 0.17 Fe_3O_4 + Fe 0.66 SiO_2 20	Ni 0.9 Cu 0.8 Fe_3O_4 + Fe 0.61 SiO_2 20	Ni 3.4 Cu 0.33 Co 0.88 Fe 54.4 SiO_2 19	Ni 6.64 Cu 2.4 Co 2.3 Fe 42 SiO_2 28.3	Cu + Ni 2 ~ 3 Fe 0.50 SiO_2 23 ~ 24	Ni 1.0 Cu 0.7 Fe 48.9 Fe_3O_4 16.7 SiO_2 24.4

氧气顶吹转炉吹炼是从转炉顶部吹入工业氧气,将低镍锍吹炼为高镍锍或粗镍的吹炼工艺。1973 年,加拿大国际镍公司铜崖冶炼厂将低镍锍吹炼为含硫 0.2% ~ 4% 的粗镍铜合金,作为羰基镍法的原料,其技术关键是须达到 1445℃ 以上的高温和防止生成氧化镍。印度尼西亚的梭罗阿科冶炼厂则采用氧气顶吹转炉将低镍锍吹炼为高镍锍。

15.4　还原熔炼

15.4.1　概述

由于铂族金属亲铁,在自然界,铂族金属常与铁共生。在高温下,铁与铂族金属形成连续固溶体。Pt-Ni、Pd-Ni 在 600℃ 以上条件下也呈连续固溶体,其他铂族金属在高温下也溶于金属镍中。金属铜面心立方结构,原子半径与铂族金属相近,在高温下,金属铜与铂、钯、铑均可生成固溶体,且可溶解一定量的铱。因此,铁、镍、铜在高温下,均为铂族金属的捕收剂。Ni-Fe 合金中含一定量的铜时,可降低合金的熔点,有利于 Ni-Fe 合金对铂族金属的捕收。

某些铂族金属含量较低的矿石,可采用还原熔炼的方法使金属相与造渣元素分离,并将铂族金属和某些重金属(如铜、镍)富集于金属相中。实际应用中多采用铁合金作铂族金属和某些重金属的捕收剂。

15.4.2　还原熔炼的生产实例

15.4.2.1　还原熔炼钙镁磷肥

A　还原熔炼钙镁磷肥的原理

我国云南朱布铂矿的铂、钯含量约 2g/t,铜、镍含量仅约 0.2%,为深度氧化的难选矿,用常规方法处理在经济上不合算。昆明贵金属研究所研发的综合利用新工艺为:采用铂矿石中的 MgO、SiO_2 与磷灰石进行还原熔炼,使不被植物吸收的 α-$Ca_3(PO_4)_2$ 或 $3Ca_3(PO_4)_2 \cdot CaF_2$ 转变为可溶于弱酸、易被植物吸收的 β-$Ca_3(PO_4)_2$ 和非晶质或微晶质的 $3Ca_3(PO_4)_2 \cdot CaF_2$,即俗称的钙镁磷肥。同时将铂族金属、铜、镍富集于还原熔炼产出的铁合金中。

工业试验在鼓风炉中进行。试验铂矿石组成为:CaO 8.23%、MgO 25.68%、SiO_2 40.14%、Fe_2O_3 9.32%、Al_2O_3 2.36%、Ni 0.19%、Cu 0.22%、Pt 1.07g/t、Pd 0.60g/t、Rh 0.02g/t、

Ir 0.04g/t、Au 0.18g/t、Ag 2.64g/t。按 MgO 与 P_2O_5 的质量比为 3、MgO 与 SiO_2 的质量比约为 1、残余碱度 CaO + MgO 与 SiO_2 的比约为 1 的要求配入磷灰石。试验用磷灰石组成为：CaO 42.41%、MgO 0.12%、P_2O_5 29.70%。实际配料铂矿石与磷灰石质量比为 55：45，焦比 22 ~ 24。还原熔炼熔渣水淬后即作为钙镁磷肥。其中有效磷 P_2O_5 为 17% ~ 18%，磷转化率达 95% 以上，铂含量小于 0.07g/t，钯铂含量小于 0.03g/t。产率为铂矿石 8.6% 的磷镍铁合金富集了 92.5% 的铂和 99.5% 的钯，并回收了 65.4% 的铜和 86.4% 的镍。磷镍铁合金主要组分为：Fe 78.42%、P 11.7%、Ni 1.81%、Cu 1.77%。磷镍铁合金中铂族金属含量为：Pt 13g/t、Pd 7.7g/t、Rh 0.27g/t、Ir 0.44g/t、Au 2g/t。

磷镍铁合金在反射炉中吹炼，吹炼温度为 1300 ~ 1350℃，可自热进行吹炼。第一阶段加入石英砂造铁橄榄石渣，含有效磷高，可作为磷肥；第二阶段加镁砂和石英砂造渣以进一步降磷，二期渣返回第一阶段吹炼。产出的镍铜合金组成为：Ni 45.5%、Cu 28.1%、Fe 20.5%、P 6.5%、Pt 287.5g/t、Pd 180.1g/t、Rh 7.2g/t、Ir 10%、Os 5.85g/t、Au 54g/t。吹炼回收率为：Pt、Pd 大于 94.6%、Ni 92.1%、Cu 71%。

还原熔炼、吹炼合计，贵金属在镍铜合金中富集了约 300 倍，总直收率为：Pt 92%、Pd 大于 95%、Ni 78.1%、Cu 46.3%。

B 钙镁磷肥法处理低品位铂矿石的工艺流程

钙镁磷肥法处理低品位铂矿石产出的镍铜合金，可采用多种工艺进行综合利用，常用电解法进一步富集，从阳极泥中提取贵金属。其原则流程如图 15-19 所示。

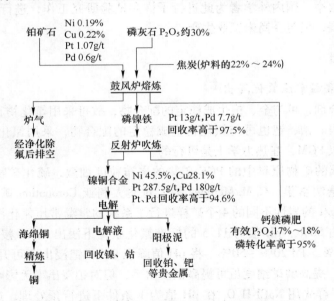

图 15-19　钙镁磷肥法处理低品位铂矿石的工艺流程

1970 ~ 1972 年，我国云南光明磷肥厂，曾采用此工艺流程进行试生产。1970 年 8 月 ~ 1972 年 6 月，共处理铂矿石 19547t，产出钙镁磷肥 44372t，磷镍铁 1055t，磷镍铁中铜、镍品位约提高 10 倍，铂、钯品位约提高 13 倍。生产正常的 1972 年 3 ~ 6 月，处理铂矿石 4300.5t，产出磷镍铁 350.2t，磷镍铁产率为 8.15%，金属直收率为：Ni 85.20%、Cu 85.16%、Pt 93.34%、Pd 97.97%。实践表明，在生产钙镁磷肥同时富集回收贵金属及铜、镍，在技术上可行，经济上合理。

该工艺综合利用率高，金属回收率高，工艺简单易行，设备易解决。若同时有磷矿和铂矿资源，交通便利时，经济效益明显。

15.4.2.2　还原熔炼铸石

铸石是一种具有辉石晶体结构的人工合成无机材料，具有耐蚀、耐磨和美丽的花纹，是一种高级建筑材料。

某橄榄石型低品位铂矿的组成为：Pt 0.119g/t、Pd 0.195g/t、Cu 0.15%、Ni 0.06%。按铂矿与玄武岩、铬铁矿粉质量比为2∶2∶1或4∶5∶1配料，焦比为50%，用鼓风炉进行还原熔炼，可产出合格铸石产品。炉底铁中含铁70%，富集了约90%的铂族金属，富集比为25。炉底铁的组成为：Pt 2.5g/t、Pd 5g/t、Fe 70%、Cu 1.32%、Ni 1.05%。可采用吹炼法除去炉底铁中的铁，产出铜镍合金，再从中提取铜镍和铂族金属。可采用此工艺进行低品位铂矿和铬铁矿的综合利用。

15.5　直接从矿石中浸出提取铂族金属

15.5.1　概述

采用常规方法，从含贵金属的矿物原料中提取贵金属的工艺流程复杂而冗长，人们一直期望能从含贵金属的矿物原料中直接选择性提取贵金属，以缩短工艺流程、降低成本和提高贵金属的回收率。国内外学者为此进行了许多试验研究工作，进行了多方面的探索，取得了一定的进展，但至今尚未工业生产。

15.5.2　氰化浸出

15.5.2.1　常温常压氰化浸出

氰化物为配合剂，可与金、银生成稳定的配合物，故可采用氰化物直接从金、银矿物原料中提取金、银。铂、钯也可与氰化物生成稳定的配合物，采用氰化物直接从含 PGM 的矿物原料中提取 PGM，在热力学上是可行的。

由于含贵金属的矿物原料中的 PGE 矿物的嵌布粒度细微，硫化矿物含量低，一般较难采用重选或浮选法富集。C. M. Mclnnes 等人对澳大利亚 Coronation 矿含金 5.12g/t、铂 0.21g/t、钯 0.56g/t 的岩性不同的 4 个矿样进行了系统的常温常压氰化浸出试验。将矿石磨至 -0.074mm 占 80%，pH 值为 11.5 的标准氰化条件下浸出 48h，浸出率为：Au 大于 95%、Pt 6% ~ 18%、Pd 20% ~ 50%。将 pH 值降至 9.5，钯浸出率可升至 85%，但铂浸出率仍低于 20%。提高磨矿细度虽可提高钯浸出率，但对铂浸出率无影响，金浸出率稍有下降。若将磨细矿样先用 NaCl-H_2O_2 在 pH 值为 1 条件下进行预处理，过滤后在 pH 值为 9.5 下氰化，铂浸出率可从 20% 升至 37%，但钯浸出率却降至 25%。试验表明，采用常温常压氰化法浸出回收金时，回收部分钯是可行的，但回收铂较困难。

15.5.2.2　热压氰化浸出

某石英-长石斑岩型含铂、钯的金含量高的氧化矿组成为：Au 90.9g/t、Pt 9.2g/t、Pd 2.19g/t、Fe 2.19%、SiO_2 62.7%、S 0.1%，Cu、Pb、Zn 含量为 0.02%。试验流程为：磨矿—混汞提金—尾渣热压氰化—活性炭吸附金、铂、钯—从载金炭回收金、铂、钯。推荐的最佳工艺参数为：空气加压，温度为 100 ~ 125℃，pH 值为 9.5 ~ 11.5，浸出 4 ~ 6h。贵金属浸出率为：Au 95% ~ 97%、Pt 73% ~ 79%、Pd 87% ~ 92%。

报道了热压氰化浸出，可有效浸出微细的铂、钯、铑活性金属，如组成为 Pt 435g/t、Pd 186g/t、Rh 25g/t 的废汽车尾气净化催化剂磨细后，用 1% NaCN 浆化，然后泵入高压釜，在 160℃ 下氰化，铂、钯、铑浸出率可达 94% ~ 98%。

因此，热压氰化浸出含 PGM 的氧化矿物原料时，可获得较高的铂、钯浸出率。而铑、铱、钌、锇的热压氰化浸出试验结果未见报道，估计更难浸出。

热压氰化浸出含贵金属的矿物原料，为近年才出现的新技术。将其用于浸出硫化矿或硫化矿浮选精矿时会出现以下问题：

(1) 氰化物浸出体系中，存在大量金属硫化物时，体系的氧化还原电位很难升至浸出 PGM 所需的氧化还原电位。

(2) 含 PGM 的硫化矿中，铂族矿物嵌布粒度细微，在通常磨矿细度下均包裹于硫化铁矿物中，无法与氰化浸出液接触。

(3) 含 PGM 的硫化矿中含有大量的铜、镍、钴等有价组分，仅用氰化浸出工艺难实现综合利用矿产资源的目的。

(4) 含 PGM 的硫化矿中含有大量的耗氰、耗氧组分，使浸出硫化矿的氰化物耗量比浸出氧化矿时高许多，导致成本高，经济上不合理。

15.5.3 热压氧化浸出

报道了热压氧化氨浸、热压氧化酸浸和热压氧化碱浸的试验研究结果。

热压氧化氨浸处理含 PGM 的硫化铜镍矿时，可获得较高的铜镍浸出率，但易造成 PGM 分散于浸液和浸渣中。因此，热压氧化氨浸不宜用于处理 PGM 含量高的矿物原料，试剂耗量高，使其发展受限制。

热压氧化酸浸可将含 PGM 的硫化铜镍矿的铜、镍、钴、铁等进入浸液中，可与富集于渣中的 PGM 分离。该工艺设备要求高，基建费用较高，生产成本高。生产中多用此工艺处理含 PGM 的铜镍锍，未见用于处理含 PGM 的硫化铜镍矿浮选混合精矿的报道。

15.5.4 我国云南金宝山铂钯矿浮选混合精矿的浸出

15.5.4.1 概述

该矿为岩浆熔离型硫化铜镍矿床，主要金属矿物为磁黄铁矿、镍黄铁矿、黄铜矿。脉石矿物为橄榄石、辉石、透闪石、绿泥石、碳酸盐等。成矿原因与甘肃金川矿相似，但铜、镍平均品位分别为 0.14% 和 0.22%，均在工业开采的边界品位以下，而影响火法熔炼温度的 MgO 含量却高达 27% ~ 29%。主要矿物的相对含量为：黄铜矿 0.38%、紫硫镍矿 0.36%、镍黄铁矿 0.02%、黄铁矿 0.71%、磁铁矿 10.73%、铬铁矿 0.94%，而橄榄石、蛇纹石等脉石含量高达 87.51%。

15.5.4.2 热压氧浸预处理-热压氰化工艺

对金宝山浮选混合精矿的处理，试验了以下几种方法：(1) 微波加热或硫酸熟化后硫酸浸出工艺；(2) 火法熔炼造锍捕集贵金属工艺；(3) 热压氧浸预处理-热压氰化工艺。试验数据表明，热压氧浸预处理-热压氰化工艺的指标较高，工业化前景较大。

热压氧浸预处理-热压氰化工艺为陈景、黄昆等人研发，已申请专利。其工艺流程如图 15-20 所示。

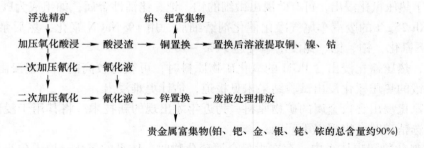

图 15-20　热压氧浸预处理-热压氰化工艺流程

主流程为：热压氧浸预处理-2 段热压氰化-氰化液锌置换工艺等共 4 个作业。浮选精矿组成为：Pt 36.73g/t、Pd 51.42g/t、Cu 4.28%、Ni 3.86%、Co 0.3%。热压氧酸浸预处理作业，按酸浸渣计算，铜、镍、钴的浸出率均大于 99%，硫转化为硫酸。有少量铂、钯进入浸液中（Pt 8% ~ 10%、Pd 10.9% ~ 14.4%，此部分铂、钯可用铜置换法进行回收）。大部分铁呈 Fe_2O_3 和 $FeO(OH)$ 形态留在浸渣中。2 段热压氰化时按氰化渣计算铂、钯的浸出率分别为：Pt 95.30% ~ 96.41%、Pd 99.30% ~ 99.41%。与浮选精矿比较，锌置换渣中的铂、钯品位富集了 7000 倍。铑、铱、金、银也得到了满意的回收。5kg 规模的扩大试验表明，该工艺具有流程短、高效率、低污染、周期短、投资少、经济技术指标高的特点，用于处理铜、镍品位低、贵金属品位高的浮选精矿，具有良好的应用前景。

目前，云南金宝山矿已开始按此工艺进行建设，即将建成 3000t/d 的选矿厂。

16　铂族金属化学精矿（富集物）提取工艺

16.1　概述

16.1.1　从 PGM 铜镍高锍中提取铂族金属化学精矿

含贵金属的硫化铜镍矿经选矿，铜镍浮选混合精矿经熔炼造锍、吹炼产出含贵金属的铜镍高锍等初步富集产物。根据铜镍高锍中的 PGM 含量，可将铜镍高锍分为 PGM 铜镍高锍和铜镍高锍两大类，前者 PGM 含量高，后者 PGM 含量较低。从两者中提取铂族金属化学精矿的工艺有些差异。

PGM 铜镍高锍中的 PGM 含量较高，从中提取铂族金属化学精矿的主要目的是提取铂族金属化学精矿，同时综合回收铜、镍。以南非产的 PGM 铜镍高锍为例，PGM 铜镍高锍中的 PGM 含量约 3000g/t（0.3%）。其提取铂族金属化学精矿的工艺为：（1）分层熔炼—硫化镍精矿—粗镍电解—镍阳极泥—再处理—产出铂族金属化学精矿；（2）三段热压氧浸—产出铂族金属化学精矿；（3）磨矿—磁选—浮选—铜镍铁合金—热压硫酸浸出—产出铂族金属化学精矿。

16.1.2　从铜镍高锍中提取铂族金属化学精矿

铜镍高锍中 PGM 含量较低，从中提取铂族金属化学精矿时，须综合回收镍、铜和贵金属，其工艺流程较长，比从 PGM 铜镍高锍中提取铂族金属化学精矿复杂。其富集工艺为：

（1）加拿大鹰桥的铜镍高锍富集工艺为：氯气选择性浸出—硫化铜渣—沸腾焙烧—浸出—电炉熔炼—盐酸氯气浸出—脱硫—铂族金属化学精矿。

（2）加拿大 Inco 的铜镍高锍（PGM 含量为 20~50g/t）富集工艺为：磨矿—磁选—浮选—镍铜铁合金—氧气顶吹—高压羰化—铜渣—热压酸浸—铂族金属化学精矿。

（3）我国金川的铜镍高锍（PGM 含量为 20g/t）富集工艺为：磨矿—磁选—浮选—一次镍铜铁合金—二次锍化—磨矿—磁选—浮选—二次镍铜铁合金—氧气顶吹—高压羰化—铜渣—热压酸浸—铂族金属化学精矿。

（4）我国阜康的铜镍高锍（Au + PGM 含量为 2~3g/t）的富集工艺为：常压硫酸浸出—热压硫酸浸出—硫化铜渣—沸腾焙烧—硫酸浸出—电炉还原熔炼—电解—阳极泥—再处理—产出铂族金属化学精矿。

16.1.3　从俄罗斯诺里尔斯克矿的铜镍高锍中提取铂族金属化学精矿

该矿产出的铜镍高锍中的镍、铜、PGM 含量均较高，需综合回收。其富集工艺为：磨矿—浮选—硫化镍精矿—粗镍电解—阳极泥—再处理—产出铂族金属化学精矿。

16.1.4　从铜镍高锍中提取贵金属化学精矿的主要工艺

从不同的铜镍高锍中提取铂族金属化学精矿时，许多作业是相同的，选择富集工艺的主要原则为：

（1）可用不同的物理选矿方法将铜镍高锍中的灰尘、杂物、脉石和硫化铁矿物去除分离。

（2）提取铂族金属化学精矿的重点作业是将贵金属与大量的铜、镍硫化物分离。常采用先分离铜硫化物，将贵金属富集于镍硫化物或镍合金为主的载体中（如镍锍或镍铜铁合金），常用分层熔炼、磨矿、磁选、浮选等作业。

（3）从镍锍或铜镍铁合金中提取铂族金属化学精矿时，主要采取选择性浸出、电解等工艺，使贵金属与主金属镍分离，产出铂族金属化学精矿。

（4）提取铂族金属化学精矿时，应遵循尽早使贵金属与大量的主金属分离且不被分散的原则，力争在高的贵金属直收率条件下，实现贵金属与主金属的有效分离。

（5）提取富集过程中产出的各种物料均应取样化验，无确切分析化验数据下，不可轻易丢弃任何物料，以免造成不可挽回的损失。尤其是准备排放的废液，应采取有效措施回收其中所含的贵金属。

提取铂族金属化学精矿的主要工艺有熔炼法、羰基法和浸出法。

16.2　熔炼法

16.2.1　分层熔炼

16.2.1.1　概述

铜镍高锍主要为镍、铜硫化物组成的共熔体，常含铁 $1\% \sim 4\%$、硫约 20%。

分层熔炼为 1890 年奥尔福特（Orford）公司研发的新工艺，采用硫化钠熔融体处理铜镍高锍，液态硫化铜大量溶入硫化钠熔融体中，其密度为 $1.9\mathrm{g/cm^3}$，熔融体分层后处于顶层；密度为 $5.7\mathrm{g/cm^3}$ 的硫化镍熔融体留在底层。熔融体冷却后，可用撞击的方法将其分离，故又称为顶底法或分离熔炼法。

16.2.1.2　分层熔炼原理

将铜镍高锍块、硫酸钠和焦炭一起送入鼓风炉中熔炼。在高温下，硫酸钠分解为硫化钠，并与铜镍高锍中的 Cu_2S 生成低密度合金，而铜镍高锍中的 Ni_3S_2 则成为高密度合金的独立相。由于密度不同，冷却后则分为两层。

Cu_2S-Na_2S 系状态图和 Ni_3S_2-Na_2S 系状态图分别如图 16-1 和图 16-2 所示。

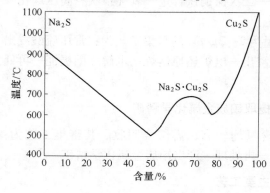

图 16-1　Cu_2S-Na_2S 系状态图

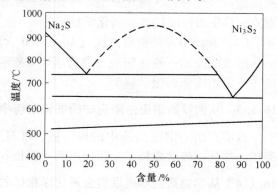

图 16-2　Ni_3S_2-Na_2S 系状态图

　　从图 16-1 和图 16-2 可知，在熔融态，Cu_2S 与 Na_2S 完全互溶，而 Ni_3S_2 在 Na_2S 中的溶解度较低。因此，熔融体冷却凝固后将生成界面清晰并易于分离的两层，下层密度较大，含 80% Ni_3S_2 和 20% Na_2S；上层密度较小，含 20% Ni_3S_2 及 Cu_2S 和 80% Na_2S。

　　Ni_3S_2-Cu_2S-Na_2S 三元系状态图如图 16-3 和图 16-4 所示。

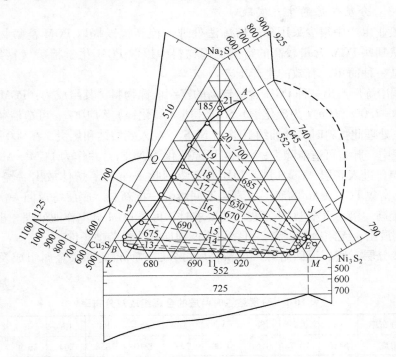

图 16-3　Ni_3S_2-Cu_2S-Na_2S 三元系状态图

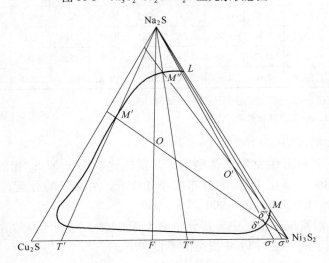

图 16-4　Ni_3S_2-Cu_2S-Na_2S 三元系状态图中顶层和底层的组成

　　从图 16-3 和图 16-4 可知，第一次所得的底层（其组成相当于图 16-4 中 δ' 点）与新加的 Na_2S 再熔炼时，可使底层的镍含量增大而铜含量降低（其组成相当于图 16-4 中 δ'' 点），

并获得组成相当于 M'' 点的顶层。

从以上可知,一次分层熔炼不可能获得满意的铜镍分离指标,而且人工剥离劳动强度大、劳动条件差和周期长,返料多,金属直收率低。因此,该法已逐渐被破碎—磨矿—磁选—浮选工艺所取代。

16.2.1.3 分层熔炼的生产实践

目前,工业生产中很少采用分层熔炼法处理铜镍高锍以提取 PGM 富集物,但可采用分层熔炼法从某些 PGM 含量较高的富铜低镍物料中提取 PGM 化学精矿(富集物),此时分层熔炼仍是一种简单、有效的生产工艺。

我国某铜冶炼厂产出一种 PGM 含量较高的富铜低镍物料,其组成为:PGM + Au 0.1% 、Ag + Se 0.5% ~ 1.0% 、Cu(为硫化铜)50% 、Ni(氧化镍)约 10% 、可造渣氧化物等。采用分层熔炼法处理此物料时,补加约 10% 的 Ni_3S_2,配入硫酸钠和焦炭,在 900 ~ 1000℃ 下熔炼。熔炼过程中,脉石可造渣除去;NiO 可还原硫化为 Ni_3S_2,并作为 PGM + Au 的捕收剂而富集回收 PGM,进入底层;Cu_2S 进入顶层并富集回收 Ag + Se。熔体放出后经分层、冷却、凝固后剥离,富集 PGM + Au 的底层可直接返回熔炼一批新料。底层每返回一次,底层中的 PGM 含量约提高一倍,直至 PGM 富集物达要求时,再送 PGM 分离作业处理。也可将两相从熔炼炉中分别放出,无须冷却剥离,可缩短生产周期和改善劳动条件。

冷却直接分层,底层返回熔炼一批新料后再分层,所得的两层金属组成及分布率列于表 16-1 中。

表 16-1 分层熔炼时两层的金属组成及分布率

操作	组成及分布率	Ni	Cu	Se	Ag	Au	Pt	Pd	Rh	Ir	Os	Ru
(1)	底层组成	64.6	10.7	0.61	0.08	799	4210	1858	204	26.4	30	467
	顶层组成	2.0	46.4	1.66	0.32	188	6.7	9.4	0.6	<2	0.6	2.1
	底层分布率/%	85.9	4.8	6.3	5.1	49.5	99.3	97.7	98.7	96.7	92.1	98.1
(2)	底层组成	65.0	9.8	0.48	0.08	1263	9495	4219	371	569	92.5	862
	顶层组成	2.1	45.2	1.86	0.28	186	4.1	15.8	<0.5	<2	0.1	0.9
	底层分布率/%	84.6	4.0	4.9	5.4	56.3	99.8	98.2	99.3	98.3	99.1	99.5

注:1. (1)冷却直接分层;(2)底层返回熔炼一批新料后再分层。

2. Au 单位为 g/t,Ag 及其他元素单位为%。

从表 16-1 中数据可知:

(1)底层对 6 个 PGE 的富集非常稳定,其富集比取决于 Ni_3S_2 相的产率。PGM 在底层的分布率大于 98% ,顶层 PGM 的分布率小于 2% 。两层间的分配比可达:Pt > 2000 、Pd > 260 、Rh > 740 、Ir > 280 、Os > 900 、Ru > 950 。

(2)铜、硒、银富集于顶层中,其分布率大于 94% 。有利于从底层中提取高品位的 PGM 富集物,减少了硒、银对 PGM 提纯的不良影响。

16.2.2 羰基法

16.2.2.1 羰基法基本原理

常压 40 ~ 100℃ 条件下,羰基(CO)可与金属镍生成无色气体羰基镍。当温度升至 150

~300℃时，羰基镍又可分解为金属镍和羰基（CO），为一可逆反应。其反应式可表示为：

$$Ni + 4CO \Longrightarrow Ni(CO)_4 \uparrow + 163.6kJ$$

钴、铁、铬、硒、碲、金、银、铜及 PGM 等也可与 CO 生成羰基化合物，但生成条件各异，且生成的羰基化合物的沸点不同。因此，可利用羰基合成反应，使粗镍中的大部分杂质不进入气相而留在渣中。所得粗羰基化合物可进行蒸馏分离，然后再加热分解制取高纯度金属镍。增加体系压力有助于羰基镍的生成。羰基镍在常压下的沸点为 42.5～43.2℃，羰基镍为剧毒化合物。

铂族金属羰基化合物的制备方法及其特点列于表 16-2 中。

表 16-2　铂族金属羰基化合物的制备方法及其特点

PGM	羰基化合物	制　备　方　法	特　点
Ru	$Ru(CO)_5$	$Ru + CO$，5MPa	无色液体，熔点 -22℃
	$Ru_3(CO)_{12}$	$Ru(C_5H_7O_2) + H_2 + CO$，约 150℃，2MPa	橙色晶体，熔点 154℃
Rh	$Rh_2(CO)_8$	$Rh + CO$，220℃	黄色晶体，熔点 76℃
	$Rh_6(CO)_{16}$	$RhCl_3 \cdot 3H_2O + CO$，150℃	黑色鳞片、分解 220℃
Os	$Os(CO)_5$	$OsI_3 + CO$，150～300℃，Cu，Ag，2～3MPa	无色液体，熔点 -15℃
	$Os_3(CO)_{12}$	$OsO_4 + CO$，150℃，Cu，甲醇，1MPa	黄色晶体，熔点 224℃
Ir	$Ir(CO)_8$	$IrCl_3 + CO$，220℃，Cu，	黄绿色晶体，升华 150℃
	$Ir_4(CO)_{12}$	$IrCl_3 \cdot 3H_2O + CO$，200℃，甲醇，0.5MPa	黄色晶体，升华 210℃
Pt	$[Pt(CO)_2]_x$	$K_2PtBr_4 + CO + HBr$，80℃	深樱桃色，无定形

从表 16-2 可知，PGM 中仅钌、铑可在高压羰化条件下生成羰基化合物，其他 PGM 均只能呈氧化物或卤化物形态在特定条件下才可生成羰基化合物。

16.2.2.2　羰基法工业生产

A　国际镍公司（Inco）

1889 年 L. 蒙德和 C. 兰格尔发现镍与 CO 易生成挥发性的 $Ni(CO)_4$。羰基法工业生产出现于 20 世纪初期，1902 年蒙德公司在威尔士建成首座羰基法镍精炼厂。1929 年国际镍公司与蒙德公司合并后，一直采用羰基法于克莱达奇精炼厂从含镍物料中生产镍丸和镍粉。由于 PGM 中仅钌、铑在高压羰化条件下可生成羰基化合物，其他 PGM 均只能呈氧化物或卤化物形态在特定条件下才可生成羰基化合物。因此，当含 PGM 物料中含有大量镍时，可采用羰基法使镍气化而将 PGM 留在羰基化残渣中，使 PGM 获得富集。

羰基法分常压羰基法和热压羰基法：

（1）常压羰基法：高冰镍经破碎、细磨、氧化焙烧（800℃）后，铜硫化物、镍硫化物均相应转变为铜氧化物、镍氧化物。送高压氢还原可得铜、镍金属粉末。将铜镍混合金属粉末置于反应塔中，在 38～93.5℃条件下通入一氧化碳气体，此时金属镍转变为气态的羰基镍 $Ni(CO)_4$。将气态的羰基镍送入分解塔，在 150～316℃条件下分解为金属镍粉和一氧化碳；PGM、氧化铜粉则不发生此反应而留在反应塔残渣中。

（2）热压羰基法：经改进，铜、镍氧化物在热压条件（21MPa，200℃）下进行羰化和分解，可得高纯度镍粉和高的镍回收率，反应速度高，可减少设备容积；可使铂族元素全部富集于铜残渣中。

近年该分离方法有较大改进，加拿大铜崖羰基镍厂采用羰基法处理高冰镍及经浮选产出的镍铜铁合金产品。

国际镍公司（Inco）采用羰基法提取镍和富集 PGM 的工艺流程如图 16-5 所示。

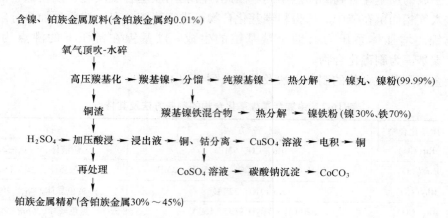

图 16-5　国际镍公司（Inco）采用羰基法提取镍和富集 PGM 的工艺流程

1973 年投产的国际镍公司（Inco）新铜崖精炼厂，以镍铜合金、镍锍电解残极、汤普森精炼厂镍锍电解阳极泥热滤脱硫渣及其他含镍中间物料经氧气顶吹、水淬产出的合金为原料，其组成为：Ni 65% ~ 67%、Cu 15% ~ 20%、Fe 2% ~ 3%，粒径约 10mm。在 180℃、p_{co} = 6.86MPa 条件下进行羰基化处理，产出高纯度镍粉、镍丸、包覆粉等系列产品，镍回收率为 95%。羰基化残渣主要含铜及贵金属，送热压酸浸（H_2SO_4，p_{O_2} = 500kPa，低于 150℃）。酸浸液沉钴后送电积铜。PGM 进一步富集于热压酸浸渣中。

B　我国西南金属制品厂

1960 年我国制取羰基镍粉获得成功，并进行小规模生产。20 世纪 80 年代采用中压羰基法工艺，在西南金属制品厂建成生产能力为 500t/a 的生产线。

C　我国金川磨浮车间产的镍铜铁合金、含贵金属阳极泥混合料的试验结果

将金川高冰镍磨浮车间产出的镍铜铁合金、含贵金属阳极泥等配为不同粒度（–0.8mm +2mm），组成为：Ni 56.6% ~ 62%、Cu 19.5% ~ 31.9%、PGM 23.3 ~ 2465g/t 的试料，在 p_{CO} ≈ 10MPa、150 ~ 170℃条件下羰基化 48h，镍羰基化率达 96.3% ~ 98.8%。羰化原料和羰化渣中的贵金属含量列于表 16-3 中。

表 16-3　试料羰化前后贵金属含量的变化

编号	羰化前原料贵金属含量/g·t⁻¹								羰化渣中的贵金属含量/g·t⁻¹							
	Pt	Pd	Rh	Ir	Os	Ru	Au	Ag	Pt	Pd	Rh	Ir	Os	Ru	Au	Ag
1	1220	693	108	136	78	230	376	1100	5176	2512	329	318	200	586	1110	3300
2	1360	765	109	137	80	248	391	1500	5136	2815	332	420	207	750	1250	4200
3	140	59	4.9	13.8	5.7	14.3	49	140	431	235	14.5	41.4	24.5	73.0	140	590
4	140	61	6.9	17.2	8.7	23.7	53	240	566	297	25.7	50.6	31.3	86.4	170	760
5	9.8	7.7	0.9	2.4	1.0	1.5	—	—	26.3	15.1	1.4	3.6	4.8	14.0	—	—

镍铁羰基配合物直接热分解产出镍铁粉，镍铁粉中的贵金属含量列于表16-4中。

表16-4 镍铁羰基配合物直接热分解产出的镍铁粉中的贵金属含量 （g/t）

项 目	Pt	Pd	Rh	Ir	Os	Ru	Au	Ag
样品1	<1.0	<0.2	<1.0	1.5	1.13	0.89	<1.0	<20
样品2	<1.0	<0.2	<1.0	1.5	0.82	0.94	<1.0	<20

从表16-4中数据可知，镍铁粉中的铂、钯、铑、金、银含量均低于分析灵敏度下限，铱、锇、钌含量分别为1.5g/t、1.13g/t、0.94g/t，表明贵金属几乎全部富集于羰基化残渣中，其含量提高3~4倍。羰基化残渣中的主要组分为铜（大于80%），当Au+PGM含量大于0.025%时，贵金属的价值已超过贱金属，羰基化残渣的处理工艺应有利于贵金属提取的工艺，如热压硫酸浸出—电积工艺。

D 金川一次镍铜铁合金的俄罗斯试验结果

1994年和1995年，俄罗斯对金川一次镍铜铁合金进行了高压羰基化小试和扩大试验，原料中含一定量的铜、硫（Cu_2S 含量小于4%），有利于将PGM保留于羰基化残渣中。高压羰基化小试和扩大试验结果列于表16-5中。

表16-5 原料及羰基化残渣中贵金属含量（质量分数）

试料	组分含量/%										
	Ni	Cu	Fe	S	Au	Ag	Pt	Pd	Rh	Ru	Ir
小试原料	57.9	21.6	6.4	9.8	7.0×10^{-4}	1×10^{-2}	2.60×10^{-3}	1.40×10^{-3}	2.9×10^{-4}	2.4×10^{-4}	1.7×10^{-5}
小试残渣	9.0	69.0	约6.0	19.0	1.74×10^{-3}	2.49×10^{-2}	6.48×10^{-3}	3.49×10^{-3}	7.2×10^{-4}	4.7×10^{-4}	4×10^{-5}
扩试原料	62.5	14.1	10.3	5.8	2.08×10^{-3}	5.91×10^{-2}	4.71×10^{-3}	3.64×10^{-3}	5.3×10^{-4}	5.5×10^{-4}	3.5×10^{-4}
扩试残渣	7.7	51.1	9.2	17.0	6.81×10^{-3}	2.03×10^{-2}	1.90×10^{-2}	1.302×10^{-2}	1.77×10^{-3}	2.18×10^{-3}	1.30×10^{-3}

羰基化过程中，为保证镍羰基化率为94%~96%时，钌羰基化率为10%~30%，锇未测出，金、银、铂、钯、铱几乎全部留在固体残渣中。

考查表明，高压羰基化的条件为：压力为25MPa，温度为200℃，试料为10~20g时，一次镍铜铁合金基本由镍铜铁合金体、硫化镍（Ni_3S_2）及硫化铜（Cu_2S）三相组成，铂、钯均富集于镍铜铁合金中，硫化物相中未发现铂、钯。羰基化结果表明，金、银、铂、钯、铱不产生羰基化，几乎全部留在固体残渣中。含铜的合金中富集了铂、钯，其含量可达30%~40%；钌、锇在金属态易被羰基化，但当存在于铂钯合金中时（合金中含量不大于1.1%），由于活度低而不易被羰基化，仅极少量呈金属钌、锇单独存在时可能会被损失，但大部分仍留在残渣中；金属铑虽可羰基化，但铑可与新生成的 Cu_2S 反应生成RhS，使其绝大部分留在羰基化残渣中。

从上可知，采用高压羰基化法处理以镍为主的合金制取镍粉时，可将金、银、PGM全部富集于羰基化残渣中，经适当处理后可获得铂族金属化学精矿（富集物）。

16.3　浸出法

16.3.1　概述

目前，已工业化的高镍锍浸出工艺有：常压酸性浸出法、控制电位氯化浸出法、热压酸浸和焙烧-浸出法等。

浸出的目的是使 PGM 与铜、镍、铁等硫化物分离，使硫化矿物分解进入浸液中，贵金属留在浸渣中，产出 PGM 含量较高的铂族金属化学精矿（富集物）。

16.3.2　常压简单酸浸

16.3.2.1　常压简单酸浸的基本原理

金属硫化物常压简单酸浸的反应式为：

$$MeS + 2H^+ \longrightarrow Me^{2+} + H_2S$$

某些金属硫化物常压简单酸浸的 $pH^\ominus$ 值列于表 16-6 中。

表 16-6　某些金属硫化物常压简单酸浸的 $pH^\ominus$ 值

金属硫化物	As_2S_3	HgS	Ag_2S	Sb_2S_3	Cu_2S	CuS
$pH^\ominus$	− 16. 12	− 15. 59	− 14. 14	− 13. 85	− 13. 45	− 7. 088
金属硫化物	$CuFeS_2^{①}$	PbS	NiS（γ）	CdS	SnS	ZnS
$pH^\ominus$	− 4. 405	− 3. 96	− 2. 888	− 2. 616	− 2. 28	− 1. 586
金属硫化物	$CuFeS_2^{②}$	CoS	NiS（α）	FeS	MnS	Ni_3S_2
$pH^\ominus$	− 0. 7351	+ 0. 327	+ 0. 635	+ 1. 726	+ 3. 296	+ 0. 474

① 反应产物为 $Cu^{2+} + H_2S$；
② 反应产物为 $CuS + H_2S$。

从表 16-6 中数据可知，金属硫化矿物中只有 FeS、NiS(α)、CoS、MnS 和 Ni_3S_2 等能简单酸浸。此外，金属氧化物、氧化焙烧的焙砂、硫酸化焙烧的焙砂和烟尘可采用简单酸浸法浸出其中的有用组分。

16.3.2.2　常压简单酸浸的生产实践

A　加拿大鹰桥公司在挪威的克里斯蒂安桑精炼厂实例

加拿大鹰桥公司在挪威的克里斯蒂安桑精炼厂，将铜镍高锍磨至 − 0.044mm（325目）占 98%，矿浆中含镍浓度为 25g/L，采用 HCl 浓度为 275g/L（约 7mol/L）作浸出剂，在 70℃ 条件下机械搅拌浸出 12h，镍浸出率达 98%。约 98% 的铜留在浸渣中；除部分银呈配离子 $AgCl_n^{1-n}$ 形态进入浸液外，全部贵金属均富集于浸渣中。浸出渣产率约 30%，渣中贵金属含量约 60g/t，渣中贵金属品位比铜镍高锍原料中的贵金属品位约提高一倍。

B　加拿大鹰桥公司大型试验厂实例

加拿大鹰桥公司大型试验厂采用 280g/L 的盐酸溶液浸出磨细的铜镍高锍，进行三段盐酸浸出，镍浸出率达 98.7%。98% 的铜留在浸渣中，渣含 Ni 1.8%、Cu 76.5%、S 19.6%，并富集了全部贵金属。

C 金川冶炼厂应用实例

金川冶炼厂采用盐酸溶液浸出磨矿-磁选产出的镍铜铁合金。试料组成为：Ni 63.56%、Cu 17.29%、Fe 7.8%、Co 0.8%、S 6.59%、Se 0.015%、Pt 182g/t、Pd 66g/t、Rh 6.8g/t、Ir 约 12g/t、Os 9.77g/t、Ru 19.05g/t（PGM 合计约 290g/t）、Au 78g/t。大于 0.07mm 粒级产率为 65.59%，用 4 种浸出剂在液固比为 6∶1 的条件下浸出 16h 的结果表明，以 6mol/L HCl 浸出效果最好，镍浸出率随 HCl 浓度和浸出温度的提高而升高。最后选用两段盐酸浸出，第一段浸出起始 HCl 浓度为 6mol/L，液固比为 6∶1，浸出温度 80℃，浸出 13h，镍浸出率达 92%；第二段浸出起始 HCl 浓度为 8mol/L，液固比为 6∶1，浸出温度 80℃，浸出 10h，所得浸渣组成为：Ni 0.51%、Cu 76%、S 21.98%，几乎富集了全部贵金属。一般条件下，贵金属不溶于盐酸，当体系中存有 H_2S、Ni、Cu、Cu_2S 等贵金属沉淀剂或还原剂时，浸液中的贵金属损失将更低。

D 焙烧-常压简单酸浸

可将某些难溶于酸的金属硫化矿物进行完全氧化焙烧，使其转变为易溶于酸的金属氧化物，然后进行常压简单酸浸。

也可将某些难溶于酸的金属硫化矿物进行不完全氧化焙烧（又称为硫酸化焙烧），使其转变为易溶于酸的金属硫酸盐，然后进行稀酸浸出或水浸出。可在常压下进行不完全氧化焙烧或采用热浓硫酸进行不完全氧化焙烧，因热浓硫酸是强氧化剂。

若焙烧温度为 500~600℃，大部铁和几乎全部的镍和铜均呈硫酸盐形态存在于焙砂中。

生产实践包括俄罗斯和金川冶炼厂两个实例。

a 俄罗斯硫酸化焙烧试验

1978 年报道苏联的两段硫酸化焙烧试验。阳极泥用浓硫酸制浆，在 60~90℃ 下搅拌浸出 4~6h，此时约 30% 的镍、铜转入浸液中，贵金属留在浸渣中；浸渣在 250~300℃ 下硫酸化焙烧 10~12h，然后用水浸出贱金属；水浸渣用 4mol/L 的 NaOH 溶液在 80~90℃ 下浸出 4h 以除去硅酸；碱浸渣中铂、钯含量约 30%，送提纯作业。此法主要缺点是当温度升至 200℃ 时，大于 95% 的铱、铑、钌转入浸液中，浸液送镍电解，电解液净化除铁时铱、铑、钌进入铁渣中而被损失。硫酸化浸液中的铑和部分钌虽可用镍粉置换回收，但铱不被镍粉置换而完全损失。

改进后，在 180~190℃ 下进行第一段硫酸化焙烧，浸出时大于 99% 的镍、铜、铁转入浸液中，PGM 全留在浸渣中，浸液中的铂、铑、铱浓度不大于 0.01mg/L，进入浸液中的钌小于 2%；滤渣中的 PGM 富集比大于 8。然后在 270~300℃ 下进行第二段硫酸化焙烧，浸出液固比为 5∶1，机械搅拌浸出 10~12h，再用水在 80~90℃ 下浸出，浸渣中的 PGM 再富集 2~3 倍。此时，锇将大量挥发，大部分铑、铱、钌和银转入浸液中。锇的氧化挥发损失率与温度的关系如图 16-6 所示。铑、钌、铱的损失率与酸用量的关系如图16-7 所示。

硫酸化焙烧后的浸液中添加 NaCl 沉银，产出银含量达 70%~75% 的 AgCl，送提纯作业。

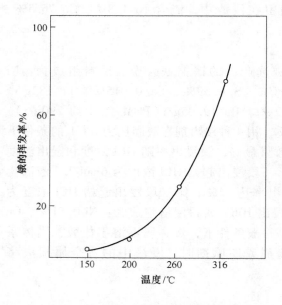

图 16-6　锇的氧化挥发损失率与温度关系

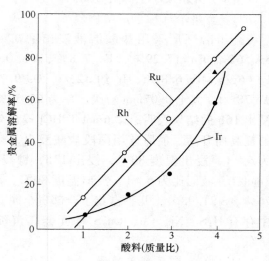

图 16-7　铑、钌、铱损失率与酸用量关系

沉银后液经蒸发浓缩后，在热压釜中添加元素硫或硫脲沉淀钯、铑、钌、铱，沉淀物煅烧后产出约含 20% 的贵金属富集物，送提纯作业。沉淀母液中 PGM 含量小于 5mg/L。第二段硫酸化浸渣用 5mol/L 的 NaOH 溶液在 100℃下蒸煮脱硅，贵金属损失率小于 0.2%，产出 PGM 含量达 45%～50% 的 PGM 化学精矿（富集物），送提纯作业。

b　金川冶炼厂试验结果

（1）浓硫酸浸煮工艺（1）。

试料为二次镍电解阳极泥脱硫渣，组成为：Au 0.43%、Ag 0.23%、Pt 0.95%、Pd 0.32%、Rh 0.022%、Ir 0.013%、Os 0.012%、Ru 0.014%、Cu 14.53%、Ni 27.39%、Fe 9.31%、Se 0.41%。试验条件为：300℃浓硫酸处理，120g/L 硫酸液在 80～90℃下搅拌浸出 2h。贱金属浸出率、贵金属溶解损失率与酸用量的关系列于表 16-7 中。

表 16-7　浓硫酸浸煮工艺贱金属浸出率、贵金属溶解损失率与酸用量的关系

酸用量料重/%	渣率/%	贱金属浸出率/%			贵金属溶解损失率/%						
		Cu	Ni	Fe	Au	Pt	Pd	Rh	Ir	Os	Ru
100	18.6	86.9	75	96.2	<0.16	<0.16	<0.16	4.0	5.4	2.1	15.3
150	13.1	95.5	85	96	<0.12	<0.15	<0.15	28	15.5	5.3	32.7
200	11.0	98.1	90.5	97	<0.16	<0.2	<0.2	32.6	14.8	11.8	35.8
250	10.5	99.3	94	97.15	<0.14	<0.15	<0.15	—	—	16.7	—
300	7.6	98.9	97.7	97.3	<0.14	<0.16	<0.16	44.8	25.6	22.3	53.8
400	6.9	99.5	98.3	98.9	<0.14	<0.15	<0.15	73.5	60.0	34.0	80.5
10000	6.7	99.3	99.9	99.9	<0.28	<0.15	<0.15	71	56.3	43.0	68.8

从表 16-7 中数据可知，随硫酸用量的增加，渣率不断下降，贱金属浸出率不断提高，金、铂、钯的溶解损失率几乎不变化，但铑、铱、锇、钌的溶解损失率不断提高，尤其是硫酸用量大于料重的 300% 时，铑、铱、锇、钌的溶解损失率增加非常显著。

（2）浓硫酸浸煮工艺（2）。

试样为含硫约 80% 的低品位贵金属富集物，试验条件为：浓硫酸为料重的 150%，（175±5）℃下浸煮 2h，然后用 10 倍水稀释后过滤。浸煮前后的物料组成列于表 16-8 中。

表 16-8　浓硫酸浸煮前后的物料组成（质量分数）　　　（%）

元　素	Cu	Ni	Au	Pt	Pd	Rh	Ir	Os	Ru
试　料	4.16	9.75	0.21	1.18	0.40	0.062	0.025	0.070	0.165
浸　渣	0.53	2.08	0.30	1.67	0.58	0.118	0.13	0.106	0.234

从表 16-8 中数据可知，选择较低温度（（175±5）℃）进行浓硫酸浸煮，浸液中的贵金属含量小于 0.4mg/L，锇不挥发，可认为贵金属全留在浸渣中。贵、贱金属分离良好，渣中贵金属含量提高 8 倍（从试料中的 0.15% 增至浸渣中的 1.2%）。但硫酸耗量大，释放大量 SO_2 污染环境。因此，只能小规模应用。

（3）硫酸化焙烧—浸出。

试料组成为：Cu 74.8%、Ni 9.34%、Fe 0.46%、Au 180g/t、Pt 610g/t、Pd 320g/t、Rh 55g/t、Ir 41.2g/t、Os 52g/t、Ru 120g/t。浓硫酸用量为料重的 150% 和 180%，配入 5% 的炭，焙烧温度控制为 200℃、300℃、400℃三段，炉料在炉内停留 2h；焙砂用 1mol/L 硫酸液浸出，液固比为 6∶1，80℃下搅拌浸出。铜浸出率大于 98%，镍浸出率约 90%。浸渣中的贵金属回收率列于表 16-9 中。

表 16-9　硫酸化焙烧-硫酸浸出后浸渣中的贵金属回收率

浓硫酸用量为料重的百分数/%	渣率/%	浸渣中的贵金属回收率/%						
		Au	Fe	Pt	Pd	Rh	Ir	Os
150	5.2	98	—	99.5	98.6	96.5	98	56
180	2.6	97.3	63	99.4	98.5	93.7	95.8	44

条件试验表明，若不加炭，稀有铂族金属在浸液中的溶解率将显著增大，其溶解率为：Rh 19.2%、Ir 22.2%、Os 12.6%、Ru 27.3%。

16.3.3　常压氧化酸浸

16.3.3.1　常压氧化酸浸的基本原理

某些金属硫化矿物的 $MeS-H_2O$ 系的 ε-pH 图如图 16-8 所示。

从图 16-8 的曲线可知，大多数金属硫化矿物在水溶液中比较稳定。但在含有氧化剂的条件下，几乎所有的金属硫化矿物在酸溶液或碱溶液中均不稳定。此时产生两类氧化反应：

$$MeS + \frac{1}{2}O_2 + 2H^+ \longrightarrow Me^{2+} + S^0 + H_2O$$

$$MeS + 2O_2 \longrightarrow Me^{2+} + SO_4^{2-}$$

不同的金属硫化矿物在水溶液中的元素硫 S^0 稳定区的 $pH_{上限}^{\ominus}$ 和 $pH_{下限}^{\ominus}$ 不相同。主要金属硫化矿物在水溶液中的元素硫 S^0 稳定区的 $pH_{上限}^{\ominus}$ 和 $pH_{下限}^{\ominus}$ 及 $Me^{2+} + 2e + S^0 \longrightarrow MeS$ 的标准还原电位值 $\varepsilon^{\ominus}$ 值列于表 16-10 中。

从表 16-10 中数据可知，只有 $pH_{下限}^{\ominus}$ 较高的 FeS、MnS、NiS（α）、CoS、Ni_3S_2 等可以简单酸浸，大多数金属硫化矿物的 $pH_{下限}^{\ominus}$ 为负值，只有使用氧化剂才能将金属硫化矿物的硫氧化，才可使金属组分呈离子形态转入浸液中。某些低价化合物（如 UO_2、U_3O_8、Cu_2S、Cu_2O 等）也需用氧化剂将其氧化为高价化合物后才能溶于酸液中。根据工艺要求，可通过控制浸出矿浆的 pH 值和还原电位，使金属硫化矿物的金属组分呈离子形态转入浸液中，使硫氧化为元素硫或硫酸根，实现有用组分的选择性浸出。

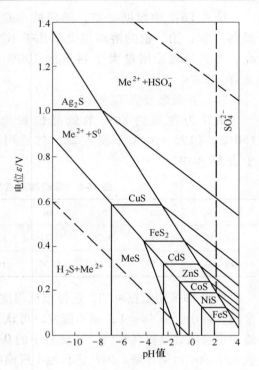

图 16-8　某些金属硫化矿物的
$MeS-H_2O$ 系的 ε-pH 图

表 16-10　金属硫化矿物在水溶液中的元素硫 S^0 稳定区的 $pH_{上限}^{\ominus}$ 和 $pH_{下限}^{\ominus}$ 及 $\varepsilon^{\ominus}$ 值

硫化物	HgS	Ag_2S	CuS	Cu_2S	As_2S_3	Sb_2S_3	FeS_2	PbS	Ni(γ)
$pH_{上限}^{\ominus}$	−10.95	−9.7	−3.65	−3.50	−5.07	−3.55	−1.19	−0.946	−0.029
$pH_{下限}^{\ominus}$	−15.59	−14.14	−7.088	−8.04	016.15	−13.85	−4.27	−3.096	−2.888
$\varepsilon^{\ominus}$	1.093	1.007	0.591	0.56	0.489	0.443	0.423	0.354	0.340

硫化物	CdS	SnS	In_2S_3	ZnS	$CuFeS_2$	CoS	Ni(α)	FeS	MnS
$pH_{上限}^{\ominus}$	0.174	0.68	0.764	1.07	−1.10	1.71	2.80	3.94	5.05
$pH_{下限}^{\ominus}$	−2.616	−2.03	−1.76	−1.58	−3.89	−0.83	0.450	1.78	3.296
$\varepsilon^{\ominus}$	0.326	0.291	0.275	0.264	0.41	0.22	0.145	0.066	0.023

常用的氧化剂为氯气、空气、氧气、锰粉、次氯酸盐等。

16.3.3.2　常压氧化酸浸的生产实践

A　我国阜康冶炼厂

阜康冶炼厂采用常压硫酸氧化浸出高镍锍，其原则工艺流程如图 16-9 所示。

高镍铜锍组成为：Ni 31.98%、Cu 48.5%、S 16.04%、Co 0.105%、Fe 0.33%、Pt 1.79g/t、Pd 1.81g/t、Os 0.037g/t、Ir 0.023g/t、Ru 0.04g/t、Rh 0.016g/t（PGM 合计 3.716g/t）、Au 4.1g/t、Ag 240g/t。两段磨矿磨至 −0.045mm 占 95%。在 6 台 ϕ2500mm × 3000mm 串联浸出槽中鼓入空气进行常压氧化硫酸浸出，产出铜、铁含量小于 0.01g/L 的

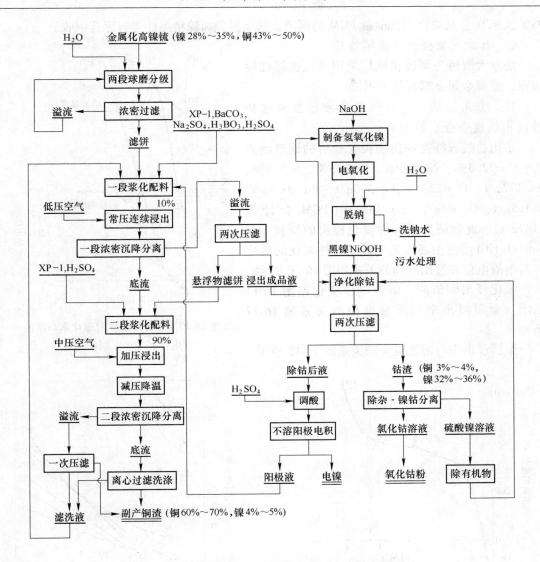

图 16-9　阜康冶炼厂高镍铜锍浸出原则工艺流程

镍钴浸液，送镍电解车间提镍。

　　浸出终点浸液 pH 值为 5.5～6.3，此时浸液中的 Cu^{2+}、Fe^{3+} 几乎全部水解进入浸渣中，贵金属全部留在渣中。浸渣经热压氧化酸浸，最终浸渣组成为：Cu 60%～70%、Ni 4%～5%、S 20%～22%，作为提取铜和贵金属的原料。从 1993 年 12 月投产以来，经不断改进，浸液中铜、铁含量均小于 0.005g/L，显著提高了镍、铜的直收率。

　　B　芬兰奥托昆普公司哈贾伐尔塔镍精炼厂

　　1960 年最先采用硫酸常压浸出法，并推广至南非、津巴布韦、巴西等国的镍精炼厂。哈贾伐尔塔镍精炼厂的金属化高镍锍粒度为 0.5～3.0mm，组成为：Ni 60%～65%、Cu 22%～25%、S 6%～7%、Fe 约 0.5%、Co 0.7%～1.0%。其中金属相占 66%、Ni_3S_2 占 18%、Cu_2S 占 15%。采用三段常压及一段热压进行逆流浸出，镍、钴浸出率分别为

98%及97%。最终产出含少量 PGM 的铜渣，送鹰桥公司镍精炼厂进行综合回收。

　　C　加拿大鹰桥公司镍精炼厂

　　加拿大鹰桥公司镍精炼厂采用氯气选择性浸出镍，使贵金属全部富集于铜渣中。

　　D　金川冶炼厂选择性氯化浸出盐酸选择性浸出铜镍合金后的铜渣

　　采用盐酸选择性浸出铜镍合金后的铜渣组成为：Cu 72.3%、Ni 9.6%、Fe 0.5%、S 7.9%、Au 177g/t、Pt 622g/t、Pd 330g/t、Rh 40.8g/t、Ir 4.5g/t、Os 44g/t、Ru 148g/t（PGM 合计为 1189g/t）。此铜渣为选择性氯化浸出的原料。在 3mol/L HCl 溶液中通入氯气，选择性氯化时氯化率与溶液电位和浸出时间的关系如图 16-10 所示。

　　氯化浸出铜渣时，溶液电位变化如图 16-11 所示。金属浸出率与溶液电位的关系图 16-12 所示。

　　金属浸出率与溶液电位的关系图 16-12 所示。

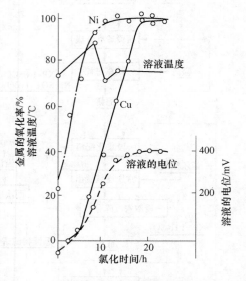

图 16-10　选择性氯化时氯化率与溶液电位和浸出时间的关系

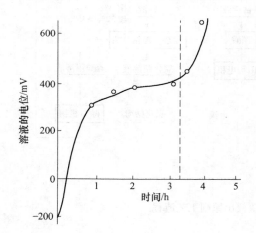

图 16-11　氯化浸出铜渣时溶液电位变化

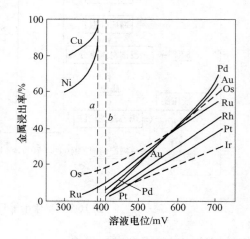

图 16-12　金属浸出率与溶液电位的关系

　　从图 16-12 中曲线可知，控制溶液电位为（400±10）mV 时，铜、镍浸出率高于98%；铂、钯、金、铑浸出率为 3%，铱为 5%，故铂、钯、金、铑、铱几乎不被浸出，但锇、钌浸出率分别为 20% 和 10%。

　　采用内衬橡胶的 4 室卧式反应釜进行连续水溶液氯化浸出，含贵金属铜渣和稀盐酸连续送入第 1 室，矿浆溢过隔墙流经 2、3、4 室后排出。每反应室单独搅拌，插入氯气管、温度套管和铂-甘汞电极电位传感器，分别控制各反应室的电位。各反应室的电位依次为 350～370mV、370～390mV、390～400mV、400～410mV。操作温度不高于 80℃，处理能力为 10kg/(h·m³)。氯气利用率高，排出尾气中氯气浓度为 1mg/m³。氯化渣产率小于 10%，主要组分为硫，PGM 在渣中富集 10 倍以上。各反应室的金属氯化浸出率列于表 16-11 中。

表 16-11　各反应室的金属氯化浸出率

反应室序号	矿浆液固比	浸出率/%		
		Ni	Cu	Fe
1	15	53.4	61.1	26.5
2	26	80.9	84.1	70.4
3	33	90.3	94.1	80.6
4	40	94.2	98.5	90.3

生产考查表明，选择性水溶液氯化浸出过程中，贵金属回收率大于 99.5%。

E　金川冶炼厂选择性水溶液氯化浸出高锍磨矿-磁选-浮选产出的硫化镍精矿

试验工艺参数为：温度 102℃，pH 值为 1，以 Cu^{2+} 为催化剂，通氯气浸出 1h，镍水溶液氯化浸出率大于 99.5%，铜水溶液氯化浸出率大于 98%，97% 的硫呈元素硫形态留在浸渣中。氯化残渣进行二次锍化以进一步富集回收 PGM。

选择性水溶液氯化浸出硫化镍精矿过程中，Cu^{2+} 的催化作用明显，主要是促进氯气吸收和提高 Ni_3S_2 的浸出速度。其主要反应为：

$$2Cu^+ + Cl_2 \longrightarrow Cu^{2+} + 2Cl^-$$

$$Ni_3S_2 + 2Cu^{2+} \longrightarrow NiS + Ni^{2+} + 2Cu$$

$$4NiS + Cu^{2+} \longrightarrow Ni_3S_4 + Ni^{2+} + Cu^+$$

$$Ni_3S_4 + 6Cu^{2+} \longrightarrow 3Ni^{2+} + 4S^0 + 6Cu^+$$

选择性水溶液氯化浸出硫化镍精矿过程中，Cu^{2+} 浓度与金属氯化浸出率的关系列于表 16-12 中。

表 16-12　Cu^{2+} 浓度与金属氯化浸出率的关系

Cu^{2+} 浓度/g·L^{-1}	金属氯化浸出率/%					Cl_2 吸收率/%
	Ni	Cu	Co	Fe	S	
0	44.9	1.0	34.4	48.0	1.4	35.7
5	99.3	98.2	83.4	75.0	2.4	99.1
10	99.7	99.2	92.2	76.4	2.5	99.3
15	99.8	99.8	96.7	70.7	2.3	99.3

F　俄罗斯诺里尔斯克选择性水溶液氯化浸出粗镍阳极电解阳极泥（PGM 约 0.5%）经造锍产出的铜镍锍

选矿产出的浮选镍精矿曾采用焙烧—还原熔炼—粗镍阳极电解工艺处理，粗镍电解阳极泥（PGM 约 0.5%）经造锍产出的铜镍锍进行选择性水溶液氯化浸出。铜镍锍磨细后，采用 Cu^{2+} 浓度为 5g/L、HCl 浓度为 20g/L 的溶液中通氯气进行选择性水溶液氯化浸出，在 100℃下用 Pt-AgCl 电极测量和控制溶液电位为 525mV，镍、铜氯化浸出率均大于 98%，铁氯化浸出率大于 70%，贵金属在浸液中的损失率小于 0.1%。氯化渣经脱硫后的 PGM 含量为 30% ~ 45%，锍及氯化浸渣的典型组成列于表 16-13 中。

表 16-13　锍及氯化浸渣的典型组成　　　　　　　　　（%）

组　分	Cu	Ni	Fe	S	Au	Pt	Pd	Rh	Ir	Ru	PGM
锍	53.5	7.2	4.0	20.5	0.21	0.44	0.49	0.2	约 0.1	0.13	1.57
氯化浸渣	3.5	3.6	0.3	85	0.8	2.0	2.1	0.9	0.3	0.5	6.6

　　G　挪威鹰桥精炼厂选择性水溶液氯化浸出镍高锍

　　1975 年开始采用氯气浸出镍高锍，于 1985～1987 年进行重点改造和扩建。主要原料为加拿大转炉镍高锍，其组成为：Ni 40%～45%、Cu 25%～30%、S 20%～22%、Fe 2%～3%、Co 1%～1.5%。第一段在常压 110℃ 条件下，控制高锍与氯气比例（溶液电位），Cu^{2+} 作催化剂，浸液含镍 200g/L、铜 50～70g/L；第二段向第一段浸出矿浆中加入一些新的镍高锍使液相中的 Cu^{2+} 呈 Cu_2S 形态沉淀析出，过滤得镍 230g/L、铜 0.2g/L 的富液，滤渣含镍 15%、铜 50%。

　　1986 年后，为了降低滤渣中的镍含量，第二段浸出在高压釜中进行，浸出温度增至 140～145℃，使物料中的 NiS 与 Cu^+ 的交互反应足以去除液相中的铜，可加少量新的镍高锍。当液相中的铜降至小于 0.5g/L 时，滤渣含镍 7%、铜 56%。此时镍氯化浸出率大于 90%，其实质仍是选择性水溶液氯化浸出镍高锍。

16.3.4　热压浸出

16.3.4.1　热压浸出的基本原理

　　A　热压氧酸浸的基本原理

　　常压室温下，氧在水中的溶解度仅 8.2g/L，沸腾时则接近零。在密闭容器中，氧在水中的溶解度随温度和压力而变化，其规律如图 16-13 所示。

　　从图 16-13 的曲线可知，当温度一定时，氧在溶液中的溶解度随压力的增大而增大；当压力一定时，氧在溶液中的溶解度在 90～100℃ 时最低，然后随温度的升高而增大，至 230～280℃ 时达最高值，随后随温度的升高而急剧地降为零。因此，在密闭容器（高压釜）中，提高温度和压力可大幅度提高氧在溶液中的溶解度，可加速金属硫化矿物的氧化酸浸过程。

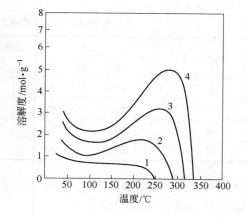

图 16-13　不同分压下氧在水中的溶解度与温度的关系
1—3.43MPa；2—6.87MPa；3—10.4MPa；4—13.84MPa

　　热压氧酸浸金属硫化矿物时，常遵循下列规律：

　　（1）浸出温度小于 120℃ 的酸性介质中，金属组分呈离子形态转入浸液中，硫呈元素硫形态析出。有时会生成少量的硫化氢。各种金属硫化矿物析出元素硫的酸度不相同。

　　（2）浸出温度小于 120℃ 的酸性介质中，金属组分呈离子形态转入浸液中，硫呈硫酸根形态转入浸液中。

（3）浸出温度小于120℃时，$S^0 + 1\frac{1}{2}O_2 + H_2O \rightarrow H_2SO_4$ 的反应速度慢，当浸出温度高于120℃（120℃为硫的熔点）时，元素硫氧化为硫酸的反应加速。因此，浸出温度高于120℃时，在任何pH值条件下热压氧酸浸金属硫化矿物，硫均呈硫酸根形态转入浸液中，无法析出元素硫。

（4）热压氧酸浸低价金属硫化矿物时，可观察到浸出的阶段性。如热压氧酸浸 Cu_2S、Ni_3S_2 的反应为：

$$Cu_2S + \frac{1}{2}O_2 + 2H^+ \longrightarrow CuS + Cu^{2+} + H_2O$$

$$Ni_3S_2 + \frac{1}{2}O_2 + 2H^+ \longrightarrow 2NiS + Ni^{2+} + H_2O$$

当浸出温度高于120℃时，CuS、NiS可进一步氧化为硫酸盐：

$$CuS + 2O_2 \longrightarrow CuSO_4$$

$$NiS + 2O_2 \longrightarrow NiSO_4$$

（5）溶液中的某些金属离子对热压氧酸浸过程可起催化作用。如 Cu^{2+} 可催化 ZnS、CdS 的热压氧酸浸过程。其反应可表示为：

$$ZnS + Cu^{2+} \longrightarrow Zn^{2+} + CuS$$

$$CdS + Cu^{2+} \longrightarrow Cd^{2+} + CuS$$

$$CuS + 2O_2 \longrightarrow CuSO_4$$

反应生成的细散的 CuS 的氧化速度相当大。此外，Fe^{2+}、Cu^{2+}、Zn^{2+}、Ni^{2+} 等可催化元素硫的热压氧化反应，提高其氧化速度。

热压氧酸浸过程的作业温度视工艺要求而定。提高作业温度可提高浸出速度，但作业温度的选择常受热压氧酸浸过程工艺条件的限制。如热压氧酸浸有色金属硫化矿物精矿时，宜选用110~115℃的作业温度，使金属组分转入浸液中，大量的硫呈元素硫留在浸渣中；若作业温度高于120℃，熔化的元素硫可包裹硫化矿粒，降低金属组分的浸出率。

若热压氧酸浸含包体金的有色金属硫化矿物精矿时，其作业温度常为180~220℃，总压为2~4MPa，金属硫化矿物完全被分解，金属组分和硫均转入浸液中，包体金可单体解离或裸露。

B　热压氧碱浸的基本原理

热压氧碱浸可在氨介质或苛性钠介质中进行，热压氧碱浸硫化镍的反应可表示为：

$$NiS + 2O_2 + xNH_3 \longrightarrow Ni(NH_3)_xSO_4$$

$$Ni_3S_2 + 6\frac{1}{2}O_2 + 4S^0 + 6NaOH \longrightarrow 3NiSO_4 + Na_2SO_4 + 2Na_2S + 3H_2O$$

16.3.4.2　热压氧浸的生产实践

A　南非英帕拉铂公司三段热压硫酸氧化酸浸铜镍高锍

南非英帕拉铂公司斯普林精炼厂采用热压氧酸浸工艺处理铜镍高锍，其工艺流程如图16-14所示。

铜镍高锍湿磨至 -0.04mm 占 60%~90%，用铜电解母液（含 Cu 20g/L、Ni 25g/L、H_2SO_4 90g/L）浆化，连续泵入一段浸出高压釜（4室分别搅拌的卧式圆筒釜），浸出温度

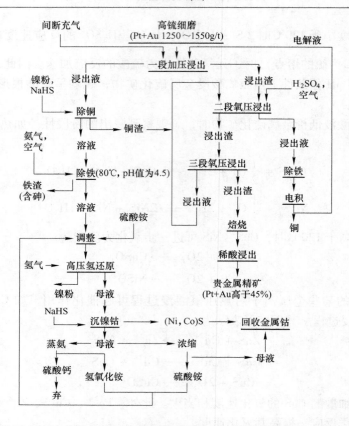

图 16-14　南非英帕拉铂公司斯普林精炼厂三段热压氧酸浸工艺流程

为 130～145℃，通氧时 $p_{O_2}=98\text{kPa}$（通空气的 $p=500\text{kPa}$），釜内浸出 3h。浸渣中除贵金属外，还含 NiS、CuS、FeS 等低价硫化物。整个浸出过程分为热压无氧酸浸、热压氧酸浸和热加压氧酸浸三个阶段，实验室试验浸液中的镍、铜离子浓度变化如图 16-15 所示。

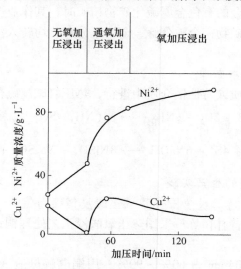

图 16-15　一段热压酸浸时浸液中的镍、铜离子浓度变化

无氧热压酸浸的反应可表示为：

$$Ni_3S_2 + CuSO_4 \longrightarrow NiSO_4 + 2NiS \downarrow + Cu^0 \downarrow$$

$$NiS + CuSO_4 \longrightarrow NiSO_4 + CuS \downarrow$$

第二段热压氧酸浸空气压力为 150 ~ 350kPa，温度为 135℃，其目的是使金属铜和低价硫化物转化为硫酸盐。热压氧酸浸的反应可表示为：

$$Ni_3S_2 + H_2SO_4 + \frac{1}{2}O_2 \longrightarrow NiSO_4 + 2NiS \downarrow + H_2O$$

$$NiS + 2O_2 \longrightarrow NiSO_4$$

$$Cu_2S + H_2SO_4 + 2\frac{1}{2}O_2 \longrightarrow 2CuSO_4 + H_2O$$

$$CuS + 2O_2 \longrightarrow CuSO_4$$

$$Cu^0 + H_2SO_4 + \frac{1}{2}O_2 \longrightarrow CuSO_4 + H_2O$$

第三段热加压酸浸的目的是彻底去除残留的贱金属，提高浸渣中的贵金属含量。浸出温度、空气压力均高于前两段，以强化贱金属的浸出效果，但应降低贵金属的溶解损失。

试验表明，经三段热压氧酸浸后，浸渣中的贵金属可富集 300 倍（含量约 20%），其他为 SiO_2，釜内衬脱落的 $PbSO_4$，残留的镍、铁氧化物，氧化铜等杂质。但该工艺对贵金属含量较低（39g/t）的原料或含有较多 NiO、FeO 等难浸氧化物的粗镍电解阳极泥的富集效果不理想。

试验还表明，热压酸氧浸时，金、铂、钯、铱不溶解；钌、铑的溶解损失随氧分压和浸出温度的升高而增大，钌可达 6% ~ 10%，铑达 0.6% ~ 4%；锇也有损失。一般可采用提高酸度，使反应生成元素硫以阻止铂族金属溶解。如将硫酸浓度从 25g/L 增至 100g/L，浸渣中的元素硫含量从 7.9% 增至 18.4%，钌、铑的溶解损失相应降为 4.5% 及 0.6%。

B 吕斯腾堡铂矿公司热压酸浸镍铜合金

南非吕斯腾堡铂矿公司的镍高锍（PGM 约 0.15%）经磨矿-磁选产出产率为 10% ~ 15%、PGM 含量为 1% ~ 1.5% 的镍铜合金（合金中 PGM 的回收率约 99%）及非磁性硫化物。非磁性硫化物进行两段热压硫酸氧浸的浸出渣与铜镍合金常压硫酸浸出渣（浸液为硫酸镍溶液）合并进行热压硫酸氧浸（浸液为硫酸铜溶液），浸渣即为铂族金属化学精矿（富集物），PGM 含量大于 45%。

C 新疆阜康冶炼厂热压氧酸浸镍高锍

新疆阜康冶炼厂是目前我国最大的镍高锍热压氧酸浸出厂，1993 年 12 月投产，经不断改进，工艺更加成熟和完善。

国内设计加工的卧式高压浸出反应釜结构如图 16-16 所示。

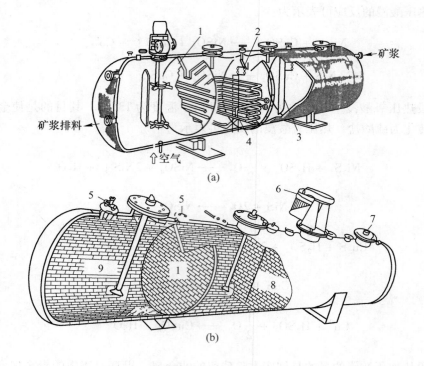

图 16-16　卧式高压浸出反应釜结构
（a）结构图；（b）截面图
1—隔板；2—调节阀；3—挡板；4—冷却蛇管；5—接口；
6—电机；7—搅拌插口；8—插入管；9—搅拌浆

高压釜直径 2600mm，长 9000mm，碳钢外壳，卧式垂直搅拌，几何容积为 40m³，设计耐压 1.6MPa，耐温（150±10）℃。釜体用隔板分为 4 室，从进料端至出料端的隔板高度依次递减 50mm，矿浆从 1 室至 4 室顺序自流排出。每个反应室装有钛材空气管和蒸汽蛇形盘管。釜内钢板搪铅，衬两层耐温耐酸砖以防腐。

热压浸出镍高锍的工艺条件为：液固比值为（10～11）:1、温度 150～160℃、压力 0.8～0.85MPa、空气量 500m³/t、时间 2h、终点 pH 值为 1.8～2.6，镍总浸出率 92%～94%（含常压浸出率 25%～35%）；铜渣组成为：Ni 4%～5%、Co 0.06%～0.08%、Cu 65%～70%、Fe 1.5%～2.7%、S 21%～23%；铂族金属合计 4.63g/t、Au 5.61g/t、Ag 296g/t。浸出过程中，贵金属几乎全部留在浸渣中，按浸液计算的贵金属浸出率为：Au、Ag 均为 0，Pt 1.67%，Pd 0.66%，Rh 小于 0.075%，Os 23.4%，Ir 27.1%，Ru 13.8%。

浸出所得铜渣在 800～900℃下进行沸腾焙烧，焙砂在 65～70℃下进行硫酸浸出 2h。渣率约 8%，铜浸出率大于 97%，贵金属在铜浸渣中富集 15 倍。

D　自变介质热压氧浸工艺

金川冶炼厂采用自变介质热压氧浸工艺处理铜镍合金经盐酸选择性浸出镍、控制电位水溶液氯化浸出铜后所产出的贵金属富集物。

试样组成为：Cu 3.14%、Ni 4.14%、Fe 1.49%、S 67.85%、Au 0.7%、Pt 2.7%、Pd 1.17%、Rh 0.13%、Ir 0.11%、Os 0.074%、Ru 0.24%。试料用水浆化，矿浆浓度为 12.5%，加入 NaOH，其起始浓度为 2.1 mol/L，浸出温度为 145~150℃，$p_{O_2} = 0.7 MPa$。溶液酸碱度变化和硫氧化率变化如图 16-17 所示。

通氧前为热压碱浸，硫转变为硫化钠。其反应可表示为：

$$3S^0 + 6NaOH \longrightarrow Na_2SO_3 + 2Na_2S + 3H_2O$$

$$Na_2S + (x-1)S^0 \longrightarrow Na_2S_x \quad (通常 x = 4)$$

通氧后的氧化反应可表示为：

$$Na_2SO_3 + \frac{1}{2}O_2 \longrightarrow Na_2SO_4$$

$$Na_2S + 2O_2 \longrightarrow Na_2SO_4$$

$$Na_2S_4 + 6\frac{1}{2}O_2 + 3H_2O \longrightarrow Na_2SO_4 + 3H_2SO_4$$

$$2H_2SO_4 + 4NaOH \longrightarrow 2Na_2SO_4 + 4H_2O$$

$$S^0 + 1\frac{1}{2}O_2 + H_2O \longrightarrow H_2SO_4$$

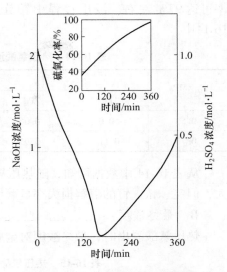

图 16-17　自变介质热压氧浸过程中溶液酸碱度变化和硫氧化率变化

NaOH 耗尽后，浸出介质从中性转变为弱酸性、酸性。贱金属硫化物和贱金属固溶体不断溶解，硫、铜、镍浸出率均大于 98%，铁浸出率约 60%。浸出过程中，贱金属的浸出率随搅拌强度的降低而下降。浸出温度、氧压、最终酸度对铂族金属的溶解率影响较大。

作者认为，若在 145~150℃、$p_{O_2} = 0.7 MPa$ 直接进行热压氧酸浸，元素硫、贱金属硫化物和贱金属固溶体均被浸出，转入浸出液中。在此条件下进行热压氧酸浸，元素硫、贱金属硫化物被氧化后，硫不可能呈元素硫形态存在于浸渣中。故自变介质热压氧浸工艺与热压酸浸和热压氧酸浸比较，不具有明显的技术优势，反而增加生产成本。

16.3.4.3　热压浸出时铂族金属的溶解损失

热压浸出时铂族金属的溶解损失与下列因素有关。

A　氧分压

热压无氧浸出铜镍合金或铜镍锍时，镍呈硫酸镍形态转入浸液中，镍浸出率可达 97% 左右。铜和贵金属几乎全部留在浸渣中。

热压氧酸浸出铜镍合金或铜镍锍时，镍和铜均呈硫酸盐形态转入浸液中，镍、铜浸出率可达 97% 左右。浸出过程中铂族金属的溶解损失与氧压关系密切。其关系列于表 16-14 中。

表 16-14　热压氧酸浸时铂族金属的溶解损失与氧压的关系

p_{O_2}/MPa	铂族金属溶解率/%					
	Pt	Pd	Rh	Ir	Os	Ru
0.5	<0.03	0.06	4.37	2.79	0.78	11.7
0.7	0.11	3.95	35.3	10.3	1.38	37.3

从表 16-14 中数据可知，随热压氧酸浸氧压的增大，铂、钯、锇的溶解损失率增加不大，但铑、铱、钌的溶解损失率显著增加。

B　最终酸度

热压氧酸浸出时，最终酸度对金属浸出率的影响列于表 16-15 中。

表 16-15　热压氧酸浸出时最终酸度对金属浸出率的影响

最终酸度 /g·L^{-1}	渣率/%	浸出率/%			浸出液中分配/%						浸渣中分配/%	
		Ni	Cu	Fe	Pt	Pd	Rh	Ir	Os	Ru	Os	Ru
0	19	74.40	92.40	8.10	0.25	2.63	13.3	2.52	0.57	4.09	92.4	89.6
50	9.6	92.27	98.70	59.10	0.11	3.59	35.3	10.3	1.38	37.3	66.2	51.2
100	8.4	94.50	95.50	94.00	0.33	8.43	35.0	13.7	2.70	53.4	59.0	37.5

从表 16-15 中数据可知，最终酸度增大时，镍、铜、铁、PGM 的浸出率随之增大，其中锇、钌的浸出损失显著增大。

C　浸液中氯离子浓度

热压氧酸浸时，铂族金属的溶解损失率与浸液中氯离子浓度的关系列于表 16-16 中。

表 16-16　热压氧酸浸时铂族金属的浸出损失率与浸液中氯离子浓度的关系

氯离子浓度 /g·L^{-1}	铂族金属的溶解损失率/%				
	Pt	Pd	Rh	Ir	Ru
0	0.11	4	35	10.3	37.5
10	34.4	76.6	75	37.3	58.1
14	50	86.2	75	33	66

从表 16-16 中数据可知，铂族金属的浸出损失率与浸液中氯离子浓度的关系密切，随浸液中氯离子浓度的增大，铂族金属的浸出损失率显著增大，其浸出损失率的顺序为：Pd > Rh > Ru > Pt > Ir > Os。浸液中氯离子浓度对金的浸出损失率影响较小，其浸出损失率常小于 0.3%。热压氧酸浸含氯离子的铂族金属物料时，浸出前应进行充分洗涤以除去铂族金属物料中的氯离子。

D　浸出温度

热压氧酸浸时，浸出温度与铂族金属浸出损失率的关系列于表 16-17 中。

表 16-17 热压氧酸浸时浸出温度与铂族金属浸出损失率的关系

浸出温度/℃	铂族金属溶解损失率/%				
	Pt	Pd	Rh	Ir	Ru
120 ~ 130	1.0	10	4	5.2	7.3
150 ~ 160	约50	80 ~ 90	72 ~ 76	约50	66 ~ 73

从表 16-17 中数据可知，铂族金属的浸出损失率与浸出温度的关系密切，随浸出温度的增大，铂族金属的浸出损失率显著增大，其浸出损失率的顺序为：Pd > Rh > Ru > Pt > Ir > Os。

因此，热压浸出含铂族金属的物料时，应根据含铂族金属物料的特征，严格控制浸出温度、氧压和最终酸度等工艺参数，以达到尽量提高贱金属的浸出率和尽力降低贵金属浸出损失率的目的。

16.3.5 电化学浸出

16.3.5.1 电氯化浸金

采用电解碱金属氯化物水溶液的方法产出的氯气浸出金，其反应可表示为：

阳极：

$$3H_2O + 2e \xrightarrow{\text{电解}} H_2 \uparrow + 2OH^-$$

阴极：

$$2Cl^- - 2e \xrightarrow{\text{电解}} Cl_2$$

$$2ClO^- - 2e \xrightarrow{\text{电解}} 2Cl^- + O_2$$

$$2ClO_3^- - 2e \xrightarrow{\text{电解}} 2Cl^- + 3O_2$$

溶液中的 Na^+ 与 OH^- 生成 NaOH。若阳极为石墨板，氧在石墨板上的超电位比氯在石墨板上的超电位高。因此，电解碱金属氯化物水溶液时，阳极反应主要是析出氯气。总反应式可表示为：

$$2H_2O + 2Cl^- \xrightarrow{\text{电解}} Cl_2 + H_2 + 2OH^-$$

采用隔膜电解法可将阳极产物与阴极产物（氢、碱）分开。进入阳极室的含金矿物原料与新生态氯生成三氯化金，进而生成金氯氢酸。其反应式可表示为：

$$2Au + 3Cl_2 \xrightarrow{\text{电解}} 2AuCl_3$$

$$AuCl_3 + HCl \xrightarrow{\text{电解}} HAuCl_4$$

总反应式为：

$$2Au + 3Cl_2 + 2HCl \longrightarrow 2HAuCl_4 \quad \varepsilon^\ominus = +1.002V$$

若采用无隔膜电解法，此时阳极产物与阴极产物相互作用，在阳极上生成氯酸钠和气态氧，在阴极上生成气态氢。无隔膜电解碱金属氯化物水溶液的反应式可表示为：

$$Cl^- + 9H_2O \xrightarrow{\text{无隔膜电解}} 2ClO_3^- + 9H_2 \uparrow + 1\frac{1}{2}O_2 \uparrow$$

若将含金矿物原料加入电解槽中，金与氯酸根作用生成三氯化金，进而生成金氯氢酸：

$$Au + 3ClO_3^- \longrightarrow AuCl_3 + 4\frac{1}{2}O_2$$

$$AuCl_3 + HCl \longrightarrow HAuCl_4$$

电解液常采用氯化钠与盐酸的混合溶液，添加盐酸既可提高电解液中的氯离子浓度，又可防止电解产生的新生态氯被碱或水所吸收。电氯化浸出矿浆，经固液分离、洗涤，可得贵液和浸出渣。可用试剂还原法或金属还原法从贵液中沉析金。

16.3.5.2　镍电解提纯

A　镍电解工艺流程

镍电解工艺流程如图 16-18 所示。

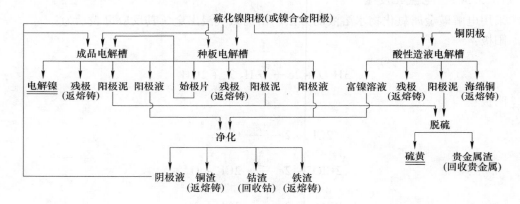

图 16-18　硫化镍电解工艺流程

从图 16-18 可知，硫化镍电解主要由 5 部分组成：（1）成品电解槽产出电解镍；（2）种板电解槽产出阴极始极片；（3）造液电解槽产出高镍液；（4）阳极液与高镍液的净化得阴极液；（5）阳极泥脱硫产出硫黄和热硫渣，热硫渣送回收贵金属作业。

镍电解的阳极板为硫化镍、粗镍或镍锍铸成。阴极为镍始极片，采用光滑钛板或不锈钢板为种板电解制成，种板周期常为 8～24h。取出种板，剥下镍片，经切边、穿耳、平板等工序制成始极片。再在 pH 值为 2 的酸性液中浸泡数小时取出，水冲洗净后置于电解槽中作阴极。

电解液常为硫酸镍和氯化镍的弱酸性混合液，也可用弱酸性氯化镍溶液，很少单独采用硫酸镍溶液。采用隔膜电解法，将阴极放入隔膜袋中与阳极隔开。纯净的电解液从高位槽经分液管流入每个隔膜袋中，隔膜袋中液面须高于袋外液面 50～100mm，使电解液从阴极室向阳极区渗出，阳极液不可渗入阴极室以保持阴极室电解液的纯度。阳极液不断从电解槽流出送净化。阴极液组成列于表 16-18 中。

表 16-18　阴极液组成

阴极液组成/g·L⁻¹	硫化镍阳极电解		粗镍电解	镍基合金阳极电解	
	国内某厂	国外某厂	国内某厂	国内某厂	国外某厂
Ni^{2+}	55 ~ 60	60	58 ~ 70	60 ~ 45	77
SO_4^{2-}	—	90	65 ~ 70	5	134
Na^+	< 45	35	45 ~ 70	< 60	25
Cl^-	> 50	60	100 ~ 142	160 ~ 170	32
H_3BO_3	> 5	16	7 ~ 10	5 ~ 7	5
pH 值	2.3 ~ 2.6	—	—	4.6 ~ 4.8	2.4

生产特号镍和一号镍对阴极液的杂质要求列于表 16-19 中。

表 16-19　生产特号镍和一号镍对阴极液的杂质要求

阴极品号	Cu	Fe	Co	Pb	Zn
特号镍	< 0.00003	< 0.0003	< 0.001	< 0.00007	< 0.0003
一号镍	< 0.001	< 0.001	< 0.01	< 0.0003	< 0.0003

电镍的质量标准列于表 16-20 中。

表 16-20　电镍的质量标准

品　号	代　号	化学成分/%								
		Ni + Co（不小于）	Co（不大于）	杂质（不大于）					
				C	Si	P	S	Fe	Cu
特号镍	Ni-01	99.99	0.005	0.005	0.001	0.001	0.001	0.002	0.001
一号镍	Ni-1	99.9	0.10	0.01	0.002	—	0.001	0.03	0.02
二号镍	Ni-2	99.5	0.15	0.02	—	0.003	0.003	0.20	0.04
三号镍	Ni-3	99.2	0.5	0.10	—	0.02	0.02	0.50	0.15

品　号	代　号	化学成分/%							
		杂质（不大于）							
		Zn	As	Cd	Sn	Sb	Pb	Bi	Mn、Al、Mg 各含
特号镍	Ni-01	0.001	0.0008	0.0003	0.003	0.003	0.0003	0.0003	0.001
一号镍	Ni-1	0.005	0.001	0.001	0.001	0.001	0.001	0.001	—
二号镍	Ni-2	0.005	—	—	—	—	0.002	—	—
三号镍	Ni-3	—	—	—	—	—	0.005	—	—

阴极周期为 4 ~ 5d，出槽电镍用热水洗去表面电解质后，经剪切、包装为最终产品。

阳极周期为 10 ~ 15d，残极返回阳极炉重熔或选出较完整残极作造液用。阳极泥另行处理。

镍电解时，阳极电流效率略低于阴极电流效率，净液过程中渣会带走部分镍，故电解液中的镍离子浓度每经一次循环均有所降低。为保持电解液中的镍离子浓度基本稳定，阳极液送净化前应补充适量的镍离子。生产中设有专门的造液电解槽。

为了沉淀除去阳极液中的某些杂质，常采用碳酸钠调整溶液 pH 值，使电解液中的钠离子浓度逐渐升高，生产中常须排钠。与铜、铅电解比较，镍电解的特点为：隔膜电解，电解液须深度净化，电解液 pH 值较低，设造液槽补充镍离子，须定期排钠等。

B　阳极电化过程

镍电解阳极有金属镍阳极（包括合金阳极）和硫化镍阳极两种。

a　金属镍阳极电化过程

金属镍阳极的电化反应为：

$$Ni - 2e \longrightarrow Ni^{2+}$$

金属镍阳极放电溶解，镍呈离子态转入电解液中。与阴极过程的极化相似，阳极也有极化作用，结果使镍的溶解电位变得更正，阳极电流密度愈大，阳极极化愈严重。采用纯硫酸镍溶液作电解液时，阳极电流密度随阳极电位升高而逐渐升高，但当阳极电位升至某一限度值后，阳极电流密度反而降低并趋于零，此现象称为阳极钝化。阳极钝化后，镍电化溶解几乎停止。因此，为防止镍阳极钝化，常在硫酸镍电解液中加入少量盐酸或氯化镍（Cl^- 浓度小于 3g/L），由于 Cl^- 可穿过阳极表面的氧化膜，使之变为多孔结构，从而降低了阳极的钝化作用，故采用氯化镍电解液或硫酸镍与氯化镍混合电解液。镍电解时的槽电压较低。

镍实际电解条件下，金属镍阳极电位为 0.3 ~ 0.5V，不仅镍、锌、铁可电化溶解，铜也可电化溶解，只有金、银、铂、钯、铑、铱、锇、钌等贵金属不溶而进入阳极泥中。

b　硫化镍阳极电化过程

硫化镍阳极常含少量金属镍，大部分金属呈硫化物（如 Ni_3S_2、Cu_2S、CoS、PbS、ZnS、FeS 等）形态存在。

硫化镍阳极的电化过程与其中的硫含量密切相关，当硫含量为 20% 时，可使全部金属均呈硫化物存在。此时，硫化镍阳极电化反应为：

$$Ni_3S_2 - 6e \longrightarrow 3Ni^{2+} + 2S^0$$

硫化镍阳极放电溶解，镍呈离子态转入电解液，元素硫沉入槽底或附着于阳极表面。若阳极硫含量低，镍主要呈金属态存在，极少量硫呈共晶体存在于金属晶体间的界面上。此时，硫化镍阳极的电化溶解为金属镍的电化溶解，少量的硫化镍实际上不参加电极反应而进入阳极泥中。若阳极含有一定量的硫，又不足以使金属全部呈硫化物存在时，其中的金属部分优先电化溶解，在阳极表面上留下一层硫化物薄膜，使阳极有效面积减小，实际提高了阳极实际电流密度，阳极电位变得更正，易产生下列有害反应：

$$Ni_3S_2 + 8H_2O - 18e \longrightarrow 3Ni^{2+} + 2SO_4^{2-} + 16H^+$$

从反应式可知，产生同量 Ni^{2+} 条件下，与含硫约 20% 的硫化镍阳极的电化溶解相比较，电耗增加 3 倍，且由于生成大量酸，使净液时的碱耗大幅度增加。因此，硫化镍阳极中的硫含量一定控制为使金属镍全呈硫化物形态存在的水平。

c　阴极电化过程

阴极电化反应为：

$$Ni^{2+} + 2e \longrightarrow Ni$$

$$2H^+ + 2e \longrightarrow H_2 \uparrow$$

阴极沉析镍的平衡电位为：

$$\varepsilon = \varepsilon^{\ominus} + \frac{RT}{nF}\ln\alpha_{Ni^{2+}}$$

$\varepsilon^{\ominus} = -0.25V$，阴极沉析镍的必要条件是其平衡电位须大于氢的析出电位。因此，对负电性镍而言，要使其在阴极优先析出，就须创造条件使其平衡电位变正，极化变小；为了不优先析氢，就须创造条件使氢平衡电位变负，极化变大。使镍的平衡电位变正的最有效而实用的方法是保持电解液中有足够高的镍离子浓度，随电解液中镍离子浓度的提高，镍的平衡电位向正方向移动。生产实践表明，足够高的镍离子浓度不仅有较高的电流效率，且可获得质量较高的阴极沉析物。电流密度愈高，要求电解液中镍离子浓度的最低值也愈高。阴极电流密度与电解液中镍离子浓度的关系列于表 16-21 中。

表 16-21 阴极电流密度与电解液中镍离子浓度的关系

阴极电流密度/A·m^{-2}	180~220	221~260	261~300	301~330
镍离子浓度（大于）/g·L^{-1}	45	48	50	53

电解液中含有氯离子时，可降低镍阴极极化，吸附有氯离子的阴极表面上较易沉析镍，镍电解时氯离子浓度及温度对阴极极化的影响如图 16-19 所示。

从图 16-19 可知，电解液温度相同时，阴极电位随电解液中氯离子浓度的增加而变正。但随电解液温度的升高，氯离子的去极化作用减弱。在较高温度下，镍在阴极上析出时的极化作用较小，故镍电解提纯作业常在较高温度下进行，常控制电解液温度为 60~70℃。为使阴极析氢困难，最有效的方法是降低电解液中氢离子浓度。理论研究表明，电解液 pH 值每增加 1 个单位，氢平衡电位向负方向移动 0.06V。同时在较高 pH 值下，可增加氢的阴极极化，故镍电解提纯常在 pH 值为 2.5~5.2 条件

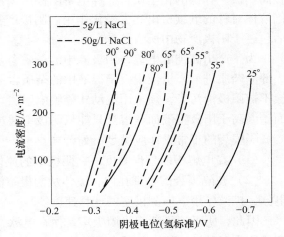

图 16-19 镍电解时氯离子浓度及
温度对阴极极化的影响
（电解组成为：Ni 42g/L、NaSO$_4$ 55g/L、
H$_3$BO$_4$ 20g/L、NaCl 5g/L 或 50g/L）

下进行。但在较高 pH 值下易生成氢氧化镍和镍的碱式盐胶体，故实际生产的临界 pH 值为 5.5 左右。当 pH 值大于 5.5 时，生成的 Ni(OH)$_2$、Ni(OH)$_2$·NiCl$_2$ 颗粒吸附于阴极表面，阻碍镍结晶长大，使晶粒组织细化，沉析物力学性能降低。电解液的适宜 pH 值取决于电解液组成和电解工艺条件。

镍电解实际生产中，阴极析镍时总有少量氢析出，降低阴极电流效率。在镍电解的总电流消耗中有 0.5%~1.0% 用于氢的析出。

阴极析氢时，使阴极液 pH 值升高。pH 值上升值取决于电解液组成、电解工艺条件和

电解液流入阴极室的速度。当进入阴极室的电解液 pH 值较低时，电解液碱化程度为 1 ~ 1.5pH 单位；电解液 pH 值较高时，几乎不产生碱化。由于析氢，紧靠阴极表面的阴极液易碱化。

生产中常采用下列方法，防止和降低电解液碱化作用的危害：

（1）尽可能采用 pH 值较高的阴极液。

（2）一定温度下保持较高的循环速度，加速离子扩散，防止局部 OH⁻ 浓度过高。

（3）阴极液中加少量硼砂（H_3BO_3），pH 值升高时，硼砂可与水解产生的氢氧化物作用生成带负电性的 $2H_3BO_3 \cdot Ni(OH)_3$ 胶体粒子，不易被阴极吸附，从而可消除其对阴极沉析物结晶长大的有害影响。

由于镍的标准电位为 $-0.25V$，存在于阴极液中的许多金属阳离子将与镍共同析出。因此，镍电解须采用隔膜电解，阴极液和造液均须深度净化，以降低阴极液和造液中的杂质离子含量。

尽管控制阴极液中杂质含量较低，但这些杂质可在极限电流密度下在阴极析出。因在极限电流密度下，杂质离子的析出速度与其本质无关，只取决于它们在阴极液中的含量。因此，提高总的电流密度，增加单位时间阴极析出的镍量，而析出的杂质量不变，从而可提高阴极产物镍的化学质量。镍电解阴极产物常含有负电性的锌，因析出的锌与镍生成的固溶体对锌的继续析出起去极化作用。阴极产物中的硫是由于 SO_4^{2-} 被初生态氢原子还原后包裹于阴极产物中所致。

为了产出高钝度电镍，阴极液中的杂质含量须小于零点几至几毫克每升。阳极溶解时大部分杂质进入阳极液中，阳极液中的杂质含量比阴极液中的杂质含量高得多。为使阴极液不被阳极液污染，须采用流动式隔膜电解法。将阳极区与阴极区用隔膜分开，阴极室液面始终高于阳极室液面，溶液只能从阴极室通过隔膜向阳极室单向流动。

隔膜袋的正常操作应满足下列要求：

（1）在电解槽的任何高度下，阴极室的流体静压力均大于阳极室的流体静压力。

（2）在隔膜袋的毛细孔内，流体从阴极室流向阳极室的流速大于阳极液中杂质离子在电泳、扩散作用下向阴极室的迁移速度。

因此，阴极液不断渗入阳极室，使在电泳、扩散作用下会通过隔膜袋毛细孔进入阴极室的杂质离子被流速大的反向液流带回阳极室。隔膜袋毛细孔内的阴极液流速愈大，从阳极室进入阴极室的杂质愈少。生产中常采用帆布袋作隔膜袋，以保证阴、阳极室间有适宜的液位差。

d　造液时的电化过程

造液时的阴极电化过程，与镍电解的阴极电化过程相反。造液时，应创造条件在阴极优先析氢，镍在阳极正常溶解。使镍的阴极电流效率远低于镍的阳极电流效率，使电解液中的镍离子浓度不断提高。

造液时，将镍电解的部分阳极液引至造液电解槽，以 HCl 或 $HCl + H_2SO_4$ 混合酸将酸度调至 $50 \sim 55g/L$ 作为电解液。以较完整的残阳极、合金阳极或硫化镍阳极作阳极，以镍残极、镍板或石墨板为阴极，在不带隔膜的普通电解槽中进行电解，电解液不流动。测定电解液中的 Ni^{2+} 浓度，当 Ni^{2+} 浓度达要求后即放液，更换新电解液。Ni^{2+} 浓度高的电解液送净化，净化后用于补充 Ni^{2+}。

由于造液时阴极析氢，电解液 pH 值增大。国外有的生产厂采用中和造液法，采用较小的阴极面积，在正常的阳极电流密度（120~160A/m²）时，阴极电流密度可达 1500~3000A/m²，此时阴极只析氢，H⁺浓度降低了，Ni²⁺浓度提高了。此法可将电解液 pH 值从 1.8 升至 5.0，降低了一般中和法的 NiCO₃ 耗量，可防止 Na₂SO₄ 的危害。

e 阳极液的净化

阳极液净化的原则流程如图 16-20 所示。

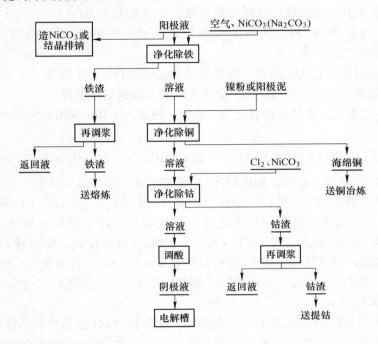

图 16-20 阳极液净化的原则流程

镍电解时，电解液循环使用，为了严格控制其中的杂质含量和酸度，维持体积平衡和镍、钠平衡，须对阳极液进行净化。

（1）体积平衡和镍、钠平衡。

电解过程的各种洗液和出装槽冲洗液增加系统溶液体积，而电解液的蒸发、回收碳酸镍和电解液跑、漏导致缩小溶液体积。电解生产正常时，电解液的含镍量逐渐降低。镍电解液中含有一定量的钠，可提高电解液的电导和降低电解电能消耗。但当电解液中钠含量大于 80g/L 时，尤其是对含 SO₄²⁻ 的电解液，在阳极上会生成 Na₂SO₄ 膜，导致阳极溶解只能在盐膜孔内进行，使阳极局部电流密度过大，阳极电位急剧升高，导致阳极钝化。由于硫酸钠的溶解度随温度变化大，易造成管路阻塞。净液时采用碳酸钠调整 pH 值，导致电解液中钠的积累。

生产中采用造液方法补充 Ni²⁺ 浓度和增加电解液体积；采用制取碳酸镍的方法缩减电解液体积和排除多余的钠离子。即抽出部分电解液制取碳酸镍，制取碳酸镍后的废液丢弃，用碳酸镍代替碳酸钠作净液时的中和剂。对硫酸盐电解液而言，可采用强制冷却或自然冷却结晶析出硫酸钠的方法排钠，结晶后液返回本系统，但此法无法兼顾体积平衡。

（2）阳极液的化学净化方法。

常采用化学净化法除去阳极液中的铁、铜和钴。

1）除铁。将阳极液加温至 $70 \sim 80 ℃$，鼓入空气将低价铁氧化为高价铁，加入不纯碳酸镍作沉淀剂，将 pH 值调至 $3.5 \sim 4.2$，Cu^+ 可起催化作用，由于 Cu^+ 比 Fe^{2+} 更易氧化。故化学净化法除杂时总是先除铁，后除铜。此法可使阳极液中的铁含量降至 $0.001g/L$。

2）除铜。可采用硫化铜沉淀法和镍粉置换法除铜。硫化铜沉淀法适于净化硫化镍阳极的阳极液，在沸腾除铜槽或机械搅拌槽中将阳极液加热至 $60 \sim 70 ℃$，pH 值为 $2 \sim 2.5$，加入适量硫黄粉或 Ni_3S_2 粉，使铜呈 CuS 沉淀析出。可除去 90% 的铜，净化液含铜 $0.002g/L$，须进行二次净化。

国外多数采用镍粉置换法除铜，将阳极液加热至 $80 ℃$，pH 值小于 3.5，加入活性镍粉置换除铜。设备应密封，机械搅拌，防止生成的海绵铜氧化重溶。

3）除钴。先用氯气将低价钴氧化为三价钴，再加入中和剂碳酸镍使钴水解沉淀析出。其反应为：

$$2CoSO_4 + Cl_2 + 3NiCO_3 + 3H_2O \longrightarrow 2Co(OH)_3 \downarrow + 2NiSO_4 + NiCl_2 + 3CO_2 \uparrow$$

电解液中 Co^{2+} 浓度一定时，随电解液 pH 值的提高，溶液电位降低，Co^{2+} 被氧化的可能性增大。如某厂阳极液含 Co^{2+} $0.1g/L$，pH 值为 3.5 时，$\varepsilon_{Co^{3+}/Co^{2+}} = +1.36V$。表明只有 pH 值大于 3.5 时，用氯气作氧化剂才能将 Co^{2+} 氧化为 Co^{3+}，然后水解除去。实际生产中，由于氯气通入溶液后，会产生 $Cl_2 + H_2O \rightarrow HOCl + HCl$ 反应，使溶液 pH 值降低 $1 \sim 1.2$ 个单位。因此，通氯气前，应将溶液 pH 值调至 $4.8 \sim 5.0$，再通氯气，出口处的 pH 值保持 $3.8 \sim 4.2$。实际生产中，出口处的 pH 值常大于 4.5，以保证 Co^{2+} 被完全除去（液中钴含量小于 $0.001g/L$）。

镍阳极液中的 Ni^{2+} 浓度远高于 Co^{2+} 的浓度，在除钴的 pH 值条件下，将有部分镍与钴一起氧化水解沉淀，钴渣含镍甚至高达 Ni∶Co = 2∶1。为了回收钴渣中的镍，常将钴渣酸浸和用 SO_2 还原，使镍和钴的氢氧化物转为 $NiSO_4$、$CoSO_4$。然后用另一批钴渣中的 $Ni(OH)_3$ 沉淀 $CoSO_4$，析出 $Co(OH)_3$。处理后的钴渣中 Ni∶Co = 0.07∶1，即渣含钴 $16.5\% \sim 17\%$、含镍 $1.16\% \sim 1.4\%$，送提钴作业。

4）除微量铅锌。电解液中的铅，来源于烟尘及氯盐电解时的铅材。为除微量铅锌，常将除钴后液（含残氯）pH 值调至 $5.5 \sim 5.8$。此时 Cu^{2+}、Zn^{2+} 和被 Cl_2 氧化为 Ni^{3+} 的镍均水解呈氢氧化物沉淀，$Ni(OH)_3$ 可吸附 Pb^{2+} 共沉淀。也可将除钴后液（含残氯）pH 值调至 6.0，加入 $BaCO_3$ 使 $PbSO_4$ 与 $BaSO_4$ 共沉淀除去。但 pH 值为 6 时，将使大量镍水解进入渣中，增加渣处理压力。

（3）阳极液的溶剂萃取净化法。

某厂有机相组成为：N-235 $20\% \sim 25\%$、200 号煤油 $70\% \sim 75\%$、脂肪醇（$C_8 \sim C_{10}$）5%。萃前用次氯酸钠将阳极液中的铁氧化为 Fe^{3+}。在氯化物溶液中，Cu^{2+}、Co^{2+}、Zn^{2+} 均呈 $MeCl_4^{2-}$ 配合阴离子形态存在，Fe^{3+} 呈一价阴离子 $FeCl_4^-$ 形态存在。萃取反应可表示为：

$$\overline{2R_3N \cdot HCl} + CuCl_4^{2-} \longrightarrow \overline{(R_3NH)_2CuCl_4} + 2Cl^-$$

$$\overline{2R_3N \cdot HCl} + CoCl_4^{2-} \longrightarrow \overline{(R_3NH)_2CoCl_4} + 2Cl^-$$

$$\overline{2R_3N \cdot HCl} + ZnCl_4^{2-} \longrightarrow \overline{(R_3NH)_2ZnCl_4} + 2Cl^-$$

$$\overline{R_3N \cdot HCl} + FeCl_4^- \longrightarrow \overline{R_3NH \cdot FeCl_4} + Cl^-$$

随萃取过程的进行，水相中的 Cl^- 浓度上升，萃取效率也随之上升。水相 Cl^- 浓度达 12mol/L 时，Ni^{2+} 也不可能生成 $MeCl_4^{2-}$ 配合阴离子，故镍不被有机相萃取。

负载有机相先用食盐水反萃钴，氯化钴反萃液循环使用至钴含量达 14～16g/L 时送浓缩提钴。然后采用 0.3% 硫酸液反萃铁、锌、铜，使其转入水相。反萃反应可表示为：

$$\overline{2R_3NH \cdot FeCl_4} + H_2SO_4 \longrightarrow \overline{(R_3NH)_2SO_4} + 2FeCl_3 + 2HCl$$

$$\overline{(R_3NH)_2MeCl_4} + H_2SO_4 \longrightarrow \overline{(R_3NH)_2SO_4} + MeCl_2 + 2HCl$$

硫酸液反萃后的有机相为 SO_4^{2-} 型，须用 2mol/L 的盐酸液转型后才能返回使用。

优先选择性萃取时，可先用溶于煤油的仲胺（Amberite LA-1，相当于十二烷基和烷基甲基胺）选择性萃取 Fe^{3+}，$FeCl_3$ 用水反萃。然后用 0.5mol/L 三异辛胺煤油液萃取钴、锌、铜，萃取水相 pH 值为 0.5～3.5，氯型配合物用水反萃，钴、锌、铜的萃取率达 99.9%。

（4）阳极液的离子交换净化法。

阳极液可用离子交换净化法进行深度净化。如用 717 强碱性阴离子交换树脂除锌、铜。用氧化活化的活性炭吸附除铅、铜等。

16.3.5.3　铜电解提纯

A　铜电解提纯的工艺流程

铜电解提纯铜的目的是进一步除去火法精炼铜中的杂质，使其纯度达 99.95%～99.98%，并综合回收其中所含的稀贵金属等有用组分。电解提纯铜的工艺流程如图 16-21 所示。

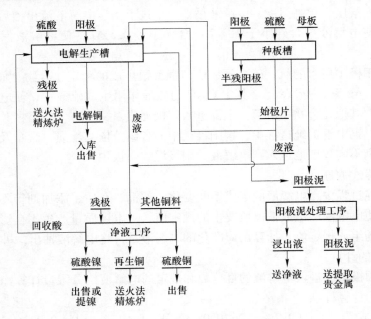

图 16-21　铜电解提纯的工艺流程

对比铜电积的流程可知，铜电解提纯的工艺流程增加了阳极泥处理工序和净液工序，其他作业大致相同。

B 阳极泥

各厂电解提纯铜的阳极板成分各异，通常铜含量为 98.5% ~ 99.5%，杂质含量为 0.5% ~ 1.5%。这些杂质据其标准电极电位，可将其分为四类：

第一类为标准电极电位比铜正的金属杂质，如金、银、铂、钯等贵金属。电解提纯铜时，它们在阳极不被氧化溶解，而呈微细粒分散状态沉积于电解槽底部，形成阳极泥，几乎不产生化学损失。仅少量银以硫酸银形态进入电解液中，若电解液中加入适量盐酸或食盐，则大部分银将以氯化银形态存在于阳极泥中。稀有 PGM（Rh、Ir、Os、Ru）在生产条件下有不同程度的损失，其损失率为：Ir 14% ~ 15%、Os 50% ~ 90%、Ru 65% ~ 70%，他们与硫酸根生成配阴离子转入电解液中。铜电解液净化时，60% Os、5% Ru 进入电化脱铜产出的再生铜中；25% Os、90% Ir、90% Ru 残存于硫酸镍结晶母液中。

第二类为标准电极电位比铜负的金属杂质，如锡、铅、镍、钴、铁、锌等。电解提纯铜时，它们在阳极被氧化溶解呈二价金属离子形态进入电解液中。其中锡、铅最终呈难溶化合物进入阳极泥，钴、铁、锌最终呈离子形态留在电解液中，钴、锌含量低且其电位比铜负，不会在阴极还原析出，但铁离子在阳极氧化和在阴极还原，将降低电流效率和增加阴极铜的反溶。镍在电解液中的积累对生产不利，会降低硫酸铜的溶解度、增加阴阳两极极化，故要求电解液中的镍含量小于 15g/L。

第三类为标准电极电位与铜相近的金属杂质，如砷、锑、铋等。电解提纯铜时，它们对电铜产品的危害最大。由于标准电极电位相近，电解工艺参数稍有变化，它们就与铜一起在阴极析出，降低电铜质量。其次是砷、锑三价离子水解生成絮状漂浮阳极泥，会污染阴极铜。因此，生产中应尽量采用砷、锑含量小的阳极板。采用砷、锑含量高的杂铜阳极时，应采用较高酸度、较高温度、电解液循环应下进上出、电解液流出槽后应过滤以除去浮渣等措施，使电解液中含砷小于 10g/L、含锑小于 0.5g/L，使电解液保持洁净透明不浑浊。

第四类为阳极中所含的氧、硫、硒、碲与铜及银生成的稳定化合物，如 Cu_2O、Cu_2S、Cu_2Se、Cu_2Te、Ag_2Se、Ag_2Te 等。其中 Cu_2O 与硫酸作用生成硫酸铜，使电解液和阳极泥中铜含量上升。其他化合物不溶解，全部进入阳极泥中。

从上可知，铜电解提纯过程中，铜阳极板中的各组分依其性质、含量及电解工艺条件等的不同，分别不同程度地进入到电解液、阳极泥或阴极中。

C 铜电解液的净化

铜电解提纯过程中，电解液的组成不断变化，如铜、杂质、添加剂等不断积累，酸度则不断下降，使电解液的组成偏离所要求的规定值，对电铜质量产生不良影响。因此，须定期按电解液的组成规定值，计算出应净化的电解液量，将电解液抽出，进行净化。

a 净液量的计算

通常依据阳极组分进入电解液的百分数和规定的电解液组分限量计算净液量。一般以铜、镍、砷作为计算标准。

若阳极组成为：Cu 99.2%、Ni 0.08%、Fe 0.017%、Pb 0.023%、Zn 0.066%、As 0.063%、Sb 0.017%，阳极单位消耗为吨铜 1.033t。

规定电解液中杂质的临界含量为：Ni 12.5g/L、As 5.0g/L、Fe 3.0g/L、Sb 0.7g/L、Cu 45g/L。以日产 80t 电铜为例：

按镍计算净液量为：

$$\frac{80 \times 1.033 \times 0.0008 \times 0.87 \times 10^3}{12.5} = 4.6 m^3/d$$

按砷计算净液量为：

$$\frac{80 \times 1.033 \times 0.00063 \times 0.65 \times 10^3}{5} = 6.77 m^3/d$$

按铜计算净液量为：

$$\frac{80 \times 1.033 \times 0.992 \times 0.015 \times 10^3}{45} = 27.33 m^3/d$$

从上可知，若按铜计算的净液量每日抽出 27.33m³ 送去进行净化，不仅可满足电解液中的铜含量为 45g/L 的临界要求，而且可使电解液中的镍、砷等杂质的含量远低于临界含量。

b　净液流程

常用的净液方法为：中和结晶生产硫酸铜和粗硫酸镍法；不溶阳极电积除铜、砷、铋、锑法；蒸发浓缩结晶生产硫酸铜、母液电解脱铜回收镍法。

国内目前采用联合法净液。净液流程如图 16-22 所示。

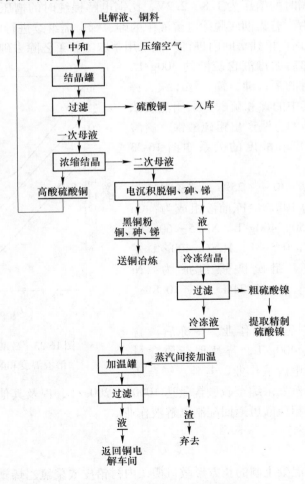

图 16-22　铜电解提纯净液工艺流程

　　首先利用较纯净的铜料将电解液中的酸中和，结晶产出成品硫酸铜。结晶母液浓缩产出高酸硫酸铜（高酸胆矾），高酸胆矾加水溶解后返回中和作业。中和作业可在中和槽或鼓泡塔中进行，中和槽中铜的溶解速率仅 $1 \sim 1.5 kg/(m^3 \cdot h)$，而鼓泡塔中铜的溶解速率可达 $40 kg/(m^3 \cdot h)$，故生产中较常采用鼓泡塔。硫酸铜结晶可采用自然冷却结晶法或机械搅拌水冷结晶法，前者夏季需 $3 \sim 4d$，冬季需 $2d$。

　　结晶硫酸铜的二次母液含 $30 \sim 50 g/L$ 的铜及过量的砷、锑、铋等杂质，采用不溶阳极电积法回收铜和除去砷、铋、锑等杂质。不溶阳极电积铜分三段进行：

　　第一段：电解液中的铜含量从 $50 g/L$ 降至 $12 \sim 15 g/L$，电流密度为 $200 A/m^2$，可产出一级电铜。

　　第二段：电解液中的铜含量从 $12 \sim 15 g/L$ 降至 $5 \sim 8 g/L$，电流密度大于 $200 A/m^2$，产出的阴极铜返阳极炉精炼浇铸阳极板。

　　第三段：电解液中的铜含量从 $5 \sim 8 g/L$ 降至 $0.2 \sim 0.4 g/L$，电流密度为 $800 A/m^2$。此时砷、锑在阴极大量还原析出，产出黑铜，其中含铜 $60\% \sim 70\%$，含砷、锑高达 30%，须返回火法炼铜作业。

　　不溶阳极电积铜时的槽压为 $1.8 \sim 2.2V$，比铜电解提纯时的槽压高 10 倍左右，电流效率平均为 60% 左右。若为彻底脱除电解液中的砷、锑，需继续进行电积过程，此时产生剧毒的 AsH_3 气体，须在单独房间内进行。或采用萃取等新工艺除去砷、锑。

　　除去铜、砷、锑后的母液含硫酸约 $300 g/L$、镍 $40 \sim 50 g/L$ 及少量的铜、砷、锑、铋、铁、锌等杂质。为了回收其中的镍和硫酸，采用蒸发浓缩，然后用冷冻结晶的方法产出粗硫酸镍。硫酸镍溶解度与溶液温度和酸度的关系如图 16-23 所示。

　　冷冻盐水温度为 $-30 \sim -25℃$，结晶温度为 $-20℃$，结晶时间为 $10h$。冷冻前液组成为：Cu 小于 $1 g/L$、H_2SO_4 $350 \sim 400 g/L$、Ni $35 \sim 60 g/L$。冷冻后液组成为：Cu $0.5 g/L$、H_2SO_4 $400 g/L$ 左右、Ni 小于 $10 g/L$。粗硫酸镍组成为：Ni 21.6%、Cu 0.2%、Zn 0.24%、Fe 0.8%、H_2SO_4 8%。

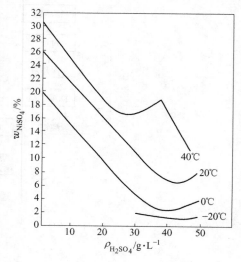

图 16-23　硫酸镍溶解度与
溶液温度和酸度的关系

　　粗硫酸镍送精制硫酸镍作业。冷冻后液含 Ni $7 \sim 10 g/L$、H_2SO_4 $400 g/L$，若其他杂质含量低，可将其返回配制电解液作业。若砷、锑杂质含量高，则需进一步蒸发浓缩至硫酸含量达 $1000 \sim 1200 g/L$，镍及其他杂质以无水硫酸盐形态析出，过滤所得粗硫酸可返回配制电解液作业。

　　D　电解槽与极板

　　a　电解槽

　　铜电解槽为钢筋混凝土制的长方形敞口槽，内衬铅皮或聚氯乙烯塑料。电解槽体积和数量据电铜产量、阴阳极板面积而异，其结构如图 16-24 所示。两端有进液口和出液口，

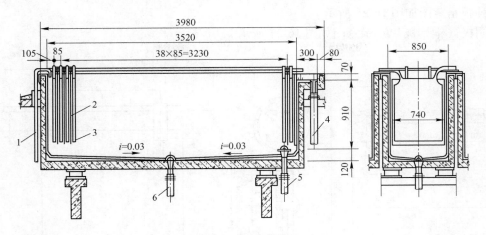

图 16-24　铜电解槽结构图

1—进液管；2—阴极；3—阳极；4—出液管；5—放液孔；6—放阳极泥孔

槽底两端向中间有 0.03% 的坡度，中间设阳极泥排出口，用铅制塞子堵口。相邻槽间有 20~40mm 的空隙用以绝缘。

　　b　阳极板、阴极板、种板

　　阳极板的形状如图 16-25 所示，一般为长方形或正方形。

　　阳极板用火法精炼铜浇铸而成，含铜应大于 99.2%，对严重影响电铜质量的杂质如铅、氧气、砷、锑等的含量有严格限制。某些铜电解提纯厂的阳极和阴极成分列于表 16-22 中。

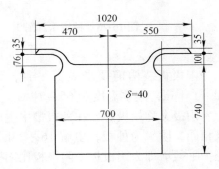

图 16-25　阳极板的形状

表 16-22　某些铜电解提纯厂的阳极和阴极成分　　　　（%）

元素	阳极		阴极	
	国　内	国　外	国　内	国　外
Cu	99.2~99.7	99.4~99.8	99.96~99.97	99.99
S	0.0024~0.015	0.001~0.003	0.0022~0.0027	0.0004~0.0007
O	0.04~0.2	0.1~0.3	0.0021~0.02	
Ni	0.09~0.15	0~0.5	0.0005~0.0008	微量~0.0007
Fe	0.001	0.002~0.003	0.0005~0.0012	0.0002~0.0006
Pb	0.01~0.04	0.01~0.1	0.0005	0.0005
Sn	0.001~0.01		0.0005~0.0006	
As	0.02~0.05	0.02~0.3	0.0005	0.0001
Sb	0.018~0.03	0~0.03	0.0001	0.0002
Bi	0.0026	0~0.001	0.0005	微量~0.0003
Se	0.017~0.025	0.01~0.02		0.0001
Te	0.001~0.038	0~0.001		微量~0.0001
Ag	0.058~0.1	微量~0.1		0.0005~0.001
Au	0.003~0.007	0~0.005		0~0.00001

种板示意图如图 16-26 所示。

阴极（铜始极片）示意图如图 16-27 所示。

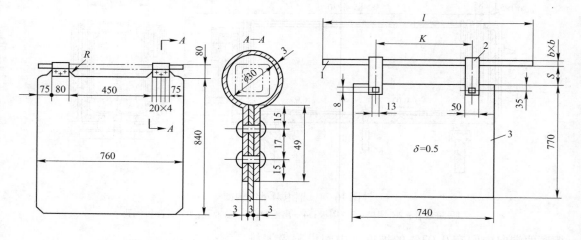

图 16-26　种板示意图　　　　　　　图 16-27　阴极（铜始极片）示意图

1—阴极导电棒；2—攀条；3—铜片

阳极板装槽前要求表面平直，无飞边毛刺，先在含硫酸 100g/L 的酸水槽中浸泡
10~15min，酸水温度为 65~70℃，浸泡后的阳极表面应无氧化铜和无铜粉。

阴极又称始极片，在种板槽中生产。种板槽与电铜生产槽相同，阳极与电铜生产的阳
极相同，阴极为种板，电解 16~24h，在种板上析出厚为 0.4~0.7mm 铜片，取出剥离，
经拍平裁剪即为阴极板，阴极板比阳极板宽 30~50mm，比阳极板长 25~45mm。

某些电解厂的阳极、阴极和种板规格列于表 16-23 中。

表 16-23　某些电解厂的阳极、阴极和种板规格

厂　家		1	2	3	4
形　状		长方形	正方形	长方形	正方形
阳极	长/mm	740	850	1000	750
	宽/mm	700	810	960	740
	厚/mm	35~40	33~38	45	30~35
	重/kg	155~165	210~260	370	130~150
阴极	长/mm	770	840	1020	780
	宽/mm	740	860	1000	760
	厚/mm	0.4~0.6	0.4	0.6	0.3~0.5
	重/kg	2~3	2.6	6	2~3
种板	长/mm	835	880	1060	860
	宽/mm	760	930	1040	800
	厚/mm	3.5~4	2.5~3	4	3
	重/kg	19.8	9~11	47.73	18.4

种板用紫铜板或不锈钢板制成，紫铜板厚为 3～4mm。使用前需涂蜡膜或脂肪酸皂膜。涂蜡膜是将种板在100℃溶蜡的沸水槽中蘸一薄层蜡，然后人工擦匀，费力费时，现已基本被淘汰。涂脂肪酸皂膜是将粘好边的一槽种板吊入脂肪酸浓度为 40～50g/L 的皂水槽中蘸一下，放在另一空槽中沥干后备用。种板应比始极片宽 20～30mm，长出 50～70mm，种板的三个边缘须贴涂 10～15mm 环氧树脂涤纶布边。目前，多用钛种板，其优点是钛板表面自身有一层氧化膜，无需另涂膜。钛板与析出铜片的导热性及膨胀系数差别大，只须在 0～10℃水中一蘸，铜片易从种板上脱落，且规格整齐，结晶致密，韧性极佳。钛种板贴绝缘边的配方约为：环氧树脂100%、丙酮13%～15%、二丁酯15%～25%、石英粉50%～120%、乙二胺5%～7%。

E 铜电解提纯的工艺参数

铜电解提纯的工艺参数列于表 16-24 中。

表 16-24 铜电解提纯的工艺参数

工艺参数与指标		电解生产槽实例			种板槽实例		
		1	2	3	1	2	3
电解液组成/g·L^{-1}	Cu	45～55	40～45	42	45～54	40～45	45
	H$_2$SO$_4$	165～185	150～170	188	165～185	140～160	190
电解液中其他组分/g·L^{-1}	Ni	<10	<15	4.5	<10	<4	2.9
	As	<10	<15	2.9	<10	<3	3.13
	Sb	<0.5	<0.5	0.58	<0.5	<0.3	0.63
	Bi	<0.5	<0.3	1.03	<0.5	<0.1	1.05
	Fe	<1	<4	1.88	<1	<0.8	2.1
	Cl	<0.075		0.06	<0.075		0.035
电流密度/A·m^{-2}		322～330	250	240	339～349	300	219
电解液温度/℃		62～67	66～68	>60	62～67	62～64	60
同极中心距/mm		75	85	105	80	90	105
循环量/L·min^{-1}		30～40	25～30	30	30～40	25～30	30
循环方式		上进下出	下进上出	下进上出			
阳极寿命/d		12～14	18	24	6～7	12	12
阴极周期/d		4	6	12	10～14h	16h	24h
添加剂用量	动物胶/g·t^{-1}	≤80	100	100	30～450	400	600
	干酪素/g·t^{-1}	≤40	10	20～30	≤20		
	硫脲/g·t^{-1}	≤40	34	30～40	≤20	15	8～10
	盐酸/mL·t^{-1}	≤300	150	50～70mg/L	≤50	350	50～70mg/L

16.3.6 氧化配合浸出

16.3.6.1 氧化配合浸出的基本原理

当浸出剂中含有目的组分的配合剂时，某些难氧化的正电性金属可与配合剂作用，可大幅度降低其被氧化的还原电位，生成稳定的配合物转入浸液中。

假设其配合反应为：

$$Me^{n+} + zL \longrightarrow MeL_z^{n+}$$

式中　　Me^{n+}——金属阳离子；

　　　　L——配合体（可带电或不带电）；

　　　　z——为金属阳离子的配位数。

配合反应可由下列反应合成：

$$Me + zL \longrightarrow MeL_z^{n+} + ne \qquad -\varepsilon_{MeL_z^{n+}/Me}^{\ominus}$$

$$+)\ Me^{n+} + ne \longrightarrow Me \qquad\qquad \varepsilon_{Me^{n+}/Me}^{\ominus}$$

$$\overline{Me^{n+} + zL \longrightarrow MeL_z^{n+} \qquad\qquad \varepsilon_{Me^{n+}/MeL_z^{n+}}^{\ominus}}$$

$$K_f = \frac{\alpha_{MeL_z^{n+}}}{\alpha_{Me^{n+}} \cdot \alpha_L^z}$$

$$\Delta G^{\ominus} = -RT\ln K_f = -nF\varepsilon^{\ominus}$$

所以　　　　　$$\varepsilon_{Me^{n+}/MeL_z^{n+}}^{\ominus} = -\varepsilon_{MeL_z^{n+}/Me}^{\ominus} + \varepsilon_{Me^{n+}/Me}^{\ominus}$$

$$= \frac{RT}{nF}\ln K_f$$

$$\varepsilon_{MeL_z^{n+}/Me}^{\ominus} = \varepsilon_{Me^{n+}/Me}^{\ominus} - \frac{RT}{nF}\ln K_f$$

$$= \varepsilon_{Me^{n+}/Me}^{\ominus} + \frac{RT}{nF}\ln K_d$$

$$= \varepsilon_{Me^{n+}/Me}^{\ominus} + \frac{0.0591}{n}\lg K_d$$

式中　　K_f——配合物的稳定常数；

　　　　K_d——配合物的解离常数。

不同价态的同一金属离子的配合反应为：

$$Me^{m+} + (m-n)e \longrightarrow Me^{n+} \qquad m > n$$

$$MeL_p^{m+} + (m-n)e \longrightarrow MeL_p^{n+}$$

$$\varepsilon_{MeL_p^{m+}/MeL_p^{n+}}^{\ominus} = \varepsilon_{Me^{m+}/Me^{n+}}^{\ominus} - \frac{0.0591}{m-n}\lg\frac{K_m}{K_n}$$

式中　　K_m——同一金属高价离子的配合常数；

　　　　K_n——同一金属低价离子的配合常数。

从上可知，金属离子与配合体生成的配合物愈稳定（即 K_f 愈大），配离子与金属电对的标准还原电位值愈小，即相应的金属愈易被氧化而呈配合离子形态转入浸出液中。同理，若同一金属的高价离子配合物比低价离子配合物稳定（即 $K_m > K_n$），则其低价离子配合物愈易被氧化而呈高价离子配合物形态存在。试验研究和生产实践中，常利用此原理浸出某些标准电极电位较高、较难被常用氧化剂氧化的目的组分（如金、银、PGM、铜、钴、镍等）。

16.3.6.2　氧化配合浸出的生产实践与试验研究

我国金宝山浮选混合精矿的热压氧浸预处理-热压氰化工艺流程如图 16-28 所示。

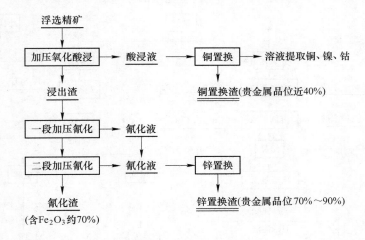

图 16-28　热压氧浸预处理-热压氰化工艺流程

主流程由热压氧浸预处理-2 段热压氰化-氰化液锌置换工艺共 4 个作业组成。热压氧浸预处理作业，铜、镍、钴的浸出率均大于 99%，硫转化为硫酸，大量铁呈 Fe_2O_3 和 $FeO(OH)$ 形态留在浸渣中。2 段热压氰化时按氰化渣计算铂、钯的浸出率分别为 95% 和 99%。与浮选精矿比较，锌置换渣中的铂、钯品位富集了 7000 倍。铑、铱、金、银也得到了满意的回收。5kg 规模的扩大试验表明，该工艺具有流程短、高效率、低污染、周期短、投资少、经济技术指标高的特点，用于处理铜、镍品位低，贵金属品位高的浮选精矿，具有良好的应用前景。

目前，云南金宝山矿已开始按此工艺进行建设，即将建成 3000t/d 的选矿厂。

16.4　从浸出液中回收镍、铜

16.4.1　从浸出液中回收镍

16.4.1.1　高冰镍的浓盐酸浸出流程

高冰镍的浓盐酸浸出流程如图 16-29 所示。

高冰镍的浓盐酸浸出流程主要包括高冰镍的浓盐酸浸出、浸出液净化、镍的回收、浸渣焙烧-浸铜、铜的回收和产出贵金属化学精矿等作业。

16.4.1.2　高冰镍的浓盐酸浸出

高冰镍组成为：Ni 48.1%、Cu 26.5%、Fe 1.25%、S 21%。磨细至 −0.062mm，经密封螺旋加料器送入三段浸出系统的一号浸出槽。浸出槽为密封结构机械搅拌槽，三段浸出槽呈阶梯形配置。操作时，将预热至 75℃ 的含 215g/L HCl 和 25g/L 镍的浓盐酸注入浸出槽中浸出高冰镍，铜和铂族金属留于渣中。温度 70℃，浸出 12h，镍浸出率为 98%。浸出矿浆经过滤、洗涤，滤饼送铜冶炼厂回收铜和铂族金属。

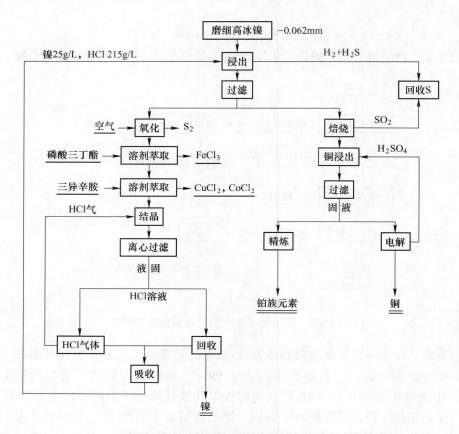

图 16-29　高冰镍的浓盐酸浸出流程

16.4.1.3　镍浸出液净化

镍浸出液组成为：Ni 约 120g/L，HCl 160g/L，Fe、Cu、Cr 各为 2.0g/L。先通空气将 Fe^{2+} 氧化为 Fe^{3+}，将浸液中的 H_2S 氧化为 S^0。过滤除去元素硫。滤液冷却后送萃取净化作业。

萃取净化时先用磷酸三丁酯（TBP）萃取 Fe^{3+}，然后采用三异辛胺（TIOA）或 N-235 萃取铜、钴。萃取前，先将 TIOA 或 N-235 用 2mol/L HCl 处理，使其转变为铵盐。其反应为：

$$\overline{R_3N} + HCl \longrightarrow \overline{R_3NH^+ \cdot Cl^-}$$

浓盐酸液中，镍呈 Ni^{2+} 形态存在，除镍外的大多数金属离子（如 Cu^{2+}、Co^{2+}、Zn^{2+} 等）均呈氯配阴离子形态存在，可被 TIOA 或 N-235 萃取。萃取反应为：

$$2\,\overline{R_3NH^+ \cdot Cl^-} + MeCl_4^{2-} \longrightarrow \overline{(R_3NH)_2^+ \cdot MeCl_4^{2-}} + 2Cl^-$$

负载铜、钴等的有机相，可用水反萃。反萃反应为：

$$\overline{(R_3NH)_2^+ \cdot MeCl_4^{2-}} + H_2O \longrightarrow 2\,\overline{R_3N} + MeCl_2 + 2HCl + H_2O$$

经萃取 Fe^{3+} 和 TIOA 或 N-235 萃取铜、钴后的净化液组成为：Ni 118g/L、Co 0.001g/L、Cu 0.005g/L、Fe 0.005g/L、HCl 160g/L。

16.4.1.4　从净化液中回收镍

(1) 从净化液中回收镍的氯化镍结晶工艺。

由于 $NiCl_2$ 在盐酸液中的溶解度随盐酸浓度的升高而降低，将含镍净化液送入衬胶搅拌槽内连续结晶，析出镍盐和镍的氯化物，结晶温度为 26℃。结晶后的浆液送衬胶离心过滤机过滤，产出 $NiCl_2 \cdot 4H_2O$ 晶体，经干燥为 $NiCl_2 \cdot H_2O$。送沸腾焙烧炉中，于 850℃ 左右温度下进行氯化镍的高温转化。其转化反应为：

$$NiCl_2 \cdot H_2O \xrightarrow{\triangle} NiO + 2HCl$$

氯化镍的高温转化产出致密球形的氧化镍粒，经冷却、筛分。−0.417mm 粒级的氧化镍粒返回沸腾焙烧炉中作晶种，−1.168 + 0.417mm 粒级的氧化镍送回转窑预热至 600℃ 进行氢气还原，产出金属镍粒。沸腾焙烧高温水解析出的氯化氢气体返回至氯化镍结晶槽中循环使用。

氯化镍结晶工艺从净化液中回收镍，流程简单、易自动化、劳动强度低。

(2) 将含镍净化液作镍电解精炼时的阳极补充液，以回收净化液中的镍。

(3) 将含镍净化液作电解液，进行不溶阳极电积以回收净化液中的镍，产出电解镍。

16.4.2　从浸出液中回收铜的不溶阳极电积工艺

16.4.2.1　概述

将预热至 75℃ 的含 215g/L HCl 和 25g/L 镍的浓盐酸注入浸出槽中浸出高冰镍，铜和铂族金属留于渣中。浸出渣经沸腾炉进行硫酸化焙烧，产出硫酸化焙砂。硫酸化焙砂经稀硫酸浸出，产出含硫酸铜的浸出液和含贵金属的浸出渣。

生产实践中，常采用不溶阳极电积工艺，回收浸出液中的铜。铜电积废液处理时，回收铜电积废液中的钴，产出碳酸钴渣，送提钴工段提钴。从含贵金属的浸出渣中产出贵金属化学精矿（富集物）。

16.4.2.2　铜电积的工艺流程

铜电积的工艺流程如图 16-30 所示。

16.4.2.3　电极反应

参阅《化学选矿（第 2 版）》（冶金工业出版社，2012）铜矿物原料的化学选矿。

16.4.2.4　工艺参数

A　电解液组成

电解液的化学组成对电解液电导率的影响较复杂，在铜电积的通常浓度范围内，硫酸和硫酸铜的浓度配比对电解液电导率的影响如图 16-31 所示。

从图 16-31 中曲线可知：(1) 电解液的电导率随硫酸浓度的增大而增大，但当硫酸浓度大于 400g/L 时，电解液的电导率下降（图 16-31 中未示出）。(2) 电解液中的硫酸铜浓度大于 40g/L 时，电解液的电导率随铜离子浓度的增大而下降，且酸度愈高，下降愈快。当硫酸含量小于 25g/L 时，加入少量铜离子（小于 10g/L）会稍微降低其电导率。但当铜离子浓度继续增加时，其电导率上升。(3) 硫酸含量为 20～40g/L 时为过渡区，铜离子浓度对电导率的影响不明显。随电积过程的进行，电解液组成由低酸高铜变

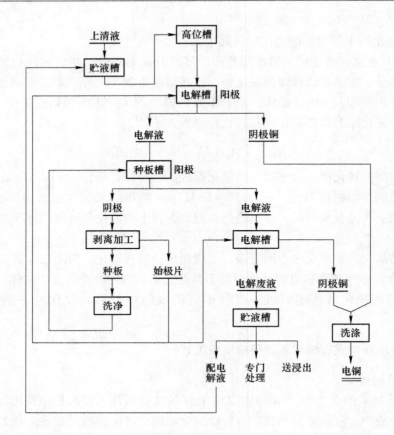

图 16-30　铜电积的工艺流程

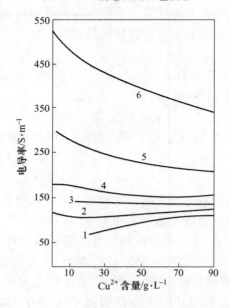

图 16-31　硫酸和硫酸铜的浓度配比对电解液电导率的影响
硫酸含量：1—12.5g/L；2—25g/L；3—34g/L；4—40g/L；5—65g/L；6—125g/L

为高酸低铜，其电导率将逐槽增高，而槽压将逐槽降低。因此，铜电积生产中应选择适宜的电解液组成，使各电积槽均有较理想的电导率。为了降低铜电解液电阻，适当提高电解液的起始酸度是有利的，但硫酸铜在硫酸液中的溶解度随酸度的提高而下降（见表16-25）。

表 16-25　25℃时硫酸浓度对硫酸铜溶解度的影响　　　　　　（g/L）

硫酸浓度	0	5	10	20	40
饱和时铜浓度	89.54	88.82	87.61	83.93	78.74
硫酸浓度	60	90	100	150	180
饱和时铜浓度	74.82	69.61	67.33	58.51	52.22

电解液的起始酸度以 $25 \sim 40g/L$ 为宜，此时铜离子浓度对电导率的影响不大。

某厂铜电解液的起始酸度由 $20g/L$ 增至 $35g/L$，$1 \sim 9$ 槽各槽的槽电压相应降低 $0.2 \sim 0.12V$（即降低 $7\% \sim 10\%$）。因此，适当增加铜电解液的起始酸度是合理的。

我国某些铜电积厂的起始电解液成分列于表16-26中。

表 16-26　我国某些铜电积厂的起始电解液成分

序　号	电流密度/$A \cdot m^{-2}$	铜含量/$g \cdot L^{-1}$	硫酸含量/$g \cdot L^{-1}$
1	$100 \sim 150$	$60 \sim 80$	$10 \sim 20$
2	$120 \sim 160$	$90 \sim 94$	$23 \sim 25$
3	$100 \sim 150$	51	
4	$100 \sim 150$	$60 \sim 80$	$20 \sim 30$

铜电解液中的杂质可根据其还原电位分为比铜负的、与铜相近的和比铜正的三类。锌、铁、镍等的电位比铜负，在铜电积条件下，它们较难在阴极还原析出，但它们会增加电解液的电阻。杂质锌对电解液电阻的影响列于表16-27中。

表 16-27　40℃时硫酸锌含量对电解液电阻率的影响

硫酸含量/$g \cdot L^{-1}$	锌含量/$g \cdot L^{-1}$	电解液电阻率/$\Omega \cdot cm^{-2}$
100	40	2.88
100	60	3.14
100	80	3.47

同样可计算出55℃时，在硫酸浓度为 $150g/L$ 的铜电解液中，每增加 $1g/L$ 镍或铁后，电解液电阻率分别增加 0.776% 和 0.878%。铜电解液中的铁除影响电阻率外，还在阴极被还原，在阳极被氧化，增加电能消耗，还可使阴极铜反溶。因此，应设法尽量降低铜电解液中的铁离子浓度，一般控制铁离子浓度小于 $5g/L$。

砷、锑、铋的电位与铜相近，当铜电解液中的铜离子浓度较低而电流密度较高时，它们可与铜一起在阴极还原析出，降低电铜质量。砷、锑的硫酸盐可水解为亚砷酸和亚锑酸，电积时可部分氧化为砷酸和锑酸。其反应为：

$$As_2(SO_4)_3 + 6H_2O \Longleftrightarrow 2H_3AsO_3 + 3H_2SO_4$$

$$Sb_2(SO_4)_3 + 6H_2O \Longleftrightarrow 2H_3SbO_3 + 3H_2SO_4$$

$$H_3AsO_3 + H_2O \longrightarrow H_3AsO_4 + 2H^+$$

$$H_3SbO_3 + H_2O \longrightarrow H_3SbO_4 + 2H^+$$

因此，砷、锑主要呈亚砷酸根、砷酸根、亚锑酸根和锑酸根形态存在于铜电解液中。不同价态的砷锑化合物可生成溶解度很小的化合物（$As_2O_3 \cdot Sb_2O_5$ 和 $Sb_2O_3 \cdot As_2O_5$），这些化合物为粒度极细的絮状物，不易沉降，并可吸附其他化合物，飘浮于铜电解液中。易机械地黏附于阴极上，可降低电铜质量，还可在管道中结垢，堵塞管道。当电解液中含有足量的砷时，三价铋可与砷生成砷酸铋沉淀，黏附于阴极上，可降低电铜质量。为了减小这类杂质的危害，有的铜电积厂将电解液温度升至 60～65℃，初酸浓度增至 50～60g/L，取得较明显的效果。

某厂发现铜电解液中氧化硅含量超过 0.5g/L 时，阴极部分表面出现一层黏糊状物质，电铜出现深浅不同的凹坑，结构粗糙、松软，质量明显下降。但有的厂发现氧化硅含量在 0.2～0.3g/L 的范围时，阴极不仅不出现黏糊状物质，且可使阴极铜表面致密光滑。

电解液中的钙、镁离子，一般未见有不良影响，有时在低温（45℃）低酸（硫酸小于 10g/L）时，电极表面出现一层灰色黏结物，它含镁、铜、铁、钙和硅等，可妨碍铜电积作业正常进行。当铜电解液中含钨、钼时，电铜中也将含少量钨、钼。

一些电位比铜正的金属（如金、银等）在硫酸浸铜时主要留在浸渣中，电解液中的含量极微，对铜电积的影响较小。

　　B　电解液温度

电解液的电导率随电解液温度的升高而增大（见图 16-32）。而且硫酸铜的溶解度也随电解液温度的升高而增大。因此，在较高的电解液温度下进行电积，可允许电解液中含有较高浓度的铜和酸，且可降低槽电压。但电解液温度过高，空气中酸雾增多，将恶化劳动条件，且可加速阴极铜的反溶，降低电流效率。电解液的进槽温度一般控制为 30～40℃。

　　C　电解液循环速度

电积过程中，电解液循环流动可以减小浓差极化，其循环速度与电流密度和废电解液的铜含量有关。若电流密度高而循环速度过小，将增大浓差极化现象；反之，若电流密度小而循环速度过大，将增加废电解液中的铜含量，降低铜的实收率。据某厂试验，电解液循环速度与其他工艺参数的关系大致见表 16-28。

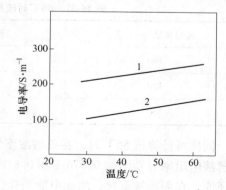

图 16-32　温度对铜电解液的电导率的影响
1—硫酸 65g/L，Cu^{2+} 50g/L；
2—硫酸 50g/L，Cu^{2+} 90g/L

表 16-28　电解液循环速度与其他工艺参数的关系

电积工艺参数			废电解液中铜含量的最低容许值/g·L⁻¹
电流密度/A·m⁻²	温度/℃	循环速度/L·min⁻¹	
100	≥45	<5.4	10 ~ 11
125	≥50	<6.8	11 ~ 11.5
150	≥55	<8.1	11.5 ~ 12
175	≥58	<9.1	12 ~ 13
200	≥62	<11.0	13 ~ 14

D　电流密度

单位电极有效面积上通过的电流强度称为电流密度（D_i）：

$$D_i = \frac{I}{A}(A/m^2)$$

式中　I——通过电解槽的电流强度，A；

A——每个电解槽内的阴极总面积，A = 每个电解槽内的阴极块数×阴极板长度×阴极板宽度×2。

提高电流密度可以提高设备产能，缩短电积时间，相应减少阴极电铜反溶损失，提高了电流效率。但电流密度过高，会增加浓差极化，增大槽压，增加电能消耗，且使电铜质量下降。因此，提高电流密度的同时，应采取相应措施提高电解液的循环速度和电解液中的铜含量。铜电积时的电流密度一般为 150A/m²。实践表明，当电流密度上升至 180A/m²以上时，电铜的结晶颗粒变粗，长粒子现象也较显著。此外，铜电解液中的悬浮物含量愈高，所能允许的电流密度愈低，若强行提高电流密度，则将降低电铜质量（粗糙、杂质及水分含量高）。

E　极间距

适当减小极间距，可增加电解槽内的电极板数，提高设备产能，可降低槽电压。但极间距太小时易产生极间短路现象，降低电流效率。生产实践中，极间距一般为 80 ~ 100mm。

F　添加剂

铜电积时，为了使阴极铜生长均匀，结构致密，表面平整光滑，电解液中需加入少量的胶状物质或表面活性物质，以使阴极铜少长粒子。铜电积时常用的添加剂为动物胶（明胶、牛胶）和硫脲。它们可被吸附于阴极表面生成一层胶状薄膜，对铜的沉积生长起抑制作用，从而使阴极铜结构致密，并减少尖端放电。由于电解液中含有少量硅酸，有的厂认为它可在一定程度上代替动物胶。因此，近年来多数厂铜电积时不再添加牛胶，只添加硫脲。硫脲用量为吨铜 20 ~ 25g。

16.4.2.5　电积设备

A　电源

工业上曾用直流发电机和水银整流器作直流电源，现已全部采用硅整流器作直流电源。硅整流器的整流效率高，但当直流电压小于 60V 时，整流效率将急剧降低。因此，生产上不宜采用低于 60V 的直流电压。

B 电解槽

电解槽是电积生产的主体设备，应满足槽与槽之间及槽与地面之间有很好的绝缘、电解液能顺利流动、耐腐蚀、结构简单、造价低廉等要求。槽体视处理量大小，可用木质或混凝土结构。与木质槽比较，钢筋混凝土槽具有不变形、使用期长、不漏电等特点，但易被腐蚀，更换较困难，要求采用较可靠的衬里防腐措施。钢筋混凝土槽的壁和底的厚度为 80～100mm，有时可增至 100～120mm 以承受电解液质量，槽底、槽壁内外均需先刷沥青，然后衬里。衬里可用铅皮、聚氯乙烯塑料、环氧树脂玻璃钢、辉绿岩板等。铅皮衬里是将 3～5mm 厚的含锑 3%～4% 的铅皮（或纯铅皮）平整地衬于槽内，用气焊接缝，其优点是施工简单，可耐较高温度，但力学性能和绝缘性能较差，易漏液漏电。采用 3～5mm 厚的软聚氯乙烯塑料衬里得到了普遍应用，具有良好的绝热和电绝缘性能，但机械强度随温度上升而下降，一般使用温度不宜超过 60～70℃，且易老化。环氧树脂玻璃钢的性能与聚氯乙烯塑料相似，其缺点是不易发现由于衬里破裂而造成的漏液现象。实践表明，较经济耐用的衬里材料是辉绿岩板，可用于衬里或用于捣制电解槽，其绝缘性能好、机械强度大、耐腐蚀、造价低、使用期长，故均优先被选用。

电解槽为上部敞开的长方形体槽，宽为 1～1.1m，深为 1.1～1.2m，长视生产规模而异，一般为 3～5m。生产量小时不受上述限制，设计时以便于操作为宜。槽底有放液孔，中间嵌有橡皮圈，孔塞一般采用耐酸陶瓷或硬铅制成。

电解槽安装在经防腐处理的砖柱或钢筋混凝土梁上，并衬以绝缘衬垫。梁柱的宽度和高度视电解槽体尺寸和厂房高度而定，高度以 1～2m 为宜，以便于清理槽体下的漏液和地面。电解槽安装时应校平，槽间间隙为 25cm，间隙用橡皮或其他绝缘垫嵌入并与上边缘齐平，再铺沥青油毛毡，最后贴瓷砖，槽间电棒装在瓷砖上。

C 电极

铜电积时采用不溶阳极，材质为铅银合金（含银 1%）、铅锑合金（含锑 5%～7%）、铅银锑合金（含银 1%，锑 5%～7%）三种。用铅银合金作阳极，可使表面生成的过氧化铅膜较致密牢固，增加其稳定性。铅银锑合金的硬度较大，可减少阳极的弯曲变形。

可采用压延法或铸造法加工阳极，压延阳极的机械强度较大，寿命较长，使用期一般为 1.5～2 年。废阳极回炉重熔后可加工为新阳极。极板为平板状或花纹状，尺寸相同时，花纹板的面积较大。故当电流强度相同时，花纹板的电流密度较小，有利于降低氧在阳极上的超电位。花纹板的质量比平板轻，但其机械强度较差。压延阳极由阳极板和导电棒（铜棒）组成，加工时最好将导电棒铸入合金板中。电积过程中，阳极板极易弯曲变形，应注意检查，及时整平。有的厂研究使用铅银钛、铅锡银或表面涂层的钛板阳极。

铜电积的阴极为纯铜始极板。生产始极板的种板为铆接有铜耳的 3～4mm 厚的紫铜板或不锈钢（1Cr18Ni9Ti）板。采用铜种板时，装槽前须涂上隔离层，采用不锈钢种板时则不用隔离层。将种板放入种板槽中电积 24h 后取出，从种板上剥下的铜片经滚压拨平、钻孔装上挂耳后即可作始极板用。为了使始极板易于剥离、边缘完整，须在种板的三边边缘的 1.5～2cm 宽处包上一层绝缘涂料，使铜不在边缘处沉析。生产实践中，可采用橡皮包边，耐酸绝缘涂层包边或聚氯乙烯塑料条粘边。始极板边缘应平整、厚度为 0.5～1mm，长度比阳极长 30～40mm，宽度比阳极宽 40～60mm，以防止阴极铜长粒子和凸瘤。阴极板与槽壁间应有 80～100mm 间隙，阴极板下缘与槽底间应有 150～200mm 间隙，以利于电解液循环和防止极板与槽壁短路。

16.4.2.6 电积操作

A 电路连接

电源装置应紧靠电积车间，电解槽的电路常采用复联法，即电解槽内的全部阳极并联，电解槽内的全部阴极也并联，各个电解槽则串联相接（见图16-33）。

因此，各个电解槽的电流强度相等，各个电解槽的各阳极与各阴极间的电压相等，电路电流等于槽内各同名电极电流的总和，电路总电压等于各串联电解槽的槽电压之总和。

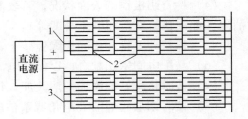

图 16-33 电路复联法连接示意图
1—阳极导电排；2—中间导电排；3—阴极导电排

B 开槽和装槽

首先检查所有电解槽、管道、高位槽等是否漏液，所有设备应带负荷试车运转，检查运转是否正常。准备合格的阳极板和始极板，要求板平、捧直，表面洁净无油污等。然后将铜电解液充满电解槽，将阳极板和始极板装入槽内，要求阳极板和阴极板平行对正，极间距均匀，防止极板接触短路（可先组装好，整体吊装至槽内）。全部准备工作完成后，接通电源，进行电积。

C 电解液循环

铜电积时，电解液须循环流动，电解液循环可分单级式和多级式两种。多级式循环是电解液从高位槽流出，流经各电解槽，当电解液中的铜含量降至允许含量时，流入电解废液贮槽（见图16-34）。

单级式循环是电解液从高位槽流出，经一电解槽后即流入汇流管（沟或槽），再返回高位贮液槽，这种循环方式无需严格控制流量，但操作繁杂，生产中应用少。

相邻电解槽间的电解液流动可用"上进下出"或"下进上出"的方式（见图16-35），现厂多数采用"上进下出"的流动方式。

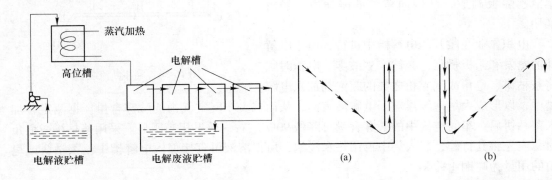

图 16-34 电解液多级式循环系统图

图 16-35 电解槽内电解液流动方式
（a）"上进下出"式；（b）"下进上出"式

D 槽面管理

槽面管理包括下列内容：

（1）测量槽电压，检查所有接触点是否洁净，接触是否良好。

（2）防止短路，若槽电压过低，导电棒发热，液面冒大泡，均说明有短路现象，应及时查明原因，及时处理。

（3）定期取样、分析化验尾槽电解液的铜含量，及时调节给液量，以保证尾槽电解液的铜含量维持在规定值内。

（4）检查阴极铜的表面状况，若表面出现有暗红色铜粉，须查明原因，采取适当措施消除（如调整给液量和电流密度等）。

（5）保持导电排和槽间绝缘瓷砖干燥洁净，防止电解槽和管道漏液与堵塞。

（6）与配电间密切配合，以保持电流稳定。

（7）按时将配好的添加剂溶液加入到各电解槽中。

（8）按时添加起泡剂（皂角或茶枯饼），以保持槽面的浮盖泡沫层。

E　出槽

到出槽周期（一般为 5～7d）后，将阴极铜从电解槽中取出，在洗铜槽中洗去带出的电解液和硫酸铜结晶，过磅入库。出槽可在不停电的条件下进行。出槽时应仔细观察每块阴极铜的表面状况，如发现厚薄不均、局部长粒子、表面暗红发黑、松软变脆等均应采取相应措施进行纠正，如对正阴阳极板、使阴阳极板平直、调整电解液组成和添加剂溶液的加入量等。

F　绝缘与防腐

为了消除和减少对地的漏电损失，应尽可能采用塑料制作输液管和电解槽衬里，同时可在电解液循环系统中安装断流装置，并保持电解车间内的干燥和清洁，以减少设备漏电。

某厂的翻斗断流装置（见图 16-36）装在电解废液进入地下贮液槽（内衬 3mm 厚的铅板）的入口处，由于翻斗的来回翻转和贮液槽的分流间断出液而达到断流目的。翻斗断流装置可用硬聚氯乙烯板制成，结构简单，不需动力，经济实用。

电积作业在敞开的电解槽中进行，由于电解液的蒸发和阳极析氧，必然产生酸雾。电积时须将茶枯饼、皂角或洗衣粉之类的起泡剂加入电解

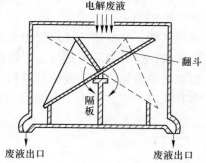

图 16-36　翻斗断流装置

槽中，以形成大量泡沫浮盖于电解液表面，从而减少车间空气中的酸雾含量。据测定，加入茶枯饼后，车间空气中的酸雾含量可降低 90% 左右，效果相当明显。采用茶枯饼或皂角时，应先将其打碎，装入袋中再用热水浸泡，所得溶液可直接加入电解槽中。茶枯饼或皂角的用量为吨铜 4～5kg。

电解车间的地面应进行防腐处理，一般均在水泥地面上再铺沥青砂浆，其防腐效果较理想。

G　电解废液的处理

铜电积后排出的溶液称为电解废液，其中含铜约 12g/L，在通常条件下继续电积时难以获得致密电铜。除将其返回浸出系统、反萃作业和作电解液配液外，大部分电解废液需

进行专门处理，以回收其中所含的铜和其他有用组分（如钴、镍、锌、镉等）。

目前，国内主要采用分步中和法、电解脱铜法、脂肪酸萃取法和生产硫酸盐等方法处理铜电积后的电解废液，这些处理方法各有特点及其适用范围。最经济的方法是将其全部返回浸出作业或反萃作业，以获得供电积用的含铜溶液。

某厂用分步中和法处理含钴铜电解废液的工艺流程如图 16-37 所示。

电解脱铜法的原理与铜电积相同，但槽电压较高，电流效率较低，电能消耗大，只产出海绵铜。随溶液中铜含量的降低，当溶液中砷含量较高时，砷离子和氢离子可与铜一起在阴极析出（砷呈 AsH_3 气体形态析出），对人体危害极大。因此，采用电解脱铜法处理砷含量高的电解废液时，宜在通风良好的单独房间内进行，并应张贴氯化汞试纸进行检测。当 AsH_3 气体含量少时，试纸变黄色；当 AsH_3 气体含量高时，试纸变为红棕色。

处理电解废液的其他方法可参阅本书的有关章节。

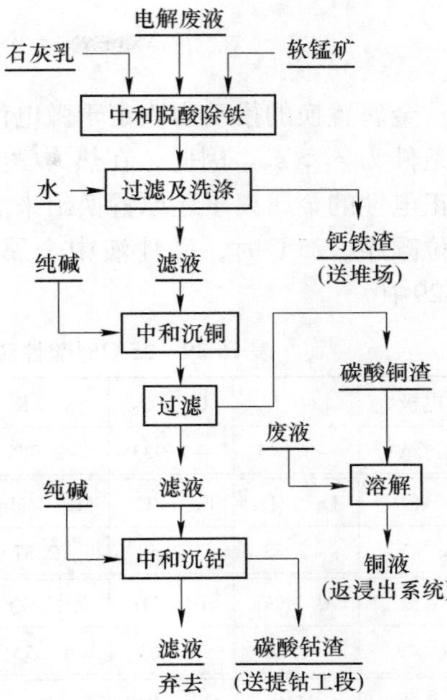

图 16-37　分步中和法处理含钴铜
电解废液的工艺流程

16.5　从低含量 PGM 溶液中回收富集贵金属

16.5.1　金属置换还原沉淀法

16.5.1.1　金属置换还原沉淀原理

试验研究和生产实践中，广泛采用金属置换还原沉淀法从浸出液中回收有用组分、进行有用组分分离或除去某些杂质。

金属置换还原沉淀法是采用一种较负电性的金属作还原剂，从溶液中将另一种较正电性的金属离子置换沉析的氧化还原过程。此时作为置换剂的金属被氧化，而呈金属离子形态转入溶液中，溶液中被置换的金属离子被还原而呈金属态析出。其反应可表示为：

$$Me_1^{n+} + Me_2 \longrightarrow Me_1 + Me_2^{n+}$$

式中　Me_2——金属还原剂；

Me_1^{n+}——被置换还原的金属离子。

金属置换还原过程属电化学腐蚀过程，是由于形成微电池产生腐蚀电流的缘故。上式可分解为两个电化方程：

$$Me_1^{n+} + ne \longrightarrow Me_1 \qquad \varepsilon_1 = \varepsilon_{Me_1}^{\ominus} + \frac{0.0591}{n} \lg \alpha_{Me_1^{n+}}$$

$$-) Me_2^{n+} + ne \longrightarrow Me_2 \qquad \varepsilon_2 = \varepsilon_{Me_2}^{\ominus} + \frac{0.0591}{n} \lg \alpha_{Me_2^{n+}}$$

$$\overline{Me_1^{n+} + Me_2 \longrightarrow Me_1 + Me_2^{n+}}$$

$$\Delta\varepsilon = \varepsilon_1 - \varepsilon_2 = \varepsilon_{Me_1}^{\ominus} - \varepsilon_{Me_2}^{\ominus} + \frac{0.0591}{n}\lg\frac{\alpha_{Me_1^{n+}}}{\alpha_{Me_2^{n+}}}$$

金属置换的推动力决定于微电池的电动势（$\Delta\varepsilon$），从反应式可知，进行金属置换的必要条件为 $\varepsilon_1 > \varepsilon_2$。因此，在热力学上，采用较负电性的金属作置换还原剂，可从溶液中将较正电性的金属离子还原置换出来。溶液中金属离子的置换顺序，取决于水溶液中金属的电位顺序。25℃时，酸性液中金属离子浓度为 1mol/L 条件下，金属的电位顺序列于表 16-29中。

表 16-29　25℃时酸性液中金属离子浓度为 1mol/L 的金属的电位顺序

电极	Li^+/Li	Cs^+/Cs	K^+/K	Rb^+/Rb	Ra^+/Ra	Ba^{2+}/Ba	Sr^{2+}/Sr	Ca^{2+}/Ca	Na^+/Na
$\varepsilon^{\ominus}/V$	-3.045	-2.923	-2.925	-2.925	-2.92	-2.90	-2.89	-2.87	-2.713
电极	La^{3+}/La	Ce^{3+}/Ce	Mg^{2+}/Mg	Y^{3+}/Y	Sc^{3+}/Sc	Tb^{4+}/Tb	Be^{2+}/Be	U^{3+}/U	Hf^{4+}/Hf
$\varepsilon^{\ominus}/V$	-2.52	-2.48	-2.37	-2.37	-2.08	-1.90	-1.85	-1.80	-1.70
电极	Al^{3+}/Al	Ti^{4+}/Ti	Zr^{4+}/Zr	U^{4+}/U	Mn^{2+}/Mn	V^{2+}/V	Nd^{3+}/Nd	Cr^{2+}/Cr	Zn^{2+}/Zn
$\varepsilon^{\ominus}/V$	-1.66	-1.63	-1.53	-1.40	-1.19	-1.18	-1.10	-0.86	-0.763
电极	Cr^{3+}/Cr	Gd^{3+}/Gd	Ga^{2+}/Ga	Fe^{2+}/Fe	Cd^{2+}/Cd	In^{3+}/In	Ti^+/Ti	Co^{2+}/Co	Ni^{2+}/Ni
$\varepsilon^{\ominus}/V$	-0.74	-0.53	-0.45	-0.44	-0.402	-0.335	-0.335	-0.267	-0.241
电极	Mo^{3+}/Mo	In^+/In	Sn^{2+}/Sn	Pb^{2+}/Pb	Fe^{3+}/Fe	$2H^+/H_2$	Sb^{3+}/Sb	Bi^{3+}/Bi	As^{3+}/As
$\varepsilon^{\ominus}/V$	-0.2	-0.14	-0.14	-0.126	-0.036	0.00	+0.1	+0.2	+0.3
电极	Cu^{2+}/Cu	Co^{3+}/Co	Ru^{2+}/Ru	Cu^+/Cu	Te^{4+}/Te	$Hg_2^{2+}/2Hg$	Ag^+/Ag	Rh^{3+}/Rh	Pb^{4+}/Pb
$\varepsilon^{\ominus}/V$	+0.337	+0.4	+0.45	+0.52	+0.56	+0.791	+0.8	+0.8	+0.8
电极	Os^{2+}/Os	Hg^{2+}/Hg	Pd^{2+}/Pd	Ir^{2+}/Ir	Pt^{2+}/Pt	Ag^{2+}/Ag	Au^{3+}/Au	Ce^{4+}/Ce	Au^+/Au
$\varepsilon^{\ominus}/V$	+0.85	+0.854	+0.987	+1.15	+1.2	+1.369	+1.50	+1.68	+1.68

如铁置换铜的反应为：

$$Cu^{2+} + Fe \longrightarrow Cu\downarrow + Fe^{2+}$$

置换过程的电动势为：

$$\Delta\varepsilon = \varepsilon_{Cu^{2+}/Cu}^{\ominus} - \varepsilon_{Fe^{2+}/Fe}^{\ominus} + \frac{0.0591}{2}\lg\frac{\alpha_{Cu^{2+}}}{\alpha_{Fe^{2+}}}$$

反应达平衡时，$\Delta\varepsilon = 0$，代入可得：

$$\varepsilon_{Cu^{2+}/Cu}^{\ominus} - \varepsilon_{Fe^{2+}/Fe}^{\ominus} = 0.0295\lg\frac{\alpha_{Fe^{2+}}}{\alpha_{Cu^{2+}}}$$

$$\lg\frac{\alpha_{Fe^{2+}}}{\alpha_{Cu^{2+}}} = \frac{0.337-(-0.44)}{0.0295} = \frac{0.777}{0.0295} = 26.4$$

$$\alpha_{Cu^{2+}} = 10^{-26.4}\cdot\alpha_{Fe^{2+}}$$

同理，可计算出金属锌置换铜、钴时所能达到的限度：

$$\alpha_{Cu^{2+}} = 10^{-38}\cdot\alpha_{Zn^{2+}}$$

$$\alpha_{Co^{2+}} = 3.7 \times 10^{-18} \cdot \alpha_{Zn^{2+}}$$

从上可知，金属置换剂与被置换金属的电位差愈大，愈易被置换，被置换金属离子的剩余浓度愈低；反之，金属置换剂与被置换金属的电位差愈小，愈难被置换，被置换金属离子的剩余浓度愈大。

根据电极反应动力学理论，与电解质溶液接触的任何金属表面上进行着共轭的阴极和阳极的电化学反应。这些反应系在完全相同的等电位的金属表面上进行，当金属与更正电性金属离子溶液接触时，在金属与溶液之间将立即产生离子交换，在置换金属表面上形成被置换金属覆盖表面，电子将从置换金属流向被置换金属的阴极区，在阳极区是置换金属的离子化。

置换过程的速度可为阴极控制或阳极控制，或决定于电解质中的欧姆电压降。过程为阳极控制时，随反应的进行，被置换金属表面上的电位向更正值的方向移动。反之，过程为阴极控制时，被置换金属表面上的电位向更负值的方向移动，并趋近于负电性金属的电位。如铜-锌微电池模型中，锌阳极电位实际上保持不变，而阴极电位向更负值的方向移动。

在多数条件下，置换过程的速度服从一级反应速度方程：

$$-\frac{d[Me_1^{n+}]}{dt} = k[Me_1^{n+}]$$

在某些条件下，置换过程的速度服从二级反应速度方程。

16.5.1.2 影响金属置换的主要因素

影响金属置换过程的主要因素为：溶液中的氧浓度、溶液的 pH 值、被置换金属离子浓度、温度、置换剂与被置换金属的电位差、置换剂的粒度、溶液流速、搅拌强度和设备类型等。

A 溶液中的氧浓度

氧为强氧化剂之一，其标准还原位为 +1.229V，可将许多金属氧化而呈金属阳离子形态转入溶液中。如金属锌被氧氧化的反应可表示为：

$$Zn + \frac{1}{2}O_2 + 2H^+ \longrightarrow Zn^{2+} + H_2O$$

因此，溶液中的溶解氧浓度愈高，金属锌的消耗量愈大。因此，采用金属锌粉作置换剂时，锌置换前溶液应脱氧。

B 溶液的 pH 值

金属置换的原理图如图 16-38 所示。

从图 16-38 可知，若以氢线为标准，可将金属分为三类：

（1）正电性金属：此类金属在任何 pH 值的溶液中，$\varepsilon_{Me^{n+}/Me} > \varepsilon_{H_2O/H_2}$，此类金属离子被置换剂还原置换时，不会析出氢气。如铜、

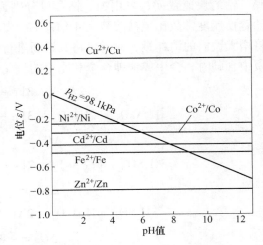

图 16-38 金属置换的原理图
（$\alpha_{Me^{n+}} = 1 mol/L$，25℃）

银、铋、汞、金、铂、钯、铑、铱、锇、钌等。

（2）与氢线相交的金属：此类金属离子被置换剂还原置换与溶液的 pH 值有关。若溶液的 pH 值小于与氢线交点所对应的 pH 值，置换时将优先析出氢气（如镍、钴、镉、铁等）。若溶液的 pH 值大于与氢线交点所对应的 pH 值，置换时将不会析出氢气。

（3）负电性大的金属：此类金属在任何 pH 值的溶液中，$\varepsilon_{H_2O/H_2} > \varepsilon_{Me^{n+}/Me}$，此类金属离子被置换剂还原置换时，将优先析出氢气，此类金属不宜采用金属置换法析出。如锌、锰、铬、钛等。

如采用铁屑置换铜时，宜在 pH 值为 1.5 ~ 2.0 的溶液中进行。溶液的酸度太高，会增加铁屑的消耗量；溶液的酸度太低，会引起铁盐水解，甚至降低所得铜泥的品位。置换终了，溶液的 pH 值应小于 4.5。铁屑置换铜的置换速度随溶液酸度的增大而增大。当溶液 pH 值小于 1.5 时，生成多孔性沉淀物，黏附力弱；当溶液 pH 值大于 1.5 时，溶液的 pH 值对置换速度的影响较小。

C　被置换金属离子浓度

溶液中的被置换金属离子浓度，对置换沉淀物的物理性能和置换速度有较大的影响。溶液中的被置换金属离子浓度高时，会在置换剂表面生成致密的黏附沉淀物，不易剥落；溶液中的被置换金属离子浓度低时，易生成多孔性沉淀物，较易剥落。

D　溶液温度

提高溶液温度可提高置换速度。生产中一般在常温条件下进行金属置换作业。

E　置换剂与被置换金属的电位差

置换剂与被置换金属的电位相差愈大，置换愈完全。

F　溶液中的其他离子

溶液中其他离子的影响各异。如采用金属锌置换银时，溶液中的钠、钾、锂离子可使析出的银表面粗糙，可提高其置换速度。而溶液中的氧使银氧化，在银表面形成致密的氧化膜，则会降低其置换速度。又如采用金属锌置换铜、镍、钴时，溶液中的铜离子可促进镍、钴的快速置换；采用镍、钴含量分别为 10×10^{-6} 和 40×10^{-6} 的混合溶液时，其中钴的置换速度常数比纯钴溶液大 4 倍左右。如铁屑置换铜时，溶液中的高价铁离子含量高，将增大铁屑的消耗量，此时可将其返回进行还原浸出或采用二氧化硫还原高价铁离子；溶液中含砷时，会生成铜砷合金和剧毒的氢化砷气体。其反应可表示为：

$$2As^{3+} + 3Fe \longrightarrow 2As + 3Fe^{2+}$$

$$H_3AsO_3 + 2H_2SO_4 + 3Fe \longrightarrow AsH_3 \uparrow + 3FeSO_4 + 3H_2O$$

$$\Delta G^{\ominus} = -153.55 kJ/mol$$

$$3H_2SO_4 + Fe(As)_2 + 2Fe \longrightarrow 2AsH_3 \uparrow + 3FeSO_4$$

$$\Delta G^{\ominus} = -41.84 kJ/mol$$

$$3H_2SO_4 + H_3AsO_3 + 2Al \longrightarrow AsH_3 \uparrow + Al_2(SO_4)_3 + 3H_2O$$

$$\Delta G^{\ominus} = -866.1 kJ/mol$$

从上述各反应式和标准自由能变化可知，铁屑置换铜时，铁屑中切忌混入砷铁合金 $Fe(As)_2$ 和铝屑。

G 溶液流速或搅拌强度

金属置换时，提高溶液流速或搅拌强度，可降低扩散层的厚度和利于置换剂表面的更新，可提高置换速度。

金属置换时的置换速度，还与置换设备和置换工艺有关。

常用的金属置换剂为铝、锌、铜、铁等。其中锌粉、铝粉和 Zn-Mg 粉可将溶液中除铱外的全部贵金属置换出来，置后液中的贵金属含量小于 0.2mg/L。但金属置换剂耗量大，且将溶液中的铜、镍、铁一起置换。因此，当溶液中的铜、镍、铁含量高时不宜用锌粉、铝粉和 Zn-Mg 粉作置换剂，而应用铜、铁作置换剂；或先用铜置换贵金属，后用铁、锌置换铜。

16.5.1.3 金属置换工艺

A 锌置换

在盐酸介质中，30℃时 PGM 的置换顺序为：Rh > Pd > Pt > Ru > Ir；80℃时 PGM 的置换顺序为：Pd > Rh > Ru > Ir。如金电解废液中含 Pt 1~5g/t、Pd 3~10g/t，可用锌粉置换其中的铂、钯和少量金、银，置后液中的金、银、铂、钯含量可达废弃标准。

B 铁置换

可用铁粉、铁丝、铁片、铁屑、海绵铁等从组成较复杂的溶液中置换回收金、银、铂、钯，溶液中铜含量低时，可产出贵金属含量高的化学精矿（富集物），其回收率常为99% 左右。铁置换不宜用于稀有铂族金属（铑、铱、锇、钌）的置换回收。

C 铜置换

铜置换贵金属顺序为：Au > Pd > Pt > Rh > Ir。铜置换时不析氢，溶液 pH 值不变化，溶液可返回使用，不置换铁、钴、镍等，可产出贵金属含量高的化学精矿（富集物）。如处理组成为：Cu 8.18g/L、Ni 42.62g/L、Fe 9.24g/L、Pt 0.075g/L、Pd 0.13g/L 的氯化溶液时，可用直径为 6~8mm 的废铜丝在酸度高于 3mol/L 和温度 80℃ 条件下置换 1h，金、铂、钯的置换率大于 99%，置后液中的贵金属含量小于 0.2mg/L，化学精矿中的贵金属含量高达 40%~60%。

16.5.2 难溶盐沉淀法

16.5.2.1 硫化物沉淀法

A 硫化物沉淀法基本原理

硫化物沉淀法常用的沉淀剂为硫化钠或硫化氢。硫化物的难溶性常以其溶度积表示：

$$Me_2S_n \longrightarrow 2Me^{n+} + nS^{2-}$$

$$K_{S(Me_2S_n)} = [Me^{n+}]^2 \cdot [S^{2-}]^n$$

若以 H_2S 作沉淀剂，则溶液中的 $[S^{2-}]$ 取决于 H_2S 的解离程度。25℃时，H_2S 的解离常数为：

$$H_2S \longrightarrow H^+ + HS^- \quad K_1 = 10^{-7.6}$$

$$HS^- \longrightarrow H^+ + S^{2-} \quad K_2 = 10^{-14.4}$$

$$H_2S \longrightarrow 2H^+ + S^{2-} \quad K = K_1K_2 = 10^{-22} = \frac{K_S}{[H_2S]}$$

因此，在室温（25℃）条件下，0.1mol 的 H_2S 溶液中：

$$[H^+]^2[S^{2-}] = K[H_2S] = 10^{-23}$$

$$\lg K_S = 2\lg[Me^{n+}] + n\lg[S^{2-}] 2\lg[Me^{n+}] - n\lg\frac{10^{-23}}{[H^+]^2}$$

$$= 2\lg[Me^{n+}] - 23n + 2n\text{pH}$$

所以　　　　　　　　　$$\text{pH} = 11.5 + \frac{1}{2n}\lg K_S - \frac{1}{n}\lg[Me^{n+}]$$

从上式可知，硫化物沉淀的 pH 值不仅与其溶度积有关，而且与金属离子的价数和浓度有关。若将各金属硫化物的溶度积、金属离子的价数和浓度分别代入上式，即可计算出各金属硫化物沉淀的平衡 pH 值。

某些金属硫化物沉淀的平衡 pH 值（25℃）列于表 16-30 中。

表 16-30　某些金属硫化物沉淀的平衡 pH 值（25℃）

Me_2S_n	K_S	pK_S	不同浓度时沉淀的 pH 值		
			1mol	10^{-3}mol	10^{-6}mol
MnS	2.8×10^{-13}	12.55	8.36	9.86	11.36
SnS	1.0×10^{-15}	15.0	7.75	9.25	10.75
FeS	4.9×10^{-18}	17.31	7.17	8.67	10.17
NiS	2.8×10^{-21}	20.55	6.36	7.86	9.36
CoS	1.8×10^{-22}	21.75	6.09	7.59	9.09
ZnS	8.9×10^{-25}	24.05	5.49	6.99	8.49
CdS	7.1×10^{-27}	26.15	4.96	6.46	7.96
PbS	9.3×10^{-28}	27.03	4.74	6.24	7.74
CuS	8.9×10^{-36}	35.05	2.74	4.24	5.74
Cu_2S	2.0×10^{-47}	46.7	−11.85	−8.85	−5.85
Ag_2S	5.7×10^{-51}	50.24	−13.62	−10.62	−7.62
HgS	4.0×10^{-53}	52.4	−1.6	−0.1	1.4
Bi_2S_3	1.6×10^{-72}	71.8	−0.47	0.53	1.53

如果溶液的 pH 值大于某金属硫化物沉淀的平衡 pH 值，则将沉淀析出该金属硫化物，并伴随生成比硫化氢更强的酸，使溶液的 pH 值下降。金属硫化物沉淀时，随着反应的进行应添加中和试剂，以稳定溶液的 pH 值。因此，酸浸液中添加硫化氢或硫化钠，控制溶液的 pH 值即可选择性沉淀析出溶度积较小的金属硫化物，使溶度积较大的金属硫化物仍留在溶液中。

除在常温常压下进行金属硫化物沉淀外，还可在热压条件下进行金属硫化物沉淀。

B　硫化物沉淀法工艺

PGM 硫化物沉淀的顺序为：$PdS > OsS_2 > Ru_2S > PtS_2 > Rh_2S_3 > Ir_2S_3$，其中钯可定量沉

淀。某些含硫的有机试剂也可选择性沉淀某些贵金属。

在室温下，硫化钠稀溶液可使 Pd^{2+} 呈 PdS 定量沉淀。但沉淀物细，难沉降、过滤，工业上常用锌粉置换法回收钯。

硫脲可将 PGM 定量沉淀并与大量贱金属分离。含贵金属的硫酸液中加入硫脲晶体，加热使其溶解后，先生成黄色或红色的铂族金属与硫脲的配合物；继续加热，随水的蒸发，pH 值降低，硫脲热分解，溶液颜色逐渐变深，最后析出棕黑色的硫化物沉淀。PGM 硫化物的析出温度为：Rh 150 ~ 170℃，Pt、Pd 190 ~ 200℃，Ir 180 ~ 190℃，Ru 120 ~ 140℃，Os 180 ~ 200℃。但因固液分离困难，工业上较少用硫脲从稀溶液中回收贵金属。

黄药可与许多贱金属阳离子和贵金属阳离子生成难溶盐，某些乙基黄原酸盐的溶度积为：HgX_2 1.55×10^{-38}、AgX 8.5×10^{-19}、CuX 5.2×10^{-20}、FeX 28×10^{-9}、AuX_3 6×10^{-30}、PdX_2 3×10^{-43}（X 代表乙基黄原酸根）。可知贵金属乙基黄原酸盐的溶解度极低，可采用黄药沉淀法从银电解液中沉淀回收铂钯。操作时，在 80 ~ 85℃下，将丁基黄药加入含 Pt 0.092g/L、Pd 0.42g/L 的银电解液中，丁基黄药用量为理论量的 110%，pH 值为 0.5 ~ 1.0，强烈搅拌 1h，钯沉淀率达 99%，银沉淀率小于 2.3%。

16.5.2.2　还原沉淀法

（1）许多低价金属离子及酸根离子，可将溶液中的贵金属离子还原为金属，如蚁酸根离子还原铂、钯的反应可表示为：

$$Pt^{4+} + 2HCOO^- \longrightarrow Pt\downarrow + 2H^+ + 2CO_2\uparrow$$

$$Pd^{2+} + HCOO^- \longrightarrow Pd\downarrow + H^+ + CO_2\uparrow$$

1965 年加拿大蒙特利尔铜精炼厂采用此工艺从废电解液中沉淀回收金、铂、钯。

（2）水合肼（水合联胺）$N_2H_4 \cdot H_2O$ 为强还原剂，碱性介质中的还原电位为 −1.16V；酸性介质中还原电位为 +0.23V，虽比碱性介质的还原能力弱，但仍为金、铂的理想还原剂。当溶液中只含金、铂时可分别沉淀回收。如含金、铂的废王水液，可预先从酸介质中沉淀回收金，铂仅被还原为 H_2PtCl_4 仍留在溶液中；将溶液调整为碱性，可进一步将 H_2PtCl_4 还原为金属，铂的还原析出率大于 99.8%。

（3）硼氢化钠（SBH）的分子式为 $NaBH_4$，为强还原剂，400℃分解，碱性液中很稳定，中性液中易分解，酸液中迅速分解。作为商品，SBH 有三种形态：1）含量为 98% 的粉状 $NaBH_4$ 制品；2）由粉末加工成形的锭剂；3）赛西普-Vensil，为含 $NaBH_4$ 12%、NaOH 40%、H_2O 48% 的液体制剂。粉末状产品具极强的吸湿性。日本已用 SBH 从含贵金属的废电镀液、废定影液中沉淀回收贵金属。

16.5.3　离子交换吸附法

离子交换吸附法的内容请参阅本书第 19 章。

16.6　元素硫的分离和回收

16.6.1　概述

在制取贵金属化学精矿（富集物）过程中，常会产出含有大量元素硫的中间产物，如镍高锍电解产出的阳极泥、镍高锍浓硫酸浸煮渣、含硫物料的热压高酸度浸出渣等。处理这些含有大量元素硫的中间产物时的首要任务，就是分离和回收元素硫。分离和回收元素硫的过程，可使其中所含的贵金属进一步富集。

从含有大量元素硫的中间产物中，分离和回收元素硫的方法有：筛分法、浮选法、热滤法、浸出法和萃取法等。

16.6.2　元素硫的分离和回收方法

16.6.2.1　筛分法脱硫

低温（110℃）热压氧酸浸金属硫化矿物精矿和镍高锍时，硫被氧化为主要呈元素硫形态存在于浸渣中。从热压氧浸渣中回收元素硫可采用筛选法、浮选法、热滤法等。

浸出终了时，先打开高压釜的排气孔，以尽量除去浸出矿浆中的溶解氧。然后关闭排气孔，将矿浆升温至 138 ~ 150℃，恒温 5min。在此无氧的温度条件下，浸出渣中的元素硫被熔化并生成 0.1 ~ 1.0cm 的圆形颗粒。然后，浸出矿浆经减压阀进入闪蒸槽降温降压，待矿浆温度降至小于 30℃时，送筛分。收集筛上的硫粒，重新熔化，趁热过滤，可获得相当纯净的元素硫。浸出矿浆经固液分离、洗涤后可得浸出液和浸出渣，浸出液和浸出渣中的有用组分可用相应方法进行回收。

16.6.2.2　浮选法脱硫

浸出终了时，浸出矿浆经减压阀进入闪蒸槽降温降压，经固液分离、洗涤得浸出液和浸出渣。浸出渣制浆，待矿浆温度小于 30℃时，可将其送入浮选槽中进行浮选。浮选元素硫，仅需添加少量的起泡剂、柴油或黄药。将浮选所得的元素硫精矿重新熔化，趁热过滤，可获得相当纯净的元素硫。浸出液和浸出渣中的有用组分可用相应方法进行回收。

16.6.2.3　热滤及减压蒸馏法脱硫

A　加拿大汤普森精炼厂曾用热滤法脱硫

经筛分和洗涤后的镍高锍电解阳极泥含硫约95%，在装有过热蒸汽蛇形管的加热槽中熔化后，在蒸汽保温（137℃）的凯利压滤机中过滤（过滤介质为不锈钢筛网），脱硫率约90%，典型的滤饼含硫约59%，镍、钴合计为18%，铜2.6%，热滤渣中贵金属约富集50倍。

B　金川冶炼厂热滤法脱硫

经筛分和洗涤后的镍高锍电解阳极泥含硫为82% ~87%，干燥脱水至水分含量小于5%。然后在 125 ~158℃下熔化，真空抽滤，渣率为18% ~23%，贵金属约富集5倍。热滤渣组成为：S 52.02%、Cu 3.49%、Ni 9.67%、Fe 1.2%、Si 0.56%、Au + PGM 110.78g/t。须采用减压蒸馏法进一步脱硫，550℃下保温蒸馏 60min，元素硫计脱硫率为92.5%，脱硫渣率为33.9%，贵金属富集2.95 倍。脱硫渣在 1150℃下熔化，使高锍与渣（脉石）分离，高锍中贵金属含量大于 550g/t，再富集5倍。高锍中贵金属直收率大于99%，铜、镍直收率大于98.5%。

16.6.2.4　浸出法脱硫

A　硫化铵脱硫

元素硫与硫化铵生成（NH_4）$_2S_x$ 而溶解（$x = 1 \sim 9$），加热至95℃，多硫化铵分解为

S^0、NH_3、H_2S，元素硫沉积于容器底部；NH_3、H_2S 冷凝时再生成多硫化铵而返回使用。硫化铵臭味大，劳动条件差，无法产出元素硫，且造成贵金属分散，故此工艺未用于工业生产。

B 煤油脱硫

120℃时，元素硫在煤油中的溶解度为 10%，且其溶解度随温度上升而增大。因此，可先采用煤油加温溶解元素硫，与不溶物分离。然后降温至室温使元素硫重新析出，此时元素硫在煤油中的溶解度为 0.7%，煤油可返回使用。

金川冶炼厂用此工艺对硫化镍电解阳极泥进行试验，在液固比为（7.25~8）：1，升温至 120℃进行固液分离，对硫化镍电解阳极泥进行两段煤油浸出，总脱硫率可达 97%，脱硫后贵金属富集 8~9 倍，固液分离用压滤可降低煤油耗量。煤油脱硫可定量脱除元素硫，贵金属不分散。但煤油易燃、易爆，脱硫渣中的煤油须采用燃烧或其他方法除去，应考虑脱硫渣后续热压氧酸浸衔接的安全问题，此工艺未用于生产。

C 四氯乙烯脱硫

元素硫在四氯乙烯（C_2Cl_4）中的溶解度随温度上升而剧增。元素硫在四氯乙烯（C_2Cl_4）中的溶解度与温度的关系列于表 16-31 中。

表 16-31 元素硫在四氯乙烯（C_2Cl_4）中的溶解度与温度的关系

温度/℃	30	80	90	100
溶解度/$g \cdot L^{-1}$	30	147	220	365

该工艺曾用于脱除铜镍合金浓硫酸浸煮渣中的元素硫。对含硫 80% 的浓硫酸浸煮渣的处理条件为：液固比为 5：1，90~95℃进行两段四氯乙烯浸出，过滤，总脱硫率大于 98%。但四氯乙烯易挥发，耗量大，价贵，设备须密封，材质常用搪瓷及不锈钢，密封用四氟乙烯或铅垫圈，成本高，故此工艺未用于生产。

16.7 物理选矿法分离铜、镍和富集 PGM

16.7.1 概述

20 世纪 40 年代开始发展起来的高冰镍的磨矿-磁选-浮选物理选矿分离法，与分层熔炼法比较，无论分离指标、劳动条件、生产成本和经济效益均具有明显的优点：用磁选法分选出的镍铜铁合金高度富集了金、银和铂族元素，为综合回收金、银和铂族元素创造了有利条件；磁选尾矿用浮选法分选出单一硫化铜精矿和单一硫化镍精矿，分别送铜冶炼厂和镍冶炼厂生产电解铜和电解镍。

此法为我国、俄罗斯及加拿大等国普遍采用。

16.7.2 一次高冰镍的物质组成及晶体特性

16.7.2.1 高温高冰镍熔融体的冷却速度对结晶和对选矿指标的影响

一次高冰镍的物理选矿分离效果与高冰镍的物质组成及晶体特性密切相关。

铜镍混合精矿经熔炼和转炉吹炼，可获得以镍、铜、硫三元素为主要成分的高温熔融体——高冰镍。由于受严格的吹炼制度控制，高冰镍的化学成分较稳定，通常镍含量为

49%～54%、铜含量为21%～24%、硫含量为22%～23%、铁含量为1%～3%、钴含量为千分之几。此外，还含铂族元素、金、银、硒、碲及某些杂质。随高温熔融体的冷却，高冰镍中的铜呈辉铜矿 Cu_2S、镍呈六方硫镍矿 Ni_3S_2 的形态析出，硫含量的高低决定这两种人造矿物的比例。此外，还析出镍-铜-铁合金，它富集了绝大部分的金和铂族金属。

一次高冰镍的缓慢冷却凝固过程，与自然界的岩浆冷却成矿过程非常相似，不同组分会发生分异作用，而析出某些组成一定的晶体，析出的晶体结构和晶粒大小与冷却速度密切相关。高冰镍熔融体缓慢冷却时，可获得满意的人造矿物的分异结构，使它们各自长大为足够大的晶粒，最终获得粗粒硫化镍、硫化铜及富含铂族金属的镍铜铁合金。高冰镍急速冷却（水淬）和缓慢冷却后的显微结构图如图16-39所示。

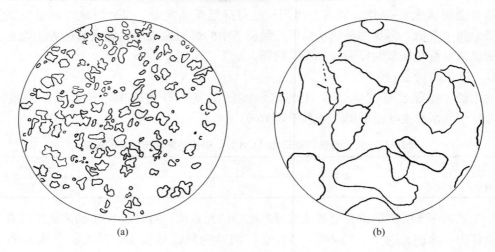

　　　　　　　　(a)　　　　　　　　　　　　　　　　　　(b)

图 16-39　高冰镍急速冷却（水淬）和缓慢冷却后的显微结构图
（a）高冰镍急速冷却（水淬）后的显微照片（×100）；（b）高冰镍缓慢冷却后的显微照片（×100）

高冰镍熔融体的出炉温度约1200℃，温度降至927℃前，镍、铜、硫在熔融体中完全互溶；当温度冷却至921℃时，高冰镍熔体中开始析出具有辉铜矿结构的硫化铜 Cu_2S 晶体。高冰镍熔体继续冷却，更多的硫化铜从熔体中析出，熔体中的铜为已析出的硫化铜晶体的长大不断提供条件，使其不再生成新的晶种，这种趋势取决于高冰镍的冷却速度。在硫化铜晶体析出和长大过程中，熔体中的镍含量相应升高。

当高冰镍熔融体的温度降至700℃左右时，开始析出镍铜铁合金。至温度降至575℃时，开始析出具有六方硫镍矿结构的硫化镍 Ni_3S_2。此时，高冰镍的温度维持为575℃，直至全部熔体均转变为硫化铜、硫化镍及镍铜铁合金为止。

575℃条件下的熔体为具有确定成分的液相，称为"三元低共熔体"，其凝固点为575℃，此温度为镍铜硫三元系中最低的共晶点。温度大于575℃时，析出硫化亚铜，合金相部分称为"前共晶体"，其他硫化亚铜、合金相及所有硫化镍固体均称为"共晶体"。

在共晶点时，固体硫化亚铜中镍的溶解度小于0.5%，铜在固态硫化镍（称β-硫化镍）中的溶解度为6%。当固态高冰镍冷却至520℃之前，不发生任何相变化。当温度为520℃时，β-硫化镍晶体将转变为α-硫化镍（低温型硫化镍），铜在其中的溶解度进一步下降。当全部β-硫化镍均转变为α-硫化镍，并析出一些硫化铜和合金相后，体系温度才继续下降。铜在 α-硫化镍中的溶解度为 2.5%（520℃），该点也称"三元类共晶点"。当温度低于 520℃时，后一类共晶的硫化亚铜、合金相连续析出，直至温度降为 371℃。当温度低于 371℃时，α-硫化镍中铜含量小于 0.5%，而且不发生明显的相变过程。因此，高冰镍熔融体的缓冷过程存在相分异现象，并促进分异晶体的长大。尤其是促进"前共晶体"和后一类共晶体硫化亚铜和合金相从固态硫化镍基质中扩散出来，再分别与已存在的硫化亚铜及合金相晶粒相结合。故控制 927℃ 至 371℃之间的冷却速度至关重要，在共晶点 575℃和类共晶点 520℃更是如此。若共晶点 575℃与类共晶点 520℃之间的冷却速度过快，则在铜镍基体中含有硫化亚铜和合金相的极细晶粒，如图 16-40 所示。

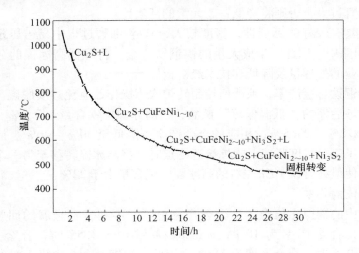

图 16-40　一次高冰镍熔融体的降温曲线

　　合金相的产率取决于硫的含量。从共晶点 575℃与类共晶点 520℃之间分异的大部分合金相，吸收了高冰镍中所含的几乎全部的金和铂族金属。典型的少硫高冰镍中，合金相产率约 10%，其中铜含量约 20%。由于银与硫的亲和力强，存在硫化银与硫化铜的类质同晶现象，故银富集于硫化亚铜晶粒中，硒、碲也富集于硫化亚铜晶粒中。

　　经缓慢冷却后的高冰镍，破碎时易沿人造矿物和合金相的晶粒界面裂开，这为采用物理选矿法将其分离奠定了良好的条件。

16.7.2.2　一次高冰镍的化学成分对结晶及选矿指标的影响

A　铁含量的影响

高冰镍中铁含量低时，其分异产物基本上为硫化亚铜、硫化镍和镍铜铁合金三部分，晶粒也较粗大；含铁量高时，分异产物将出现铁、铜、镍硫化物的固溶体及类似斑铜矿、镍黄铁矿、磁黄铁矿等组分。这些组分中均含铁，其可浮性较相似。尤其是固溶体的出现，使铜、镍精矿互含增加，铁含量上升，铜、镍回收率下降。

高冰镍中钴的富集与转炉吹炼后期高冰镍中的铁含量密切相关，当高冰镍中铁含量小于 3%时，大于 70%的钴转入转炉渣中。若从镍电解系统的钴渣中回收钴，则高冰镍中铁含量较高时，对提高钴回收率有利；但高冰镍中铁含量过高，将使大量的铁进入二次镍精矿中，使镍电解较困难，铁渣量的增加会降低镍的回收率。若从转炉渣中回收钴，须将高冰镍中的铁含量降至小于 1%，使 80%～90%的钴进入转炉渣中，通过转炉渣的贫化，从钴冰铜中回收钴。因此，确定高冰镍中的铁含量，须综合考虑铜镍分选、镍电解、钴回收等工艺的要求。

B　硫含量的影响

随转炉吹炼深度的提高，高冰镍中的脱硫率也随之提高。当高冰镍中的硫含量不能满足生成 Cu_2S、Ni_3S_2 分异产物对硫的需求时，未能与硫结合的铜、镍将与铁生成合金相。因此，高冰镍分异时的合金产率与高冰镍中的硫含量密切相关。

镍铜铁合金对铂族元素有捕收作用，在适宜条件下，可使高冰镍中 90% 以上的铂族元素富集于镍铜铁合金中，其富集比达 10 以上。因此，为了捕收铂族元素，应有一定量的合金产率，但不宜过大，否则将降低铂族元素的富集比。

镍铜铁合金具有较好的延展性，密度较大，破碎-细磨过程中易被压延为长片状，沉积于磨矿-分级回路中。因此，生成大量的镍铜铁合金，将降低高冰镍的分选回收率，增加贵金属回收作业的处理量及降低其技术经济指标。

为了控制镍铜铁合金产率，须严格控制转炉吹炼操作，避免过度脱硫。我国某镍公司冶炼厂曾进行吹炼后期的"低温保硫"试验，当高冰镍中铁含量为 3.3%～4.58% 时，含硫量可保持为 22.8%～23.5%，相应的合金产率可降低至 30%～40%。加拿大国际镍公司和鹰桥公司为了避免过度脱硫，吹炼接近终点时，将高冰镍转移至另一个转炉中继续吹炼少许时间，可使最终含铁 10% 左右的高冰镍中硫含量大于 22%。

C　铜镍比值的影响

一次高冰镍中的铜镍比值愈大，合金产率愈低，不利于贵金属的回收。如 $m(Cu)/m(Ni) = 0.3$ 时，合金产率为 10%；$m(Cu)/m(Ni) = 1.55$ 时，合金产率为 6.4%；$m(Cu)/m(Ni) = 2.8$ 时，合金产率为 2.8%。因此，镍铜铁合金中贵金属的回收率与铜镍比值和合金的磁选回收率密切相关。

16.7.3　金川一次高冰镍的磨矿—磁选—浮选工艺

16.7.3.1　概述

金川高冰镍磨浮厂设计于 1964 年。1981 年扩建为一次高冰镍为 180t/d，二次高冰镍为 30t/d。

生产实践中，可采用两种选矿方法进行铜镍分离：（1）从原矿进行优先浮选直接产出单一铜精矿和单一的镍精矿或进行混合浮选再将铜镍混合精矿分离为单一铜精矿和单一的镍精矿；（2）将铜镍浮选混合精矿熔炼为高冰镍，再从高冰镍中进行铜镍分离。

处理硫化铜镍矿时，铜镍分离方法的选择主要取决于矿石特性、铜镍比值、冶炼对产品的要求和铂族元素的走向等因素。从原矿直接采用浮选法进行铜镍分离，可简化冶炼过程，节省能耗，可获得较高的金属回收率，但易造成贵金属分散。

对贵金属含量较低的硫化铜镍矿，常采用混合浮选法产出混合精矿。混合精矿经熔炼、吹炼，产出一次高冰镍。采用物理选矿法分离铜、镍和富集贵金属，产出镍铜铁合金、硫化铜精矿和硫化镍精矿。可采用磁选法回收镍铜铁合金，使铂族金属富集于镍铜铁合金中。将一次镍铜铁合金进行二次锍化，可产出二次高冰镍，再从二次高冰镍中进行物理选矿法分离铜、镍和富集贵金属。产出二次镍铜铁合金，可进一步富集铂族金属。从高冰镍中分离铜镍，不受矿石性质限制，适应性强，指标稳定。硫化铜精矿和硫化镍精矿分别送铜冶炼厂和镍冶炼厂回收铜和镍，产出电铜和电镍。

16.7.3.2　一次高冰镍的性质

选矿厂产出的铜镍混合精矿经电炉熔炼、转炉吹炼，获得一次高冰镍。一次高冰镍为冶炼过程中的一种中间产物，相当于铜、镍、硫的人造矿物，其物理化学性质与天然镍矿物相似。高冰镍的物质组成与金相结构直接影响铜镍分离效果。缓慢冷却是决定获得一次高冰镍理想金相结构的关键因素。

一次高冰镍的基本物相组成为硫化镍（Ni_3S_2）、硫化铜（Cu_2S）和镍铜铁合金（Cu-Ni-Fe），其中金属硫化物含量约90%。

在熔炼阶段，贵金属被金属相所捕集，一次高冰镍中所含的金、银、铂、钯等贵金属，绝大部分富集于镍铜铁合金中。一次高冰镍中钴的分布与铁正相关，铁高则钴高，铁低则钴低，故钴主要富集于镍铜铁合金中。硫化银（Ag_2S）与硫化铜（Cu_2S）呈类质同晶，故银主要富集于硫化铜精矿中。一次高冰镍中硫化镍和硫化铜的产率取决于镍铜比，镍铜铁合金的产率取决于高冰镍中的硫含量，硫含量低，则镍铜铁合金产率高，反之则镍铜铁合金产率低，合金中铜镍比约为1∶4。一次高冰镍的主要化学成分列于表16-32中。

表 16-32　一次高冰镍的主要化学成分

元　素	Ni	Cu	Fe	S	Co	Pt	Pd
含量/$g \cdot t^{-1}$	48.38%	22.57%	2.15%	23.87%	0.62%	15.80	5.45
元　素	Au	Ag	Rh	Os	Ru	Ir	
含量/$g \cdot t^{-1}$	5.89	27.54	1.15	1.07	2.00	2.82	

高冰镍硬而脆，易被破碎，密度为$5.5g/cm^3$。一次高冰镍在熔融状态下，经缓慢冷却，晶体逐渐变大；温度为520℃时，硫化镍开始晶变，由β-Ni_3S_2转变为α-Ni_3S_2，固溶的硫化铜析出，为铜镍分离创造了有利条件。因此，应控制好700℃至400℃间的缓冷过程，尤其是从575℃至520℃缓冷过程最重要。若冷却速度过快，使各相结晶粒度变细，不利于铜镍分离；冷却速度过快，可使高冰镍含铁量高，使高冰镍组成类似于斑铜矿、镍黄铁矿和磁黄铁矿的化合物，三者的可浮性相近，浮选分离较困难。高冰镍中铁含量增高，使各相呈细粒形态析出，也不利于铜镍分离。国外认为高冰镍中铁含量大于3%时，无法进行铜镍分离。金川的生产实践表明，一次高冰镍中铁含量大于3%时，对铜镍分离有明显影响。

16.7.3.3　金川一次高冰镍的选矿工艺

选矿厂产出的铜镍混合精矿经回转窑干燥、电炉熔炼及转炉吹炼，获得高冰镍熔融体，将其倾入地下保温坑加盖缓慢冷却三天，获得高冰镍大块（每块重为5~6t），作为高冰镍磨矿—磁选—浮选车间的给料。高冰镍冷却块先用吊锤打碎，再用电耙将其耙入破碎矿仓，经三段开路破碎，给料从-350mm碎至-20mm。

一次高冰镍的分选方法和选矿流程如图16-41所示。

采用二段磨矿，第一段采用一台ϕ1500mm×3000mm球磨机与一台ϕ1000mm单螺旋分级机进行闭路磨矿。第二段采用一台ϕ1500mm×3000mm球磨机与一台ϕ1200mm双螺旋分级机进行闭路磨矿，磨矿细度为-0.053mm占95%。在第二段分级机返砂处装有一台ϕ600mm×450mm湿式永磁磁选机回收合金产品，磁选尾矿返回第二段球磨机再磨。

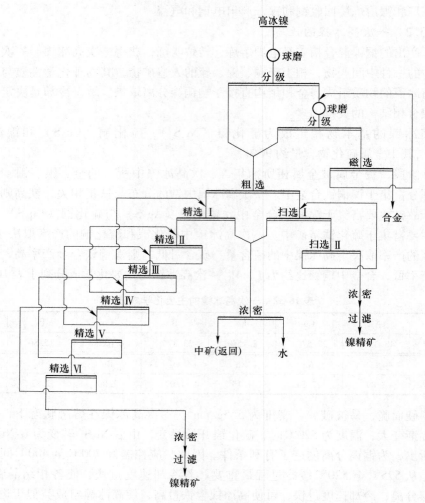

图 16-41 一次高冰镍的分选方法和选矿流程

球磨分级溢流送入两个串联搅拌槽加药调浆，1 号搅拌槽加入苛性钠将矿浆 pH 值调至 12～13，2 号搅拌槽加入丁基黄药。调药后的矿浆送至两个平行的浮选回路进行铜镍分离浮选。每个浮选回路均采用一粗二扫五精的浮选流程获得铜精矿、镍精矿两种产品。

浮选药耗为：苛性钠 4500g/t，丁基黄药 100g/t。

一次高冰镍的磁选-浮选生产指标列于表 16-33 中。

表 16-33 一次高冰镍的磁选-浮选生产指标

产 品	贱金属含量/%					贵金属含量/g·t^{-1}					
	Ni	Cu	Co	Fe	S	Au	Ag	Pt	Pd	Ru	Os
合 金	60.45	18.21	1.12	8.81	3.01	39.81	13.06	154.40	51.21	25.20	12.30
镍精矿	63.09	3.57	0.85	3.80	22.59	7.13	38.16	12.93	0.82	1.09	0.85
铜精矿	3.42	75.50	0.12	3.20	22.00	1.10	262.82	0.74	0.54	0.13	0.07
一次高冰镍	46.18	24.41	0.67	4.04	20.60	8.24	107.00	21.66	7.60	2.89	1.61

生产实践表明，不计合金中硫化铜和硫化镍矿物的互含，浮选所得镍精矿和铜精矿中的镍、铜互含大于 8% ~ 13%。

一次高冰镍磁选所得一次镍铜铁合金中的贵金属含量列于表 16-34 中。

表 16-34 一次镍铜铁合金中的贵金属含量

产品	含量/g·t^{-1}							
	Pt	Pd	Au	Ag	Rh	Ir	Os	Ru
一次镍铜铁合金	132.40	35.80	24.60	10.40	6.50	18.50	15.50	15.00

16.7.4 金川一次高冰镍物理选矿新工艺探索试验

16.7.4.1 现物理选矿工艺存在的不足

现工艺存在的不足主要为：

（1）从表 16-33 中数据可知，一次高冰镍中的铁含量高达 4.04%，致使高冰镍中除生成硫化镍（Ni_3S_2）、硫化铜（Cu_2S）和镍铜铁合金（Cu-Ni-Fe）外，还生成类似于斑铜矿、镍黄铁矿和磁黄铁矿的化合物，三者的可浮性相近，磁黄铁矿具磁性，使一次高冰镍的磁选、浮选分离较困难。因此，吹炼时，一次高冰镍中铁含量宜小于 3%。

（2）一次高冰镍的磨矿细度过粗，未使人造硫化铜矿物、人造硫化镍矿物和一次镍铜铁合金基本解离。现生产中一次镍铜铁合金产率约 5%，其中硫含量大于 10%。说明有相当量的人造硫化铜矿物、人造硫化镍矿物被磁选带入一次镍铜铁合金中。由于弱磁场磁选机无法将单体解离的人造硫化铜矿物、人造硫化镍矿物选为磁性产品，说明人造硫化矿物与一次镍铜铁合金呈连生体被带入一次镍铜铁合金中。

（3）磁选合金的方法和流程不完善。湿式弱磁场磁选常采用使矿浆呈稀薄的矿浆流经过永磁筒表面以实现强磁性矿物（如镍铜铁合金）与非磁性或弱磁性矿物的分离，且常采用一粗一扫一精的磁选流程以产出质量高和回收率高的磁性产品。但现工艺的永磁筒式磁选机位于螺旋分级机返砂中，采用半干式磁选法选出少量粗粒镍铜铁合金，只有一次粗选，没有精选和扫选，所得镍铜铁合金产率低和金、PGM 的回收率低。

（4）人造硫化铜矿物、人造硫化镍矿物浮选分离的工艺路线和药方不完善。现工艺采用 NaOH 作抑制剂，丁基黄药作人造硫化铜矿物的捕收剂，在无起泡剂条件下进行铜、镍浮选分离。虽采用一粗二扫五精的浮选流程，但铜精矿中镍含量常大于 7%，镍精矿中铜含量常大于 5%，铜、镍精矿互含大于 12%。因此，铜、镍浮选分离效果不理想，这与磨矿细度过粗、浮选分离的工艺路线和药方不完善密切相关。

（5）人造硫化铜矿物、人造硫化镍矿物和一次镍铜铁合金分离不理想。致使一次镍铜铁合金中的贵金属含量低和贵金属回收率低，相当量的一次镍铜铁合金进入镍精矿中，造成贵金属在镍冶炼系统循环，增加镍冶炼成本和降低贵金属直收率；镍混入铜精矿中使铜电解提纯作业的净液过程复杂化，增加铜冶炼成本和降低镍金属直收率；人造硫化铜矿物、人造硫化镍矿物混入镍铜铁合金中，增加贵金属分离和提纯成本。

16.7.4.2 物理选矿新工艺探索试验

A 2012 年试验结果

2012 年将高冰镍试样一次磨至 -0.053mm 占 95%，采用一次粗选、一次精选、一次扫选的人工磁选流程回收镍铜铁合金，磁选尾矿送浮选；浮选作业以氢氧化钠为调整剂和抑制剂，以 SB 选矿混合剂为捕收剂进行铜、镍分离浮选，产出镍铜铁合金、单一铜精矿和单一镍精矿三种产品。

2012 年闭路试验浮选药剂用量为：氢氧化钠 2000g/t，SB 选矿混合剂 80g/t。

试验的闭路指标列于表 16-35 中。

表 16-35　新工艺探索试验的闭路指标（2012 年）　　　　　　　（%）

产　品	产　率	品　位		回收率	
		Ni	Cu	Ni	Cu
合　金	18.02	55.41	10.44	23.45	8.32
镍精矿	52.01	57.08	1.60	68.72	3.68
铜精矿	29.97	9.70	66.41	6.83	88.00
一次高冰镍	100.00	42.58	22.62	100.00	100.00

从表 16-35 中数据可知，由于氢氧化钠用量不够或 SB 用量过量，致使铜精矿中的镍含量为 9.70%，但镍精矿中的铜含量已降至 1.60%。因此，采用氢氧化钠作抑制剂不够理想，对硫化镍矿物的抑制作用弱，铜精矿中的镍含量很难降至理想的水平。

　　B　2013 年闭路试验结果

浮选药剂用量为：氢氧化钠 20kg/t，SB 选矿混合剂 80g/t。

试验的闭路指标列于表 16-36 中。

表 16-36　新工艺探索试验的闭路指标（2013 年）　　　　　　　（%）

产　品	产　率	品　位		回收率	
		Ni	Cu	Ni	Cu
合　金	21.06	66.61	9.97	27.40	8.45
镍精矿	50.95	69.48	4.77	69.16	9.79
铜精矿	27.99	6.29	72.59	3.44	81.76
一次高冰镍	100.00	51.19	24.85	100.00	100.00

对比表 16-35 和表 16-36 数据，2013 年闭路试验氢氧化钠用量为 2012 年的 10 倍，铜精矿中镍含量仍为 6.29%，且镍精矿铜含量为 4.77%。因此，采用氢氧化钠作抑制剂不够理想。

　　C　2014 年探索试验结果

以石灰为调整剂和抑制剂一次高冰镍磨至 −38μm（−400 目）占 95%。探索试验浮选药剂用量为：石灰 25000g/t，SB 选矿混合剂 60g/t。试验的闭路指标列于表 16-37 中。

表 16-37　新工艺探索试验的闭路指标（2014 年）　　　　　　　（%）

产　品	产　率	品　位		回收率	
		Ni	Cu	Ni	Cu
合　金	17.77	56.41	10.11	23.54	7.94
镍精矿	55.54	56.83	1.60	74.13	3.93
铜精矿	26.69	2.72	74.69	2.33	88.13
一次高冰镍	100.00	42.58	22.62	100.00	100.00

从表 16-37 中数据可知，提高一次高冰镍的磨矿细度至 $-38\mu m$（-400 目）占 95%，采用石灰作硫化镍矿物抑制剂、SB 选矿混合剂作捕收剂的前提下，可将铜精矿中的镍含量降至 2.72% 左右，镍精矿中的铜含量已降至 1.60% 左右，可使铜精矿和镍精矿中的铜镍互含降至 4% 左右。因此，镍铜铁合金和镍精矿中的镍回收率达 97%，镍铜铁合金和铜精矿中的铜回收率达 96%。

D 物理选矿新工艺从高冰镍中分离镍、铜和富集贵金属的探索试验的主要成果

（1）高冰镍的磨矿细度以 $-0.038mm$ 占 95% 为宜，可使镍铜铁合金、硫化铜人造矿物和硫化镍人造矿物基本单体解离，为实行镍铜铁合金、硫化铜人造矿物和硫化镍人造矿物三者间的物理选矿分离，以及降低三者间的互含创造最基本的条件。

（2）高冰镍最后一段磨矿排矿产品，宜直接进入弱磁场磁选作业，采用一次粗选、一次精选、一次扫选的磁选流程，可将高冰镍中的镍铜铁合金磁选干净。可降低磁选精矿（镍铜铁合金）中，硫化铜人造矿物和硫化镍人造矿物的互含，可提高镍铜铁合金产率和提高镍铜铁合金中的贵金属回收率。

（3）应采用对硫化镍人造矿物抑制能力较强的石灰，代替现工艺的氢氧化钠作抑制剂，以降低浮选铜精矿中的镍含量。

（4）应采用选择性高的 SB 类捕收剂，代替现工艺的丁黄药作硫化铜人造矿物的捕收剂，以降低浮选铜精矿中的镍含量和硫化镍精矿中的铜含量。

（5）采用一次粗选、四次精选、二次扫选浮选流程，可将硫化铜人造矿物和硫化镍人造矿物分离，镍铜铁合金基本不进入镍精矿中，两种精矿中的镍铜互含预计可降至 4% 左右。

建议对"物理选矿法从高冰镍中分离镍、铜和富集贵金属"的课题进行专门立项，以进行较完整的小型试验，优化工艺条件，为高锍车间的技术改造提供依据，以解决多年困扰镍冶炼厂高锍车间的技术难题，可较大幅度降低二次造锍、镍冶炼厂、铜冶炼厂的中间产物循环量，以进一步提高镍冶炼厂、铜冶炼厂和贵金属精炼厂的经济效益。

16.7.5 金川二次高冰镍的磨矿—磁选—浮选工艺

16.7.5.1 概述

一次高冰镍经磨矿—磁选—浮选后，所产出的一次镍铜铁合金中的贵金属含量比一次高冰镍中的贵金属含量提高了 10 倍左右，但一次镍铜铁合金中的 PGM 含量仅 $80\sim100g/t$，无法满足贵金属分离的要求。因此，须将一次镍铜铁合金配入含硫物料（热滤渣）在卧式转炉中进行锍化以生成二次高冰镍锍，然后进行吹炼，使贵金属富集于二次高冰镍锍的合金中。二次高冰镍锍再经磨矿—磁选—浮选后，产出二次镍铜铁合金，产率约 10%。二次镍铜铁合金中，$Au+PGM$ 含量可达 $2500g/t$。二次镍铜铁合金可送去生产铂族金属化学精矿（铂族金属富集物）和进行贵金属分离、提纯，产出单一的贵金属产品供市场销售或用户使用。一次合金锍化工艺流程如图 16-42 所示。

16.7.5.2 二次高冰镍的特性

二次高冰镍的降温曲线如图 16-43 所示。

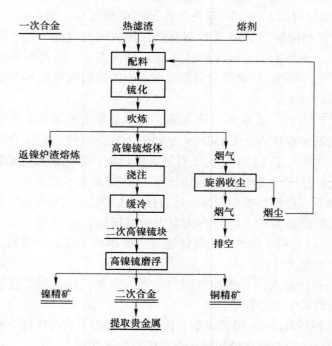

图 16-42　一次合金锍化工艺流程

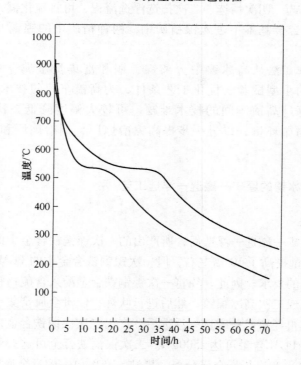

图 16-43　二次高冰镍的降温曲线

从图 16-43 曲线可知，在 540℃时出现水平曲线，500～300℃区间，平均每小时温度下降 10℃。在此条件下，所得产品的化学组成列于表 16-38。

表 16-38 二次高冰镍的化学组成

元素	贱金属品位/%					贵金属品位/g·t⁻¹						
	Ni	Cu	Co	Fe	S	Pt	Pd	Au	Ag	Os	Ir	Rh
含量	54.8 ~ 55.80	15.09 ~ 15.70	0.97 ~ 1.12	2.59 ~ 3.25	20.44 ~ 22.32	115 ~ 168	41 ~ 54	32 ~ 46	84 ~ 93	6.7 ~ 8.5	8.5 ~ 11.0	4.5 ~ 7.1

二次高冰镍的物相分析结果列于表 16-39 中。

表 16-39 二次高冰镍的物相分析结果　　　　　（%）

镍物相	含量	铜物相	含量
金属镍	11.46	金属铜	5.80
硫化镍	45.23	硫化铜	9.62
硅酸镍	0.25	氧化铜	0.098
合计	56.94	合计	15.618

金相结构分析结果表明，二次高冰镍中主要物相为：硫化镍 Ni_3S_2、硫化铜（CuS_2 · FeS）+ Cu_2S、镍铜铁合金 Ni-Cu-Fe 和金属铜。二次高冰镍铸锭的不同部位的物相成分列于表 16-40 中，不同部位的物相成分不尽相同。

表 16-40 二次高冰镍铸锭的不同部位的物相成分　　　　　（%）

部位	硫化镍	硫化铜	镍铜铁合金	金属铜
中上	76.61	18.35	11.05	0
中中	71.56	15.59	12.85	0
中下	69.79	15.16	15.04	0.01
边上	64.10	25.74	10.16	0
边中	78.26	10.54	11.20	0
边下	62.01	19.65	18.34	0

与一次高冰镍比较，二次高冰镍具有以下特点：

（1）镍含量较高，硫化镍相组分仍为 Ni_3S_2；

（2）铜含量较低，硫化铜相组成变为（CuS_2 · FeS）+ Cu_2S；

（3）合金中的贵金属含量（除银外）显著增加；

（4）二次高冰镍的密度较大；

（5）硫化铜结晶呈近圆粒状，圆粒周边平滑，一次高冰镍则呈他形晶粒状；

（6）结晶粒度更细，一次高冰镍中 -0.01mm 粒级的晶粒含量为 0.09% ~ 0.67%，而二次高冰镍中 -0.01mm 粒级的晶粒含量为 2.54% ~ 6.28%。

16.7.5.3 二次高冰镍的物理选矿分离

二次高冰镍的物理选矿流程如图 16-44 所示。

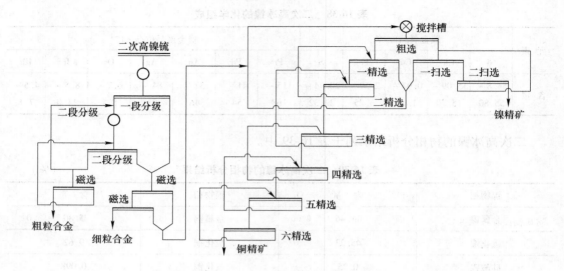

图 16-44　二次高冰镍的物理选矿流程

一、二次合金中的贵金属含量列于表 16-41 中。

表 16-41　一、二次合金中的贵金属含量

产　品	含量/g·t^{-1}							
	Pt	Pd	Au	Ag	Rh	Ir	Os	Ru
一次合金	132.40	35.80	24.60	10.40	6.50	18.50	15.50	15.00
二次合金	1048.10	360.54	224.05	56.76	46.51	76.44	39.16	90.13

16.7.6　金川现工艺物理选矿的指标

16.7.6.1　选矿厂各作业和产品中贵金属的富集状况

选矿厂各作业和产品中贵金属的富集状况列于表 16-42 中。

表 16-42　选矿厂各作业和产品中贵金属的富集状况

作　业	产　品	贵金属含量/g·t^{-1}							
		Au	Ag	Pt	Pd	Os	Ir	Ru	Rh
原矿选矿	原矿平均	0.007~0.3	2.2~6.1	0.006~0.5	0.05~0.24	总含量为 0.00x~0.0x			
	贫矿混精	0.376	6.04	1.07	0.32	0.069	—	0.057	—
	富矿混精	0.50	4.50	1.06	0.65	0.219	0.17	0.15	0.075
一次造锍	一次高冰镍	5.89	27.54	15.80	5.45	1.07	2.82	2.00	1.15
	一次合金	24.6	10.40	132.40	35.80	15.50	18.50	15.00	6.50
二次造锍	二次高冰镍	327~346	84~93	115~168	41~54	6.7~8.5	8.5~11.0	—	4.5~7.1
	二次合金	224.05	56.76	1048.10	360.54	39.16	76.44	90.13	46.51

从表 16-42 中的数据可知：（1）原矿选矿作业贵金属的富集比较低，如金仅富集 1.2～57 倍，铂仅富集 2～21 倍，而铜富集 5 倍，镍富集 6 倍，有待进一步查明原因。（2）一次造锍和一次高冰镍选矿：一次高冰镍和一次合金中的富集比均为 10 左右。（3）二次造锍和二次高冰镍选矿：二次高冰镍和二次合金中的富集比均为 10 左右。

16.7.6.2 现原矿选矿作业贵金属的浮选指标

现原矿选矿作业贵金属的浮选指标列于表 16-43 中。

表 16-43 现原矿选矿作业贵金属的浮选指标

产品	项 目	贵金属的浮选指标							
		Pt	Pd	Os	Ir	Ru	Rh	Au	Ag
贫矿铜镍混合精矿	含量/g·t^{-1}	1.07	0.32	0.069	—	0.057		0.376	6.04
	回收率/%	71.01	39.56	45.64		48.83		52.60	45.13
富矿铜镍混合精矿	含量/g·t^{-1}	1.06	0.65	0.219	0.17	0.15	0.075	0.50	4.50
	回收率/%	87.95	82.21	67.59	69.72	85.15	70.60	67.01	71.90

从表 16-43 中的数据可知：混合浮选精矿中金、银、铂、钯的回收率对富矿而言为 70%～80%，对贫矿而言为 50%～70%，这与相应原矿混合浮选精矿中的铜回收率相当。这说明金川原矿中金、银、铂、钯的含量与铜含量正相关，其混合浮选指标与铜相当。金川原矿低酸介质混合浮选新工艺小型试验结果表明，可使金川现混合浮选工艺的混合浮选精矿中的镍回收率提高 4%～11%、铜回收率提高 7%～15%。若能在工业生产中实现低酸介质混合浮选新工艺指标和实现镍冶炼厂高锍车间的物理选矿工艺（包括一次合金和二次合金）改造，将可较大幅度提高金川集团公司的镍、铜、钴、金、银、铂、钯、铑、铱、锇、钌的产量，经济效益极其显著。

16.7.7 国际镍公司铜崖冶炼厂高镍锍的磨矿—磁选—浮选工艺

16.7.7.1 概述

国际镍公司铜崖冶炼厂高镍锍含硫约 22%，980℃ 左右时浇成重为 25t 的铸块（顶部尺寸为 3660mm×2440mm，底部尺寸为 2380mm×1220mm，高 610mm），在缓冷坑中缓冷 72h，温度降至 480℃ 后移去保温盖后再冷却 24h 至温度降至 200℃。然后锤碎-破碎-磨矿磨至 −0.074mm 占 99%，先用磁选机选出片状的铜镍合金，非磁性部分返回球磨机磨矿，加入石灰将矿浆 pH 值调至 12。磨矿矿浆经磁选机-耙式分级机，返砂回球磨机磨矿，溢流送浮选，粗选泡沫经再磨、三次精选产出铜精矿，铜精矿含铜 73%、镍 5%。铜精矿送闪速炉熔炼为低锍。浮选产出的镍精矿（含镍约 73%、铜 0.6%，几乎不含贵金属）中含铜低的一部分经煅烧可产出氧化镍，直接供市场销售。一部分镍精矿熔铸为硫化镍阳极送电解，产出电镍。产率约 10% 的磁性镍铜合金的组成为：镍约 65%、铜约 20%，镍铜合金富集了高镍锍中 95% 以上的 Au + Ag + PGM。

16.7.7.2 国际镍公司铜崖冶炼厂的生产工艺流程

国际镍公司铜崖冶炼厂的生产工艺流程如图 16-45 所示。

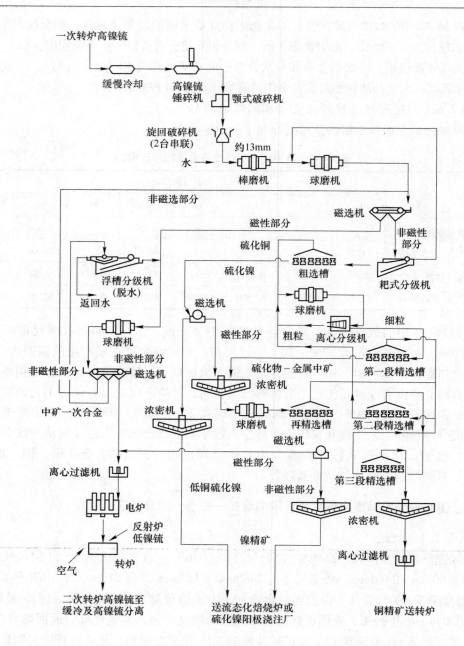

图 16-45　国际镍公司铜崖冶炼厂高镍锍的磨矿—磁选—浮选生产工艺流程

16.8　提取贵金属化学精矿的典型工艺

16.8.1　从 PGM 含量高的硫化铜镍矿中提取贵金属化学精矿的工艺流程

16.8.1.1　南非吕斯腾堡铂矿公司制取铂族金属化学精矿的工艺流程

南非吕斯腾堡铂矿公司制取铂族金属化学精矿的工艺流程如图 16-46 所示。

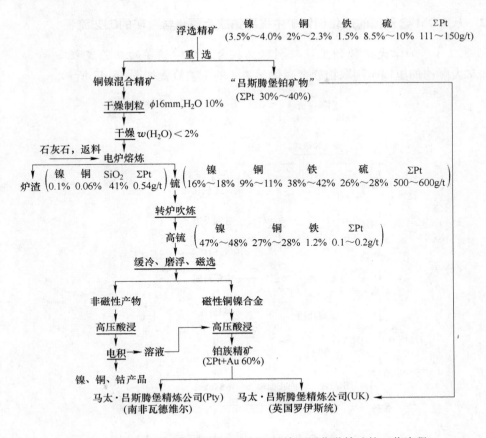

图 16-46　南非吕斯腾堡铂矿公司制取铂族金属化学精矿的工艺流程

主流程为：硫化铜镍矿—浮选混合精矿—重选产出铜、镍混合精矿和含铂 30% ~40% 铂精矿—混合精矿电炉熔炼造锍—转炉吹炼—缓冷、磨矿、磁选—铜镍合金—热压酸浸—贵金属化学精矿（Au + PGM 为 60%）。其他流程为磁选非磁性产物—热压酸浸—电积—镍、铜、钴产品。

16.8.1.2　英帕拉铂矿公司斯普林精炼厂制取铂族金属化学精矿的工艺流程

英帕拉铂矿公司斯普林精炼厂制取铂族金属化学精矿的工艺流程的特点为：硫化铜镍矿—浮选混合精矿—电炉熔炼造锍—转炉吹炼产出铜镍高锍。铜镍高锍中 PGM 含量约 0.125%，镍、铜合计约 80%。直接采用三段热压酸浸铜镍高锍，产出 PGM 含量约 20% 的 PGM 粗化学精矿。再经焙烧—稀酸浸出，产出 Au + PGM 含量大于 45% 的贵金属化学精矿。

16.8.1.3　美国斯蒂尔瓦特铂钯矿制取贵金属化学精矿的工艺流程

美国斯蒂尔瓦特铂钯矿的铂、钯含量比南非铂矿高，浮选混合精矿 PGM 含量约 300g/t，熔炼产的铜镍高锍 PGM 含量约 0.2%（与吕斯腾堡铂矿产的高锍品位相当）。因此，采用直接处理铜镍高锍的方案：硫酸浸出镍、铁—硫酸化焙烧（300 ~400℃）—0.2mol/L 稀硫酸两段浸出。产出铂、钯约 26.5%、金约 0.64% 的贵金属化学精矿。进一步分离铜、硫和夹带的硅酸盐后，可获得高品位的贵金属化学精矿。

16.8.2 从 PGM 含量低的硫化铜镍矿中提取铂族金属化学精矿的工艺流程

16.8.2.1 加拿大萨德伯里镍矿制取铂族金属化学精矿的工艺流程

加拿大萨德伯里镍矿制取铂族金属化学精矿的工艺流程如图 16-47 所示。

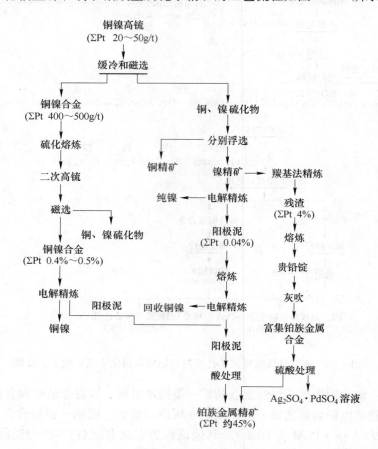

图 16-47 加拿大萨德伯里镍矿制取铂族金属化学精矿的工艺流程

该工艺特点是以生产镍的工艺流程为主，生产镍的同时回收 PGM。该矿 PGM 含量较南非铂矿低，是世界上第一个工业开采的含铂族金属的硫化铜镍矿，于 20 世纪 30～50 年代成为世界铂族金属的主要供应者。

其主流程为：含铂族金属的硫化铜镍矿—浮选混合精矿—电炉熔炼—转炉吹炼产出铜镍高锍—缓冷—磨矿、磁选—产出铜镍合金和铜、镍硫化物精矿——次铜镍合金（PGM 含量为 400～500g/t）——次铜镍合金硫化熔炼—二次高锍—缓冷、磨矿、磁选—二次铜镍合金（PGM 含量 0.4%～0.5%）—电解提纯—阳极泥。阳极泥与镍电解提纯阳极泥合并进行酸处理，产出约 45% 的铂族金属化学精矿。

16.8.2.2 加拿大鹰桥镍矿公司制取贵金属化学精矿的工艺流程

加拿大鹰桥镍矿公司制取贵金属化学精矿的工艺流程如图 16-48 所示。加拿大鹰桥镍矿公司制取贵金属化学精矿的设备联系图如图 16-49 所示。

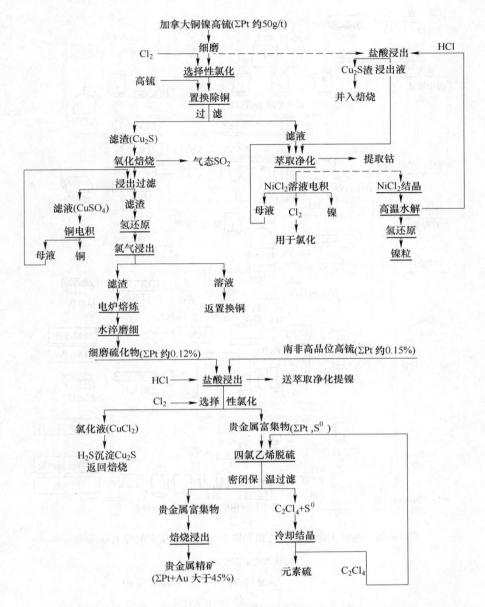

图 16-48　加拿大鹰桥镍矿公司制取贵金属化学精矿的工艺流程

其主流程为：铜镍高锍（PGM 约 50g/t）—细磨—选择性氯化浸出—高锍置换铜—过滤—滤渣（Cu$_2$S）—氧化焙烧—硫酸浸铜—浸铜渣—氢还原—氯气浸铜—浸铜渣—电炉熔炼高锍—水淬、细磨后与南非高品位高锍合并—盐酸浸出镍、铁—盐酸浸渣—选择性氯化浸出除铜—贵金属富集物（PGM、S⁰）—四氯乙烯脱硫—密闭保温过滤—贵金属富集物—焙烧浸出—贵金属化学精矿（Au + PGM 大于 45%）。

16.8.2.3　加拿大汤普森精炼厂从阳极泥中制取贵金属化学精矿的工艺流程

加拿大汤普森精炼厂从阳极泥中制取贵金属化学精矿的工艺流程如图 16-50 所示。

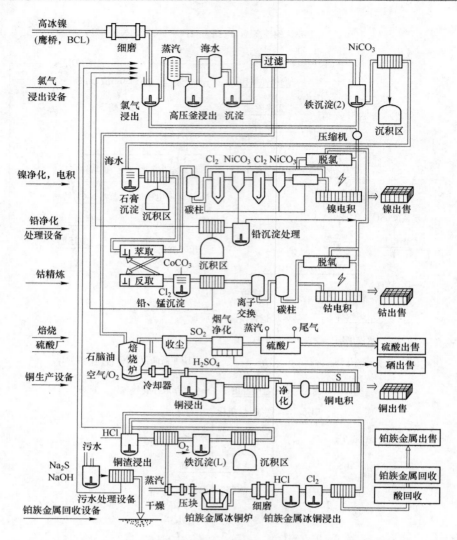

图 16-49　加拿大鹰桥镍矿公司制取贵金属化学精矿的设备联系图

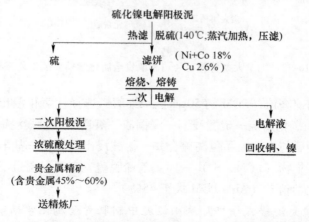

图 16-50　加拿大汤普森精炼厂从阳极泥中制取贵金属化学精矿的工艺流程

其主流程为：硫化镍电解阳极泥—热滤脱硫（140℃、蒸汽加热、压滤）—滤饼（Ni + Co 18%、Cu 2.6%）—焙烧、熔铸—二次电解—二次电解阳极泥—浓硫酸浸出—贵金属化学精矿（贵金属 45% ~ 60%）。

16.8.2.4 金川冶炼厂从阳极泥中制取贵金属化学精矿的工艺流程

A 从硫化镍二次电解阳极泥制取贵金属化学精矿的工艺流程

金川冶炼厂从硫化镍二次电解阳极泥制取贵金属化学精矿的工艺流程如图 16-51 所示。

其主流程为：硫化镍电解阳极泥—热滤脱硫—焙烧熔铸—镍电解—硫化镍二次电解阳极泥（PGM 为 0.2% ~ 0.7%）—燃烧脱硫—硫酸化焙烧—稀硫酸浸出—浸出渣—水溶液氯化浸出—浸渣待处理、浸液锌粉置换—渣—脱铜—贵金属化学精矿（Au + PGM 约 60%）。此工艺在硫化镍电解阳极泥—热滤脱硫—焙烧熔铸—镍电解—硫化镍二次电解阳极泥过程中，稀有铂族金属的实收率仅 50%，分散损失严重。

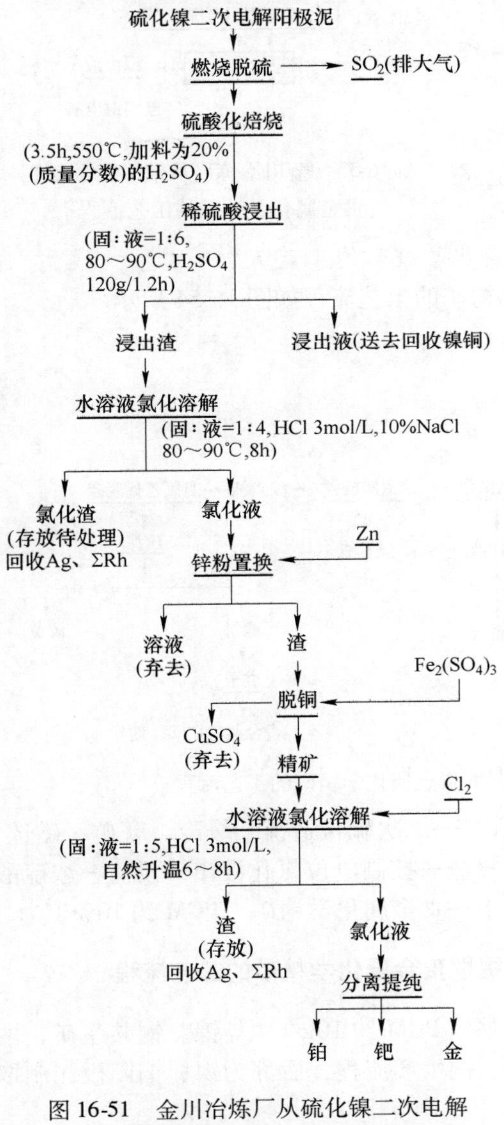

B 金川冶炼厂从硫化镍电解阳极泥热压浸出制取贵金属化学精矿的工艺流程

金川冶炼厂从硫化镍电解阳极泥热压浸出制取贵金属化学精矿的工艺流程如图 16-52 所示。

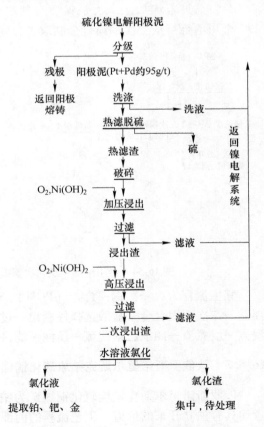

图 16-51 金川冶炼厂从硫化镍二次电解阳极泥制取贵金属化学精矿的流程

图 16-52 金川冶炼厂从硫化镍电解阳极泥热压浸出制取贵金属化学精矿的工艺流程

其主流程为：硫化镍电解阳极泥—分级去残极—阳极泥（Pt + Pd 约 95g/t）—洗涤—热滤脱硫—热滤渣—破碎—热压浸出（加 O_2、$Ni(OH)_2$）—过滤—浸渣—热压浸出（加 O_2、$Ni(OH)_2$）—过滤—二次浸渣—水溶液氯化浸出—浸液—提取铂、钯、金。此工艺指标优于图 16-50 所示流程，因热压技术和改为单独处理铜镍合金而未工业生产。

C　金川冶炼厂从铜镍合金制取贵金属化学精矿的工艺流程

金川冶炼厂从铜镍合金制取贵金属化学精矿的工艺流程如图 16-53 所示。

其主流程为：浮选混合精矿—熔炼造锍—缓冷，磨矿、磁选、浮选—磁性铜镍合金—细磨—一段盐酸选择性浸出—过滤—二段盐酸选择性浸出—过滤—浸出渣—硫酸化焙烧—浸出、过滤—贵金属化学精矿（富集物，贵金属含量约 5%）。

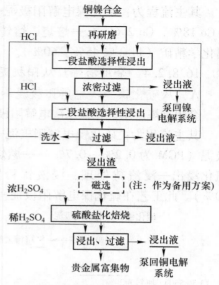

图 16-53　金川冶炼厂从铜镍合金制取贵金属化学精矿的工艺流程

D　金川冶炼厂从二次铜镍合金制取贵金属化学精矿的工艺流程

金川冶炼厂从二次铜镍合金制取贵金属化学精矿的工艺流程如图 16-54 所示。

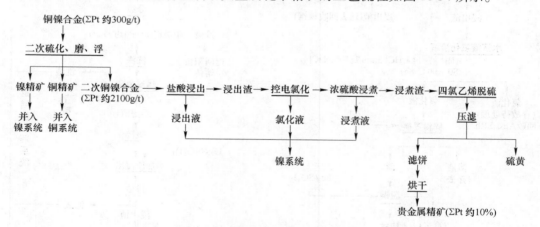

图 16-54　金川冶炼厂从二次铜镍合金制取贵金属化学精矿的工艺流程

其主流程为：一次铜镍合金（PGM 约 300g/t）—二次硫化造锍—缓冷，磨矿、磁选、浮选—二次铜镍合金—盐酸选择性浸出—过滤—浸渣—控制电位氯化浸出—浸渣—浓硫酸浸煮—浸煮渣—四氯乙烯脱硫—压滤—滤饼—烘干—贵金属化学精矿（PGM 约 10%）。

16.8.3　从俄罗斯诺里尔斯克铂族硫化铜镍矿中提取贵金属化学精矿的工艺流程

俄罗斯诺里尔斯克铂族硫化铜镍矿为铂族金属（PGM 约 10g/t）与镍、铜共生矿，两者均具有独立开采的价值。工艺流程的前部为镍、铜生产流程，后部为镍、铜阳极泥制取贵金属化学精矿的工艺流程。

据报道，镍阳极泥组成为：Pt 0.44%、Pd 1.3%、Ru 0.06%、Rh 0.04%、Ir 0.02%、

Au 0.04%、Ag 0.07%。铜阳极泥组成为：Pt 0.013%～0.076%、Pd 0.086%～0.64%、
Au 0.038%～0.1%、Ag 3.17%～4.69%。俄罗斯诺里尔斯克铂族硫化铜镍矿提取贵金属
化学精矿的工艺流程如图16-55～图16-57所示。

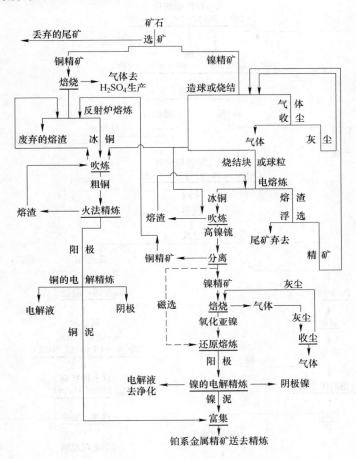

图 16-55　俄罗斯诺里尔斯克铂族硫化铜镍矿的矿石加工流程

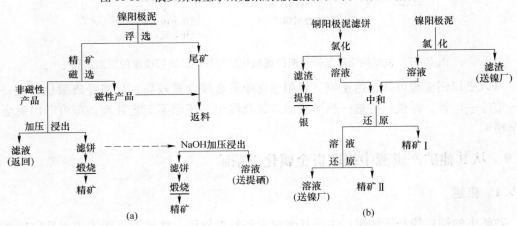

图 16-56　俄罗斯诺里尔斯克从阳极泥中提取贵金属化学精矿的原则流程

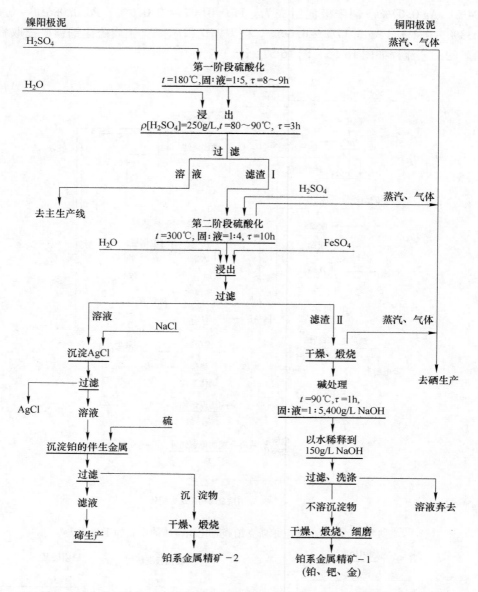

图 16-57　俄罗斯诺里尔斯克两段硫酸化法处理铜、镍阳极泥的原则流程

从以上原则流程可知，由于铜、镍阳极泥中贵金属含量较高，只需经硫酸化焙烧—浸出—熔炼—电解、浮选—磁选—热压浸出或氯化浸出—还原等工艺处理，即可产出贵金属化学精矿。

16.9　从其他矿产资源中提取贵金属化学精矿

16.9.1　概述

砂矿中的铂矿物和锇铱矿，由于其密度大和粒度较粗，常采用重选法产出品位较高的铂精矿和锇化铱精矿，直接送提纯作业处理。

　　某些镍、铜、铅、金等矿石中及蛇纹石等矿物中，有时含有微量的铂族金属，常在冶炼过程中获得富集，常富集于电解阳极泥中，经处理可产出贵金属化学精矿，PGM 只回收铂、钯。

16.9.2　从铜、铅电解阳极泥中提取贵金属

　　从铜、铅电解阳极泥中提取贵金属的工艺流程如图 16-58 所示。

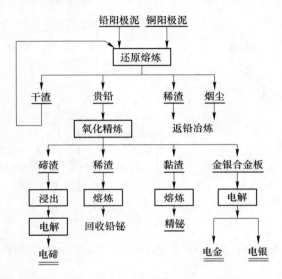

图 16-58　从铜、铅电解阳极泥中提取贵金属的工艺流程

　　从铜电解阳极泥中提取贵金属的联合流程如图 16-59 所示。

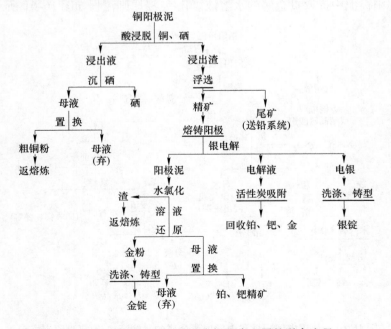

图 16-59　从铜电解阳极泥中提取贵金属的联合流程

16.9.3　从铜电解阳极泥中提取贵金属的全湿法流程

从铜电解阳极泥中提取贵金属的全湿法流程如图 16-60 所示。

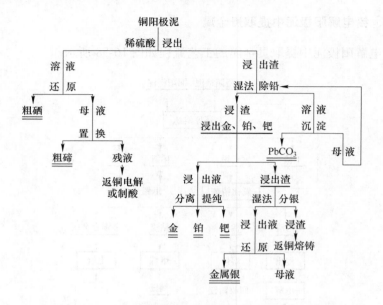

图 16-60　从铜电解阳极泥中提取贵金属的全湿法流程

16.9.4　从铜电解阳极泥中提取贵金属的水溶液氯化-氨浸原则流程

从铜电解阳极泥中提取贵金属的水溶液氯化-氨浸原则流程如图 16-61 所示。

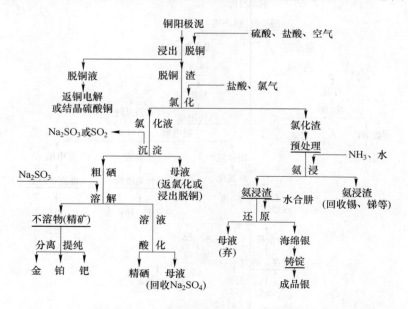

图 16-61　从铜电解阳极泥中提取贵金属的水溶液氯化-氨浸原则流程

16.9.5 合质金电解提纯原则流程

合质金电解提纯原则流程如图 16-62 所示。

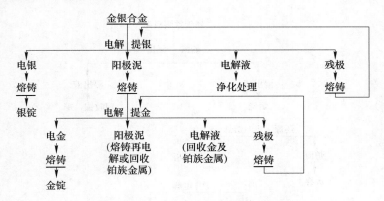

图 16-62 合质金电解提纯原则流程

16.9.6 从提硒后镍、铜电解阳极泥中提取贵金属的原则流程

从提硒后镍、铜电解阳极泥中提取贵金属的原则流程如图 16-63 所示。

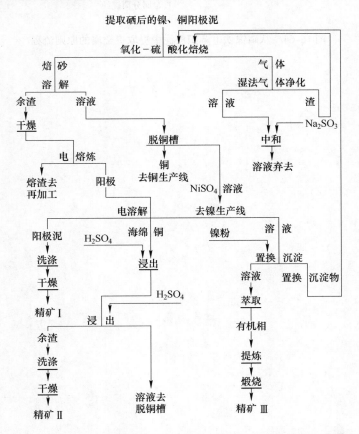

图 16-63 从提硒后镍、铜电解阳极泥中提取贵金属的原则流程

16.9.7　从磷镍铁电解阳极泥中提取贵金属的原则流程

从磷镍铁电解阳极泥中提取贵金属的原则流程如图 16-64 所示。

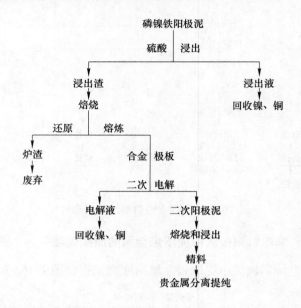

图 16-64　从磷镍铁电解阳极泥中提取贵金属的原则流程

17 铂族金属相互分离的传统工艺

17.1 概述

17.1.1 铂族金属化学精矿精炼的目的

含铂族金属的矿物原料经选矿-铂族金属初步富集，产出的铂族金属化学精矿和二次资源（废料）经分离富集产出的铂族金属化学精矿等物料，送铂族金属精炼厂处理。

铂族金属化学精矿精炼的目的是：（1）进一步除去铂族金属化学精矿中的贱金属和其他杂质；（2）实现铂族金属的相互分离；（3）进行单个铂族金属的深度提纯，产出各种贵金属产品供用户使用。

20 世纪中期前，送精炼厂的原料中 Au + PGM 的含量要求大于 45%。由于矿石和废料中 Au + PGM 的品位逐渐降低及冶炼技术的发展和生产规模的扩大，铂族金属含量较低的铂族金属富集物也可直接送精炼厂处理。铂族金属精炼厂常分铂族金属的相互分离和单个铂族金属的深度提纯两部分。本章主要讨论铂族金属相互分离工艺的理论和实践。

17.1.2 铂族金属精炼厂的原料

铂族金属精炼厂的原料主要为：

（1）矿山产出的富砂铂矿石、原生铂矿石、锇化铱或经选矿产出的砂铂精矿、锇铱矿精矿等。

（2）原生铂矿经选矿产出的铂族金属精矿，如南非麦伦斯基矿脉上层重选产出的重选精矿（PGM 品位为 30% ~ 40%）。

（3）铂族金属硫化铜镍矿经选矿、冶炼产出的铂族金属化学精矿。此为目前矿产铂族金属生产的主要原料，也是铂族金属精炼厂的主要原料。

（4）伴生铂族金属有色金属矿（主要为硫化铜镍矿）精矿冶炼过程中产出的铂族金属富集物，如电解阳极泥经处理后产出的铂族金属化学精矿，也是铂族金属精炼厂的主要原料。

（5）铂族金属废料及其合金废料。

（6）含铂族金属的二次资源经处理、富集产出的铂族金属化学精矿，已成为现代铂族金属的主要来源，其在铂族金属供应总量中的比例不断提高。

这些原料的组成变化大，为便于选择工艺方法，常将进入铂族金属精炼厂的原料分为两类：（1）铂族金属含量不低于 60% 的富物料，如富砂铂矿石、原生铂矿石、锇化铱、铂族金属废料及其合金废料，可直接或稍加处理后进入精炼作业；（2）贵金属含量小于 50% 或组分较特殊，须进行预处理后才能进入精炼作业的物料。

铂族金属精炼厂的矿产原料组分列于表 17-1 中。

表 17-1　铂族金属精炼厂的矿产原料组分　　　　　　　　（%）

物料名称	来源	Pt	Pd	Au	Rh	Ir	Os	Ru	Cu	Fe	Ni
原铂	前期主要砂铂产地	69~75	痕~0.2	0~痕	0.5~1.0	1.5~7.2	—	—	0.5~8.2	10.8~14.3	0.3~1.0
富砂铂	主要砂铂产地	65~90	0.2~1.7	—	0.25~4.1	0.33~3.0	—	—	痕~4.0	5.3~19	—
	砂铂	85~90	—	—	<1.0	1~3	—	<1	—	15	—
锇铱矿	俄罗斯	7~13	—	—	0.5~1.5	35~50	30~35	5~10	痕	0.5~1.5	—
	哥伦比亚		0.16		0.63	57.8	31.1	6.37			
	澳大利亚	1.91		0.01	0.25	42.2	45.6	7.92			
	南非维特沃特斯兰德	8~13			1.0	29~36	33~36	12~15			
铂族金属化学精矿	南培吕斯腾堡(重选)	30~35	4~6	2~3	—	—	—	0.5±			
	南非	40~45	10~15								
	俄罗斯(阳极泥)	15~20	35~45	1.5~2.0	0.4~0.6	0.04~0.08		0.08~0.15	0.7~2.5	1.5~4.0	0.6~2.5
		4.0	12.2		0.3	0.1			15.0	1.8	27.6
	加拿大萨德伯里	20~25	20~22								
	中国金川	25~30	11~12	10~12	0.6~1.0	0.5~0.8	0.4~0.6	0.8~1.2			
		26.55	11.77	2.43	1.2	0.43	—	2.64			

17.1.3　铂族金属精炼过程须遵循的原则

铂族金属精炼过程须遵循的原则为：

（1）先将原料浸出使相关组分转入溶液中，选择浸出工艺时应尽量选择能实现贵、贱金属分离，并将铂族金属转化为氯化物或氯配合物的工艺。

（2）应尽量利用金属共性，先将金、铂族金属与贱金属和银分离。然后将金与铂族金属分离。

（3）铂族金属分离时，根据铂、钯、铑、铱、锇、钌性质相近的两元素组分为三组，一般先分出锇、钌，再分出铂、钯，最后分出铑、铱。

（4）选择单元工艺时，不仅应考虑单元工艺的技术指标高低，还须考虑工艺间衔接的难易和对后续工艺技术指标的影响等进行系统研究和比较，应追求全工艺的最高指标和经济效益。

（5）应尽力提高深度提纯各阶段的铂族金属实收率，所有需废弃的废水、固体渣和气体等物料，均应认真取样、化验证实后，才可进行相应处理，切忌轻易废弃。

（6）切实遵守操作规程，精心操作，不断提高技术水平。

17.2　铂族金属化学精矿的浸出

17.2.1　概述

只有分散状态的钯可溶于硝酸、浓硫酸，其他铂族金属一般不溶于普通无机酸，稀有铂族金属（铑、铱、锇、钌）更难溶于普通无机酸，甚至锇铱矿及稀有铂族金属为主或含量较高的物料不溶于王水中。

铂族金属化学精矿中的铂族金属常处于高分散状态，且以铂、钯为主，稀有铂族金属含量较低，并含有相当数量较易浸出的贱金属。深度提纯过程中，随铂族金属含量的提高，尤其是稀有铂族金属含量显著提高后，浸出难度增大。有时须对难浸物料进行预处理，使其转化为活性状态，然后再用浸出法，使铂族金属转入溶液中。

进入精炼提纯作业的物料，均应准确计量，取代表性试样进行准确化验分析，作为选择工艺、计算回收率和控制精炼过程的依据。所有物料应妥善保管，严格按工艺流程的操作规程进行操作。对于新物料或缺乏处理经验的物料，应取少量代表性试样进行小型试验，确定工艺流程和工艺参数后再进行生产，以避免造成不必要的损失。即使常处理的物料，当其组分有较大变化时，也须取代表性试样进行小试后，才能投料生产。

浸出铂族金属化学精矿时，常用浸出工艺为王水浸出和水溶液氯化浸出，某些特定条件下可采用电化学浸出。

17.2.2　王水浸出法

17.2.2.1　王水浸出原理

m（盐酸）：m（硝酸）=3：1的混合酸称为王水（其比例可在一定范围内变化），早期广泛用于浸出各种铂族金属化学精矿。浸出反应可表示为：

$$3HCl + HNO_3 \longrightarrow Cl_2（溶液）+ NOCl + 2H_2O$$

$$2NOCl \longrightarrow 2NO \uparrow + Cl_2（溶液）$$

$$Au + 4HCl + HNO_3 \longrightarrow HAuCl_4 + NO \uparrow + 2H_2O$$

$$3Pt + 18HCl + 4HNO_3 \longrightarrow 3H_2PtCl_6 + 4NO \uparrow + 8H_2O$$

$$Pd + 4HCl + 2HNO_3 \longrightarrow H_2PdCl_4 + 2NO_2 \uparrow + 2H_2O$$

$$3Pd + 18HCl + 4HNO_3 \longrightarrow 3H_2PdCl_6 + 4NO \uparrow + 8H_2O$$

王水浸出金属铑比较困难，致密态金属铑基本不溶于王水。通常，金属铱、钌、锇均不溶于王水。但在一般铂族金属化学精矿中，铂族金属均处于高度分散状态，其中铑、铱、钌、锇含量很低，通常可在王水浸出铂、钯、金时，一起被浸出，一起转入浸液中。

17.2.2.2　王水浸出的操作方法

王水浸出铂族金属化学精矿的操作方法为：

（1）将被浸物料置于容器内，按质量比4：1比例注入工业盐酸和硝酸，不加热，浸出3～4h。

（2）待反应不明显时，逐渐加温，搅动上层溶液。温度达80～90℃时，反应明显，液面呈微沸状态。

（3）待物料基本浸完，温度大于125℃时，开始浓缩至溶液呈稠浆状。

（4）浓缩至液面出现皱纹时，先加冷水后加盐酸，继续加热以破坏亚硝酰化合物（赶硝）。

（5）当溶液再次浓稠后，再加入水和盐酸（分次加入的盐酸量约为所有王水中的硝酸量）。

（6）如此重复3~5次，最后在140~150℃下尽量蒸干反应物，停止加热，用蒸馏水稀释，滤出未溶残渣。

物料量少时，可用耐热烧杯或三口瓶。工业生产采用耐酸瓷缸、耐酸搪瓷（或搪玻璃）釜等耐温、抗蚀容器。加热采用控温电加热器，耐酸瓷缸内可用石英管内置电热丝的石英加热器或专用的耐酸金属套管加热器。耐酸搪瓷（或搪玻璃）釜可用内置的耐酸蛇纹管或夹套通入循环油（或电加热）或过热水蒸气加热。

整个浸出过程应在装有通风的专用设施内进行，以消除浸出和赶硝过程产出的大量 NO、NO_2 及酸雾的危害。

王水浸出工艺劳动条件差，尤其赶硝时间长。20 世纪后期，此工艺已逐渐被水溶液氯化浸出工艺所代替。但在小规模、小批量或间断处理铂族金属化学精矿时，仍常采用王水浸出工艺。

17.2.3　水溶液氯化浸出法

17.2.3.1　水溶液氯化浸出原理

$Au-Cl^--H_2O$ 系的 ε-pH 图如图 17-1 所示。含氯氧化剂及贵金属的标准还原电位（$\varepsilon^\ominus$）列于表 17-2 中。

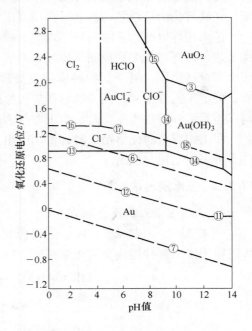

图 17-1　$Au-Cl^--H_2O$ 系的 ε-pH 图

表 17-2　含氯氧化剂及贵金属的标准还原电位

电　对	ClO^-/Cl^-	$HClO/Cl_2$（ag）	Au^+/Au	Au^{3+}/Au
$\varepsilon^\ominus/V$	+1.715	+1.594	+1.68	+1.50
电　对	Cl_2/Cl^-	Pt^{4+}/Pt	Ir^{3+}/Ir	Pd^{2+}/Pd
$\varepsilon^\ominus/V$	+1.395	+1.20	+1.15	+0.98
电　对	Ag^+/Ag	Ru^{3+}/Ru	Rh^{3+}/Rh	
$\varepsilon^\ominus/V$	+0.80	+0.49	+0.81	

从图 17-1 中曲线和表 17-2 中数据可知，在强酸性介质中，液氯的标准还原电位高于除金以外的其他贵金属的标准还原电位。液氯可水解为盐酸和次氯酸。而次氯酸的标准还原电位，高于金的标准还原电位。因此，氯气可使金和铂族金属氧化，使金、铂族金属均呈氯配阴离子形态转入溶液中。其反应可表示为：

$$Cl_2 + H_2O \longrightarrow HCl + HClO$$

$$2Au + 3Cl_2 + 2HCl \longrightarrow 2HAuCl_4$$

$$3Pd + 3Cl_2 + 6HCl \longrightarrow 3H_2PdCl_4$$

$$3Pt + 3Cl_2 + 6HCl \longrightarrow 3H_2PtCl_4$$

$$2Pt + 3Cl_2 + 6HCl \longrightarrow 2H_3PtCl_6$$

液氯法的溶金速度与液中氯离子浓度和介质 pH 值密切相关。气态氯的饱和液中，氯离子质量浓度为 5g/L。为了提高浸出剂中的氯离子浓度和酸度，提高金的溶解速度，常在浸出剂溶液中加入盐酸和食盐。

17.2.3.2　影响贵金属水溶液氯化浸出速度的主要因素

影响贵金属水溶液氯化浸出速度的主要因素如下：

（1）被浸物料组成：如锇铱矿，粗金属铑、铱、锇、钌及铑、铱、锇、钌含量较高的合金物料，一般无法采用水溶液氯化法浸出。当它们处于高度分散活性状态时，可用水溶液氯化法浸出。当在 200℃ 以上进行烘焙后，其水溶液氯化法浸出率显著降低。因此，锇铱矿，粗金属铑、铱、锇、钌及铑、铱、锇、钌含量较高的合金物料需进行碎化（活化）等预处理，提高物料的分散度和活性，才能进行水溶液氯化法浸出。通常经选矿、冶炼产出的铂族金属化学精矿可直接采用水溶液氯化法浸出。

（2）浸出剂中的氯离子浓度：金和铂族金属的浸出速度随浸出剂中氯离子浓度的增加而急剧增大。为了增加浸出剂中的氯离子浓度，常在浸出剂中添加盐酸、氯化钠和其他可溶性氯化物。但添加氯化钠和其他可溶性氯化物可增加浸渣中氯化银的溶解损失率。

（3）浸出温度：水溶液氯化浸出为放热反应，通入氯气 1~2h，溶液温度可升至 50~60℃，故开始通氯时溶液温度以 50~60℃ 为宜。适当提高浸出温度可提高反应速度，但氯气的溶解度随温度的升高而下降。实践表明，氯化过程温度以 80℃ 左右为宜。

（4）物料中的还原组分（如硫、铁等）含量：氯化浸出时，物料中的还原组分（如硫、铁等）将消耗大量的氯气，氯化浸出速度随物料中还原组分含量的提高而急剧下降，故水溶液氯化浸出一般用于浸出铂族金属化学精矿、二次铜镍合金等物料。

（5）浸出液固比：水溶液氯化浸出液固比以 （4~5）:1 为宜。浸出液固比过大，浸液铂族金属含量低，能耗高，后续作业试剂耗量高；浸出液固比过小，不易固液分离，降低氯化浸出率。

（6）搅拌强度：提高搅拌强度常可提高氯化浸出率。但过强的搅拌，不利于物料与浸出剂的均匀混合，不利于扩散过程的进行，反而降低氯化浸出率。

（7）氯化浸出时间：一般 4~6h 可完成氯化浸出过程。操作时，常分数次加入浸出剂，即先加入部分浸出剂，待反应进行缓慢时，吸出上清液，再加入新的浸出剂进行浸出，如此进行数次，比将全部浸出剂一次加入的浸出效果好，但会增加工作量和劳动强度。

17.2.3.3　水溶液氯化浸出操作

贵金属水溶液氯化浸出在搪瓷釜内进行，处理量小时可在三口烧瓶中进行。设备应密封，反应尾气可经 10%~20% 的 NaOH 溶液吸收后排空，以消除环境污染。

国内外铂族金属精炼厂已普遍采用水溶液氯化浸出法代替王水浸出法处理铂族金属化学精矿和铂族金属废料。

　　1964 年我国开始采用水溶液氯化浸出法处理铂族金属化学精矿，试样组成为：Pt 1.47%、Pd 0.68%、Au 1.64%（Au + Pt + Pd 为 3.79%）、Cu 19.1%、Fe 20.02%、Ni 8.57%、S 7.37%、SiO_2 19.54%。试样中铜主要为硫化物，镍、铁主要为氧化物。起始液为 3mol/L HCl，在带机械搅拌的耐酸搪瓷反应釜中通氯气氯化浸出 10h，用 100g 试样进行对比试验，铂、钯、镍、铜、铁的氯化浸出速度如图 17-2 所示。

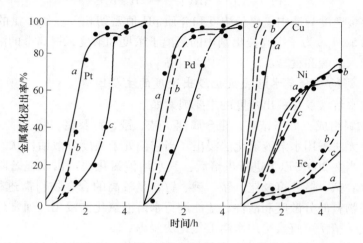

图 17-2　铂、钯、镍、铜、铁的氯化浸出速度
a—50℃；b—80℃；c—95℃

　　从图 17-2 中曲线可知，95℃氯化浸出 3～4h，铂、钯、铜的氯化浸出率可达 99%，镍的氯化浸出率为 78%，铁的氯化浸出率约为 40%。

　　考查了 0.18mol/L H_2SO_4 + 25g/L NaCl、1.5mol/L H_2SO_4 + 1.5mol/L HCl、6mol/L HCl、6mol/L HCl + 25g/L NaCl 介质中的氯化浸出效果相近。96℃氯化浸出 8h，各金属的浸出率为：Pt 97.7%、Pd 97.8%、Au 99.5%、Cu 98.8%、Fe 84.0%、Ni 86.0%。氯化浸出渣组成为：Pt 0.092%、Pd 0.041%、Au 0.021%、Cu 0.63%、Fe 9.2%、Ni 3.1%。稀有铂族金属氯化浸出率仅约 20%，且部分锇、钌浸出过程中因氧化挥发而损失。

　　高品位铂族金属化学精矿（铂族金属合计含量为 70.08%）可用质量比 1∶1 HCl 浆化（液固比为 4∶1），90～100℃下氯化浸出 8h，稀有铂族金属氯化浸出率小于 40%。若将氯化浸出渣与氯化钠混合于 600～620℃下焙烧，用水浆化后与氯化浸出液合并再氯化，铂、钯、金氯化浸出率大于 99.5%，稀有铂族金属氯化浸出率大于 97%。其结果列于表 17-3 中。

表 17-3　铂族金属化学精矿两段氯化浸出结果

作　业	项　目	Pt	Pd	Au	Rh	Ru	Ir	Ag
物　料	化学精矿组成/%	28.74	33.43	5.55	3.57	2.98	1.36	7.70
一段氯化	氯化渣组成/%	2.44	3.02	2.10	9.13	8.91	3.53	30.14
	氯化浸出率/%	98.0	98.0	90.6	39.2	25.4	43.7	—
二段氯化	氯化浸液组成/g·L^{-1}	25.01	30.97	3.97	2.78	2.42	1.21	0.07
	氯化渣组成/%	<0.2	<0.02	<0.02	1.0	0.56	0.35	62.3
总氯化浸出率/%		>99.9	>99.9	>99.9	97.2	98.1	97.6	—

为了提高物料中的贵金属氯化浸出率，还可采用将物料氢还原，采用锌、锡等金属碎化、碱熔或铝热熔融等方法进行预处理，然后进行水溶液氯化浸出。

水溶液氯化浸出也可采用在酸性溶液中加入次氯酸盐、氯酸盐的方法进行。

对所有的水溶液氯化浸出方案而言，氯化浸出率均与物料的反应活性密切相关。通常，经湿法处理的高分散物料的活性较高，不仅可采用上述水溶液氯化浸出方法浸出，有时甚至可采用 $HCl-H_2O_2$ 浸出。若物料经 200℃ 以上进行烘焙处理，贵金属的氯化浸出率将显著降低。因此，需采用水溶液氯化浸出的物料不宜用烘焙法进行预处理，须干燥时应严格控制干燥温度。

17.2.4　活化浸出法

17.2.4.1　过氧化钠熔融法

过氧化钠熔融法浸出为浸出贵金属的传统方法，适于处理品位高的铂族金属化学精矿，锇铱矿，从锇铱矿或砂铂矿提铂后的锇、铱残渣等物料。

过氧化钠熔融法浸出是将含锇铱的颗粒物料与过氧化钠（或过氧化钡）和氢氧化钠（或碳酸钠）或氢氧化钠与硝酸钾的混合物混匀后，放入镍或铁坩埚内，在 550 ~ 650℃ 下熔融 1 ~ 2h，用镍棒搅拌熔体以加速反应。将熔体倾出、冷却、水浸，产出含锇酸钠（Na_2OsO_4）和钌酸钠（Na_2RuO_4）的碱性浸液。若锇铱矿物颗粒较大时，熔融、水浸须反复进行多次才能使锇铱矿物完全破坏并转入浸液中。锇、钌溶液（必要时可浓缩至较小体积）加入氧化剂（如氯气、氯酸钠、溴酸钠等），逐渐升温至 80℃，反应产生的新生态氧分解锇酸钠、钌酸钠，进一步氧化为 OsO_4、RuO_4 挥发，分别采用碱液和盐酸溶液吸收，进一步提纯为产品。

由于锇铱矿中的锇含量很高，挥发和碱液吸收的反应剧烈，操作须十分小心。当锇铱矿中的钌含量较高时（如缅甸产锇铱矿钌含量为 14%），氧化蒸馏过程中 RuO_4 挥发速度很快，高浓度及高温下 RuO_4 会激烈分解为 RuO_2 和 O_2，有爆炸危险，须特别小心，注意防护。

碱熔过程也改变了其他贵金属的状态，大量存在的铱被氧化为易溶的高价氧化物（IrO_2），其余的少量贵金属也转化为易溶状态，可用王水或 $HCl-Cl_2$ 浸出。此工艺缺点是操作流程长，过滤困难。因 SiO_2 碱浸时生成硅酸盐而形成硅胶。此工艺仅用于特定场合。

氧化碱熔融法也用于处理以铑、铱、钌为主成分的物料，如英国阿克统精炼厂用于处理贵金属合计品位为 83.33% 的化学精矿，主要杂质为 SiO_2。先用 $HCl-Cl_2$ 于 95℃ 下浸出 5 ~ 10h，大部分铂、钯、金被浸出，产出以铑、铱、钌为主成分的滤渣。滤渣配入 2 倍过氧化钠（或过氧化钡或苛性钠与硝酸钾混合物），混匀后放入镍或铁坩埚内，加热至 600 ~ 700℃，熔融 1 ~ 2h。熔块冷却后进行水浸，钌呈钌酸盐转入浸液中，其余贵金属留在浸渣中。为了除去大量的碱性液，可先用甲酸还原钌，过滤产出不含贵金属的碱液。残渣可用第一次浸出液补加盐酸后进行第二次氯化浸出，最终不溶残渣返回碱熔。过氧化钠熔融-水氯化浸出高品位铂族金属化学精矿的结果列于表 17-4 中。

表 17-4　过氧化钠熔融-水氯化浸出高品位铂族金属化学精矿的结果

项　目	Pt	Pd	Au	Rh	Ir	Ru	Ag
原料组分/%	28.74	33.43	5.55	3.57	1.30	2.98	7.70
第一段浸出率/%	98	98	90	39.2	43.7	25.4	—
第一段浸出渣组成/%	2.44	3.02	2.1	9.13	3.53	8.8	
第一段＋第二段总浸出率/%	>99.9	>99.9	>99.9	97.2	97.9	98.1	
最终溶液组成/g·L⁻¹	25.6	31	4	2.78	1.21	2.42	—
最终不溶渣组成/%	<0.2	<0.02	<0.02	1.0	0.35	0.56	

该浸出方法简单，贵金属浸出率高，可获得钠离子含量低的高浓度贵金属氯配合物溶液，有利于后续采用溶剂萃取分离。最终不溶渣中铑、铱、钌含量较高，但闭路返回碱熔不产生分散，可保证较高的实收率。但该工艺在高气流及强氧化剂下进行，预计生成 OsO_4 的挥发损失难于避免，故锇回收率可能较低。该工艺缺点为操作繁琐，需多次反复，所用器皿可能带入杂质，过滤困难。该工艺不宜用于处理 SiO_2 含量较高的物料。

17.2.4.2　硫酸氢盐熔融法

硫酸氢钠（或硫酸氢钾、焦硫酸钾）熔融法是浸出铑以实现铑初步分离的传统方法。

该法对铑浸出率不高，需多次反复进行，流程冗长，不宜处理大量物料。但操作安全、简便，可分离其他金属杂质，适用于进行小批量粗铑粉提纯或处理铑含量很高的物料。该工艺实质是在熔融状态下，使物料中的铑与硫酸氢钠生成可溶性硫酸盐，水浸后，用苛性钠中和滤液，沉淀析出氢氧化铑，再用盐酸溶解使其转化为氯铑酸溶液，进一步精制为纯铑。

试验确定，1g 铑粉约用 12g 硫酸氢钠。操作时，先将硫酸氢钠放入刚玉坩埚（外加不锈钢保护套）中。缓慢升温至约 300℃熔化，并脱除结晶水。300～400℃时，大量气泡从液面逸出。当气泡逸出较慢时，在玻璃棒搅拌下分次加入铑粉，然后缓慢升温至 500～550℃，在不断搅拌下保持 3～4h。随铑溶解量增加，熔盐颜色由浅变深至棕红色。出炉时，将熔体倒入瓷盘中冷却，冷却块用水浸出，过滤，不溶渣烘干后再熔融（铑的一次熔出率约 85%）。水浸液用苛性钠中和至 pH 值为 6～6.5，沉淀析出氢氧化铑，过滤洗去硫酸根，用盐酸溶解得氯铑酸（H_3RhCl_6）溶液。

用硫酸氢钠或焦硫酸钾 $K_2S_2O_7$（6 倍料重）处理铑或铑铱合金，经高温（900℃）和长时间（约 8h）熔融，然后用 12% 硫酸液浸出。处理 Rh-Ru 合金时，铑浸出率达 98%。用硫酸氢钠熔融法处理 $m(Rh):m(Ir)=4.3:1$ 的物料，经一次处理后，其比例变为 $m(Rh):m(Ir)=1:87.5$，经精制可产出纯度为 99.9% 的铱，但直收率仅 38.7%。

17.2.5　合金碎化（活化）浸出法

17.2.5.1　合金碎化（活化）浸出法原理

致密块状金、铂、钯，铑、钌、铱、锇和铑、钌、铱、锇含量较高的金、铂、钯合金及精炼过程中的王水及水溶液氯化浸出残渣等，一般无法采用王水法或水溶液氯化法直接浸出。多数条件下，可采用金属碎化（活化）法处理，使其转化为具有活性的高分散粉末。

　　碎化剂常为能与铂族金属共熔生成合金的活泼金属，如锌、锡、铝等。经高温共熔，铂族金属与碎化剂合金化，用酸浸出合金除去活泼金属后，留下的难浸铂族金属转变为高分散、高活性的易溶粉末状态，再用王水法或水溶液氯化法浸出，产出高浓度的贵金属溶液，送回收提纯作业。

　　铂族金属亲铁，在自然界常与铁共生。高温下，铁与铂族金属形成连续固溶体。Pt-Ni、Pd-Ni 在 600℃ 以上时为连续固溶体，其他铂族金属在高温下也可溶于镍中。锡可与除锇以外的铂族金属生成金属互化物，如 $PtSn$、$PtSn_2$、$RhSn$、$IrSn$、$IrSn_2$ 等，且熔点低。实践表明，最难溶的铱铑合金也可用锡碎化溶解。铜为面心立方结构，原子半径与铂族金属相近，与铂、钯、铑均可生成固溶体，且可溶解一定量的铱。锌可与铂、钯、铑生成合金，在 600 ~ 900℃ 下也可与铱生成合金。铝可与铂族金属共熔。

　　南非研发和应用的热还原熔炼法，其实质是将贵金属与金属铝和铁在高温下熔炼，使贵金属转化为金属态，并与铝、铁合金化。锌和铝的合金可在 700 ~ 1200℃ 下与各种铂族金属合金（包括极难溶解的 IrRh40）混合熔融，生成贵金属的锌铝合金，酸溶除去锌、铝后，获得高活性的可溶性贵金属粉末。因此，铁、镍、铜、锡、锌、铝均可作为铂族金属的碎化剂，生产中常用的碎化剂为锌、锡、铝，因其熔点较低，价格适中，碎化能力强，易被酸溶除去。

17.2.5.2　合金碎化（活化）浸出操作

A　锌碎化

　　锌可劈开 3mm 厚的铱块，锌溶解能力（以铱厚度用 mm 表示）与温度、合金化时间的关系列于表 17-5 中。

表 17-5　锌溶解能力（以铱厚度用 mm 表示）与温度、合金化时间的关系

锌溶解能力	铱厚度/mm			
合金化时间/h	600℃	700℃	800℃	900℃
1.0	0.04	0.05	0.08	0.15
1.5	0.05	0.07	0.12	0.19
2.0	0.06	0.10	0.15	0.25
3.0	0.07	0.13	0.18	0.34
4.0	0.10	0.14	0.22	0.40

　　细粉状铱的溶解状况与铱粒度和锌加入量的关系列于表 17-6 中。

表 17-6　细粉状铱的溶解状况与铱粒度和锌加入量的关系

锌加入量/%	10	20	30	40	50	60	70	80	90	95
铱粒 -0.15mm 粒级含量/%	13	15	32	42	62	85	94	95	82	79
溶解状况	未溶完	未溶完	未溶完	可溶完	溶完	溶完	迅速溶完	迅速溶完	迅速溶完	迅速溶完

　　Pt-Ir 合金，尤其当铱含量大于 10% 时，直接用王水浸出的溶解速度极慢，常用锌碎化预处理。操作时，按 $m(料):m(锌) = (4 ~ 5):1$ 的比例混合（视形状和粒度可适当增减），放入石墨坩埚内，为防锌高温氧化挥发，试料表面须覆盖 5 ~ 10mm 厚的 NaCl(30 号

石墨坩埚需 1~2kg），在约 800℃下熔炼为锌合金，保温约 2h，至废料熔完为止。出炉时，将熔体倒入铁盘中，凝固前用人工尽量捣碎以利于酸浸。锌合金用盐酸浸出除锌后，铂、铱呈极细粉末留在不溶渣中。所得滤渣用王水浸出，用量常为 $m($王水$)：m($料$)=5：1$（视溶解完全程度而增减），分 2~3 次加入，每次须在室温下加完盐酸后再缓慢加入硝酸（加入速度视反应激烈程度而定），加完硝酸后，加热至 70~80℃，待反应减慢后，吸出溶液，另加一次王水直至溶完为止。全部王水浸出液加入盐酸赶硝，再加入水赶游离氯化氢 3 次。赶硝完全后，稍稀释浸出液以除去不溶残渣，暂存，待进一步处理。

B　锡碎化

由于锌沸点为 906℃，800~900℃时已明显挥发，为此，可用熔点为 231.9℃、沸点为 2270℃的锡进行碎化。

锡碎化用于处理 Ir-Rh 热电偶废料。操作时，先在摩擦压力机上压碎废料，然后用铁研钵捣磨成粒度为 1~2mm 的细粉，再用王水溶去可溶物，清水洗净、烘干备用。按 $m($料$)：m($锡$)=1：7$ 配料，放入石墨坩埚内，覆盖剂为 NaCl 和 KCl（质量比为 1：1），NaCl 熔点为 800.4℃、沸点为 1413℃，KCl 熔点为 790℃、沸点为 1500℃，混合加入可降低熔点。在 30 号石墨坩埚内于 800℃下熔炼。熔块用盐酸除锡后产出 Ir-Rh-Sn 合金粉，送王水浸出、赶硝、分离、提纯。Ir-Rh 合金废料锡碎化和王水浸出结果列于表 17-7 中。

表 17-7　Ir-Rh 合金废料锡碎化和王水浸出结果

批次	合金组成	废料量/g	加锡量/g	覆盖剂量/g	王水不溶渣含铱/g	王水不溶渣含铑/g	溶解铱直收率/%	溶解铑直收率/%
1	IrRh40	250	1750	200	0.58	13.86	99.62	86.19
2	IrRh40	250	1750	200	0.62	14.58	99.59	85.42
3	IrRh29	280	2100	200	0.56	13.32	99.72	78.12

C　复合碎化剂

复合碎化剂为多元合金，各组元与贵金属的合金化机理不尽相同，但均可满足碎化效率高（达全部碎化）、速度高（多数物料达合金化温度后数分钟至数十分钟内完成）、产出更细的贵金属粉末（平均粒度为 0.0061~0.0073μm）等要求，可达有利于水溶液氯化浸出、浸出速度快、浸出率高的目的。

如熔点为 658℃、沸点为 2057℃的铝与熔点为 419.5℃、沸点为 906℃的锌基合金（锌含量为 10%~90%），按 $m($合金$)：m($待碎化物料$)=（5~10）：1$ 配料，于 700~1200℃下熔融，用盐酸浸出除去复合碎化剂，浸渣采用水溶液氯化浸出溶解贵金属。

操作时，将 75% 铝和 25% 锌按其熔点高低顺序放入电炉中熔化、铸锭、冷却脱模，将所得合金轧片备用。然后将 Pt-Ir、Pt-Rh、Rh-Ir 合金废料及锇铱矿片粒，按 $m($物料$)：m($碎化剂$)=1：8$ 的比例混合配料，置于石墨坩埚内，加入覆盖剂 NaCl。在马弗炉中加热至选定温度，保温一定时间。出炉时，将熔融合金倾倒于铁盘内，凝固前用金属棒搅碎，自然冷却至室温。浸出时，采用体积浓度为 10% 的盐酸浸出，视浸出状况再补加盐酸，整个浸出过程直至结束的 pH 值均应小于 1.0。过滤后，用 1% HCl 液洗涤，再用水洗，110℃下烘干（锇铱矿碎化粉采用自然或真空减压干燥），分出未碎化的残余物料，其碎化效果列于表 17-8 中。

表 17-8 AlZn25 碎化剂的碎化效果

被碎化物料	形状	尺寸/mm	物料量/g	碎化温度/℃	保温时间/min	残余量/g	备 注
PtIr25	片	厚 0.24~0.34	1.000	850	5	0	烘 干
			5.000	850	5	0	
			5.001	850	5	0	
			5.000	850	5	0	
			1.002	850	0	0	
PtRh10	丝	φ0.5	0.24	850	0	0	烘 干
			1.005	850	0	0	
锇铱矿	片	粒	5.00	850	180	0	自然或真空减压干燥
			15.0	850	180	0	
			20.0	850	180	0	
			20.1	850	180	0	
IrRh40	丝	φ0.5	0.026	900	180	0	烘 干
			0.029	900	150	0	
			0.036	1000	90	0	

不同碎化剂对 PtIr25 的碎化效果列于表 17-9 中。

表 17-9 不同碎化剂对 PtIr25 的碎化效果

物料量/g	碎化剂	粉末增重率/%	粉末平均粒度/μm
5.001	Zn	40.1	0.14
3.002	AlZn50	2.27	0.0061
3.004	AlZn25	10.9	0.0063
3.003	AlZn10	19.9	0.0073

从表 17-9 数据可知，复合碎化剂的碎化效果明显优于锌的碎化效果。

D 铝热合金化熔炼法

铝热合金化熔炼法为南非研发并用于生产，其实质是将贵金属与金属铝和铁在高温下熔炼，使贵金属转化为金属态，使贵金属与铝、铁合金化而与其他组分分离。合金用酸溶解铝、铁后，浸渣中的贵金属已转变为高分散的活性易溶状态，可用 $HCl-Cl_2$ 进行水溶液氯化浸出，获得高浓度的贵金属溶液。

以副铂族为主的残渣（贵金属品位大于 40%）为原料，其组成为：Pt 5.5%、Pd 3.8%、Au 0.8%、Rh 9.8%、Ir 2.9%、Os 1.9%、Ag 1.4%，Cu、Fe、Ni、Pb 合计约 35%。直接用王水或水溶液氯化浸出的浸出率为：Pt 86.3%~89.3%、Pd 74.5%~76.2%、Au 90.2%~92.9%、Rh 7.6%~8.5%，Ru、Ir、Os 的浸出率均小于 2.5%。即使采用氢还原预处理后再用王水浸出，Rh、Ru、Ir、Os 的浸出率仍小于 15%。采用铝热合金化熔炼法预处理，王水（或 $HCl-Cl_2$）的浸出率为：Pt 99.5%、Pd 99.2%、Au 99.6%、Rh 98.5%、Ir 98.3%、Os 97.6%、Ru 98%（97.1%）。采用铝热合金化熔炼法预处理，水溶液氯化浸出的浸出率为：Pt 99.1%、Pd 99.8%、Au 99.8%、Rh 98.9%、

Ir 97.4%、Os 98.6%、Ru 97.1%。因此，铝热合金化熔炼法用于处理富铑、铱、钌残渣及粗铑预处理时，均可获得大于99%的浸出率。

贵金属物料与一定量的铝在高于1000℃和惰性气氛下熔炼为铝合金，酸溶除铝后，可产出易溶的贵金属粉末，可用水溶液氯化法浸出2h，Pt、Pd、Au的浸出率大于99%，Rh、Ir、Os、Ru的浸出率大于97%。

对品位小于30%的较低品位的贵金属粗化学精矿，须先富集和分离硅酸盐。此时将粗化学精矿和炭粉、石灰混合制粒，于800℃下进行还原焙烧，将焙砂和铁屑在电炉中于1600℃下熔炼为贵金属含量为50%的铁合金。分离炉渣后，按m(铝)∶m(贵金属)=0.4∶1的配比向熔体中加入铝屑，产出铝铁合金。酸浸溶出大量贱金属后，滤渣用水溶液氯化法浸出2h。此工艺虽可获贵金属高的水溶液氯化浸出率，但须先用铁高温捕集造渣（渣中贵金属含量为2%~3%）及酸溶贱金属的酸耗高。

品位大于99%的粗铑，用王水于90℃下浸出2周，铑浸出率仅60%。若与铝、三氧化二铁混合熔融使其铝合金化，然后酸浸除铝、铁后，细铑粉用王水于90℃下浸出20min，铑浸出率可达90%。品位达60%的铑、铱、钌王水不溶渣，很难再用王水或水溶液氯化法浸出。若与铝粉混合进行铝合金化，用酸浸除去贱金属后，用水溶液氯化法浸出2h，铑、铱、钌的浸出率分别大于91%、96%和95%。此工艺可用于处理品位大于10%粗铑或铑含量高的合金，依m(贵金属)∶m(铝)=1∶(4.5~5.5)的配比混合均匀，放入石墨坩埚或瓷坩埚内，于1000~1200℃下保温4h，合金用盐酸浸出（pH值小于1.0），自热进行。除铝后的金属粉末用HCl-H_2O_2浸出，铑溶液用溶剂萃取、离子交换提纯、甲酸还原、氢还原，可产出99.99%的纯铑粉，直收率为90%~95%。

E　锍熔-铝热活化法

1984年提出"从废料及残渣中回收铂族金属"的专利，将含贵金属残渣与含硫浸滤渣及熔剂高温熔炼，产出含贵金属铜锍与炉渣。分离后，氧化除去铜锍中多余的铁、镍，再选择镍、铜、铁中某种金属与铜锍熔融，贵金属进入金属相中。

我国在此基础上研发了"低品位及难处理贵金属物料的富集活化溶解方法"。该工艺包括熔炼金属锍、铝合金化、酸浸贱金属、酸氧化介质浸出贵金属等作业。作业要点为：

（1）熔炼金属锍：利用物料中的贵金属（贵金属残渣、含硫浸滤渣）和铁、镍、铜及其他一种或数种重有色金属硫化物，适量加入熔点为550~1000℃的钠硼玻璃渣，于900~1300℃下熔炼，贵金属捕集于铜锍相和金属相中。物料中的造渣组分与熔剂生成熔点为790~850℃的低熔点炉渣。锍、渣分离后，渣中贵金属含量约30g/t，锍中贵金属直收率高于99.6%。

（2）铝合金化：按m(锍)∶m(铝)=1∶(0.5~3)配比混匀，于1000~1200℃下熔炼，使其铝合金化。

（3）酸浸贱金属：铝合金采用1~4mol/L的稀盐酸或稀硫酸于大于90℃下浸出除去贱金属，应保持液中铝及贱金属离子总浓度小于150g/L。固液分离，滤液不含贵金属，可废弃或并入贱金属回收系统。滤渣为贵金属含量大于50%的贵金属活性化学精矿。

（4）酸氧化介质浸出贵金属：贵金属活性化学精矿采用添加氧化剂（如氯气、过氧化氢）条件下，用盐酸浸出贵金属，贵金属浸出率大于99.6%。

此工艺主要优点为：（1）处理物料适应范围广，贵金属含量为0.1%~20%，m(贵金属）：m（贱金属）＝1∶（1～25），SiO_2、Al_2O_3 含量较高的物料及难处理物料；（2）使难浸贵金属活化转化为易浸状态时，进一步分离除去 SiO_2、Al_2O_3 及贱金属；（3）贵金属化学精矿的活性高、品位高，浸出率和回收率高；（4）工艺简便，设备要求不高，浸出速度高，周期短。

此工艺已处理的物料为：（1）Au＋PGM 合计为 0.32% 的低品位物料，其组成为：Au 0.113%、Pt 0.094%、Pd 0.076%、Rh、Ir、Os、Ru 合计为 0.033%；贱金属组成为：Cu 4.7%、Ni 4.1%、Fe 10.2%、S 14.1%、SiO_2 11.1%、CaO 12.5%。该工艺处理后，用水溶液氯化法浸出，全部贵金属的浸出率均大于 99.8%。（2）Au＋PGM 合计为 7.75% 的中品位物料，贱金属含量为 19.1%，该工艺处理后，用水溶液氯化法浸出，全部贵金属的水溶液氯化浸出率均大于 99%。

17.2.6　优先蒸馏锇、钌-选择性浸出法

17.2.6.1　优先蒸馏锇、钌-选择性浸出工艺原理

硫酸溶液中加入氯酸钠可分解析出初生态氧，可使物料中的锇、钌及其氯配合物氧化为四氧化物而挥发。其反应式可表示为：

$$3NaClO_3 + 3H_2SO_4 \longrightarrow 3NaHSO_4 + HClO_4 + Cl_2 + 4[O] + H_2O$$

$$Os + 4[O] \longrightarrow OsO_4 \uparrow$$

$$[OsCl_6]^{2-} + 4[O] \longrightarrow OsO_4 \uparrow + 6Cl^-$$

$$Ru + 4[O] \longrightarrow RuO_4 \uparrow$$

$$[RuCl_6]^{2-} + 4[O] \longrightarrow RuO_4 \uparrow + 6Cl^-$$

其他的铂族金属被氧化且与氯离子生成氯配合物转入溶液中。

17.2.6.2　优先蒸馏锇、钌-选择性浸出工艺应用

金川公司冶炼厂用此工艺处理贵金属活化化学精矿，其组成为：Cu 1.10%、Ni 4.03%、Pt 2.84%、Pd 0.83%、Au 0.55%（Au＋PGM 合计为 5.235%）。锇、钌呈四氧化物挥发，于吸收液中分别回收，回收率大于 97%，并使大于 95% 的铂、钯、金，大于 86% 的铑、铱和大于 98% 的铜、镍转入溶液中。贵金属活化化学精矿用氯酸钠-硫酸溶液处理时的金属分布列于表 17-10 中。

表 17-10　贵金属活化化学精矿用氯酸钠-硫酸溶液处理时的金属分布　　　　（%）

产品	Os	Ru	Pt	Pd	Au	Rh	Ir	Cu	Ni
吸收液	约100	约100	—	—	—	—	—	—	—
蒸残液	0.11	0.34	约100	约100	97.3	86.7	86.9	98.4	约100
蒸残渣	0.44	0.49	2.3	2.0	1.6	1.3	0.36	1.3	1.1

处理过程中金属氯化率与氯酸钠用量的关系如图 17-3 所示。

从图 17-3 的曲线可知，依金属氯化顺序可大致分为 5 个阶段：（1）贱金属及其硫化物最先被氯化；（2）电位达 460mV 后，钌、铑、锇迅速被氯化，大量贱金属及其硫化物继续被氯化，溶液电位出现第一个平台；（3）溶液电位达约 1000mv 后，铂、钯等大量物

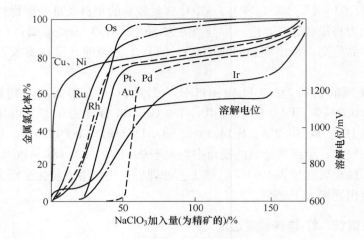

图 17-3　铂族金属化学精矿用氯酸钠氯化浸出时各金属的氯化浸出率

（工艺参数：1.5mol/L H_2SO_4，液固比为 5，95℃）

质参加反应，电位出现新平台；（4）金、铱被最后氯化；（5）随物料氯化浸出，溶液电位不断提高，大部分组分氯化浸出转入溶液后，溶液电位迅速增大。

锇、钌的浸出、挥发率与氯酸钠用量的关系如图 17-4 所示。

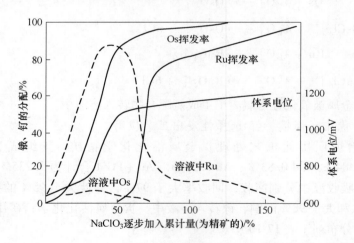

图 17-4　锇、钌浸出、挥发率与氯酸钠用量的关系

从图 17-4 的曲线可知，钌先生成 $RuCl_6^-$ 进入溶液后再挥发，锇则直接（或同步）氧化为 OsO_4 而挥发，进入溶液的很少。锇、钌浓度高的初期，反应迅速，易产生"暴沸"，须控制氯酸钠的加入速度。

反应过程在耐酸搪瓷反应釜中进行。反应釜出气口串联 6 级吸收釜，前 3 级装入 5mol/L HCl，并加少量酒精用于吸收 RuO_4。后 3 级装入 20% NaOH，并加少量酒精用于吸收 OsO_4。锇、钌蒸馏结束后，分别放出浓度较高的第 1 级吸收液，分别送锇、钌提纯作业。后 2 级吸收液，分别用作吸收下批物料的 1、2 级吸收液，将新配吸收液用于第 3 级。

由于微量 RuO_4、OsO_4 可使酸性硫脲液分别变为红色和蓝色，常用沾有酸性硫脲液的棉球放在吸引管道中，以检测蒸馏进程和终点。当棉球无色时，表示锇、钌已经氧化、挥发完全。整个蒸馏过程常需 8～12h。

当氯酸钠氯化硫酸溶液浸出和锇、钌蒸馏结束后，应及时断开吸收系统，并向反应釜中补加盐酸和通入氯气，采用水溶液氯化浸出继续浸出其他贵金属。贵金属的最终水溶液氯化浸出率为：Pt 99.4%、Pd 99.5%、Au 98.8%、Rh 99%、Ir 96.5%。这种操作方法既可提高贵金属的水溶液氯化浸出率，又可降低氯酸钠用量和可避免引入大量的氯离子。

17.2.7　氯化焙烧-浸出及熔盐氯化法

17.2.7.1　氯化焙烧-浸出及熔盐氯化法原理

贵金属氯化焙烧的反应式可表示为：

$$Me + \frac{n}{2}Cl_2 \longrightarrow MeCl_n$$

贵金属氯化焙烧后，转化为易溶于水的氯化物或氯配位盐（如 $AgCl$、$PtCl_2$、$PtCl_4$、$PdCl_2$、$AuCl_3$、$RhCl_2$、$IrCl_2$、$OsCl_2$、$OsCl_4$、$RuCl_2$、$RuCl_4$ 等）。与水溶液氯化浸出相比较，氯化焙烧较麻烦，设备和技术要求较高，常仅用于水溶液氯化浸出法无法处理的贵金属物料，如铱、铑及其合金。

氯气与铑、铱反应可生成 $MeCl$、$MeCl_2$、$MeCl_3$ 型化合物，但无水 $RhCl_3$、$IrCl_3$ 难溶于水、酸和王水中。通氯气并加入 $NaCl$ 焙烧，则可使铑、铱转化为可溶于水的钠盐，如将粗铑粉 200g 与 400g 食盐在乳钵中混合，放入石英舟中，并置于石英管中，于约 700℃下通氯气 3～3.5h，可使铑转化为溶于水的 Na_3RhCl_6。铑的氯化率（转化为 Na_3RhCl_6）与温度和时间的关系列于表 17-11 中。

表 17-11　铑的氯化率（转化为 Na_3RhCl_6）与温度和时间的关系　　　　　（%）

加热时间/h	氯化反应温度/℃							
	300	400	500	600	700	800	900	1000
1	—	—	30	45	60	59	54	50
2	45	50	55	65	85	70	56	30
3	48	54	63	85	88	56	30	8

17.2.7.2　氯化焙烧-浸出及熔盐氯化法的应用

A　含铂、铑物料提铂后的粗铑粉的处理

粗铑粉组成为：Rh 41.75%，Pt 7.44%，Fe 10.6%，少量锡、铝、硅和微量铱等。铑主要呈氧化物形态，难溶于王水。将粗铑粉与食盐混匀，装入石英舟中并放入石英管和管式炉内，于 600℃下通氯气氯化后用水加热浸出。经数次氯化，可使物料中 98.5% 的铑和 99.9% 的铂转入溶液中。

B　处理难溶合金 IrRh40

可用氯化焙烧-浸出法使其转入溶液中。由于 K_2IrCl_6 难溶于 KCl 溶液，而 K_2RhCl_6 易溶于 KCl 溶液，可用此差异进行铑、铱的初步分离。条件优化试验表明，1g 合金配入氯化钾（对丝状样品用食盐垫底及表面覆盖，粉状样品则与食盐在玛瑙乳钵中磨细混匀）放入石英舟中，室温下放入石英管中再放入管式电炉中。通氯气后升温至指定温度，恒温达指定时间后降至 450～500℃。将石英舟移至炉口，在氯气中冷却至室温。用水浸出氯化产品铑、铱氯配合物及氯化钾后，过滤烘干。根据样品前后质量差计算氯化浸出率。

a　用直径为 0.50～0.52mm 的 IrRh40 合金丝作试样

IrRh40 合金丝的氯化浸出率与温度的关系如图 17-5 所示。

IrRh40 合金丝的氯化浸出率与氯化钾用量的关系如图 17-6 所示。

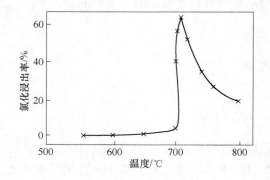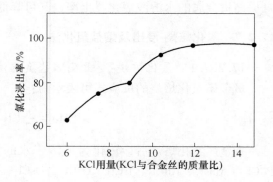

图 17-5　IrRh40 合金丝的氯化
浸出率与温度的关系

（m(KCl)∶m(合金)=6∶1，1h，氯气流速为 80mL/min）

图 17-6　IrRh40 合金丝的氯化浸出率与
氯化钾用量的关系

（氯化温度 720℃，恒温 1h，氯气流速 80mL/min）

IrRh40 合金丝的氯化浸出率与氯气流速的关系如图 17-7 所示。

IrRh40 合金丝的氯化浸出率与合金丝直径的关系如图 17-8 所示。

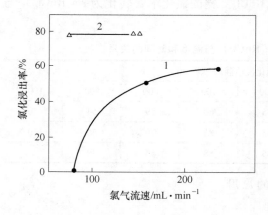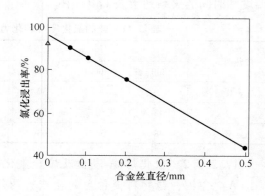

图 17-7　IrRh40 合金丝的氯化浸出率与
氯气流速的关系

1—m(KCl)∶m(合金)=6∶1，700℃；
2—m(KCl)∶m(合金)=9，720℃

图 17-8　IrRh40 合金丝的氯化浸出率与
合金丝直径的关系

b　IrRh40 合金粉的氯化焙烧-浸出

棒、锭状物料经碎化-盐酸除锡后产出的合金粉的粒度常为 10μm，少数为 20～30μm，极少量为 40μm，并有相当数量 1～2μm 的细粉，放置时间长，常聚集为较大的颗粒。

IrRh40 合金粉的氯化浸出率与温度的关系如图 17-9 所示。

IrRh40 合金粉的氯化浸出率与氯化钾用量的关系如图 17-10 所示。

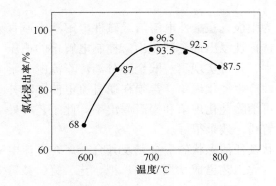

图 17-9 IrRh40 合金粉的氯化浸出率与
温度的关系

(m(KCl)：m(合金) = 6∶1，恒温 1h，

氯气流速为 80mL/min)

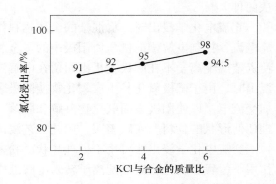

图 17-10 IrRh40 合金粉的氯化浸出率与
氯化钾用量的关系

(700℃，恒温 1h，氯气流速为 80mL/min)

氯气流量为 50~250mL/min 时，IrRh40 合金粉的氯化浸出率从 90% 缓慢升至 95%。合金粉的氯化曲线形状与合金丝有明显差异，因合金粉比表面积大，氯化速度高，氯化钾用量明显降低。

c K_2IrCl_6 与 K_3RhCl_6 在 KCl 溶液中的溶解度

据测定，在 13℃ 的大于 10% 的氯化钾溶液中，呈 K_2IrCl_6 的铱的溶解度为 0.013~0.035g/L，比以 K_3RhCl_6 形态的铑的溶解度约低 150 倍。可利用此性质，在约 30℃ 的室温下进行铱、铑初步分离，产出含铱约 5% 的氯铑酸钾溶液和含铑约 5% 的氯铱酸钾溶液。

d 含铂、钯、铑、铱等贵金属粉末废料的处理

含铂、钯、铑、铱等贵金属粉末废料也可添加 NaCl 于高温下通氯气氯化。物料与 NaCl 混匀，放入石墨（黏土）坩埚中于 500~550℃ 下保温氯化 1h，再在 750~780℃ 下保温氯化 1h。此时坩埚内的物料已熔融，可称为"熔盐氯化"。氯化后的物料趁热倾入不锈钢盘中，待冷却后进行浸出。铂族金属的总浸出率可达 99% 左右，银呈 AgCl 留在浸渣中。氯化可采用两种方式进行：（1）在 ϕ100mm 的石英管中，将配好的粉料分装在两个 ϕ85mm 的石英舟中加热，在封闭的石英管中通入氯气，尾气经碱液吸收。待物料冷却后，用水冲洗石英舟、出料。（2）在 ϕ120mm 的石墨（黏土）坩埚中加入配好的粉状物料，经插入粉状物料中的瓷管通入氯气，氯化后将物料倾入不锈钢盘中，待冷却后进行浸出。此法进行过数千克物料的扩大试生产。

此两种氯化方式的试验结果表明，石墨（黏土）坩埚氯化效果较好，由于氯气通入粉状物料内部，氯化效果较好，周期短，可趁热倾出物料，坩埚可多次使用，成本较低，浸出率较高。但尾气氯含量高，常须碱液吸收、循环淋洗等，较麻烦。

此工艺与氯化焙烧比较，具有周期短、总浸出率高、成本低等特点，且可处理不同品位和组成的铂族金属粉料。

17.2.8 电化学浸出法

17.2.8.1 电化学浸出原理

电化学浸出与粗金属电解的造液过程相似，分为直流电化学浸出法和交流电化学浸出

法两种。

　　直流电化学浸出时，将混杂的金属物料作为阳极，在酸性电解液或碱性电解液中通直流电流，控制电解槽的槽压使阳极中的贵金属选择性浸出或全部浸出。控制电解槽的槽压使贵金属配离子不在阴极上析出而留在电解液中，并可实现贵、贱金属分离。直流电化学浸出时，由于阳极氧化易生成氧化物使阳极表面产生钝化现象，常须在通直流电的同时补加交流电，以使阳极表面氧化物分解和脱落，可消除钝化现象和提高浸出率。此工艺可处理任何形状的物料。实践表明，用此工艺浸出钌粉，效果很好。

　　交流电化学浸出法可用于处理片状、粉末状及任何形状的贵金属及其合金。在交流电作用下，贵金属呈稳定的配离子转入电解液中。此工艺已成功用于铂、钯、铑、钌、铱等铂族金属及其合金的浸出。

　　贵金属及其合金的浸出速度主要取决于电流密度、电极有效面积、电解质溶液类型及浓度、电极距及温度、电极形状等因素。

　　电解液中不同盐酸质量分数电流（交流电）密度对铱浸出速度的影响如图 17-11 所示。

　　电解液中不同硝酸质量分数电流（交流电）密度对铱浸出速度的影响如图 17-12 所示。

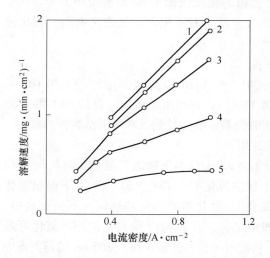

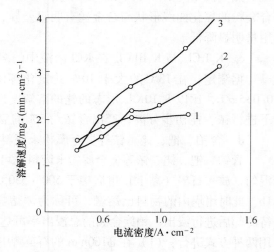

图 17-11　电解液中不同盐酸浓度时电流（交流电）密度对铱浸出速度的影响

盐酸质量分数：1—0.75%；2—1.5%；3—3%；4—6%；5—12%

图 17-12　电解液中不同硝酸浓度时电流（交流电）密度对铱浸出速度的影响

硝酸质量分数：1—19%；2—24%；3—48%

　　不同电流密度电化浸出时间对钌浸出量的影响如图 17-13 所示。

　　电极有效面积对 Pt-Ir 合金浸出速度的影响如图 17-14 所示。

　　电化学浸出时，若阳极与阴极不对称，导致阳极表面各点电位不同，浸出不均匀。

　　电化学浸出某些合金（如 Ru-Mo 合金）时可能出现钝化现象，可加入过硫酸钾加以避免。合金表面的钝化膜，可用在碱性甘露糖醇溶液中短时电解的方法加以除去。

　　如图 17-14 曲线所示，电化浸出初始阶段有一感应期，然后浸出才明显进行，感应期随电流密度的上升而缩短。感应期的外部特征是增长不析氧的时间，可能是钌粒子的表面被氧饱和，也可能是在表面同时生成氧化物（如 $RuO_2 \cdot 2H_2O$）。

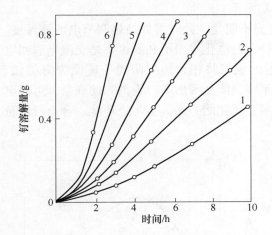

图 17-13　不同电流密度电化浸出时间
对钌浸出量的影响

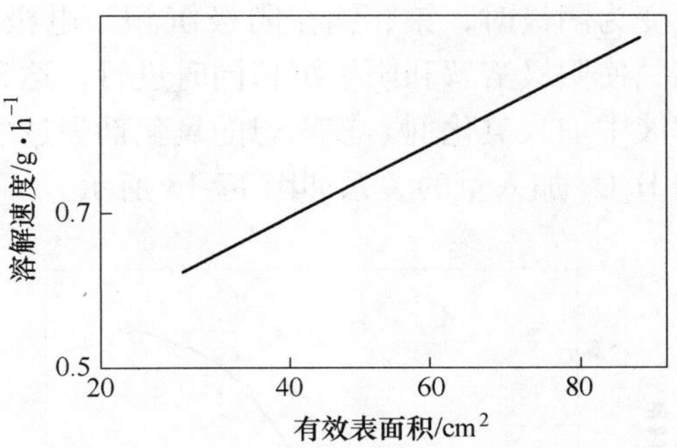

图 17-14　电极有效面积对 Pt-Ir 合金
浸出速度的影响

电流密度：1—20mA/cm²；2—30mA/cm²；3—50mA/cm²；

4—70mA/cm²；5—100mA/cm²；6—150mA/cm²

因此，应根据不同的物料，通过试验才能确定最佳的工艺参数，才能获得满意的浸出
效果。

17.2.8.2　电化学浸出应用

A　Pt-Rh 合金的电化浸出

试验表明，以盐酸为电解液，交流电电化浸出 Pt-Rh 合金不仅比王水浸出速度高，且
消除了二次污染和复杂的赶硝作业。铂、铑在盐酸液中呈 $PtCl_6^{2-}$ 和 $RhCl_6^{2-}$ 配阴离子形态
转入电解液中，交流电电化浸出可获得有利于分离、提纯的铂、铑溶液。

固体态的 Pt-Rh 合金的氧化还原电位因组分而异，常介于铂、铑的氧化还原电位之
间。当阳极电位达该电位值时，合金按两种组分比例浸出转入溶液中，其浸出率与电流密
度、盐酸浓度、电解液温度等因素有关。试验用料为 PtRh10，合金浸出量与电流密度的关
系如图 17-15 所示。

合金浸出量与盐酸浓度的关系如图 17-16 所示。

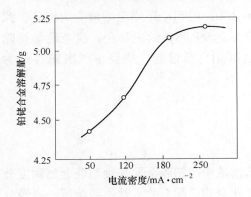

图 17-15　合金浸出量与电流密度的关系

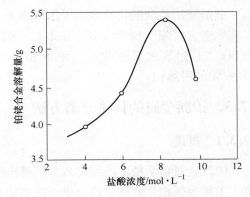

图 17-16　合金浸出量与盐酸浓度的关系

合金浸出量与电解液温度的关系如图 17-17 所示。

电流密度为 $50 \sim 250 mA/cm^2$ 时，电解液升温不明显，此时需外加热调节电解液温度。当电化学浸出至一定程度时，因生成海绵铂、铑，对电化浸出不利。主要是交流电瞬间电位变为阴极时，铂、铑在阴极沉积。电极吸附的氢可将铂、铑配阴离子还原为海绵铂、铑，使阳极溶解和阴极沉积同时进行，达动态平衡，降低浸出率。为消除此现象，可向电解液中加入氧化剂。较理想的氧化剂为过氧化氢，氧化能力强，不污染环境。合金浸出量与 H_2O_2 加入量的关系如图 17-18 所示。

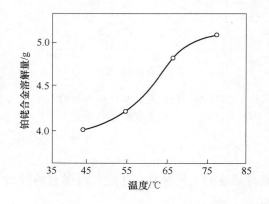 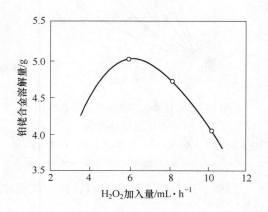

图 17-17　合金浸出量与电解液温度的关系　　　图 17-18　合金浸出量与 H_2O_2 加入量的关系

对 PtRh10 电化浸出的最佳工艺参数为：电流密度 $180 mA/cm^2$、盐酸浓度 $8 mol/L$、H_2O_2 加入量 $6 mL/h$、电解液温度 $75℃$。

B　Au-Pt 合金的电化浸出

Au-Pt 合金组成为：Au 74.8%、Pt 25%，以及少量的 Ru、Rh、Pd、Os、Ag、Ti、Fe 等。用水洗和盐酸煮洗后，装入已处理干净的素烧黏土坩埚内，用 3∶1 HCl（HCl 密度为 $1.19 g/cm^3$）液为电解液。装废料的素烧黏土坩埚浸在电解液中作阳极，通交流电使金、铂呈氯配阴离子转入溶液中（也可通直流电或叠加交流电的直流电）。

电化浸出的最佳工艺参数为：槽电压 $2 \sim 3V$、电流 $2 \sim 4A$、电解液温度 $40℃$。电化浸出至电解液中金含量为 $80.3 g/L$、铂含量为 $17.2 g/L$ 为止。

电解液用盐酸酸化至氢离子浓度为 $4.5 \sim 6.5 mol/L$，用 SO_2 还原至溶液变为橙色，此时液中金含量降至 $6.09 \times 10^{-7} mol/L$，可产出金含量达 99.96% 的成品金。脱金液加热除去 SO_2，用过氧化氢氧化后，用饱和氯化铵溶液沉铂，经过滤、灼烧，产出铂含量为 99.94% 的海绵铂。

17.3　铂族金属的传统分离方法

17.3.1　概述

铂族金属化学精矿经浸出或分组浸出后，转入溶液中的铂族金属还须与贱金属深度分离、铂族金属相互分离，产出单一的粗铂族金属、化合物、配合物、盐类或溶液，再经分别提纯才可产出单一纯铂族金属或化合物产品。

铂族金属的传统分离方法主要为化学沉淀法，依其溶解度的差异进行沉淀分离。由于铂族金属间性质相似，溶解度差异小及共沉淀、吸附等现象，须反复进行溶解、过滤、洗涤等作业才能实现单一铂族金属的相互分离。

铂族金属的传统分离工艺虽较易实现，但其流程冗长、效率低、试剂耗量大、劳动强度大、金属直收率较低。

为克服铂族金属传统分离工艺的缺点，20 世纪中期以来，溶剂萃取和离子交换技术获得了长足的进展，在基础研究、工艺开发、工程设计和工业应用等方面均取得了很大的成绩。20 世纪末期，国际镍公司阿克统精炼厂、英国 Royston 的 Matthey-Rusterburg 精炼厂和南非 Lonrho 精炼厂等相继采用现代的溶剂萃取工艺和离子交换吸附技术取代传统分离工艺，大规模用于工业生产。目前，溶剂萃取工艺和离子交换吸附技术已成为铂族金属分离提纯的常规工艺。

17.3.2　铂族金属与贱金属的深度分离

17.3.2.1　还原沉淀法

A　水合肼还原

水合肼（$N_2H_4 \cdot H_2O$）又称水合联胺，为液态强还原剂。不同 pH 值下对贵金属和贱金属的还原率列于表 17-12 中。

表 17-12　不同 pH 值下水合肼对贵金属和贱金属的还原率　　　　　（%）

pH 值	Pt	Pd	Au	Rh	Ir	Os	Ru	Cu	Fe	Ni
2	99.30	99.96	99.98	78.90	48.90	42.00	32.70	34.00	15.80	2.90
3	99.87	99.97	99，98	98.54	84.70	78.80	58.80	61.00	26.00	16.00
6	99.98	99.99	99.98	99.87	99.38	95.00	88.60	99.99	99.85	85.30
6~7	99.99	99.97	99.97	98.90	95.40	98.90	93.70	99.89	99.87	98.21

从表 17-12 中的数据可知，水合肼适用于金、铂、钯与贱金属的相互分离，不宜用于铑、铱、锇、钌与贱金属的相互分离。

B　硼氢化钠还原

硼氢化钠为强还原剂，常为粉末状，400℃分解，碱性液中很稳定，中性液中易分解，酸性液中迅速分解。吸湿性强，常配成碱性液使用。如商品赛西普（Vensil）为硼氢化钠配入氢氧化钠的产品。

与水合肼比较，硼氢化钠的还原率高、速度快、更完全、产品粒度较粗、易过滤、易操作。尤其可显著提高铑的回收率。

17.3.2.2　金属置换还原沉淀法

单独采用锌粉或锌、镁粉置换贵金属的置换率列于表 17-13 中。

表 17-13　单独采用锌粉或锌、镁粉置换贵金属的置换率　　　　　（%）

置换剂	Pt	Pd	Au	Rh	Ir	Os	Ru
锌　粉	>99.0	>99.0	>99.0	98.79	77.30	66.70	96.59
锌、镁粉	>99.0	>99.9	>99.9	99.31	97.63	98.98	99.68

　　溶液中的铜也将被定量置换沉淀，此时可采用稀硫酸加氧化剂或硫酸铁溶液浸出沉淀物以除去铜。也可采用铜粉置换沉淀贵金属，当金、铂、钯料液不含铑、铱时，一次铜粉置换即可获得较好的分离效果。

17.3.2.3　难溶盐沉淀法

A　硫脲沉淀法

　　当 m（贵金属氯配合物）： m（硫脲） $= 1 :（1 \sim 6）$ 时，可生成多种贵金属硫脲配合物。如 $[Pt \cdot 4SC(NH_2)_2] \cdot Cl_2$、$[Pt \cdot 2SC(NH_2)_2] \cdot Cl_2$、$[Pd \cdot 4SC(NH_2)_2] \cdot Cl_2$、$[Pd \cdot 2SC(NH_2)_2] \cdot Cl_2$、$[Rh \cdot 3SC(NH_2)_2] \cdot Cl_3$、$[Rh \cdot 5SC(NH_2)_2] \cdot Cl_3$、$[Ir \cdot 3SC(NH_2)_2] \cdot Cl_3$、$[Ir \cdot 6SC(NH_2)_2] \cdot Cl_3$、$[Os \cdot 6SC(NH_2)_2] \cdot Cl_3$、$[Au \cdot 2SC(NH_2)_2] \cdot Cl$ 等。这些配合物在浓硫酸介质中加热时被破坏，生成相应的硫化物沉淀。硫脲沉淀贵金属时，浓硫酸介质中析出贵金属硫化物的温度和贵金属硫化物的颜色列于表 17-14 中。

表 17-14　浓硫酸介质中沉淀析出贵金属硫化物的温度和颜色

贵金属硫化物	铑硫化物	铂、钯硫化物	铱硫化物	钌硫化物	锇硫化物
温度范围/℃	150 ~ 170	190 ~ 200	180 ~ 190	120 ~ 140	180 ~ 200
贵金属硫化物的颜色	黑色	黑色	棕色		棕黑色

　　这些贵金属硫化物沉淀析出后，溶液颜色随之消失。试验表明，微克量级的铱、钌、锇可被硫脲定量沉淀。含铜溶液中，大于 90% 以上的铂、钯、铑、金可被硫脲定量沉淀，约 90% 的铜留在溶液中。

　　操作时，将贵金属总量 3 ~ 4 倍的硫脲加入含贵金属溶液中。然后加入与溶液等体积的硫酸，加热至 190 ~ 210℃，保持 0.5 ~ 1h。冷却后用 10 倍体积的冷水稀释，经过滤、洗涤后，产出贵金属化学精矿。有资料认为沉淀贵金属硫化物的适宜温度为 230℃（或 230 ~ 240℃ 或 210 ~ 230℃）。

　　此工艺可有效地将贵金属与贱金属分离，尤其适用于组成较复杂的含贵金属溶液。但在富集或除去微量贵金属时，因量太少而难以沉降分离，常采用载体沉淀法。如添加 2 ~ 3mg 铑作载体，硫脲可定量沉淀下列贵金属：0.001 ~ 0.02μg 铱，回收率为 98.7% ~ 100%；0.001μg 金，回收率约 100%；0.2μg 钯，回收率约 100%；0.2 ~ 2.0μg 铂，回收率约 100%。

B　硫化钠沉淀法

　　采用硫化钠将溶液中的贵金属和贱金属一起呈硫化物沉淀，然后用盐酸或其他溶剂溶解贱金属硫化物以实现贵金属与贱金属分离。

　　此工艺可处理复杂溶液，贵金属回收率高，与贱金属分离效果好。贵金属硫化物化学精矿可用 $HCl\text{-}H_2O_2$ 完全溶解。如 m（贵金属）： m（贱金属） $= 1 : 3$ 的复杂溶液，此工艺处理后可产出，m（贵金属）： m（贱金属） $= 15 : 1$ 的氯配合物溶液，金、铂、钯、铑、铱的回收率约 100%。但因硫化物沉淀粒度细小，固液分离较困难，工业生产中应慎用。

17.3.3　金与铂族金属的分离

　　金与铂族金属的分离方法为：还原沉淀法和黄药或硫化钠沉淀法。

17.3.3.1　还原沉淀法

　　生产中应用的还原剂为：$FeSO_4$、$SO_2(H_2SO_3)$、$H_2C_2O_4$、$NaNO_2$、H_2O_2、Na_2SO_3 等。

A FeSO₄ 还原法

FeSO₄ 价廉易得，可达满意的分金效果。但会带入 Fe^{3+} 和 Fe^{2+}，影响铂族金属的分离。当溶液中仅含金、铂、钯时才采用 FeSO₄ 还原法。

B H₂C₂O₄ 还原法

H₂C₂O₄ 还原法的分金效果好，但要求控制酸度，且沉金后液中的过量草酸影响铂族金属的分离。因此，H₂C₂O₄ 还原法通常只用于粗金提纯。

C NaNO₂ 还原法

金被 NaNO₂ 还原析出时，铂族金属生成稳定的亚硝基配合物留在溶液中。溶液中的铜、铁、镍等贱金属离子水解为氢氧化物沉淀与还原析出的金混在一起，固液分离后，滤饼经酸浸出，使贱金属转入浸液中。

此工艺不适于处理含钯、锇、钌的溶液，钯可生成氢氧化物沉淀而分散，锇、钌的亚硝基配合物转变为氯配合物时会造成氧化挥发损失。因此，此工艺只用于某些特定场合。

D SO₂(H₂SO₃)还原法

SO₂(H₂SO₃) 还原法经济简便，效果好，不影响后续铂族金属的分离。其还原反应可表示为：

$$2HAuCl_4 + 3SO_2 + 6H_2O \longrightarrow 2Au\downarrow + 3H_2SO_4 + 8HCl$$

还原过程主要控制溶液中金浓度、酸度、温度和二氧化硫的通入速度。当溶液中金浓度为 10~90g/L 时，还原率大于 99%。SO₂(H₂SO₃) 还原时，Pt^{4+}、Pd^{4+}、Ir^{4+} 均被还原为 Pt^{2+}、Pd^{2+}、Ir^{3+}。

E H₂O₂ 还原法

金可被 H₂O₂ 还原，其还原反应可表示为：

$$2HAuCl_4 + 3H_2O_2 \longrightarrow 2Au\downarrow + 8HCl + 3O_2$$

还原过程中须加入碱以中和生成的酸。

17.3.3.2 黄药或硫化钠沉淀法

黄药或硫化钠沉淀金时，钯也一起沉淀。

17.3.4 锇、钌与其他铂族金属的分离

火法或湿法提纯铂族金属过程中，易造成锇、钌的分散和损失，为此应尽早将锇、钌与其他铂族金属分离。目前分离锇、钌最经济有效的方法为氧化蒸馏法。

17.3.4.1 通氯、加碱蒸馏法

碱（NaOH）液中通入氯气后，生成次氯酸钠将锇、钌氧化为四氧化物挥发。操作时，将物料用水浆化，放入搪玻璃的机械搅拌反应釜中，加热至近沸，然后定期加入浓度为20% 的 NaOH 溶液并不断通入氯气，保持溶液 pH 值为 6~8。锇、钌四氧化物挥发后，分别用盐酸吸收钌和用 NaOH 溶液吸收锇。蒸馏过程常需 6~8h。

此工艺操作较简便和经济。主要缺点是贱金属、某些铂族金属或某些铂族金属离子在碱液中生成的沉淀可包裹被蒸馏物料表面，降低锇、钌的蒸馏效率及其他贵金属在蒸馏时基本不溶解，须经再浸出后才能进入分离提取作业。

17.3.4.2　硫酸-溴酸钠法

硫酸-溴酸钠法工艺适于从溶液中分离锇、钌。据操作特点可分为"水解蒸馏"和"浓缩蒸馏"两种工艺。

（1）水解蒸馏：将含贵金属的溶液中和使锇、钌转化为氢氧化物，固液分离。蒸馏时将贵金属氢氧化物浆化，放入反应器内，加入溴酸钠溶液，升温至 40～50℃时，加入 6mol/L 硫酸，再升温至 95～100℃，此时锇、钌生成四氧化物挥发，挥发物分别用盐酸吸收钌，用 NaOH 溶液吸收锇。

（2）浓缩蒸馏：先将含贵金属的溶液浓缩，然后将浓缩液转入蒸馏器中，加入等体积的 6mol/L 硫酸，升温至 95～100℃，再缓慢加入溴酸钠溶液，直至锇、钌蒸馏完毕。

两种工艺比较，水解蒸馏工艺可保证较高的锇、钌回收率，但流程冗长，水解产物固液分离较困难。浓缩蒸馏工艺操作简便，但蒸馏效果不够稳定。

17.3.4.3　调整 pH 值-溴酸钠法

将含贵金属的溶液浓缩、赶酸、加水稀释，使 pH 值为 0.5～1.0，转入蒸馏器中加热至近沸，加入溴酸钠溶液和氢氧化钠溶液使 pH 值上升，当大量的四氧化钌挥发时，停止加入氢氧化钠溶液，继续加入溴酸钠溶液直至钌蒸馏完毕。钌蒸馏率几乎达 100%。

此工艺仅适于含钌溶液，锇蒸馏效果差。其优点是不加硫酸，蒸馏后的氯配合物溶液可直接进行其他贵金属的分离作业。

17.3.4.4　硫酸-氯酸钠法

将铂族金属化学精矿用 1.5mol/L 的硫酸浆化，转入反应器中加热至近沸，再缓慢加入氯酸钠溶液，数小时后，锇、钌四氧化物挥发，继续加入氯酸钠溶液直至锇、钌蒸馏完毕。蒸馏过程常需 8～12h。锇、钌蒸馏完毕后，断开吸收系统与蒸馏器的连接管，将蒸馏器的排气管与排风系统相连，并向蒸馏器内通入氯气，使其他贵金属完全溶解，然后送分离提纯作业处理。

此工艺的锇、钌蒸馏率可达 99%，可使其他贵金属（除银外）完全转入氯配溶液中。

17.3.4.5　过氧化钠熔融、硫酸-溴酸钠法

操作时，将贵金属物料与 3 倍量的过氧化钠混合，装入底部垫有过氧化钠的铁坩埚内，表面再覆盖一层过氧化钠。装料铁坩埚加热至 700℃，待物料完全熔融后，取出坩埚冷却，冷却熔块用水浸出，将浆料转入蒸馏器中进行蒸馏锇、钌。

当固体物料中的锇、钌无法直接蒸馏分离时，可采用此工艺蒸馏分离锇、钌。如分离其他铂族金属以后的含锇钌残渣等难处理物料。此工艺成本较高，当物料中的锇钌较高时才合算。

17.3.5　铂与钯、铑、铱的分离

17.3.5.1　氯化铵沉淀法

操作时将含铂族金属的溶液煮沸，然后在搅拌下直接加入固体氯化铵，生成蛋黄色的氯铂酸铵沉淀析出，直至加入氯化铵不再产生沉淀为止。冷却、过滤，用 5% NH$_4$Cl 溶液洗涤。生产实践表明，溶液中铂含量大于 50g/L 时，铂直收率大于 99%。氯铂酸铵沉淀中夹带的少量钯、铑、铱可在精炼提纯过程中回收。

该工艺为分离铂和提纯铂的传统方法。

17.3.5.2 水解沉淀法

用氢氧化钠将铂族金属氯配合物溶液中和至 pH 值为 4~8，铂以外的铂族金属均呈含水氧化物沉淀析出，铂留在溶液中。

此工艺是分离铂和提纯铂的有效方法之一。实践表明，分离前最好将氯化钠加入铂族金属氯配合物溶液中，并蒸至近干以使铂族金属转变为钠盐。中和时只能用氢氧化钠作中和剂，因用氢氧化铵作中和剂时，可使部分铂呈铵盐沉淀。同时应加入氧化剂（如溴酸钠）以使钯、铑、铱保持高价状态而水解，并生成易过滤的沉淀。当溶液中其他铂族金属、贱金属含量较高时，不宜采用此工艺分离铂。此时水解生成大量难固液分离的氢氧化物，降低铂的分离效率和直收率。

17.3.6 钯与其他铂族金属的分离

钯与其他铂族金属的分离可采用多种方法。

17.3.6.1 黄药沉淀法

铂族金属氯配合物溶液中加入乙黄药，将形成金、钯乙黄原酸盐沉淀析出，而铂、铑、铱不生成乙黄原酸盐沉淀而留在溶液中。因此，铂族金属氯配合物溶液可先用其他方法分金后再用黄药沉淀法分钯，或用黄药沉淀法使金、钯与其他铂族金属分离后再进行金、钯分离。

黄药沉淀法分离金、钯的工艺参数为：溶液 pH 值为 0.5~1.5，室温，黄药用量为理论量的 1.1~1.3 倍，反应时间为 30~60min。操作时，先用 NaOH 调 pH 值为 0.5~1.5，按要求用量加入乙基黄药并充分搅拌，至规定时间后即可过滤，产出钯（金）沉淀。钯沉淀率达 99.9%，金沉淀率大于 99%，铑、铱、铜、镍、铁沉淀率小于 1%，铂沉淀率为 2%~12%。

此工艺操作简便，成本低，钯（金）分离完全。缺点是黄药味重，铂沉淀率较高，故铂含量高时不宜采用此工艺。

17.3.6.2 无水二氯化钯法

氯亚钯酸（H_2PdCl_4）溶液蒸干时将分解为 $PdCl_2$。$PdCl_2$ 不溶于硝酸，可与其他溶于硝酸的铂族金属分离。操作时，将含钯的氯配酸溶液小心浓缩，蒸至近干，按蒸干后的体积加入 10 倍量的浓硝酸煮沸，使钯以外的铂族金属充分溶解。待硝酸分解的黄烟减退后，将其冷却，用玻砂漏斗过滤。滤饼（$PdCl_2$）用冷浓硝酸洗涤至滤液为硝酸本色，洗液与滤液合并，回收其他铂族金属。

此工艺钯的直收率大于 99.5%。缺点是周期长，劳动条件较差，钯分离后的溶液须经处理转变为氯配合物后才能送后续作业处理。

17.3.6.3 氨水配合法

氨水配合法工艺为粗钯深度提纯制纯钯的方法，也可用于分离钯。要求溶液含铂不宜太高，铑的回收也不理想。

17.3.6.4 硫化钠沉淀法

硫化钠沉淀在室温下进行，按 $m(Na_2S):m(Pd)=1:1$ 配比加入硫化钠。硫化钠加入量、加入速度和加入方式对钯沉淀结果影响很大。缓慢向铂族金属氯配合物溶液中加入规定量的 0.2mol/L 的 Na_2S 溶液，可迅速将溶液中的钯定量沉淀，可明显观察到反应终点，溶液中的金也定量沉淀。Pd-Au 硫化物用 $HCl-H_2O_2$ 浸出，金被还原沉淀析出，过滤后与钯分离。

硫化钠沉淀法可使钯与铑、铱很好分离，但铂将大量共沉淀，不仅降低铂的回收率，而且影响钯的提纯，钯的纯度很难达 99.9%。

17.3.7　铑与铱的分离

17.3.7.1　概述

铂族金属分离过程中最难分离的为铑与铱的分离，虽然曾使用多种方法，但分离效果均不很理想。这些方法可归结为：（1）利用铑、铱金属性质的差异；（2）利用铑、铱配离子稳定性的差异；（3）4 价氯配离子负电性的差异；（4）使铑转化为 +3 价等 4 类方法。

近年，溶剂萃取分离的试验研究取得较大进展，有些溶剂萃取分离工艺已用于工业生产。目前使用的铑、铱分离方法主要为硫酸氢钠（钾）熔融法和还原沉淀法。

17.3.7.2　硫酸氢钠（钾）熔融法

硫酸氢钠（钾）熔融法操作时，将铑、铱金属与硫酸氢钠混合均匀，于 500℃ 下熔融，冷却后用水浸出，铑呈硫酸铑形态转入浸液中，而大部分铱留在浸渣中。铑粉转化为硫酸铑的转化率与铑粉粒度、熔融温度、搅拌方式和反应时间密切相关。如粒径分布为：+ 0.025mm 占 25%、- 0.025 + 0.015mm 占 36%、- 0.015 + 0.007mm 占 36%、- 0.007mm 占 3% 的铑粉与硫酸氢钠混合均匀，于 450℃ 下熔融 8h，间断搅拌熔体，转化率仅为 66.4%。于 500℃ 下熔融 8h，转化率为 83.4%。若铑粉先经锌或铅碎化处理，转化率大于 95%，最佳条件下可达 100%。

此工艺为早期常用的铑、铱分离方法，但流程冗长，常须多次熔融、浸出，才能使铑、铱分离。此工艺又是浸出难溶金属铑最有效的方法之一，且能与铱分离，故处理量较小时仍可选用。

17.3.7.3　还原沉淀法

某些金属的低价盐（亚钛盐、亚铬盐）、锑粉、铜粉等可将铑还原为金属，铱仅还原为 +3 价，故可实现铑、铱分离。如在盐酸介质中用铜粉置换及加压氢还原铑，并曾将活性铜粉置换用于铑、铱粗分。即用新还原的铜粉于 91~93℃ 下，将溶液中的铑几乎定量还原为金属，而铱仅还原为 +3 价。由于铜置换贵金属的顺序为：Au > Pd > Pt > Rh > Ir，设计先用铜粉置换金、钯、铂，然后置换铑，使铱留在溶液中的分步置换分离方法。试验和生产实践表明，一级铜置换，金、钯、铂置换率大于 99.5%，大于 85% 的铑和大于 95% 的铱留在溶液中。二级铜置换，铑置换率大于 94%，一级铜置换时残留在溶液中的微量金、钯、铂全部进入粗铑中，96% 的铱留在溶液中，再用沉淀法或萃取法回收铱。一级铜置换产出的金、钯、铂溶解后，用沉淀法分离金、铂、钯。二级铜置换产出的铑化学精矿和从置后液中回收的铱化学精矿，分别送精炼作业制取纯金属。

但还原沉淀法的分离效果并不理想，常使产品铑不纯，且使铱的分离复杂化。

17.3.7.4　选择性沉淀法

A　硫化物沉淀法

如用 H_2S 沉淀 Rh_2S_3，而 $IrCl_6^{3-}$ 留在溶液中。Na_2S 可从亚硝酸盐溶液中沉淀出 Rh_2S_3。过氧硫脲 $[(NH_2)_2CSO_2]$ 和有机试剂（如 2-巯基苯并噻唑、硫代乙酰替苯胺等）可用于铑的选择性沉淀。但当溶液中含一定量铜时，铑沉淀不完全，产生大量胶体，妨碍铑、铱分离。

　　B　亚硫酸铵沉淀法

铑、铱分离时，氯铑酸与亚硫酸铵产生下列反应：

$$H_3RhCl_6 + 3(NH_4)_2SO_3 \longrightarrow (NH_4)_3Rh(SO_3)_3\downarrow + 3HCl + 3NH_4Cl$$

反应生成的亚硫酸铑铵不溶于水。铱虽产生相似反应，但生成的配合物盐溶于水，故可实现铑、铱分离。

　　此工艺对铱含量较高的溶液中的铑、铱分离效果较差，故此工艺主要用于铑的提纯。

17.4　铂族金属分离的传统工艺流程

17.4.1　英国阿克统精炼厂生产工艺流程

英国阿克统精炼厂生产工艺流程如图 17-19 所示。

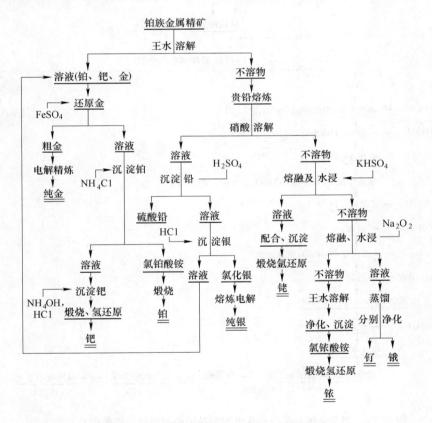

图 17-19　英国阿克统精炼厂生产工艺流程

　　英国阿克统精炼厂为世界首先建成的大型铂族金属精炼厂，精炼厂生产工艺流程代表了20 世纪 50~60 年代的生产技术水平。其主流程为：用王水浸出铂族金属化学精矿，将可溶的铂、钯、金与不溶的铑、铱、锇、钌、银（AgCl）分为两组，分别处理。铂、钯、金溶液经赶硝后，用 $FeSO_4$ 还原金，用 NH_4Cl 沉淀分离铂、钯。王水浸渣加硼砂、苏打、碳酸铅和炭等进行铅富集熔炼，铅合金用硝酸分铅，银进入浸液中送提纯。硝酸浸渣与 $KHSO_4$ 熔融，水浸熔块，铑转入浸液中送提纯。水浸渣为不溶的钌、铱滤饼，加入过氧化钠熔融，水浸熔块，钌、铱转入浸液中送提纯。留在水浸渣中的 IrO_2 用王水溶解后送提纯。

1954 年前，王水不溶渣用碱熔融、水浸，水浸液蒸馏分别回收锇、钌。蒸残液以钠盐形态回收铑、铱，氯化铵沉淀，经煅烧、氢还原产出铑、铱粉。

20 世纪 70 年代，此工艺进行了重大革新。主要革新为：（1）用二丁基卡必醇萃取金-草酸还原金工艺取代了 $FeSO_4$ 还原金-电解提纯工艺；（2）制定了更有效的回收锇的工艺；（3）铑、钯改用甲酸还原直接获得产品，代替了沉淀—煅烧—氢还原工艺。

17.4.2　加拿大国际镍公司生产工艺流程

加拿大国际镍公司生产工艺流程如图 17-20 所示。

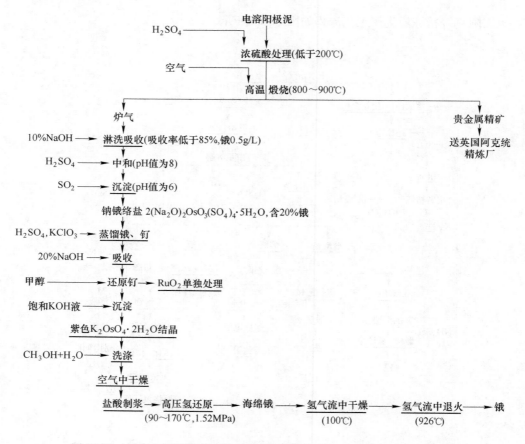

图 17-20　加拿大国际镍公司从电溶阳极泥中回收锇、钌的生产工艺流程

该公司为避免焙烧和王水浸出造成锇的损失，采用浓硫酸浸出电溶阳极泥（小于200℃）、于 800～900℃ 高温下煅烧蒸馏锇、钌，可使锇、钌回收率达 75%。煅烧渣送英国阿克统精炼厂回收其他贵金属。

17.4.3　俄罗斯克拉斯诺亚尔斯克精炼厂生产工艺流程

俄罗斯克拉斯诺亚尔斯克精炼厂生产工艺流程如图 17-21 所示。

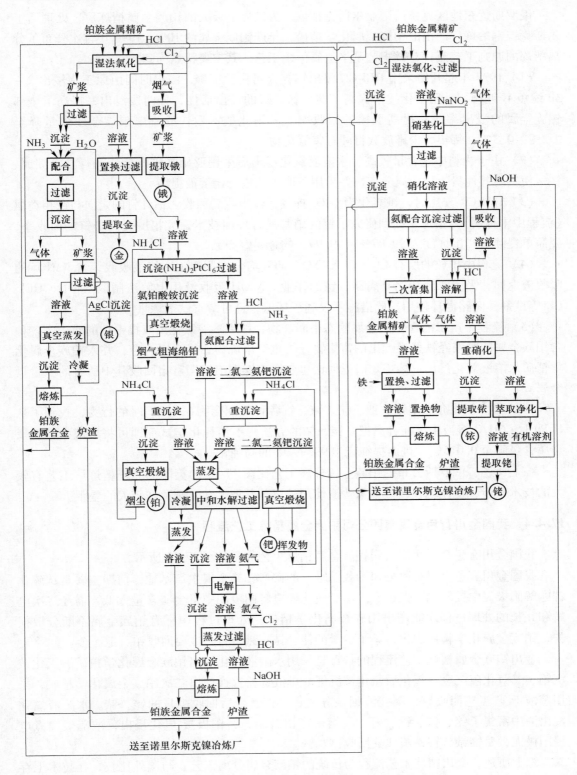

图 17-21 俄罗斯克拉斯诺亚尔斯克精炼厂生产工艺流程

俄罗斯远东地区克拉斯诺亚尔斯克精炼厂为世界上最大的铂族金属精炼厂，处理诺里尔斯克镍铜冶炼厂产出的铂族金属化学精矿，年产铂族金属约 100t，1996 年首次公布了分离精炼的原则工艺流程，其工艺基本上属传统工艺。其主要特点为：

（1）1977 年起开始采用 HCl-Cl$_2$ 浸出铂族金属化学精矿，浸出时间由原王水浸出 2 ~ 3d 缩短不到 1d。采用活化技术提高了铑、铱、钌的浸出活性，分两段浸出，提高了全部铂族金属的浸出率，并提高了锇的回收率。采用此技术后，浸渣中铂族金属含量降至 0.2% ~ 0.3%，每年可少排放数百吨有害氮化物。

（2）由于物料中铑含量较高，水溶液氯化浸出后采用亚硝酸钠配合法选择性沉淀铑、铱，使其与其他贵、贱金属分离，并采用萃取工艺进行铑溶液提纯。

（3）HCl-Cl$_2$ 浸出时，锇氧化为 OsO$_4$ 挥发，经吸收后回收。估计钌的走向与锇相类似（流程中未标明）。报道中提到研究了钌的硝基配合提纯技术，大幅度提高了钌的回收率，经简单提纯可产出纯度为 99.97% ~ 99.99% 的金属钌产品。

（4）流程中排放的所有 Cl$_2$、Cl$^-$、NO$_2^-$ 烟气均分别用 NaOH 溶液吸收，含 NaNO$_2$ 的吸收液返回，采用亚硝基化分离铑、铱的作业。NaOH 吸收液用电解法制取 NaOH、HCl、Cl$_2$ 等试剂，闭路循环使用。此措施不仅利于环保，且可节省试剂耗量。

（5）流程中产出的含铂族金属固态中间产物，如水溶液氯化浸渣提银后的残渣、各种含铂族金属的废液经铁置换产出的富集物，均重新熔炼为铂族金属合金，并入铂族金属化学精矿水溶液氯化浸出。熔炼炉渣返回诺里尔斯克镍铜冶炼厂富集回收其中所含的少量贵金属。

（6）研究氯化介质中铂、钯、铑、铱、钌各种氯配合物在 180℃ 时的行为，找到了从 H$_2$PtCl$_6$·6H$_2$O 溶液中沉淀分离钯、铑、铱的方法，不消耗化学试剂即可将溶液中其他贵金属含量降至 0.015%，进而提纯产出 99.997% 的高纯铂。

综上所述，俄罗斯公布的铂族金属分离工艺比图 17-19 的英国阿克统精炼厂工艺有较大的技术进步，但比现在西方国家普遍使用的溶剂萃取工艺，则存在较大的差距。

17.4.4　我国金川有色金属集团公司铂族金属精炼工艺流程

我国金川有色金属集团公司铂族金属精炼工艺流程如图 17-22 所示。

我国金川有色金属集团公司为我国唯一的矿产铂族金属生产基地，前期主要是从硫化镍电解阳极泥中提取铂、钯、金。由于硫化镍电解阳极泥中贵金属含量太低，需经二次电解和冗长的处理过程才能产出铂族金属化学精矿，处理过程中稀有铂族金属不断分散损失，铂族金属化学精矿中仅富集了少量的铑、铱、锇、钌，主要回收铂、钯、金。

金川铂族金属精炼工艺流程的特点是采用水溶液氯化浸出铂族金属化学精矿、氯化铵沉铂、二氧化硫沉金、氧化后氯化铵沉钯。母液锌粉置换产出二次铂族金属化学精矿，采用蒸馏-吸收工艺回收钌，蒸残液则在分离铂、钯、金后回收少量的铑、铱。水溶液氯化浸出渣中富集了铑、铱、锇、钌，经熔炼产出合金，铸阳极板-电化浸出，浓硫酸浸煮电浸阳极泥，蒸馏锇、钌，蒸残液回收铑、铱。

综上所述，金川精炼工艺流程为传统的铂族金属分离工艺，与国外比较，在技术上存在较大的差距。

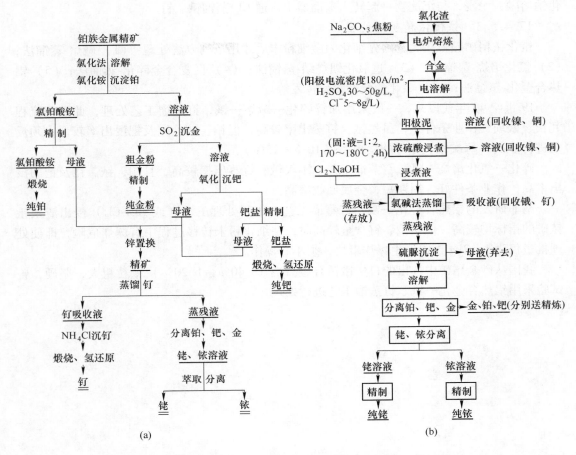

图 17-22　我国金川有色金属集团公司铂族金属精炼工艺流程

（a）铂族金属化学精矿水溶液氯化浸出工艺；（b）水溶液氯化浸渣处理工艺

17.4.5　砂铂矿石、锇化铱精矿及王水浸渣的处理工艺流程

17.4.5.1　概述

砂铂矿和原生铂矿石经重选等选矿技术处理，可产出铂精矿和锇化铱精矿。目前，铂精矿和锇化铱精矿的量已很少，仅占铂族金属产量的极小部分，但历史上曾是铂族金属的唯一来源，目前仍有少量的铂精矿和锇化铱精矿需要继续处理。

铂族金属精炼过程中产出的王水（或 HCl-Cl_2）浸出渣中锇、铱含量较高，常须采用处理铂精矿和锇化铱精矿的相同工艺进行处理，故放在一起讨论。

17.4.5.2　砂铂矿和原生铂矿精矿的处理

与硫化铜镍矿选矿产出的含铂族金属硫化铜镍混合精矿比较，砂铂矿和原生铂矿精矿中铂族金属含量较高，且以铂为主，其他铂族金属含量均较低，故处理工艺比较简单。

通常取样后，用王水浸出，也可用水溶液氯化浸出，几乎全部的铂、钯、铑、铁、铜和其他非金属及部分铱、钌转入浸液中，而锇化铱、石英、铬铁矿与其他不溶物留在浸渣中。采用氯化铵沉淀等方法从浸液中提取铂和回收其他少量贵金属。浸渣加氧化钠和氢氧化钠熔融、水浸，与沉淀物一起转入蒸馏器中，通 Cl_2 蒸馏锇、钌。

17.4.5.3　锇化铱精矿的处理

锇化铱精矿颗粒粗大，须先细化为微细粉末后才用下列方法处理：（1）碱熔-蒸馏法；（2）氯化焙烧-蒸馏法；（3）过氧化钡烧结-蒸馏法；（4）反复合金碎化-蒸馏法；（5）铝热合金化-蒸馏法；（6）氧化灼烧及氯化挥发等。

19 世纪 40 年代以来，一般采用加锌碎化—碱熔—锇、钌蒸馏工艺处理，此工艺流程冗长、繁琐、作业条件差，虽然锇、钌蒸出率较高，但铂、铱、铑及钯浸出率较低，须反复进行多次（每次铂、铱等的浸出率仅 10% ~ 15%）。

碎化—氯化焙烧—锇、钌蒸馏工艺，不仅锇、钌蒸出率较高，且铂、铱、铑及钯的浸出率高，作业条件好，周期短，金属回收率高。

南非研发的铝热合金化—锇、钌蒸馏工艺，用于处理王水（或 HCl-Cl_2）浸出渣及锇铱矿的指标均较高，但当锇、钌含量较高时，在细化粉末转移过程中有爆炸危险，即使处理批量仅为 1 ~ 2kg 也曾发生爆炸事故，须小心操作。

我国从砂金尾矿中选出的自然锇铱合金（含 Os 40%、Ir 20%）颗粒粗大，坚硬，曾试验采用铝热合金化—锇、钌蒸馏工艺进行处理。

18 贵金属相互分离、提纯的溶剂萃取工艺

18.1 概述

18.1.1 溶剂萃取工艺的原则流程

近 100 年来，溶剂萃取工艺获得了长足的发展，现已广泛用于稀土金属、稀有轻金属、稀散金属、稀有高熔点金属、稀有放射性金属、有色金属、贵金属等的相互分离、提纯作业。溶剂萃取的原则流程如图 18-1 所示。

溶剂萃取的原则流程一般包括萃取、洗涤、反萃取和有机相再生四个作业。萃取是采用一种或多种与水不相溶的有机试剂（有机相）从水溶液中（水相）选择性提取某目的组分的作业。萃取时，目的组分与萃取剂形成某种萃合物从水相转入有机相。静止分层后获得负载有机相和萃余液。再用洗涤剂洗涤负载有机相，以洗去共萃的少量杂质，洗后液返回萃取作业以回收其中所含的目的组分。反萃的目的是采用适当的反萃剂使负载有机相中的目的组分转入水相，获得目的组分含量高的反萃液，进一步处理可产出目的组分化学精矿（富集物）。反萃后的有机相经再生后返回或直接返回萃取作业循环使用。因此，溶剂

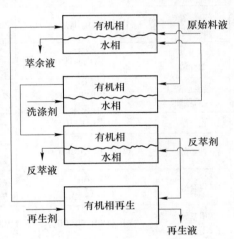

图 18-1 溶剂萃取的原则流程

萃取工艺具有周期短、过程连续、全液过程、易控制、易自动化、操作安全、金属回收率高等特点。

18.1.2 萃取过程的主要影响因素

萃取过程是使亲水的金属离子由水相转入有机相的过程。金属离子在水溶液中被极性水分子包围，呈水化金属离子形态存在。要使金属离子由水相转入有机相，萃取剂分子须先取代水分子而与金属离子结合或通过氢键与水化金属离子配位后才能生成疏水的萃合物，才能使亲水的金属离子从水相转入有机相中，故萃取过程实质上是萃取剂分子与极性水分子争夺金属离子、使金属离子由亲水变为疏水的过程。因此，任何影响有机相、水相性质的因素和操作、设备等均直接影响萃取过程的效率。下面仅讨论几个主要的影响因素。

18.1.2.1 萃取剂

有机相主要由萃取剂、稀释剂和添加剂组成。萃取剂种类繁多，常按其结构特征，分

为中性磷类萃取剂、酸性磷类萃取剂、胺类萃取剂、中性含氧萃取剂、螯合萃取剂、含硫萃取剂等。贵金属萃取分离工艺中常用的萃取剂列于表 18-1 中。

表 18-1　贵金属萃取分离工艺中常用的萃取剂

名　称		分子式	代号或缩写		基本性质					
			国内	国外	相对分子质量	密度/g·cm^{-3}	沸点/℃	闪点/℃	黏度/MPa·s^{-1}	水中溶解度/g·L^{-1}
中性磷类萃取剂	磷酸三丁酯	$(n\text{-}C_4H_9O)_3P{=}O$	TBP	TBP	266.37	0.9727(25℃)	289	145	3.32(25℃)	0.39(25℃)
	丁基膦酸二丁酯	$(C_4H_9O)_2(C_4H_9)P{=}O$	P205	DBBP	250.32	0.9504	114~116	—	5(25℃)	0.5
	三辛基氧化膦	$(C_8H_{17})_3PO$（固态）	P201	TOPO Cyanex 921	386.65	—	210~225	—	—	0.008
	二基膦酸丁酯	$(C_4H_9O)(C_4H_9)_2P{=}O$	P203	BDBP	234.32	0.9262	128~130	—	—	4.5
	三丁基氧化膦	$(C_4H_9)_3PO$	—	TBPO	218.1	—	—	—	—	—
	烷基膦酸二烷基酯	$RR'R''P{=}O$	P218	DAMP	—	0.8605	102~104	—	—	0.3
中性含氧萃取剂	乙醚	$C_2H_5OC_2H_5$	—	Et$_2$O	74.124	0.7135	34.481	9.4	0.242	65.9
	仲辛醇	$CH_3(CH_2)_5CHCH_3OH$	仲辛醇	2-Octanol	130.22	0.8193	178.5	—	—	1.0
	混合醇	ROH（$R=C_7\sim C_9$）	混合醇	—	—	0.825	194~231	—	—	1.09
	甲基异丁基酮	$CH_3COCH_2CH(CH_3)_2$	MIK	ROH Hexone	100.155	0.8006	115.65	15.6	0.585	17
	二丁基卡必醇	$C_4H_9O(CH_2)_2O(CH_2)_2OC_4H_9$	DBC	DBC	218.33	0.8837	149.2	25	0.862	3
	二仲辛基乙酸胺	$CH_3CON(C_8H_{17})_2$	N503	—	283.5	—	—	—	—	0.01
含硫萃取剂	二异戊基硫醚	$(i\text{-}C_7H_{11})_2S$	S201	—	174.34	0.8283	85~88	74~77	1.072	—
	二正庚基硫醚	$(n\text{-}C_7H_{15})_2S$	—	DNHS	198	0.84	230	—	—	0.12
	二异辛基硫醚	$(i\text{-}C_8H_{17})_2S$	S219	—	258	0.8485	124~128	—	3.52	—
	石油硫醚	—	PS501	—	210	0.957	—	—	6.612	1.79
	二正辛基亚砜	$(n\text{-}C_8H_{17})_2SO$（固态）	DOSO	—	274	0.984	—	—	—	—
	二异辛基亚砜	$(i\text{-}C_8H_{17})_2SO$	DIOSO	—	274	0.8995	300	—	24.09	—
	石油亚砜	多种组分混合物	PSO	—	180~250	0.9577	300	—	7.199	—

名　称		分子式	代号或缩写		基本性质					
			国内	国外	相对分子质量	密度/g·cm⁻³	沸点/℃	闪点/℃	黏度/MPa·s⁻¹	水中溶解度/g·L⁻¹
螯合萃取剂	5,8 二乙基-7-羟基-6-十二酮肟	$C_2H_5(C_2H_5)OHCH(OH)CCH(NOH)(C_2H_5)C_4H_9$	N509	Lix63	257.4	—	—	125~126	—	0.02
	2-羟基-4-仲辛氧基二苯甲酮肟	—	N530	Lix65N	341.4	—	—	0.4~0.6	—	$<5\times10^{-6}$
酸性磷类萃取剂	二-(2-乙基己基)磷酸	$(C_2H_5C_6H_{12}O)_2POOH$	P204	D_2EHPA	322.43	0.9699	233	206	34.77	0.012
	单十四烷基磷酸	$(RRCHCH_2O)P(O)(OH)_2$ $R+R'=C_{12}\sim C_{14}$	P538	—	194.5	—	—	137	469.5	0.05
	二-(2-乙基己基)膦酸(2-乙基己基)酯	$(C_2H_5C_6H_{12}O)$ $(C_2H_5C_6H_{12})PO(OH)$	—	HEHEHP	306.4	0.9475	235	198	36	0.08
	十二烷基苯磺酸	$C_{12}H_{23}C_6H_4SO_3H$	—	HD	544	—	—	—	—	—
胺类萃取剂	仲碳伯胺	$(C_nH_{2n+1})_2CHNH_2$ $n=9\sim11$	N1923	AⅡ19	312.6	0.8154	140~202	188	8.41	<0.01
		$R^1R^2CHNH_2$ $R^1=R^2=C_8\sim C_{11}$	7101	—	250~270	—	135~180	—	—	—
	三正辛胺(叔胺)	$(C_8H_{17})_3N$	N204	TOA TiOA	365~367	0.7771	—	168	—	—
	三异辛胺	$[CH_3(CH_2)_3CHC_2H_5CH_2]_3N$	TIOA	Adogen 381	353	0.8124	180~202	188	8.41	<0.01
	三烷基胺	$(C_nH_{2n+1})_3N$ $n=8\sim10$ 直链烷基混合物	N235	Alamine 336	387	0.8153	180~230	189	10.4	<0.01
		$(C_{12}H_{25})_3N$	7301	Adogen 363	370~420	0.8156	180~240	199	10.5	<0.01
	氯化三烷基甲胺	$R_3N_3CH_3Cl$, $R=C_8\sim C_{10}$, 7402 中 $R=C_9\sim C_{11}$	N263, 7402	Aliquat 336	459.7	0.8951	—	160	1204	0.04

　　根据被萃物的存在形态，选择萃取体系。萃取体系确定后，需具体选择萃取剂。萃取剂应满足下列要求：

　　（1）有良好的萃取性能：选择性高、具有较高的萃取容量和较大的萃取速度；

　　（2）有良好的分相性能：具有较小的密度和黏度，有较大的表面张力；

　　（3）易反萃，不易乳化和不易生成第三相；

　　（4）易贮存、使用：无毒、不易燃、不挥发、不易水解、腐蚀性小、化学稳定性高；

　　（5）价廉易得、水溶性小。

要完全满足上述要求相当困难，通常能满足一些主要要求即可使用。

有机相中萃取剂浓度对金属萃取率有较大影响。其他条件相同时，有机相中萃取剂的游离浓度随其原始浓度的增大而增大。提高有机相中萃取剂的游离浓度可提高被萃组分的分配系数和萃取率，但会降低有机相中萃取剂的饱和度和增大共萃的杂质量，降低萃取选择性。

当萃取剂原始浓度过高时，有机相黏度增大，分层慢，易出现乳化和三相现象。因此，原则上尽量使用纯萃取剂或浓度高的有机相，以提高萃取能力和产量。常须针对具体的萃取原液进行一些基本萃取性能测定试验才能决定。

18.1.2.2　稀释剂

多数萃取体系中，稀释剂是有机相中含量最多的组分。稀释剂的作用是降低有机相的密度和黏度，改善分相性能，降低萃取剂损耗和调节有机相中萃取剂浓度，以达到较理想的萃取率和萃取选择性。稀释剂除有好的分相性能、价廉易得、水溶性小及无毒、不易燃、不挥发、不易水解、腐蚀性小、化学稳定性高外，还应满足极性小和介电常数小的要求。稀释剂极性大时，常借氢键与萃取剂缔合，降低有机相中萃取剂的游离浓度。稀释剂的极性可用偶极矩或介电常数来衡量。介电常数为衡量物质绝缘性的参数，常见的几种有机溶剂的介电常数列于表18-2中。

表 18-2　某些有机溶剂的介电常数

有机溶剂	煤油	苯	石油	CS$_2$	甲苯	CCl$_4$	氯仿	乙醚
介电常数 ε	2.1	2.29	2~2.2	2.62	2.4	2.25	4.81	4.34

一般宜选用介电常数低的有机溶剂作稀释剂。工业上常用煤油作稀释剂，其介电常数为 2~3。

18.1.2.3　添加剂

有机相中加入添加剂可改善有机相的物理化学性能，提高萃取剂和萃合物在稀释剂中的溶解度，抑制稳定乳浊液的生成，防止形成三相和起协萃作用。常采用长链醇（如正癸醇）和磷酸三丁酯（TBP）作添加剂。用量由试验决定，用量常为 3%~5%。加入添加剂常可改善分相性能，降低溶剂夹带，提高分配系数和缩短平衡时间，可提高萃取作业的萃取指标。

18.1.2.4　盐析剂

在中性配合萃取和离子缔合萃取体系中，常使用盐析剂以提高被萃组分的分配系数。盐析剂是一种不被萃取、不与被萃物结合，但与被萃物有相同的阴离子而可使分配系数显著提高的无机化合物。盐析剂靠同离子效应、降低水相介电常数、抑制被萃组分在水相中的聚合等作用，使被萃组分更易从水相转入有机相中。

当盐析剂的浓度相同时，阳离子价数愈高，其盐析效应愈大。同价阳离子而言，离子半径愈小，其盐析效应愈大。常见阳离子的盐析效应顺序为：$Al^{3+} > Fe^{3+} > Mg^{2+} > Ca^{2+} > Li^+ > Na^+ > NH_4^+ > K^+$。

盐析剂应满足不污染产品、价廉易得和溶解度大的要求。中性配合萃取时，常用硝酸铵作盐析剂，也可采用提高料液浓度的方法代替外加盐析剂。被萃的硝酸盐本身也有盐析作用，常称为"自盐析"作用。离子缔合萃取时，盐析剂的作用主要是降低离子亲水性。当盐析剂与配阴离子有相同配位体时，也有同离子效应。

18.1.2.5 配合剂

萃取时，有机相中加入配合剂主要是可提高被萃组分的分配系数。使分配系数下降的配合剂称为抑萃配合剂，又称为掩蔽剂。使分配系数增加的配合剂称为助萃配合剂。如采用中性萃取剂进行稀土元素分离时，常用氨羧配合剂（如 EDTA）作抑萃配合剂，使分配系数减小，但却增大相邻稀土元素的分离系数。

此外，水相 pH 值、水相离子组成和萃取设备等对被萃组分的萃取率也有重大影响。

18.2 各类萃取剂的主要特性及其萃取机理

18.2.1 中性磷型萃取剂

中性磷型萃取剂为中性有机化合物，为磷酸（H_3PO_4）中的三个羟基全部被烷基或烷氧基取代的化合物。被萃物为中性盐，中性磷型萃取剂与中性盐生成中性配合物而被萃入有机相。中性磷型萃取剂的萃取反应可表示为：

$$m \overline{(RO)_3P=O} + MeX_n \longrightarrow \overline{[(RO)_3P=O-]_m MeX_n}$$

萃取是通过中性磷型萃取剂氧原子上的孤电子对生成配价键 O→Me 来实现的。配价键愈强，其萃取能力愈大。中性磷氧萃取剂的疏水基团可为烷基（R）或烷氧基（RO）。烷氧基（RO）中含有负电性大的氧原子，吸电子能力强，故烷氧基为拉电子基，P=O基中氧原子上的孤电子对有被烷氧基拉过去的倾向（使电子云密度降低），减弱了其与 MeX_n 生成配价健的能力。因此，中性磷氧萃取剂的萃取能力由强至弱顺序为：

$$R_3P=O \quad > \quad R_2(RO)P=O \quad > \quad (RO)_2RP=O \quad > \quad (RO)_3P=O$$

三烷基氧化膦　　　二烷基膦酸烷基酯　　　　烷基膦酸二烷基酯　　　　三烷基磷酸酯

从这一顺序可知，中性磷氧萃取剂中的 C—P 键愈多，其萃取能力愈大；反之，其萃取能力则愈小。中性磷氧萃取剂的水溶性与此顺序相反。较常用的中性磷氧萃取剂为 TBP、TOPO。

用 TBP、TOPO 萃取 H_2PtCl_6 和 H_2IrCl_6 的萃取反应可表示为：

$$2 \overline{TBP} + H_2PtCl_6 \longrightarrow \overline{H_2PtCl_6 \cdot 2TBP}$$

$$2 \overline{TBP} + H_2IrCl_6 \longrightarrow \overline{H_2IrCl_6 \cdot 2TBP}$$

$$n \overline{TOPO} + H_2PtCl_6 \longrightarrow \overline{H_2PtCl_6 \cdot nTOPO}$$

$$n \overline{TOPO} + H_2IrCl_6 \longrightarrow \overline{H_2IrCl_6 \cdot nTOPO}$$

中性磷氧萃取剂的黏度较大，常用煤油、正辛烷、异辛烷、四氯化碳、甲苯等作稀释剂。

18.2.2 酸性磷氧萃取剂

酸性磷氧萃取剂为磷酸（H_3PO_4）中的一个或两个羟基被烷基或烷氧基取代的化合物。依靠其中一个或两个氢离子与水相中的金属阳离子交换而萃取金属阳离子，故又称为阳离子萃取剂。酸性磷氧萃取剂的酸性愈强，其萃取金属阳离子的能力愈大。

酸性磷氧萃取剂主要用于分离贵金属溶液中的少量贱金属阳离子（如铜、镍、铁等）。

18.2.3　胺类萃取剂

胺类萃取剂为氮的有机衍生物，根据氮原子上连接的烷基数分为伯胺（RNH_2）、仲胺（R_2NH）、叔胺（R_3N）和季铵盐 $[R_3N(CH_3)^+ \cdot Cl^-]$ 四类，其碱性随烷基数的增多而增强。季铵盐为强碱萃取剂，可用于高 pH 值溶液萃取。胺类萃取剂对金属氯配阴离子的萃取能力则随碳链支链化的增长而降低。可萃取呈氯配阴离子态存在的所有金属离子，其对金、铂、钯、铱等的氯配阴离子的萃取能力较强，是目前用于铂、铱分离的主要萃取剂。

若胺类萃取剂用 Am 表示，其萃取机理有两种：

（1）离子缔合机理，萃取反应可表示为：

$$\overline{Am} + HCl \longrightarrow \overline{AmH^+ \cdot Cl^-}$$

$$2\,\overline{AmH^+ \cdot Cl^-} + PtCl_6^{2-} \longrightarrow \overline{[(AmH)_2PtCl_6]} + 2Cl^-$$

（2）胺分子取代氯配离子中的配位基交换，萃取反应可表示为：

$$2\,\overline{Am} + PtCl_6^{2-} \longrightarrow \overline{[Pt(Am)_2Cl_4]} + 2Cl^-$$

伯胺氮原子上只连接 1 个烷基，N-键配位能力强，以配位基交换机理萃取，速度慢，难反萃，选择性高。季铵盐氮原子上已连接 4 个烷基，对 N-键形成位阻，以离子缔合机理萃取，速度快，易反萃，选择性较低。仲胺、叔胺兼有两种机理，仲胺偏向伯胺的配位基交换机理为主，叔胺偏向季胺的离子缔合机理为主。因此，胺类萃取剂萃取选择性顺序为：伯胺 > 仲胺 > 叔胺 > 季胺。萃取能力及易反萃顺序为：季胺 > 叔胺 > 仲胺 > 伯胺。目前工业应用最广的为叔胺萃取剂。

18.2.4　螯合萃取剂

螯合萃取剂为有机酸，具有酸性官能团和配位官能团两种官能团，可溶于惰性溶剂中。其酸性官能团可与金属阳离子 Me^{n+} 或可离解为金属阳离子的氯配阴离子 $MeCl_x^{n-x}$ 形成离子键，配位官能团可与金属阳离子或可离解为金属阳离子的氯配阴离子 $MeCl_x^{n-x}$ 形成一个配位键。因此，螯合萃取剂可与金属阳离子或可离解为金属阳离子的氯配阴离子 $MeCl_x^{n-x}$ 形成疏水螯合物而萃入有机相。

工业上已成功用羟肟类螯合萃取剂分离钯，生成用 C=N 键与钯的氯配阴离子双配位配合物，萃取反应在贵金属氯配阴离子内界进行，螯合取代反应空间位阻大，速度慢，难反萃，选择性高。

18.2.5　中性含氧萃取剂

中性含氧萃取剂为醇、醚、醛、酯、酮及酰胺等中性碳氧有机化合物，含 C—O 键，在酸性溶液中生成中性溶剂化配合物萃取金属阳离子。中性含氧萃取剂分子不与贵金属氯配阴离子生成离子对，也不进入贵金属氯配阴离子内界取代交换氯离子，而是通过溶剂化作用在贵金属氯配阴离子外层形成疏水层，使贵金属氯配合物转入有机相中。若以硫代表中性含氧萃取剂，萃取反应可表示为：

$$y\,\overline{S} + MeCl_x^{n-} \longrightarrow \overline{\left[MeCl_{x-y} \cdot S_y \right]^{y-n}} + y Cl^-$$

中性含氧萃取剂的碱性和溶剂化能力顺序为：

$$RCOR > RCOR > RCOOR > RCOOH > ROH > R_2O$$

醛 酮 酯 酸 醇 醚

其碱性与萃取剂的推电子基 R 有关，与活性原子结合的推电子基 R 的数目愈多，其碱性愈强，萃取能力愈大；反之，与活性原子结合的拉电子基 RO 的数目愈多，其碱性愈弱，萃取能力愈小。

18.2.6 含硫萃取剂

含硫萃取剂主要为具有 S^{2-} 键的硫醚和具有 $S=O$ 键的亚砜 H_2SO。亚砜为硫醚的氧化产物，均为石油精炼副产品。

硫醚可从含有大量贱金属的溶液中萃取金、钯及从其他铂族金属中分离钯，具有选择性高、萃取率高的特点。硫醚中烷基碳链长度为 $C_4 \sim C_8$，通过硫离子成键形成稳定的 Pd=S 离子缔合物使钯氯配阴离子萃入有机相。萃取反应可表示为：

$$2\,\overline{(R—S—R)} + PdCl_4^{2-} \longrightarrow \overline{PdCl_2 \cdot (R—S—R)_2} + 2Cl^-$$

硫醚中烷基碳链长度少于 5 个碳原子数的硫醚的萃取速度快，但水溶性大，对铂的选择性差。碳原子数不少于 8 的硫醚的萃取速度慢，但水溶性小，选择性较高。

各种硫醚均可氧化为相应的亚砜，通过 $S=O$ 键配位。

18.2.7 协同萃取

两种或两种以上的萃取剂混合物，萃取某些被萃物的分配系数大于其在相同条件下单独使用时的分配系数之和的现象称为协同效应或协同萃取。若混合使用时的分配系数小于其在相同条件下单独使用时的分配系数之和，则称为反协同效应或反协同萃取。若两者相等，则无协同效应。常见的协同萃取体系列于表 18-3 中。

表 18-3 常见的协同萃取体系

大 类	协萃类型	实 例
二元协萃体系	酸性萃取剂 + 中性萃取剂	$UO_2^{2+}/H_2O-HNO_3/P204-TOPO$-煤油
	酸性萃取剂 + 胺类萃取剂	$UO_2^{2+}/H_2O-H_2SO_4/P204-R_3N$-煤油
	中性萃取剂 + 胺类萃取剂	$Pu_2^{2+}/H_2O-HNO_3/TBP-TBAN$-煤油
二元同类协萃体系	酸性萃取剂 + 酸性萃取剂	$Cu^{2+}/H_2O-H_2SO_4/Lix63$-环烷酸-煤油
	中性萃取剂 + 中性萃取剂	$UO_2^{2+}/H_2O-HNO_3/$二丁醚-二氯乙醚
	中性碳氧萃取剂 + 中性磷氧萃取剂	$P^{5+}/H_2O-HCl/RCOR-ROH$-煤油
三元协萃体系	酸性萃取剂 + 中性萃取剂 + 胺类萃取剂	$UO_2^{2+}/H_2O-H_2SO_4/P204-TBP-R_3N$-煤油
稀释剂协同	离子缔合萃取剂 + 稀释剂	$Fe^{3+}/H_2O-HCl/$丁醚-1，2 二氯乙烷-硝基甲烷

协萃机理较复杂，通常认为协萃作用是由两种或两种以上的萃取剂与被萃物生成一种更加稳定和更疏水（水溶性更小）的含有两种以上配位体的萃合物的缘故，此萃合物更易溶于有机相。

18.3　萃取分离贱金属

18.3.1　萃取贱金属的常用萃取剂

贵金属溶液中的常见贱金属杂质为铁、铜、镍、钴、锌和铅等，他们常呈简单阳离子形态存在于酸性液中，贵金属常呈氯配阴离子形态存在（铑呈水合阳离子形态存在），故可采用酸性萃取剂萃取贱金属阳离子而除去贱金属杂质，此过程不产生贵金属的共萃损失。

常用的酸性磷类萃取剂为：二-（2-乙基己基）磷酸（P204 或 HDEHP）、二-（2-乙基己基）膦酸（2-乙基己基）酯（HEHEHP 或 P507）、单十四烷基磷酸（P538）、单（2-乙基己基）膦酸（H_2MEHP）、二（正丁基）膦酸（HDBP）等。

常用的羧酸萃取剂为：环烷酸、叔碳酸 C547、Versatic 系列异构羧酸等。为弱酸性萃取剂。

常用的磺酸萃取剂为：RSO_2OH，为强酸性萃取剂。可从高酸度液中萃取金属阳离子。

18.3.2　萃取贱金属的应用实例

18.3.2.1　从铑、铱料液中除去贱金属

若萃取分离金、钯、铂后的溶液中的贱金属（铜、镍、铁、钴）的总含量为 11g/L，铑、铱的含量仅 0.32~1.00g/L。选用 P204 或 P507 萃取除去贱金属，萃余液经水解沉淀、固液分离，滤饼用盐酸溶解，产出较高浓度的铑、铱溶液，送后续分离作业。

操作时，将贵贱金属质量比为 1:20 的溶液用碱调 pH 值为 1，用 30% P204 + 正十二烷（皂化 60%）作有机相，相比为 1:1，逆流 4 级萃取，控制萃余液 pH 值为 4.5~5.0，铁、铜萃取率大于 99%，镍、钴萃取率大于 96%。由于终点 pH 值较高，部分铑、铱呈阳离子共萃。用 5% HCl 液洗涤负载有机相，相比为 3:1，逆洗 3 级，洗液中铑含量约为 0.003g/L，铱含量小于 0.001g/L，分别占料液相应金属量的 2.5% 和约 1%，并入萃余液中，用水解法回收。用 6mol/L HCl 液反萃，相比为 1:1，逆流 6 级反萃，每级平衡时间为 5min，反萃液中，分散铑约 5%、铱约 2%，作为废酸返回精炼使用时再回收铑、铱。若采用还原反萃，相比为 3:1，3 级反萃，每级平衡时间为 15s，效果更好，HCl 耗量低，周期短，有机相循环使用寿命长。有机相用 NaOH 平衡后即可返回使用。

萃取分离贱金属后，残液中的贵贱金属质量比为 7:1。萃残液与洗液合并，用 NaOH 溶液中和水解析出铑、铱。过滤、盐酸溶解沉淀物，溶液中铑、铱含量达 7.5~10g/L，贱金属含量小于 1g/L。送后续铑、铱分离和提纯作业。

18.3.2.2　从铑溶液中去除贱金属

使溶液中的 Pt^{4+}、Pd^{2+}、Au^{3+}、Rh^{3+} 和 Ir^{3+} 和 Ir^{4+} 充分转化为氯配阴离子，而 Fe^{3+}、Ni^{2+}、Cu^{2+} 主要仍呈水合阳离子形态存在。用 P204-煤油作有机相萃取，铁、镍、铜萃取率大于 97%，贵金属萃取率小于 1%。也可在 3mol/L 盐酸液中，用 2mol/L 正辛基苯胺萃取铂族金属和金（0.01mol/L）同样可将大量的 Ni^{2+}、Co^{2+}、Cu^{2+}、Fe^{3+}（1mol/L）等分离。

如 $m(Cu):m(PGM) = 400:1$ 的原始料液，经萃取可产出 $m(Cu):m(PGM) = 20:1$ 的产品，PGM 富集 20 倍。

18.4　萃取分离金

18.4.1　概述

1911 年 Mylius 首先用乙醚从盐酸液中萃取金，实现了金、钯分离。以后开展了大量的试验研究工作，国际镍公司阿克统精炼厂首先将二丁基卡必醇（DBC）萃金用于生产，负载有机相洗涤后，用热草酸溶液还原反萃金，产出海绵金。英国罗伊斯统（Royston）马太吕斯腾堡（MRR）用磷酸三丁酯（TBP）或甲基异丁基酮（MIBK）从盐酸液中萃取金，稀盐酸洗涤除杂后，采用铁粉还原反萃，产出单质金。

1983 年，我国金川冶炼厂用二丁基卡必醇（DBC）萃金、草酸溶液还原反萃，海绵金酸洗后铸锭，产出 99.99% 的纯金锭。近代，我国对金的萃取剂进行了大量的试验研究工作。试验表明，除二丁基卡必醇、二异辛基硫醚、仲辛醇、乙醚外，甲基异丁基酮、磷酸三丁酯、石油亚砜、石油硫醚等均是萃金的良好萃取剂。

用于萃金的原料较广泛，如含金的铂族金属化学精矿、含金边角废料（含金百分之几至百分之几十）及回收所得的各种含金溶液。萃金原液中，金均呈金的氯配阴离子形态存在。金的萃取机理可归为溶剂化萃取、离子缔合萃取和配位配合萃取三大类。

18.4.2　二丁基卡必醇（DBC）萃取金

18.4.2.1　我国金川冶炼厂从贵金属原液中萃取金

长沙矿冶研究院首创用烧碱代替金属钠工业合成二丁基卡必醇，并用于生产，将萃取剂成本降低 70% 以上。1983 年 10 月采用二丁基卡必醇从我国金川冶炼厂贵金属原液中萃金新工艺投产。生产数据表明，料液含金 0.94 ~ 2.0g/L，料液酸度（HCl）为 2.5mol/L，1 级萃取，萃余液含金 0.0025 ~ 0.0058g/L，金萃取率为 99.49% ~ 99.74%。负载有机相用 0.5mol/L HCl 洗涤，洗涤相比为 1：1，3 级，室温，混合、澄清各 5min。反萃剂为 5% 的草酸溶液（为理论量的 1.5 ~ 2 倍），还原反萃温度为 70 ~ 85℃，搅拌 2 ~ 3h。金回收率达 98.7%，产品含金达 99.99%。萃取、洗涤均在箱式萃取器中进行，还原反萃在搅拌槽中进行。

18.4.2.2　从锇、钌蒸残液中萃金

锇、钌蒸残液为硫酸-盐酸混合介质，氯离子浓度为 10 ~ 100g/L，两种溶液组成列于表 18-4 中。

表 18-4　锇、钌蒸残液组成

编号	含量/g·L⁻¹								氢离子浓度/g·L⁻¹
	Au	Pt	Pd	Rh	Ir	Fe	Cu	Ni	
1	3.0	11.7	5.18	0.88	0.36	2.39	6.32	5.60	2 ~ 4
2	1.71	4.97	2.79	0.34	0.53	3.08	6.04	5.55	2 ~ 4

操作时，料液盐酸酸度为 2.5mol/L，萃取相比 1：1，室温，4 ~ 5 级逆流萃取，每级混合 5min，萃残液含金小于 0.005g/L，金萃取率大于 99.5%。负载有机相用 0.5mol/L HCl 洗涤，洗涤相比为 1：1，室温，3 ~ 4 级逆流洗涤，每级混合 5min。反萃剂为 5% 的草

酸溶液（为理论量的 2 倍），还原反萃温度为 80℃，搅拌 2~3h。产出纯度为 99.99% 的金粉，铸为金锭。DBC 返回萃取作业使用，全过程金回收率达 98.7%。

18.4.2.3　国际镍公司阿克统精炼厂萃金

国际镍公司阿克统精炼厂用 DBC 萃金的设备联系图如图 18-2 所示。

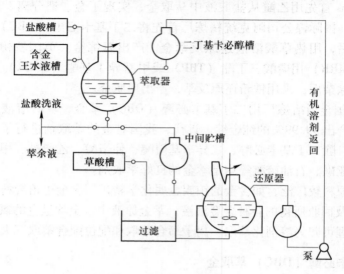

图 18-2　国际镍公司阿克统精炼厂用 DBC 萃金的设备联系图

料液组成为：Au 4~6g/L，Pt 25g/L，Pd 25g/L，Os、Ir、Ru 微量，Cu、Ni、Pb、As、Sb、Bi、Fe、Te 等总含量小于 20%，盐酸浓度 3mol/L，氯离子总浓度 6mol/L，萃取相比 1:1，萃取混合器（200L）用 QVF 玻璃制成，配有 QVF 玻璃高速涡轮搅拌器。萃取澄清后从底部排出水相，有机相留在萃取混合器内，再进行新液萃取，一般当有机相含金达 25g/L 时即为终点。载金有机相用 1.5mol/L 盐酸洗涤 3 次除杂，然后送还原器进行还原反萃。还原器外部以电阻丝加热，并有搅拌浆和排气装置，还原反萃温度不低于 90℃。反应结束后，经冷却、澄清后，将有机相虹吸排出返回萃取使用，再过滤分离金粉。金粉用稀盐酸洗涤除杂，再用甲酸洗涤金粉以除去吸附的有机相。最后熔融金粉、水淬成金粒，其纯度达 99.99%。实践表明，萃取流程与硫酸亚铁还原-电解流程比较，具有流程周期短、成本低的特点。但萃取过程中有机相的损失率高达 4%，在生产成本中占较大的比例。

18.4.2.4　采用乙二醇单丁醚脱水法制取二丁基卡必醇（DBC′）

采用乙二醇单丁醚脱水法制取二丁基卡必醇（DBC′），可获得单程转化率为 44.7% 的高转化率，生成类似 DBC 结构的金萃取剂 DBC′。制取工艺简单，且某些性能优于 DBC。当料液含金 1~5g/L 时，萃余液中含金可降至 4.72~7.10mg/L，萃取率达 99.53%~99.29%。

18.4.3　甲基异丁基酮（MIBK）萃取金

甲基异丁基酮（MIBK）为无色透明液体，属中性含氧萃取剂，分子式为 $(CH_3)_2CHCH_2COCH_3$。萃取金时生成不稳定的钅羊盐离子缔合物转入有机相，易被草酸还原反萃。其萃取反应可表示为：

$$\overline{\left[(CH_3)_2CHCH_2COCH_3\right]} + HCl \Longleftrightarrow \overline{\left[(CH_3)_2CHCH_2COCH_3H\right] \cdot Cl}$$

$$\overline{\left[(CH_3)_2CHCH_2COCH_3H\right] \cdot Cl} + HAuCl_4 \Longleftrightarrow \overline{\left[(CH_3)_2CHCH_2COCH_3H\right] \cdot AuCl_4} + HCl$$

$$2\overline{\left[(CH_3)_2CHCH_2COCH_3H\right] \cdot AuCl_4} + 3H_2C_2O_4 \longrightarrow 2Au\downarrow + 2\overline{\left[(CH_3)_2CHCH_2COCH_3\right]} + 8HCl + 6CO_2$$

马太吕斯腾堡精炼厂已将此工艺用于萃金生产，金萃取容量可达 90.5g/L，甲基异丁基酮对各元素的萃取率与水相盐酸浓度的关系如图 18-3 所示。

从图 18-3 曲线可知，在较低盐酸浓度条件下，甲基异丁基酮可定量萃取金，其他杂质元素的萃取率小于 1%。

某料液组成为：Au 0.87g/L、Pt 2.65g/L、Pd 1.55g/L、Rh 0.2g/L、Ir 0.18g/L、Cu 5.32g/L、Ni 7.3g/L、Fe 0.09g/L。采用甲基异丁基酮作萃取剂，萃取条件为 0.5mol/L 盐酸，相比 1：(1~2)，3 级萃取，每级 5min，负载有机相用 0.1~0.5mol/L HCl 洗涤两次，金萃取率达 99.9%，并与其他杂质有效分离。洗涤后的有机

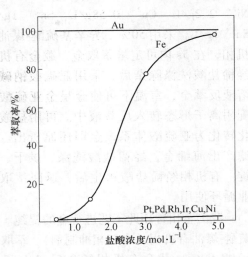

图 18-3　甲基异丁基酮对各元素的萃取率与水相盐酸浓度的关系

相用 5% 草酸溶液于 90~95℃下进行还原蒸发，不定时搅拌，待有机相完全蒸发后过滤、洗涤、烘干，产出含金达 99.99% 的海绵金，金直收率为 99.8%。有机相蒸发、冷凝回收，返回使用。

采用甲基异丁基酮作萃取剂，从含多种贵金属溶液中分离金时，相比为 1：1，12 级逆萃，原液含金 5mol/L，金萃取率达 99%~99.9%。

对组成为：Pt 3.2g/L、Pd 2.8g/L、Au 0.33g/L、Cu 2.1g/L、Zn 2.3g/L、Bi 7.8g/L、Fe 0.15g/L、Se 3.5g/L、Sn 2.4g/L 的铂钯化学精矿水溶液氯化浸出液，采用甲基异丁基酮萃取金，相比 1：10，萃取 6min，盐酸浓度为 0.5~3mol/L，一级金萃取率达 99%。负载有机相用 5% 草酸溶液加热反萃，甲基异丁基酮蒸馏冷凝回收返回萃取再用。也有报道采用 NaOH 反萃，经亚硫酸钠还原、洗涤、烘干，产出含金达 99.996% 的纯金粉。

甲基异丁基酮沸点、闪点低，易燃，须蒸发冷凝再生。

18.4.4　二异辛基硫醚（S219）萃取金

18.4.4.1　二异辛基硫醚萃金原理

二异辛基硫醚（S219）为无色透明油状液体，无特殊臭味，与煤油等有机溶剂可无限混溶。pH 值对金萃取率的影响极微（见图 18-4），属中性含氧萃取剂，萃取金时生成不稳定的锌盐离子缔合物转入有机相，在 pH 值较高条件下可定量萃取金，而 Pt^{4+}、Co^{2+}、Cu^{2+}、Ni^{2+}、Sn^{2+}、Sn^{4+} 等不被萃取，Fe^{3+} 在 3mol/L HCl 下被少量萃取，Pd^{2+}、Hg^{2+} 可与 Au^{3+} 共萃。因此，料液中若无 Pd^{2+}、Hg^{2+}，金可在较宽 pH 值范围内与其他杂质分离。

有机相萃取剂浓度以 50% 为宜，浓度太低易出现第三相，负金有机相不易保持稳定。温度对金萃取率的影响极微，13~38℃下，金萃取率均大于 99.98%。但温度低于 30℃

时，易出现第三相。

18.4.4.2　应用实例

料液组成为：Au^{3+} 10g/L、Hg^{2+} 1g/L、Pt^{4+} 4g/L、Pd^{2+} 1g/L、Fe^{3+} 1g/L、Co^{2+} 0.6g/L、Ni^{2+} 2.2g/L、Cu^{2+} 0.58g/L、Sn^{2+} 1g/L、Sn^{4+} 1g/L。采用 50% 二异辛基硫醚-煤油有机相，在 5s 内可定量萃取金。载金有机相经稀盐酸洗涤除杂后，采用亚硫酸钠碱性溶液反萃金，室温下可使金呈金亚硫酸根配阴离子形态转入反萃液中。再用盐酸酸化转化为亚硫酸体系，金即还原析出。过滤产出海绵金，经稀盐酸洗涤、烘干、铸锭。有机相经稀盐酸再生后，返回萃取作业循环使用。

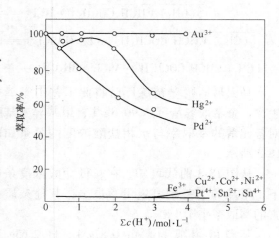

图 18-4　酸度对二异辛基硫醚萃取金和
萃取某些杂质的影响

我国金川曾用此工艺进行金的提纯。料液含金 50g/L，2mol/L HCl，用 50% 二异辛基硫醚-煤油有机相（含三相抑制剂），萃取相比 1:1，2 级，常温，萃取 1min，金萃取率大于 99.99%。载金有机相经 0.5mol/L 稀盐酸洗涤除杂。采用 0.5mol/L NaOH + 1mol/L Na_2SO_3 混合液进行反萃，反萃 5~10min，2 级，反萃率达 99.1%。反萃液于 50~60℃下，用盐酸酸化（盐酸用量与亚硫酸钠物质的量）还原析出金，金还原析出率达 99.97%，金回收率达 99.99%，产品纯度达电金纯度。反萃有机相再生后，返回萃取作业循环使用。萃取与反萃均在离心萃取器中进行。

18.4.5　仲辛醇及混合醇萃取金

18.4.5.1　仲辛醇及混合醇萃金原理

仲辛醇的分子式为 $C_8H_{17}OH$，无色，易燃，不溶于水，属中性含氧萃取剂，在强酸性介质中可形成锌盐，萃取金时生成不稳定的锌盐离子缔合物转入有机相，易被草酸还原反萃。其反应可表示为：

$$\overline{ROH} + HCl \Longrightarrow \overline{(ROH \cdot H)^+ \cdot Cl^-}$$

$$\overline{(ROH \cdot H)^+ Cl} + HAuCl_4 \Longrightarrow \overline{(ROH \cdot H)AuCl_4} + HCl$$

$$2\overline{(ROH \cdot H)AuCl_4} + 3H_2C_2O_4 \longrightarrow 2Au\downarrow + 2\overline{C_8H_{17}OH} + 8HCl + 6CO_2\uparrow$$

18.4.5.2　应用实例

A　上海某冶炼厂

用水溶液氯化法浸出铜电解阳极泥中的金、银，产出含金、铂、钯、铜、铅、硒等的氯化浸出液，氯化浸出液中盐酸含量为 1.5mol/L。采用仲辛醇萃金，效果明显。国产工业仲辛醇先用等体积的 1.5mol/L HCl 溶液饱和，仲辛醇萃金容量大于 50g/L，萃金相比常为 1:5，温度 25~35℃，萃取 30~40min，机械搅拌强度为 500~600r/min，金萃取率大于 99%。载金有机相含金 40~50g/L，载金有机相用草酸液进行还原反萃。草酸液浓度为 7%，反萃相比 1:1，还原反萃温度大于 90℃，机械搅拌强度为 500~600r/min，还原反萃

30~40min，2 级逆流反萃。产出海绵金，经稀盐酸洗涤、烘干、铸锭。金锭含金大于 99.98%。反萃有机相用等体积 2mol/L HCl 洗涤后返回使用。有机相损失率小于 4%。萃余液经铜置换，回收金、铂、钯等有用组分。试验表明，水溶液氯化浸出液中 $m(\text{Au})$：$m(\text{Pt}+\text{Pd})$ 大于 50g/L 时，仲辛醇萃金才有较高的选择性。

B 混合醇萃取金

如料液组成为：Au 0.7g/L、Pt 4.63g/L、Pd 1.7g/L 及少量铑、铱、铜、镍、硫酸-盐酸（约 3mol/L）。采用 40% 混合醇 + 煤油进行 3 级逆萃，金萃取率大于 99%，铂、钯共萃率约 3%。载金有机相用 3mol/L HCl 洗涤后，用草酸溶液或水反萃，反萃液加热还原析出海绵金。海绵金分别用 HCl、HNO₃ 煮沸除杂，金粉纯度大于 99.95%。

还原海绵金的洗涤方法对纯度影响大，如用 40~50℃ 热去离子水洗去金粉表面的有机相及还原剂；再用质量比 1∶1 HCl 浸煮 1h 以除去铅、锑、铋等杂质，除去酸液；再用去离子水洗至 pH 值为 6~7，用氨水浸泡 0.5~1h，弃去氨液，最后用去离子水洗至 pH 值为 8~7，可充分保证产品纯度。

18.4.6 胺氧化物萃取金

18.4.6.1 三辛胺氧化物（TONO）萃取金

盐酸液中的金可用 0.05mol/L TONO-煤油有机相萃金，平衡时间为 0.5min，5 级逆流萃取，金萃取率大于 99%。载金有机相用 4mol/L HCl 洗涤除杂后，用 5% 草酸溶液还原反萃，反萃率达 99%，海绵金纯度大于 99.9%。

18.4.6.2 二仲辛基乙酰胺（N503）萃取金

如料液组成为：Au 2.17g/L，Pt 6.95g/L，Pd 3.05g/L，及少量铑、铱、铜、镍、铁的复杂溶液，采用 7% 二仲辛基乙酰胺（N503）-10% 异辛醇-煤油有机相，萃取相比 1∶2，3 级逆流萃取，每级混相 3min，金萃取率大于 99%，仅少量铁被共萃。载金有机相用 0.5mol/L HCl 洗涤除杂后，用 1mol/L 醋酸钠溶液反萃，反萃率大于 99%。反萃液用草酸煮沸还原析出海绵金，纯度达 99.99%，金回收率达 99%。

中性含氧萃取剂均可从复杂溶液中萃取金而产出纯金。目前，我国主要采用二丁基卡必醇萃取金，并在铂族金属生产中长期广泛应用。

18.4.7 乙醚萃取金

18.4.7.1 乙醚萃金原理

乙醚为无色透明易挥发液体，分子式为 C₂H₅OC₂H₅，沸点为 34.6℃，密度为 0.715g/cm³。其蒸汽与空气混合极易爆炸。乙醚萃金是基于高浓度盐酸液中可与酸生成𨧀离子，继而与金氯配阴离子结合为中性𨧀盐，𨧀盐只能存在于浓酸液中，故可用水反萃。其反应可表示为：

$$(\text{C}_2\text{H}_5)_2\text{O} + \text{HCl} \Longleftrightarrow [(\text{C}_2\text{H}_5)_2\text{OH}] \cdot \text{Cl}$$

$$[(\text{C}_2\text{H}_5)_2\text{OH}] \cdot \text{Cl} + \text{HAuCl}_4 \Longleftrightarrow [(\text{C}_2\text{H}_5)_2\text{OH}] \cdot \text{AuCl}_4 + \text{HCl}$$

$$[(\text{C}_2\text{H}_5)_2\text{OH}] \cdot \text{AuCl}_4 + \text{H}_2\text{O} \longrightarrow (\text{C}_2\text{H}_5)_2\text{O} + \text{HAuCl}_4 + \text{H}_2\text{O}$$

盐酸液中，乙醚萃取各种金属氯配阴离子的萃取率与水相酸度的关系如图 18-5 所示。从图 18-5 曲线可知，水相盐酸浓度小于 3mol/L 时，乙醚萃金的选择性较高。

乙醚萃取各种金属离子的萃取率（6mol/L HCl）列于表 18-5 中。

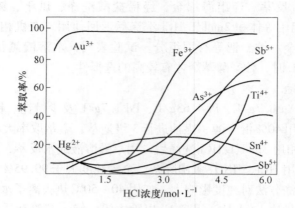

图 18-5　乙醚的萃取率与水相酸度的关系

表 18-5　乙醚萃取各种金属离子的萃取率（6mol/L HCl）

金属离子	Fe^{2+}	Fe^{3+}	Zn^{2+}	Al^{3+}	Ca^{2+}	Tl^{+}	Pb^{2+}	Bi^{2+}
萃取率/%	0	95	0.2	0	97	0	0	0
金属离子	Sn^{2+}	Sn^{4+}	Sb^{5+}	Sb^{3+}	As^{5+}	As^{3+}	Se	Te
萃取率/%	1530	17	81	66	2~4	68	微量	34

18.4.7.2　乙醚萃取制取高纯金

乙醚萃取制取高纯金的工艺流程如图 18-6 所示。

用 99.9% 的海绵金或工业电解金为原料，用王水浸出或隔膜电解造液法制取萃取料液，料液含金 100~150g/L，盐酸浓度 1.5~3mol/L。萃取相比 1:1，室温，搅拌 10~15min。将载金有机相注入蒸馏器中，加入有机相 50% 体积的去离子水，用恒温水浴的热水（始温为 50~60℃，终温为 70~80℃）进行蒸馏反萃。蒸馏出的乙醚经冷凝后返回使用。反萃液含金约 150g/L，调酸至 1.5mol/L HCl 送第二次萃取和蒸馏反萃，条件与第一次相同。第二次反萃液含金 80~100g/L，调酸至 3mol/L HCl，送二氧化硫还原金作业。

为保证金粉质量，二氧化硫气体须经浓硫酸、氧化钙、纯净水洗涤净化后才能通入待还原的反萃液中。金还原反应为：

$$2HAuCl_4 + 3SO_2 + 3H_2O \longrightarrow 2Au\downarrow + 2SO_3 + 8HCl$$

二氧化硫气体为有毒气体，还原金作业宜在通风橱内进行，尾气须经苛性钠溶液吸收后才能排空。

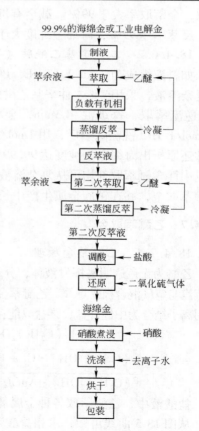

图 18-6　乙醚萃取制取高纯金的工艺流程

还原所得海绵金，经硝酸煮沸 30~40min，再用去离子水洗至中性、烘干、包装出厂。海绵金纯度大于 99.999%，金总回收率大于 98%。

18.5 萃取分离钯

18.5.1 含硫萃取剂萃取钯

18.5.1.1 含硫萃取剂萃钯原理

工业上常用含硫萃取剂（硫醚及其氧化物）和羟肟两类萃取剂从含金的贵、贱金属溶液中萃取分离钯。

含硫萃取剂主要为二烃基硫醚及其氧化物（亚砜），是具有 S^{2-} 键的有机硫化物。从料液中萃钯时，通过稳定的 Pd—S 键形成配位萃合物使钯转入有机相。其萃取反应可表示为：

$$2\,\overline{(R'\!-\!S\!-\!R)} + PdCl_4^{2-} \longrightarrow \overline{PdCl_2 \cdot (R'\!-\!S\!-\!R)_2} + 2Cl^-$$

常用 $C_4 \sim C_8$ 工业烃基硫醚，如二正己基硫醚（C_6H_{13}）$_2$S（DNHS）、二正辛基硫醚（C_8H_{17}）$_2$S（DOS）、二异戊基硫醚 i-（C_5H_{11}）$_2$S、二异辛基硫醚 i-（C_8H_{17}）$_2$S（S219）及甲基庚基硫醚、癸基叔丁基硫醚、辛基叔丁基硫醚等。其主要特点为：

（1）$C_4 \sim C_8$ 烃基为正结构的对称硫醚，烃基碳链愈长，抗氧化能力愈弱，有效萃钯的酸度范围愈窄。硫醚结构对萃钯性能的影响如图 18-7 所示。

从图 18-7 曲线可知，各种硫醚萃钯时，酸度影响均有一个最低点，硫醚萃钯能力的顺序与萃取平衡速度的顺序一致。烃基为正结构的对称硫醚易氧化为亚砜，亚砜为 Pt^{4+}、Ir^{4+} 的有效萃取剂，降低了萃钯的选择性。因此，烃基为正结构的对称硫醚不宜用于从含有氧化剂的盐酸和硝酸液中萃取分离钯。

异结构烷基硫醚的抗氧化能力比正结构的对称硫醚强，性能好，溶液酸度和组分对萃钯性能的影响较小。不同碳链结构硫醚对钯的萃取动力学和萃取选择性也有差异，如二异辛基硫醚可从较浓的硝酸甚至王水介质中萃取钯，氧化速度相当慢。而二正辛基硫醚在浓度大于 3mol/L 硝酸介质中萃取钯时，氧化率很快达 30% 左右，烷基带有叔碳原子的硫醚的萃钯选择性较高。

（2）不同结构二烃基硫醚的萃取平衡速度曲线如图 18-8 所示。

从图 18-8 曲线可知，相对分子质量较

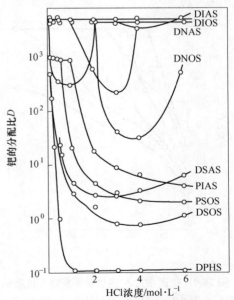

图 18-7 硫醚结构对萃钯性能的影响

DIAS—二异戊基硫醚；DNAS—二正戊基硫醚；DSAS—二仲戊基硫醚；DIOS—二异辛基硫醚；DNOS—二正辛基硫醚；DSOS—二仲辛基硫醚；PIAS—苯基异戊基硫醚；PSOS—苯基仲辛基硫醚；DPHS—二苯基硫醚

低的硫醚的萃钯速度较快；直链烷基硫醚又比侧链烷基硫醚的萃钯速度快；含苯基的硫醚（除 PIAS 外）的萃钯速度较慢。

硫醚浓度对钯萃取平衡速度的影响如图18-9所示。

从图 18-9 曲线可知，同种硫醚随其浓度的提高有利于萃合物的生成，可提高萃取速度。

水相盐酸浓度对钯萃取平衡速度的影响如图 18-10 所示。

从图 18-10 曲线可知，水相盐酸浓度的提高不利于萃合物的生成，使萃取速度降低。但 DIOS 在 6mol/L HCl 高酸度下的萃取速度加快，因硫醚氧化速度加快的缘故。因此，硫醚萃钯宜在低酸度条件下进行。

不同的烷基不对称硫醚萃取金、钯的速度差别较大，如癸基、叔丁基硫醚萃钯平衡时间较长，控制硫醚浓度可实现萃金不萃钯，使金与 PGM 分离，然后提高萃取剂浓度萃钯，使钯与其他铂族金属分离。

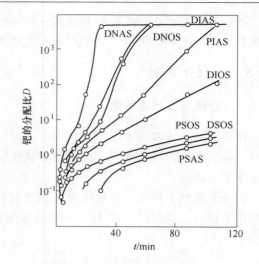

图 18-8　不同结构二烃基硫醚的萃取平衡速度曲线

DIAS—二异戊基硫醚；DNAS—二正戊基硫醚；DIOS—二异辛基硫醚；DNOS—二正辛基硫醚；DSOS—二仲辛基硫醚；PIAS—苯基异戊基硫醚；PSOS—苯基仲辛基硫醚；PSAS—苯基仲戊基硫醚

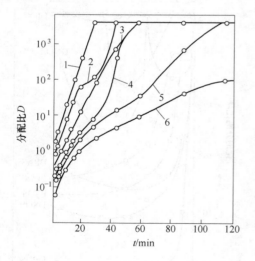

图 18-9　硫醚浓度对钯萃取平衡速度的影响

1—DIAS，1.0mol/L；2—DIAS，0.5mol/L；3—DIOS，0.2mol/L；4—DIAS，1.0mol/L；5—DIOS，0.5mol/L；6—DIOS，0.2mol/L

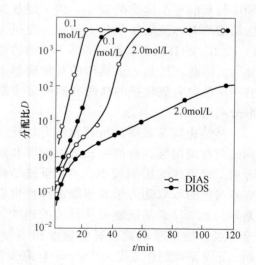

图 18-10　水相盐酸浓度对钯萃取平衡速度的影响

（3）二烃基硫醚萃钯选择性。

二烃基硫醚萃取金、钯、铂的分配比和分离因数列于表 18-6 中。

表 18-6 二烃基硫醚萃取金、钯、铂的分配比和分离因数

二烃基硫醚代号	分配比			分离因数	
	Au	Pd	Pt	$\beta_{Au/Pt}$	$\beta_{Pd/Pt}$
DIAS	131.8	1×10^3	$< 5 \times 10^{-3}$	2.6×10^4	2.0×10^5
DIOS	131.8	1×10^3	$< 5 \times 10^{-3}$	2.6×10^4	2.0×10^5
DANS	128.4	1×10^3	$< 5 \times 10^{-3}$	2.6×10^4	2.0×10^5
DNOS	137.2	1×10^3	$< 5 \times 10^{-3}$	2.7×10^4	2.0×10^5

水相盐酸浓度为 0.1~8.0mol/L 条件下，对于浓度为 0.005mol/L Pt^{4+} 的分配比均小于 5×10^{-3}，证明硫醚与 Pt^{4+} 不生成配位萃合物。在 2.0mol/L HCl 条件下，金、钯、铂的分离因数均大于 10^4，具有较高的选择性。

（4）硫醚萃钯注意事项。

1）料液先除硒或萃取前加氧化剂将硒氧化为 +4 或 +6 价，并采用抗氧化能力强的硫醚作萃取剂，以消除萃取过程中生成硒化钯沉淀和形成第三相，可加速分相过程。

2）料液先除 Cu^+、Cr^{3+}，以提高钯与 Pt^{2+}、Pt^{4+}、Rh^{3+} 的萃取选择性。

3）由于硫醚也是金的特效萃取剂。金、钯料液的处理方法为：① 萃钯前先萃取分金；② 硫醚共萃金、钯，然后在反萃液中分离金、钯；③ 利用萃取速度差（加入抑萃剂或协萃剂）先萃金，后萃钯；④ 采用二正辛基硫醚或二正己基硫醚作萃取剂时，因含少量硫醇杂质而产生乳化现象，难以分相。此时可用一定浓度的氯化铜溶液预处理有机相，使硫醇转化为 RSSR 而被除去。其反应可表示为：

$$2RSH + 2Cu^{2+} \longrightarrow RSSR + 2Cu^+ + 2H^+$$

加入一定浓度的氯化铜溶液预处理有机相，不会使硫醚氧化为亚砜，可消除乳化现象，且可降低其臭味。

18.5.1.2 硫醚萃钯实例

A 二正辛基硫醚（DNOS）萃钯

二正辛基硫醚（DNOS）萃钯时，采用脂肪烃作稀释剂，脂肪烃含直链烷烃 80%、环烷烃 20%，密度为 0.82g/cm³，沸点 208.1℃，闪点 78.4℃。有机相中 DNOS 的体积浓度为 25%，萃钯的最高容量为 40g/L，实际按 30g/L 控制。每升萃残液含钯约千分之几克。载钯有机相经盐酸液洗涤除杂后，用氨水反萃。由于萃取需数小时达平衡，常在带机械搅拌的容器中分批间断进行。

萃取试验结果表明：

（1）水相酸度对二正辛基硫醚萃钯（Pd^{2+}）的影响如图 18-11 所示。

从图 18-11 曲线可知，水相酸度为 1~4mol/L HCl 时，钯萃取率随水相盐酸浓度的增加而下降，适宜的盐酸浓度为 0.1mol/L，混相 5min，可定量萃钯，钯萃取率大于 99.99%。

（2）杂质对二正辛基硫醚萃钯（Pd^{2+}）的影响如图 18-12 所示。

从图 18-12 曲线可知，水相酸度为 0.1~4mol/L HCl 时，金萃取率大于 99%，铜、镍、铁、铱不被萃取。因此，萃钯前应先分金。

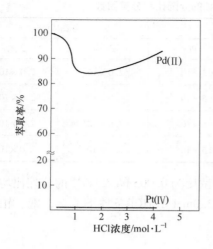

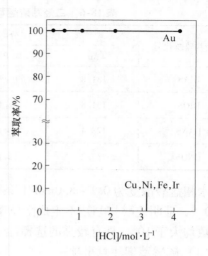

图 18-11　水相酸度对二正辛基硫醚萃钯
　　　　（Pd²⁺）的影响
（DNOS 1mol/L，稀释剂为二甲苯）

图 18-12　杂质对二正辛基硫醚萃钯
　　　　（Pd²⁺）的影响
（DNOS 1mol/L，稀释剂为二甲苯）

（3）水相含 Pd 1.92 g/L，Pt 2~4g/L，用 0.5mol/L DNOS-二甲苯及 1.0mol/L DNOS-二甲苯，1 级萃取，钯萃取率分别为 99.69% 和 99.99%。水相含 Pd 7.68g/L、Pt 2~4g/L，用 0.5mol/L DNOS-二甲苯，3 级萃取，钯萃取率大于 99.99%。载钯有机相经盐酸液洗涤除杂后，用 3mol/L 氨水反萃，反萃率达 96.0%。反萃液可送后续钯精炼作业，钯直收率约 99%。反萃有机相水洗至中性，用 0.1mol/L HCl 液平衡即可再生，经 10 次反复使用，钯萃取率仍大于 99%。

（4）国际镍公司阿克统精炼厂已将此工艺用于生产。用 25% DNOS-脂肪烃作有机相萃取钯，每升萃残液含钯约千分之几克。载钯有机相经盐酸液洗涤除杂后，用氨水反萃。有机相萃钯理论饱和容量为 40g/L，实际操作容量为 32g/L。DNOS 萃钯速度慢，只能分批间断操作，是其主要缺点。

B　二异戊基硫醚（S201）萃钯

10 种二烷基硫醚萃取金、钯、铂的性能对比表明，二异戊基硫醚（S201）萃钯最理想，可在 0.1~6mol/L HCl 液中定量萃钯，且易反萃，化学稳定性高。实用性研究结果为：

（1）介质与酸度。盐酸介质水相组成为：Pt 2.24g/L、Pd 1.03g/L、Rh 0.485g/L、Ir 0.20g/L、Cu 53.6g/L、Ni 53.85g/L、Fe 11.13g/L。萃取有机相为 30% S201-磺化煤油，相比 1:1，1 级，混相 5min，室温下萃取。酸度为 0.1~7mol/L HCl 时，对萃钯无影响，钯萃取率均为 99.83%；酸度为 0.1mol/L HCl 时，铂、铑、铱、铜、铁、镍完全不被萃取；酸度大于 3mol/L HCl 时，铁被少量萃取。若萃取有机相为 60% S201-二乙基苯，盐酸介质水相组成为：Pt 2.32g/L、Pd 1.91g/L，相比 1:1，1 级，酸度为 0.5~7mol/L HCl 时，钯萃取率约 99.99%，铂平均萃取率为 0.22%，钯、铂可在很宽的酸度范围内进行分离。盐酸浓度对 S201 萃取金属的影响如图 18-13 所示。

从图 18-13 曲线可知，S201 萃钯的选择性好，酸度小于 3mol/L HCl 时，分离系数大于 1×10^3。

硫酸介质中，钯主要呈硫酸钯形态存在，萃取有机相为 30% S201-磺化煤油，相比 1∶1，3级，混相 5min，料液含钯 1.35g/L，酸度为 1mol/L 和 7mol/L 时，钯萃取率大于 99.9%；酸度为 3~5mol/L 时，钯萃取率为 99.55%~99.7%；酸度为 1~7mol/L 时，铂、铑、铱、铜、铁、镍等不被萃取。

（2）萃取速度。S201 萃钯速度与钯萃取率的关系如图 18-14 所示。

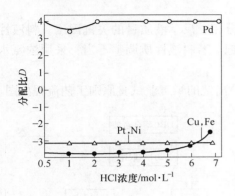
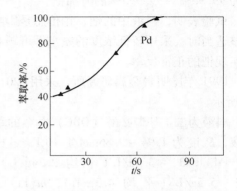

图 18-13　盐酸浓度对 S201 萃取金属的影响　　　图 18-14　S201 萃钯速度与钯萃取率的关系

从图 18-14 曲线可知，原液酸度为 1mol/L 时，接触时间小于 90s，钯萃取率达 99.99%，分配系数为 6785，S201 萃钯速度相当快。实际生产中，萃取作业可在混合澄清槽中连续运行。

（3）S201 萃钯选择性。S201 萃钯为硫原子直接与钯配位，而其他铂族金属及常见的铜、铁、镍等贱金属不能直接与硫醚中的硫原子配位，故硫醚 S201 萃钯选择性高。

（4）稀释剂和添加剂。相比 1∶1，1级，混相 5min，有机相中萃取剂浓度从 10% 增至 40%，钯萃取率从 99.86% 增至 99.97%。

稀释剂常采用磺化煤油，但各地产的煤油中的芳香烃含量不同，对钯的萃取容量影响较大。实践表明，有机相中添加少量芳香烃可提高钯的萃取容量和改善分相性能。

（5）水相钯含量。有机相中萃取剂浓度为 30% S201，水相钯含量从 5.8g/L 增至 32.5g/L，钯萃取率从 99.91% 增至 99.94%。水相钯含量常为 2~20g/L，10℃ 左右不会析出萃合物。萃取、反萃的分相时间均小于 5min，且界面清晰。

水相钯含量为 8.33g/L，酸度为 1.65mol/L HCl，室温 3 级萃取，相比 1∶1，混相 5min 的条件下，各种稀释剂对钯萃取率的影响列于表 18-7 中。

表 18-7　各种稀释剂对钯萃取率的影响

有机相组成	萃余液含钯/g·L⁻¹			钯萃取率/%		
	1	2	3	1	2	3
40% S201-正十二烷	0.054	<0.0003	<0.0005	99.35	99.99	99.99
40% S201-20% ROH-正十二烷	0.22	0.0022	<0.0005	97.36	99.97	99.99
40% S201-芳香烃	0.10	0.0039	<0.0005	98.80	99.95	99.99
30% S201-10% 芳香烃-煤油	0.031	0.0008	<0.0005	99.63	99.99	99.99
30% S201-10% 芳香烃-正十二烷	0.031	0.0008	<0.0005	99.63	99.99	99.99

从表18-7中数据可知，组成不同的几种有机相均能定量萃取钯。

（6）反萃剂。考查了硫脲、二甲胺、硫氰酸钠、氨水的反萃效果。其中，二甲胺、硫氰酸钠反萃时，界面出现大量泡沫，影响分相。硫脲反萃，分相快，界面清晰，但反萃级数多，反萃液中钯、铂互含高，不宜与后续的钯精炼作业衔接。氨水加适量盐析剂反萃钯，分相快，界面清晰，反萃液质量高，可与后续的钯精炼作业衔接，精炼作业可产出纯度为99.95%~99.995%的海绵钯。

试验表明，料液中的钯、铂价态是影响反萃分相、反萃液质量的关键因素。料液性质调整适当时，采用较低浓度的氨水即可顺利反萃钯。若料液性质调整不当，采用浓氨水也难实现钯的正常反萃。

1991年昆明贵金属研究所，采用S201萃取分离钯的半工业试验原则工艺流程如图18-15所示。

料液为二丁基卡必醇（DBC）萃金的萃余液，酸度为1.94~2.86mol/L HCl，组成为：Pd 1.93~3.0g/L（平均2.34g/L）、Pt 3~5.5g/L（平均4.3g/L），$m(Pt):m(Pd)=1.84$，共处理8批合计2872L。采用30%S201，4级萃取，各级钯萃取率分别为：71.31%、94.26%、96.48%、99.65%，萃余液含钯0.001%~0.009%（平均0.006%）。载钯有机相用稀盐酸洗涤，洗液含钯小于0.0005g/L（损失率约0.01%）。用稀氨水反萃，反萃率为100%，界面清晰，分相迅速。反萃后有机相经稀盐酸洗涤、稀盐酸平衡再生，再生有机相含钯0.0011g/L，返回使用12次，萃取性能不变，未补加新萃取剂。钯反萃液经过滤，用盐酸酸化，氯化铵沉钯产出粗钯铵盐，沉淀

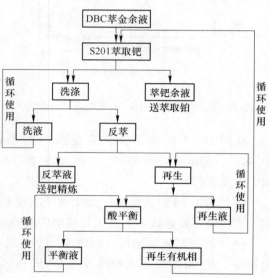

图18-15　昆明贵金属研究所采用S201萃取
分离钯的半工业试验原则工艺流程

率为96.49%~98.24%（平均98%），送提纯作业产出含钯99.99%的国标1号钯，直收率达93%。沉钯母液中的铂、铑、铱及少量钯经置换回收。萃取、提纯合计钯总回收率为97.75%。

2000年该工艺在我国金川冶炼厂投入生产。

C　二正庚基硫醚（DNHS）萃钯

料液组成为：Pd 10g/L、Pt 50g/L、Rh 2g/L、Ir 1g/L、Ru 5g/L、Ag 250g/L、Cu、Fe、Al、Ni合计10g/L，酸度1mol/L HCl。采用50%DNHS-Solvesso150间断萃钯，萃余液含钯0.001~0.005g/L，钯萃取率为98%，纯度为99.96%~99.99%。DNHS经25次循环使用，未见异常。

南非国立冶金研究所（NIM）采用50%二正庚基硫醚（DNHS）-Solvesso150在任何酸度下均可萃钯，钯饱和容量为80g/L，操作容量76g/L。但萃钯速度慢，需1~3h达平衡，只能间断操作。1mol/L HCl液中钯分配系数可达105，此时，Pt^{4+}接触120h不被萃取，Pt^{2+}接触48h仅萃取1%，其他铂族金属不被萃取。贱金属Cu^+可配位萃取，但稳定性差，

可酸洗除去。载钯有机相用氨水反萃，2min 达平衡。

D　二异辛基硫醚（S219）萃钯

二异辛基硫醚（S219）-煤油萃钯时，水相酸度对钯萃取率的影响如图 18-16 所示。

二异辛基硫醚（S219）-煤油萃钯时的萃取速度如图 18-17 所示。

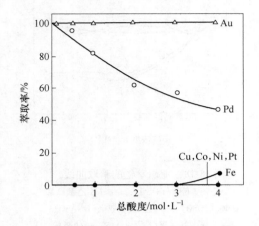

图 18-16　二异辛基硫醚（S219）-煤油萃钯时，
水相酸度对钯萃取率的影响

（料液组成为：Au 10g/L、Pd 1g/L、Pt 0.7g/L、
Ni 2.2g/L、Fe 1g/L、Co 0.66g/L、Cu 0.58g/L）

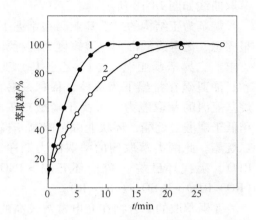

图 18-17　二异辛基硫醚（S219）-
煤油萃钯时的萃取速度

1—50% S219-煤油；2—30% S219-煤油

料液组成为：Au 0.0046g/L、Pd 2.25g/L、Pt 4.13g/L、Rh 0.186g/L、Ir 0.24g/L、Cu 2.9g/L、Ni 3.15g/L、Fe 0.97g/L。采用 0.2mol/L S219-0.001mol/L 1 号稀释剂-正十二烷（协萃剂），3 级逆流萃取，相比 1∶2，平衡 10min，萃余液含钯 0.007g/L，钯萃取率大于 99.69%。载钯有机相用 0.2mol/L 柠檬酸或 0.1mol/L HCl 洗涤，每升洗液含钯万分之几克，含铂（及夹带贱金属）百分之几克，需送回收。用 1mol/L 氨水-盐析剂反萃，反萃液钯含量提高 4 倍，每升反萃液中其他贵金属和贱金属含量均小于千分之几克。钯反萃液用酸-配合法精制 1 次，然后用水合肼还原，钯粉纯度大于 99.99%。

E　石油硫醚（PS）萃钯

石油硫醚（PS）为石油分馏副产品，沸点为 190～370℃，成分复杂，硫醇含量高，臭味大，水溶性大。石油硫醚（PS）对钯的萃取率随硫醚含硫量的升高而增加。通常，含硫 6%～17%，钯萃取率为 95%～96%，仅适用于盐酸介质，萃取性能与合成的二烃基硫醚相似。

18.5.2　亚砜（$R_2S{=}O$）萃取钯

18.5.2.1　亚砜萃钯原理

亚砜（$R_2S{=}O$）为硫醚的氧化产物，亚砜再氧化可获得砜，对贵金属的萃取能力则依次下降，即硫醚 R_2S＞亚砜 $R_2S{=}O$＞$R_2S{=}O_2$。这是由于随氧原子数的增加，硫原子负电荷密度下降，给电子能力相应降低，其配位能力则减弱。若两个烃基相同，称为对称亚砜。若两个烃基不相同，称为不对称亚砜，还有环状亚砜等。

亚砜价廉易得，毒性小，性能稳定，抗氧化能力高于硫醚，萃取速度快，容量高，无臭味。亚砜分为合成亚砜（由二烃基硫醚氧化而得）和石油亚砜（由石油硫醚氧化而得）两大类。萃取剂浓度为 0.2mol/L，稀释剂为 1,1,2-三氯乙烷时，各种亚砜萃钯的萃取曲线如图 18-18 所示。

烷基为正结构的二烷基亚砜在常温下多呈固态，无毒或低毒，但溶解度大的稀释剂难求。二异辛基亚砜、二（2-乙己基）亚砜和石油亚砜在常温下为液体，稀释剂易得。烷基亚砜的萃取能力大大高于磷酸三丁酯，稍低于磷酸二烷酯，环状亚砜则略高于磷酸二烷酯。此两类萃取剂的萃取能力顺序为：RPO > 硫代环己烷 > 硫代环五烷 > PSO > $(RO)_2RPO$ > R_2SO > $(RO)_3PO$。

亚砜萃取的萃合物在介电常数较高的有机溶剂中的溶解度较大，在芳香溶剂中的溶解度次之，在脂肪烃类中的溶解度较低。因此，亚砜萃取时常采用极性较强的 1，1，2-三氯乙烷或 1，1，2-四氯乙烷作稀释剂。而

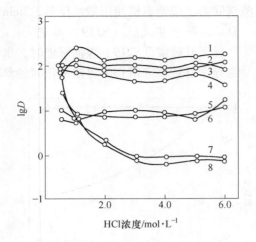

图 18-18　亚砜萃钯的萃取曲线
1—二正辛基亚砜（DOSO）；2—二（β-乙基己基）
亚砜（DIOSO）；3—二正戊基亚砜（DNASO）；
4—二异戊基亚砜（DLASO）；5—二仲辛基
亚砜（DSOSO）；6—二仲戊基亚砜（DSASO）；
7—二对甲苯辛基亚砜（DISO）；
8—二苯基亚砜（DPSO）

甲苯、二甲苯、煤油等稀释剂的性能较差。煤油作稀释剂时，可能出现三相，须添加长链醇等第三相抑制剂。对常温下为液体的不对称烷基亚砜，稀释剂的影响较小。碳原子数大于 10 的亚砜在水中的溶解度较小（0.1 ~ 0.4g/L）。环状亚砜在水中的溶解度较高，但水相中有盐析剂时可降低亚砜的溶解度。稀释剂类型对亚砜在水中的溶解度有影响，如采用氯仿作稀释剂比用壬烷时的溶解度降低 200 倍，石油亚砜-氯仿在水中的溶解度仅为 0.02g/L。

亚砜从盐酸介质中萃取贵金属的顺序为：Au^{3+} > Pd^{2+} > Pt^{4+} > Ir^{4+}。Au^{3+}、Pd^{2+} 的萃取不随酸度变化，而 Pt^{4+}、Ir^{4+}、Fe^{3+} 在低酸度时的萃取极弱，分配系数随酸度升高而增大。因此，亚砜萃取 Pd^{2+} 应在低酸度下进行。亚砜萃取 Ir^{4+} 很弱，若将 Ir^{4+} 还原为 Ir^{3+}，在高酸度下用亚砜共萃分离钯、铂，可使其与铑、铱分离。负载有机相先用水反萃铂，然后用二甲胺溶液反萃钯，使钯、铂分离。亚砜也可部分萃取 Rh^{3+}。因此，亚砜萃取贵金属的选择性不高。不同酸介质中，亚砜萃取 Pd^{2+} 的能力顺序为：H_3PO_4 > H_2SO_4 > HAc > HNO_3 > HCl > $HClO_4$。

亚砜只萃取钯，几乎不萃取银，可用于从含有大量银、铜、铅、锌的混合溶液中分离钯。

负载有机相用水或酸化水反萃，可用亚硝酸钠反萃铑。目前尚未找到适于工业生产的钯的理想反萃剂，二甲胺液虽好，但价贵，蒸馏回收和反复使用较繁琐。酸性硫脲可有效反萃钯，但有机相钯浓度高时易生成沉淀。载钯有机相与甲酸或甲醛加热回流可将钯还原为金属，效果较好，如甲醛量为 10% ~ 100%，96 ~ 97℃，加热回流 45min，钯还原率为 100%。往载钯有机相中加入乙醇进行电解，可从有机相中回收钯，电解后分出乙醇，有机相可反复使用。

亚砜萃取分离铂族金属在技术上可行，但尚未用于工业生产。

18.5.2.2 亚砜萃钯实例

A 石油亚砜 (PSO) 萃钯

石油亚砜 (PSO) 由含硫高的柴油氧化、提纯制得，为多种组分构成的复杂混合物，其中亚砜含量约80%。不同浓度 PSO-煤油有机相萃取贵、贱金属萃取率与酸度的关系如图 18-19 所示。

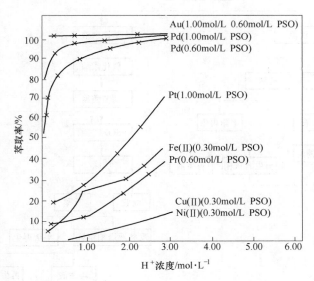

图 18-19 不同浓度 PSO-煤油有机相萃取贵、贱金属萃取率与酸度的关系

(贵金属含量 0.032mol/L，Cu 4g/L、Fe、Ni 各 1g/L，萃取 10min)

PSO-煤油有机相萃取铑、铱的萃取率与酸度的关系如图 18-20 所示。

采用 PSO 对萃金的萃余液进行分别萃取和共萃两种方法的实验室和半工业试验。

PSO 分别萃取分离钯、铂的工艺流程如图 18-21 所示。

分别萃取的料液组成为：Pd 2.14g/L、Pt 3.17g/L、Rh 0.364g/L、Ir 0.288g/L、Au 0.072g/L、Cu 16.84g/L、Fe 2.52g/L、Ni 5.6g/L、酸度 2.7mol/L。加 NaOH 调酸度至 1.5mol/L，用氯气氧化 1h，赶氯 1h，稀释至所需体积。设备为 5L 有效容积的混合澄清槽。钯萃取率达 99%，反萃率达 99.6%，钯直收率达 97.7%，钯回收率约

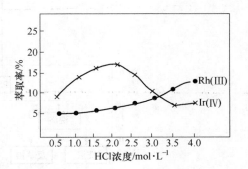

图 18-20 PSO-煤油有机相萃取铑、铱的萃取率与酸度的关系

(铑、铱含量各为 0.5g/L，PSO 浓度 0.75mol/L，萃取 1.5min)

100%。铂萃取率达 99.5%，反萃率达 99%，铂直收率达 74.4%，铂回收率约 92.1%。萃余液中有 51%Rh、4%Ir 被分散。

PSO 共萃后分离钯、铂的工艺流程如图 18-22 所示。

PSO 共萃后分离钯、铂的料液组成为：Pd 2.11~3.8g/L、Pt 4.95~9.2g/L、Rh 0.216~

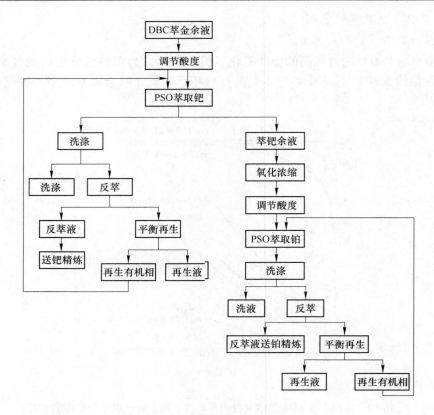

图 18-21 PSO 分别萃取分离钯、铂的工艺流程

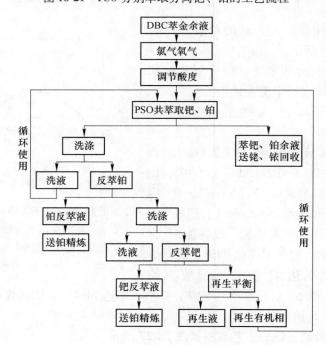

图 18-22 PSO 共萃后分离钯、铂的工艺流程

1.8g/L、Ir 0.193～0.548g/L、Au 0.042～0.10g/L、Cu 9～53.6g/L、Fe 1.42～2.6g/L、Ni 1.64～6.62g/L。钯萃取率达 99.8%～100%，洗涤率为 0.26%～1.63%，反萃率达 99.2%～99.7%。铂萃取率达 99.7%～99.9%，洗涤率为 1.07%～2.32%，反萃率达 97.6%～99.5%（平均 98.9%）。铑、铱、铜、镍几乎全留在萃余液中，约 3.7% 铑、0.7% 铱分散于废液中。铁和铂相似，铁萃取率大于 99%，一起进入反萃液中。氯化铵沉铂时，铁留在滤液中。$(NH_4)_2PtCl_6$ 经 1～2 次提纯，可产出铂含量达 99.99% 的海绵铂。

铂、钯含量较低的料液，如含钯 2.14g/L、铂 3.77g/L、不含金、酸度小于 1.5mol/L 的料液，采用 0.25mol/L PSO-煤油作有机相，相比 1：1，3 级逆流萃取，钯萃取率达 99%。载钯有机相用 pH 值为 1 的盐酸液洗涤，相比 2：1，5 级逆流洗涤共萃铂。再用 1% NH_4Cl-2mol/L NH_4OH，相比 2：1，3 级逆流反萃，钯反萃率达 99.6%。反萃有机相用 0.7mol/L HCl 平衡再生后复用。钯反萃液提纯回收率大于 98%。萃钯残液用盐酸调整酸度至 5mol/L，用氯气氧化后，采用 0.7mol/L PSO-煤油作有机相，相比 1：1，3 级逆流萃取铂。载铂有机相用 5mol/L HCl，相比 3：1，4 级逆流洗涤；再用 3.2mol/L NaCl 溶液，相比 2：1，4 级逆流反萃、提纯，铂萃取率、反萃率均大于 99%。也可在高酸度下共萃铂钯，再分别反萃，铂、钯萃取率、反萃率均大于 99%。

合成亚砜（BSO）也可有效地萃取分离铂、钯。

B　二正庚基亚砜（DHSO）萃钯

用 1mol/L DHSO-TCE（1,1,2-三氯乙烷），相比 1：1，在（25±5）℃，不同酸度下分别萃取金、铂、钯，金、钯平衡时间为 5min，铂平衡时间为 20min，萃取结果列于表 18-8 中。

表 18-8　贵金属萃取率与水相盐酸浓度的关系

盐酸浓度/mol·L^{-1}		0.66	1.10	1.96	2.82	3.68	4.55	5.48	6.39
萃取率/%	Pd^{2+}	98.7	98.7	98.8	99.9	99.94	99.96	99.98	99.98
	Pt^{4+}	14.0	14.0	50.0	72.8	98.7	99.8	99.94	99.96
	Au^{3+}	99.9	99.9	99.9	99.9	100	100	100	100

负载有机相中的钯可用 5% 硫脲或 10% 二甲胺水溶液反萃，钯反萃率大于 99.9%。反萃剂中含少量硝酸，用 0.1mol/L HCl 可定量反萃铂。反萃剂中无硝酸时，铂反萃率仅 50%。负载有机相中的金不易反萃，应在萃取前分离除去。

C　二正辛基亚砜（DOSO）萃钯

水相盐酸浓度对 DOSO-TCE 萃取各种金属萃取率的影响如图 18-23 所示。

从图 18-23 曲线可知，水相盐酸浓度低时，提高 DOSO 浓度可显著提高 Pt^{4+}、Ir^{4+} 的萃取率。可用 1% 硫脲-0.2mol/L 盐酸或 10% 二甲胺水溶液反萃钯，钯反萃率分别为 95.73% 和 100%。Pt^{4+}、Ir^{4+} 可用水反萃，反萃率为 100%。Rh^{3+} 用亚硝酸钠溶液反萃，铜、铁可被水反洗下来。

DOSO 呈固态，难溶。TCE 有毒，选择性不高。该工艺未用于工业生产。

D　二异辛基亚砜（DIOSO）萃钯

用 0.5mol/L DIOSO-磺化煤油，相比 1：1，接触 5min 萃取钯，酸度对 DIOSO 萃取率

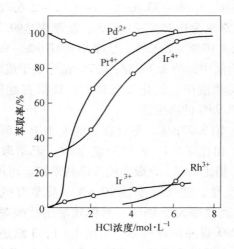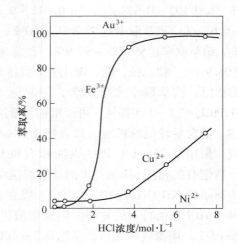

图 18-23　水相盐酸浓度对 DOSO-TCE 萃取各种金属萃取率的影响

（DOSO 浓度：Pd 0.85mol/L，Pt、Rh、Ir 1.0mol/L，Au、Fe、Cu、Ni 0.5mol/L）

的影响如图 18-24 所示。

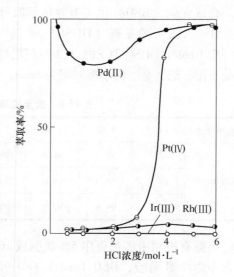

从图 18-24 曲线可知，可在小于 1mol/L 的低酸度下萃钯，使其与 Pt^{4+}、Ir^{3+}、Rh^{3+} 分离。或在大于 4mol/L 的高酸度下萃取 Pd^{2+}、Pt^{4+}，然后进行选择性反萃分离 Pd^{2+}、Pt^{4+}。

18.5.3　肟类萃取剂（Ox）萃钯

18.5.3.1　肟类萃取剂（Ox）萃钯原理

肟类萃取剂（Ox）为铜的有效萃取剂，其中 α-羟肟和 β-羟肟可萃钯。肟类萃取剂属螯合萃取剂，有酸性官能团及配位官能团两种官能团，酸性官能团与金属离子形成离子键，配位官能团与金属离子形成一个配位键。因此，螯合萃取剂可与金属离子形成疏水螯合物而萃入有机相。肟类萃钯时，由电子给

图 18-24　酸度对 DIOSO 萃取率的影响

体基团 C＝N 键与钯形成离子键，氯配离子与钯形成配位键，生成疏水螯合物而萃入有机相。

水相酸度对 α-羟肟和 β-羟肟萃钯的影响如图 18-25 所示。

羟肟萃钯的速率（$T = 298K$）如图 18-26 所示。

水相 Cl^- 浓度对羟肟萃钯的影响如图 18-27 所示。

载钯羟肟有机相的反萃如图 18-28 所示。

18.5.3.2　2-羟基-4-仲辛氧基二苯甲酮肟（N530）萃钯实例

水相盐酸浓度对 N530 萃取金、钯、铂、铁萃取率的影响列于表 18-9 中。

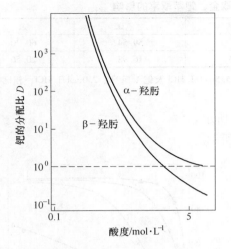

图 18-25 水相酸度对 α-羟肟和 β-羟肟萃钯的影响

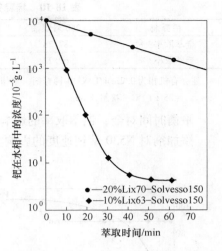

图 18-26 羟肟萃钯的速率（T = 298K）

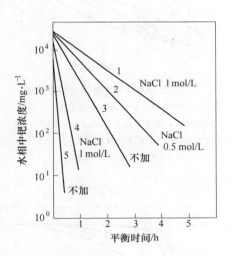

图 18-27 水相 Cl⁻ 浓度对羟肟萃钯的影响
1～3—15% Lix63-Solvesso150；
4，5—20% Lix70-Solvesso150

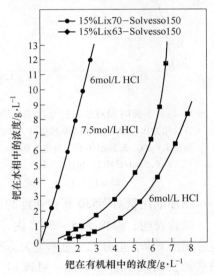

图 18-28 载钯羟肟有机相的反萃

表 18-9 水相盐酸浓度对 N530 萃取金、钯、铂、铁萃取率的影响

盐酸浓度/mol·L⁻¹		0.1	0.5	1.0	2.0	3.0	4.0	4.5	5.0	5.5	6.0
萃取率/%	Au	49.4	35.52	25.09	22.12	24.11	29.08	70.73	82.24	85.20	92.56
	Pd	99.90	83.84	72.99	59.08	51.94	30.36	—	15.59	—	4.67
	Pt	0.5	0.2	0	0	0	0	0	0.5	—	0.5
	Fe	0	0	0	0	0	0	0	0	20.98	46.89

注：有机相为 0.2mol/L N530-260 号煤油，水相为 1g/L 各种金属，不同盐酸浓度。

稀释剂对 N530 萃取金、钯萃取率的影响列于表 18-10 中。

表 18-10   稀释剂对 N530 萃取金、钯萃取率的影响

稀释剂	260 号煤油	二甲苯	二乙苯	苯
金萃取率/%	87. 28	65. 32	59. 54	60. 70
钯萃取率/%	69. 22	62. 23	16. 98	20. 56

注：有机相为 0.2mol/L N530-稀释剂，水相为金 1.0g/L、5.5mol/L HCl 及钯 1.0g/L、2.0mol/L HCl，相比 1∶1，
　　(25 ±1)℃，接触 30min。

平衡时间对金、钯萃取率的影响如图 18-29 所示。

添加剂对 N530 萃钯速度的影响如图 18-30 所示。

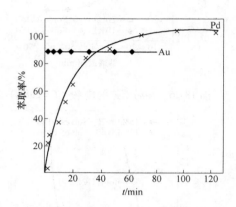

图 18-29　平衡时间对金、钯萃取率的影响
（有机相为 0.2mol/L N530-260 号煤油，水相
为金 1.0g/L、5.5mol/L HCl 及钯 1.0g/L、
0.5mol/L HCl，相比 1∶1，
(25 ±1)℃）

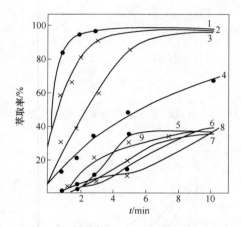

图 18-30　添加剂对 N530 萃钯速度的影响
1—5% N263；2—1%1-辛基壬胺；
3—0.5%1-辛基壬胺；4—0.5% N263；
5—0.5% N509；6—0.5% DLNS；7—5% N503；
8—0.5% N503；9—0.5% P204

添加剂用量对 N530 萃钯速度的影响如图 18-31 所示。

试验表明，温度为 5～35℃ 内，随温度上升，金分配比下降，钯分配比急剧增大。N530-煤油有机相萃钯会出现萃合物结晶，可改用 N530-二甲苯。N530-二甲苯萃金的饱和容量为 20g/L。N530-二甲苯萃钯的饱和容量 19g/L（盐酸介质）和 24g/L（硫酸介质）。负载有机相中的金用 pH 值为 2 的盐酸液反萃，1min 达平衡，相比为 1∶1，1 级金反萃率为 92.38%；钯用 6mol/L 盐酸液反萃，3min 达平衡，相比为 1∶1，1 级钯反萃率为 89.75%。

18.5.4　8-羟基喹啉类萃取剂（HQ）萃取钯

18.5.4.1　8-羟基喹啉类萃取剂(HQ)萃钯机理

8-羟基喹啉类萃取剂（HQ）为螯合萃取剂，随 R 基团的不同可构成多种衍生物，主要萃取剂为 Lix26、Kelex100、TN2336、TN1911 等。

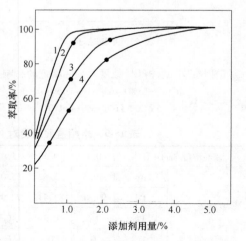

图 18-31　添加剂用量对 N530 萃钯速度的影响
1—1-辛基壬胺，5min；2—1-辛基壬胺，3min；
3—N263，5min；4—N263，3min

8-羟基喹啉类萃取剂萃钯为螯合萃取，萃铂为离子缔合萃取。

18.5.4.2 Lix26 共萃-选择性反萃分离钯、铂

水相盐酸浓度对 Lix26 萃取贵、贱金属的影响如图 18-32 所示。

Lix26 萃取 Pd^{2+}、Pt^{4+} 的萃取等温线如图18-33 所示。

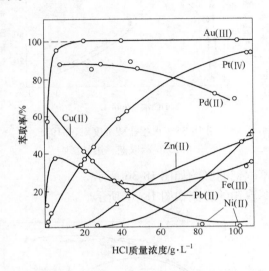

图 18-32　水相盐酸浓度对 Lix26 萃取贵、贱金属的影响

（有机相为 5% Lix26-5% 异癸醇-Solvesso150，水相

组成为 Au 5.1g/L、Pt 5.14g/L、Cu 4.84g/L、

Zn 4.92g/L、Fe 5.0g/L、Pb 1.44g/L，相比为

1:1，接触 3min）

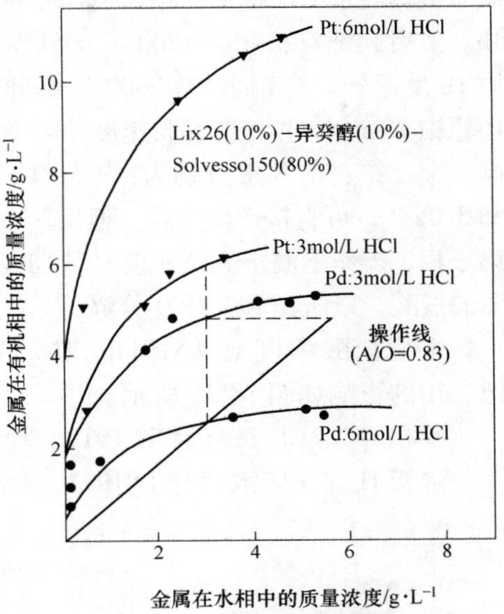

图 18-33　Lix26 萃取 Pd^{2+}、Pt^{4+} 的萃取等温线

Lix26 负载有机相中 Pd^{2+}、Pt^{4+} 的反萃等温线如图 18-34 所示。

料液组成为：Pd 6.51～17.9g/L、Cu 1.28～6.58g/L、Pt 288～1275mg/L、Au 小于 0.1～1.27mg/L、Rh 33～51mg/L、Fe 1.21～1.51mg/L、Ag 91.4～107mg/L。用苛性钠调 pH 值为 0，用过氧化氢氧化（电位大于 500mV），经离子交换吸附除金后，用 15% Lix26-25% 异癸醇-Solvesso150 萃取铂、钯，相比 1:1，平衡 15min。钯萃取率为95%～99.5%，铂萃取率约 100%。负载有机相分别用 pH 值为 0、pH 值为 1.5 的洗水洗去大部分共萃的酸和残留的酸。然后用 pH 值为 3.8 的磷酸盐缓冲液反萃铂，室温下铂反萃率为 100%。不萃取铑、铁、铜、铅、碲、砷等贱金属，但反萃时间须 48～72h。然后用 8mol/L HCl 液反萃钯。反萃液直接还原，铂、钯纯度大于 99.95%，经 1 次铵盐沉淀、甲酸还原，纯度升至 99.97%。

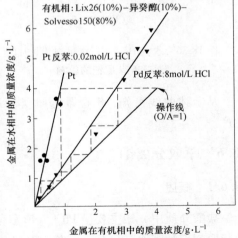

图 18-34　Lix26 负载有机相中 Pd^{2+}、Pt^{4+} 的反萃等温线

18.5.4.3 Kelex100 共萃-氢还原分离钯、铂、金

用 5% Lix26-15% 异癸醇-Solvesso150 萃取铂、钯、金，相比 1∶1，平衡 3min，63℃。负载有机相经水解反萃金，相比 1∶1，80℃平衡 4h。然后载钯有机相在 150℃、695kPa 下氢还原 1h 反萃钯。含铂水相在 60℃、695kPa 下氢还原铂 15min。此工艺萃取速度快，萃取容量高，金、铂、钯容量分别为：49.3g/L、4.0g/L 和 5.0g/L，可直接产出金粒。但反萃金时产生第三相，操作不便，氢还原前必须彻底洗去共萃的盐酸，以防止 Kelex100 分解。

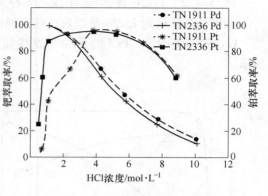

图 18-35　水相盐酸浓度对 TN1911、TN2336 萃取钯、铂的影响

水相盐酸浓度对 TN1911、TN2336 萃取钯、铂的影响如图 18-35 所示。

水相 H^+、Cl^- 浓度对 TN1911、TN2336 萃取钯的影响如图 18-36 所示。

水相 H^+、Cl^- 浓度对 TN1911、TN2336 萃取铂的影响如图 18-37 所示。

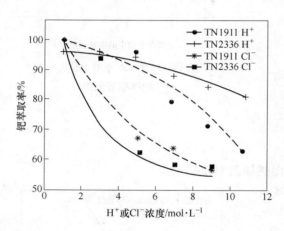

图 18-36　水相 H^+、Cl^- 浓度对 TN1911、TN2336 萃取钯的影响

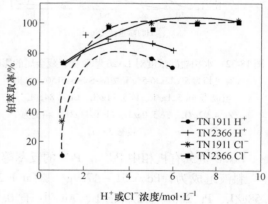

图 18-37　水相 H^+、Cl^- 浓度对 TN1911、TN2336 萃取铂的影响

从上述曲线可知，8-羟基喹啉类萃取剂（HQ）萃钯的选择性不高，尚未用于工业生产。

18.6　萃取分离铂

18.6.1　概述

盐酸介质中，铂主要呈 $PtCl_6^{2-}$ 形态存在。草酸、水合肼可将 $PtCl_6^{2-}$ 还原为 $PtCl_4^{2-}$，可被萃取剂部分萃取。目前，可萃取 $PtCl_6^{2-}$ 的萃取剂有含磷类、含氮类、含硫类和螯合萃取剂等。

（1）含磷类萃取剂：主要为磷酸三丁酯（TBP）、三辛基氧化膦（TOPO）、三烷基氧

化膦（TRPO）。

（2）含氮类萃取剂：主要为三正辛胺（TOA）、7301、N235、Alamine336、TAB-194、季铵盐 N263、7402、7407、Aliquat336、氨基羧酸衍生物 Amberlite LA-2、胶醇 TAB-182 等。

（3）含硫类萃取剂：主要为石油亚砜（PSO）、二正辛基亚砜（DOSO）、二异辛基亚砜（DIOSO）等。

（4）螯合萃取剂：主要为 8-羟基喹啉 TN1911、TN2336 等。

其他萃铂萃取剂为异丙双酮、三苄基丙基磷酸、二安替比林丙基甲烷、甲基吡唑、四辛基氯化铵等。

18.6.2　含磷类萃取剂萃取铂

18.6.2.1　磷酸三丁酯（TBP）萃铂

用 100% TBP 有机相萃取 7 种不同价态的贵金属氯配合物的试验表明，贵金属的分配系数与其离子氧化价态、氯配合物电荷及构型有关，$PtCl_6^{2-}$、$IrCl_6^{2-}$、$PdCl_6^{2-}$ 分配系数最高；$PtCl_4^{2-}$、$PdCl_4^{2-}$ 次之；$IrCl_6^{3-}$、$RhCl_6^{3-}$ 最低。贵金属分配系数降低的顺序为：$MeCl_6^{2-} > MeCl_4^{2-} > MeCl_6^{3-}$。

水相酸度为 3 ~ 5mol/L HCl，酸度对 TBP 萃取贵金属的分配系数的影响如图 18-38 所示。

盐酸介质中加入 H_2SO_4、$HClO_4$ 时，对 TBP 萃铂分配系数的影响如图 18-39 所示。

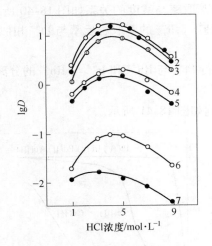

图 18-38　酸度对 TBP 萃取贵金属的
分配系数的影响

1—H_2PtCl_6；2—H_2IrCl_6；3—H_2PdCl_6；4—H_2PtCl_4；
5—H_2PdCl_4；6—H_3IrCl_6；7—H_3RhCl_6

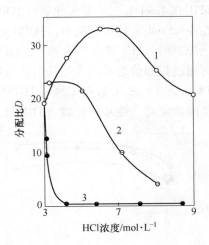

图 18-39　盐酸介质中加入 H_2SO_4、$HClO_4$ 时
对 TBP 萃铂分配系数的影响

1—3mol/L HCl-H_2SO_4；2—3mol/L HCl-HCl；
3—3mol/L HCl-$HClO_4$

TBP 为大多数贵金属的有效萃取剂，已广泛用于工业生产。

国际镍公司阿克统精炼厂采用二丁基卡必醇（DBC）萃金，硫醚萃钯后，调整料液酸度为 5mol/L HCl，通 SO_2，使 Ir^{4+} 还原为 Ir^{3+}，采用 35% TBP-60% IsoparM-5% 异癸醇逆流萃铂，萃余液中含铂降至 0.02 ~ 0.05g/L。载铂有机相用 5mol/L HCl 洗涤，洗涤相比

（5~10）：1。用水反萃，相比1：1。

TBP萃铂时的注意事项为：

（1）料液酸度调至3~5mol/L HCl，加入少量硫酸利于萃铂，应避免ClO_4^-、ClO_3^{2-}存在。

（2）萃铂前，须先分离金、钯和将Ir^{4+}还原为Ir^{3+}，以提高萃铂的选择性。

（3）常采用100% TBP有机相，以提高铂的分配系数和降低其水溶性。

（4）载铂有机相常在高酸度下洗涤，夹带酸较多，用碱反萃，反萃液酸化浓缩时将结晶析出大量氯化钠，而难与铂提纯衔接。

（5）TBP对有机玻璃、聚氯乙烯（PVC）、增强聚氯乙烯（UPVC）等有腐蚀溶胀作用，加上浓盐酸、氯气、王水的强腐蚀作用，设备材质较难解决，工业应用受一定限制。

18.6.2.2　三辛基氧化膦（TOPO）萃铂

料液盐酸浓度3mol/L，含铂5×10^{-3}mol/L，采用0.1mol/L氧化膦萃取剂-甲苯（苯）有机相，在20℃、相比1：1下萃取铂，测定不同氧化膦萃取剂萃Pt^{4+}的分配系数，列于表18-11中。

表18-11　不同氧化膦萃取剂萃 Pt^{4+} 的分配系数

氧化膦萃取剂	三己基氧化膦	三庚基氧化膦	三辛基氧化膦	三壬基氧化膦	三癸基氧化膦	二己基辛基氧化膦	二辛基庚基氧化膦	二辛基己基氧化膦	三(乙基环己烷基)氧化膦	三(乙基苯)氧化膦	三异戊基氧化膦
分配系数	5.60	3.55	0.83	6.95	29.50	18.6	7.1	11.2	79.0	95.0	20.5

采用0.4mol/L三辛基氧化膦（TOPO）萃铂的萃取率与酸度的关系如图18-40所示。

在4~5mol/L HCl介质中，TOPO可定量萃取Pt^{4+}。Ir^{4+}的萃取、反萃与Pt^{4+}相似。当存在还原剂时，Pt^{4+}被还原为Pt^{2+}，铂萃取率下降。

可通过控制价态和配合物构型，采用TOPO进行Pt^{4+}与Rh^{3+}和Ir^{4+}与Rh^{3+}的分离。

18.6.2.3　三烷基氧化膦（TRPO）萃铂

盐酸浓度对三烷基氧化膦（TRPO）萃铂的影响如图18-41所示。

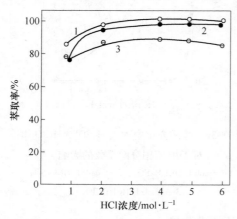

图18-40　0.4mol/L三辛基氧化膦（TOPO）
萃铂的萃取率与酸度的关系
1—Pt^{4+}（Cl_2存在）；2—Pt^{4+}（氢醌存在）；
3—Pt^{4+}（Cl_2存在）

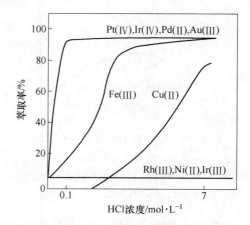

图18-41　盐酸浓度对三烷基氧化膦
（TRPO）萃铂的影响

硫酸浓度对三烷基氧化膦（TRPO）萃铂的影响如图 18-42 所示。

用二甲苯、乙基苯、磺化煤油、TBP 为稀释剂，三烷基氧化膦（TRPO）为萃取剂，铂的 1 级萃取率大于 99.8%，分配比大于 5×10^2。10% ~ 30% TRPO 从含铂 2.31 ~ 9.25g/L 料液中萃铂的萃取率大于 99.8%。30% TRPO 萃铂的饱和容量为 30g/L。

组成为：Pt 4.63g/L、Pd 1.70g/L、Rh 0.41g/L、Ir 0.41g/L、Cu 1.67g/L、Fe 1.60g/L、Ni 7.00g/L、HCl + H_2SO_4 为 1 ~ 5mol/L 的铑、钌蒸残液分离金、钯后的料液，加还原剂将 Ir^{4+} 还原为 Ir^{3+}。用 10% TRPO 在 ϕ34mm 间歇式微型离心

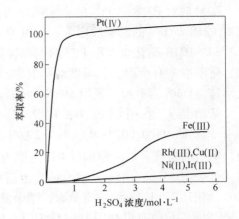

图 18-42　硫酸浓度对三烷基氧化膦（TRPO）萃铂的影响

萃取器中进行 6 级逆流萃取，流量为 45 ~ 50mL/min，处理 3 批共 25L 料液，负载有机相用相同酸度的酸洗涤，铜、铁洗涤率为 100%，铂洗脱率为 1.3% ~ 2.5%（洗水中的铂含量占原液中的 1.88%），铂平均萃取率为 98%，直收率为 92.34%，总回收率大于 98.1%，产品纯度达 99.94%。有机相夹带水相 0.25%，水相夹带有机相 0.008%。

18.6.2.4　烷基磷酸二烷基酯（P218）萃铂

盐酸浓度对烷基磷酸二烷基酯（P218）萃铂的影响如图 18-43 所示。

硫酸浓度对烷基磷酸二烷基酯（P218）萃铂的影响如图 18-44 所示。

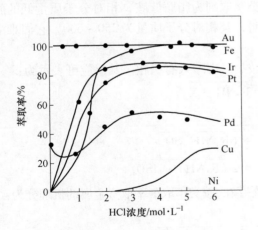

图 18-43　盐酸浓度对烷基磷酸二烷基酯（P218）萃铂的影响

（30% P218-磺化煤油，铂含量 1.0g/L，30℃，30min）

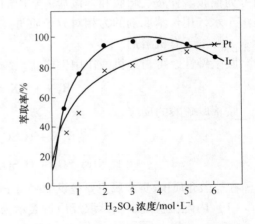

图 18-44　硫酸浓度对烷基磷酸二烷基酯（P218）萃铂的影响

（30% P218-磺化煤油，铂含量 1.0g/L，30℃，30min）

在 3mol/L HCl 中，Pt^{4+} 与 Rh^{3+}、Ir^{3+} 的分配系数大于 10^3。30% P218 时，铂、铱萃取接近平衡；50% P218 时，铂、铱萃取达平衡。酸度大于 2mol/L 时，铂、铱萃取率均大于 90%。用 30% P218-磺化煤油萃取时，Pt^{4+} 的平衡时间为 5min，Ir^{4+} 的平衡时间为 1min（延长时间，萃取率下降）。

稀释剂对 P218 萃 Pt^{4+} 的影响顺序为：煤油 > 正十二烷 > 二乙苯 > 二甲苯 > 苯。稀释剂对 P218 萃 Ir^{4+} 的影响顺序为：二甲苯 > 煤油 > 二乙苯 > 苯。

30% P218-磺化煤油萃 Pt^{4+} 的饱和容量为 23g/L。各种酸度条件下，加入盐析剂均可使铂、铱萃取率有所提高，温度对萃取率影响较小。采用 0.5% 抗坏血酸-3mol/L HCl 可定量反萃铱，1min 达平衡。采用 1% NaOH 反萃铂，反萃率达 95%。

某冶炼厂采用组成为：Pt 2.31g/L、Pd 0.0036g/L、Rh 0.134g/L、Ir 0.12g/L、Cu 2.50g/L、Fe 0.0024g/L、Ni 1.27g/L、$HCl + H_2SO_4$ 为 2.88mol/L 的锇、钌蒸残液分离金、钯后的料液，加还原剂将 Ir^{4+} 还原为 Ir^{3+}。采用 60% P218-5% 异辛醇-煤油在混合澄清槽（混合室 55mm×35mm×55mm，澄清室 100mm×50mm×145mm，搅拌速度 430~460r/min），相比 1:1，4 级逆流萃取，萃余液含铂万分之几至千分之几毫克每升，铂萃取率大于 99.9%。负载有机相用 1mol/L HCl，相比 5:1，2 级洗涤，相比 5:1，1 级水洗，采用 3 级洗涤以除去负载有机相中共萃的少量铑、铱和大量贱金属，提高反萃液纯度。采用 1%~2% Na_2CO_3-EDTA 反萃，相比 3:1，4 级逆流反萃。铂反萃率为 99%，铂直收率为 95%，铂总回收率大于 98%，产品纯度达 99.99%。反萃液中铑、铱含量极低，$m(Pt):m(Rh) = 440$，$m(Pt):m(Ir) = 50000$，故铂与铑、铱分离较彻底，铑、铱基本留在铂萃余液中，不造成铑、铱的分散损失。

18.6.3　含氮类萃取剂萃取铂

18.6.3.1　胺类萃取剂萃取贵金属的原理

常用的含氮类萃取剂为胺类萃取剂，它是氨的有机衍生物，按氢原子被烷基取代的数目分为伯胺、仲胺、叔胺和季铵盐。常用的胺类萃取剂为脂肪族胺，相对分子质量低的胺易溶于水，用作萃取剂的为相对分子质量高的胺，其相对分子质量为 250~600，它们难溶于水、易溶于有机溶剂。

胺呈碱性，可与无机酸作用生成盐，酸以胺盐形态萃入有机相。其反应可表示为：

$$\overline{R_3N} + HX \Longrightarrow \overline{R_3NH^+ \cdot X}$$

胺萃取硫酸的反应为：

$$2\,\overline{R_3N} + H_2SO_4 \Longrightarrow \overline{(R_3NH)_2SO_4}$$

$$\overline{(R_3NH)_2SO_4} + H_2SO_4 \Longrightarrow 2\,\overline{(R_3NH) \cdot HSO_4}$$

在盐酸介质中，贵金属主要呈氯配阴离子形态存在，胺类萃取剂萃取贵金属的机理分为：

（1）内配位机理，其萃取反应可表示为：

$$2\,\overline{R_3NH^+ \cdot Cl^-} + MeCl_6^{2-} \longrightarrow \overline{(R_3NH)_2^+ \cdot MeCl_4^{2-}} + 4Cl^-$$

（2）阴离子交换机理，其萃取反应可表示为：

$$2\,\overline{R_3NH^+ \cdot Cl^-} + MeCl_6^{2-} \longrightarrow \overline{(R_3NH)_2^{2+} \cdot MeCl_6^{2-}} + 2Cl^-$$

伯胺主要为内配位机理，仲胺兼两种机理，叔胺、季胺主要为阴离子交换机理。

胺类萃取剂萃取贵金属的一般规律：

（1）同种金属氯配合物而言，低价比高价易萃取，配合物电子构型 d^8 比 d^6 易萃取。就萃取速度而言，$PdCl_4^{2-}$（d^8，平面正方形）很快，$AuCl_4^-$（d^8）、$PdCl_6^{2-}$（d^6）、$IrCl_6^{2-}$（d^5）

快，$PtCl_6^{2-}$（d^6）、$IrCl_6^{3-}$（d^6）、$RhCl_6^{2-}$（d^6）慢。

（2）烷基数不同则萃取机理不同，阴离子交换速度比配合物内配位基交换速度快。胺类萃取剂萃取贵金属的萃取能力的顺序为：季铵盐 > 叔胺 > 仲胺 > 伯胺。其萃取选择性则相反。通常萃取分配比随胺类萃取剂浓度的增加而增大。

（3）能与胺类萃取剂形成氢键的稀释剂（如氯仿、醇和脂肪酸）将降低萃取剂的有效浓度。因此，应选用介电常数高的有机溶剂作稀释剂，如含芳烃或以烷烃为主的各种石油精炼产品。

（4）多数贵金属的萃取分配比随水相 Cl^- 浓度的增加或 SO_4^{2-} 的降低而降低。

（5）多数贵金属的萃取为放热反应，提高萃取温度会降低分配比。

胺类萃取剂萃取贵金属时，添加含磷类萃取剂可产生协同效应。但添加醇、煤油、亚砜等可产生负协同效应。

萃取过程中，避免产生第三相的主要方法为：

（1）选择胺类萃取剂溶解度大的稀释剂和添加高碳醇作助溶剂。

（2）无机酸对胺类萃取剂萃取时，产生第三相的顺序为：$(R_3NH)_2SO_4 > R_3NH \cdot HSO_4 > R_3NH \cdot Cl > R_3NH \cdot NO_3$。因此，应尽量降低水相中 SO_4^{2-}、HSO_4^- 的浓度。

（3）有的萃合物的溶解度与酸度有关，如叔胺萃铂的萃合物在高酸度时的溶解度小，为了避免生成第三相，应在低酸度下萃取。

（4）有机相中同时存在两种离子缔合物时易出现第三相，如 N235 萃铂，有机相共存 $R_3NH \cdot Cl$ 和 $(R_3NH)_2 \cdot PtCl_6$ 时，将出现第三相，但随着 $R_3NH \cdot Cl$ 几乎全部转为 $(R_3NH)_2 \cdot PtCl_6$ 时，第三相随之消失。

（5）提高萃取温度可提高萃合物的溶解度，不易出现第三相。

负载贵金属的胺类有机相的反萃方法列于表 18-12 中。

表 18-12 负载贵金属的胺类有机相的反萃方法

反萃剂类型	反萃剂	Au^{3+}	Pt^{4+}	Pd^{2+}	Ir^{4+}	Rh^{3+}
酸	HCl	不完全	不完全	不完全	不完全	不完全
碱	NH_4OH	完全	生成氨配合物	生成氨配合物	$Ir^{4+} \rightarrow Ir^{3+}$	生成氨配合物
碱	NaOH	生成氢氧化物	完全	完全	完全	完全
阴离子交换	$HClO_4$	慢	完全	不完全	不完全	不完全
配合	Tu	不完全	不完全	不完全	不完全	不完全
还原	还原剂	完全	完全	完全	不作用	不完全

18.6.3.2 三正辛胺（TOA）萃铂

4 种典型胺类萃取剂萃铂时，水相酸度与分配系数的关系如图 18-45 所示。

水相酸度与 TOA 萃取贵金属分配系数的关系如图 18-46 所示。

从图 18-46 曲线可知，高酸度时，贱金属 Fe^{3+}、Cu^{2+}、Ni^{2+}、Co^{2+} 被部分萃取。水相酸度为 3 ~ 4mol/L HCl 时，Ir^{4+} 分配系数最大；酸度大于 5mol/L HCl 时，Ir^{4+} 与 Pd^{2+} 分配系数几乎重合。说明萃铱的分配系数取决于其氧化价态和水相酸度，Ir^{4+} 可萃，Ir^{3+} 不被萃；水相酸度 3 ~ 4mol/L HCl 时，Ir^{4+} 分配系数最大。水相酸度小于 1mol/L HCl 或大于 7mol/L HCl 时，Ir^{4+} 分配系数最低。因此，采用 TOA 萃铂时，应预先分离 Au^{3+}、Pd^{2+}，将 Ir^{4+} 还原为 Ir^{3+} 及在低酸度下萃取铂，以减少贱金属共萃。

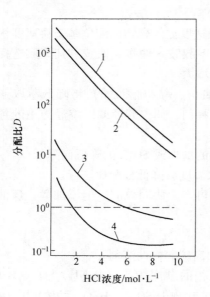

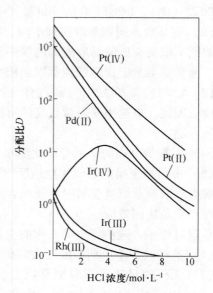

图 18-45　4 种典型胺类萃取剂萃铂时水相
　　　　　酸度与分配系数的关系

1—Aliquant336；2—Alamine336；3—Amberline LA-2；
4—Amberline LA-2

图 18-46　水相酸度与 TOA 萃取贵金属
　　　　　分配系数的关系

英国 Royston 的 Mathey-Rustenberg 精炼厂已将 TOA 萃铂工艺用于工业生产。萃铂水相酸度为 3mol/L HCl，用稀盐酸洗去载铂有机相中的贱金属，用强酸（如 HCl、$HClO_4$）或强碱（如 NaOH、Na_2CO_3）溶液反萃铂。铂萃取率达 99.99%。

Alamine336（$C_8 \sim C_{10}$）与 TOA 相似，其萃铂等温线如图 18-47 所示。

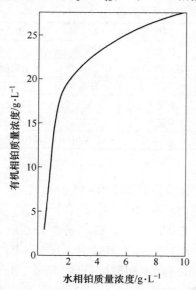

水相酸度与 TOA 萃取贵金属萃取率的关系如图 18-48 所示。

从图 18-48 曲线可知，水相酸度为 0.1 ~ 6mol/L HCl 中，TOA 可定量萃取 Au^{3+}、Pt^{4+}、

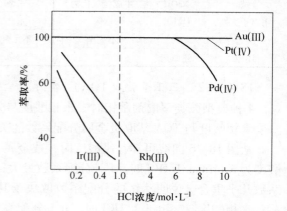

图 18-47　25% Alamine336-煤油从 1mol/L HCl 中
　　　　　萃铂的萃取等温线

图 18-48　水相酸度与 TOA 萃取贵金属
　　　　　萃取率的关系

Pd^{2+}。水相酸度为 $1 \sim 4mol/L$ HCl 中，TOA 几乎不萃取 Rh^{3+}、Ir^{3+}。因此，采用 TOA 萃铂时，应预先分离 Au^{3+}、Pd^{2+}，将 Ir^{4+} 还原为 Ir^{3+}。

18.6.3.3　三烷基胺（N235,7301）萃铂

A　三烷基胺（N235,7301）萃铂机理

三烷基胺（N235,7301）萃铂的机理为阴离子交换机理，萃铂反应可表示为：

$$2\,\overline{R_3NH \cdot Cl} + PtCl_6^{2-} \longrightarrow \overline{(R_3NH)_2^+ \cdot PtCl_6^{2-}} + 2Cl^-$$

水相酸度与 N235 萃铂分配系数的关系如图 18-49 所示。

从图 18-49 曲线可知，水相酸度为 $0.1 \sim 2.0mol/L$ HCl，铂萃取率为 99%，且随水相酸度的上升而下降。因此，采用 N235 萃铂时宜在低酸度下进行，可减少铱及贱金属铁、硒、碲共萃。

为避免产生第三相，采用 N235 萃铂时常加入正辛醇、异辛醇、混合醇（$C_7 \sim C_9$）、β-支链伯醇（A1416）等添加剂，其中混合醇（$C_7 \sim C_9$）最常用。

试验表明，料液含铂 $2 \sim 9g/L$，有机相中 N235 含量为 3% ~ 6% 时，铂萃取率大于 99.5%，铱及贱金属铁、硒、碲共萃率随有机相中 N235 含量的增加而增大。

N235 可有效萃取 Pt^{4+}、Pd^{2+}、Au^+、Ir^{4+}、Fe^{3+} 及部分 Rh^{3+}、Cu^{2+}、Ni^{2+}、Co^{2+} 等，故萃取分离铂时，应预先分离 Au^{3+}、Pd^{2+}，将 Ir^{4+} 还原为 Ir^{3+}，并尽可能在低酸度下进行萃取，以减少铁、砷、碲等贱金属共萃。

载铂有机相可用 NaOH、Na_2CO_3、$NaHCO_3$、$HClO_4$、NaCNS 等进行反萃铂，其中 NaOH 的反萃效果最好，但共萃钯、铁、硒、碲时，易生成氢氧化物或碳酸盐而影响分相。

B　N235 萃取分离铂实例

N235 萃取分离铂的半工业试验原则工艺流程如图 18-50 所示。

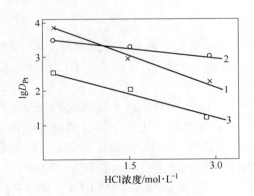

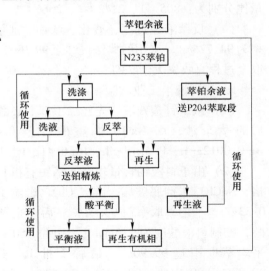

图 18-49　水相酸度与 N235 萃铂分配系数的关系
1—10% N235-二乙苯；2—7% N235-46% ROH-正十二烷；
3—8% N235-25% 异辛醇-正十二烷

图 18-50　N235 萃取分离铂的半工业试验
原则工艺流程

料液为锇、钌蒸残液，先经二丁基卡必醇（DBC）萃金后分为两种料液：A 料液用石油亚砜 PSO-Ⅱ 萃钯后的萃余液，酸度为 $0.7 \sim 0.9mol/L$，直接用于萃铂；B 料液用二异戊硫醚 S201 萃钯，萃余液酸度为 $2 \sim 3mol/L$，用 NaOH 调至 $0.4 \sim 1mol/L$，直接用于萃铂。

　　萃取剂为叔胺 N235（工业品），添加剂为脂肪醇 ROH（工业品），稀释剂为正十二烷（$C_{12}H_{26}$）（工业品），其他主要试剂为氢氧化钠、盐酸、氯化钠等。

　　a　A 料液半工业试验

　　(1) 锇、钌蒸残液，先经二丁基卡必醇（DBC）萃金后、再用石油亚砜 PSO-Ⅱ萃钯后的萃余液组成为：Pd 0.004 ~ 0.05g/L、Pt 0.71 ~ 2.81g/L、Rh 0.21 ~ 0.38g/L、Ir 0.12 ~ 0.35g/L、Ni 1.08 ~ 6.08g/L、Cu 1.54 ~ 5.2g/L、Fe 0.72 ~ 1.76g/L、Au 0.0021 ~ 0.0026g/L（共 12 批，前 10 批因锑干扰，分析结果偏高，为 0.013 ~ 0.038g/L）。萃钯前酸度为 2 ~ 3mol/L，用 NaOH 调至 1.0 ~ 1.25mol/L。萃钯洗水并入萃余液中，酸度降为 0.7 ~ 0.9mol/L，体积膨胀 1.52 倍。

　　(2) 萃铂有机相含 8% N235，萃铂时，液流顺畅，分相快，界面清晰。前 8 批萃余液含铂 0.002 ~ 0.03g/L，平均萃取率为 99.18%；后 4 批萃余液含铂 0.002 ~ 0.06g/L，平均萃取率 99.04%。洗液循环使用未见异常现象及金属积累，12 批洗液中铂的平均分布率仅 0.09%。再生液、平衡液中铂的分布率分别为 0.27% 和 0.006%，均可循环使用。有机相中的铂占投入量的 0.4%，运行 12 批，有机相循环 24 次，返回使用时，萃取性能不变。采用稀 NaOH 液反萃，分相快，反萃率近 100%。

　　(3) 其他组分走向：94.9% 铑、68.1% 铱留在铂萃余液中，铑、铱在洗液和反萃液中的分布率分别为 0.54%、1.91% 和 1.87%、16.75%。洗液中的少量铑、铱可置换回收，反萃液中的铑、铱在铂水解提纯时回收。铁、铜、镍在萃铂洗液和反萃液中的分布率分别为 0.85%、0.20%、0.17% 和 0.66%、0.26%、0.033%。反萃液中铂与铁、铜、镍的含量比分别为：805:1、2142:1、2066:1。因此，萃铂过程具有较高的选择性。

　　(4) 反萃液经过滤、酸化、浓缩、通氯氧化、用饱和氯化铵沉淀铂铵盐（平均沉淀率为 94.77%），采用经典法提纯至 99.99%，直收率为 82.52%，总回收率约 100%。铂萃取全过程直收率大于 98%。

　　b　B 料液半工业试验

　　(1) 锇、钌蒸残液，先经二丁基卡必醇（DBC）萃金后、再用二异戊硫醚 S201 萃钯后的萃余液，用 NaOH 调整酸度至 0.4 ~ 1.0mol/L，平均组成为：Pd 0.006g/L、Au 0.0012g/L、Pt 4.18g/L、Rh 0.41g/L、Ir 0.37g/L。

　　(2) 由于料液铂含量较高，萃铂有机相含 10% ~ 11% N235。前 4 批因脱酸处理不严格，$NaClO_4$ 未彻底破坏，游离 ClO_3^- 影响 $PtCl_6^{2-}$ 的萃取效果，使萃余液含铂高达 0.14 ~ 0.33g/t，平均萃取率仅 93.91%。后 4 批严格操作，浓缩，加盐酸破坏 $NaClO_4$、浓缩赶酸，控制料液酸度为 2.5mol/L，电位 950 ~ 1000mV，萃余液含铂降至 0.002 ~ 0.007g/L，平均萃取率达 99.90%。最后 2 批 1 ~ 4 级的铂萃取率分别为：99.04%、99.17%、99.87%、99.91%；99.88%、99.94%、99.93%、99.97%。载铂有机相经洗涤、再生、平衡，分相迅速，界面清晰。洗液、再生液、平衡液中的铂分别占投入量的 0.32%、0.19%、0.01%。洗液、再生液、平衡液经循环使用（有机相累计循环近 30 次）不影响萃取效果，无金属积累。再生有机相含铂 0.099g/L，为铂投入量的 0.31%。铂的反萃前 3 批不正常，后 4 批料液经严格处理后，反萃正常，反萃率约 100%。反萃液中的铂量为投入量的 99.93%。最后 2 批 1 ~ 3 级反萃液中的铂含量分别为：0.208g/L、1.19g/L、1.27g/L 和 1.70g/L、8.75g/L、10.38g/L。

（3）其他组分走向：铑、铱在铂萃余液、洗水、反萃液中的分布率分别为：铑 94.66%、1.79%、5.52%；铱 79.46%、1.64%、39%。

（4）反萃液处理与 A 料液相同，铂纯度大于 99.99%，提纯回收率为 86.9%。铂萃取全过程直收率为 83.34%，总回收率为 97.28%。

此工艺全部试剂和原材料为国产，已在金川冶炼厂投入工业生产。

可用于萃取分离铂的叔胺还有：Adogen364（C_9）、Adogen381（三异辛胺）、Adogen363（三正癸胺）、三正庚胺、三异庚胺、甲基二辛胺、三正壬胺、三苄胺、三苯胺等。

18.6.3.4 季铵盐萃取铂

季铵盐萃铂机理为阴离子交换过程，速度快。其萃取反应可表示为：

$$2\,\overline{R_4N^+\cdot Cl} + PtCl_6^{2-} \longrightarrow \overline{(R_4N^+)_2\cdot PtCl_6^{2-}} + 2Cl^-$$

水相酸度较低时，季铵盐萃取铂族金属的顺序为：$Pt^{4+} > Pd^{2+} > Ru^{3+} > Ir^{4+} > Rh^{3+} > Ir^{3+}$。萃取 Pt^{4+}、Pd^{2+}、Ir^{4+}、Ru^{3+} 时很快平衡。季铵盐萃取 Pt^{4+}、Pd^{2+}、Ir^{4+}、Ru^{4+} 的能力显著大于 Ir^{3+}、Ru^{3+}、Rh^{3+} 的萃取能力，可利用它们之间的差异进行分离。

季铵盐萃取铂族金属时，稀释剂的影响顺序为：二氯乙烷 > 苯、甲苯 > 煤油 > 氯仿 > TBP > C_8 醇 > 脂肪酸（$C_7 \sim C_9$）> 四氯化碳。季铵盐中加入醇、脂肪酸、四氯化碳可降低铂、钯等铂族金属的分配比。

二甲基二烷基（$C_{12} \sim C_{14}$）氯化铵在水溶液氯化物溶液中萃取贵金属的顺序为：$Pt^{4+} > Pd^{2+} > Ru^{3+} > Ir^{4+} > Rh^{3+} > Ir^{3+}$。可利用其间的差异进行分离，如分离 Pt-Rh、Pt-Ru 时，铂的纯度分别为 99.9%、99.95%。

二甲基烷基苄基氯化铵可定量萃取镍阳极泥水溶液氯化液中的铂、钯，如料液组成为：Pt 0.37g/L、Pd 1.55g/L、Rh 0.028g/L、Ir 0.004g/L、Ru 0.0157g/L。相比 1:6，经 6 级逆萃，萃余液组成为：Pt 0.9mg/L、Pd 1.5mg/L、Rh 24.8mg/L、Ir 3.5mg/L、Ru 10.6mg/L。铂、钯被完全萃取。可用 4mol/L 硝酸液或 2mol/L 高氯酸液反萃。

三烷基苄基氯化铵（7407）可萃取 Pt^{4+}。水相 pH 值为 2 时，铂萃取率最高。pH 值、Cl^- 浓度增加均会降低铂萃取率。提高有机相中萃取剂浓度可增加铂萃取率。

三烷基甲基氯化铵 Aliquat336（$C_8 \sim C_{10}$）萃铂，10min 达平衡；铂萃取率与铂含量关系不密切。反萃剂反萃铂的顺序为：$NaClO_4 > NaSCN > $ 硫脲 $ > NaHSO_4$。

可萃取分离铂的季铵盐还有：N263、7402、甲基三辛基氯化铵、四辛基氯化铵、四异辛基氯化铵、四己基氯化铵、二甲基辛基苄基氯化铵等。

18.6.3.5 氨基羧酸萃铂

仲胺 Amberlite LA-2 与氯乙酸反应的产物 $R_2N\text{-}CH_2\text{-}COOH$ 可共萃铂、钯，南非 Lonrho 精炼厂已将此工艺用于工业生产。料液组成为：Pt $5 \sim 20$g/L、Pd $2 \sim 10$g/L、Rh $20 \sim 30$g/L、Ir $5 \sim 10$g/L、Os $5 \sim 10$g/L、Ru $50 \sim 70$g/L，Cu、Fe、Al、Ni 合计为 10g/L，酸度为 1mol/L HCl。采用 10% Amberlite LA-2-Solvesso150 作有机相，在 $\phi75$mm × 6m 的脉冲密封柱中萃取（一般 $3 \sim 5$ 级），料液流速 20L/h，有机相进入流速控制有机相容量 Pt + Pd 为 18g/L，铂、钯萃取率为 99.5% $\sim$ 99.9%，萃取容量达 25g/L，操作容量控制为 18g/L。在柱中用 10mol/L HCl（工业酸）反萃，相比 1:1，反萃率可达 99%。反萃后有机相，用水洗涤以除去共萃的少量锡、锑，循环使用。

18.6.4　含硫类萃取剂萃取铂

18.6.4.1　二正辛基亚砜（DOSO）萃取铂

水相酸度小于 2mol/L HCl 时，二正辛基亚砜（DOSO）几乎完全不萃取 Pt^{2+}。当酸度降至 0.1mol/L HCl 时，甚至长达 30min 仍不萃取 Pt^{2+}，但可定量萃取钯。当酸度大于 2mol/L HCl 时，Pt^{2+} 萃取率随 DOSO 浓度减小、温度升高而下降。DOSO 萃取 Pt^{2+} 的饱和容量为 7.12g/L，属锌盐萃取，萃合物为 $[PtCl_2(DOSO)_2] \cdot [(DOSO\cdots H)H_2O]Cl$。

18.6.4.2　二异辛基亚砜（DIOSO）萃取铂

二异辛基亚砜（DIOSO）与二（2-乙基己基）亚砜（DEHSO）的结构极其相似，均可在低酸度下萃 Pd^{2+}，或在高酸度下共萃 Pd^{2+}、Pt^{4+}（见图 18-51）后再分别反萃。此工艺已用于从废铂催化剂（含 Pt 0.443%、Sn 0.31%、Cl 1%、C 5%）中回收铂。

操作时，将废铂催化剂在 500～600℃ 下焙烧 3～4h，用 HCl-H_2O_2 浸出，浸液含铂 0.4432g/L、铝 50g/L。用 30%～40% DIOSO-磺化煤油共萃铂、锡，萃取相比 1:1，平衡 1min。负载有机相用 4mol/L HCl 洗涤，相比 1:1。萃余液含铂 0.0019 g/L，萃取率为 99%，实收率为 97.7%。用 0.1mol/L HCl 反萃铂，反萃铂后有机相用 15% 酒石酸洗锡，相比 1:1，平衡 10min（2 级），然后用水 2 级逆流洗涤后返回使用。

18.6.4.3　石油亚砜（PSO）萃铂

石油亚砜（PSO）在低酸度下萃 Pd^{2+}，使其与铂分离。高酸度下共萃 Pd^{2+}、Pt^{4+}（见图 18-52）。

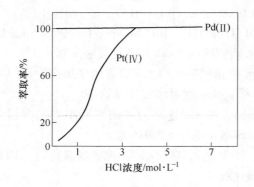

图 18-51　水相酸度对 DIOSO
萃取分离铂的影响

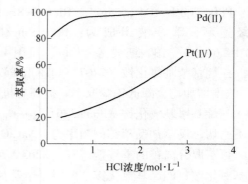

图 18-52　水相酸度对石油亚砜 PSO
萃取分离铂的影响

18.6.5　螯合萃取剂萃取铂

Lix26、Kelex100、TN1911、TN2336 等螯合萃取剂可共萃铂、钯。

综上所述可知，含磷、氮、硫类萃取剂均可萃铂，目前工业上用于萃铂的萃取剂为含磷类萃取剂和含氮类萃取剂。从分离金、钯后的料液中萃取分离铂的最佳萃取剂为叔胺萃取剂，已用于工业生产。

18.7 萃取分离铑、铱

18.7.1 萃取除去贱金属和富集铑、铱

18.7.1.1 概述

矿物原料中铑、铱含量极微，用萃取分离金、钯、铂后的溶液中，铑、铱含量仍很低。尤其是组成复杂的含铑、铱溶液，萃取分离金、钯、铂后的溶液中常含有还原性杂质（如 S203、S201 等）和大量的贱金属杂质，直接采用萃取法分离铑、铱的效果差。因此，从萃取分离金、钯、铂后的溶液中萃取分离铑、铱之前，须对含铑、铱的料液进行预处理。

常用的预处理方法为：对萃取分离金、钯、铂后的溶液进行氧化水解，产出铑、铱水解渣。再用水溶液氯化浸出法处理铑、铱水解渣，使其中的贵金属和贱金属均转入浸液中，此时贵金属和贱金属均被富集。然后，对水溶液氯化浸出液再次分离金、钯、铂及贱金属，此时可产出铑、铱含量较高的富液。此铑、铱含量较高的富液可作为萃取分离铑、铱的料液。

18.7.1.2 二（2-乙基己基）磷酸（P204）萃取贱金属和富集铑、铱

二（2-乙基己基）磷酸（P204）为多数硬酸金属阳离子的有效萃取剂。P204 萃取时，水相 pH 值与贱金属萃取率的关系如图 18-53 所示。

从图 18-53 曲线可知，pH 值为 1.5 时，Fe^{3+} 被定量萃取；pH 值为 4 时，Cu^{2+} 被定量萃取；pH 值为 5.5~6 时，Co^{2+}、Ni^{2+} 被定量萃取。采用 30% P204-正十二烷作有机相，当皂化率为 35%~75% 时，铜、铁萃取率均大于 99.9%；对钴、镍萃取而言，皂化率以 50%~60% 为宜；对分相而言，皂化率以 60% 为宜。

试验表明，将料液蒸至近干，用 0.1mol/L HCl 稀释溶解，采用 30% P204-正十二烷作有机相直接萃取或用 40% NaOH 调 pH 值约为 1 后再萃取，其萃取效果相似；通氯气氧化处理料液，可适当降低铑、铱在贱金属中的分散损失。

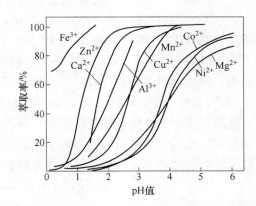

图 18-53 P204 萃取时，水相 pH 值与贱金属萃取率的关系

Co^{2+}、Ni^{2+} 的萃取分配系数随料液中 Cl^-、SO_4^{2-} 浓度的上升而迅速下降；料液中氯酸钠浓度小于 1g/L 时，对贱金属萃取分配系数的影响可忽略。如 NaCl 浓度为 1mol/L、pH 值为 1~2 的料液，通氯气 10min，回流或煮沸 1h，采用 0.6mol/L P204-异辛胺（皂化率 80%）萃取，贱金属萃取率为：Fe 100%、Cu 99%、Co 97.5%、Ni 93.7%，Pt、Pd、Rh、Ir 损失率分别小于：0.3%、1.5%、0.4%、0.1%。

载贱金属有机相用 NaCl 水溶液 3 级洗涤，用盐酸液 6 级反萃，铑、铱在洗水中的分布率分别小于：3.88%、3.75%。皂化率为 60% 时，铑、铱在洗水中的分布率分别小于：1.34%、3.08%。

P204 萃取预处理的半工业试验原则工艺
流程如图 18-54 所示。

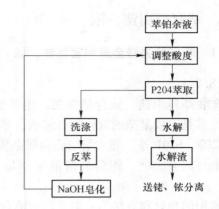

图 18-54　P204 萃取预处理的半工业试验
原则工艺流程

　　锇、钌蒸残液，先经二丁基卡必醇
（DBC）萃金后、再用二异戊硫醚 S201 萃钯、
叔胺 N235 萃铂后，w（铑、铱）：w（贱金属）$= 1$
：$(20 \sim 24)$。料液中的贱金属平均质量浓度为：
Fe 1.83g/L、Cu 4.27g/L、Co 2.82g/L、Ni
4.38g/L，采用皂化的 P204-3 号溶剂有机相经
5 级萃取，萃余液中的贱金属平均质量浓度为：
Fe 0.014g/L、Cu 0.009g/L、Co 0.325g/L、
Ni 1.48g/L。贱金属萃取率为：Fe 99.2%、Cu
99.8%、Co 87.6%、Ni 66.1%。钴、镍萃取率
偏低的主要原因是：（1）铁、铜优先被萃，
P204 皂化率降低，萃取 pH 值低于萃取钴、镍所要求的 pH 值；（2）被萃取的钴、镍可能被
水相中的铁、铜置换；（3）料液中的硫酸钠、氯化钠浓度过高。洗水中铑、铱的分散损失率
分别为：0.99%、1.06%。反萃液中铑、铱的分散损失率分别为：2.02%、3.01%。

　　萃取贱金属后的萃余液，进行氧化水解，滤液中的铑、铱的分散损失率分别为：
0.38%、1.30%。水解渣用水溶液氯化法（HCl-Cl$_2$）浸出，产出含铑 6.6 ～ 11.95g/L、含
铱 3.37 ～ 11.47g/L 的富液，其中 w（铑、铱）：w（贱金属）$= 1$：$(2 \sim 3)$，与叔胺 N235 萃铂
后萃余液相比较，铑、铱富集近 10 倍。同时，铑、铱富液中含 Au 0.03 ～ 0.188g/L、
Pd 0.06 ～ 3.31g/L、Pt 0.32 ～ 5.38g/L，贱金属也一起被富集，须再次分离金、钯、铂和
贱金属。强化萃取工艺条件后，可使铑、铱的总回收率达：Rh 97%、Ir 95%。

18.7.1.3　离子交换吸附法分离贱金属

　　盐酸介质中贵金属常呈氯配阴离子形态存在，而铁、铜、钴、镍等贱金属常呈阳离子
形态存在。此时，可采用酸性阳离子交换树脂吸附除去微量贱金属。如采用 732 苯乙烯-
二乙烯苯酸性阳离子交换树脂除去微量贱金属的反应可表示为：

$$2\,\overline{RSO_3H} + Me^{2+} \longrightarrow \overline{(RSO_3)_2Me} + 2H^+$$

　　料液 pH 值为 1 ～ 1.5，料液流过酸性阳离子交换树脂交换柱的速度为 25 ～ 35mL/min，
树脂交换容量接近饱和时，可采用 4% ～ 6% HCl 溶液淋洗，使交换树脂再生，返回循环
使用。

　　离子交换吸附法可除去 Fe^{3+}、Cu^{2+}、Co^{2+}、Ni^{2+}、Pb^{2+} 等贱金属杂质。

18.7.2　萃取分离铱

18.7.2.1　概述

　　溶液中铱的稳定氧化态为 Ir^{3+}、Ir^{4+}，且互相转化。可用中强还原剂（如 Fe^{2+}、乙醇、
氢醌、抗坏血酸等）将 Ir^{4+} 还原为 Ir^{3+}。在酸性介质中，Cl_2、H_2O_2、HNO_3 等可将 Ir^{3+} 氧
化为 Ir^{4+}。在酸性氯化物介质中，Ir^{3+}、Ir^{4+} 均呈 $IrCl_6^{3-}$、$IrCl_6^{2-}$ 形态存在。在中性或弱碱
性介质中，$IrCl_6^{2-}$ 会自动还原为 $IrCl_6^{3-}$。随介质 pH 值提高（如 pH 值大于 11），$IrCl_6^{2-}$ 会

迅速还原为 $IrCl_6^{3-}$。在强酸性介质中（如 12mol/L HCl），在室温下，$IrCl_6^{3-}$ 可迅速氧化为 $IrCl_6^{2-}$。而且，$IrCl_6^{3-}$、$IrCl_6^{2-}$ 形态还随介质 pH 值、氯离子浓度、体系电位、放置时间、温度、来源等的变化产生水合或羟合反应，生成一系列氯、水合配合物或氯、羟配合物，如 $Ir(H_2O)_{6-n}Cl_n^{(3-n)+}$、$Ir(H_2O)_{6-n}Cl_n^{(4-n)+}$（$n=3，4，5，6$），以及顺、反或多核配合物。$Ir^{3+}$ 氯配合物具有高惰性，仅 Ir^{4+} 能被萃取。$IrCl_6^{3-}$ 和 $RhCl_6^{3-}$ 的性质极相似，在复杂溶液中，较难准确检测控制铱和铑的价态、配合物状态并确定它们之间的定量关系。因此，铑、铱的分离是公认的难题。

$IrCl_6^{2-}$ 的萃取行为与 $PtCl_6^{2-}$ 相似，凡能萃取 $PtCl_6^{2-}$ 的萃取剂均可萃取 $IrCl_6^{2-}$。目前，萃取 $PtCl_6^{2-}$ 的常用萃取剂为：磷酸三丁酯（TBP）、三辛基氧化膦（TOPO）、三烷基氧化膦（TRPO）、三苯基正丙基磷卤等含磷类萃取剂及 N1923、TOA、N235、N263、N-己基异辛酰胺（MNA）等胺类萃取剂。

18.7.2.2 磷酸三丁酯（TBP）萃取分离铑、铱

磷酸三丁酯（TBP）为最先用于萃取分离铑、铱的萃取剂，国际镍公司阿克统精炼厂已将其用于工业生产。

在 2～5mol/L HCl 介质中，TBP 对 Ir^{4+}、Pt^{4+}、Pd^{4+} 的萃取率均大于 90%。其萃取率随介质酸度的提高而下降。TBP 具还原性，每级萃取后，有部分 Ir^{4+} 被还原为 Ir^{3+}，须再氧化（氧化剂可用 Cl_2、H_2O_2、$NaClO_3$ 等，常用 Cl_2），故萃取分离作业只能间断进行。对含 Rh 10～50g/L 溶液，含铱浓度为毫克级（如 0.015g/L），Ir^{4+} 的萃取率约 99%，铑共萃率仅 0.2%～1%。当铱、铑浓度相近时，则提纯铑的效果差。有机相中的铱可用 HNO_3、NaOH、抗坏血酸、氢醌等反萃。反萃后的有机相用等体积的蒸馏水、2% NaOH、蒸馏水依次洗涤，经 4mol/L HCl 平衡 2 级后返回再用。

若溶液组成为：Rh 99%，Ir、Pt、Fe、Cu、Ni、Co 各 0.1%，Pd、Sn、Pb、Al、Mg、Ag 各 0.05%，HCl 酸度为 4mol/L，用 100% TBP，O∶A=1∶1，室温，平衡 5min，2 级萃取，Ir、Pt、Pd 均可降至光谱分析下限（小于 0.02%），Sn、Pb 可一起除去。

某料液含 HCl 6mol/L，通 Cl_2 氧化 30min，用 100% TBP 萃取 3～6 级（O∶A=1∶1，室温，平衡 5min，TBP 使用前用 6mol/L HCl 及含 Cl_2 的水溶液平衡），每次萃取前通 Cl_2 30min。用浓 HNO_3 反萃，反萃后的有机相用水、20% NaOH 洗涤再生。试验结果列于表 18-13 中。

表 18-13 某氯化液 TBP 萃取分离试验结果

批次	氯化液组成/g·L⁻¹					萃取级数	金属回收率/%				铑、铱含量/%	
							萃余液		反萃液		铑中含铱	铱中含铑
	Pt	Pd	Au	Rh	Ir		Rh	Ir	Rh	Ir		
1	6.10	2.37	0.383	5.73	4.25	4	97.73	98.24	97.55	98.39	1.57	2.55
2	2.375	0.59	0.05	6.90	3.60	3	95.66	86.16	82.00	97.80	9.63	6.32
3	4.94	0.212	0.02	5.82	3.75	3	97.55	90.38	92.53	97.53	6.68	3.54
4	29.66	2.534	0.03	11.81	5.25	6	83.46	23.06	99.69	99.92	27.45	63.64

从表 18-13 中数据可知，原液中铂、钯含量低于或接近铑、铱时（1、2、3 批），用多

级分步萃取分离铑、铱，效果良好（1批），铑在萃余液中的回收率约97.7%，铑中含铱降至1.6%；铱在萃余液中的回收率约98.2%，铱中含铑降至2.55%。当减少萃取级数（2、3批）时，萃取分离效果降低。当原液中铂含量明显高于铱时（4批），萃取级数增至6级，萃取分离效果仍较差。

由于TBP萃取的溶液酸度高，TBP在水和强酸中的溶解度大、不稳定、易分解或降解为DBBP、DBP等，对有机玻璃、聚氯乙烯（PVC）、增强聚氯乙烯（UPVC）等常见材质有腐蚀溶胀作用及浓盐酸、氯气或王水等的强腐蚀作用，使其在工业应用时的设备材质选择较为困难。

18.7.2.3　三辛基氧化膦（TOPO）萃取分离铑、铱

各种盐酸浓度下，用 TOPO(0.4mol/L)-苯有机相萃取 Ir^{4+} 的萃取率均很高。盐酸浓度为 4～6mol/L，Ir^{4+} 的浓度为 0.5g/L 时，1 级萃取即可定量萃取 Ir^{4+}。但 Ir^{3+} 的萃取率小于 7%，Rh^{3+} 的萃取率近似零。因此，萃铱前须将 Ir^{3+} 氧化为 Ir^{4+}。当料液中盐酸浓度较高、光照、加热、与有机试剂长期接触、长时间放置等均可使部分 Ir^{4+} 还原为 Ir^{3+}。故萃取前须使其充分氧化。常用硝酸、氯气、次氯酸盐、溴、次溴酸盐、氯酸盐、碘酸盐、过氧化氢、Ce^{4+} 等作氧化剂，它们均为不引入新金属杂质的氧化剂。原液铱浓度为 0.568g/L，盐酸为 2～6mol/L，每次萃取前氧化，Ir^{4+} 的萃取率达 99.65%～99.89%（萃余液含铱 0.002～0.0007g/L）。若萃取前不氧化，Ir^{4+} 的萃取率仅为 97.71%～98.07%（萃余液含铱 0.011～0.013g/L）。

在 5mol/L HCl，用 0.1mol/L 三辛基氧化膦（TOPO）-苯有机相萃取 Ir^{4+} 的分配比为 11.5，用 0.4mol/L 三辛基氧化膦（TOPO）-苯有机相萃取 Ir^{4+} 的分配比高达 945.6。因此，TOPO-苯有机相萃取 Ir^{4+} 的萃取率随 TOPO 浓度的提高而显著增大。但有机相中 TOPO 浓度大，有机相黏度增大，不利于分相。因此，有机相中 TOPO 浓度以 0.3～0.4mol/L 为宜。用 0.4mol/L TOPO-苯有机相，萃取 Ir^{4+} 的平衡时间为 10min，有机相饱和容量为 12.286g/L，实际操作容量为 5～10g/L。负载有机相可用稀 NaOH 溶液反萃，反萃有机相与 5mol/L 盐酸平衡后，可返回使用。

水相中 Ir^{4+} 的浓度为 0.5～6.8g/L 时，铱萃取率大于 99%。水相中 Ir^{4+} 的浓度大于 1g/L 时，1 级萃取，萃余液铱含量可降至百分之几克每升，欲彻底分离，须增加萃取级数。TOPO 可萃取部分 Rh^{3+}（大于 2g/L）、Pd^{4+}、Pt^{4+}，不仅降低铱的萃取容量，而且增加后续分离难度。故萃铱前应将 Pd^{4+}、Pt^{4+} 除去。

对含铑 0.97g/L、铱 1.136g/L、HCl 5mol/L 的合成溶液，用 0.4mol/L TOPO-苯有机相萃取 Ir^{4+}，O∶A=1∶1，3 级，平衡 10min，用稀 NaOH 溶液反萃。反萃有机相用水洗涤，5mol/L HCl 平衡再生。萃余液和反萃液分别过滤、浓缩，加氯化铵沉淀。经煅烧、氢还原制得的铑粉中含铱为 0.01%，铱粉中含铑为 0.005%，铱、铑回收率均大于 97%。

18.7.2.4　三烷基氧化膦（TRPO）萃取分离铑、铱

常温下，三烷基氧化膦（TRPO）为黄色油状液体，以 C_6～C_8 工业混合醇（C_7 醇占 95%）为原料制成，主要成分为三庚基氧化膦（C_7H_{15})$_3$PO，平均相对分子质量为 340～350。

30% TRPO-苯有机相萃取 Ir^{4+} 属溶剂化萃取，萃合物为 [(TRPO)H^+]$_2$[$IrCl_6$]。其萃取 Ir^{4+} 的性能优于 TOPO。如料液组成为：Rh 1.225g/L、Ir 1.29g/L，HCl 3mol/L，30% TRPO-苯有机相进行 1 级萃取，萃余液含铱 0.0066～0.006g/L，萃取率为 99.40%～99.54%。

9.4mol/L TOPO-苯有机相萃取 Ir^{4+} 的萃余液含铱 0.11g/L，萃取率为 99.15%，经 3 级萃取，萃余液含铱 0.002%，萃取率大于 99.85%，但粗铑含铱不同：TOPO 萃取得的粗铑含铱为 0.015%，TRPO 萃取得的粗铑含铱小于 0.0025%。因 TRPO 在常用稀释剂中的溶解度较大，当水相含铱 10g/L、Pt 20g/L、Rh 60g/L 时，仍可正常有效地进行萃取分离，适应酸度范围宽（0.3 ~ 5mol/L HCl），3mol/L HCl 时达最高值，其萃取 Ir^{4+} 的萃取容量达 16g/L。

苯的沸点低、易挥发、毒性大，可改用碘化煤油作稀释剂，但需添加 20% 仲辛醇以消除第三相。仲辛醇味大，在酸中有一定溶解度，同时有部分铑被共萃。碘化煤油和仲辛醇均有一定的还原作用，不利于 Ir^{4+} 的萃取。宜选用无还原作用的稀释剂，如芳烃类稀释剂。

萃取 Ir^{4+} 的关键是萃取前将铱彻底氧化为 Ir^{4+}。如 40℃下，通 Cl_2 10min，3 级萃取，萃余液含铱 0.0199g/L，萃取率为 98.01%。用 Ir：$NaClO_3$ = 1：（3 ~ 5）氧化，经 2 级萃取，萃余液含铱小于 0.002g/L，萃取率大于 99.8%。多次氧化，多级萃取，尤其是在 600 ~ 700℃ 中温氯化浸出后通 Cl_2 氧化的效果最佳。如用含铱 2.431g/L 溶液可制得含铱 0.005% 的纯铑粉。

铱、钌蒸残液，经二丁基卡必醇（DBC）萃金、二异戊基硫醚（S201）萃钯、三烷基胺（N235，7301）萃铂、二（2-乙基己基）磷酸（P204）萃贱金属后的萃余液经水解，水解渣用 6mol/L HCl-Cl_2 溶解，再用二异戊基硫醚（S201）萃金和钯，二（2-乙基己基）磷酸（P204）萃贱金属，水解除铂后可获得富集铑、铱的料液。采用三烷基氧化膦（TRPO）进行萃取分离铑、铱，实验室试验的萃铱等温线如图 18-55 所示。半工业试验原则流程如图 18-56 所示。

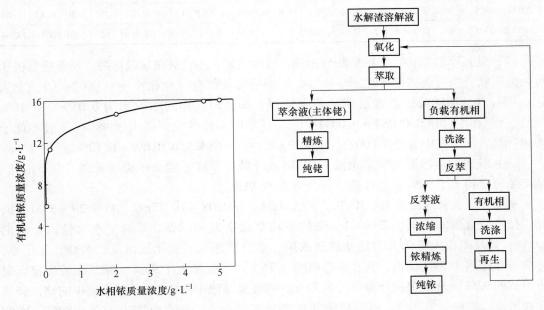

图 18-55　TRPO 萃铱等温线　　　　图 18-56　TRPO 萃铱半工业试验原则流程

实验室试验结果表明：

（1）用煤油作稀释剂，铱浓度稍高即出现第三相。改用 4 号溶剂油作稀释剂，可适应较大范围的铱浓度变化，Ir^{4+} 萃取率高，铑共萃少，分相迅速，故采用 30% 三烷基氧化膦

（TRPO)-4 号溶剂油有机相萃铱。

（2）料液为 0.1～3mol/L HCl 时，用 30% TRPO-4 号溶剂油有机相萃铱，萃余液含铱小于 0.0002g/L，铱萃取率大于 99.99%，铑萃取率为 0.17%～0.45%。料液为 5mol/L HCl 时，萃余液含铱小于 0.0027g/L，铱萃取率为 99.9%，铑萃取率为 0.048%。若用三烷基胺（N235)-4 号溶剂油有机相萃铱，0.1～3mol/L HCl 时，铱萃取率虽达 99.49%～99.6%，萃余液含铱 0.0057～0.0044g/L，但铑萃取率高达 87.01%～93.45%。酸度增至 7mol/L HCl，铑萃取率降至 9.20%，铱萃取率仅为 92.23%。

（3）水相 3mol/L HCl、相比 1∶1、混相 5min 条件下，30% 三烷基氧化膦（TRPO)-4 号溶剂油有机相萃铱的饱和容量为 16.2g/L，推算其萃合物组成为（$R_3POH)_2IrCl_6$。

（4）料液铱含量从 5g/L 增至 15g/L 时，萃余液含铱从 0.0011g/L 增至 0.0048g/L，铱萃取率从 99.98% 降为 99.97%。

（5）料液经 1 级萃取，大于 95% 的铱进入有机相，2、3 级萃取仅占 2%～3%，表明铱萃取率取决于萃前铱是否氧化为 $IrCl_6^{2-}$，萃余液中铱为 $IrCl_6^{3-}$。

（6）萃铱时，料液中的少量贱金属 Cu 0.015g/L、Fe 0.209g/L、Ni 0.825g/L、Co 0.125g/L，它们在萃取过程中的分布列于表 18-14 中。

表 18-14　TRPO 萃铱时贱金属在萃余液和洗液中的分布

萃余液中贱金属浓度/g·L^{-1}				萃余液中贱金属分布率/%				洗液中贱金属浓度/g·L^{-1}				洗液中贱金属分布率/%			
Cu	Fe	Ni	Co	Cu	Fe	Ni	Co	Cu	Fe	Ni	Co	Cu	Fe	Ni	Co
0.0013	0.0005	0.88	0.0017	4.2	0.12	53	5.2	0.0013	0.00025	0.0014	0.071	12.5	0.18	0.75	12.84
0.0015	0.0005	0.47	0.012	5	0.06	28.4	3.6	0.0016	0.0063	0.0068	0.10	0.30	0.30	0.82	12.65
0.0013	0.0001	0.96	0.004	4.2	0.02	58.1	1.2	0.0025	<0.0001	0.0041	0.084	24	0.07	0.71	14.66

（7）就反萃效果而言，稀硝酸分相快，液面清晰，当负载铱量较低时，反萃后有机相可恢复原状。当负载铱量高时，反萃后有机相呈偏橘红色（含铱小于 0.0005g/L），个别达 0.031g/L，用稀碱液处理后即可再生使用。萃铱时，铑的萃取率为 0.03%～0.45%（负载有机相中含铑 0.00084～0.0041g/L）。反萃时，铱的反萃率大于 98%（一般不低于 99.94%），反萃液中含铑 0.00025～0.0028g/L，铑分配率为 0.016%～0.12%。

（8）获得的铑溶液（铱萃余液）、铱溶液（铱反萃液）经简单提纯处理，获得的铑、铱产品纯度均大于 99%，也可进一步提纯至 99.99%。

半工业试验料液组成为：Rh 9.7～15.0g/L、Ir 3.08～10.57g/L、Pt 0.29～3.81g/L，铑、铱与贱金属的比值为 247∶1。铱的平均萃取率为 91.7%，萃取洗水含铱占原液的 0.5%，铱反萃率大于 99%。反萃液经水解、水合肼还原、氯化铵沉淀、煅烧、氢还原，可获得纯度达 99% 的铱粉，直收率为 70%～75%，实收率大于 95%。铱萃余液中铑含量占原液的 92%，洗液中铑分布率为 5.73%，铑在反萃液中占 2.4%。萃余液中的铑，经氯化铵沉淀、煅烧、氢还原，可获得纯度达 99% 的铑粉，一次直收率为 75%～80%，实收率为 85%～90%。

30% 三烷基氧化膦（TRPO)-4 号溶剂油有机相萃铱，各项技术指标均优于叔胺、TBP。但 TRPO 合成较困难，价格较高（500～600 元/千克），对有机玻璃、聚氯乙烯等常见材质的腐蚀比 TBP 严重。

18.7.2.5　仲碳伯胺（N1923）萃取分离铑、铱

含氮萃取剂从氯化物介质中萃取 $IrCl_6^{2-}$ 的顺序为：季铵盐＞仲胺＞伯胺，随萃取能力增强，萃取选择性下降，反萃较困难。如20%仲碳伯胺（N1923）-煤油有机相，pH 值为 1.5~3.5 时的萃取率为：Ir^{4+}＞97%、Pt^{4+}＞93%、Pd^{2+}＞87%，N1923 含量大于5%，相比变化影响不大，铑在萃余液中的回收率大于99%。

仲碳伯胺（N1923）曾用于从含少量铂、钯、铱、金的铑溶液中提纯铑。料液中加入氯化钠，使 Cl^- 浓度大于 1mol/L，加热回流，通 Cl_2 氧化，调整 pH 值为 1~1.5，用二（2-乙基己基）磷酸（P204）-煤油有机相萃取分离其中的铁、铜、镍、钴等贱金属杂质。萃余液中加入 1%氢醌水溶液将 Ir^{4+} 还原为 Ir^{3+}，滴加 10mol/L NaOH 使溶液 pH 值为 7~8，析出铑的氢氧化物沉淀，再缓慢滴加 1mol/L NaOH，使溶液 pH 值为 12，放置 15~30min，使铑沉淀完全。产出的 $Rh(OH)_3$，用 3mol/L HCl 溶解，调整 pH 值为 1.2~1.5，通 Cl_2 15min 将 Ir^{3+} 氧化为 Ir^{4+}，铑仍为 Rh^{3+}。此时，Ir^{4+}、Pt^{4+}、Pd^{2+} 皆呈氯配阴离子形态存在。室温下，用 20%仲碳伯胺（N1923）-煤油有机相萃取 Ir^{4+}、Pt^{4+}、Pd^{2+}，相比 1:5，平衡 5min，萃余液加碱沉淀、煅烧、氢还原，可产出纯度达 99.9%的铑粉，回收率为 86%。

18.7.2.6　三辛胺（TOA、N204）萃取分离铑、铱

TOA 萃取贵金属的 $\lg D$ 与盐酸浓度的关系如图 18-57 所示。

从图 18-57 中曲线可知，盐酸浓度小于 4mol/L 时，$PtCl_6^{2-}$、$IrCl_6^{2-}$ 的萃取分配比很高。盐酸浓度小于 2mol/L 时，$PdCl_4^{2-}$ 的萃取分配比大于 100，而 $IrCl_6^{3-}$、$RhCl_6^{3-}$ 的萃取分配比很低，并随酸度升高而降低。因此，可调整价态实现铱与其他铂族金属的萃取分离。英国 Roycton 的 Mathey-Rustenburg 精炼厂已将此工艺用于工业生产。

例 18-1　含 Pt^{4+}、Pd^{2+}、Rh^{3+}、Ir^{4+} 的盐酸溶液经水解还原、盐酸酸化至 1.5mol/L，50~60℃保温 2~3h，使它们分别转化为 $PtCl_6^{2-}$、$PdCl_4^{2-}$、$Ir(H_2O)_6^{3+}$、$Rh(H_2O)_6^{3+}$ 及少量多核配离子。用 10%三辛胺（TOA、N204）-5%异辛醇在 O:A = 1:1、1min 条件下萃取，大于 99.5%的铂、钯转入有机相，大于 99%的铱、铑留在萃余液中。

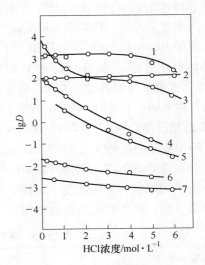

图 18-57　TOA 萃取贵金属的 $\lg D$ 与盐酸浓度的关系

1—$PtCl_6^{2-}$；2—$IrCl_6^{2-}$；3—$PdCl_4^{2-}$；4—$IrCl_6^{3-}$；
5—$RhCl_6^{3-}$；6—$Ir(H_2O)_6^{3+}$；7—$Rh(H_2O)_6^{3+}$

例 18-2　含 $RhCl_6^{3-}$、$IrCl_6^{3-}$ 的混合溶液，调 pH 值大于 11，加入少量抗坏血酸，溶液先呈玫瑰红色，几分钟变为杏黄色，用盐酸调 pH 值为 8~9，析出 $Rh_2O_3·xH_2O$ 黄色沉淀，用盐酸溶解，酸度约 1mol/L HCl，放置 20min，通 Cl_2 氧化 20min，溶液变为棕红色或紫色。此时，铱、铑分别呈 $IrCl_6^{2-}$、$Rh(H_2O)_6^{3+}$ 形态存在。用 10%三辛胺（TOA、N204）-5%异辛醇-异辛烷在 O:A = 1:1、1min 条件下萃取，大于 95%的铱转入有机相，铑定量留在萃余液中。由于 TOA 具还原性，延长接触时间将降低铱萃取率，须用前法处

理萃余液，再萃取。当相比分别为 0.5：1、1：1、2：1 时，铱萃取率依次为 97.3%、97.8%、97.9%。有机相中铱用 5% Na_2CO_3 溶液反萃，一次反萃率为 99.5%，铑共萃率约 1%。

例 18-3　料液组成：Ir 51.5g/L、Rh 11g/L、Pt 2.75g/L、Pd 0.7g/L、Fe 8.5g/L、Cu 63g/L、Ni 52.2g/L，调 pH 值为 1，通 Cl_2 氧化 10min，加热回流 1h，用皂化二（2-乙基己基）磷酸（P204）-煤油萃取分离其中的铁、铜、镍、钴等贱金属。萃余液经水解还原、盐酸酸化至 1.5mol/L，55℃保温 3h。用 10% 三辛胺（TOA、N204）-5% 异辛醇-异辛烷萃取铂、钯。萃余液通 Cl_2 10min，加热回流 1h，调 pH 值为 8~9。经水解还原、盐酸溶解，使溶液酸度为 0.5~1mol/L，通 Cl_2 氧化 20min。用 10% 三辛胺（TOA、N204）-5% 异辛醇-异辛烷萃取铱。有机相用 Cl_2 饱和的 4~6mol/L 盐酸洗涤，用 5% Na_2CO_3 溶液反萃。反萃液经氧化水解、煅烧、氢还原可产出纯度为 99.9% 的铱粉，直收率达 90%。

18.7.2.7　N-己基异辛基酰胺（MNA）萃取分离铑、铱

N-己基异辛基酰胺（MNA）为无色黏稠液体，沸点 142~145℃，密度 0.9006g/cm³（20℃），相对分子质量为 227。为极性有机化合物，溶于酮、醇溶剂中，也能较好溶于芳烃、煤油、苯等非极性溶剂中。N-己基异辛基酰胺（MNA）与铱生成离子缔合物，较难溶于非极性溶剂中，可较好溶于介电常数大的极性溶剂中（如甲基异丁基酮、丙酮等）。

组成复杂的铑、铱溶液须用氧化水解法分离铂及还原性杂质（如 $S_2O_3^{2-}$、$S_2O_7^{2-}$ 等）。搅拌下滴加 10mol/L NaOH 调 pH 值为 12，按 10g/L 加入氯酸钠，通 Cl_2 煮沸。待 pH 值降至 6~7 时停止通 Cl_2，加 NaOH 调 pH 值为 12，如此反复 3 次。第 3 次 pH 值降至 8~9 时停止通 Cl_2，煮沸、冷却、过滤可除去部分铂。水解渣用 pH 值为 8~9 的洗液洗涤，用 HCl-Cl_2 溶解后，用 10mol/L NaOH 调 pH 值为 1~2，通 Cl_2 1h，加热 0.5h 赶 Cl_2，冷却。用 0.6mol/L 二(2-乙基己基)磷酸（P204）-煤油 4 级萃取分离贱金属，相比 1：1，5min。贱金属萃取率为：Fe 100%、Cu 99%、Ni 93.7%。萃余液为富铑、铱溶液，用于萃取分离铑、铱。

对含铑 2.262g/L、铱 3.152g/L 富铑、铱溶液，通 Cl_2 40min，用 0.6mol/L MNA-15% TBP-正辛烷萃取。不同酸度下，铑、铱的萃取率列于表 18-15 中。盐酸浓度大于 5mol/L 时出现第三相，故萃取时的盐酸浓度以 4mol/L 为宜。

表 18-15　溶液不同酸度下，铑、铱的萃取率

盐酸/mol·L⁻¹	1.0	2.0	3.0	4.0	5.0	6.0
铱萃取率/%	15.20	26.84	46.90	64.25	68.42	74.91
铑萃取率/%	1.87	2.71	7.68	9.34	13.93	14.87

曾试用的稀释剂为：（1）甲基异丁基酮：有机相负载 0.33g/L 时，无第三相，20s 分相完成；（2）磺化煤油：出现第三相，加入混合醇、5%~20% TBP 均生成乳浊液；（3）正己醇：无第三相，但有机相形成稳定的乳浊液；（4）正十二烷：出现严重第三相，加入混合醇、25% TBP 无改善；（5）正辛烷：出现严重第三相，加入混合醇无改善，加入 TBP 可消除第三相。如有机相负载 0.185g/L 时，加入 10% TBP 即可消除第三相，分相快，不形成乳浊液。

对比试验表明，N-己基异辛基酰胺（MNA）萃取时，以 TBP-正辛烷、甲基异丁基酮作稀释剂的效果最佳。用甲基异丁基酮作稀释剂时，酸度对铱的萃取率影响小，4mol/L HCl 时，最高萃取率为 86.1%，但萃合物难用稀酸反萃。用 15% TBP-正辛烷作稀释剂时，

盐酸浓度小于 2mol/L 时，铱的萃取率随酸度的增大而急剧提高；当盐酸浓度大于 2mol/L 时，铱的萃取速度变慢；当盐酸浓度大于 5mol/L 时，铱的萃取率达 89.5%，萃合物可用稀酸反萃。用甲基异丁基酮作稀释剂时，铑的萃取率比用 15% TBP-正辛烷作稀释剂时高得多。于 1~7mol/L HCl 介质中萃取时，铑的萃取率高 90~100 倍。于 3mol/L HCl 介质中萃取时，铑的萃取率高 105 倍。因此，N-己基异辛基酰胺（MNA）萃取时，宜选择 15% TBP-正辛烷作稀释剂，而且 MNA-TBP 有协萃作用，协萃系数为 2.33。

正交试验确定的最佳萃铱参数为：0.4mol/L MNA-15% TBP-正辛烷，5mol/L HCl，5min，相比 2：1，铱的 1 级萃取率约 90%，铑、铱分离系数为 2700。铱萃取的等温线如图 18-58 所示。

有机相中铱的饱和容量为 9.5g/L。负载铱的有机相用水反萃，1 级反萃率达 96.1%。反萃后的有机相用 5mol/L HCl 平衡后返回使用。此萃取条件下，镍将被少量萃取，其萃取率随酸度增大而下降。铜的萃取率随酸度增大而缓慢升高。酸度小于 1mol/L 时，铁几乎不被萃取，酸度为 3~6mol/L 时，铁的萃取率大于 95%，故须预先分离。

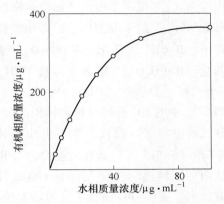

图 18-58　MNA-TBP-正辛烷萃取
铱的等温线（15℃）

按前述方法预处理所得的富铑、铱溶液，两种料液组成为：（1）Rh 1.13g/L、Ir 1.12g/L；（2）Rh 2.21g/L、Ir 2.96g/L。料液盐酸含量为 5mol/L，经 0.4mol/L MNA-15% TBP-正辛烷错流 3 级萃取，相比为 2，5min。萃取率分别为：（1）Ir 92.01%、Rh 9.33%；（2）Ir 99.14%、Rh 9.62%。用蒸馏水进行 3 级反萃，反萃率分别为：（1）Ir 97.20%；（2）Ir 96.76%。提高萃取剂浓度、增加萃取级数，可提高铱的萃取率。

若料液组成为：Pt 2.352g/L、Rh 4.641g/L、Ir 2.450g/L，经 Cl_2 氧化，用 0.4mol/L P204-磺化煤油 4 级连续萃取贱金属（皂化率 80%）。萃余液通 Cl_2 氧化，用 0.8mol/L MNA-0.8mol/L TBP-正辛烷错流 4 级萃取，相比为 1，5min，铂、铱萃取率约 100%，Rh 共萃率为 2%。萃余液中 $m(Rh)：m(Ir) = 199$。负铱有机相用 1% NaOH 进行 4 级反萃，反萃液用对苯二酚将 Ir^{4+} 还原为 Ir^{3+}，用 0.8mol/L MNA-0.8mol/L TBP-正辛烷错流 3 级萃取，相比为 1，5min。负铂有机相用 1% NaOH 进行 4 级反萃，铂萃取率为 98%，铱共萃率为 1.3%。萃铂后的萃余液中 $m(Rh)：m(Ir) = 122.5$。所得主体铑含铱 0.5%，主体铱含铑 1.2%。此工艺适用于萃取分离主体铑中的少量铱。

萃铱的萃取剂还有 8-羟基喹啉 Kelex100、二庚基亚砜（DNHSO）等。

18.7.3　萃取分离铑

18.7.3.1　概述

溶液中铑的稳定氧化态为 Rh^{3+}。碱性介质中用强氧化剂（如 $NaBiO_3$、$NaClO$、$NaBrO$、Ag_2O、$K_2S_2O_8$ 等）可将 Rh^{3+} 氧化为 Rh^{4+}，甚至氧化为 Rh^{6+}。但高价态铑极不稳定，易还原为 Rh^{3+} 或金属铑。强还原剂一般将 Rh^{3+} 直接还原为金属。弱还原剂（如 $SnCl_2$）和存在配合剂时，还原反应止于 Rh^+。铑与铱极其相似，在酸性氯化物介质中生

成配合物 $RhCl_6^{3+}$，且随酸度、氯离子浓度、电位、放置时间、温度等的变化而产生水合、羟合、水合离子的酸式离解或氯代反应，生成一系列氯、水合配合物或氯、水、羟合配合物（$RhCl_3(H_2O)^{2-}$、$RhCl_4(H_2O)_2^-$、$RhCl_5(H_2O)_3$、$RhCl_2(H_2O)_4^+$、$RhCl(H_2O)_5^{2+}$、$Rh(H_2O)_6^{3+}$）。可用通式 $Rh(H_2O)_{6-n}Cl_n^{(3-n)-}$（$n=0\sim6$）表示，并可形成顺式、反式、面式、经式或多核配合物。这些阴离子、阳离子或中性配合物可被不同类型的萃取剂萃取。由于 $RhCl_6^{3-}$ 带 3 个电荷，面电荷密度大，水化作用强，故 Rh^{3+} 氯配合物具有高惰性，可萃取 $RhCl_6^{3-}$ 的萃取剂极少，即使能被萃取也会出现铑被"锁"在有机相的现象。一定条件下，$RhCl_6^{3-}$ 可转化为 $Rh(H_2O)_6^{3+}$ 阳离子，而 $IrCl_3^-$、$IrCl_6^{2-}$、$PtCl_6^{2-}$ 等不会产生相应的转化。$Rh(H_2O)_6^{3+}$ 阳离子可被 P204、P507、P538、二壬基萘磺酸（DNNS）、TOPO、二（十二基）萘磺酸（HD）、N,N-二辛基甘氨酸等阳离子萃取剂萃取，而与铱、铂等分离。$RhCl_6^{3-}$ 中的 Cl^- 配体可被大体积的配体（如 $SnCl_3^-$、$SnBr_3^-$、Br^-、I^-、二苯基硫脲、2-巯基苯并噻唑等）取代，生成低电荷密度的疏水性配阴离子 $[Rh_nCl_mX_p]^{k-}$（X 为 Br、I、$SnCl_3^-$、$SnBr_3^-$ 等）或中性配合物 $[RhCl_mL_n]$（L 为含 N、P、S、As、Sb 的中性有机物），从而可被异戊醇、TBP、Kelex100、Lix26、TN1911、TOA 等萃取，此工艺被称为活化-萃取技术。美国 IBC 高技术公司以大环冠醚化合物键合到固态载体表面，制得具有分子识别能力的 $Superlig^{TM}$，可选择性提取微量铑。

18.7.3.2　萃取铑的配阴离子 $RhCl_6^{3-}$

铑溶液经蒸干、浓盐酸溶解所得溶液中的铑配合物主要为 $RhCl_6^{3-}$，可被 TOA、TBP、N263 等萃取，主要结果列于表 18-16 中。

表 18-16　萃取铑的配阴离子 $RhCl_6^{3-}$ 的主要结果

有机相	水相	萃取条件
伯胺-煤油	0.3～2.5mol/L HCl	增加 HCl 浓度，铑萃取率下降。SO_4^{2-} 降低铑萃取率，无选择性
TOA	0.1～10mol/L HCl	HCl 浓度为 0.1mol/L，铑萃取率为 85%。HCl 浓度大于 4mol/L 时，铑不被萃取
TOA-苯	0.1～12mol/L HCl	HCl 浓度为 0.1mol/L，铑萃取率为 85%。HCl 浓度大于 0.1mol/L 时，铑不被萃取
N263	2mol/L HCl	HCl 浓度为 1mol/L，铑萃取率为 80%。难反萃
二安替比林甲烷-氯仿	0.7～8mol/L HCl	铑萃取率为 91%。无选择性，可用 25% HNO_3 反萃
辛基苯胺	0.1～12mol/L HCl	铑萃取率为 73%。无选择性
DNHSO-1,1,2 三氯甲烷	0.1～12mol/L HCl	铑萃取率为 6%。无选择性，用 $NaNO_3$、70℃、pH 值为 7 条件下反萃
TBP	1～9mol/L HCl	铑萃取率为 16%

将 2mol/L 二正庚基硫醚（DNHS）-8mol/L 正己醇与含铑 0.1g/L、5mol/L HCl 的溶液在 60℃下加热接触 3h，铑萃取率为 80%。

稀释剂对铑萃取速度的影响顺序为：煤油 > 甲苯 > 苯四氯化碳 > 三氯乙烷 > 氯仿。

二庚基亚砜（DNHSO）萃铑的反应为：

$$4\overline{DNHSO} + RhCl_6^{3-} + H^+ \longrightarrow \overline{(DNHSO)_2H^+[RhCl_4(DNHSO)_2]} + 2Cl^-$$

叔胺萃铑的反应为：

$$\overline{3\,R_3NH^+Cl^-} + RhCl_6^{3-} \longrightarrow \overline{(R_3NH^+)_3RhCl_6^{3-}} + 3Cl^-$$

随溶液中氯离子浓度的提高，季铵盐萃铑的萃取率下降，其萃铑的反应为：

$$\overline{2\,R_4N^+Cl^-} + [RhCl_5(H_2O)]^{2-} \longrightarrow \overline{(R_4N^+)_2[RhCl_5(H_2O)]} + 2Cl^-$$

$$\overline{2\,(R_4N^+)_2[RhCl_5(H_2O)]} + H_2O \longrightarrow \overline{(R_4N^+)_3[Rh_2Cl_9(H_2O)]^{3-}} + \overline{R_4N^+Cl^-} + H_2O$$

此时，铑被"锁"在负载有机相中，很难被反萃。

二壬基甘氨酸（DNG）可萃取酸性介质中的配阴离子 $RhCl_6^{3-}$，铑萃取率为 90%，纯度为 99.93%。

N，N-二辛基甘氨酸（DOG）可萃取酸性介质中的配阴离子 $Rh(H_2O)_2Cl_4^-$，在 $0 \sim 4mol/L$ HCl 内，铑的分配比随溶液酸度、氯离子浓度、铑浓度及温度的升高而下降。采用斜率法研究表明，pH 值为 1 时，DOG 萃取铑的反应为：

$$\overline{DOG \cdot HCl} + Rh(H_2O)_2Cl_4^- \longrightarrow \overline{DOG \cdot HRh(H_2O)_2Cl_4} + Cl^-$$

由于 $RhCl_6^{3-}$ 的高惰性，常规方法萃取 $RhCl_6^{3-}$ 非常困难，虽已进行一些基础研究，目前尚无实用价值。通常是在全萃取流程最后的萃余液中回收铑。

18.7.3.3   萃取铑的配阳离子 $Rh(H_2O)_6^{3+}$

A   单十四烷基磷酸（P538）萃取铑的配阳离子 $Rh(H_2O)_6^{3+}$

将铑液起始酸度调整为 2mol/L HCl，煮沸 1h，冷却后用 1mol/L NaOH 调整 pH 值为 $11 \sim 12$，35℃下陈化 0.5h，然后用 3mol/L HCl 溶解，此时铑转化为配阳离子 $Rh(H_2O)_6^{3+}$。铑液起始酸度影响较小，但沉淀终止 pH 值、陈化时间、转化后的放置时间等对铑的转化率影响较大。沉淀终止 pH 值为 $7 \sim 8$ 时，铑的转化率不高；沉淀终止 pH 值大于 13 时，铑的转化率下降。开始出现的沉淀为红色，随后逐渐转变为黄色，35℃下陈化大于 0.5h 时可获得理想结果。转化后的水合铑阳离子，在陈化过程中会缓慢转化为配阴离子。放置 6 天的转化率约 12%，故转化后的水合铑阳离子应尽快进行萃取分离。

用单十四烷基磷酸（P538）萃取新制备的水合铑阳离子，铑萃取率与水相 pH 值的关系如图 18-59 所示。

从图 18-59 中曲线可知，pH 值为 $1 \sim 3$ 时，铑萃取率最高。此时，铱、钯、铂呈不被萃取的阴离子形态存在。铑、铱溶液通 Cl_2 5min，加热蒸发至小体积后冷却，滴加 1% 氢醌将 Ir^{4+} 还原为 Ir^{3+}，用 1mol/L NaOH 调整 pH 值为 $11 \sim 12$，35℃下陈化 0.5h。然后用 3mol/L HCl 溶解，调整 pH 值为 $1.2 \sim 1.5$，通 Cl_2 5min，将 Ir^{3+} 氧化为 Ir^{4+}。用磺化煤油萃取除去多余的 Cl_2，此时铑转

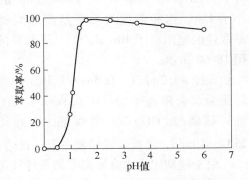

图 18-59   P538 萃取新制备的水合铑阳离子时铑萃取率与水相 pH 值的关系

化为配阳离子 $Rh(H_2O)_6^{3+}$。再用 10% P538-23% P204-磺化煤油萃取铑（皂化率 80%，相比 1:1，5min）。用 6mol/L HCl 反萃。铑与铂、铑与钯的分离与铑、铱分离相同，且无须用氢醌还原和通 Cl_2 氧化。

某铑精炼液经浓缩、稀释，使 NaCl 含量为 1mol/L，pH 值为 1，通 Cl_2 氧化 10min，加

热回流 1h。用 0.8mol/L P204-磺化煤油萃取贱金属。萃余液调 pH 值为 1，通 Cl_2 氧化 5min，煮沸 0.5h，冷却至室温，滴加适量 1% 氢醌，用 6mol/L NaOH 调整 pH 值为 11 ~ 12，陈化 0.5h，然后用 3mol/L HCl 溶解，调 pH 值为 1 ~ 2，通 Cl_2 氧化 5min，用磺化煤油萃取除去多余的 Cl_2。用 0.3mol/L 单十四烷基磷酸（P538）-磺化煤油萃取铑（皂化率 80%，相比 1:1，5min）。用 6mol/L HCl 反萃。反萃液用 10mol/L NaOH 中和，调 pH 值为 1 ~ 2，加入过量甲酸，煮沸 0.5h 还原铑。铑黑用 1mol/L HCl、蒸馏水、丙酮各洗 3 次，可获得纯度达 99.9% 的铑粉，直收率为 93.5%。

　　B　二（2-乙基己基）磷酸（P204）萃取铑的配阳离子 $Rh(H_2O)_6^{3+}$

　　P204 萃取配阳离子 $Rh(H_2O)_6^{3+}$ 的速度很快，1min 即达平衡，$Rh(H_2O)_6^{3+}$ 的取代反应速度很小（1×10^{-7}/s）。二（2-乙基己基）磷酸（P204）萃取配阳离子 $Rh(H_2O)_6^{3+}$ 和 $Ir(H_2O)_6^{3+}$ 属离子缔合萃取。萃合物为 $Me(H_2O)_6(H_2A_2)_3$，它和 $Rh(H_2O)_6^{3+}$、$Ir(H_2O)_6^{3+}$ 均具有较强的酸性。

　　萃取过程中，由于与有机相接触，少量 Ir^{4+} 被还原为 Ir^{3+}，且随水相 pH 值的升高，还原速度加快，铱的萃取率升高。随液中铱与铑比值升高，萃铱的分配比下降，当铱铑含量比为（1:1）~（1:10）时，皂化 25% P204-磺化煤油萃取铱的萃取率为 1% ~ 2%。当水相中铂、钯、铱含量高时，铑回收率为 80% ~ 90%，分离系数大于 1×10^3。

　　C　二（十二烷基）萘磺酸（HD）和二壬基萘磺酸（DNNS）萃取铑的配阳离子 $Rh(H_2O)_6^{3+}$

　　水相酸度低时，二（十二烷基）萘磺酸（HD）和单十四烷基磷酸（P538）对新生成的 $Rh(H_2O)_6^{3+}$ 均有较高的萃取率，且 HD 的萃取率高于 P538。含 1mol/L HCl 时，P538 对铑的萃取率为零，HD 对铑的萃取率约 50%。3mol/L HCl 时，P538 与 HD 对铑的萃取率为零。相同条件下，HD、P538 对 Ir^{4+}、Pt^{4+}、Pd^{2+} 的萃取率小于 1%。水相酸度对二壬基萘磺酸（DNNS）萃取铑的配阳离子 $Rh(H_2O)_6^{3+}$ 萃取率的影响如图 18-60 所示。

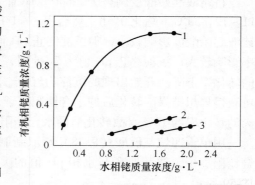

图 18-60　酸度对二壬基萘磺酸（DNNS）萃铑的
影响（有机相 0.1mol/L DNNS-煤油）
1—0.1mol/L HNO_3；2—0.5mol/L HNO_3；
3—1mol/L HNO_3

　　含铑 43.2mg/L、0.5mol/L HCl 的溶液，铑转化为水合阳离子后，用 0.1mol/L 二（十二烷基）萘磺酸（HD）-260 号煤油，在相比 1:1，25℃，10min，进行 2 级错流萃取，铑的萃取率高于 90%。

　　由于铑转化为水合阳离子的条件较苛刻，难以完全转化，且会发生变化，所用萃取剂也不很理想，目前用于生产尚受一定限制。

18.7.3.4　活化-萃取技术

　　活化-萃取技术（Activation-Exraction）是采用大体积的配合体取代铑氯阴配离子中的氯离子以生成电荷密度低的疏水性疏阴离子而被萃取的技术。实例为：

　　A　磷酸三丁酯（TBP）萃取 Rh^{3+}-Sn^{2+}-Cl^- 配合物

　　萃取铑的萃取率与锡、铑物质的量比及酸度的关系分别如图 18-61 及图 18-62 所示。

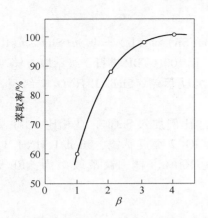

图 18-61　磷酸三丁酯(TBP)萃取铑的
萃取率与锡、铑物质的量比(β)的关系
（铑含量为 1.25×10^{-2}mol/L，3mol/L HCl）

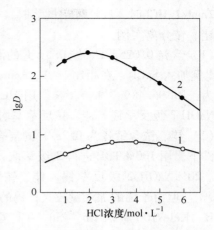

图 18-62　磷酸三丁酯(TBP)萃取铑的
萃取率与酸度的关系
（铑含量为 1.25×10^{-2}mol/L）
1—$\beta = 2$；2—$\beta = 4$

从图 18-61 中曲线可知，铑含量为 1.25×10^{-2}mol/L、3mol/L HCl 时，$\beta = 4$ 时的铑萃取率最高。从图 18-62 中曲线可知，铑含量为 1.25×10^{-2}mol/L、$\beta = 1$ 时，4mol/L HCl 时铑的萃取率最高。$\beta = 4$ 时，2mol/L HCl 时铑的萃取率最高。1 级萃取率为 99.2%。室温下放置 2h，萃取率为 90%。60℃下放置 1h，萃取率为 99%。

Rh^{3+}-Sn^{2+}-Cl^- 配合物的最佳生成条件为：3mol/L HCl，按 $\beta = 4$ 加入 $SnCl_2$，60℃下放置 1h，在相比 1:1、5min 条件下，用 100% TBP 萃取，铑的饱和容量为 10.67g/L。磷酸三丁酯（TBP）萃取 Rh^{3+}-Sn^{2+}-Cl^- 配合物的等温线如图 18-63 所示。

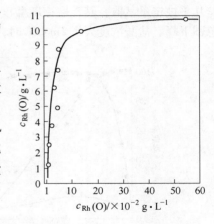

图 18-63　TBP 萃取 Rh^{3+}-Sn^{2+}-Cl^-
配合物的等温线
（铑含量为 1.25×10^{-2}mol/L）

对萃取机理看法不一，化学家认为 Rh^{3+} 被还原为 Rh^+ 后，与 $SnCl_3^-$ 生成桥式杂多核配阴离子 $[Rh_2Cl_4(SnCl_3)_2]^{4-}$ 及 $[Rh_2Cl_2(SnCl_3)_4]^{4-}$。$\beta = 1$ 时，铑萃取率为 50%，仍有 50% 铑不被萃取。$\beta = 4$ 时，60℃下放置 1h，全部铑还原为 Rh^+，形成 $[Rh_2Cl_2(SnCl_3)_4]^{4-}$ 配阴离子，则铑几乎全部被萃取。由于 Ir^{4+} 在锡、铱物质的量比大时会被还原为 Ir^{3+}，使铱萃取率下降，当 $\beta = 4$ 时，铱萃取率为零。

含铑 1.085～1.274g/L 的负载有机相在相比 1:1、5min 条件下，可用 4mol/L HCl-$NaClO_3$ 溶液反萃，反萃率为 100%。反萃后的有机相用 20% NaOH 进行 2 级反萃，锡反萃率约 100%。再用 3mol/L HCl 洗涤 1 次，微酸化水洗涤两次后的 TBP 可返回循环使用。

最佳萃取条件下，随锡、铜物质的量比增大，Cu^{2+} 被还原为 Cu^+，铜萃取率直线上升，$\beta = 0.48$ 时，趋于平缓。Fe^{3+} 易被 TBP 萃取，随锡、铁物质的量比增大，Fe^{3+} 被还原为 Fe^{2+}，铁萃取率下降，$\beta = 0.6$ 时，铁萃取率最低。Ni^{2+} 不与 Sn^{2+} 作用，镍萃取率与锡、镍物质的量比无关。提高酸度，Cu^{2+} 萃取率略增，Ni^{2+} 萃取率不变且很低，Fe^{3+} 萃取率增大，2mol/L HCl 时，Fe^{3+} 可定量萃取。

铑、铱分离实例：

（1）含铑 0.025g/L、铱 0.5g/L 的混合液，按 $m(Sn):m(Ir)=4$、$m(Sn):m(Rh)=4$ 的比例加入 $SnCl_2$，在相比 1：1、3min 的条件下，用 100% TBP 进行 3 级萃取，铑、铱萃取率为：Rh 96.48%、Ir 6.6%。用 $HCl\text{-}NaClO_3$ 2 级反萃铑、5mol/L HNO_3 1 级反萃铱、20% NaOH 2 级反萃锡。铑、铱反萃率均为 100%。

（2）铑、铱含量各为 0.2g/L 的混合液，按上述比例加入 $SnCl_2$，在相比 1：1、3min 的条件下，用 100% TBP 进行 3 级萃取，用 $HCl\text{-}NaClO_3$ 2 级反萃铑、5mol/L HNO_3 1 级反萃铱、20% NaOH 2 级反萃锡。铑、铱反萃率均为 100%。铑、铱萃取率为：Rh 99%、Ir 1.0%。但由于锡的加入量较大，锡的回收较难。

B　Kelex100 萃取 $Rh^{3+}\text{-}Sn^{2+}\text{-}Cl^-$ 配合物

水相不存在 $SnCl_2$ 时，Kelex100 在酸度小于 2mol/L HCl 时可定量萃取钯。酸度大于 2mol/L HCl 时，钯萃取率随酸度增大而急剧下降。铂萃取率随酸度增大而上升，2mol/L HCl 时达最大值。铑萃取率仅 20%。低酸度时，Kelex100 萃取贵金属的顺序为：Rh > Pd > Pt；高酸度时，Kelex100 萃取贵金属的顺序为：Pt > Pd > Rh（见图 18-64）。水相有大量 $SnCl_2$ 时，铑几乎被定量萃取，其萃取率随酸度增大而略降。0～8mol/L HCl 范围内，钯、铂的萃取率急剧下降。盐酸浓度大于 2mol/L 时，Kelex100 萃取贵金属的顺序为：Rh > Pt > Pd。

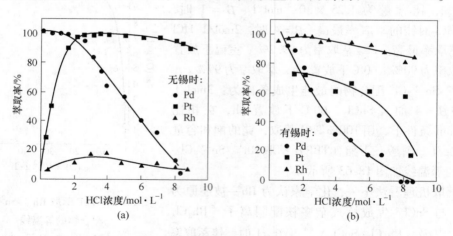

图 18-64　Kelex100 萃取钯、铂、铑的萃取率与盐酸浓度的关系
（a）水相无 $SnCl_2$；（b）水相有 $SnCl_2$

对铂、钯、铑的混合液，按锡、铑物质的量比为 10 加入 $SnCl_2$，5mol/L HCl 时的萃取率为：Rh 97.66%、Pt 24.5%、Pd 71.6%、Sn 70.77%。10mol/L HCl 时的萃取率为：Rh 89.42%、Pt 37.71%、Pd 82.65%、Sn 68.41%。铑萃取时被 $SnCl_2$ 还原为 Rh^+，故须用含氧化剂的反萃剂将其氧化为 Rh^{3+} 进入反萃液。几种反萃剂的反萃顺序为：HNO_3 > $KMnO_4$ > H_2O_2。

$SnCl_2$ 活化 Kelex100 萃取铑的工艺流程如图 18-65 所示。

按锡、铑物质的量比为 4 加入 $SnCl_2$，70℃下加热 15min 生成配合物，用 5% Kelex100，相比 2：1、1min，进行 2 级萃取，分配系数大于 100。用 1mol/L HCl 洗涤以除去共萃的铜、铋、硒、碲、铅等杂质。用 0.5mol/L $Na_2SO_3\text{-}2mol/L$ HCl 在相比 2：1、10min 条件下

4级反萃铑，以氢还原等方法回收铑。用2mol/L NaOH在相比2∶1、10min条件下1级反萃锡。再用1mol/L HCl洗涤有机相后可返回使用。此工艺较复杂，不适用于处理铑浓度大于2g/L的料液。

铑、铱氯配合物溶液中加入X介体使铑、铱转化为可被5%Kelex100或其他萃取剂萃取的配合物，洗涤除去共萃杂质，然后分别反萃铑、铱，可简化流程及可处理较高浓度的铑料液，改进后的工艺流程如图18-66所示。

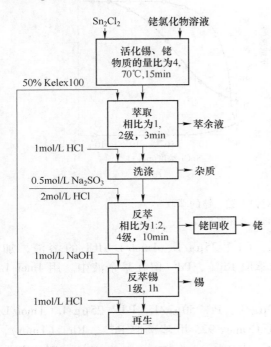

图18-65 SnCl$_2$活化Kelex100
萃取铑的工艺流程

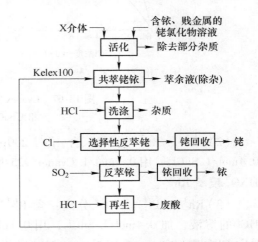

图18-66 X介体使铑、铱转化后活化
Kelex100共萃铑、铱的工艺流程

C Cyanex 925萃取Rh^{3+}-Sn^{2+}-Cl$^-$配合物

Cyanex 925为19种有机物组成的混合物，其中含26.4%的三（2,4,4-三甲基苯基）氧化膦、65.9%的壬辛基氧化膦，其他为含硫化合物。水相无SnCl$_2$，0.1~10mol/L HCl时，采用0.1mol/L Cyanex 925-甲苯有机相萃取贵金属的顺序为：Pd > Pt > Rh。Cyanex 925对钯、铂、铑的萃取如图18-67所示。

从图18-67中曲线可知，水相无SnCl$_2$时，铑萃取率小于40%。水相有SnCl$_2$时，随SnCl$_2$浓度增大，Rh^{3+}、Pt^{4+}的萃取率升高，而Pd^{2+}的萃取率可忽略不计，其萃取顺序为：Rh > Pt >> Pd。0.1mol/L Cyanex 925萃取时，不同稀释剂对铑萃取率的影响为：甲苯99.6%、二甲苯99.6%、正己烷99.6%、环己烷99.0%、苯99.0%、四氯化碳92.6%、氯仿91.4%。

0.1mol/L Cyanex 925-甲苯萃取铑的最佳条件为：0.4mol/L SnCl$_2$，30min达平衡，用4mol/L HNO$_3$ 2级反萃，铑反萃率为95.4%。

铑可与其他铂族金属分离：

（1）Pt^{4+}、Rh^{3+}分离：含Rh^{3+} 200μg/L、Pt^{4+} 50μg/L、1mol/L HCl的溶液，加0.01mol/L SnCl$_2$，用0.01mol/L Cyanex 925-甲苯萃取Pt^{4+}，Rh^{3+}留在萃余液中。用5mol/L HCl反萃Pt^{4+}。

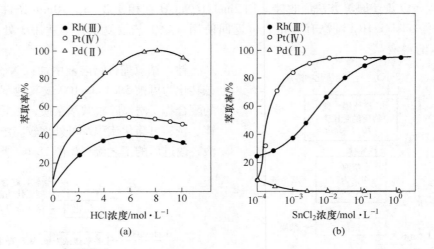

图 18-67　Cyanex 925 对钯、铂、铑的萃取
(a) 水相无 $SnCl_2$；(b) 水相有 $SnCl_2$

（2）Pd^{2+}、Rh^{3+} 分离：含 Rh^{3+} 200μg/L、Pd^{2+} 25μg/L、1mol/L HCl 的溶液，加 0.4mol/L $SnCl_2$，用 0.1mol/L Cyanex 925-甲苯萃取 Rh^{3+}，Pd^{2+} 留在萃余液中。用 4mol/L HNO_3 反萃 Rh^{3+}。

（3）Rh^{3+}、Pt^{4+}、Pd^{2+} 分离：含 Rh^{3+} 200μg/L、Pt^{4+} 50μg/L、Pd^{2+} 25μg/L、1mol/L HCl 的溶液，加 0.4mol/L $SnCl_2$，用 0.1mol/L Cyanex 925-甲苯萃取 Pt^{4+}、Rh^{3+}（1min），Pd^{2+} 留在萃余液中。先用 5mol/L HCl 反萃 Pt^{4+}。再用 4mol/L HNO_3 反萃 Rh^{3+}。回收率分别为：Pd 99.45%、Pt 99.20%、Rh 91.10%。

Rh^{3+}-Sn^{2+}-Cl^- 配合物还可被 Lix26、TN1911、TOA 等萃取剂萃取，也可用 Diaion WA10、Diaion SA20A、Sumichelate MC-10 等离子交换树脂吸附。

D　Kelex100 萃取 Rh^{3+}-Br^- 配合物

氯铑酸钠溶液中加入 1.5mol/L HBr，5h 内 Rh^{3+}-Cl^- 配合物转化为 Rh^{3+}-Br^- 配合物，降低其水化作用而变为可被萃取。Rh^{3+}-Br^- 配合物的生成速度较慢，在 6mol/L HBr 中 7h 后仍有部分未转化，变为 Rh^{3+}-Cl^- 配合物和 Rh^{3+}-Br^- 配合物的混合物。转化后的溶液放置 3d 后，用 5% Kelex100-5% 癸醇-煤油有机相萃取 Rh^{3+}-Br^- 配合物。萃取前分别用 4mol/L HBr 和 2.5mol/L NaBr 溶液洗涤有机相 5min，然后萃取 Rh^{3+}-Br^- 配合物。水相酸度对 Kelex100 萃取 Rh^{3+}-Br^- 配合物的影响如图 18-68 所示。

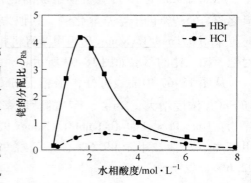

图 18-68　水相酸度对 Kelex100 萃取 Rh^{3+}-Br^- 配合物的影响

获得的新负载有机相可用 8mol/L HBr 反萃铑，反萃时间为 1h。负载有机相放置后，由于生成不被萃取的二聚或多聚萃合物而被"锁"在有机相中。

可萃取 Rh^{3+}-Br^- 配合物的萃取剂还有异戊醇、Lix26、TOA、TBP、Cyanex 921 等。

18.8 萃取分离锇、钌

18.8.1 概述

在盐酸介质中，锇、钌可呈多种氧化态存在，生成的配合物也呈多种形态。常见的锇、钌氧化态为：Os^{3+}、Os^{4+}、Os^{6+}、Os^{8+}、Ru^{3+}、Ru^{4+}、Ru^{6+}、Ru^{8+}。盐酸介质中相应的配合物或化合物为：$OsCl_6^{3-}$、$OsCl_6^{2-}$、OsO_2^{2-}、OsO_4，$RuCl_6^{3-}$、$RuCl_6^{2-}$、RuO_4^{2-}、RuO_4。

在碱性或酸性介质中，锇、钌很容易被氧化为 +8 价的 OsO_4、RuO_4 而挥发，故常用蒸馏法回收锇、钌。某些非极性溶剂（如氯仿、四氯化碳等）可从氧化性酸性介质中萃取 OsO_4、RuO_4。$OsCl_6^{3-}$、$RuCl_6^{3-}$ 与 $RhCl_6^{3-}$ 相似，在盐酸介质中受酸度、氯离子浓度、温度、放置时间等因素影响，产生逐级水合、酸式离解、聚合等一系列反应，生成各种水合氯合、羟合氯合或多核配合物而难以被萃取。$OsCl_6^{2-}$、$RuCl_6^{2-}$ 比 $OsCl_6^{3-}$、$RuCl_6^{3-}$ 稳定，不易发生水合、氯代或聚合等反应，其萃取性能与 $PtCl_6^{2-}$、$IrCl_6^{2-}$ 相似，可被 TBP、TOA、TRPO 等萃取剂萃取。

盐酸介质中加入硝酸，钌可生成亚硝酸卤配合物 $[Ru(NO)X_5]^{2-}$（X 为 Cl^-、Br^-、I^- 等），可被季铵盐等萃取剂萃取。

硝酸介质中，钌生成亚硝酰硝酸配合物 $H_2Ru(NO)(NO_3)_5$、$Ru(NO)(NO_3)_4(H_2O)$ 等，可被 TBP 等萃取剂萃取，已用于从核裂变产物中萃取分离钌。

18.8.2 OsO_4、RuO_4 的萃取

有机溶剂萃取时，常用四氯化碳、氯仿等作稀释剂。但对 OsO_4、RuO_4 而言，四氯化碳、氯仿等可用作萃取剂，从无机酸中萃取锇、钌。萃取机理为简单分子萃取。

25℃，离子强度 $I = 0$ 的酸性液中，用四氯化碳萃取时，OsO_4 的分配比为 13；离子强度 $I = 1$ 时，OsO_4 的分配比为 14.8；若酸度为 1mol/L 时，OsO_4 的分配比为 19.1；在碱性液中，OsO_4 不易被萃取。25℃，RuO_4 在四氯化碳和水之间的分配比为 58.4。用四氯化碳萃取 RuO_4 的适宜酸度为 pH 值为 4；在更高酸度的溶液中萃取时，RuO_4 的分配比几乎相同。

用四氯化碳、氯仿从硝酸或硫酸液中萃取 OsO_4 和 RuO_4 时，只有极少量的无机物共萃。因此，化学分析时用萃取法测定锇、钌比用蒸馏法更迅速有效。溶液中锇、钌含量比小于 10 时，可于钌氧化前用四氯化碳萃取分离锇。少量钌与大量锇共存时，须进行多次萃取才可达锇、钌分离目的。

分离锇、钌过程中，为防止锇、钌共萃，可用硫酸亚铁还原 RuO_4。还原后即使硝酸浓度增至 5mol/L 时，也不能将钌氧化为可被萃取的 RuO_4。而 OsO_4 则易被萃取，用 1% 硫脲和 1% 硫酸液，可有效反萃锇。碱液可从负载有机相中反萃钌，如用 2mol/L NaOH 或 KOH 液为钌的有效反萃剂。用含还原剂（如亚硫酸、氯化亚砷或硫氰化钠）的水溶液也可反萃钌，钌被还原为不被萃取的低价态，被称为还原反萃。RuO_4 对萃取剂具有还原作用，萃取剂除水溶和机械夹带损失外，还因被还原而损失。

18.8.3 盐酸介质中萃取锇、钌

TBP 可从盐酸介质中萃取锇、钌。料液为 3~4mol/L HCl 时，钌分配比为 0.6。4~

5mol/L HCl 时，锇分配比为6。三丁基氧化膦可从盐酸介质中萃取锇的卤化物，其萃合物为 $[(Bu_3PO)_4(H_3O)_2]\cdot(OsCl_6)$ 和 $[(Bu_3PO)_4(H_3O)_2]\cdot(OsBr_6)$。四癸基卤化膦从盐酸介质中萃取钌的能力大于中性磷酸酯和叔胺。

料液中加入浓 NaOH 和 5% NaClO 溶液，在 3 ~ 4mol/L HCl 介质中水浴保温，可使钌定量转变为 $RuCl_6^{2-}$ 氯配离子，可稳定存在 24h。低酸度下，NaClO 和 NaCl 对 $RuCl_6^{2-}$ 可起稳定保护作用。

用 N1923（伯胺）、二壬胺 DNA（仲胺）、三壬胺 TNA（叔胺）、N263（季胺）-煤油有机相萃取 $RuCl_6^{2-}$ 时的萃取剂浓度与钌萃取率的关系如图 18-69 所示。

当萃取剂浓度大于 8% 时，用斜率法测定，N1923（伯胺）、二壬胺 DNA（仲胺）、三壬胺 TNA（叔胺）、N263（季胺）-煤油有机相萃取 $RuCl_6^{2-}$ 时的反应式可表示为：

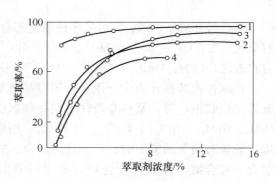

图 18-69　萃取剂浓度与钌萃取率的关系

$([H^+]=3mol/L;[RuCl_6^{2-}]=3.3\times10^{-2}mol/L)$

1—N1923；2—DNA；3—TNA；4—N263

$$\overline{RNH_3^+\cdot Cl^-}+RuCl_6^{2-}+H^+\longrightarrow\overline{RNH_3\cdot RuCl_6^-\cdot H^+}+Cl^-$$

$$2\,\overline{R_2NH_2^+\cdot Cl^-}+2RuCl_6^{2-}+H^+\longrightarrow\overline{(R_2NH_2)_2\cdot Ru_2Cl_{12}^-\cdot H^+}+2Cl^-$$

$$2\,\overline{R_3NH^+Cl}+RuCl_6^{2-}+H^+\longrightarrow\overline{(R_3NH)_2\cdot RuCl_6^-\cdot H^+}+2Cl^-$$

$$3\,\overline{R_1R_3N^+Cl^-}+RuCl_6^{2-}\longrightarrow\overline{(R_1R_3N^+)_3\cdot RuCl_6^{2-}\cdot Cl^-}+2Cl^-$$

对 DNA 和 N263 而言，有机相中的萃合物可能有多种，即 $R_2NH_2\cdot RuCl_6^-\cdot H^+$ 和 $(R_2NH_2)_2\cdot RuCl_6$ 和 $(R_1R_3N^+)_2\cdot RuCl_6+(R_1R_3N^+)_3\cdot RuCl_6\cdot Cl^-$。

用 TOA 从盐酸介质中萃取 Ru^{3+}、Ru^{4+} 和 Ru^{6+} 时，最易萃取的为 Ru^{6+}，最难萃取的为 Ru^{3+}。季铵盐从盐酸介质中萃取钌时，萃合物为 $(R_4N)_3Ru_2Cl_9$ 和 $(R_4N)_3[Ru_2O(H_2O)Cl_9]$ $(R=C_8H_{17})$。季铵盐萃 Ru^{4+} 的能力大于 Ru^{3+}，并很快达平衡。

18.8.4　硝酸介质中萃取锇、钌

TBP 从硝酸介质中萃取钌时，最易被萃的配合物为 $H_2Ru(NO)(NO_3)_5$ 和 $Ru(NO)(NO_3)_4(H_2O)$，并产生 $Ru(NO)(NO_3)_3(H_2O)_2\rightarrow[Ru(NO)(NO_3)_3(H_2O)(OH)]^-+H^+$ 反应，生成不被 TBP 萃取的配合物。用 TBP-煤油（或乙二醚）萃取钌时，进入有机相的 RuO_4 将快速还原而被反萃。萃取钌的最佳酸度为 0.12 ~ 0.2mol/L HNO_3，提高酸度会降低钌的萃取率。生成的萃合物为 $Ru(NO)(NO_3)_2\cdot2TBP$。

含磷萃取剂萃钌能力顺序为：氧化膦 > 次磷酸酯 > 膦酸酯 > 磷酸酯。同一含磷萃取剂在不同介质中萃钌的分配比顺序为：H_2SO_4 > HCl > HNO_3。用 TBP、TOA、TOPO、TiOPO 萃取 $Na_2[Ru(NO)(NO_2)_4(OH)]$ 时，萃钌能力顺序为：TOA > TOPO > TiOPO > TBP。酸度高时会产生交换反应，生成 $(TBPOH)_2[Ru(NO)(NO_2)_4(OH)]$。酸度低时则生成内配位配合物 $[Ru(NO)(NO_2)_2(TBPO)_2OH]$。采用 HNO_3、NH_4OH、$(NH_4)_2CO_3$、NaOH 反

萃钌时，TBP 有机相最易反萃，TOA 有机相最难反萃。

含氧萃取剂从硝酸介质中萃钌能力顺序为：酮 > 醇 > 醚、酯。

胺萃取剂从硝酸介质中萃钌能力顺序为：叔胺 > 仲胺 > 伯胺。胺萃取剂萃取钌硝酸盐时，用己烷作稀释剂比用四氯化碳好。胺萃取剂在无机酸中的萃钌能力顺序为：F^- > CH_3COO^- > HSO_4^- > Cl^- > NO_3^- > Br^-。

TOA 或 TiOA 从硝酸介质中萃钌的萃合物为 $Ru(NO)(NO_3)_3 \cdot 2TOA \cdot HNO_3$ 或 $Ru(NO)(NO_3)_3 \cdot 2TiOA \cdot HNO_3$。为缔合萃取机理，增大相比可显著提高钌的分配比。

南非 Lonrho 精炼厂用萃取法分离钌，萃前先蒸馏锇，然后加入硝酸、甲酸、亚硫酸钠或水合肼，将钌还原为 $[Ru(NO)Cl_5]^{2-}$，再用叔胺或 TBP 萃钌。

用季铵盐萃取钌的亚硝酰卤配合物 $[Ru(NO)X_5]^{2-}$，$X = Cl^-$、Br^-、I^- 等。卤素元素对钌分配比的影响顺序为：I^- > Br^- > Cl^-。水相酸对钌分配比的影响顺序为：CH_3COOH > HCl > HNO_3 > $HClO_4$。反萃时，酸对反萃能力的影响顺序为：$HClO_4$ > HNO_3 > HCl > CH_3COOH。

18.9　有机溶剂萃取分离贵金属的典型工艺流程

18.9.1　概述

目前，世界大型、有代表性的贵金属精炼厂均陆续采用有机溶剂萃取技术进行贵金属的相互分离和提纯。如国际镍公司阿克统精炼厂、俄罗斯远东克拉斯诺亚尔斯克精炼厂、英国 Royston 的 Matthey-Rusterburg 精炼厂、南非英帕拉铂矿公司设在约翰内斯堡附近的斯普林精炼厂、曾处理 Inco 公司铂化学精矿的美国新泽州的英高克公司精炼厂、近年建成的处理南非西方铂矿公司部分化学精矿的郎侯精炼厂、我国金川集团公司的贵金属提取分离厂等。

18.9.2　国际镍公司阿克统精炼厂的有机溶剂萃取分离工艺

国际镍公司将高压羰基法精炼镍而富集贵金属的残渣，并入炼铜工序，获得的铜电解阳极泥经酸处理后产出的贵金属化学精矿，送阿克统精炼厂进行贵金属的分离提纯。该厂过去长期采用沉淀-溶解为主的传统工艺进行贵金属的分离提纯，直至 20 世纪后期才改为有机溶剂萃取分离工艺。国际镍公司阿克统精炼厂的有机溶剂萃取分离工艺的原则流程如图 18-70 所示。

该流程的主要作业为：

（1）贵金属化学精矿的盐酸-氯气浸出。在 90 ~ 95℃下用盐酸-氯气浸出贵金属化学精矿，氨浸水溶液氯化浸出渣回收银。氨浸后的残渣加入氢氧化钠，于 500 ~ 600℃下进行碱熔，再用盐酸-氯气浸出。盐酸-氯气浸出液，经除氯气、氢氧化钠中和、加入溴酸钠溶液水解除去贱金属。中和水解后液，送蒸馏锇、钌，用稀盐酸吸收锇、钌，再蒸馏分离锇、钌。

（2）二丁基卡必醇（DBC）萃取分离金。蒸馏锇、钌后的溶液，酸度调至 3 ~ 4mol/L HCl，用二丁基卡必醇（DBC）进行 2 级逆流萃取分离金。有机相金含量控制为 30g/L，萃余液金含量小于 $1\mu g/L$。用 1 ~ 2mol/L HCl 液在相比 1 : 1，3 级逆流洗涤负金有机相，再用热草酸液还原反萃金，产出纯度达 99.99% 的金粉。

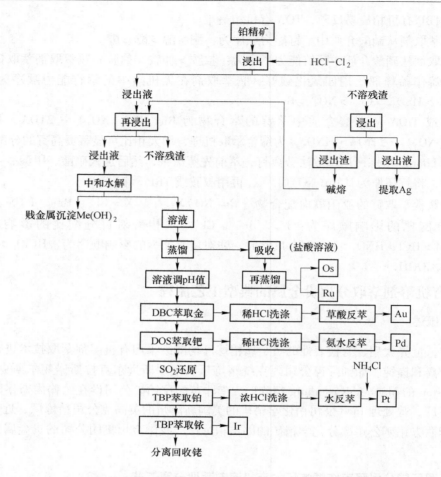

图 18-70　阿克统精炼厂的有机溶剂萃取分离工艺的原则流程

（3）二正辛基硫醚（DNOS）-脂肪烃有机相萃取钯。由于二正辛基硫醚（DNOS）-脂肪烃有机相可萃金，要求 DBC 萃金残液中金含量很低。因萃钯速度慢，需数小时才达平衡，操作在搅拌槽中分批进行。经 1 级萃取，萃余液中钯含量小于 $1\mu g/L$。负载钯有机相经盐酸洗涤后，用氨水反萃钯，生成 $Pd(NH_3)_4Cl_2$。反萃液再用盐酸酸化析出钯盐，所得金属钯纯度大于 99.95%。

（4）TBP 萃取分离铂。将萃钯残液酸度调至 5～6mol/L HCl，通 SO_2 将 Ir^{4+} 还原为 Ir^{3+}，送 TBP 萃取分离铂。4 级逆流萃取后的残液中铂含量为 29～59$\mu g/L$。负载铂有机相经 5～6mol/L 盐酸洗涤后，用水进行 2 级逆流反萃。铂反萃液用氯化铵沉淀得氯铂酸铵。金属铂纯度达 99.95%。

（5）TBP 萃取分离铱。将萃钯残液中的铱氧化为 Ir^{4+}，用 TBP 萃取分离铱。

有关锇、铱的进一步萃取分离未见报道。

18.9.3　英国 Royston 的 Matthey-Rusterburg 精炼厂的有机溶剂萃取分离工艺

Matthey-Rusterburg 精炼厂的有机溶剂萃取分离工艺的原则流程如图 18-71 所示。

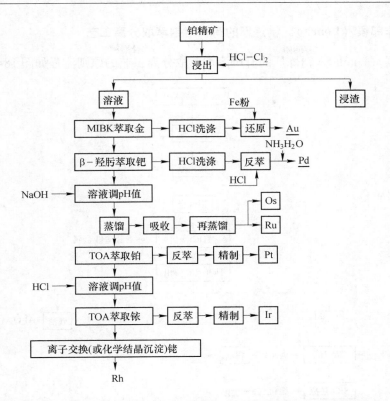

图 18-71 Matthey-Rusterburg 精炼厂的有机溶剂萃取分离工艺的原则流程

Matthey-Rusterburg 精炼厂（MRR）处理南非矿产铂族化学精矿及北美和欧洲市场的废催化剂。该流程的主要作业为：

（1）铂族化学精矿浸出：矿产铂族化学精矿及废催化剂采用盐酸-氯气进行水溶液氯化浸出，使除银外的所有贱金属和贵金属转入浸液中，银留在浸渣中，过滤分离。

（2）用 TBP 或甲基异丁基酮（MIBK）萃取金：金在水氯化浸出液中呈 $AuCl_4^-$ 形态存在，杂质（如铁、碲等）与金共萃，负载有机相经盐酸洗涤后，用铁粉还原反萃金。

（3）用 β-羟肟萃取钯：β-羟肟萃取钯的反应为：

$$2\,\overline{RH} + PdCl_6^{2-} \longrightarrow \overline{R_2Pd} + 2H^+ + 4Cl^-$$

β-羟肟萃取钯速度慢，加入有机胺作加速剂。负载有机相用盐酸洗涤除去共萃的铜，再用 5～6mol/L HCl 反萃钯。反萃液中加入氨水生成二氯四氨钯沉淀。用 β-羟肟萃取钯时，钯、铂的分配系数之比为 1：（$10～10^4$）。

（4）蒸馏回收锇、钌：萃钯后的萃余液加碱液中和后，送蒸馏回收锇、钌。

（5）用三正辛胺（TOA）萃铂：蒸馏回收锇、钌后的残液，用 SO_2 将 Ir^{4+} 还原为 Ir^{3+}，然后用三正辛胺（TOA）萃铂。负载有机相用强酸或强碱反萃铂，如用 10～12mol/L HCl 反萃铂，反萃液用氯化铵沉铂。

（6）用三正辛胺（TOA）萃铱：将 Ir^{3+} 氧化为 Ir^{4+}，调酸度为 4mol/L HCl，用三正辛胺（TOA）萃取 $IrCl_6^{2-}$，负载有机相酸洗、反萃铱。

（7）用离子交换吸附法或化学结晶沉淀法使铑与贱金属分离而回收铑。

18.9.4　南非郎侯（Lonrho）精炼厂的有机溶剂萃取分离工艺

南非郎侯（Lonrho）精炼厂的有机溶剂萃取分离工艺的原则流程如图 18-72 所示。

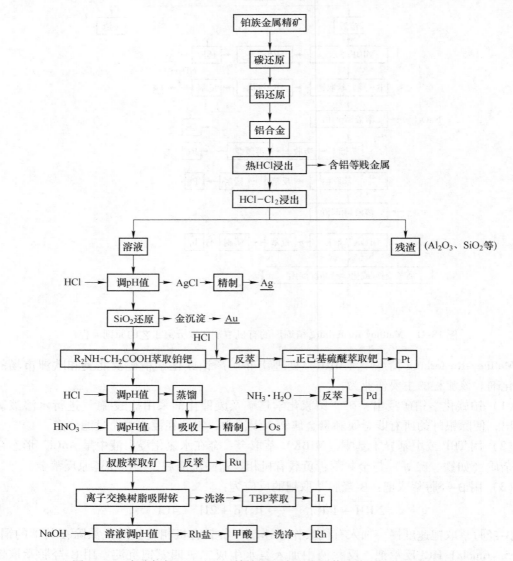

图 18-72　南非郎侯（Lonrho）精炼厂的有机溶剂萃取分离工艺的原则流程

南非郎侯（Lonrho）精炼厂处理原料中的稀有铂族金属（铑、铱、锇、钌）含量较高。处理流程的主要作业为：

（1）铂族金属化学精矿的盐酸-氯气浸出：为了加速稀有铂族金属的水溶液氯化浸出速度，先将铂族金属化学精矿进行碳还原和铝还原，生成铂族金属-铝合金。铂族金属-铝合金进行热盐酸浸出，使铝等贱金属转入浸液中。热盐酸浸出渣再进行水溶液氯化浸出，贵金属转入浸液中。降低浸液酸度，析出氯化银沉淀，还原产出金属银。滤液用 SO_2 还原，析出金粉。

（2）用仲胺的醋酸衍生物（$R_2NH\text{-}CH_2COOH$）共萃铂、钯：铂族金属化学精矿经水溶液氯化浸出、分银、分金后的母液，调酸度为 0.5～1.0mol/L HCl，用仲胺的醋酸衍生物（$R_2NH\text{-}CH_2COOH$）共萃铂、钯。用盐酸溶液从负载有机相中反萃铂、钯。然后用二正己基硫醚从反萃液中选择性萃取钯，用氨水从负载有机相反萃钯，从而将铂、钯分离。

（3）蒸馏回收锇：共萃铂、钯后的萃余液用盐酸调 pH 值后蒸馏锇，产出 OsO_4。

（4）叔胺萃取钌：除锇后的溶液加入硝酸，生成钌的硝基配合物，用叔胺萃取钌。用 10% NaOH 从负载有机相反萃钌，生成钌的氢氧化物。反萃后的有机相用盐酸洗涤后，可返回使用。萃钌过程中，铱须保持 Ir^{3+} 状态，以防与钌共萃。

（5）TBP 萃取铱：萃取钌后的萃余液中的铱氯配阴离子，采用强碱性阴离子树脂吸附，然后用 SO_2 的饱和溶液淋洗，铱转入淋洗液中。经盐酸酸化后，用 TBP 萃取铱。

（6）沉淀析出铑盐：强碱性阴离子树脂吸附铱后的吸余液，用 NaOH 调 pH 值，加入氯化钠、亚硫酸钠以析出铑钠盐。铑钠盐溶解后加入氯化铵等，以铵盐形态回收铑。

18.9.5　我国金川集团公司的有机溶剂萃取分离工艺

我国金川集团公司的有机溶剂萃取分离工艺的原则流程如图 18-73 所示。

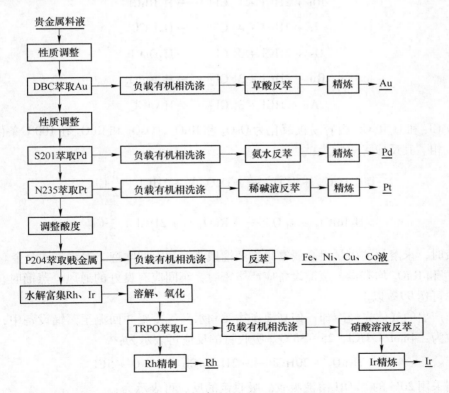

图 18-73　我国金川集团公司的有机溶剂萃取分离工艺的原则流程

我国金川集团公司最初从镍锍电解阳极泥中回收分离贵金属，目前改为从二次铜镍铁合金中回收分离贵金属。从传统的选择性沉淀分离工艺、个别采用有机溶剂萃取分离工艺到目前改为贵金属富集物（二次铜镍铁合金）水溶液氯化浸出液加热蒸馏锇、钌，锇、钌蒸馏残液萃取分离贵金属的工艺流程。其主要作业如下。

18.9.5.1　蒸馏法分离锇钌

蒸馏法分离锇、钌的高价氧化物是基于 OsO_4 和 RuO_4 在不太高的温度条件下具有极大的挥发性能，可采用蒸馏法使锇、钌与贵金属富集物中的其他有用组分相互分离。

采用初生态氯和氧作氧化剂使锇、钌氧化为高价，氧化过程在搪瓷反应釜中进行。首先采用稀硫酸浆化，蒸汽加热至沸，液固比为 5∶1，以除去萃取脱硫时残留的四氯乙烯有机溶剂。然后加入为固体原料量 1～1.5 倍的固体氯酸钠造液。由于有硫酸，过程反应可表示为：

$$3NaClO_3 + H_2SO_4 \longrightarrow Na_2SO_4 + NaCl + 9[O] + 2HCl$$

$$2HCl + [O] \longrightarrow 2[Cl] + 2H_2O$$

初生态氯的强氧化作用，使富集物中的贵金属溶解。其反应可表示为：

$$Pt + 2HCl + 4[Cl] \longrightarrow H_2PtCl_6$$

$$Pd + 2HCl + 2[Cl] \longrightarrow H_2PdCl_4$$

$$Rh + 2HCl + 4[Cl] \longrightarrow H_2RhCl_6$$

$$Ir + 2HCl + 4[Cl] \longrightarrow H_2IrCl_6$$

$$Os + 2HCl + 3[Cl] \longrightarrow H_2OsCl_5$$

$$Ru + 2HCl + 3[Cl] \longrightarrow H_2RuCl_5$$

$$Au + HCl + 3[Cl] \longrightarrow HAuCl_4$$

H_2OsCl_5 和 H_2RuCl_5 很容易被氧化为 OsO_4 和 RuO_4。OsO_4 和 RuO_4 在 100℃ 条件下，挥发进入气相。其反应可表示为：

$$H_2OsCl_5 + 4[O] \xrightarrow{\triangle} OsO_4 \uparrow + 2HCl + \frac{3}{2}Cl_2$$

$$H_2RuCl_5 + 4[O] \xrightarrow{\triangle} RuO_4 \uparrow + 2HCl + \frac{3}{2}Cl_2$$

造液时，未溶解的少量贵金属富集物蒸馏残渣，须返回吹炼二次镍铜铁合金。

OsO_4 和 RuO_4 均有毒，蒸馏设备应严格密封，车间应有良好的通风。蒸馏时，锇、钌的蒸出率可达 99% 以上。

蒸馏产出的气体先经冷却，使高沸点物质和水蒸气冷凝并回流至蒸馏设备中，控制的工艺参数为：4mol/L HCl，25～35℃。吸收钌的反应可表示为：

$$2RuO_4 + 20HCl \longrightarrow 2H_2RuCl_5 + 8H_2O + 5Cl_2$$

锇则采用 20% 的 NaOH 溶液吸收。吸收锇的反应可表示为：

$$2OsO_4 + 4NaOH \longrightarrow 2Na_2OsO_4 + 2H_2O + O_2$$

加入适量的酒精有利于锇、钌在吸收液中的溶解。吸收过程采用串联工艺，前段吸收钌，后段吸收锇。每段又串联三套吸收装置，以提高锇、钌的吸收率。

为了检验锇、钌气体是否吸收完全，可在吸收装置上放置浸有硫脲的棉球。只要吸收废气中有微量的钌，即可使棉球转变为蓝色；极微量的锇可使棉球转变为红色。吸收过程直至浸有硫脲的棉球不变色为止。这不仅可提高锇、钌的吸收率，而且可保证环境不受污染。吸收作业，锇的吸收率大于97%，钌的吸收率约100%。

钌的吸收液浓缩至钌含量为30g/L后，加NH_4Cl沉淀钌。其反应为：

$$H_2RuCl_5 + 2NH_4Cl \longrightarrow (NH_4)_2RuCl_5 \downarrow + 2HCl$$

用酒精将黑红色的氯钌酸铵沉淀洗至无色后烘干，再在430℃条件下煅烧和在850℃条件下进行氢还原，可获得钌粉。

处理锇吸收液可采用两种方法。

一是加入KOH沉锇，可得紫红色的锇酸钾沉淀。其反应为：

$$2Na_2OsO_4 + 4KOH \longrightarrow 2K_2OsO_4 \downarrow + 2HCl$$

采用盐酸将锇酸钾沉淀溶解后，在压力为2533kPa、温度为125℃条件下进行氢还原2h，可获得海绵锇。其反应为：

$$K_2OsO_4 + 2HCl + 3H_2 \longrightarrow Os \downarrow + 2KCl + 4H_2O$$

海绵锇经干燥及高温氢保护退火，可获得锇粉。

另一方法是采用氯化铵沉锇。其反应为：

$$Na_2OsO_4 + 4NH_4Cl \longrightarrow [OsO_2(NH_3)_4]Cl_2 \downarrow + 2NaCl + 2H_2O$$

此时添加的氯化铵不能过量，否则锇盐会呈氯化物反溶。产出的$[OsO_2(NH_3)_4]Cl_2$沉淀应立即过滤，滤饼干燥后在700~800℃条件下煅烧，在氢气中还原，在氮气中冷却，可获得锇粉。锇粉中锇含量达99%以上。

18.9.5.2　二丁基卡必醇（DBC）萃取分离金

将蒸馏锇、钌后的残液酸度调至3~4mol/L HCl，用二丁基卡必醇（DBC）进行2级逆流萃取分离金，有机相金含量控制为30g/L，萃余液金含量小于1μg/L。用1~2mol/L HCl液在相比1:1，3级逆流洗涤负金有机相，再用热草酸液还原反萃金，产出纯度达99.99%的金粉。

18.9.5.3　用二异戊基硫醚（S201）萃取分离钯

将二丁基卡必醇（DBC）萃金后的萃余液酸度调至0.1~7mol/L HCl，用30%二异戊基硫醚（S201)-10%芳香烃-煤油有机相萃取钯，钯萃取率大于99.9%。载钯有机相用稀盐酸洗涤，用稀氨水反萃，反萃率近100%。反萃液通氯沉钯。其反应为：

$$2\overline{R_2S} + PdCl_4^{2-} \longrightarrow \overline{PdCl_2 \cdot 2R_2S} + 2Cl^-$$

$$\overline{PdCl_2 \cdot 2R_2S} + 2NH_4OH + 2HCl \longrightarrow 2\overline{R_2S} + (NH_4)_2PdCl_4 + 2H_2O$$

$$(NH_4)_2PdCl_4 + Cl_2 \longrightarrow (NH_4)_2PdCl_6 \downarrow$$

含钯的沉淀物经干燥和缓慢加热至500~700℃煅烧得金属钯。其反应为：

$$3(NH_4)_2PdCl_6 \xrightarrow{500 \sim 700℃} 3Pd \downarrow + 16HCl + 2NH_4Cl + 2N_2$$

金属钯在高温下易氧化为黑色的氧化亚钯PdO，故经常在500℃条件下将其还原为灰色的海绵钯。

18.9.5.4 用三烷基胺（N235）萃取分离铂

萃钯后的萃余液，用 NaOH 调酸度至 0.1~1mol/L HCl，用 10%~11% N235 萃取分离铂。用稀 NaOH 溶液反萃铂，反萃率近 100%。反萃液经过滤、酸化、浓缩、通氯氧化后，用饱和氯化铵沉铂，经吸滤和氨水洗涤后，含铂的沉淀物经干燥、缓慢加热至 750℃ 煅烧得海绵铂。其反应为：

$$\overline{R_3N} + HCl \longrightarrow \overline{R_3NHCl}$$

$$2\,\overline{R_3NHCl} + H_2PtCl_6 \longrightarrow \overline{(R_3NH)_2PtCl_6} + 2HCl$$

$$\overline{(R_3NH)_2PtCl_6} + 2NaOH \longrightarrow 2\,\overline{R_3N} + Na_2PtCl_6 + 2H_2O$$

$$Na_2PtCl_6 + 2NH_4Cl \longrightarrow (NH_4)_2PtCl_6 \downarrow + 2NaCl$$

$$3(NH_4)_2PtCl_6 \xrightarrow{\text{加热 } 7500℃} 3Pt + 16HCl + 2N_2$$

18.9.5.5 用二-(2-乙基己基)磷酸（P204）萃取贱金属

锇、钌蒸馏残液，经 DBC 萃金、S201 萃钯、S235 萃铂后的萃余液中的贱金属浓度，为铑、铱总浓度的 20~24 倍。将 S235 萃铂后的萃余液，调酸度至 2~6mol/L HCl，用皂化率为 60% 的 P204-3 号溶剂有机相萃取贱金属，经 5 级萃取，可使萃余液中的铁、铜、钴、镍等贱金属降至较低水平，使铑、铱与贱金属的浓度比由萃前料液的 1:（20~24）提升至 1:（2~3），使铑、铱富集了近 10 倍。由于金、铂、钯与贱金属共萃，负载有机相用 NaCl 溶液洗涤，用盐酸液反萃。萃取贱金属后的反萃液，须再次萃取分离金、铂、钯以提高贵金属回收率。

18.9.5.6 氧化水解富集铑、铱

常采用氯气或溴酸钠作氧化剂。溴酸钠加热时的反应为：

$$NaBrO_3 \xrightarrow{\text{加热}} NaBr + 3[O]$$

$$[O] + 2HCl \longrightarrow H_2O + [Cl]$$

初生态氯具有与氯气相同的性能，但其具有更强的氧化活性，可将低价金属离子氧化为高价金属离子，如：

$$H_2PtCl_4 + 2[Cl] \longrightarrow H_2PtCl_6$$

$$H_2RhCl_5 + [Cl] \longrightarrow H_2RhCl_6$$

$$H_2IrCl_5 + [Cl] \longrightarrow H_2IrCl_6$$

水解时，采用碳酸氢钠调整溶液 pH 值为 8~9，此时可使大部分铂族金属氯配离子水解。如：

$$Na_2RhCl_6 + 4H_2O \longrightarrow 4HCl + 2NaCl + Rh(OH)_4 \downarrow$$

$$Na_2IrCl_6 + 4H_2O \longrightarrow 4HCl + 2NaCl + Ir(OH)_4 \downarrow$$

当溶液 pH 值达 8~9 时，停留 15min，然后将溶液快速冷却至常温，将此溶液放置澄清，过滤，洗涤。所得沉淀物为铑铱氢氧化物等贵金属沉淀，用 6mol/L HCl-通氯盐酸溶解后可获得铑、铱富液，送分离提纯铑、铱。

18.9.5.7 三烷基氧化膦（TRPO）萃取铱

锇、钌蒸馏残液经 DBC 萃金、S201 萃钯、S235 萃铂、P204 萃取贱金属后的萃余液经

氧化水解、水解渣用 6mol/L HCl-通氯盐酸溶解后，可获得富集铑、铱的料液。此时铱呈 $IrCl_6^{2-}$ 形态存在。三烷基氧化膦（TRPO）的主要成分为三庚基氧化膦（$C_7H_{15}PO$），采用 30% TRPO-4 号溶剂油 3 级萃铱，萃余液中铱含量可降至 0.0011g/L。铱萃取率完全取决于铱是否完全氧化为 $IrCl_6^{2-}$。负铱有机相用稀硝酸反萃，反萃有机相经碱处理后，即可再生使用。稀硝酸反萃液用饱和氯化铵沉铱，产出氯铱酸铵沉淀，经过滤、煅烧产出铱粉，送铱提纯作业。其反应可表示为：

$$Rh(OH)_4 \downarrow + HCl \longrightarrow H_2RhCl_6$$

$$Ir(OH)_4 \downarrow + HCl \longrightarrow H_2IrCl_6$$

$$\overline{C_7H_{15}PO} + HCl \longrightarrow \overline{C_7H_{15}PO \cdot HCl}$$

$$2\,\overline{C_7H_{15}PO \cdot HCl} + H_2IrCl_6 \longrightarrow \overline{(C_7H_{15}PO \cdot H)_2IrCl_6} + 2HCl$$

$$\overline{(C_7H_{15}PO \cdot H)_2IrCl_6} + HNO_3 \longrightarrow 2\,\overline{C_7H_{15}PO \cdot HNO_3} + H_2IrCl_6$$

$$\overline{C_7H_{15}PO \cdot HNO_3} + NaOH \longrightarrow \overline{C_7H_{15}PO} + NaNO_3 + H_2O$$

$$H_2IrCl_6 + 2NH_4Cl \longrightarrow (NH_4)_2IrCl_6 \downarrow + 2HCl$$

18.9.5.8　提取铑粉

三烷基氧化膦（TRPO）萃铱后的萃余液，经浓缩赶酸、甲酸还原、过滤即可产出粗铑粉，送铑提纯作业。

此工艺流程可满足连续萃取分离的要求，萃取分配系数、分离因素、萃取率、反萃率等各项指标均较高。反萃液可与后续的提纯作业相连接，产出合格产品。与原用的铜置换、选择性沉淀分离工艺比较，显著提高了贵金属的回收率。

2003 年 3～6 月该流程试生产时的主要工艺条件列于表 18-17 中。

表 18-17　金川集团公司的有机溶剂萃取分离工艺的试生产工艺条件

萃取	萃取段		洗涤段		反萃段		再生段		平衡段		总级数
	流比	级数	流比	级数	流比	级数	流比	级数	流比	级数	
Au(Ⅲ)	1:1	8	2:1	5	间歇反萃		2:1	1	2:1	1	15
Pd(Ⅱ)	1.5:1	6	2:1	5	2:1	5	2:1	3	2:1	3	22
Pt(Ⅳ)	1.5:1	6	2:1	4	2:1	5	2:1	4	2:1	4	23
BMS	1.5:1	6	2:1	4	2:1	6	2:1	4	间歇皂化		20

试生产时各萃取段的料液成分列于表 18-18 中。

表 18-18　试生产时各萃取段的料液成分

萃取	料液含量	主要成分范围/g·L^{-1}								
		酸度/mol·L^{-1}	Au	Pd	Pt	Rh	Ir	Ni	Cu	Fe
Au(Ⅲ)	低	1.4	0.87	1.77	3.93	0.21	0.30	3.00	2.30	0.92
	高	4.0	2.83	4.53	9.82	1.42	1.18	7.20	8.60	2.02
Pd(Ⅱ)	低	1.5	0.005	1.53	2.01	0.12	0.16	—	—	—
	高	2.2	0.036	6.16	14.3	2.56	2.43	—	—	—

萃取	料液含量	主要成分范围/g·L^{-1}								
		酸度/mol·L^{-1}	Au	Pd	Pt	Rh	Ir	Ni	Cu	Fe
Pt(IV)	低	0.5	0.002	0.001	1.54	0.14	0.16	—	—	—
	高	1.0	0.008	0.007	7.83	1.12	0.70	—	—	—
BMS	低	0.1	0.002	0.003	0.01	0.18	0.10	0.57	1.55	0.38
	高	0.2	0.02	0.02	0.92	2.04	1.60	7.80	11.8	4.44

18.10　有机溶剂萃取工艺

　　有机溶剂萃取工艺包括萃取设备类型及结构、萃取剂的有关参数测定、萃取流程的工艺设计，有关萃取设备的操作等方面的内容，在有关专著中均有较详细的阐述，限于篇幅，不再赘述。请参阅徐光宪等的《萃取化学原理》、黄礼煌编著的《化学选矿》、《稀土提取技术》及《贵金属生产技术实用手册》编委会编的《贵金属生产技术实用手册》等相关内容。

19 贵金属相互分离、提纯的离子交换吸附工艺

19.1 概述

19.1.1 离子交换吸附净化工艺的原则流程

离子交换吸附分离、提纯工艺实质是存在于溶液中的目的组分离子与固体离子交换剂（常为离子交换树脂或活性炭等）之间进行的多相复分解反应，使溶液中的目的组分离子选择性地由液相转入固体离子交换剂中，然后采用适当的试剂淋洗被目的组分离子饱和的离子交换剂，使目的组分离子重新转入溶液中，从而达到分离、提纯目的组分的目的。常将目的组分离子从液相转入固相的过程称为"吸附"，而其从固相转入液相的过程称为"淋洗"（"解吸"、"洗提"）。在吸附和淋洗过程中，离子交换剂的形状和电荷保持不变。

吸附和淋洗是离子交换吸附净化工艺的两个最基本的作业。一般在吸附和淋洗作业后均有洗涤作业。吸附后的洗涤作业是为了洗去树脂床中的吸附原液和对离子交换剂亲和力较小的杂质组分，淋洗后的洗涤作业是为了洗去树脂床中的淋洗剂。有的净化工艺在淋洗和洗涤之后还有交换剂转型或再生作业。离子交换吸附净化工艺的原则流程如图 19-1 所示。

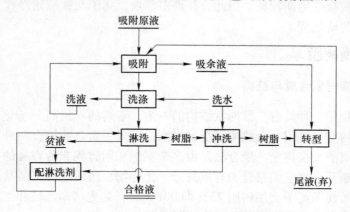

图 19-1 离子交换吸附净化工艺的原则流程

人们发现离子交换现象已有 100 多年的历史，直至 20 世纪 20 年代离子交换净化工艺才开始用于工业生产。至 30 年代工业合成离子交换树脂后，离子交换净化工艺才广泛用于工业生产。目前，离子交换净化工艺已广泛用于化学选矿核燃料的前后处理、有色冶金、稀土分离、化学分析、化工、贵金属分离、提纯、工业用水软化、废水净化、高纯去离子水的制备和从稀溶液中提取和分离某些金属组分等诸多领域。

19.1.2 离子交换剂的分类

离子交换剂的种类较多，分类方法不一。一般是根据离子交换剂中交换基团的特性进

行分类。目前应用最广泛的是各种型号的有机合成的离子交换树脂。离子交换剂的分类列于表 19-1 中。

表 19-1　离子交换剂的分类

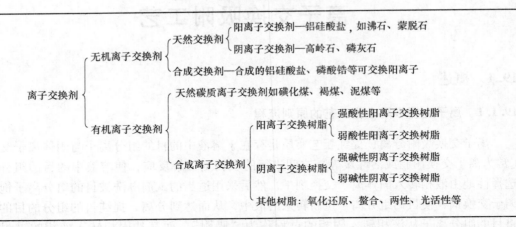

　　离子交换吸附净化工艺，用于净化和富集有用组分具有选择性高、作业回收率高、作业成本低、可产出质量高的化学精矿等一系列优点。可从浸出矿浆中直接提取有用组分（如矿浆吸附法），也可将矿物原料的浸出和吸附合在一起进行（如矿浆树脂一步法提金），以提高有用组分浸出率和简化或省去固液分离作业。离子交换吸附净化工艺的主要缺点是离子交换树脂的吸附容量较小，只适用于从稀溶液中提取、分离目的组分，而且吸附速率较低、交换吸附周期较长。因此，在许多领域，离子交换吸附净化工艺，已被有机溶剂萃取净化工艺所代替。

19.2　离子交换树脂

19.2.1　离子交换树脂合成与结构

　　离子交换树脂是一种具有三维网状结构的不溶、不熔的有机高分子化合物，其中含有能进行离子交换的交换基团。合成离子交换树脂，可采用聚合或缩合两种方法，目前主要采用聚合法合成离子交换树脂。聚合法是由多个不饱和脂肪族或芳香族的有机单体，靠双键的裂开或环的断开，将它们聚合为有机高分子化合物，然后再将交换基团引入到聚合体中。如常见的强酸性阳离子交换树脂 732（即 001 ×7），是先将苯乙烯和二乙烯苯悬浮聚合为珠体，然后用浓硫酸磺化而成。其反应式可简化为：

$$—CH—CH_2—CH—CH_2—CH—CH_2—$$

（732 树脂）

离子交换树脂的单元结构由两部分组成，一是不溶性的三维空间网状骨架部分，如由苯乙烯和二乙烯苯聚合而成的骨架，其中二乙烯苯称为交联剂，其作用是使骨架部分具有三维结构，增加骨架强度。交联剂在骨架中的质量百分数称为交联度，通常为 7% ~ 12%。另一部分是连接在骨架上的交换基团（如—SO_3H）。交换基团可分为两部分：一是固定于骨架上的荷电基团（如—SO_3^-），二是带相反电荷的可交换离子（如 H^+）。可交换离子可与溶液中的同符号离子进行交换。目前工业上使用的离子交换树脂多数以苯乙烯为骨架。

离子交换树脂中网状结构的网眼可允许离子自由出入，交换基团则均匀地分布于网状结构中。根据交换基团的性质，可将离子交换树脂分为阳离子交换树脂和阴离子交换树脂。阳离子交换树脂在溶液中可不同程度解离出 H^+，可与溶液中的阳离子进行交换。根据其交换基团酸性的强弱，又可分为强酸性阳离子交换树脂（如 $R-SO_3H$ 型）和弱酸性阳离子交换树脂（如 $R-COOH$ 型）。阴离子交换树脂的交换基团为碱性基团，通常为一些有机胺，可进行阴离子交换。根据其交换基团碱性的强弱，又可分为强碱性阴离子交换树脂和弱碱性阴离子交换树脂。此外，还有一些特殊用途的离子交换树脂（如两性树脂、氧化还原树脂、螯合型树脂等）。

凡具有物理孔结构的离子交换树脂称为大孔型离子交换树脂，否则为凝胶型离子交换树脂。除球形离子交换树脂外，还可制成其他形状的离子交换树脂（如膜、丝、管、棒、片、带、泡沫等形状）。除固体离子交换剂外，还有液体离子交换剂。

19.2.2 国产离子交换树脂的名称与代号

我国国产离子交换树脂的名称代号已标准化，我国石油化学工业部于 1977 年 7 月 1 日制定了"离子交换树脂产品分类、命名及型号"的部颁标准，"标准"将国产离子交换树脂分为七类，其全名由分类名称、骨架（或基团）名称、基本名称排列组成。基本名称为离子交换树脂，型号用阿拉伯数字表示，从左至右第 1 位数字表示产品分类，第 2 位数字表示骨架类型（见表 19-2），第 3 位数字表示生产顺序号，第 4 位"×"为连接号，第 5 位数为凝胶型离子交换树脂的交联度数值。若为大孔型离子交换树脂，则在代号前另加"D"字头。

国产离子交换树脂的旧型号用 3 位数表示，统以"7"开头，第 2 位数字表示类型，如"0"为弱碱性，"1"为强碱性，"2"为弱酸性，"3"为强酸性。

19.2.3　国产离子交换树脂型号对照

国产离子交换树脂型号、结构对照如图 19-2 所示。

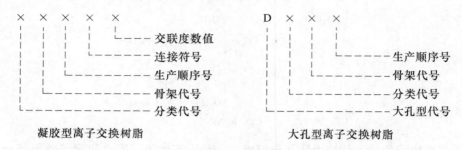

凝胶型离子交换树脂　　　　　　　　　大孔型离子交换树脂

图 19-2　国产离子交换树脂型号、结构对照

19.2.4　国内外常见离子交换树脂型号对照表

国内外常见离子交换树脂型号对照表列于表 19-2 中。

表 19-2　国内外常见离子交换树脂型号对照表

国产型号	交换基团	日　本	美　国	英　国	法　国	苏　联
强酸 001	磺酸基	—	Amberlite IR-120	Zeokarb 225	Allassion CS	—
		Diaion K	Dowex 50	Zerolite 215	Duolite C-20	—
		Diaion BK	Nalcite HCR	Zerolite 225	Duolite C-21	KY-2
		Diaion SK	Nalcite 1～16	Zerolite 325	Duolite C-25	SDB-3
		Diaion SK-1B	Permutit Q	Zerolite 425	Duolite C-27	SDV-3
		—	Lonacz 40	Zerolite SRC	Duolite C-202	—
大孔强酸	磺酸基		Amberlite 200	—	—	—
			Amberlite 252		Allassion AS	
D001		—	Amberlyst 15	—	Duolite C-20HL	—
		Diaion PK	Amberlyst XN1004	Zerolite S-1104	Duolite C-26	KY-2-12P
		Diaion HPK	Amberlyst XN1005	Zerolite S-625	Duolite C-261	KY-23
			Permutit QX	Zerolite S-925	Duolite ES-26	—
			Dowex 50W	—	—	—
弱酸 110	羧酸基			Zeokarb 226	—	KB-114
		Diaion WK20	AmberliteI RC-50	Zeokarb 236	Allassion CC	KM
			Bio-Rad 70	Zerolit 236	Duolite CC	KP
大孔弱酸 D151 D152 720 725	羧酸基	—	Amberlite IRC-84	—	—	—
		Diaion WK10	Permutit 216	—	—	—
		Diaion WK11	Dowex CCR-2	—	Duolite C-433	KB-3
		—	Lonac 270	—	—	—
			Lonac CC	—	—	—

国产型号	交换基团	日 本	美 国	英 国	法 国	苏 联
强碱 201×4 201×7	季胺基	Diaion SA-10A	AmberliteI RA-400	DeAcidite FF	AllassionA G-217	—
		Diaion SA-10B	Amberlite CG-400	DeAcidite IP	Allassion AR-12	
		Diaion SA-11A	Amberlite IRA-401	DeAcidite SRA	Allassion AS	AB-17
		Diaion SA-11B	Dowex 1	DeAcidite 61~64	Duolite A101	AB-19
		Diaion SA-100	Permutit S	Zerolit FF	Duolite A104	—
		Diaion SA-101	Nalcite SBR	Zerolit FX	Duolite A109	—
		神胶 800	Lonac A-540	Zerolit P(IP)	Duolite A121	—
		神胶 801	Bio-Rad AG-1	Zerolit FF(IP)	Duolite A143	—
大孔强碱 D290 D296 D261	Ⅰ型 季胺基	—	Amberlite IRA-900	DeAcidite K-MP	Allassion AR-10	—
		—	IRA-904，IRA-938	Zerolit S-1095， S-1102	Duolite A-140， A-161	AB-17Π
		—	Ambersorb XE-352			
		Diaion PA	Amberlyst A-26	Zerolit K(MP)	Duolite ES-143	—
		—	A-27，XN-1001， XN-1006	tMPF	Duolite ES-161	—
大孔强碱 D206 D252	Ⅱ型 季胺基	Diaion PA404	Amberlite IRA-910	Zerolit S-1106	Allassion AR-20	AB-27Π
		Diaion PA406	Amberlite IRA-911	Zerolit MPN	Allassion DC-22	AB-29Π
		Diaion PA408	Amberlite XE-224	—	Duolite A402	—
		Diaion PA410	Amberlyst A-29， NA-1002	—	Duolite A-160	—
		Diaion PA420		—	—	—
		—	Nalcite A651	—	—	—
弱碱 311 704		—	Amberlite IRA-45	Zerolit H(IP)	Duolite ES106	AH-17
		—	Nalcit WBR	Zerolit M(IP)	Duolite A114	AH-18
		—	—	Zerolit M	Duolite A303	AH-19
		—		DeAcidite GHJ	—	AH-20
大孔弱碱 D301 D390 D396 D351 709 710A、B	伯、仲、 叔胺基	Diaion WA-20	Amberlite IRA-93	Zerolit MPH	Duolite A305	AH-80×77Π
		Diaion WA-21	Amberlite IRA-94	Zerolit S-1101	Duolite ES-308	—
		—	AmberliteI RA-945	—	Duolite ES-368	—
		—	Amberlyst A-21	—	—	—
		—	Amberlyst XE-1003	—	—	—
		—	Ionac A-320	—	—	—
		—	Dowex MMWA-1	—	—	—
		—	Permutit S-440	—	—	—
EDTA 型 螯合树脂	EDTA	Diaion CR-10	Amberlite IRC-718	Zerolit S-1006	Duolite ES-466	KT-1 KT-2
			Dowex A-1	—	—	KT-3 KT-4
			Bio-Bhalex 100	—	—	XKA-1

19.2.5　铂族金属分离、提纯中常用的离子交换树脂

铂族金属分离、提纯中常用的离子交换树脂列于表 19-3 中。

表 19-3　铂族金属分离、提纯中常用的离子交换树脂

名　　称	交换基团	新代号	旧代号	交换容量/mg·g^{-1}	含水重/%	国外代号
强酸性苯乙烯系阳树脂	—SO$_3$	001×4 001×7	731、734、732	4.5、4.2	55~65 45~55	Amberlite IR-118 （Dowex 50×4）
强碱性季胺 I 型苯乙烯系阴树脂	—N$^+$（CH$_3$）$_3$	201×4 201×7	711 717	3.6 3.0~3.2	50~60 40~50	Amberlite IRA-401 （Dowex 1×4） Amberlite IRA-400
弱碱性苯乙烯系阴树脂	—NR$_2$ —NH$_2$ =NHR	303×2	704	5.0	47~57	Amberlite IR-45
弱碱性环氧系阴树脂	—NR$_2$ —NH$_2$ =NHR	331	701	9.0	60~70	Duolite A-30B
强碱性大孔季胺 I 型苯乙烯系阴树脂	—N$^+$（CH$_3$）$_3$	JK208	—	3.3	45	Amberlite IRA-400
弱碱性大孔季胺 I 型苯乙烯系阴树脂	—N$^+$（CH$_3$）$_3$	D201		3.0~3.6	40~50	Amberlite IRA-900

19.3　试验研究与应用实例

19.3.1　回收溶液中的金

在盐酸氯化介质中金的存在形态为 $AuCl_4^-$，氰化液中金的存在形态为 $Au(CN)_2^-$，故可用碱性阴离子树脂交换吸附回收金，如采用 Amberlite XAD-7 型树脂对金的交换吸附具有很高的选择性，溶液中的贱金属离子不影响金的交换吸附。负载金的饱和树脂可用丙酮或盐酸溶液定量解吸金。

19.3.2　分离贵金属与贱金属杂质

采用王水或水溶液氯化法进行贵金属造液或水解产物盐酸溶解后，贵金属常呈贵金属氯配阴离子形态存在于溶液中，而贱金属杂质常呈阳离子形态存在于溶液中，采用强酸性阳离子交换树脂可较彻底地使贵金属与贱金属杂质分离，贱金属杂质吸附于阳离子交换树脂上，而贵金属则留在吸余液中。吸余液送后续作业进行分离、提纯回收贵金属。

19.3.3 交换吸附分离铂族金属

铂族金属常在盐酸氯化物溶液中生成稳定氯配阴离子形态存在，但也可使有的铂族金属转变为水合阳离子形态存在于溶液中。报道了采用 Amberlite IR-100 强酸性阳离子交换树脂从氯化物溶液中进行钯、铱分离的试验结果。其试验结果列于表 19-4 中。

表 19-4　Amberlite IR-100 强酸性阳离子交换树脂进行钯、铱分离的试验结果

编 号	料液中金属含量/g·L^{-1}		吸余液中金属含量/g·L^{-1}		解吸液中金属含量/g·L^{-1}	
	Pd	Ir	Pd	Ir	Pd	Ir
1	0.12	—	无	0.081	0.12	无
2	0.12	0.082	无	0.081	0.118	无
3	0.12	0.082	无	0.081	0.118	无

操作时，将钯转变为氨基配合阳离子而被阳离子树脂所吸附，而铱为氯配阴离子而定量通过树脂柱留在吸余液中。用 1mol/L HCl 溶液淋洗时，钯定量转入淋洗液中。

还可利用钯与硫脲形成配阳离子的特性而与铱氯配阴离子相分离。

离子交换吸附法分离某些铂族金属的实例列于表 19-5 中。

表 19-5　离子交换吸附法分离某些铂族金属的实例

分离铂族金属	介　质	离子交换树脂	吸余液中金属	淋洗液
Rh 与 Ir	硫脲配合物，0.3mol/L HCl	Dowex 50W-X8 H$^+$ 型	Ir	Rh：6mol/L HCl
Rh 与 Pt、Pd、Ir	3~6mol/L HCl	Dowex 50 H$^+$ 型	Pt、Pd、Ir	Rh：3mol/L HCl
Pt 与 Pd、Rh、Ir	HClO$_4$	Dowex 50 H$^+$ 型	Pt	Pd：0.1mol/L HCl Rh：2mol/L HCl Ir：6mol/L HCl
Pd 与 Rh、Ir、Pt	亚硝酸盐	Amberlite IRC-50 NH$_4^+$ 型	Rh、Ir、Pt	Pd：1mol/L HCl
Pd 与 Rh、Ir	0.1mol/L HCl	Amberlite IRC-50 水杨酸	Rh、Ir	Pd：7mol/L HCl
Pd 与 Ir	氢氧化铵溶液	Amberlite IR-100 H$^+$ 型	Ir	Pd：1mol/L HCl

19.3.4　D-992 离子交换树脂吸附回收铂

D-992 离子交换树脂为北京化工冶金研究院研制的新型大孔多胺基交换树脂。静态吸附时，其对铂的吸附率与溶液盐酸浓度的关系列于表 19-6 中。

表 19-6　D-992 离子交换树脂对铂的吸附率与溶液盐酸浓度的关系

盐酸浓度/mol·L^{-1}	0	0.01	0.05	0.25	0.5	1	3
铂吸附率/%	99.8	99.2	90.1	91.3	91.3	87.5	57.8

D-992 离子交换树脂对铂的吸附量与吸附时间的关系如图 19-3 所示。

D-992 离子交换树脂对铂的吸附速率曲线如图 19-4 所示。

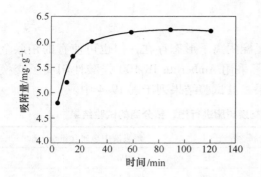

图 19-3　D-992 离子交换树脂对铂的吸附量与
吸附时间的关系

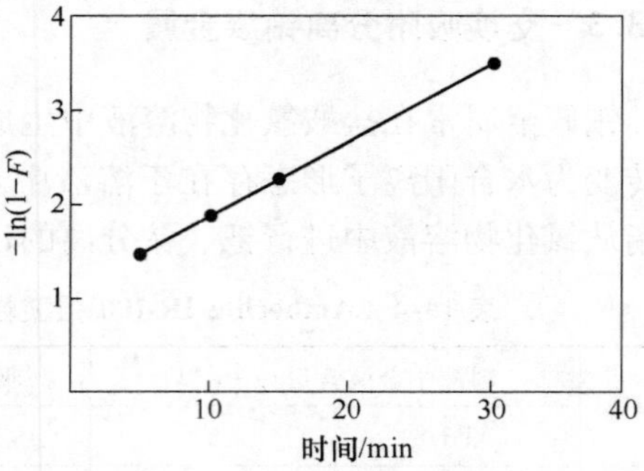

图 19-4　D-992 离子交换树脂对铂的
吸附速率曲线

　　溶液盐酸浓度为 0.01mol/L 时，测出 D-992
离子交换树脂对铂的饱和吸附容量为 195mg/g。
采用浓度为 200g/L 高氯酸溶液或 5g/L 的硫脲溶
液均可定量解吸铂。用硫脲溶液解吸时的淋洗曲
线如图 19-5 所示。

　　试验表明，含铂 400μg/L 溶液中含有 5mg/L
的 Al^{3+}、Ca^{2+}、Cu^{2+}、Fe^{3+}、Mg^{2+}、Ni^{2+}、Zn^{2+}
和 3mg/L Ba^{2+} 对 D-992 离子交换树脂吸附铂无影
响。从含铂 173mg/L 的废催化剂溶液中吸附铂时，
吸余液中含铂 3.98mg/L，铂吸附率为 97.7%。

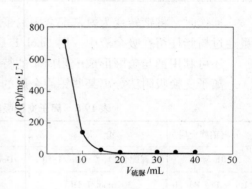

图 19-5　硫脲溶液解吸载铂 D-992 离子
交换树脂的淋洗曲线

19.3.5　P951 离子交换树脂吸附回收铂

　　P951 离子交换树脂为核工业北京化工冶金研究院研制的离子交换树脂，可从 1mol/L
HCl 的溶液中定量吸附铂，常见的镍、铜、铁、铅等贱金属杂质不被吸附，载铂树脂可用
20% 高氯酸溶液定量淋洗铂。

19.3.6　无机离子交换剂（钾-镍（Ⅱ）氰酸盐-氧化硅（Ⅳ））吸附回收钯

　　当溶液中含氯化镍和硫脲时，可用无机离子交换剂（钾-镍（Ⅱ）氰酸盐-氧化硅（Ⅳ））
吸附钯。溶液含钯 0.2g/L 时，钯的吸附容量可达 142mg/g。可用盐酸溶液解吸钯，钯淋
洗率为 98%，淋洗液中含钯 2~3g/L。

19.3.7　聚胺-硼烷离子交换树脂还原吸附回收贵金属

　　聚胺-硼烷离子交换树脂（Amborane 345 离子交换树脂）是一种大网状不溶于水的还
原性聚胺-硼烷离子交换树脂，对贵金属离子具有高的吸附选择性，可从贱金属杂质含量
高的溶液中选择性分离贵金属。Amborane 345 离子交换树脂从各种溶液中分离提取贵金属
的试验结果列于表 19-7 中。

表 19-7　Amborane 345 离子交换树脂从各种溶液中分离提取贵金属的试验结果

提取金属	原料液	工艺条件	结果	提取金属	原料液	工艺条件	结果
Pt	汽车催化剂溶液	pH 值为 1.5 pH 值为 2.5	还原 24h 还原 16h	Ir	工厂流出液	pH 值为 1～10	不还原
Pd	提纯溶液	pH 值为 1.5	还原 20h	Ru/Os	纯溶液	pH 值为 2(Rh) pH 值为 9(Os)	还原 7d 还原 7d
Rh	工厂流出液， 铑溶液	pH 值为 0.5 pH 值为 1.0	不还原 还原 20h	Au	纯溶液	pH 值为 1.5	还原 2h

Amborane 345 离子交换树脂为还原性树脂，其中含有 BH_3^+，金属离子的还原电位值不同，贵金属离子的还原电位值为 0.56～1.0V，而大多数贱金属杂质离子的还原电位值为负数。因此，Amborane 345 离子交换树脂可还原贵金属离子，而不还原贱金属杂质离子。但 Amborane 345 离子交换树脂还原贵金属离子后，在溶液为酸性条件下呈现阴离子交换特性，当贱金属杂质离子呈配阴离子形态存在时会被吸附转入树脂中，将降低贵金属纯度。因此，负载贵金属的饱和 Amborane 345 离子交换树脂可用稀碱溶液或氨水淋洗，并采用 5%～10% 的甲醛（含 0.5% mol/L 酸）液除去树脂中未反应的 BH_3^+ 基团，然后可在 500～800℃ 的富氧条件下焚烧负载贵金属的饱和 Amborane 345 离子交换树脂，可保证全部聚合物被烧尽，再从灰中回收贵金属。

Amborane 345 离子交换树脂还原的选择性列于表 19-8 中。

表 19-8　Amborane 345 离子交换树脂还原的选择性

可还原			不能还原		
金属离子	存在形态	还原电位/V	金属离子	存在形态	还原电位/V
Au^{3+}	$AuCl_4^-$	$AuCl_4^-$/Au 1.0	ⅠA 族	氯化物	—
Pt^{2+}	$PtCl_4^{2-}$	$PtCl_4^{2-}$/Pt 0.73	ⅡA 族	氯化物	—
Pt^{4+}	$PtCl_6^{2-}$	—	ⅢA 族	氯化物	—
Pd^{2+}	$PdCl_2$	Pd^{2+}/Pd 0.983	ⅣA 族	氧化物或硝酸盐	—
Ag^+	$AgNO_3$	$AgNO_3$/Ag 0.564	Cr^{3+}	$CrCl_3$	Cr^{3+}/Cr −0.71
Ir^{3+}	$IrCl_3$	—	Mn^{2+}	$MnCl_2$	Mn^{2+}/Mn −1.05
Rh^{3+}	$RhCl_3$	Rh^{3+}/Rh 约 0.8	Fe^{2+}	$FeCl_2$	Fe^{2+}/Fe −0.441
Hg^+	Hg_2Cl_2	Hg_2Cl_2/Hg 0.336(0.1mol/L KCl)	Fe^{3+}	$FeCl_3$	Fe^{3+}/Fe −0.036
CH_3Hg^+	CH_3HgCl	—	Co^{2+}	$CoCl_2$	Co^{2+}/Co −0.277
As^{3+}	As_2O_3	—	Ni^{2+}	$NiCl_2$	Ni^{2+}/Ni −0.250
Sb^{3+}	Sb_2O_3	Sb_2O_3/Sb 0.152	Cu^+	$CuCl$	$CuCl$/Cu 0.124
Hg^{2+}	$HgCl_2$	Hg^{2+}/Hg 约 0.8	Zn^{2+}	$ZnCl_2$	Zn^{2+}/Zn −0.762
—	—	—	Cd^{2+}	$CdCl_2$	Cd^{2+}/Cd −0.402
—	—	—	Ru^{3+}	$RuCl_3$	—
—	—	—	Sn^{4+}	$SnCl_4$	—
—	—	—	Pb^{2+}	$Pb(NO_3)_2$	Pb^{2+}/Pb −0.126
—	—	—	Tl^{3+}	$Tl_2(SO_4)_3$	—

Amborane 345 离子交换树脂饱和的还原容量列于表 19-9 中。

表 19-9　Amborane 345 离子交换树脂饱和的还原容量

金属化合物	氧化态	每克干树脂的还原饱和容量[①]/g·g^{-1}	金属化合物	氧化态	每克干树脂的还原饱和容量[①]/g·g^{-1}
K$_2$PtCl$_6$	+4	0.9~1.0	PdCl$_2$	+2	0.9~1.0
K$_2$PtCl$_4$	+2	1.8~2.0	AgNO$_3$	+1	0.2~0.3、1.8~2.0[②]
HAuCl$_4$	+3	1.1~1.2			

① 约 25℃ 下的饱和的还原容量；

② 50℃ 下的饱和的还原容量。

从表 19-9 中数据可知，Amborane 345 离子交换树脂的饱和还原容量较高。

20 铂族金属提纯

20.1 概述

20.1.1 铂族金属提纯简史

随科学技术的发展，铂族金属提纯技术也不断提高，不仅可将铂族金属分离为单一金属，而且单一铂族金属的纯度也不断提高。由于铂族金属中各金属的化学性质极其相似和多变，铂族金属中各金属的彻底分离和深度提纯相当复杂和困难。18世纪只产出可锻铂，19世纪只产出纯度为98%的铂、钯。20世纪50年代前，工业生产获得的铂、钯纯度一般为99.9%，铑、铱、锇、钌的纯度仅为99%。

从提纯过程中采用溴酸盐水解法之后，工业生产才产出纯度为99.99%的铂。虽然采用化学沉淀法提纯时，结合物理提纯法可进一步提高产品的纯度（如铂的纯度可达99.99999%），但目前各国精炼厂的产品纯度为：铂、钯为99.9%~99.99%，铑、铱为99.9%~99.99%，锇、钌为99.9%~99.98%。目前，提纯方法主要仍为化学沉淀法。

20.1.2 我国铂族金属产品标准

我国铂族金属产品标准列于表20-1中。

表 20-1 我国铂族金属产品标准 （%）

品 名		海绵铂			海绵钯			铑粉			铱粉	
国家标准		GB 1419—1989			GB 1420—1989			GB 1421—1989			GB 1422—1989		
牌 号		HPt-1	HPt-2	HPt-3	HPd-1	HPd-2	HPd-3	FRh-1	FRh-2	FRh-3	Fir-1	Fir-2	Fir-3
主金属		Pt			Pd			Rh			Ir		
（不小于）		99.99	99.95	99.90	99.99	99.95	99.90	99.99	99.95	99.90	99.99	99.95	99.90
杂质（不大于）	Pt	—	—	—	0.003	0.002	0.03	0.003	0.002	0.03	0.003	0.002	0.03
	Pd	0.003	0.002	0.03	—	—	—	0.001	0.01	0.03	0.001	0.01	0.03
	Rh	0.003	0.002	0.03	0.002	0.02	0.03	—	—	—	0.003	0.02	0.03
	Ir	0.003	0.002	0.03	0.002	0.02	0.03	0.003	0.002	0.03	—	—	—
	Au	0.003	0.002	0.03	0.02	0.03	0.1	0.001	0.02	0.03	0.001	0.02	0.03
	Ag	0.001	0.005	0.01	0.002	0.005	0.01	0.001	0.005	0.01	0.001	0.005	0.01
	Cu	0.001	0.005	0.01	0.001	0.005	0.01	0.001	0.005	0.01	0.002	0.005	0.01
	Fe	0.001	0.005	0.01	0.001	0.005	0.01	0.001	0.01	0.02	0.001	0.01	0.02
	Ni	0.001	0.005	0.01	0.001	0.005	0.01	0.001	0.005	0.01	0.001	0.005	0.01
	Al	0.003	0.005	0.01	0.003	0.005	0.01	0.003	0.005	0.01	0.003	0.005	0.01
	Pb	0.002	0.005	0.01	0.003	0.005	0.01	0.001	0.005	0.01	0.001	0.005	0.01
	Si	0.003	0.005	0.01	0.003	0.005	0.01	0.003	0.005	0.01	0.003	0.005	0.01
	Sn	—	—	—	—	—	—	0.001	0.005	0.01	0.001	0.005	0.01
杂质总和		0.01	0.05	0.10	0.01	0.05	0.10	0.01	0.05	0.10	0.01	0.05	0.10

与美国和俄罗斯的铂族金属产品标准比较，我国铂族金属产品标准除个别组分存在细微差别外，基本上相同。

20.1.3　我国锇、钌产品企业标准

我国锇、钌产品企业标准列于表 20-2 中。

表 20-2　我国锇、钌产品企业标准　　　　　　　　　　　　　（%）

牌号	Os	Ag+Cu	Ni	Pd	Pt	Fe+Co	Al+Au+Rh	Ru	Ir	Si	杂质
贵 Os-1	99.97	0.00004	0.000125	0.0008	0.002	0.001	0.000625	0.005	0.00325	0.00312	0.0159
贵 Os-2	99.95	0.00008	0.00025	0.00162	0.004	0.002	0.00125	0.01	0.0075	0.015	0.0352
贵 Os-3	99.9	0.00016	0.0005	0.00325	0.008	0.004	0.0025	0.02	0.015	0.0125	0.0704

牌号	Ru	Ir	Pd+Rh	Pt+Au	Ag	Cu	Al	Fe、Ni、Pb	杂质
贵 Ru-1	99.98	0.00625	0.0005	0.003	0.0000625	0.00008	0.0015	0.001	
贵 Ru-2	99.95	0.0125	0.001	0.006	0.000125	0.00016	0.003	0.002	
贵 Ru-3	99.9	0.025	0.002	0.012	0.00025	0.00032	0.006	0.004	

注：1. 目前尚未公布国家标准，表中数据为昆明贵金属研究所的锇、钌企业标准；

　　2. 表中主金属数据为下限（≥），杂质含量数据为上限（≤）。

20.1.4　我国高纯海绵铂及光谱分析用铂、钯、铑、铱基体的国家标准

我国高纯海绵铂及光谱分析用铂、钯、铑、铱基体的国家标准列于表 20-3 中。

表 20-3　我国高纯海绵铂及光谱分析用铂、钯、铑、铱基体的国家标准　　　　（%）

元素	高纯海绵铂 YS/T 81—1994		铂基体 YS/T 82—1994		钯基体 YS/T 83—1994		铑基体 YS/T 85—1994	铱基体 YS/T 83—1994
	HPt-050	HPt-045	PtJ-050	PtJ-045	PdJ-050	PdJ-045	RhJ-050	IrJ-045
Pt	99.999	99.995	99.999	99.995	0.0001	0.0005	0.00002	0.0005
Pd	0.0003	0.0015	0.00001	0.0003	99.999	99.995	0.00002	0.0001
Rh	0.0001	0.0015	0.00004	0.0005	0.0001	0.0005	99.999	0.0002
Ir	0.0003	0.0015	0.0003	0.001	0.0002	0.001	0.0001	99.995
Au	0.0001	0.0015	0.00002	0.0003	0.00005	0.0003	0.00005	0.0001
Ag	0.0001	0.0008	0.00001	0.0001	0.00005	0.0001	0.00005	0.0001
Cu	0.0001	0.0008	0.00001	0.0001	0.00001	0.0001	0.00005	0.0001
Fe	0.0001	0.0008	0.00004	0.0005	0.0001	0.0002	0.0001	0.0005
Ni	0.0001	0.0008	0.00005	0.0005	0.00003	0.0003	0.00005	0.0003
Al	0.0003	0.001	0.00004	0.0005	0.0001	0.0003	0.0001	0.0005
Pb	0.0001	0.0015	0.0001	0.0005	0.00005	0.0003	0.00005	0.0003
Mg	0.0002	0.0008	0.00005	0.0001	0.0001	0.0002	0.00005	0.0001
Si	0.0008	0.002	0.0005	0.0001	0.0001	0.0005	0.0001	0.0005
Sn	—	—	—	—	—	—	0.00005	0.0005
Ru	—	—	—	—	—	—	0.0001	0.001
Mn	—	—	—	—	—	—	—	0.0001
总和	0.001	0.005	0.001	0.005	0.001	0.005	0.001	0.005

注：表中主金属含量为下限（≥），为 100% 减去表列杂质元素实测总量的余量。杂质元素为上限（≤）。

20.1.5 化学沉淀法提纯铂族金属的主要影响因素

化学沉淀法提纯铂族金属的主要影响因素为：

(1) 沉淀前主金属的含量和杂质含量；

(2) 过滤分离后产品中残留的母液含量；

(3) 同一提纯过程重复的次数；

(4) 杂质元素与主金属共沉淀的概率及主金属沉淀物对杂质元素的吸附率；

(5) 提纯工艺及技术条件的选择、操作人员的技术熟练程度和责任心；

(6) 环境清洁度、水质、试剂纯度等。

上述因素与铂族金属纯度的关系可用式（20-1）表示：

$$Q_n = Q_0 \left(\frac{V}{V_0} \right)^n K \tag{20-1}$$

式中 Q_n——提纯 n 次后产品中杂质的含量；

Q_0——提纯前杂质的含量；

V_0——每次沉淀时溶液的体积；

V——过滤后产品中残留的母液体积；

n——沉淀提纯次数；

K——与 (4)、(5)、(6) 相关因素有关的系数，$K > 1$。

提纯工艺及技术条件决定后，相同条件下 K 为定值。因此，产品纯度主要与 Q_0、V_0、V、n 相关。降低提纯前溶液中的杂质含量（Q_0）、增大沉淀时的溶液体积（V_0）、降低产品中残留的母液体积（V）和增加沉淀提纯次数均可提高铂族金属产品的纯度。

采用化学沉淀提纯法一般可达 99.9% ~ 99.95% 的纯度，达 99.99% 的纯度有一定难度，较难稳定实现不低于 99.999% 的纯度。

20.2 铂的化学提纯

20.2.1 概述

生产纯度不低于 99.9% 的纯铂，通常可采用氯化羰基铂法、熔盐电解法、区域熔炼法、氯化铵反复沉淀法、溴酸钠水解法、氧化载体水解法等。

提纯铂的原料常为含杂质的氯铂酸（盐）溶液。采用粗海绵铂或还原铂粉时，先用王水法或水溶液氯化法浸出造液。采用粗铂锭、块或粗铂粒时，须先用机械物理法将其碾成片、破碎或细粒化以提高浸出速度。

由于氯化铂吸收 CO 后在一定温度下可生成氯化羰基铂（$PtCl_2(CO)_2$），氯化羰基铂（$PtCl_2(CO)_2$），可在常压或减压条件下蒸发、加热可产出纯铂。此工艺可将 99% 的铂精制为 99.99% 的纯铂。

熔盐电解法以粗铂为阳极，纯铂为阴极，以氯铂酸钾 K_2PtCl_6 的碱金属氯化物溶液为电解质，于 500℃ 下进行电解，可将纯度为 95% 粗铂阳极提纯为纯度为 99.9% 纯铂阴极铂。

氯化羰基铂法、熔盐电解法因工艺复杂、不易操作、不易大规模生产而未工业化。

区域熔炼法仅用于生产少量的超高纯铂，以满足特殊需求。大规模工业生产中很少采用此工艺。

大规模工业生产中采用的铂化学提纯法，为氯化铵反复沉淀法及氧化水解法。溶剂萃取法虽可用于提纯铂，但一般不单独用于铂的提纯。

20.2.2 氧化水解法

20.2.2.1 氧化水解法的提纯原理

碱性介质中，铂仅能呈 H_2PtCl_6 或 Na_2PtCl_6 的形态，稳定存在于溶液中。其他所有的贵金属、贱金属杂质，均水解为氢氧化物沉淀析出。若溶液中含氧化剂（如溴酸钠、氯气、氧气、过氧化氢等）时，可将溶液中的某些杂质（如 Rh^{3+}、Ir^{3+}、Fe^{2+} 等）氧化为更易水解的高价状态，产出易沉降、易过滤、比表面积较小的氢氧化物沉淀。因此，制取高纯铂时，常采用氧化载体水解法，氧化载体水解法的除杂率和铂直收率较高。

铂族金属的水解反应列于表 20-4 中。

表 20-4 铂族金属的水解反应

水解 pH 值	水解原料	水解产物	水解产物特性
—	H_2PtCl_6	H_2PtCl_6	溶液转变为深红色
4.3~6	H_2PtCl_4	$Pt(OH)_2 \cdot H_2O$	黄色沉淀
4~6	H_2IrCl_6	$Ir(OH)_3 \cdot nH_2O$	暗绿色沉淀，沉降快
6	H_2RhCl_6	$Rh(OH)_4 \cdot nH_2O$	黄绿色沉淀，沉降快。Rh^{3+} 不沉降
6	H_2PdCl_6	$Pd(OH)_2 \cdot nH_2O$	褐色沉淀，沉降快
1.5~6	H_2OsCl_6	$Os(OH)_2 \cdot nH_2O$	灰色沉淀，沉降快
6	H_2RuCl_6	$Ru(OH)_2 \cdot nH_2O$	近黑灰色沉淀，沉降快

生产中，将氯铂（Ⅳ）酸盐溶液中和至 pH 值为 2~3 时即出现浑浊现象，生成极细的黄色悬浮颗粒，但很快溶解消失。由于 $Pt(OH)_4$ 为棕色两性氢氧化物，与水结合生成羟铂酸 $Pt(OH)_4 \cdot 2H_2O$（可写为 $H_2Pt(OH)_6$），为黄色针状体，不溶于水，但易溶于稀酸或稀碱液中，与碱作用生成可溶性 $Na_2Pt(OH)_6$（或 $Na_2PtO_3 \cdot 3H_2O$）。因此，即使 pH 值为 8~9，也不会生成 $Pt(OH)_4$ 沉淀。高价的铑、铱、锇、钌的氯配离子，在 pH 值不小于 7 时，可完全水解为 $Me(OH)_n$ 沉淀。因此，可用水解法，实现铂与贱金属及其他铂族金属的分离。

若料液中含有少量 Pt^{2+}，pH 值为 4.3~6 时，$PtCl_4^{2-}$ 将水解沉淀。不仅降低铂的直收率，而且影响铑、铱等的提纯。因此，须于水解前添加氧化剂，使料液中的金属离子，均被氧化为高价态。其次是钯的性质与铂近似，pH 值为 6~8 时，生成 $Pd(OH)_4 \cdot nH_2O$ 沉淀，碱性液中生成可溶性 $Na_2Pd(OH)_6$，使铂、钯无法彻底分离。因此，须采用更有效的方法除去微量钯。

水解生成的氢氧化物，常难过滤，氢氧化物沉淀对溶液吸附性强。若料液中，铂之外的铂族金属含量较高时，采用水解法较难实现铂与其他铂族金属的完全分离。仅当其他铂族金属含量较低，且不要求铂直收率高时使用，即水解法较适用于制取高纯铂。

常见的贱金属离子于 pH 值大于 7 时完全水解沉淀，高价态贱金属离子于 pH 值小于 3 时完全水解沉淀。在 298K、离子含量 1mol/L 条件下，生成氢氧化物的平衡 pH 值及其溶度积 K_{SP} 列于表 20-5 中。

表 20-5　某些贱金属离子水解的平衡 pH 值及其溶度积 K_{SP}

金属离子	Ni^{2+}	Fe^{2+}	Co^{2+}	Zn^{2+}	Cu^{2+}	Al^{3+}	Fe^{3+}	Sn^{2+}	Sb^{3+}	Co^{3+}	Sn^{4+}
平衡 pH 值	7.1	6.7	6.4	5.9	5.3	3.1	1.6	2.0	1.2	1.0	0.1
溶度积 K_{SP}	1.4×10^{-4}	0.7×10^{-5}	3.6×10^{-6}	2.2×10^{-6}	4.5×10^{-7}	2.9×10^{-9}	2.0×10^{-10}	2.3×10^{-9}	1.1×10^{-11}	5.7×10^{-11}	2.1×10^{-12}

氧化水解时，常采用溴酸钠、氯气、过氧化氢（双氧水）、氧气（或空气）、硝酸等作氧化剂。由于溴酸钠稳定性高、氧化效率高及直收率高，常被普遍采用。制取高纯铂时，为避免溴酸钠带入杂质，常用氧气（或空气）作氧化剂。

20.2.2.2　氧化水解法的应用

1841 年开始采用水解法提纯铂，采用石灰乳中和含铂料液，铂呈可溶性氯铂酸钙形态留在溶液中，贱金属及其他铂族金属水解沉淀析出。

溴酸钠水解法于 1935 年提出，1961 年用于英国阿克统精炼厂产出 99.99% 的纯铂。此法可稳定地将纯度为 90% ~ 99% 的粗铂经一次水解和一次氯化铵沉淀产出 99.9% ~ 99.99% 的纯铂。若经多次水解或结合氧化水解、离子交换吸附法等，可制取纯度为 99.999% 的高纯铂。

溴酸钠水解法操作时，将料液中的铂含量调整为 50 ~ 80g/L，起始 pH 值为 1 ~ 1.5，加热至沸，迅速搅拌下缓慢加入 20% NaOH 溶液，pH 值升至 2.5 ~ 3 时，加入 10% $NaBrO_3$ 溶液。煮沸后，继续加入 10% NaOH 溶液，pH 值升至 5.5 时，补加 $NaBrO_3$ 溶液，并继续滴加 NaOH 溶液至 pH 值为 7。煮沸后，继续加入 NaOH 溶液至 pH 值为 7.5。过滤，用蒸馏水精心洗涤沉淀物，至洗液无色为止。将洗液和滤液合并处理，滤饼保存待回收其他有用组分。若杂质含量较高时，可用 10%（或 5%）NaOH 溶液再将滤液 pH 值调至 7.5 ~ 8，再次水解、煮沸、冷却后过滤，精心洗涤沉淀物。

20.2.3　氯化铵反复沉淀法

20.2.3.1　氯化铵反复沉淀法的提纯原理

氯化铵反复沉淀法为铂的经典提纯方法。从 1800 年英国沃斯顿厂采用此工艺生产纯铂至今已有 215 年，此期间该工艺虽经多次改进，但工艺实质仍采用氯化铵使铂从料液中呈氯铂酸铵 $(NH_4)_2PtCl_6$ 沉淀析出，经过滤、洗涤而与其他杂质组分相分离。其反应可表示为：

$$Na_2PtCl_6 + 2NH_4Cl \longrightarrow (NH_4)_2PtCl_6 \downarrow + 2NaCl$$

由于钌、铑、钯的氯配铵盐的溶解度为氯铂酸铵 $(NH_4)_2PtCl_6$ 沉淀溶解度的 300 倍，少量氯铱酸铵沉淀在浓度为 5% NH_4Cl 液中的溶解度为氯铂酸铵 $(NH_4)_2PtCl_6$ 沉淀溶解度的 16～17 倍。因此，氯化铵沉淀铂时，钌、铑、钯、铱均可被除去。

铂族金属氯配铵盐的溶解度列于表 20-6 中。

表 20-6 铂族金属氯配铵盐的溶解度

NH_4Cl 浓度/%		42(30℃)	37(20℃)	10(25℃)	5(25℃)	3(25℃)	1(25℃)	0.5(25℃)
溶解度 /g·L⁻¹	$(NH_4)_2RuCl_6$（褐或黑色）	5.7	4.3	—	—	—	—	—
	$(NH_4)_2PdCl_6$（橘红色）	4.5	3.5	—	—	—	—	—
	$(NH_4)_2RhCl_6$（桃红色）	8.2	5.8	—	—	—	—	—
	$(NH_4)_2PtCl_6$（淡黄色）	—	—	0.0015	0.003	0.007	0.015	0.037
	$(NH_4)_2IrCl_6$（紫红色）	—	—	0.003	0.050	0.081	0.120	0.187
	$(NH_4)_2OsCl_6$（砖红色）	—	—	0.020	0.072	0.102	0.160	0.221

20.2.3.2 氯化铵反复沉淀法的应用

氯化铵反复沉淀法的净化效果，与滤饼的洗涤方式和洗涤液的组成密切相关，氯铂酸铵沉淀洗涤后的杂质含量变化列于表 20-7 中。

表 20-7 氯铂酸铵沉淀洗涤后的杂质含量变化 （%）

洗涤次数	洗涤液	Au	Fe	Pd	Ir + Rh	不纯物合计
1	纯水	1.06	0.52	0.41	0.71	2.73
2	纯水	0.57	0.31	0.26	0.42	1.56
3	1% NH_4Cl	0.54	0.21	0.13	0.10	0.98
4	1% NH_4Cl	0.35	0.12	0.13	0.12	0.72
5	3% NH_4Cl	0.26	0.09	0.10	0.08	0.53
6	3% NH_4Cl	0.27	0.07	0.11	0.09	0.54
7	3% NH_4Cl	0.26	0.08	0.10	0.07	0.51

操作时，按 100g 铂需 50～60g 氯化铵计算，并按体积分数的 5% 再计量加入氯化铵，使沉铂后的溶液中仍含有 5% 的氯化铵，通常最佳体积分数为 3%～5%。通常含铂 50g/L 的料液，每升消耗固体氯化铵约 100g。沉淀料浆在 40～50℃ 下放置澄清，用布氏漏斗抽滤，并用 5% 氯化铵溶液精心洗涤。然后用王水溶解氯铂酸铵沉淀，经赶硝、氯化铵沉淀、洗涤，反复进行 2～3 次，可获得纯度很高的铂盐。

试验表明，从氯铂酸（或氯铂酸钠）液中用氯化铵沉淀铂时，铂的沉淀率与母液中氯化铵含量及铂的价态密切相关。当母液中氯化铵含量分别为 5%、17% 和 20% 时，铂的沉淀率分别为 99.14%、99.23% 和 99.19%；母液中氯化铵的含量为 17%，加入 2%～3% H_2O_2 时，铂的沉淀率平均大于 99.9%，这是少量的 Pt^{2+} 被氧化为 Pt^{4+} 的原因。

若在溴酸钠水解后进行氯化铵沉淀铂，因料浆含溴酸钠而使溶液呈橘红色，须加热溶液、小心加入盐酸酸化以破坏溴酸钠。维持 pH 值为 0.5，使溴酸钠分解生成气态 HBr 或 Br_2 而挥发，酸化过程中生成的黄色沉淀物，随酸度增加和蒸发过程而溶解。加热赶溴时，产生大量气泡易使溶液溅出，故容器不宜装满，以免造成铂损失。溴、氢溴酸蒸气具有较强的腐蚀作用，应在负压的通风橱内作业。将溶液蒸干，并待溴气味消失后，用蒸馏水溶解，再进行氯化铵沉淀铂的作业。

氯化铵沉淀法操作简单、技术条件易控制、产品纯度稳定。但反复沉淀过程中，须将 $(NH_4)_2PtCl_6$ 转入溶液，无论采用王水直接溶解或煅烧为海绵铂后溶解，溶解速度慢，彻底赶硝较困难，直收率低。赶硝时产生大量 NO、NO_2 气体污染环境，对设备要求高和流程冗长。因此，为改进氯化铵沉淀法进行了大量的研究工作，如采用固体离子交换吸附溶解-氯化铵沉淀法、还原溶解-氯化铵沉淀法、氯化铵分步沉淀法等。

A　固体离子交换吸附溶解-氯化铵沉淀法

固体离子交换吸附溶解-氯化铵沉淀法，是采用强酸性氢型阳离子交换树脂与热水浆化的固体氯铂酸铵进行混合接触交换，使固态的氯铂酸铵转变为氯铂酸转入溶液中。其反应可表示为：

$$2\,\overline{R \cdot H} + (NH_4)_2PtCl_6\downarrow \longrightarrow 2\,\overline{R \cdot NH_4} + H_2PtCl_6$$

采用此工艺处理铂-铑丝料液，经一次氯化铵沉淀，铂中铑含量降至约 0.12%。经固体离子交换吸附溶解-第二次氯化铵沉淀，铂中铑含量降至 0.02% ~ 0.03%。经第二次固体离子交换吸附溶解-第三次氯化铵沉淀，铂中铑含量降至 0.0016% ~ 0.0067%，其他杂质含量分别为：Ir 小于 0.001%、Cu、Ag 小于 0.0001%、Au、Pd 小于 0.0003%、Fe、Ni、Al、Pb 小于 0.0005%，铂纯度不低于 99.99%。处理废铂丝，仅用一次氯化铵沉淀，经固体离子交换吸附溶解-第二次氯化铵沉淀，铂纯度大于 99.99%。

B　还原溶解-氯化铵沉淀法

还原溶解-氯化铵沉淀法是基于 $(NH_4)_2PtCl_4$ 易溶于冷水和极易溶于热水的特点，在悬浮的固体氯铂酸铵水溶液中小心加入还原剂（如水合肼、二氧化硫、四氢硼化钠等），将 Pt^{4+} 迅速还原为 Pt^{2+} 而溶解于水溶液中，还原时应仔细观察，严格控制还原剂用量，避免过度还原为金属铂。其反应可表示为：

$$(NH_4)_2PtCl_6\downarrow + 2N_2H_4 \cdot H_2O \longrightarrow (NH_4)_2PtCl_4 + 2NH_4Cl + 2H_2O + N_2\uparrow$$

待全部沉淀溶解后（若有混浊或沉淀可过滤），加 H_2O_2 将 Pt^{2+} 氧化为 Pt^{4+}，加氯化铵沉淀铂。此法简单易行，周期短，直收率高，但须严格控制还原程度。纯氯铂酸铵用 5% NH_4Cl 洗涤后，抽滤至干。上述过程反复进行 2 ~ 3 次，可产出纯度高的铂盐。

氯铂酸铵用水浆化后，加热至 90 ~ 100℃，可通入 SO_2 使 Pt^{4+} 迅速还原为 Pt^{2+} 而溶解，过滤除去不溶物，再用 H_2O_2 或 Cl_2 将 Pt^{2+} 氧化为 Pt^{4+}，加氯化铵沉淀铂。如此反复精制至所需纯度。

也可用 1 ~ 5mol/L NaOH 将 $(NH_4)_2PtCl_6$ 转变为 Na_2PtCl_6 而溶解，滤去少量不溶物，用水合肼还原得铂黑，再用盐酸-过氧化氢溶解。

将纯的 $(NH_4)_2PtCl_6$ 转置于表面光洁的瓷坩埚（或素烧瓷蒸发皿）中，加盖后送入电热马弗炉中逐渐升温，于 100 ~ 200℃ 区间应停留相当时间，待铂盐中水分蒸发后再逐渐升温至 360 ~ 400℃，此时铂盐分解。其反应可表示为：

$$3(NH_4)_2PtCl_6 \longrightarrow 3Pt\downarrow + 16HCl\uparrow + 2NH_4Cl\uparrow + 2N_2\uparrow$$

分解完成后，将炉温升至 750℃，恒温 2 ~ 3h，自然冷却，降至室温后出炉。通常煅烧约 8h，其间 150℃ 1h、250℃ 2h、450℃ 2h、700 ~ 750℃ 3h。实际生产中，各段温度和所需时间与物料量、升温速度、炉内抽风量等因素有关。第一次煅烧时应仔细观察，主要观察物料分解时逸出的气体量判断，宜缓不宜急，尤其是气体大量逸出时应防止升温过快而造成飞溅损失。冷却后，从坩埚内取出海绵铂，用 1:1 盐酸煮洗，水洗至中性，干燥、称重、包装，即可销售。

C　氯化铵分步沉淀法

氯化铵沉淀法可将铂含量大于 90% 的粗铂经 3 次氯化铵沉淀，可产出纯度为 99.99% 的纯铂。

氯化铵沉淀法除去铑、铱的效果较差。当铑、铱含量较高时，应配合采用氧化水解工艺以除去铑、铱。

20.2.4　制取高纯铂基体

20.2.4.1　制取高纯铂的注意事项

由于制备标准热电偶、标准铂电阻温度计、光谱分析基体等需求，需采用纯度为 99.995% ~ 99.999% 或更高纯度的铂。因此，通常采用氯化铵沉淀、氧化水解和离子交换吸附等相结合的工艺进一步提纯。

制取高纯铂的注意事项为：

（1）操作环境应达制备高纯产品的要求，经过滤后的空气纯净度应达万级，设备洁净，无污染。

（2）采用高纯试剂，如优级纯（即 G. R. ）的 HCl、HNO_3、$NaOH$、$NaCl$、$FeCl_3$ 等。氯气须经净化，离子交换树脂应经水浸手选和多次洗涤至流出液中无 Fe^{2+}、Fe^{3+}，交换使用过的离子交换树脂应经 6mol/L 优级纯 HCl 浸泡、压洗至流出液无色后方可再用。沉铂用氯化铵须经重结晶产出的氯化铵或通入经净化后的氨气沉淀铂。

（3）操作人员应穿戴整齐干净的工作服、鞋、帽，操作应精心、熟练、准确。

（4）纯氯铂酸铵煅烧前应先取小样分析考查，待确定合格达要求后，再批量煅烧。

20.2.4.2　制取高纯铂的方法

较纯的氯铂酸钠溶液中的微量杂质（如钯、铑、铱等），通常可采用载体水解法除去。较纯的氯铂酸钠溶液中加入 10% $NaCl$ 时，用溴酸钠-碳酸氢钠水解，以氢氧化铁作载体使微量钯、铑、铱共沉淀，可与大量的铂定量分离。我国昆明贵金属研究所用 99.9% 的铂作原料，经王水溶解、赶硝、转为钠盐。将含铂约 50g/L 氯铂酸钠溶液加热至 60 ~ 80℃，按铂量的 3% 加入 $FeCl_3$ 作载体，用 10% $NaOH$ 中和水解，pH 值为 7 ~ 8，静置几分钟，冷却、过滤获得纯铂溶液。2kg 批料试验结果列于表 20-8 中。

表 20-8　用水解及离子交换法提纯所得铂的分析结果[①]

物料名称	含量/ ×10⁻⁶										电阻比值[②]
	Pd	Rh	Ir	Au	Ag	Cu	Ni	Mg	Al	Fe	
原　料	<0.5	1	<4	<0.38	0.29	>10	<2	0.25	8	1.2	
一次水解液	<0.1	<0.4	—	<0.2	0.25	>10	<0.5	0.20	6	1	
二次水解液	<0.1	<0.4	—	<0.2	0.23	>10	<0.5	0.35	3.9	4.3	
六次水解液	<0.1	<0.4	—	<0.2	<0.2	>10	<0.5	0.41	4.4	1.6	
七次水解液	<0.1	<0.4	—	<0.2	<0.2	>10	<0.5	0.26	5.3	1.3	
七次水解-离子交换	<0.1	<0.4	0.018 *	<0.2	<0.2	>10	<0.5	0.28	2.6	<0.76	1.39259 ~ 1.39260

物料名称	含量/×10⁻⁶										电阻比值[2]
	Pd	Rh	Ir	Au	Ag	Cu	Ni	Mg	Al	Fe	
六次水解-离子交换[3]	<0.1	<0.4	0.013*	<0.2	<0.2	9.6	<0.5	1.3	5.6	1.4	1.39261~1.39263
七次水解-离子交换[4]	<0.1	<0.4	0.017*	<0.2	0.26	0.22	<0.5	0.29	1.7	1.3	1.39258~1.39260

① 除 * 为化学法测得数据外，均为光谱定量分析结果；

② 99.999% 高纯铂的电阻比值为 1.39259，此栏内电阻比值由云南仪表厂测定；

③ 相同产品的电阻比值由中国计量科学研究院测定结果为 1.39261，贵金属研究所测定结果为 1.39265；

④ 相同产品的电阻比值由中国计量科学研究院测定结果为 1.39260~1.39262。

表 20-8 中数据表明，采用载体水解法可有效除去铂中的微量钯、铑、铱、金、银、镍、铝等杂质，但铜、镁、铁的去除率不理想。由于当时分析方法灵敏度限制，二次水解后的杂质含量下降不明显，但电阻比值数据表明增加水解次数仍有一定的净化效果。

采用溴酸钠、氧气和氯气作氧化剂的试验结果列于表 20-9 中。

表 20-9 采用溴酸钠、氧气和氯气作氧化剂的试验结果

氧化剂	含量/×10⁻⁶											电阻比值
	Pd	Rh	Ir	Au	Ag	Cu	Ni	Mg	Al	Fe	Si	
溴酸钠	<0.1	<0.4	0.014	<0.2	<0.2	0.24	<0.5	0.23	1.8	1	—	1.39265~1.39269
氯 气	<0.1	<0.4	<0.1	<0.2	<0.1	1.3	<0.5	0.15	0.5	0.3	1.8	1.39265~1.39267
氧 气	<0.1	<0.4	<0.1	<0.2	<0.1	1.2	<0.5	0.51	0.61	1.2	3.1	1.3967

表 20-9 中数据表明，采用溴酸钠、氧气和氯气作氧化剂均可制取高纯铂。

采用氧气作氧化剂时，氯铂酸钠液中加入 0.3% $FeCl_3$ 作载体，加热至 60℃，通氧气氧化 15min，再加热至 90℃以上，用 10% NaOH 调 pH 值为 7~8，静置 1~2min。迅速冷却、过滤，可得高纯铂溶液。

水解后的纯铂溶液，用盐酸调 pH 值为 2~2.5，用上海树脂厂 732 阳离子交换树脂进行交换吸附，流出液 pH 值小于 1，可进一步除去贱金属杂质。交换吸附后的溶液用盐酸酸化至 pH 值小于 0.5，通氨气沉铂（若用重结晶的高纯氯化铵作沉淀剂则不用酸化）。沉淀完全后即过滤，用 1% NH_4Cl 液洗涤。铂盐烘干、煅烧后，水洗脱钠，可获得高纯海绵铂。用盐酸（pH 值为 2~2.5）再生 732 阳离子交换树脂后，返回再用。

采用 99.99% 的铂（电阻比值为 1.3921）分别经 3 次水解、离子交换（电阻比值为 1.39257）、5 次水解、离子交换（电阻比值为 1.39267）和 7 次水解后离子交换（电阻比值为 1.39269），表明电阻比值随水解次数的增加而逐步提高。但纯度愈高，水解效果愈不明显，铂的直收率愈低。

采用纯度为 99.76%~99.97% 的铂为原料，经 $(NH_4)_2PtCl_6$ 固体离子交换树脂交换吸附 4~5 次，可获得纯度为 99.998%~99.999% 的铂。

采用粗铂为原料，经 3 次氧化载体水解、用氯化铵沉铂，母液中氯化铵含量为 17% 时，铂的沉淀率为 99.9%。再经 1 次还原-氯化铵沉铂，可产出 99.995% 的高纯铂，直收率为 98.73% 。

制取光谱分析用铂基体时，常以纯度不低于 99.9% 的海绵铂为原料，原则工艺流程为：王水浸出海绵铂—赶硝转钠盐—氧气氧化载体水解—阳离子交换树脂交换吸附—氯化铵沉铂—纯氯铂酸铵煅烧，可产出纯度不低于 99.999% 的高纯海绵铂。

20.3　钯的化学提纯

20.3.1　概述

钯易溶于盐酸溶液。但当钯物料经高温处理或被氧化转变为 PdO 后，则难溶于盐酸，甚至不溶于王水中。此时可用氢还原方法处理，但需一定条件，且操作过程复杂。

可采用还原法处理，在液固比为 (3～5)：1 的条件下，将 PdO 悬浮于水中，不断搅拌下加入水合肼（还原 1g 钯需水合肼 1mL，且过量 5%～10%），使 PdO 还原为钯黑，钯回收率大于 99% ，然后用盐酸溶解。

粗钯和粗钯盐提纯的传统方法，为氯钯酸铵沉淀法和二氯二氨配亚钯法。

20.3.2　氯钯酸铵沉淀法

20.3.2.1　氯钯酸铵沉淀法提纯钯的原理

由于 Pd^{4+} 与氯化铵作用可生成难溶的氯钯酸铵沉淀，可与贱金属及某些贵金属相分离。其反应可表示为：

$$H_2PdCl_6 + 2NH_4Cl \longrightarrow (NH_4)_2PdCl_6\downarrow + 2HCl$$

粗钯、海绵钯或钯合金可用王水溶解，分散状态的钯可用硝酸溶解，彻底除去溶液中的硝酸根和游离硝酸后，溶液呈透明的红棕色。也可用水溶液氯化法溶解钯。钯在溶液中呈 H_2PdCl_6 形态存在。

若钯以 Pd^{2+} 形态存在于氯化物溶液中时，氯钯酸铵沉淀前，须加入 HNO_3、H_2O_2、Cl_2 等氧化剂，将 Pd^{2+} 氧化为 Pd^{4+}。氧化剂中以氯气最理想，硝酸氧化效果虽好，但操作不便，废液难处理，过氧化氢氧化效果较差。氯气氧化-氯化铵沉淀的反应可表示为：

$$(NH_4)_2PdCl_4 + 2NH_4Cl + Cl_2 \longrightarrow (NH_4)_2PdCl_6\downarrow + 2HCl$$

20.3.2.2　应用

操作时控制料液含钯 40～50g/L，室温下通氯气约 5min，然后按理论量和保证溶液中氯化铵浓度为 10% ，加入固体氯化铵。继续通氯气，直至钯完全沉淀为止，一般约需 30min。钯完全沉淀后即过滤，用 10% 通氯气饱和的氯化铵溶液洗涤滤饼，即可获得纯钯盐。

若需进一步提纯，可用纯水浆化氯钯酸铵（红色沉淀），加热煮沸，在水溶液中长时间加热可使 Pd^{4+} 转化为 Pd^{2+} 而溶解，溶液转为暗红色。其反应可表示为：

$$(NH_4)_2PdCl_6\downarrow + H_2O \longrightarrow (NH_4)_2PdCl_4 + HCl + HClO$$

冷却后重复进行氧化-氯化铵沉淀作业，可产出纯氯钯酸铵，经煅烧、氢还原可制取纯海绵钯。

氯钯酸铵沉淀法，可有效除去贱金属杂质，较难除去其他贵金属杂质。因此，当料液中其他贵金属杂质含量较高时，单独采用氯钯酸铵沉淀法，较难将钯纯度提高至99.9%以上。当纯度要求高时，须采用氯钯酸铵沉淀法与其他方法联合处理，才可达到所要求的纯度。

20.3.3　二氯二氨配亚钯法

二氯二氨配亚钯法提纯钯，为传统的提纯钯的方法。从1881年俄罗斯化学家提出此方法后，一直沿用至今。此法主要是基于 Pd^{2+} 的氯配合物，可与氢氧化铵配合生成可溶性钯盐。其反应可表示为：

$$H_2PdCl_4 + 4NH_4OH \longrightarrow [Pd(NH_3)_4]Cl_2 + 4H_2O + 2HCl$$

$$NH_4OH + HCl \longrightarrow NH_4Cl + H_2O$$

$$2NH_4Cl + H_2PdCl_4 \longrightarrow (NH_4)_2PdCl_4 + 2HCl$$

$$[Pd(NH_3)_4]Cl_2 + (NH_4)_2PdCl_4 \longrightarrow [Pd(NH_3)_4]PdCl_4 \downarrow + 2NH_4Cl$$

$$[Pd(NH_3)_4]PdCl_4 \downarrow + 4NH_4OH \longrightarrow 2[Pd(NH_3)_4]Cl_2 + 4H_2O$$

钯料液中的其他铂族元素、金和贱金属杂质与氢氧化铵生成氢氧化物沉淀。但料液中的铑、铱可被还原为 +3 价，并生成 $(NH_4)_2RhCl_5$ 和 $(NH_4)_2IrCl_5$ 与钯一起转入溶液中，少量的铑、铱也可生成氢氧化物沉淀 $Me(OH)_3$ 或 $[Me(NH_3)_5Cl] \cdot Cl_2$ 进入配合渣中。Ag^+、Cd^{2+}、Cu^{2+}、Ni^{2+}、Zn^{2+} 等可与氨水配合，生成 $[Me(NH_3)_6]Cl_n$ 形态的氨配合物，其逐级不稳定常数均小于 10^{-3}，无法与溶液中的钯分离。

滤去沉淀物，获得钯的氨配合物溶液，用盐酸中和，生成黄色的二氯二氨配亚钯沉淀。其反应可表示为：

$$[Pd(NH_3)_4]Cl_2 + 2HCl \longrightarrow [Pd(NH_3)_2]Cl_2 \downarrow + 2NH_4Cl$$

经过滤、洗涤可获得纯钯盐，经煅烧、氢还原可获得纯海绵钯。若需产出更高纯度的钯，可用氨水溶解二氯二氨配亚钯盐。其反应可表示为：

$$[Pd(NH_3)_2]Cl_2 \downarrow + 2NH_4OH \longrightarrow [Pd(NH_3)_4]Cl_2 + 2H_2O$$

再加盐酸中和，生成二氯二氨配亚钯盐沉淀，反复溶解、沉淀，可产出纯度大于99.99%纯钯产品。

二氯二氨配亚钯沉淀法制取纯钯过程中的成分变化列于表20-10中。

表 20-10　二氯二氨配亚钯沉淀法制取纯钯过程中的成分变化

物料名称	$Au/g \cdot L^{-1}$	$Ag/g \cdot L^{-1}$	Cu/%	Pb/%	Bi/%	$Pt/g \cdot L^{-1}$	$Pd/g \cdot L^{-1}$
还原后液	0.27	0.24	0.07	1.82	21.86	0.14	10.90
1 次氨化	0.015	0.12	0.05	0.007	0.007	0.063	10.40
4 次氨化	0.0013	0.0050	0.002	0.007	0.0011	0.018	35.31
海绵钯	0.003	0.003	≥0.0025	0.001	—	0.008	≥99.9

注：海绵钯中的其他杂质含量为：Si 0.004%、Fe 0.001%、Al 0.001%、Ni 0.001%、Ir 0.012%、Rh 0.004%。

钝钯氨配合物溶液还可用甲酸等还原剂还原，产出海绵状金属钯。其反应可表示为：

$$[Pd(NH_3)_4]Cl_2 + HCOOH \longrightarrow Pd \downarrow + 2NH_3 \uparrow + CO_2 \uparrow + 2NH_4Cl$$

　　还原在室温、不断搅拌、缓慢加入甲酸下进行，直至溶液中的钯全部还原析出。过滤、纯水洗涤后，经干燥可产出海绵钯。还原1g钯需2~3mL甲酸。此法简单，金属回收率高。但所产海绵钯颗粒较细，松散密度小，包装、转运时易飞扬损失。其次为溶液中未除去的铜、镍等杂质也将被还原，会降低钯的纯度。

　　当粗钯或钯氯配合物溶液，含有较高的贱金属杂质和其他铂族金属杂质时，应采用氯钯酸铵沉淀法和二氯二氨配亚钯法联合法，进行钯的提纯，可望获得99.99%~99.999%的高纯钯。

20.3.4　制取高纯钯基体

　　通常反复采用氯化铵沉淀-二氯二氨配亚钯法提纯，可获得纯氯钯酸铵。经煅烧、氢还原，可获得纯度不低于99.99%的海绵钯。也可采用水合肼还原法，产出钯黑。

　　我国金川冶炼厂制取高纯钯的工艺流程如图20-1所示。

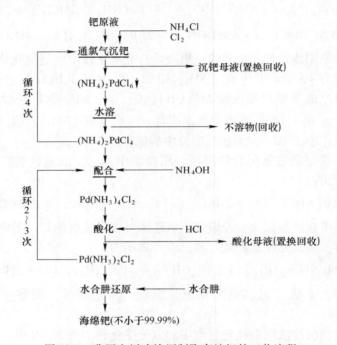

图 20-1　我国金川冶炼厂制取高纯钯的工艺流程

　　该厂采用氯化铵沉钯-二氯二氨配亚钯法提纯-水合肼还原产出纯度不低于99.99%的海绵钯。氯化铵沉钯的原液，为经二丁基卡必醇（DBC）萃取分金、氯化铵沉铂后的钯原液。钯原液的化学成分列于表20-10中。

　　该厂采用水合肼还原工艺代替传统的煅烧-氢还原工艺。操作时，将浅黄色$Pd(NH_3)_2Cl_2$沉淀物用氨水溶解，直至pH值为8~9。加热，缓慢加入水合肼还原，直至反应后的溶液清亮为止。应控制水合肼的加入速度，开始时应慢，以免冒槽。溶液清亮后，过滤、水洗滤饼至洗液为中性，然后在120℃下烘干。与传统的煅烧-氢还原工艺比较，钯直收率约提高9%，实收率提高1.5%（新工艺直收率为92.34%，实收率为99.24%）。工业试生产所得纯度为99.99%的一级品率由传统工艺的47.7%提高至94.14%。水合肼还原后，母液中钯含量为 0.0001 ~ 0.0002g/L，钯几乎不损失。新工艺简单，衔接合理，不仅取消了煅烧-氢还原工艺，减少了提纯作业 2 ~ 3 次，而且改善了操作环境。

此新工艺，可将含钯 80% ~ 99% 的粗钯及废料再生所得粗钯溶液，提纯至 99.99%。试验结果列于表 20-11 中。

表 20-11 钯原液及提纯产品的化学成分

物料名称	Pd	Pt	Au	Rh	Ir	Ni	Cu	Fe	Pb	Mg	Al	Si
原液-1/g·L⁻¹	22.9	1.41	0.19	1.69	0.6	2.37	9.78	0.20	—	—	—	—
原液-2/g·L⁻¹	10.98	1.75	0.22	0.53	0.19	1.44	25.94	1.99	—	—	—	—
海绵钯-1/%	99.99	0.001	0.0006	0.001	0.001	0.0006	0.0003	0.0007	0.0003	0.0002	0.0003	0.002
海绵钯-2/%	99.99	0.0026	0.0006	0.001	0.001	0.0006	0.0003	0.0007	0.0003	0.0002	0.0003	0.002

注：原液-1、海绵钯-1 为小试数据；原液-2、海绵钯-2 为工业试生产数据。

上述工艺，可稳定产出 99.99% 的纯钯，不难产出 99.995% 的纯钯产品。但产出纯度不低于 99.999% 的光谱纯钯基体，则比较困难。

在具备高纯产品的生产条件下，以纯度为 99.99% 的海绵钯为原料，经王水溶解-氯钯酸铵沉淀（反复 1 ~ 2 次)-水浆化、煮沸溶解-滤液加碱水解-滤液配合酸化（反复 2 次)-纯 $Pd(NH_3)_2Cl_2$ 煅烧、氢还原工艺，可产出纯度不低于 99.999% 的光谱纯钯基体。

20.4 钌的化学提纯

20.4.1 概述

提纯钌的原料，主要为粗钌及蒸馏分离所得的含钌盐溶液。粗钌常用碱熔-水浸法将其转入溶液中。提纯钌时，主要是除去性质相似的杂质锇。

将钌溶液，装入洁净玻璃或搪玻璃的蒸馏釜中，将排气管接入锇吸收瓶，瓶内装 20% NaOH-3% 乙醇溶液作锇吸收液。加热煮沸 40 ~ 50min，锇呈 OsO_4 挥发并被吸收，直至硫脲棉球检查不显红色，再加一定数量过氧化氢，将残存锇继续氧化挥发。将除锇后的钌溶液，加热浓缩至含钌约 30g/L，热态下加入固体氯化铵，生成黑红色氯钌酸铵 $(NH_4)_2RuCl_6$ 沉淀。经冷却、过滤，用无水乙醇洗涤滤饼至滤液无色。洗涤后滤饼，经烘干、煅烧、氢还原，产出含钌 98% ~ 99% 的海绵钌。

钌也可采用重蒸馏法提纯，其方法为：

（1）将赶锇后的钌吸收液浓缩至近干，然后加水溶解，控制 pH 值为 0.5 ~ 1。在加热和抽气条件下，加入一定量的 20% NaBrO₃ 溶液和 20% NaOH 溶液。当大量逸出 RuO₄ 时，停止加入 NaOH，继续加 NaBrO₃ 溶液，直至硫脲棉球检查无色为止。此时获得的钌吸收液，再用前述方法处理，可产出纯度达 99.9% 的海绵钌。

（2）钌吸收液中，加入 NaOH，生成 $Ru(OH)_3$ 沉淀。过滤后，将沉淀转入蒸馏瓶中，用水浆化为液固比为 1:1 的浆料，加入 NaBrO₃ 或 NaClO₃ 溶液，逐步升温后加入 6mol/L H_2SO_4 溶液，再升温至 100℃ 左右。蒸馏完毕后，钌吸收液用赶锇-浓缩-氯化铵沉淀法处理，可产出纯度为 99.9% 的海绵钌。

（3）二段蒸馏法：将钌吸收液，加热至 60℃，调 pH 值后，用硫化钠将其沉淀为

RuS_2。再将蒸馏所得钌吸收液，浓缩蒸干，经煅烧、还原、酸煮以除去铁、硅等杂质后，烘干可产出纯度达 99.97% 的钌粉。

20.4.2　硝酸赶锇-二次蒸馏法

硝酸赶锇-二次蒸馏法的工艺流程如图 20-2 所示。

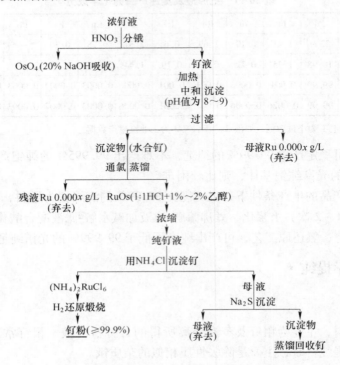

图 20-2　硝酸赶锇-二次蒸馏法的工艺流程

操作要点为：

（1）硝酸赶锇时以加入浓度为 10% 的 HNO_3 为宜，锇除去率达 82.6% ~ 87%，钌回收率为 94.3% ~ 99.5%。

（2）赶锇后，用 20% ~ 40% NaOH 溶液中和沉淀，终点 pH 值为 6 ~ 10，钌沉淀率大于 99.9%。沉淀物（水合钌）用水浆化，加碱通氯蒸馏，钌蒸出率达 99.9%。

（3）蒸馏所得纯钌液（1：1HCl 吸收液）缓慢升温至 70 ~ 80℃，加热 3 ~ 4h，将全部钌转化为稳定的 H_3RuCl_6。升温浓缩至溶液含钌约 100g/L，加入分析纯氯化铵沉淀钌，沉淀率为 98.4% ~ 99.4%。

（4）过滤、洗涤，$(NH_4)_2RuCl_6$ 沉淀，经氢还原煅烧得含钌大于 99.9% 的钌粉。过滤母液用硫化钠沉淀回收钌，回收率为 99.9%，残液含钌 0.0002g/L。

综合条件试验，钌直收率为 89.33%，总回收率为 98.53%，产品纯度为 99.987% 的钌粉。

20.4.3　二段蒸馏法

二段蒸馏法提纯钌的工艺流程如图 20-3 所示。

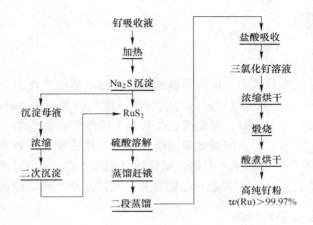

图 20-3　二段蒸馏法提纯钌的工艺流程

操作要点为:

(1) 硫化钠沉淀:将钌吸收液 (提纯料液) 加热至 60℃,调 pH 值后加入硫化钠沉淀,其反应为:

$$H_2RuCl_6 + 2Na_2S \longrightarrow RuS_2 \downarrow + 4NaCl + 2HCl$$

母液浓缩后进行第二次硫化钠沉淀。二次的沉淀物合并作为第二段蒸馏的原料,二次合并的沉淀率平均为 98.9%。

(2) 过氧化氢赶锇:RuS_2 在蒸馏釜中用硫酸浆化、溶解,加热至 100℃,加入过氧化氢进行第一段蒸馏除锇,蒸出的 OsO_4 用碱液吸收,吸收液合并转入锇系统回收锇。蒸馏反应为:

$$Na_2OsCl_6 + 4H_2O_2 \longrightarrow OsO_4 \uparrow + 4H_2O + 2NaCl + 2Cl_2 \uparrow$$

锇蒸馏率为 97.6% ~ 98.25%,平均为 98%。

(3) 二段蒸馏:赶锇后继续控制反应温度为 100℃,加入 40% $NaClO_3$ 进行二段蒸馏,蒸出的 RuO_4 用盐酸溶液吸收,钌吸收率近 99%。整个过程钌回收率大于 97%。蒸馏和吸收钌的反应式为:

$$3Na_2RuO_4 + NaClO_3 + 3H_2SO_4 \longrightarrow 3RuO_4 \uparrow + 3Na_2SO_4 + NaCl + 3H_2O$$

$$4RuO_4 + 12HCl \longrightarrow 4RuCl_3 + 6H_2O + 5O_2 \uparrow$$

二段蒸馏获得的钌吸收液纯度高,可直接加温浓缩蒸干,经煅烧、还原,再用酸煮除去微量的铁、硅后,烘干,产出钌含量大于 99.97% 的金属钌粉。全工艺试生产钌实收率不低于 95%。

钌盐酸溶液也可用溶剂萃取法提纯,即用 CCl_4 萃取分离钌吸收液中的杂质锇。为了较彻底除去锇,萃取时可加入过氧化氢氧化。萃取后的钌溶液经浓缩、氯化铵沉淀可获得纯钌铵盐。载锇有机相用 NaOH 溶液反萃和再生有机相。

四氯化碳也可用于萃取 RuO_4,并以二氧化硫饱和的 6mol/L HCl 反萃。英国阿克统精炼厂已将此工艺用于提纯某些钌试样。该工艺主要缺点是萃取剂 CCl_4 毒性大和萃取过程须在较低温度下进行。

20.5 锇的化学提纯

20.5.1 还原沉淀法

在四氧化锇的碱性吸收液中，加入酒精或硫代硫酸钠溶液作还原剂，将锇全部还原为 Na_2OsO_4。冷却状态下加入固体氯化铵，沉淀析出浅黄色的弗氏盐 $[OsO_2(NH_3)_4]Cl_2$。由于氯化铵与氢氧化铵反应生成氨，可使弗氏盐转变为可溶性氨配合物。因此，氯化铵不能过量。沉淀完全后，立即过滤，用稀盐酸洗涤弗氏盐，然后在 70 ~ 80℃ 下烘干，在 700 ~ 800℃ 下煅烧、氢还原产出海绵锇。但是，氯化铵沉锇率不高，大于 10% 的锇留在母液中，须加入硫化钠使其转变为 OsS_2，再返回蒸馏作业；其次是所产海绵锇的纯度不高。

20.5.2 硫化钠沉淀-吹氧灼烧法

硫化钠沉淀-吹氧灼烧法提纯锇的工艺流程如图 20-4 所示。

锇吸收液中加入硫化钠，过滤，用水仔细洗涤硫化锇沉淀以脱钠。经煅烧、氢还原、吹氧灼烧（均在密封良好的管式炉中进行）产出海绵锇。操作时，锇吸收液须陈放 24h，并浓缩至含锇 20 ~ 30g/L，加入固体氯化铵沉淀。沉淀物经煅烧、还原结束后，继续通氢气或氮气等，在保护气氛下冷却。该提纯工艺的锇回收率较高，产品质量稳定，但流程长，技术要求高。

20.5.3 二次蒸馏-加压氢还原法

二次蒸馏-加压氢还原法提纯锇的工艺流程如图 20-5 所示。

锇碱性吸收液中，加入 SO_2 并加入适量硫酸，控制终点 pH 值为 6，使深红色的

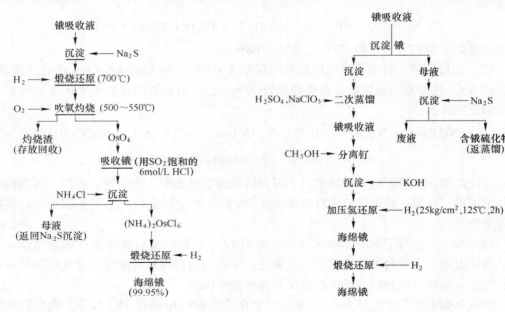

图 20-4　硫化钠沉淀-吹氧
灼烧法的工艺流程

图 20-5　二次蒸馏-加压氢还原法
提纯锇的工艺流程

$[OsO_4(OH)_2]^{2-}$ 转变为粉红色的 $[OsO_2(OH)_4]^{2-}$，然后与二氧化硫反应生成钠锇亚硫酸盐沉淀。其反应可表示为：

$$2OsO_4 + 12NaOH + 8SO_2 + 4H_2O \longrightarrow 2[(Na_2O)_3OsO_3(SO_2)_4 \cdot 5H_2O]\downarrow + O_2\uparrow$$

沉淀过滤、洗涤后进行二次蒸馏，加入 3：7 HCl，液固比为 5：1，缓慢加入过氧化氢，使锇氧化为 OsO_4 挥发。所用设备及操作与前述的蒸馏分离锇、钌相同。锇呈 Na_2OsO_4 进入 NaOH 吸收液，所含的微量钌与加入的 NaOH 作用生成 $Ru(OH)_4$ 沉淀，过滤除去。

Na_2OsO_4 滤液，加入 KOH 沉锇，静置一定时间，过滤并用无水乙醇洗涤锇酸钾。锇酸钾浆化后送入高压釜，在 125℃、25kPa 氢气条件下还原 2h，产出金属锇。过滤、干燥后在氢气中煅烧，获得海绵锇。此工艺所得产品质量较高且稳定，锇回收率高。

二次蒸馏除钌、过滤后的纯锇溶液，也可加入盐酸调 pH 值为 6，直接用水合肼还原，终点 pH 值为 8~9，沉淀经过滤、洗涤、煅烧、氢还原，可产出纯度为 99.9% 的金属锇，此工艺锇的直收率大于 95%。

20.5.4　氢直接还原 OsO_4（或 Na_2OsO_6）法

将 200g 纯度为 92% 的粗锇粉放入蒸馏瓶中，加入浓度为 3mol/L H_2SO_4，使锇转变为 OsO_4 气体馏出。OsO_4 蒸气直接导入外加热的管式电炉石英反应管中，通氢气还原。氢气还原在 500℃，氢分压 0.4kPa 条件下进行。获得纯度达 99.992%、直收率为 99.2% 的锇粉。

20.5.5　金川公司冶炼厂的锇提纯工艺

金川公司冶炼厂的锇提纯工艺流程为：锇吸收液—SO_2 沉锇—盐酸溶解加过氧化氢二次蒸馏—NaOH 吸收液调 pH 值、水合肼还原—煅烧、氢还原—氢氟酸除硅。产出纯度接近 99.9% 的海绵锇。整个提纯过程，锇直收率约 85%，实收率约 89%。

生产实践表明，此工艺产品质量稳定，流程短，直收率高。

20.6　铑的化学提纯

20.6.1　概述

与铂、钯提纯比较，铑、铱不仅溶解困难，而且提纯也较困难。因此，提纯铑、铱过程中，所得铑、铱溶液或盐类在未确定其纯度已达要求时，不要轻率地将其转变为金属。

生产中，一般采用中温氯化法或硫酸氢钠熔融法溶解粗金属铑。采用中温氯化法时，致密的粗金属铑须先经碎化处理，如加锌粒共熔，经水淬、酸溶转变为粉状。将粗金属铑粉与为铑量 30% 的 NaCl 混合后装入石英舟中，在管式炉内于 750~800℃ 下通氯气进行氯化，产出的氯铑酸钠用稀盐酸浸出。

采用硫酸氢钠熔融法时，将铑粉与 8 倍量的硫酸氢钠混合，装入刚玉坩埚中，在 500℃ 左右温度下共熔，熔块用水浸出。

若氯化渣或水浸渣中含有较高的铑，可重复氯化或共熔作业。硫酸氢钠熔融法的流程长，试剂耗量大，所得水浸液须转化为氯配合物才能进行后续处理。因此，条件具备时，常采用中温氯化法浸出粗铑粉。但小批量零星处理时，仍常用硫酸氢钠熔融法浸出粗铑粉。

对于粗铑及铑含量大于 10% 的合金废料，采用铝合金碎化-盐酸浸出铝-盐酸加过氧化氢溶解铑黑-粗氯铑酸溶液提纯工艺，此工艺已获专利。

20.6.2　亚硝酸钠配合法

E. 维切尔斯等人提出的亚硝酸钠配合法，是除去铑中贱金属的最有效方法之一。铑含量约 50g/L 的氯铑酸溶液加热至 80～90℃，调整 pH 值为 1.5，在搅拌下加入固体 $NaNO_2$，可将铑转变为可溶性亚硝基配合物。其反应可表示为：

$$2H_3RhCl_6 + 18NaNO_2 \longrightarrow 2Na_3Rh(NO_2)_6 + 12NaCl + 3NO\uparrow + 3NO_2\uparrow + 3H_2O$$

溶液中的其他铂族金属也能生成类似的亚硝基配合物。当 pH 值不大于 8 时，$[Pd(NO_2)_4]^{2-}$ 煮沸不分解，但当 pH 值大于 10 时，则水解为氢氧化物。当 pH 值为 10 时，$[Pt(NO_2)_4]^{2-}$、$[Ru(NO_2)_6]^{3-}$、$[Ir(NO_2)_6]^{3-}$ 煮沸均不产生水解。贱金属中只有镍、钴可生成亚硝基配合物，但分别在 pH 值为 8 及 pH 值为 10 时，完全水解（其他贱金属水解 pH 值可参阅相关章节）。亚硝酸钠可使溶液中的氯金酸（$HAuCl_4$）还原为单体金而与铑分离。

亚硝酸钠与酸作用可逸出 NO、NO_2 气体。其反应为：

$$NaNO_2 + HCl \longrightarrow NaCl + HNO_2$$

$$2HNO_2 \longrightarrow H_2O + NO_2\uparrow + NO\uparrow$$

因此，加入亚硝酸钠时，铑溶液的 pH 值须大于 1，否则将增大亚硝酸钠耗量，产生大量黄烟和易冒槽。

净化后，铑溶液中铂、钯杂质若超标，可将铑溶液酸化为微酸性，在 8～10℃ 低温下用氯化铵沉铑。其反应为：

$$Na_3Rh(NO_2)_6 + 2NH_4Cl \longrightarrow (NH_4)_2Na[Rh(NO_2)_6]\downarrow + 2NaCl$$

此时，铂、钯不生成沉淀而留在溶液中，可与铑分离。铱生成与铑类似的白色沉淀，故此工艺无法除去铑中的铱。

亚硝酸钠配合法操作时，先将粗氯铑酸溶液蒸发至近干，赶除过量盐酸，然后用蒸馏水溶解至溶液含铑为 50g/L，用 20% NaOH 调 pH 值为 1.5，加热至高于 70℃。按理论量的 1.5 倍，在搅拌下缓慢加入固体亚硝酸钠并升温至近沸，溶液由紫红色变为透明的淡黄至黄色（有铜时呈绿色）。煮沸 30min，溶液最终 pH 值为 7.5。若 pH 值小于 7.5，用 10% NaOH 调 pH 值为 8～9，继续煮沸 1h 后过滤。此时生成稳定的铑亚硝基配合物 $Na_3Rh(NO_2)_6$，大部分贱金属杂质呈棕色氢氧化物沉淀析出，过滤除去。用 10% 中性氯化钠溶液洗涤滤饼，保留氢氧化物沉淀物，以待回收其中的贵金属。

净化后的铑溶液中，若铂、钯含量不合格，可用醋酸酸化至微酸性，按 1g 铑加入 1g NH_4Cl 的比例在低于 8～10℃ 下沉淀铑，迅速滤出铑盐。用冷却的 1% NH_4Cl 溶液仔细洗涤 4～5 次，纯品铑盐应为白色。滤饼用 6mol/L HCl 溶解并浓缩蒸干，赶硝，用 10% HCl 溶解并转化为氯配合物。取样分析，杂质合格后，再用甲酸将氯铑配合物还原为铑黑，或加氯化铵沉淀，然后热分解为灰色的金属铑粉末。

20.6.3 硫化沉淀法

硫化沉淀法净化铑的原理是在亚硝酸钠配合法的基础上，加上以 $FeCl_3$ 为载体的载体水解法，同时加入硫化钠以沉淀铂、钯、金，达到最大的净化效果。贵金属硫化物的溶解度顺序为：$Ir_2S_3 > Rh_2S_3 > PtS_2 > Ru_2S_3 > Os_2S_3 > PdS > Au_2S_3$。

室温下，向溶液中通入 SO_2，其饱和浓度可达 0.1mol/L。当溶液中金属离子浓度为 0.4mol/L 时，生成金属硫化物的平衡 pH 值列于表 20-12 中。

表 20-12 金属离子浓度为 0.4mol/L 时生成金属硫化物的平衡 pH 值

MeS	Cu_2S	Ag_2S	CuS	SnS	Bi_2S_3	PbS	CoS	NiS	FeS
平衡 pH 值	-8.35	-10.5	-4.55	-1.00	0.38	-0.85	2.85	3.24	4.9

溶液 pH 值大于某金属硫化物平衡 pH 值时，该金属离子即可与 H_2S 生成该金属硫化物沉淀析出。室温下，料液中通入 H_2S 气体，可生成 PdS 的黑色沉淀，大部分铂呈 PtS_2 黑色沉淀析出。而铑须在 80 ~ 90℃ 才能生成 Rh_2S_3 的黑色沉淀，铱须在 100℃ 才能生成 $Ir_2S_3 \cdot 3H_2O$ 暗褐色沉淀。生产实践表明，加入一定数量的硫化钠可有效除去钯、金，可除去少量铂，完全无法除去铱、铑。硫化沉淀反应产生酸，使溶液 pH 值下降。实际操作时，通常采用 2% ~ 3% Na_2S 作硫化剂，此时硫化沉淀反应使溶液 pH 值略有上升，但比使用 H_2S 作硫化剂方便。

实际操作时，将铑的亚硝酸钠配合溶液加入玻璃烧杯中，室温搅拌下，加入硫化钠溶液，然后升温至沸，保持 5min，停止加热，搅拌下加入三氯化铁溶液。此时由于三氯化铁溶液中少量酸与过量的亚硝酸钠作用逸出黄烟和析出水解产物，试纸测定 pH 值仍为 7.5。硫化载体水解悬浮溶液用水浴冷却，经过滤、洗涤，滤液再用上述方法多次水解净化，直至除铱以外的杂质均达满意净化率为止。载体水解产物待处理。

此工艺可将大部分铅、多量的钯、金及少量的铂除去，少量的铑一起共沉淀，但除铱无效果。

20.6.4 氨配合法

氨配合法由 B. B. 列别汀斯基等人提出，分五氨配合法和三氨配合法两种。五氨配合法的反应为：

$$(NH_4)_3RhCl_6 + 5NH_4OH \longrightarrow [Rh(NH_3)_5Cl]Cl_2 \downarrow + 3NH_4Cl + 5H_2O$$

生成二氯化五氨一氯配铑沉淀，过滤，用氯化钠溶液洗涤。然后将二氯化五氨一氯配铑沉淀溶于 NaOH 溶液中，铱由于生成 $Ir(OH)_3$ 不溶解，留在残渣中。铑溶液用盐酸酸化并用硝酸处理，使铑转化为二硝基化五氨一氯配铑 $[Rh(NH_3)_5Cl](NO_3)_2$ 进入溶液。经过滤、赶硝，转变为铑的氯配合物。重复上述作业，获得纯二氯化五氨一氯配铑沉淀，经过滤、干燥、煅烧，再用稀王水加热溶去其中的可溶性杂质，在氢气流中还原，可产出纯度达 99% ~ 99.9% 的海绵铑。

三氨配合法是基于三亚硝基三氨配铑沉淀经盐酸处理，可转变为三氯三氨配铑沉淀。操作时，铑氯配合物溶液用碱中和，加入 50% $NaNO_2$ 溶液配合，滤去水解沉淀，

滤液加入氯化铵使铑转化为 $Na(NH_4)_2[Rh(NO_2)_6]$ 沉淀。获得的铑盐用 10 倍的 4%
NaOH 溶液溶解，加热至 70~75℃，加入氨水和氯化铵生成三亚硝基三氨配铑沉淀。其
主要反应为：

$$Na(NH_4)_2[Rh(NO_2)_6] + 2NaOH \longrightarrow Na_3Rh(NO_2)_6 + 2NH_4OH$$

$$NH_4Cl + NaOH \longrightarrow NH_4OH + NaCl$$

$$Na_3Rh(NO_2)_6 + 3NH_4OH \longrightarrow [Rh(NH_3)_3(NO_2)_3]\downarrow + 3H_2O + 3NaNO_2$$

过滤，用 5% NH_4Cl 溶液洗涤沉淀，然后将沉淀转入带夹套的搪玻璃蒸发锅中，加入
3 倍重的 4mol/L HCl，在 90~95℃下处理 4~6h，使三亚硝基三氨配铑转变为鲜黄色的三
氯三氨配铑沉淀析出。其反应为：

$$2[Rh(NH_3)_3(NO_2)_3] + 6HCl \longrightarrow 2[Rh(NH_3)_3Cl_3]\downarrow + 3H_2O + 3NO_2\uparrow + 3NO\uparrow$$

冷却后，经过滤、洗涤、干燥、煅烧。煅烧后的铑粉，用稀王水处理以除去可溶性杂
质，然后用氢还原为铑粉。

氨化法提纯铑的流程冗长，铑回收率低，因其中的铱难有效除去，铑粉纯度难达到
99.9% 以上。

20.6.5　亚硫酸铵法

上述净化法无法有效除去铑中的铱，当铱超标，使铑纯度不达标时，可采用亚硫酸铵
净化法，使铑沉淀而除去铱。其反应为：

$$Na_3RhCl_6 + 3(NH_4)_2SO_3 \longrightarrow (NH_4)_3[Rh(SO_3)_3]\downarrow + 3NaCl + 3NH_4Cl$$

铱与其他铂族金属不生成类似铑的沉淀而留在溶液中，此法可有效除去铱、铂、钯。

若亚硫酸铵净化作业后，紧接亚硝酸钠配合作业，应将铑的亚硝酸钠配合溶液加热浓
缩，加入盐酸或氯化钠以破坏铑的亚硝酸钠配合物直至无黄烟冒出，此操作须反复 2~3
次。操作时，将浓缩近干的氯铑酸钠用无离子纯水溶解，配制为铑含量约 50g/L 的溶液。
然后加入 3 倍理论量的固体亚硫酸铵或 25% 的亚硫酸铵溶液，加热至沸数分钟，析出乳白
色的 $(NH_4)_3[Rh(SO_3)_3]$ 盐，溶液 pH 值为 6.4，抽滤分离沉淀，用去离子水洗涤沉淀数
次。洗净的沉淀与滤纸一起转入烧杯中，经盐酸溶解、抽滤，滤纸用盐酸酸化水洗涤。洗
液与滤液合并，加入亚硫酸铵，加热煮沸数分钟，重新析出乳白色的 $(NH_4)_3[Rh(SO_3)_3]$
盐，剩余溶液又进行第三次沉淀净化。根据原料组分及产品纯度要求，决定净化次数，一
般净化 2~3 次即可符合 FRh-3(Rh 99.9%) 及 FRh-2(Rh 99.95%) 对铱含量的要求。但
此净化法的铑直收率较低。

20.6.6　加压氢还原法

在高压釜中，先用 0.5MPa 氢清洗，于 65℃在 0.2MPa 氢压下还原 2.5h，可产出纯度
为 99.9% 的铑粉。

20.6.7　溶剂萃取法

溶剂萃取净化法的工艺流程如图 20-6 所示。

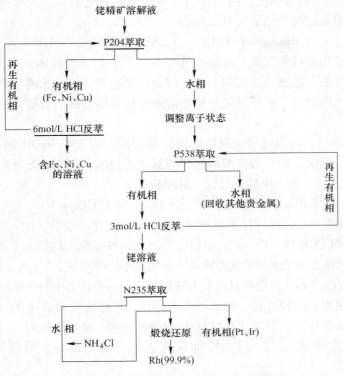

图 20-6　溶剂萃取净化铑的工艺流程

　　溶剂萃取净化铑工艺的关键，是调整水相金属离子的价态及组成的配离子的电荷状态，选用不同的有机溶剂萃取剂，进行杂质分离和净化铑。

　　报道的溶剂萃取净化铑的工艺，是经长时间通入氯气和煮沸，使铑和所有的贵金属杂质均转变为氯配合或氯水配合阴离子，然后采用双烷基磷酸（P204）-煤油有机相萃取除去 Fe^{3+}、Ni^{2+}、Cu^{2+} 等贱金属杂质，贵金属的被萃率均小于 1%。除去贱金属杂质后，将铑转变为 Rh^{3+} 的水合阳离子，用单烷基磷酸（P538）-煤油有机相萃取铑，由于此时其他贵金属杂质均呈配合阴离子形态存在，故铑可与其他贵金属杂质分离。其技术关键是保证铑完全转化为铑水合阳离子。如溶液①组成为：Cu 0.230g/L、Ni 0.161g/L、Fe 0.297g/L、Pt 0.585g/L、Pd 0.585g/L、Au 0.585g/L、Rh 66.50g/L、Ir 2.34g/L。如溶液②组成为：Cu 4.09g/L、Ni 0.486g/L、Fe 3.97g/L、Pt 32.90g/L、Pd 12.60g/L、Au 0.203g/L、Rh 68.80g/L、Ir 3.81g/L。经溶剂萃取净化铑的工艺处理后，铑产品纯度均达 99.9%，铑直收率分别为 85.5% 和 82.3%，铑总回收率分别为 98.8% 和 99.5%。

　　铂、钯提纯后，产出的含铑氢氧化物渣，转入溶液后采用丁二酮肟-氯仿有机相除去钯、镍，用甲基异丁基酮萃取分离铜、铁、铅、砷等，用 N235 萃取分离铂、铱，用 TBP 萃取微量铱，水相中的铑经还原可产出纯度达 99.95% 的纯铑粉，铑的直收率大于 82%。

20.6.8　制取铑粉

　　由于铑粉溶解较困难，常不轻易将溶液中的铑还原为金属态。只当取样分析确定其杂质达标后，才将溶液中的铑还原为金属态。常可用两种方法制取铑粉：

（1）氯化铵沉淀-热分解法。纯氯铑酸溶液经硝酸氧化后，加入经过重结晶净化后的氯化铵，沉淀析出氯铑酸铵结晶。其反应为：

$$H_3RhCl_6 + 3NH_4Cl \longrightarrow (NH_4)_3RhCl_6\downarrow + 3HCl$$

$(NH_4)_3RhCl_6$ 为紫红色沉淀，冷却至低于 50℃，并加入为其体积 1.5 倍的乙醇以使铑沉淀完全，用布氏漏斗过滤。滤饼经干燥、煅烧、氢还原、稀王水洗涤后，再用无离子纯水洗涤，烘干产出纯铑粉。由于氯铑酸铵的溶解度比氯铂酸铵的溶解度高得多，故此法铑直收率较低。

（2）甲酸还原法。纯氯铑酸（氯铑酸钠）稀溶液，用 20% NaOH 调 pH 值为 7，使铑完全水解。过滤、洗涤，用盐酸溶液溶解转为氯铑酸溶液，调 pH 值为 7，然后按 1g 铑加入 1.4mL 甲酸的比例，加入甲酸还原铑。其反应为：

$$2H_3RhCl_6 + 3HCOOH \longrightarrow 2Rh\downarrow + 12HCl + 3CO_2\uparrow$$

还原操作须仔细小心，在搅拌下缓慢加入还原剂，加完甲酸后，加入适量氨水继续保持微沸，控制最终 pH 值为 11～12，此时溶液中的铑完全被还原为铑黑，上清液清亮无色。静置、过滤，用氯化铵无离子水溶液洗涤除钠，再用无水乙醇洗涤 2～3 次，烘干后于 500℃ 下通氢还原，产出合格产品。若用户对产品无特殊要求，一般认为甲酸还原法较简便。

铑的提纯较困难，流程冗长，金属回收率较低，产品纯度较难达 99.9%。若按前述推荐的净化方法精心操作，一般可产出纯度达 99.9% 的铑。净化操作时，应针对原料中的杂质组成，合理组合净化工艺，适当增加反复次数，精心操作，可望产出纯度不低于 99.95% 的铑产品。

现有的冶炼厂，常采用熔盐氯化溶解—溶剂萃取—离子交换吸附工艺提纯铑。但该工艺对设备和技术要求较高，一般适用于处理量大且可连续生产或具有相应条件的企业使用。

20.6.9　制取高纯铑基体

20.6.9.1　概述

制取纯度达 99.95% 以上的高纯铑，比制取高纯铂、钯要困难得多，须针对原料中的杂质组成，综合采用多种方法、合理组合和精心操作才能达到目标。

20.6.9.2　制取 99.99% 的高纯铑

金川集团公司冶炼厂，以提纯过程产出的富铑溶液为原料，采用富铑溶液—水解—盐酸溶解—TBP 萃取—阳离子交换树脂交换吸附—中温氯化—TBP 萃取—水解—氯仿萃取—氯化铵沉淀—煅烧—氢还原—盐酸浸煮—氢氟酸浸煮的工艺流程生产铑含量大于 99.99% 的高纯铑粉。其工艺要点为：

（1）水解：控制富铑溶液 pH 值为 8～9，铑水解沉淀析出，Pt^{4+} 留在溶液中而分离。过滤得水解渣。用 6mol/L HCl 溶解，用 TBP 萃取铱。

TBP 萃取铱后的萃余液及洗水合并加热浓缩，然后加水稀释至 8～10 倍，用碱调 pH 值为 8～9，静置，过滤得水解渣。用 6mol/L HCl 溶解，再用 TBP 萃取铱。

（2）TBP 萃取铱：TBP 萃取铱后的萃余液及洗水合并，加热浓缩，然后加水稀释至 8～10 倍，用碱调 pH 值为 8～9，铑水解沉淀析出。浆液静置，过滤得铑水解渣。用 6mol/L HCl 溶解，再用 TBP 萃取铱。

（3）再用 TBP 萃取铱：TBP 萃取铱的关键是萃前须将 Ir^{3+} 充分氧化为 Ir^{4+}。当铂、钯含量低于或接近铑、铱含量时（铂含量高时严重干扰铱的萃取），可用分步萃取法使铂、钯与铑、铱分离，铑在萃余液中的回收率为99%左右。负载铱的有机相可用硝酸、氢氧化钠、抗坏血酸、氢醌等反萃，铱反萃率为96%左右。

（4）阳离子交换树脂交换吸附除贱金属：TBP萃取铱的萃余液中，贱金属呈阳离子形态存在，如Cu^{2+}、Fe^{3+}、Ni^{2+}等可用阳离子交换树脂交换吸附除去。

（5）中温氯化：中温氯化可以除去阳离子交换树脂交换吸附时带入的油脂，同时使铑、铱造液及使铱充分氧化以利于TBP萃铱。

（6）氯仿萃取：由于二乙基二硫代氨基甲酸钠〔$(C_2H_5)_2NCS_2Na$〕（DDTC）可与Cu^{2+}、Fe^{3+}、Ni^{2+}、Pd^{2+}、Pt^{2+}生成疏水性强的沉淀，此沉淀可溶于氯仿（四氯化碳）等有机溶剂中，故可用氯仿萃取法分离这些杂质。

（7）氯化铵沉淀：纯铑溶液在热态下，加入饱和氯化铵溶液可沉淀析出铑氯酸铵。经过滤、洗涤，用无水乙醇洗涤后装入石英舟中煅烧、氢还原。然后用盐酸浸煮4h（反复2~3次），水洗至pH值为7，用氢氟酸浸煮5h（反复2~3次），水洗至pH值为7。烘干，可产出纯度达99.99%的高纯铑粉。

某专利处理各种粗铑物料，生产高纯铑的工艺流程如图20-7所示。

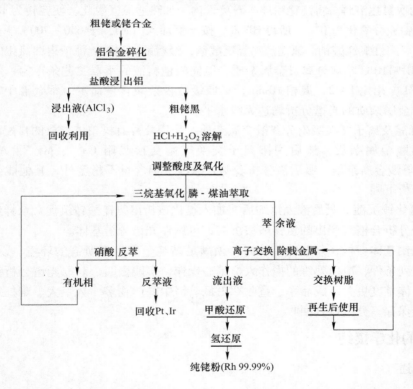

图20-7 某专利处理各种粗铑物料生产高纯铑的工艺流程

其工艺要点为：

（1）铝合金碎化：按贵金属与铝质量比为1:（4~5）比例配料，放入石墨坩埚中，于1000~1200℃保温4h。铝合金块用盐酸在pH值小于1条件下浸出铝，反应可自热进行。

（2）粗铑黑溶解：铝碎化所得粗铑黑按铑与盐酸质量比为 1 ：（10 ~ 12）比例加入盐酸，再按铑与过氧化氢质量比为 1 ：（3 ~ 3.5）比例加入过氧化氢，自热反应至近 100℃，维持 2.5 ~ 3.5h，粗铑黑可完全溶解。

（3）三烷基氧化膦-煤油萃取除铂、铱：所得粗铑溶液，用盐酸调至铑含量为 3 ~ 5mol/L，经过氧化氢氧化，用 30% 三烷基氧化膦（TRPO）-煤油有机相萃取铂、铱，萃取相比为（0.5 ~ 1）：1，萃取 5 ~ 7 级。用硝酸溶液反萃以回收铂、铱。

（4）阳离子交换树脂交换吸附除贱金属杂质：萃取除铂、铱后的萃余液，经阳离子交换树脂交换吸附除去贱金属杂质。吸余液经甲酸还原、氢还原产出纯铑粉，纯度为 99.99%，铑直收率为 90% ~ 95%。

此工艺与氯化法、硫酸氢钠熔融法、碱熔融法比较，具有流程短，直收率高，改善了劳动条件和环境条件。

20.6.9.3　制取铑基体

制取光谱分析用铑基体的工艺流程为：99.95% 的纯铑粉—两次氯化溶解—TBP 萃取—TRPO 萃取—沉淀分离贱金属—离子交换吸附—氯化铵沉淀—烘干—产出纯度大于 99.999% 铑氯酸铵。其工艺要点为：

（1）两次氯化溶解。将纯铑粉放入石英管内，加热通氯气氯化，使铑转为 $RhCl_3$，氯化率高，可使铱充分氧化为 Ir^{4+}。所得 $RhCl_3$，按比例加入 NaCl，于 650 ~ 700℃ 下进行第二次氯化，生成可溶性氯铑酸钠。氯化产物氯铑酸钠，经溶解、过滤，滤渣返回氯化处理作业。

（2）TBP-TRPO 萃取分离贵金属杂质。氯铑酸钠料液的萃取工艺条件为：萃取原液含铑 30 ~ 40g/L，相比 1 ：2，混相 10min，萃取级数视杂质含量而定。萃余液中，除银和铑外，其他贵金属杂质的光谱分析均达无线水平。

（3）沉淀及离子交换吸附分离贱金属杂质。采用几种有机单体合成的自配沉淀剂分离萃余液中的贱金属杂质，然后用阳离子交换树脂交换吸附 Ca^{2+}、Mg^{2+}、Al^{3+}、Fe^{2+}、Fe^{3+}、Na^+ 等贱金属杂质。吸后液分析表明，除镁、铝含量不稳定外，其他贱金属杂质含量均小于分析下限。

（4）氯化铵沉淀。吸后液经浓缩后，加入氯化铵析出氯铑酸铵沉淀。取样经煅烧、氢还原，光谱分析合格。产出的氯铑酸铵沉淀，可用作光谱分析基体。

与制取铂基体一样，制取铑基体时，须满足高纯金属生产所需的环境、设备、器皿、试剂等一系列条件，应由熟练的操作人员精心操作。实践表明，制取光谱分析铑基体比制取铂、钯基体难度更大，成品率、直收率更低。但中间产物多、数量大、难处理，须仔细分类，妥善保存，分批认真回收。

20.7　铱的化学提纯

20.7.1　概述

提纯铱常用硫化沉淀法和亚硝酸钠配合法。溶剂萃取法的研究有所进展，有的已进入实用阶段。

20.7.2　硫化沉淀法

将铱含量为 60 ~ 80g/L 氯铱配合物溶液加热，通入氯气（或加入浓硝酸）使铱氧化为

Ir^{4+}。加入氯化铵，析出氯铱酸铵沉淀，冷却后过滤，用 10% ~14% NH_4Cl 溶液洗涤。纯的氯铱酸铵沉淀应为黑色结晶，若含铂、铑、钌等杂质，则略显褐色或带红色。将氯铱酸铵沉淀转入搪玻璃的蒸发锅中，加入纯水浆化，使铱含量达 80g/L 左右，加热至 80℃，pH 值为 1 ~1.5，在搅拌下缓缓加入水合肼（1g 铱加 1mL 水合肼，若过量将使部分铱还原为金属），将 Ir^{4+} 还原为 Ir^{3+}，并呈（NH_4）$_2IrCl_5$ 形态溶解，煮沸 1h 后。经冷却，滤去不溶物。若将此过程重复沉淀，可除去大部分杂质，获得较纯的氯铱酸铵黑色沉淀，但铂、钌较难除去。

还可用二氧化硫将 Ir^{4+} 还原为 Ir^{3+}，此时部分铱生成（NH_4）$_3Ir(SO_3)_3$ 乳白色沉淀。也可用 4 倍量的葡萄糖在 70 ~80℃ 还原 Ir^{4+}，但两者的还原效果均比水合肼差。用氨水沉淀铱时，需含有过量的氯化铵，否则将生成 $Ir(OH)_3$ 沉淀，还需用硝酸或稀王水溶解。

金属离子硫化沉淀的顺序为：贱金属 > Ag > Au > Os > Ru > Pd > Pt > Rh > Ir。由于铱比绝大部分金属离子均难以硫化沉淀，故可用硫化沉淀法将铱与绝大部分金属离子分离。其中贱金属杂质最易除去，室温下，贱金属杂质可硫化沉淀。贵金属杂质含量高时，宜在 80℃ 下硫化沉淀。硫化沉淀杂质时，少部分铱进入杂质硫化沉淀中。过滤后，沉淀物送去回收除铱外的其他贵金属，滤液即为纯 +3 价的铱盐溶液。

实际操作时，将粗氯铱酸铵用去离子水制浆，悬浮于水中，用盐酸调 pH 值为 1.5 ~2，室温下按 1g 金属杂质加 1g 硫化铵的比例缓慢加入 16%（NH_4）$_2S$，每毫升溶液可除去 0.2g 杂质（使用时宜用去离子水配制 1% ~5% 浓度）。在搅拌下加入硫化铵，最终 pH 值维持 2.5 左右，静置 24h，滤去硫化物沉淀，硫化物沉淀堆存以回收贵金属。若杂质含量高，滤液可进行二次硫化沉淀，条件同前，但加入硫化铵后须加热煮沸 0.5h 以进一步除去杂质（尤其是贵金属杂质）。冷却后过滤，沉淀物与第一次硫化渣合并处理。

再次加热硫化沉淀后的铱溶液，通氯氧化（或缓慢加入过氧化氢），按 1kg 铱加入 200mL 计量（或按 1kg 铱加入 1mL 浓硝酸计量），加氯化铵析出铱氯酸铵沉淀。若铱氯酸铵纯度不达标，可重复上述作业。经 2 ~3 次硫化沉淀提纯后，纯铱氯酸铵沉淀用王水和 10% NH_4Cl 溶液（1kg 铱氯酸铵沉淀消耗 30 ~40mL 王水、1.5L NH_4Cl 溶液），在 60 ~70℃ 下搅拌处理 3h，再用 12% NH_4Cl 溶液洗涤 2 次，经检验无铁离子后烘干。

将纯铱氯酸铵装入石英舟中，移入石英管中加热，在 200℃、500℃、600℃ 下各恒温 2h，然后降温至 500℃，改通氮气。当温度低于 150℃ 时，出炉，产出纯度不低于 99.95% 的灰色海绵铱。通常纯度愈高，其直收率愈低。

20.7.3　亚硝酸钠配合法

亚硝酸钠配合法提纯铱的原则工艺流程如图 20-8 所示。

氯铱配合物溶液，经 NaOH 和 Na_2S 中和沉淀，获得较纯的氯铱配合物溶液。亚硝酸钠与氯

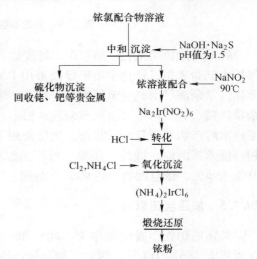

图 20-8　亚硝酸钠配合法提纯铱的原则工艺流程

铱酸配合生成 $Na_3Ir(NO_2)_6$ 配合物，溶液转变为浅黄色，冷却后滤去配合时析出的沉淀物。滤液加入浓盐酸煮沸以破坏亚硝酸盐，转变为氯铱酸钠溶液。加热浓缩至铱含量为 60～80g/L，通氯氧化和加入氯化铵，析出氯铱酸铵沉淀。冷却、过滤，产出纯氯铱酸铵。若一次提纯未达标，可反复操作。纯氯铱酸铵经煅烧、还原，产出纯度达 99.9% 的纯铱粉。

20.7.4　溶剂萃取法

溶剂萃取提纯铱的原则工艺流程如图 20-9 所示。

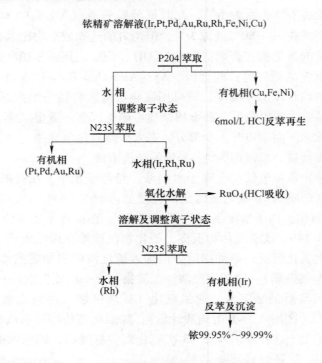

图 20-9　溶剂萃取提纯铱的原则工艺流程

铱的传统提纯工艺，虽可产出纯度达 99.9% 的纯铱粉，但回收率低。溶剂萃取提纯铱的扩大试验表明，铱化学精矿浸出液用 P204-煤油有机相萃取可除去铜、铁、镍等贱金属杂质。萃余液经调整贵金属的离子状态，采用 N235 萃取可除去铂、钯、金、钌等贵金属杂质。铱、铑、钌主要留在萃余液水相中，采用氧化水解-蒸馏法除去 RuO_4（盐酸吸收）。溶解水解产物和调整离子状态，然后采用 N235 萃取铱，铑留在萃余液中。负载铱的有机相经反萃、沉淀、煅烧、还原，可产出纯度达 99.95%～99.99% 的纯铱粉，铱直收率达 93%～96%，铱总回收率达 99%。溶剂萃取提纯铱的关键是调整铑、铱离子的电性。

20.7.5　加压氢还原法

氢还原铂族金属的顺序为：Pd > Rh > Pt。而铱在 50℃ 和 981kPa 氢压下，还原 48h，仅可将 Ir^{4+} 还原为 Ir^{3+}。因此，加压氢还原法可将铱溶液中除铱外的贵金属、贱金属离子还原为金属，而铱仍呈离子状态留在溶液中，可有效除去除铱外的贵金属、贱金属杂质。然后增加氢压和提高温度，再将铱还原为金属态。

如处理铂铱合金废料，获得含 Ir 11.648g/L、Pt 0.919g/L、0.1mol/L HCl 的溶液。在容积为 2L 的高压釜中，于 40℃，氢压 196kPa 下，还原 3h，过滤。滤液中铂含量降至 0.001g/L，通过阳离子交换树脂柱，流出液转入高压釜。于 120℃，氢压 1470kPa 下，还原 2h。滤出铱粉，纯度达 99.9%，直收率为 99.3%。

20.7.6　制取高纯铱基体

20.7.6.1　制取 99.99% 的高纯铱

金川集团公司冶炼厂以处理铜镍铁合金过程中产出的含有贱金属及少量金、铂、钯的铑、铱置换渣为原料，产出纯度不低于 99.99% 铱粉的工艺流程如图 20-10 所示。

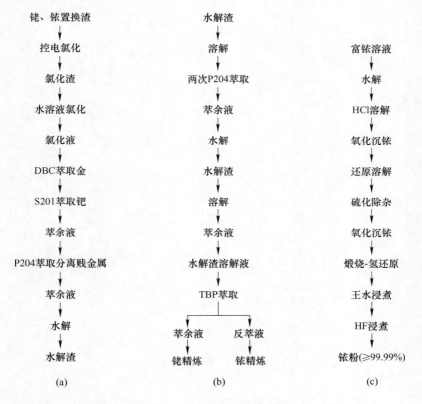

图 20-10　金川集团公司冶炼厂生产高纯铱的工艺流程
（a）除杂质、富集；（b）分离铑、铱；（c）制取纯度不小于 99.99% 铱粉

全流程分为除杂质、富集，分离铑、铱和铱提纯三部分。铱提纯以 TBP 萃取铱的负载铱有机相反萃所得富铱溶液为原料。富铱溶液经赶酸、浓缩、加水稀释后，加碱调 pH 值为 13，升温至 75℃，通氯至 pH 值为 8~9，反复一次。用 6mol/L HCl 溶解水解渣，赶酸后，调盐酸酸度为 1~3mol/L HCl，过滤得水解渣溶解液。滤液加过氧化氢、硝酸氧化，至不产生剧烈反应时，加入饱和氯化铵沉淀铱，过滤得氯铱酸铵（NH_4）$_2$IrCl$_6$ 晶体。加水制浆，加热至 75℃，用盐酸调 pH 值为 1.5，缓慢滴加水合肼进行铱的还原溶解，过滤得铱溶液。将铱溶液加热至 80℃，加硫化铵溶液沉淀以除去铱之外的杂质，静置陈化、过滤。滤液用盐酸调酸度为 1~3mol/L，再次氧化-氯化铵沉淀铱，过滤得纯氯铱酸铵

$(NH_4)_2IrCl_6$ 晶体。放入石英舟中煅烧、氢还原。铱粉用王水煮沸 5h，反复 2～3 次，水洗至 pH 值为 7。铱粉再用氢氟酸煮沸 5h，反复 2～3 次，水洗至 pH 值为 7，烘干，产出纯度 99.99% 的铱粉。

20.7.6.2　制取铱基体

制取光谱分析用铱基体，常以纯度为 99.9% 的铱溶液为原料，经两次热态硫化沉淀—两次常温硫化沉淀—阳离子交换树脂交换吸附—氧化—氯化铵沉淀—反复洗涤—烘干的工艺流程可制取纯度不小于 99.999% 的 $(NH_4)_2IrCl_6$ 铱基体。

参 考 文 献

［1］黄礼煌. 金银提取技术［M］. 3 版. 北京：冶金工业出版社，2012.

［2］黄礼煌. 化学选矿［M］. 2 版. 北京：冶金工业出版社，2012.

［3］《贵金属生产实用手册》编委会. 贵金属生产实用手册［M］. 北京：冶金工业出版社，2011.

［4］黄礼煌. 金属硫化矿物低碱介质浮选［M］. 北京：冶金工业出版社，2015.

［5］孙传尧. 选矿工程师手册［M］. 北京：冶金工业出版社，2015.

［6］黎鼎鑫，王永录. 贵金属提取与精炼［M］. 修订版. 长沙：中南大学出版社，2003.

［7］卢宜源，宾万达. 贵金属冶金学［M］. 长沙：中南大学出版社，1994.

［8］黄礼煌. 稀土提取技术［M］. 北京：冶金工业出版社，2006.

［9］王永录，刘正华. 金、银及铂族金属再生回收［M］. 长沙：中南大学出版社，2005.

［10］陈国发. 重金属冶金学［M］. 北京：冶金工业出版社，2009.